# 2018年（第三届）京津冀高校建筑与土木领域研究生论坛文集

第三届京津冀高校建筑与土木领域研究生论坛组委会
河北建筑工程学院 等编

中国建筑工业出版社

**图书在版编目（CIP）数据**

2018年（第三届）京津冀高校建筑与土木领域研究生论坛文集/第三届京津冀高校建筑与土木领域研究生论坛组委会，河北建筑工程学院编. —北京：中国建筑工业出版社，2019.1
ISBN 978-7-112-23067-9

Ⅰ.①2… Ⅱ.①第…②河… Ⅲ.①建筑学-文集 Ⅳ.①TU-53

中国版本图书馆CIP数据核字（2018）第275284号

责任编辑：冯江晓　牛　松　张国友
责任校对：李欣慰

**2018年（第三届）京津冀高校建筑与土木领域研究生论坛文集**
第三届京津冀高校建筑与土木领域研究生论坛组委会
河北建筑工程学院　等编
*
中国建筑工业出版社出版、发行（北京海淀三里河路9号）
各地新华书店、建筑书店经销
北京科地亚盟排版公司制版
北京建筑工业印刷厂印刷
*
开本：787×1092毫米　1/16　印张：43¼　字数：1048千字
2019年4月第一版　2019年4月第一次印刷
定价：**175.00**元
ISBN 978-7-112-23067-9
(33152)

# 编写委员会


**主　编：**麻建锁

**副主编：**马立山　李云翔

**编　委：**杨丽娜　武　颖　牛建会

王剑雄　张　梁　刘　奇

# 序

京津冀协同发展战略的实施，对京津冀地区城乡规划、建设与管理提出了前所未有的重大战略需求，也为京津冀高校的人才培养和科技创新提供了前所未有的重大发展机遇。渤海三千里，燕山望不尽，京津冀区域的水系山脉、历史文化、道路交通、城乡规划、城乡建设与管理，不应被行政区划所割裂。京津冀高校的人才培养、科技创新、学术交流更是要穿越时空，充分发挥地域优势、学科专业优势，不断提升服务京津冀区域协同发展能力，这既是落实京津冀协同发展规划纲要的实际行动，也是高校创新体制机制、谋划特色发展的重大举措。

研究生教育是国民教育的最高端，研究生群体是国家科技创新的主力军和生力军，研究生培养质量，特别是研究生的创新能力是国家人才竞争和科技竞争可持续的集中体现，是实现创新驱动战略、建设创新型国家的核心组成部分。研究生教育又是教育与科技的最佳结合，是拔尖创新人才培养的最主要途径，也是创建一流大学和一流学科的重要内容。

为贯彻京津冀高校协同创新联盟协议精神，为推动京津冀地区高校研究生学术交流，河北建筑工程学院用近一年的时间筹备京津冀高校建筑与土木领域研究生学术论坛，为相关高校研究生搭建学术交流的新平台。论坛秉承“学术创新、实践创新、服务需求、协同发展”的宗旨，按照深化学科建设与研究生教育改革与发展的总体要求，围绕建筑与土木领域发展重点、热点及难点问题进行深入的研究探讨，在交流中，看到同学们开阔了视野、质疑了问题、启迪了智慧。谨对第三届京津冀高校建筑与土木领域研究生学术论坛的成功举办和论文集出版表示热烈祝贺！对大力支持这项活动的河北省人民政府学位委员会办公室、各相关学科专业指导委员会、京津冀地区高校领导、院士、专家、师生们表示衷心的感谢！

我国建设创新型国家呼唤创新型大学，创新型大学才能培养出创新型人才，我们大学就是要落实创新发展理念，创新体制机制、创新管理体系、创新培养模式，特别是为研究生和青年教师成长、成才、成功创造有利的环境和条件。研究生要清楚，创新不只是发明或者发现，实际上也包括把研究成果转化到应用。如果我们不能把它转化为真正的成果，所谓的创新也没有意义，而且难以保证创新能够持续下去。相信京津冀地区高校在建筑与土木领域一定能取得创新成果支撑京津冀协同发展，相信京津冀地区高校的研究生在创新创业中一定能成才成功！

河北建筑工程学院校长

2018年10月9日

# 前　言

在此，以《2018年（第三届）京津冀高校建筑与土木领域研究生论坛文集》编辑出版作为京津冀高校学术交流和研究生工作创新成果之一，呈献给朋友们。

经过多年的建设和发展，我国的高等教育在学科建设与研究生教育上取得了长足进步，学术研究广度、深度不断拓展深化，高层次人才培养理念、内容和方法都发生了深刻地变化，特别是2017年教育部学位与研究生教育发展中心进行了全国新一轮对具有研究生培养和学位授予资格的一级学科整体水平评估，并根据评估结果进行了聚类排位；国务院学位委员会在2014～2019年组织开展学位授权点合格评估工作，形成学科建设和研究生教育新常态。2015年，在高等教育发展新阶段，党和国家做出“建设世界一流大学和一流学科”的重大决策布局，印发了《统筹推进世界一流大学和一流学科建设总体方案》，提出了三步走总体目标，明确了五大建设任务和五大改革任务，为未来高水平大学建设发展指明了方向。

2015年4月，中共中央政治局会议审议通过的《京津冀协同发展规划纲要》指出，推动京津冀协同发展是一个重大国家战略。未来京津冀三省市定位分别为：北京市为“全国政治中心、文化中心、国际交往中心、科技创新中心”；天津市为“全国先进制造研发基地、北方国际航运核心区、金融创新运营示范区、改革开放先行区”；河北省为“全国现代商贸物流重要基地、产业转型升级试验区、新型城镇化与城乡统筹示范区、京津冀生态环境支撑区”。在加快推进新型城镇化建设过程中，中央召开城市工作会议，明确了做好城市工作的指导思想、总体思路和重点任务，强调要建设和谐宜居、富有活力、各具特色的现代化城市，要提高新型城镇化水平，走出一条中国特色城市发展道路。新的区域功能定位，新的城市发展道路，牵动了城市常住人口、空间布局、产业和结构、交通和生态、基本公共服务、协同创新等一体化布局和体制机制创新变化，也为区域高校的建筑与土木领域学科立足京津冀，面向全国，开展协同创新，带来了新机遇和新挑战。

为响应国家京津冀协同发展战略需求，贯彻京津冀高校协同创新联盟协议精神，推动京津冀高校研究生学术研究校际交流活动有效开展，北京建筑大学研究生院、天津城建大学研究生部、河北建筑工程学院研究生部于2015年联合发起“京津冀建筑类高校研究生学术论坛”。2018年，由联盟主办、河北建筑工程学院承办了“第三届京津冀高校建筑与土木领域研究生学术论坛”，并组织研究生学术论坛征文工作。“学术论坛”达到了开阔视野、启迪智慧、提高研究生学术创新、实践创新能力的目的，营造敢于探索、勇于创新的学术氛围，搭建一个京津冀高校建筑与土木领域特色学术交流平台，通过学术成果分享、名家点评、热点探讨等方式，提升学术水平，开拓科研视野，展现高校学子不断攀登科学巅峰的精神风貌，更好推进京津冀协同发展。第三届论坛征文，共有来自北京交通大学、北京工业大学、北京建筑大学、天津城建大学、天津商业大学、河北建筑工程学院、燕山大学、河北科技大学、石家庄铁道大学、河北工程大学、河北大学等京津冀高校建筑与土木领域的 600 余名在校研究生踊跃投稿。经论文评审委员会评审，确定刊出论文 121 篇。《论坛文集》按照建筑设计、城乡规划、土木工程技术、能源应用及环境治理 4 个学科方向板块，对刊出论文进行了归集，由中国建筑工业出版社出版发行。限于篇幅和时间，《论坛文集》在编辑之中难免挂一漏万，敬请指正，以利改进。

河北建筑工程学院是河北省省属全日制普通高等院校，是具有硕士、学士学位授予权的院校。学校创建于 1950 年，经过近七十年的建设和发展，已成为以建筑产业类学科专业为主，工、管、理、文、艺相互支撑协调发展的特色鲜明的高等院校，是河北省唯一一所建筑类高等学校。

感谢河北省人民政府学位委员会办公室、各相关学科专业指导委员会、京津冀高校等对论坛的支持帮助！

感谢《论坛文集》论文评审委员会、编委会专家们的协同工作！

感谢研究生们的积极参与和论坛志愿者们的辛勤奉献！

感谢中国建筑工业出版社的大力支持！

党的十九大提出了新的发展理念，深刻回答了在新的历史起点上要实现什么样的发展、怎么样发展这一重大时代课题，开启现代化建设新征程。教育是立国之本，贯彻落实习近平新时代中国特色社会主义思想、新时代中国特色社会主义国家发展新战略，培养中国特色社会主义事业建设者和接班人，为实现两个一百年奋斗目标和中华民族伟大复兴的中国梦提供有力支撑是高等院校的光荣使命。

论坛组委会

# 目　录

## 建筑设计篇



## 城乡规划篇

## 土木工程技术篇

## 能源应用及环境治理篇

# 建筑设计篇

# 浅谈老旧小区建筑人性化更新改造设计

韩璐璐[1]，赵晓增[2]
（1. 天津城建大学　建筑学院，天津市　300000　2. 河北建筑工程学院
建筑与艺术学院，河北省张家口市　075000）

**摘　要：**居住小区作为人类活动的基本场所，是人们使用最频繁的空间。随着社会经济的快速发展以及人们生活方式的改变，老旧小区已经不能很好满足现代人的生活需求，所以很多城市都兴起了对老旧小区更新改造的热潮。其中提高人居环境质量，享受低碳健康的生活已经成为老旧小区更新改造设计的主要目标，在此基础上提出了居住建筑的人性化设计。本文从人性化设计的基本要求出发，对如何在更新改造老旧小区等居住建筑的交往空间设计中突出人性化的特点和内容进行分析和探讨。

**关键词：**老旧小区；交往；人性化；更新改造

现在的老旧小区多在20世纪左右建造，受限于当时的技术和财力，设计相对来说简单很多，这样一来细节方面就会缺乏考虑从而使很多地方不人性化，使得居住环境质量低下。本文从老旧小区居住环境的室外和室内两方面入手，列举了交往空间的不同更新策略，以期为其他类似的居住类建筑更新改造研究提供一些能够借鉴的经验和思路。

## 1　室外居住环境人性化改造设计

社会整体居住水平的提高，让人们对居住品质的要求不再满足于物质环境，更多的是对精神和心理层面的提升。此外，“以人为本”的理念也要求在设计时更多的关注人的行为要素和心理需求。在居住生活中，不可避免地会发生人际交往，这种精神需求是社会关系的一个重要层次。在对老旧小区进行更新改造时，积极强化公共交往空间，赋予小区外部空间环境有序的社会交往功能，以支持居民的生活和生存活动，促进人们的相互交往，达到人与环境以及社会三者的相互交融，体现出居住建筑外部环境的人性化价值取向。

### 1.1　强化各层级序列的交往空间

老旧小区建筑外部空间的构成是三级空间层次即“单元——组园——小区”，相对应的管理方式为二级化住区管理，而现在新建的小区多为系统化、全面化、规范化的一级管理（小区物业管理），所以在改造老旧小区时也要尽量向新小区方向发展。改造居住建筑的外部空间，在设计中要逐步淡化组团空间的概念，强化各层级的公共交往空间序列。广义上的公共交往空间具有私密性和公共性双重属性，定义为被一定集体所共同占有的空间领域，被一定的边界限定，形成由外向内、由动到静，符合人的行为逻辑的渐进空间序

列[1]。公共交往空间可划分为私密、半私密、半公共、公共四个层级的空间。通过建立一系列的户外交往空间，对内可以使居民们更好地相互了解、扩大社会关系，对外可以制约非居民的穿越性活动，保障居民生活环境的安全。

老旧小区由于面积局促，可供交往的空间很少。增加交往空间可以从“城市道路——小区道路——院落——住宅”的空间层次上入手，形成“开放空间”、“半封闭空间”乃至住宅内部的“封闭空间”，这样各具形式的丰富空间基本满足了不同年龄的居民对不同性质的室内外活动的场所需求[2]。在进行更新改造设计时，可以通过构筑物的错列，变动小区出入口，适当地形成“院落空间”，为邻里交往提供场所，建立起居民的交往空间，增加空间的凝聚力，产生心理上的归属感和安全感。尤其对老年人来说，“院落空间”的交往活动频率远多于中心绿地，就近的休憩、交往的小型空间更能满足他们的需求。

### 1.2 营造积极的空间，增加其吸引力

要在老旧小区中有意识的营造积极空间，排除既定间距和朝向的制约，规划好既有建筑布局的剩余空隙，将消极空间改造成积极空间。可采取几种途径，积极有序地组织外部交往空间：

(1) 合理改动道路系统联系居住小区的外部交往空间，增强在小区中空间活动的整体连贯性，把交通、行为、景观融为一体，但同时也要考虑居民活动和交通的交叉性干扰。

(2) 利用空地设置步行小路，组织好道路与周围的绿地、景观、铺装等环境设施的关联，并布置适合人停留的休息空间，最好做到人车分流以避免车辆进入交往空间。

(3) 拆除私搭乱建的构筑物，灵活处理旧有建筑的空间布局，增强现有空间的整合性。可采用局部架空、增设廊道、屋顶平台等方法丰富立体活动空间。

(4) 通过配比合理增添公共设施、改善环境绿化、配置活动性场所以及标志物等增强老旧小区的活动吸引力。尽可能了解小区大多数居民的年龄、宗教信仰、民族文化和地方文化等，以此合理安排公共设施来组织人们的交往空间，扩大彼此的社会关系。

### 1.3 扩大交往空间的广泛性，体现多层次使用

交往空间一般都是集多种用途、多种目的于一体的场所，以此来增加居住小区环境的影响力。不同的交往空间可以体现出使用者的个人意愿和社会特征，保持社会文化和社会大环境的稳定性，并使之与城市的整体组织构架相融合。为了满足使用者对居住区外部交往空间的个性要求，在进行改造设计时要考虑到广泛度的要求，满足不同层次的使用者以及多样性的交往行为，精心考虑空间的构成、布置、大小、比例、细部以及景观设施等方面的处理，打造可广泛使用且具有较大环境吸引力的交往场所。

## 2 室内居住环境人性化改造设计

### 2.1 室内居住环境人性化设计原则

#### 2.1.1 宜居的室内空间尺度

原有的老旧小区一般只有卧室、厨房和厕所等房间，缺乏公共交流的空间。在改造时

可适当增加合理尺度的公共空间。此外，不同的使用者对房子内部空间的需求不同，对住宅进行改造设计时要注意对相关信息的收集和分析，然后实际应用到住宅的更新改造设计中。

#### 2.1.2 高品质的室内环境

室内环境的品质会直接影响人的感受，好的室内环境会提升人在居住过程中的舒适度，在一定程度上能够保障人体健康。要想在老旧建筑中改善居住环境，需要结合实际情况，要尽可能利用现有的居住条件进行采光和通风，在此基础上合理采用不同的措施。

#### 2.1.3 可靠的室内安全保障

对于居住建筑来说，使用者最看重的是其安全稳定性。在进行改造设计时，可能会为了营造空间改变其构造，但务必要在保证住宅结构稳定性的基础上实施。

#### 2.1.4 满足使用者个性要求

由于受到的教育和外界环境影响，每个人的生活行为习惯都大不相同。对住宅进行个性化设计并不是设计奇奇怪怪的居住空间，而是根据使用者的居住习惯进行合理变化，这样布置的住宅才能具有良好的实用性。比如留学归来的人可能更需要早餐厅和起居室的布置，忙于上班的夫妇可能需要较大的餐厨一体用来沟通和交流，甚至提供公共食堂为那些不习惯在家待客的人使用。

#### 2.1.5 适应家庭结构变化

改造住宅的室内布置时，还要考虑到家庭结构变化对现在居住空间的影响[3]。比如有的家庭是老少三代共同居住，有的家庭有了二胎。改造时要更重视住宅的实用性功能，然后再考虑其适应性以及可变性。

#### 2.1.6 符合当地气候环境变化

改造住宅空间时除了要考虑室内条件，也要考虑室外环境对其的影响。比如南方潮湿多雨，设计时要多考虑防水的各种措施；北方严寒，设计时要多考虑保温的问题，不设置直接对外的阳台等。

### 2.2 具体设计方法

#### 2.2.1 入户空间人性化改造设计

老旧小区的住宅中很少考虑到对入户空间的设计。入户空间就是从室外过渡到室内的空间。入户空间尘土较多，要设置防尘措施保证入户空间的整体清洁性。对入户空间的第一印象是人们对住宅的整体感受，所以设置入户空间时要尽可能有充足的光线[4]。此外，入户空间在改造设计时还要考虑其储藏功能，充分利用入户空间能够很大程度上增加住宅的空间利用率。考虑到老住宅的室内空间较小，也可以考虑用入户公园的方式替代入户空间。

#### 2.2.2 餐厨空间的人性化改造设计

厨房是住宅建筑中使用频率和使用时间较多的空间，但是老旧小区的住宅一般都比较忽略对厨房的设计，大多数设置在阳台或者是黑房间的角落。在改造前期要调查家庭人员的饮食规律，比如喜欢中餐还是西餐。要了解其做饭的流程，合理设计操作台，并科学摆放厨具。老旧住宅的厨房一般面积都较小，所以在使用过程中要充分利用空间，同时也可以有效降低做饭时的负担。厨房在使用过程中不可避免地会使用到天然气和电，也会相应地产生油烟等废物，所以改造时要把通风设计排在首位考虑。为了节能，还要考虑厨房的采光问题，明亮的厨房也会提高在厨房工作的人的舒适度。餐厅的位置应该靠近厨房。对餐厅进行设计时，条件允许的情况下可以设置单独的餐厅。餐厅在设置时应该使用暖色调进行装饰，这样能够增加住户进餐时的食欲。而随着社会的进步，更多年轻的业主会更倾向于开放式厨房与餐厅的结合，以此增加年轻夫妇的感情。

#### 2.2.3　卫生间人性化改造设计

卫生间是住宅内部不可忽视的部分，对其人性化改造设计的要求应更重视[5]。生活水平的快速提高使人们越来越重视卫生间的舒适性。设计时要考虑卫生间各功能区的使用时间，以满足各功能在使用时不会相互干扰。比如现在的新建小区中对沐浴和厕所的区域考虑干湿分区，如果面积不大可将洗手盆直接设置在入口处，满足进户洗手的要求。在一些面积比较大的卫生间里，甚至会将沐浴与厕所分成两个空间进行设计。随着家庭结构的变化，要考虑到家中老人和小孩的使用需求，这样整体的使用舒适性才能得以提升。

## 3　结语

住宅是人们生产生活中不可忽视的空间场所。任何住宅建筑在建设时都不可能做到尽善尽美，而且随着时间的推移，原有的建筑空间也达不到人们的要求。这样就需要对现有居住空间进行改造。在改造时，要注重“以人为本”，对住宅室内的各方面都进行人性化设计，这样人们在居住时才能感受到方便，也与现在社会发展的趋势相符。

### 参考文献


[1] [丹] 扬·盖尔. 交往与空间 [M]. 何人可，译. 北京：中国建筑工业出版社，2002.

[2] 韩鹰飞，李杰. 浅谈城市道路人性化设计 [J]. 土木工程与管理学报，2005，22 (605)：164-168.

[3] 严丽红. 住宅的人性化设计 [J]. 山西建筑，2005，31 (13)：22-23.

[4] 杨晗泽. 对人性化住宅建筑设计的探讨 [J]. 房地产导刊，2015 (2).

[5] 李静，李硕. 人性化的现代住宅室内设计要求 [J]. 廊坊师范学院学报，2005，5 (4)：13-14.

# 浅谈老工业建筑的保护与再利用

罗婷婷，刘晓东

（天津城建大学　建筑学院，天津市　300000）

**摘　要：** 城市的主体是由建筑组成的，建筑是城市的记忆，城市是历史的积累。由于我国的支柱产业在不断发生变化，每个城市也在不断更新，沈阳作为东北老工业区的基地也在发生着翻天覆地的变化。对于失去生产功能的老工业建筑更是这个老工业基地需要解决的问题。工业建筑的改造与再利用实例在国内外都有很多，我们可以从中吸取经验，结合沈阳铁西区的现状及特点，对沈阳铁西区进行改造保护并且再利用。

**关键词：** 老工业建筑；沈阳铁西区；保护与再利用

## 1　老工业建筑的定义及价值

### 1.1　老工业建筑的定义

工业建筑[1]是指用来进行工业生产的建筑，而老工业建筑则指的是早期建设的但随着时代发展失去了使用价值被闲置废弃的工业建筑（图 1）。

图 1　老工业建筑

### 1.2　老工业建筑的价值

工业建筑以“实用、牢固、美观”的特点著称，很多人认为它只是用来进行生产以获得经济效益的地方，认为它的外观不需要具有美感。现在越来越多的人开始关注老工业建筑的精神价值，它记载着一段时间发生的事情，是人们回忆的见证者，成为人们回忆的一部分[2]。

#### 1.2.1　物质优势价值

老工业建筑的占地面积一般较大，其内部空间可以被改造成多种使用空间，并且场地在最初规划的时候就已经拥有了成熟的交通体系，在建设老工业建筑时都会严把质量关，所以虽然经历了多年的变迁，但仍然可以被用来改造成具有新的使用功能的建筑。

#### 1.2.2 精神优势价值

老工业建筑的物质优势价值是它可以被改造的基础。除此之外，它的精神价值才更加重要，老工业建筑记载着社会发展的轨迹，记录着各个时期的点点滴滴。城市的发展离不开历史的积淀，这也说明老工业建筑存在的精神价值。我们中有一些人的父辈或祖辈把自己一辈子的光阴都奉献给了工厂，如果在垂垂老矣的时候还能看到自己年轻时工作的地方依然挺立，温暖之情以及强烈的归属感就会涌现出来。

## 2 国内外老工业建筑保护和改造概况

### 2.1 国外老工业建筑保护和改造概况

每个人都需要进行新陈代谢，城市和人类一样，也需要不断的更新发展。西方国家在20世纪60～70年代从工业生产中心转换为商业、贸易、金融、证券等第三产业中心，一方兴盛另一方就会衰弱，所以传统工业开始走下坡路，越来越多的工厂倒闭导致老工业建筑空闲起来。好在国外1960年就开始对历史建筑物进行保护研究，其中由劳伦斯·哈普林改造的吉拉德里广场取得了很好的成效（图2），应用建筑可持续发展理念，将原来制造巧克力的砖造工厂通过注入新的功能将其转变为露天商场，该工厂的大型机器也被用来供游客观赏。许多老工业建筑在被改造后重新具备使用功能，推动了所在城市的发展。在德国，卡尔·蔡斯光学工厂被改造成为大学城和城市中心；在意大利都灵，菲亚特汽车厂被改造成为会展中心。老工业建筑的再利用给城市注入了活力，同时又节约了资源，从而更好的实现可持续发展。

图2 吉拉德里广场

### 2.2 我国老工业建筑保护和改造的实践

我国在1980年左右开始意识到要对老工业建筑进行改造和保护，但因为我国老工业建筑在建设时就存在一些问题，所以更需要进行有条理的整治改造[3]。当意识到一些老工业建筑占地太多，而又没有充分利用时，一般采取的措施就是拆迁重建。研读了其他国家的经典改造案例，结合我国历史建筑保护的理论，我国先后出现了一批优秀的改造案例。例如中山岐江公园（图3）、北京798艺术区[4]（图4）、上海城市雕塑中心红坊等（图5），国内的这些案例的改造经验对沈阳铁西区的改造更是有着深刻的借鉴意义。

图 3　中山市岐江公园　　　　图 4　北京 798　　　　图 5　上海城市雕塑艺术中心

## 3　沈阳市铁西老工业建筑保护和改造再利用

### 3.1　沈阳铁西工业区

位于中国东北老工业基地南部的沈阳，被外界称为“东方的鲁尔”，而铁西区之于沈阳更是工业发展的核心地区，它拥有悠久的工业历史，在这里第一枚国徽被制造出来，生活在铁西区的人们，都认为铁西区因为工业而存在。随着城市的发展、经济的转型，铁西区的一些工业厂房厂址所处位置阻碍了城市的发展，也有一些工业生产车间会制造污染物，污染城市环境，所以必须进行搬迁，搬迁后的闲置厂房就需要建筑设计师综合其各种因素进行改造再利用，沈阳这样的例子有很多，沈阳铸造厂就是其中的一个案例。

### 3.2　沈阳铸造厂改造实例

#### 3.2.1　沈阳铸造厂改造再利用的动因

该厂位于沈阳市铁西区卫工北街北一路，始建于 1939 年，在当时这里还是城市的郊区，随着时代的发展，现在这里已经成为了市中心，仍旧在这里进行铸造生产活动不仅会带来空气、水源等环境污染，而且对提升城市的整体品质也是一大难题，所以发改委决定进行搬迁改造。

#### 3.2.2　沈阳铸造厂改造再利用的设计理念

搬迁并不意味着从一个地方原封不动的搬离到另外一个地方，而是说通过搬迁完善其功能从而更好地进行生产。搬离之后闲置的原厂房如何处理成为了一个热点问题，有的人认为原厂址所处地理位置极好，应该将其拆除重新建设成商业综合体，从而增强经济的发展。有的人则认为应该保留历史，将其改造为博物馆，拆除部分建筑，保留有特色的主体建筑以供后辈子孙瞻仰学习。经过政府权衡利弊，做出最后决定，保留它的一个特色车间，将其改造扩建成一座博物馆。

#### 3.2.3　被改造后的沈阳铸造厂——沈阳铸造博物馆

从外观上看，铸造博物馆的顶部由三块铁锈颜色的类似积木形状的长方体拼合而成。改造后的铸造博物馆南立面为茶色玻璃幕墙，北立面有突出的五个大字“铸造博物馆”作为标志，整个建筑物敦实厚重，给人一种工业气息（图 6）。

博物馆分为室外和室内两部分，室外的布展别有一番风味，其中的一个雕塑是一部被翻开的“书”，上面写着“铁西的由来”。由于原厂房的建筑形式为大跨建筑，钢结构，内部空间开阔，所以改造时保留其内部结构（图 7），将一些设备陈列于此形成内部展馆，就连厂房外的管道也被保留下来（图8），将昔日的场景复现在参观者的面前，室内展厅分为“铁西工业历史的发展回顾”、“工业会展与文艺演出”、“沈阳市铁西创意产业中心”三个部分。老厂区的墙壁上还画着1968年当时工厂的工人画的画，以及一些告示通知等。原来的食堂还保留着提供餐饮的功能，可供参观的游客在此休息用餐。在这座博物馆里，保存了原来铸造厂车间的模样，并且放置一些当时的工具材料等实物，给人们展示了铸造工艺的步骤，用图片等形式再现了铸造厂车间工作的情景。

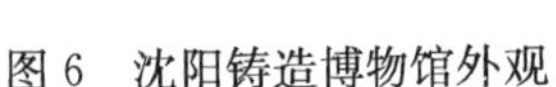

图6　沈阳铸造博物馆外观

图7　内部车间改造

图8　保留原有管道

### 3.3　对沈阳铸造厂改造的思考

将沈阳铸造厂改造为博物馆是通过采用新旧对比的手法来对历史起到传承。完全的推倒重建不能做到历史的延续，虽然得到暂时的利益，但若干年后我们的后辈子孙，那些没能参与过的人们会淡忘这段历史，一个没有过去的人很难在未来发展，遗忘过去历史的城市也不会得到更好的发展，只有学会传承，才能在未来发展中保持自己的特色，而那些老的符号的留存更能帮助我们发展未来。

## 4　结束语

对不管是工业建筑还是其他建筑的历史建筑保护和再利用，是一种全新的建筑观念，建筑不再是一个冰冷的硕大的空壳，而是一个有血有肉有灵魂的生命，它能在时代变迁中更新变换，在满足使用的前提下保存住过往的痕迹。当然这需要作为设计者的我们赋予老建筑生命，让它们与我们共存。

**参考文献**


[1]　陈子光. 老工业建筑再利用设计对策研究 [D]. 哈尔滨：哈尔滨工业大学，2007.

[2]　李婧. 旧工业建筑再利用价值评价因子体系研究 [D]. 成都：西南交通大学，2011.

[3]　李志军，柴寅，董杰. 城市化与废弃建筑再利用的探讨 [J]. 工业建筑，2008 (01)：58-59.

[4]　刘伯英，李匡. 北京工业建筑遗产保护与再利用体系研究 [J]. 建筑学报，2010 (12)：1-6.

# 浅析弗雷·奥托的轻型结构与自然设计理论

罗婷婷，刘晓东
（天津城建大学　建筑学院，天津市　300000）

**摘　要**：弗雷·奥托被公认为是现代建筑界的“巨人”，他在大跨轻型建筑领域的研究中有很深的造诣，对世界建筑史的发展有巨大贡献。在他的设计作品中，始终体现着他“与自然和谐、节能、轻型、可移动的适应性建筑[1]”的设计理念。他所探寻的是事物如何才能更合理的存在于一个建成的世界里。本文通过对弗雷·奥托的轻型结构与自然设计理论的研究与分析，结合他本人的建筑作品，总结设计经验，从而更好的指导建筑设计。
**关键词**：弗雷·奥托；轻型结构；自然设计理论；蒙特利尔德国馆；慕尼黑奥林匹克体育场

提起房屋的建造，我们马上就会联想到房子的材料、结构。古代建造的房屋多为木结构，因为所处时代木材资源丰富，拥有成熟的木构建筑技术。随着新技术的应用，钢筋混凝土这种结构出现在我们的生活里，其建造速度之快、质量之牢固让人们迷恋。可是发展到现在，人们意识到冰冷厚重的钢筋混凝土隔绝了我们与自然的交流，人们期待更亲近自然的结构出现。于是建筑师将目标转向于如何将房子做“轻”、做“薄”同时又能满足人们的需求。这时弗雷·奥托提出了轻型结构与自然设计理论，轻型结构的出现让人们耳目一新，人们突然意识到建筑竟然可以如此建造。

## 1　弗雷·奥托的个人经历

要想了解弗雷·奥托的轻型结构与自然设计理论，必须首先了解建筑师弗雷·奥托的个人经历。弗雷·奥托出生于德国，他母亲在给他取名字时希望他能够自由不受拘束，果然他一生都生活在自由理想的生活里，没有受到现实的约束，也算是没有辜负母亲的希望。弗雷·奥托的童年由于受到作为雕刻家的祖父与父亲的影响，开始研究制作飞机模型，年仅15岁就能够独自驾驶滑翔机。奥托在服兵役期间，恰巧第二次世界大战爆发。他作为飞行员参加了这次战争，不幸的是，他驾驶的飞机被敌方战机击落，奥托成为俘虏被关押在法国战俘营。机缘巧合的是，战俘营出现临时住房紧张的问题，做过木工的奥托被委托设计临时住所而成了一位小有名气的建筑设计师。也是在这里，因为缺乏建造材料，奥托学会了用尽可能少的材料去尝试建造各式结构类型的建筑，从此踏上了建筑设计之旅。3年后奥托被释放，随后因为对建筑设计的热爱使他进入柏林工业大学系统学习建筑学，并获得博士学位。从学校毕业后，奥托创立了研究所，开始了他的建筑创作历程。他在轻型建筑领域不断取得成绩，其代表作品有慕尼黑奥林匹克公园主体育馆、蒙特利尔世博会德国馆。弗雷·奥托曾说“我的希望是，用轻盈的、灵动的建筑，为实现社会的公平公正公开而服务[2]。”

# 2　轻型结构与自然设计理论

## 2.1　轻型结构

什么是轻型结构呢？轻型结构就是使用最轻、最少的材料去营造最大的使用空间，从而能够为人类提供亲近自然、与自然和谐相处的场所与机会。用轻型结构制造的建筑造型通常可以摆脱以往建筑的沉闷感而富有张力、活力。现在常见的有网壳结构、充气结构、膜结构等。

### 2.1.1　网壳结构

网壳结构（如图 1 所示）是一种空间杆系结构，类似于平板网架，它以杆件为基础，按照一定规律组成网格[3]。网壳结构可以覆盖大跨度空间，营造优美的建筑造型，而且具有较好的刚度，不易变形。

### 2.1.2　充气结构

充气结构（如图 2 所示）是将特制的高分子材料做成包膜制品，使其充入空气后形成相应的房屋结构。使用充气结构建造的房屋具有重量轻、覆盖空间大、施工速度快等优势。

### 2.1.3　膜结构

膜结构（如图 3 所示）包括我们熟知的张拉膜结构和充气膜结构，21 世纪运用膜结构的建筑一反以往中规中矩的直线建筑风格，有着优美的曲面造型，这样一种全新的建筑形式让人们眼界大开。

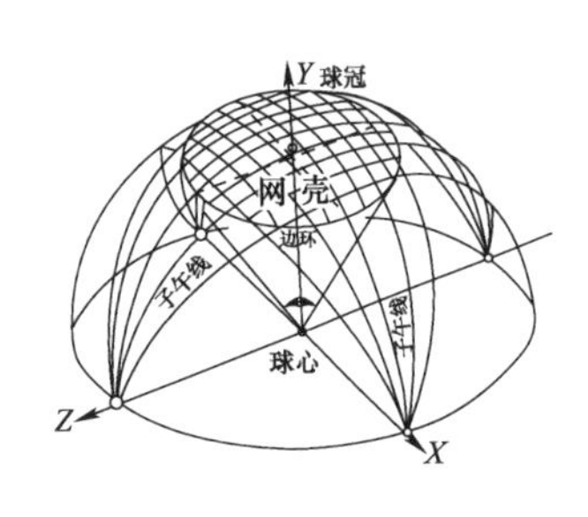

图 1　网壳结构

图 2　Ark Nova 充气音乐厅

图 3　膜结构

采用膜结构的建筑外观优美，能够使阳光进入室内，并且能够自我清洁，从而对环境保护做出贡献。此外，膜结构自身轻巧，与钢结构等高强度材料的配合使用，使膜结构能够覆盖大跨度空间。膜结构材料自身的阻燃性和耐高温性极好，可以预防火灾的发生。不但如此，因为自重轻、结构柔软能抵抗较大的变形，还可以应用在抗震要求高的建筑上。

弗雷·奥托是最早研究膜结构的人，我们都知道肥皂液能在表面张力的作用下形成具有收缩性的薄膜，这样我们就能吹出球形的泡泡。弗雷·奥托把金属丝或丝线做成框架放入经过特殊调制的皂液中，然后小心翼翼的取出，这时在丝线周边就能形成对应的曲面形态。假如能够保证温度与湿度的恒定不变，做出来的模型就能够长时间保留，若想得到更完美的曲面，需要用平行光进行投影，提取并测量出它的几何形式，循环往复最终得出想要的曲面膜结构形式，这就是奥托著名的皂膜实验。

### 2.2 自然设计理论

奥托在定位自己的身份时是这样叙述的，他认为比起建筑师、工程师的角色，他更适合将自己定位为自然科学家。他执着的追求着自然、环保的设计理念，结合生态、节能进行设计，他坚定地认为“做建筑可以创造美好的世界[4]”。所以他的作品都坚持着使用最低的建造成本，最少的建造材料。热衷于研究、使用轻型结构的原因，就是因为轻型结构可以用有限的材料覆盖较大的空间，并且在需要的时候建造，在不需要的时候拆除，循环利用，节约成本，并且他所设计的建筑建成后大都可以自然采光，不但在外观上追求自然灵动，在实际功能上也讲求用最自然的手法给人类提供舒适的场所。日本建造师板茂曾坦言，奥托是一位特别出色的建筑师，他独特之处是不使用复杂的高精端技术去创造奇奇怪怪的建筑，而是运用自然存在的材料顺应其特色进行因势利导的使用。

他终其一生都在做研究、做实验，这种对世界、对社会、对自然的责任感影响了无数人。奥托在获普利兹克奖时曾感叹，得奖真的不重要，他只是想设计出新型的建筑类型来帮助需要的人，尤其是经历过自然灾害的人。在设计过程中，他的出发点一直是围绕让人类更好地生活来进行的，他认为只有踏踏实实的研究、试验、实践、再研究、再试验、再实践才能让所有的人在大自然中拥有安稳的生活。在设计过程中，奥托坚持在自然形态中寻求设计灵感。奥托成立的研究所里，陈列着很多自然界生物的标本模型，不了解奥托的人以为自己进入了博物馆里。如果你以为奥托的设计理论是简单的仿生学，那就大错特错了。现在好多设计师因为害怕受到质疑或者攻击而强调自己的设计理念来源于经过自然选择的自然界。而奥托则认为，自然界的进化选择固然有其优越性，但是经过研究学习其精髓，从而进行人工建造才能得到更完善更接近理想的状态。盲目效仿自然，有时不是一件好事情，要保持清醒的头脑看待一切事物，努力朝着完美的方向前行。

弗雷·奥托一生的功绩可以用普利兹克建筑奖的颁奖词来概括：“在他的一生中，弗雷·奥托创造了富有想象力的、全新的、前所未有的空间和结构。同时，他还创造了知识。他给整个建筑界带来的深刻影响并非只是形式上的简单复制，而是通过他的研究和发现打开了全新的创新路径。他对于建筑领域的贡献不仅体现在其设计技巧和才华，更体现于他的无私和慷慨。”对于他创新的想法、持续的钻研精神、对知识和发明的无私分享，以及慷慨的协作精神和对于现有资源谨慎使用的态度是值得我们终生学习的[5]。

## 3 代表作品

### 3.1 蒙特利尔世博会德国馆

德国馆占地面积8000m$^2$，乍一看是一个大型帐篷，四面开敞，给人一种轻盈、飘逸之感。仔细观察其结构发现它是由8根钢桅杆和钢缆结成索网做成支架撑起蓬顶。在德国馆设计中应用了支撑膜结构技术，这是首次大规模应用此技术并且取得了较大的成功。通俗来讲，支撑膜结构就是放大的帐篷，高分子聚合材料的出现，使得我们能够制造出更大、更结实的帐篷。德国馆的大跨度空间就是通过采用高分子聚合材料与金属索结合做成薄膜而实现的。弗雷·奥托采用这种结构的原因在于该结构便于组装和拆卸，能够极大提高建造效率，结构清晰，并且价格低廉，适合当时的经济情况（如图 4 所示）。

图 4　蒙特利尔世博会德国馆

## 3.2　慕尼黑奥林匹克体育场

每一届的奥林匹克中心都有自己的独特之处，其中慕尼黑奥林匹克中心更是其中最为耀眼的一例。慕尼黑奥运会的主体育场一反往届常态，采用帐篷式屋顶，使建筑与自然融为一体。在奥林匹克公园内有柔美的山体，蜿蜒流动的湖水，更重要的是建筑也配合着整体的氛围，轻巧灵动（如图 5 所示）。

图 5　慕尼黑奥林匹克体育场

### 3.2.1　设计背景

此次慕尼黑奥运盛会是德国第二次举办的体育盛会，德国想借举办奥运会的机会重新展现战后德国的民主和文明，从而洗刷耻辱的历史。所以此次设计制定的设计思想是，配合城市环境，建造能与自然环境融于一体的建筑，将对现有环境的影响降到最低。当时的慕尼黑十分拥挤，修建占地面积较大的体育馆实属是一道难题。当时的政府选择了一处距离慕尼黑市中心 4km 的报废机场用来建设体育馆。但因体育馆的独特建筑类型，如果不依托环境进行设计就会对周边产生巨大影响，所以政府明确规定建设“绿色奥运”场馆。

### 3.2.2　设计过程

很多著名设计师参加了此次的竞赛，其中最吸引大家注意的是具有自由形式的帐篷屋顶，类似屋顶曾经应用在德国馆的设计上，与德国馆不同的是，此次体育场的设计面积尺度更大，并且要求更高。经过实地调研发现德国馆在建成后的几年里开始出现一些问题，例如蓬顶出现变形、桅杆轻微变形等，人们在期待中不禁多了一些顾虑。这时候奥托挺身而出表示“帐篷屋顶”这种点支撑不但可以满足需求并且还可以将成本降低。

奥托与贝尼施开始了漫长的设计过程。为了寻找解决办法，奥托制作等比例缩小的模型，对不同的结构体系进行试验，选取数量合适的桅杆并确定其位置，经过反复的实验对比，奥托决定把屋顶划分为几个部分，成为曲面单元，最后由主缆索拱联系起来，并且将索网网眼尺寸由50cm×50cm变成75cm×75cm，这样能够减少索网数量从而节约材料。此外，改进了索网交叉节点的做法以防出现德国馆交叉节点磨损的情况。在进行主缆索的节点设计时，最开始打算采用焊接钢板拼接，但由于复杂的形体，难以控制变形的发生，奥托引进了铸铁技术来解决这个难题[4]。

### 3.2.3 评价

虽然奥托有着丰富的经验，但是他没有默守陈规，在遇到难题时，不断应用新技术、新想法去创新的解决。这才使得慕尼黑出现了这个不但与城市、与居民和谐相处的体育场，而且与周围的山水环境能够紧密结合的建筑。这个面积为74000$m^2$的大帐篷屋顶统领着整个奥林匹克中心，并且延伸到四周的环境中，与周边的山景、水势互相映衬。

慕尼黑体育馆的建造反映出了奥托的一贯建筑理论风格，他提倡建筑融于自然，但不等于要盲目模仿自然，他主张人类有能力创造出与自然界共存的社会，当然这包括有生命的、已经死去的动植物、微生物等一切存在的物种。划分清楚边界，目的就是为了更好地辨识自然与技术，从而认清作为建筑师的责任。奥托鼓励人们运用合理的技术来更好地使人类与其他生物共处一地。

## 4 结束语

每当提起弗雷·奥托这个名字，我们都会想到他的轻型结构与自然设计理论。因为轻型结构的出现，使人们意识到我们可以把自然引入生活，不必生活在封闭的空间内，在遵循自然规律的情况下，找到契合于自然与社会的点，中国园林“天人合一”的思想与奥托的思想有着异曲同工之妙。现在已建成的建筑数不胜数，其中美的建筑也不胜枚举，但是唯独好的建筑却不多。好的建筑应该具有人文精神，奥托不仅在技术上、知识上对建筑领域做出了贡献，而且还表现在他对底层群众的关注上。我们需要学习的不仅是奥托踏实研究的精神、对自然环境的尊重，还需要学习他的人文精神以及品格。我们除了掌握技术更需要拥有对世界的热情与激情，要相信作为建筑师的我们可以为人类、为自然提供更美好的世界。

**参考文献**


[1] 温菲尔德·奈丁格. 轻型建筑与自然设计：弗雷·奥托作品全集 [M]. 北京：中国建筑工业出版社，2010.

[2] 董宇，武岳. 生命承起之“轻”——弗雷·奥托往事及其轻型结构 [J]. 城市建筑，2015，25：31-35.

[3] 甘明，万涛. 网壳结构的应用 [J]. 建筑创作，2000，02：48-51+3.

[4] 温菲尔德·奈丁格，唐杰. 创造，为了更美好的世界 [J]. 城市环境设计，2015，11：162-163.

[5] 弗雷·奥托（FreiOtto）获2015年普利兹克建筑奖 [J]. 建筑学报，2015，03：119.

# 关于天津文化中心公共空间景观色彩组织与营造的思考

尚金凯，薛志峰
（天津城建大学　城市艺术设计学院，天津市　300000）

**摘　要**：本文从天津文化中心公共空间中景观要素的色彩入手，通过对色彩的载体和构成，以色彩学与色度学的理论对现状进行分析，并与国内外文化中心公共空间景观色彩进行对比，结合天津自然色彩、人文色彩、城市建筑色彩分析天津城市色彩，以此为依据提出在现有基础上对文化中心公共空间景观色彩升级的设计定位和思路。
**关键词**：公共空间；城市色彩；景观色彩；色彩学

随着经济、科学与技术的不断发展，文化中心作为呈现当代文化艺术品的建筑群体，越来越受到人民和国家的重视，它不仅是展示国家综合国力的标志，而且还是体现社会进步和文化强国的精神动力[1]。

由于不同城市和地区其文化基因的差异，各个文化中心所呈现出的整体风貌也各不相同，但文化中心的本质不是形象，而是活力，因此，文化中心的形象不应是静止的，而是变化的，文化中心的建设是一个永无休止的过程。文化中心公共空间景观色彩的组织与营造，应当随着时间的变化而紧跟文化建设的步伐。本文通过对天津文化中心公共空间色彩的案例分析[2]，结合色彩学相关知识以及天津本地的特色与现状的分析与思考，对文化中心公共空间色彩提出合理和具有可操作性的组织与营造方案。

## 1　文化中心景观色彩现状

天津作为国家港口城市、北方经济中心和生态城市，基于当时天津文化设计建设方面单体面积较小、功能不完善、布局相对分散、缺少对外展示交流和市民休闲交往等的问题，天津市委、市政府为适应天津社会、经济的快速发展，完善城市文化服务功能，提高城市形象，满足人民群众的文化需求，于2008年决定规划建设天津文化中心[3~4]。

### 1.1　原始规划设计构思

天津文化中心（图1）作为天津标志性区域，以中央湖面为核心，通过湖内大型艺术喷泉将周边水体有机结合，形成优雅、生动的水景主题，隐喻天津文化的重要组成部分

---

作者简介：尚金凯（1962—），男，天津，教授，研究方向：城市艺术设计。
薛志峰（1989—），男，山西吕梁，硕士，研究方向：城市艺术设计。

“水文化”；“一轴”，从用地西侧的天津大礼堂向东延伸弧形景观轴，“三区”，由轴线东侧端头的天津大剧院和用地南侧，自西向东，依次布置的自然博物馆、天津博物馆、天津美术馆、天津图书馆形成文化博览区；用地北侧的银河购物中心和彩悦城阳光乐园购物中心，形成以“文化、人本、生态”为主题，服务不同人群的商业娱乐区。以城市步道、中心湖岸为纽带，一系列的广场、公园和景观区域形成供市民休闲的广场区，向公众展示富有天津内涵的文化、艺术与历史的公共空间。

图 1

其中，天津文化中心公共空间总面积约 33 万 $m^2$，水面约 10 万 $m^2$，绿地约 12.9 万 $m^2$。设计以水、绿化等自然元素为载体，将一个个文化场所结合起来，营造出一个以文化、生态为主题的具有天津文化特色的“城市客厅”，作为城市的缩影，为公众创造宽松而又有活力的文化氛围，提供丰富的人文体验，继承并弘扬城市文化，表达对生态文明的向往，为城市文化与生态城市建设发挥示范作用。

## 1.2 文化中心色彩的载体与构成

天津文化中心公共空间的色彩构成有天空、地形地势、水体绿化、标志标识、公共艺术等内容，同时与中央人工湖和生态岛形成文化中心的核心景观。文化中心硬铺装广场 26 万 $m^2$，湿地面积 2600$m^2$。10 万 $m^2$ 的人工湖，湖边铺设花园步道。栽植乔灌木 2 万株，花卉及水生植物近 3 万 $m^2$，地被 4 万 $m^2$，使文化中心整体绿化率达 45%。宏大的城市文化设施与自然生态融为一体，营造宁静、优雅浓郁的文化氛围特色区域[6]。

为了承载丰富的文化信息和厚重情感，色彩分为不同种类，从物质载体角度分为：自然色、半自然色和人工色。

(1) 自然色：自然色是自然界中的物质所表现出来的颜色。天津文化中心公共空间在植物品种的选择上主要选取了具有天津城市代表性并能体现季相变化的种植物为主的耐盐碱性较强、易于管理的种类，搭配各季节的开花树种，协调常绿树种和落叶树种的比例，使生态岛一年四季洋溢不同的特色景观。

(2) 半自然色：半自然色是有别于自然色，是在不改变自然物质色彩的前提下经过人工加工，如：木材色、石材色等。在文化中心中如美术馆采用了精雕细刻的洞石结合横向局部石材百叶的搭配，博物馆则采用浅咖色石材打毛与铜板结合等。在文化中心的公共空间地面则采用了大面积的浅色石板铺装以及深木色的防腐木铺装，通过大面积的暖色石材以及金属材质与深木色材质的搭配形成了活泼的韵律以及有序的变化，突出了建筑的文化厚重感和文化中心清新灵动的气息。

(3) 人工色：人工色是通过各种人工手段生产出来的色彩。在文化中心各建筑中，玻璃的使用尤其突出，其中天津大剧场，将剧场内部的灯光外透，在其半圆形的大屋盖下，覆盖三个玻璃体演出场馆；还有图书馆、银河购物中心、自然博物馆等建筑中，在外部的装饰中大量地运用了玻璃。

## 1.3 色彩的感知与体验

公共空间作为城市居民进行公共交往的开放性空间[7]，其中的景观色彩是空间实体环境中通过人的视觉所反映出来的全部色彩要素构成相对综合的群体面貌，其表现离不开人的主观体验与感知，由于人们对色彩各自喜好的不同，同一客体的公共空间环境，不同的人可能产生迥异的主观色彩感受，但回看城市公共空间色彩的产生过程，其形成并非取决于个人喜好，而是人们的群体选择，是群体意识的反映，也是地域文化特征的表现，即城市公共空间色彩的感知和体验是群体共性和文化的反映，是一个从生理反应到心理反应，从集体意识到个体感受的过程。涉及空间以及所在城市的方方面面，涵盖了城市历史、文化、气候、植物、构筑物等等诸多因素。天津文化中心（图 2）作为天津文化特色的"城市客厅"，城市的缩影，旨在为公众创造宽松而又有活力的文化氛围，为人们提供丰富的人文体验，继承并弘扬天津城市文化，为天津城市文化与生态城市建设发挥示范作用。

文化中心整体色彩上受城市进程的全球化和同质化的影响，以石材和玻璃为主，通过不同肌理，不同材质的搭配，形成了以灰白色等无色系为主导，其他色系，如绿化带的绿色、景观植物的彩色、湖水的深蓝色等做点缀和辅助。

从色彩学中生理感知（视觉色适度、色的恒长、明度恒长、色彩的可读性、诱目性、视觉混色、视觉阈值）、心理感知（空间、冷暖、轻重感、软硬感、华丽与朴素、忧郁与活泼等）、色度学的色彩的三属性：色调、明度、彩度的角度分析[8]，文化中心的公共空间在周围以大体量建筑的无色系主导，辅以其他色系，以弧形景观轴与中心湖面为架构展开，整体色彩感知厚重、大气，但北岸城市步道与银河购物中心虽相互映衬，但缺少体现商业活力的色彩组成部分（图 3），如与环境相协调的户外广告等；西岸的生态岛与东岸大剧院的"城市舞台"亲水空间互为依托，但相对于西岸生态岛丰富的景观植物的绿色色系，东岸大剧院"城市舞台"的无色系铺装，两者之间并不谐调（图 4、图 5）；中央湖

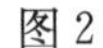

图 2

图 3

图 4

图 5

面水岸与步行系统将空间连为一体，通过景观植物色彩，铺装材质色彩、地形高差等，结合不同需求，划分为一系列活动场所，旨在为市民营造富有文化特质的诗意空间，但整体采用的灰白色石材铺装，结合尺度较大的开敞空间广场，给人产生平面的单调感，缺少活力。

## 2 与各大文化中心的对比

文化中心作为各地区乃至各国家城市历史文化展示的窗口，已有多年的发展历史，在国外，文化中心随着城市化的历史进程，不断兴建与扩展，在我国，进入新世纪之后，结合旅游业等的发展，各地区文化中心项目的新建呈现了百花争鸣的盛景。

### 2.1 河南艺术中心

河南艺术中心（图 6）采用单一的几何形体融入繁复的建筑功能，外形似蝴蝶，总体布局上，以垂直于湖岸的中心线为轴线，用两片弧形艺术墙，将分属五大功能的五个大小不同的椭圆球体分为南北两区，组成放射状的建筑群，临湖一侧，设计有音乐喷泉露天舞台，提供表演空间，另有 6m 标高的室外大台阶，可观看露天表演和欣赏中心湖美景[9]。

河南艺术中心的公共空间设计与天津文化中心的中央湖“城市舞台”有异曲同工之妙，都有大面积湖面水景，配有音乐喷泉等，在自然色、半自然色和人工色之间的搭配非常相似，但河南艺术中心相比天津文化中心占地面积相对较小，主体建筑更为集中，色彩使用更为厚重，材质的使用也更加偏近高技派风格。

### 2.2 沈阳文化艺术中心

沈阳文化艺术中心[10]（图 7）用地南侧为浑河，北临二环路，西侧为青年大街和国际会展中心，东侧为五里河公园，主体建筑采用钢结构玻璃体构架，呈宝石形，景观规划将“宝石”理念进行重构，运用宝石形坡状绿地对景观空间进行划分，使之与主体建筑相呼应，借用地形，北侧种植大片乔木，将中心与闹市进行隔离，在色彩上形成了过渡与融合的色块，其他景观区域通过观赏树木的配置，花卉植物的点缀以及草坪的烘托，有机搭配，丰富层次，将主体建筑对周围自然景观的影响极大减小，体现建筑融于自然之感。

图 6

图 7

沈阳文化艺术中心相较于天津文化艺术中心，无论占地面积、建筑数量与体量都相对较小，也正因如此，沈阳文化艺术中心在色彩设计上充分挖掘滨水空间资源，采用大面积的自然色来烘托建筑的人工色，形成了自然绿色系包围建筑无色系的色彩构成体系，主体建筑色彩与自然环境色彩融合度较高。

### 2.3 湖南梅溪湖国际文化艺术中心

湖南梅溪湖国际文化艺术中心[5]（图 8）由世界级建筑大师扎哈·哈迪德建筑事务所设计，在有限的场地中，造型犹如盛开的“花朵”，以建筑为主导，公共空间相对较少，分割也较为碎片化，但依托用地南侧紧邻梅溪湖公园的独特地理位置，对建筑的公共空间有很好的延展性，若单看文化中心，则其以人工色为主导，但结合梅溪湖公园，则鲜明的建筑白色与周边自然绿色系相融合，人工色与自然色交相辉映。

图 8

## 3 文化中心景观色彩再设计

文化中心景观色彩的设计主要是依据天津城市色彩，经过城市自然色彩、城市人文历史所形成的色彩以及城市建筑等城市色彩因素配合国内外经典案例的研究分析，提出对文化中心色彩再营造，主要有：

### 3.1 色彩对比、明度呼应

文化中心主体建筑色彩采用人工色的玻璃搭配半自然色的石材色，采用灰白色的石材地面铺装，结合大面积的水域和自然植被，空间开敞，整体色彩感觉稳重，但略显单调，欠缺活力，同质化较为严重，尤其以非节假日的夜景尤为突出，中央湖南北两岸分属不同功能区，但夜景并未有很好的区分。因此，基于各分区功能与特色，结合城市色彩，丰富分区色彩，增加各分区之间的色彩对比，明度对比，使之进行有效区分。中央湖北侧商业区，可增加更多明度亮度较高的色彩，凸显其商业活力，南侧可增加明度亮度较低的色彩，凸显文化氛围的同时也可以适当增加区域活力。

### 3.2 景观色彩的再搭配

文化中心公共空间在以无色系主导，辅以其他色系，以弧形景观轴与中心湖面为架构展开的色彩配置中，某些区域的色彩相对失衡，中心生态岛和城市步道景观植物丰富，高低有序，与之形成对比的南侧建筑群，景观植物较少，在保留南侧建筑前的广场空间的基础上，将联结各建筑中间的景观植物和地面铺装进行优化升级，增加高大乔木如国槐等，配置应季植物，如春梅（榆叶梅、黄刺玫、珍珠梅等）、秋菊（地被菊、万寿菊等），冬景由常绿植物如黑松、油松、云杉等构成，丰富色彩层次。地面铺装增加城市传统色彩中的红色系，拓展景观植物的内涵和外延。

### 3.3 景观要素的再升华

构成公共空间景观的要素在城市经济和社会发展的过程中，随实际需要而逐步建设形成，包括建筑物、道路、广场、绿地与地面环境设施等，在构成文化中心公共空间的各要素中，地面环境设施相对欠缺，尤其是公共艺术部分，数量相对较少，只有北侧体量较小的少量雕塑和南侧广场前单体且体量较大的地标性景观雕塑，随着文化中心的发展，对公共艺术部分的升华，无论从构成要素的延展性方面，还是色彩层次的丰富性角度，增加公共艺术都是行之有效的方向。如独具天津人文历史的民间艺术品“刻砖刘砖雕”“魏记风筝”“泥人张彩塑”等，都是可以选取的素材，既可以丰富公共空间内涵，又可以更好地体现天津城市文化。

## 4 结束语

文化中心的本质不是建筑，而是活力，文化中心的形象是流动的，对于完善城市功能、延续并弘扬城市文化、促进城市发展有着极大的影响，文化中心的建设是一个永无休止的过程。本文围绕“文化、人本、生态”的原有设计理念，通过对文化中心公共空间现有景观色彩的分析与思考，提出了在现有基础上增加色彩对比度和明度，景观色彩的更新搭配，以及景观要素再升华的公共空间景观色彩升级理念，从而将天津文化中心更好地营造为展示天津文化特色的“城市客厅”，为天津市民提供丰富文化资源，营造美好文化氛围。

### 参考文献


[1] 艾杰，王昭，崔磊，等. “发生器”理论在城市活力营造中的应用——以天津文化中心城市设计为例 [J]. 规划师，2011，27 (c00)：101-103.

[2] 沈磊，李津莉，侯勇军，等. 天津文化中心规划设计 [J]. 建筑学报，2010 (4)：27-31.

[3] 迪特尔・格劳，高枫，孙峥. 天津文化中心景观和生态水系统设计 [J]. 上海城市规划，2012 (6)：60-65.

[4] 赵春水，吴静子，吴琛，等. 城市色彩规划方法研究——以天津城市色彩规划为例 [J]. 城市规划，2009，33 (S1)：36-40.

[5] 王营合，张保利，林子绢. 盛开的花朵——长沙梅溪湖国际文化艺术中心 [J]. 建筑与文化，2013 (4)：27-29.

[6] 天津市城市总体规划 (2006-2020). 专业规划说明. 天津市人民政府，2006-8.

[7] 尹思谨. 城市色彩景观规划设计 [M]. 南京：东南大学出版社，2004.

[8] 丁杰，高超，李任然. 色彩在园林景观设计中的应用分析 [J]. 建筑・建材・装饰，2014 (16)：27-28.

[9] 于一平. 与蝶共舞——河南艺术中心建筑设计 [J]. 建筑学报，2009 (10)：68-69.

[10] 赵晨，于鹏. 浑河边上一段靓丽的乐章——沈阳文化艺术中心 [J]. 建筑技艺，2012 (5)：167-171.

# 通景画对乾隆时期故宫室内装修的影响——以宁寿宫，三希堂通景画为例

郑茜
（天津城建大学　城市艺术学院，天津市　300000）

**摘　要：** 本文通过对乾隆时期通景画的来源以及演变过程进行分析，研究通景画在乾隆时期故宫装修中的作用，总结出通景画对乾隆时期故宫室内装修的3点影响，以及乾隆皇帝在室内设计上的艺术创造和高水平审美。

**关键词：** 故宫；通景画；室内装修；室内空间；乾隆时期

## 1　概述

### 1.1　故宫通景画由来

通景画一词第一次出现在《清宫内务府造办处档案总汇》记载中是在雍正五年（1727年）。当时雍正皇帝正在修建圆明园，在“万字房”的装修中应用到通景画。“雍正五年（1727年）…万字房内通景画壁样…，…画得通景画壁画一张，…贴在万字房内乞”[1]。

通景画源于欧洲天顶画，明末清初，传教士带来西方科学技术，透视法传入中国。天顶画利用透视技法，制造出强烈的空间感，康熙时期，北京天主教堂北堂出现很多透视壁画，由意大利画家绘制。北堂利用透视画装饰室内之后，北京的教堂纷纷效仿。从明末天顶画传入到康熙乾隆时期，天顶画大量应用，都为通景画的产生奠定了基础[2]。

由于天顶画是直接绘制在墙面上，更改修复都十分困难，而且明清时期，壁画已经不被应用于室内装饰中，所以通景画采用了贴落形式。根据《清宫内务府造办处档案总汇》记载，“贴落”最早被应用到故宫装修中是在雍正三年（1725年），乾隆时期，贴落被大量应用。贴落解决了通景画的绘制问题，促进了通景画的发展。

天顶画主要被应用到教堂装饰中，所以绘画内容主要是宗教壁画。然而从康熙到雍正乾隆都曾颁布过“禁教令”，从现存通景画也可以看出，故宫通景画主要绘制的都是故宫室内场景和人物。

所以，通景画是西方透视技法和中国绘画的结合体，故宫通景画的由来也是“西画东渐”的结果。

### 1.2　乾隆时期通景画

通景画被大量应用到故宫装修中是在乾隆时期，通过《清宫廷画家郎世宁年谱—兼在

华耶稣会士史事稽年》一文总结乾隆时期郎世宁绘制通景画应用地点，虽然没有提到中国画家绘制的通景画，也不知道通景画具体数量，但是可以看出，通景画在乾隆时期被大量应用（如表 1 所示）。

**乾隆时期郎世宁所绘通景画建筑数量** **表 1**

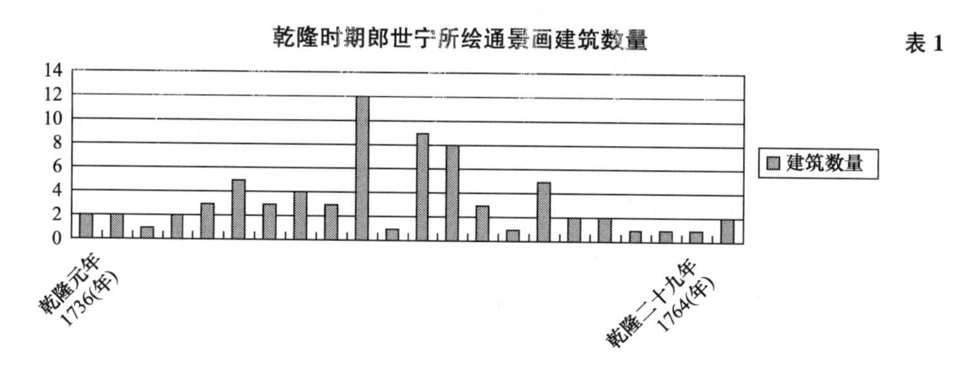


现在故宫所存通景画的绘画时期都是在乾隆时期，所以本文选择乾隆时期进行研究，分析通景画对故宫装修产生的影响。

## 2 乾隆时期宫殿建筑室内通景画演变过程

现存通景画演变过程[3]如表 2 所示：

**故宫现存养心殿、宁寿宫通景画** **表 2**

| 名称 | 时间 | 建筑类型 | 室内空间位置 |
|---|---|---|---|
| 养心殿通景画 | 乾隆元年（1736 年） | 养心殿西暖阁仙楼 | 北楼梯上北墙 |
| 养心殿通景画 | 乾隆元年（1736 年） | 养心殿西暖阁仙楼 | 西边楼下穿堂北间门里连顶隔 |
| 养心殿通景画 | 乾隆元年（1736 年） | 养心殿西暖阁仙楼 | 西明间两旁 |
| 养心殿通景画 | 乾隆元年（1736 年） | 养心殿西暖阁仙楼 | 东边楼下明间南边东墙 |
| 重华宫通景画 | 乾隆三年（1738 年） | 西配殿 | 西北二面 |
| 养心殿通景画 | 乾隆十四年（1749 年） | 养心殿西暖阁 | 向东门内西墙 |
| 养心殿通景画 | 乾隆三十年（1765 年） | 养心殿西暖阁三希堂 | 西墙 |
| 倦勤斋通景画 | 乾隆三十九年（1774 年） | 宁寿宫倦勤斋西三间 | 内四面墙、柱子、栏顶、坎墙 |
| 玉粹轩通景画 | 乾隆四十年（1775 年） | 殿内明间罩内 | 西墙 |
| 养和精舍通景画 | 乾隆四十一年（1776 年） | 宁寿宫转角楼明间 | 西墙 |

注：养和精舍建筑平面呈曲尺形，为二层楼阁式，俗称为转角楼[4]。

从图 1、图 2 可以看出，三希堂和倦勤斋等地空间都较小，比较狭窄，从建筑用处看，倦勤斋是室内戏台，玉粹轩和养和精舍都位于宁寿宫花园，供皇帝游憩，三希堂是皇帝书房。乾隆布置的通景画主要被用于狭窄空间，起拓展空间的作用，开阔视野。而且并不用于重大建筑宫殿，主要营造轻松愉快的室内氛围。

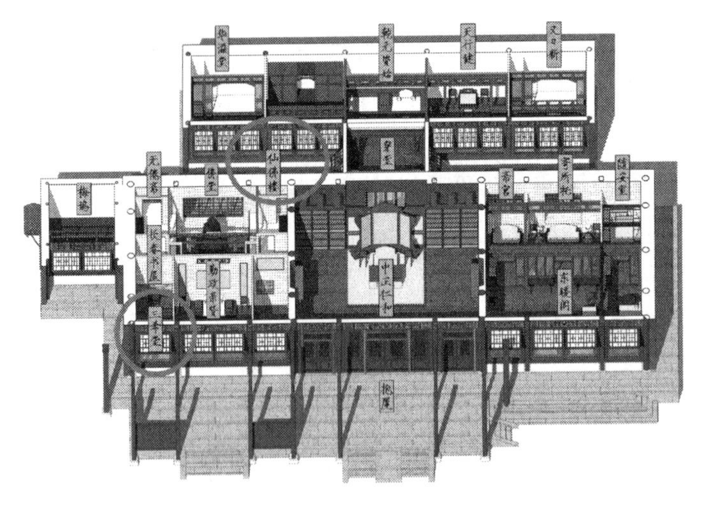

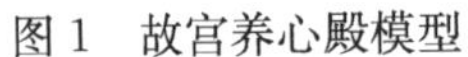

图1　故宫养心殿模型

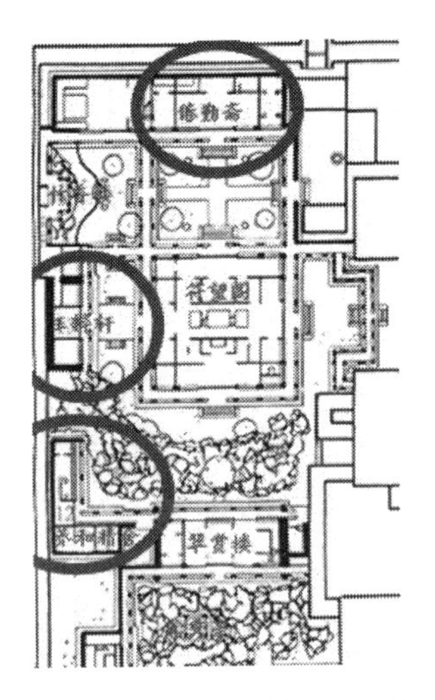

图2　宁寿宫花园局部平面

## 3　通景画与室内装修

### 3.1　顶棚装修

故宫通景画分为两种，一种是“贴落”形式，直接拼贴于墙上，还有一种是天顶画，如倦勤斋天顶画。倦勤斋顶棚将通景画用到顶棚装修中，一般而言，故宫顶棚装修都运用天花装修，再绘上彩画，比较重要的宫殿，还会在天花中间用藻井装饰。藻井通过套叠，也能表现出空间感，和天顶画虽然有相同作用，但是和天顶画有很大差异（如图3、图4所示）。

图3　太和殿藻井

图4　倦勤斋天顶画

藻井虽然也被用于室内顶棚制造空间感，但是主要运用在重大宫殿中，空间开阔，而倦勤斋的天顶画用于室内戏台，空间相对窄小，而且两者营造氛围也不同。相比起藻井，天顶画绘制、更换方便，内容多样，是一种新的装修形式。

### 3.2　墙面装修

#### 3.2.1　贴落

通景画算是贴落的一种，在清代，贴落被广泛用于墙面装饰。根据《清宫内务府造办处档案总汇》记载，清代故宫贴落主要被用于三处。第一种是牖窗，槅扇上做装饰。第二种是为了与周围环境相适应的通景画，比如三希堂的通景画，这类贴落就是起到衔接室内空间，扩大视觉空间的作用。第三种贴落就是有独立绘画内容主题的贴落，是一幅完整的作品[5]。画面巨大，布满墙面，起到壁纸作用的贴落就是通景画。贴落与通景画异曲同工，但是在制造空间效果、拓展空间的作用上，通景画的作用远远大于贴落的作用。

**3.2.2 壁画**

对于室内墙面装修，主要就是壁画（如图5所示）和壁纸两种形式，通景画虽然是壁画壁纸结合体，但是也有不同之处。壁画主要被用于宏伟的建筑中，庄严肃穆，恢宏大气，被用于大空间，营造庄重气氛，而通景画用于小空间，主要用于从视觉上拓展室内空间，内容主要受皇帝影响。

图5 元代壁画

图6 宁寿宫彩画

**3.2.3 彩画**

彩画主要被用在木梁架上，既保护木材，又起到装饰作用。故宫宁寿宫的彩画为清代官式苏画，清代早期和中期，都被用到园林建筑装饰上，比如乾隆时期宁寿宫，如图6所示，到了清代晚期，才开始大规模应用到宫殿装饰上[6]。彩画和壁画一样，一旦绘上，很难更换，而且彩画主要用于局部木构件上，不用于墙面等大面积装饰，也没有通景画拓展空间的作用。

## 4 结束语

根据乾隆时期通景画的所处空间，分析出通景画的主要用途，和其他室内装修方式相比，通景画有几个优点：

（1）制作方便，便于更换。不管是彩画、彩绘还是藻井，制作工艺都很复杂，而且不易更换，通景画属于贴落形式，绘制方便。

（2）拓展空间，营造轻松趣味的空间。藻井一般被用于重大宫殿中，恢宏华丽，而且空间较大，像三希堂空间狭小，不适宜用藻井，而宁寿宫本来就是乾隆为自己建造的养老之地，也不适合装藻井。贴落一般尺幅较小，且内容一般为字画，不能拓展空间。

由于藻井、壁画、彩画和贴落这些装修形式不能满足小空间的拓展和装饰，通景画满足了乾隆的装修需求，所以被大量应用到故宫装修中。

通景画对乾隆时期故宫室内装修的影响：

（1）解决故宫小空间的装修需求，通景画既能在视觉上制造出强烈空间感，又能营造一种轻松有趣的氛围。

（2）将西方风格引入故宫室内装修中。乾隆对西方艺术接纳性很大，还建造了水法、圆明园西洋楼。通景画运用西方透视绘画技法，将欧洲天顶画的形式借鉴到故宫室内装修中，是西方技术和中国文化的结合。

（3）通景画虽然不是在乾隆时期首次出现，但在乾隆时期被大量应用，体现了乾隆对室内装修强烈的独特创新意识和高水平审美。

**参考文献**


［1］ 刘辉．欧洲渊源与本土语境［D］．北京：中央美术学院，2013.

［2］ 李晓丹，王其亨，金莹．17-18世纪西方科学技术对中国建筑的影响——从《古今图书集成》与《四库全书》加以考证［J］．故宫博物院院刊，2011（03）：113-125＋161.

［3］《清宫内务府造办处档案总汇》.

［4］ 王子林．宁寿宫花园通景画考析［A］//中国第一历史档案馆．清代档案与清宫文化——第九届清宫史研讨会论文集［C］．中国第一历史档案馆，2008：12.

［5］ 聂卉．贴落画及其在清代宫廷建筑中的使用［J］．文物，2006（11）：86-94.

［6］ 郭泓．故宫宁寿宫花园建筑彩画及其保护研究［D］．北京：中国艺术研究院，2010.

# 高校教学楼室内教学空间中的交互设计

董守凯，李嘉悦，付桂花
（河北建筑工程学院　建筑与艺术学院，河北省张家口市　075000）

**摘　要：**随着经济时代的到来，近几年我国迎来了大学校园建设的高潮，同时随着高等教育理念的转变，教学活动日趋频繁，教与学已经不仅仅局限于课堂之上，因此单一学科的教学模式已经不能满足多样化的教学需求，而另一方面由于我们的教学空间缺乏可以供师生交流互动的空间，在我们的教学楼内很少能看到学生或者老师一起交流的场景，我们的师生对于我们的教学楼也是一种有课则来无课则走的一种态度，这也阻碍了师生进一步的交流学习。因此，为师生塑造一个能够促进交往的、开放型的场所空间尤为重要。

**关键词：**交互设计，教学空间，教学楼

## 1　交互设计的基本概念

交互设计的含义主要可以从三方面阐述：一是人与人之间的交流互动，人与人在直接或者间接的接触之间会产生思想、情感、信息等方面的交互行为；二是人与物之间的交往互动，这主要取决于人的主动性以及物所具备或者被赋予的某种特性；三是人与空间之间的交往互动，空间质量的高低在很大程度上影响着人的活动，当人处于某一种空间时，他们的行为可能被限制抑或被激发，一个好的空间会引起活动的开始，而活动又会吸引出更多的活动。

## 2　交互设计的基本特征

不同的交互类型具有不同的特征，因此也可以从人与人、人与物、人与空间三种类型来分析交互设计的特征。

### 2.1　人与人之间的交互

#### 2.1.1　吸引性

人与人在交往的过程中，有意或者无意识的会选择某一类的人进行交流，他们往往有很多共同的话题、价值取向等，也就是常说的人以群分。

#### 2.1.2　易变性

在人们的成长历程中，由于年龄、环境等方面的改变，人与人交互的对象也很容易发生改变。

### 2.1.3 社会性

人与人之间的交互主要有赖于他人，因此也就具有很大的社会性，比如儿童之间嬉戏、互相打招呼、交谈等，这些都属于被动式接触，即仅以视听来感受他人。

## 2.2 人与物之间的交互

### 2.2.1 自主性

人在与物的交互过程中，人往往具有很大的自主选择性，人们可以根据自己的喜好、需求自主选择某一类型的事物。

### 2.2.2 同时性

人可以同时选择某一类型或者不同类型的事物，不同的人也可以选择同一类型的事物。

## 2.3 人与空间之间的交互

### 2.3.1 人性化

人性化即在满足人对空间最基本的生理需求基础之上，使人更舒适，从而满足人的心理、精神需求。

### 2.3.2 开放性与私密性

在人与空间的交互中不同开放程度的空间起着不同的作用，我们依据空间的开放程度可以把空间分为开敞空间、半开敞空间以及私密空间三种。

### 2.3.3 归属感

归属感是人的一种基本心理需求，是人对所处环境、自身的认同。这种空间往往承载着人们的某种情感或者回忆，处于这种空间中会引起人们的共鸣，也会感到更加亲切。

### 2.3.4 丰富性

人们的活动具有多样性，这就需要更加丰富的空间层次与之相适应，同时丰富的空间体验也更加具有吸引力。

# 3 高校教学楼室内教学空间中的交互设计

我们的高校室内教学空间中的交互空间主要存在以下问题：一是教学空间中的交互空间规模小；二是教学空间中的交互空间不够灵活；三是教学空间中的交互空间缺乏人性化设计；四是教学空间中的交互空间开放性程度不够。因此我们可以从室内教学区的公共空间（厅空间、共享空间）、交通空间（走廊、楼梯）、教学空间（普通教室空间、专业教室空间）三个方面进行分析[1~3]。

## 3.1 室内教学区的公共空间交互设计

### 3.1.1 厅空间交互设计

（1）门厅

门厅作为进入建筑的第一个空间，往往也是给人留下第一印象的空间，这种空间肩负着引导疏散人流的作用，同时也是人们等待、休憩、交流的重要场所。因此，在注意门厅空间导向性设计的同时，也可以布置一些休憩、展览设施，供人们停留、观展，从而创造更多交流的机会。

（2）过厅

过厅通常是作为两个或者多个空间之间的过渡空间，往往设置在通道空间的交汇处，大空间的交汇处以及通道空间与其他空间的转换处作为转换空间存在，同时也起着引导、疏散人流的作用，在过厅设计时也可以赋予其休息、展览功能，丰富过厅的功能属性，以便吸引师生的驻足停留。

### 3.1.2 共享空间交互设计

共享空间的设计模式主要有结合门厅设置和独立设置两种，结合门厅设置，可以扩大门厅空间感或者丰富空间的层次，共享空间独立设置即结合一些交通空间比如走道、楼梯等设置，从而提高共享空间的使用率以增加交流的可能性。比如，鹿特丹伊拉斯姆斯大学的中庭设计了阶梯状平台，这种空间不仅能满足学生进行大规模的公共活动同时可以作为展览空间，供学生休憩、交流。

## 3.2 交通空间交互设计

通道空间连接着各个不同功能的空间，具有疏散、引导、休憩、展览等功能，同时也是师生活动比较频繁的空间。

### 3.2.1 走廊

走廊作为水平交通的一种重要形式，通常分为内廊式与外廊式两种。设计时我们可以把走廊空间作为教室空间的一种延伸，赋予其更多的功能属性，比如：加大走廊的尺度，串联起更多的小空间，摆放适当的休憩设施，供人们休息和交流，或者摆放展品，供人们参观学习，这样空间属性就会变得更加多元化，而不只是作为交通空间而存在。另一方面，我们也可以弱化走廊的界面，从而使空间更加开敞，比如：利用玻璃等通透性较强的材料作为走廊界面，可以方便不同空间的学生视线上的交流，从而给进一步的交互创造可能性。

### 3.2.2 楼梯

楼梯作为竖向交通的主要形式，同时它的灵活性比较大，因此也为更多的交互设计提供了可能。比如，可以把楼层或者休息平台加宽，甚至延伸到室外，或者把开敞的单跑楼梯平台相连加宽，形成层层退台，这样也可以形成集中交互的空间。楼梯还可以结合座椅设置，两个踏步合二为一，尺度正好满足倚靠休息，而正常尺度的楼梯则用于行走。

## 3.3 室内教学区的教学空间交互设计

### 3.3.1 普通教室空间的交互设计

普通教室作为教学空间中常见的一种空间形式，具有适应性强的特点，但是传统教室排排坐的布局形式不利于师生间的交互，在设计时可以将教室空间重组，比如采用组团式布局，几张课桌相对布置，这样可以使学生之间相对而坐，从而给交流创造更多机会（图1、图2）。

另外还可以把教室设计成开放式教室，这种开放式教室不同于传统教室方盒子式、沿

图 1

图 2

走道两边成对并排的布局，而是一种开放式空间，在这种空间里没有墙壁，只有可移动的教学设备。在这种开放式空间里我们可以根据教学需要，自由组合出各式的教学空间，可以容纳传统的教室也可以容纳更大或者更小的教学单元。比如，山本里显设计的日本公立函馆未来大学就是把教学空间集中布置在开敞的大厅中，各个年级的学生都容纳在这样的空间里，一些有目的性或者偶然性的教学活动就发生在这样的大空间里，从而给学生创造了更多交流的机会。

**3.3.2 专业教室空间的交互设计**

以建筑学教室为例，这类教学空间往往具有多样性、不确定性等特点，既需要相对封闭的空间供学生个体思考同时也需要能供学生以小组为单位的交流、讨论空间。比如我们可以把能容纳 30 人左右的班级分成 5～6 人为单位的小组，同时小组以族群的形式存在，方便学生主教室与小组教室间的来往。同时小组内也会布置各种教学终端或者黑板等，以方便学生讨论（图 3）。

图 3

国外的专业教室还常常采用阶梯式、复合式布局（图 4）。比如，哈佛大学设计院的专业教室，教室呈阶梯状层层后退，在这里教室仿佛是一个大舞台，在这里学生既是演员也是观众，从而学生间也就有更多交流的机会[4,5]。

另外对于建筑类的学生而言还需要一定的评图空间，同时兼具展览属性，灵活性强。因此在设计评图空间时，可以采用活动隔断来分隔空间，滑动甚至旋转，这样评图空间既可以用于展览、讨论，同时可以作为仓储空间存在。

图 4

## 4 结束语

本文通过对高校室内教学空间中的交互设计的研究解析，让我们进一步明白了交互设计在教学空间设计中尤为重要，同时交互设计只是代表了一种研究方向，它不是一种固定的模式，而是一个生长中的有机体，一方面是设计师赋予它的，而更为重要的是它的使用者赋予其的内容，未来的教学空间设计研究任重道远，也存在更多的可能性。

### 参考文献


［1］ 林振德. 公共空间设计［M］. 广州：岭南美术出版社，2006.

［2］ 杨·盖尔. 交往与空间［M］. 北京：中国建筑工业出版社，1992.

［3］ 芦原义信. 外部空间设计［M］. 北京：中国建筑工业出版社，1985.

［4］ 徐磊青，杨公侠. 环境心理学［M］. 上海：同济大学出版社，2002.

［5］ 孙清政. 情感尺度的理论探讨［M］. 西安：西安地图出版社，2005.

# 浅析企业总部建筑设计的发展

贾玮玮，张雪津，王赵坤
（河北建筑工程学院　建筑与艺术学院，河北省张家口市　075000）

**摘　要：** 办公作为人们日常生活中的重要组成部分，占据着生活中的大部分时间，办公建筑已然成为当今世界各大城市中重要的建筑类型。从办公空间的产生到企业总部的兴起与发展，企业总部建筑在办公建筑中担任着重要角色。随着社会、经济、文化、科技的迅速发展，企业总部呈现出特色鲜明、企业文化突出的发展特点，本文通过结合办公建筑的具体案例，针对其发展中存在的实际问题，紧随当下建筑行业的发展趋势，对企业总部的发展提出了新的发展理念。

**关键词：** 企业总部；办公建筑；企业文化；发展理念

## 1　办公建筑的历史演变

人类最早的办公活动是统治阶级之间进行的政治活动。早在17世纪的欧洲，贵族们便开始在住宅中进行会议，讨论各种政事，起居室甚至卧室逐渐衍生成了最早的办公地点。但与现在不同的是，办公活动在人们的生活中占据很小的一部分，只是家居生活的一种延续，因此早期的办公室依然采用住宅的装修风格，采用豪华的家具和装饰以展现主人的财富与社会地位，其办公空间多为轻松舒适的家庭氛围，众议院（House of Representatives）便由此演变而来。这种奢华享受的办公场所，在一段时间内被人们认为是一种“毫无效益的场所”[1]。

19世纪末，工业革命的迅速发展引发了生产方式的剧烈变革，客厅、卧室、书房等住宅空间已经不能满足生产办公的需求。由于集中化大生产，企业的规模不断扩大，各办公空间的组织联系逐渐增强，在此背景下，泰勒系统（Taylor System）的出现引导了办公模式新的转变[2]。在定标准作业方法，定标准工作时间，定每日的工作量等模式控制下，低成本高回报的办公模式应运而生。全新的办公模式更加注重工厂流水线作业的生产方式，普通员工在大空间进行生产作业，高级职员可享有单独的办公空间，极大地提高了办公效率，这种模式在当时被认为是效率最高的办公布局形式。如赖特设计的约翰逊制蜡公司总部大楼，底层为普通员工办公作业的场所，周围的侧廊上则布置了高级职员的单独办公室，用以监督底层普通员工的日常工作。

20世纪30～40年代世界经历了二战的创伤，整个社会急于恢复，这种极端的理性主义迎来了新的发展机遇，此时的社会更多地关注高效率的生产，合理的具有逻辑性的办公空间布局迅速被社会接受，迎合了人们在二战后想要迅速恢复经济生产的诉求，风靡一时。

但随着经济的繁荣，民主自由平等意识的增强，这种高效率的极端理性主义因为缺乏人文关怀，最终遭到了后人的批判。人们厌倦了千篇一律的工厂，厌倦了令人窒息的办公空间，厌倦了工厂中极不平等的待遇，渴望在工作中可以享受现代文明带来的舒适，渴望在工作中有更多的人性化设计，一种新的办公模式应运而生。

## 2　企业总部建筑的特点

随着社会的发展和企业的进步，企业总部作为现代办公建筑的一种特殊类型逐渐出现在人们的视野中。本文所讲的企业总部是指企业自建或者购买的办公建筑，代表企业自身文化形象与价值取向，产权归企业自身所有，为本企业员工及高层领导提供办公休闲场所，是现阶段具有很强特色和代表性的一种办公类建筑。

总部办公主要在以下三种企业中广泛应用：首先是国家级别的央企或国企，如贝聿铭设计的中国银行总行大厦等，这些企业由于在某种程度上代表着国家的经济实力，因此大多数企业总部位于城市的重要交通地段，其外部形象的呈现效果是设计中重点考虑的问题；其次是国内私企中发展成熟、业务相对稳定的行业龙头企业，如阿里巴巴总部大楼等；再者是一些大的跨国公司在国内设置的企业总部，如位于上海的福特汽车金融（中国）有限公司等。

企业总部不同于其他类型的办公建筑，具有很大的差异性。

首先，企业总部相对于其他办公建筑而言，其服务的对象是确定的，即为公司的员工。因此企业总部的设计前期，对使用者的调研就有很强的针对性，可在设计之初更好地了解到企业领导和员工的实际需求，为下一步的量化设计做好充分的准备；其次，企业总部在空间组织和布局安排上更加具有企业的自身特色。传统的租赁型办公楼更多地考虑投资回报，中庭等公共空间共用是其设计的特点，公司租赁以后一般会对办公空间进行二次设计，在原有空间结构的基础上，增加会议、接待等场所，这样的方式在一定程度上造成了浪费，另一方面，企业的识别性不强。企业总部在设计时更多地注重企业文化与价值观在空间上的表达，既要满足企业普通办公的基本需求，又要满足企业内部、企业与外部等各种交流需求。与传统的租赁型办公不同，企业总部在设计时除了要考虑设置企业基本的办公区域，更多的是要注重会议、培训、休闲娱乐等公共空间和高层办公与高层会议的设计，在方便公司员工日常工作的基础上，更加突出企业的自身特色。

再者，总部办公楼的外部形态与企业的文化息息相关，外部形态能在一定程度上反映企业的经营内容，如中国海洋石油总公司，公司经营的项目均是海洋油田的相关勘探与开采，因此 KPF 建筑事务所将建筑的外部形态注入轮船的元素，从远处望去，总部大楼像一艘游轮，又像海上钻井平台，更加贴合公司的企业文化。

总部办公建筑作为新兴起的办公建筑类型在其蓬勃发展的同时也存在一定的问题。首先，企业办公的迅速发展使得办公总部的建造周期变得越来越短，过快的建设使得企业总部在设计与兴建的过程中缺乏对空间、结构、布局等形式的规划与推敲，在投入使用后产生大量的问题，造成资源的浪费；其次，企业总部的规划思维过多地被经济的回报效益限制，使得建成的企业总部与传统的租赁型办公的外部形象与内部空间组织的差异不大，不能突出公司的企业文化；再者公司的决策者不能正确地引导和开发总部办公的企业文化，使得总部办公更多地偏重企业的外部形象忽略内在文化，或在某一方面严重偏失；最后，企业总部过多地追求企业建筑的规模，过分地追求内部空间，忽略了城市的发展，办公建筑自成一体，同时也给企业自身造成了诸多不便。

## 3 企业总部的发展理念

针对企业总部存在的问题，结合当下建筑行业的发展趋势和特点，本文总结了以下发展理念：

### 3.1 办公建筑趋于人性化的发展

在后工业社会高端小众文化向社会大众文化转变的大背景下，总部办公建筑设计较以往更加舒适与开放，它们更具张力，但不排斥和拒绝[3]。开敞的底层架空、宽阔的中庭空间、甚至暴露在室外的竖向交通等使企业总部揭下冷漠的面具，更加开放地面对社会，其设计更加注重人性化的表达。在现代社会的高速运转下，“钢筋玻璃盒子”似乎成了传统办公建筑的标配，办公地点多是围绕中间交通核心筒的大开间或单间的办公室，长期处于单调空间中的办公人员工作热情不高，员工工作压力大，造成工作效率低下等问题，因此员工的办公环境越来越受到社会的重视。如阿里巴巴在杭州滨江园区的企业总部设计了很多供员工休闲娱乐的场所，包括咖啡、超市、健身、美发、医疗等功能，还结合了屋顶花园的设计，丰富了建筑的空间层次，带给员工除工作外更多的生活体验。

### 3.2 企业文化的建筑表达

企业文化包含精神文化、物质文化、制度文化等多方面内容，是根据特有的自身发展历程、经营策略、发展前景、企业内外环境等多种因素综合考虑而形成的一种独特的文化管理方式[4]。企业文化是企业价值取向、意识形态、道德标准的一项重要体现，是企业成长的内在动力，企业的总部办公楼在某种程度上可以作为一项巨大的“商业实体广告”展示在人们面前，体现建筑的多样性。通过内部空间的功能组织、室内装修设计、建筑的外立面造型、材质、色彩、与环境的结合关系等一系列手法的运用，打造企业的“立体名片”。

### 3.3 生态建筑的兴起与发展

近两年生态建筑的发展比较火热，在世界范围内掀起了一股潮流，作为大型的办公建筑，企业总部建筑的发展也迎来了新的机遇。办公大楼是能源高消耗的建筑类型，充分考虑建筑全寿命周期内的可持续不仅可以节约资源保护环境，对企业自身的能源消耗成本也会有所控制。深圳大梅沙万科总部在设计中采用了光伏电板，结合雨水收集、中水回收、绿色屋顶等多项绿色生态技术，使用可再利用材料，极大程度的阐释了新时代生态办公的理念，成为国内首个获得 LEED-NC 铂金认证的项目。

### 3.4 参数化设计与智能技术

建筑参数化是建筑设计的一种方法，通过参数模型的建立和优选来控制建筑方案的建立，在建筑的形体、空间、总图形态以及建筑的表皮肌理的设计中展现出强大的功能，与企业总部追求个性，展示独特企业文化的诉求不谋而合，是一种更加生动、高效、理性的设计思维。建筑参数化和智能技术的出现，能更好地实现总部办公建筑的设计与建设，开拓了设计者与决策者的设计思路。

## 4　结束语

企业总部作为社会发展的产物，不只是具有办公功能的场所，更多地承载了人们对于美好生活的向往，在未来的发展中，企业总部的设计与建设将更加成熟，我们将更加明确前进的方向。

**参考文献**


［1］ 王小惠．办公建筑北部空间形态研究［D］．大连：大连理工大学，2005.

［2］ 刘文标．创新型高科技园区研发办公建筑设计研究［D］．南京：南京工业大学，2012.

［3］ 田晶．后工业社会中的建筑渴望—浅析当代总部办公建筑的设计理念［J］．城市建筑，2010（8）：17-19.

［4］ 李岩．企业总部建筑的个性化设计研究［D］．北京：北京建筑大学，2013.

# 对于建构理论指导旧工业建筑改造设计的研究

李嘉悦，董守凯，付桂花
（河北建筑工程学院　建筑与艺术学院，河北省张家口市　075000）

**摘　要：**近些年来，随着中央提出供给侧结构性改革和产业结构调整的政策影响和不断加速的城市化进程，许多原有的工业建筑所在地处于闲置状态并且面临改造，但目前的保护性改造策略仍不能满足时代精神和可持续发展战略的要求。然而当我们思考了建构理论对于建筑设计的指导和工业建筑自身的设计特点和逻辑性之后会发现，两者之间能够完美结合。本文将通过简单分析建构理论与旧工业建筑改造的关系，阐述建构理论对于旧工业建筑改造设计的指导作用。

**关键词：**旧工业建筑；建构理论；改造

## 1　研究背景

近些年来，随着中央提出供给侧结构性改革和产业结构调整的政策影响和不断加速的城市化进程，许多原有的工业建筑所在地处于闲置状态并且面临改造[1]。但是目前的改造手法大多数仍然是较为落后的“大拆大建”，这导致了城市记忆的破坏，削弱了城市的亲和力。以张家口煤机、探机厂为例（中煤张家口煤矿机械有限责任公司和张家口中地装备探矿工程机械有限公司），它们本可以更好地发挥自身时代性的作用，但直接拆除的结果实在令人惋惜。所以如何更好地改造和利用这些旧工业建筑已经成为全球领域内的大课题[2]。

至于为什么要把建构理论与工业建筑改造结合到一起，是由于建构理论与旧工业建筑改造时代性的完美契合[3]。一方面，建构理论更加关注建筑物朴素的自身美学，并试图引领新时代的当代建筑美学。在这样的指导下，建筑设计回归了最本质原点，开始关注建筑本身的要素—材料、空间和结构。另一方面，由于旧工业建筑最初设计的关注点在于功能和效率，所以旧工业建筑有其特有的几何美学和逻辑性，它所体现的正是纯粹的结构、材料与空间。所以旧工业建筑结合当代先进生产力的产物—旧工业建筑改造是具有明显时代性特征的[4]，以建构的理论思想指导当代旧工业建筑改造的可行性与优势就不言而喻了。

## 2　建构理论下对于旧工业建筑改造的思考

### 2.1　真实性

只有强调建筑材料和建造逻辑的真实表达，才能体现旧工业建筑改造的真实性。但是当我们辩证地看待真实表达的问题时，就会发现最大限度的表露建筑的真实材料和结构并不能为人们带来多样性与丰富性并存的、符合大众审美的空间体验，应该有更好的途径来兼顾建构理论的观点与人民大众的审美情趣。所以，就要采取折衷的策略，如果不能完全地表露，至少要做到不欺骗、不隐藏。

以杜伊斯堡珀斯穆勒博物馆改造项目为例（图 1～图 3）。它原来是处于莱茵河港口的一座红砖厂房，赫尔佐格和德梅隆对于它的改造策略是先保留整体建筑但是拆除其加建部分；其次拆除某些楼板来满足功能，立面上根据采光的需求拆除一些砖，并把这些砖经过清理以后再利用，不仅形成了新的窗户，也没有浪费材料，体现了“砖”的真实性。

图 1　杜伊斯堡珀斯穆勒博物馆立面

图 2　立面细节

图 3　内部空间

## 2.2　逻辑性

改造时能从客观的角度表达结构形式和建造方式即为改造逻辑性的体现，即使是材料的组织也应该符合这样的要求。既然是“旧”工业建筑，势必有其旧的历史性，但改造行为却是要赋予它“新”的当代性。所以如何处理好两种逻辑关系的碰撞是解决问题的关键。

图 4　北仓门生活艺术中心

图 5　立面细节

以无锡北仓门生活艺术中心改造项目为例（图 4～图 5）。改造之前这里是一个民国时期的仓库，包括两个三层的独栋建筑，层高约 5m，梁、板、柱皆为木构。其改造策略是先修复木质结构，然后在两个建筑之间加建了一个玻璃盒子来联接它们，于是新旧空间形成对比；在材料方面，在玻璃上随机布置了许多汽车的遮阳装置，通过这种形式来表达玻璃的“诗意”。至此，新旧建造逻辑都得以表现。

## 2.3　文化性

如何延续地域文化也应作为改造设计当中需要思考的问题之一。在建构视角下，通过分析建筑的本质掌握其材料的运用方式，即可表现出其原有的文化性，在材料、空间和逻辑的层面上表达建筑的意境。如北京 798 艺术区（图 6）保留的红砖厂房，其中各种管道的交错、代表不同时代的标语等，这些都是对地域文化的延续，这样的方式完美的融合了工业与艺术。

图 6　北京 798 艺术区

# 3　旧工业建筑改造设计的策略

## 3.1　空间改造

因为工业建筑设计之初是以工业生产为目的的，在空间的尺度上必然与人类行为模式所需要的空间尺度大不相同，因此工业建筑的改造必然要实现空间置换，以满足新的使用要求[6]。策略可以有单元填充、空间分隔、局部加层、空间合并等，而且空间的改造也可以部分与结构改造结合起来，如新建部分结构单元来限定新的空间。对于空间的改造还应考虑视知觉方面的内容，如对于空间行进路线的重新构思和对人心理感受的考虑，这些可以通过尺度、色彩等来完成新旧空间的联系，从而让使用者们体会出不同的场所感来。

## 3.2　材料呈现

材料是建筑学中的重要组成部分，它不仅是建筑的构成要素，而且还将是改造旧工业建筑的物质手段[7]。建筑的材料性质决定了建筑不同于其他艺术形式，而且它承载了文化属性，反映着当代精神，并赋予建筑情感要素。在旧工业建筑的改造活动中，我们需要真实的了解组成材料的属性、特点，并且把场所精神融入材料当中，通过改变形式让原有的材料得以被新方式感知。

对于材料的改造策略可以用材料的力学特性真实表达，以“上海半岛 1919 改造项目”为例（图 7～图 8）。它位于上海宝山，改造之前是纺织厂。建筑师们对于它的改造策略是保留其旧有的结构体系，原有的旧材料也相应的保留下来，于是原有材料力学特征得以体现。再例如汉堡媒体中心改造项目（图 9～图 11），设计师在考虑其多样化因素之后，保留了其原有的结构形式，并使其与新建体块穿插起来，从而焕发了它新的生命。

图 7　上海半岛 1919—改造前

图 8　上海半岛 1919—改造后

图 9　汉堡媒体中心

图 10　餐厅内的旧有钢结构

图 11　电影院上的旧有钢梁

砖和石材的异化建造也是旧工业建筑改造策略的可行性方法之一[5]，所以“旧材新用”不失为体现当今建筑时代精神的一种新策略，不拘泥于传统，且在其基础之上，推陈出新。以日本枥木石头美术馆为例（图 12～13），日本著名建筑大师畏研吾先生在这次改造项目中应用了与原来建筑旧石材相同的、当地的“芦野石”，但是他用木格栅的构造方法来排列石材，改变了原先石材的厚重、封闭的效果，以一种轻盈、透明的新形势使其被人们感知，旧材料使人们获得新感知的理念由此得到诠释。如此的改造策略能使材料与人的情感产生共鸣[8,9]。

图 12　日本枥木石头美术馆

图 13　日本枥木石头美术馆细部

## 3.3　结构表现

旧工业建筑中保存完好的结构正是其最具艺术和技术价值的部分，强调其主体结构形式可看作是对工业时代工业精神的呼应，同时也强化了旧工业建筑改造设计策略中的“真实性”原则。对于可以在旧有结构基础上进行调整的策略，其中可以有旧结构的真实暴露、局部扩建、局部重建、全部隐藏等；也可以使新结构与旧结构同时存在，只要他们之间的关系能够相互协调就好；最后以新结构为主的改造也是可行的。

能否科学并艺术的处理结构改造的问题，决定了改造设计的成败，这也正是建构理论所尊崇的—对结构和建造逻辑的真实表达。

## 4 结语

旧工业建筑是工业时代文明的产物，它见证了一个国家的发展历程和风雨沧桑，因而具备社会价值和文化价值；同时，就我国的工业建筑而言，它是唤醒人们对于建设社会主义国家的饱满热情与激情的要素之一，老一辈人的奋斗史即包含其中。旧工业建筑所特有的场所精神不仅可以唤起人们对一座城市的认同感和亲切感，还可以改善城市面貌，成为集艺术性与教育意义于一身的建筑景观。就像《美国大城市的生与死》一书中所说的一样，“多样性是城市的天性”，而适当的改造旧建筑正是保持城市多样性的重要手段之一。

由于建构理论与旧工业建筑时代性特征契合度甚高，能符合哲学中否定之否定的规律，所以在此理论指导下的旧工业建筑改造就可以表达出更多层次的内涵，这种高度开放的观念以及更加深入的思考，必将为“旧物新用”创造出具有时代精神的新产物，为我国城市建设增光添彩。

**参考文献**


[1] 张楠楠. 建构视角下的巴蜀地区建筑改造设计研究［D］. 重庆：重庆大学，2011.

[2] 唐彬. 适宜性建构视角下的工业建筑设计研究［D］. 济南：山东建筑大学，2015.

[3] 胡子楠. 诗意制作［D］. 天津：天津大学，2013.

[4] 徐忠朴，吴云，方伟淼. 建构紧致集：作为一种解决之道［J］. 建筑与文化，2017，12：46-48.

[5] 肖国艺. 中国近代砖砌建筑的建构逻辑转变研究［D］. 北京：北方工业大学，2017.

[6] 朱雷. 空间操作［M］. 南京：东南大学出版社，2010.

[7] 史永高. 材料呈现［M］. 南京：东南大学出版社，2008.

[8] 周挺. 城市发展与遗存工业空间转型［D］. 重庆：重庆大学，2015.

[9] 赵博. 对历史印记保留的旧工业建筑改造设计研究［D］. 哈尔滨：哈尔滨工业大学，2012.

# 对于高校教学楼内部交往空间的研究与设计
# ——以河北建筑工程学院主教学楼为例

李维韬，吕佰昌，吕朝阳
（河北建筑工程学院　建筑与艺术设计学院，河北省张家口市　075000）

**摘　要**：教学楼内部交往空间是现今高校建筑设计中必须考虑的重点，更多的交往空间才能更加适应未来教育发展模式。通过对河北建筑工程学院主教学楼的调查研究找到现在主教学楼的内部交往空间设计的不足，并提出建议。
**关键词**：交往空间；高校；教学楼

## 1　引言

深圳大学的覃力教授曾经在他的文章《博学不穷笃行不倦》中写到："尽管交通工具的更新缩短了时空距离，但是人们在移动过程中花费的时间却是越来越长。信息愈发达，愈是需要交流。"高校学生身处时代潮流的最前端，对于信息的交流与交换更是有强烈的需求，朝气蓬勃但又涉世不深的大学生更是需要一种情感上的交流。因此，在高校建筑的设计中，建筑师应该充分考虑学生的使用需求，对于教学楼的交往空间进行合理设计。本文作者将以一个在校学生的身份对于教学楼内交往空间需求与使用进行分析，并且以一个建筑设计专业学生的身份进行设计与建议。

## 2　教学楼内部交往空间概念

交往空间是人们通过有意识和无意识的交往活动达到相互交流、传递信息和情感的场所，是人们在人工环境的基础上契合社会、文化、心理等因素重新构建的更为复杂与多元化的人性空间[1]。

在教学楼的内部，除了教室、办公室等一些专业性很强的室内空间外，其他的公共空间其实都是可以作为学生相互交流探讨的空间场所，并不局限于限定的空间内（图1）。在这个高速发展的时代，被动的学习只能够作为教学过程中的一个部分，而学生的主动学习能力愈加被重视，主动学习其实主要是指在课堂以外的学习与交流，需求的场所也就跨越了教室而产生了新的空间。教学楼内的交往空间应充分适应未来教育模式的

**图片来源：来自网络**

图1

需要，为学生们提供一个自由交往的场所空间。

在许多发达国家中，学生的交往空间已经被赋予了更多的功能与内涵，比如使用一种多功能开放性的空间取代由长外廊连接普通教室的封闭空间形式，取得了一定的成效，并有一定的设计理论基础，而在我国现今的校园建筑设计中，设计者一般并没有给予交往空间设计足够的重视。

# 3 教学楼内部交往行为方式与空间形式

## 3.1 教学楼内部交往行为方式

在教学楼这一空间中，使用人群大多是学生与教师，因此交流的双方可大致分为教师与学生、学生与学生以及教师与教师。以师生间的交流与学生间的交流为主要研究对象。经过观察与分析，主要可以分为以下几种交往的行为方式：

（1）师生间的教学与讨论研究。从传统意义上来说，师生教学是“学校”这一空间的主要功能，即便主动式的学习方式发展迅速，但是师生间的教学与研究还是永恒的重点，因此这种交往的行为方式应定义为教学楼最主要的交往形式，需要的空间多为教室的形式（图 2）。

（2）展示的方式（图 3）。高校中的展示内容可以是学生的作品作业，也可以是一种社会尖端产品，甚至是专家的讲座也可以看作是一种展示的方式。因此，这种展示的行为方式需求的空间可分为两种，其一是封闭的私密空间，其二是开放的大空间。

图 2

图 3

（3）学生休息及娱乐空间。教学楼内部的休息及娱乐空间应该是以学生为主体进行研究与设计，其形式可能是一两个人活动的小空间，也可能是许多人的集体活动空间（图 4～图 5)。

图 4

图 5

## 3.2 教学楼内部交往空间形式

教学楼内部的空间形式多种多样，因此我们应首先明确哪些空间可以进行更合理的设计，研究出教学楼内部交往空间形式。

(1) 由交通空间丰富交往空间

交通空间是一个经常被设计师遗忘的空间，单纯的交通功能是现今国内教学楼设计中的一个共同认识，许多设计师并不想将精力放在这样一个灰暗狭小的空间进行设计（图 6）。但是，交通空间却是一个使用非常频繁的空间，如果从使用者使用价值来说，对于交通空间的设计是性价比非常高的[2]。

由于交通空间往往是位于建筑空间中连接和转换的关键位置，因此它具有成为建筑空间的趣味点所在的潜力。比如走廊可以使建筑有机结合环境；楼梯则是可以产生空间中的“上下对话”，成为吸引人停留、交往的“容器”之一；通道不再简单地将各种设施进行罗列堆积，而应该成为积极引导交往活动发生的空间元素，就像美国斯坦福大学工程学院内的展廊，通过书架的摆设，形成一个有趣的空间，为师生提供了一个驻足停留的交往机会。

图片来源：来自网络

图 6

图片来源：来自网络

图 7

(2) 由共享空间丰富交往空间

共享空间的利用是现在校园建筑设计普遍利用的方式方法，但是这种“烂大街”的设计方式真的达到使用的目的了吗？答案很显然，以教学楼为例，在许多的入口大厅都会设计有共享空间，但是许多设计中的这个空间只是会让人产生一种大空间都有的空旷感，在实用意义上其实并不大[3]。

在高校教学楼中，学生需要校园的建筑可以提供一个参与公共活动的机会，提供给他们室内公共交往活动的场所。共享空间则正是这样的一个焦点。共享空间中的底层是建筑内部空间的联系枢纽，同时又是人们从较封闭灰暗的室内空间到自由明朗的室外空间的过渡空间，它同样是人们对建筑物内部空间的最初印象（图 7）。共享大厅除了满足建筑内部交通联系的功能要求以外，更是人们进行交往和休息的重要场所。共享空间并不是为了存在而存在，应该结合一些具有实际功能的场所进行设计，在完成空间感受作用的同时应该为师生提供一个人们愿意为之驻足的交往空间。

# 4 河北建筑工程学院主教学楼内部交往空间设计评价与改进意见

## 4.1 主教学楼内现有内部交往空间调查研究

根据对河北建筑工程学院主教学楼交往空间的调研发现，教学楼内部交往空间主要为以下几个空间（图 8～13）：

图片来源：自摄

图 8

（1）各个教室形成了师生之间教学与交流的交往空间，这一部分每一个教学楼都是大同小异，研究价值不大。

（2）一层门厅处的一、二层共享空间。空间内布置了电子通告屏幕以及自动贩售机，为师生提供方便，空间较大，一层共享空间的前后楼门之间十分空旷，易产生空气对流，因此冬季时候经常有一侧楼门封闭。

图片来源：自摄

图 9

图片来源：自摄

图 10

（3）八楼咖啡厅是最受师生青睐的一个交往空间，咖啡厅靠近窗户的位置是最受欢迎的，在每天清晨、晚餐后使用率是最大的，双休日的使用率也较大。

（4）每层楼都会有一个中厅，结合电梯间使用，中厅面积较大，会进行各种布置，有展览、休息等多种功能，在没有分隔布置的中厅内很少有人在中厅中央部分停留，都是在一侧驻足，中厅靠窗一侧经常会有上自习的同学学习，靠窗一侧会有两个半包围的小面积私密空间，这个空间环境较差，却非常受欢迎，几乎每个都被同学们“占领”，在所有中厅中八楼咖啡厅一侧是使用率最高的，并且被赋予临时会场的功能。

图片来源：自摄

图 11

（5）中厅两侧的小厅利用率较大，会摆放一些展品以及桌凳，经常会有上自习、制作模型、画图等学生使用，同时会有部分同学驻足进行短暂的交流、打电话等。

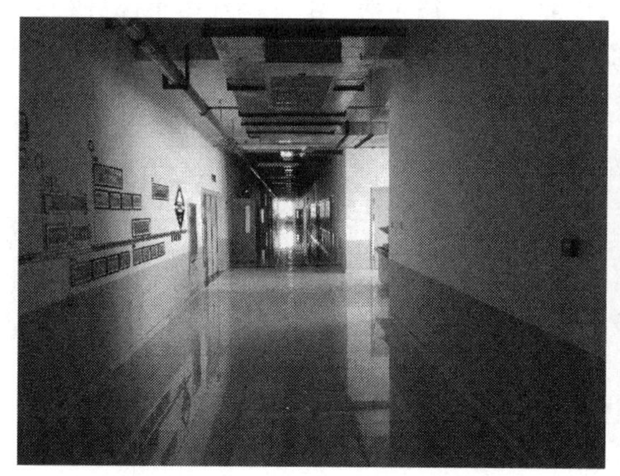

图片来源：自摄

图 12

（6）走廊为中间走廊式，两侧均有教室，空间较灰暗，宽度 4m 左右，结合展示功能布置，宽度适宜。

图片来源：自摄

图 13

（7）教学楼东西两侧的楼、电梯间前室经常会有上自习、打电话、交流的学生进行驻足，空间狭小。

## 4.2 主教学楼内部交往空间现存问题总结

在主教学楼的设计中，最普遍的现象是在内部空间中忽视了“交往空间”的含义，同学们常使用的交往空间有许多是设计中没有被重视的空间。主教学楼内部公共交往空间设计主要存在以下几个问题：

（1）结构单一，多强调使用功能，中厅考虑了空间形式，但尺度不合理；

（2）一层入口共享大厅空间浪费；

（3）楼梯空间仅考虑交通功能，楼梯间的尺度是偏小，空间尺度显然不适合多停留；

（4）室内景观缺少，只有一些模型布置，缺少自然景观的引入。

## 4.3 主教学楼内部交往空间问题解决意见与建议

针对以上调查研究结果以及发现的问题，现提出以下几点改进意见：

### 4.3.1 中厅改造

可以将三、四、五、六、七、八层的中厅进行改造，七层中厅中央部分布置的张家口市规划模型保留，八层中厅中央临时会场布置保留，三、四、五、六层中厅分为特色交往空间与学习交流空间两部分（图 14、图 15）。

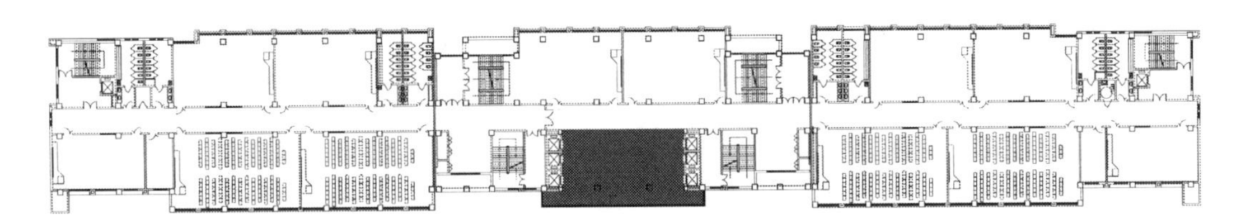

图 14　标准层中厅位置示意图（图片来源：自绘）

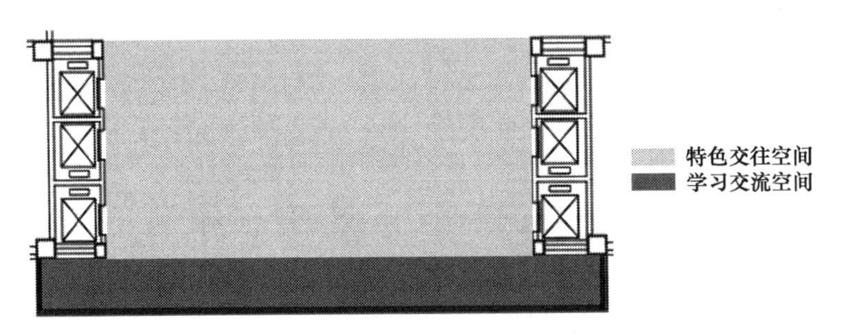


图 15　中厅空间功能划分示意图（图片来源：自绘）

将中厅的中央部分的大空间作为特色交往空间并进行分格，打破现有的大空间形式，形成数个贯通的半封闭小空间，具有一定的私密性，可以给学生提供一个交流的空间，形成特色交往空间，并且有效避免了中厅的中央恐惧感。在中厅靠窗一侧应统一布置桌凳，借助开敞的视野环境，形成一个学习交流空间，同时可以将靠窗两侧的空间单独隔离出来，形成公共使用的封闭小空间，解决现在学生私自“占领”的尴尬局面，使有需求的人都可以使用到。将这些空间用开放等级来表示，其中一级开放性最好，六级私密性最强（图 16）。

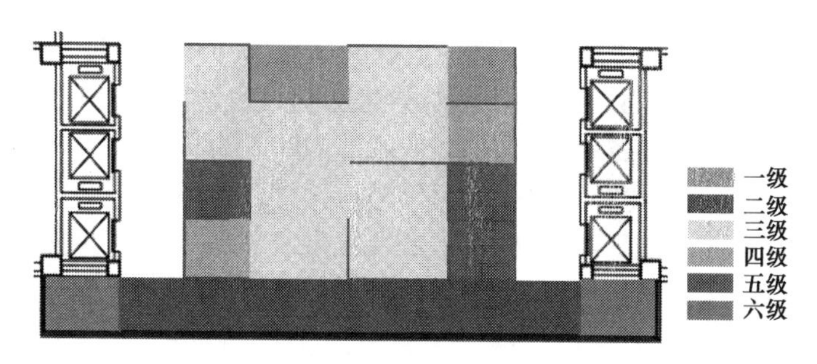

图 16　开放等级示意图（图片来源：自绘）

经改造后的中厅在原有电梯间功能的基础上有增加学习、交流、娱乐等功能，大、小空间结合，开放性、私密性空间穿插，形成主教学楼内部最主要的交往空间。

**4.3.2　共享门厅改造**

一层门厅前后贯通，易产生对流，不应以关闭其中一侧楼门这种被动式的方式解决，而是应该主动寻求空间上的设计进行改造，从根本上解决问题（图 17、图 18）。

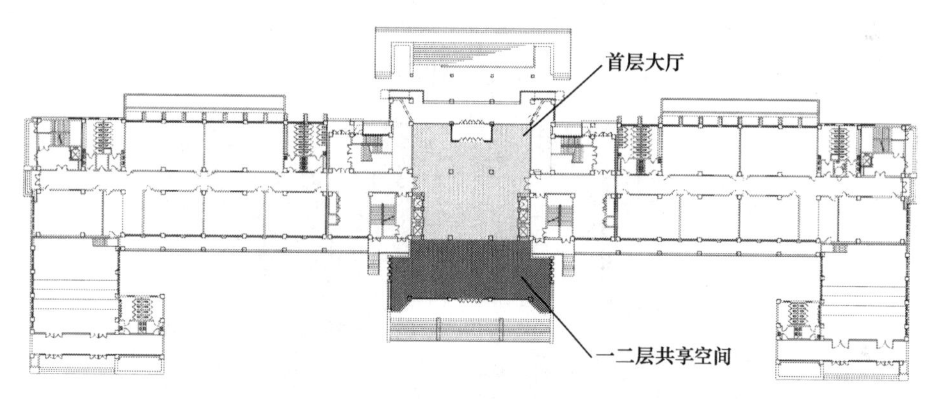

图 17　首层中厅、共享空间划分示意图（图片来源：自绘）

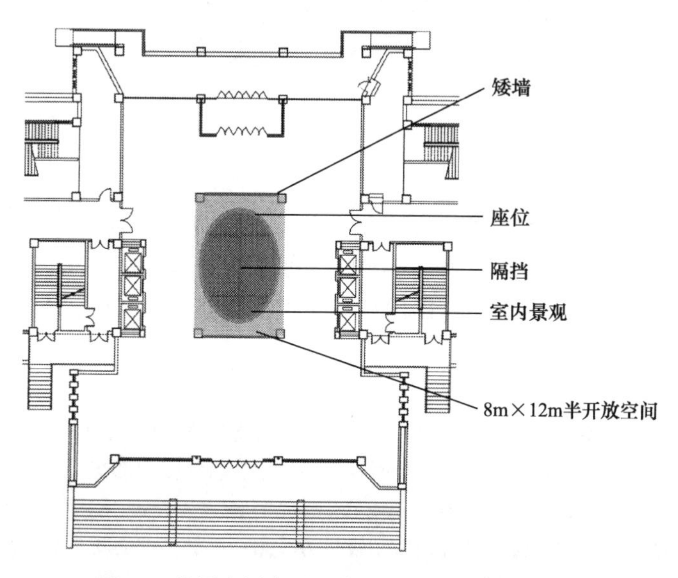

图 18　首层中厅布置示意图（图片来源：自绘）

一层门厅可以在入门 5m 的位置结合构造柱利用屏风等对两侧进行分隔，这样做并不影响一、二层共享空间的使用，同时又可以避免空气产生对流。分隔出来一个 8m×12m 的半封闭空间，这个空间可以在结合电梯间使用的同时人为构建出一个景观，围绕景观可以布置座位等形成一个多功能交往空间，可以进行休息、参观、交流等。

在一层门厅南侧可以不用矮墙遮挡，将景观及座位等延伸到共享空间内，同时在二层的门厅布置咖啡厅等休闲交往空间，与一层的景观及人们形成视线上的交流。

#### 4.3.3 小空间私密性改造

将每层中厅两侧的小厅进行围合，形成讨论空间，使每一层都有自己的交流空间，方便师生教学楼内的生活，同时提供一个场所让同学们可以课间休息，可以在这个空间内布置一到两张大桌子供画图、做模型的同学使用（图 19～20）。

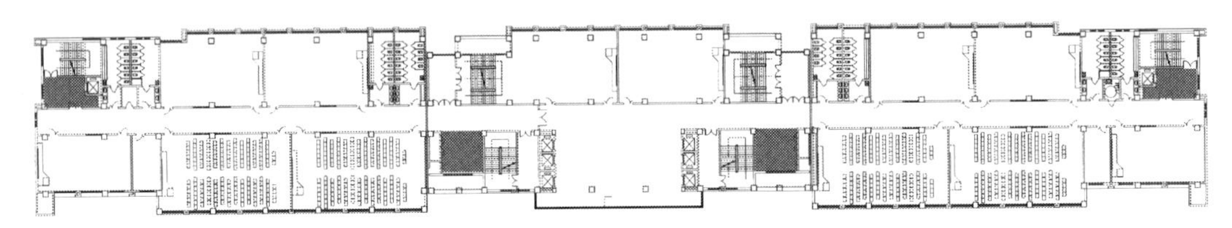

图 19 标准层小厅位置示意图（图片来源：自绘）

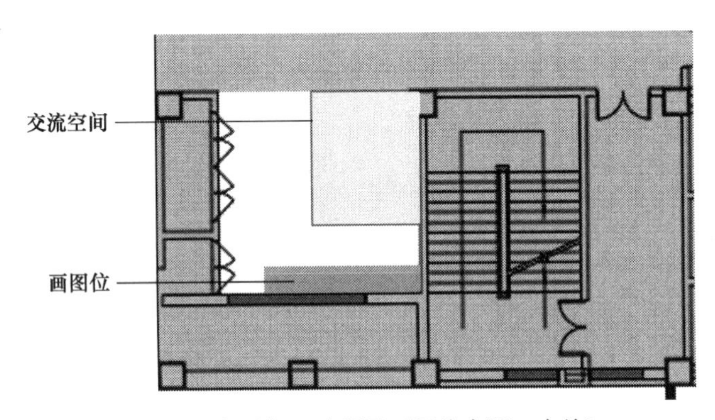


图 20 小厅布置示意图（图片来源：自绘）

## 5 总结

本文通过对教学楼内交往空间的研究与学习，结合自己的亲身体会与实地调查研究，从一名建筑设计师的角度对河北建筑工程学院主教学楼的内部交往空间进行了研究与设计改造，将自己的理解融于设计之中，提出意见与建议的同时对自己也是一个很大的提高。

### 参考文献

[1] 董仕君. 居住小区居民的室外交往与交往媒介 [J]. 河北建筑工程学院学报，1998 (1)：22-26.

[2] 马明，孔敬，白胤. 普通高等学校交往空间设计研究——教学楼内部交往空间设计研究 [J]. 包头钢铁学院学报，2005，24 (1)：77-80.

[3] 曲媛媛，陈慧学. 浅谈教学楼内部交往空间设计方 [J]. 科学技术创新，2010 (7)：233.

# 现代家居中的空间虚实设计初探

马一鸣，任祺卉，卢希康
（河北建筑工程学院　建筑与设计学院，河北省张家口市　075000）

**摘　要：**从古至今，人们对于虚实的理解，首先是在古代哲学范畴中，随后，艺术家将虚实哲学理论应用于艺术界，将其融入于艺术创作中。几百年来，虚实的意境表现往往在于艺术作品中，更多时候的表现，是画家在作品创作中追求的一种境界。本文从中国传统书法绘画艺术观的角度解读和应用虚实的概念，通过对虚实空间概念的分析，论证探寻虚实在现代家居空间构建、色彩和灯光中的重要作用。

**关键词：**关键词：虚实；现代家居设计；虚实空间

在现代室内设计的发展与创新过程中，因为艺术作品的不断发展与丰富，艺术作品的意境表现上多利用虚实对比的方法，这种方法也逐渐应用于现代家居设计中，为现代家居设计提供了新的思路和方法，并以其独特的意境美带动着现代室内设计的不断发展。

## 1　虚实空间概念

“虚实”是一对既相互对立又相互依存的概念，“实”的存在形成“虚”，“虚”的存在依托于“实”。这一单纯又抽象的概念最早来源于中国古代哲学，而后这一概念逐渐被应用于中国传统绘画（图1）和书法中，经过千百年来的丰富和发展，形成了具有中国传统特色的艺术审美观，在中国传统的绘画和书法当中，有一句话叫作“计白当黑”，指的就是在书法和绘画作品中对于作品的整体布局和结构需要有虚实疏密，才能有对比和起伏，

图1　水墨画

整个作品让人感觉既矛盾又和谐，从而有了更高一层次的意境和艺术效果。但凡在绘画和书法创作中，一方面要注意作品画面中相对较密（实）处，另一方面也要注意画面和文字之间空白的疏（虚）处，只有这样才能使作品疏密有致，两者相得益彰。所以，在中国传统绘画和书法中对于虚实藏露的处理是非常有讲究的，其目的也就是利用画面中的“虚”和“藏”来勾起欣赏者的联想[1]。

“空间”也是一个熟悉而又陌生的词汇，熟悉是因为在我们生活中会经常提到空间这一词汇，而更深一层次的解读这一词汇又让我们感到陌生，因为空间这一词汇在天文学、物理学、哲学等多个学科中的概念是十分抽象又很难理解的，我们很难用简单的语言去定义这一概念。从实体空间及建筑空间构成的角度去解读这一词汇有两种简单的定义：一种是用实际存在、摸得着看得见的实物去围合，围合的部分就是实体的部分，开放的则为虚体部分；另一种是占领，就是实物所占的物理体积的范围就是空间的实体部分，其余的就是虚体部分。

结合虚实和空间二词的定义，虚实空间的概念与虚实的概念也就不难理解了。其实空间构成的关系与虚实的构成关系是十分类似的，虚实是“虚”与“实”相互比照而存在的，建筑的空间也是实际存在的实物与其所构成的“空间”相互依存相互比照的。虚实空间就是空间中的“实”限定“虚”；空间构成的“虚”又存在于实体空间中，实体空间承托着空间构成的“虚”。

## 2 虚实应用于现代家居空间设计的必要性

随着时代的不断发展、设计行业的进步，从现代家居设计的发展过程中越来越体现出这一代人对现代家居空间审美的追求。在现代家居空间中，人们也越来越关注人文情怀。

虚实理论是中国传统美学观中的精华，也是中国文化历经千百年积淀出的优秀传统文化，其价值和意义是深远的。将虚实应用于现代家居空间设计中，虚实所展现出来的审美意趣与现代审美观是相通的，将其应用于现代家居空间设计中，并不是简单的形式上的模仿，更是对中国传统文化的传承。

现如今现代家居设计的发展也进入了快速发展更替的阶段，也开始进行各种改变和尝试，不论在形式上还是文化上都有着巨大的改变。面对这些变量，现代家居设计如果想要持续不断的发展传承下去，唯一的方法就是面对自己的本源文化，面对中国优秀的传统文化，将中国传统美学思想应用于现代家居理论体系中，成为其理论体系发展的基础和中心[2]。所以将虚实应用于现代家居空间设计中也是无可厚非的，既能传承与丰富中国优秀的传统文化，也能推动现代家居设计的发展。

## 3 虚实在现代家居空间设计中的应用

虚实应用于现代家居空间设计中，从虚实空间的概念解释上来说，是从中国传统书法绘画的二维空间向现代家居空间设计的三维空间的转变。对于家居空间的构建来说，结构与材料构成了室内的实体空间，而灯光、色彩、隔断门窗又构成了室内的虚空间。

## 3.1 空间构建

从空间构建的理论上来说，空间的藏与露也是虚与实的表现形式。通俗的说，“藏”在家居空间构建中的意义就是利用结构、隔断（图 2）或者其他元素将空间分割成多个空间，并且不能让人在同一角度看到所有的空间。在室内空间构建中，用建筑结构把空间分隔开来，则有一部分空间被藏得很深，让人有一种迷离的感觉，这就是虚空间的一种表现，而袒露在外的建筑结构形体又给人实空间的感觉。比如在一般情况中，对虚实的安排应避免虚实参半、平分秋色，而应该力求使虚实中的一方占据空间构建中的主导地位，另一方占据从属地位。其次，还应该让虚实这两种因素相互穿插，体现出实中有虚、露中带藏、虚中有实、藏中带露的空间设计思想。

以室内空间虚实构建中最典型的隔断为例，隔断是分隔室内空间的建筑结构，可以将空间一分为二，且被分隔的两个空间又具有一定的内在联系。在室内空间营造中，隔断作为一个灵活的元素应用在厚实的墙体之外，通过对隔断的大小、形状、材质的不同处理，则使其能够呈现出很强的虚实关系，构建出既连续又通透的空间。隔断在其隔开的两个空间中所占的面积越大，则隔断在整个空间中越实，相隔开的两个空间联系越少；如果隔断采用镂空的处理方法或者透明的材质，则隔断本身在整个空间中相对是较虚的，隔开的两个空间之间的联系更为紧密，如图 2 所示，光线可以通过隔断，从视觉上给人虚的感觉，而隔断又是由实在的材料组成的，在整个空间中又有实的感觉，形成了虚实相互交错、相辅相成的关系，也就应了那句室内设计中对于隔断的评价：隔而不断、越隔越大，这也是虚实空间应用于现代家居空间设计的典型手法[3]。

新中式家居设计是现代家居设计的代表，以图 3 新中式家居客厅设计为例，来解读虚实空间应用于客厅环境中的作用和效果。

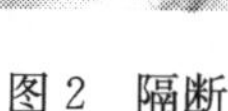

图 2　隔断

图 3　新中式客厅

客厅在整个家居空间中有着极其重要的作用，它是主人和客人会见交流的地方，也是一家人共处的空间。对于客厅内各种空间构成元素的设计和布局能反映出主人的审美、修养、个性等。在这一客厅空间的布局中，以客厅为中心，连接着餐厅、玄关、过道等，其中竖向的条木对整个客厅空间进行了功能性的分隔，这种分隔方式并不是简单的分隔，而是灵活运用虚实空间的典型手法，被分隔的各个空间既独立又有联系，展现出新中式家居的独特韵味，空间层次丰富，大而不同，厚而不重，有格调又不显得压抑。这一客厅设计案例是虚实应用于现代家居空间设计的很优秀的表现。

### 3.2 色彩和灯光

色彩和灯光也是营造空间环境的重要元素。在虚实空间的营造中，可利用的方式和元素有很多种，成功的现代家居空间设计往往需要各个设计元素的合理搭配来营造虚实空间。

在不同功能的空间上，色彩和灯光对家居空间的虚实有很重要的作用。色彩和灯光主要是以营造虚空间为主，从色彩方面说，运用的颜色明度高，纯度低，给人朦胧、空放的感觉，这是运用色彩营造的虚空间；从灯光上来说，灯光也是以营造虚空间为主，光线较强为实，光线较弱的为虚。例如，在客厅环境中，对于光线和色彩运用更多时候是以明亮的灯光条件与相对较深的色彩为主，形成较为“实”的感觉，给人以宽敞明亮、精神抖擞的主观感受；在小空间的卧室光线和色彩运用中，多以灰色调为主，以使人对于卧室空间的主观感受是温馨舒适的，形成相对“虚”的感觉。

## 4 结束语

如何设计现代家居空间使其能够满足人们的精神诉求已经成为现在设计师的重要课题。空间虚实的设计恰巧在多方面、多角度中解决了这一问题。虚实在现代家居空间设计中的应用也发扬并继承了中国千年来的传统文化精髓，它的内涵也同样在应用的同时得到了丰富与发展。

**参考文献**

[1] 李泽厚. 美的历程［M］. 天津：天津社会科学院出版社，2001：15-27.

[2] 杨冬江. 中国传统室内设计的哲学思想［J］. 装饰，2006（3）：30-31.

[3] 高峰. 中国传统室内装饰艺术的形式特点及其启示［J］. 江苏技术师范学院学报，2007（5）：98-100.

# 中国传统建筑设计理念在现代建筑中的应用

张毅，王莲霆，张晨辉，张超杰
（河北建筑工程学院　建筑与艺术学院，河北省张家口市　075000）

**摘　要**：中国传统建筑具有独特的韵味与魅力，但是在高速发展的现代社会，中国传统建筑的设计理念和方法已经被我们舍弃。本文分析了中国传统建筑所具有的特点、传统建筑被现代建筑埋没的原因、传统建筑文化传承的重要性和传统建筑元素融入现代建筑的手段和方法。

**关键词**：中国传统建筑；现代建筑；设计方法；布局规划；室内设计

## 1　引言

随着社会的发展，人们对建筑的品质要求越来越高，传统建筑的结构形式、布局、装饰等已经不能完全满足人们的需求，但建筑作为我们中华民族文化载体的一部分，需要我们去传承，比如日本的建筑师，利用自己的职业把传统建筑发扬光大，设计了很多具有中国传统韵味的建筑，所以我们中国的建筑师有责任和义务在设计建筑的时候考虑当地的传统文化，把中国传统文化发扬光大。

## 2　中国传统建筑特色

（1）注重与自然的融合、天人合一。（2）在建筑群体布局时，宫廷建筑易采取中轴对称的办法，私家园林则一般采取自由布局、不拘轴线、淡雅设计。（3）古代等级制度森严，反映到建筑上有很多方面，不同屋顶的样式、开间数、建筑颜色、斗拱等有很强的逻辑性。建筑有严格的尊卑秩序，主要通过屋顶形制、开间数、建筑色彩、彩画式样、斗拱等来表达，有很强的秩序性（图 1）。（4）传统建筑装饰丰富、造型优美，重点表现在屋顶的样式上。

图 1　故宫太和殿

## 3 中国传统建筑设计手法被逐渐遗弃的原因

### 3.1 纵向承袭的惯性思维

我们的建筑材料选择木材已经有了很长时间，但是却没有发生过质的变化，形制单一，缺乏创新，所以逐渐满足不了时代需要，我们总是喜欢沿袭前人的建筑风格和手法，创造性思维并不活跃。就像我们现在经常建造的仿古建筑，它只是披了古建筑壳子的现代建筑，并没有继承古代建筑的精神[1]。

### 3.2 技术的落后

我们国家对木建筑的研究相当深入、经验最多，但经过现代建筑结构、材料体系的筛选，已经逐渐适应不了人们对舒适性的要求，也就是保温、隔热、防水、防火等性能要求。我国建筑流传下来的经典建筑理论有限，大部分都是注重在实践方面，没有系统的美学理论。

### 3.3 大众审美的改变

人们近年来都很注重物质生活，反映到建筑上面来说就是只注重建筑的实用功能和舒适性，忽视了它的精神属性，即我们的建筑文化传统所赋予的精神和信仰。

## 4 复兴中国传统建筑的必要性

中国传统建筑是融合了各民族文化乃至世界文化沉淀下来的精华，它有很强的包容性，虽然从技术、生态方面来说传统木构建筑已经和现在格格不入，但是中国精神可以融入到现代建筑的设计理念之中，体现在景观、规划、室内等方方面面，它是我们的建筑追求独特性、本土性、自然性以及民族复兴的强大动力，所以我们当代建筑师有责任在进行建筑设计时考虑加入我们的传统建筑文化和元素。

## 5 传统建筑映射到现代建筑的手段和方法

### 5.1 中国传统建筑的布局规划对现代建筑的影响

中国古建筑的传统布局包含了深刻的哲学意味和深厚的思想文化底蕴，如伦理道德、尊卑秩序、阴阳五行、天人合一等。这些无不体现了中国传统建筑文化的精髓，从而让当时古人的心里有了自己对建筑文化的一个评判标准，即中国思维。它不仅是建筑，它包含着我们生活的方方面面。总体来说，古代建筑的传统布局分为两种模式，一种是强调中轴对称的宫廷建筑。另一种是自由布局、别出机杼、错落有致的私家园林。古人曾用“虽由人作，宛自天开”来形容当时建筑技艺的精湛。这两种手法一种是创，一种是融，在不同的建筑中都别有韵味。前者轴线是关键，后者庭院布局是关键，下面分别对庭院、轴线两个要素进行阐释。

### 5.1.1 庭院

文化必须渗透到与人有关的各个领域才叫作文化，而建筑作为与人密切相关的领域，也处处包含文化。古代庭院是包含在建筑内的元素，所以传统建筑设计庭院文化以及造园手法自然也就有很浓郁的文化氛围。古人的造园手法颇为精湛，还出现过专门的著作《园冶》，可见造园手法功力之精湛。中国造园的技术和智慧在当时可谓风靡一时，但建筑本身是具有时代性的东西，把传统建筑的整体理论与技术搬迁到现代建筑设计中也是不理智的。

传统庭院在现代建筑中的发展可以从新中式庭院的一些手法上找到根据。新中式庭院是现代庭院的简单化，同时加入传统的造园手法，但是构成元素却得到了升级，利用现代的、生态的、富有文化气息的材质来升级传统庭院而不失其韵味。

（1）由繁入简的设计手法

现代庭院设计厌恶铺张浪费，力求用最简单的材质达到最好的效果。这是对传统庭院的一种改进方法、一种简化，抓住韵味即可，不能一味照抄。引发类似情感的场景可以通过不同的材质来表达，如李兴钢设计的绩溪博物馆中抽象化的假山和围墙（图 2）。

（2）材质替换的手法

庭院构成元素的材质是表现庭院氛围和性格的重要因素。比如构成庭院的内墙和外墙就需要采用不同的材质来表现不同的作用，从而更加人性化。内墙形成的空间是给房子的主人使用的，首先需要有一定的装饰性，其次室内空间和外部庭院主要靠内墙和隔墙来区分，讲究收放，这些除了墙体布置的位置之外，还和墙体的通透、材质等有很大关系。如在考虑节能的情况下，尽量使用多的玻璃或半玻璃来表达空间的穿透性，更能适应内墙的特质和精神表达。差一点的可以是木格栅，最差的是视线完全隔绝的墙体材料。外墙的元素性格和内墙完全不同，它是建筑领域的界定者，所以比较冰冷、封闭（图 3）。

图 2　绩溪博物馆

图 3　现代庭院

（3）“解构”与“重组”

庭院或者天井是由不同的要素组成。解构和重组是对传统庭院要素的现代化设计。不同要素之间的彼此包容和协调展示了不同于传统和普通现代庭院的氛围。

### 5.1.2 轴线

大到城市布局，如元大都、明清北京城、唐长安，小到单体设计，如庙宇、宫殿，轴线一直贯穿在我们的城市和建筑中。轴线是古代建筑与设计的基本方法和形式语言。轴线运用最经典的建筑群体和单体设计是北京故宫及其组群。它的重要建筑都在轴线上，次要建筑都在轴线旁边，围合的庭院一个接着一个，极其有秩序，体现了古代尊卑有序的伦理观念和古人的审美观念。如果说庭院是使得建筑相关所有元素有了一个吸引点的话，轴线则是这样的吸引点的秩序排列和组合，轴线也体现了建筑群体的性格，即宫廷建筑的等级森严和秩序，再加上对称这个元素和单体建筑形制分类，将建筑场景表现得淋漓尽致。我们现代建筑的群体规划和单体设计也有很多利用从中国传统建筑轴线理念延伸过来的设计手法。轴线有以下几个应用[2]：

（1）转换原则

要适应当代建筑的复杂性和矛盾性的需要，传统的轴线手法就要加以丰富、发展、必要的转换。例如苏州网师园（图4），同样的轴线构图，演绎到民间和私家园林中就得到更加灵活的应用，体现在礼仪的祖庙部分用中轴对称而园林部分则自由布局。

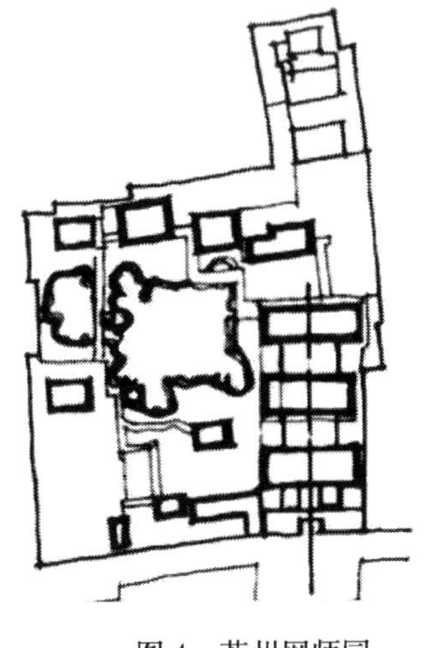

图4　苏州网师园

（2）整体连续

人是环境的主体，整个系统都是围绕人的活动来展开的，外部环境、城市、建筑群体、建筑单体，有逐级向下的关系，其中整体和部分是相辅相成的有机关系。在时空和视觉上是联系在一起的。所以它们四者之间所固有的制约关系决定了在计划他们其中之一时，必须注重四者之间的连续性，将其中之一视为整体的一部分，从历史、文化、功能、形象等多方面加以考虑。在这一原则指导下，具体的应用方法为：建筑师需把每个创作对象放到更广泛的结构中分析，完成一件作品应是被看成是在完成城市设计中的一个单元或部件。例如贝聿铭先生设计的美国华盛顿东馆与城市及相邻建筑均取得了恰当联系。

（3）结构分析

转换是结构意义上的转换，使用轴线时要考虑隐藏在建筑背后的文化因素等更深的含义，而非随意轻率的建立轴线，同时要注重挖掘建筑与城市的关系，并加以利用；反映到形式上，要求轴线能反映城市和建筑的内部结构，抓住建筑形式构成中的主要矛盾，以此来为塑造形式提供基础。

## 5.2　中国传统建筑文化在现代建筑设计中的应用

### 5.2.1　自然理念的运用

中国建筑及其思想的一次次进步和更替都是对自然的一步步呼应。所以中国传统建筑的生态性是毋庸置疑的。中国传统建筑主张尊重自然，崇尚与大自然和谐相处，“天人合一”、“物我一体”的自然观是我国传统文化的核心观念。我们现在常提到中国传统建筑，是在现有技术的前提下，加入当地的材料，融入当地的伦理道德，最后变成一种完善的设计理念和方法。

（1）尊重自然一方面是对地形的充分利用。首先要尽量减小接地面积，即建筑密度小，对土地植被破坏就小；其次对于高差较大的建筑应该随着地形的起伏变化而变化，尽量减小土方量；当建筑周边有河流时，要尽量将建筑沿水流走势建造，可以采用悬挑的办法尽量避免采用填水造地，如杭州地区的水乡民居，现代建筑的经典案例有流水别墅。

（2）尊重自然另一方面体现在生态建筑上，早期的传统建筑就体现了生态的特点：陕西的窑洞、苗族的吊脚楼、干栏式建筑、瑶族的门楼，风雨桥、福建土楼等，虽然都是乡土的，但是它们绝对是生态的。这些传统民居从材料和结构上都和自然有了很好地结合，是真正的生态建筑。生态建筑也可以说是可持续建筑，设计强调水资源的保护和利用，比如雨水收集装置，充分利用雨水和井水；发展出的建筑生态学，可以有效利用和保护土壤；对场地周围环境予以重视，比如考虑建筑带来的通风与遮阳，植物和可渗透性铺地、屋顶绿化；工业生产的废料也可以用在建筑材料上，实现可循环利用。

### 5.2.2 传统建筑材料的运用

传统建筑每一种材料的充分利用都能形成其独特的建筑风格，现代建筑材料也不是对传统材料的完全摒弃，而是不断改革创新，提高材料的性能。传统建筑材料与形式是对时间的见证，现代材料也会成为历史的一部分。因此发掘每种材料的独特属性，将两者之间互补融合将会创造独特的艺术形式，并衔接着传统与现代，使之达到完美的平衡。

传统材料的现代化运用主要包括以下几个方面：遵从传统材料本性地建造，包括结构精确、构造合理、发挥材料的性能、巧妙解决设备问题；传统建筑材料加上现代建筑技术造就了隈研吾这座“竹子”建筑—长城脚下的公社。这座建筑利用地势，把传统的竹子材料和文化加入到现代营造技术上来（图 5、图 6），形成了颇具禅意和反映中国人气节的建筑。

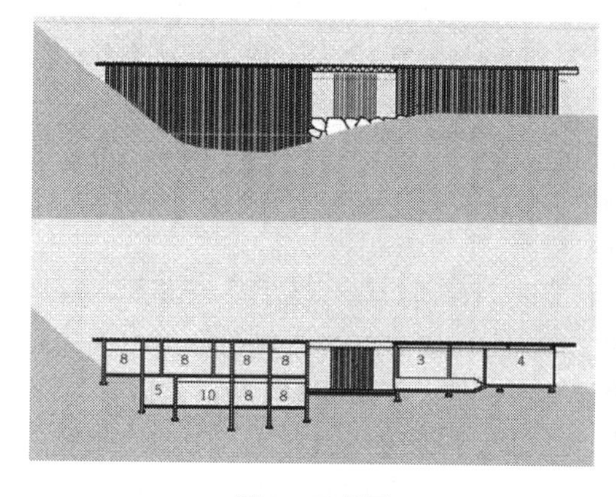

图 5　示意图

图 6　长城脚下的公社

### 5.2.3 传统建筑色彩的运用

城市整体的色彩反映着这个城市的独特魅力，国外如巴黎代表色是奶酪色，罗马代表色是橙黄色。国内如北京的灰墙、灰瓦、绿树，青岛的红瓦、朱墙、碧海。可以看出，建筑色彩对整个城市色彩有着至关重要的影响，至于环境的颜色，也得由建筑颜色的衬托才成体系。所以构成建筑群体的单体建筑的色彩也就成了重中之重，它是中国传统文化的体现和传承。我们应该继承和发展这些色彩。

在色彩运用的过程中，需要考虑建筑所在的地域和风俗习惯，每个地方的色彩都是独特的；建筑的主要功能用途；建筑的适用人群及人数等，只有综合考虑多方面的因素，灵活地将色彩运用到建筑设计中，才能设计出令人满意的作品。首先我们要考虑建筑的功能性。不同类型的建筑色彩也应该不同。以医院为例，主色调以白色或灰色为佳，白色象征着纯洁、优雅、安静，这样可以给予病患一种心理上的宁静。其次，我们要考虑建筑所处区域的地域风情。每个地域不同色彩有着不同的寓意。如在蓝天、白云、青草、马儿跑的内蒙古，建筑就需以当地人喜欢的蓝、青、绿、白为主。在考虑建筑色调的同时应该先考虑周围所处的环境色，之后再考虑个体的建筑色彩，力求不突兀但突出。建筑色调不能从整体色调中掉队。

## 5.3 中国传统建筑文化在室内设计中的应用

### 5.3.1 中国传统文化元素在室内设计中的运用

剪纸艺术是最古老的中国民间艺术之一，作为一种镂空艺术，它能给人以视觉上透空的感觉和艺术享受。剪纸文化是我们的一种生活方式、一种精神传承，我们不仅要把它运用在单纯的剪纸上，还要运用在与我们生活息息相关的建筑及室内设计上。剪纸文化的运用有很多方式，古代人的门窗、屏风都是室内剪纸文化的一种体现，但在现代提倡简约理念的时代，我们多多少少还是能看到古代剪纸的影子，主要有以下几点：

图 7 建筑室内剪纸艺术

在室内地面、墙体的运用，地面、墙体在室内占了大部分面积而且与人互动紧密，但是颜色都比较单一，我们可以在墙上挂一些装饰物或在墙角进行纹理点缀（图 7）。在地面加入剪纸元素，在地面装饰中加入有纹理的地毯，提升文化品味。在室内陈列物品的应用，现代人们对于室内家具的要求除了基本的使用要求外还需要赋予文化气息，所以可以在家具的设计中加入剪纸的元素[3]。

### 5.3.2 虚实相生的文化理念在建筑设计中的应用

《老子》曾经说过："埏埴以为器，当其无，有器之用；凿户牖以为室，当其无，有室之用。"中国传统哲学思想中就包括了虚实相生的理念。在室内主要体现在富于伦理的严谨布局、天尊地卑的装饰陈设。在现代建筑室内设计中也加入了虚实相生的理念。

首先要注重室内空间的虚实结合，建筑中围合的是实体部分，而充斥其中的便是虚的空间。在室内空间设计中主要是通过实体布局和空间布置来表现相应的虚实效果；其次是对于软装修的虚实运用，软装修对于表达室内氛围和意境起到很大作用，在虚实相生的理念中，对于物质的实与文质的虚是高度统一的，软装修在室内设计中可以表现人文精神与态度，同时，家具也是关键之一；最后是色彩、材质、形制和细节的运用，例如大客厅的颜色以深色为主，小客厅颜色以浅色为主，以增强空间的明度和宽敞性。

不管建筑怎样变化，人们的情感总能被传统建筑元素调动起来。随着西方文化的传入，中国的建筑逐渐丧失了本应该具有的中国特色，但是从历史的角度来看，中国传统的建筑也能够很好的运用到现代建筑中来，甚至风靡世界，展示我们的大国风采，中国传统建筑是我们的宝贵财富，我们要好好利用。在处理传统元素与现代建筑设计中找到理想的结合点，创造出具有时代性又兼具历史性的建筑作品是我们不懈的追求[4]。

## 参考文献


[1] 白建国. 中国传统建筑在现代设计的应用 [J]. 山西建筑，2013，39 (24)：23-25.
[2] 张苏利. 浅析轴线设计手法在建筑设计的应用 [J]. 建筑设计，2016 (3)：286-287.
[3] 魏海涛，任志纲. 传统元素在现代建筑装饰设计中的运用 [J]. 河南建材，2011 (05).
[4] 刘强，刘寒芳，于江. 中国传统文化在当代建筑设计中的表达 [J]. 山西建筑，2011，37 (2)：18-19.

# 日本建筑的地域性文化特征探析

郭玥，乔美月，付桂花
（河北建筑工程学院　建筑与艺术学院，河北省张家口市　075000）

**摘　要：**本文对日本建筑从造型、颜色、结构上进行分析，研究日本建筑产生的原因及其地域性，讨论为什么日本建筑在世界范围内广受大众喜爱从而得出中国特色建筑应该如何发展。

**关键词：**日本；建筑；地域性

## 1　日本建筑文化形成

建筑文化，根据定义进行解释，它是人类社会历史实践过程中所创造的建筑物质财富和建筑精神财富的总和[1]。建筑文化本身是广义文化中的一个分支。文化的多元性、地域性、时代性和层次性不可避免地会对建筑的发展产生深刻的影响。建筑文化既是社会总体文化在建筑活动中的体现，同时也是建筑活动对社会文化的反馈[2]。在日本，其建筑文化的形成便充分表现了文化所具有的地域性。

### 1.1　日本的法律

首先日本是一个具有特殊法律的国家，其土地的自主使用权甚至是土地所有权都可以交易给普通民众，只要拥有土地，任何普通居民都可以自主寻找建筑设计师来为其设计房屋，这在欧洲和美国却只是少数有钱人才能享受到的服务待遇。

因此日本的本土建筑师会有很多小型住宅设计的委托，与中国大量的大体量居民楼成批的建造不同，日本建筑师做出的设计需要更为私人，更为人性，在经历这样长年的小型住宅设计的锻炼后，日本建筑师慢慢锻炼出了很强的私人住宅的设计能力。

### 1.2　日本人口的压力

日本的人口密度很高，人均土地十分少，在大城市就更成为一个问题，一般情况下，日本的住宅用地都以 5×5 为模数来设计。一层是库房而一层以上则是供人居住使用的空间。由于土地面积很小所以建筑想设计出丰富的平面很困难，日本建筑师需要更加细致的钻研剖面的设计，来达到给人丰富的室内空间的目的。

### 1.3　日本的地理

众所周知，日本是一个岛国，而且处于地震多发带，经常会有一些小型的地震，大地震也时有发生。因为一系列的惨案导致日本建筑行业需要做出改变，需要建筑师来研究建筑在日本应该盖成什么样子，在近代日本的结构技术得到了很好的发展正是这个原因。日本的建筑师们研究发现在日本这个频发地震的岛国，轻型结构更安全。所以轻便简洁的空间在日本得到发展，我们如今在世界上看到的很多日本建筑具有舒适简洁的特点。

### 1.4 日本人对建筑的心理需求

在日本，由于其人口密度过大，所以社会竞争很激烈，导致的结果就是日本人的自杀率很高，在这种极高的社会竞争压力下，人们迫切需要自己的居住环境是一个舒适安逸的环境。这些社会条件便成了对日本建筑师的要求，所以如今大多数的日本建筑是简洁的、安逸的，给人一种追求内心平静的感受。在建筑装饰上力求将人们带入自然当中，建筑配色上则是选用清新自然的日本粉彩色系，为了给人内心带来一些安慰，让人们在如此高的社会压力下还能够坚持生活下去，给人内心一些温馨和慰藉。

## 2 日本建筑现状

建筑是一个与时代、社会状况相契合的艺术与技术相结合的产物，能够展现出一个地方地域的特征。这种能够反映一个地方地域特征的性质便是当地的建筑文化。由于日本建筑文化的形成来自于其特殊的地域性，其建筑也反映了其特殊的建筑文化[3]。

如今，日本建筑在世界上有很大的影响力，例如在东京和大阪这样的城市中有很多具有深远影响的建筑作品，在设计理念上以及在施工技术上，都是建筑业内的佼佼者。但是，在日本很多地区，仍然沿袭着传统的建筑风格，从明治维新时就开始了日本建筑的变革，经历了新陈代谢派与现代主义各种建筑风格的探索后，通过对日本传统文化的不断研究，以及日本当地自然环境和建筑的和谐相处，形成了现在的日本建筑风格。

日本传统建筑和日本文化有很大的联系，简洁的外表，丰富的空间，明媚的自然光，建筑材料的真实反映，这些都与现代建筑的思想追求不谋而合，所以即使是现代日本建筑，其自身便带有传统的意味，这便是日本传统建筑为什么在现代依然有人喜爱的原因。与此同时，日本是一个岛国，其特殊的地理环境导致当地的房屋经常受到自然灾害的破坏，所以日本本土建筑为了在其特殊的地理环境下生存，无论是结构的处理上还是建筑的造型上都必须与大自然和谐相处。在思想上，日本一直受到禅宗的影响，在过去日本高僧荼西禅师将禅宗引入日本，紧接着又有日本高僧将禅宗在日本发扬光大。在日本本土居民的心里，禅宗思想已经根深蒂固，反映在建筑上也成了日本建筑的特色之一。禅宗追求自然和谐，与自然共处、天人合一的思想，成了当今时代下现代建筑的一种追求，也是在当今时代日本建筑被人们接受的原因之一。

## 3 由日本建筑文化的地域性看我国

通过分析日本建筑文化的产生以及日本建筑的现状，我们可以看到，建筑文化的产生具有地域性。一方水土养一方人，不同的地方，经过几十年甚至上百年的演变，所产生的建筑文化便是当地特有的建筑文化。

一个地区的居民在长期的社会发展中形成的其特有的文化表达，宗教，习惯，以及自然条件影响因素都使建筑具有了当地独有的地域性，这种地域性便是建筑文化的表达。

从日本建筑文化的地域性可以联想到我国。与日本不同的是，我国幅员辽阔，地理环境有很大差别，导致建筑形式多样化：在东北，建筑比较厚重，南方的建筑则比较轻巧。比较有特色的民居有皖南民居的粉墙黛瓦天井内院，湘西吊脚楼，福建土楼，傣族竹楼等，都具有鲜明的地方特色。

正因为我国各地的建筑都拥有其各自的特色，所以我国的现代建筑更不应单纯为了追求现代化都市而忽视这些经过长时间历史考验得到的建筑形态。这些建筑形态经过了历史的考验，当地居民一代又一代的生活在此，时间是检验真理的唯一标准，也许这些经过长时间考验所得到的建筑文化并不是真理，但这却是不容忽视的文化。

正如日本建筑一样，古为今用，多少日本传统建筑如今还活在当今时代背景下，也许结构在改变，也许造型在改变，也许技术在改变，也许材料在改变，但真正让日本建筑大放光彩的建筑文化并没有改变，我们中国 5000 年的历史所形成的建筑文化本应遥遥领先于日本的建筑文化，但如今日本建筑却遥遥领先于中国建筑，这是不争的事实，也是我们身为建筑师应该考虑的问题。

# 4 结语

日本现代建筑在世界舞台上硕果累累，普利兹克奖已有 6 名建筑师上榜，它们在世界的影响力也不容小觑。现代日本建筑，可以明显辨识出日本建筑文化的地域性——轻盈通透的结构、精益求精的细节表达、空间的禅意空灵、质朴简洁的审美意向，它不像欧洲那样传统，也不像北美洲那种现代大都市，建筑都以一种随心所欲的方式堆放，更多的是东方民族性的表达[4]。在当今社会，中国正在现代化的道路上大步迈进，我们不缺像北京、上海这样的国际化城市，城市里不缺高楼大厦，不缺地标建筑，但我们却只能在这样的城市中看到现代技术工业和国家财力的发展，中国本土的民族文化却消失了，如今大量西方高科技建筑思想涌入，也许我们会暂时被其形式震撼，但真正丢失了的是我们民族的核心。中日建筑从某种意义上说来自相同的文明起源，在近现代也同样受过古典主义和现代主义的冲击，我们中国的建筑也应该如同日本建筑一样不在各种风潮下迷失，捍卫住民族性的精髓。

## 参考文献


[1] 戴路. 经济转型时期建筑文化震荡现象五题 [D]. 天津：天津大学，2004.

[2] 吴丰. 中国传统建筑文化语言的现代表述的研究 [D]. 长沙：湖南大学，2005.

[3] 刘维萍. 建筑地域性表达研究 [D]. 长沙：中南大学，2013.

[4] 白宇泓. 探索日本建筑文化的吸纳与重生 [J]. 居业，2014 (1)：46-48，(20)：14-15.

# 张家口市代表性建筑对周围城市风貌影响研究

郝艳婷，王筱璇，贾玮玮
（河北建筑工程学院　建筑与艺术学院，河北省张家口市　075000）

**摘　要**：代表性建筑是展现城市独特历史的载体，是一座城市的识别符号。在历史发展过程中，张家口市出现了阶段性的代表性建筑，研究代表性建筑对其周围城市风貌的影响成为研究一座城市发展史的关键内容。本文选取张家口堡的玉皇阁、展览馆、市政府大楼等主要代表性建筑来研究其对城市空间、城市风貌、重要节点空间的影响，发掘城市发展过程中形成的城市传统、文化内涵以及精神特征，从而来唤醒对这座城市发展的记忆，更透彻的认识历史，更好的传承和建设这座城市。

**关键词**：代表性建筑；城市风貌；张家口市

城市代表性建筑是一座城市的名片，是一座城市的灵魂和形象，认识研究一座城市往往从代表性建筑研究开始，它承载着城市的记忆，记录着城市发展历程，展现了城市发展现状，引领着城市未来发展方向。代表性建筑的内涵应该是一座城市深厚文化的积淀，可以反映出一座城市的个性风貌，因此，越是具有历史和文化内涵的代表性建筑越具有张力和生命力。城市代表性建筑是其周围城市风貌的浓缩与反映，主导着周围城市的设计与建设。每一个历史时段，城市都会有新的代表性建筑出现，代表性建筑是城市发展史上的节点，串联着城市每一个发展阶段，研究城市代表性建筑对其周围城市风貌的影响可以更加深入了解城市生长发展过程以及未来发展的趋势。

## 1　堡子里玉皇阁

### 1.1　张家口堡的形成历史

张家口堡位于张家口市桥西区，是张家口的起源和发展根基。据史料记载，张家口堡始建于明宣德四年（1429年），是长城防线上的重要军事驻军城堡[1]，见证了张家口堡近600多年历史沧桑岁月及建设发展的历史。坐落在张家口堡北城墙上的玉皇阁就是当时的代表性建筑。

玉皇阁建于明万历九年（1581年），是张家口堡最早建设的庙宇，也是张家口堡规模最大的庙宇。玉皇阁正殿坐北朝南，面阔三间，歇山式屋顶，正脊两端是吻兽[2]。屋顶的四角饰有风铃，为大殿增添灵动的气氛，殿宇气势宏伟。大殿外东西两侧跨院为偏殿和禅堂，西跨院为僧人宅第，东跨院为库房，东西建有钟鼓楼，平面呈院落式布局，如图1～3所示。

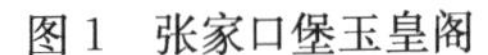

图 1　张家口堡玉皇阁

图 2　玉皇阁平面布局

图 3　玉皇阁效果图

## 1.2　玉皇阁对周围城市风貌的影响

玉皇阁建成之后此地居民逐渐增多，军事城堡逐渐发展成了军事居住的城堡，周围的街道结构开始形成。以玉皇阁为起点，东西大道以北开始形成“干”字形小街巷[2]，东西两侧也逐渐发展了数条街巷，如图 4 所示。

玉皇阁周围绝大多数是传统民居建筑，多建于清代与民国时期，砖木混合结构。这些传统民居与玉皇阁布局相同，正房都是坐北朝南，其中有北京四合院模式，山西晋南风格，中西合璧造型，有规模小的独院式，有规模较大的组合建筑群。传统民居建筑屋顶为青瓦硬山顶，没有斗栱构件，其他构件不施彩绘，均没有玉皇阁等级高，这些建筑都严格按照礼制等级规定来营建，如图 5 所示。

图 4　张家口堡道路系统

图 5　堡俯瞰图

随之建设的文昌阁，也是高台式建筑，也建有钟鼓楼，其屋顶形式与玉皇阁相似都是歇山顶，面阔三间，进深两间。其建筑设计融合佛、道文化、西方拜占庭式建筑与中国传统建筑为一体。之后也修建了许多宗教祭祀场所等与玉皇阁呼应，共同成为张家口堡重要标志，如图 6～7 所示。

玉皇阁成了张家口堡的制高点，统领着整个张家口堡区域，不管是与其他庙宇的相互观望，还是指引城市性质向居住功能方向转变和发展，都起到了很大的作用。在当下 21 世纪，生活在堡里的老人们都是历史的见证者、诉说者，张家口堡成了张家口市发展的起源与根。

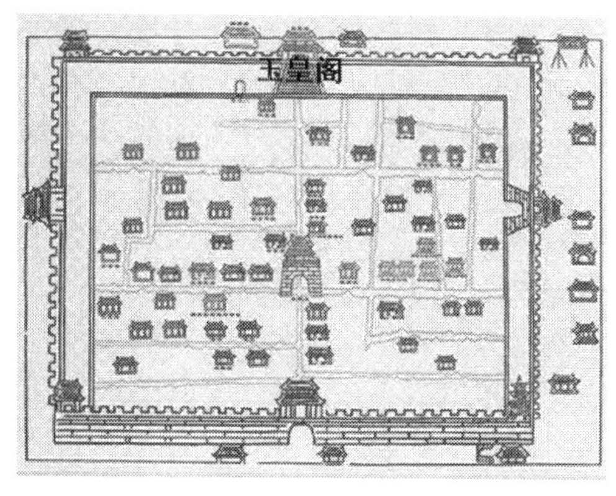


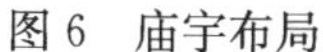

图6　庙宇布局

图7　文昌阁

# 2　展览馆

## 2.1　展览馆建设历史

张家口市展览馆位于张家口市桥西区，始建于1968年，河北省为了突出宣传毛泽东思想，建设了几座展览馆，其中就包括张家口市展览馆[2]。在1968～1981年期间，举办展览活动，介绍全区农、林、牧、副、渔等各方面典型实践经验，张家口市展览馆成为这座城市政治、经济、文化活动中心，成为代表性建筑。改革开放之后由于市场经济的趋势，当时有四家企业在这里经商，展览馆成为了综合性商场。1994年之后，展览馆逐渐结束了其商海生涯，逐步还原其本来面目。展览馆又恢复其文化功能，各大型的展览会都会在此召开。展览馆经历了这50年沧桑的历史变迁，其内涵更加丰富，凝聚了全市人民对这座城市的记忆，如图8所示。

图8　展览馆全景

## 2.2　展览馆对城市风貌的影响

展览馆作为城市空间的一个节点，是特定历史阶段的代表性建筑，当时周围城市建筑主要是邮电大楼、大众影剧院、张家口饭店等，现已大部分拆除，西北有武城商业街。围绕展览馆形成城市的中心，建筑风貌色彩均与之协调。

这一时期，城市依然向南发展，纬一路以北，以展览馆为中心，城市建设大部分是低层、多层，基本没有高层，只是近几年随着城市大规模建设，土地的集约利用，才出现高楼林立的现象，如图 9 所示。总之展览馆对其周围城市建筑高度、色彩方面的设计有一定的影响。

展览馆建筑的影响延续到今天，百盛购物中心就是一个例子，它建成于 2010 年底，2011 年底开业。从平面形式到立面造型，建筑风格形式以及色彩上均与展览馆交相呼应。展览馆平面呈“凹”型，主楼正面以及两侧楼都有高大的廊柱，楼檐下嵌着白色浮雕，整体的颜色以接近暖灰色为主，建筑材料极其普通，艺术风格质朴无华。而其正对的百盛购物中心隔江相望，其平面基本呈“凹”型，建筑材料简单朴素。在体量上，与展览馆建筑高度以及面宽相仿，米黄色为立面主色调，虽然在色相上有所差异，但它们的颜色都在相同明度范围内。立面方形的柱子，圆形的门，与展览馆的廊柱呼应。如图 10～12 所示。

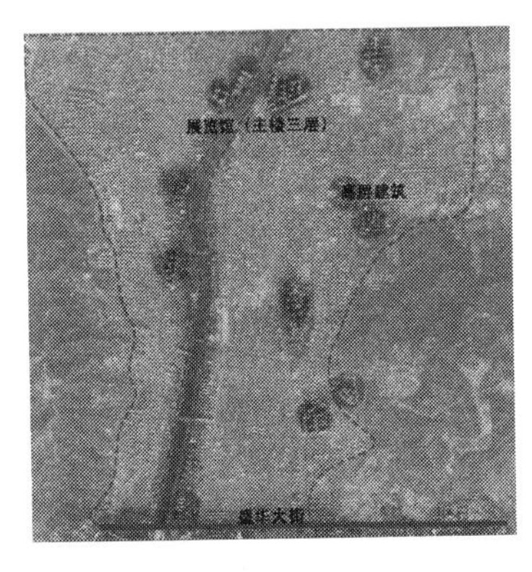

图 9　建筑高度把控

图 10　展览馆

图 11　展览馆与百盛位置关系

图 12　百盛购物中心

# 3　市政府

## 3.1　市政府办公大楼建设基本情况

张家口市政府办公楼位于经开区长城西大街，高约有 40m，简单的几何形体构成，呈四面围合，形成中心的院落空间。色彩上主要是以灰色调为主，窗和窗坎样都呈现暗灰色调。该建筑立面构图简洁大方，竖线处理面与矩形小窗点缀实样面形成了虚实对比，主立面入口部位做了重点处理，整体外观庄重、严谨、务实，属于现代风格，如图 13 所示。

## 3.2 市政府办公大楼对城市风貌的影响

周边建筑大部分都是新建，建筑高度明显较北区域高，大都是现代主义建筑风格。例如张家口国际大酒店，位于市政府东侧，色彩上主要以米黄色调为主，其色彩明度、饱和度和市政府大楼色彩均在一个范围内；其立面竖线条和小竖窗户与市政府大楼立面相似。东侧海关大楼、市三馆，西临北方学院，南面是张家口市民广场、中国地质博物馆张家口馆、张家口机械工业学校、张家口汽车客运南站、张家口火车南站、新东亚财富中心、长江时代广场等公共建筑，形成了张家口市的政治经济文化中心。市政府周围建筑平面布局都是简单的几何构图，立面简洁大方，虚实手法结合，富有现代气息，如图 14～19 所示。

市政府办公大楼作为张家口市新城区的核心，引领着城市新的发展发向，是历史推进过程中重要的节点，同时体现着城市现代化的精神特征。

图 13　市政府办公大楼

图 14　张家口国际大酒店

图 15　国际大酒店夜景

图 16　东亚财富中心、博物馆

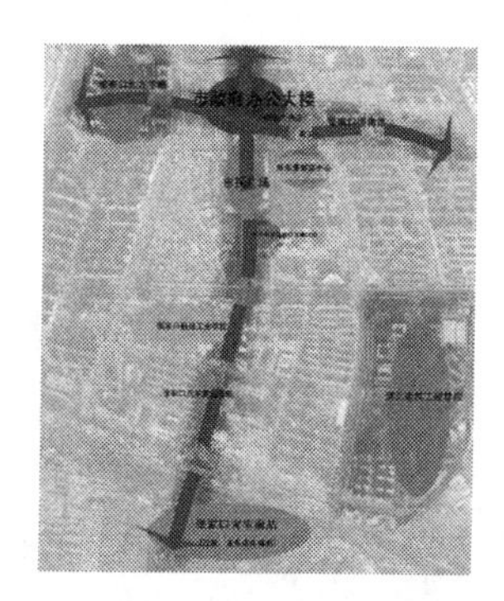



图 17　空间轴线

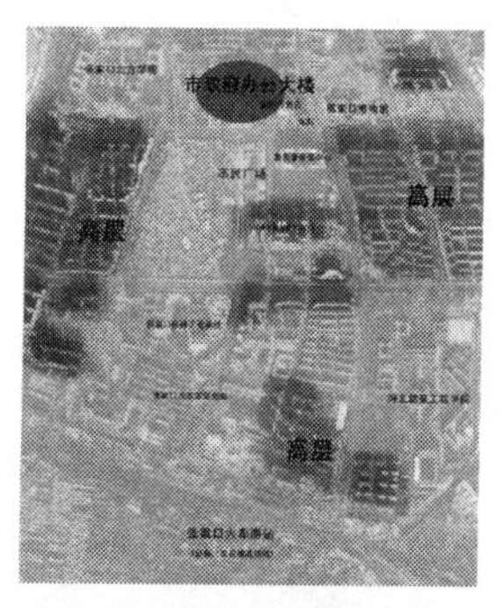



图 18　周围建筑高度把控

图 19　奥体中心

## 4 总结

玉皇阁、展览馆、市政府三个代表性建筑，是张家口市三个历史阶段城市建设与发展的代表，代表着过去、现在和未来。因此代表性建筑是城市空间布局、城市风貌的引领，影响着城市的建设和发展，记述着城市历史过程，代表着城市品质，重视和研究代表性建筑是非常必要的。

### 参考文献

[1] 王洪波，韩光辉. 从军事城堡到塞北都会 [J]. 经济地理，2013 (33)：72-76.

[2] 阎阳. 张家口堡建筑遗产数字化保护研究 [D]. 张家口：河北建筑工程学院，2017.

# 浅析理查德·罗杰斯建筑创作中的文化内涵

吕佰昌，吕朝阳，李维韬
（河北建筑工程学院　建筑与艺术学院，河北省张家口市　075000）

**摘　要：** 理查德·罗杰斯作为全球公认的建筑设计大师，在全球建筑界拥有显著的影响力，本文从理查德·罗杰斯具有代表性的作品入手，试图分析理查德·罗杰斯在建筑创作中如何注入丰富的文化意蕴，使其建筑设计思想更加丰富。
**关键词：** 建筑创作；文化内涵；高新技术

理查德·罗杰斯是一位善于利用高新技术和材料表现建筑之美的当代建筑大师，在他的众多作品中，无一处不透露着以新技术、新材料为基础，以灵活多变的空间为目的的设计手法。

文化作为建筑艺术的灵魂，是建筑审美中的关键一环，我们要想真正透彻的理解理查德·罗杰斯作品中所包含的思想内涵，就必须从文化的角度入手，掌握其建筑设计思想中的文化内涵。

与现代主义建筑对待文化的态度不同，现今的建筑创作更加注重发掘建筑中所表达的文化内涵，追寻建筑所表达的文化成为建筑创作活动中的重要一环。理查德·罗杰斯在建筑创作过程中，更是通过技术特有的表现力量，从多方面、多角度阐释了对建筑创作中文化内涵的独到见解。他通过技术发掘并继承传统文化的精髓，强调建筑鲜明的地域特色；他通过技术对当代文化进行透彻的诠释，赋予建筑生动的时代特色；他通过技术塑造优秀的城市文化，打造充满魅力的现代城市。总之，在理查德·罗杰斯的建筑创作中，充分体现了丰富的文化意蕴，不仅使他的作品更富有深意，也为当代建筑创作提供了可参考的发展路线。

## 1　传统文化的继承

当代的建筑创作者在建筑创作中越来越注重融入当地的传统文化内容，力求打破由20世纪西方国家所推崇的“国际式建筑”所导致的“千城一面”，理查德·罗杰斯正是其中具有代表性的一员，与简单的延续继承方式不同，理查德·罗杰斯对待建筑创作中的文化传承抱有一种“师其意而非学其形”的态度，力求超越表面形式的模仿，并且将传统文化中的内容同现代技术结合，从而推动建筑文化和当地传统文化更加积极的向前发展。

“文化精神”是民族文化的深层结构，是一种民族文化的灵魂或精髓[1]，它是决定民族文化走向的重要一环，乐观与探索精神是英国文化精神的主要内容，英国之所以能取得今天的成就，正式基于这种积极向上的文化精神的引领，理查德·罗杰斯则对这种文化精神进行深层次的发掘，并通过技术的手法使其融入建筑创作中，从而使他的作品具有鲜明的民族特征。

基于探索精神衍生出技术乐观情绪和技术探索倾向在 20 世纪末成为英国建筑界中的主流思想，理查德·罗杰斯正是其中具有代表性的一位，基于这一点，一方面罗杰斯坚定的反对“悲观技术主义”，他认为一切问题是可以通过技术的合理运用而解决的；另一方面，基于技术探索倾向，他善于利用技术减轻建筑能耗，以减少对自然环境所造成的压力，通过引入高科技程序模拟建筑内部与周围的气流或日照，从而来设计合理的建筑体型，例如泰晤士峡谷大学资源中心（如图 1 所示）。

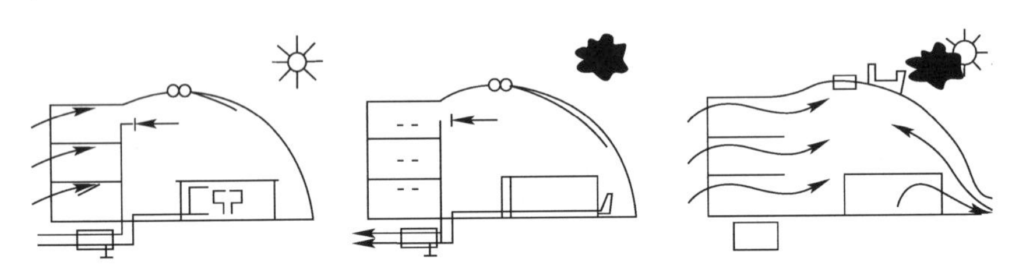

图 1　泰晤士峡谷大学资源中心气流分析图

一栋建筑总是要坐落在一个特定的地点，因而地域性是当今建筑创作中的重要一环，在理查德·罗杰斯中后期的作品中，格外注重地域特色的表达，他通过技术手段萃取传统文化，使当地的文化特征体现在建筑作品中，并激发当地人的喜爱之情，在法国波尔多法院的设计中，这一设计思想得到淋漓尽致的体现，波尔多市以酿造优质的葡萄酒而闻名，并因此带来巨大的经济效益，理查德·罗杰斯准确把握住这一当地文化，将审判厅做成介乎丁酒瓶与酒桶之间的形状，并采用当地特有的橡木作为建筑的表皮材料，使得建筑形象在市民心中是那么的熟悉与亲切（如图 2 所示）。

图 2　法国波尔多法院建筑形象构思草图

## 2　时代文化的诠释

作为一位能够准确把握时代动向的建筑师，理查德·罗杰斯不仅能够掌握并利用当下最先进的科学技术，还能在建筑创作中，通过技术的手法精准的诠释当今的时代文化内涵，这不仅使他的作品带有鲜明的时代特征，也大大地丰富了建筑审美的内容，并推动其持续发展。

当今时代的文化充满了错综复杂的矛盾，是一个多元化的时代，正是这样的时代背景使得理性和非理性并存，正如福柯所说“在今天的文化领域，理性的太阳独照世界的时代是一去不复返了”[2]，在建筑美学中，理性思维统揽大局的局面已经被打破，理性与非理性这两种力量不仅相互抗衡，甚至还同时出现在同一个建筑作品中。

在理查德·罗杰斯建筑作品中理性与非理性的交织表现出一种耐人寻味的性格特征，在建筑结构上，理查德·罗杰斯常运用理性的手法，运用新技术、新材料表现缜密精致的美感，但是与此同时，他将建筑内外翻转，将机电设备、结构杆件裸露在外，表现出一种非理性的思维。

在伦敦第四频道电视台总部的设计中，细致缜密的材质纹理和结构体系无一不体现着理性的美感，然而在这种理性的框架下，理查德·罗杰斯却采用高度艺术化的手法处理细部问题，如被戏称为“牛舌头”的入口雨棚和夸张的技术杆件[3]，这些形象都表达着非理性的思维。在伍德大街 88 号的设计中，由玻璃和钢构成的精密的楼梯与艺术化的排风口所形成的强烈对比也体现着理查德·罗杰斯的这一设计理念（如图 3、图 4 所示）。

图 3　伦敦第四频道电视台总部材质纹理

图 4　伦敦第四频道电视台总部入口雨棚

从根源上来说，理查德·罗杰斯这一通过非理性来对抗理性的设计思维源于审美形态统一性的反对，他反对现代主义建筑以功能作为表现的单一教条。

综上所述，理查德·罗杰斯作品中所体现的理性与非理性的交织是迎合现代人的审美观念，迎合时代文化的，是通过技术对时代文化进行的全面阐释。

## 3 城市文化的升华

城市文化是一座城市发展的历史积淀，它融入于市民的生活中，对市民的行为产生着无形而有力的影响，理查德·罗杰斯善于利用建筑提升城市文化的精髓内容，他通过采用合理的技术创造独特的城市景观；通过人性的技术为市民营造和谐的生活环境；通过先进的技术激发衰退城区的活力，总之，他通过技术为市民打造充满魅力的城市，满足人们对城市空间质量的要求。

理查德·罗杰斯认为，在城市中，一座优秀的建筑绝不是埋没在茫茫的建筑群体中，而是应该扮演着鲜明的角色，在与城市整体风格协调的基础上展现自我，提升其所在街区的辨识度，也就是建筑的"颗粒效应"。在一些商业办公建筑中，理查德·罗杰斯的这一思维得到了实践，例如劳埃德大厦，劳埃德大厦位于伦敦市区，周围建筑多为20世纪早期而建，体量均等，气氛平淡，而劳埃德大厦的建成无疑打破了这种建筑的"均质性"，它以充满现代特征的体型以及现代建筑的材质同周围环境形成强烈的对比，它浑身上下都散发着自信的光辉和艺术气质，使得整个街区都充满了生机（如图5所示）。

正如J. B. Jackson所说"城市之美在于搏动的街道、广场的生活美之中"，一栋优秀的建筑应该为城市空间的活力提升做出贡献，理查德·罗杰斯深谙这一道理，并且将其付诸实践之中。在巴黎蓬皮杜术中心的设计中，虽然这栋建筑的体量、造型都与周围的城市环境显得格格不入，甚至打破了基地周围的城市肌理，但是这件作品的点睛之笔就在于理查德·罗杰斯将一半的用地保留作为公共用地—广场[1]，这也是之所以打动评审委员会的原因之一，现在看来，这一广场已然成为这一街区中最具活力的地点，对巴黎旧城区的复兴起到了积极地促进作用，并为城市生活提供了一个精彩的舞台（如图6所示）。

图5　劳埃德大厦的视觉兴奋点

图6　广场上的杂技表演

## 4 结束语

文化是建筑的灵魂，理查德·罗杰斯以创新的手法赋予建筑创作文化层面的深刻意蕴。他使建筑汲取传统文化的精髓内容，赋予建筑长久的生命力与鲜明的地域特色；他用建筑诠释当今时代文化，彰显时代风格，迎合大众的审美需求；他让建筑提升城市文化，真正的为市民塑造一个充满活力和关怀的人文城市。总之，通过分析理查德·罗杰斯建筑创作中的文化内涵，我们更加理解了建筑创作不应该是冰冷的，应该具备丰富的人文关怀。只有那些具备文化内涵的建筑才是美的建筑，才是符合当今时代要求的建筑。

### 参考文献


[1] 李婷婷. 梦想照进现实：蓬皮杜艺术中心设计背后的文化和社会理想 [J]. 建筑创作，2012，2：176-180.

[2] 江滨，赵冕. 理查德·罗杰斯：高技派的旗帜 [J]. 中国勘察设计，2014，5：48-53.

[3] 程世卓. 理查德·罗杰斯建筑作品的技术审美研究 [D]. 哈尔滨：哈尔滨工业大学，2007.

# 从宣化下八里辽代墓葬群诠释辽代建筑特征

乔美月，郭玥，付桂花

（河北建筑工程学院　建筑与艺术学院，河北省张家口市　075000）

**摘　要：**辽代建筑承继了唐代晚期北方建筑的基本风貌，但我国现存辽代建筑数量甚微。本文所提及的宣化下八里辽墓建筑群是位于宣化区下八里村北的一处辽代晚期至金初期的汉族官吏和商人的家族墓。其所处位置宣化区地形地貌独特，在古代，群山环绕，易守难攻，交通较为闭塞。由于宣化下八里村地处冀西北山间盆地至宣化盆地的北缘，在战争年代人迹罕至，因此该辽代墓葬群在千百年间也得到了很好的保存。在1972～1993年期间，相继清理发掘了11座辽金时期墓葬建筑。该墓葬建筑群规模宏大，分布集中，纪年明确，出土器物珍贵，墓葬形制多样。尤其是各墓室壁画内容丰富，多方面真实反映了辽金时期的经济、科学、文化、宗教以及当时的建筑特征，为研究辽金时期的历史提供了宝贵的资料，被称为了解历史的画卷、地下艺术长廊。本文试图通过从该宣化地区辽代墓葬建筑群中探析辽代建筑特征。

**关键词：**墓葬建筑；辽代建筑；建筑特征

## 1　宣化地区辽代墓葬建筑现状

### 1.1　辽代墓葬建筑所处地理位置

宣化下八里辽代墓葬建筑群位于宣化城西北约4km的下八里村（图1）。该村北发现的辽墓群在1972年被首次发现，而后陆续发现了12座辽金时期的古墓葬。根据所出土墓志显示，该墓葬建筑群为张、韩两姓氏所有[1~3]。

### 1.2　宣化下八里辽代墓葬建筑的平面布置

宣化下八里墓葬群的墓室与当地地面建筑朝向一致，均为坐北朝南。意在追求与生前生存环境相一致，模拟生前生活状态。墓室下挖深度约4～5m，根据已挖掘墓室可发现，其形制主要有较为简洁的单室墓和相对单墓室而言更贴合生前居住空间的双墓室。墓室的平面多采用对称图形，有方形、圆形、六角形、八角形等几种。大部分墓葬是由墓道、墓门、墓室三个部分组成，在墓门位置采用砖雕仿木结构作为装饰。目前发掘程度较高，墓葬内容保存较为完好的有9座，其中8座为汉人张氏家族墓，1座为韩师训墓。

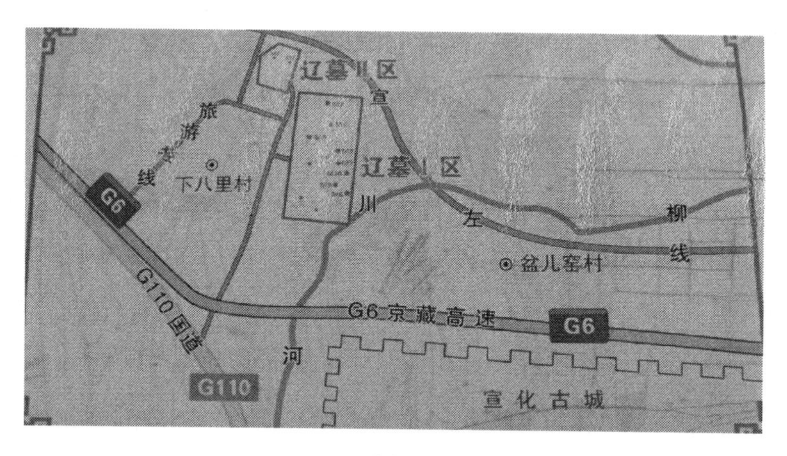


图 1（图片拍摄于宣化下八里辽墓景区）

## 1.3 宣化下八里辽代墓葬建筑的构造

宣化下八里辽代墓葬群中较具代表意义的是张世卿墓，该墓葬选用双墓室空间，前后墓室平面均为方形，建造更加复杂，除墓道、墓门外，前室后室分离，增加了甬道空间。除墓门做砖雕仿木样式，墓室内部的柱子同样做成仿木砖雕样式，柱子上承普柏方和澜额，澜额上搭建斗拱，并以此收砌，使墓室顶部形成穹隆顶。除此以外，一号区东南方有三座较为相似的墓葬建筑，分别为张匡正（M10）、张文藻（M7）、张世本墓（M3），三墓置棺之室皆砌作圆形，且置棺墓的入口皆为券门，券门两侧会有符合当时生活习惯的侍吏壁画。张匡正、张文藻两墓除了圆形置棺之室外，还有方形前墓室以及较长的甬道。这两座墓的墓门和墓室的仿木构件壁画彩绘表达的内容基本相同，墓门斗拱为四组砌出单抄单斗拱计心造，拱上承替木；前室用一斗三升承替木；后室砌斗口跳承替木。张世本墓墓室斗拱同上述两墓后室，墓门亦用斗口跳，墓门的砖雕仿木样式以及构件上的彩画也基本与前两者相同（图 2）。

图 2　　　（图片拍摄于宣化下八里辽墓景区）

张文藻墓东南侧约 5m 处有九号墓、六号墓两座已被盗掘的两座墓穴，九号墓为前墓室方形、后墓室圆形的砖制墓室，而六号墓为前墓室方形后墓室八角形的砖制墓室，说明了砖在辽代时期已经被广泛应用了。这两座墓葬建筑的仿木构建壁画彩绘[4]，记录了墓门补间为砌出斜拱，这是比较特殊的构件记录之一。九号墓西侧有一座已经建成，但只有墓圹的未使用墓。

在一号区西北方有张世卿墓（M1）、张恭诱墓（M2）和张世古墓（M5）三座墓葬建筑。张世卿墓形制为前墓室方形、后墓室方形的砖制墓穴，张恭诱墓形制为六角形单墓室的砖制墓穴，张世古墓为前墓室、后墓室均为六角形的砖制墓室。此三座墓室相较于东南侧三座墓穴的年份略早一些，其仿木质结构彩绘相较于东南侧三座墓穴的结构更为简化。

韩师训下葬的时间与前两组张姓墓穴的时间相近，与该两组墓穴较为相似，除此之外，韩墓还具有独特的特点：前墓室、后墓室均为六角形形制的砖制墓穴。前墓室面积大于后墓室面积，前墓室不绘制斗拱，柱头斗拱与补间斗拱尺寸相同。由于墓室主人所属家族不同，壁画所表现生活内容与张氏墓穴不尽相同。

## 2　宣化地区辽代墓葬建筑所体现的建筑特征

### 2.1　宣化辽代墓葬反映出的墓葬建筑特征

宣化地区下八里辽代墓葬建筑群所包含的张姓墓葬是汉人家族墓葬，韩姓墓葬是契丹族墓葬，这样的两个民族混合的墓葬群，高度表现出辽代游牧文化与高度发展的汉文化互相影响、互相吸收、共同发展、相得益彰的文化特点。宣化属于当时的军事要塞、经济交流中心，境内契丹、汉族人民互相融合，创造和发展了以汉文化为核心、带有草原牧业文化的辽代融合文化。宣化下八里墓葬群在这样的环境下，建立了与中原地区北宋墓葬有相似性的墓葬群。其表现主要是，仿照北宋王朝统治地区的仿木结构的砖结构墓，墓葬由阶梯墓道、券顶甬道、仿木质结构的木门楼、前墓室、后墓室组成。而墓顶却又多为圆形，仿照游牧民族蒙古包式的穹隆顶。其演变形式在某种程度上与中原地区的墓葬形式逐步统一，也由此可见中原文化与游牧民族文化在辽代的统一与结合。

已发现的辽墓基本上可分为两类，一是契丹族墓，二是汉族官吏或地主墓，也就是宣化辽代墓葬建筑群所有的两种辽墓类型。辽墓的墓室一般有前后两室，平面多呈方形，随着后续的发展，又出现了圆形、六角形、八角形等多种后室，后室四壁多围柏木板，有些还置以歇山式顶木屋外椁，建筑形制在后期多为砖石结构。墓室的仿木结构门楼十分复杂，墓室内壁均绘有壁画，壁画色彩丰富，内容多反映当时生活，所绘制的建筑也是地上建筑的缩影[5]。

### 2.2　宣化辽代墓葬反映出的辽代木建筑特征

根据宣化辽代墓葬中大气端庄的仿木质结构的壁画内容，反映出辽代建筑承继唐代建筑风貌。由于契丹民族为北方游牧民族，有着游牧民族豪放的性格，且宣化地区相对闭塞，故该区域建筑的木质结构受南方建筑风格影响较小，建筑物同唐代建筑类似，庄严稳重。根据壁画所绘制的建筑构架比例与尺寸，与同时期的北宋建筑相比较，用材也继承了唐代的用材标准，尺度偏大。墓门绘制的局部屋面平缓，而当时北宋建筑较之更为高耸。墓室中，立柱使用了侧脚与生起，墓室显得内聚稳定。该墓葬群的砖雕仿木斗拱反映出，该时期斗拱基本继承了晚唐五代斗拱样式，稍有改变的是，补间铺作多做一组，其次便是出现了斜拱。该墓葬多用砖木砌筑，说明当时砖的使用已经较为普遍。出土瓦作主要是陶质灰瓦，绘制莲纹。同时，在这座辽代墓葬随时间的延续中，可以发现由辽代到金代发展的过程中，建筑作品开始流于烦琐堆砌。

## 3 结束语

历史上的宣化地理位置比较特殊，辽代之前一直属于中原汉政权的统治之下，汉文化为宣化地区的主要文化。在辽代之后，宣化地区便属于农耕文化与游牧文化的交融地带。因此辽代以后，宣化成为了一个历史悠久的民族混融地区。宣化下八里地区的辽代墓葬建筑群规模宏大，保存完好，反映出了辽代的建筑形式、社会风俗、古代天文与文化等各个方面的历史内容。每一种被发掘的古代建筑形式都能够体现出其所处时代的人文历史文化。宣化辽代墓葬建筑群，是辽代晚期至金代初期墓葬建筑的代表，也是反映辽代建筑的真实画卷，是值得我们学习研究的辽代建筑艺术与文化的历史宝藏。

**参考文献**


[1] 陈朝云，刘亚玲．宋辽文化交流的考古学观察-以宣化辽墓的考古发现为视角［J］．郑州大学学报（哲学社会科学版），2015（1）：145-153.

[2] 董旭．宣化古城与历史建筑［D］．石家庄：河北师范大学，2011. DOI：10. 7666/d. y1869064.

[3] 孙文婧．辽代建筑文化理论的发展初探［J］．建筑工程技术与设计，2015（27）：1868-1868.

[4] 冯恩学．河北省宣化辽墓壁画特点［J］．北方文物，2001（1）：36-39. DOI：10. 3969/j. issn. 1001-0483. 2001. 01. 007.

[5] 刘喜玲．解读宣化辽墓的礼仪性空间［J］．青年文学家，2015（20）：186-186. DOI：10. 3969/j. issn. 1002-2139. 2015. 20. 135.

# 张家口市桥东区胜利中路商业中心建筑外立面色彩分析

涂慧瑾

（河北建筑工程学院　建筑与艺术学院，河北省张家口市　075000）

**摘　要：** 城市的地域特征大多来自于视觉形象的传递和城市文化。在视觉形象中，色彩是最重要的部分之一。城市色彩作为城市设计中的一种特殊规划，能够反映一个城市的气质面貌和特征，城市色彩也能给城市带来新的建筑特色和文化特征。国外城市色彩规划的发展比较早，但并非所有城市都经历过合理的城市色彩研究，这主要取决于现有的区位和经济地位。城市色彩的整体布局和规划在城市发展中起着重要的作用，然而张家口作为冬奥城市却迟迟没有推行，这种情况不利于“冬奥”文化的发展与壮大，做好张家口市城市色彩规划的研究与设计将更有利于打造“冬奥”文化建设。本文从张家口市桥东区胜利中路商业中心建筑文化开始谈起，并对九处标志性建筑外立面色彩进行调研和整合，提出自己的建议，最后加以总结和分析，提出张家口市桥东区红旗楼商业中心建筑色彩设计的建议。

**关键词：** 城市色彩；红旗楼；文化；建筑外立面

## 1　张家口市桥东区胜利路红旗楼地域概况

张家口市区地势西北高、东南低，阴山山脉横贯中部，将全市分为坝上坝下两个地貌浑然不同的自然区域。张家口市已开始全面实施城镇面貌“三年大变样”行动，作为推进城市进程的一个推手，城市规划建设发展的一个阶段性工作，其深远意义在于让城市更好、更快的发展，打造“城在山中、水在城中、山水呼应、绿树相映”的新张家口。

## 2　红旗楼名称的由来

红旗楼位于桥东区中部（图 1），面积 4.7km²，辖 11 个社区，办事处驻红旗楼南街 27 号，原属工业街街道，1960 年改为胜利南路街道管理区，1962 年改为红旗楼街道，1964 年并入工业街街道，1966 年析出划归厂矿管理，1974 年复设红旗楼街道。

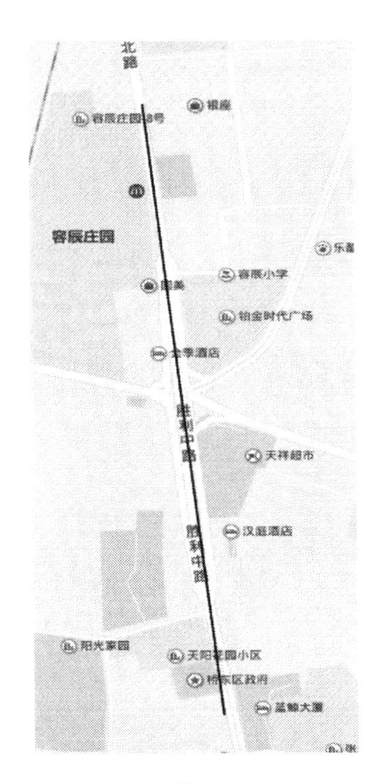

图 1

据了解，红旗楼特指以前正对着工业中横街的那两座 3 层平顶楼，是探机厂的单身宿舍楼，后来又在南面盖了 2 座坡屋顶苏式住宅楼，从北往南依次命名为红旗1、2、3、4楼，现在逐步演变为泛指原红旗楼周边一带[1]。

## 3 桥东区胜利路红旗楼商业区建筑色彩调研

外墙立面的色彩对城市的形象几乎起着决定性的作用，此次调研的区域主要以胜利中路、胜利北路、红旗楼周边的建筑物为主。这些建筑大部分都是近五六年兴起的，建成后便立刻成为了张家口市桥东区的商业中心，反映了新兴的冬奥城市的新面貌。

### 3.1 蓝鲸大厦（泛海酒店）

张家口蓝鲸大厦建于2004年6月，位于张家口市胜利南路迎宾大道南端，是张家口市第一家集住宿、餐饮、洗浴、会议于一体的国家四星级酒店。由于建成时间最早，蓝鲸泛海酒店即使内部设施翻新，外立面还是有些陈旧，配色也过时老气。一般来说建筑物主体颜色不建议超过三种，泛海酒店主体颜色却有五种，配色过于复杂。主体蓝白红相间，这些颜色看上去很刺眼（图2）。

图2

### 3.2 汉庭酒店

汉庭酒店（张家口红旗楼店）（图3）开业时间为2013年11月，地处繁华商业街胜利中路与建国路交汇处。这栋建筑造型还算独特，配色中规中矩，暖灰黄与土色搭配，保守、明度不高、色调均匀，很好的与商业区周边的建筑物融合在一起。点缀色基本为商业招牌，从商业角度出发比较显眼，从城市色彩角度出发并没有进行合理的设计。

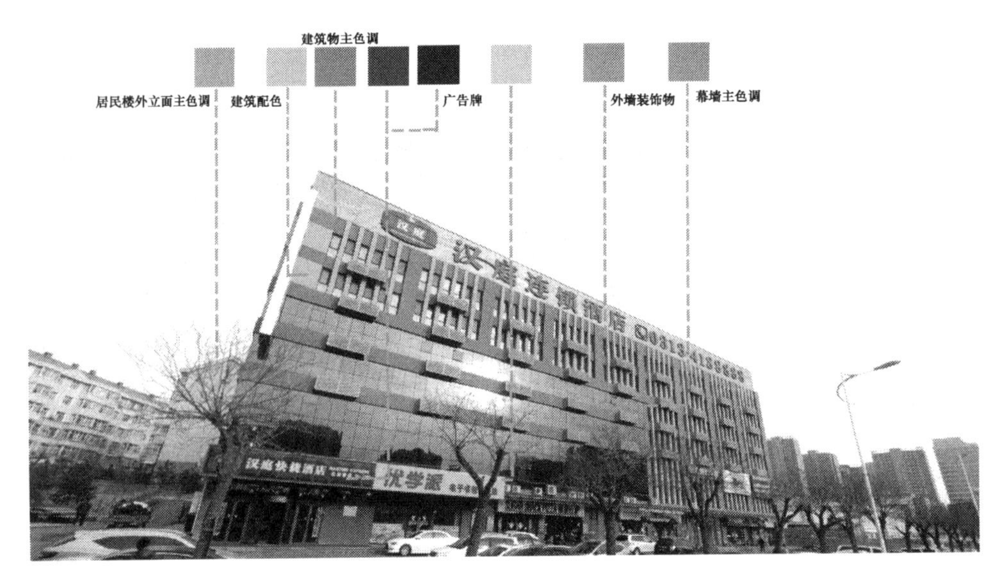


图 3

## 3.3 茶坊楼

建筑外立面色彩结构由主色调、辅色调和点缀色等色彩要素构成。茶坊楼（图 4）建筑外立面以农业银行为中心，由于建立时间相对偏早，建筑物之间并没有很好的规划，总体色调纯度不高，很有年代感，作为点缀色的一些亮红色商业招牌显得不是很和谐。

图 4

## 3.4 容辰时代

容辰商住综合楼（容辰时代）就坐落于红旗楼十字路口西北侧（图 5），原张家口影院旧址之上。建筑主体平面布局呈三角形，每个夹角采用弧形倒角手法层层叠落，三角形斜面向十字路口展开，向上展现出双曲线造型，无论从哪个角度观赏，都给人以巨大的视觉冲击。容辰时代只有青色幕墙的主色调和白灰配色，没有点缀色。整体配色简单大气，无论是造型还是色彩都令人称赞，玻璃幕墙在阳光不同时间的照射下深浅色有所变化，没有多余的商业广告牌，配色方案值得借鉴。

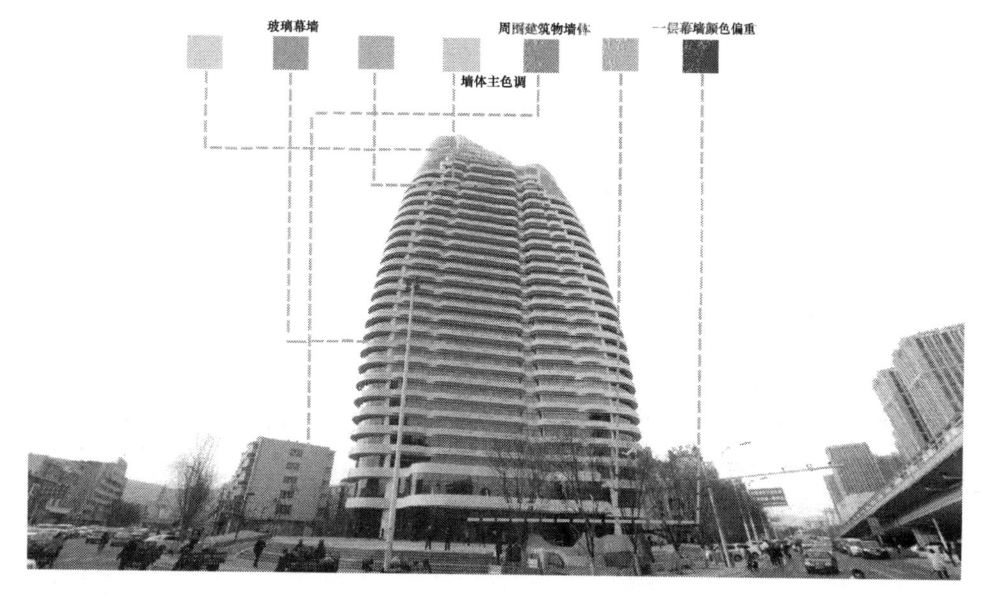


图 5

## 3.5 冠垣广场

2015 年 9 月冠垣广场正式开业，位于红旗楼核心商业圈（图 6～7）。商业建筑的色彩理性与感性的结合，其美观程度极大程度上决定了消费者的购买欲望。冠垣广场正面与侧面的主色调赭石色与张家口山脉的颜色一致，配色土黄点亮，玻璃幕墙点缀。只是下半部分的广告点缀色过于复杂，商业味道浓厚。

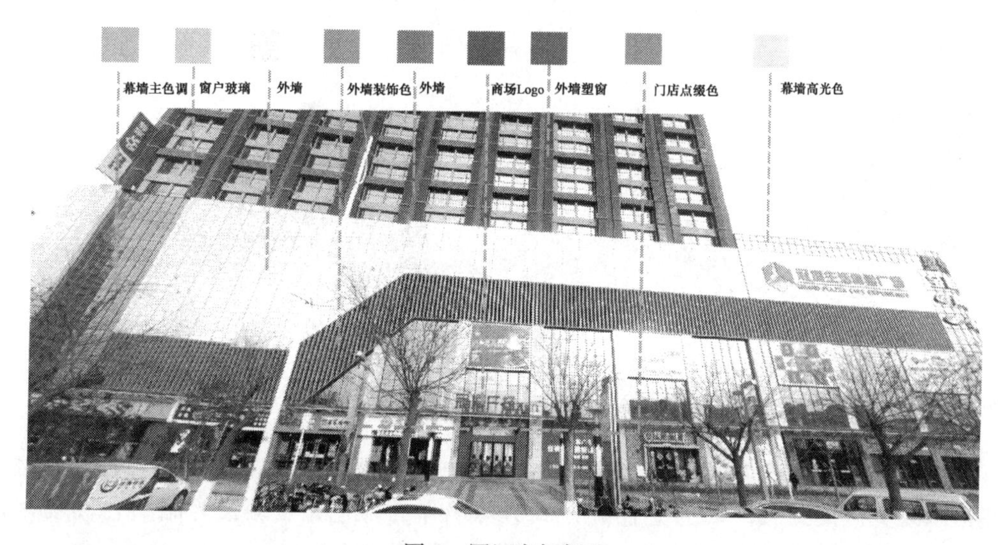


图 6　冠垣广场侧面

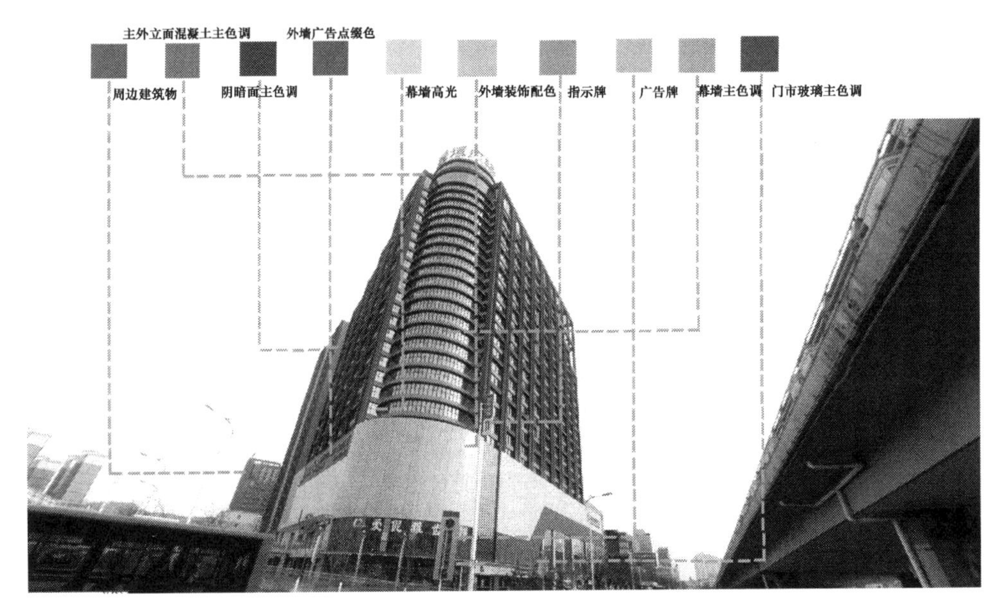


图 7　冠垣广场正面

## 3.6　铂金时代广场

铂金时代广场（图 8）位于胜利北路 94 号，红旗楼小学对面。主色调为低纯度、中明度的暖灰黄搭配红褐点缀，与商业圈含蓄沉稳的色调相一致。

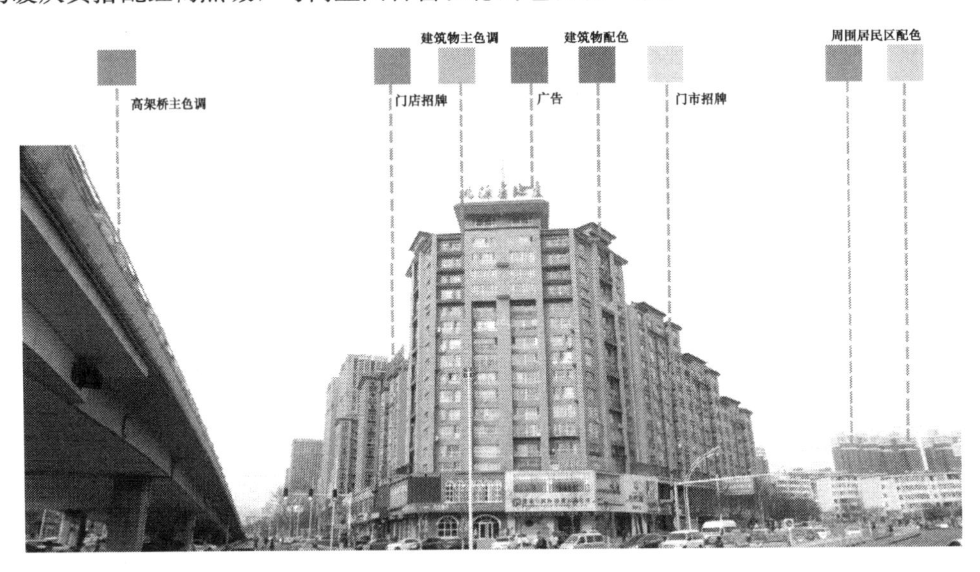


图 8

## 3.7　银座商城

2014 年 9 月银座商城张家口店正式开业（图 9），已经成为张家口的地标性建筑之一。银座整体以土色大理石外墙为主色调，低透幕墙作为配色，点缀色为暗黄色商场标识。Led 大屏、商业广告规划数量有限，整齐沉稳中又不失城市的活力。

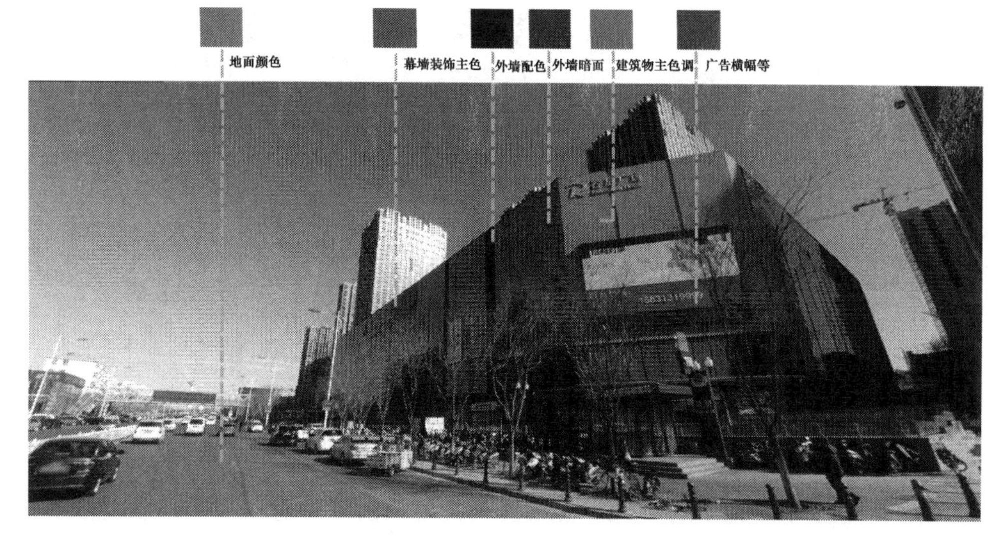


图 9

## 3.8 容辰庄园小区

容辰庄园小区（图 10）是这个区域色彩规划中出现的早期建筑，建筑风格为简欧式，注重沉稳元素与时尚元素的融合，在色彩上体现为：前排门市三层小楼以暖灰黄色系为主色调，小区内部以红褐系列和少量冷色调为点缀，具有生动鲜明的艺术效果。小区门口的金色向上奔腾的八匹马已经成了张家口的一处标志性雕塑。

图 10

## 3.9 容辰广场

张家口容辰庄园（东区）容辰广场（图 11）项目占地面积 190 亩，总建筑面积 78 万 $m^2$，该项目包括银座商城、洲际华邑酒店、容辰广场、容辰地下商业街。该建筑群造型具有雕塑感，使用石材作为外立面材料，经久耐用、视觉效果强，体现豪华质感。作为光亮城市，张家口新兴的这些建筑遵循了避免使用纯度太高的颜色作为商业建筑外立面的主色调，配色也很少见，从而体现了其商业大厦的功能。

图 11

# 4　红旗楼商业区建筑物外立面色彩整合

通过此次调研，红旗楼商业区建筑外立面基本可以划分为“无彩色系灰色”，主色调是点亮城市未来发展的亮灰色，引领城市环境提升的暖黄色。结合张家口传统文化的色彩多为纯色，在此基础上得出红旗楼商业区建筑物外立面色彩整合如下（图 12）：

图 12

# 5　红旗楼商业区建筑景观色彩规划分析

## 5.1　色相方面

色相比例简易图说明了商业区色调之间的比例，主色调占 55%左右，辅色调占 40%

左右，点缀色调占5%左右，说明红旗楼的建筑色彩大部分具有统一和谐性（图13）。其主色调的中灰色是其原有风采，大部分的点缀色还是来自于商业招牌。

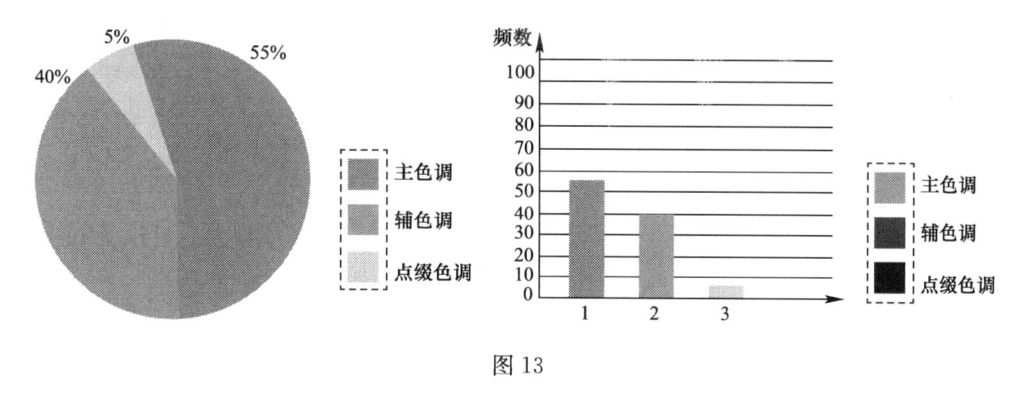


图13

## 5.2 明度方面

明度比例简易图说明了商业区明度之间的比重，中明度灰占了大部分，高明度的也占了一部分，主要在商业招牌、Led大屏中，低明度的23色彩比较少，主要是建筑物的亮面（图14）。

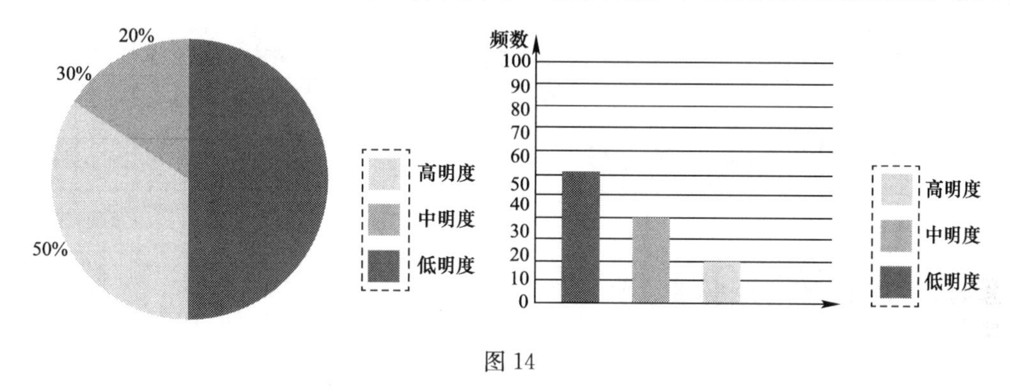


图14

## 5.3 纯度方面

纯度比例简易图说明了商业区纯度之间的比重，低纯度和中纯度的灰占了大部分，包含高纯度的红、黄、蓝等装饰色在各门市招牌中使用较多，也占了一部分（图15）。

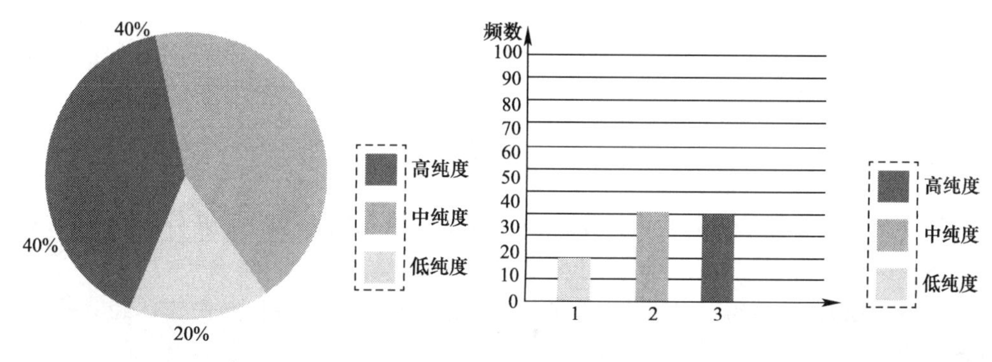


图15

## 5.4 色彩搭配

色彩搭配方面商业区新兴的建筑在外立面上用色比较统一，建筑几乎采用统一的底色，整体比较和谐。但是一些有年代的建筑，即使重新粉刷了外墙，不和谐感还是存在。

# 6 张家口市桥东区红旗楼商业中心建筑外立面色彩建议

城市建筑色彩不仅是设计问题，还是人们对美好生活的向往和追求。城市色彩设计应从调查研究入手，对城市要素进行解读，提炼最具城市地域文化特征的色彩要素，对城市色彩进行总体定位，并形成指导城市建设发展的城市色彩体系[2]。城市建筑色彩设计给现代生活带来丰富的视觉享受的同时，也给城市留下美好的记忆，留下宝贵的文化遗产。下面是我对张家口市桥东区红旗楼商业中心建筑色彩的建议。

城市建筑的色彩给我们的生活带来了生机勃勃的感受，它以独特的建筑语言影响着城市环境的塑造和城市文化的建设，影响着我们日常生活的方方面面[3]。因此，城市建筑色彩的应用与研究越来越受到人们的重视，这就要求我们在进行城市色彩规划的时候要做到（图 16）：

| 红旗楼各区域建筑外立面共用色一览表 | | |
|---|---|---|
| 名称 | 推荐用色 | 部位 |
| 配色 | | 外立面装饰<br>(小面积使用) |
| 外墙色<br>(主调/辅调) | | 外墙<br>窗<br>(大面积使用) |
| 点缀色 | | 檐部<br>门窗<br>门框窗框<br>窗台<br>阳台<br>广告牌 |

图 16

（1）避免高纯度和强烈对比色的原则。尽量避免使用高纯度的色彩，鼓励城市的自然景观融入当地自然景观，暖色采用低纯度的色彩。

（2）融合城市原有景观原则。制定出不同地区的景观色彩原则，并分析原有城区色彩布局，激发当地原有以绿色为主的色彩要素[4]。

（3）延续原有地方特色原则。尊重张家口城市原有的地方特色，使用已经具备城市代表性的色彩。

（4）其中的一些商业建筑，虽然色调统一，但缺乏特色。由于色彩具有较强的识别效果，在对建筑进行色彩设计时若能充分运用这一作用就能进一步增添建筑色彩设计的实用价值。

## 7 结束语

面对快速发展的城市，越来越多的商业综合体和商业街区出现了。商业服务区具有高密度的特征。如要规范商业街景观，建议统一城市街区色彩，由专业部门管理，合理创造商业街景[5]，避免临街标志、广告等巨大标志，进行色彩的统一管理和详细规划。在路口考虑转角效应，丰富景观层次。总之，色彩规划要从整体上考虑每个街区的完整性和连续性。

### 参考文献

[1] 李春聚. 张家口市主城区城市空间结构演变研究 [J]. 河北建筑工程学院学报，2011，29 (4)：21-25.

[2] 吴松涛，常兵. 城市色彩规划原理 [M]. 北京：中国建筑工业出版社，2012.

[3] 赵春水，吴静子，吴琛，等. 城市色彩规划方法研究——以天津城市色彩规划为例 [J]. 城市规划，2009，33 (S1)：36-40.

[4] 陈陆露. 中原城市群建筑色彩探索与分析——以河南省郑州市为例 [J]. 江西建材，2017，4：46-47.

[5] 宫同伟，史津，张洋. 晋城市城市色彩定位研究 [J]. 建筑与文化，2014 (6)：100-101.

# 高校教学楼交往空间研究
## ——以河北建筑工程学院为例

王晨宇，梁月星，韩申
（河北建筑工程学院　建筑与艺术学院，河北省张家口市　075000）

**摘　要：**高校教学楼不再仅仅是为师生提供学习工作的场所，还应满足他们进行交往活动的需求，所以对交往空间的营造有了更多的要求。本文以河北建筑工程学院为例，通过对教学楼室内外交往空间的研究，提出相关的设计思路与优化意见。

**关键词：**教学楼；交往空间；营造

## 1　高校教学楼交往空间的必要性

教学楼是高校教学建筑的重要组成部分，不仅为师生提供良好的工作、教学与学习条件，而且是相互交流、传递信息、培养情感的场所，是师生在校活动最频繁的区域，见证着众多交往的发生。交往作为师生在校期间的重要活动之一，不仅可以丰富校园生活的多样性，还能增加情感交流与学术讨论的机会，建立良好的人际关系，提高学生的综合素质。同时，交往空间与交往的发生息息相关，只有在高校教学楼空间环境质量好的情况下，才能让师生有意愿参与，激发交往活动的发生。因此，营造多样化、多层次的高校教学楼交往空间以满足与促进交往活动是十分必要的。

丹麦著名的城市设计师扬·盖尔将公共空间的户外活动划分为三种类型：必要性活动、自发性活动和社会性活动[1]。在高校教学楼的工作学习中，必要性活动是指师生在不同程度上都要参加的活动，很少受空间环境的影响，一般是以步行的方式呈现。比如在教室、办公室、自习室、公共空间这些场所上课、上班、学习、等候电梯等。自发性活动是另一种不同性质的活动，只有在师生有意愿参与并在一定的条件下才会发生。比如停留、休憩、观望等，这些活动依赖于所处的环境，当具有高质量的交往空间时，大量的各种自发性活动也会随之发生。社会性活动指有赖于他人参与的各种活动，以视听方式来感受。比如讨论、交谈、聊天等。这种活动也称为“连锁性”活动，它们是由上述两种活动发展而来。所以通过提高教学楼交往空间的质量，改善必要性活动与自发性活动的条件，从而促进社会性活动的发生是十分必要的。

## 2　高校教学楼外部环境交往空间

高校教学楼外部周边环境是教学楼的重要组成部分，师生从外部进入教学楼的过程中，时时刻刻发生着交往活动，所以对外部周边环境交往空间的营造也十分重要。

## 2.1 教学楼外部广场绿地的交往空间

教学楼外部的广场绿地往往是师生交往最频繁的户外空间，如何营造出满足他们各种行为与心理需求的交往空间尤为重要[2]。河北建筑工程学院主教楼北侧有一片集中绿地，连接学校入口、副教楼、行政楼以及主教楼，草坪生机盎然的景色与湛蓝的天空为校园增添了生机与活力。

尺度对广场绿地的交往空间营造有很大的影响。由于这片绿地的尺度过大并且无法进入，所以只能沿着 9m 宽的道路抵达主教楼，导致师生在这样的大尺度中找不到属于自己的位置，不愿停留而匆匆走过（图 1）。面对这样大而无用的绿地，可以在绿地边缘种植大量的树木，增加视线上的丰富性防止单调乏味；如果条件允许，还可以在绿地内部适当地做一些高低变化，种植花草树木，布置林间小路，营造供师生进入参与的空间。可以利用高差将人行道路与车行道路划分，并设计一些凹凸空间，适当的增添花坛、座椅等设施，营造供师生休憩、停留、交谈的交往空间。

图 1 尺度过大的绿地

## 2.2 教学楼围合庭院的交往空间

河北建筑工程学院副教楼的庭院空间，在上下课时经常会有师生穿过，但很少有人在这里停留交谈，将庭院利用起来营造一个可以供师生休憩、交谈的空间，可以促进师生交流、丰富校园生活。

可以利用多种方法来营造空间，保证建筑体块之间适当的距离，使得围合庭院得到充足日照，让师生充分的与阳光和空气接触。师生到达这里后，向外的视线被建筑实体所遮挡，所以转而向内，使其具有向心性。可以利用喷泉、花坛、树木创造空间的视觉中心；再通过绿化、花卉、台阶围合成大小不同、高度不同的半封闭空间；或者依靠墙体布置休息座椅，让师生在背部得到保护的同时，可以观望所处空间之外的更大空间。避免庭院的空而大，对空间进行划分，营造适合师生参与各种活动的交往空间，让他们在这里有明显的场所感，促进自发性活动的发生。

# 3 高校教学楼内部交往空间

## 3.1 教学楼门厅的交往空间

教学楼的门厅作为连接室内与室外的过渡空间，是空间组合关系的枢纽，具有交通疏散、人流汇集的功能，强调开敞、明亮、舒适，给师生提供思想与情感交流的空间[3]。

河北建筑工程学院主教楼的门厅空间，利用局部两层通高的方法，使师生不仅能在水平方向有近距离的交流，还可以在竖直方向上有更多的视听体验，丰富空间的同时还增加了自发性活动的发生（图2）。由于门厅空间的公共性较强，能够容纳多种活动，所以利用柱子、展板、休息座椅将大空间划分为小空间，为师生提供咨询、交流、休息、停留等多种活动的交往空间，丰富了师生的课余生活。

图2　入口门厅

### 3.2　教学楼公共空间的交往空间

教学楼主要是师生进行上班、上课、开会等必要性活动的场所，为了增加课余活动的丰富性，增加师生在校期间学习生活的多样性，可以通过营造公共空间的交往空间来促进自发性活动，从而增加社会性活动的发生[4]。

河北建筑工程学院主教楼一共有九层，地下一层以及地上八层，由于多种原因将主教楼设计为“一”字形，东西分别是走廊，中央是一个超大面积的候梯厅。主教楼每层的公共空间都相应的布置着校园展览、校园规划、学生作业、教师作品、景观小品、建筑模型等供师生驻足欣赏，同时布置休息座椅供师生停留。同时采用玻璃幕墙增加公共空间的采光与通风，使空间变得轻快、明亮、富有节奏感；当师生望向窗外时，校园的美景也会尽收眼底。在这样的空间内，教师可以带领学生欣赏展览与作品、向学生传授经验；学生也可以独自面对窗外的美景安心读书，或者在课余时间交谈休憩（图3）。公共空间经过细心的布置设计，将大空间划分为丰富的小空间，促进师生的学习与交流。在主教楼八层设置了咖啡厅，并通过众多竞赛作品展览的方式将咖啡厅围合起来，在限定空间的同时丰富了视线。利用书架将咖啡厅内部划分为私密、半私密空间，在充满阳光、安静悠闲的环境下为师生提供读书、学习、交流以及休闲的多种活动空间（图4）。

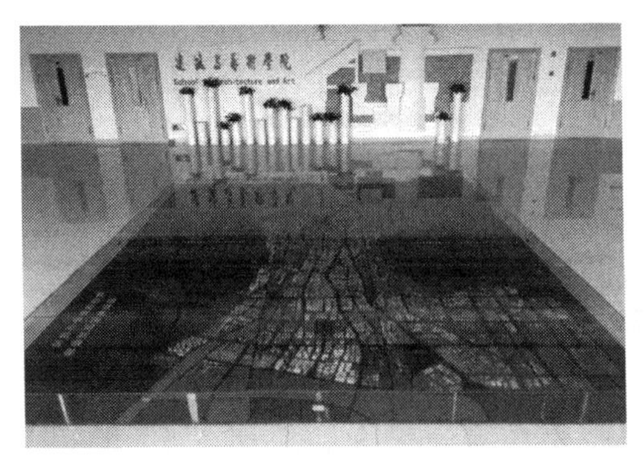

图3　公共空间

图 4　咖啡厅

### 3.3　教学楼走廊的交往空间

高校教学楼走廊在承担交通疏散作用的同时，还将教室、办公室、会议室、公共空间、楼梯等功能有机的联系在一起。河北建筑工程学院主教楼采用内廊式布局，由于走廊长度过长，所以在符合规范的前提下可以加宽走廊的尺度，结合人的行为特点使得交谈不用躲避来往的人流。在走廊尽头两端开窗用来采光与通风，避免出现只能依靠人工照明的黑走廊。在走廊中延伸出一个空间，用来增加走廊侧面的采光与通风，同时为了防止单一的走廊所带来的乏味感，在这个空间里布置建筑模型、校园展览、桌椅书柜等设施，供师生停留观赏并交谈（图 5）。走廊墙壁上挂着师生的优秀作品，两端展览着建筑模型，同时依靠墙面布置休息座椅，让师生在行走的途中可以驻足观赏，甚至可以在走廊空间进行作品点评与交流（图 6），促进师生多种教学互动的发生，营造教学楼走廊丰富的交往空间。

图 5　走廊延伸空间

图 6　师生交流

## 4　结束语

本文结合师生的活动需求，对高校教学楼外部环境与内部空间设计提出建议，从把握尺度、增添设施、采光通风等方面全方位的营造交往空间。在保证师生上班、上学等必要性活动的前提下，促进散步、观望、休憩等自发性活动，从而引发交谈、聊天、讨论等社会性活动，丰富校园生活的多样性。

## 参考文献


[1] （丹麦）扬·盖尔. 交往与空间 [M]. 何人可，译. 北京：中国建筑工业出版社，2002.

[2] 齐靖. 当代高校教学区的交往空间研究 [D]. 长沙：湖南大学，2004.

[3] 马明，孔敬，白胤. 普通高等学校交往空间设计研究—教学楼内部交往空间设计研究 [J]. 包头钢铁学院学报，2005 (1)：77-80，94.

[4] 王殊隐. 高等学校教学建筑交往空间设计研究 [D]. 大连：大连理工大学，2005.

# 基于 NCS 色彩系统的鸡鸣驿古城建筑色彩分析

张秀娟
（河北建筑工程学院　建筑与艺术学院，河北省张家口市　075000）

**摘　要：** 建筑色彩不仅是一个城市的重要标识，也是一个时代变迁的重要标志。尤其对于鸡鸣驿古城而言，对古城色彩的保护与规划不能仅仅停留在对古城自身的色彩研究上，其周边街道、民居、店铺都应统一规划，使其周围环境与古城在色彩上能和谐统一、过渡自然。对古城历史建筑进行修缮保护时应尽量保存原有的立面造型及细部结构，在色彩上争取回归本真，展现古城建筑的原有魅力。

**关键词：** 城市色彩；鸡鸣驿；建筑色彩；历史传承

## 1　鸡鸣驿介绍

鸡鸣驿古城位于张家口市怀来县偏西北洋河北岸的鸡鸣山下。它是历史遗留下来具有代表性的国内规模最大、功能最齐全、保存最完整的一座古代大型驿站，始建于元代，已经有 500 多年的历史[1]。

鸡鸣驿古城四周有高达 15m 的城墙环绕，呈正方形布局，整个城区分为九个部分，打破了当时一贯使用的十字形布局。城中除了保留下来的驿城署、贺家大院、驿馆院等四合院式古代民居以及财神庙、城隍庙和太阳行宫等佛、道教寺庙建筑外，城内外还有很多店铺，如城内前街两侧的当铺、木匠铺、天和店、骆驼店等店铺[2]，且建筑细部雕刻绘画等栩栩如生，巧夺天工，别有情趣，反映出我国古代匠人的高超工艺。

## 2　调研方法

（一）阅读相关文献资料

（二）观察记录

（1）对鸡鸣驿古城街道立面、主要建筑细部及屋顶色彩进行拍照取样。为了避免由于自然光的强弱影响照片取样的质量，选择在阳光不太强烈的晴天的 10：00～15：00 之间进行调研[3]。

（2）将 NCS 色卡作为色彩比对工具，记录最接近于调查对象的色彩编码，对采集的照片样本进行拼接和分类处理，而后对其进行色彩样本提取。

（3）在建筑立面色样提取中，将色谱分为主色、辅色和点缀色 3 部分，总结归纳色谱。

（三）NCS 色彩分析

NCS 是 NaturalColour System（自然色彩系统）的简称，是目前世界上实际应用最广泛的国际通用色彩标准与色彩交流的语言。NCS 通过颜色编号判断颜色的基本属性，如：黑度、彩度、白度以及色相。它的色彩空间由色彩圆环和色彩三角来表现[4]。本文运用 NCS 自然色彩系统对所提取的色彩进行色相以及明度、纯度分析，进行数据统计，对色彩运用进行评价，提出推荐色谱。

## 3 建筑色彩分析

### 3.1 周边环境色彩分析

周边环境色彩选取的对象是周边村庄和相邻主要街道。如图 1 所示，周边的村庄在进行美丽乡村规划时已经对色彩进行统一设计，因此整体色彩较为协调，以砖红色外墙为底色涂抹白灰色涂料，并在主街道墙上画有整齐的蓝色标语，且屋顶色均为低纯度瓦红色，与鸡鸣驿古城相呼应。

图 1 鸡鸣驿周边环境色彩分析图

而与鸡鸣驿相邻的主要街道，其色彩与鸡鸣驿古城灰黄色主调形成鲜明的对比，建筑材料采用红砖和本地石材，整体色彩偏亮，纯度较高，忽略了与鸡鸣驿古城特殊的色彩联系，未考虑色彩的过渡。特别是随着鸡鸣驿旅游景点的发展，邻街商铺大量涌现，为了吸引顾客的眼球，商家在商铺外墙上刷上引人夺目的高明度高纯度的红、黄、蓝等艳度较高的广告图示，导致周围街道色彩杂乱。

### 3.2 沿街立面色彩分析

如图 2 所示，鸡鸣驿沿街立面建筑色彩主要有三种形式：沿主街道建筑大多都是经过统一整修后呈现出较统一的砖灰色立面效果，给人整洁又不失特色的良好印象；一些次要街道则是遵循房屋主人的意愿进行修整，因此效果参差不齐，大多是以土黄泥墙或砖红色石墙的外观存在；而第三种形式就是造型古色古香的历史遗留建筑。这些建筑有的整体面貌保存完好，窗棂无一处缺损，而有一些黄的土坯房和灰的、红的瓦楞房顶的不知建于何年的楼阁，它们的立柱依然挺拔、结实，但那顶子上的木板条和椽子显然已经历数百年风吹雨打，斜垂下来，有的摇摇欲坠。

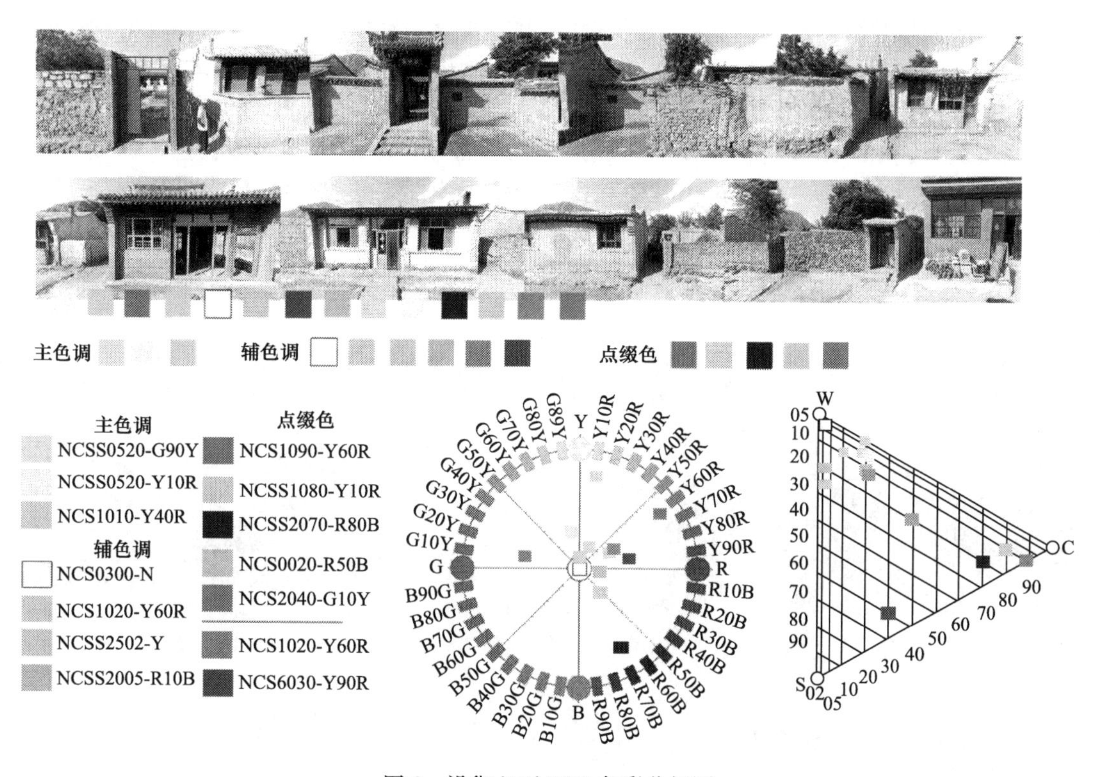


图 2 沿街立面 NCS 色彩分析图

### 3.2.1 色相分析

经 NCS 自然色彩系统色环分析得知，黄色系和红色系占到总色彩的 90%，绿色系和蓝色系占剩余的 10%，因此鸡鸣驿古城建筑立面色彩构成主要以红色系和黄色系这样的暖色调为主，一方面是由于张家口气候寒冷，运用暖色立面能显出古城建筑的和谐温暖的立面效果，另一方面是由于鸡鸣驿是方城重镇，在中国古代邮驿史上曾是个大型驿站，因此必须遵循传统的皇家特殊建筑的规定配色。同时，立面中出现纯度较高的深湖蓝、金黄、中国红牌匾字体和一些色彩艳丽的广告牌，前者起到画龙点睛的美化作用，而后者则在某些程度上造成了视觉污染，打破了色彩的和谐度。

### 3.2.2 明度与纯度分析

结合 NCS 色彩三角及色彩圆环分析得知，鸡鸣驿立面色彩以高明度低纯度色彩为主，占 65%，中明度中纯度色彩为辅，占 25%，低明度高纯度色彩作为点缀色，占 10%。由于主街道经过修缮规划，因此色彩和谐度较高，以砖红、青灰、土黄色为主色调，配以赭黄色、象牙白。而次要街道建筑情况复杂，色彩也相对混乱，但用色都为低纯度中明度色彩，有白色、石灰色、青灰色，也有砖红色和土黄色，各个建筑色彩衔接性差。

## 3.3 屋顶色彩分析

如图 3 所示，鸡鸣驿屋顶色彩只存在两种色调：一种是古建筑特有的青灰色屋顶，另一种则是张家口民居普遍应用的砖红色屋顶，这两种色调形成的原因与鸡鸣驿特殊的历史有关。保存下来的具有特色的古建筑如指挥署、驿丞署、财神庙、龙王庙等形制均采用四合院式，用本地特有的灰瓦屋顶、木构梁柱、灰色砖墙、朱红门窗和灰白台阶构成典型的立面造型，因此屋顶和外墙均为青灰色。由于古代严格的等级制度导致普通民居建造质量普遍较差且古代缺乏保护民居的意识，使保存下来的民居非常少，现存的民居大多都是经过修缮改造后遗留下来或重新建造的，因此采用了张家口本地特有的砖红色瓦修建屋顶。由此我们可以通过屋顶一眼分辨出古建和民居。但因为都是低明度低纯度色调，且只有这两种色调存在，所以整体看起来并不凌乱，反而形成一种古今共融、两者穿越时空对话的景象。

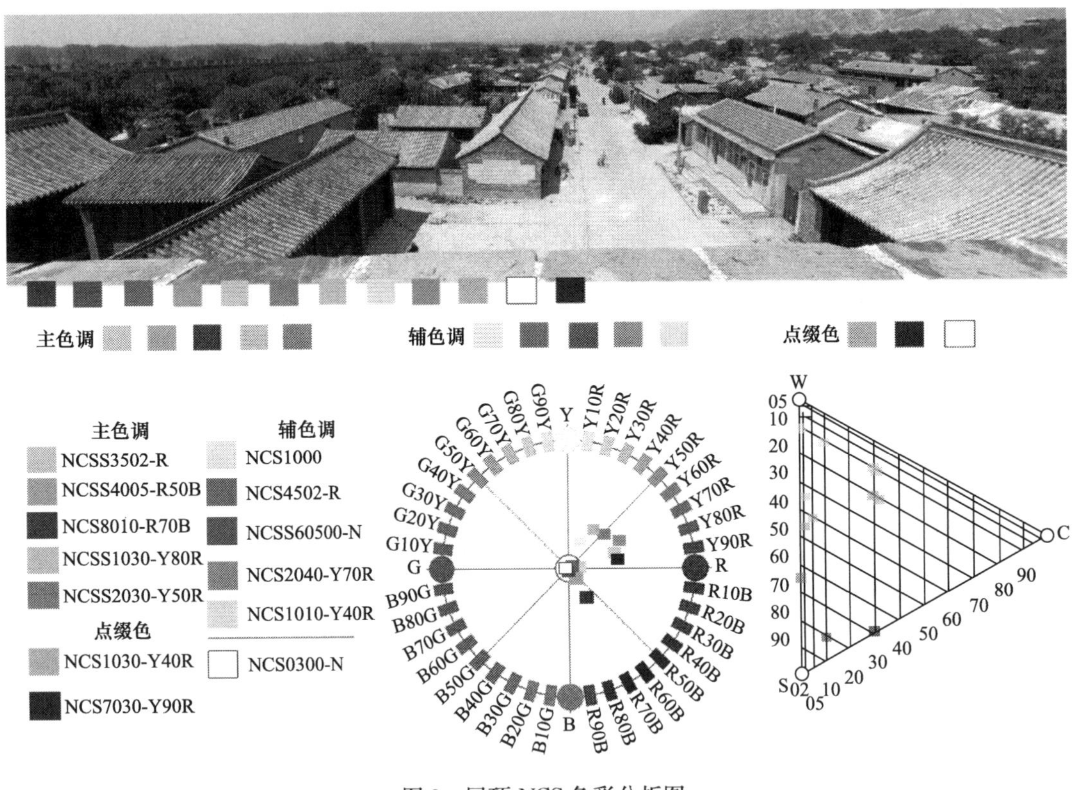


图 3　屋顶 NCS 色彩分析图

## 3.4　细部色彩分析

鸡鸣驿细部色彩主要以具有特色的古建为调研对象，从中找出细部色彩的普遍规律。如图 4 所示，其中多数古建细部色彩以朱红、赭黄、深灰色为主色调，以部分高纯度的蓝、黄、红点缀，运用雕花塑造门窗的细节美。街道上包括告示栏、垃圾桶等小构件的设计都注重与整体建筑色彩的融合美，也采用朱红、青灰、赭黄以及深湖蓝来点缀装饰，营造美而和谐的色彩氛围。但有些建筑是经过后期改建修缮，修缮所用的色彩饱和度过高，朱红色的运用过多，且修缮过的细部缺失了许多古代装饰色彩，缺少历史建筑的韵味。但总体上建筑大多还是保留有历史建筑的真实细节，无论门窗上的木头雕花还是屋檐底部的彩色绘画等都展示了古代大师色彩运用的不俗功力。

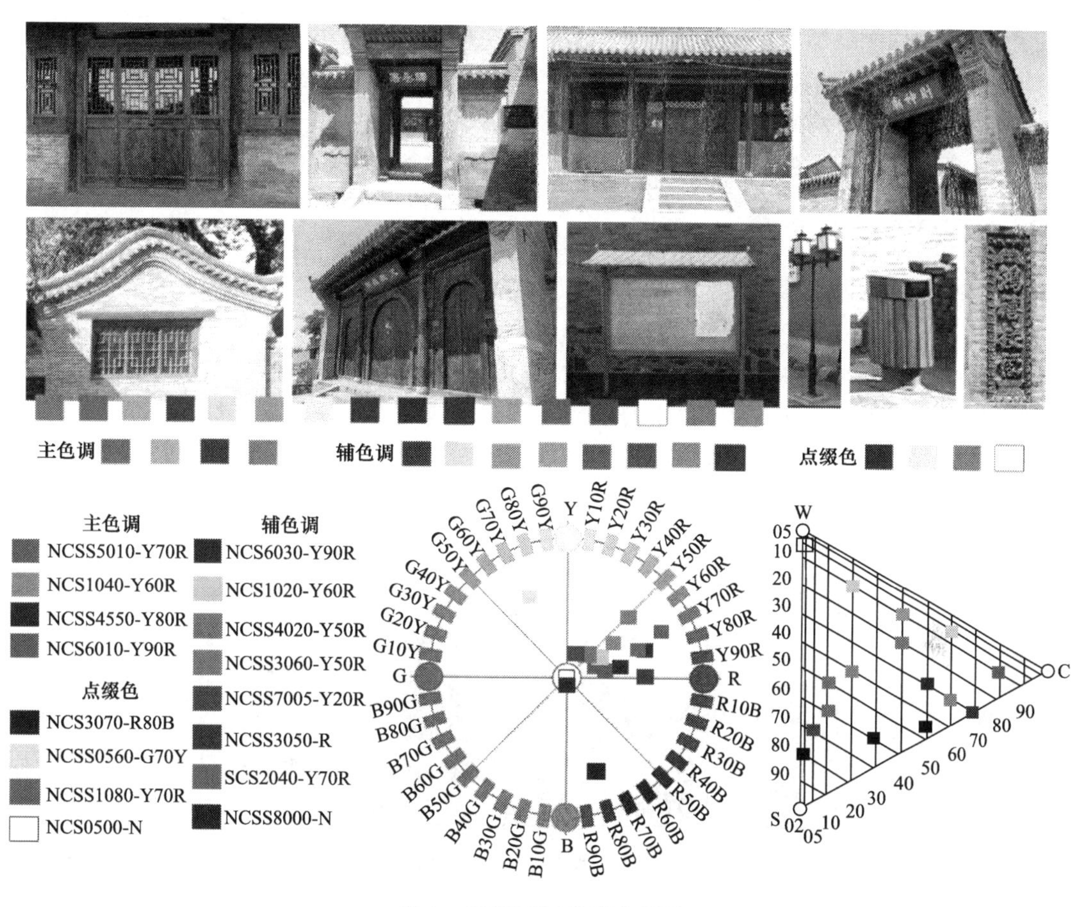


图 4　细部 NCS 色彩分析图

# 4　推荐色谱

## 4.1　周围商业建筑推荐色谱

通过以上运用 NCS 自然色彩系统对鸡鸣驿建筑群色彩进行分析，发现周围邻街商业建筑用色混乱，没有考虑与鸡鸣驿古城色彩的过渡与衔接，针对此问题，建议周围商业建筑运用以下色谱如图 5 所示：屋顶色遵循张家口砖红色瓦式坡屋顶形制，并配以青灰、浅

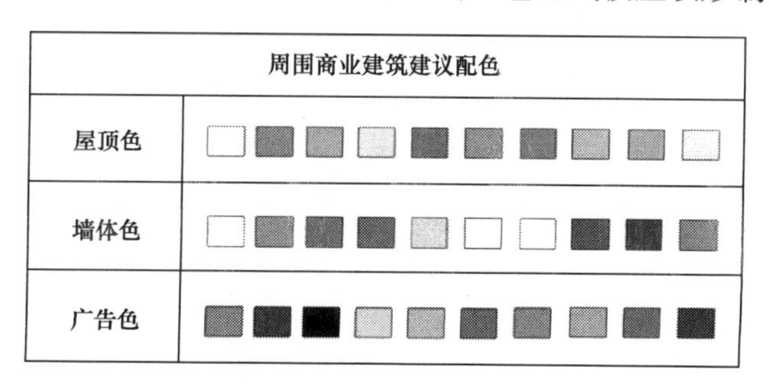


图 5　周围商业建筑建议色

灰、赭黄色这样的低纯度、中低明度色彩作为辅色调；墙体色彩要改变以往的杂乱无章现象，用与鸡鸣驿立面相近的浅灰、白灰为主色调，可以选择中低纯度土黄和砖红作为辅色调，避免色彩纯度过高影响整体效果；广告牌色彩建议统一用灰底红字，配以黑色边框，商铺主人可以选择不同的辅色调来调节色彩，增加商业街的色彩活泼度。

## 4.2 古城建筑推荐色谱

如图 6 所示，古城屋顶用色和谐美观，无需大的改动，建议在遵循原来的配色基础上增添中低明度低纯度灰色和红色系进行色彩调节，避免屋顶色彩的单调乏味，提高色彩多样性；去掉原来高明度高纯度的金黄色、中国红以及深蓝色绘制的广告墙，统一规划推荐色谱中的低纯度土黄、灰蓝和墨绿色作为点缀色；建筑细部在原来中国红、金黄、深湖蓝的基础上增添低明度中高纯度的洋红、粉红、胭脂粉、象牙白、月白、靛蓝、棕黑作为辅助色和点缀色，将原来运用的色彩活泼化。

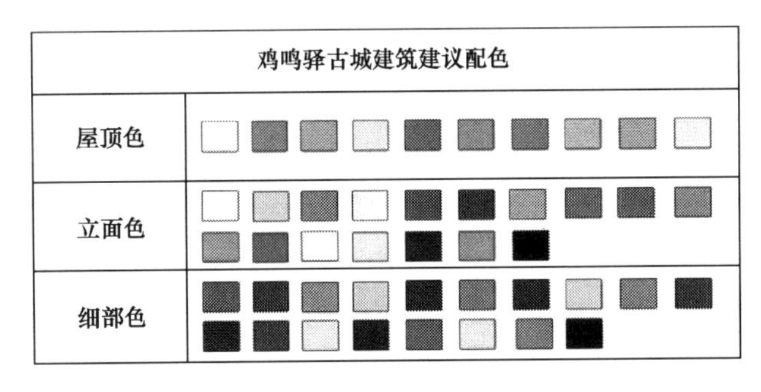


图 6 鸡鸣驿古城建筑建议配色

# 5 小结

本文通过 NCS 色彩系统进行现状调研、明确影响制约条件、分析色彩样品、对比色相与纯度明度、确定推荐色谱得到以下结论：

（1）鸡鸣驿古城的色彩保护工作做得还算不错，特别是现存的历史建筑自身立面以及屋顶色彩基本上传承了历史色彩，但细部色彩往往经过改造后艳度纯度都较高。

（2）像鸡鸣驿这样的历史建筑往往承载着整个城市的历史文化信息，是城市历史文化的象征和标志，因此对历史建筑进行修缮保护时应尽量保存原有的立面造型及细部结构，在色彩上争取回归本真，特别是色彩的饱和度、明度一旦变化，将影响整个建筑的历史信息。

（3）对鸡鸣驿古城色彩的保护与规划不能仅仅停留在古城自身的色彩上，其周边街道、村庄、店铺都应统一规划，使其周围环境与古城在色彩上能和谐统一、过渡自然[5]，实现古城建筑色彩控制由单体到群体、由核心到分区到整体的建筑色彩的目标。

# 6 结束语

本文通过调研张家口最具代表性的鸡鸣驿古城的建筑色彩与立面特征，运用 NCS 自然色彩系统对鸡鸣驿古城的周边环境、沿街立面、建筑屋顶以及建筑细部这四方面进行色彩采集、色号对照，然后通过 NCS 系统分析其色彩的搭配和色彩的纯度与明度，找出目前存在的色彩问题并提出推荐色谱与改善建议，并为城市色彩的更新与管理提供参考。

**参考文献**

[1] 河北省怀来县地方志编撰委员会. 怀来县志 [M]. 石家庄：河北科学技术出版社，1990.
[2] 安俊杰. 旷世奇迹——鸡鸣驿 [M]. 北京：国际炎黄文化出版社，2003：6-10.
[3] 关于，阳建强，孙静. 城市色彩调查评价方法研究 [J]. 华中建筑，2008 (10)：153-154.
[4] 郭泳言. 城市色彩环境规划设计 [M]. 北京：中国建筑工业出版社，2007：78-80.
[5] 孙旭阳. 基于地域性的城市色彩规划研究 [D]. 上海：同济大学，2006.

# CSI 住宅整体卫浴集成技术初探

张雪津，王赵坤，王筱璇
（河北建筑工程学院　建筑与艺术学院，河北省张家口市　075000）

**摘　要：**随着我国房地产行业及住宅工业化的发展，住宅建筑的可持续发展及舒适性、灵活性等逐渐成为关注的焦点。本文在对我国 CSI 住宅体系进行介绍的基础之上，着重探讨了 CSI 住宅主要集成技术中的整体卫浴集成技术。对整体卫浴的定义、类型、维护体系、综合管线布置以及施工过程等做了进一步的研究，最后结合课程设计中的 CSI 住宅设计方案对其整体卫浴部分进行了较为详细的优化。

**关键词：**CSI 住宅；整体卫浴；设计施工

20 世纪 90 年代，日本在吸收借鉴了 SAR 住宅理论的基础上进一步创新发展，提出了 SI 住宅。它的基本理念是为住宅提供两段供给模式：即 S（结构体）与 I（填充体），结构体具有高耐久性，包括承重结构的墙、柱、梁、楼板以及共用管线与公共楼梯等；填充体具有可变性与可更新性，包括各类管线、地板、厨卫以及户内分隔墙等等。

## 1　关于 CSI 住宅

在吸收借鉴国外科学研究及发展经验的基础上，我国确立了一套新型的具有中国住宅产业化特色的住宅建筑体系——CSI 住宅体系。CSI 住宅即中国的支撑体住宅，C（China）、S（Skeleton）、I（Infill）代表了基于我国当前国情的结构支撑体与填充体完全分离的施工方法[1]，这也是我国未来住宅产业化可持续发展的新方向。

具体来说，CSI 住宅体系的核心特征包括以下几个方面：首先实现住宅可变性的基础是支撑体与填充体进行基本的分离。其次，CSI 住宅采用同层排水的方式解决我国传统住宅中卫浴空间渗水漏水及业主产权不明等问题，同层排水即通过架空地板或局部降板的方式，将户内排水管水平敷设于住户自有空间内，同时连接室外公共管井将污水排出。再者，CSI 住宅作为工业化发展的平台为住宅建筑的各类部品体系提供了设置空间，部品的集成也使得 CSI 住宅具有标准化及多样化统一的特点。

## 2　整体卫浴集成技术

模块化部品集成技术是 CSI 住宅运用的主要技术之一，厨卫部品体系作为集成化程度较高、发展相对完善的体系在 CSI 住宅中得到了完美的应用[2]。整体卫浴间是指经现场或工厂组装的具有卫浴功能的整体空间，往往由卫生洁具、构件以及配件组成。

## 2.1 集成化构件及材料

整体卫浴间的集成化构件包括维护体系和卫生洁具两大方面。

### 2.1.1 维护体系

防水底盘、顶板、壁板和门共同组成了整体卫浴间的维护体系。防水底盘一般由SMC板材或SMC/FRP复合板材构成。SMC板材保温性能极佳，采用这种材料高温模压成型的整体卫浴间不必使用暖气。顶板往往集成排风扇、灯具与检修口，壁板主要由面板和加强筋组成。此外，整体卫浴间的门通常采用600mm宽的保温门。

### 2.1.2 卫生洁具

整体卫浴的卫生洁具主要包括洗手盆、坐便器以及淋浴或浴缸。洗手盆多采用陶瓷或SMC材料，既可独立设置也可与橱柜、置物台等构成整体浴室柜。坐便器常分为分体式坐便器、整体式坐便器以及悬挂式坐便器，前两者属于下排水方式，后者属于后排水处理方式。浴缸往往采用人造树脂或搪瓷钢板，而淋浴房通常采用玻璃门板和铝合金质地的框架组成。

## 2.2 综合管线布置

对于整体卫浴间来说，需要考虑的综合管线包括：给排水系统、排烟与通风系统以及电气电路系统。

整体卫浴间的给水系统往往由公共给水立管、户内分水器、户内管线以及户内用水设备组成。其中，户内分水器一般与水管一起设于架空地板或降板的空间内，对于冷水、热水等不同的给水管道需要用颜色加以区分。对于排水系统来说，CSI住宅提倡同层排水，即在同层的架空层中敷设排水管线将污水引至公共管径中的竖向排水立管[3]。在整体卫浴间中，排风系统多采用阻燃无毒的风管连接换气扇与公共通风管道井的处理方式，但值得注意的是，排风系统与接口处均应设置防倒流设施防止烟气的回流。对于电气电路系统来说，住宅内的电气线路包括了强电系统与弱电系统，卫生间作为住宅内用水较多的空间，电气线路的敷设更是需要遵循相关的规范与原则，在整体卫浴中，线路可以沿着内隔墙与顶棚夹层敷设。

## 2.3 施工过程

整体卫浴间的施工采用干法施工的安装模式，其施工过程包括底盘及其集成管线的安装、壁板及其集成管线的安装以及顶棚部分的安装等[4]。

### 2.3.1 底盘及其集成管线的安装

首先对防水底盘进行定位。将防水底盘水平置于卫生间的基准面，用水平尺确认是否保持水平，调节地脚螺栓保证能够全部着地。随后测量记录底盘预留的排污口、地漏口的中心距相邻墙面的尺寸以及孔的高度，完成后将底盘移除。

其次是安装洗手盆、坐便器以及地漏的排水管道。坐便器排污管通常需要用弯头和具有一定倾斜度的排污横管与预留的排污管相连。安装好排污管道后，将先前定位好的底盘放置于基准面，调节至排污管口与地漏口的预留口处。在排污管口处用螺栓安装排污法兰并用玻璃胶进行密封[5]，在地漏口处安装滤网、滴漏盖等部件，固定好底盘与管道的接口。

#### 2.3.2 壁板及其集成管线的安装

首先是冷热水管与洗手盆的安装。冷热水管通过外牙弯头或者外牙三通穿过壁板中预留的孔洞，在接头处用塑料锁母固定好，在壁板背面用管夹固定。洗手盆则直接通过挂钩和连接板与壁板连接即可。

再者是壁板与门的安装。在防水底盘和墙板上的管线均已安装好的情况下，对壁板和底盘进行组装。此时，各壁板之间先通过自攻钉连接，再通过拉结加强筋的方式收紧相互连接的壁板[6]。壁板的转角处多用金属墙角连接件卡入连接，防水底盘的翻边处预留有弹簧片，直接将壁板的底边卡入即可完成组装。整体卫浴间的门多采用保温门，通过螺栓固定在周边的壁板上即可。

完成上述的安装过程后，对卫生洁具配件进行安装。坐便器、镜子、置物架等通过螺钉安装固定在壁板上预留的孔洞即可。

#### 2.3.3 顶棚部分安装

顶棚部分的安装主要包括排气扇与筒灯，二者同样也是利用套口与螺钉安装在顶棚预留的孔洞内。排气扇往往通过排风软管与公共风道进行联系，顶棚的背面同样装有加强筋用以保证顶板的坚固耐久。

以上全部构配件安装完成后，在整体卫浴间内部的缝隙处用玻璃胶密封。至此，整体卫浴间的安装基本完成。

## 3 整体卫浴间的具体使用

基于对CSI住宅体系的学习，现尝试以此为依据，设计出一套较为基础的CSI住宅建筑方案，并在后期尝试借助整体卫浴的集成技术对该住宅设计的整体卫浴部分进行优化。

### 3.1 方案简介

该方案以CSI住宅理论为指导，支撑体部分以钢筋混凝土剪力墙为结构体系，结构楼板采用局部降板的形式分散布置在住栋的边缘。在户型内部采用轻质隔墙，同时结合双层吊顶系统布置设备管线。用水区域采用局部降板的方式，厨卫同层排水至套型外的公共竖井。住宅内部采用模块化的部品系统如整体厨房、整体卫浴等提升品质。

### 3.2 优化部分

本次主要针对该方案设计的整体卫浴空间进行优化改造。原方案只是单纯的想在套型内设置一个三分离式的卫浴空间（图1），但并没有考虑我国当前整体卫浴市场上的型号与基本概况，对于整体卫浴间的内空尺寸与安装尺寸把握也存在问题。同时，原方案的整体卫浴间单纯的面向公共空间，对于住宅可能的适老性发展未考虑。针对以上问题，本次优化做了如下改变：

#### 3.2.1 增设一个便溺单元

在原方案的设计中，单一的卫浴空间显然无法满足不同年龄层次的家庭成员的需要。为此，考虑在原整体卫浴与主卧室衔接处增设一个便溺单元。当发展至复合家庭或空巢家庭时，考虑到特殊需要，可对新增设的便溺空间进行一定的适老化改造以方便他们的生活需要。

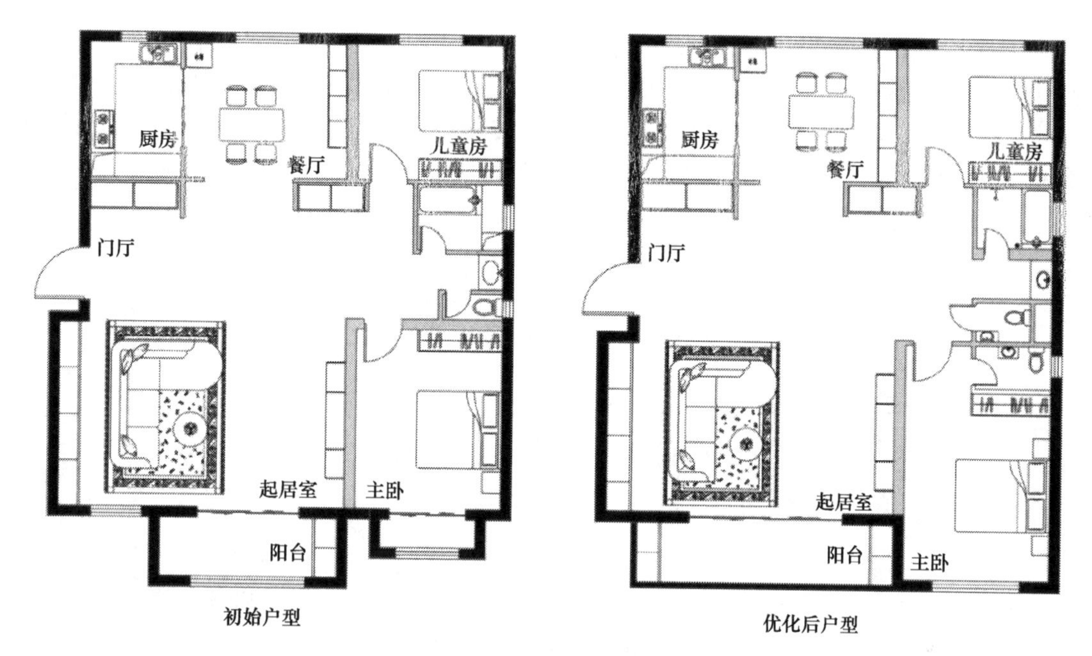


图 1　户型优化前后对比图

### 3.2.2　调整尺寸，采用标准化单元模块

本次优化保持原方案的三分离式卫浴系统不变，采用了 1400mm×1800mm 的盆浴与淋浴两种功能组合而成的整体卫浴单元；采用了 900mm 宽的洗手盆组件；采用了 900mm×1300mm 的马桶与侧边洗手盆组合而成的整体便溺单元；还采用了 1000mm×1800mm 的马桶与洗手盆组合单元（图 2）。其中，盥洗、沐浴、便溺各有一个单元面向套型内公共空间可供使用，还有一个便溺单元面向主卧，为户型未来多变性的使用提供方便。

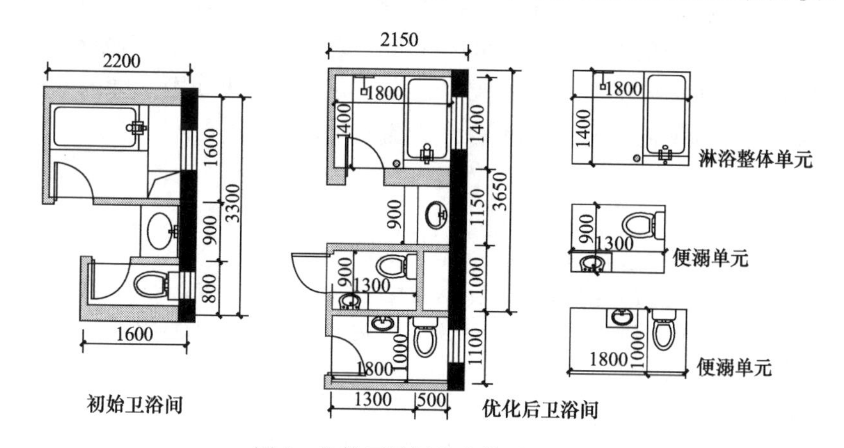


图 2　整体卫浴间优化前后对比图

### 3.2.3　综合管线细化布置

我们考虑对一套整体卫浴间的管线进行系统化设计，其具体包括：排水、给水、排风及供电系统。

本方案在整体卫浴间的部分采用了局部降板的形式，在下沉的 350mm 空间中，排水管道穿梭其中，通过横向的管道连接公共管井中的排水竖管。排水系统主要包括马桶排污管道，洗手池排水管道，地漏排水管道以及浴缸排水管道，其中马桶排污管道较粗，多采用 110mm。供水系统主要分冷、热水供水管，其进水管线大多布置于内外壁板间的空隙之中。整体卫浴间的顶棚距上层楼板有 400mm 的吊顶空间，排风管道以及电线的线路即分布于此（图 3）。在顶棚和地面处，均设有检修口可定期打开进行维护与检修。

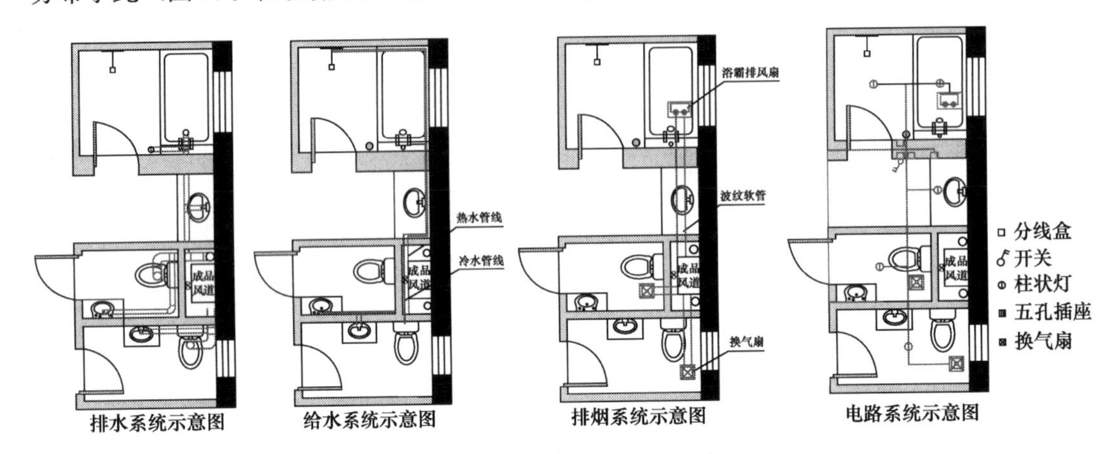


图 3　整体卫浴间各管线系统示意图

## 4　总结

部品集成化以及建筑工业化是未来住宅产业发展的必然趋势，CSI 住宅作为一种新型的住宅形式的提出，其研究与发展都还有很长的路要走，但其所贯彻的理念一直都是我们所致力实现的目标。本文在对 CSI 住宅做简要介绍的基础上对其整体卫浴集成技术做了进一步详细的探讨，并在最后以课程设计中案例的优化为例，加强了对其的认知与理解。通过探讨 CSI 住宅与其相应的部品体系，可以看出，我们要重视住宅本身及住宅部品之间的协调性，在吸收借鉴国内外优秀成果的同时，更好的完善基于我国国情的 CSI 住宅体系，实现住宅建筑全寿命周期内更好、更舒适、更健康的发展。

### 参考文献

[1]　樊京伟．当代国内 SI 住宅实践研究［D］．北京：北方工业大学，2016.

[2]　夏炎．工业化转型下住宅部品体系及其设计方法初探［D］．南京：南京大学，2016.

[3]　刘合森，管锡珺．整体卫浴的发展前景、优缺点及住宅建筑应用现存问题［J］．青岛理工大学学报，2014（04）：93-96.

[4]　赵倩．CSI 住宅建筑体系设计初探［D］．济南：山东建筑大学，2011.

[5]　鞠瑞红．住宅产业化进程中的 SI 住宅体系设计研究［D］．济南：山东建筑大学，2011.

[6]　郝飞，范悦，秦培亮，等．日本 SI 住宅的绿色建筑理念［J］．住宅产业，2008（Z1）：87-90.

# 城乡规划篇

# 资本介入视角下古村镇保护与开发的低影响模式探析

杨恒

（河北工程大学　建筑与艺术学院，河北省邯郸市　056038）

**摘　要：** 对近些年民间资本介入古村镇遗产保护与旅游开发的模式进行解析，从民间资本的本质特性出发，提出对古村镇遗产负面影响最小的低影响模式。通过对其原真性、“非直接”接触、和谐共处、合理分区、三产融合五大理念的解读得出“低影响”的内涵，旨在为今后保护与开发古村镇遗产提供参考借鉴。

**关键词：** 民间资本；古村镇；遗产保护；旅游开发；低影响模式

古村镇遗产作为我国传统文化的瑰宝，有着极高的历史价值和文化价值。近年来，各地政府开始积极响应“留住乡愁”号召，开展传统村镇保护工作，现已取得一定成效。而自经济新常态以来，我国经济结构出现转型，着重发展以旅游业、服务业为代表的第三产业，古村镇遗产也因其丰富的历史文化内涵而备受游客青睐。

古村镇遗产保护与旅游开发已经逐渐发展成为一种共赢合作[1]。随着国家对民间资本准入门槛的放开，大量民间资本开始尝试介入古村镇，各地政府出于保护资金短缺、带动地方经济等原因也开始广泛吸纳民间资本，由此拉开了民间资本介入古村镇遗产的热潮，全国各地的古村古镇如雨后春笋般出现在人们视野中，其中各种保护与开发的实践模式也随之而生。但现有模式实施后的效果却不尽人意，实际进行的遗产保护工作所取得的成果与我们的初衷相差甚远，游客的游览体验也往往达不到期望值。民间资本虽然有着其特有的优势，但是其本身的缺陷也致使遗产保护工作步入歧途，进而影响以文化遗产为内核的旅游业发展。

## 1　传统的民资介入模式

随着民间资本对古村镇遗产保护与旅游开发的广泛参与，全国各地涌现出了多种介入模式，这里总结梳理了三种主要模式：暖泉模式、乌镇模式和英谈模式，通过对现有模式的解读，阐述其在保护与开发过程中的局限性并分析成因，以此作为低影响模式提出的前提。

### 1.1　暖泉模式

2014年4月29日，河北蔚县政府与中信产业基金签订暖泉古镇旅游合作协议，以中

---

作者简介：杨恒（1992—），男，河北邯郸人，硕士研究生，研究方向：传统村落建筑文化与遗产保护、建筑设计及其理论。

信产业基金投资开发自然旅游资源的战略平台——中景信旅游投资开发有限公司对暖泉古镇进行开发及运营。暖泉模式实质是由民营企业与政府签订承包合作协议，政府始终拥有古村镇的所有权，承包企业则拥有对古村镇的开发权与运营权，之后项目投入运营所得的收益再按协议约定进行分成。该模式的优势在于可以较快的缓解政府的资金压力，而且运作方式相对简单，见效周期短且回报率较高。自古镇初期运营以来，仅在 2015 年春节期间游客接待量就不下 10 万人次，带动综合收入超过 8000 万元[2]。

但由于暖泉模式把古村镇开发、经营权全部承包给了民营企业，导致民营企业的自由度过高，需要不断完善对民间资本的引导、管理政策才能有效地保障该模式的正常运作，但仍有一些问题很难解决。暖泉镇在运营后出现了古镇过度商业化与社区居民利益分配不均等问题，由于民营企业的盲目逐利，使古镇的整体风貌受到破坏，利益分配不均也加剧了各利益主体间的矛盾，从而也降低了游客的游览体验，致使遗产保护工作与旅游业的发展态势疲软，后劲不足。

## 1.2 乌镇模式

2007 年初，乌镇旅游景区与中青旅实施战略合作，由中青旅持股 60%，桐乡市乌镇古镇旅游投资有限公司持股 40%，并于 2010 年完成了股份制改造，成立乌镇旅游股份有限公司[3]。乌镇模式则是由政府和民营企业共同出资，组成股份制有限公司，由政府和民营企业共同开发与经营管理，并按参股份额的多少进行利益分配[4]。在乌镇模式中，政府在拥有古村镇所有权的同时，同样参与到古村镇的实际经营与运作当中[5]，与民营企业共同获益和承担风险，这在一定程度上可以约束民间资本在市场中的自由发挥。而且政府在经营古村镇时可以发挥其在政策上的强制力与决策力，可以适当减少运营过程中遇到的阻力，但该模式同样会受到民间资本自身特性的间接影响。与此同时，政府在股份制公司扮演的强势角色也会影响民营企业的合理判断，使民间资本对市场的灵敏把控优势大打折扣，导致之后实行的决策失准。乌镇虽然在开发初期就已经意识到古镇的过度商业化问题，禁止居民经商并迁出景区居民，80%以上的景区房屋由政府直管[6]，但迁走原住民的历史街区也只是一个“空壳子”罢了，而且镇中“假古董”也屡见不鲜，游客也很难对缺乏生气的“仿古”买账。

## 1.3 英谈模式

2008 年，位于河北省邢台县的英谈村为了振兴经济，开始发展以传统古寨游览体验为内涵的旅游业。镇政府也陆续拨款 10 万元[7]，用于村落基础设施的完善。2008 年 5 月 18 日，英谈村政府与华夏基业有限公司签订了艺术家创作基地开发项目 2000 万元的合作意向书，用于建设中国·英谈艺术家创作基地、英谈创作基地北京联络处[8]。相比较以上两种模式，英谈模式是以政府为古村镇遗产保护与开发的负责人，政府单方拿出保护开发资金，民间资本仅参与间接与保护开发相联系的单一项目。英谈模式虽然运作更为简单，但收效甚微。首先在资金输入力度上不能与前两种模式相比，而且整个保护与开发工作由政府“一把抓”，缺乏合理的运营和管理方法，民间资本参与的单一项目也不能对保护开发工作产生直接影响，但该模式在保证古村镇遗产原真性上有较强优势。英谈村在整体运营时，缺乏合理的门票制度与管理制度，不仅阻碍了当地旅游业的发展，同样也给村民带来了利益矛盾。而这时民间资本的介入只在提高村寨影响力与知名度的单一方面有所建树，以艺术家创作基地吸引周边地区的艺术家、画家、书法家等，从文化上提高村落影响力，试图以此达到吸引游客的目的。然而这种模式并不能在实质上对英谈的保护开发产生积极影响，这也是英谈遗产保护与旅游开发工作进展缓慢的主要原因。

### 1.4 民间资本在传统模式中的本质特征———把双刃剑

从上述实践模式来看，民间资本的介入首先解决了资金问题，不仅填补各地政府保护资金的缺口，还通过发展旅游拉动了地方经济，这也是各地政府积极引进民间资本的原因之一；其次，民间资本自身的效率性也为遗产保护与开发工作注入了活力。由于资本动力的内在机制，缩短了古村镇遗产保护与开发所需要的时间，一座古村镇很容易在几年内实现遗产保护工作与旅游业的“双增长”；然而民间资本自身却带有逐利性、盲目性与短视性的特征[9]。说到底，外来资本的介入是来逐利的，着眼点主要在于保护开发后所带来的经济收益，而过多的追求利益与效率往往会使其追求利益最大化，盲目选择利益高的行为，从而忽视了古村镇的环境承载力，过度的商业化等行为也使遗产的原真性受到了威胁；资本的介入也给社区关系带来了新的挑战，民营企业的参与打破了以往单纯的政府与村民的关系，使围绕古村镇遗产的利益主体关系复杂化，如处理不当则会使矛盾激化，从而进一步影响景区运营。可以看出，民间资本在保护与开发过程中是一把“双刃剑”，我们既不能因噎废食，也不能无所顾忌，正确处理好民间资本与古村镇遗产的关系才能保证遗产保护与开发工作正常发展。

## 2 低影响模式

可见能否合理发挥民间资本在遗产保护开发中的作用是模式健康运作的前提，所以低影响模式试图优先明确民间资本在古村镇遗产中的定位。具体方式是采用部分承包制，由民营企业承包古村镇配套的基础设施（如道路、水电、医疗、环卫等）与经营性设施（如餐饮、旅宿、娱乐、购物等）的建设与运营，由政府单方主导古村镇遗产的保护更新及古村镇景区的运营管理，做到民间资本与古村镇遗产的“非直接”接触。“低影响”旨在尽可能地减少对古村镇遗产原真性的影响，既能通过保护修复工作为我们留下珍贵的文化遗产，又能使游客体验到原汁原味的遗产风貌，而旅游业的发展又能促进遗产保护工作的进程，由此做到遗产保护与旅游发展的良性循环。

### 2.1 原真性理念——求得原汁原味的古村镇

保证遗产的原真性不仅是遗产保护的前提，还是文化遗产旅游的核心。游客来到古村镇消费，无非是想体验古村镇最传统的风貌、最淳朴的民风、最真实的民俗与最原始的建筑，与百年前的古人时空对话，真正体验到“小桥流水人家”的生活状态，古村镇中的仿古建筑与千篇一律的纪念品商铺并不是游客的需求。一些“拆真建假”或“凭空臆造”违背了遗产原真性原则，仿得再好的“古”也是假的，传承不了古村镇遗产所承载的历史文化。低影响模式首先做到的就是“真”，减少对古村镇遗产的影响，保留一个有生气、有活力的古村镇。

## 2.2 “非直接”接触理念——民间资本扬长避短

低影响模式的核心在于民营企业不与古村镇遗产的保护与开发直接接触，而是通过建设与经营与古村镇相联系的配套基础设施与经营性设施达到保护与开发的目的。这种做法的首要目的是为了保证遗产的原真性，减少资本介入后过度商业化、无视环境红线等人为因素对文化遗产的侵蚀。在乌镇与暖泉模式中，民营企业都拥有对古村镇遗产的开发权与经营权，但也因其自身过分逐利、盲目短视使保护与开发工作陷入困境。而传统解决办法是通过出台政策引导民间资本投资方向，强化政府的宏观调控职能，利用政府机构的强制力约束民间资本的行为。但堵不如疏，疏不如引，低影响模式通过引导民间资本参与古村镇其他相关设施的建设与经营，使其不与古村镇遗产直接接触，从而从根源上避免了民间资本介入后带来的问题。民间资本在市场运作中有着天然的优势，无论是其对市场的灵敏把控力，还是其自身内在的竞争机制，都能提高基础设施与经营性设施的运营效率。“把好钢用在刀刃上”，充分发挥民间资本的优势，扬长避短才是资本参与的正确方式。

## 2.3 和谐共处理念——弱化各核心利益主体间的矛盾

协调好与古村镇遗产相联系的各利益主体间的关系也是低影响模式运作的关键。民间资本介入后打破了传统古村镇原有的生产生活关系，核心利益主体由原先的“政府—村民”变为“政府—民营企业—村民—游客”，主体个体的增加使利益主体间关系复杂化，而资本参与后的各主体利益分配不均问题也是矛盾产生的根源。在处理核心利益主体间的关系时，应优先明确各利益主体的诉求（图 1），在满足各方诉求的前提下合理分配职能，

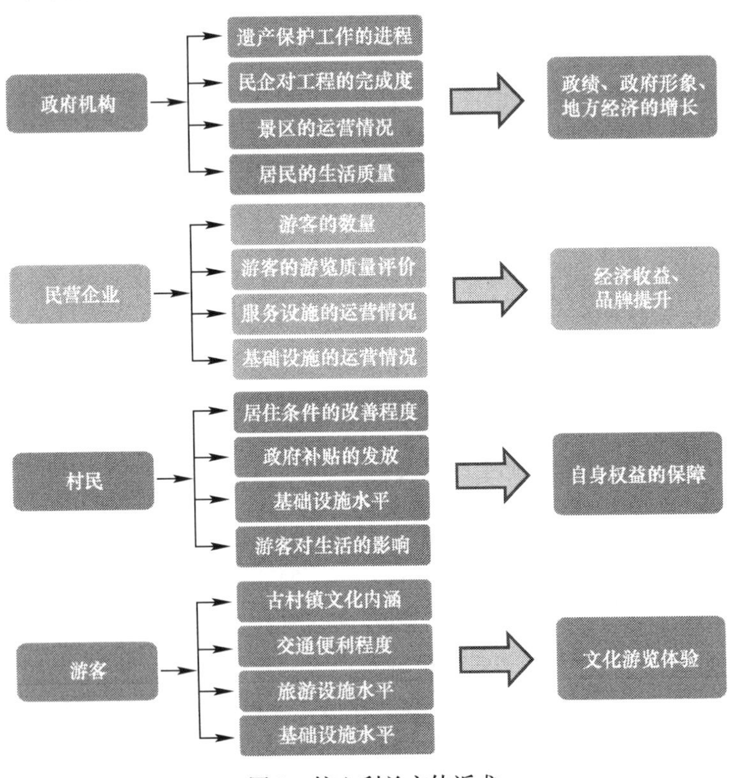


图 1　核心利益主体诉求

之后再通过利益分配优化各核心利益主体间的关系，使各主体都能从遗产的保护与开发中受益，这就是低影响模式运行的动力机制。

在职能安排上，政府在模式中的角色显得尤为重要，不仅要主持制定古村镇遗产的保护与旅游开发的近远期规划，还要负责景区后期的实际运营与文化遗产的保护修缮。而在我国社会主义市场经济的大环境下，政府的优势在于宏观调控，通过经济、技术、行政等手段实现保护与开发的目的。所以在旅游开发上，由于民营企业有着对市场走向的敏感性与丰富的开发经验，政府机构还应积极采纳民营企业对旅游业发展的建议；在遗产保护上，应鼓励村民自发保护文化遗产。村民才是遗产的使用者，无论是年代悠久的传统民居，还是代代相传的民俗表演，村民在保护遗产上是最有发言权的，隐于市中的建筑匠人、民俗艺人都是传统技艺的传承者。在采纳村民保护意见的同时，让村民自修自家，也能适当减少政府的资金投入。政府对民营企业与村民只需履行自身的管理监督职能就可以规范二者行为（图2）。

在利益分配上，模式内流动资金主要有三个来源，分别是企业承包费用、游客支出费用与上级拨款。其中企业在承包古村镇相关的基础设施与经营性设施时，在支付了政府承包费用后从设施经营所得获利。上级拨款则主要用于遗产保护支出。游客支出费用则是模式资金良性循环的动力（图3）。

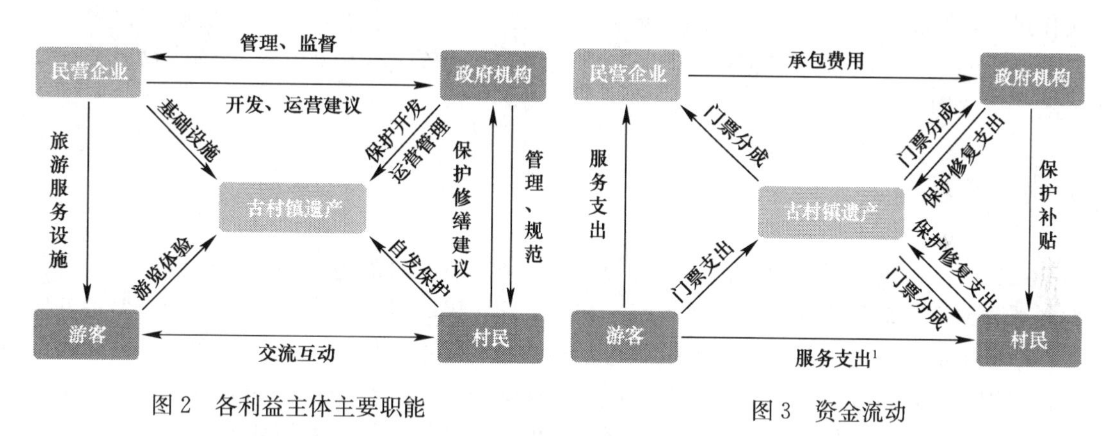


图2 各利益主体主要职能

图3 资金流动

## 2.4 合理分区理念——重点不同，内容不同

在按低影响模式建设之前先把古村镇分为三个区域，分别为核心保护区、旅游休闲区和文化衔接区。把古村镇遗产相对集中且连续的区域设置为核心保护区[10]。对于核心区，不对古村镇原有风貌与居民生活形态进行干扰，以求还原最真实的古镇。政府在使用功能上对古村镇进行严格控制，以保证历史街区与传统民居的原始功能不被改变。对于核心区的遗产修缮，要秉承“修旧如旧”理念，但要对新旧区进行技术标识加以区分。而对于部分遗产损失体积或面积较大时，可采用数字化复原的方式对遗产进行保护，以免出现过多的“臆造式”的修复。在修复过程中，政府还应规范村民自发的修缮行为并提供一定的资金补贴。在核心区保护与修缮的同时，由民营企业对传统民居内部进行部分现代化更新，设立满足村民生活需要的基础设施，借以提高古村镇居民的居住条件和生活质量。考虑到

1 这里游客的支出方只是部分参与古村镇经营性设施项目的村民

部分不满足于古村镇现有条件的村民，只允许其在核心区外新建房屋，不允许对历史建筑私自加建或改建。对已经无人居住或使用的历史建筑（如古民居、古戏台等）由政府收回产权，进行博物馆式保护；其次，在核心区外围设置旅游休闲区，由民营企业建设并经营如酒店、旅馆、小吃街、民俗体验街等经营性设施，充分发挥民间资本在市场中的优势，为游客提供完善的旅游设施与文化体验。同时吸纳古村镇村民参与带有地方特色的设施（如地方小吃、民俗体验等）经营，让游客能体验到纯正的古村镇味道，也可解决部分村民就业问题；最后，在旅游休闲区外设置文化衔接区，与周围古村镇进行文化内涵上的衔接，以便形成区域特色，增强古村镇的软实力与影响力。

## 2.5 三产融合理念——构建现代产业体系[11]

古村镇可以依托自身旅游资源，把农业与手工加工业、服务业相结合，做到一二三产业交叉融合，解决村民就业、增收问题，构建现代产业新体系。古村镇可以通过农产品加工或果园采摘等副业作为文化遗产旅游的附加产品，在旅游休闲区开设农庄、农家乐等，不仅可以解决农产品的销量，还可以与遗产旅游相互促进，增强古村镇旅游的辐射范围，从而进一步提高古村镇的影响力。此外对部分古村镇还能通过对以手工业为主的传统民俗文化进行包装销售（如暖泉古镇的剪纸艺术），以第三产业为依托，把非物质文化遗产引进市场序列，不仅减少了政府对保护非物质文化遗产的资金扶持，还能破解非物质文化遗产的传承之困[12]。

# 3 结束语

虽然我国的遗产保护制度在逐年完善，但是依旧有大量的古村镇在逐渐消亡，旅游开发无疑为遗产保护工作寻到了一条新路。在此期间，民间资本的大量介入给遗产保护开发工作增添了活力。资本的介入既是机遇也是挑战，如何更有效的使民间资本扬长避短，解决在保护与开发过程中产生的问题与矛盾，低影响模式试图给出自己的见解。总之不论是对遗产的保护还是开发利用都是为了传承优秀的历史文化，低影响模式的理念无非是为了“存真”，把真正优秀的文化传承下来，在传承中守望，在守望中创新，不断寻找更能适应当代社会发展的遗产保护与旅游开发的“双赢”之路[1]。

**参考文献**


[1] 阮仪三，肖建莉. 寻求遗产保护和旅游发展的“双赢”之路［J］. 城市规划，2003（06）：86-90.

[2] 张家口市桥西区旅游局网站. 发展乡村旅游，助力脱贫攻坚，加快走出有张家口特色的兴旅富民之路［EB/OL］.（2016-9-1）. http://ly.zjkqx.gov.cn/lyzw/ShowowArticle.asp? ArticleID=1062.

[3] 和讯网. 中青旅 3.55 亿鲸吞乌镇旅游经济型酒店仍为重点［EB/OL］.（2007-1-11）. http://futures.money.hexun.com/2004112.shtml.

[4] 陈满依. 民营资本参与浙江古村镇遗产保护与旅游开发的模式选择［J］. 海南广播电视大学学报，2014，02：78-83.

[5] 李吉来. 民营资本介入古村镇遗产保护与旅游开发的商业模式研究［D］. 上海：华东师范大学，2013.

[6] 卞显红. 江浙古镇保护与旅游开发模式比较 [J]. 城市问题，2010（12）：50-55.
[7] 英谈村网站. 邢台县路罗镇人大积极支持英谈村旅游开发工作 [EB/OL]. (2012-2-4). http://www.hbyingtan.com/newsview.asp?newsid=432.
[8] 英谈村网站. 邢台英谈村与华夏基业有限公司签订合作意向书 [EB/OL]. (2012-4-2). http://www.hbyingtan.com/newsview.asp?newsid=396.
[9] 胡平. 民间资本的属性及特点分析 [J]. 经济研究导刊，2014（17）：228-229.
[10] 孙艺惠，陈田，张萌. 乡村景观遗产地保护性旅游开发模式研究——以浙江龙门古镇为例 [J]. 地理科学，2009，06：840-845.
[11] 国务院办公厅关于推进农村一二三产业融合发展的指导意见 [J]. 农村工作通讯，2016（02）：7-10.
[12] 河北省人民政府网站. 蔚县：用市场之手保护非物质文化遗产 [EB/OL]. (2014-10-9). http://www.hebei.gov.cn/hebei/11937442/10756595/10756620/12058153/index.html.

# 让城市“动”起来——健康城市，健康生活

高铭

（天津城建大学　建筑学院，天津市　300000）

**摘　要：**一个由社会现实所引发的思考，十九大中习总书记已经清楚地描述了中国目前的主要矛盾为人民日益增长的美好生活的需要和不平衡不充分发展之间的矛盾。中国特色社会主义已经进入新时代，从解决温饱问题上升到提高生活质量问题，这对社会各阶层人们都提出了更高层次的要求。5月24日，国新办举行新闻发布会，天津市副市长赵海山介绍情况时说到要加快培育大健康产业…基于此大的社会背景，大健康产业正蓬勃兴起。然而这一切也终究是从政策上经济上对大的社会环境的改变，而对于老百姓切身体会到的健康问题，我们作为城市规划专业的从业人员，应该怎样贡献自己的力量？本文主要从人们精神上、身体上两个方面，从宏观、中观、微观三个角度出发探讨规划的力量。

**关键词：**健康；健康城市；健康生活

## 1　引言

世界卫生组织将肥胖定为十大慢性病之一。近日，中国疾病控制中心出了一份《慢性病及其危险因素监测数据》报告，里面的数据引起了网友热议。如图1所示，数据显示：全国肥胖率为11.9%，超重率为30.1%。北方地区肥胖率明显高于南方，其中天津超重率最高，达40.9%，北京肥胖率最高，为25.9%。

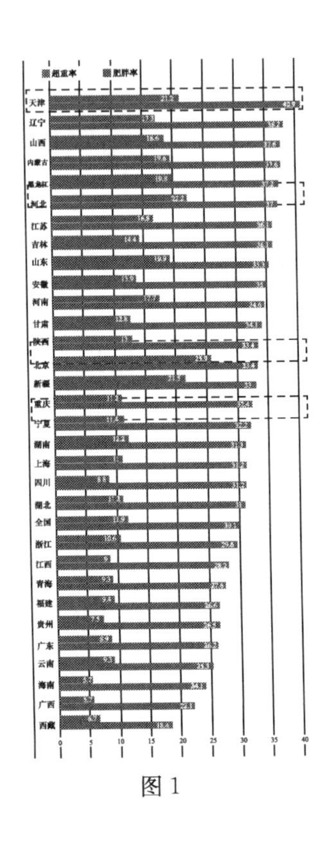

图1

根据以上数据，可以发现京津冀为全国的肥胖率和超重率贡献了不少力量。基于此数据特征以及个人所从事的专业，进一步思考城市规划这个以人为本的行业，如何更好地服务公众，让人们在健康的城市里健康地生活。

我们首先以人为出发点，考虑健康的问题。人的健康包括精神层面的，身体层面的。精神层面上，我们主要从城市角度为人们建设能给人们带来精神享受的自然环境与社会环境相融合的健康城市。另一方面，身体层面上，我们主要是从市民需求上考虑如何更有效的实现市民从静到动的变化。

# 2 健康城市

## 2.1 健康城市的缘起

健康城市这个词最初是由 Mekeown 教授在 1976 年其著作中提出。19～20 世纪英国和其他一些发达国家健康进步的主要影响因素，不是人们通常所认识到的医疗保健和医疗技术的发展，而是特定的社会、环境和经济情况的变化。1984 年，WHO 在加拿大多伦多市召开的名为“超级卫生保健—多伦多 2000 年”的大会上，第一次提出了“健康城市”概念[1]。

健康城市是以一个全新的角度重新解读城市，即城市不仅仅作为一个经济实体存在，而首先是一个人类生活、成长和愉悦生存的现实空间[1]。

## 2.2 健康城市规划的路径与要素

### 2.2.1 规划路径

（1）消除和减少具有潜在致病风险的环境要素；

（2）推动健康低碳的生活、工作、交通和娱乐方式[2]。

### 2.2.2 规划要素

（1）土地使用：土地使用类型、强度和混合程度；

（2）空间形态：城区肌理形态（地块控制指标、地块内建筑群整合度和离散度等）和街道空间几何形态（街道高宽比、街道长高比、两侧建筑高度比）；

（3）道路交通（机动交通和慢行交通）；

（4）绿地及开放空间（规模、布局和植物配置）[2]。

## 2.3 传统城市与健康城市的比较

如表 1 所示，主要从以下十个方面对传统城市和健康城市进行了比较。可以看到所谓的健康城市就是遵循了以人为本的理念，把市民当作城市的主人，而政府变成了城市的服务者，参与者与主人一起参与到城市的建设管理当中，建设更加文明和谐的健康城市。

**传统城市与健康城市的比较** **表 1**[1]

| | 传统城市 | 健康城市 |
|---|---|---|
| 与市民关系 | 视为消费者 | 视为伙伴 |
| 城市角色 | 服务提供者 | 协调组织者 |
| 城市主要职责 | 消防、治安 | 预防、社会福利 |
| 行政人员角色 | 专家 | 咨商者 |
| 互动 | 政府发起公民参与 | 公民发起政府参与 |
| 城市资源认识 | 拥有分配 | 管理受托 |
| 追求价值 | 效率、秩序、公平 | 参与、责任、关系 |
| 市长角色 | 领导者 | 促进包容者 |
| 环境营造标准 | 标准化、一体适用 | 多元、因地制宜 |
| 预测与控制程度 | 高 | 低 |

## 2.4 健康城市指标

为进一步推动健康城市的建设，提出了一系列环境控制指标：空气质量、水质、污水收集、生活垃圾处理、绿地、闲置工业用地、运动休闲设施、步行化、自行车路线、公共交通可达性、公共交通服务范围、生活空间[3,4]。

# 3 健康生活

适量运动是维护健康四大基石之一。本节主要从人们自身“动”这个角度，从城市各个层次宏观中观微观[5]各个角度提出要求，考虑如何从城市规划设计上让运动空间无处不在，让人们健康地动起来[6]。

## 3.1 宏观中观微观上

宏观上包括城市定位总体格局上的打造、慢行系统的构建等等。在城市进行规划的时候就要在总体格局上为市民的运动场所预留空间，可考虑结合绿地系统进行规划。例如现在很多城市在做总体规划时会考虑慢行系统的规划，但是并不能完全辐射影响到控规，从而对详规落实上有所影响。

从中观微观上：

(1) 绿化开敞空间上，滨江步道、山间步道、公园跑道等等。其中滨江步道与山间步道一般为较远距离的活动，为市民提供远郊服务。

(2) 街道空间上，需要考虑步行道、自行车道（城市马拉松）的设计，包括他们的铺装材质、街景绿化景观、医疗安全设施配置上，为人们提供近距离的良好户外运动场所。

(3) 建筑室内上，活动场馆的服务半径问题，满足市民室内运动需求。

另一方面，各大功能区、居住社区、办公区、商业区、工业区等等需要考虑到运动医疗场所配比、空间环境营造、运动空间的利用等等。需要规划设计导则对规划地块内的运动空间进行详细化设计与引导。

例如：步行与骑行路径若与机动车交通重叠，则步行者与骑行者易暴露于机动车排放出的尾气之中。设计慢行系统时应尽量避开机动车交通繁忙的路段，或通过分隔绿带降低出行者的污染物暴露剂量。针对旧金山的研究发现，增加自行车专用道并加宽街道后，骑行人数可增长2～3倍[2]。

2016年9月为贯彻落实《中共中央国务院关于进一步加强城市规划建设管理工作的若干意见》，指导各地科学规划、设计绿道，提高绿道建设水平，发挥绿道综合功能，中华人民共和国住房和城乡建设部组织编制了《绿道规划设计导则》，主要内容是：相关术语、绿道功能与组成、绿道分级与分类、绿道规划设计总体要求、绿道选线、绿道要素规划设计要求（绿道游径系统、绿道绿化、绿道设施）。

## 3.2 从运动自身角度来看

运动分为两种，一种为有目的的锻炼，另一种则是在进行其他目的的活动中进行的锻炼。

（1）要激发“有目的的锻炼”，首先，目的地需要具有相当的吸引力。其次，目的地与出发点的距离较近。

（2）还有一种情况则是运动在其他活动中完成。例如，以步行的方式通勤，这种情况下“交通”是目的，而步行只是一种方式。若想使人们选择步行或者骑行的方式，则要证明步行或骑行出行的高效性（或便捷性）与舒适性。又如，慢行交通系统与用地布局应呈耦合关系，慢行系统与社区活动中心、公共服务设施、主要的交通枢纽或站点相联系，以增强街道的功能性与联系性。再如，对街道空间进行精细化设计，提升步行的舒适性[7]。

# 4 案例借鉴

## 4.1 中国首条“空中自行车道”

如图2所示，为厦门“云顶路空中自行车快速道”，全长约7.6km，是全世界最长的自行车道。衔接3个园区、5个大型居住区、3个大型商业中心，并与沿线的BRT站点、公交站和地面自行车站点接驳。它巧妙利用了BRT桥的特点，可以为骑车的人遮风挡雨，而且属于自行车专道，没有红绿灯，没有汽车干扰，一路畅通无阻，安全舒心。绿色车道是快速自行道，红色车道是提醒你减速，蓝色区域则是休息区，只能在休息区停下来休息。所有的车道都是防滑的，骑上去很安全。

图2

## 4.2 荷兰自行车道设计：安全+便捷、科技+美观

荷兰是世界上“最爱骑自行车”的国家。为了防止因为礼让行人或者自行车而导致一条路都堵了的尴尬情况，如图3所示，荷兰人细心地在这种转弯交汇处预留了一个停车等候空间。拐弯的车辆可以把车开上去耐心等候，而不用担心被后边一条车道的司机按喇叭投诉。

图3

另外还通过自行车道与机动车道分离、弯道设计安全岛、专门为自行车修隧道和高架桥、木屑代替混凝土和沥青、太阳能板、夜光自行车道等等方式来进行设计。

另外据了解，北京正研究试点建设全市首条封闭式的自行车高速路，表示非常期待。

## 5 小结

人们有所求，城市这个以人为本的系统，就应该有所回应，随着生活水平的提高，人们越来越重视健康问题。城市建设上也应该发生转变来满足人们美好生活的需要，作为一名城市规划师，本文仅仅提出了一些方向理念上的建议，需要具体深入探究的还很多，我们任重而道远，愿京津冀协同健康发展，共建美好未来。

### 参考文献


[1] 陈柳钦. 健康城市建设及其发展趋势［J］. 中国市场，2010（33）：50-63.

[2] 王兰，廖舒文，赵晓菁. 健康城市规划路径与要素辨析［J］. 国际城市规划，2016，31（04）：4-9.

[3] 普蕾米拉·韦伯斯特，丹尼丝·桑德森，徐望悦，等. 健康城市指标——衡量健康的适当工具?［J］. 国际城市规划，2016，31（04）：27-31.

[4] 周向红. 欧洲健康城市项目的发展脉络与基本规则论略［J］. 国际城市规划，2007（04）：65-70.

[5] C SARKAR，C WEBSTER，J GALLACHER，等. 健康城市——通过城市规划营造公共健康［J］. 城市规划学刊，2015（03）：119-120.

[6] 杜娟. 基于健康城市理念的旧居住区更新［D］. 南京：东南大学，2006.

[7] 王一. 健康城市导向下的社区规划［J］. 规划师，2015，31（10）：101-105.

# 浅析建筑立体绿化及其在城市生态中的作用

宋安琦
（天津城建大学　建筑学院，天津市　300000）

**摘　要：** 随着我国城镇化的快速发展，城市生态环境问题也随之凸显，人们也逐步意识到"碧水蓝天"的重要性。打造绿色建筑群成为城市生态建设最重要的一环，建筑立体绿化因其特有的生态效应，对城市热岛现象的改善能力，成为我们提高城市绿化水平的主要手段之一。本文从基本概念入手，介绍建筑立体绿化基本类型及设计方法，阐述其在城市生态建设中的发展与作用，充分展现绿色建筑在城市低碳生态建设过程中扮演的十分重要的角色。

**关键词：** 建筑立体绿化；建筑立面设计；城市生态；生态效益；生态景观

## 1　绪论

### 1.1　研究背景

目前，随着人类现代文明的不断发展，城镇化的迅速发展，城市不断向周边蔓延，城市中出现了越来越多的高楼大厦，钢筋混凝土充斥于我们的生活，绿地面积剧减，使得城市生态环境日益恶化，导致了一系列的城市问题，已经威胁到人们的身体健康。

面对建筑密集、人口集中、绿色植物不足而引发的城市"热岛效应"问题日益突出，为了改善当前的城市生态环境，我们必须要在有限的土地上，充分利用一切可以利用的发展空间，建设绿地。因此，建筑立体绿化成为我们构建绿色建筑的主要手段之一，将植物运用到建筑上扩展了城市绿化空间，改善了建筑周边的生态环境，还增进了人与自然的互动。

### 1.2　国内外相关研究现状

#### 1.2.1　国外立体绿化研究现状

建筑立体绿化是学习并延续发展了古代建筑绿化工程。建筑立体绿化的概念最早可以追溯到公元前1000年出现的垂直花园，其中最著名的是公元前6世纪，古巴比伦王国的"空中花园"。到了近代，许多国家都认识到了建筑立体绿化在城市生态中的重要作用，从而出台了相关政策法规，积极探求新的技术方法。20世纪初期，西方发达国家（德、英、美、日等）进行了大规模的屋顶花园的兴建。至20世纪60～80年代，由于建筑立体绿化有效弥补了传统绿化的不足，从而备受世界各地的广泛关注，并拓展了新的城市绿化发展方向。

目前，发达国家的建筑立体绿化技术已成熟。尤其是德国凭借其先进的技术和丰富的经验，使德国 80%的楼顶都实现了屋顶绿化，成为在立体绿化工作方面全球公认的先进国家。

### 1.2.2 国内立体绿化研究现状

相较于国外，我国建筑立体绿化起步较晚，20 世纪 60 年代初步进行探索，主要通过种植易攀爬树种在建筑物外墙上，进行建筑墙面绿化。至 20 世纪末期，建筑立体绿化才逐步得到较快发展，全国各地出现了一定数量的屋顶绿化。至 2005 年，北京市出台了《北京市屋顶绿化规范》和《垂直绿化技术规范》之后，建筑立体绿化正式成为城市绿化建设的一个热门方向。在 2010 年，住房城乡建设部发布新版《国家园林城市标准》，将“立体绿化推广”纳入园林城市指标体系，以鼓励建筑立体绿化的建设与发展。

近年来，在有关理论研究方面，我国也取得令人欣喜的成果。张卫军（2007）对上海市绿色建筑绿化体系进行了研究，发现不同墙面绿化植物调节温湿度的能力有所不同[1]。在竖向绿化领域，董豪杰、沈萍（2010）从生态角度看待建筑立面，阐述建筑垂直绿化技术与设计思路[2]。吴玉琼（2012）对垂直绿化新技术的应用进行了系统研究。赵圆圆（2014）从立体绿化的基本原则、形式、影响和方式等方面提出了一些措施和方法[3]。

由此可见，我国对建筑立体绿化的研究逐步深入，不仅是打造城市生态景观视觉上的美感，更加注重探索其带来的生态效益和社会经济效益，并将其应用于城市的生态建设中去。

# 2 建筑立体绿化的提出

## 2.1 基本概念

关于立体绿化的概念有很多种说法，其中：田华林将其定义为“立体绿化就是运用现代建筑和园林科技的各种手段，对绿地上部空间一切建筑物和构筑物所形成的再生空间进行多层次、多形式的绿化及美化”[4]。刘丕基等则认为其概念可分为 3 种：一指在同一块绿地上采用草坪、花、灌乔木共同构成的多层次结构的绿化模式；二指在建筑墙面和林荫道棚架等上利用攀爬植物进行绿化的模式；三指在房顶与阳台等处进行绿化覆盖的模式[5]。

目前，关于立体绿化描述最全面、包含最广的概念是付军提出的：立体绿化是指充分利用地面上的各种不同的立体条件，选择适宜植物，栽植于人工环境中，使绿色植物覆盖地面以上各类建筑物、构筑物及其他空间结构的表面，将植物向空间发展的绿化方式[6]。

## 2.2 基本类型

建筑绿化从空间上主要分为水平绿化系统和垂直绿化系统两个部分。

建筑水平绿化通常是指屋顶绿化，屋顶绿化又由密集型、半密集型和开敞型这三种组成，主要是利用草坪、地被植物或低矮灌木进行绿化，根据实际搭配园林小品设施，为人们提供一定的休息活动空间（图 1）[7]。

建筑垂直绿化的类型主要包括：地面种植绿化、种植槽绿化、模块式绿化、以及生物墙绿化。地面种植绿化是建筑垂直绿化中最简单的一种方法，就是在建筑物周围地面上种植藤蔓类植物，植物直接沿建筑物外墙自由攀爬或借助建筑外墙构筑物进行引导攀援（图 2），最终在一定范围内形成建筑垂直绿化。种植槽绿化是结合建筑立面空间设计，在建筑墙面、阳台及窗台等位置布置适当尺寸的种植槽，种植槽可以作为建筑立面的一种造型元素，种植与建筑整体风貌相符的植物、花卉等，以塑造建筑物协调美观的整体效果。

图 1　南京水游城商业综合体

图 2　自由攀爬式与引导攀援式垂直绿化

模块式绿化也称之为面板种植，采取固定在建筑墙面的几何模块槽，在槽内放置一定大小的植物种植容器，将植物预先培养为单元模块，通过合理的搭接模块快速形成建筑立体绿化效果，但成本较高（图 3）。生物墙绿化的理念则与上述 3 种完全不同，生物强绿化是将建筑墙面本身作为植物的生长地，使得植物直接从建筑墙体中生长出来。由于生物墙绿化对建筑外墙墙体材料要求较高，技术难度较大，以致推行困难。

1.固定网架结构

2.安装浇灌系统

3.放置单元模块

4.完成效果

图 3　模块式垂直绿化工程流程

# 3　结合立体绿化的建筑外立面设计

## 3.1　立体绿化与建筑立面形态的结合

立体绿化与建筑立面在形态上的结合主要分 2 种：一是建筑生态型，二是将立面绿化直接引入到建筑立面中。前者是为满足人们对建筑设计的生态需求，在建筑立面设计环节中进行立面景观绿化，使绿化设计融入真实的自然中（图 4）。后者则是在立面设计中不隐藏其人工形态，将立体绿化作为生态元素直接引入到建筑立面中（图 5）。由于绿化方式不同，从而呈现出建筑外立面的多样性，建筑的整体设计效果也会随之不同。在立体绿化设计中运用美学观念，将两者构成一个整体，采用统一的处理方式考虑建筑整体的视觉效果。

图 4　南京白云亭艺术文化中心

图 5　美国旧金山伦巴底街

## 3.2　立体绿化与建筑立面构件的结合

将立体绿化与建筑立面的空间构件相互结合，不但丰富了建筑立面色彩，突出建筑整体视觉上的表现力，且有助于增加建筑景观设计的生态性功能。在立体绿化设计中，这种方式最为常见，如：建筑的屋顶花园、空中花园、简单的屋面绿化、中庭花园等。

随着立体绿化技术的发展，结合建筑立面构件植入绿化，一方面能使建筑立面更加亲和自然、融入周边环境，增添建筑外观装饰。另一方面也能改善建筑内部空气质量，调节建筑与生态环境之间的平衡。所以在植物的选择上，需要综合考虑分析气候、生态作用、景观文化及生长条件等多重因素，例如云杉、圆柏、银杏、黄金竹。

## 3.3　立体绿化与建筑立面功能的结合

### 3.3.1　以建筑本身功能为主导的建筑

建筑在不同场景中具有不同的功能，将立体绿化与建筑立面相互结合的同时，也需要保证其建筑功能，例如工厂建筑的绿化功能与办公建筑的绿化功能就大不相同。在担负生产功能的建筑立面设计中，由于建筑本身处于环境污染地区，因此，引入立体绿化不仅能够改善产业园区周边的生态环境，而且绿化植物能够降低产业园区周边噪声、提高空气质量。而在办公建筑与商业建筑中引入立体绿化设计，则更加关注的是建筑立体绿化的艺术效果以及建筑整体的视觉效果，为人们营造美观、舒适的生活消费空间。

### 3.3.2　以立面绿化植物功能为主导的建筑设计

以绿化植物功能为主导的建筑设计，绿化植物依附建筑物来表现自身特性，植物引入带来的功能和色彩给建筑增添了生命力，不仅集中展现了绿色植物的生态功能，还充分发挥出植物的景观功能，例如温室植物园、垂直农场等。近年来，在建筑立体绿化中以藤蔓式墙体绿化立面设计最为突出，设计师在此绿化基础上与建筑墙面相互结合进行改造，设计出可拆卸的模块式墙体绿化以及容器式模块墙体绿化。这种立面绿化设计改变能够更加完善建筑设计多边性，使得二者相互结合[4]。

# 4 建筑立体绿化在城市生态中的作用

## 4.1 建筑立体绿化的节能与生态效益

### 4.1.1 缓解热岛效应和节能性

当今，由于城市中人口密集和过多的热量排放导致了城市热岛效应，造成了许多城市夏季温度过高。一项研究表明，在城市树木密集种植区域，如公园，温度比其他地区低2～4℃。建筑立体绿化能够减少建筑的热能消耗，降低周边地区环境温度。据加拿大环保部门研究，如果将多伦多中6%的建筑屋顶进行绿化，将降低城区的温度1～2℃。

建筑立体绿化也能起到保护建筑的作用，避免建筑表层结构受到紫外线、酸雨等的损坏，起到降低建筑维护费用及保温隔热的作用，Alexandri 和 Jones 的一项研究发现，地中海地区采用了屋面绿化与墙面绿化的建筑可实现夏季4.5℃的降温，可以大大减少空调的制冷时间，减少室内空调的能源消耗，提供较为舒适的生活环境[8]。

### 4.1.2 改善空气质量与控制噪声

随着城市现代化的迅速发展，城市工业废气和生活废气排放量也越来越多，使空气中含有较多的灰尘颗粒，从而导致我国多数地区出现了雾霾天气，直接影响了人们的健康状况。植物叶片对空气中的微尘颗粒有较好的吸附作用，有净化空气的作用，同时植物进行光合作用吸收二氧化碳产生氧气，提高了空气中的含氧量，有效地改善了城市空气质量。

城市被各种噪声充斥着，长此以往，对人们的听力及心脏造成很大压力，植物是天生的消音器，大面积的绿色植物可以有效地控制噪声降低噪声，提高市民生活质量。法兰克福一项研究表明，轻型绿化屋面可减少噪声水平达到5dB，密集型绿化屋面可减少40dB噪声[9]。

### 4.1.3 雨水利用与生态景观多样性

建筑立体绿化系统可以减少雨水径流、收集雨水，Getter 和 Rowe 认为绿化屋顶对环境能够产生的最大效益就是减少雨水径流；根据屋面绿化的类型，可以减少60%～100%屋面雨水径流。利用立体绿化收集雨水作为清洁、灌溉之用，不仅提高了水资源的利用率，还可以使雨水通过被植物吸收蒸发实现生态循环。

在生态景观方面，建筑立体绿化充分利用竖向空间，增加了城市绿化覆盖率，打破了建筑外立面单一的僵硬外观，促进了建筑与周围环境相融合，丰富了建筑的立面和城市景观层次，有效缓解了城市绿化用地不足与人们对绿地需求之间的矛盾。

## 4.2 建筑立体绿化推动城市生态发展

建筑立体绿化能直接为其周边地区创造更好的生态价值，人们往往更愿意为具有良好生态环境的居住区支付更高的费用，与此同时，建筑立体绿化能够对建筑围护结构起到一定的保护作用，从而减少建筑本身的运营成本，这些都将为建筑建造者带来直接的经济利益。

再者，建筑立体绿化为城市生态景观环境的改善做出了诸多贡献，其中缓解城市热岛效应、减少雨水径流、应对气候变化、改善城市空气质量等尤为显著。由此可以看出，建筑立体绿化在为城市社会的发展带来直接或间接地积极影响的同时，推进了城市生态的发展。

## 5 结束语

综上所述，本文首先对建筑立体绿化的国内外发展现状进行简述，分析了立体绿化的基本类型和技术方法，研究其与建筑外立面设计的结合方式；重在绿化生长空间从传统的水平方面向立体绿化方面的思路转变，追求通过与绿化相结合的方式改变建筑外立面造型表达，同时增加城市绿化空间，以实现建筑绿化的生态功能及其在城市生态中的作用，提高城市生态立体空间绿化水平，进一步推动城市生态的可持续发展。

### 参考文献


[1] 张卫军. 绿色建筑绿化体系研究——以上海市为例探 [D]. 武汉：华中农业大学，2007.

[2] 董豪杰，沈萍. 浅析建筑垂直绿化技术 [J]. 山西建筑，2010 (14)：350-351.

[3] 赵圆圆. 建筑之裳——立体绿化在城市建筑上的开拓 [D]. 新乡：河南师范大学，2014.

[4] 张宝鑫. 城市立体绿化 [M]. 北京：中国林业出版社，2004：2.

[5] 畦海波. 住宅的立体绿化研究 [J]. 铁道标准设计，1999 (Z1)：77-78.

[6] 付军. 城市立体绿化技术 [M]. 北京：化学工业出版社，2011，6-7，13-30.

[7] 张彦丰. 论建筑设计与种植设计的融合 [D]. 北京：中国农业大学，2007.

[8] Alexandri B，Jones P. Temperature decrease in an urban canyon due to green walls and green roofs in diverse climates. Build Environ，2008，43：480-493.

[9] Dunnett N，Kingsbury N. Planting Green Roofs and Living walls. 2nd ed. Portland：Timber Press，2004，67-83.

# 城市地下物流系统发展概况探析

韩璐璐[1]，赵晓增[2]
（1. 天津城建大学　建筑学院，天津市　300000
2. 河北建筑工程学院　建筑与艺术学院，河北省张家口市　075000）

**摘　要：** 随着现代生活商业模式的变化，电子商务已成为人们生活中不可或缺的一部分，各种物流运输车让原本就拥堵不堪的路面交通雪上加霜。借助国家大力发展城市基础设施建设，创建智慧新城，结合地下交通与地下管廊快速发展的契机，从阐释地下物流系统的概念及分类入手，分析了研发地下物流系统的动因，总结了国内外地下物流系统的研究进展和实践动态，希望可以为我国进行地下物流系统的研究提供一些能够借鉴的经验和思路。
**关键词：** 地下物流系统；智慧城市；地下空间；可持续发展

随着我国新型城镇化进程的快速发展，城市人口急剧扩张，机动车数量大幅增长，无论是人们机动化出行强度还是机动化出行比例均有所增加，这样直接导致了严重的交通拥堵、高频的交通事故以及生态污染、资源浪费等一系列问题，影响了人们的正常生活。传统的解决方式是新建、扩建城市道路及水路，使用地铁或容载量大的交通工具来拓展现有交通系统，但是由于受到技术、经济、环境以及空间的限制，不可能持续大规模扩充和改善城市道路设施。在此背景下，有必要寻求一种创造性的解决方法。据调查，现行道路系统的使用者70%为货物运输，随着电子商务的发展，物流运输行业会越来越繁荣，所以解决交通困局有必要进行城市物流系统的创新，研究新型城市物流系统解决方案。

## 1　城市地下物流系统的概述

早在200年前就有人提出了地下客运及地下货运的概念。现在地铁作为客运的载体也已经在国内外的大中型城市普及，早期货运主要是通过地下铺设的管道进行气体及液体的运输。20世纪90年代，城市物流在人类生活中所占比例大幅增长，同时城市物流对城市发展产生了负面影响，国内外专家学者针对此情况提出了解决办法。

城市地下物流系统，即城市地下货运系统，是指城市内部及城市间通过地下管道或隧道运输货物的一种全新概念的运输和供应系统。通俗来说，货物通过城外运输到达城市交界处的交通货运站或者物流园区等，经处理后由地下物流系统配送到各个终端。但是考虑到经济、技术等各方面的条件制约，终端不可能直接是最终收件人，所以可以把终端设置为和地下物流系统联系的大型超市、工厂、配送中心、社区服务中心等等，再由配送员负责向收件人配送。

# 2 城市地下物流系统的发展动因

## 2.1 大城市交通拥堵

大城市交通拥堵一直是令人困扰的世界性难题。2015 年荷兰导航经商 TomTomfa 发布的全球最拥堵城市排名前三十中，中国有十个城市上榜[1]。以天津为例，集装箱公路运输占到了 72%以上，如果把这些运输货物的车辆放到地下，用地下物流系统替代地上货运车辆，可以大大缓解地上其他机动车辆的拥堵情况。

## 2.2 港城矛盾

中国港湾集装箱吞吐量巨大，并且逐年来一直呈递增趋势。以上海港为例，上海港是国际集装箱远洋干线港，连续多年保持集装箱吞吐量世界第一。2009 年以来，上海港集装箱吞吐量基本保持在 20%～30%的增幅。2012 年上海港集装箱吞吐量达到 3253 万标准箱，位列世界第一。2016 年总量 3713.3 万 TEU，超过所有欧洲港口集装箱吞吐量总和。根据《上海港总体规划》预测，2020 年上海港集装箱吞吐量将达 4000 万标准箱[2]。

## 2.3 交通问题

集装箱运输比例不合理，公路运输比例过大引发了一系列交通问题。机动车出行数量激增，现有道路不足以提供通行能力，集装箱卡车为赶船期，只能提前前往港区附近。而港区附近停车位数量不足，提前到达的卡车在路边随意停留，这样又占用了路面资源，使通行能力进一步降低，造成恶性循环。建设地下物流系统可以有效降低机动车出行的数量，缓解路途中的堵塞情况，减少城市交通事故的发生。

## 2.4 环境污染

我国当前大部分城市环境空气中颗粒物的主要污染源来自于机动车、工业生产、燃煤及扬尘，这四点所占比例为 85%～90%。货运更是在城市污染中占比达 40%～60%，一辆重卡污染排放量相当于 100 辆小汽车。此外，机动车除了带给环境尾气污染，还有振动、噪声等社会问题。城市地下物流系统深埋地下，会有效隔绝振动和噪声，并且利用电力和少量燃料驱动，可以集中控制尾气污染甚至杜绝，这样也就减少了对城市生态的污染，提高了居民生活质量。

## 2.5 能源消耗

新型城镇化的建设对土地的需求日益增多，可供开发的土地资源日趋减少。建设城市地下物流系统可以充分发展地下空间，节约地面空间，同时又不会破坏地上景观，有利于保护地面建筑。此外，在城市低速下，货车能耗较高。而地下物流系统采取电力自动化的运输方式，大量减少能源耗损，是一种可持续的绿色运输方式。

## 2.6 货运效率低

电子商务的蓬勃发展，成本有效降低，交易量剧增，但货车保有量几乎不变，导致物流效率不能跟上其增长速度。城市地下物流系统集中在终端自动化接收和配送货物，提升整个物流系统的智能化、自动化水平，降低社会物流成本，定时运输、快速准确、安全无干扰，扩大了服务范围，提升了服务水平，有效促进了物流行业的发展。

## 3 国外城市地下物流系统的研究进展与实践

越来越多的国家在进行城市地下物流系统的研究，具有代表性的国家有荷兰、德国、美国、比利时、日本及瑞士。最早实践的是在 1995 年，荷兰提出了 OLS-ASH 工程即对 Aalsmeer 花卉市场、Hoofddorp 铁路中转站和阿姆斯特丹 Schiphol 机场的地下物流系统进行可行性研究，制作了自动导引运输车 AGV 三种概念模型，主要区别点在驱动、装载位置及动力等。原定于 2004 年投入使用的该项目最终没有成功，负责人认为成本高、缺乏政策支持以及私企企业参与程度低是失败的主要原因。德国在 1998 年提出了革新的 CargoGap 概念，主要是通过管道运输货物缓解环境污染和提升运输效率，适用于在拥挤的区域进行长距离运输，可以满足三分之二的货物直接运输，不需要任何的转运和重新包装。德国采用了轨道技术、自动化装卸技术及自动导航技术。运输管道的直径为 1.6～2m，每个 Cap 单元可以运输 2 个标准的欧洲货盘。同年美国提出了 PCP 集装箱运输，分直径为 4.6m 的圆形隧道和最小横截面尺寸为 2.7m×3.4m 的方形隧道，每个 Capsule 可以运输一个 40 英尺长的集装箱或两个 20 英尺长的标准箱。2002 年比利时为了解决安特卫普港两岸间的集装箱运输问题，提出地下集装箱动体的方案，采用终端垂直竖向升降机进出口和水平电力驱动运输系统。日本在 2006 年对地下 40m 以下的地下集装箱运输系统做了研究，力图在港口与物流园区之间创造更有效的方式。为此开发了以电力为能源的两用卡车，既可以地下无人驾驶，也可以地面道路有人驾驶。通过项目技术和商业可行性研究确认的是瑞士实行的地下货运系统，在地下 50m 的隧道中运输托盘和集装箱、单个物品和散装物品。在隧道内部，无人自动驾驶车以 30km 时速运行，隧道顶板上的三个输送机以 60km 时速运输小包裹。同时，沿路线分布的枢纽与其他运输工具相连接。

## 4 国内城市地下物流系统的研究进展与实践

国外对城市地下物流系统的研究有了一定的进展，甚至少数已经进入实践阶段，而我国在这方面起步较晚，还只是概念规划。上海以静安垃圾中转站为中心，提出城市地下生活垃圾转运物流网概念设计，全长 55km，还在上海港连接外高桥和嘉定，将原先分散进入港口的货物首先集中在外围货运枢纽，再通过专用货运通道集约化转运到港口，实现高效率、规模化运输。深圳提出构建地下集装箱捷运系统，采用长通道方案和短通道方案，建设内径为 4m 或 5m 的圆形盾构隧道。作为北京副中心的通州也试图通过末端网点和中转站来联系配送中心和客户[3]。地下物流是雄安新区要求“街区制、低密度、开放路”的必然选择，初步建立 2 个公共物流园区，5 个分拨中心，地下物流通道连接公共物流园区与分拨中心。干线全程采用 6m 的盾构隧道，运载工具为轨道集装箱、管道磁浮集装箱及无人新能源车。支线全程采用 3m 的盾构隧道，运载工具为胶囊和 AGV[4]。

## 5 城市地下物流系统的思考与挑战

国外的研究虽已有雏形，但仍处于实验的初级阶段。地下物流系统涉及自动化运输技术、地下管网工程技术及物流网络配置技术等多领域的复杂研究，研究成果还很单薄，发展尚不成熟，没有系统的理论使其广泛推广。建设城市地下物流系统，我们要思考的还有很多。最大的问题是经济效益方面，如何获得足够投资，有了大量资金，工程构想才有可能实际落地。同时需要考虑的就是一些细节问题，比如地下物流系统是否要与地铁相结合，部分并线还是只共享站点，周围环境是否稳定。从长远看，地下物流系统附属功能区对地下空间会有什么影响、地下物流技术要不要制订统一的技术标准、有没有相关的政策法规都是要考虑的问题[5]。除此还要思考如何考察全寿命周期的质量以及监测问题。要重视地下物流系统建设的每一处细节，无论出现什么问题都会导致工程无法顺利进行。所以要结合实际情况统筹全局，坚持基础设施和智慧物流的结合，全面分析地下物流的可实施性。

## 6 结语

解决城市交通难题已迫在眉睫，中国需要这样一种新型运输方式。城市地下物流系统会随着技术和管理的完善成为城市货运的主体，既提高了物流运输效率，也解决了城市拥堵、环境污染等一系列问题，是一种可持续发展的绿色物流系统，发展前景广阔。但由于工程巨大，需要巨额投资，以及地下空间的不可逆性，所以不能盲目建设。在借鉴国外先进实践经验的同时还要考虑到中国实际情况来投资，统筹全局然后有针对性地进行物流系统规划建设的分析，建立起特色的城市地下物流系统的发展战略和体系框架以开展实际工程。

**参考文献**

[1] 钱七虎. 建设特大城市地下快速路和地下物流系统—解决中国特大城市交通问题的新思路 [J]. 科技导报，2004，22 (4)：3-6.

[2] 马保松，汤风林，曾聪. 发展城市地下管道快捷物流系统的初步构想 [J]. 地下空间，2004，24 (1).

[3] 郭东军，陈志龙，钱七虎. 发展北京地下物流系统初探 [J]. 地下空间与工程学报，2005 (4)：37-41.

[4] 马成林. 我国大城市地下物流系统规划关键技术研究 [D]. 南京：东南大学，2011.

[5] 刘北辰. 谈谈地下物流系统 [J]. 科技新潮，2013 (1)：25-27.

# 民歌改编与旧城改造
## ——以《茉莉花》和平遥古城为例

孟丽，张海琳

（天津城建大学　建筑学院，天津市　300000）

**摘　要**：《茉莉花》是我国最具有代表性的一首民歌。它从扬州民歌到成为中国及世界广为传颂的歌曲，经历了采风、改编和再创作。我国古城众多、历史悠久，值得一提的是被列为世界非物质文化遗产的平遥古城。同音乐一样，古城也经历了一番挖掘城市历史文化价值的改造，才从原始状态中脱胎换骨。从对“原稿原片”的再创造中，可以看出音乐和建筑的相通点。本文从起源出发，通过阐释二者的发展、影响和改编（或改造）的过程，得出民歌与古城的相似之处，即入世独立、适用美观和精品设计。此外，还从创作者和设计师—音乐家和建筑师的角度进行了阐释。

**关键词**：建筑和音乐；《茉莉花》；民歌改编；平遥；旧城改造

## 1　民歌和《茉莉花》

### 1.1　民歌

民歌是民族文化的精粹，具有鲜明的地方色彩。我国的民歌可以追溯到原始社会，经过朝代变迁、历史演变，它在歌词、曲调等方面的表现能力都已大幅提高。作为人类历史上产生最早的语言艺术之一，它经过广泛的群众性的即兴编作、口头传唱而逐渐形成和发展。古往今来，在不同的地理、文化、宗教等的影响下，民歌传递着历史、文明及对生活的热爱[1]。

### 1.2　《茉莉花》

“好一朵美丽的茉莉花”，《茉莉花》优美的旋律余音绕梁。宋祖英在维也纳金色大厅的演唱，把江南水乡的秀美、茉莉花的芬芳和中国民歌的美丽表现得淋漓尽致。茉莉花朴实无华，代表着人们的理想追求，在朴素的旋律和音乐节奏中凝聚着民族的信仰、希望和情感[2]。

#### 1.2.1　起源

《鲜花调》是一个曲牌，这个曲牌与扬州清曲有联系。据考证，它起源于明清，流行于江浙。《茉莉花》原名《鲜花调》，本来有三段歌词，依次歌唱茉莉花、金银花和玫瑰花。

#### 1.2.2　发展和影响

最早的记录见于1771年扬州戏曲演绎脚本《缀白裘》的《花鼓》一剧中。国内最早的文字记录为1821年刊行的《小蕙集》的工尺谱，再次为1840年抄本《张菊田琴谱》古琴曲。1942年，音乐家何仿从当地采集并记载了曲调及歌词，并于1957年作了微调。同年，前线歌舞团在一场汇报演出中演唱了《茉莉花》，它的成功带来了简谱的记载和唱片的录制。2008年，《茉莉花》成为申奥、申博宣传片中的背景音乐，广为流传。

国外最早的谱子记载，是英国人希特纳1804年《中国旅行记》中的"小调"，中国民歌《茉莉花》开始在欧洲和南美等地流传开来；随后，意大利作曲家普契尼把《茉莉花》作为歌剧《图兰朵》的主旋律，随着歌剧的传播，《茉莉花》的旋律深入人心[3]。

### 1.3 创作过程

从《茉莉花》的起源和发展中，可以探索出一条民歌创作过程的主线。

地区性曲调。我国民歌史源远流长，歌曲一般旋律优美、积极向上。劳动人民就地取"材"、因时制宜，从耕作场景等日常生活中提炼、创造民歌，并经口耳相传成为地区性曲调。但由于无曲谱记载，在很长的一段时间里仅限口头传唱，也无官样记载。

同曲变体流传。曲子通过不同途径的传唱而流传至全国各地，各地流传的同一首民歌都有词曲的变化。有的添加了本地区的口音，有的听不懂原来的音而替换成自己熟知的。同一首曲子，由于传颂地域的不同形成的变体，叫同曲变体。

非正规记谱。这一阶段属于正式记录前的记载。由于传颂广泛和脍炙人口，一方面，官样文章中在整理大事记时可能会提到，但是未经考证前不会太详细；另一方面，当懂音乐的学者来访问时会如获珍宝般用曲谱记录下来，作为拜访的成果之一带回祖国。不管哪种记载，民歌都有了传播的纸质载体。

成熟定稿。创作中很重要的一点就是采风、收集、润色和加工。《茉莉花》是音乐家何仿到南京山区采风时的收获。他从当地民间艺人那里收集到了这首民歌，并将她的曲调及歌词一一记录了下来。之后，他又从歌词和曲调两方面作了改编，成为现在大家熟知的词曲。

传播推广。一方面，国内在定稿后会汇演、录唱片；另一方面，其他国家在收到学者带回的歌曲时会加以修改，并运用到本国的歌剧等艺术作品的创作中。

家喻户晓。媒体的蓬勃发展，尤其是互联网＋时代的到来为我国民歌的推广助力很大。从现场表演到唱片和纪录片的传颂，从宋祖英金色大厅的演唱到申奥、申博的宣传片中的背景音乐，从歌剧《图兰朵》的主旋律到为曲子量身定做的舞蹈，《茉莉花》远近闻名、妇孺皆知。

就像《茉莉花》一样，原始民歌大体上都是通过上述方式一步一步发展成现在耳熟能详的民歌。出现后，都会经历"地区性同曲变体流传-非正规-成熟-传播推广-家喻户晓"几个阶段。改编后的民歌不仅去粗取精，满足时代需求、适用于现代生活，还一脉相承，满足了如今人们的审美要求[4]。

## 2 平遥古城改造

### 2.1 古城改造

古城，一般指历史文化名城。它有文化魅力，是中华文化的智慧和精华。从建筑师的角度，古城彰显了建筑艺术价值，完整的古城风貌更是城市建设史上的动人乐章。古城和古镇要接受改造，要像细胞一样新陈代谢，做到坚守和创新的平衡[5]。

## 2.2 平遥古城

### 2.2.1 现状

平遥古城是国家级的历史文化名城，也是世界文化遗产之一。历史原因和经济原因使平遥古城基本保持了明清时期的完整风貌。平遥民居以四合院为主，布局丰富多样，建造工艺高超精巧。这些高门深宅房舍内向，外观封闭，四周均筑以高高的围墙。房屋有几种基本建筑形式，木构砖瓦房、砖窑洞加木廊外檐和下层砖窑洞、上层木屋合成的二层楼。

民居由宅门、倒座、院落、厢房和正房等元素构成。以多进四合院为例，各院落间是由垂花门或者过厅等串联而成的多重组合。它的主院有明确的中轴线，左右对称、主次分明。由宅门为起点到院落、厢房、正房，再由垂花门、过厅形成由放到收的空间层次，富有节奏和韵律美[6]。它是一种群体组织的空间序列、层次和时间的延续。

其装饰风格充满浓郁的民族风情和地方特色。砖砌窑洞外加筑木廊瓦檐，饰以精美的木雕、砖雕、石雕及彩画等；门窗通常为木棂花格，窗户贴上剪纸窗花；屋脊用五脊六兽处理；屋内外讲究木饰装修；大门及院内还布置了门神龛及马石、栓马柱、石狮等。

### 2.2.2 改造的必然性

人口激增，用房紧张。初期城内的人口仅有 3 万多，到了 1996 年人口数量翻倍，增加到 6.5 万人。地少人稠，多户杂居，居住面积极度紧张。

老化严重，亟待修缮。建筑年龄不容忽视，部分民宅甚至有一百五十年的历史，部分民居变成了危房。一方面，不仅木台架结构年久失修、褪色落漆，而且房屋潮湿、通风差。另一方面，给排水设备的缺失，导致污水肆意流淌、砖体碱化、木柱腐烂，街巷也变得泥泞不堪。

时代进步，功能不合。房屋不但面积狭小、使用功能混杂，而且缺乏基本卫生设施，更没有采暖设施。有些人家在院子里搭建小房子来储物、做饭，有些人家还在屋前见缝插针式地盖房，使得室内采光不足、通风不畅。这些因素都导致民居无法满足现代的居住功能要求。

## 2.3 改造原则

旧城改造，要入世而独立，独立指坚守，入世指创新。一面是历史的精华，另一面是历史的局限，要处理好这一组矛盾并有所创造、创新[7]。

### 2.3.1 美观

符合审美要求是保护和改造平遥古城的基础。首先，要有装饰美。除了石雕等装饰性物件，传统建筑对外在构件要通过涂油漆、彩色重点涂绘等方式加以美化。其次，材质美可以通过旧门旧窗、老砖墙的肌理和磨光的青石等体现。最后，要保持历史美和残缺美。古城历史悠久，要保持原生态的沧桑韵味，要坚持外观上的“修旧如旧”。

### 2.3.2 适用

室内功能划分和装饰设计要满足现代人的功能需求，把时代气息添加到地方文化中。功能的改变带来了空间划分的改变。在文化底蕴的基础上，要尽可能多地创新空间层次；在不破坏大结构的前提下，要体现空间的流动美感。

### 2.3.3 经济

不仅体现在分级别对待建筑群落，还体现在追求“性价比”。分重点保护区、一般保护区和改造区三个级别。

改造不是全部推倒再仿照重建一个新的，而是仔细挑选，采用保留、修复和替换三种方式。在一些一级和二级保护区，要坚持古建筑风貌保护和改造的原则。木架结构的使用寿命有限，因此在翻修的时候要将建筑构件编号整理。好的构件用到原处，修复有磨损但不影响使用的构件，替换损坏严重的构件，尽量用同样的木材处理成一模一样的。

# 3 民歌与古城

## 3.1 入世而独立

本研究由民歌和古城引入，证明了音乐和建筑从“出生”之时便有着千丝万缕的联系。原版民歌源于民间，未加工、有问题，需要修饰、改编和再创造，宋祖英在金色大厅唱的《茉莉花》不是原版的民歌，而是经过艺术加工之后呈现出来的。通过音乐家的采风、收集、整理上升到一定水平，并记录成曲谱。原始古城始于自然，浑然天成，乌镇、丽江、平遥等存在一些问题，比如建筑老化的问题，历史建筑在无人使用维护的状态下会加速老化。此外，原有的居住性质和现在的使用性质存在巨大的功能差异，需要保留性地改造，以适应现代人的生活。老建筑功能再生与别的文物不同，如果使用不合理、装修修缮无规范制约、无成熟理论指导，会得不偿失、加剧破坏程度，因此对历史建筑的合理再利用至关重要。建筑师和规划师不能盲目，要结合新的功能要求与建筑的老化修缮需求，让古城以更好的面貌呈现出来。

从起源、发展，到改造、定型，民歌和古城都经历了很长的时间。民歌对音乐、古城对建筑都是历史性的代表，它们历史悠久，见证了创作和营造的全过程。然而，现代音乐的创作和建筑的设计不会像民歌和古城那样经历成百上千年。随着记谱和绘图软件的普及和应用，一首歌也许十几分钟就能写出来，一个小型建筑设计可能几天就能定稿。

民歌和古城的从无到有、再到成熟的过程值得借鉴。一方面，把现代的创作时间无限延长，能够得出和民歌与古城相似的演变过程，更加直观。另一方面，民歌是音乐艺术的组成部分，古城是建筑艺术的历史见证，把民歌拓展到音乐，再把古城拓展到建筑，同样也是有启示的。对于一些问题，我们不能袖手旁观，也不能因噎废食、过犹不及，而是要保留性的创新。虽然说历史性的过程不可复制，但是我们也能从中看出指导性意义。

## 3.2 适用而美观

众所周知，建筑设计的三原则是经济、适用和美观。音乐对经济的要求较低。抛去录音棚等现代设备，它的创作成本很低，满腹经纶的创作者凭借乐感和情感，仅需纸和笔就能一挥而就。共通性中，建筑三原则中的适用和美观分别和音乐的改编要求对应。适用即满足时代需求、适用于现代生活，美观即符合审美要求。无论是建筑还是音乐，如果一个作品不适用、不美观，那么它终将被淘汰。纵观历史的长河，各行各业，能经久不衰的一定是在改良着自身的外观和功能。外观让人们决定要不要接触，功能让人们决定是否长期使用。

音乐的美指旋律美、歌词美，建筑的美指表皮美、空间美；音乐的适用指能够表达情感、宣泄情绪，建筑的适用指其空间能满足人类学习、工作等基本生活需求。适用和美观是建筑和音乐显著的共通点，不仅贯穿于改编民歌、改造古建的全过程，还对创作音乐和设计建筑有指导意义。

### 3.3 精品设计

随意的创作并非难事，但要把建筑和音乐作为一个精品设计实属不易。我们不能用传统、孤立、片面的眼光去理解和从事音乐和建筑创作，即仅仅有美观和适用是远远不够的。艺术创作不仅要体现地域性、文化性、时代性，还涉及社会经济、技术、文化的各方面和环境、生态及今后的发展。

首先，要有整体观。建筑师和音乐家要有整体观念，把创作视为一个系统工程，要从总体上把握、在综合中创作。音乐家要把乐曲同所处情境、时代背景融为一体。建筑创作不能脱离本体，而是应该把建筑设计同城市设计、风景园林整合起来。其次，要有可持续发展观。音乐不是只为了应景而创作，也要考虑怎样作为经典流传下去，陈词滥调、无病呻吟的歌曲不会有生命，更不会有生长空间。建筑在满足现代人的使用要求之上，也要有利于持续发展，要创造条件促进人与自然、科技与文化的协调发展。最后，要以人为本。音乐要从人的角度出发，为情感找到寄托和宣泄口，为人类创造精神食粮。

### 3.4 建筑师和音乐家

原版民歌和原始古城都是按照劳动人民的意愿自然而然形成，进行最初的设计时，建筑师和音乐家还不是一个职业，此时的创造活动是为了满足基本的生计问题。最初的创造来源于模仿，模仿大自然的旋律，河水的叮咚声、树叶的沙沙声，模仿洞穴这类可以遮蔽风雨的场所。

随着社会的发展和历史的变迁，有一些功能并不适用，此时，急需对它们进行改编或改造以融入当下的生活。社会制度越来越健全，职业分工也越来越完善，各个行业逐渐出现了指导性的方法论。不管在宏观组织还是节点设计，原版民歌的改编对建筑（古城、古镇）的改造都有启示，这种启示通过音乐家对建筑师的直接影响体现。建筑师在进行设计时不正是借鉴了音乐家普遍使用的方法吗？组织空间的形式、色彩、质感、图案、比例、尺度、围合的程度等，让其有节奏感和韵律感等[8]。

建筑师和音乐家都是灵魂创作者。一方面，建筑师和音乐家是创造者，他们神奇的双手无所不能，书写图谱、绘制图纸；另一方面，建筑师和音乐家也是调控师，不仅对已有设计进行梳理和改造，也在对自然和人工作品进行调和统一。

## 4 结束语

本文从再创造的角度切入，研究音乐和建筑的相通点。首先，横向比较了《茉莉花》和平遥古城的起源、发展、影响；其次，深入挖掘了二者改编（或改造）的过程；最后，总结出民歌改编和古城改造的相似之处。

## 参考文献


[1] 郑茜. 从《茉莉花》看中国民歌的变异［J］. 歌海，2013，4：61.

[2] 乔鹏燕.《茉莉花》的精神理念［J］. 文学与艺术，2010，6：65.

[3] 周丽娜.《茉莉花》演绎风格探究［D］. 南京：南京艺术学院，2011.

[4] 郭一平. 学生应知音乐戏曲知识·音乐小知识（六）［M］. 北京：学苑音像出版社，2004：1.

[5] 陈肖静. 论历史文化名城的内涵界定——以扬州为例［J］. 中国名城，2013，6：66.

[6] 王怀宇. 平遥民居的保护与改造［J］. 文艺研究，2007，6：161.

[7] 韩卫成，李睿. 祁县传统城市民居院落空间规划营造研究［J］. 太原理工大学学报，2012，4：493.

[8] 何镜堂. 建筑创作与建筑师素养［J］. 南方建筑，2004，2：1.

# 面向实施的天津地区一般村庄规划实践探索

张戈，马然
（天津城建大学　建筑学院，天津市　300000）

**摘　要：** 为推进“美丽天津”建设的总体部署，积极推进美丽乡村建设，天津市展开新一轮行政管辖范围内的村庄规划编制工作，并颁布实施天津市乡村规划编制技术要求（修订）(2017)，其中一般村庄规划作为本轮规划编制的重点，提出以改善村庄人居环境为主要目的[1]，对村庄进行有针对性的项目整治。然而在参与一般村庄规划时发现规划实施过程中仍存在多重困难，本文分别从公众参与村庄规划编制的程序困境、规划方案的行动困境、规划实施的反馈困境三个方面进行探讨分析，针对以上困境提出面向实施的一般村庄规划策略，并以天津市东晋公坨村村庄规划为例进行实践探索，为类似村庄规划提供一些参考，以期增强村庄规划的可实施性。

**关键词：** 规划编制；一般村庄规划；实施困境；天津市

## 1　引言

天津市乡村规划编制技术要求（修订）指出，一般村庄规划指除了特色村庄之外的一般村庄规划，其规划以改善村庄人居环境为主要目的，以环境整治为主要目标，以保障村庄安全和村民基本生活条件、整治村庄环境和配套设施、逐步提高生活水平为主要任务。一般村庄规划是直接指导实施的建设规划，有着较高的时效性和针对性，然而以往的村庄规划在其有效的规划期限内，所呈现出来的规划效果总是差强人意，出现实施难、实施不到位的现象[2]，规划实施困境已经成为阻碍村庄可持续发展的一大重要原因。一般村庄规划有哪些实施困境？面对这些困境，应施以何种规划策略改善解决，本文以天津市村庄规划实践为例进行深入探索，希望为破解一般村庄规划实施困境这一难题提供参考（为方便论述，正文中所言村庄若无特殊说明均指一般村庄）。

## 2　实施一般村庄规划所面临的困境

### 2.1　公众参与村庄规划编制的程序困境

传统村庄规划以“规划目标—规划方案—成果公示—方案实施”的线性规划为主[3]，在传统的规划工作流程（如图1所示）中，前期的规划编制工作中主要是决策者与规划工作者参与，而公众仅仅参与到成果公示阶段和方案实施阶段。在传统村庄规划模式下，公众参与的不足容易造成规划违背村庄实际发展规律，从而出现规划决策上的失误，为村庄发展造成损失。如一些村庄规划未经过详细调查，直接确定集中居住统一安置，并制定新农村社区的规划方案，而未考虑村庄村民与村集体的发展需求、内心意愿及经济实力是否满足建设条件；再如一味地采用造价高、性价比差的治理技术等徒增村民经济负担。村民在编制工作程序中的阶段性缺失参与，往往导致规划方案合理性差、可操作性弱，从而造成实施困难，编制了的规划也变成了纸上谈兵，脱离于村庄主体人群参与的规划方案不仅会浪费大量的人力和物力，而且会造成村民对村庄规划公信力的质疑，对村庄规划的长远实施造成一定的公信障碍，公众参与村庄规划编制的程序困境亟须突破。

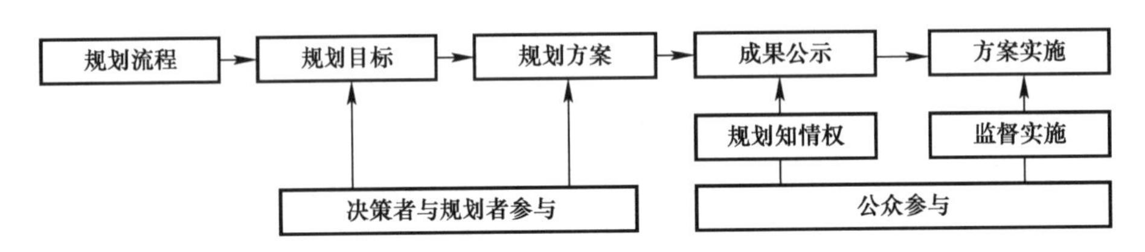


图1　传统村庄规划程序

### 2.2　一般村庄规划方案的行动困境

村庄规划多直接面向工程实施，缺乏具体清晰的行动方案指导，如对项目类型、项目内容、行动时序、技术措施、投资估算的列表解释说明。作为村庄规划的实施主体的村委和村民，由于未受过专业的规划技能培训，以及缺乏相关的实践经验，导致村民对于规划实施中没有明确的准则和指导要求以及规划内容难以理解，降低了村民对规划方案的接受程度。在执行操作方案时，拉低了规划实施的时效性，呈现出村庄规划方案的行动困境。

### 2.3　规划方案落地的反馈困境

我国乡村面积广阔，村庄数量较多，村庄规划方案的制定周期较短，在方案通过后交由政府部门执行，规划师脱节于实施阶段。良好的信息平台可以提高公众参与度[4]，由于缺乏有效的信息交流反馈平台，在规划方案的落地实施过程中，无法对村庄发展进行动态跟进，村民既无法向规划师寻求专业技术上的帮助与支持，规划师亦无法及时获取有效实时的反馈信息以指导村民解决建设活动中所遇到的问题。规划实施中的反馈困境，是阻碍村庄规划可持续性发展提升的重要原因。

## 3　面向村庄规划困境的规划策略

### 3.1　充分引导公众参与编制村庄规划的工作

首先调整优化传统村庄规划工作模型，完善后的编制村庄规划的工作程序主要由现状调查—调整规划方案—确定规划成果—实施反馈四个阶段构成，结合公众参与机制，构建公共参与下的村庄规划工作程序。将公众参与引入规划编制程序中，进一步明确规划编制的具体步骤与公众参与具体途径，从而保障公众参与的权利。一方面丰富公众参与规划编制的形式，明确公众参与的具体途径，另一方面提高规划的公信力，保障村民的规划发言权与规划知情权，从规划目标到规划方案的确立，充分考虑村民与村集体的诉求，从而在前期工作的基础上提高规划方案的可实施性。在后期规划方案实施阶段时，村民仍可实行监督实施权，监督村庄规划方案实施的进展，促进村庄建设工作的优质完成。

### 3.2 以实用性与可操作性为主要原则明确行动方案

村庄规划在编制和实施过程中存在规划蓝图与实施环境之间、规划主体与行动主体之间、规划控制与建设之间的矛盾，明确“行动方案”是解决这些矛盾和问题的有效手段[5]，保障规划方案得以实施。在前期调查中，汇总村民诉求，提出规划目标，在规划目标的指导下，结合上位规划，明确规划层面及主要规划内容，从实用性角度出发，配合村庄现行经济条件，以解决老百姓的现实需求为导向，对规划的内容进行分项，以指导实践为标准，编制简洁明了因村制宜的行动方案，并以图示条文等灵活的方式进行针对性补充解释，以便于村民理解和具体实施。

### 3.3 构建实施信息反馈平台

出于对规划村庄长远发展的考量，对村庄规划实施建立起监测系统，构建多方参与的信息反馈平台[6]，以对村庄的发展变化实行动态监测。在反馈信息平台上，规划师与村民、村两委可进行时效沟通，获取村庄规划的实施进度。在实施过程中，通过信息反馈平台及时发现问题，规划师提供专业知识帮助解决问题，避免村庄出现不科学建设。实施信息反馈平台不应只针对技术问题，更应该关注村庄社会经济生态等多维度问题。同时规划小组可定期回访，以对村庄规划实施情况掌握得更加全面。

## 4 面向实施的天津地区村庄规划策略实践

### 4.1 东晋公坨村现状

东晋公坨村位于天津市蓟州区中南部，在天津市东施古镇最北端，隶属东施古镇，村域面积约 193 公顷，东毗连嘴巴庄村，西邻尤古庄镇，北临东二营镇，村庄南靠仓桑公路。村民从事的职业主要有种植、养殖、工厂加工、外出务工等。东晋公坨村以一、二产业为主导产业，主要经济作物为苗木，主要养殖鱼、牛等，加工业主要为塑料、粮食以及门和锅炉等。2015 年全村人均收入 32102 元，主要经济来源为苗木种植、养殖以及加工，无集体经济收入。东晋公坨村村庄规划的上位规划依据为《天津市蓟州区东施古镇总体规划（2017—2022)》，东晋公坨村在总规划中定性为基层村，规划层面以一般村庄规划为主。

### 4.2 东晋公坨村规划策略响应

#### 4.2.1 引导公众充分参与工作程序各个阶段

（1）前期现状调研：在天津市蓟州区东晋公坨村村庄规划编制前期，调研小组于 2017 年 9 月期间，三次对东晋公坨村进行了实地调研。为提高公众参与的效率及规划调查的互动性，笔者所在团队在规划编制前期采取入户调查的方式，团队通过入户讲解、入户访谈并发放调查问卷，引导村民参与到村庄基础情况的收集过程中，收到较好效果。为确保可以充分采集村民对村庄规划的诉求及建议，以家庭为单位共发放问卷300余份，有效回收问卷298份。问卷调查结果显示，东晋公坨村人口1233人，男女比例为1.13∶1。年龄构成中18～59岁人口占人口总数的58%，60岁以上接近25%。在外务工人口占全村78%，村庄内部空心化、老龄化现象明显。调查发现，不同群体提出不同的诉求，东晋公坨村青壮年村民大部分外出，其对村庄规划诉求多集中于村庄环境治理、改善村庄面貌两个方面，老年村民对村庄规划参与表现出较高的积极性，其主要诉求在于宅基地确权，增添修缮基础服务设施两个方面。村委会则希望落实建设用地整合，改善村庄环境和提高村庄产业经济实力。

（2）规划编制阶段：在详细的调查基础上，确定东晋公坨村的规划目标、规划内容、规划图册（如图2所示）。综合分析村庄现状发现主要问题集中在村庄环境过于糟糕，基础设施缺乏；村民的主要诉求为改善村庄风貌，提高村庄产业收入，优化调整建设用地，宅基地进行确权。在上位规划，确定村庄规划类型为一般村庄规划，在规划内容上以土地利用规划及村庄整治规划为主，由此拟定第一稿编制村庄规划方案，并于2017年11月前往东晋公坨村，为村民代表发放图册，并以幻灯片的形式在村委会进行现场讲解，征求修改意见。在规划方案进行两轮修改过后，邀请东晋公坨村村民代表、村两委及镇政府规划专家成立多方代表公众讨论小组进行方案征询调整。本次东晋公坨村村庄规划方案前后共

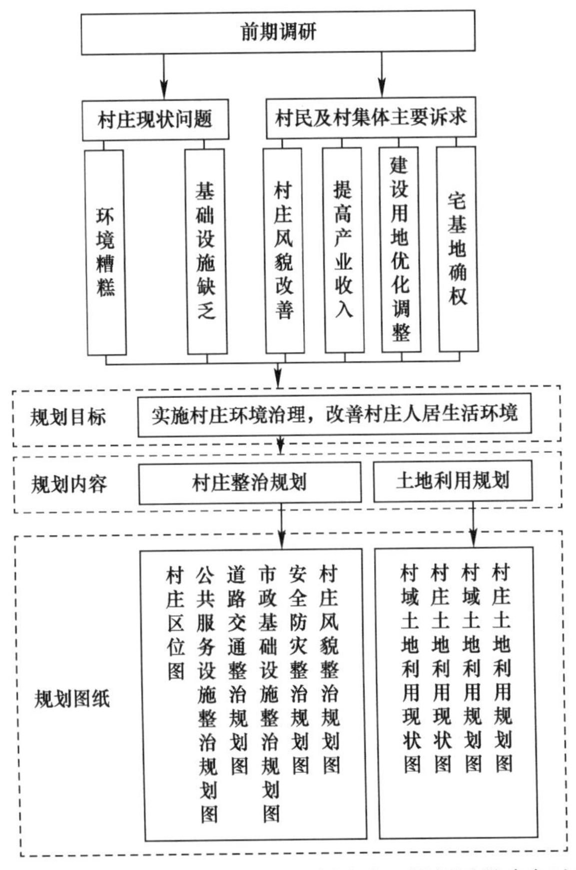


图2 东晋公坨村规划目标、规划内容、规划图册确定过程

进行三次修正完善，最终形成规划方案。并提交规划方案报审，根据审查意见修改完善，完成规划。最终规划成果由村庄总体规划文本、规划图册、调研报告、村民解说图册四大部分构成。依据多方主体意见多轮讨论修改，最终形成了在东晋公坨村现状经济条件下，民众认可、政治可行、经济上合算、技术上可靠的最优规划方案。

#### 4.2.2 制定明确的行动方案

针对东晋公坨村需要近期进行建设和整治的内容，以符合村民意愿和需求、便于得到实施、并以村庄发展的综合效益最优化为原则，明确提出能够在近期得到实施的具体行动方案（如表1所示）。以此行动方案作为指导，使技术性的规划向可操作性的规划转变，对东晋公坨村村庄整治规划内容进行详细说明，进一步促进了东晋公坨村的整治项目实施落地。

**东晋公坨村村庄规划行动方案执行表** **表1**

| 类别 | 行动序号 | 名称内容 | 规模 | 实施进度计划 |
| --- | --- | --- | --- | --- |
| 民宅 | 1 | 农房改造原址修缮 | 建筑面积 12903m$^2$ | 2017～2022 |
| 公共服务设施 | 2 | 理发店原址修缮 | 建筑面积 257m$^2$ | 2017～2018 |
| | 3 | 村委会原址扩建 | 建筑面积 170m$^2$ | 2017～2018 |
| 基础设施 | 4 | 公厕新建 | 40m$^2$ | 2017～2012 |
| | 5 | 新建输配管网 dn110-32mm | 12.6km | 2017～2022 |
| | 6 | 新建污水管网 d225-315mm | 4.7km | 2017～2022 |
| | 7 | 垃圾桶 | 47个 | 2017～2022 |
| | 8 | 4处街头活动场地铺装 | 380m$^2$ | 2017～2022 |
| | 9 | LED路灯 | 385个 | 2017～2022 |
| | 10 | 石板硬化主干路 | 700m | 2017～2022 |
| 绿化 | 11 | 道路两边绿化种植行道树 | 600棵 | 2017～2018 |

#### 4.2.3 方案实践跟踪

结合交互媒体，采用微信群组的方式搭建信息反馈交流平台，及时沟通交流。例如在规划实践过程中，东晋公坨村提出，污水排进坑塘的治理问题，规划团队提出生态活化方案，配合垂钓园进行污水过滤。笔者所在的团队在规划编制完成后，定期走访东晋公坨村，进行田野调查社会调查，并建立起东晋公坨村基础资料文档，实时进行补充。多方参与主体通过信息反馈交流平台处理实施时遇到的问题，节省了大量的建设时间，提高了整治速度，村庄面貌逐渐改善。在此基础上，笔者所在的规划团队定期回访跟踪村庄后续建设情况，两种方式的跟踪都促进了规划实施达到更好的效果。

## 5 结束语

村庄规划的实施对于村庄的可持续发展有着重大的意义，本文对一般村庄的规划实施困境进行归纳总结，提出当下一般村庄规划面向实施的三大困境，分别是规划编制时公众参与的程序困境、规划方案的行动困境和规划落地的反馈困境。笔者在参与东晋公坨村村庄规划的实践过程中，基于天津市村规划编制技术要求，针对上述实施困境，提出规划策略响应：充分引导公众参与编制村庄规划、以实用性与可操作性为主要原则明确行动方案、构建实施信息反馈平台。基于实施策略之下，对乡村规划的实践给予指导。本文只是对面向实施的村庄规划的一次探索性工作，其参与过程和参与方式尚有不足，需在以后的实践中不断完善改进。

**参考文献**

[1] 美丽天津建设纲要［N］. 天津日报，2013-08-06（001）.

[2] 张宇翔，谭乐乐. 对广州地区村庄规划实施困境的探讨［J］. 小城镇建设，2015（08）：56-60.

[3] 吕斌，杜姗姗，黄小兵. 公众参与架构下的新农村规划决策——以北京市房山区石楼镇夏村村庄规划为例［J］. 城市发展研究，2006（03）：34-38+42.

[4] 许世光，魏建平，曹轶，等. 珠江三角洲村庄规划公众参与的形式选择与实践［J］. 城市规划，2012，36（02）：58-65.

[5] 葛丹东，华晨. 论乡村视角下的村庄规划技术策略与过程模式［J］. 城市规划，2010，34（06）：55-59+92.

[6] 靳灵云. 面向实施的村庄规划新思路——以巩义市民权村村庄规划为例［A］//中国城市规划学会、沈阳市人民政府. 规划60年：成就与挑战——2016中国城市规划年会论文集（15乡村规划）［C］. 中国城市规划学会、沈阳市人民政府，2016：12.

# 城市公共空间共享性提升策略研究——以天津市民园广场为例

张戈，马然
（天津城建大学　建筑学院，天津市　300000）

**摘　要**：随着社会的不断发展，共享时代已经悄然而至，在新城市议程中亦明确提出未来城市的道路：人人共享城市。回归以人为本的城市，共享性是城市公共空间和人关联的基本关键词，也是新时代下对城市公共空间提出的进一步要求。本文力图在明确城市公共空间定义的基础上明确城市公共空间共享性内涵，并以天津市民园广场为例，分析如何将共享性落实在实体空间建设中去，以阐释共享性在公共空间上的表达路径。最后从公共空间的表达路径入手提出进一步提高公共空间共享性的规划设计策略，以真正实现共享公共空间。

**关键词**：共享性；城市公共空间；广场

## 1　引言

共享城市是未来城市发展中价值追求的一个基本理念。共享城市主要指让更多的人共同分享城市发展和繁荣带来的成果。共享一词的提出则表明我国的城市建设进入到一个新的价值观层次。帕森斯指出人的社会行动受到社会价值观的驱动和影响，其提出共享性是社会价值观本身所追求的一种特质[1]，并且解释共享性的指向是不同系统共同作用下的“正确的平等”，它是大众对于社会价值所做出的一种解释性评价。随着时代快速发展，中国发达地区的许多大城市也开始了如火如荼的城市更新和新区建设，规模大，速度快，却忽视了公共空间的品质建设，太多空间在实际中“共而不享”，共有却没有使用体验效果，或者“享而不共”——有“享”的潜力却没有“共”的基础前提；因此，“共享”就是要实现公共空间共有与享用。这要求我们对于“什么是真正意义上的共享城市公共空间”予以深入思考，深入了解城市公共空间的共享性内涵和表达路径，进而对城市共享性公共空间建设有所指导。

## 2　城市公共空间的共享性

### 2.1　城市公共空间

阿伦特在其1958年出版的《人之境况》中提出公共空间这一定义，阿伦特认为，最早的公共空间是古希腊广场，即古希腊人在私人（家庭）生活之外的另一种生活—公共生活的载体，如带有宗教性政治性的神殿、广场等公共空间及如露天剧场等带有文化性的公共空间。演变至今还包括咖啡馆俱乐部等都属于公共空间的范畴[2]。

“城市公共空间”是一个由多元意义构成的概念，从物理学角度而言，主要指特定的几何空间所具有的范围以组成的实体空间场所，泛指广场、街道、公园绿地等国家所有城市空间；从社会学上看，指社会成员共同参与社会实践活动的空间；而从政治学角度看，“公共空间”等同于“公共领域”的概念，侧重于政治观念传播[3]。本文研究的城市公共空间是指具有一定的综合性，主要由道路和广场构成的实体物质的传统公共空间。

## 2.2 城市公共空间共享性的内涵

实体公共空间的共享性能促使社会生活更加健康真实更加富有活力，这种必要性基于共享性的内涵（如图1所示）。

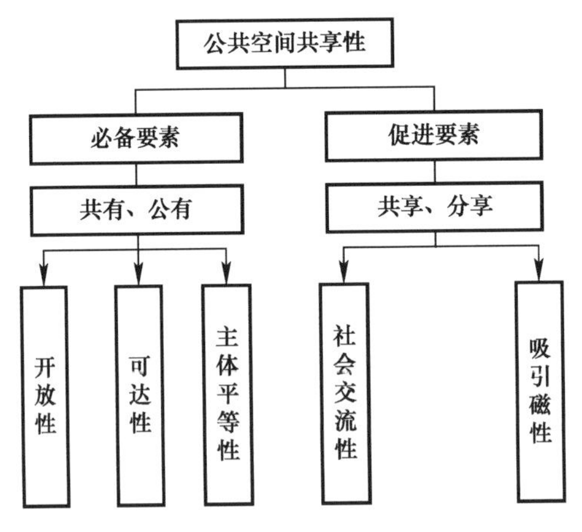


图1 城市公共空间共享性的内涵
资料来源：作者自绘

### 2.2.1 广泛的开放性

公共空间要对全体社会成员开放，进入条件完全开放，不受收入身份学历等个人条件限制，其广泛的开放性意味着参与主体参与平台均等化，消除了私人空间所具有的私密性私有性，在此基础上产生了共用性和分享性的特质，使得不同群体的接触交流具备了一定的可能性。

### 2.2.2 实体和社会意义上的可达性

公共空间的可达性意味着公共空间不是只能看到象征图案，而是完完全全可进入到内部的实体空间，空间内部的所有设施为人所用，在空间意义上它是可达的；另一方面，公共空间的可达性还表现为社会意义上的可达性，人们有充分自由的权利在公共空间内参与社会公共活动，使得社会活动可以多样性的发生。

### 2.2.3 主体地位的平等性

公共空间的平等性确立了空间主体的进入首先消除了私人空间所具有的身份差异性、

排他性，确保不同主体所进行的活动不是权力等级制约的从属活动，而是从自身目的需要需求出发。只有实现真正的平等，才能为进一步的社会生活的交流打下牢固基础。

#### 2.2.4 空间的社会交往特性

桑内特认为公共意味着在有社会关系的生活之外所过的生活，空间是为公众个体活动提供实现的具体地点，而社会交往则是社会群体之间进行活动的枢纽点[4]，发挥空间的共享品质促进人与人之间增加社会交往的亲近感，并产生共同的城市认同感，公共空间交往的特性往往是增加城市共享性的重要保障。

#### 2.2.5 空间的吸引磁性

公共空间具有对公众的吸引力的磁体特性。所谓磁体特性是指公共空间对空间主体的吸引作用。具备共享性的城市公共空间的必备要素是必须实现正确的平等，空间实行开放并且允许人群无限制条件的进入，这是城市公共空间持续存在的先决条件。但是要进一步完成共享性的实现，它还需要具有持续吸引多元社会成员进入并且停留的能力[5]，能够使得参与者在公共空间中不只是观察而是以自身感受体验为主，展开更为有效的公共活动，相互交往，共同享用公共空间，享受公共空间带来的愉悦体验。

## 3 以天津市民园广场为例，阐述共享性在公共空间上的表达路径

共享性作为价值内涵，如何让其落实到空间的实质建设中去，则是应考虑的实际问题，本文以传统公共空间中的节点——广场为例，论述共享性如何在公共空间上实现表达。

### 3.1 民园广场概况

民园广场位于天津市五大道历史保护街区的中心，她的前身民园体育场始建于1920年，其承载着天津文化精神。民园广场（如图2所示）改建于2012年，并于2014年5月1日建成开放。改建后的民园广场定位为“中西合璧的城市客厅”，其承载功能多样，为游客集散中心、特色文化博览中心、休闲健身中心和异国美食中心集一体的特色城市休闲广场，总建筑面积达7.2万$m^2$。广场布局分为地上地下两层，绿地面积1万$m^2$，并保留原体育场的400m标准跑道。

图2 民园广场鸟瞰图

图片来源：互联网

## 3.2 区位可达，空间开放——基础

公共空间的可达性是实现共享性的前提条件，民园广场作为历史街区中的重要公共空间节点，其位于五大道的内部，具有独立的空间，地理位置优越，靠近生活区。民园广场周边可达的交通方式多样，步行、公交、机动车、非机动车均可方便地到达（如图 3 所示）。

同时，在广场的布局和形态上体现出开放性进一步利于公众的可达。一方面在广场主入口设计了古典的石材拱门，增强了进入的仪式感，提升了人们进入广场的场所感。另一方面广场轮廓半开放式，广场空间由欧式罗马建筑围合边界而成，河北路段改为透空罗马柱，拱廊全部打开向街道开放（如图 4 所示），游人可自由出入。由于广场轮廓界面的连续性，使得广场不但与城市很好地融入，同时使得市民可以更直接地进入到活动交流的公共空间中。

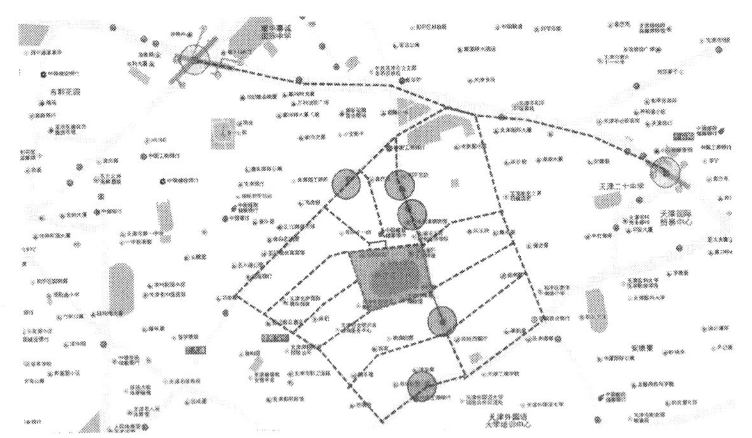

图 3　广场周边路网及轨交站点分布示意图

图片来源：作者手绘

图 4　轮廓沿街半开放式

图片来源：互联网

## 3.3 进入空间的无门槛——吸引

作为一个空间场所，民园广场是完全对外开放，人群的进入不受限制，是一个包容众多纷繁活动形态的混合场所。民园广场使用人群分布广泛，不只是本地人还有外地人、外国人，其次年龄层次多样，小至孩童，大至老人，且不受职业文化等限制。民园广场体现出公共空间的两个特点：无成本性或低成本性、直接共享性。无成本和直接共享性使公共空间在可达性的基础上进一步吸引人群。

## 3.4 空间形态混合——生发

民园广场在保留了 4 条跑道基础上，在跑道内部设计下沉式半圆形草坪广场（如图 5 所示），构成尺度适中，为人群营造出场所的安全感。立体化的广场设计增添了空间层次且与周围建筑建立了合理的衔接。日常或节假日举办活动时在广场中心布置舞台，中心舞台的布置使得广场更具有向心性、集聚性。

## 3.5 空间功能多样——调节

公共空间能够容纳不同价值诉求、不同阶次的公众无差别进入[6]，实体公共空间共享性意味着公共空间是不同群体可以共同沟通分享交流的平台，对于群体的不同需求，功能的多样性则是调节异质群体需求的主要方法。将民园体育场和同街区中的睦南公园进行人流密度对比，在调查中发现，虽然同属一个历史街区，位置可达性基本相同，同样无进入成本，空间形态近似，然而人流密度远远高于睦南公园（如图6所示）。主要原因则是睦南公园功能单一，以绿化绿地为主，而民园广场的服务功能多样，有休闲健身、餐饮、游客中心（如图7所示）等等，为人群使用提供了多样化的选择。

图5 下沉式半圆形草坪广场

图片来源：互联网

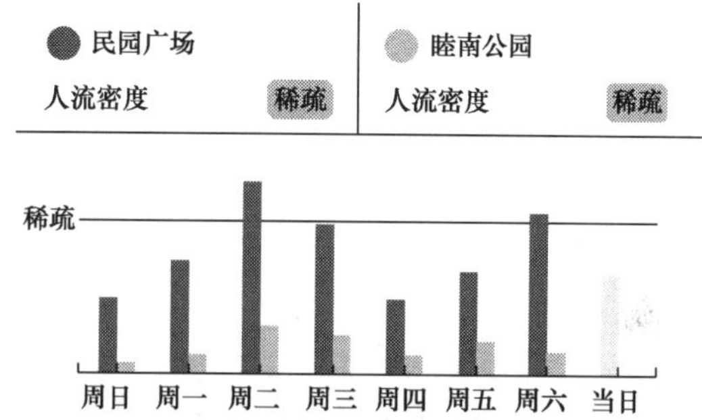


图6 同区域公共空间人流密度比较

图片来源：宜出行热力图

图7 展览、休闲健身、餐饮等多种功能

图片来源：互联网

## 3.6 蕴含的社会价值、文化价值及城市精神——塑造

作为天津的城市客厅，其可以接纳不同身份不同国家的人在此共享美好的休息时光，交流不同的文化，分享不同的生活经历，去感受一个城市的精神。民园广场拥有89年的历史，其本身既具有租借文化又有自身传统本地文化，在文化空间的塑造上，通过举办节日活动，展示出了深厚的历史文化。同时现代公共艺术的置入也进一步提升了城市的品质，展现了现代城市的新风貌（如图8所示）。

民园广场作为城市公共空间中的一个节点，它呈现出共享性在公共空间中表达的完整路径：从基础-吸引-生发-调节-塑造到最终的完成共享价值诉求（如图9所示）。一方面城市公共空间吸引并聚集了人群，使得空间活动呈现出多样性多元性特征，客观上满足了人群不同使用需求。另一方面通过对公共空间的使用，进一步激发了城市共享性的发展。由此，公共空间共享性表达的实质是公共空间在满足公众多样性活动的过程中增强了社会的凝聚力进而推动城市生活和城市社会的可持续的健康发展。

图 8　丰富的公众活动和公共艺术

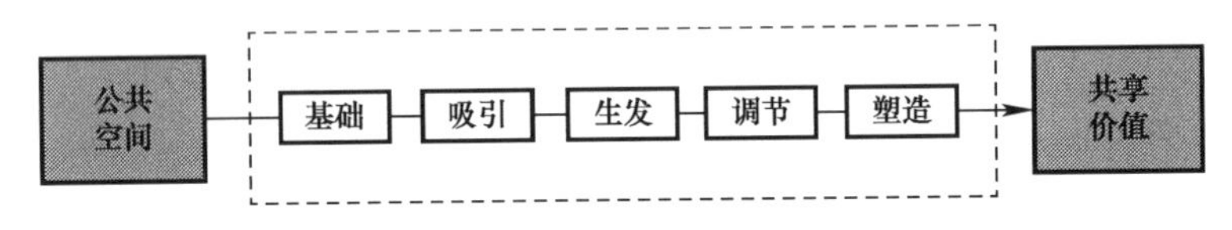


图 9　公共空间对共享性价值的表达路径

资料来源：作者自绘

## 4　城市公共空间共享性的提升策略

本文通过研究公共空间共享性的表达路径，为城市公共空间进一步提升共享性提供了明确的建设切入点，落实表达路径的每一步骤，才能使得城市公共空间真正的发挥其共享性。在此基础上，对公共空间的建设提出以下建议。

### 4.1　化整为零提高空间覆盖面，实现人人可达

在城市建设中，应保证城市公共空间的区位合理可达，保障公共空间周边交通便捷，慢行系统可达。公共空间的布局应与其他空间进行整合，把公共空间纳入到城市空间的整体布局的框架之内，形成系统的城市公共空间体系，扩大城市中公共空间的区域覆盖面，提高公众进入公共空间并参与空间活动的积极性。实现公共空间落地，实现公共空间真实的被人群利用到。

### 4.2　设计原则：尊重使用主体，实现人人可用

公共空间具有低成本性和直接接触性是吸引人群从私有空间走出到公共空间的根本原因，公共空间的营造设计最终要落脚于满足公众的空间活动需要，城市公共空间人群使用范围及分布较广，不同年龄职业性别的人对公共空间的使用具有一定的差异性，因此应尽量满足不同群体的使用需求，并对老弱病残等弱势群体设置合理的无障碍设施，使得城市公共空间切实的为每一类人群服务，实现真正的无门槛化。

### 4.3　空间形态有机优化，实现人人愿停留

公共空间建设尺度应依据合理舒适的比例进行尺度设计[7]，避免尺度过大而形成空间

的距离感，导致人们参与空间活动意愿降低，适当增强空间布局的紧凑性，给予场所内人群一定的亲近感、舒适感、安全感。同时应避免公共空间形态的单一化机械化附加给人群不安的心理暗示。适当增加空间的质感，如建筑物的设置、景观的营造，以此丰富人群所感知的空间形象，使得空间形态更加的可以留住人群。

### 4.4 聚集多样设施功能，实现人人愿享用

空间功能的多样化和混合化是公共空间的活力来源，空间本身能够起到功能集聚的规模效应，提高空间功能设施的利用效率，甚至在新的功能需要的基础上衍生新的功能形式。公共空间的功能设施建设应多元发展，布局应更为紧凑高效，避免出现单核心式功能设置，混合不同功能，以就近性、便利性为前提条件，满足人群多层次的需求，促使人人愿意享用公共空间。

### 4.5 鼓励多方参与，实现城市精神共享传递

城市公共空间是城市形象魅力的重要体现，是城市精神的物化表现。在实现城市精神的过程中，参与各方对实现城市精神的塑造起着催化剂的作用，应鼓励多方参与，完善民众与政府间的交流机制。如成立 NGO 组织，建立合理的治理管理机制，将管理权适当分配给民众，完善公众参与渠道。通过组织多样的公共活动，提高人们的公共生活参与感，增进人们对城市的认同感，进一步提高城市精神的凝聚力，从而实现城市精神的共享传递。

## 5 结束语

在当今全球化发展的新时期，共享成为城市建设中提出的一种新的价值观，在今后的城市建设中，城市公共空间应当是共享性价值观的最直接的表达与呈现。本文基于共享性的内涵，以天津民园广场为例分析了通过物质空间这一载体如何将共享性落实在城市实体的公共空间建设中去，并提出了共享性提升路径，希望可以改善优化城市公共空间的共享程度。未来的公共空间意味着分享使用，应将“共享性”这一价值观贯彻落实在城市公共空间的建设之中，城市精神在这里凝聚发生，城市生活在这里共享。Cities for all，从实现真正的城市公共空间共享做起！

### 参考文献


［1］ 刘占勇．“正确的平等”三个维度——理解社会价值观“共享性”的实质［J］．山东行政学院学报，2015（03）：86-89．

［2］ 王超．城市公共空间的公共性缺失及其治理［D］．济南：山东大学，2014．

［3］ 杨保军．城市公共空间的失落与新生［J］．城市规划学刊，2006（06）：9-15．

［4］ 王维仁．关于城市广场公共性的思考［J］．新建筑，2002（03）：15-16．

［5］ 杨贵庆．城市公共空间的社会属性与规划思考［J］．上海城市规划，2013（06）：28-35．

［6］ 于炜，张立群．城市空间的生产与异化分析——以城市文化空间为例［J］．中国名城，2014（03）：34-38．

［7］ 曹仁宇，窦杉．城市空间中的模糊场所研究［J］．中外建筑，2013（11）：51-52．

# 城市街道立面改造中地域性设计方法研究——以乌兰浩特市乌兰街设计为例

王丙强
（北京交通大学　建筑与艺术学院，北京市　100044）

**摘　要：**本文以内蒙古乌兰浩特市的乌兰街街道更新改造设计为例，聚焦于内蒙古地区的城市街道更新问题，发掘地区的地域性和蒙古族民族特色，探索与本地文化相适宜的改造策略与原则，并进一步探讨了如何在城市改造设计中更好的表达新时代所赋予的地方文化特征和建筑特色，对进一步研究城市街道空间在改造过程中如何做到将现代技术与地域符号相结合，提供了一定的启示和借鉴。

**关键词：**街道改造；地域性；城市特色；蒙古族

## 1　项目背景

目前，中国经济正处在一个转型期，在未来的建筑发展过程中，我们国家的建筑行业会逐渐摒弃“大开发、大建设”并开始向“精细化、特色化”的方向转变[1]。乌兰浩特市借内蒙古自治区成立70周年的契机，为了提升城市形象，发掘其作为内蒙古自治区政府诞生地的历史价值，以全域旅游、城市双修、历史文化保护与弘扬等理念为宗旨，结合兴安盟中心城区棚户区改造等工程内容，对大乌兰浩特中心城区整体风貌进行改造提升，特提出《大乌兰浩特城市改造提升规划》。本文即是探索在城市街道更新的改造设计中，如何将地域性元素与现代建筑结合，体现本地区的民族、地域特色，旨在为促进城市改造建设的健康发展提供参考。

## 2　乌兰浩特城市的形成、发展与问题

乌兰浩特市坐落于内蒙古东北方，毗邻黑龙江省，是兴安盟的行政中心，曾经是女真族、蒙古族、满洲诸民族的历史舞台，蒙古族自元朝始为生活在此的主体民族，清朝时期受喇嘛教的影响，佛教哲学、文学融入了科尔沁文化，民国时期，大量的汉人迁入，带来了农耕文明的习俗，汉文化为乌兰浩特地区带来了饮食、居住方式、语言等方面的改变。在20世纪50年代城市建设中突出展示的“乌兰夫旧址”“五一会址”以及城市雕塑、革命历史博物馆等，形成了新时代特有的红色文化印记。自此，形成了乌兰浩特特有的以蒙元文化为主体，同时包含了汉文化、藏文化和红色文化的城市特色。

20世纪50年代后，乌兰浩特开始大规模的建设，在当时的社会背景下，城市建成了

一批现代主义风格的住宅、厂房、商业等建筑，奠定其北方工业城市的基调。基于这样的城市定位，改革开放后的大规模建设也并没有脱离国际主义风格的窠臼，建筑多以经济、实用为准则。城市色彩单一，基调以灰色为主；建筑凝重有余，轻灵不足；城市总体规模扩张较快，功能却相对滞后。临街的建筑保存质量优劣不等，风格杂乱无章，街道立面可识别性差，样式老旧，建筑形式千篇一律，体现不出其作为内蒙古历史文化名城的特色。

# 3 城市街道改造设计基本原则

## 3.1 文脉延续性原则

文脉延续性原则是在“城市更新理论”下的细化与发展。旧城更新中的大量一般性建筑，除了其原有的功能价值，对于生活在其中的市民来说，时间的累加也赋予了建筑文化特性。吴良镛先生在《北京旧城与菊儿胡同》一书中提出“有机更新”理论，即采用适当规模、合适尺度，依据改造的内容与要求，妥善处理当下与未来的关系，不断提高规划设计质量[2]。旧建筑的改造即是通过挖掘传统，并用现代建筑的语汇表达出来，将过往的历史片段“具象化”，搭建起过去与现在的思想桥梁，在保护传统形态的同时，更换建筑的外部形态，达到更新的目的。

## 3.2 整体性原则

一位哲学家曾说：“生活即是联系。一个生物拥有的联系越多，它就越有活力。”城市街道建筑立面在进行更新设计时，须遵从统一性原则：其一，建筑立面更新设计必定要遵从街道整体景观的定位要求，不能各自为政；其二，必须对建筑立面更新设计过程中牵涉到的构成元素进行统一的整体现状分析及研究[3]。在选择建筑立面相互之间的配色时，风格要做到统一，相关城市规划设计、建筑设计以及管理部门必须构建整体协调的关系，要汇聚多种价值观，集结景观、建筑、艺术等多方面力量，使之融洽地结合在一起，形成统一的整体。

# 4 乌兰街建筑立面改造分析

## 4.1 现状分析

乌兰街为横穿乌兰浩特市中心区的东西向街道，本次改造总长 3.32km，以乌兰浩特火车站为起点，以乌兰大桥为终点，火车站是乌兰浩特对外联系的重要交通门户，乌兰街正对乌兰浩特火车站，站前广场人车混杂，流线交叉严重，严重影响了外来人们对乌兰浩特的第一直观印象。街道两侧现存建筑多为 20 世纪 80～90 年代左右建的居住、商业建筑。临街的建筑保存质量优劣不等，或新或旧，风格杂乱无章，街道立面可识别性差（表 1）。兴安路至五一路段商业街缺少内蒙古城市特有的意象。

街道现状问题分析（作者自绘）　　表 1

| | 存在问题 | 总结 |
|---|---|---|
| 建筑细部 | 沿街建筑多为无特色的“国际式”，缺乏细部。窗套、线脚老化 | 这些问题直接导致了乌兰街作为城市形象展示窗口的功能缺失，居民对街道的识别性减弱，也导致城市文脉的断代 |
| 建筑色彩与材质 | 以灰色调为主，部分立面有瓷砖脱落、雨水冲刷痕迹，影响美观 | |
| 广告牌匾 | 广告牌匾无序设置，样式杂乱，随意安装，破坏街道形象 | |

针对以上汇总的乌兰街沿街建筑的问题，在方案设计阶段，以地域性设计原则为指导，以文脉延续为原则，深入挖掘乌兰浩特的城市文化（科尔沁文化与红色文化）与民族特色（蒙古族特色），结合现代技术手段，通过材质肌理的统一，建筑色彩的暗示手法，以及建筑细部的符号拼贴式手法还原其所代表的历史与文化。

## 4.2　乌兰街改造策略

在城市设计层面上对乌兰街改造有一个定位，包括其商业功能、交通功能、景观功能等。在综合考虑城市功能之后确定整体风格，进而通过城市设计、建筑设计引导具体的沿街建筑、城市节点、公共设施等的改造设计。根据沿街建筑的性质以及问题的突出程度，设计阶段将乌兰街分为了站前区段、商业区段、住宅区段（图 1～2）。

图 1　乌兰街建筑性质分析（自绘）

乌兰街站前区段街道两侧多为商场、广场等公共建筑，商业区段更偏重于独立的店面组成的连续的街道界面。西侧的住宅区段主要是住宅区，间杂着部分底层商铺。街道强调的是空间围合，即三维的围合界面给使用者的心理感受。建筑的形态、体量、与街道的高宽比及相交界面的空间形式等对于不同风格街道的展示都有着重要的意义。根据改造的难易程度以及改造后的效果对不同区段制定不同的侧重点。

### 4.2.1　建筑细部

穹顶：穹顶改造选取站前区段的金茂大厦，该建筑对于增强站前区段的城市门户功能有着积极的作用。穹顶作为乌兰浩特地区展现自身地域特色的建筑细部，有着直观清晰的效果，内蒙古地区的穹顶形式源于地区的传统建筑形式——蒙古包，蒙古包是内蒙古地区游牧文化的产物，在历史演变中，其形式、材料、规格等历经变化，并最终定型。蒙古包主要由套脑（天窗）、哈那（围合结构）、乌尼杆（穹顶上连接哈那和套脑的骨架）构成[4]。蒙古包各个部件的规格尺寸，相互之间存在着一定的比例关系，根据学者的采样调查与研究统计，蒙古国建筑学家达扎布在 20 世纪 70 年代曾以几何方法绘制出蒙古包的平面结构图（图 3），根据达扎布先生总结的蒙古包画法，我们测出蒙古包穹顶的弧度为 24.2。在研究了传统蒙古包的构成以及比例形式后，设计师对其加以异化处理，在原有建筑条件下改造了金茂大厦等建筑穹顶，采用现代建筑材料的表达手法，并保留最具蒙古包特色的天窗，将建筑的功能性与民族性完美融合，以崭新的形象和传统的内涵达到创建有时代地域性特色的建筑景观（图 4）。

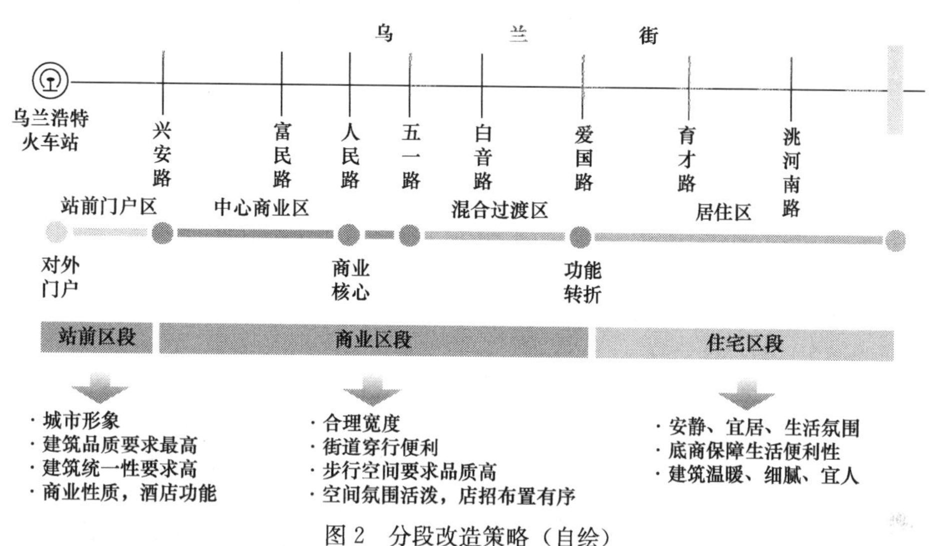

图 2　分段改造策略（自绘）

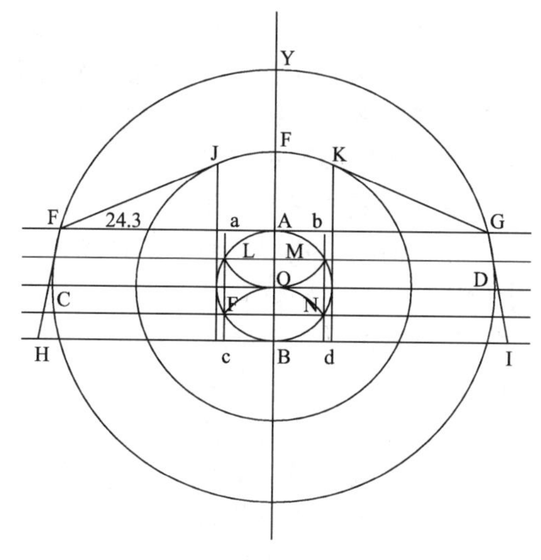

图 3　蒙古包几何画法

图 4　站前区改造效果图

檐口、线脚：檐口和线脚等装饰性部件主要用于营造商业区段的氛围，相似的建筑细部形成连续的建筑界面。取材自传统蒙古族图案的线脚装饰可以给现代人们一个联系过去的具象化的桥梁，借以与自身的民族性相联系产生归属感。蒙古族纹样经历了从早期的对自然形象的模拟到宗教、文化的绘制，再到抽象化的变异组合，是内蒙古人民记录生活经验和表达审美意识的特殊语言，是传承历史与文明的重要载体[5]。无数的几何图形组合起来代表着在可见的物质世界之外还存在着无限的存在。在改造过程中，从本地区的传统图案中选取素材，结合蒙元文化中的民族、宗教内涵，对传统图案加以变异、简化，以菱形、三角形为基本形，辅以圆形、弧形等，通过多角度的扭转、变形形成互相交错组合的优美图案。在街道立面的檐口、线脚、穹顶、层间线、门窗洞口等位置使用。采用的纹样造型朴素、美观，与建筑整体造型协调相融。在改造中主要使用了万字纹、回字纹等应用于线脚、檐口等（图 5）。

图 5　线脚改造样式（自绘）

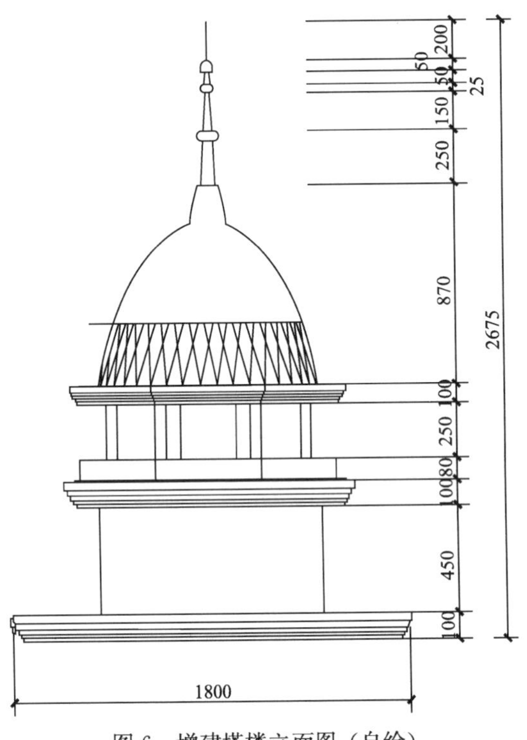


图 6　增建塔楼立面图（自绘）

塔楼：一个标志性的建筑形式所带给人的可意象的环境和感受是不可忽视的，普洛斯特在《斯旺的家》一书中对坎布里教堂尖顶所做的动人的描述：“人们必须返回到尖塔，它总是统治着其他所有的东西，一个尖顶就出乎意料地概括了所有的房屋”[6]，就很好地概括了这种感受和价值。在乌兰街改造的步行街中，钟楼商厦的改造意在形成这种城市意象，让塔楼在人们的意识中形成与商业、休闲等相匹配的联系。柱式塔楼依托原有建筑的墙角，尺度上保持其与街道空间环境相协调。结合乌兰街步行段街道两侧建筑高度多为 3～5 层多层建筑，增建塔楼高度设计为 1.9m，形式选取蒙古族古代的将士头盔的形式，从样式上变异处理灵活运用传统元素，并结合现代技术手段和材料营造符合乌兰街街道氛围的塔楼形象（图 6～7）。

图 7　改造后塔楼效果图

#### 4.2.2 建筑色彩

针对街道色彩混乱，灰色调过于凝重而缺乏活力的问题，我们提取了街道现存的色彩，从整体协调性出发，融合蒙古族审美中的地域特色，选取如图 8 色系作为街道改造的参考颜色，避免饱和度、亮度过高的色彩，主要利用高级复合灰与白做整体主色调，确定主色调之后，可以根据单体建筑之间的体量、距离、功能等关系进行微调，适当的增加一些纯度较高的配色，如蓝色、红色等蒙古族传统的色彩。这样处理使整条街道的部分界面形成对比，而又不会显得突兀。底层商业街的色彩改善，可以适当增设一些活跃的颜色来吸引行人眼球，但纯度不应过高，前提是必须保证同一座甚至整条街的商铺颜色基本处于同一色系中，使得橱窗、广告牌与整体环境协调，创造良好的视觉环境。

细则：建筑立面主要选用白色、灰色、赭石等灰系颜色，屋顶色彩中瓦材类使用灰蓝绿系、无彩系、暖灰黄系、赭灰系和红褐系几个色系。彩钢板类包括灰蓝绿系、无彩系、灰黄系和红灰系四色系。在局部位置点缀红灰色系、灰绿色系、灰蓝色等颜色，避免街道整体氛围过于压抑。在建筑色彩选取时注意保持上浅下深原则。

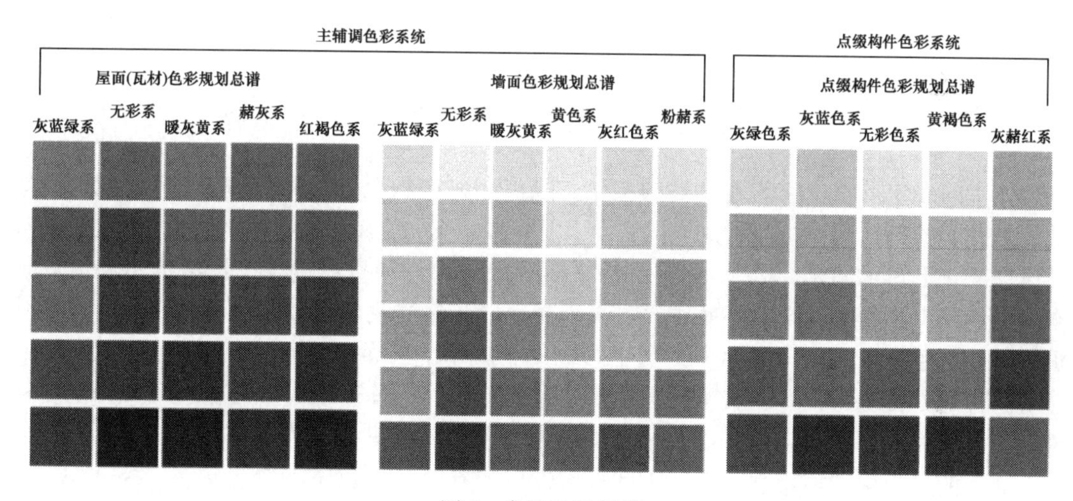


图 8 色彩改造图谱

#### 4.2.3 广告与牌匾

日本建筑师芦原义信在《街道的美学》一书中将沿街建筑立面上的广告牌所形成的视觉印象称为街道的“第二轮廓线”，街道两侧的临时突出物对于街道的形象有着举足轻重的作用[7]。对街道的“第二轮廓线”进行规范化设计，合理利用广告牌所带来的二次设计，不仅可以改善街道视觉环境，还可以形成城市街区独特的意象特征。每一个能够营造出具有“独立性格”城市氛围的城市都离不开建筑立面上广告色彩的搭配，建筑外立面上的广告牌匾是街道空间构成的重要因素。因此对于建筑立面上广告牌的整治设计，我们要遵循以下几点原则：建筑广告位的位置不允许遮挡建筑的采光，影响建筑的通风等；要削弱广告位与建筑立面之间的排异反应，不能够割裂开来看问题，要把广告位作为街道建筑立面甚至是街道界面的构成要素来共同考虑；在广告牌匾设计上融合蒙古族图案，如蒙古族装饰中使用的万字纹、提取自蒙古包哈那的菱形图案等，营造商业街民族风情。

根据以上设计原则，我们对乌兰街建筑立面的广告设置提出以下几点原则：(1) 建筑顶部牌匾：禁止在建筑顶部用技术杆件树立牌匾或镂空字体，保持建筑设计的整齐天际线；(2) 大面积广告统筹：多种不同尺寸广告并存时，不允许随意拼贴，广告设计应提前设计参考线；(3) 尊重建筑原有体型：广告设置不应掩盖真实的建筑形体。广告不超过建筑立面的70%；(4) 广告色彩与形式：选择高档次、高品位形式的广告设计，采用幕墙、LED屏幕等渲染商业氛围（图9）。

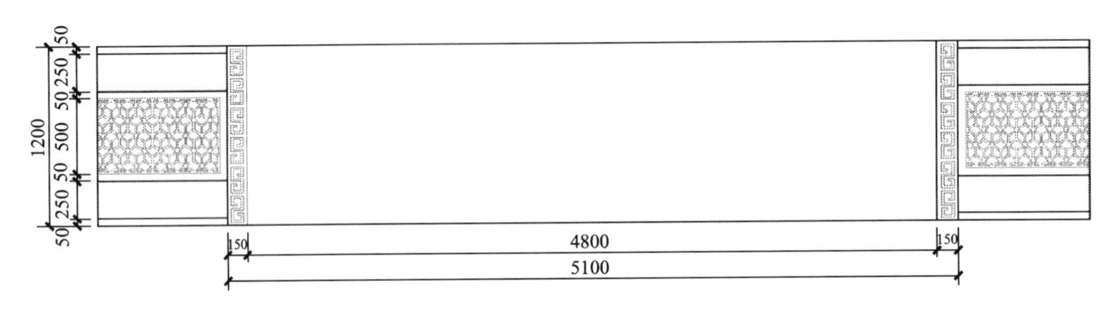


图9 广告牌匾样式示例（自绘）

## 5 结语

城市的建筑反映了它的地区性的文化、经济和科技状况，沙里宁曾说过："城市建筑是一本打开的书，从中可以看到它的抱负，让我看看你的城市建筑，我就能说出这个城市居民在文化上追求的是什么"[8]。城市外立面改造为的是花费尽量少的经济成本和时间成本来提升城市形象，改造的功效主要取决于对地域文化的发掘与利用程度，因为具有文化根基的建筑才拥有生命力与活力，真正彰显一个城市的特色与个性。在城市更新过程中，建筑融合地方传统特色，在城市范围构建地域性特色，延续被现代城市化运动冲击的场所精神，在重构城市历史文脉方面有着至关重要的作用。内蒙古乌兰浩特市的改造计划正在如火如荼的进行中，城市立面改造中的地域性思考有助于构建城市特色文明，提升城市景观形象。

**参考文献**


[1] 钟虹滨，钱海容. 国外城市街道改造与更新研究述评 [J]. 现代城市研究，2009，09.

[2] 吴良镛. 北京旧城与菊儿胡同 [M]. 北京：中国建筑工业出版社，1994.

[3] 丁婧. 城市街道景观整治中沿街建筑立面改造的设计方法研究 [J]. 安徽建筑，2009 (6)：19.

[4] 白淑兰，张秀卿. 蒙古族文化元素在城市广场景观设计中的应用研究 [J]. 内蒙古农业大学学报（社会科学版），2012，14 (3)：205-207.

[5] 吴晓庆. 文化符号在旧城更新中的异化与反思——以"新天地系列"为例 [C]. 北京：中国城市规划学会，2014.

[6] 李蓁，朱小雷. 试论城市设计的易识别性问题 [J]. 华中建筑，1999 (2)：108-112.

[7] 芦原义信. 街道的美学 [M]. 天津：百花文艺出版社，2006.

[8] 王淑华. 地域符号的文化解读与风貌重塑——重庆市秀山县西门桥的改造 [J]. 重庆建筑，2015 (1).

# 大学校园中景观艺术与雨水收集协同设计研究——以2016园林景观设计创新竞赛一等奖作品为例

文瑞琳，高力强

（石家庄铁道大学　建筑与艺术学院，河北省石家庄市　050043）

**摘　要**：随着现代城市的用水紧缺与雨水收集的脱节，雨水收集成了大学校园的研究热点。针对趋同的大学校园景观，作者通过竞赛的一等奖设计作品，从场地分析、设计理念、一体化协同设计等方面进行分析，以雨水花园与校园景观艺术一体化协同设计方法，探究具有复合功能的历史校园景观设计方法，使得大学校园在景观艺术基础上具有鲜明的可识别性、生态性。

**关键词**：大学校园；传统文化；景观艺术；雨水花园；协同设计

雨水收集问题一直是现代城镇研究的热点。在全球变暖的背景下，国内自然灾害频发，特别是城市内涝越发严重，仅从2008～2010年就有超过50%的城市发生过不同程度的内涝灾害，使得人民的生命财产受到了极大威胁[1]。作为海绵城市重要一分子的雨水花园[2]，是一种模仿自然界雨水渗滤功能且具有实际效果的旱地雨水径流调蓄技术[3]。雨水收集不仅可以缓解城市内涝，还可将过滤后的雨水储蓄起来加以利用或汇入水域保持自然水循环[4~5]；也可美化城乡环境、调节小气候并增加生物多样性，在生态建设和景观建设上都发挥着重要作用[6]。雨水花园从形态上来看类似于一个随机出现的雨水渗透盆地，它建造费用低，面积大小不一，运行管理简单，具有较好的生态效益和景观作用。

2016园林景观设计创新竞赛的设计主题是“雨水花园”（河北省风景园林学会、河北省住房与城乡建设厅等主办），竞赛主题旨在将海绵城市的生态概念向社会进行推广。竞赛要求在建筑设计的同时思考雨水花园的具体结构以及功能效应，利用创新思维将雨水花园结合到具体设计中，改造环境质量，提升景观的可识别性以及生态性。课题组针对绿色校园的雨水收集进行了思考和研究，同时设计作品获得了竞赛一等奖，具体设计解析如下：

## 1　雨水花园设计解题

### 1.1　题目解读

针对于此次竞赛的主题“雨水花园”，将设计的切入点选择在雨水花园与校园景观的结合上。校园是多种文化可以产生交流碰撞的环境，具有多元化的特点，可以表现出学校的人文特性。对于大学来说，原有的教育基础是学校重要组成部分，从校园历史可以看出学校的办学特征与社会认可度。在这样的切入点下，将校园历史文化融入雨水花园的设计中，通过对校园雨水花园的设计，研究校园景观的人文特征。

### 1.2 场地选择

在设计主题的切入点选择上，将寻找校园消极地带，通过校园景观构建结合雨水花园进行改造。通过对校园历史的研究，选择石家庄铁道大学，因为其在历史上作为军校具有悠久历史，因为红色文化的影响，至今仍有良好的红色文化氛围。铁道大学图书馆与电教中心所围合的区域是一处荒废的院落，虽然处于图书馆区域，但是因为场地没有经过有效处理与设计，几乎不能供人使用（图1）。

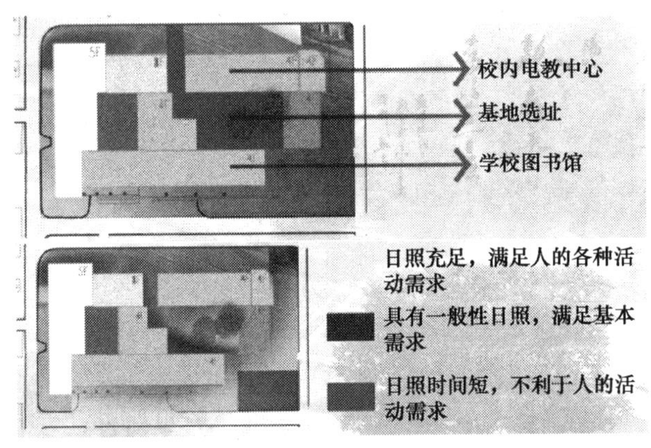


图1 基址环境

## 2 校园场地分析

### 2.1 场地存在问题

由于所选场地的荒废，没有经过有效的雨水收集处理，雨水由落水管直接排水到地面，导致雨天泥泞不堪；场地没有经过有效设计，现在大部分是裸露的地面，只有一条砖砌小路，场地西侧用作垃圾处理站，与图书馆的文化氛围格格不入；场地四周是五层高的楼房，场地光照条件较差（图2），不利于植物生长。

图2 场地现状照片（一）

图 2　场地现状照片（二）

### 2.2　场地具有的优势

场地位于铁道大学内部，拥有红色文化作为设计的大背景，依托于图书馆区域优厚的人文内涵，可赋予设计丰富寓意；场地四周都为楼房，可以汇集足够的雨水加以利用；场地入口之一紧邻校园主干道，另一入口位于通往图书馆的廊道上，交通便利；在基址内部有一图书馆的次出入口，学生经由场地能够方便地进入图书馆内部。

### 2.3　场地设计定位

针对“雨水花园”的命题要求，将设计主要分为绿地空间和人群可活动空间。通过植物种类相互之间的搭配，达到良好的雨水收集利用效果以及丰富的景观效果；校园的主要活动人群为学生，考虑这一人群所具有的活泼特性，在可活动空间中，加入空中廊道的概念，丰富空间效果和视觉观感。让绿地与可活动区域相互交织产生对话，创造设计的自我对话。

## 3　绿色校园的雨水设计理念

### 3.1　绿色校园的历史传达

将铁道大学的历史文化通过具体的设计意向进行表达。铁道大学具有悠久的历史和革命传统，在早期作为铁道兵团学校，为祖国培养了一批又一批优秀的人才，但是现有的校园景观并未充分体现军校的历史概念。从此入手，提出设计的基本概念：通过转变校园里的消极空间使其成为积极空间，并且能够充分显示铁道大学的人文特色，利用历史沿河这一概念将各种景观元素进行连接，使整个雨水花园成为统一整体。

### 3.2　有效的雨水收集

历史通过设计进行传达，但另外一个重要方面是雨水花园的生态概念。场地现状是雨水不能有效排走，蓄积在场地内，使得其更加荒废，通过利用雨水花园的生态作用来消解场地内收集的雨水。

### 3.3　融入环境，保护为主

设计内容不能对现有景观构成破坏，通过融入现有环境，尽量保护现有建筑格局，不对建筑使用者构成损害。场地内现有一棵年代较长的国槐，位于场地的东北角，给予电教中心教室一份绿荫，考虑保留并重新进行植物景观营造，使其成为设计内容的一部分。

# 4 结合雨水收集的复合设计

在校园景观中将学校的历史文化和雨水花园的概念进行结合，增强学校景观的可识别性和科普教育作用。在校园历史的背景下，探求可具体表现的文化元素，利用古典园林元素加强整体形象设计。注重生态效应，在设计内容上强调对于具体技术的利用；改变场地现状，通过设计将学校这块“遗忘之地”转变为积极空间。通过生态技术利用，增强场地对雨水的吸收与引导，结合植物对雨水的吸收净化达到清洁用水的使用要求。设计场地位于校园中，可以缓解学生的日常学习环境压力，增强学生对于生态性的认识，科普海绵城市相关知识。

## 4.1 结合“历史”与“水”文化的历史文化表达

综合铁道大学的历史传统以及雨水花园的构建理念，将红色丝带概念引入到设计中。通过红色来象征革命传统，用丝带形态来显示历史长河。军校的历史始终是铁道大学的立身之本，优良的红色文化积淀构成了这所学校的精神内涵，具有中国风式的“绸带”形态符合设计理念。在设计的总平面图（图 3）中可以看到红色的绸带从入口处便蜿蜒前行，在读书廊位置伸向空中，再“一波四折”，最终在图书馆次出入口处伸向大地深处，将“绸带”在这里截止是源于图书馆深厚的文化积淀。大地代表无尽的知识源泉，历史的“绸带”渗入大地代表求知永无止境。

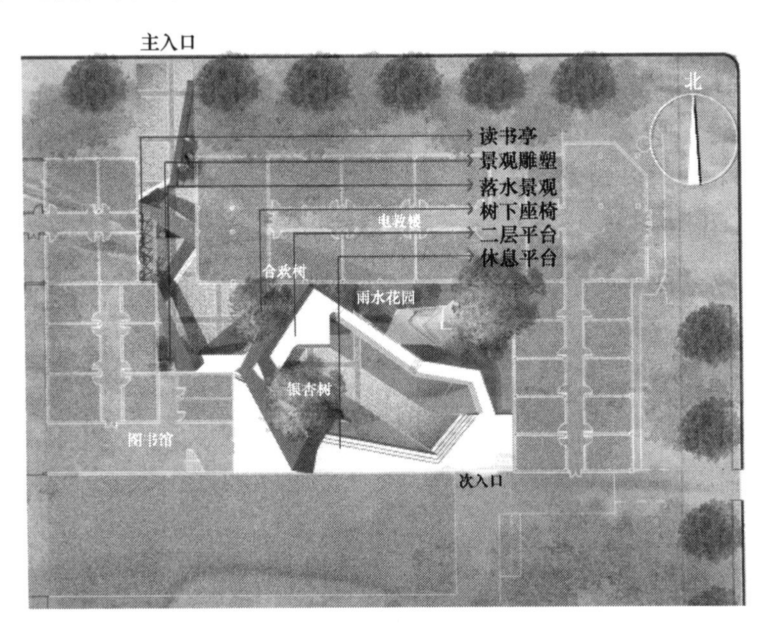


图 3 总平面图

在“绸带”构架上的表面书写着铁道大学的建设历史，从建设之初的洛阳校区，到决定转移到石家庄，从开始的铁道兵团学校到之后的石家庄铁道学院，再到现在的石家庄铁道大学，学校的每一件历史性事件都被镌刻在构架之上。

## 4.2 融入传统的园林元素——景观与雨水的协同考虑

设计过程中，将中国传统四合院的院落空间引入到设计中（图 4）。第一进在主入口处，通过“绸带”的倾斜使得平面形式形成一个内向性的喇叭口形状，在空间上将透视感增强，引起人们的好奇心，将隐蔽的景观呈现在学校主道路之一处，类似于四合院大门向大街的开放效果，既有显示作用，又给人以内在安全感。

第二进院落为圆形雕塑所在的空间，通过圆形雕塑起到聚拢中心的作用（图 5），并且在平面上作为一个景观节点而出现，圆形雕塑来源于中国古典园林的月亮门，将其进行演变发展成为雕塑，通过圆形雕塑可以观赏入口处的植物景观，形成“漏景”。

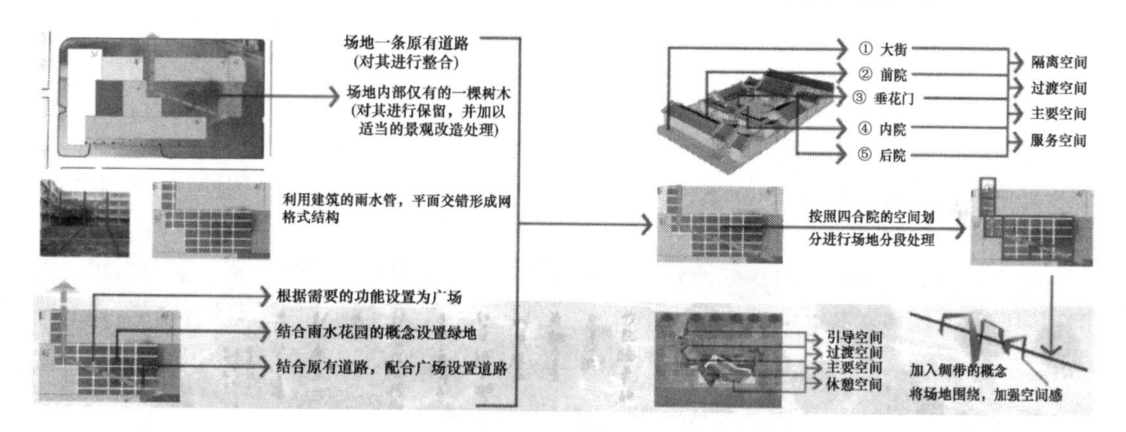


图 4　院落概念生成

图 5　景观节点

第三进院落的主要景致是“绸带”环绕所形成的框景。原有场地中落水管直接排水到地面，在第三进院落中有两根雨水管，并且雨水排量很大，结合雨水管将其设计成为一水池，通过流水口形成跌水景观。

第四进院落是主景区也是雨水花园中植物的主要种植区域，在这一区域中因为雨水花园的功能性质，尽量多的布置植物，同时考虑到大学生这一群体的活泼属性，在这一区域设置了一个二层平台，将场地进行立体设计，架空楼梯将人们的视线引入到二层平台，在平台上可以直接触摸到合欢树的枝叶，使得其不仅可观可嗅还可触。四个院落空间将整个设计进行了一个串联，达到由浅入深的效果。

## 4.3 结合雨水收集的协同设计

作为构建海绵城市的重要组成，雨水花园利用生态技术与措施，尽量还原自然界雨水自我净化效应，辅助人工引导与收集处理措施，来达到雨水收集利用的循环。

(1) 场地材料选择

雨水花园功能主要是解决原有场地的雨水问题并重新利用，在设计中采用生态性材料：场地的硬质铺装采用透水砖形式；路面采用废弃矿渣材料，考虑其透水性比较良好，并且可形成视觉良好的肌理效果；场地内的绿地边界通过使用碎树皮，减少雨水流入绿地时对边界的冲刷；场地内使用木质铺装，利用天然的材料进行设计，给人以自然亲切感。

(2) 雨水流向整合

现有的雨水管布置散乱，重新整合后雨水经落水管直接排到下方的雨水汇集沟中，由这里的管道流入植物种植区域，经过植物的层层净化之后，雨水再汇集到埋在场地下方雨水汇集箱中。

流入水箱的雨水经过雨水处理装置储存起来，用以场地内的植物浇灌、景观用水、周围楼房的清洁用水以及其他水质要求不高的用水需求。经过净化的雨水通过各种形式最终仍然回到大气中，以雨水的形式重新回到园中，形成生态回路（图 6）。

图 6 雨水流向

(3) 生态技术运用

设计中利用各种生态技术加强场地内的雨水收集利用。配合场地内透水铺装的运用，将其透水结构分为五层，在透水基层中埋设 PVC 排水管，落在透水砖的雨水一部分经过路面进入排水管中流向雨水花园部分，另外一部分雨水流入渗水槽中；落水管的雨水经过辐射渗井流入管道中，将各落水管的雨水统一收集；树木种植方式采用生态树池，通过树池周围开凿的小口，将周围的雨水汇集到树池之中供树木生长，多余的雨水则通过埋在下方的管道流入到雨水花园中；雨水花园采用生物滞留地的处理方式，地面很多部分都采用树皮进行覆盖以减少雨水对地面的直接冲刷；在雨水花园部分使用溢流管，适当高于地面的蓄水层，只有当雨水足够多时，多余的雨水才可以经过溢流口流入接雨水管渠，最终进入到蓄水箱中。

### 4.4 基于雨水资源的植物选择

石家庄地区夏季多雨，雨季时，雨水花园的蓄水层能够短暂的滞留雨水，而春秋季节降水量较少，较为干旱，综合考虑当地的气候条件，雨水花园的植物需要具有耐短期水淹、长期干旱的特性。所以在雨水花园的设计之中对于植物选择采取以下原则：

（1）优先选用本土植物类型，便于日常维护管理，降低管理费用；

（2）选择多年生花卉和多年生做一年生栽培的花卉，适当增加一年生花卉。这些类型能够适应较为极端的环境条件，并能保持相对较长的观赏期，既能减少雨水花园的维护费用，又可维持较长的景观效果；

（3）选择耐干旱和短期水淹的植物类型，并偏重于耐干旱。石家庄地区降雨分布不均，春秋季节干旱且持续时间较长，故优先选择耐干旱性植物；夏季虽然雨水较为集中，但雨量一般不大并且渗透很快，所以其次才考虑耐水淹的特性。

## 5 结束语

在环境压力日益严重的今天，通过对校园进行二次设计形成“海绵校园”，增强大学校园的抗洪抗旱能力，雨水花园作为海绵城市的一部分担当着重要的作用，在这次的雨水花园设计之中，通过对校园景观空间与雨水收集进行整合，使得校园空间丰富多彩适应高校人群的活动特点，将雨水花园概念引入到校园景观设计之中，景观艺术结合雨水收集不仅具有实践意义而且具有教学指导作用，通过宣传雨水花园的生态理念，唤起人们的绿色校园环保意识。

**参考文献**


［1］ 谢映霞. 从城市内涝灾害频发看排水规划的发展趋势［J］. 城市规划，2013（2）：45-50.

［2］ 唐双成，罗纨，贾忠华，等. 雨水花园对暴雨径流的削减效果［J］. 水科学进展，2015，26（6）：787-794.

［3］ 张园，于冰沁，车生泉. 绿色基础设施和低冲击开发的比较及融合［J］. 中国园林，2014（3）：49-53.

［4］ 王建龙，车伍，易红星. 基于低影响开发的城市雨洪控制与利用［J］. 中国给水排水，2009，25（14）.

［5］ 张钢. 雨水花园设计研究［D］. 北京：北京林业大学，2010.

［6］ 刘晶晶，郭慧超，白伟岚，等. 北方地区雨水花园植物的筛选［J］. 北方园艺，2016（10）：82-87.

# 浅谈波普艺术与现代景观设计

高铭
（天津城建大学　建筑学院，天津市　300000）

**摘　要：**设计理念的诞生一般都依赖于一定的思想意识形态以及社会文化基础，所以设计跟文化发展是离不开、相辅相成的。在如今这个各学科门类相互交融的大社会背景下，本文通过对波普艺术的发展起源、特点、杰出人物等基本信息的研究，探讨了波普艺术发展对设计领域的影响，并进一步重点研究分析了波普艺术对现代景观设计的影响。在本文最后又对相关优秀作品进行分析研究。艺术是跨界的，对设计的方方面面都有着深刻的影响。我们在做设计时可以主动从艺术的角度获取相关设计思路与依据。

**关键词：**波普艺术；波普设计；景观设计

## 1　波普艺术简介

波普艺术的英文是 Pop Art，也叫作流行艺术。波普是对 pop 的音译，pop 即 popular，流行的、受欢迎的意思。

### 1.1　波普艺术的起源

在 20 世纪 50 年代中后期的英国，波普艺术由一群对于新兴流行的都市大众文化十分感兴趣的艺术家、建筑师们引发，他们的作品主要是以商品类为创作对象。

图 1

这些艺术家于 1956 年举办了“此即明日”画展，画展中展出了理查德·汉密尔顿的一幅画——《究竟是什么使今日家庭如此不同、如此吸引人呢?》，如图 1 所示。在这幅画里有一个半裸着的强壮男士，他手里握着一根很大的棒棒糖；有一位半裸的性感女郎坐在沙发上，其用手扶着包住头发的毛巾而且其乳头上还贴着亮闪闪的小片；橘色的墙上挂着一幅加了画框的当时十分流行的通俗漫画——《青春浪漫》；印着“福特”标志的灯罩；另外图画中还摆放着电视机、吸尘器、录音机、台灯等当时家庭必需品，其实所有的这一切都可以通过棒棒糖上的三个字母 POP 来说明，这就是波普艺术的起源。

### 1.2　波普艺术的特点

1957 年，波普艺术之父汉密尔顿给出了答案：流行的（面向大众而设计的），转瞬即逝的（短期方案），可随意消耗的（易忘的），廉价的，批量生产的，年轻人的（以青年为目标），诙谐风趣的，性感的，恶搞的，魅惑人的，以及大商业[1]。

## 2 波普艺术巨匠——安迪·沃霍尔[2]

安迪·沃霍尔是对波普艺术影响最大的艺术家，也是波普艺术的倡导者和领袖，公认为20世纪艺术界最有名的人物之一。他大胆尝试橡皮或木料拓印、凸版印刷、照片投影、金箔技术等各种复制技法。

### 2.1 成长经历

安迪·沃霍尔出生并成长在美国宾夕法尼亚州的匹斯堡的一个贫民区，是捷克移民的后裔。那时正值20世纪30年代经济大萧条时期，食品十分短缺。小时候的沃霍尔得了"风湿性舞蹈症"神经系统疾病，因为这个病他遭受了三次惨烈的精神崩溃。那几年由于病情的折磨，他内心很自卑。抱病的日子里，他都是闭门不出，听着收音机，躺在床上度过的。他自卑到对所有东西都特别敏感，并总觉得自己不受小伙伴喜欢。幸运的是，他母亲给了他很多关爱，常常找来漫画、彩色杂志等给他看，毫无疑问这些东西也潜移默化地影响了他日后的作品。

1949年他去纽约成为一名普普通通的商业插画师来谋生。1952年他以商业广告绘画取得一定成就并逐渐成了一位小有名气的商业设计师，他设计过商业广告插图、贺卡、橱窗展示等等。同年追逐梦想的他在著名的工作室内聘请了一组人员，抛弃古典艺术，从事于推翻传统的概念创作。

1954年他第一次获得美国平面设计学会杰出成就奖。1956年、1957年他分别获得艺术指导人俱乐部的独特成就奖和最高成就奖。1987年2月22日安迪·沃霍尔不幸在一次外科手术中去世。

### 2.2 作品

《金宝罐头汤》

1962年7月，安迪·沃霍尔举办了自己的首个波普艺术展，展出了由32幅金宝罐头汤构成的《金宝罐头汤》系列画作。如图2所示，到今日这个作品依旧在世界当代美术史上占据一定地位。这个作品，呈现出来的图案简洁明朗，但是用的是一种几何形的、干净的、机械的模式，特殊的是用非常大的Logo表明它的商品身份。以往的画家、艺术家关注的大多是生活中的植物花卉、茶杯静物等等，从未有将罐头、可口可乐甚至明星等商业对象作为描绘对象，安迪·沃霍尔在当时可是前无古人。这幅波普艺术作品的出现完全打破了高雅与通俗的边界。

《玛丽莲·梦露》

如图3所示，玛丽莲·梦露的头像，是沃霍尔又一名作。安迪·沃霍尔用玛丽莲·梦露的头像，作为作品画面的基本元素，进行重复排列。重复排列的头像所不同的仅仅是颜色的不同，然而所用的色彩都是对比度很大甚至略带浮夸的，通过这种表现方式反映了现代商业化过程中人们的空虚与迷惘[3]。

《毛泽东画像》

如图4所示，2014年2月12日晚，安迪·沃霍尔所作的毛泽东画像在英国伦敦苏富比拍卖行以 760 万英镑（约合人民币 7663 万元）的高价被拍卖。

图 2

图 3

图 4

## 2.3 作品特点

安迪·沃霍尔是继毕加索后另一位前卫艺术界名人，毫不夸张地说，不管是一卷厕纸还是一个厕板，只要签上他的名字，都能够流行起来！

他的作品全都是关乎当下或最流行的主题，而且所表现的内容就是生活当中最平常不过的东西，这完全打破了高雅与通俗的界限。其特别风格就是不断重复影像和透过丝网印刷手法，来将人物变成视觉商品。

# 3 波普艺术对现代景观设计的影响

波普艺术一经出现便风靡全球，如世界巨星般引起了全球的关注。它符合大众的消费心理，同时迎合着现代社会生活需求，是新科技时代的衍生物，它常常采用诙谐、幽默的表达方式，但是另一方面也能够体现自主、独立、积极创造。波普艺术反对旧的思想观念和传统，属于一种革新。波普设计则融合了波普艺术的这些特征并将波普艺术付诸实践，使其形象化。波普设计在很多领域的应用，都体现了波普在当时的流行程度，在这种背景下现代景观设计毫无疑问也受到影响和启发。

## 3.1 波普设计

波普设计承袭了波普艺术的特点，同样强调了大众性和可消费性。设计师从当代最流行文化中寻找灵感，为生活中普普通通的物件披上亮丽的外衣，摇身一变成为一种可供人们欣赏的艺术品。波普设计的相关作品在形式上往往给人一种新颖和独特的感觉，而且其使用的材料也是十分随意。

## 3.2 以波普的形式元素来营造景观的视觉氛围

波普艺术对景观设计的影响有很多，本文主要从景观的视觉氛围的营造来谈。首先通过色彩构成来营造视觉氛围。色彩总是能够首先给人们以视觉上的冲击。老远望去还未触及，鲜亮、奇特、与众不同的色彩就吸引了人们的注意力，每种颜色又代表着不同的感情色彩，总能够给人们带来不同的视觉享受[4]。

第二，通过空间布局及构图来营造视觉氛围，合适的空间感往往能够给人们带来一定的舒适感，直接影响了人们驻足停留的时间。以波普艺术创造的空间布局和构图往往能够给人新奇感，并能够引发人的思考，同时也不会摒弃传统的舒适的空间感，从而让人们驻足停留。

第三，通过造型形态来营造视觉氛围。如图5所示，是玛莎·施瓦茨设计的纽约亚克博·亚维茨广场。她运用曲线元素来设计长椅，这些长椅以蜿蜒的形态围绕着该广场上的圆球状的草丘，为附近办公楼中的工作人员提供了休憩场所。

第四，通过取材用材来营造视觉氛围。波普设计选取材料时十分的随意。波普艺术所影响的景观设计也往往通过不同的取材来营造视觉氛围。如图6所示。

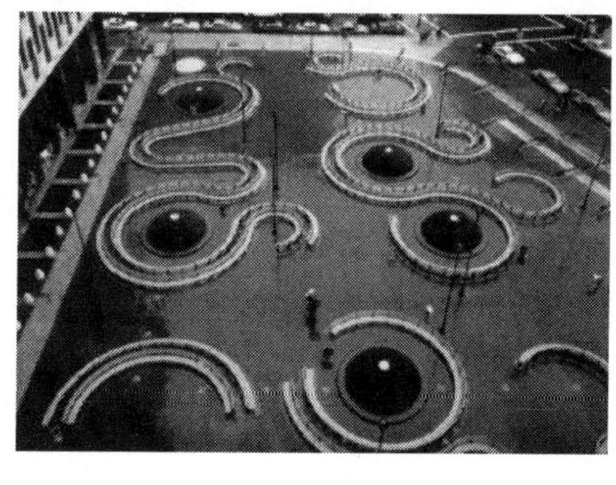

图5

图6

## 3.3 景观设计中的波普形式语言

波普艺术在景观设计中总是通过各种各样的形式表达。主要有以下几点：

第一，通过充满个性特征的形式语言。如图7所示，广场入口的位置摆放着各式各样的小的构筑物。一方面强调了广场入口的进入感，另一方面千奇百怪的形状为孩子们提供了玩耍的空间。

图 7

第二，通过以流行文化为表现特征的装饰语言。波普艺术运用当代最流行的元素，格外注重造型的轮廓美、线条的渐进式和粗细浓淡的变化处理，从而打造有节奏韵律的景观，美感不言而喻。

第三，通过以时代技术特征支撑的景观设计语言。如图 8 所示，广场上的喷泉采用了最先进的技术。设计了不同时间段不同的喷泉的形式、高度、水流大小等等[5]。

图 8

# 4 案例分析

## 4.1 新奥尔良市意大利广场

美国新奥尔良市生活着很多的意大利移民。如图 9 所示，该广场以西西里岛地图模型为中心，将周边的铺装设计成一圈圈的同心圆，利用同心圆的向心性来强调该地图，从而烘托出意大利移民们的爱国情怀。另外广场上有两条路与广场外的大街相连，两个进口处分别设计了同古代罗马建筑风格相似的拱门和凉亭。

整个意大利广场的设计有古有今，既传统又现代，既认真又随意，既嬉闹又严厉，既雅又俗，有强烈的叙事性、浪漫性、象征性。建设完成后，意大利移民常常在这里休憩甚至举行庆典仪式和聚会。该广场十分受群众喜欢[6]。

## 4.2 怀特海德学院拼合园（玛莎·施瓦茨）

该设计设计之前面临了诸多困境，主要问题如下：

场地尺度有限（场地 7.62m×10.668m，为 9 层办公屋顶花园），基础条件受限（屋顶无法负重，同时也缺乏供水与排水系统），预算有限（天然植物与其后期维护十分昂贵），功能需求有限（该场地是休闲空间的室外延续，同时也是教室与休息室的俯视区域）。

图 9

然而就在这么多困境下，该设计成功的把日本庭院展现的自然永恒美和法国园林展现的人工几何美融合在了一起。如图 10 所示，该屋顶花园用绿色与人造材料以及尺度进行协调统一。考虑到屋顶空间的面积有限、现有条件受限，设计师最后设计了一个小巧并且寓意特别丰富的花园，将修剪得十分整齐的植物悬挂在立面上，给人一种奇幻感，使人不禁感觉就像置身于奇异仙境一般……

图 10

## 5 小结

“由于不满意通过用颜料的其他意义来进行暗示，我们将对视觉、声觉、触觉、嗅觉、人的活动、动态的这些具体的物质性加以利用，各种物质都是新艺术的素材[7]。”

——阿·卡普

波普艺术在景观设计上的运用，丰富了景观设计的思路。波普艺术在选材、观念、思想和方法上都对景观设计起到很大的启迪作用。我们在做景观设计的时候要主动地打开自己的思维，学会运用不同的艺术丰富提高自己的设计作品的内容和水平。

## 参考文献


[1] 百度百科. 波普艺术 [DB/OL]. https://baike.baidu.com/item/%E6%B3%A2%E6%99%AE%E8%89%BA%E6%9C%AF/2732? fr=aladdin.

[2] 百度百科. 安迪沃霍尔 [DB/OL]. https://baike.baidu.com/item/%E5%AE%89%E8%BF%AA%C2%B7%E6%B2%83%E9%9C%8D%E5%B0%94/1538157? fr = aladdin&fromid = 11239769&fromtitle=%E5%AE%89%E8%BF%AA%E6%B2%83%E9%9C%8D%E5%B0%94.

[3] 胡曾祺，雷阳，祁素萍. 城市景观设计中的波普艺术 [J]. 中国市场，2017 (17)：324-325.

[4] 施艺. 现代景观设计中的波普艺术现象研究 [D]. 南京：南京艺术学院，2014.

[5] 姚奕君. 波普艺术在现代建筑和城市景观中的体现 [J]. 美术教育研究，2017 (19)：90-91.

[6] 殷慧敏. 玛莎·施瓦茨园林作品的大众审美文化表现 [D]. 长沙：中南林业科技大学，2015.

[7] 施艺，曾媛. 表现与内涵：波普艺术现象下的现代景观设计语言 [J]. 三峡大学学报（人文社会科学版），2017，39 (S1)：189-190.

# 城市高架桥下剩余空间利用研究

孙凌晨，张超杰，卓鹏妍
（河北建筑工程学院　建筑与艺术学院，河北省张家口市　075000）

**摘　要：**随着城市规划由增量增长转变为存量细化，城市用地日趋紧张，城市中那些尚未利用开发的空间需要重新审视，高架桥下部空间作为城市剩余用地的一部分，为城市建设发展提供了新的突破口。本文通过对桥下剩余空间利用现状及空间特性进行分析，探究城市高架桥下空间的利用模式，为我国城市高架桥下剩余空间利用提供参考。
**关键词：**高架桥；剩余空间；利用

随着城市机动车数量的增多，城市轨道交通的出现，越来越多的高架桥在城市中建立起来，高架桥的出现反映了日益严重的交通拥堵及城市交通形态由平面向立体的转变，通过集约的方式，提高土地的利用率。与高架桥交通空间充分利用相对应的是桥下城市空间的废弃与闲置，产生了大量的城市剩余空间。城市剩余空间就是指在当前发展阶段，城市中还没有被充分利用也没有明确功能定义的空间[1]。本文通过对桥下空间利用现状及特性进行分析，介绍城市剩余空间的利用方法，使交通空间融入城市空间。

## 1　高架桥下空间利用现状及意义

### 1.1　高架桥下空间利用现状

桥下空间的利用与高架桥的立交模式、周边环境及人的活动有很大关系。一些立交桥由于占地面积较大，多数布置城市绿化与周边景观相融合，在人流密集地区人们的活动主要集中在白天，在桥下会有经营活动，多以小摊小贩为主，缺乏统一的管理，卫生条件较差，一些地方成了垃圾堆放场，在夜间这些地区则变为停车场，自发性的无序停车也对城市交通产生了一定的消极影响。总的来看，我国目前对于桥下空间的利用还停留在探索阶段，利用形式单一，大部分以绿地或者闲置为主，空间利用率低；少部分地区虽有公共活动，但多为自发行为，缺乏统一的规划和管理。

### 1.2　高架桥下空间利用问题

目前我国对高架桥下剩余空间的利用没有确切的规定与标准，在改造利用过程中出现了很多问题，忽视了改造利用后对周围交通的影响，人员进出桥下空间与城市交通产生矛盾，在丰富桥下城市空间的同时减弱了交通空间的功能性；大面积的绿化及装饰抹去了高架桥原本的印记，没有尊重现状；高架桥割裂了城市空间，应协调好高架两侧的用地，使桥下剩余空间能够将两侧城市空间连接起来，修补城市肌理。

### 1.3 高架桥下空间利用的意义

城市高架桥在给人们交通带来便利的同时，也产生了消极的影响，高架桥两侧的居民饱受噪声和空气污染的干扰，人们的出行活动也受到了限制[2]。随着城市化进程的推进，城市土地的开放模式由扩张式发展转变为精细化建设，土地作为一种非常紧缺的资源，城市中可供建设的用地越来越少，需要去审视那些曾被忽视和不被利用的土地，并挖掘它们的潜力，使之焕发新的活力，而这些城市灰色空间正是需要被利用改造的对象。

## 2 高架桥下剩余空间特性分析

### 2.1 积极性

桥下空间作为一种消极空间，它割裂了城市肌理，破坏了城市整体形象，弱化了城市内部单元的联系，造成城市空间的衰退，阻碍城市空间的良性发展。与此同时高架桥下的剩余空间也有积极的一面，作为城市未被利用的空间，其多样化的选择性为城市功能提供弹性，与此同时，城市的发展需要一定的间隙，高架桥为城市发展提供边界与限制避免了城市的盲目扩张，为城市发展留有余地。其积极性主要体现在为城市发展提供弹性，限定城市空间建设范围。

### 2.2 必然性

城市作为一个有机体，城市剩余空间的产生是城市建设过程中的必然现象，城市发展不可能处在精确地控制之下，在规划建设过程中由于受到各种因素的影响总会有一部分地区被闲置、忽视，而在另一些阶段这些用地又被重新利用起来，这样的城市建设才是可持续的。高架桥的存在必然会产生桥下的城市空间，桥下空间的利用问题也随之而生。

面对这种必然性，我们应当充分把握，将城市剩余空间进行利用改造，使之满足城市建设发展的需要。

### 2.3 动态性

作为城市空间的一部分，城市剩余空间随着城市建设过程不断改变。城市剩余空间的产生与城市规划、经济社会发展等因素紧密相连，随着发展中心的改变，城市中的剩余空间可能被人们重新重视起来。城市空间是人类活动的载体，人们的活动影响着城市剩余用地的功能及性质，具有不确定性和时效性。

### 2.4 可开发性

城市高架桥下空间是尚未被开发利用的空间，随着城市用地的缩减这部分城市用地具有很高的开发潜力，我们需要对这一部分空间进行整合优化，提高城市空间的整体性及人类活动的连贯性。城市剩余空间的这一特性，使得其在未来城市建设中有多重可能，我们应当好好把握其这一特性，挖掘桥下空间的剩余价值。

# 3 高架桥下剩余空间利用模式

## 3.1 公共服务设施

处于居住区的高架桥，在改造时首先考虑的是环境需求，通过布置绿化景观，减少交通污染物及噪声对于周边居民的影响，同时又能够与住区绿地相结合成为城市绿地系统的一部分，在城市空间营造中起到过渡连接的作用[3]。其次考虑的是下部空间的使用需求，可将其打造成为活动中心服务周边社区，为周边居民提供一个交流休憩的场所，既能节约用地，又可以实现设施的共建共享。高架桥犹如一把保护伞，起到遮阴挡雨的作用，通过布置城市家具、增加照明、增加色彩等手段使城市中的荒弃废地重新焕发活力。

## 3.2 公交停靠点

高架桥下剩余空间可承担交通枢纽、公交换乘的作用[4]。目前我国公交换乘点主要布置在道路红线以外，随着城市公交线路的增加，利用两墩之间的空间设置路中式公交停靠站，利用内侧车道作为公交专用道，既提高公交运营效率，也提高了道路用地的利用率[5]。而一些换乘点由于距离城市较远设施较为简陋给人们出行带来了极大的不便，高架桥天然的遮蔽作用能够降低候车亭的建设成本，节省交通设施投资开支。

## 3.3 停车场

随着城市小汽车数量的增加，停车难的问题在城市中凸显出来。过去停车场的设置往往局限于室内，室外。面对日益增长的私家车数量和用地紧张双重问题，过去花费大量金钱和土地单独设置停车场的做法引人深思。高架桥下设置停车场，为解决停车难问题提供了新的思路，分时段停车可以有效缓解夜间停车高峰汽车乱停乱放的问题，在条件允许的情况下可以设置分停车场强化空间的利用率。

## 3.4 商业店铺

处于中心地段的高架桥可在桥下设置一些店铺，通过收取租金的方式回收高架桥建设投资，店铺与周边商业相结合构成商务中心，增强城市中心的商业活力，提升高架桥下的土地价值。在日本则多采用这种模式[6]，对下方区域进行部署，形成一个综合开发区域，以优惠政策吸引各类公共服务机构入驻站点及毗邻区域，形成了一个实际意义上的“站点社区中心”。

## 3.5 仓储货场

对于处于城市边缘的高架，其周边既没有大量的人流，也没有需要停放的车辆，可以利用其距离对外交通出入口近的优势，与周边工厂相结合作为仓储用地或货场，对使用单位收取一定租金，但对于堆放的货物种类及距离应有严格的要求，一切均应以不损害桥上车辆安全为前提，在旁边设有足够的安全防护带。

## 4 结语

对于城市高架桥下剩余空间利用，是城市空间利用的一种必然趋势，在未来的建设与规划中城市桥下空间应起到过渡与织补的作用。根据每座桥的位置及周边情况，采用不同的开发利用模式，为桥下空间的营造提供多种可能。如何利用下部空间提升居民品质，提高城市土地利用率是将来城市规划的一个新的方向。

### 参考文献


[1] 郭磊. 城市中心区高架下剩余空间利用研究——以上海市为例 [D]. 上海：同济大学，2008.

[2] 路妍桢，王浩源，王鹏. 城市高架桥下剩余空间的优化利用 [J]. 安徽农业科学，2016（8）：182-185.

[3] 曾春霞. 城市高架桥桥下空间资源利用探索 [J]. 规划师，2010（2）：159-162.

[4] 张雨晗. 失落的桥下空间—成都高架桥下空间利用建议 [J]. 四川建筑，2015（4）：17-20，22.

[5] 王永清. 关于利用高架桥下空间发展公交和慢行交通的思考 [C]//中国城市交通规划 2012 年年会暨第 26 次学术研讨会论文集福建省厦门市城市规划设计研究院，2012：2098-2101.

[6] 徐维泽. 东京铁路高架下部空间利用模式与特征研究 [J]. 规划师，2017（z1）：101-105.

# 基于视错觉原理下的大境门景观改造研究——以大境门景区及境门华府小区三栋高层住宅为研究对象

张雪津，王赵坤，郝艳婷

（河北建筑工程学院　建筑与艺术学院，河北省张家口市　075000）

**摘　要：** 大境门位于河北省张家口市区北端，是中国万里长城的四大关口之一，现属全国重点文物保护单位。境门华府小区北临大境门景区，其新落成的三栋高层住宅在视线景观上与古老的城墙形成了突兀的对比。本文尝试从视错觉的角度出发，通过对周围空间、色彩以及光影的运用，在一定程度上改变人的视觉体验，尽可能地减少小区三栋高层住宅对大境门景区的消极影响。

**关键词：** 视错觉；高层住宅；大境门；改造

简单来说，视错觉是指某种情况下看到的东西会造成视觉上的紊乱，这既可能是由于参照物选取不当也可能是由于经验不足所造成的。在公共空间的景观设计中，视错觉往往通过一些奇特的方式组合拼凑各种虚虚实实的元素，从而创造出极具感染力的视觉场景[1]。本文尝试运用视错觉的原理，探索如何减轻现代建筑与历史遗迹的视觉冲突，具体来说，即如何减轻境门华府小区三栋高层住宅对大境门景区的视线影响。

## 1　现状初探

张家口市素有“长城博物馆”的美称，位于市区北端的大境门则是万里长城众多关隘中十分特殊的一个关口。作为通向塞北的要道，大境门整体造型显得古朴而厚重，散发出一种粗犷苍劲、磅礴大气的沉稳魅力。

与此同时，随着城市扩张与现代建设的急剧发展，在大境门景区南侧的明德北路上，一座新兴的城市住宅小区正拔地而起（图 1）。境门华府北临大境门景区，西接西太平山，东临清水河畔，是一座集高档住宅、大型商业以及幼儿园附属小学等于一体的综合居住社区。该项目分两期工程，就目前即将竣工的一期工程来看，靠近北外环处的三栋高层住宅高达 33 层，其过高的建筑高度对于北侧大境门的整体形象感有所破坏。确切来说，当游人站立于大境门前广场处对其进行欣赏时，城墙视觉中心即门楣处“大好河山”四个字的上方，三栋现代的高层住宅显得尤为突出（图 2），这与大境门沧桑厚重的历史感背道而驰。

针对此存在的问题，本文尝试利用视错觉的方法，从空间、色彩以及光影三个方面探索尽可能减轻该消极影响的方法，并得出了以下三个解决方案：

图1　大境门及高层住宅位置

图2　实景拍摄

## 2　解决方案

### 2.1　营造空间对比视错觉

空间对比视错觉是说在相邻的位置有两个或多个空间在形状、外观、大小等方面存在差异[2]，并由此形成的一种强烈的视觉感知的现象。在公共景观设计中，空间对比视错觉常表现为运用先抑后扬的手法对空间进行序列重组，通过大小空间的缩放打开观赏者的视野，同时在一定程度上引导游人的视线。

基于此原理，并结合大境门周围的景观环境，考虑在大境门正北方的前广场处设置一弧形广场。首先，该弧形广场的弧度与大境门位置相背，当观赏者站于大境门门楣正前方的远处时，也恰巧位于弧度的中点，此时，两旁打开的弧线延伸至视线的远方，观赏者的视线会被引导至两侧的山脉。由此，游人的目光不再只停留于大境门的门楣以及后方因高度过高而较显突兀的高楼。另一方面，由于观赏者的视野被扩展，两侧耸立的山峦被框入景中，大境门后方三栋高层住宅突兀的效果也在较大的视野背景对比下被削弱（图 3）。

其次，基于人体视角的原理，将该弧形广场下沉一定的高度。对于人的视线来说，同一位置，当人的视点下降一定高度的时候，其所能看到的空间范围也会改变（图 4）。具体来说，在大境门前广场的同一位置处，当地面下沉，人的视点也随之降低，观赏者所能看到的城垣后方突显的高楼景象也就越少。当视点降低至一定的高度，观赏者会完全看不到城墙后的高楼。

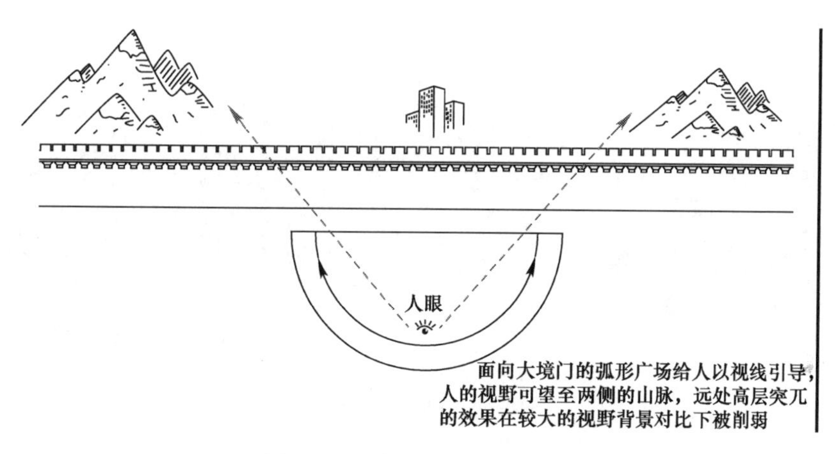


图 3　弧形广场对人的视线引导

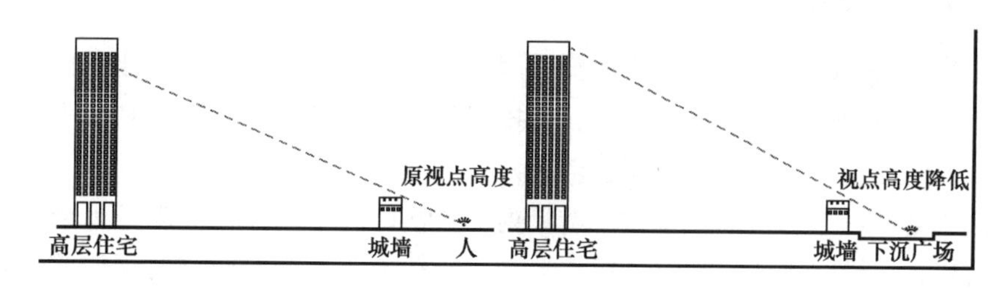


图 4　人的视点高度分析

## 2.2　巧借色彩视错觉

色彩是公共空间景观设计中的重要一环，当外界条件不利于场所或环境氛围的构建时，设计师往往会巧借视错觉的方法，通过对其环境色彩虚实、进退以及搭配的改变营造出一种别样的错觉效果[3]。更有甚者，可以利用色彩带给人的视错觉规避或减轻现有的不利因素。

该方案即从色彩视错觉的角度出发，考虑利用绿色植物的方法来调和新旧建筑之间的关系。置身于大境门正前方，可以清楚地看到现代钢筋混凝土在高层住宅中表现得淋漓尽致，但同时，这种时代的进步却与古老的历史文化遗迹不甚相符。为了减轻这种冲突，我们考虑采用植入绿色植物的方法对其进行化解。尽管这三栋高层住宅采用了与大境门颜色较为接近的深灰色，但由于体量庞大，反倒给人以压抑的感觉。因此，我们尝试对这三栋高层住宅的立面进行绿化改造，并尽量做到垂直绿化，使其与两侧绿色的山脉相呼应。

具体的做法为：在每一楼层外墙顶端的墙线处放置种植槽，里面放入生长基质，住户内可接一细小管道至种植槽作滴灌管道，种植槽内种植藤蔓等绿色植物（图5）。这种垂吊式的绿化方法不会影响墙面的质地且更加经济利于维护。在植物的选择上，由于地处北方且三栋需要绿化改造的高层墙面处于阴面，故在选择时需要考虑到植物的耐阴耐寒能力。中国地锦即是一种很好的选择，其生长旺盛，具有很强的生命力及适应性，且能露地过冬[4]。

除此之外，在窗户外围考虑引入格栅这一构件。竖向的格栅在一定程度上会改变建筑外立面的透明度，呈现出一种半通透的朦胧状态，降低了密集窗洞给人的视觉冲突，从而减轻三栋高层建筑带给人的压抑感。

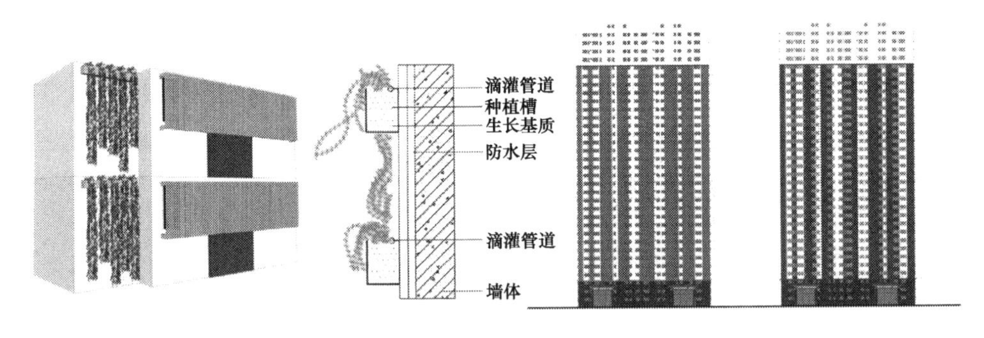


图5　墙面绿化做法及改造前后对比

## 2.3　运用光影视错觉

光线的照射是引起视错觉现象的重要原因之一，在公共景观中，设计师们通常采用特殊的材质及光源来创造新的景观形态[5]。当投影的位置及材质发生变化时，光的视觉效果也会不同，由此产生的空间视觉形态也随之发生改变。

针对这一特性，考虑运用光影投射或反射等方法解决当前存在的问题。经过思考和研究，初步设想在大境门城墙上部设一镜面装置，该镜面装置通过极细的钢架支撑，从远处看仿佛悬空于城墙上部。装置的上部是涂有铝或银的有机玻璃板，与镜面有着相似的反射效果。镜面呈弧线状，可以十分自然的映射天空的景象，同时在视觉上遮挡后方突兀的高楼。装置的下部则由极细的白色钢架及透明玻璃组成，在上部有机玻璃板的下方隐蔽位置处设有植物培养槽，可种植绿色植物用以弱化透过玻璃看到的高楼景象（图6）。

装置下部不采用镜面效果的原因在于，大境门广场以北的景象较为杂乱，包括拱桥、树木以及临街的多层住宅及店面等。若装置下部也具有同样的镜面效果，则映射的景象较为杂乱，与城墙古朴厚重的整体形象不相符。故在装置的上部利用镜面反射的效果截取有利的天空景象，使其与背景融为一体；在下部则尽量创造通透的视觉效果，用极细的钢架及玻璃尽可能地使装置消隐于视线当中。

同时，用绿色植物来虚化透过下部玻璃看到的远处高楼的景象。当观赏者驻足于广场前端向大境门望去时，看到的是有机玻璃板反射的天空景象与本来的天空融为一体，原来视线所看到的突起的高楼部分被绿色的植被所替代，这在一定程度上削弱了南侧的三栋高层住宅对大境门景观的视觉影响（图 7）。

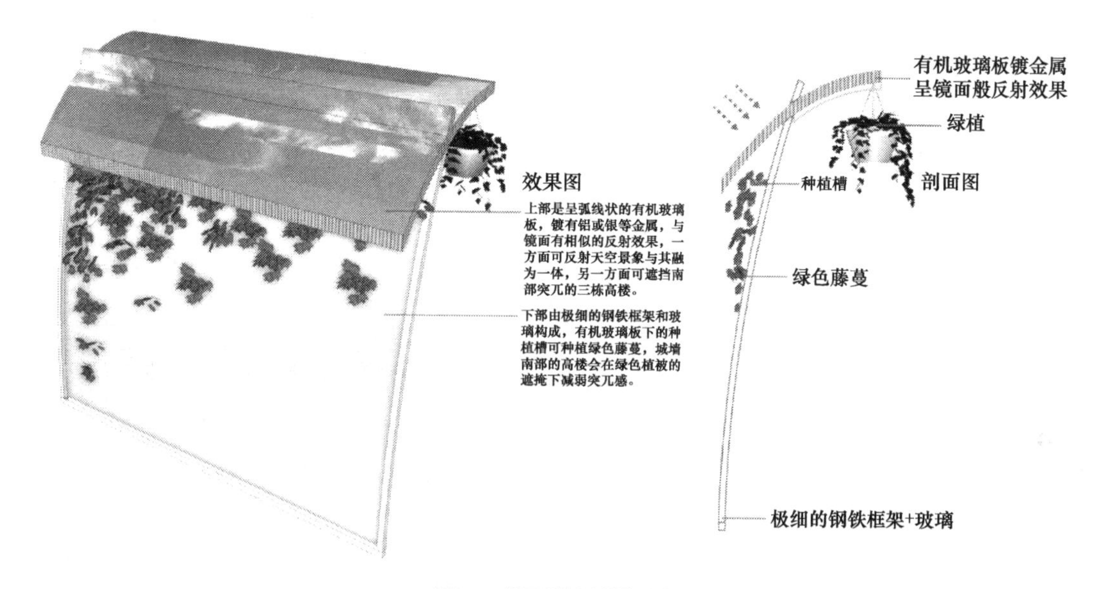


图 6　镜面装置设想图

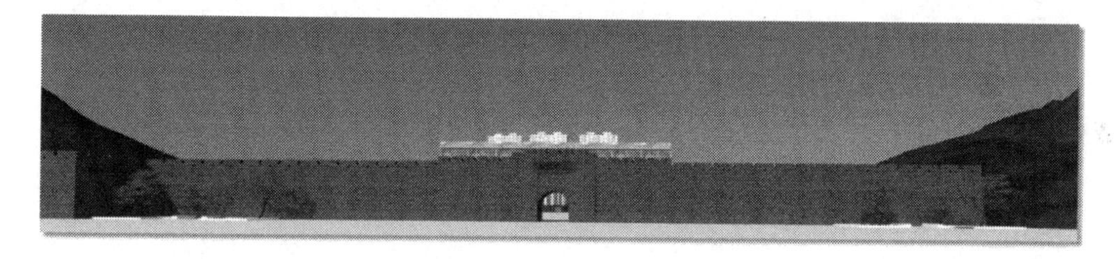

图 7　改造后景观视野

## 3　总结

随着现代城市的快速发展，越来越多的新兴建筑拔地而起，历史遗迹如何与现代建筑和谐共生已成为大家所关注的问题。时代发展的脚步不容停滞，然而如何减轻新生代建筑对历史文物遗迹的消极影响是我们所要解决的具体问题。本文以大境门景区及境门华府小区一期工程的三栋高层住宅为研究对象，采用视错觉的方法，就如何减轻该高层住宅对大境门景观视线的影响这一问题进行讨论，分别从空间、色彩、光影三个角度出发给出了不同的解决方案。但由于本人经验能力尚不足，仍未能很好地协调二者间的相互关系。

总体来说，城市的发展建设应尽量避免对历史文物遗迹产生消极的影响，若不可避免的产生了，也应采取相关的措施，尽量把对其产生的不利影响降至最低，这些都还需要我们从业人员和政府的共同努力。

## 参考文献


[1] 郝晨榕. 视错觉在公共空间景观设计中的应用研究 [D]. 大连：大连工业大学，2016.

[2] 陈慧中. 建筑中的视错觉艺术 [J]. 现代装饰，2011 (12)：132-134.

[3] 郭晓君. 视觉环境中建筑形体变形的矫正与应用 [J]. 福建建筑，2000 (02)：11-14.

[4] 柳金英. 北方城市垂直绿化的方法 [J]. 现代农业科技，2008 (02)：58-59.

[5] 房鹏. 视错觉在景观空间设计中的研究与运用 [D]. 武汉：武汉理工大学，2010.

# 基于场所精神构建的清水河老城文化景观带现状初探

张雪津
（河北建筑工程学院　建筑与艺术学院，河北省张家口市　075000）

**摘　要：**清水河是一条承载着张家口深厚历史文脉的河流，即将于2022年举办的国际冬奥会让张家口站上了世界的舞台。清水河及其滨河景观必然是外宾游客踏入张家口的主要可视点。本文选取清水河老城文化景观带作为研究对象，以城市设计中场所精神为理论指导，从定向解读与认同体验两个方面具体解析清水河两岸的居民是如何与场所发生精神上的交流，由此赋予其更多的生命力并达到人与场地相互依存、和谐共生的发展趋势。
**关键词：**场所精神；清水河；老城文化景观带

清水河是一条位于河北省张家口市境内的河流，属永定河水系洋河支流，河水由北向南穿城而下将整个市区分为东西两部分。过去清水河的上游没有控制性工程，导致水土流失十分严重，加之市区工业废水、污染物的排放，清水河整体生态环境状况十分糟糕。

现如今，在市政府与当地居民的共同努力下，清水河已然改头换面，成为集防洪排涝、景观蓄水、休闲娱乐功能为一体的城市标志性景观。首先，政府通过污水截流，建橡胶坝蓄水等治理河道，后又对从北至南近20座桥梁进行修整或重建，使其各具特色，这已然成为清水河上一道亮丽的风景线。再者，政府十分注重两岸的滨水景观设计，通过设置景观节点，绿地，广场，亲水平台，小品，修建地域文化长廊等展现独具特色的滨水景观文化。现清水河滨水景观带北起大境门南至明湖桥，总体分区规划为三部分，北部由大境门至解放桥为老城文化景观带，中部为解放桥至纬三桥为现代城市精品带，最后纬三桥至明湖桥为地域文化长廊景观带[1]。本文选取北部景观带，即主要体现老城区历史文脉的滨水景观带，探索在城市建设飞速发展的今天，人们如何通过与场所的交流唤回那些尘封着的美好记忆。

## 1　场所精神

“场所精神”是一个古罗马概念，它原本代表地方的守护神。在他们看来，守护神赋予任何一个独立的存在以生命，因而任何独立的事物都有自己的守护神，换句话说，独特而内在的精神区分了事物的不同，场所精神也就是人在场所中的守护神。罗马人认为，只有在他与环境间存在良好的身体与心灵上的契合时，他才能在环境中很好的生存下去。由此可以看出，场所精神与人类本体的身体与心智相关，投射于人们的日常生活中则表现为定向与认同。随着经济的发展与人类本身的不断进化，人在场所中定居下来的同时不仅置身于空间中也处于空间所赋予的特质中，我们将这两种精神称之为“方向感”与“认同感”[2]。由此可知，定向和认同是人们体验一个场所的方式。前者主要是空间性的，即人知道自己处于何种空间中，判断获得方向，从而获得安全感。后者则是指人知晓自己与空间的关系后，获得一种归属感，这种认同与文化有关，人通过在场所中认识与了解自己所处的生存文化，找到精神上的回归。

滨水区空间设计的关注点不应仅仅停留在注重滨水空间环境的稳定发展上，重视历史文脉的延续与继承，关注人与空间协调共生同样十分重要。在研究大清河老城文化景观带的时候，要综合分析其滨水空间的形态功能，以及历史文脉的传承如何与人的行为生活方式发生碰撞交流。要运用场所精神所注重的尊重外部环境客观因素，探究内在精神，最后通过合理取舍获得协调的方法探索两岸滨河景观如何得到尊重与保护，创造使人的身心感知达至最佳的空间效果。

## 2　基于场所精神构建的老城文化景观带解析

张家口地处内蒙古高原边缘地带，地形复杂，山峦起伏。主城区清水河穿城而过，河的两岸三面环山，北部，东部，西部均是群山环绕且山体绿化率较高，南部地势较为平坦，地形成南北狭长状分布[3]。总的来说，众多的山体与清水河构成了张家口山水格局的外部形态，这种山水之情致使当地居民对自己的居住地感情深厚。清水河老城文化景观带北起大境门，南至解放桥，大境门及其历史文化片区历史底蕴深厚，不仅彰显了军事历史风貌更凸显了长城特色以及清代以前的传统建筑文化。解放桥一带则是以张家口市展览馆为代表的老城商贸文娱片区，体现了张家口具有商贸特色的近代建筑文化。老城文化景观带的空间形态结构，人漫步其中所体会到的空间尺度以及到达的便利性都是影响场所精神形成的因素。独特的山水景观以及历史赋予的景观风貌都是当地居民对居住地产生依赖与归属感的重要基础。

### 2.1　定向解读

对老城文化景观带的定向解读主要从三个方面进行分析，即空间的形态结构、空间尺度以及可达性。

#### 2.1.1　空间形态结构

老城文化景观带处于清水河市区段内的北部，紧挨环山，西、北、东三个方向群山连成一片，清水河从东北方向流入市区。三面的山体形成一道天然的屏障将城市与外部环境区分开来，大境门于城市最北端傲然挺立，气势磅礴，似是宣告河水已流入张家口的地域。

三山夹一河，山水环绕，景致呼应，身处于此地的人们能够清晰地认识到自己所处的地理位置与空间形态。然而空间的形态结构远不止于山水，建筑也是景观空间重要的构成要素。身处大境门历史文化片区的建筑群多以低层建筑为主，注重对传统建筑中街道灰色空间的传承与利用，采用传统的坡屋面构成各种错落有致的空间[4]。对其片区的改造也遵循“修旧如故，以存其真”的理念，对有价值的老建筑进行保护与修复，尽量不破坏其原有的外形构造，没有保护价值的建筑，综合考虑其多方面因素，权衡利弊，进行改建或重修或置于它用。

整个大境门历史文化片区在满足当下基本功能需求的同时，更彰显了其独特的历史文化底蕴风貌。以展览馆为中心的老城区商贸文娱建筑也别具风味，在保留原有特色建筑形式的同时注重新时代背景下的规划整合，保留部分建筑群体，形成一定空间留作商业步行之用，传承历史文脉的同时融入了新时代的潮流。每当人们漫步于老城文化景观带，清水河杳杳流过，山脉静卧于此，历史文化片区似乎诉说着以往的传奇。种种空间的意向都让人们产生了对家乡浓烈的认同感与归属感，这些为场所精神的构建提供了最有利的条件。

### 2.1.2 空间尺度

大境门西侧的西太平山是面对清水河的主要山脉之一，山上风景如画，登上西太平山公园可以俯瞰饱览老城文化景观带的美景，其视线能够达到清水河滨水空间，看到大境门旁横亘于清水河上的通泰大桥。该桥气势磅礴，宏伟壮观，犹如一条纽带连接隔河对峙的东西太平山。在西太平山公园高处放眼望去，沿河景观带的美景尽收眼底且没有视线遮挡，这也充分体现了老城文化景观带山水格局尺度设置合理。

大清河市区段属于线性景观带且景观密度较高，河水由东北向流入市内。在大境门至解放桥这一段水流速度较快，河道较为平直，因而整个河面具有较高的视线通透性，视线范围也较远[5]。清水河流经大境门时，东西两岸均为山坡，且坡度不是太缓。西岸太平山下多是传统的四合院院落，缓坡上多低层民居，东岸则为东太平山，山上为重新修复后的城墙以及山体的绿化。在老城文化景观带下方接近展览馆处的人民公园景色也十分宜人，公园附近的维护设施早已拆除，公园整体面向公众开放，地势平坦景色宜人，形成了十分具有特色的人文景观，而在河流的东岸则多为轻工业及居民住宅区，坡度较缓，尺度时宜。

### 2.1.3 可达性

老城文化景观带北接孤石公园与北环路，南承市展览馆，沿河流域有人民公园、清雅园等主要景观节点。河流两岸多分布医院、高校、小学、居民区等，这些场所容纳的人流均可以方便快捷的到达沿河景观带，或是散步休闲，或是沐浴日光，沿河景观带已融入两岸居民生活的日常，居民到达区域空间的便捷性极高。沿河景观带不仅延续了城市的文脉，也以一种更加开放、人性化的方式为市民提供了一种独特的便于到达的城市空间，与此同时，清水河也在一定程度上调节了局部的微气候，使得片区空气更加湿润，有效地改善了张家口气候较干的缺点。

## 2.2 认同体验

人们在滨水景观区活动对场地产生认知体验的方式有三种，即知觉体验、情感体验与行动体验。

### 2.2.1 知觉体验

知觉体验是所有体验感知的基础，它具体包括触觉、嗅觉、视觉、听觉等，人们通过这种种的人体感知，确立自己心中对特定场所、特定事物的看法。

老城区滨水文化景观带首先带给人们的即是空间形态上的感知，清水河在此段具有较高的视觉通透性，河水的流向，背后的山峦，两岸参差不齐的建筑物以及沿河景观带均能一览无余，长此以往，特定场所所构筑的景象逐渐根植于人们心中。其次，通泰大桥、清水桥、解放桥三座桥梁各具特色，由北至南横卧于清水河上，以其标志性的景观姿态影响人们的感知。位于中下游的人民公园则是老城文化景观带的绿色点睛之笔，该公园巧妙地结合绿地、小品、植被、亲水平台、独具特色的地域性雕塑等从多方面刺激人们的感官体验，或是踏上花园内幽静的小路，或是听着鸟儿婉转的鸣叫，或是抬起头迎着来自水面的微风……各种景象刺激了人们的感知，也在人们心中构筑起对场所的认知。

### 2.2.2 情感体验

情感体验其实是人类所特有的一种感知方式，它或许并不理智，但却是人们内心真实情感的反映。

人们在游览滨水景观带时内心会随着所观所感逐渐形成一种情感认识，或是内心放松，由衷的冥想放空，或是触景生情，想起特殊的人和事物，再或者，因境生情，即穿插于其中的某些历史文化元素引发了自身的思考与回望。清水河三片区域规划均是追寻不同的主题，北部的老城历史文化区希望人们了解历史所蕴含的深厚的文化底蕴，引起人们情感的共鸣。中部则是现代城市精品带，着重打造张家口日新月异的精神面貌，南部的地域文化长廊景观带则希望为人们构建一个良好的滨水生态环境的同时展现张家口独具特色的本土风貌。穿插于老城文化景观带的大境门历史文化片区、老城区商贸文娱区都以其独特的时代特征提醒着人们回顾历史，唤回记忆，由此人们对场所产生深刻的认识与体会。

### 2.2.3 行动体验

行动体验多体现在公众对场所的参与性上，这种参与包括未建设前人们对其的建议与思考，也包括场所存在后人们对其的参与[6]。

当人们参与其中时，场所的内涵得以丰富，空间得以更加灵动，其环境氛围也更具活力。比如对于老城文化景观带中的人民公园来说，它本身紧邻河北省北方学院与北方学院附属第一医院，学生可以到此休闲散步、读书交流，孩子们在此玩耍嬉戏，老人们在此强身健体，对于医院的病人来说这也是个养病与放松身心的好去处。人们通过这种直接的方式表达对老城滨水文化景观带的认同，从而产生依赖感与归属感。

## 3 总结

张家口的山水格局随着历史的变迁在人们脑中留下了深深的烙印，清水河与周边山脉相辅相成，融入了当地的自然人文情怀，使得张家口拥有独特的城市风貌。对于中小城市来说，滨水空间往往都具有丰富的历史文化底蕴，当地居民对其的认知感与依赖感也十分强烈。然而在当下时代飞速发展的今天，工业化进程越来越明显，人们对于居住地的场所感逐渐减弱。本文以清水河北部老城文化景观带作为研究对象，从定向解读与认知体验两大方面具体解析清水河北部滨水景观带空间场所精神的形成。希望通过此分析找寻滨水空间场所精神的实质，更好地诠释城市滨河景观带如何在确保环境生态性的同时传承延续城市的历史文脉，使得滨水空间场所与人发生心灵上的共鸣，从而与之更好的共生。

### 参考文献

［1］ 胡晶明. 关于张家口市清水河滨河公园管护模式的探索［J］. 河北建筑工程学院学报，2016，01：64-67.

[2] 李冉冉. 基于场所精神构建的中小城镇滨水空间景观设计研究—以沂蒙县界湖镇为例 [D]. 济南：山东建筑大学，2016.
[3] 徐志强. 对张家口清水河两岸形象塑造的探析 [J]. 河北建筑工程学院学报，2008，02：70-71+73.
[4] 张锋. 张家口大清河滨河区景观设计研究 [D]. 保定：河北大学，2008.
[5] 董向平. 基于“山水城市”视域下的城市景观风貌规划研究 [D]. 保定：河北农业大学，2013.
[6] 李文红. 城市滨河绿地地形设计研究—以张家口市清水河滨河绿地为例 [D]. 保定：河北农业大学，2013.

# 城市生态住区规划设计策略研究
# ——以张家口市万嘉社区为例

白优，崔冬冬，于文重
（河北建筑工程学院　建筑与艺术学院，河北省张家口市　075000）

**摘　要：**住区是人们通过各种相生相克的关系建立起来的人类聚居地或社会、经济、自然的复合体。当下生态环境恶化绿色生态住区建设刻不容缓，本文针对目前张家口市住区的建设现状，结合绿色生态系统的建设内涵，提出了整体性、连续性和多元和谐的绿色生态住区规划构建应对策略，并从规划布局、住宅户型设计、建筑地形利用、原生态保护、生态技术的运用等几个方面提出了构建方法。

**关键词：**生态住区；规划设计；张家口市；万嘉社区

近几年我国进入快速发展的时期，城镇化步伐逐步加快，住宅需求量逐年增加。住宅作为我们日常生活的场所，在建设过程中消耗了大量的能源，在我国目前的状况下，能源消耗日渐增加，因此建设生态住区积极倡导节能减排、可持续发展是今后住宅建设的重点发展方向。现代化的生态住区规划建设是实现节能的关键和基础，同时随着经济的飞速发展和人民生活方式的转变，人们对于住宅的舒适程度的要求也日渐提高，主要体现在对其住所整体环境的要求上追求的是生态、节能等居住理念。因此现代化的生态住区建设刻不容缓。

在全球绿色生态发展的大背景下，生态住区建设日益受到广泛而强烈的关注。生态住区主要是指人工建筑环境及其所在的自然生态环境和社会经济环境之间相互作用、相互协调所产生的一个相对稳定的系统，是生物圈中能量和物质循环的一个功能单位，是自然环境与人文环境之间构成的一个整体，是可持续发展原则在人为环境及物质空间方面的具体化[1]。生态住区是最节能、最低碳的生活住区，也是最基本、最必要的生活环境。住区是人们每日生活的场所。基于此，本文拟从城市规划与设计的角度出发，探索生态住区规划设计的应对策略，以期在规划层面对居民低碳生活环境提供帮助。

## 1　生态住区解析

### 1.1　生态住区的“内涵”及发展现状

可持续发展作为生态住区的建设思想，意在寻求自然、建筑和人三者之间的和谐统一，即在“以人为本”的基础上，利用有限的自然资源和人工建造手段创造一个舒适、健康的生存环境，与此同时必须控制对自然资源的使用，实现向自然索取与回报之间的平衡[2]。生态住区的特点主要为舒适、健康、节能和美观。

"生态住区"概念的发展非常缓慢。一方面，西方发达国家人口少，集合住宅相对较少，因此对于住宅的生态化研究主要集中在独立小住宅上，并且，其解决手段大多放在新技术新材料的开发应用方面，因此常常投入较高，回报较少，开发面积数量少，无法真正实现生态住区的定位功能。另一方面，像我国这样的发展中国家，往往市场还不成熟，整体还是供小于求的状况，又在一定程度上受发达国家"高技术"趋向的影响和开发上的炒作，"生态住区"的真正内涵难以涉及。

随着经济技术的发展，我国居民对环境的要求越来越高。特别是住房商品化以来，各大中小城市中住宅建设一直都是房地产开发的重点，随着住宅市场的发育完善，居民购房理念由最早的讲究户型的实用性转变成为追求住宅美观合理性[3]。如今，从空间角度讲，大多数的住宅户型平面已经比较成熟，住区也注重了风格和美观。简言之，从住宅个体要素来看，中国住宅市场已经发展到了趋于稳定的高水平，而各种环保建材和节能技术也作为开发概念屡见不鲜。无论是有眼光的投资者还是购房者，正把眼光从住宅单体上扩展到整个住区的规划和设计上来，"生态"概念与住区规划的系统整合，将是建筑界与地产界的第三个发展焦点。然而，尽管"生态住区"理论上在我国应有美好的发展前景，但在具体的规划设计中，还存在以下两个突出的问题。首先，对生态住区概念的理解上有误区，当前地产界和许多设计人员推崇的生态理念主要是社区的绿化、园林小品以及物业管理等浅层次上的问题。事实上，"生态"不仅仅指室外住区环境的可见绿色，也不是仅靠多绿化就能解决的，它是需要用系统化的思想解决住区规划、住宅声光热等多种技术整合后的结果。另外，把生态理解为节能、高技术、高成本等也是非常普遍的情况。

## 1.2 张家口生态住区建设现存问题研究

### 1.2.1 注重局部性，轻视整体性

在建设生态住宅小区时，部分开发商为了追求一时的利益，会缩短工期，会只顾建设生态型的外部环境，以人工景观代替生态景观。造成居住区的景观过于突出表现生态性，而对居住区内部生态系统的合理性和全面规划缺少考虑，即忽视居住区内自然生态系统的客观实际情况。例如：开发商以人造水景和人造绿地作为生态自然景观吸引消费者。人造水景虽然可改善居住区的环境，但是人造水景过于表面化，不能真正发挥水景的生态作用。部分开发商为了打造美丽的平面构图，采用各种图案装饰绿地，这种做法未考虑地形特点，忽视了绿化环境的立体要求，没有发挥"物"的造景作用，以至于绿地设计不符合居民的心理感受。

### 1.2.2 不够舒适，经济性较差

部分开发商为了追求居住区的生态型特点，不够重视自身居住区项目的特点，盲目的利用生态工程技术。这种做法不仅不能达到建设生态型居住区的目的，结果可能适得其反，破坏居住区的生态。也有开发商为追求新奇的居住环境，盲目引进不适合张家口地区生存的植物，如：直接移植珍贵树种，达到立竿见影的效果。这些方式不仅违反建设生态型居住区的要求，更导致居住区建设成本过高，且增加许多不必要投入，造成资源浪费。

### 1.2.3 生态住区环境设计单一

自从建设生态住区以来，张家口地区大力推进生态住区建设，但是存在盲目模仿情况，生态住区缺乏地域特色与地区生态系统不符。不同城市具有不同的地域精神，但是不少生态住区环境规划过程中盲目模仿，完全丧失城市的地域精神，缺乏个性鲜明的生态住区。

## 1.3 张家口生态住区建设存在的问题分析

张家口生态住区建设现状堪忧，主要在以下三大阶段存在问题：

首先是规划设计阶段，设计师对生态住区问题的关注严重不足，一方面没有处理好建筑与场地的衔接与协调；另一方面对住区内部景观环境的设计不足，没有设置必要的环境设施，未考虑人们对于生活环境的舒适性和人们停留、休憩、交往等的需求。

其次，开发建设阶段，开发商在经济利益的驱使下，往往只注重住宅、绿化景观等的“面子”工程，忽视住区内部空间品质的提高，缺少对居民日常生活空间需求的人文关怀[4]。在住区景观方面以人工景观代替自然景观来塑造景观效果，不考虑地区的独特性用较高的费用移植外地的植物打造该地区的景观，在停车场、户外座椅、道路铺装、环境设施等方面投入不足，建设质量不高。

最后，交房使用阶段智能化管理措施不足，物业服务单位卫生保洁不及时，维护维修管理滞后，绿化维护不到位，住宅建筑后期保养缺乏等都是导致生态住区出现诸多问题的原因。

# 2 万嘉社区生态住区规划应对策略构建

## 2.1 万嘉社区生态住区规划应对构建原则

本文以张家口万嘉社区作为研究对象从规划用地、建筑设计造型、运营到物业管理等方面在开发与建设中，以生态设计原则为指导，遵循“生态美学”“以人为本”的创新意识，协调人、自然、建筑和社会生态环境的审美关系，以绿色经济为基石、绿色技术做支撑，绿色环境为标志，从而体现住区人性化、自然化和生态化设计理念，并以“人性化”为出发点进行管理[5]。

（1）整体性与共生原则

万嘉社区景观设计整体性原则就是协调人与自然、人与环境、人与人的关系，达到人与自然的和谐共处、共生共荣。

（2）经济与高效原则

用最少的投入来实现利益的最大化，有效地利用有限的土地资源来实现生态住区的构建，特别重视资源与环境能源的有效循环利用。最大限度地减少建设过程中能源的流失。

（3）循环与再生原则

生态系统的调节和恢复能力取决于生态系统组成成分的多样性，以及能量流动和物质循环的复杂性。万嘉社区的景观建设中，应利用生态系统的循环与再生功能，构建住区的景观绿地环境，如养分和水分的循环利用，避免对不可再生资源的使用，景观材料选择可重复利用或可迅速再生的材料。

（4）多样性原则

景观多样性：利用住区内部现有条件，运用各种处理手法，营造出景观层次丰富的特色空间形态，形成多样的景观环境。

系统多样性：在考虑物种多样性的基础上，合理选择植物种类，避免物种之间的竞争，形成结构合理、功能健全、种群丰富的多样性生态系统，共同促进居住区生态环境的良性循环、健康发展。

物种多样性：运用群落式种植方法，构成立体结构植物群落，并建立绿色生态植物群落，以保证生态进程的连续性、物种多样性和稳定性。

（5）“以人为本”原则

万嘉社区生态建设必须建立以人为本的设计原则，改善居民的生活质量和提高生活水平，为居民提供更舒适、更理想的居住场所。

## 2.2 万嘉社区生态建设规划应对构建方法

（1）规划布局

“生态住区”应该体现对人的关怀和对环境的尊重，人的健康舒适感还应该在心理上有充足的认知。国外的设计师在规划时注重住区的空间形态的演变，讲究高层和多层的建筑配比，特别是人身临其境的感受。人们在其中感到空间丰富、尺度宜人、环境设计的空间美感。在公认的一些优秀的住区中，都会运用特定朝向的围合和曲线。

万嘉社区应该注重地下、半地下空间的合理利用，这样可以减少建筑占用的地面面积，使空出的地面空间建设合理的公共服务场地和绿化空间，从而达到节约用地和改善室外空间环境的目的。针对万嘉社区的现状，地下空间的利用方式主要有以下几种：①新建住区结合多高层建筑的基础，开辟地下、半地下空间，可将地下空间与上部住宅主体统一设计施工，空间上常用作上部住宅主体功能相对应的停车场等；②利用住区集中绿地地面以下开发部分地下空间，如建设大型停车场、商场、文化娱乐空间等；③结合人工山水园林造景而设置地下、半地下空间，结合景观园林的造景，采用半掩土建筑形式，具有简化施工、降低造价的优点[6]。

（2）合理利用建筑地形

场地地形较为复杂，生态社区规划就需要善于合理利用地形。在地面标高相差较大、地形相对复杂的地块，依照“随高就低、随坡就势”基本原则，或者采用“大保留，小改造”，利用地形特征合理设计[7~8]。万嘉社区要充分体现节地、节能和保护生态的原则，将原有生态要素引入小区，形成高低错落、优美、特有的自然生态面貌。

（3）保护原生态环境

自然界中有各种各样的生物和物种，自然界也是由各种食物构成的生态金字塔。塔底是能够孕育万物的土壤，而人类就是塔顶最上的生物。原先的生态系统是经过成千成万年形成的，在系统内能够完成物质的循环以及能量的转换。因此，场地原生态表土的保护十分重要。目前城市开发建设对于原有土壤破坏较为严重，致使生态环境受到大肆破坏。因此，在建设万嘉生态住区时应该合理保护利用原有土质，这也是建设生态型居住区的一个基础。在设计过程中应当就地取材，充分采取障景、引景等方法保护原有的生态景观，避免原有生态水土流失。

(4) 建筑形式具有多样性

以往的住区建筑排布形式单一，以“排排楼”为主要的布局形式，对于万嘉社区内新建住区在建设时应该考虑住宅设计错落有序。无论是建筑排布、建筑立面还是屋顶、山墙、阳台等住宅的各个细节，通过细致推敲，创造多姿多彩的空间形象。利用多样化的建筑形式，以生态为基本原则，突出特色。

(5) 设计手法既追求统一又要求变化

对于生态住区的设计在空间组织上的考虑，通常采用不同层数、平面点相结合。对住宅前后关系，多采用前后错落等多种布局手法，在统一中产生差异。让住宅在保持基色调的同时亦产生变化。对万嘉社区内每个建筑都精心设计，构建优美、和谐居住环境。

(6) 生态技术的运用

万嘉社区现有基础设施较为落后，对于生态技术的利用不足，在建设生态住区的过程中应该合理利用太阳能、地热、风能、生物能等自然资源，如太阳能利用、自然的采光、通风、降湿等，从而达到节能的目的。

① 风的利用

设计中应当考虑创造利于热压和风压通风的条件，尽量满足住区内建筑的自然通风。张家口地区风能资源优越，建设生态住区过程中风能应用技术主要为小型风能电能转换技术，风力发电是一种重要的利用方式。

② 合理开发太阳能

太阳能的充分利用是未来住宅能源的利用方式，对于万嘉社区而言建设过程中其应用包括两大方面：1）太阳热能应用系统，即用太阳辐射热加热水，以供给建筑生活热水、采暖及制冷；2）太阳能光电（PV）系统，将太阳辐射直接转换为电能，为建筑的供暖、空调、照明等功能要求提供清洁的能源。

③ 节水与水循环

居住室内水具的使用尽量选择低用水量的部件或设备（如节水型的龙头、喷头和抽水马桶），甚至尝试使用无水型小便器和无水型马桶。社区内部道路铺装将硬质不透水铺装改为植草砖等透水或半透水铺装，以便于水可以渗入地下，保持城市的水体循环。

## 3 结语

总而言之，生态住区的构建是一项长期而又艰巨的任务，需要在实际中融入生态建设的理念，从技术上寻求突破，并转变思想意识，树立真正的生态观，将生态理念真正贯彻至生态型居住区环境规划中，才能打造多层次、全方位的生态型居住区，建设人与自然和谐发展的美好未来。

**参考文献**

[1] 周兵. 绿色生态住区 [D]. 北京：首都经济贸易大学，2002.

［2］ 刘理勇．可持续城市住区环境生态设计研究［D］．长沙：湖南大学，2007.
［3］ 李荻．城市生态住区规划设计分析［J］．建材与装饰，2016（33）.
［4］ 李春聚，姜乖妮，刘晓倩．以低碳出行为导向的住区绿色步行系统构建研究［J］．现代城市研究，2017（06）：121.
［5］ 景星蓉，张健．论绿色生态住宅小区［J］．工业建筑，2003，33（5）：24.
［6］ 黄光宇，陈勇．生态城市理论与规划设计方法［M］．北京：科学出版社，2002.
［7］ 周曦，李湛东．生态设计新论——对生态设计的反思和再认识［M］．南京：东南大学出版社，2003.
［8］ 布莱恩．爱德华兹．可持续性建筑［M］．北京：中国建筑工业出版社，2003.

# 社区农业视角下住区交往空间优化设计策略研究

崔冬冬，于文重，白优

（河北建筑工程学院　建筑与艺术学院，河北省张家口市　075000）

**摘　要：**住区是交往活动发生的主要场所，居民的交往活动不仅是自身的心理需求，同时也对社会的稳定和发展产生极大的影响。通过分析案例住区农业现状和存在的问题，从种植效果、空间层次、相关配套设施三个方面探索邻里交往空间优化设计，增进居民对住区的归属感、认同感和参与感，实现住区生活的温馨和谐。

**关键词：**社区农业；交往空间；优化设计

## 1　引言

高速城镇化是中国改革开放以来最为显著的社会发展现象，2011 年中国的城镇化率已经突破 50%，2016 年底城镇化率达到 57.4%，预计 2020 年达到 60%。每年大约有 2000 万乡村人口转变为城镇居民，城镇化的过程伴随着大量的人口迁移和职业转变，新的城镇居民离开故土到陌生的城市环境中生活，急需熟悉居住空间和重构邻里关系，因此通过住区交往空间的规划设计增进居民对社区的认同感和归属感变得尤为重要，本文拟从住区农业的视角出发探究公共交往空间的优化设计。

## 2　社区农业和交往空间

城市农业又称都市农业，国际组织农业科学技术委员会（Council for Agricultural Science and Technology，CAST）将其定义为在城市内部进行的农业活动，既包括生产、加工、销售和消费得益，也包括为城市及社会提供娱乐和休闲、社区及个人的健康和福利、环境恢复、景观美化与整治等效益[1]。住区农业是城市农业的重要组成部分，通常是居民在住区内部空间自发性进行的行为，直接服务于住区居民需求的特殊农业活动。交往是人类最基本的活动，是必不可少的心理、生理、行为等方面的需求，是由于共同活动的需要而在人们之间所产生的那种建立和发展相互接触的复杂和多方面的过程[2]。交往空间是交往行为发生的空间，任何能使居民聚集、驻留、进而能从事一定交往活动的场所都可视为交往空间[3]。

住区农业本身就是居民的一项户外活动并能够促进居民之间的交流与沟通，因此住区农业发生的空间也是住区交往空间的组成部分，也是当前我国经济社会发展和城镇化建设

基金项目：河北建筑工程学院研究生创新基金项目（编号：XB201856）。

的新命题。住区农业既满足了社区居民对食品安全、应对物价上涨和社区健康的要求，也体现了居民的乡愁乡土情怀与田园情怀以及对往昔田园生活的向往。

# 3 案例分析

## 3.1 张家口移动九号院概况

移动九号院位于张家口市桥东区建国路中段，由两栋六层住宅楼构成居住组团，用地规模约为0.5公顷，居住总户数为77户。对该住区进行实地踏勘并与部分居民进行深度访谈，总结概括出移动九号院三个特征：

(1) 人口构成，电信局职工住户为58户，占比约为75%，其他住户为19户，占比约为25%，其中超过半数的住户已经在此居住30年，是典型的“单位小社会”住区模式；居民中60岁以上老人占比约为53%，且曾经从事农业活动的老人超过50%。

(2) 空间格局，移动九号院由两栋间距32m的南北向六层住宅楼围合成半开放的院落空间，院子中央原为面积约为1600m$^2$的中心公共绿地（图1）。

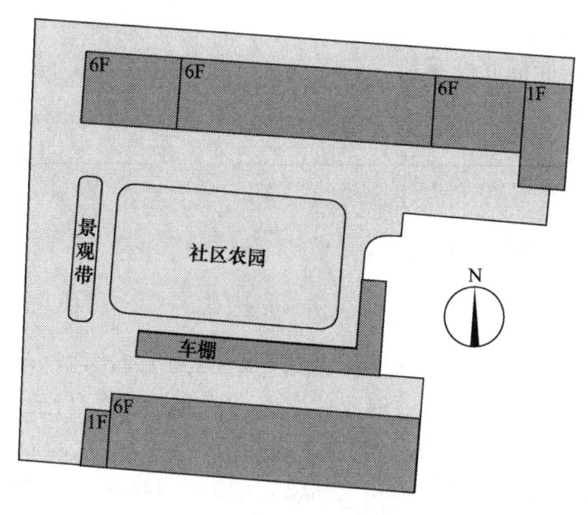


图1 移动九号院空间格局示意图（作者自绘）

(3) 植物种类，移动九号院社区农园中的植物种类丰富，蔬菜包括茄子、西红柿、辣椒、牛角瓜等23种，果树有海棠、桃子等10种，花卉有月季、菊花等6种。

## 3.2 社区农业的不足

### 3.2.1 空间舒适度季节差异明显

在实地调研的过程中笔者发现，住区农园夏季枝繁叶茂、硕果累累并且有降温祛暑的效果，能够在茶余饭后吸引居民在空间中活动，实现生产性、观赏性和舒适性的平衡（图2)。而在冬季随着农业植物的凋零，社区农园呈现出近乎完全裸土的状态，十分空旷荒凉，由于人们交往时的“中心恐惧心理”，在空旷的公共空间中，居民会感到不适从而不愿逗留（图3)，因此冬季农园的舒适度较差，无论是景观效果还是舒适性都与夏季形成鲜明的对比。

图2　夏季住区农园实景（作者自摄）　　图3　冬季住区农园实景（作者自摄）

#### 3.2.2　空间层次感不清晰

移动九号院的社区农园是由住区中心绿地改造而来，由居民负责管理，产出成果居民共享，空间属于住区全体居民。而在其他住区存在居民将公共空间进行围挡改造为私有空间的现象，阻隔居住外部空间的连贯性，其他居民无法进入空间活动。此外空间布局凌乱，缺少公共活动空间，同时空间私密程度缺乏层次，无法满足多样的日常交往活动。

#### 3.2.3　相关配套设施缺乏

社区农园的主要功能为农业种植，其中只有少数种植者摆放的临时座椅和搭建的临时雨棚，缺乏座椅、凉亭、健身器材、儿童娱乐设施等相关的配套设施，居民在其中不会长时间停留，无法成为交往活动的主要发生地，此外农园中没有照明设施，增加夜间交往活动的安全隐患，同时也影响夜间交往活动的发生。

### 3.3　社区农业交往空间的积极影响

#### 3.3.1　增加交往元素

现今社会生活节奏过快，上班族往往承受着较大的压力，往往带着疲惫的身躯和沉重的心情回到家中，绿色植物可以有效地改善心情，特别是看着自己种植的作物发芽结果可以增加信心传播正能量，从而缓解工作压力降低抑郁风险。社区农业还可以丰富老年生活，为退休的老年人找回社会存在感和认同感，增加老年人的生活趣味。

城市孩子对农业种植的认知越来越少，对植物的生长和发育过程也不了解，社区农业可以让儿童近距离接触植物种植的全过程，还可以参与其中，既提高了儿童对植物种类和发育生长过程的认知，也丰富儿童的童年时光。

住区农业能够使各年龄层次的居民参与农业种植活动，增加了人与人和人与植物的交往时间和频率，丰富交往元素的类型，使居民在农业活动过程中获得对居住环境的参与感和归属感。

#### 3.3.2　促进邻里交往

由于单元的分割和室外公共交往空间的缺失，住区居民之间的交流和沟通越来越少，住区农业行为形成的农业种植交往空间可以有效缓解这种状况，不仅增加住区交往空间的种类和数量，而且种植期间居民之间可以相互学习种植经验，交流种植心得，种植成果互相交换，有效促进邻里关系和睦。

住区农业能够使居民个人参与社区活动的实践变为自觉的理性行为，从而主动承担作为社区居民的权利和义务，这样，社区才有可能真正成为人的精神家园[4]。邻里关系是住区安定和谐最主要的因素，和睦的邻里关系可有效保障社区农园的形成和发展，合理的分工可以让更多的居民参与进来，促进邻里交往增进情感，成果共享可以让住区内的每一个居民感受社区农园带来的快乐。

## 4 住区户外交往空间优化设计策略

一个有助于邻里交往的居住建筑的组织布置形式，应有适宜的规模，一般以 4～8 幢多层住宅，组织围合成一个邻里院落，户数 50 户左右为宜[5]；并在邻里院落内，结合精致的铺地、花架、座椅、绿化布置，以提供邻里居民休闲和游戏场地，使邻里之间既有交往的可能，又有交往的场所。移动九号院在规模和空间布局上都满足邻里交往达成的基本条件，通过对户外交往空间的优化设计进一步提高邻里交往的频率和质量，增进居民对住区的归属感和认同感。

### 4.1 社区农园种植效果优化

社区农园种植效果的优劣能够有效地促进或抑制邻里间交往行为的发生。植物类型的选择既要考虑张家口的气候特征和水文条件，还要考虑不同季节观赏效果和产生效益，根据季节变化调整农业种植结构和植物种类，添加常绿农业植物以保证不同季节空间的舒适程度。不同种类的农业植物会吸收空气中不同种类的有害气体，多样性的植物种类相互补充可以吸收更多的有害气体，提高住区的空气质量等级；还会释放出更多的负氧离子，增加空气中的负氧离子数量，从而间接提高住区居民的身体健康水平和居住环境舒适度。通过果树和蔬菜的搭配种植形成复杂多样的植物结构，提升社区农园的景观层次感，富有层次的绿化空间在增加环境美感的同时有效地促进了邻里之间的交流[6]。

### 4.2 交往空间层次优化

住区绿色空间的布局不应作为独立的功能区，应与住区农业种植和公共交往空间有机结合，充分实现功能混合提高住区土地利用效率，达到空间布局上的协调一致。在住区公共绿地（块状用地）和房前屋后（线状用地）、山墙两侧（点状用地）的消极空间可适度种植瓜果、蔬菜、景观花卉和适宜的经济作物，并保持住区农业种植和景观绿地的合理比例（图 4），可实现住区资源的循环利用，从而将住区绿色空间赋予住区农业的生态经济功能，实现住区农业与住区绿色交往空间的有机契合，使其真正成为生态功能与经济功能有机结合的生态经济功能区[7]。

另外交往空间应有较为清晰的层次区分，公共、半公共、半私密依次递进，居民比较容易对方便利用、没有干扰的空间产生归属感。有归属感的空间会吸引居民久留，增加了与其他居民发生交往活动的可能性，人们开始更多地关注所在空间的环境，因此参与其中活动的可能性就更大。

适当地增加住区农园内部道路的曲折，不仅体现空间的变化，而且可以使步行的居民在行走过程中不断变化视角，享受丰富的农园视觉体验，增加了道路空间的趣味性。其次恰当设置道路节点，园内道路的环境不仅要考虑适合居民的行走，还应考虑居民的驻足、休息和交谈等活动的需要，因此对道路空间的要求就更高。在道路这一线性空间上串联一些静态的“点”空间，有利于吸引人在此驻足，变换行走的节奏，从而促成小憩、交谈、游戏等活动的发生，形成具有活力的住区农业活动空间。

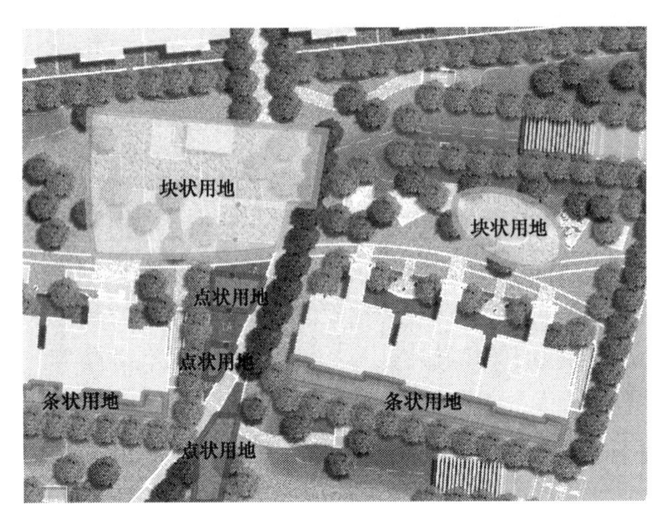


图4 住区农业用地布局示意图（作者改绘）

### 4.3 完善相关配套设施

户外邻里空间中的配套设施包括座椅、灯具、垃圾箱、报栏、凉亭等，它们的设计对于增进邻里的交往也起着重要的作用。

（1）座椅、凉亭是居民停留交往的重要工具，也是交往空间中最需要的基本服务设施，座椅和凉亭的数量需要根据住区人口数量来确定，同时需要满足人体工程学的基本要求，另外摆放位置需要满足人们休息和交流的要求。如果座椅背靠背布置或者座椅之间的距离过大则会有碍于居民之间交流的发生，相反将座椅围绕桌子布局，就会有助于居民之间的攀谈[8]。在园内小路旁应将座椅适当凹入绿化增加私密性，营造半开放空间，以满足不同私密程度的交流。凉亭适合小规模群体交往活动的发生，同时为不同天气情况下的交往提供了条件，凉亭的位置应选择在园路的交汇点以满足通达性。

（2）照明灯光的设置是夜间交往的重要条件，可以增加夜间交往活动的安全性，其灯光强度应满足正常视觉需求，不能因太暗和太强影响交往活动的发生，同时其摆放位置应该与周边植物和建筑协调摆放，满足农园内部照明需求的同时避免影响住区其他住户休息。

（3）垃圾箱、报栏作为住区户外交往空间的辅助设施对于交往的发生具有一定的促进作用，垃圾箱可以提高环境的整洁程度，间接提高环境的舒适度，可置于凉亭和座椅旁；报栏在传播信息的同时也促进居民短时间交流的发生，可置于社区农园的入口处。

## 5 结语

居民与居民的交往是住区活动的基本方式之一，是居民不可或缺的一种生活需要，各种性质和形式的交往使社区融为一个整体，社区农业让交往的形式更趋多元化使居民主动参与到住区活动中来。针对移动九号院出现的相关不足对住区交往空间进行优化设计，优化空间层次的同时营造动态静态相结合的农业活动空间，丰富植物种类和层次感以解决舒适度差异明显问题，完善交往空间相关配套设施增加发生交往活动的可能性，满足了新时期我国居民对住区物质环境和精神文化的需求，同时增加了居民对住区的归属感、认同感和参与感，从而达到有效促进邻里交往的目的。

## 参考文献


[1] BUTLER L M, MARONEK D M. Urban and Agricultural Communities: Opportunities for Common Ground [R]. Ames , Iowa: Council for Agricultural Science and Technology, 2002.

[2] 王晓东. 日常交往与非日常交往 [M]. 北京：人民出版社，2005：98-105.

[3] 李春聚，姜乖妮，李磊. 住区户外交往行为及其空间优化设计研究 [J]. 安徽农业科学，2014，42 (36)：12985-12987.

[4] 孙璐. 我国城市社区情感建设的可能性及路径——基于社群主义视角的分析 [J]. 城市问题，2013 (02)：59-62+67.

[5] 许建和，严钧，梁智尧. 住区邻里交往问题分析及对策 [J]. 华中建筑，2008，26 (11)：131-135.

[6] 杨田. 居住区户外交往空间与邻里关系的思考 [J]. 南京艺术学院学报（美术与设计版），2010 (02)：145-149+182.

[7] 田洁，刘晓虹，贾进，等. 都市农业与城市绿色空间的有机契合——城乡空间统筹的规划探索 [J]. 城市规划，2006，30 (10)：33-35，73.

[8] 张程. 浅析居住区邻里交往空间设计的要点 [J]. 山西建筑，2006 (09)：20-22.

# 浅谈城市缓释空间的交往与抚慰作用

桂佳宁，贾雅楠，任祺卉
（河北建筑工程学院　建筑与艺术学院，河北省张家口市　075000）

**摘　要**：快速、高效已经成为当代城市人生活与工作的关键词，中国城市的快速发展也使人们的居住和生活环境发生了巨大的变化，高密度城市越来越普遍地出现，当前人们饱受精神压力，缺少与周围事物的触感交往，本文以城市缓释空间中的城市广场、城市公园、邻里公园为例，介绍人与人、人与植物、人与动物之间的特殊交往形式，以及这些交往对人们所带来的抚慰作用。

**关键词**：城市缓释空间；交往；抚慰

## 1　研究背景

### 1.1　社会现状

在网络发达的时代，人们习惯通过网络建立朋友关系，而不是人和人之间的亲密接触，在虚拟世界里可以轻松掩饰或改变自己的真实身份伪装成另一个人，本身真正的孤独却将成为“社会瘟疫”，从而导致城市孤独症的出现和扩散。

### 1.2　交往的必要性

当代人们生活在一个快节奏的、信息化、快速交通不断发展的时代，林立的高楼和遍布的汽车，人们依靠高科技新技术解决了很多的难题和麻烦，无形中却使人与人之间的关系愈发冷漠。情感交流是人的本性，是与生俱来的，从古代的群居生活开始，人们通过沟通与交往来传递情感、获取信息、增进感情，从而获得人与人直接的信任与帮助。情感交流不仅限于人与人之间，还包括人与动物、植物之间，这都是人类的情感追求。

## 2　城市缓释空间

### 2.1　城市缓释空间是什么

熙熙攘攘的城市之中可以使人感到心情放松、暂时释放压力和忘记焦虑的场所，即可以让一个人的精神紧张感得到缓慢释放的城市休闲空间称之为城市缓释空间，比如室内有商场休闲区、饭店大厅，室外有公园、广场、街角绿地、邻里公园等。

## 2.2 城市缓释空间的三种类型

### 2.2.1 公园

随着城市与自然的对立和割裂导致人们越来越远离蓝天绿树小河潺潺夕阳相伴的日子，而与自然和谐相处却有利于保持心灵的恬静。

城市公园是一个城市中最具自然特性的场所，常常有大量的绿化、多功能的活动空间、多样的活动设施[1]。公园里丰富的树木花草为公园小空间提供了相对高楼集中的空间里更多的氧气，使人的呼吸更舒适，进一步平复心情[2]。公园里大多都有平静的湖面与流动的小河，湖面的开阔可以使埋头工作的人或者因一件小事钻牛角尖的人看到大自然的豁达，看到郁闷源头的微不足道；流动跳跃的小河则带给人更多的动感，比如石家庄的水上公园里有条小河，浅浅的水流，一级一级逐渐降低的台阶给了人们与水互动的机会，伸手使水流过手指，感受功利、勾心斗角、机械感之外的灵动与生活的美好，还有张家口市民公园里的小湖，宽阔的湖面让人心旷神怡（图 1）。

图 1　张家口市民公园

### 2.2.2 广场

广场是最古老的城市外部空间形式之一（图 2），广场的特点是“集中”，是人群的聚集地[3]。J·B·杰克逊认为“广场是吸引人们聚集的城市场所空间”，意大利建筑师阿尔道·罗西指出：“每一个广场都是一个具有三维及时空特性的空间，是一种物质和社会现象”。

广场为穿梭于高楼大厦中的人们提供了一个享受自然和社会交往生活的聚集场所，有利于促进人们的交往，丰富城市的文化生活。广场是一个人群聚集的地方，符合现代人所需求的交往性、娱乐性、参与性、文化性、宽松性、多样性。当代广场赋予了广场更多的特点，除了人群聚集地，还包含了功能多样性、景观多样性、活动多样性。对于面对机械的工作和苛刻条例的城市人，广场成为他们越来越容易到达和期待的休闲和放松空间。

### 2.2.3 邻里公园

邻里公园是指居民用地范围内为居民提供休闲娱乐活动的集中绿地。在传统小区中严重缺乏此类场所的建设，使大量的社区居民缺少娱乐活动和交往活动的场所。现代邻里公园是打破小区藩篱的空间催化剂，点状的绿地空间赋予了社区公园更多的功能，使忙碌的居民出门就能见“绿”，有利于促进邻里间的沟通与交往，增进邻里感情，满足居民的精神需求（图 3）。

图 2　玛利亚广场

图 3　碧桂园邻里公园

大多数邻里公园配备健身器材，便捷的可达性和近距离性为快节奏的生活提供了锻炼的空间和时间，从而通过消耗体力和排汗的方式增强人的身心健康、缓解工作失意、释放焦虑的精神压力。邻里公园中的亭、廊和座椅等公共设施，为人们提供了休息、观赏和交流的场所。公园中的文化景观，如雕塑和景观文化墙，都可以增强一个场所的归属感和识别性，从而增强居民对这个社区、甚至整座城市的归属感。

## 3　三种不同的交往方式

在当今工业化时代、高智能时代，人们切身感受大自然的气息、感受动植物的温情已是一种小小的奢望。在不断完善的城市功能与城市空间构建中，反而在公园、广场、邻里公园中一些窄小的街道小巧的空间，人与人之间的交往与沟通增加了人们之间的肢体接触和心灵的碰撞，使活动中的人感受到城市的温馨、亲切。城市缓释空间中不同区域功能的划分和公共设施为人们提供了不同类型的交往形式。

### 3.1　人与人

在城市缓释空间中常常有大量的人活动，这就为人们的交往与沟通提供了良好的前提条件。

广场作为人群聚集地，常常布有多种构筑物，这些构筑物也在无形中对人们的交往产生了积极影响。例如布拉格老城广场，它位于布拉格老城的中心区，是整个城市的核心地带。其中有一座巨大的雕像立于广场中心，因此起到了很好的聚集作用[4]。雕像为交往的人群提供了很好的背景，同时高大的雕像满足了人们后防意识的需求，使人们可以放心地背靠雕像进行交往、闲谈、晒太阳，在增加人们相遇和倾听他人的机会上，同时还可以观察到广场其他地方发生的活动。有调查显示，“闲聊”是缓解城市孤独症的重要途径之一。现代社会的人获取信息的方式多种多样，每天获取的信息量也十分庞大，无论通过微博、公众号还是网页，这些都是信息的单向获得，作为孤独的城市人同样需要信息的输出和感情的倾诉。广场恰巧提供了很好的交往场所，两人茶桌、四五人的长椅、随意停留的大草坪，给城市人提供了私密性或开敞性的活动空间，满足不同人的需求。下班后几人围坐在广场的一角闲谈一天的工作或倾诉内心的委屈和痛苦，或是迷失自我的人独自坐在草坪感受周围形形色色人的活动，进行无声对话，反思自我从而找回自我[5]。

### 3.2 人与植物

远古时期人与自然和谐相处，在机器不发达的时代，人们近距离地生活在大自然中，感受雨水的淋打、绿树小草的发芽成长。

城市公园是上述三个缓释空间里植被覆盖率最大的场所，有关调查显示，公园对缓解焦虑、释放压力有四个影响因子：自然性因子、感知性因子、设计性因子和环境性因子，其中自然性因子贡献值最大。公园中的绿色景观（草坪、乔木和灌木）都有助于精神的恢复，尤其是芳香类花卉植物，其中的一些芳香因子可以起到镇静舒缓作用，比如橙子香味可以缓解焦虑、令人积极向上，心情更平静；薄荷可以缓解疼痛；葡萄柚的香气可以提升年轻感。在公园中自然景观相对色彩更丰富，种类和数量也较多，这就为城市中的人们提供了最大化接触自然、乐享自然的机会。

国外有许多研究是围绕自然环境对人群身心健康的影响展开，乌尔里希提出的心理进化模式、压力缓解理论和卡普兰夫妇的注意力恢复理论从不同角度阐释了自然环境在缓解精神压力等方面的作用和机理，证实了自然环境对缓解人群精神压力方面具有明显效果。

### 3.3 人与动物

美国著名声音治疗师詹姆斯·丹吉洛表示，声音大体可以分为两种，一种是人自己发出的声音，另外一种是耳朵接收到的声音。现代人长期处在噪声环境中，会使人变得不安和焦虑甚至暴躁，从而患上城市孤独症或城市焦虑症，而大自然中天然的声音都和健康息息相关，比如滴答的雨声、蛙声、鸟叫声，通过人与动物的特殊对话，与自然相处，将内心归零，可以有效地帮助人提高睡眠质量，缓解精神紧张。

邻里公园通常面积不大，可以尽量种植一些能够吸引鸟类的植物，并搭配一些小的叠水景观或鱼池，鸟鸣和流水声都可以减少外部的噪声，创造一个比较舒适安逸的空间，可以使人与人之间的闲聊增加轻松感和信任感，也可以使独自观赏的人得到来自自然的安慰。

## 4 结语

通过了解当代社会现状，以及对三种城市缓释空间中人与人以及人与植物、动物之间的特殊交往方式进行分析了解到，这三种不同的交往方式对当代人的精神压力及精神焦虑有一定的缓解和心理抚慰作用。建议城市规划部门加强城市缓释空间规划格局的设计与建设来帮助人们走到室外，增加与人、自然交往的机会，从而达到缓解精神压力的作用。

## 参考文献

[1] 李华．城市生态游憩空间服务功能评价与优化对策［J］．城市规划，2015，39（08）：63-69.

[2] 谭少华，李进．城市公共绿地的压力释放与精力恢复功能［J］．中国园林，2009，25（06）：79-82.

[3] 原满．基于公众活动及停留偏好性的城市广场设计研究［D］．南京：东南大学，2016.

[4] 李碧舟，杨健．广场空间对人交往行为影响的研究［J］．华中建筑，2016，34（07）：15-19.

[5] 田晓明．孤独：中国城市秩序重构的心理拐点［J］．学习与探索，2011（02）：7-13.

# 张家口市休闲体育场所植物景观探析
## ——以人民公园为例

贾雅楠，任祺卉，卢希康
（河北建筑工程学院　建筑与艺术学院，河北省张家口市　075000）

**摘　要：**植物景观作为公共休闲场所的重要部分，不仅具有满足人们日常活动娱乐的功能性，而且具有艺术观赏性，更是判断城市发展水平的重要依据。本文通过对张家口市地理区位特点、张家口本地特色植物及张家口市人民公园的实地调查，分析具有代表性的张家口市人民公园部分区域植物组成以及配置现状，提出具有地域性特征的植物景观修改方案。

**关键词：**张家口；植物配置；景观设计；人民公园；地域特性

## 1　植物景观设计概述

### 1.1　植物景观设计

植物景观设计是园林设计中重要内容之一，应体现地域性自然景观和人文景观相结合的审美观念，使环境具有日常使用价值、审美价值。植物景观设计运用了生态学原理、遵循了可持续发展的价值观理念和美学原理，不仅体现了设计者个人的审美观念，还反映了城市文明的发展程度。植物景观设计是运用科学的设计原则和艺术的审美观念，在遵循自然规律的前提下，展示出植物的特征（色彩、体态、线条），将花、草、灌木、乔木、水生植物合理的组合，供人观赏，营造出意境美的艺术空间。随着时代的发展，现代植物景观设计也在不断的延伸和发展，引入了更多生态学的理论，不但要有一定的功能性和视觉上的艺术审美效果，还加入了植物景观文化和历史文化的观念。

### 1.2　植物景观设计原则

（1）因地制宜

植物生长受当地自然气候条件的限制，如光照、温度、湿度、土壤条件、空气质量。在植物景观设计中，应选择适合当地自然气候条件的植物，才能使设计方案得以实施。植物种植设计，既指植物形状也指植物空间。植物本身得考虑几个因素：乔灌木搭配、树形搭配、速生与慢生搭配、季相搭配，还有和建筑、小品、硬质场地、地形的关系。

（2）自然

在植物景观设计中必须遵循自然规律，了解植物的生长特性，考虑不同植物之间的矛盾与关系，如共生关系、寄生关系、附生关系等，只有正确的分析植物间的矛盾和关系才能达到生态效益和审美效益共赢的目的。

（3）意境美

植物景观设计是体现园林意境美的重要手段。不同的植物景观有着不同的作用，无论是使用天然景色还是造景，都有供人观赏、使用、满足各种活动的要求。同时，也起到了愉悦身心，怡情养性，调节心情的作用。植物景观既是富有极高艺术欣赏价值的作品，也是满足各种活动和可供使用的物质产品。

（4）历史文化继承与可持续发展

植物景观设计中应体现植物文化的内涵，与地方历史文化、城市风情、特色文化相结合[1~2]。在了解当地历史文化和传统文化的前提下，对其加以传承和保护。再结合当地的民俗民风、宗教文化等加以设计，使植物景观具有明显的地域性和文化性特征，产生可识别性和特色性。比如张家口地域文化是山的文化。在张家口市的大境门写有“大好河山”的牌匾。张家口地域文化所表现的人文精神就是那种仁者不忧、勇者不惧、重德操、讲信义、正直大度、古道热肠的阳刚之气。

## 2　张家口植物景观的应用

### 2.1　张家口地域特征及历史文化

（1）历史文化

张家口市是一座拥有悠久历史文化的塞外名城，自古为兵家必争的要塞之地，同时也是中国北方重要的物资集散地和对欧贸易的重要陆路商埠。张家口是中国第一条铁路——京张铁路的诞生地，也是张库大道的起点，拥有深厚的历史文化底蕴。

（2）自然气候条件

张家口的气候特点是：四季分明，春季干燥多风沙；夏季炎热短促降水集中；秋季晴朗冷暖适中；冬季寒冷而漫长；张家口地势西北高，东南低，北部坝上一带与内蒙古高原相邻，海拔高度在1400～1600m，地势宽阔平坦。坝下山峦起伏，地形复杂，南部蔚县境内的小五台山主峰高达2870m，中部桑干河和洋河形成狭窄的河谷盆地，其复杂的地理条件使张家口的气候异常复杂，多局部性灾害性天气，如冰雹、强降水、大风、沙尘暴等。

（3）土地资源条件

张家口市土地总面积36873km$^2$，其中耕地面积120.4万公顷，在河北省属地广人稀地区。全市地形特点以阴山山脉大马群山分水岭为界，分为坝上、坝下两个自然区域。土地利用现状是：耕地占土地总面积的32.7%，林地面积占15.5%，草场占12.42%。张家口市土地类型多样，草原广阔，荒山野岭面积大，河川、盆地水利条件一般，土地后备资源充足，但是开发利用潜力很小。

### 2.2　张家口本土特色植物

由于张家口独特的地域特征，导致植物的种类也与其他城市有很大区别，拥有浓郁的地域特色。经调查，张家口较具地域特色的树种共 64 种，花卉 60 科 207 种，以下只列举部分在张家口分布较广泛的植物的一些特性（表 1）：

部分植物的特性分析　　表 1

| 植物名称 | 生长势 | 耐寒力 | 耐旱力 | 耐水力 | 耐高温力 | 病虫害 | 配置方式 |
|---|---|---|---|---|---|---|---|
| 油松 | 上 | 强 | 弱 | 弱 | 弱 | 较轻 | 孤植 |
| 白皮松 | 上 | 强 | 较强 | 弱 | 较强 | 无 | 孤植 |
| 云杉 | 上 | 强 | 较强 | 弱 | 较强 | 无 | 群、孤 |
| 沙地柏 | 上 | 强 | 较强 | 中 | 强 | 无 | 片植 |
| 毛白杨 | 中 | 强 | 较强 | 中 | 强 | 较轻 | 列植 |
| 北京杨 | 上 | 强 | 较强 | 中 | 较强 | 较轻 | 列植 |
| 桃 | 中 | 强 | 中 | 弱 | 较强 | 轻 | 群植 |
| 紫叶李 | 上 | 强 | 较强 | 中 | 较强 | 较轻 | 群、孤 |
| 龙爪槐 | 中 | 强 | 强 | 中 | 强 | 轻 | 孤、列 |
| 栾树 | 上 | 强 | 强 | 弱 | 较强 | 较轻 | 列、孤 |
| 金银木 | 中 | 强 | 强 | 较强 | 强 | 无 | 列植 |
| 金钟花 | 中 | 强 | 强 | 较强 | 强 | 无 | 片植 |

# 3　案例分析——张家口市人民公园

## 3.1　人民公园简介

张家口市人民公园目前是张家口市休闲体育场所中最大的综合性公园（图 1），占地面积为 12.43 公顷，地处张家口市的老城区，位于市中心滨河西岸，近几年来张家口市政府本着以人为本的理念，大力打造生态园林城市，经过不断地改造建设，形成了清水河沿河风景带，以绿色植物景观为主，集体育健身、文化娱乐为一体。

图 1　张家口市人民公园鸟瞰图

在张家口市人民政府的大力改造之下，人民公园现成功的建成了五大功能区域：体育健身区、娱乐活动区、沿河风光区、水景休憩区、中心生态区。

## 3.2　区域植物配置现状

通过对张家口市人民公园的部分区域进行实地调研，调研区域植物组成主要有油松、金银木、白杨、刺槐、垂柳及一些低矮灌木、草。植物配置较单一，除一些苗圃之外还有一些花坛，花坛植物主要以幼年白杨为主，品种不够丰富，导致秋冬季节呈现较为空旷的景象。立面层次不够丰富，同时，没有很好的与张家口地区历史文化相结合，缺乏意境美（图 2）。

## 3.3 针对植物配置现状的建议

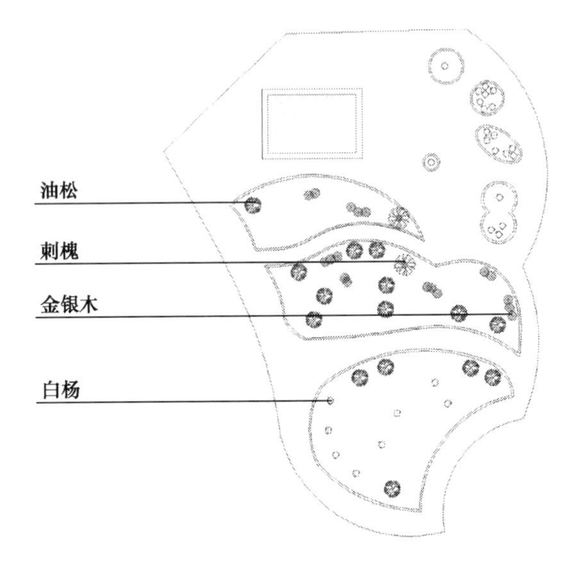


图 2 人民公园某区域植物配置现状平面图

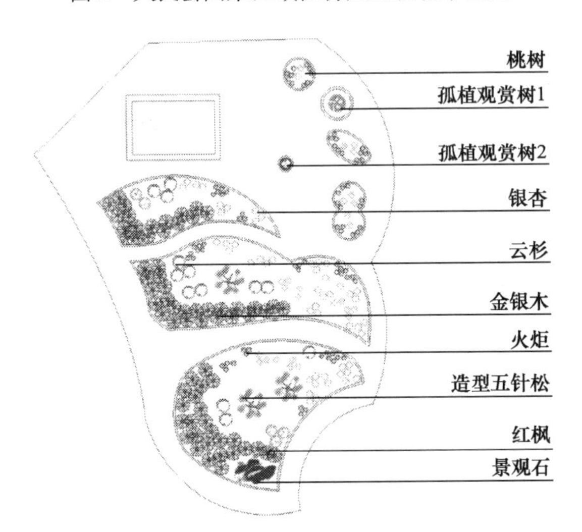


图 3 人民公园某区域改造后植物配置平面图

针对人民公园部分区域植物配置出现的问题和不足，对园内现有植物进行调整补充，完善公园的植物配置结构，使植物种类丰富、配置合理、层次分明、方便养护管理。

（1）观赏树——单株造型树，树孤立种植在园林中，不仅起到了观赏树的作用，同时也可以作为庇荫树，满足了艺术构图的需要，在大片草坪或者花坛中心，常作为主景。孤植观赏树也突出表现了树形的个体美。

（2）乔木——银杏、红枫、云杉、桃树、造型五针松。由三五株或八九株树木不等距离的种植在一起成一整体，用作主景。和灌木搭配，高低错落，富有层次感，在视觉上符合艺术的构图原则，既能突出植物的个体美，也能展现植物的群体美。银杏与火炬运用群植的方式，与其他乔木搭配植于花圃中。由于银杏和火炬树叶在秋季呈黄色和红色的特性，色彩绚丽丰富，在多数树木干枯的秋冬季节给园林增添了色彩。

（3）灌木——金银木、火炬，是张家口地区常见的灌木品种，运用带植和密植的方式，植于行道两旁，用作园林景物的前景，使植物景观富有层次感。

（4）景观石。景观石在植物景观设计中起到了画龙点睛的作用，既可独立放置也可组合放置，与花草树木形成鲜明的对比，增强了景观的趣味性，避免了园林的单调性。景观石周围可配以水景或低矮灌木，增加了园林的立体感和层次感，起到了平衡视觉的作用（图3～4）。

图4　人民公园某区域改造后植物配置立面图

# 4　张家口植物景观优化建议

## 4.1　植物特性与地域文化相结合

成功的园林植物配置一定是与地域文化相结合的，具有地方文化特色[3]，例如张家口市的长城爱国文化。历史悠久的张家口是中国长城修筑最早、样式最为丰富的地区之一，张家口因长城而发源，因此自古以来都是军事要塞。长城文化是构成张家口地域文化的核心内容。长城不仅仅是刀光剑影和战火硝烟写就的铁血历史，长城更是有着广泛的包容、海纳，更是民族间友谊发展的纽带。所以，长城文化是张家口人民心中根深蒂固的爱国情愫。在植物景观设计之中，应深入挖掘地方特色文脉，以满足人们的审美与精神需求。

### 4.2 植物景观的意境创新

园林是一种随遇而安的心境，是一种陶冶情操的生活方式，更是一种对人生的精神追求。植物景观设计利用植物进行意境的创作就是巧妙地运用植物的自身文化内涵以及人为文化内涵去营造意境。如“梅”“兰”“竹”“菊”在魏晋时期的园林中体现了隐士精神，号称“花中四君子”，因此将其合理配置营造公共景观寓意张家口人民淡泊名利、正直善良的美好品格等。同时优美的景观还应具备丰富的层次感，如草、花、灌木、乔木的合理搭配。虽然园林的形式不同，但都体现了人类对自然的向往和回归，这是植物景观设计中创造意境美的最高境界。

## 5 小结

张家口植物种类丰富，植物景观的内涵深深烙印在张家口市民心中，体现在城市的方方面面。因此，在张家口进行景观营造、植物配置时，应遵守植物配置原则，张家口植物景观最好的呈现便是营造具有张家口地域特色、反映张家口地域文化的植物景观。只有将植物景观与地域特色相结合，才能充分被市民接受和认同。

### 参考文献

[1] 刘可雕. 中国古典园林植物的文化内涵 [J]. 科学咨询（决策管理），2006（6）：62-63.

[2] 徐雁南，易军. 城市绿地景观人文化探讨 [J]. 南京林业大学学报（人文社会科学版），2003，3（4）：44-48.

[3] 徐德嘉. 古典园林植物景观配置 [M]. 北京：中国环境科学出版社，1997.

# 地域色彩在城市色彩营造中的使用探析

李玮奇，吴晗
（河北建筑工程学院　建筑与艺术学院，河北省张家口市　075000）

**摘　要：** 作为城市文化的重要载体以及城市精神的重要表现方式，城市色彩的营造和设计有着很多的现实意义。城市色彩作为展示城市风貌的重要组成部分，不仅仅代表着该地区的色彩特质和城市形象，还能侧面反映出该地区所特有的地域文化特征和地域性色彩。但是在具体的城市色彩设计过程中，很容易重视色彩系统的建立，而忽视对于具体设计对象的地域特点以及背后潜藏的地域文化、地域色彩的发掘和整理。本文通过对地域文化、地域色彩的概念界定，基于地域文化的地域性色彩在城市色彩营造中的考虑因素，对城市色彩的地域性营造做一个简要分析。

**关键词：** 地域色彩；营造；探析

## 1　引言

随着我国社会不断发展，物质经济条件不断提高，人民的生活条件不断改善，以及政策的改变和促进，我国城镇化的速度不断加快，我国的城市环境不断变化改善，城市面貌发生了巨大变化，但是有很多问题也是我们所不能忽视的。我国在 20 世纪 80 年代末，改革开放政策实施，让东西方的文化沟通桥梁开始构建，东西方的文化融合不断加强，我们的设计行业以及相关产业的从业者也开始大量借鉴西方的建设经验，在建设现代化国家的时候，从公众心理方面来说，往往迷恋西方城市现代化的光辉建设成果而缺乏对我国传统文化的自信，导致的问题就是城市建设千城一面，城市色彩营造单一雷同，除了建筑外形或者道路规划有少许变化、景观植物方面的不同，其他方面城市面貌十分类似，缺乏城市地方特色。所以，将地域文化以及地域色彩融入城市色彩的营造设计当中，打造具有我国地方特色的城市色彩就显得十分迫切和必要[1～3]。

## 2　地域文化、地域色彩以及城市色彩的概念界定

我们研究的过程中，探析地域文化、地域色彩以及城市色彩营造的过程中，首先要明确这三个概念：第一，地域文化或者叫作地域性文化特征；第二，地域色彩；第三，城市色彩，还有就是它们之间的关系。

### 2.1　地域文化、地域性文化特征的概念界定

地域文化从字面角度来说就是指某一个地区特有的、不可复制的文化背景或者文化因

素，它的产生可以归结为该地区的自然环境因素和人文环境因素的综合影响，其中包含了这个地区或者这个城市的地理气候、水文气象、民俗传统、文脉涵养以及当地居民日常的生产生活劳作等内容，并且经过岁月长时间的洗礼，深深扎根于当地居民的精神和生活的背景当中，形成了具有一定传承性的物质成果和精神财富。将地域文化融入当地的城市色彩的营造过程中，可以使在本地区生产生活的人民群众更好地找到城市的归属感，更好的寄托当地人民群众的情感和精神，更好地提升城市色彩的营造价值和提升本地区城市形象。

### 2.2 地域色彩的概念界定

对于地域色彩的概念界定，应该从地域文化的概念进行延伸发掘，通过对当地历史民俗文化、物质文化、非物质文化以及当下新时代的文化发掘、整理，形成具有当地文化地域特征的色彩色谱色系，并且要得到当地人民群众以及社会文化大环境的认可，能够代表当地独特的色彩风格和色彩性格特征的色彩，可以称之为地域色彩。

### 2.3 城市色彩设计的概念界定

城市色彩设计的概念界定就是对于城市公共空间部分的、在可见光下、能够被使用者以及观者感知的、相对稳定的色彩面貌和色彩形态。城市色彩是城市公共区域能够感知的色彩的总和，且城市色彩是一个相对整体的色彩面貌，并不是各个建筑以及其他载体的色彩的简单重复叠加。

### 2.4 地域色彩和城市色彩设计的关系

对于地域色彩和城市色彩的关系，我们从概念的界定可以得出一个结论就是，地域色彩是构建城市色彩的重要参考因素或者组成因素，地域色彩代表着一个地方的文化特质，城市色彩的构建是不能离开地域色彩的。作为一个城市色彩设计的构建者，在面对一个未知的地区和城市的时候，首先我们要做到深入的了解和发掘整理当地的地域文化、民俗风情，基于对当地文化特征和自然背景的理解才能更好地在城市色彩的设计中加强地域色彩的表现和融合。从城市色彩的角度来看，地域色彩不仅是自身的重要组成部分，还是表达当地地域文化的重要载体，并且能够让观者和城市的使用者进一步了解当地文化，让地域文化进一步的具体化、形象化，更好地让地域文化得到传承、发扬和延续。

## 3 地域文化在城市色彩营造过程中的设计要素

### 3.1 挖掘整理设计对象的地域文化背景

城市色彩设计的开始，就是熟悉设计地区、城市的概况，对当地进行大量的调研，在对设计地区的地域文化经过大量的田野调查之后，对地域文化中的色彩元素进行整理，只有深入的了解和熟悉当地的地域文化、背后的民俗背景、文脉传承，才能更好地整理和制定出符合当地特点的地域色彩的色谱、色系，才能在之后具体的城市色彩的构建中，诠释出我们所要使用的地域元素、地域色彩，更好的表达出当地的精神文化特质。

## 3.2 考虑当地的物质文化和非物质文化

我们中华民族的文化组成是以汉族为基础，融合了多民族的文化元素，是丰富的有机的文化组织。我们中华民族自古以来就是以农耕文明为主的，民族大融合也不能改变这种情况，农耕文明的基础就是土地，土地的使用也是劳动人民农业生产生活的直接体现。所有的一切物质文化和非物质文化都是以这个为基础的。所以我们在对设计地区和设计对象城市进行城市色彩设计营造的时候，重要的考虑因素就是对于当地的物质文化和非物质文化的整理和发掘，比如对于传统地方色彩的传承，具有地方民族特质的色彩，物质文化中的服装服饰色彩，当地的饮食文化色彩以及特有的动植物本身的色彩，都是我们需要考量和研究的色彩元素。

## 3.3 地域城市色彩与地域性建筑（地区代表建筑）

建筑是人类艺术的综合结晶，是人类聪明才智的凝结。地域性建筑也是地域文化的实际表现和结晶，可以鲜明的反映和展示地域文化差异以及该地区所经历的历史变迁。在我国，比如黄土高坡上的窑洞、北京以及周边地区的四合院、天津、青岛、上海的外国建筑。从国外来看，世界各国的建筑装饰风格都不同。在进行城市色彩的体系构建和营造的时候，作为具体的方案设计者，我们要充分考虑到建筑的地域性和具有一定地域标识的建筑。城市色彩始终是一个城市地域色彩的整体风貌，建筑色彩又在其中占了很大的比例。在具体的设计过程中，把握好人与建筑、人与色彩、建筑与色彩的关系，充分让三者尽可能完美的融合[4~5]。

## 3.4 地域城市色彩与城市雕塑

城市雕塑是城市形象的构成要素之一，也可以作为一个城市的名片，比如：丹麦哥本哈根的小美人鱼雕像。伫立着的城市雕塑也是城市历史发展、文化传承的见证者，城市雕塑可以说是一个城市的缩影，是城市精神气质的具体表现。比如美国纽约的自由女神像，表达着美国人民争取民主、向往自由的崇高理想。我们的人民英雄纪念碑，反映了中华儿女不屈的抗争。这些雕塑都成为城市的标识，强烈的反映着城市的地域文化。我们在营造城市色彩的时候也要考虑到相关城市雕塑对于地域文化的影响，甚至城市雕塑对于城市潜意识的色彩的影响以及以后该地区城市所赋予城市雕塑额外的意义，让城市色彩更好地与雕塑的内涵精神相协调，共同构建一个具有完善地域特征、地域文化的城市形象。

## 3.5 地域城市色彩与乡土特色植物

我们在构建一个城市的城市色彩系统的时候，不仅要考虑到人为色彩，还要考虑到植物环境色彩以及植物色彩背后的乡土特色植物所代表的地域文化。比如我国不少城市都会用植物称谓命名或者取城市别名，例：广州的花都区，洛阳被称为牡丹之都。这些植物对于城市的意义有的是历史性的有的是文化性的，都是带有一定的特殊含义在里面。另外，还有一些市树市花，比如北京的市树国槐，都是带有一定的标识含义的。国外也是，说起郁金香我们就想到了风车之国荷兰。这些植物也是地域文化的具体体现。另外，从文化角度来说，我国自古就有托物言志的修辞手法，比如，松柏的精神，莲花的高洁，菊花的孤傲等等，都具有一定人文内涵。所以在建立城市色彩体系的时候，要充分考虑到乡土植物色彩，营造更具有地域性的色彩关系，更加精确的反映地域文化的实质。

## 4 结语

城市色彩系统的设计与建立是一个城市形象树立的重要手段，一个地区或城市特有的自然环境特质、历史文化传统、本土建筑的特征、民间工艺的表现等因素，会在长期历史演进过程中形成具有一定稳定性和独特性的地域传统。这也是我们在城市色彩建立的过程中应该充分考虑的元素。中国泱泱五千年历史，地大物博，地理环境多样，更重要的是我们拥有悠久的历史文化，这便是我们的文化血脉，我们的精神传承。营造带有地域文化精神的城市色彩体系，做到续写城市精神、表达城市个性、凝练城市符号、避免千城一面是我们作为城市色彩设计从业者一直奋斗的目标。

### 参考文献


[1] 班铜戈. 冬奥会背景下的崇礼城市色彩规划研究［D］. 张家口：河北建筑工程学院，2017.

[2] 邢伟伟. 地域文化在潍坊城市景观色彩中的影响性研究［D］. 西安：西安建筑科技大学，2013.

[3] 张倩. 城市地域特色塑造中的环境色彩设计研究［D］. 武汉：华中科技大学，2007.

[4] 陈淑斌. 厦门城市色彩景观的地域性研究［D］. 泉州：华侨大学，2006.

[5] 孙旭阳. 基于地域性的城市色彩规划研究［D］. 上海：同济大学，2006.

# “枯”“荣”相生
## ——中日园林边缘探讨

胡青宇[1]，李永帅[2]

（1. 河北北方学院　艺术学院，河北省张家口市　075000

2. 河北建筑工程学院　建筑与艺术学院，河北省张家口市　075000）

**摘　要：**我国的古典园林在世界范围内享有盛名，自唐代开始我国对外输出自身的价值观念，引领世界审美潮流，日本等国家多次派使者前来学习我国的先进技艺，我国在当时扮演着一个启蒙老师的角色，到了后来遣唐使结束，各国纷纷走上自我创新的道路，而我国的经济、国力却在走向下坡，慢慢地落后于其他国家，园林的创新也是亦步亦趋，步履维艰。日本的园林是对我国园林的移植，是一种舶来文化，但是它却能在现代和中国的古典园林并驾齐驱，共同享有盛誉，我们应该对此进行思考，学习日本园林的新意，给中国园林注入新的血液，焕发生机。

**关键词：**枯荣；佛道儒三家；中日差异；意境

## 1　“枯”“荣”以何

何谓枯荣，余虽自妄仍不敢自定。只忆儿时常颂“离离原上草，一岁一枯荣”。

当时所有的“习惯”“方向标”指向小草的生命力强悍，即使是在面对大自然这样的伟大造物主，仍能本于其源，不畏不缩，即使不为人所知，依旧绽之米粒光华，为人所敬佩。而现在模数化的社会告诉我们，这是自然的规律，以此来维持整个生态自然的平衡，避免出现超荷的情况，它的绽放枯萎是正常的生态现象，古人如此去歌颂它只是在它身上看到了他们所希望的、追求的、奋斗的人的品质，并将之升华，以达自己所思所想。

这首耳熟能详的小诗，我一直在思考它的枯荣之意，仅仅是我们冠以“习惯”的“生死”或者说明面上的枯荣？

而先前我说的“习惯”，始之于我们常说习惯成自然，习惯是什么？我自觉因其站之高忘之远，而站之高是因已有先辈之引，而忘之远却是见仁见智。我总是觉得“习惯”已经随之时间而印之骨骼，我们总觉现在很好、习以为常，并不愿意去打破现状、尝试新的东西，做第一个吃螃蟹的人，一直在满足自我中不自知，不愿意去学习。我国的古典园林自唐宋发展盛之，明清时代它的工艺更加精湛、装饰、雕刻更加精美，但依旧只是小形式的完善，并没有在造园工艺、整体的形式上做出改变，依旧在此中边缘摸索修筑，不愿踏

课题来源：导师项目，项目编号：HB15YS074，项目名称：河北省高校百名优秀创新人才支持计划。

出其缘，但究其根源，不免落人以掩耳盗铃之口舌，余自省。

“相生”，“风吹草不折，弱极而生刚”，虽不见适宜，现暂取之，望后之修改。此句字面亦合上句诗句，同取生命力量顽强，不服自然，勇于亮剑之精神。另外我们也可以看到，“弱极而生刚”这是暗合阴阳八卦物极必反、相生相克之意。所说的是小草展现到我们眼前的是弱小易折的身躯，但是其内在却蕴含力量，不如（像）它所表现出来的那么脆弱，由弱变强，物竞天择，适者生存。在此“相”与“像”同音，而非我们常说的相处之意，在此强调不是故弄玄虚、咬文嚼字，而是我在此想说明他们是互相的关系，是自然地两相（项），并非一方强加于另一方。两方之于自然而平等，没有高低、贵贱、大小之分，两个对立统一、互为对方的因果关系，由一方导致另一方的变化，没有一方能够独立而超然于外，此为相生。

## 2 枯荣忆古

我国园林发展历史久远，自追溯夏商时期而不断，此为园林雏形，人称之为“囿”“园”，区别是其作用不同，一个供皇帝诸侯享受打猎游园之乐，一个供种植采摘，此为其含义。如果说正式开始进入我们所说的园林形式，要到魏晋南北朝时期，那时思想活跃，文化氛围浓厚，佛教思想由印度传入国内，玄学兴盛，人们走入了另一个阶段，从一开始对自然敬畏过渡到了模仿自然，进而“习惯”而完成后面的蜕变，“虽由人作宛自天开”自此而生。

随着朝代的推移，对造园工艺的发展也到了新的层次，到了唐宋时期无论是经济还是制度都已经达到了古代封建制度的顶峰，各种文化艺术成就纷纷涌现，在这个基础之上中国的园林也进入了一个新的阶段，达到了园林的顶峰。从宋代到明清时期，是园林的成熟时期，这段时间我国造就的名园数不胜数，各位学者大家也是纷纷对这些园林进行研究，我不敢否期间技艺成就，但仍对它造园形式的成果表示怀疑。

日本园林虽然形成时期受到中国园林的影响，但其实早在他们的上古时期就已经有了狩猎用的苑囿，并有记载“穿池起苑，以盛禽兽”，出自《日本日记》。大约在中国隋唐时期，中日开始来往，日本派遣大量的遣唐使远赴重洋，来到唐朝全面的学习唐朝文化，这时候的中国文化一直伴随着日本的发展，并且扮演着一个启蒙老师和方向标的角色。到了后期遣唐使终止、中国闭关锁国，中日的文化交流也就随之中断，日本对文化各方面的探索也就借无可借，开始摆脱一开始的有意模仿，渐渐地走上了对自己本国文化的挖掘拓展和对中国文化的融合，开始进入自己的园林时代。

现在中日园林看似差异很大，但是其内在蕴含的追求却有着相似性，相似性起于同源，而它的差异深深体现着物质的空间特性，一个物质只有在一个特定的时间、空间之下才会保持它本身的特性不转移，如果把它拿到另一个空间之中，即使时间不变，它的特性一定会变化。

中国的文化一直受到佛、道、儒三家的影响，体现在中国园林的各个方面。佛教自从传入中国就以极其顽强的生命力和广泛的影响力席卷全中国，寺庙丛生，和中国本土的、传统的、自生的教派并驾齐驱，但是它对中国园林的影响却是微不足道，这样的反常结果难以理解。而佛教传入日本之后，与日本当时盛行的神道、禅宗思想迅速结合，统治了日本人的内心世界，对他们的世界、价值、审美观产生了巨大的影响。所以日本人对任何事物的看法都是佛教的、禅宗的（包括自然），所以经过他们的审美处理，这个时期的日本园林就已经开始有了禅意，那种整体物哀、静谧、神秘空灵的意境一直延续到现在。

老庄的道家思想[1]一直“不以物喜不以己悲”，并不随着君王的喜恶而改变他们的处事态度和思想，讲究“超然于物”“道法自然”，表现在一直追求的“虽由人作宛自天开”的造园形式，它将我们的视线转移到了自然之上。在老庄思想引导下还有了“一池三山”的说法（蓬莱、方丈、瀛洲），其实不止拘泥于此，还有“一池两山”、“一池一山”等说法，并无刻意定制的数目。道家思想讲究“出世”，不在乎钱财、功名这样的身外之物，顺其自然，这样也在一方面迎合了一些有才华却不受重用的人的心意，他们纷纷开始远离朝政，归于田园，享受“采菊东篱下，悠然见南山”的田园野趣。这样随之也产生了一种新的形式——文人园林，网师园就是宋宗元购买后重新命名，原名“渔隐”。日本园林也或多或少的受到了道家的思想影响，除了“一池三山”还有三神石、九山八海等形式，但是它的“一池三山”所使用的尺度并没有中国的尺度大，而且并不以挺拔、陡立、嶙峋为美，山上景物多是自然植物，少有楼阁。

孔子的儒家思想更是和封建思想契合的封建正统思想，基本统治了封建时期乃至到现在依然有着它的影响，它的“天人合一”思想，要求人要和天道、人伦统一，达到和谐，造园的价值都体现在自然上。园林是人们在封建礼制之下的难得自由空间，人们可以在这里享受自然的放松，享受游园的乐趣，因此中国园林讲究进入园林的空间去享受游览之乐。“君子比德”思想，讲究我们将自然地东西与人联系起来，寓情于物，将自己的爱好、追求寄情在花鸟鱼虫上，比如“花中四君子”梅兰竹菊，是文人雅士家中必备的花草，以此来标榜自己的品德、追求。中国人对园林的追求不仅仅是表象的光鲜亮丽，更重要的是内在所蕴含的园主的审美意境。而中国的儒学传入日本后与日本的“武”开始融合，日本的将军宣扬儒学，强调儒学的“忠孝”（更重要的是忠），认为军人要忠于天皇，对天皇负责，儒学对日本的影响还有一些思想立意，比如“后乐园”、“独乐园”等。

## 3 荣枯记今

“枯荣”、“荣枯”相信如果没有仔细看并看不出来区别，以为它们是一样的，其实并不是，枯荣强调的是先枯后荣，是一个死而复生的过程；荣枯强调的先荣后枯是由盛转衰的过程，两者的重心不一样。其实我在文中“布置”不止这一点，“忆古”是说回忆，是原来的东西现在我们需要，所以我们通过“忆”重新拿出来；“记今”是说记住，是现在的东西我们为了以后的需要把它记下来，方便以后使用。枯荣与忆古正对应，向死而生，以前面的经验为了现在兴盛；荣枯与记今相对应，时刻警惕，以史为鉴，现在兴盛的办法或者经验，记下来为了防止以后衰败。“习惯”也是，何为习惯？习而惯之，学习或者经常的练习次数多了就成了惯性（或者说肌肉记忆），而习惯其实就是我们的一个下意识行为、惯性使然，这也是两相（项），记忆虽然经常一起使用但是它们并不是一个意思，它们互为因果关系，通过记产生忆，而我们忆的是什么，是我们一开始记的东西，两相由此而生。

中国园林和中国画一样[2]，追求写意，文人墨客每每途经名山大川不只会留下诗词名句，还会在他们脑海中留下这些美好的风景，等回到自己的庭院总会想起那时的波澜壮阔，所以在园林的创造上他们期待把当时的情景还原在自己住的地方，还有的因为时间的长短加上自己的主观印象，这种印象把个人的审美、爱好、习惯都包括在内。所以园林的建造在一定程度上还跟园林的主人有关，所谓“七分主，三分匠”就是在说这个[3]。中国园林一开始主要的服务对象是皇帝和达官显贵，后来发展到私家园林，园林开始被一些文人雅士所拥有，作为主体的皇帝和达官显贵显然和文人雅士的审美观点不一致，这样就会使这些园林发展出不一样的形态。虽然皇帝的园林也是由画家、诗人、工匠建造，但是它们体现的是皇帝的爱好、审美，人力、物力、财力、面积更大，装饰雕刻更加精美，里面的建造师还有可能不是一个人或一代人，它们还有一些杂糅的思想被园林所表现出来。私家园林受限于财力、物力、政治等因素，虽然没有皇家园林的规模大、工艺精美，但是它所体现的是它园林主人的意志，虽然皇家园林也是，但是经由建造师的规划之后，多少会有他本人的色彩出现，不如私家园林一样更加纯粹，只有园林主人的意志是唯一，并且私家园林很多是“出世”的人，政治上郁郁不得志，只能寄情于山水，隐于市，希望可以获取片刻的清净。日本的园林主人主要是天皇和僧侣，而天皇自改革之后成了名存实亡的虚位，并不能作为主导，日本园林的主体是寺庙园林，由寺庙园林引领了园林的主流，所以日本园林整体会有一种空寂、虚幻、古朴的禅意。

中国园林喜欢海纳百川，我们可以在中国的园林中看到任何我们想看到的，花鸟鱼虫、名山大川，无所不容，中国的园林喜欢以小见大，把所有的东西通过写意加以改造之后，以一个概念化的形态重新展现在世人面前。古人讲究琴棋书画、爱诗歌、尚古，表现在园林里面随处可见题匾、供人下棋弹琴的亭榭。由此可见中国的园林是以游览为主，讲究人们进去享受园林，在里面去体会造园者的内心。日本的园林一方面意境受限于地理环境[4]；另一方面就是佛教寺院的影响，更加追求静心、古朴、空寂，讲究去通过表象追求事物的本质[5]，任何事物它现在所表现出来的东西都不是永恒的，我们应该追求那些更加深刻的东西。枯山水最能表现，如果说中国园林是以小见大，写意概念化的形态表现，那么枯山水就是几何化的形态表现，追求极简，去除任何复杂的东西，通过意念去追求本质，令人在里面无限想象，就像是佛，它所呈现在不同的人面前，是不同的形象，那么是佛变了还是人变了？在这样的园林里面悟道、品茶，是僧侣们的追求。枯山水之中，立石为瀑，庭石为山，白沙为水，画圈饰以波浪，配以茶町、洗手钵、石灯笼……日本园林建筑比重很小，游览不做主要目的，要求人们静下心闭眼坐下来冥想，去体会园林的意境、禅的意义。

## 4 结束语

日本园林虽然起源于中国，但是自从遣唐使结束自主发展之后，就以很快的速度融合本身的文化，发展出了多样的园林形式，枯山水、池泉式、筑山庭……现在以自己独有的空寂、禅意和中国的古典园林屹立在世界园林之巅。中国园林我们所说唐宋达到顶峰，明清昌盛，但是我却不这么认为，自从唐宋之后直到明清，它在园林的建造之上并没有太大的建树改造，我并不是说工艺的精良不算，我们现在所说的只是造园。当然圆明园是“万园之园”，但是除了它里面的藏品价值连城、装饰美观、家具不同，它的整体形势和唐宋并无太大区别。这也是我为什么要说枯荣两相，我相信物极必反、弱极生刚，日本园林能够有如此的成就和它们民族性格有关，但是我们自古也有谦虚好学的美德，我相信只要能“忆”古“记”今，一定可以让中国的古典园林焕发生机、枯木逢春，在新的时代赋予中国园林新的定义。

自此发自肺腑，虽不见是，由愿学以勤，自证之。

**参考文献**


[1] 彭桂君. 探析中国古代道家思想对日本古典园林的影响 [D]. 北京：北京服装学院，2009.

[2] 吴琛群. 围合的空间艺术——中国古典园林中的时空观的比较研究 [D]. 开封：河南大学，2012.

[3] 李林. 唐代寺院园林与僧侣的园林生活 [D]. 西安：西北大学. 2009.

[4] 孙晓白. 地理环境对日本园林设计的影响 [D]. 苏州：苏州大学，2014.

[5] 尹露曦，赵鸣，孙波. 中日古典园林意境差异探析 [J]. 中国城市林业，2015，13 (2)：60-63.

# 浅谈汽车时代背景下的交往空间

梁月星，韩申，王晨宇

（河北建筑工程学院　建筑与艺术学院，河北省张家口市　075000）

**摘　要**：交通工具的发展提速缩短了空间的到达时间，在高效的时空转换下，人类的交往也是不可缺少的精神需求，显然目前存在这“速度”不匹配的问题。回到低速时代不是明智之举，如果从汽车视角来设计空间，利用一些设计手段，使得空间和速度相匹配，可以为空间优化提供新的思路，使人们轻松愉快的交往。

**关键词**：汽车视角；交通工具；交往空间；尺度和速度

从古至今，交通工具的更迭换代无疑使人类的生活半径和交往方式发生了改变。从原始社会到农耕文明，人们一直生存在步行系统中，期间出现过一些结构类似车的交通工具，原动力依然是利用人力和畜力，抑或是借助大自然的力量，例如利用风力行驶帆船。生产力水平低下，生产生活节奏慢，生活半径小是农耕时代的特点。蒸汽机的出现带来生产力的变革，人类进入工业时代，随着机动车的普及，我们进入汽车时代 。

## 1　汽车时代下的交往需求

交通的速度提高了，人们已经普遍的使用了高速高效的交通工具，而世界的尺度还是以人类尺度为依据的，所以交通速度和现有的尺度产生了一个速度差，使人的感受差得很多，人类的交往需求没有被满足，出现很多冷漠的时间和空间，比如独自驾车的司机没办法与其他人交流，一起乘坐公交车的人们虽然距离很近，但并没有产生亲密关系。所以我们应该通过建筑师和规划师的手，将我们设计的空间“提速”，使空间达到适宜人车整体的尺度，创造出新的交往空间。

## 2　汽车时代下交往空间的特点

汽车时代将人类的生活开启到提速模式，使得活动半径和生活节奏发生了变化，速度的提升和尺度的扩大都在一定程度上缩短了空间对接的时间，同时也连接了更加丰富的空间形式。通常情况下，我们关注人本身的感受，从人的视角和人的尺度来判断并且丈量空间，在此基础上做空间的优化提升，使得空间舒适怡人利于交往，但是时代已经发生了改变，我们不应该总是期许提上去的速度慢下来，人为排斥已经扩大了的尺度，通过各种方式试图放慢脚步，停留在步行时代。时代变革不可阻挡，因此，建筑师和规划师应该考虑机动车因素对空间产生的影响，依据机动车的运动方式，遵照机动车的行驶规则，进行交往空间设计，使得人们在使用机动车的情况下，能够自然、轻松、方便的交往，提高交往质量，改善交往关系[1]。

## 2.1 交通工具成为空间转换的枢纽

交通工具是现代人生活中不可缺少的一部分。随着时代的变化和科技的进步，我们可以使用的交通工具越来越多，给每一个人的生活都带来了极大的便利。陆地上的汽车，海洋里的轮船，天空中的飞机，大大缩短了人们交往的距离，为人们生活提供了方便；火箭和宇宙飞船的发明，使人类探索另一个星球空间的理想变为现实。

交通工具的发达，也带来了一些负面影响。除了资源消耗外，一些因为车行要求形成的空间代替了原有的空间肌理，大量的农田被破坏，变成了单调无趣的公路，在流量高峰造成拥堵。阿普尔亚德和林特尔 1970～1971 年间对旧金山市三条相邻街道的研究，揭示了环境质量恶化对普通街区的影响。

就普及率而言，汽车所占的比重最高，所以我们讲现在全球进入“汽车时代”。车行代替了步行成为空间转换的主角，我们把这个过程重新做一个定义，称之为 S2S（Space to Space）模式，即使用交通工具，从一个特定空间到另外一个特定空间，实现点对点、空间对空间的转换。

本文暂只考虑车行视角下的空间转换，把人和车作为一个整体展开讨论，既关注被连接的特定空间，也关注连接空间转换的枢纽。

## 2.2 车行交通联系的类型和尺度

### 2.2.1 交通联系的类型

从交往的角度来思考，可以把交通联系的类型分为公共交通、私密交通、共享交通。

（1）公共交通

此处讨论的是狭义上的公共交通，指的是城市范围内定线运营的公共汽车及轨道交通、渡轮、索道、出租车等交通方式。

（2）私密交通

私密交通是相对于公共交通而言的，即公共交通服务于所有人，人群具有不确定性，私密交通只服务于特定的人，比如私家车，车主拥有所有权和使用权，所遇到的人也进行过选择。

（3）共享交通

共享交通目前没有真正意义上的实现，主要指车的所有权不再归某一个人或者某一类群体，而是全民共享且共同拥有使用权。但是交通工具搭载互联网的翅膀，在新时代展现出非凡的魅力和活力，给人们提供了更多的交往机会，创造出一些前所未有的交往空间。比如网约车，网约车的出现是“互联网＋共享经济＋共享交通”的作用，提供了全新的交往场景，人们通过利用网络在手机终端联系、沟通、交流，实现见面搭乘汽车从始发地到达目的地，这样的交往是通过个人意愿和网络数据处理而筛选出来的。这属于一种低强度的、被动式接触或者是有些自主选择的偶然的接触，是有可能通过进一步的筛选产生更深一步的交往的，变为熟人成为固定的驾乘关系，或者是朋友甚至是更加亲密的关系。

### 2.2.2 汽车的尺度

既然要把车和人作为一个整体来进行研究，那么了解人类和车的感知方式及感知范围对于各种形式的空间布置设计来说是一个重要的先决条件。人和汽车整体化后，感知情况最主要发生变化的是视觉，对于尺度和速度的判断都会发生变化。

视觉，人类自然的运动主要限于水平方向上的行走，速度大约是5km/h。现在人车整体化后，在城市场景中，速度大约是50km/h，在高速路段可以达到120km/h。视觉具有很大的感知范围，可以看见天上的星星，也可以清楚地看见已经听不见声音的飞机。但是，就交往感受而言，视觉也有着明显的局限。

# 3 机动车视角下的设计思考

## 3.1 汽车视角差别化对待

现在用汽车视角代替人的视角，用汽车尺度代替人的尺度重新设计城市，要使人在快速运动中看清楚其他的人和物体，就必须将他们的形象大大夸张。在汽车尺度城市中，标志和告示牌必须巨大而醒目；因为无法去观赏细节，建筑物应该整体的组团化设计，提高识别性；人们的面容和面部表情在这种尺度下也显得很小，完全看不清楚，应该运用技术手段，使人们在汽车速度和汽车尺度时代，也能感知到这些变化。

由于人车整体化，车本身已经为人体提供了一个密闭空间，所以今后的空间划分不应该是如今的室内室外，封闭或者是开敞，而应该是汽车尺度，汽车适宜为原则。现在已经出现了汽车影院，即观众坐在各自的汽车里通过调频收听和观看露天电影，将停车场作为电影放映场地，使汽车内的观众在不同的位置都能看到清晰、逼真、稳定的图像，再将声音通过调频信号引入汽车内，观众就可以坐在车内观看电影了。同时也出现了汽车旅馆，汽车旅馆与一般旅馆最大的不同点在于汽车旅馆提供的停车位与房间相连，一楼当作车库，二楼为房间，这样独门独户为典型的汽车旅馆房间设计。以后还会出现“汽车超市”，“汽车餐厅”等新型的空间形式。

## 3.2 针对速度层级改善设计方案

道路上有限速标志的按照限速标志行驶，没有限速标志的按照以下规则行驶：

（1）没有道路中心线的道路，城市道路为每小时30km，公路为每小时40km；

（2）同方向只有1条机动车道的道路，城市道路为每小时50km，公路为每小时70km。

（3）高速公路小型载客汽车最高车速不得超过每小时120km，其他机动车不得超过每小时100km，摩托车不得超过每小时80km，最低车速不得低于每小时60km。同方向有2条车道的，左侧车道的最低车速为每小时100km；同方向有3条以上车道的，最左侧车道的最低车速为每小时110km，中间车道的最低车速为每小时90km。

建筑设计师和规划设计师在设计的过程中应当考虑相对速度，相对速度越大，建筑物和构筑物的尺度越大，随着相对速度的减小，建筑物应当适当增加细节，掌握宏观整体、微观精细的原则进行设计。

### 3.3 调整色彩规划辅助设计效果

色彩的呈现方式也是对设计好坏的影响因素之一。在建筑设计中要运用好色彩规划的原理，宏观调控好主体色、辅助色、点缀色的面积和比例，依据主次关系合理搭配。既有建筑外观设计在色彩协调中强调多元性，在建筑空间的组合排列上强调色彩的构成，通过色彩搭配，使得在速度变化的情况下，可以有舒适怡人的环境，激发人的交往热情。

## 4 结语

时代高速发展、日新月异，很多的人都试图让时空变慢，设计慢行系统或去古城古镇体会“慢生活”。其实这个行为是一直试图停留在步行体系中来感受生活，而车行体系中又缺少设计，使得人在使用交通工具进行空间转换的时候感到枯燥乏味甚至是孤单，很多交往的意愿不能够被满足。现在应该正视变化，接受速度，通过设计手段重新定义生活，创造出全新的、多样化的人情浓郁且环境优雅的交往空间，这既和时代的发展相匹配，也符合人的需求。

**参考文献**

[1] 建筑设计资料集［M］. 北京：中国建筑工业出版社，1991.

# 张家口城市色彩调研报告——关于长宁大街新旧居住建筑的色彩和谐研究

卢希康，桂佳宁，贾雅楠
（河北建筑工程学院　建筑与艺术学院，河北省张家口市　075000）

**摘　要：**本次城市色彩调研的实践操作方式主要依据“色彩地理学”，并运用“孟塞尔色彩系统”等相关理论知识，对河北省张家口市桥东区长宁大街的新旧居住建筑色彩进行定性定量的综合分析，归纳出长宁大街的新旧居住建筑的主题色色谱。进一步分析总结长宁大街新旧居住建筑的色彩和谐问题，并提出自己关于新旧居住建筑的色彩和谐问题的想法和完善建议。

**关键词：**新旧居住建筑；色彩和谐；张家口

## 1　调研区域

### 1.1　地理位置

本次调研地址为河北省张家口市桥东区长宁大街。

### 1.2　长宁大街

长宁大街位于张家口火车南站以北，中与世纪路交叉，西与钻石南路连接，东可直达河北建筑工程学院西门。长宁大街是张家口的一条具有典型特点的街道，两侧建筑以居住建筑为主，商用建筑为辅。长宁大街与世纪南路交叉口以西以新建建筑为主，以东以半新和老旧建筑为主。

### 1.3　新旧居住建筑

因为本次调研的主要方向是研究新旧居住建筑的色彩色和谐问题，所以对长宁大街的建筑群进行了分析筛选，主要选定了全新（红色）、半新（蓝色）、老旧（绿色）居住建筑三处，分别为：京润现代城、南鑫家园（与九克拉公馆）、绿园小区（与张运集团住宅楼）（图1）。

图1　调研区域

## 2 张家口城市色彩

### 2.1 自然色彩

城市自然色彩又称为城市背景色彩，主要包括土壤颜色、植被颜色、天空色彩等。张家口位于河北省北部，地形以高原和盆地为主。土壤：张家口岩浆岩比较发达，岩石种类比较齐全，所以土壤颜色以中纯度中亮度的黄色、低纯度低亮度的褐色为主。植被：由于张家口属于温带大陆性季风气候。一年四季分明，冬季冷而长，植物多以常绿乔木（白皮松、油松、侧柏）和灌木（沙地柏、铺地柏）为主，坝上草原以四季牧草为主，所以植被颜色以中纯度低亮度的深绿色为主。天空：张家口多风，重工业较少，雾霾污染情况不太严重，天空颜色多为亮蓝色。张家口属于高亮度城市，太阳光照较足，能见度较高（图 2)。

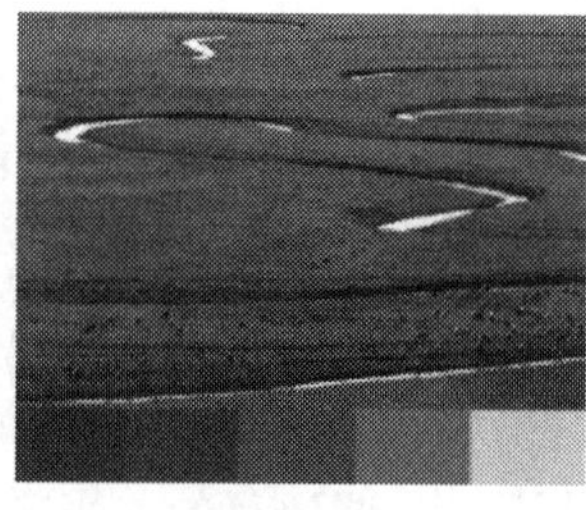

图 2 自然色彩

### 2.2 文化色彩

张家口市历史悠久，历史古迹众多，素有“长城博物馆”之称。一个城市的文化色彩主要来源于该城市的物质文化、非物质文化、文脉传承等。其中物质文化主要包括：古建筑、饮食文化等。张家口的古建筑较多，其中有代表性的当属堡子里、大境门、云泉禅寺庙等。堡子里是张家口市的发源地，也是国内保存保护较为完整的古建村落。堡子里的建筑色彩以灰色、土红色为主。墙面和屋顶瓦片材料本身的色彩、屋脊山花、窗头花饰等人工装饰主要颜色为红或蓝绿色，大境门经过修建后虽然失去了一部分原貌，但是仍然保持着古韵，大境门的建筑色彩以低明度低纯度的青灰色为主（图 3)。

图 3 文化色彩

### 2.3 冬奥城市特色色彩

设计应该紧跟时代的步伐，才能做到引领研究方向，做到设计以人为本。张家口作为 2022 年冬奥城市，冬奥文化应该渗透到这个城市的每个角落，所以对于冬奥城市居住建筑的色彩和谐研究也应该体现出冬奥特色，由于国内没有类似的冬奥城市色彩研究可以借鉴，所以本文以 2006 年的冬奥会举办城市–意大利都灵作为借鉴，冬奥城市的特色城市色彩不仅仅是冰雪的白色，虽然主题总是以白色、浅色为主，但还是要更多同色系的颜色去衬托才能将这个城市的特色——冬奥色彩表现出来（图 4）。

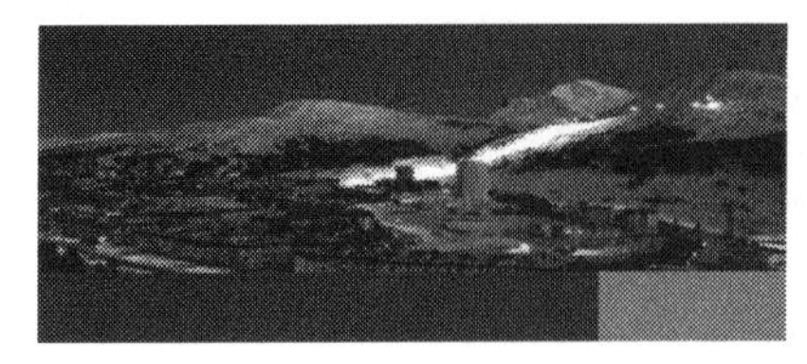

图 4　都灵色彩抽样

# 3　长宁大街新旧居住建筑色彩分析

## 3.1　对长宁大街居住建筑色彩现状的调研

调研时间：2018 年 1 月 11 日，天气：晴。调研成员：卢希康。调研地点：河北省张家口市桥东区长宁大街。调研区域位置及路线：河北建筑工程学院西门出发直行 500m。调研内容：对张家口长宁大街北侧的居住建筑进行实地调研，主要进行建筑外立面色彩提取，商用建筑标志色彩提取，调研区域内公共设施色彩提取。调研方式：主要利用“色彩地理学”理论的实践方式，对长宁大街的居住建筑进行初步的实地调研，通过色卡比对、相机拍照等方式获取色彩现状资料。调研目的：采样分析长宁大街上的居住建筑色彩，并进行色彩抽取，分析长宁大街老旧、半新、全新居住建筑的色彩特点，有针对性的研究不同时代背景下建造的居住建筑色用色习惯，深入了解建筑色彩带给居民的心理感受。最后，根据调研所得数据，进行整合分析，得出新旧居住建筑的色彩如何和谐统一的一般规律[1]。

## 3.2　老旧居住建筑的色彩现状

本次调研区域中的老旧居住建筑群有：绿园小区与张运集团住宅楼。其中绿园小区整体建筑外立面为中明度中纯度的蓝灰色，建筑外立面材料为涂料，无贴砖。无底商，一层是裸红砖建筑材料，呈低明度中纯度的暗红色。张运集团住宅楼位于长宁大街南侧，建筑外立面为高亮度高纯度的黄色涂料，无贴砖、无底商。住宅楼整体被围墙围住，围墙为红砖顶白色墙面。老旧居住建筑群周围植物以松柏为主，松柏常年呈低亮度中纯度的暗绿色。公共设施主要有：井盖（绿色涂料）、路灯（白蓝相间）、公路护栏（白蓝相间）等。此路段人行道路为红色砖和黄色盲道（图 5）。

图 5　老旧小区色彩提取

## 3.3 半新居住建筑的色彩现状

半新居住建筑群主要抽样于南鑫家园和九克拉公馆。这两处居住小区建造年代相对较近，但不属于全新的居住建筑，南鑫家园的建筑外立面为高亮度中纯度的黄色，无其他点缀色，无商用低层。楼层相比于全新居住建筑较高。建筑外玻璃为普通透明无色玻璃。九克拉公馆的建筑外立面不再是单一的色彩，以低亮度中纯度的红褐色为主，以低亮度中纯度的灰色为辅，无底商。这一时期的居住建筑属于整个城市的居住建筑典型，因为中国房产制度改革和城市开发力度的逐渐加强，许多的居住建筑拔地而起，在建筑材料和施工工艺上与原本的居住建筑有了很大的区别，并开始改变人们的居住习惯和居住模式、城市居住建筑色彩的构成和发展过程。在建筑材料上由建筑涂料改为了贴砖材料，色彩还是以黄色、蓝灰色等为主。但是由于建筑材料的不同，建筑色彩的明度纯度也发生了改变，九克拉公馆的建筑立面贴砖材料的色彩明度和纯度都要比原来小区用的涂料建筑材料的明度和纯度要高（图 6）。

图 6　半新小区色彩提取

## 3.4 全新居住建筑的色彩现状

全新居住建筑群位于长宁大街与世纪南路交叉口以西，以京润现代城为主。京润现代城是张家口目前规模最大的高层社区，建筑采用新古典主义建筑风格，也是长宁大街最新的居住建筑群，从建筑形式、建筑材料、建筑色彩上都与老旧小区和半新小区有很大的区别。京润现代城建筑外立面建筑材料以石材贴砖为主，建筑色彩由主要色彩和点缀色构成。主要建筑色彩为中明度中纯度的暖灰色，建筑外立面的点缀色为低明度低纯度的褐色（图 7）。底层商铺的 Logo 色彩较多，色彩不统一，有高明度、高纯度的绿色和黄色底色黑色字体的组合，也有褐色底色和高亮度的黄色字体的组合，还有黑色底色高亮度的白色字体的组合。这些底商 Logo 运用色彩的不统一，容易给人造成建筑立面色彩不统一、颜色混乱的感受。全新居住建筑群的公共设施较为齐全，有配备的垃圾桶、底商用道路等，公共设施的色彩与建筑色彩比较统一，无改动需要（图 8）。

图 7　全新小区色彩提取

图 8　Logo 色彩提取

## 4　关于新旧居住建筑色彩和谐问题的探究

### 4.1　新旧居住建筑色彩分析

通过本次关于长宁大街新旧居住建筑群的色彩调研，我们可以看出在一条街道上的同功能建筑因为建造年代的不同，使用的建造手法和建筑材料的不同，建筑色彩就会有很大的区别。如果把这条街的北侧所有建筑的立面放到一起，我们会看到建筑色彩从东向西分别呈暖黄色、冷蓝灰色、暖灰色、暗褐色、暖浅灰色等，再加上商用建筑和公共设施的色彩不统一，那这条街带给我们的色彩体验就会极差（图 9）。

图 9　长宁大街居住建筑群立面图

从色彩心理学上讲，混乱的色彩会使人易怒、暴躁，不利于社会安定，也不利于居民的整体素质提高。张家口作为冬奥城市，将在 2022 年作为名片向世界展示中国的姿态，所以城市形象作为给人第一印象尤为重要。城市色彩的统一对于提升城市整体形象起到至关重要的作用，城市色彩一旦达到高度和谐的层面，将给人带来一种整齐划一、整洁高雅的感觉，因为色彩是人的视觉感受，视觉是人的重要感知之一，视觉感受带给人的是直接的不经过滤的信息，在人脑中留下的印象也尤为深刻。本文的研究侧重点在于居住建筑，因为居住建筑在城市总建筑量中占有的比重很大，所以只要把居住建筑的色彩和谐问题解决就等于解决了城市建筑色彩的大部分问题。居住建筑群的色彩和谐比众多其他功能建筑群的色彩和谐问题更难解决，因为居住建筑周边总是配备许多其他功能建筑，尤其是老旧居住建筑群，周边环境比较复杂，色彩改造工程总会因为人力物力财力等因素而耽搁。而此次张家口市迎来了世纪机遇，正是改变这一现状的好机会，同时，色彩改造设计中应该考虑到张家口高亮度城市的特点和冬奥城市的特点。

## 4.2 新旧居住建筑色彩改造分析

我们调研的目的就是为了解决问题，提出合理的色彩改造方案，在这之前，我们需要合理的分析新旧居住建筑色彩的优缺点。所谓的色彩和谐，是指在统一空间内的色系统一，色相相近，要改造就涉及到实际施工，实际施工就必须考虑成本问题，在这一前提下，我们应该先把要改造的色彩方向侧重点向新居住建筑的色彩上靠拢。新居住建筑因为建造年代较近，待使用寿命也比较长，建筑色彩相对老旧居住建筑更加符合现代人审美，更重要的是新居住建筑的外立面大都是以石材贴砖为主，一旦大范围的改变色彩，成本较大，所以，对于新居住建筑的色彩改造应该保留其原本的大范围色彩，改造重点应该放在点缀色和商业 Logo 用色上。老旧居住建筑的建筑外立面的建筑材料多为涂料，改造成本较低，施工难度相对较低。老旧居住建筑的建筑色彩与现代的色彩审美有很大差距，高亮度低纯度的纯色色系建筑色彩使得建筑看起来有年代感和破败感，改造建议：老旧居住建筑的外立面材料也应统一为石材贴砖，或仿石材贴砖，色彩不只是由颜色构成，肌理在色彩中的作用也很大，所以老旧居住建筑的改造应该根据调研分析得出建议改造色彩方案进行大范围的改造。半新居住建筑外立面有些是涂料材料有些是石材贴砖，而且整体的建筑色彩较为统一和谐，地理位置正好也处在老旧居住建筑群与全新居住建筑群之间，所以应该起好过渡的作用，所以半新居住建筑群不建议改造大面积的建筑色彩，只在点缀色和商业用色上向整体色彩靠拢。

根据以上分析，并紧密结合色彩学中的色彩调和原理，在相同环境中的建筑色彩若要和谐就必须在色相、明度和彩度三个方面趋向一致，由此，我们对长宁大街居住建筑群的色彩改造方案如下（表 1）：

**改造建议色谱　　表 1**

| | | |
|---|---|---|
| 建筑色彩 | 稳重、和谐、明朗 | |
| Logo 色彩 | 鲜艳、明亮、活泼 | |
| 设施色彩 | 简洁、明快、安静 | |

## 5 结语

城市色彩对于城市整体形象来说犹如人的穿衣打扮，城市色彩可以直观的向居民和游客展示这个城市的文化底蕴和艺术素养，它是外在，更是内在。从宏观角度出发，和谐的居住建筑色彩有助于城市形象的建立和文化底蕴的传承，是建筑艺术重要的组成部分；从微观角度出发，和谐的居住建筑色彩关乎居民的视觉享受和心理健康。

### 参考文献

[1] 余志红，黄东海，曾晓红，等. 色彩的视觉特性在居住建筑设计中的运用 [J]. 宁夏工程技术，2011，10 (03)：262-264.

# 张家口市带状空间形态下的慢行交通

吕朝阳，李维韬，吕佰昌
（河北建筑工程学院　建筑与艺术设计学院，河北省张家口市　075000）

**摘　要：** 当前国内共享单车对城市慢行交通产生了很大的影响，慢行交通是城市交通系统的重要组成部分。共享单车的出现，激发了人们骑行的热情，在张家口成为北京 2022 年冬季奥运会分会场的背景下，“绿色出行”、“低碳出行”的慢行交通方式更应该在张家口积极推进。虽然张家口市的带状空间形态和山地地形在一定程度上阻碍了慢行交通的发展，但独特的城市风貌和交通布局也有利于慢行交通系统的布置和整合。慢行交通对不同地形和不同空间形态的城市适应性较强，在今后的交通系统中占有相当重要的位置[2,7]。
**关键词：** 慢行交通；带状城市；山地城市

“共享单车”的超速到来，使得“最后一公里”出行方式变得更加便捷，似乎在向我们传递一个信息，慢行交通的时代正在向我们走来。现阶段共享单车引发的一系列问题，使得城市慢行交通系统开始受到政府以及社会的广泛关注。在这样的背景下，张家口的慢行交通系统也应该顺应时代的发展，结合自身的特点，寻求合适的发展方式[3~4]。

## 1　慢行交通的发展历程

### 1.1　慢行交通概念

慢行交通是相对快速交通来讲的，指的是步行或自行车等以人力为空间移动的交通，一般情况下，慢行交通平均速度不大于 15～20km/h，慢行交通包括步行交通、自行车交通和其他非机动车交通[1]。

### 1.2　慢行交通在国外的发展

在国外慢行交通主要经历一个“繁盛—凋敝—繁盛”的发展过程。在 20 世纪 30 年代以前城市交通机动化还不够高的时候，步行和自行车是人们主要的出行方式。二战结束后，随着经济的发展，小汽车的数量增加，欧洲的慢行交通逐渐衰落。20 世纪 70 年代后，由于节约能源、保护环境及可持续发展的要求，带动了慢行交通在欧洲的回归[5]。

### 1.3　慢行交通在国内的发展

20 世纪 90 年代前慢行交通一直是人们出行的主要方式，随着中国经济的发展，城市规模不断扩大，居民出行时耗不断增加，私人汽车大量进入家庭，导致慢行交通在出行比例上逐年下降。例如，北京自行车的出行比例就从 1986 年的 62.7 %下降到 2013 年的 12.1%。大量的机动车一方面造成了城市的拥堵，另一方面排放的汽车尾气严重影响空气质量，使得很多城市饱受“雾霾”的困扰。“绿色出行，低碳环保”的出行方式得到全社会的关注和支持，各级政府在推行低碳、环保出行模式上也作了一些有益的探索，在全国 200 多个城市实施的公共自行车项目就是为解决公交“最后一公里”而进行的尝试[6]。

## 2 慢行交通的特点

慢行交通具有以下特点：(1) 慢行交通方便、灵活，遇到交通拥堵时，可以选择不同路径，对道路条件要求不高；(2) 慢行交通在短距离出行上有优势，在出行距离 3km 范围内，出行更省时；(3) 慢行交通绿色环保健康，不产生废气和噪声污染，还兼有锻炼身体的功效[8~9]。

## 3 慢行交通的发展存在的问题

### 3.1 交通规划缺乏“以人为本”理念，慢行交通得不到重视

国内很多城市慢行交通占有很大比例，但政府部门在制定交通规划政策中，“本位”思想严重，完全忽视了慢行交通的合理地位，导致了大量机动车和自行车的冲突。

### 3.2 路权分配不公，慢行交通安全受到威胁

由于路权分配不公，慢行交通一直处于弱势地位，导致慢行交通出行环境不佳，安全受到威胁。中国是世界上交通事故死亡人数最多的国家之一，很多道路交通事故受害者是慢行交通出行者。

### 3.3 慢行交通系统缺乏整体规划

慢行交通系统缺乏整体性和系统性，连续性普遍差，与其他交通系统无法有效衔接。在道路设计中，人行道设计不连续，大部分路段存在人行道被机动车出入口阻断，或是有其他突起物等，步行系统的连续性不强。

## 4 城市交通慢行系统的规划策略及分析

### 4.1 优化道路分区配置，设置慢行交通专用通道

城市交通系统中，挤占慢行交通的现象普遍存在，这不仅极大的威胁人们的交通出行安全，而且使人车混行的现象更加严重，因此应该抱着安全和平等的规划理念去优化道路网络配置，设置慢行交通专用通道，确保慢行交通所占的比例和空间充足，保证慢行交通参与者的权益，全方位提高慢行交通系统的承受能力与服务能力。针对非机动车应不断加强道路支路建设，与机动车道分流行驶，确保非机动车行车通达便捷，分担道路主干道的

行车压力并保证道路通畅。对于步行出行的交通方式，应当完善人行通道，确保非法占道经营和违规占道停车的现象不再存在，同时也要注重提高步行方式的舒适性和连续性[10]。

### 4.2 制定慢行交通系统发展的法规政策，确保慢行交通系统的合理建设

要想确保城市交通系统的合理发展，就要首先明确交通系统中不同交通工具的具体职能、权利、地位以及发展方向，并且明确规定慢行交通系统设施的建设条件，保证慢行交通设施完善。城市的过街系统是城市交通系统的重要组成部分，主要包括路口处的地下通道，路段过街天桥，斑马线等，对于路幅较宽，人流量大，红灯时间短的路段应设置两次过桥，必要时设置中心安全岛，确保行人和车辆安全。

### 4.3 坚持用“以人为本”的理念设计慢行交通系统

慢行交通系统在城市交通系统中是弱势群体，应该本着“以人为本”的理念去设计慢行交通系统，只有这样才能确保此类弱势群体的出行安全和利益，同时也不能忽略特殊交通参与者的特殊需求，所以提出以下建议：(1) 划分专用慢行区域。根据城市道路空间的布局，城市交通综合发展的实际需求，使慢行交通能够更好地服务城市居民，应当在商业圈、公园绿地圈、工业圈、校园圈附近设置专用的慢行区域，在慢行区域中建设完备的服务设施，并鼓励慢行交通参与者使用。尽量满足慢行交通参与者的交通需求和日常需求，方便慢行交通参与者的日常生活；(2) 设置人性化的设施。城市居民的日常生活基本是通过慢行交通实现，例如购物、健身、休闲娱乐等等，所以为了给市民提供一个更加和谐、美观、舒适的环境，应该在街边设置垃圾桶、美观的指路牌、方向标、座椅等方便出行，既可以使城市更人性化又可以方便市民出行；(3) 建设换乘枢纽。此处的换乘枢纽主要是针对非机动车而设置，建设中应保证其与城市轨道、公交等最大限度的实现换乘，尽可能多的分担城市道路的压力，一般而言，每种出行方式都有自己的极限距离，所以合理人性化的设置合适的换乘枢纽就更加重要，也为交通方式的无缝衔接做出了贡献；(4) 小区内的稳静化设计。城市交通未来的发展趋势是稳静化发展，慢行交通系统则是稳静化交通系统的主要组成部分，所以在设计建设交通系统时，应该有出于这方面的考虑，比如，小汽车在慢行区域禁鸣限速等措施，在小区内设置指示牌确保慢行交通参与者的主体地位。因此在对城市慢行交通系统设计的同时，要考虑到交通方式未来的发展趋势，使慢行交通与其他交通方式协调发展[11]。

## 5 慢行系统需要发展的重要性

以机动车交通为主的城市交通发展方式带来了尾气污染、交通拥堵等一系列的城市问题，国际上很多城市都开始倡导公交优先、鼓励慢行的策略，慢行交通方式是城市活动的重要组成部分，极大地提升着城市的整体魅力，此外，慢行交通方式是城市机动化出行方式不可或缺的衔接组成部分，其地位也日益受到重视。因此，目前慢行交通已经进入再发展的新时期。张家口市作为 2022 年冬季奥运会的分赛场，承担着“绿色奥运”的重要使命，优化城市交通系统，其慢行交通的发展不容忽视[12]。

## 6　张家口市的城市形态及慢行交通现状

张家口市是河北省下辖地级市，又称“张垣”“武城”，位于河北省西北部，是冀西北地区的中心城市，连接京津、沟通晋蒙的交通枢纽。

主要城区夹于东西两山之间，中部有大清河穿过，由于自然的发展，使得张家口市区逐渐形成带状的形态，依托交通运输网的逐步完善，市区主要向南发展，各种公共服务设施和市政公用设施也逐渐向南集中，自火车北站停止使用之后，老城区的人口流动速度逐渐降低，位于城市南部的高新区吸引了越来越多的人口，这样就形成了老城区与新城区不同风貌的慢行交通现状。

由于张家口气候相对寒冷，一年当中适合室外出行的时间相对于其他的城市来讲就很少，舒适度也较差；整个城市呈带状分布，南北向的交通线路较长，东西向的交通线路较短；张家口地形属于山地地形，高差大，道路的坡度就相对较大，这样对于自行车这样的慢行交通来讲，就增加了它的运行难度。

## 7　冬奥会背景下的张家口慢行交通措施

创造绿色富有活力的慢行系统服务冬奥会有利于张家口慢行系统的发展，需要从以下几个方面入手。

### 7.1　确定合理的慢行交通系统路线

自行车专用道的设置：长度合理，在城中形成完整的环路，并结合不同的城市景观风貌，用行车路线将其串联。

### 7.2　根据城市基础设施配置情况布置公共自行车停放处

根据城市公共服务设施和基础设施位置来布置公共自行车专用停放处。

### 7.3　创造舒适性体验的步行慢行交通道路

## 8　结束语

慢行交通系统隐含了公平和谐、以人为本和可持续发展理念，并且在提高短程出行效率、填补公交服务空白、促进交通可持续发展、保障弱势群体出行便利等方面，具有机动交通所无法替代的作用。通过营造环境优美、尺度宜人、高度人性化的慢行环境，可以增进市民之间的情感交流、保障市民的生活安全、促进城市居民创造力的发挥，并可直接支持城市休闲购物、旅游观光、文化创意产业发展提升，从而提高城市整体魅力。

**参考文献**

[1]　许泽昭. 城市慢行交通系统规划策略 [J]. 江西建材，2017 (11)：170.

[2] 本报记者李凤虎. 共享单车，如何与城市发展兼容 [N]. 河南日报，2017-06-02 (008).
[3] 本报记者梁文艳. 交通部拉响共享单车“紧箍咒”共享电动自行车被“抛弃 [N]. 中国产经新闻，2017-06-01 (007).
[4] 梁忠让. 从共享单车的发展看慢行交通的回归 [J]. 工程建设与设计，2017 (10)：88-89.
[5] 李欣. 基于人本视角的城市慢行交通规划探讨 [J]. 绿色环保建材，2017 (05)：60.
[6] 马章凯. 让市民“慢”享生活 [N]. 团结报，2017-05-09 (006).
[7] 余国磊. 浅析“共享单车”运营和管理中存在的问题与对策 [J]. 知识经济，2017 (09)：87-88.
[8] 慢行交通系统 [J]. 北方建筑，2017 (02)：21.
[9] 段婷，运迎霞. 慢行交通发展的国内外经验 [J]. 交通工程，2017 (02)：27-33.
[10] 方飞，周航. 城市慢行交通系统优化策略研究 [J]. 建筑技术开发，2016 (12)：98-99.
[11] 岳伟东. 基于绿色交通理念的城市交通发展策略——以哈尔滨市为例 [J]. 经济研究导刊，2016 (29)：43-44.
[12] 本报记者朱艳艳. 建慢行交通助低碳出行 [N]. 洛阳日报，2016-09-26 (006).

# 城市口袋公园近自然化的设计研究

任祺卉，马一鸣，王梦儒
（河北建筑工程学院　建筑与艺术学院，河北省张家口市　075000）

**摘　要：** 随着城市经济的发展加快，越来越多的人群集中在城市，使城市人口密集，休息区成为了城市人口放松心情的重要场所。城市口袋公园的出现，解决了城市用地和使用人群的多方面需求，弥补了城市公园的不足。本文在近自然设计研究的基础上，通过对城市公园现状的分析，把握城市口袋公园的设计方向及相关概念，并结合城市人群的特定需要，来满足快节奏城市生活人群对于精神松弛、文化享受、交往互动的需求，达到人、自然、城市的巧妙结合，并在此基础上提出了城市口袋公园近自然设计的具体实施原则和方法。

**关键词：** 口袋公园；近自然设计；城市人群需求

## 1　城市口袋公园近自然化的设计研究背景

### 1.1　城市口袋公园近自然化的相关概念

近年来，随着城市经济的快速发展，城市成了人群的聚集地，但是中心实际可用区域却不断缩小，如何在有限的面积中发挥出更大的作用已经成了我们需要解决的重大问题。口袋公园很好地补充了这方面的不足，口袋从字面上体现出小而方便，公园能够为人们提供一个舒心的“家”的感觉。口袋公园的服务范围、使用人群的需求、活动设施都取决于公园周围的环境，口袋公园只有位于高密度人群区域才能发挥它的优点：功能性指向、人性化尺度、生态性功能、社会性突出，这些地点主要有都市住宅区附近、贸易区、文教区和办公区周围。“近自然理念”就是城市要符合生态系统的演变和发展，不但包括城市改造自然的过程，也包括城市适应自然的过程。近自然化设计是以当地自然地理情况、气候因素为依据，结合景观设计学理论，表明不仅要承认人对自然的改造、利用的必要性，更要强调保护城市中的自然资源，并模拟自然状态下的生长规律，赋予绿地更加自然化的条件，减少过度的人工建设干扰，使人与环境和谐共生。

### 1.2　城市口袋公园的现状和前景

城市公园在城市景观中占有很大的比例，它虽然可以为人们提供休憩、娱乐、开展大型活动的场所，但是城市公园数量有限、多位于郊区，再加上主题性、自然性弱，因此在快节奏的城市生活的人们去公园的次数屈指可数。长时间的居住在城市，城市的喧嚣、繁华、拥挤会使得人们更加渴望亲近自然、回归自然。而口袋公园恰是在城市中央鳞集区产生的范围小、灵活、方便可行的公共开放空间，它能随时随地的为城市居民提供服务。引用约翰·O·西蒙兹的一句话："城市生活中的景观绿色系统已经和沙漠中的绿洲一样稀缺，口袋公园作为小而精巧的小型城市正是协调人、城市、景观、建筑的桥梁[1]"。随着人们物质需求的提高，越来越重视城市微环境建设，也越来越关注身边的生活环境，绿色基础设施建设能够满足人与自然的多重需求，回归自然的设计成为设计的重心，因此城市口袋公园的设计越来越受大众的欢迎。

### 1.3　城市口袋公园近自然化设计的研究目的和意义

在对国内外城市公园现状分析的基础上，结合口袋公园的特点可知，一方面城市口袋公园具有唾手可及、方便可行的特点，所以在城市密集区安置小型公园起到了满足市民多方面需求的作用；另一方面，许多城市在快速发展后出现了"同质化"的景观空间格局，由于人们对景观设计存在某些错误的认识，越来越忽视城市生活环境中的自然特征，种植方式的模式化，使得城市景观自然演变的过程被弱化，人、城市、自然之间的联系被截断，丧失了景观原有的特色，公园绿地系统应有的效应也无法发挥。因此，本文研究的主要目的是从近自然的角度体现城市生态环境恶化下，对于口袋公园的迫切需要，在城市快速发展的同时也要呼吁大家更加重视景观设计的自然化。对口袋公园的景观设计提出"质"的要求，将自然重新引入人们的生活，建立绿色环保的城市小型公园，实现了口袋公园、城市、人三者的和谐相处[2]。

## 2　城市口袋公园近自然化的需求分析

### 2.1　空间功能的需求分析

口袋公园之所以越来越受市民的青睐，就是因为它是针对不同场所环境内的公园，满足特定使用群体对空间功能的需求，对此采取不同的设计方法。可以分为以下几种不同的空间类型：居住环境的口袋公园设计，要用"以人为本"的思想，满足不同使用者的特定需求，设置不同的主题功能，主要有娱乐区、交谈区、休息区、亲水区和无阻碍设计区域。商业环境的口袋公园设计，要满足市民对自然环境的需求、安全设施的需求、空间指引的需求和生理、精神的基本需求。文教区的口袋公园设计承担的主要功能，取决于它所处的区域位置，如教学区外环境，主要是用于短暂性的学习，操场附近需要准备一些休息的座椅。因此，学校的口袋公园设计要根据不同的使用需要区分动静状态的行为环境。办公环境的口袋公园设计，主要是通过发挥绿色生态效应来满足大多数员工的多方面需求；根据人的流动方式可以分为活动空间和停滞空间，分为绿化区、私密休憩区、开放交流区、运动健身区[7]。

### 2.2　地域特征的需求分析

对于"地域特征"一词，不是源于人类的各方面需求，而是基于人类与客观存在的差异。对于城市而言，别样的环境、气候、人文的多种差别，是每一个都市区域独特存在的因素。因而口袋公园的地域性会受到气候、环境及文化的影响，在不一样的地域体现着异样的景观特色。以寒地城市为例，由于气候的原因，寒地城市的地域性极其显著，因此根据地域气候变化，口袋公园的设计要注重寒地城市景观的适宜性和寒地景观的可达性。基于“地域性”理念的口袋公园设计要考虑的是，在寒地建设口袋公园应如何顺从寒地地形、地貌，与口袋公园相融合，尊重寒地城市已形成的整体肌理。因为口袋公园以小而便捷为主，安置在寒冷的城市中，也能使人们感觉到温暖、亲切[5]。此外口袋公园的地域性还体现在所在区域的历史、人文环境中，从这一文化传统中发掘独特的文化内涵，使得口袋公园地域化。

### 2.3 受众人群的需求分析

口袋公园受人爱戴的主要原因是因为设计功能的个性化，因为口袋公园服务于周边来往的人群，真正做到了景观设计上的私人订制，比起观赏性，这种精致的景观更注重人与自然的互动性，更好地让设计服务于功能。纵观现在的口袋公园大多从互动、活跃思维、休憩的角度进行设计，来满足使用人群的基本需求。口袋公园是为所有群众服务的，针对不同的使用群体设计出不同功能的公共处所，注重人类活动的类型性、习性，以此满足使用人群的多种需要和特定需要。不同年龄段的使用者要注意区分，对于老年人而言口袋公园多用于寻找朋友、享受自然，因而休息区的设置极为重要；对于儿童使用者来说一个好的口袋公园是一个同时具备游戏设施和安全性的空间；对于中、青年使用者而言更多的是用于放松、运动的场所；除此之外更要考虑特殊人群的需求。口袋公园设计是否成功关键要看活动空间的宜人度，基础设施与人们的交往方式、行为习惯是否契合，是否能够满足人群的各方面的需求，以自身舒适的方式缓解压力。

## 3 城市口袋公园近自然化的设计方法

### 3.1 空间形态的近自然化设计

口袋公园中的空间形态是指地表形态，主要包括空间基本元素的设计、空间多种造型的设计、城市公园基本设施的设计。空间形态的存在是人们多样化活动的基础，可以满足人们生理和心理多方面的基本需求。口袋公园的空间形态是利用活动空间实和虚等秩序的围合，利用外形、颜色、植物配搭的不同表现，给人以不同的心境体会，借此为使用者营造休息、交往的场所环境。而这些活动的基本载体主要包括：铺装的设计、质感、色彩、形状、图案和铺装的尺寸与边界的绿篱、栏杆、台阶、坡道等近自然的设计[3]。口袋公园近自然的设计主要体现在利用树木和自然植物创造空间，为人们提供娱乐休息的地方，利用灌木、地被植物和花卉来组织和构建空间，为人们营造自然的氛围，近自然设计也体现在亲水设计，让人与大自然有更亲密接触的机会。公园设施有提供识别、烘托点缀等作用，将设施与环境紧密结合，以便人们能在舒适宜人的地方生活，给使用人群提供定向指引的作用，创造出适宜人类居住的场所[4]。

### 3.2 地域文化的近自然设计

地域文化与城市的本来状貌彼此相互联系、相互影响，口袋公园具有公共开放性，所以区域性使得它不仅要满足人们休息娱乐的需求，更加需要承担延续城市文脉发展的任务。口袋公园中所融和的地域文化的标志正是对文脉的延续，场地的历史人文和自然物理等特点，能够充分地体现一个城市的精神面貌、人文和地域特色。从某种程度上说，一个城市的地域文化是城市特色的关键所在。一定的地域特色能让人们在不同的城市中有不同的心理触觉，产生心灵的共鸣。地域文化的近自然设计就是将区域特色和现代城市的建设相结合，自然环境要素与建筑构造交相辉映[6]。景观园林设计本身就是借助一定的自然环境，例如素有“水乡”之称的江南小镇，通过借景偏宜、得景随形的手法塑造了江南淡雅唯美的城市特色。城市文化特色不能仅仅满足于一味地反映、保护、利用现有的文化特色，而是应该朝着符合未来时代的方面发展，将自然、精致文化和现代生活的发展相结合，在未来都市景观规划的道路上，不仅仅重视区域文脉的连续发展，也要努力建设出人类追求的地域性时代性都市景观。

### 3.3 心理环境的近自然设计

口袋公园的建造是为了满足市民心理和精神上的需求，将公园微观化，并融入到城市的景观中，不仅可以缓解城市化的快速发展与自然环境弱化的矛盾，也可以缓解人们巨大的生活压力。因此，口袋公园的设计是在有限的小空间里创造大的境界。在设计中一方面要注重他们的空间组合和放置，另一方面更要注重它与使用人的联系。内部和外部所建立起的联系和氛围是经过相关的设计所呈现的，从而能够控制人对物体的感知，满足使用者的参与心理，并且可以对所见景观进行各种感官活动，这些行为方式的增加使得景观更具人性化，也增加了空间的人文含义。多样生物植物环境的营造可以为人们提供舒适宜人的环境，也可以缓解自然属性和城市属性的矛盾。一个成功的园林景观环境设计，不但要满足人类的基本生活需求，整个生态设计也要突出“以人为本”的思想，同时呈现出多元并存的局面，在设计中应注意环境与场所的关系，符合人的特定活动。

## 4 结束语

口袋公园的重要性在于其能为城市人居环境提供一种可控制的绿色服务系统，而近自然设计方法的应用可以增强城市建设的自然属性，达到人的需求和自然需求之间的平衡状态。本文对城市口袋公园近自然化的设计方法作了进一步的研究，阐述了城市口袋公园的研究目的和意义，界定了口袋公园的研究范围，确定了研究方向和设计方法，对近自然化设计概念发表了自己的见解，在此基础上提出了城市公园建设的误区和城市口袋公园存在的必要性和未来的前景，根据现有的理论和可以借鉴的经验提出了城市口袋公园近自然化设计的方法。

**参考文献**

[1] 约翰·O·西蒙兹. 景观设计学：人类自然居住空间 [M]. 北京：中国建筑工业出版社，2001.
[2] 尹海伟. 城市开敞空间. 格局. 可达性. 宜人性 [M]. 南京：东南大学出版社，2008.
[3] 王波. 透水性铺装与生态回归 [M]. 东营：石油大学出版社，2004.

［4］ 邓毅. 城市公园生态规划设计方法［M］. 北京：中国建筑工业出版社，2007.
［5］ 王洪成，吕晨 . 城市园林街景设计［M］. 天津：天津大学出版社，2003.
［6］ 黄志新. 生态学理论和园林设计理念［M］. 北京：北京大学出版社，2004.
［7］ 俞孔坚. 景观设计学［M］. 北京：中国林业出版社，2012.

# 基于低影响开发的适老化公共绿地交往空间

任祺卉，卢希康，桂佳宁
（河北建筑工程学院　建筑与艺术学院，河北省张家口市　075000）

**摘　要**：无法逃避的人口老龄化正给中国带来极大的挑战，人口老龄化趋势日益明显的当下，适老化设施变得越发重要，景观环境作为其中重要的一环，不仅能提供适宜老年人的户外空间，同时也能提升老年人的幸福感。通过对国内外适老化公共绿地交往空间的调研，总结出其现在面临的问题，从受众人群各方面需求出发，利用低影响开发策略对适老化公共绿地交往空间进行设计。

**关键词**：适老化；公共绿地；交往空间；低影响开发

## 1　基于低影响开发的适老化公共绿地交往空间的研究背景

### 1.1　基于低影响开发的适老化公共绿地交往空间的相关概念

随着我国城市人口老龄化的快速发展，研究适宜老年人的生活环境越来越重要。公共绿地作为人群交往的一个重要场所，因其健康的自然环境、开放的休闲交流空间逐渐成为老年人户外活动的首选。因此为老年人设计一个安全舒适健康的交往空间则变的迫在眉睫。适老化是“以老年人为本”，从老年人的需求出发，最大限度地帮助这些随着年龄衰老出现身体机能衰退、甚至是功能障碍的老年人，为他们的日常生活和出行提供尽可能的方便。公共绿地交往空间是存在于各类城市绿地中、可用于交往的空间，是处于构筑物周边、共享的公共空间[4]。低影响开发（LID）是指以生态学为基础的城市雨水收集利用的生态技术体系，使开发地区尽量接近于自然的水文循环，并增强生物多样性、加强水体渗透，减少水土流失，在源头处理雨水径流。因此，本文将低影响开发理念与适老化公共绿地交往空间有效整合，并指导 LID 在景观层面的科学构建。

### 1.2　适老化公共绿地交往空间的国内外研究现状和前景

随着老年人身体的衰弱，景观设计师从这一群体的特殊需求到建筑外部的环境、空间布局、细微之处都要进行精心设计，对老人的康复训练和精神世界关照也需要重点设计。目前我国正在大量建设养老社区、养老公寓、养老院等配套设施，但是在适老化设施方面经验还很欠缺。日本比中国早进入老龄化社会，在适老化景观设计方面已经取得了很宝贵的成果，在人性化设计和精神方面的营造都属前列，所营造的空间处处体现对老人身心特点的细腻关照。目前我们在适老化公共绿地交往空间设计上还存在着一些问题，首先是户外的一些园林绿化和设施布置不合理，场地的尺度过大或过小，没有从老年人切实需要出发。其次是老人活动的公共空间和私密性空间分区不明显，老人们的动态活动和静态活动彼此之间存在着一定的干扰性。适老化公共绿地交往空间在老龄化趋势明显的当下，无一不证实了景观设计对于老年人的重要性，不仅仅是改善环境，更重要的是已经参与到生命的拓展方面。

### 1.3 基于低影响开发的适老化公共绿地交往空间的研究目的和意义

在对国内外适老化公共绿地交往空间现状分析的基础上，得出了：一方面老年人作为城市发展中的弱势和值得关注的特殊群体，其生活环境、交往活动空间的改善成为了设计师面临的首要问题。老年人的大部分时间都是在居住区及附近公共环境中度过，公共绿地在老年人交往活动中起到了不容小觑的作用。另一方面，随着近年来低碳经济、节约型园林的提倡，适老化公共绿地作为城市生态基础设施的重要组成部分，在建设过程中不仅要注重生态功能、经济价值和环境品质方面的提升，还应强调其在防洪排涝、水环境保护以及雨水径流污染控制等方面的开发新举措，将低影响开发理念运用到适老化公共绿地交往空间中，不但可以为老年人提供一个身心健康和舒适安全的交往空间，还可以实现区域内雨水收集、渗透、过滤以及蓄滞，可以有效控制水质污染，降低洪涝灾害风险和维持良性水循环，同时还可以补给地下水源、储存后用来雨水浇灌园林植物及营造人工水景等，达到节约水资源以及恢复自然生态系统的目的，构建适老化公共绿地交往空间景观生态安全格局。

## 2 基于低影响开发的适老化公共绿地交往空间的分析

### 2.1 适老化公共绿地交往空间的功能分析

适老化公共绿地作为城市重要的交往空间，其功能不仅是为老年人提供一个人与人之间双向和多向的交流场所，也为老年人创造了可以和自然亲密接触的活动空间。一方面适老化公共绿地交往空间具有绿化功能，从生态功能上分析，适老化公共绿地交往空间区域种植大量的植物，可以释放出氧气、净化空气、创造一些小气候，为老年人提供一个遮阳乘凉的好去处（图 1）；从心理功能层面分析，可以缓解老年人的孤独、不适的感觉，美的环境会为老年人提供美丽的心情，可以调节老人的大脑神经；从物理功能上分析，具有防风固沙、防止水土流失、隔离和减少噪声、隔热保温等作用；从美学功能层面分析，可以满足老年人的视觉需求，植物的颜色、形状、味道和发出的声音可以调动老年人的感官，让老年人在有意识和无意识中形成了和公共绿地的交往（图 2）[6]。另一方面适老化公共绿地交往空间所营造的绿化环境使得人们停留的时间变长，彼此之间交往的机会增加，为老年人提供了户外交

图 1 遮阳乘凉的廊架景观

往空间，使得老年人可以更多地参与到公共活动之中[1]。

图2　公共交往空间

## 2.2　受众人群行为特征分析

老年人在公共绿地交往空间发生的交往行为大多是具有目的性和明确性，主要归结于家庭的空巢化和小型化越来越严重，导致老年人与家庭内部成员之间的交往频率较少，在“亲缘关系”无法满足老年人的心理需求的时候，“友缘关系”在这时就会发挥重要的作用，老年人在闲暇之余更愿意参与到户外活动之中，他们渴望了解外边的世界，渴望与外界交流。于是公共绿地交往空间在这里就成了老年人身心寄托的场所，老年人可以在此进行一些以增强体质、丰富精神文化、消遣娱乐和社会交往为目的的活动，大体可以分为集体性活动、小群体性活动、个人活动等[3]。集体活动的空间尺度比较大，相对开放，场地也较平坦，老人们可以进行球类、跳舞、扭秧歌、太极拳等集体性活动（图3）。小群体活动主要是一些兴趣相投的老年人三五成群地聚在一起，进行娱乐和交流的活动，此空间和集体性活动空间相比较小，老人们通常在此下棋、打牌、休息聊天、陪孩子玩耍等，这种社交活动利于老年人生活健康、放松和缓解内心的孤寂（图4）。个人活动主要包括栽花弄草、旅游观光、观看休憩、自行锻炼、散步等。

图3　老年人集体活动

图4　老年人小群体活动

## 2.3　受众人群需求分析

随着社会职能的减少和社会角色由服务对象转变为被服务对象，城市公共绿地交往空间就成为了老年人生活空间的重要场所，对公共绿地交往空间也有着特殊的需求。从生理角度来说，老人们的视力下降越来越严重，对光线的要求很高，需要光照均匀、光强反差小、色彩搭配较平淡的户外环境；对老人而言，容易受噪声影响，需要避免嘈杂和长时间的噪声干扰；皮肤神经的老化造成老人触觉上的不灵敏，冬天怕冷，夏天怕热，所以需要给他们提供一个冬暖夏凉的活动空间，由于老人肢体、感官、智力的衰退，适应环境的能力下降，因此老人们需要一些无障碍的设计设施[5]。在心理需求方面，作为社会弱势群体的老年人们，缺少一定的安全感，他们担心因为自身的能力不足和特殊的生活规律，户外运动的设施无法满足他们对于绿地交往的需求，因此他们需要在公共绿地交往空间中可以感受到足够的安全、确定、可控（图 5～6）；同样归属感对于老人也很重要，使自己能够归属于某个场所空间，并成为其中的一员，他们会希望能在此空间中得到爱、帮助和温暖，从而可以减少或消除内心的孤寂感、不适感[2]。

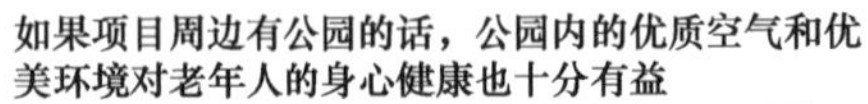

图 5　娱乐活动

图 6　锻炼身体

## 3　低影响开发在适老化公共绿地交往空间设计的应用

### 3.1　低影响开发在疗养性功能空间的应用

疗养性适老化公共绿地具有缓解压力、安抚情绪、恢复精神和复健心灵的作用。为了解决老年人感官不同程度的问题，设计出可以满足老年人多种感官、多种层次相结合的场所。首先是视觉、嗅觉、触觉的结合，在公共绿地设置多种治愈性植物。道路两侧精心设计的驻足和休息点（图 7），种植层次丰富的地被景观和设置植草沟（图 8）、生物滞留池（图 9），一方面可以让老年人沉浸在浪漫的花海之中，另一方面生物滞留池可以聚集道路径流雨水，进行雨水前处理和雨水的运输，实现生态的自然循环。运用低影响开发策略在适老化公共绿地种植耐旱耐涝的草本植物，不仅能排涝，也能形成柔和的绿色边界，使环境更加美观。其次是听觉和触觉的结合，建设雨水花园，设置流水景观，感受流水的清悠柔和，给急躁的性情注入一股令人静逸神定的清泉[7]。雨水花园具有过滤和净化雨水的作用，让在休憩的老年人可以呼吸着新鲜的空气，清风拂面，零距离感受空气的温度和湿度，感受雨水花园营造的舒适、健康的环境。

图 7　老年人驻足和休息区域

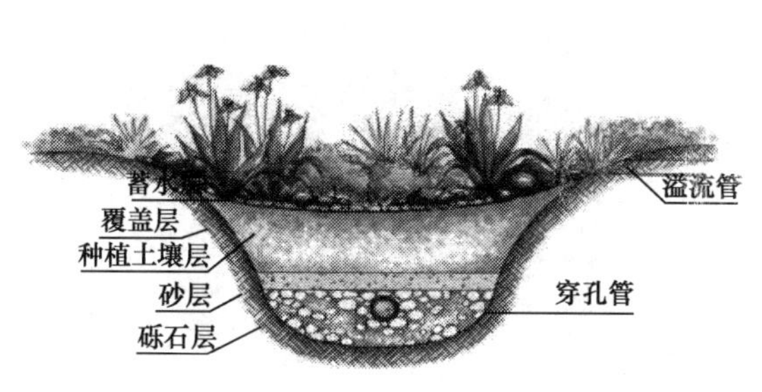


图 8　植草沟

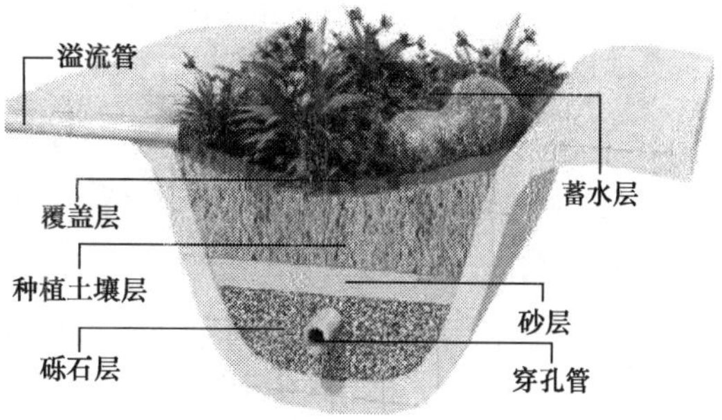

图 9　生物滞留池

## 3.2　低影响开发在休闲交流功能空间的应用

适老化公共休闲空间为老人们提供了不同大小、不同私密度的多种空间形式，既可以进行大型的集体活动也可以个人自由活动、休息观赏等。在集体活动的场所运用透水铺装，建设透水道路。透水地面除了可以通过“地气”使地面冬暖夏凉，雨季透水，冬季化雪，为老人们提供便捷，增加老年人居住、休闲娱乐活动的舒适度，还对粉尘有较强的吸附力，可减少扬尘污染，降低噪声，为老年人创造一个健康、安全、舒适的户外空间（图 10）。在休闲交流区域设计一些下沉绿地，四周环绕式座椅，是老人们娱乐、表演跳舞的舞台和相互交流的天地，对老人心理安全上形成一定的保护，同时具有收集雨水的生态功能，补充和节约绿地灌溉用水，从而有助于城市节水和减少城市污水对外界的影响，也起到滞洪减灾的作用（图 11）[8]。在老人休闲步道两侧设置植物缓冲坡，丰富公共绿地交往空间的景观效果，让城市绿地真正成为老人娱乐、休闲的最佳去处，在适老化绿地设计中采用大量的彩叶地被植物色块，同时布置大量的游憩草坪作为老人社交的场所，且让各类植物缓冲坡与色块和游憩草坪设计相结合（图 12～14）。

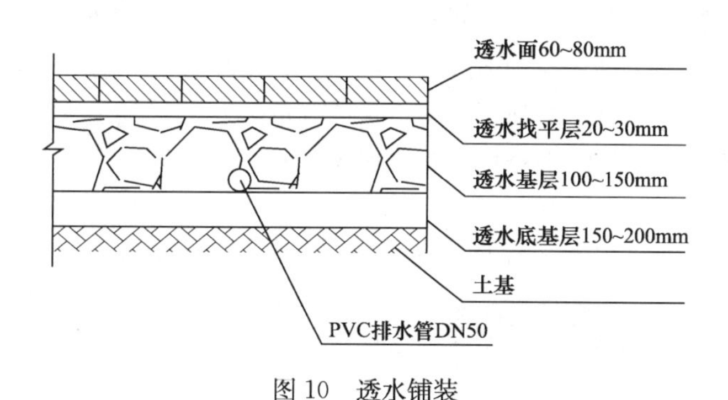


图 10　透水铺装

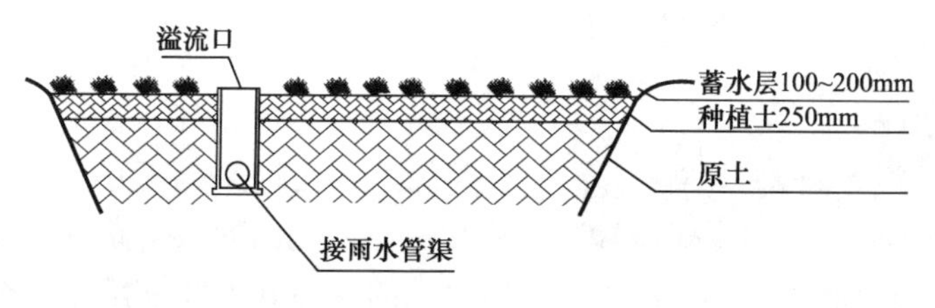


图 11　下沉绿地剖面示意图

图 12　植物缓冲坡

图 13　慢跑空间

图 14　散步空间

### 3.3　低影响开发在人文关怀功能空间的应用

建设适老化公共绿地，首先要为老人营造文化氛围，文化是适老化公共绿地设计的灵魂，每位老人都有属于自己的情怀、属于自己的心灵归属地。重庆市面积最大的城市湿地公园——观音塘湿地公园中“穿针引线”串起了璧山历史文化，整个公园形成了“亭台到处皆临水，楼阁虽多不碍山”的独特意境，山的文脉，水的灵动，所蕴含的山水文化是中华文脉的灵魂。重庆湿地公园很好地展现了湿塘景观，具有跌水功能的湿塘，通过水体在跌落过程中与空气的接触，提高水体中的含氧量，起到曝气冲氧、滞留雨水、调节流量、净化的作用，让老年人俨然来到森林享受天然“氧吧”，感受身心与大自然交融，清心润肺（图 15）。其次是亲情关怀，在对老年人的心理学研究中，我们可以发现老年人的心理特征一般包含两个方面：一是子女不在身边的孤独感，他们渴望与他人交流；二是他们脱离原有生活环境所产生的陌生感，并渴望家庭生活。基于以上的心理特征，设计出具有亲情关怀的公共绿地和为前来探望的儿孙子女提供一个支持性的环境尤为重要，因为亲人的关心和照顾对老人的身心健康更为有益（图 16～17)。

图 15　湿塘

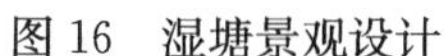

图 16　湿塘景观设计

图 17　亲子活动空间

## 4　结束语

在老龄化越发明显当下，城市需要用高品质的绿色空间来提升老年人的生活体验，设计师在对适老化公共绿地交往空间进行设计时，一定要充分考虑老年人的身体特殊性和心理敏感性，将人性化体验融入其中，尽力让老年人在有限的生命里感受无限的快乐、舒适、健康安全、充满人文气息的养老居住环境。

**参考文献**


[1]　苏波，栗功．城市老年人主题公园中的自然光应用设计［J］．知音励志，2017（2）．

[2]　杜浩渊．养老设施相关规范的解析与诠释［D］．杭州：浙江大学，2017．

[3]　庞丽．老龄化背景下公共绿地园林设计方法探析［J］．山西建筑，2017（01）：213-214．

[4]　宗园园．居家养老模式下居住区户外环境设计研究［D］．邯郸：河北工程大学，2017．

[5]　曹阳．基于公共健康需求的公共空间适老性研究［D］．北京：北方工业大学，2015．

[6]　陈婷．基于居家养老形式下老龄化社区公共绿地规划设计研究［J］．城市建筑，2014（04）．

[7]　吴训虎．基于低影响开发理念的城市 CBD 景观营造——以荆门万达广场为例［J］．中国园艺文摘，2017（11）：155-157．

[8]　邓卓．基于 LID 理念下的居住区景观设计研究［D］．长沙：中南科技林业大学，2017．

# 城市因水而变——以“海绵城市”为导向的冬奥城市张家口建设的路径探索

涂慧瑾
（河北建筑工程学院　建筑与艺术学院，河北省张家口市　075000）

**摘　要：**在城镇化和工业化的推动下，冬奥城市张家口的物质条件和经济水平发生了质的飞跃，然而在快速但不健康的城市化过程中长期面临着夏季城市内涝、雨水径流污染、生态环境恶化等环境问题。因此我们亟须一种既能实现雨水在城区内积存、渗透和净化又能确保城市排水防涝安全的环保措施。为提高雨水资源的利用率和完善生态环境保护机制，“海绵城市”的设计理念应运而生。本文主要从“冬奥城市”的现状谈起，探讨了如何科学、系统地对待水的问题，提出建立水生态基础设施是生态治水的核心，也是实现“海绵城市”的关键。围绕这一概念，重新审视冬奥时代治水思路的利弊，深刻认识生态雨洪管理和城市生态建设的重要性及方法和技术，对实现生态文明和美丽中国具有重要意义。

**关键词：**海绵城市；冬奥城市；水资源；建设

## 1　冬奥城市张家口雨水控制的现状

### 1.1　冬奥城市张家口的气候背景

张家口属温带大陆性气候，地处京晋冀蒙交界处，特点是四季分明、雨热同季、昼夜温差大，冬季寒冷、夏季凉爽。根据最近数据显示，年平均降水量 388.8mm，且夏季降水多以暴雨形式出现，易造成城市片区内涝、水土流失等自然灾害。

### 1.2　城市内涝与缺水并存

近二十年来，随着社会的发展，中国城市化水平提高了 20%，极大地促进了文化的传播和经济的繁荣。新型城市化进程迅速推进，奥运城市张家口范围迅速扩大，人口从农村向城市持续流入，以及大量的水服务业的不断扩张等等引发了城市的困境，首先是城市缺水问题，张家口干旱和少雨的自然特征使受干旱和作物减产的影响更大。然而，随着城镇化进程的加块，干旱逐渐向城市扩展，已成为制约可持续发展的关键。其次，近两年来，夏季暴雨引起的城市局地涝灾的报道频频出现。在城市范围日益增大的背景下，传统的市政雨水管网已无法承受负荷。城市内涝的最主要原因是在城市中用大量的硬地来代替原来的天然地。人们象征性地修复绿地，但许多绿地比硬界面更高，所有这些都直接影响着地面雨水的接收、调节和暂存功能。

因此，如何同时解决城市的“多水”和“缺水”，成为张家口冬奥会城市规划、设计、建设和管理中亟待解决的重要问题。

## 2 “海绵城市”理论内涵

海绵城市（sponge city），顾名思义是借海绵的物理特性来形容城市的某种功能。通过文献检索，发现国内外多有学者运用该概念来形象比喻城市吐纳雨水的能力[1]。

水生态问题与水环境问题是跨地域、跨尺度的系统性问题，也是互为关联的综合性问题。诸多水问题产生的本质是水生态系统整体功能的失调，因此解决水问题的出路不在于河道与水体本身，而在于水体之外的环境。如：大量的雨并不是落在河道里，所以防洪没必要仅仅死守河道；主要污染源非水体本身，所以，水净化的解决之道也不在于水体本身。解决城乡水问题，必须把研究对象从水体本身扩展到水生态系统，通过生态途径，对水生态系统结构和功能进行调理，增强生态系统的整体服务功能：供给服务、调节服务、生命承载服务和文化精神服务，这四类生态系统服务构成水系统的一个完整的功能体系。因此，从生态系统服务出发，通过跨尺度构建水生态基础设施，并结合多类具体技术建设水生态基础设施，是“海绵城市”的核心。

## 3 海绵城市的兴起

为解决城市快速膨胀带来的生态环境问题，我国提出了建设自然积存、自然渗透、自然净化的“海绵城市”建设理念，以实现城市的可持续发展。现在“海绵城市”的新型理念已逐步被更多人熟知，在其引导下也已经开始运用到我国各大城市的建设中去。海绵城市主要包含两方面的建设内容：修复和开发。修复是从保护的角度出发对现有生态系统进行改造和恢复；开发则主要是指低影响开发部分。这就意味着在海绵城市理念指导下的城市道路建设相应地也就同时涵盖两个内容。一方面我们要搞清楚现存道路的雨水管理模式，深入分析传统市政管网系统下雨水的收集和排放[2]。另一方面我们还要大力开展低影响开发，在市政道路建设中，通过在道路红线内设置低影响开发设施把雨水有秩序的汇流和传送。国内海绵城市道路的雨洪管理正经历着由“快排”到“渗、滞、蓄、净、用、排”的过渡阶段。

## 4 “海绵”即是以景观为载体的水生态基础设施

完整的土地生命系统自身具备复杂而丰富的生态系统服务功能，这是“生态系统服务”理论的核心思想，聚焦到“水问题”上，这一理论表明，城市的每一寸土地都具备一定的雨洪调蓄、水源涵养、雨污净化等功能，这也是“海绵城市”构建的基础。但是，各种关键性生态过程在土地的分布上是不均衡的，“景观安全格局”理论认为景观中存在某些潜在的空间格局，它们由某些关键性的局部、位置和空间所构成，它们在物种保持和扩散的保护过程中有异常重要的意义。对于关键性水过程而言，也存在着相应的景观安全格局，这一安全格局通过土地和城市的规划与设计，最终落实成为水生态基础设施。有别于传统的工程性的、缺乏弹性的灰色基础设施，它是一个生命的系统，它不是因为单一功能目标而设计，而是用来综合、系统、可持续地解决水问题。它提供给人类最基本的生态系统服务，是城市发展的刚性骨架。从水安全格局到水生态基础设施，它不仅维护了城市雨涝调蓄、水源保护和涵养、地下水回补、雨污净化、栖息地修复、土壤净化等重要的水生态过程，而且它是可以在空间上被科学辨识并落地操作的。所以，“海绵”不是一个虚的概念，它对应着的是实实在在的景观格局；构建“海绵城市”即是建立相应的水生态基础设施，这也是最为高效和集约的途径。

## 5 以“海绵城市”为导向的冬奥城市张家口建设的策略

### 5.1 生态优先

强化生态保护区的管控和涵养，最大限度地保护原有河流、湖泊、湿地、坑、塘、沟渠等水生态敏感区，留有足够涵养水源，应对较大强度降雨的林地、草地、湖泊、湿地，维持城市开发前的自然水文特征。构建城市发展与自然生态水系相结合的生态绿地系统，主要包括生态公园绿地、道路附属绿地、生态防护绿地、特色农田、滨水生态绿地等。在满足绿地系统生态景观、游憩空间、隔离带等基本功能的条件下，合理预留或创造空间条件，对绿地自身及周边硬质化地面的雨水径流进行“渗、滞、蓄、净”等处理，并与城市传统雨水排放系统、超标雨水排放系统进行衔接。

### 5.2 节水为重

通过非常规水利用缓解水资源压力。张家口冬季属于缺水地区，亟须通过海绵城市建设提高非常规水资源利用比例，以直接回用或者间接涵养的方式，缓解水资源压力。采取以地下水和地表水为主，适时利用中水和雨水资源的水资源配置方式，开源与节流并重，通过“蓄住天上水、拦住过境水、保护地下水、开发再生水”的水资源利用策略，使水资源得到优化配置、循环利用，满足区域生活、生产、生态用水。

### 5.3 系统治水

修复并发挥山水林田湖的综合生态效益。山水林田湖是一个生命共同体，以海绵城市建设为载体，统筹山水林田湖建设，最大限度修复水体水系和优化生态环境，实现综合生态效益最大化。建立从源头到中途再到末端的雨水径流管理模式，立足现状，从单纯依靠城市排水设施外排雨水向城市雨洪全过程管理转变，遵循“源头控制、中途蓄滞、末端排放”的原则，构建低影响开发规划、雨水排水系统规划、城市内涝防治规划三位一体的城市排水（雨水）防涝综合规划体系，使低影响开发、雨水排水系统与内涝防治系统有机结合。

### 5.4 研究先行

因地制宜探索冬奥地区的海绵城市技术，加强对低影响开发设施的理论研究，确定在西北地区的土壤、降雨、水质、水量等条件下，各项低影响开发设施对城市雨水径流水量水质的调控效果、设计和运行参数，为低影响开发的本地化应用提供数据基础和技术支撑[3]。以干湿分明地区的雨水调蓄、民间传统设计方法的传承等为重点，探索适用于西北地区的技术和标准。研究实践双侧收集滞渗、单侧收集存蓄、分段收集净化三种道路收水方式，为道路低影响开发设计提供指导。

## 6　以"海绵城市"为导向的冬奥城市张家口建设的举措

为了构建完整的城市海绵系统，工程应关注水城河流域和城市两个层面。我们可以利用河流串联起现存的溪流和低洼地，形成一系列蓄水池和具有不同净化能力的湿地，构建了雨洪管理和生态净化系统。这一方法不仅最大限度地减少了城市雨涝灾害，而且在旱季也能有持续不断的水源。拆除河流的混凝土河堤，重建自然河岸的湿地系统，发挥河流的自净能力。建立连续开放空间，建立人行道和自行车道系统，增加通往滨水区域的通道。最后，项目将滨水区开发和河道整治结合在一起[4]。以水为核心的生态基础设施促进了冬奥城市张家口的城市改造，提高了城市土地的价值，增强了城市活力。

## 7　结束语

作为新的城市建设模式，海绵城市的理论尚处于探索和发展阶段，亟待在准确解读其概念的深层内涵基础上展开进一步思考，研究符合冬奥城市地域特色的具体实施策略和规范标准，以促进该理论体系的完善和成熟；并从以下几方面提出建议：规划上，加强各专业和部门协作，科学分析水文特征为先，合理配置空间资源；技术上，应制定符合其地域条件和要求的专用技术指南，避免照搬模式；法规上，制定完善的法规政策和管理体系，做到开发有法可依，管理有法可循；实施上，辅以经济调节手段，加强政策支持与示范宣传，提高企业和市民减污、水体保护及水资源合理利用的意识和行动力。

### 参考文献

[1]　俞孔坚，李迪华，袁弘，等．"海绵城市"理论与实践［J］．城市规划，2015.

[2]　李和谦．北方海绵城市道路景观设计方法研究［D］．天津：天津大学，2015.

[3]　杨阳，林广思．海绵城市概念与思想［J］．南方建筑，2015（3）．

[4]　崔广柏，张其成，湛忠宇，等．海绵城市建设研究进展与若干问题探讨［J］．水资源保护，2016，32（2）：1-4.

# 基于地域性的城市风貌特色保护与更新

王莲霆
（河北建筑工程学院　建筑与艺术学院，河北省张家口市　075000）

**摘　要：** 城市风貌是千百年来一个地区自然地理、经济政治和人文传统等多方面历经岁月淘沙，风云铅华后的精华积淀，不仅见证了城市的初生、发展和形成，也是一座城市历史底蕴、灵魂体现和独特存在的根基。然而随着经济的发展和全球一体化的汹涌浪潮，世界城市的建设都在向着国际化、纽约化进行，城市的单体建筑更是呈现出了多元趋同的景象，朝着现代化、新奇化、高大化追求。令人担忧的“千城一面”如今已数见不鲜。因此如何保护城市风貌同时展现出其独特的地域性，成为建筑设计研究的主要方向之一。

本文通过对城市风貌地域特色保护的研究，提出了对“既成城市”风貌保护和“成长中城市”风貌打造的策略。

**关键词：** 城市风貌；地域性；特色；保护

## 1　引言

地域性是建筑的基本属性之一，也是影响城市风貌特色的主要因素。地域性是一个地区地理地貌、自然气候、历史文化、政治经济、人文传统等的总体呈现。在宏观上于无形中指引着城市的总体规划布局；在微观上于细微处影响着建筑设计的方方面面。如建筑方案的设计理念、建筑形式形态、建造结构处理、内外立面处理及微界面微环境等的处理。一座城市的规划布局、建筑设计便是一个城市风貌的体现。因此可以说一个城市的地域特色是城市风貌体现的重要影响因素。周波[1]在其文中分别就城市风貌和城市特色给出了相应的解释：“城市风貌主要指城市呈现的可视形象和非物质形态的文化体现，即城市自然景观和人文景观及其所承载的城市历史文化和社会生活内涵的总和。”而“城市特色被理解为一座城市的内容和形式明显区别于其他城市的个性特征，它是城市社会所创造的物质和精神成果的外在表现。”

然而，在迈向新世纪的过程中，许多城市在建设过程中却忽略了这重要的影响因素，忽略了对城市风貌的用心打造，切断了与传统城市历史渊源相连的脉搏。随着经济的高速发展，全球一体化的汹涌浪潮，世界各个国家和地区争相挤上这条通往国际化的客船，使得多元化呈现出趋同的趋势。对国外城市规划原理的模仿和照搬，对新技术、新材料、新结构的吸取和应用，对设计理念的模仿和套用，不管地理地貌、自然环境条件而进行的规

创新基金编号：XB201850。

模性建设等现象，不仅使不同地区的建筑单体呈现出了趋同现象，而且城市的风貌也在逐渐趋同，所谓“千城一面”、“万镇一统”便是这种趋同的真实写照。

综上所述，对城市风貌的保护应该被提上日程，相信在不久的将来，甚至现在，会成为世界各国城市发展和建筑设计的主要议题。

然而对城市风貌特色的保护不能一概而论，笼统处之。应该是有计划有目标的逐步实现。首先对不同发展程度的城市应有不同的保护对策。从宏观方向，笔者暂且将城市归为两类，“既成城市”和“成长中城市”。既成城市是指城市格局已稳定，城市形态发展较完善，也就是城市整体水平已发展到一定高度，已经无须外向性的建设，而更希望内向性充实，处于注重城市生活品质和城市内涵提升的阶段。而成长中城市是指城市格局还未稳定，城市发展有待完善或正在打造风貌特色的城市或城镇，其发展还处于建设、规划、丰富城市轮廓线和地方天际线的阶段。

## 2　既成城市风貌的保护

对既成城市风貌的保护策略要以保护、改造与更新为主。下面便浅谈一下对既成城市风貌的保护与更新。

### 2.1　保护与更新

城市的总体规划指引了城市发展的方向，然而城市不能无休止的发展下去，因为会牵涉到很多问题，这里不再赘述。因此城市发展有其底线和约束性。对既成城市而言，城市风貌特色的保护便会将重心放在再开发而非新开发的模式里。比如，北京、上海、广州、深圳，便是上面笔者所谓的“既成城市”。

对既成城市风貌的保护策略，首先是保护，其次要对具有风貌特色的建筑或建筑群进行适应性和适时性的改造与更新。这里所说的适时性的更新是指让城市中具有时代痕迹、延续传统文脉、颇具地域特色的，能为城市总体风貌增辉的既有建筑的使用功能跟上时代的步伐，让其传统功能空间焕发新时代的气息。而适应性主要是指对功能空间的现代化适应和更新，具体来说可以是让老建筑的功能空间满足现代社会人们生活的需求，从而焕发新的生机，而不是仅有时代博物馆的功能，被参观、被展览。其用途不仅仅是作为见证城市发展的历史烙印，更应该被灵活地、创新地应用起来，这样才能让城市中这些具有悠久历史、传统性的建筑活起来，这些建筑重新焕发生机时，地域文脉的星火才能在一方人的心中燎原。让城市沿着传承之根、渊源文脉和地域性特色有灵魂、有机的长足发展，这才是城市风貌保护的根本目的所在。

为此，学者们在既成城市风貌的保护与更新中做出了不懈的努力而且也获得了可观的成绩。“城市针灸”理论、“城市存量规划”、城市风貌保护条例的编制、国内外经典案例的经验总结等一系列的研究成果都为既成城市风貌的保护与更新做出了巨大贡献。如李忠先生对城市的更新，从“城市针灸”入手，提出了自己独到的见解。阮庆岳教授也对“城市针灸”理论表达了自己独特的思考。

相信在不久的将来，我国将大范围的处于城市的保护与更新中，而拆除重建的更新方式并不是社会可持续发展所需要的，合理的应用城市发展理论对城市风貌进行保护、改造和更新才能使城市原有格局、城市肌理和城市文脉得以延续和发扬，城市才能实现真正意义上的长足发展。

对既成城市风貌的保护，国外成功的案例有俄罗斯圣彼得堡城，法国浪漫之都巴黎，德国文化之都慕尼黑，意大利的米兰，西班牙的巴塞罗那等。国内有广州、江苏苏州、福建泉州、上海等。

### 2.2 上海城市风貌的保护与更新

上海，这个世人眼中的繁华世界，经历了百年秋霜春雨的洗礼形成了其独特的城市风貌。如今的上海早已进入以存量开发为主、新开发为辅、提升城市品质与内涵的创新发展时期。城市的存量规划和再开发其实都是对既成城市风貌保护与有机更新的有力举措。纵观上海数十年来城市风貌保护与城市有机更新的历程，不管是旧街区的改造还是对产业园区的空间更新实践，都可谓硕果累累。如 20 世纪 90 年代新天地地区的改造与开发，黄浦江、苏州河两岸地区的再开发，21 世纪对历史街区的保护，如田子坊里弄创意区的保护与改造，还有应用城市针灸理论对城市风貌特色进行保护与更新的苏州河仓库 SOHO 区，八号桥创意办公区等。

从上海数十年来对城市风貌特色的保护历程中我们可以看到，通过对记录城市成长发展的传统历史街区、旧城区、旧工厂、旧建筑等的保护与更新，让城市拥有了可持续的向前发展的动力，而文脉与底蕴便是这不竭的动力，使发展变得有根可依，也让生活在其中的人，拥有归属感和亲切感。保护，让城市的悠久历史、内涵传统和独特的城市风貌得以存续，更新，则是让其重蓄活力、再立新意，以适应现代化生产和生活的需要。

如上海新天地的改造是以石库门为基础，将原来的居住建筑创新性的拓展为商业经营空间，将这些承载旧上海历史与文化的老建筑改造更新成为具有国际水平的集餐饮、休闲、娱乐为一体的文化中心。通过传统与现代的结合，新建筑与老建筑的协调，中方与西方文化的融合创新性地将上海传统的石库门里弄改造更新成文艺范浓、文化感满满的休闲步行街。新天地因此也成为国内外城市老城区更新改造、激活城市活力的典型成功案例。

对城市的改造与更新应以人为本，充分考虑作为主体的人的感受，这样才能让一个旧的空间焕发新的人气，有人的地方，才能充满活力，这便是保护、改造和更新的目的意义所在。

## 3 成长中城市风貌的打造

对有待完善或正在打造城市风貌特色的城市，即上文所说的“成长中城市”而言，则主要以打造为主。而如何使发展中城市或城镇具有独特的地域特色风貌，便是城市风貌打造的主要问题。因此，如何对城市进行规划和对城市建筑进行设计就显得尤为重要了。笔者从地域性特征入手，就如何塑造成长中城市风貌特色浅谈以下几点策略。

### 3.1 结合城市地域自然特色

俗话说一方水土养一方人。一个地区的地形、地貌、自然气候等往往是决定这座城市风貌特色的重要因素。比如著名的普罗斯旺山城，顺应地形的黄土高原掩土建筑，温婉宜人的绍兴水城等。这些闻名一方、自成一色的地域建筑风貌都是因这个地区的地形、地貌等自然特色影响而形成的，当然就有了其独特性和有别于其他地区的差异性，建筑的地域特色和城市风貌也就油然而生。

例：张家口“三馆”

张家口“三馆”的设计处处蕴含着张家口的地域特色，且巧妙地结合现代技术和新兴建材，为打造城市风貌特色画上了浓墨重彩的一笔。自 2017 年建成以来，“三馆”便成为张家口新的地标性建筑。

张家口被誉为塞外山城，岩石可谓张家口数见不鲜的地貌元素。设计者通过挖掘这一地域地貌元素，将“三馆”建筑群整体造型规划为一块抽象的岩石，又将地域文脉——泥河湾文化巧妙地融入其中，即通过对整体山石造型切割而产生的纹路来暗喻记录了中华五千年文明足迹的泥河湾自然地貌。对地域文化最突出的应用便是对立面的处理。立面应用了张家口著名的地域文化活动——打树花。其采用了先进的技术和材料，通过在金属立面上打造半径大小不一的圆孔来形象地呈现“打树花”的绽放。当你驱车经过时，尤其在晚上，远远望去，好一派“火树银花不夜天”的盛况。

张家口“三馆”，不仅是张家口的地标性建筑，更是一座体现张家口城市风貌特色的建筑。

## 3.2 注重城市地域文化传承

阮仪三教授将城市风貌特色日渐消隐的现象概括为是一种文化贫瘠的表现。许多城市在时代前进的轨道上脱离了自身的历史文脉与地域文化，这可以说是城市风貌失去特色的主要因素，更为严重的是让居住其中的人们渐渐地失去了归属感。赵光[2]在其论文中讲到，“城市风貌特色的缺失凸显了我们在城市建设过程中对城市文化个性化和典型文化内涵的不重视，而城市传统文化精髓未能得以传承，最终导致城市风貌塑造缺乏自身个性特征。”“在城市特色风貌缺失的同时，还存在城市文化、精神等非物质要素的缺失。”城市文化对一个城市的发展起着举足轻重的作用，它不仅为城市的创新创意空间提供了设计灵感，还为城市风貌赋予了灵魂。

例：柳州龙影宾馆

柳州，位于广西中北部，是广西壮族自治区的一个地级市，拥有着两千多年的地域文明，可谓历史文化悠久，文脉源远流长，至今仍然萦绕着先秦百越文明的气息，具有浓郁的民族文化和地域特色。千百年来，柳州沿着其充满底蕴的地域文脉一路走来，在城市风貌和地域建筑的打造上，从未停止过探索的步伐。下面以柳州龙影宾馆项目为例，分析其基于地域文脉传承而设计的城市公共建筑方案。

柳州龙影宾馆的设计理念是源于当地关于柳州龙城来源的传说，“八龙现江”。体现了柳州地方对传统文脉中龙文化的崇拜与喜爱。加之该项目又位于风景名胜的自然山水间，此地又是“龙壁回澜”的天然之作，因此让项目建设集地域风貌与传统文脉于一体，规划出了极富地域特色的城市建筑，也为打造柳州独特的城市风貌添砖添瓦。

柳州龙影宾馆是一个象形建筑，建筑整体以龙为原型，沿江盘踞，且将龙的鳞片表皮做的栩栩如生。位于自然地貌、山水之间的龙影宾馆，在灯火辉煌里，仿佛再现了传统文化的壮观意境，“八龙现江”、“龙壁回澜”。

## 3.3 延承传统地域建筑风格

传统地域建筑风格是城市风貌特色的根基，它体现着祖祖辈辈人们智慧的积累，是适应气候、地形、经济水平的真切体现。比如，我国西南地区仍然分布着许多干阑式建筑，非常适宜高湿高热的气候；窑洞，这一古老的居住形式，如今在山西、陕西、河南等地仍然随处可见，体现了人民凿洞而居，巧妙利用地形特征的智慧和对生活的热爱。

例：骑楼建筑

骑楼，一种产生于近代的商住建筑，是一种比较经典的建筑形式，广泛分布于东南亚和我国的东南沿海城市。骑楼建筑不仅是对炎热气候的一种适应，也是对当地人们生活习惯适应的一种体现，因此它历经世纪轮回而经久不衰。

随着时间的流逝和对立面造型的不断适应性改造，骑楼成了大珠江三角洲地区极具影响力的传统地域性建筑，伴随着大珠江三角洲这片区域内城市的发展与成熟，对传统地域性建筑风格的继承和发扬成为对城市风貌特色保护的重要举措。其中对传统地域性建筑风格延续和传承较成功的当属骑楼建筑。比如在广东、福建等地区，尤其是在广东地区，不仅对传统的骑楼街进行了非常有效的保护和利用，还建造了许多新的骑楼，创造性的做出了新的尝试，是通过延承传统地域建筑风格来保护城市风貌特色的成功典范。

# 4 总结

在经济全球化的今天，人们的意识观念也在不断变化。城市的发展也在向着一元化靠拢，城市风貌日渐消隐，人们似乎也逐渐忽视了地域性在城市建设中的重要性。这也是为什么人们会在大都市中迷失自我，找不到亲切感与归属感的根源所在。也许这是一种无以言状的“城市病”。在城市风貌特色危机日益严重的今天，我们应努力研究、学习，不能让城市发展无根可寻，成为无源之水，更不能让人们产生“飘零感”。

对城市风貌的保护与更新是一个城市有机生长和长足发展的源泉与根基。因此，笔者呼吁人们关注打造或保护城市风貌的重要意义。

**参考文献**


[1] 周波. 关于城市风貌特色的研究 [J]. 湖南城市学院学报（自然科学版），2009 (3)：30-33.

[2] 赵光. 滨水城市风貌塑选中的非物质要素传承研究 [D]. 天津：天津大学，2007.

# 基于张家口张库大道历史文化的城市雕塑设计研究

王筱璇，张雪津，王赵坤
（河北建筑工程学院　建筑与艺术学院，河北省张家口市　075000）

**摘　要：** 城市雕塑是城市文化与历史的重要传达者之一，它代表着城市的文化也昭示着城市的未来。张库大道作为张家口市独具特色的历史文化遗产之一，正在渐渐被人们淡忘。如何让张库大道的历史在张家口这个城市重新活起来，唤回张库大道的历史记忆，弘扬具有张家口特色的文化积淀是本文研究的主要内容。

**关键词：** 张库大道；雕塑；地理；历史

## 1　城市雕塑与城市的关系

城市雕塑作为城市建设中的“眼睛”，是时代的精神、城市的符号，在社会生活中不仅扮演着重要的角色，更是在社会发展的舞台中地域文化传承的载体。在城市化进程飞速发展的今天，城市雕塑建设伴随着城市的成长而迅速膨胀。短时期内，数量庞大的公共雕塑呈现于市民的面前，带给人们惊喜的同时也附带着诸多的问题，传统文化精神的传承便是其中之一。

在经济飞速发展的今天，人们在物质财富达到一定层次之后，随之而来的是对于精神文化需要的日益提高。雕塑艺术作为现代空间设计的重要表现媒介之一，也扮演着越来越重要的角色。在国外发达国家的大都市，放眼望去，大大小小的雕塑随处可见。有些雕塑名作甚至成为了城市的标识和符号。比如美国的《自由女神像》将雕塑和建筑完美的结合，建筑的外轮廓就是雕塑。再如，比利时位于布鲁塞尔的青铜雕塑《撒尿小孩》，代表着整个城市，用于纪念城市小英雄小于连，弘扬其机智勇敢、不畏生命危险的崇高精神，也是对城市文化精神的传承。

在国内，也有诸多的雕塑成了城市的符号。如位于深圳市政府门口的巨型雕塑《开荒牛》，表征着深圳这一经济特区的精神风貌和文化内涵，开拓进取、勇往直前、吃苦耐劳等文化特征激励着一代代市民建设美好家乡。广州的《五羊雕塑》已经成了城市的城徽，市民的精神家园，就是前不久的广州亚运会会徽设计也是从该雕塑衍生出来。还有位于青岛五四广场的标志性雕塑《五月风》等。

随着社会的发展、时代的进步，当代雕塑作品无论从风格还是类型，都有很大的拓展：材料的多元化、制作方法的现代化、创作观念的革新等。城市雕塑自身得以丰富，形成独立的艺术体系。传统雕刻、雕塑的制作方法已远不能满足当代雕塑的要求了，诸如声、光、电等大量高科技的加入，丰富了公共雕塑的表现维度。

现代雕塑艺术设计有部分出现建筑化倾向或拥有建筑感。位于北京市丰台区的中国人民抗日战争纪念雕塑园就是其中的代表。一尊尊雕塑作品整体以柱状纪念碑式出现，在创作理念和表现方式上均有着浓厚的建筑感。雕塑的创作过程中，也有建筑设计师参与规划设计。雕塑园中间耸立的青铜铸造和花岗岩材质相融合的中国人民抗日战争纪念碑更是雕塑与建筑结合，交相辉映。

# 2 张家口张库大道文化背景

张家口一直是中原与北方少数民族的重要贸易场所，从张家口大境门外西沟出发至蒙古国乌兰巴托并延伸到俄罗斯恰克图的张库大道全长1400多公里，是一条兴盛了数百年的国际商道。自雍正时期成为重要贸易运销集散地，是我国继丝绸之路后的另一条重要商道，在中国北部边疆贸易中起着重要的外引内联作用，有着“草原丝绸之路”、“草原茶叶之路”和“北方丝绸之路”之称。但在20世纪，随着内外社会环境的变化，张库大道经历了崛起、繁荣向衰落的演变[1]，后来张库大道的商贸日益衰落。这条曾经“用白银铺就的草原商道”渐渐淡出了人们的视野[2]。在国内外具有重要的政治、经济、文化影响以及历史地位，作为张库大道的起点，张家口肩负着继承张库大道文化和历史的使命。

李桂仁所著的《明清时代我国北方的国际运输线——张库商道》中说“这条商道作为贸易之途，大约在汉唐时代已经开始。出现茶的贸易，大约不晚于宋元时代。”《河北省公路史志资料》载：“张库大道历史悠久，早在元代，便辟为驿路，明清两代又辟为官马大道。当时运送物资所走路线，多依驿站。这运输物资的驿站，官马大道就是后来的张库大道。”可见，张库大道的兴盛为张家口的发展提供了机遇，张家口也由此发展成为中国北方的一个商业中心，甚至在全国的经济格局中占有一席之地。张库大道贸易的兴盛，促进了张家口的发展和繁荣，也促进了乌兰巴托这座草原城市的形成。

1995年5月，江泽民访问俄罗斯，与普京总统签订了《中俄睦邻友好合作条约》。同时，我国政府向世界宣布了张家口的全面开放。许多迹象表明，恢复中蒙在张家口直接贸易往来的条件逐渐成熟，张库大道在新的历史条件下，将会重新发挥它的运销作用，历史上张家口的“内陆商埠”也将会再现于世人面前，再现它那份繁华的景象。

# 3 纪念张库大道的城市雕塑的设计方法

## 3.1 雕塑选材考虑

### 3.1.1 张库大道的形象提取

张库大道为中国古代的丝绸之路，它集贸易、交通于一身，具有开放热情的性格与中国北方与邻国文化交融的特点。因此以张库大道为主题的城市雕塑应该是百花齐放、热情奔放的，在图案与形状的选用上宜采用相同风格不同元素，或是相同元素不同组合方式的设计形式和内容。

该雕塑的主要作用是让人们了解丝绸之路，唤回人们对张家口过去贸易繁荣的记忆，因此，也可以加入一些历史贸易的内容或是描述性的场景。

### 3.1.2 基于张家口自然环境的设计

张家口市地势西北高、东南低，阴山山脉横贯中部，将张家口市划分为坝上、坝下两大部分。境内洋河、桑干河横贯张家口市东西，汇入官厅水库。连绵不断的山绘出了张家口的天际线，因此山也作为一个相当重要的元素需要在雕塑设计中考虑。还有康保“二人台”、蔚县剪纸、蔚县暖泉镇古民居建筑艺术、涿鹿三祖文化非物质文化遗产也是张家口市的文化积淀，这些可以进行适当的考虑。

由于张家口日照较强，因此可以进行光影设计来丰富雕塑的趣味性，也可以为市民提供可以遮阳的休憩空间丰富城市的公共空间。

#### 3.1.3 基于冬奥会的设计

北京张家口联合申办2022年冬奥会的成功，是张家口改写经济社会发展历史的重大战略机遇。因此雕塑的设计应兼顾张家口未来的发展来进行设计。张家口具有得天独厚的举办冬奥会的自然环境条件，因此冬奥会的冰上项目在张家口崇礼举办。因此雕塑的设计应该更加动感，充满活力和动势。

### 3.2 雕塑的选址考虑

以张库大道题材为主的雕塑不仅代表着张库大道文化的唤回，更是张家口历史的回顾与象征，因此拟将该雕塑坐落在大境门附近，即作为景观，为人们提供休憩游乐之地。而且目前大境门前广场过于空旷也没有遮阳设施供市民休憩游乐，可见大境门前广场的周边有树荫的地方比广场中心无遮阳而日光直射的区域要更有人气，提升城市片区的活力要从以人为本的设计开始。

### 3.3 雕塑形式

城市雕塑的设计应更多地考虑民众参与性，让雕塑变得更加“亲民”。不同于其他雕塑，城市雕塑服务于全体市民，而不仅仅是业内专业人士，因此，我们要让雕塑更加容易被理解，容易被接受。如今城市空间越来越紧凑，将城市雕塑与城市公共休憩娱乐空间相结合是更高效利用城市空间的方法之一。

雕塑不仅仅是一种视觉上的体验，更应该是听觉、触觉等等各种感知系统相交织的体验，以此来引发人们精神上的共鸣，提升市民的参与感。例如可以通过镂空的方法，让阳光的影子在地面上映出丝绸之路的图案，随时间推移，丝绸之路上的队伍随着日升日落不断行进，不仅反映着历史，也象征时代的发展。而听觉方面可以在雕塑通风处设置驼铃，每当有风吹过，驼铃的声音与丝绸队伍的光影搭配，给人恍如置身商队坦途的错觉等等。

## 4 结束语

雕塑是城市公共空间的点睛之笔，它不仅仅是一个装饰性城市家具，更体现一座城市的精神面貌，展现城市未来的发展方向。让人们与雕塑增加互动体验，才能将雕塑表达的文化与精神传达到人们的心里。

### 参考文献

[1] 杨雯筠. 张库大道衰落之因探究 [J]. 张家口职业技术学院学报，2012，4：8-10.
[2] 祁杭. 张库大道的产生和发展及历史作用 [D]. 石家庄：河北师范大学，2016.

# 河北建筑工程学院城市设计评析

王赵坤，王筱璇，张雪津
（河北建筑工程学院　建筑与艺术学院，河北省张家口市　075000）

**摘　要：** 近年来，随着城市化进程的加速和教育事业的不断改革，河北建筑工程学院迎来了新校区的规划建设，在经过了多年的努力后，现已完成大部分的建设。本文对河北建筑工程学院新校区的规划设计方案进行了评析，首先介绍了张家口及校园的总体概况，然后在交通、景观、功能等方面分析了校园的规划，最后重点从图底、连接、场所三大城市设计空间理论入手，对校园的各个空间进行了细致评析。
**关键词：** 校园规划；图底理论；连接理论；场所理论

## 1　概况

### 1.1　城市概况

张家口市是河北省下辖地级市，位于河北省西北部，地处京、冀、晋、蒙四省市的交界处。张家口是一个风景秀丽的山水城市，整体地势西北高、东南低，主城区三面环山，向南开口，属于典型的盆地地质；内有清水河穿城，是划分桥东区与桥西区的界限[1]。河北建筑工程学院作为张家口市最重要的高等学府之一，不仅在教育方面备受重视，其校园的选址、规划也受到政府和广大市民的关注。

### 1.2　校园概况

河北建筑工程学院始建于1950年，旧校区为建国校区，后来整体搬迁至新校区朝阳校区，位于张家口市高新技术开发区朝阳西大街，纬三路以南。河北建筑工程学院新校区的规划是由清华大学完成的。征地面积65.97公顷，规划用地面积约60公顷，现一、二期工程均已完成，一期工程包括行政办公楼、教学楼、实验楼、学生食堂等，二期工程包括教学主楼、图书馆、学生公寓、大门等。由于学校部分建设还未完成，笔者仅对建工学院的规划设计方案进行评析。

## 2　河北建筑工程学院规划分析

### 2.1　规划原则和整体构思

校区规划意在体现中华传统教育文化的传承性与河北建工学院的人文精神；要建设知

识型的学区，营造创新的学区氛围；营建生态型园林式、丰富和谐的校园景观；实现大学校园空间持续性的成长。因此规划主要遵循“人本、人文、生态、科技、创新、可持续发展”六大理念。

### 2.2 总体布局

学校遵循以学生为本的规划理念，将教学区、体育场和学生生活区设计为经典的三角形结构，使学生不管到哪都十分方便，节省不必要的通勤时间，以便将更多的精力放在学业上。除此之外，规划还结合不同空间节点的不同特点，融入了梳状的功能结构，将教学、体育、生活三大区域融合在一个合理的步行范围内，使校园形成一种高效、便捷、宜人的空间结构。

河北建筑工程学院新校区在功能布局上主要分为七大功能区，分别为教学实验区、科研产业区、学生生活区、体育活动区、外事活动区、后勤服务区、绿地游憩区。

### 2.3 空间结构分析

校区在规划结构上采取了“两轴两带一心三区”的布局方式：“两轴”主要指由北门到南门的主轴与从西门到学生食堂的次轴；“两带”指沿城市泄洪渠形成的绿化带及沿西侧教学区形成的景观带；“一心”是指由两条轴线交点上的图书馆及其周边的景观区构成的区域，其中图书馆以体现中国传统教育文化精华的“辟雍”为核心创意；“三区”分别指体育运动区、学生生活区与教学区。

### 2.4 道路交通分析

为了给学生营造一个安静安全的学习氛围，校园的道路交通规划采用了人车分行的组织方式，以避免机动车与行人发生冲突。沿学校外围设置了可供机动车使用的环路，并相应的在重要节点布置停车场；在环路以内一般不允许机动车驶入，并通过石墩等隔离设施作为两个空间的分界，学校内部以步行为主，是学生与教师生活、学习、交流的重要公共场所。

## 3 城市设计空间分析

罗杰·特兰克曾在《Finding Lost Space》中提出图底理论、连接理论与场所理论，被称为城市设计的三大空间理论。这些城市设计理论都是经过对各个时代大量的实践探究而得出的，具有相当的权威性和代表性，它们的研究对象、研究重点均不同，这样也便于我们从不同的侧重点来更充分的理解城市的各个空间，从而为我们进行城市设计及分析提供帮助。下面就从这三大理论入手，来探究一下河北建筑工程学院的规划设计。

### 3.1 图底理论

图底关系理论是西方心理学理论在城市空间方面的应用，它将研究形态视觉结构的“图形”和“背景”理论应用于城市设计领域，通过对城市的建筑实体与开放虚体之间的相对比例关系的分析，进而明确城市的空间结构[2]。城市的虚体与实体相互融合，相辅相成，两者结合而成一个整体，缺一不可；建筑物与外部空间形成密不可分、相互结合的关系，如此才能营造出一个整体及人性的城市[3]。

在我们的城市中，人们往往更关注能让人产生视觉刺激的建筑实体，而忽略城市公共空间虚体的存在。但正是这些空间虚体将城市的各个重要节点连接起来，从而形成一个整体。对图底关系的分析，可以帮助我们区分积极空间和消极空间，从而更好地理解城市各个空间并对其进行建设。下面本文就从图底关系理论着手来对河北建筑工程学院的空间进行简要的分析。

从校区的图底关系（图1～2）可以看出，建工学院的整体建筑密度较小，布局颇为松散，实体建筑空间远远少于虚体空间。建筑实体空间的营造比较丰富，尤其是在教学楼、行政楼、大学生活动中心及两片住宿区，建筑的整体感较强，空间多变，连续性强，且尺度宜人，更容易形成积极空间，为学生、教师提供休闲交流的舒适场所。相对而言，在图书馆四周我们可以看到大片的开敞空间，尺度较大，围合性较弱，因此不易形成可以让人留驻的积极空间，在校园里我们也确实很少看到有人会在这里活动、交流。

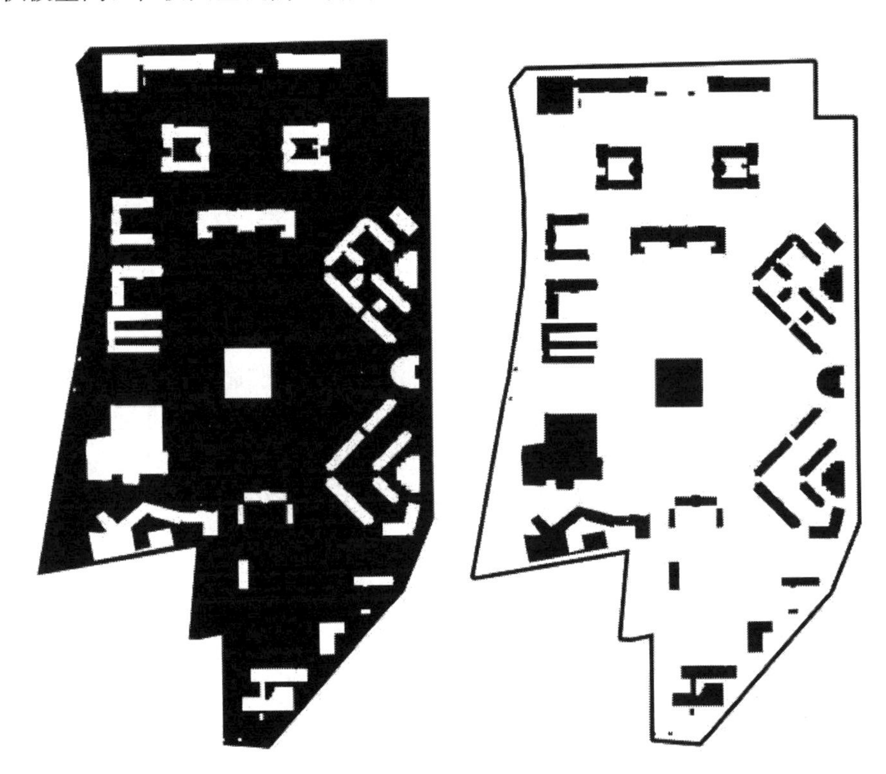

图1　建工学院图底关系（图）　　　　图2　建工学院图底关系（底）

可以看出在建工学院新校区的规划建设中，更倾向于边界清晰的建筑实体的空间营造，而对开敞的虚体空间考虑较少，并未经过系统的设计。而通过对其图底关系的分析，我们应认识到建筑实体空间与虚体空间同样重要，为校园营造更多的积极空间以配合建筑整体性的营造是十分必要的。

## 3.2　连接理论

连接理论，又被称为关联耦合关系，是研究城市形体环境中各构成元素间存在的

"线"性关系规律的理论。这些"线"包括轴线、交通线、街道、线性开放空间等[4]，通过这些"线"将城市连接成一个系统，建立一种内在的空间秩序。在阿尔伯蒂的《论建筑》一书中，曾提到过"线构"的概念，强调线条对空间的控制和整合，这便是连接理论的早期表现。

连接关系大概可以分为两个层面——物质层面和内在动因。物质层面指将城市空间连接成为整体的各种"线"的存在，使彼此孤立的建筑和空间建立起一种内在的线性联系；而内在动因主要指在这些"线"上存在的动态因素，例如人流、车流等，它们可以对空间之间的联系起到强烈的组织作用[3]。

在建工学院的设计中也存在着这样的线性联系，主要表现在轴线和景观带的运用上（图 3）。轴线通常指一种在城市中起空间结构驾驭作用的线性空间要素。在上文中我们提到了建工学院的"两轴两带"，这两轴的引用，使校区形成了典型的"大十字"结构，在南北方向的时空轴上依次有北门、主教学楼、图书馆、校史馆、运动场及南门；东西方向的人文轴较短，主要有西门、图书馆及学生食堂；而两轴相交处的图书馆是校园的中心。景观带主要指沿泄洪渠形成的自然绿化景观带，泄洪渠由北向南穿过校园，但校园的规划对泄洪渠的利用率并不高，沿渠景观并没有经过系统的设计，缺乏一些公共开敞空间的塑造；另外渠内均为硬质铺装，笔者认为应该引入"海绵城市"的相关理论，将渠内铺上绿地，既有助于雨水的下渗，回流地下水，又便于景观的营造。

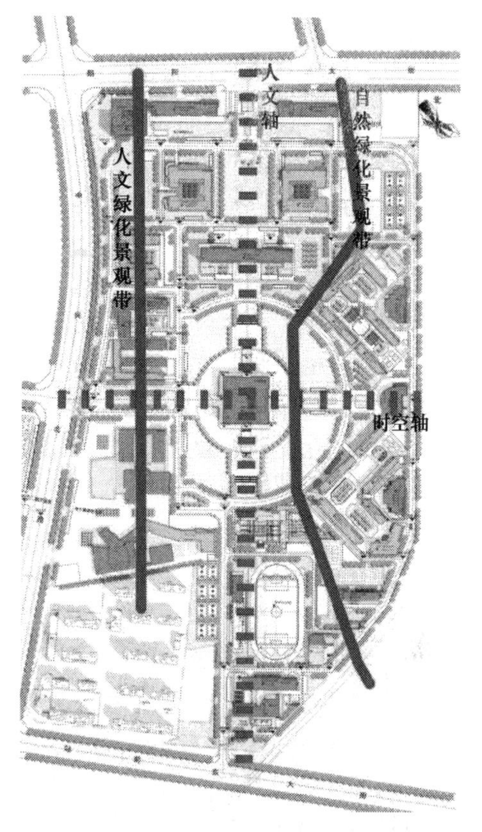

图 3　建工学院轴线分析图

## 3.3　场所理论

场所理论是把文化、社会、自然和人的需求等方面加入到城市空间研究中的理论。相对于上文提到的两种理论来说，场所理论更注重人在建筑空间中的需求及感悟；可以说，只有人存在的空间，才能被称为场所。场所是人们存在于世的立足点，它以具体的建筑形式和结构，丰富了人们的生活和经历，以更为明确有力和更有积极意义的方式将人们和世界联系在一起。在诺伯格·舒尔茨的《场所精神——关于建筑的现象学》一书中，有对"场所精神"的系统阐述，他指出"场所就是具有特殊风格的空间[5]"。接下来本文就具体分析几个建工学院中具有典型场所精神的空间。

首先是学生住宿区的一个小广场，是笔者认为建工学院中最具场所精神的空间。这个广场由学生综合服务楼及周边的学生公寓楼围合而成，形成一个围合感较强的积极空间，学生们驻留在这里，聊天、交流、打乒乓球、举办各种社团活动等，这个小广场，不仅仅是一个建筑空间，更是人们活动的场所，由于人的存在而赋予这个空间文化的内涵，从而形成真正的场所。

第二个笔者认为深具场所精神的空间是教学楼旁边的活动场地，这是一个下沉式的广场空间，由周边的阶梯及栅栏所界定，界线十分清晰，非常符合《城市意象》中提到的城市五要素中边界的相关概念。学生们在这里组织各种活动，开学典礼、元旦晚会等，进行各种运动，轮滑、篮球、羽毛球等，走在静谧的校园里，常常会听到这里传来阵阵欢声笑语。

第三个是校园的北入口广场空间，是学校与城市的过渡空间，广场内设置了一些修剪整齐的人工绿植，以及矮墙式建工学院的校门标志，让人有开阔的视野和开敞的活动空间。在这样的入口空间里，活动的对象不仅仅为学生，而是融入了更多的社会元素，出租车司机闲暇时间会在这里聊天、打牌；小摊贩们在这里吆喝叫卖；还有快递派送员派送快件。因此这里的活动更为多样化，注入的文化也更为丰富。由于这些形形色色的人在这里活动，从而赋予了这个空间更多的场所精神。

## 4 结语

近年来，在“城市大爆炸”的时代背景下，我国的高校建设活动也越发火热，越来越多新建、改建的大学校园在全国各地涌现。河北建筑工程学院也紧追浪潮，进行了朝阳校区的规划设计，并逐步完成了一、二期的建设活动，现已形成了较为完整的结构体系。本文对河北建筑工程学院的规划设计进行了细致评析，并针对规划中的优缺点，提出了相应改造策略。这些都可在未来的规划建设中做相应的参考，并应通过逐步的调整和完善，建立一个承载着悠久历史文脉和深厚文化底蕴的现代新型大学。

### 参考文献

[1] 孙忠福，郭江泳. 对张家口城市中心地区城市设计的探索［J］. 河北建筑工程学院学报，2004，04：77-79+87.

[2] 孙颖，殷青. 浅谈图底关系理论在城市设计中的应用［J］. 建筑创作，2003，08：30-32.

[3] 吴志强，李德华. 城市规划原理［M］. 北京：中国建筑工业出版社，2010：559-561.

[4] 卢峰，刘亚之. 连接理论的起源与发展脉络［J］. 国际城市规划，2016，03：29-34.

[5] 乔健. 大学校园景观设计中场所精神的表达［D］. 成都：四川农业大学，2012.

# 张家口市武城街商业街道广告色彩调研分析及规划建议

于博
（河北建筑工程学院　建筑与艺术学院，河北省张家口市　075000）

**摘　要：**武城街是张家口市最早的商业街区，张库商贸通道的始发地。本文对张家口老城区武城街广告色彩进行调研分析，梳理武城街广告色彩需要解决的问题，进而提出规划建议。

**关键词：**张家口；武城街；广告色彩；调研分析；规划建议

街道的变迁承载了曾经的记忆与历史，街道的色彩展示了地域的特征与文化。随着经济的快速发展，城市规模的日益扩大，户外广告是当今都市景观不可分割的组成部分，是形成城市识别的重要标志之一[1]。这些广告在一定程度上对商品进行了宣传，但也同时面临商业街道广告色彩问题。从张家口老城区武城街商业街道的广告色彩立面现状入手进行系统的调研分析，利用广告色彩的纯度、明度、色相的比重示意图及颜色在色相环和明度表上的位置示意图来总结武城街商业街道的问题并提出色彩改造方向及规划途径。力求将张家口武城街商业街道创建为色彩和谐的商业街区，打造良好的冬奥城市街道形象。

## 1　概述

### 1.1　调研背景

武城街建于明朝成化时期，起初晋商来此经商和经营银票，后来随着规模的增大，逐渐发展为张库商贸通道的始发地。武城街位于张家口市桥西区，主街全长 420m，平均宽度约 8m，毗邻张家口建筑遗产堡子里，具有浓重的文化气息与商业氛围。武城街作为张家口老城区商业街道的代表，几经时代变迁，却始终商贾云集，交易兴旺，见证了张家口商业发展的历史轨迹。武城街不仅是张家口市区曾经最繁华的商业步行街，更是全国著名的古老商业街之一。

各个城市的商业街都商铺云集，招牌众多，武城街自然也不例外，但由于缺乏整体规划与政策引导，武城街广告牌近几年的色彩愈发抢眼。武城街广告牌色彩多以红色、黄色、白色等纯度明度均较高的颜色为主色调，由于广告色彩的属性决定了其应具备差异性、创新性、区别性。店家均希望自己店铺的色彩区别于其他店家达到吸引客户、增加销售量的效果。但武城街街区面积较小，道路宽度较窄，每个商家在广告色彩上的争奇斗艳势必造成色彩混乱。

### 1.2 调研内容

通过调研现有街道两侧的广告色彩现状，绘制立面图进行分析比较，立面图中基本涵盖大多数现有广告招牌色彩。最终根据武城街广告色彩现状提出商业街道色彩规划建议。

### 1.3 调研的必要性

京津冀协同发展是当前中国三大国家战略之一，在大背景下给予张家口地区更广阔的发展前景。北京协同张家口于 2022 年举办冬奥会，张家口修建高铁站、扩建机场，进一步加深与全世界的联系，这势必会带来发展契机，吸引全世界人民来张旅游。城市广告也代表了一座城市的形象，走入一个城市其商业街区是人们争相进入的游览区域。在城市商业区内可体味地域特色、品尝当地美食、感受风土民情。许多城市朗朗上口的著名街区已然成为城市的“代言人”。而张家口武城街作为最早一批的商业街区，其位置紧挨原城市中心展览馆休闲广场，背靠北方民居博物馆堡子里，衔接新步行街。其距离公交中转站、长途运输站及“京张铁路”的终点站即现已搁置的张家口站距离较近。可以说是地理位置、交通位置、文化位置俱佳。但由于近年来城市中心不断向南偏移，多个商业圈拔地而起，对于武城街商业街道重视程度及整改水平正在走下坡路。故而营造良好、美观的武城街商业街道的广告色彩是必要且紧迫的。

## 2 武城街商业广告色彩现状及分析

### 2.1 武城街广告色彩立面现状

图 1 中展示的立面现状是在夏秋交际的季节下对武城街街道广告色彩的一项调研，之所以选择夏季与秋季的交界时节来进行武城街街道色彩的记录与调研是从光照强度方面来看对街道广告色彩的展示较为真实。夏季的自然光照过于明亮、冬季较暗，均不具有代表性。图 1 是由南至北的武城街街道广告色彩总览。从整体来看，整个颜色偏向暖色调，以明黄、中黄、大红、朱红、深红为主要色调，中间配有无彩色即黑色、白色、灰色进行对比。整体来看广告色彩具有一定的序列性与统一性，颜色也较为稳重。但这种排列不是刻意的调控而是商户自发性的寻找自己的品牌特色，进行各自广告招牌色彩的选择。所以在招牌的尺度选择、招牌字体样式大小、招牌同类色的对比等方面依旧是十分杂乱，没有统一的规范与安排。走进街道后明显感觉到杂乱以及眼部对于明亮色彩接踵而来的不适感。招牌尺寸的增长幅度较为明显，重新装修店面的品牌已经将招牌做到了比周边广告招牌大两倍以上，突兀且拥挤。

图 1　由南至北立面图

相比较由南至北一侧的广告色彩立面图来说，由北至南的商铺明显问题更多，这一侧广告招牌由于建筑本身层数不同，且有自建房或后期向上拓展的空间，看起来几乎没有整体性。材质选择上均以商家各自喜好为主要原则，夸张新奇的材质选择过于“抢镜”。翻新的广告品牌与之前的老品牌颜色差距明显。经过整理后的图2几乎分辨不出整体广告色彩的偏向，在后期色彩管控中应尤其注意关于这一侧的整改。

图2　由北至南立面图

## 2.2　武城街广告色彩立面分析

（1）广告色彩本身面积与色彩关系不协调

广告主体颜色以明度、纯度较高的颜色较多，造成色彩混乱，明度纯度较高的颜色大量聚集，并不能起到吸引游客的目的反而刺眼夺目。仅靠着大胆的颜色以及广告牌的面积却不融合产品本身的特点，无法塑造街道形象，体现商业产品文化。

将招牌颜色的纯度、明度及色相进行对比，从图3和图4可以看出高纯度和高明度的招牌颜色占据主要部分，色相方面（图5）以大红、黄色、深红这样的色彩占据武城街广告色彩的主体，纯度较高的色相占有总体色彩的一半以上，主体色彩不明确，倾向性不明显。

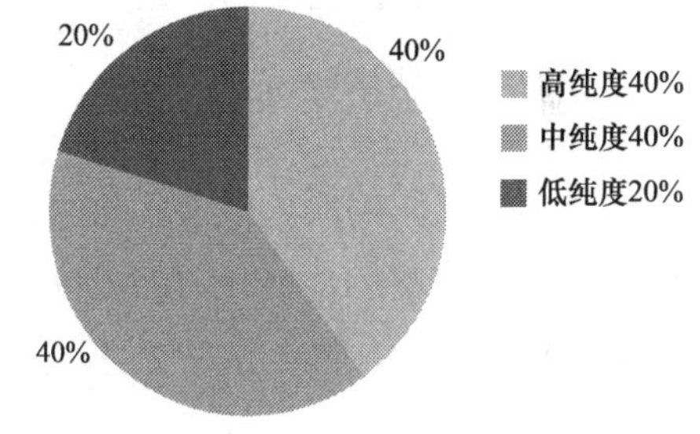


图3　纯度比重示意图

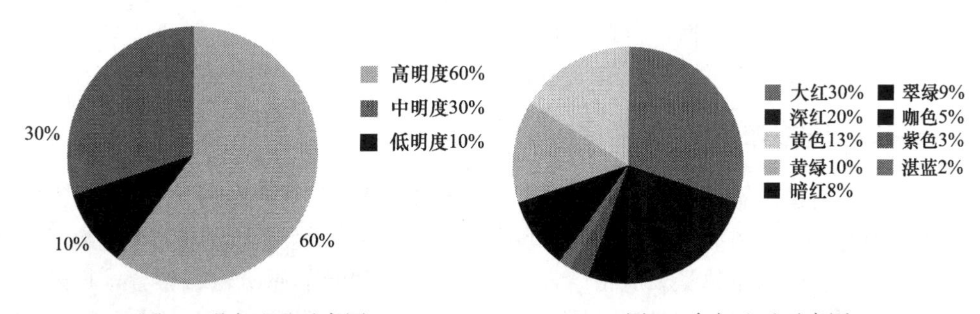


图4　明度比重示意图

图5　色相比重示意图

（2）广告色彩缺乏统一性

根据图 6 色彩在色相环和明度表上的位置示意图可以看出，色相整体较为艳丽且无关联性，对比性较强。整体调子较高，缺乏过渡颜色。城市广告色彩规划同城市宏观规划理念相同，其应具备色彩统一性。这里的统一、整体并不是指规定下的一个色彩或几个色彩的单独运用，而是具有“弹性规划”的原则，进行系统主色调的选择及引导。

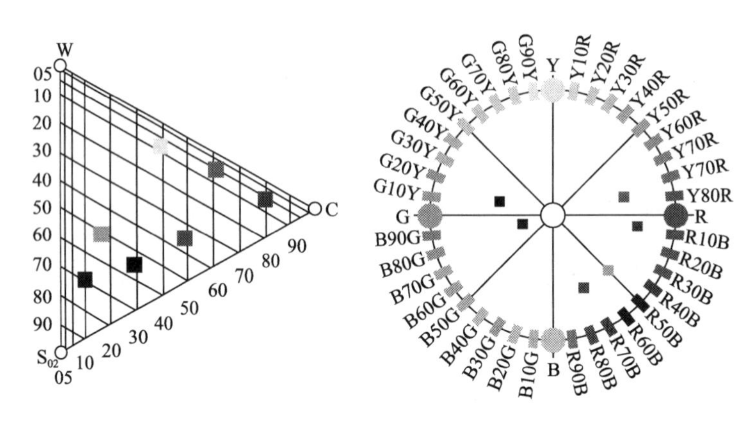


图 6　颜色在色相环和明度表上的位置示意图

（3）广告色彩缺乏识别性

全国各地广告色彩造型千篇一律，没有将广告与各个城市的地域特色结合。广告缺乏可识别性，新的城市中心已经逐渐偏移，商家与顾客也都朝向新的城市中心发展。不挖掘武城街新的地域特色留住客户与商家群体，长此以往将不会吸引新的商户入驻，其活力程度逐渐降低，将导致老城区商业街道被顾客所遗忘。

（4）广告色彩的“新”与“旧”

武城街中品牌更新速度较快，许多广告品牌出于对品牌的更新与创新，每几年进行更新替换，也有品牌选择离开老城区向新的城市中心寻找发展出路，新的品牌又会入驻进来，甚至不到一年就进行了品牌广告的更迭。那么这种品牌的新旧差异就会不断充斥在街区，这些新与旧、鲜艳与褪色十分影响街区的形象。

## 2.3　居民色彩偏好调研与分析

根据武城街的特点，进行了居民关于武城街广告色彩偏好的调研。根据调研情况可以得出，居民喜好整体感强，有统一规划的街区色彩广告招牌，颜色的混乱感并不能增加销售量。随着人们物质生活水平的提高，越来越多的人偏向于色彩和谐的街区环境，色彩的杂乱无章会影响到居民的心情。营造具有层次感、秩序感的街道，规划合理文明的色彩环境，而不是每个色彩都争奇斗艳，造成色彩污染，是每个城市人民的需求所在。

## 2.4　张家口武城街街道广告色彩改造方向分析

广告色彩是街道色彩的重要组成部分，在面积上占据了大多数。营造良好的街道广告色彩将大大提升街道整体品味。街道广告色彩的良好规划不仅美化城市，而且给予人们物质文明与精神文明的双重感受。应将广告色彩与整体街道色彩感觉进行整合，户外广告体现了城市的发展，是营造城市良好发展形象的载体，以一种发展的、整体的、创新的、体现地方特色的广告色彩设计来彰显张家口市的地域发展。

## 3 张家口武城街广告色彩规划建议

（1）控制广告面积与色彩感受

广告色彩影响程度与范围的大小，与广告面积紧密相关[2]。同样的色彩在商业街道的广告牌上采用不同的面积会有差异较大的效果。若整体广告牌大面积的选择颜色明亮刺眼的色彩，势必将造成刺眼不安的色彩入侵感。同样，不同的色彩会营造差距较大的色彩感受，黑色给人压抑与沉重，白色给人明亮与纯洁，红色给人喜庆与热闹。所以在对街区广告进行选择时，尽量选择合适的尺度。统一街区的颜色选择，不宜给人过分刺眼与压抑的感受，控制色彩的明度与纯度，将尺度控制在一个合适的范围。需要进一步测量现场尺度及色彩的提取，分别从城市气候不同背景下进行对比实验，才能最终设计出最适宜张家口城市商业街的广告色彩色谱。

（2）创新广告形式与材料

随着技术的更新，广告形式与材料不应拘泥于传统。数字媒体技术与商业形式不断发展与创新，要将现代技术与商业广告进行密切合作与联系，将色彩发展模式与城市季节温度变化相结合。张家口地区冬季寒冷多雪，夏季炎热干燥，在字体背景选择时也应考虑与雪白色结合后的造型特点。创新材料选择，减少色彩褪色状况。夜晚将广告照明色彩与招牌立体样式相结合，创造张家口的“新夜彩”。

（3）以宏、中、微的视角进行街道色彩管控

分别以整体宏观、中观与微观进行街道色彩的管控。首先具有整体规划意识，色彩的选择是否与周边环境相协调？是否能够融入地方区域的同时还具备一定的创新点？宏观的调控是中观与微观的基础。中观的调控是指街道的色彩选择上统一协调。这里的统一并不是全部一样、规定用色，而是需要在控制的基础上进行店铺的自我发挥。色彩的选择不是一个简单的“颜色”就可概括，而是整个颜色系统的控制规划。整体的控制下又具有个体商铺的差异，这里需要调动商家的积极性的同时给予科学的引导。就微观来看，每个店铺的字体大小、颜色、图案、呈现方式等各有不同，这里就需要区别对待，根据不同的店铺制定不同的微观方案。所以关于一个城市商业街道的色彩规划任务是繁重且巨大的。

## 4 总结

户外广告是普通民众日常生活不可缺少的商业景观，是城市形象街道色彩的重要一环，良好的城市街道色彩质量离不开广告色彩的营造与改善，更多的公共精神和城市塑造理念应该被很好地融入进来。争取使得改造过后的广告色彩与周边环境整体和谐、面积控制有度，在整体的基础上又能做到体现商业特色，打造张家口市老城区街道的新面貌。

### 参考文献

[1] 严正. 城市街区户外广告色彩规划设计 [J]. 数位时尚（新视觉艺术），2009（05）：74-75.

[2] 孙洛伊. 北京旧城城市广告色彩控制研究 [D]. 北京：北京建筑大学，2014.

# 蔚县传统村落保护与发展策略研究
## ——以张中堡村为例

李春聚，于文重，崔冬冬，吕哲
（河北建筑工程学院　建筑与艺术学院，河北省张家口市　075000）

**摘　要：** 传统村落作为我国农耕社会历史发展的基本生活载体，承载着不同地域悠久的文化内涵与环境特色，具有非常重要的历史意义与艺术价值。而在当今城镇化快速推进的背景下，人们生活方式的改变与社会产业的转型使传统村落很难满足现代人的发展需求，传统村落保护与延续面临十分严峻的挑战。针对上述问题，本文通过相关资料收集与实地调研，以蔚县张中堡村为例，从建筑风貌、修缮保护、旅游开发方面对张中堡村的资源特色及保护方式进行系统阐述，为村落的可持续发展提供思路与借鉴。

**关键词：** 传统村落；风貌保护；张中堡村

## 1　传统村落保护理念与蔚县传统村落保护现状

2011年，中央四部委在征求了相关专家学者的意见后，提出："传统村落是指村落形成较早，拥有较丰富的传统资源，具有一定历史、文化、科学、艺术、社会、经济价值，应予以保护的村落。"这一界定为组织开展传统村落调查、遴选、评价、界定、登录和制定保护发展措施提供了依据，是一个新的概念[1]。传统村落是我国数千年农耕文明的见证以及传统文化的载体，综合体现所在地区的地理环境、地域文化、乡土特色和生活方式等，如各民族各地区各具特色的村落布局、街巷格局、建筑营造、村规民约、方言俚语、风俗技艺等，具有极高的历史文化价值[2]。因此，以价值导向为基础，要做好传统村落的保护与传承工作，要保护的不仅仅是建筑本体，更重要的是让村民认识到传统村落中以古建筑为主体的物质遗产的价值所在，以及村民才是非物质遗产得以传承的基础性力量。应当明确的是，传统村落保护与一般文物保护的本质区别在于传统村落不但是历史文化遗产，而且是现实的人居环境。在这个环境里，居民的生活习惯、生产方式都属于保护范畴，传统村落与村民之间是唇齿相依的关系，离开了当地村民，传统村落的保护便失去了根据和意义，这才是传统村落保护理念的核心内容所在[3]。

由于人口迁移和城乡快速发展，蔚县传统村落的现状保护正处于逐渐衰落中。加之经历了20世纪60年代的破坏，而幸存下来的蔚县村堡聚落由于其地处较为偏僻，涉及面宽，村落较多，面积大而分散，村民与地方官员的古迹保护意识淡薄，保护与维修难度较大[4]。《国家历史文化名城名镇名村条例》等相关法规中没有对传统村落做出具体的保护要求与规

基金项目：张家口市社会科学基金重点项目（Z201704）。

定，新建的多数仿古建筑也对原有村落产生了建设性的破坏。因此，保护行动迫在眉睫，伴随着河北省第四批历史文化名村的公布，蔚县已有近20个村落位列其中。加之冬奥会的临近，为了使张家口能够更好地向世界展示其传统文化，具有悠久历史底蕴的蔚县传统村落势必将受到政府及有关部门的大力支持与保护，也使我们对蔚县传统村落未来的发展前景充满了希望。

## 2 张中堡村落概况

张中堡村位于蔚州古城正东7.5km处，隶属代王城镇。村落东经114度38分，北纬39度51分，全村属河川区。古堡始建于明嘉靖九年（1530年），由张姓武举建堡，取名张家庄堡，后发展成南、中、北三堡。张中堡为独门堡，开两门，西方属金，为取财纳金之意。

张中堡村共分东西两个不同的历史文化区域，西面古堡为明代所建，保存了明代格局。东面古村为民国时期所增建。古堡西门楼为蔚县唯一的悬山顶财神庙、魁星楼。堡门处为关帝庙、戏楼、马王庙、奶奶庙等。堡为“十”字主街。在堡正北建有高大的真武庙。十字路口建五道庙。东墙正中开一座西式砖券门，俗称二券门，券外皆为民国时期增建的民居，东端建高台式歇山顶三官庙一座。主要寺庙建筑皆为高台建筑，起到防守瞭望的作用，庙内保存有精美细腻的壁画。堡内最具特色的建筑当属由天津传教士设计而建的二券门，哥特式的建筑风貌反映了当时西方文化在我国内陆的逐步深入（图1～2)。

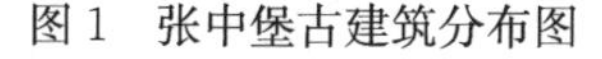
图1 张中堡古建筑分布图

图2 二券门

## 3 张中堡村主要现状问题分析

### 3.1 “空心村”问题导致古建筑缺乏可持续保护

随着村民生活水平的不断提高以及村内公共服务设施和教育资源的匮乏，张中堡大部分村民已经从村内搬离，许多住宅闲置，不利于古建筑未来的可持续性保护。最好的保护并不是将建筑“保护”起来不让人使用，相反有人居住的建筑才能保存的更久，更具有活力。张中堡内的文物主要包含古堡建筑和非物质文化两部分，而原住民才是非物质文化的主体，是被保护建筑的内生动力与精神所在。如果原住民持续减少，那古堡内的建筑势必会随着时间的流逝失去原有的生气而走向破败[5]。

### 3.2 村民的不适当修缮导致村庄整体风貌受到破坏

调查发现，由于缺乏统一管理和相应的风貌保护意识，许多村民在对自家房屋进行修缮的过程中各自为政，滥用材质的现象较为普遍，使得村落整体风貌与原来显得格格不入。具体表现如下：(1) 在沿街界面上，张中堡内传统建筑围墙立面均以青砖为主，村内整体颜色基调为灰色调，在视觉效果上给人一种古朴厚重的感觉。而现今在堡内的沿街改造中出现了大量的现代建筑材质，以红砖、水泥、瓷砖为主的材质与原来的青砖在色调、质感上形成了巨大的反差，使原本富有古韵的街巷变得面目全非。(2) 在民居修缮方面，古时的窗格栅均为木制且有着精美的造型。然而，堡内如今许多居民都以塑钢玻璃等材质来替代原来的木质门窗且有部分保留木质结构的民居已闲置[6]，木雕缺乏维护，漆层起翘、脱落使村中原本的建筑风貌不复存在（图 3～4)。

图 3 村中水泥墙界面

图 4 闲置民居

### 3.3 村中经济较为落后，保护资金匮乏

张中堡村长期以种植玉米为主，对于其他农作物的种植相对较少，产业模式较为单一，农业基础薄弱，为国家第二批扶贫开发重点村。当地政府的财政收入有限，根本无力支持破损古建筑高成本的维修费用，只能对其进行细微的修补。在留守村民方面，虽有个别村民依靠自家规模种植所带来的收入对古建筑进行部分资金投入，但是这些修缮工作基本也是杯水车薪，不能从根本上解决村中古建筑整体风貌下降的问题。因此，从产业发展的角度出发，需要改变张中堡村现在产业发展单一的现状，依托自身资源向多元化产业迈进，从根本上提升村内经济发展水平，吸引外来资金，提高财政收入，为古建筑修复提供足够的资金保障。

## 4 张中堡村保护发展策略研究

### 4.1 施行“修旧如旧，以存其真”的古建筑修复改造策略

在对古建筑的修缮过程中要充分尊重其原真性，要根据详细调查后的文献及图片资料

进行系统的修复，在可能的条件下尽量使用原材料、原工艺，以保护其原有的历史遗存和历史风貌[7]。

以村中的二券门为例，二券门坐落于张中堡西的商业古道上，为东墙正中的一座西式砖券门，为1925年由在天津的传教士设计而建，富有哥特式建筑风貌，体现了中西文化的碰撞与交融。二券门整体结构样式虽保存较为完好，但在局部表面的修缮过程中村民只是用现有的碎砖石块进行了简单的堆砌，使建筑本身立面的完整性受到了一定程度的破坏。加之在用于修缮的砖块中许多为现今普遍使用的红砖，在颜色上与二券门所固有的青砖产生了鲜明的反差，不利于二券门整体建筑风貌的保护与传承。因此，应对二券门表面墙体进行重新修复，将临时堆砌的砖块拆除，以合乎尺寸、体现村落传统风貌的青砖来代替，并对二券门周边的夯土墙进行平整处理，使其与二券门在整体视觉效果上保持一致，共同构成张中堡村富有特色的入口景观（图5）。

图5　二券门侧面

## 4.2　对传统民居进行适度化改造，提高居民生活条件

传统民居作为村落中重要的历史文化遗产，具有非常高的保护价值。但由于年代久远以及采光、排水等设施条件较差，许多村民纷纷选择搬离民居或在周边进行违规搭建，导致民居闲置、破败。针对上述情况，建议在维持现有民居风貌的前提下，鼓励村民对其内部整体结构进行适度改善，调整室内空间布局，增设卫生室等生活设施，从根本上提高村民的居住舒适度，使传统民居能够适应现代村民的生活需求，减少向外搬迁的可能性，将民居所蕴含的地区历史文化不断传承下去。

## 4.3　充分利用现有文化资源，开拓旅游产业，增强经济活力

张中堡村具有丰富的街区传统文化，每年农历四月廿八赶庙会村里就邀请剧团唱大戏，蔚县秧歌、山西梆子等剧种，这些活动深受村民喜爱。因此，可以将这些传统的文化活动作为切入点，通过与周边旅游景点结合共同形成短期精品旅游线路，将部分文化活动进行定时的商业演出，在弘扬地域性传统艺术的同时吸引更多游客到此参观。在重点节日举办文化祭祀活动，展现风俗活动的别样气韵。重现古代戏楼、观音殿、奶奶庙前香火鼎盛的画面；定期举办诗词歌赋活动，吸引爱好者参与，达到继承弘扬古代优秀文化遗产的目的。在此基础上进一步开展一系列田园旅游项目，例如打理苗圃，采花摘果等，让游客体验乡村慢生活，带动和提高当地经济和就业，最终将部分经济收入用于古建修复和民居改造中，形成良性循环，使张中堡村的建筑风貌能够不断得以延续。

## 参考文献


[1]　孙九霞. 传统村落：理论内涵与发展路径［J］. 旅游学刊，2017，32（01）：1-3.

[2]　屠李，赵鹏军，张超荣. 试论传统村落保护的理论基础［J］. 城市发展研究，2016，23（10）：118-124.

[3]　徐春成，万志琴. 传统村落保护基本思路论辩［J］. 华中农业大学学报（社会科学版），2015

(06)：58-64.
[4] 赵秀萍，张慧. 蔚县村堡之堡门建筑文化特色及保护策略 [J]. 河北工业大学学报，2009，1(04)：86-89.
[5] 陆雨婷. 蔚县暖泉镇西古堡传统村落的保护与传承研究 [J]. 门窗，2017 (03)：196-197.
[6] 王苗，姜乖妮，梅兰. 张家口市蔚县传统村落风貌特色现状调查与分析 [J]. 河北建筑工程学院学报，2016，34 (01)：52-56.
[7] 谢嘉雯，唐踔. 空心型古村落景观资源保护与开发——以广西贺州富川县古村落群为例 [J]. 人民论坛，2015 (14)：175-177.

# 基于行为需求导向下城市空间交往系统可行性探究

张超杰，卓鹏妍，孙凌晨
（河北建筑工程学院　建筑与艺术学院，河北省张家口市　075000）

**摘　要：** 城市空间始于人类活动，终于人类活动。城市以人的意志为主导而产生，理应以人的行为需求为目标而发展。作为城市核心的城市空间不应当在功能主义的城市建设下没落，城市，尤其是城市空间还是要回归人本主义。失落的城市空间已经迫使人们在虚拟的网络空间来满足对于交往的需求，而指尖的活动无法从根本上体验交往带来的愉悦。找寻失落的城市空间，让空间回归人们的视野，让交往重新成为空间的主旋律。
**关键词：** 行为需求；城市空间；交往空间；探究延伸

空间是一个独立的、自然存在的概念，由某种相互关系作用形成。在无限延伸的自然空间中通过不同形式的“框框”进行界定、划分，并命名，形成不同形式的空间。在“框框”内部的即为内部空间，是一种相对较为私密的空间，而在“框框”之外的即为外部空间，这个空间则是一种相对开放的空间。

当把城市作为一个“自然空间”来看待时，城市中的建筑、围墙等实体构筑物则成为了一系列的“框框”，游离于这些“框框”之外的空间就是外部空间，也就是城市空间。城市空间作为城市居民闲暇之余的休闲场所，扮演着城市生活重要的角色，它不仅仅是人们休闲娱乐的场地，更是人们沟通对话的交往场所。当空间被赋予以人的行为需求为导向的交往属性的时候，那空间就不再是简单的“框框”外部场地，而是场所，是有活力、有精神的交往场所。

## 1　研究背景

城市空间随着城市的形成发展而不断变化，人类历史上最早的交往空间伴随着社会意义的可交流而存在。20世纪是一个分界点，当人本主义思想指导的城市建设被功能主义逐步替代，当城市发展以无规则的蔓延式扩张挤压城市空间，当城市空间只能在高楼大厦的夹缝中生存，这一系列的变化导致城市空间失去了人性，或者说不再是以人的行为需求为主导，城市空间成了城市建设的衍生体，失去了主动性，城市空间的无规则致使城市社会断层、交往行为缺失。

城市空间的缺失伴随着互联网的飞速发展，人们对于交往的需求在虚拟空间得以满足，而这种交往突破了地域的限制，减弱了面对面交流的防卫意识，越来越受到人们的青睐，这种虚拟的交往空间让人们忽略了城市实体交往空间的缺失。目前，虚拟交往空间似乎成为城市空间缺失的最好替代，或者说是一种空间交往的转变，但是，指尖的参与感远远比不上面对面接触的人体本能，虚拟空间只能作为一种辅助形式来存在，交往行为的主导还应该是城市实体空间。

提高城市交往空间的吸引力，把人们交往行为的主要载体从虚拟的网络拉回现实的实体空间，是当前城市发展的重点，让人本主义回归城市空间，将人的行为需求作为空间的营造导向，让城市空间重新承载人们的交往行为。

# 2　交往空间分析

## 2.1　交往空间产生

在《城市意象》一书中，凯文·林奇提到街道、标志物、边界、节点、区域为城市五大元素。他认为："作为物质环境的操纵者，城市规划师渴望创造一个供众多人使用的环境，因此他感兴趣的是绝大多数人达成共识的群体意象"[1]。而这种绝大多数人达成共识则是以人们的行为需求为导向来定义的，城市空间成为了可供多人使用的环境，当人们以相同的行为需求来到同一片城市空间中聚集活动，交往行为也随之产生，空间被以人的意志赋予交往属性的时候，空间不再只是区域，成为集意识形态和精神的场所，也就是交往空间。

## 2.2　交往空间现状

城市的飞速发展逐渐改变了交往空间应有的形态，空间在功能主义扩大化的背景下被城市的高楼大厦和快速路随意的分割、侵占。高楼之下的生活带来的便是深深的压抑，距离感带给人的冷情绪进一步让人们失去了交往的欲望。

当高楼大厦成为城市繁华的象征，当城市不再以人的意志为根本，城市空间不断被挤压，如图 1 所示，这样的城市还有所谓的空间吗？空间的概念被严重的歪曲，空间成为了建筑的附属产物，在这样狭窄压抑的所谓"空间"中，人们怎么还能有活动的欲望，避之而后快，停留都不存在，何谈交往；曾经街道以其最本源的形态为人们提供户外活动的场所[2]，活动的人们有目的、有选择地在不同的街道空间相遇，伴随着不一样的情绪、不可知的交往对象，在街道空间会产生多变的交往行为，而如今的街道已面貌不再，如图 2 所示，这样的道路除了飞速的车流，还剩下什么，偶尔路过的行人匆匆离开，不愿停留。同样是所谓的"空间"，也只是空间。

空间的缺失让功能主义下的城市建设顽疾逐渐暴露，城市病在不同级别的城市蔓延，城市建设者慢慢地意识到这个问题，开始对城市空间进行补救，或者是治病，大量的被冠以空间概念的场地出现在城市角落、公园、绿地、林荫小道，这些所谓的"空间"为了存在而存在，并没有以人为核心，忽略了人的行为需求，如图 3 所示，看似亮丽的空间，有低矮的灌木，高大的乔木，但是，深不见底的硬质路面毫无体验，光秃秃的长道拿什么让人停下脚步，本身缺乏人流的空间没有任何可供人休息的设施，留不住人们的脚步，还谈什么交往，没有了交往，空间就只是场地。

图 1

图 2

图 3

图 4

图 1、图 2、图 3、图 4（由左至右）分别为：高楼林立的城市；城市快速路；失落的林荫道；活力交往空间（秦皇岛红飘带公园）

同样的林荫走道，当从人的角度去思考，以人的行为需求来设计，就会大不相同。如图 4 所示，建筑规划设计研究院规划设计的红飘带公园，位于河北省秦皇岛市，设计师用最少的投入，打造出魅力无穷的城市休憩地。蜿蜒曲折的栈道，营造出多变的空间，一条简单的“红飘带”给人们提供了休憩落脚的场地，加上原有的绿色生态廊道为基地，打造出城市令人向往的空间，一种满足人们行为需求的交往场所。当你在这里乘凉、漫步的时候，偶然的停歇可能带给你一次不一样的交流机会，同样的时间，同样的地点，带着同一个目的在大自然的怀抱交流、褪去繁华，是身心碰撞的极致体验。这样的空间才是城市空间的本源，才是人们所需要的空间，空间服务于人，只有以人为主体的空间才能真正意义上构成令人向往的交往空间。

总的来说，城市空间在高楼大厦之间不断褪去，空间交往属性随之弱化；为数不多的城市空间也因为忽略了交往属性而变得无人问津。

## 3 交往空间可行性探究

### 3.1 回归人本主义

功能主义的崛起并没有让城市建设朝着想要的方向发展，或者说本身的预期方向就存在偏差。街道让人缺乏安全感，人们不敢随意停留；公园、广场，这些重要的公共交往空间变成了不良少年行凶的天堂；低收入住宅区犯罪率居高不下，中等收入住宅区死气沉沉，奢华住宅区庸俗乏味[3]……

城市建设应该回头，当为了追求利益舍弃人本主义的时候，城市就已经输了，城市是人的载体，空间是这一特性的直接体现，当空间成为功能主义指导下城市建设的牺牲品时，城市只是一个容器，不再承载人们的生活。城市建设应当回归人本主义，不全盘否定功能主义，但是，必定是以人本主义为主，功能主义为辅，在城市空间的塑造当中要全面考虑人的意志，以人的行为需求为指导，打造能够满足人们对于空间生活需求的空间，让交往重新成为空间的主题。

### 3.2 强化实体空间

当城市实体空间失去了原有的活力，当空间无法满足人们对于交往的需求时，实体空间作为一种交往媒介不再受到人们的青睐；伴随着网络引导下虚拟空间的侵袭，变质的城市实体空间已经失去了同虚拟空间竞争的能力。

观其境，而察其行；观其行，而察其心。交往不应该只是简单的指尖跳动，身临其境的接触必定是强于隔空喊话、会有别致的交流体验。虚拟交流是实体交流的辅助工具，是为了加强人们的交往，而不应该成为替代品。虚拟空间在表面上拉近了人与人之间的距离，仿佛世界就在脚下；深入的讲，虚拟空间正在不断地限制身边人的相互交流。

实体空间必须得到强化，空间不能只是城市建设的附属品，城市空间应当作为一个独立的事物摆在第一位去思考，要充分以人的意志为主导，把人的需求融入空间的设计当中，让人们在快节奏的生活中能够在实体空间中得到停留，驻足身边的空间美景，激起人们的交流欲望，重新让实体空间回归人们的视野，成为人们忙碌之余绝佳的休闲交往空间。

### 3.3 营造主动交往媒介

罗杰·特兰西克说过，“现代化城市的居民被迫将自己的社会生活局限于个人可控制的领域内，而不再参与街道上的公共生活，结果是个人对城市空间用途的态度发生了根本的改变”[4]。也就是说人们只是在某些可控的主动交往的领域活动，没有跨出小范围去寻求交往；换言之，人们都习惯于在主动形成的空间进行交往活动，都不愿意或者说没有欲望去寻求交往。

因此，要加强空间的营造，创造主动交往机会，在区域与区域的空间上通过某种媒介建立起一定的联系，让人们能够不只是活动在自己可控的范围内，要走出去，在不同的地域，不同的空间，不同的时间进行交往活动，让交往更加具有活力。只有空间有了主动性，能够吸引人们停留，才能给人们主动的交往机会，创造出更具有活力的城市交往空间。

## 4 探究延伸

城市创造剧场，并且本身就是剧场。作为剧场的城市中，经由人性、事件、团体的冲突与合作，人有目的性的活动被设计和构想成为更重要的高潮部分[5]。城市始于人类活动，终于人类活动，城市的一切活动都要以人的行为来考虑。作为城市核心的空间应该回归人本主义，以人的意志为先导，把人的行为需求作为空间营造的核心，将交往活动的提升作为目标，旨在重塑城市活力，改善失落的交往空间，让交往成为城市空间的常态。

### 参考文献


[1] [美] 凯文·林奇. 城市意象 [M]. 方益萍，何晓军，译. 5 版. 北京：华夏出版社，2009.

[2] 陈培婵. 寻找失落的交往空间——城市形态对交往形式的建构 [J]. 新闻大学，2015 (06)：138-144.

[3] [加] 简·雅各布斯. 美国大城市的死与生 [M]. 金衡山，译. 北京：北京译林出版社，2006.

[4] [美] 罗杰·特兰西克. 寻找失落空间——城市设计的理论 [M]. 朱子瑜，译. 北京：中国建筑工业出版社，2008：10.

[5] [美] 刘易斯·芒福德. 城市文化 [M]. 宋俊岭，李翔宁，周鸣浩，译. 北京：中国建筑工业出版社，2008：506.

# 浅谈住区室外儿童交往空间设计

张晨辉，张毅，崔冬冬
（河北建筑工程学院　建筑与艺术学院，河北省张家口市　075000）

**摘　要：** 儿童交往空间作为当代住区中的一个空间组成部分，是学龄前儿童在家庭之外的主要户外活动场所。然而当今住区的建设往往忽略了对于儿童交往空间的设计。本文从相关儿童心理学的理论出发，探讨儿童室外交往空间的重要性，并通过总结儿童活动特征及相关空间形态，针对现有居住小区儿童活动空间的不足，提出了适合儿童交往空间的设计要点。

**关键词：** 住区；儿童；室外交往；空间

儿童交往空间是指供儿童使用的交互活动的空间，可以是儿童游戏场、中心绿地等开敞的空间。童年的交往产生的活动对人未来的成长具有很大影响，包括后来所具备的能力大多源自于这个阶段的活动交往的积累。当前的住区设计中往往只重视成年人的所需空间而忽略了儿童群体交往空间的设计。

## 1　住区中营造儿童交往空间的必要性

### 1.1　客观因素

人口出生率逐渐递增，儿童未来将成为住区中不可忽视的群体。受国家开放二胎等政策的影响，人口的出生率稳定逐步地上升。同时新住区的购房者中，年轻人占了很大比重，在这类住区中，婴幼儿和学龄前儿童是家庭构成的重要组成部分，同时现在购房者越来越看重社区的未来人文环境质量[1]。一个社区是否能为家人提供一个健康、安全及舒适的环境成为选择住房的关键因素，而住区内良好的儿童交往空间设计往往成为购房者首选。

### 1.2　主观因素

生活质量提高，父母更关注孩子的成长问题，同时良好的儿童交往空间的营造有助于儿童身心健康和性格培养。人的交往活动从儿童时期就已经开始，学会与人交往是儿童期的重要任务，从相互交往的过程中，学习掌握社会规范，发展社会性情感。因此在住区中营造良好的儿童交往和交互的空间环境，提供儿童与其他小朋友交流、协作的空间场所，是当前住区发展趋势之一。

## 2 儿童交往活动特征及交往空间形态研究

本文将儿童交往活动大致分为两种，其一是陪护性交往，其大多数为年龄较小的儿童，他们活动的典型特征是家长与孩子的互动、游戏等，一般为独自游戏空间，比较有私密性。其二是相互性交往，是儿童与儿童之间的交往，大致可分为两种，一种是平行性交往，即儿童之间相互用相同的玩具进行相似的游戏，不相互影响，同时儿童们按照自己喜欢的方式玩耍，与其他儿童没有明确共同的目地性。另一种则是交互性交往，即儿童之间相互组织游戏，有共同的目的性。无论是平行性还是合作性交往，其典型特征就是多人，对场地的需求较为开敞。

此外，童年时期，儿童已经开始形成性别观念，而随着年龄的越来越大，他们的性别差异也会导致交往空间需求的差异。男孩的活动范围可能相较于女孩需求的活动空间较大，并喜欢一些运动性的游戏，而女孩则偏于安静（图 1)。

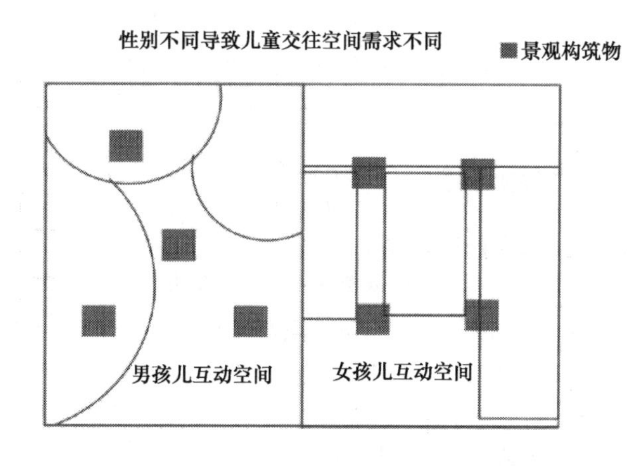


图 1　交往空间需求差异图（作者自绘）

## 3 住区中的儿童室外交往空间设计

杨・盖尔先生在《交往与空间》一书中指出，物质环境的构成对于社会交往活动的发生、质量和强度具有潜在的影响。通过对物质空间的形态、尺度的控制可以促进或抑制交往活动的发生和频率[2]。在设计中通过对儿童活动区域的适当安排，可以促使儿童之间交往的产生。

### 3.1 当前住区儿童活动空间现状

(1) 普遍缺乏儿童活动空间设计：现如今许多住区缺乏一些儿童活动设施，没有对活动交往进行空间界定。许多仅仅是在集中绿地设置广场、简单的构筑物等，缺乏专为儿童设计的活动空间。在一些新建住区中，会有一些简单的儿童活动设施，但没有考虑儿童活动特征的交往空间设计。

（2）儿童活动的多样性未被重视：儿童由于不同的年龄阶段及性别，对其活动场所的要求也不同，许多住区的儿童活动空间仅仅是沙坑加滑梯等简单的模式。儿童活动空间在住区用地中仅仅是一小部分，有些活动空间只是对其进行空间的绿化或者小构筑物简单界定，例如踢毽子、扔沙包、跳皮筋等。然而当前的住区并没有考虑其多样性，导致儿童活动场所的单一化、活动分散化，在不适合儿童活动的道路、宅间空地等存在不利于儿童之间相互交往和安全的情况出现。

（3）儿童活动区中配套设施的缺乏：儿童的活动时间主要是白天，儿童大多是有老人陪伴或者父母陪伴。所以，活动区中，不仅仅要设计儿童活动设施，还要考虑成年人对设施的需求，例如供成年人交流休息的座椅、长凳等。同时注重无障碍设计，重视老年人和儿童的需求。

（4）缺乏适合儿童的感官性设计：儿童与成年人的感官具有很大的不同，比如对颜色的敏感性，对某些物体的触感，或者对形状奇特的物体产生好奇心。当前住区的儿童活动场地，往往是采购一些成品的活动设施，而没有认识到感官性设计的重要性。例如现在的广场铺装图案结构，活动场地内的构筑物造型等，并没有考虑儿童的整体感官。而良好的感官性设计能够吸引幼儿的注意力，提升幼儿活动的积极主动性，对其身心发展起到积极作用[3]。

## 3.2 儿童室外交往空间场地选择

### 3.2.1 注重物理环境对儿童交往的影响

物理环境主要是指声、光、热、通风等影响儿童活动的要素。在住区中，往往将住宅主体放在最好的位置，而儿童的交往空间位于其场地的边角空间。这些空间的日照及通风未作为要素来考虑。然而现实生活中，儿童对室外物理环境要求较高，选择活动的地点要日照充足，具有良好的通风等条件。

### 3.2.2 从安全健康的角度考虑交往空间的选址

儿童交往空间需要以儿童的安全作为前提。从儿童活动的角度方面，其活动场地应远离住区中的车行道，并与建筑保持一定的安全间距。从家长的陪护性活动方面，应考虑儿童活动区域周边的视野具有一定的开敞性，使家长可以观察到孩子们的举动，以便于及时发现或制止儿童进行的具有危险性的活动。

## 3.3 住区儿童室外交往空间设计要点

（1）合理的空间布局：在进行居住儿童室外交往空间设计时，要充分考虑活动场地的布局。将不同年龄阶段，不同性别所需求的交往空间合理布置，将具有一定活动强度的游戏场地设置于住区开阔、具备良好通风等条件的空地。安静的活动场地，可以设置于人流较少，并以植被围合的半开敞的空地。通过空间的合理布局，为儿童营造出适宜的活动交往空间。

（2）适宜的空间形态：良好的空间形态对于儿童交往活动具有引导作用。在活动空间的形态方面，应设置不同形状、不同尺度的活动空间。并通过设置地形高差、构筑物围合、植被布置等手段将群体、小群体、个体所需的活动空间进行划分，使得儿童清楚明确地找到自己想要的活动空间。

(3) 多样的交往媒介：交往媒介是交往双方共同使用或共同感兴趣的物品、环境或现象[4]。交往活动需要媒介，对于儿童来说，交往媒介小到一些小球、毽子、画笔、玩具。大的方面可以是一些活动设施等，都可以成为儿童的交往媒介。在住区儿童交往空间的设计中，要考虑媒介的多样化设计，使儿童愿意到活动场地来，通过媒介找到自己的好伙伴。

(4) 安全的设施选择：在设施选择方面，活动设施应可以满足一般儿童的需求，同时要注重设施的安全，例如一些攀爬设施的扶手栏杆等要符合有关规范规定，在一些儿童可能会摔倒的地方，应设软质的铺装材料。由于住区规模的影响，儿童活动设施宜采取集中布置，增加儿童交往的趣味性。

(5) 人性化的空间设计：人性化的空间设计主要体现在两个方面，其一是在活动场地中，使用者的主体虽然为儿童，但是儿童会有父母陪伴，所以在空间设计中，应考虑儿童和家长的合适的空间尺度。其二要有适合于儿童交往的空间。例如对于使用空间的儿童来说，尺度过于空旷会使人缺乏安全感，儿童集体游戏对空间要求较为开敞，但不是简单的提供空旷的广场。同时根据性别不同，儿童喜欢的空间也会不同，应尽可能为儿童创造多样化的活动空间。

## 4 结束语

随着人们生活质量的提高，儿童群体在社会中越来越受到重视，儿童是居住区活动场地的重要使用主体。注重创造良好的交往空间可以培养儿童好的性格，提高他们的认知能力，激发其想象力。为儿童创造良好的交往空间是我们建筑师的职责，儿童交往空间设计也将是住区设计的一个重要发展方向。

### 参考文献


[1] 董娟. 营造新住区环境中的儿童交往空间 [J]. 华中建筑，2008，26：103-105.

[2] [丹麦] 杨·盖尔. 交往与空间 [M]. 何人可，译. 北京：中国建筑工业出版社，1992.

[3] 李爱. 基于幼儿心理发展及特征的广场铺装设计研究 [J]. 建筑与结构设计，2016，10：19-20.

[4] 董仕君. 居住小区室外交往与交往媒介 [J]. 河北建筑工程学院学报，1998，1：22-25.

# 艺术设计介入乡村问题调研——以石家庄艺术园区和承德“画之都”为例

张秀娟
（河北建筑工程学院　建筑与艺术学院，河北省张家口市　075000）

**摘　要：**艺术介入乡村可以说是对乡村文化的复兴，只有形成有识别度的文化特质才能使艺术介入带来的可观收益落实到每户村民身上，才能真正意义地实现艺术区与周围村镇共同发展的目标。其中，如何营造兴奋点很重要，我们需要了解与村落历史相关的人文风物以及还可以再进行挖掘的故事，从中探寻那些被时间埋没的有趣风俗，利用艺术介入的合理手段来使它们得以恢复和传播，重拾起遗落在历史中的“遗珠”。

**关键词：**艺术设计；乡村发展；艺术园区

## 1　发展现状

“艺术设计介入乡村”这类艺术事件与实践在国内外不胜枚举，成功案例也比比皆是。在国际上，最有名也最有代表性的有日本越后妻有的“大地艺术节”（如图 1 所示），还有韩国釜山甘川洞文化村、日本四国岛德岛县倾村的稻草人之家等；国内也有像北京 798、贵州雨补鲁村改造计划（如图 2 所示）、碧山计划、横港国际艺术村（如图 3 所示）等[1]。同时，国内外“艺术介入乡村”的方式也大同小异，通常是以艺术家和原住民为主体，通过改造或自建的方式形成艺术产业片区，通过“艺术”的介入来吸引游客从而拯救“空心”村或已凋零的产业。

图 1　越后妻有“大地艺术节”

图 2　雨补鲁村

图 3　横港国际艺术村

但是无论是在国内还是国外，仍然有很多艺术园区的建设以失败而告终，并没有成功带动周边乡镇的发展、为这些地区赢得尊重与自信，也没有营造一个好的艺术氛围[2]。“艺术设计介入乡村”的发展过程中还存在很多问题，未来还有很大的提升空间。

## 2 调研对象及方法

本次调研对象为石家庄动静森林艺术园区以及承德兴隆县楚榆沟村的“画之都”艺术创作基地，通过实地考察、问卷调查、网站搜索和对当地村镇规划的资料搜集，为论文写作取得第一手资料，使理论依据与实际相结合，从而对艺术介入乡村的发展状态有一个更深刻的论证与展望，主要对它们的发展状况、艺术介入的方式、对周边村镇的带动作用进行调研。

## 3 动静森林艺术园区调研

### 3.1 概况

动静森林艺术园区，位于石家庄高新技术开发区，是集“艺术品制作、交易、展示，影视拍摄与后期制作，装饰设计，品牌新闻发布会，餐饮娱乐”等功能于一体的多元化、全方位艺术平台。动静森林艺术园区分为动静现场、动静空间、动静展馆、动静部落四个部分。

如图 4～6 所示，在这里，人们可以欣赏到艺术感十足的喷绘现场以及成熟有创意的喷绘作品、用国内一流的设备录制的音乐、用普通厂房改造的装修风格怪异独特的休息室和会客厅等建筑空间，在这里，游客可以感受到专业和形式并重的艺术氛围。

图 4　建筑外墙涂鸦

图 5　音乐厅屋顶灯光设计

图 6　录音工作室

### 3.2 发展现状

动静森林艺术园区建成初期掀起了石家庄青年人的艺术热潮，再加之其后期招募了来自全国各地的音乐人演出、独立电影放映、画展影展等项目，推动了本土文化的发展，同时也招募了一些影响力大的公司来这里做活动，因此他们的推广和宣传使全国各地热爱艺术的青年人慕名前来。但其近几年的发展有点差强人意，渐渐失去了建设初期的吸引力，逐渐变为更加小众化的音乐艺术区。

### 3.3 问题分析

石家庄动静森林艺术园区在建设改造初期，由于其良好的初衷使它们在一定时间内都充满活力，甚至成为名噪一时的艺术聚集区，但这种艺术的介入方式往往具有短暂性和小众性的特点，没办法真正带动周边村镇的发展，其原因有以下几点：

（1）小众化，缺少统一规划

石家庄动静森林艺术园区是由周围热爱艺术、有艺术向往的艺术家自发组织而成，虽带着振兴石家庄艺术的美好愿望但缺乏带动周围居民一起发展的决心，因此注定是小众化的发展，并且缺乏统一规划和基础设施的改造，同时取暖、供水、供电、厕所等问题也需解决。

（2）缺少艺术群和消费群体

石家庄相对于北京而言，没那么多的艺术群体以及消费群体，该艺术园区都是靠招募外来的艺术群体寻求自身发展，没有自身的发展机制，因此发展稳定性较差。

（3）缺乏文化认同感和归属感

动静森林艺术园区的建设改造未能与当地的文化融合，没有考虑从艺术教育、乡村环境改造、活化乡村文化传统、重建乡村信仰与当代生活的联系等方面建设新乡村，缺乏文化认同感和归属感，因此得不到真正的文化支持的艺术园区注定是发展不长久的。

# 4　河北承德“画之都”文化艺术园区

## 4.1　概况

河北承德“画之都”文化艺术园区位于兴隆县平安堡镇楚榆沟村。如图7所示，兴隆县画之都文化有限公司利用兴隆燕山主峰雾灵山周边得天独厚的自然景观和夏季宜人避暑气候，意在打造以传统文化为载体，以书画创作（如图8所示）、艺术研讨（如图9所示）、商务会议、艺术品交流展览、陶瓷艺术创作、文化休闲度假等为产业链的北方著名的“画之都”文化艺术园区。

图7　基地自然风光

图8　学生写生场景

图9　举办书画论坛

文化艺术园区占地面积233.5亩，项目建设包括画之都写生创作基地、会议中心、创意谷等项目，并可实现四季生态旅游、休闲度假之功能。画之都文化艺术园区将成为北方最大的写生创作基地和书画艺术交流及创作的平台。

## 4.2　发展现状

目前文化艺术园区投入运营的“画之都写生创作基地”位于河北省兴隆县东北部，西接北京、南邻天津、东接唐山、北抵承德，距承德只有两小时的车程，有高速穿境而过，交通十分便利。每年都有来自北京、唐山、辽宁等全国各大美术院校、艺术团体的画家来此地写生创作。著名国画大师张仃、贾又福等众多著名画家来此写生创作，并留下传世佳作，用妙笔丹青绘就雾灵美景。画之都写生创作基地已被河北画院、九三学社唐山书画院、辽宁美协等各大专院校和艺术团队定点为他们的写生创作基地和教学实习基地。

## 4.3 分析

可以说，“画之都”作为北方最大的创作写生基地已然宣告了其艺术介入带动乡村发展的成功。其成功的原因有内在和外在双重作用，缺一不可：

（1）良好的自然环境

世人都知“承德避暑山庄”历史悠久，同样属于承德市的兴隆县一样有着承德避暑山庄的宜人气候。这里交通便利，旅游资源得天独厚，画之都写生创作基地周边山高林密，沟谷纵横，良好的自然环境造就了夏季凉爽温润的气候环境，夏季平均气温比京、津、唐地区低 8～10℃，是绝妙的避暑胜地。

（2）正规化的管理

在创办初期就创立了画之都文化有限公司，既能使发展正规化统一化，又能带动周围村民的就业，因此全县人民齐心协力，众志成城，早已经将公司的发展与自己的切实利益结合在一起。统一的领导，统一的规划，平等的地位，众人的支持，画之都的成功绝对脱离不了这些重要因素。

（3）寻求多方位全方面发展

虽然“画之都”早已被画家青睐，每年都有大批画家和学生前来这里写生创作，被誉为文学艺术家眼中的“活的画廊”，但其发展不局限于此，而是谋求以书画创作、艺术研讨、艺术品交流展览、陶瓷艺术创作、文化休闲度假等为产业链的可持续全方位发展。且每年都举办数次书画笔会和书画展大型活动，经常邀请书画等艺术名家前来讲授传统艺术之魅力，这样就让来“画之都”休闲度假避暑的人们，不仅能欣赏美丽的自然风景和享受天然氧吧宜人的清新空气，更能享受传统书画艺术文化的熏陶。

# 5 艺术设计介入乡村问题应对策略

通过以上对调研对象的发展状况和原因分析，针对艺术设计介入乡村过程中出现的典型问题提出以下应对策略：

（1）艺术设计介入乡村，必须从村民角度出发，实现公众参与

为了避免出现“台上的知识分子艺术家引经据典谈理想，台下的村民聚集围观不知所云”的现象，我们应该认识到——艺术介入乡村不是研究到底是按照艺术家的文化理念重建乡村，还是遵从本地村民的态度拥抱商业开发的过程，而是艺术家、政府、社会各群体与村民共同商议共同探索的过程。只有公众参与，才会对项目产生认同感、自豪感、归属感。因此我们一定要在艺术设计介入的同时让村民去享受项目带来的红利。

（2）发展第三产业，实现业态和生活方式的转变，解决空心村问题

空心村问题是艺术设计在介入乡村过程中必须面对的一大难题，目前以产业转型来带动村庄经济发展从而吸引青壮年返乡是目前解决空心村问题的最有效方法之一，村民生活

方式和观念的转变是村庄产业转型的前提[3]。但同时要考虑如何尽量将外来人口的进入、停留、发展对原住民的影响降到最低，怎样实现两者能和平共赢地发展。这就要求对原住民的正规职业培训要跟上，村民的文化、公共活动、节庆表演等活动要丰富起来，并且要通过培训熏陶等方式提高村民的艺术文化素养。

（3）艺术介入要与本土文化相协调，实现乡村可持续发展

如何进行后续发展，我认为营造兴奋点很重要。除了营造良好的乡村艺术环境外，要进一步挖掘与村落历史相关的人文风物、背后的故事、掩盖在历史中的有趣民俗等，形成本土的文化艺术特质。同时介入过程中创造出的艺术品要反映当地的地形风貌、风土人情，举办的艺术活动也要呈现别具一格的面貌，这样才能打造形成可持续的、具有核心竞争力的艺术村落或艺术园区。

## 6 结束语

通过以上案例分析和对比，我们发现对于有着深厚历史文化传统的古村落和在这里世代繁衍生息的原住民而言，如果不能采取“艺术介入”的合适方式只会给当地居民带来生活的困扰和对地域文脉的破坏[2]。其实对于本身就具备优秀自然资源的乡村而言，有可能它的原生环境以及自身民俗就已经形成了一种隐形的艺术特色，所以以“艺术”之名而对它们做浅层“装饰”来引人注目定会走向失败，如何避免“强势介入”和“浅层装饰”，都是我们需要考虑的。

艺术介入乡村不仅仅是艺术注入乡村这一简单的过程，更为重要的是要实现艺术与乡村文化的融合，用当地的文化、当地的智慧去发酵一种文化认同感和归属感，从而实现可持续共同发展，这才是关键之处。

### 参考文献


[1] 卢健松，刘雅平. 当代艺术与乡村人居环境的自组织发展 [J]. 中外建筑，2012（10）：42-45.

[2] 刘雅平. 当代公共艺术在乡村公共空间中的应用 [D]. 长沙：湖南大学，2013.

[3] 吕品晶. 雨补鲁村传统村落保护实践 [J]. 城市环境设计，2016（5）：33-35.

# 住区儿童交往空间设计

卓鹏妍，孙凌晨，张超杰
（河北建筑工程学院　建筑与艺术学院，河北省张家口市　075000）

**摘　要：** 本文针对住区内邻里关系淡漠下儿童交往空间的重要性，通过对不同年龄段的儿童心理活动、运动能力、需求等进行分析，旨在指导新建住区对儿童交往空间的设计，从而让孩子在一个有利的环境下健康成长，也促进了家长之间的交流，打造一个安全舒适、和谐共处的住区环境。
**关键词：** 儿童心理；交往空间；儿童需求

随着城市化的推进，如今城市居住模式多为居住小区模式。高楼竖向居住模式代替了传统独立院落的模式，居住小区内的活动空间成了居民的休闲娱乐场地。而对比居住小区内部居住人群，幼儿在居住区内生活的时间占据大部分时间，且相比来说，幼儿对交往空间的需求更加迫切。

## 1　儿童交往空间的重要性

### 1.1　儿童占居住人群的比例

新住区是指 20 世纪 90 年代住房商品化后新建的居住小区[1]。小区内部配套设施完善，居住者多为 70 后、80 后及 90 后等年龄阶段的人，而其家庭结构多为两个青年人＋儿童＋老人的模式，而且随着全面二孩政策的出台，适龄中年的生育率有所上升，儿童出生率增加，住区内儿童增加也很明显。根据统计住区内活动空间使用高峰为三个时间段，分别为 7：00～8：00（晨练）、16：00～17：30（午后晒太阳）、18：30～20：00（饭后放松）。而相应活动人群分别为晨练——老人、午后——老人＋婴幼儿、饭后——儿童、中年人。而在一天内活动空间中人群分析：活动空间内同一时间段儿童分布最广，活动时间最长。

### 1.2　儿童交往需求

由于城市化进程的加快，住区居民构成大部分来自于各地，失去了原有的邻里关系，居民之间变得陌生缺乏安全感，且更多的电子产品、互联网技术等使得居民对户外交往缺乏兴趣，失去了开拓新的社会交往群体的欲望。北京的一位老者抱怨说：在中国住宅建设已进入所谓的“后小康”社会的时候，居住社区里人与人之间的交往却远远没有达到“小康”水平[2]。而儿童自身生性活泼、对外界事物充满好奇心的天性使得他们渴望到室外玩要。儿童相互之间的交往有利于儿童心理的发育，增强儿童的社交技能。儿童的户外活动都需要大人的看护，从而增进了大人与小孩间的关系，进而又促进了大人与大人间的交往。住区外部空间环境是儿童除学校之外发生交往行为最为频繁的场所，所以儿童的交往空间是居住区交往空间设计的重点。

## 2 儿童活动心理研究

### 2.1 儿童分类

儿童早期发育较为快速，行为表现较为明显，不同年龄段的儿童会有自己独特的行为以及发育所需条件。住区内儿童年龄分布较为广泛，各年龄段的儿童均有分布，根据皮亚杰儿童智力发展[3]可将儿童分为如下（表1）几类：

**儿童智力发展表** **表1**

| 年龄 | 运动能力 | 智力发展 |
|---|---|---|
| 0～2岁 | 不能独立行动，需要大人随身陪同 | 自我意识较差，感知运动、模仿大人的运动，多用视觉观察 |
| 2～7岁 | 简单运动基本掌握，平衡性差，需要看护 | 自我意识加强，好奇心加重，动手能力加强，多感认识世界，并运用文字加以表述 |
| 7～11岁 | 运动能力掌握，进行危险性小活动量小的运动 | 学习能力加强，开始具有逻辑学习能力，有些以自我为中心 |
| 11～15岁 | 进行危险系数较高的运动，运动能力强，活泼好动 | 智力发育成熟，拥有逻辑推理能力，拥有独立人格，喜欢与人交流 |

根据上述表格，随着儿童智力与运动能力的增长，我们也可以根据年龄的划分把儿童分为婴儿期（0～2岁）、幼儿期（2～7岁）、儿童期（7～11岁）、少年期（11～15岁）四个时期，儿童智力及运动能力的飞速发展使得每个时期的儿童对空间的感知力与兴趣会有很大不同。

### 2.2 不同年龄段儿童的兴趣点

不同年龄段的儿童对交往空间的需求也各有不同，而在实际探索过程中大多数现在住区设计中都没有深入研究儿童活动的需求性（表2）。

**儿童需求表** **表2**

| 年龄 | 生理需求 | 心理需求 | 活动时间 |
|---|---|---|---|
| 0～2岁<br>婴儿期 | 骨骼发育尚未完善；视觉、听觉发展迅速 | 婴儿对环境较为陌生，较为认生，需要安全感。离不开看护人的怀抱 | 气温较高阳光正好的下午时段 |
| 2～7岁<br>幼儿期 | 语言能力发展，运动能力变强，喜欢用触觉感知 | 与家长的关系逐渐分离又有依赖，逐渐建立自信心以及交往能力，并且需要爸爸的关怀 | 托儿所放学后及晚饭后 |

续表

| 年龄 | 生理需求 | 心理需求 | 活动时间 |
| --- | --- | --- | --- |
| 7～11岁<br>儿童期 | 开始喜欢有创造力有刺激性的运动 | 对父母的爱渴求最强烈。对之前分离的母爱又有了依恋感 | 晚饭后1～2h |
| 11～15岁<br>少年期 | 成长黄金期学业繁重、更多的运动需求 | 智力发育成熟，逐渐与父母之间产生隔阂和不信任，开始重视朋友关系 | 周六周日、课时闲暇时间段 |

住区儿童活动空间设计不仅要考虑到儿童的年龄段不同还要考虑儿童真正的需求不仅仅是生理需求，也包括心理需求。

# 3　儿童交往空间要素

## 3.1　儿童交往空间要素——人

作为交往空间的建设者考虑儿童的心理、行为活动、需求必不可少，在考虑儿童的同时也应充分考虑家长的位置，作为婴幼儿身边的守护者他们每时每刻都要关注儿童的活动，在留有一定儿童空间的同时也要考虑家长的需求。儿童之间的交往也促进了家长之间的交往，伙伴之间的分享也会形成同龄儿童群体间的交往，儿童交往空间的构建也是促进住区和谐共处以及连接亲子关系的纽带。

## 3.2　儿童交往空间要素——空间

作为交往空间要素主体，空间是承载人活动的基础，而我们在设计交往空间的时候也应注意与儿童活动的需求相结合。

舒适的空间：儿童处于迅速生长阶段，他们对于阳光的需求很大，在设计交往空间的同时应该寻找日照充足的绿地，不适宜建设在建筑物的阴角、短巷等比较偏僻且日照不充足的地点。

安全的空间：住区内来往的车辆、外来人员的威胁等都是空间安全性的要素，交往空间不适宜设在车辆来往频率较高的地方，避免儿童打闹不注意来往车辆发生交通事故。为了减少非住区内对儿童产生威胁的人员接近儿童，交往空间应该设置在距离住区出入口较远的绿地内。

私密的空间：对于儿童来说他们相对缺乏安全感，围合的空间更加有助于他们提升安全感，且围合的空间具有向心性，儿童之间乐于分享秘密，从而具有一定私密性的空间有助于儿童之间成为亲密的伙伴，但是不能太过封闭，太封闭的空间容易造成中心恐惧感。

## 3.3　儿童交往空间要素——设施

活动设施作为儿童活动的吸引点也应结合不同年龄段的儿童需求以及各年龄段在交往空间的频率不同加以设置。

（1）婴儿期：儿童活动性差，没有安全感，需要家长的陪同，对于声音色彩的感知力强，建议将器材设置为可以和家长一起互动的类型，在满足孩子好奇心的同时，也可以让家长放心，器材选择上可以选择能够刺激儿童感官的色彩比较鲜艳的。同时将空间至于光照充足的地方满足儿童生理需求。

（2）幼儿期：既要给孩子一些空间又不要离开大人的视线太远，家长已经不适合参与儿童间的活动，儿童设施应选择活动性强的危险性小的，且接近大自然的，可以有沙坑、滑梯、迷宫等活动锻炼孩子的动手能力。同时应在旁设置休息座椅方便家长看护、休息、为孩子带来安全感、及时处理突发事件等。

（3）儿童期：儿童期的孩子已经开始上学，学业压力不是太重，逐渐增强的运动能力让他们寻求一些骑车、滑旱冰等具有一定危险性的活动，儿童多喜欢在开敞的空地上自由施展[4]，他们具有一定的创造力和自己的爱好，开阔的场地更加有助于他们的交往。

（4）少年期：对于课业压力逐渐加重的少年期，他们的活动时间有限，集中在双休日，与父母的休息时间相吻合。青少年心理发育也离不开父母的陪伴，父母是个体教育的启蒙者，对其一生的发展有着深远影响，已有证据表明良好的亲子关系能够有效地预防儿童青少年的违纪、犯罪行为和攻击、退缩行为、较低水平的抑郁、焦虑、孤独感，使其有更高的社会情感适应水平等[5]，所以亲子间的活动更加有利于孩子的身心健康。青少年喜爱的运动也偏向于竞争性、规则性较强的球类运动等。青少年的交往空间可以是偏向大人的足球、篮球、羽毛球活动场地等。

## 4 结语

随着二胎政策的提出，更多的孩子将会来到这个世界，独生子女的交往能力也应该更加得到重视，儿童活动空间的设计也应该得到更多的关注。在儿童的日常生活中提高儿童的交往能力有助于儿童的身心健康发展，同时也有助于获得更亲近的亲子关系、更和谐的邻里关系、更亲密的伙伴关系。所以在住区环境中考虑儿童的生理需求、心理需求设计儿童交往空间变得尤为重要。

### 参考文献


[1] 董娟. 营造新住区环境中的儿童交往空间 [J]. 华中建筑，2008 (07)：103-105.

[2] 王华. 居住社区中的“邻里交往”与“空间环境”分析 [J]. 建筑知识，2004 (03)：46-48.

[3] 杨慧慧，石向实，郑莉君. 皮亚杰儿童认识发展理论述评 [J]. 前沿，2007 (06)：55-57.

[4] 康远娥，唐文，郭磊. 居住区中儿童交往空间的环境行为学研究 [J]. 价值工程，2015，34 (02)：105-106.

[5] 田菲菲，田录梅. 亲子关系、朋友关系影响问题行为的 3 种模型 [J]. 心理科学进展，2014，22 (06)：968-976.

# 浅析商业街景观的地域化设计原则
# ——以银川市鼓楼南街为例

韩申，王晨宇，梁月星
（河北建筑工程学院　建筑与艺术学院，河北省张家口市　075000）

**摘　要**：地域文化是一个地区历史自然形成的文化积淀，不同的地区有着不同的群体文化。当今商业街承担着休闲、社交、聚会、游憩的功能需求，商业街也逐渐成为地区的标签之一，因此商业街的设计应该从地域、人文方面考虑，体现当地的特色，而非千篇一律。本文以银川市鼓楼南街为例分析商业街的地域化表现以及当代商业街景观的不足之处。

**关键词**：商业街；景观设计；地域文化

## 1　引言

商业街的景观是指在商业街道上看到的一切物体，主要包括建筑立面、广告店标、植物配置、雕塑喷泉、街灯小品等。商业街的景观设计是指对街道以及街道景观的视觉景象进行形式处理并进行功能优化，使其成为具有良好观赏效果并兼备其他作用的街区风景[1]。商业街浓缩了一座城市的商业发展历史，它不仅是一个城市为人们提供购物休闲的场所，也是一个城市吸引外埠游客的景点之一，因此一个城市的商业街是否具有当地人文特色就显得尤为重要。

## 2　现代商业景观存在的问题

每个城市的商业街都伴随着当地历史的发展而发展，不同的时期呈现出不同的形象。我国经济的迅速发展使得很多商业街也如雨后春笋般的出现。许多商业街也面临新建、改建、小品建设、亮化工程等问题。但过快的发展就会出现各种问题，譬如：过分追求时尚，形象新奇怪异等，开发者更关注于如何抓住消费者眼睛。这导致大量的建筑争相攀比，整体性缺失，地域性文化被忽视。

## 3　地域化设计的重要意义

“全球化”是人类历史上的一大进步，但伴随着“全球化”的过程必然会破坏一些原有的本土的东西。在建筑领域，“全球化”使得西方当时较为先进的建筑设计思想、建筑设计手法、建筑材料、建筑施工工艺传入不发达的国家。这使得一些较为“落后”的本土性建筑被较为“先进”的“国际化”建筑所代替，有地域特色的东西也渐渐消失在历史的长河当中。

地域文化的形成也是一个漫长的过程，它是一代人内心深处的记忆。而这种记忆往往能唤起人们内心的认同感，给人以舒适的感觉，这与景观设计的初衷不谋而合。

商业步行街一般情况下处于城市的中心地区[2]。它既是城市发展的中心地带，也是城市文化的展示平台。设计师应该做好前期的调研考察充分掌握当地人民的生活习惯，了解当地建筑材料以节省成本。这些都是进行地域化设计的前提，也是设计出符合当地人生活习惯、有人情味的商业步行街的重要途径。

# 4　商业步行街景观地域化设计的基本原则

## 4.1　以人为本原则

随着人们生活水平的提高，生活在城市里的人们开始越来越关注生活环境的质量，人们对自然的向往也表现的愈发明显。我们的景观设计应以人为中心，服务人类的景观设计的好坏，归根结底也是根据它为人提供了多少服务，服务质量如何来评判的。对商业步行街的景观设计也要体现以人为本的思想，所有设施的设置都应该从便民的角度去考虑[3]。设计者应当从细节出发，体现人的基本活动规律，如果景观设施不能满足人们的基本生活需求，不符合人的生活习惯，这样的设计无疑是失败的。

## 4.2　统一性原则

越来越多的城市进行总体性规划建设，商业步行街作为城市道路中重要的一部分也被纳入总体规划当中，其配套的景观元素也应如此。在设计中要有大局观，遵循整个城市设计原则，以整个城市的设计理念为主导思想。由于街道空间本身有限，除本身满足人的基本通行外，还要统筹将各种城市家具、绿化、道路的位置做好合理的安排。这也要求我们应当将步行街与其周边道路连接，使商业步行街的空间与周边环境一体化，再结合本地的建筑材料，深挖历史，体现整个城市的风貌。

## 4.3　可持续发展原则

我国的飞速发展在给人们带来巨大社会财富的同时也严重地破坏了生态环境，“金山银山不如绿水青山”，可持续发展设计也是人居环境设计学科发展的一个必然趋势。不得不说，高楼林立的城市的噪声，浑浊的空气，越来越让人们远离自然，但也进而唤醒了人们保护环境的意识，可持续发展才是保护自然的可行之路。

## 4.4　个性化原则

由于各个地区之间的文化存在差异，地理条件、气候环境也不尽相同，因此地域化设计也就要求我们设计出符合地域文化地域气候的独特景观。设计不光要有地域性，还应具有时代性。设计的时代性要求我们新的设计不仅只是“仿古”而是应该结合现代技术和当地文化创造出属于该地域的设计。

## 5 银川市鼓楼南街

在总体布局上鼓楼南街（图 1～图 3）很强调轴线对称布局，这使得功能复杂的商业建筑群有了很明显的方向指引，同时很好的组织了各个建筑空间，在加强了建筑之间联系的同时，也很好地强化了鼓楼这一历史建筑的地位。这样的设计延续了历史上商业街的形式，也延续了老城区的城市肌理[4]。

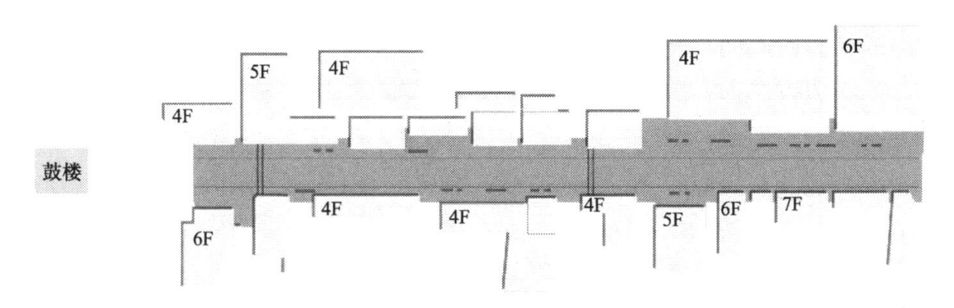


图 1　鼓楼南街总平面图

图 2　鼓楼

图 3　鼓楼南街

在商业街的主轴上，适量的座椅是必不可少的。往往座椅的数量与其布局给市民带来的舒适度也是对一座城评价好坏的标准之一。在鼓楼南街的座椅设计当中，造型为简明的几何体形状，与植物结合为体验者提供了一个短暂遮阳的场所。木材与石材的相结合也适合于室外的环境。木材轻质、坚固、耐用，从环保角度来说也是一种可持续利用的材料。在基座上使用坚固石材并配以当地回族的花卉砖纹样，体现地域特色。

细部装饰是伊斯兰教建筑的一个主要特点，这使得建筑在统一中又有了很多的变化，让简单的建筑图案有了丰富的效果，这一点在其他民族建筑中是很少见的[5]。在鼓楼南街的景观设计中，运用了许多传统的符号，如牌坊等，并借此体现了很浓的民族味道。

银川的步行街在景观小品的造型处理中，使用了现代的技术结构加以提炼回族建筑的符号形式（图 4～图 5），这种手法也是当今中国建筑师在探索传统与现代相结合道路中运用的方法之一，时至今日仍有生命力[6]。

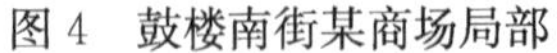

图 4　鼓楼南街某商场局部　　　图 5　鼓楼南街指示路牌　图片来源：网络

在色彩上，居民建筑更倾向于单、朴素自然的颜色，在多功能摊位，以及一些路灯的设计上鼓楼南街的设计更倾向于绿色。在鼓楼南街这个民俗风情很浓重的地区，街灯也不再是单纯的照明工具，同时也是城市的装饰成分。它是点缀并丰富城市空间的重要元素，同时也兼顾赋予城市文化内涵的作用。绿色是当地文化的一种颜色，这样的颜色配合着当地的特色饮食或者纪念品也有利于对当地进行宣传，在心理层面上强化了外来游客对当地文化的印象。

## 6　结束语

在商业街的设计当中应当将民族特征体现出来。无论时代如何变迁，文化是建筑载体中的灵魂，而对步行街来说结构、色彩和形态是其载体。现代商业街需要将民俗、文化融入其中，将地域、传统渗透其中，只要文化在其中有所延续，人们就不会忘记这些元素。

### 参考文献

［1］ 陈卓. 当代我国商业步行街的策划与设计——以益阳资水会龙商业步行街为例［D］. 南京：东南大学，2007. DOI：10. 7666/d. y1235047.

［2］ 张朵朵. 论现代步行街设计［D］. 长沙：湖南大学，2004. DOI：10. 7666/d. y667418.

［3］ 刘阳，张泉. 城市商业步行街区的问题及对策——以合肥市淮河路步行街为例［J］. 安徽建筑工业学院学报（自然科学版），2007（5）：95-98.

［4］ 姚玉祥. 传统风貌商业街的文化意境研究［D］. 长沙：湖南大学，2012.

［5］ 郭晓君，薛杉. 浅析伊斯兰传统文化在银川城市建筑设计中的传承与创新［J］. 工程建设与设计，2016（13）：32-33.

［6］ 潘琨. 银川市商业街景观设计艺术表现形式［J］. 现代园艺，2012（14）：132-132.

# 土木工程技术篇

# 框架填充墙抗震性能的研究现状与发展

郭腾，麻建锁，马相楠，齐梦
（河北建筑工程学院　土木工程学院，河北省张家口市　075000）

**摘　要：**框架填充墙是一种应用广泛的结构形式，本文结合汶川地震情况，总结了框架填充墙的破坏形式和破坏原因、国内外关于框架填充墙的承载力、填充墙和框架的受力机制、填充墙的破坏情况以及框架填充墙的等效模型，在此基础上提出了框架填充墙的改进建议，从墙板材料、墙板形式以及墙板与框架之间的连接方式三方面进行改进优化，最后指出框架填充墙的发展向着施工方便快捷、抗震性能好的装配式建筑发展。

**关键词：**框架填充墙；抗震性能；改进优化

## 1　引言

我国地震频发，唐山、汶川、玉树等地的特大地震给我国人民带来了严重的人员伤亡和重大经济损失，建筑物毁坏严重，其中，作为非承重结构的框架填充墙破坏最为严重，威胁着人民的生命安全；在 2010 年 4 月 14 日，玉树县里氏 7.1 级地震中，其特殊的地理位置以及房屋的落后性，造成了严重的经济损失和人员伤亡，建筑物破坏也相当严重。通过两次地震灾害的调查发现，破坏最严重的部分为框架填充墙，填充墙的破坏甚至会引起主体结构的倒塌，严重威胁着人身安全，造成巨大的经济损失。这个问题已经成为当前我国抗震领域中的重要问题。

## 2　框架填充墙的破坏形式与原因

### 2.1　破坏形式

当前框架填充墙大多采用的是砌体结构，建筑材料包括机制红砖、混凝土砌块等。通过对汶川、玉树地震震害的调查发现，砌体结构形式的填充墙典型的破坏形式主要包括以下几种：(1) 水平裂缝；(2) 斜裂缝；(3) X 形裂缝；(4) 平面外倾斜；(5) 角部压碎；(6) 局部或整体倒塌，如下图 1～6 所示[1]。

### 2.2　破坏原因

作为非结构构件的填充墙之所以在地震过程中破坏严重，原因有多方面。

---

项目资助：河北省自然科学基金项目（E2018404028）；河北省研究生创新资助项目（CXZZSS2017170）。

作者简介：郭腾（1992—），男，河北衡水市，硕士研究生，研究方向：新型结构体系。
麻建锁（1963—），男，河北保定市，硕士研究生，新型结构体系与新型结构材料，建筑产业化。

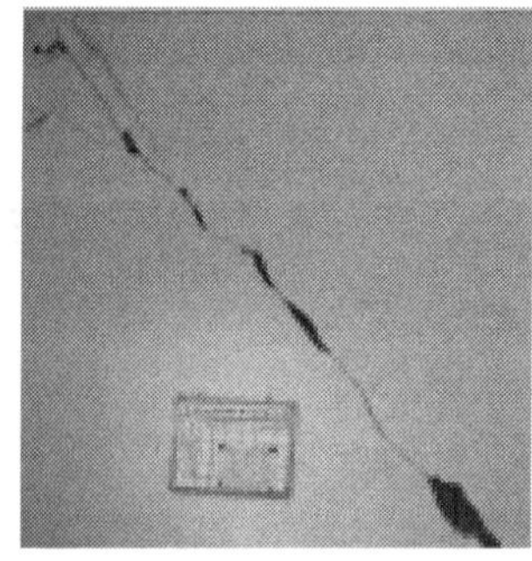

图 1 水平裂缝　　图 2 斜裂缝　　图 3 X 形裂缝

图 4 平面外倾斜　　图 5 角部压碎　　图 6 局部或整体倒塌

从设计的角度分析，在建筑设计过程中，填充墙常作为线荷载直接作用于主体框架上，完全忽视了填充墙对于框架的影响，导致地震过程中，填充墙破坏严重。

从施工的角度分析，填充墙大多采用砌体结构，砌体结构施工复杂，而且施工质量不容易保证，这对于填充墙的抗震性能十分不利。

从受力角度分析，填充墙和框架结构共同受力，组成结构体系，框架为填充墙提供约束，这就明显改变了填充墙的承载力、刚度和延性；填充墙为框架提供侧向刚度，使得框架的承载能力和抗侧能力也大大提升，内力的分布、传递与纯框架有所不同，因此在地震过程中，填充墙框架不能够按照预想的形式破坏。

## 3 框架填充墙的研究发展

国内外关于框架填充墙的研究也做了许多工作，主要从框架填充墙的承载力、填充墙与框架之间的相互作用机制、填充墙的破坏形式以及框架填充墙的等效模型等方面逐步研究，在这些方面取得了一定的研究成果。

最开始是对框架填充墙结构进行静载试验，单调加载，得到了结构在水平荷载下的极限承载力；之后国外的一些学者对框架填充墙之间的相互作用进行了研究，提出了等效对角支撑的概念，如图 7 所示。然后一些学者对模型不断完善和补充，采用这一模型对框架填充墙进行简化计算。

目前国内外对装配式框架填充墙体系在侧向荷载作用下的刚度和抗侧力等性能的研究很少，我国对于框架填充墙的研究比国外起步晚。

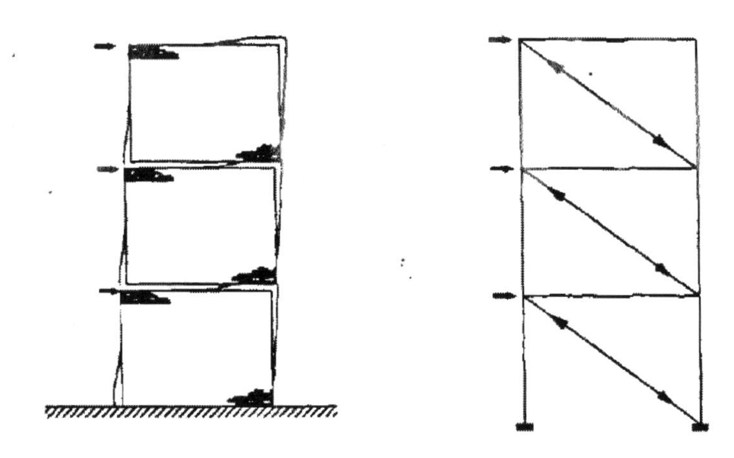

图 7　框架填充墙等效对角支撑示意图

从 20 世纪 70 年代开始对框架填充墙结构进行相关研究，到 20 世纪 80 年代，研究的内容比较多，但主要是针对混凝土框架结构填充墙和砌体结构墙体，对于装配式钢框架填充墙的研究还比较少。对于装配式钢框架填充墙研究起步于 21 世纪初。

## 4　框架填充墙改进的建议

通过国内外学者对于框架填充墙的研究可以发现，框架填充墙的材料、墙板的形式以及墙板与框架之间的连接方式是影响框架填充墙抗震性能的主要因素，因此提高框架填充墙的抗震性能，可以从这三方面考虑。

### 4.1　墙板材料

从材料方面来讲，采用新型的建筑材料有助于提高框架填充墙的抗震性能，比如高性能砂浆、橡胶混凝土砌块等。汪梦甫、王强[2]通过拟静力试验和有限元分析的方法对高性能砂浆阻尼层进行了研究，研究表明采用新型的高性能砂浆阻尼层可以在一定程度上改善砌体填充墙的破坏形式，减轻墙体的破坏，提高框架填充墙的抗震性能和承载力。潘东平[3]等总结了橡胶混凝土的应用，与普通混凝土相比，橡胶混凝土减震效果好，抗冲击性能强，隔热隔声效果好，应用到框架填充墙中能够大大改善框架填充墙的抗震性能。

### 4.2　墙板形式

当前框架填充墙的形式大多采用砌体结构，其整体性和粘结性都比较低，因此抗震性能不佳。新型的墙板形式可采用预制混凝土条板，混凝土采用轻质材料，比如泡沫混凝土、植物纤维混凝土、蒸压加气混凝土等新型建筑材料。

许刚[4]在镶嵌式填充墙钢框架抗侧力性能试验研究中，在国内首次完成了 ASA 镶嵌式圆孔填充墙钢框架体系的抗侧力试验研究与理论分析。研究表明，该体系的抗侧刚度、极限承载力和延性均优于普通钢框架体系。陈亮[5]在装配式墙板与钢框架组合体系抗侧性能分析研究中，应用有限元软件 ANSYS 对 ALC 墙板钢框架结构体系进行模拟，并与试验进行对比，得出 ALC 板内嵌于钢框架中，对其刚度和承载力贡献较多，应在设计中考虑填充墙的影响。郝波[6]对半刚性钢框架——装配式再生混凝土墙板结构进行了抗震性能研究，半刚性钢框架内填预制再生混凝土墙板结构中，墙板能够有效提高结构抗侧刚度和承载力，与裸框架相比，极限承载力提高 1.44 倍，刚度提高 3 倍，结构承载力、刚度以及耗能能力明显高于普通钢框架结构，抗震性能优良。

### 4.3 墙板与框架之间的连接方式

《建筑抗震设计规范》GB 50011—2010 中规定“预制钢筋混凝土墙板，宜与柱柔性连接”。因此可以借鉴这种柔性连接，应用到房屋建筑中，提高建筑结构的抗震性能，也就是“以柔克刚”的抗震思想。

刘利花[7]等对 4 榀砌体框架填充墙进行拟静力试验，其中包括 1 榀整体砌体框架填充墙和 3 榀柔性连接砌体框架填充墙，研究其耗能性能、延性变化、刚度退化规律等，研究发现，填充墙与框架采用柔性连接能够大大提高结构的抗震性能。李艳艳[8]等对 3 榀带缝框架填充墙进行低周反复试验，研究了结构的承载能力、滞回性能、延性等，分析了结构的破坏机理，为以后深入研究框架填充墙提供了理论基础和经验。

## 5 结束语

当前国内外学者对于框架填充墙的研究相对较多，主要集中于框架填充墙承载力、框架填充墙结构体系的受力机制、填充墙的破坏形式、框架填充墙的等效模型等方面，研究方法采用试验研究、有限元分析、理论计算等。研究内容相对全面，研究方法合理。但是随着社会和科技的发展，新型的建筑材料和新型的结构形式不断出现，特别是装配式建筑结构，对于这些还需要进行相关的研究。框架填充墙结构体系会向着施工方便快捷、整体性能和抗震性能良好的装配式建筑发展。

### 参考文献


[1] 李建辉，薛彦涛，王翠坤，等. 框架填充墙抗震性能的研究现状与发展 [J]. 建筑结构，2011，41(S1)：12-17.

[2] 汪梦甫，王强. 高性能砂浆阻尼填充墙框架抗震性能研究 [J]. 地震工程与工程振动，2016，36(05)：21-34.

[3] 潘东平，刘锋，李丽娟，等. 橡胶混凝土的应用和研究概况 [J]. 橡胶工业，2007 (3)：182-185.

[4] 许刚. 镶嵌式填充墙钢框架抗侧力性能试验研究 [D]. 天津：天津大学，2007.

[5] 陈亮. 装配式墙板与钢框架组合体系抗侧性能分析研究 [D]. 杭州：浙江工业大学，2009.

[6] 郝波. 半刚性钢框架-装配式再生混凝土墙板结构抗震性能研究 [D]. 西安：西安理工大学，2016.

[7] 刘利花，唐兴荣. 带竖缝砌体填充墙框架结构的非线性有限元分析 [J]. 苏州科技学院学报（工程技术版），2010 (3)：49-53.

[8] 李艳艳，陈艳风，韩红霞，等. 带缝填充墙框架结构抗震性能试验研究 [J]. 工业建筑，2013，43(02)：14-17＋23.

# 双排抗滑桩土拱效应数值分析

许鹏飞[1,2]，赵聪[1,2]，戎贺伟[1,2]
（1. 河北建筑工程学院，河北省张家口市　075000
2. 河北省土木工程诊断、改造与抗灾重点实验室，河北省张家口市　075000）

**摘　要：**为揭示沉埋式双排抗滑桩的抗滑机理及抗滑桩桩后土拱效应的发展变化特征，运用 FLAC3D 进行数值模拟计算，并分析了不同沉埋深度下桩周土体位移和桩间土体的应力变化规律。研究结果表明，双排抗滑桩在滑坡推力的作用下，分别在前排桩和后排桩桩后形成土拱效应，并随沉埋深度增加，前排桩土拱效应先减小后增加；同时对双排桩桩间中轴线 $\sigma_x$ 应力变化的分析发现，沉埋桩桩顶土体抵抗滑坡推力有一定作用范围，大约向后延伸 2m 左右，在该范围内的土体将最大限度的吸收滑坡推力；同时桩顶土体的承担能力有限，当沉埋深度过大，桩顶土体不足以抵抗传递来的滑坡推力，前排桩的土拱效应将增大。

**关键词：**双排抗滑桩；土拱效应；沉埋深度

由于单排抗滑桩无法承担较大的滑坡推力，双排抗滑桩逐渐应用于大型滑坡的治理或高边坡工程中。前排桩、后排桩和周围土体组成一个整体共同作用，因此研究双排抗滑桩的桩土相互作用显得十分有意义。国内部分学者对双排抗滑桩进行了较为深度的研究[1~7]，发现抗滑桩桩后土拱效应在加固滑坡过程中起到了至关重要的作用。

土拱效应最初由 Terzaghi 于活动门试验中证实并为之命名[8]，随后许多学者开始了不断探索和研究。土拱效应是由于相邻不同介质发生相对位移引起的土体应力重分布现象，土拱的存在形式分为直接拱脚、摩擦拱脚、土体拱脚和二异拱脚[10]，不同结构形式形成的土拱形式也不相同。关于土拱的起拱形状、拱厚以及存在条件等是部分学者研究的重点[9~12]，同时对于桩土相互作用方面也进行了相关研究，肖广平[13]、赵鑫[14]、刘金龙[15]、赵波[16]通过数值模拟的方法对土拱效应的形成过程及发展规律进行了初步研究，分析了桩间距、桩的布置方式、桩周土体参数等对土拱效应的影响。由于双排抗滑桩的复杂性，对于土拱的相关研究仍处于起步阶段。为此，本文针对沉埋式双排抗滑桩，采用 FLAC3D 建立数值模型的方法，对不同沉埋深度情况下的前排桩后土拱效应发展变化特征开展研究。

---

基金项目：河北建筑工程学院研究生创新基金项目（XB201813）；河北建筑工程学院研究生创新基金项目（XA201809）。

作者简介：许鹏飞（1993—），男，硕士研究生，主要从事双排桩桩土相互作用方面研究。E-mail：xpf1993@126.com。

## 1 计算模型的建立

为研究后排桩沉埋深度不同时，前排桩桩前土拱效应的变化情况，建立如图 1 所示的示意图。为减少边界效应的影响，提高计算准确度，计算模型的前后域范围取 10B（B 为矩形抗滑桩的桩宽），模型方桩边长为 B=1m，桩长为 20B，其中桩的锚固深度为 10B；双排抗滑桩桩间距为 4B，排间距为 4B。

考虑土体自重及桩与周边土体的相互作用，抗滑桩采用实体单元模型，岩体和土体采用 Mohr-Coulomb 屈服准则，抗滑桩与桩周土体接触面建立接触单元，材料参数见表 1。为使模型不产生 $y$ 方向的位移，对模型对称边界施加对称约束，岩体模型的前后侧施加 $x$ 方向位移约束及底部的全约束；土体的加载边界及模型顶部不施加约束，模型桩进行全约束，滑坡推力通过在土体后侧加载边界上施加均布荷载 $q$ 进行模拟。

**材料性质参数** **表 1**

| 类型 | 弹性模量/MPa | 泊松比 | 黏聚力/kPa | 内摩擦角/(°) |
|---|---|---|---|---|
| 土体 | 5 | 0.3 | 25 | 24.1 |
| 岩体 | 3000 | 0.25 | 180 | 37 |
| 抗滑桩 | 25000 | 0.2 | — | — |

## 2 土拱效应情况分析双排桩土拱效应机理

当前后排桩均为全长桩时，滑坡推力通过土体介质向前传递，最先传递至后排桩，由于土体与桩发生相对位移，土体内应力发生应力重分布，以后排桩作为拱脚，将滑坡推力的水平推力转化为拱脚的轴力。后排桩抵挡了大部分滑坡推力，部分推力经桩间土体向前继续传递和后排桩变形产生的应力共同在前排桩前形成土拱，这样双排桩系统就形成了双层土拱，能更有效的分担滑坡推力（以下分析均取埋深 2m 高度处进行分析）。

从前排桩桩后土体的变形可以看出前排桩受力情况。图 2 为埋深 2m 处，不同沉埋深度下前排桩桩前土体 $x$ 方向位移变化曲线。

由图 2 可以发现，由于前排桩桩身的阻挡作用，桩间土体沿滑动方向移动，桩后土体向桩间挤压变形，土体位移整体表现为拱形的挤压变形，桩间中轴线处的变形量最大，土拱逐渐发挥作用。随着后排桩沉埋深度的不同，前排桩桩前滑体的位移也随之发生变化：当后排桩不沉埋时，前排桩前土体 $y$ 向最大位移为 10.1mm，随着沉埋深度变为 2m 和 4m，前排桩前土体位移量依次减小了 3.58%和 5.49%，当沉埋深度达到 6m 时，桩前土体位移量增加了 1.01%。这是因为后排桩长变短，滑坡推力由原来的后排桩承担变为由桩顶土体调动自身强度来承担，导致滑体位移沿滑动方向逐渐减小，桩承受土压力减小，其土拱效应就逐渐减小；随着沉埋深度的继续增加，滑坡推力将通过桩顶土体传递至前排桩，导致前排桩桩滑体位移增大，桩前承担的土压力变大，土拱效应也增大。

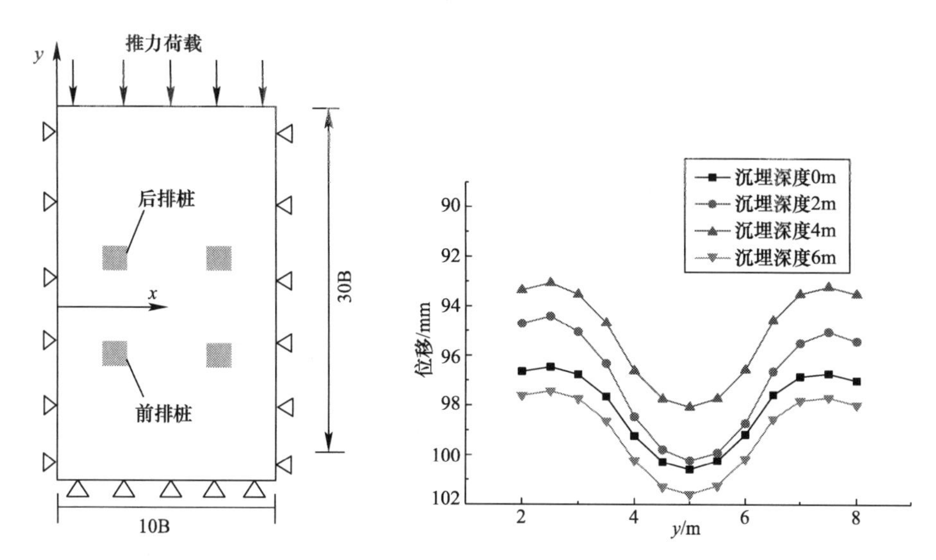


图 1　数值计算模型俯视图及边界条件　　　　图 2　前排桩桩后 1m 处的 $x$ 向位移

图 3 为双排桩桩间中轴线上的 $x$、$y$ 方向应力分布图。从图 3（$a$）中可以看出桩间中轴线上 $x$ 方向应力的分布规律：后排桩桩后 5m 到桩后 2m，应力变化不大；应力在后排桩桩后 1m 处达到最大，并沿着 $x$ 方向逐渐减小，到前排桩桩前 1m 处达到最小值；前排桩桩前 1m 到 5m，应力值趋于稳定。同时还可以看到，在后排桩桩前 5m 到桩后 2m，随着排桩沉埋深度的增加，应力值逐渐增加；在前排桩桩后 2m 到桩前 5m，随沉埋深度的增加，应力则先减小后增大。

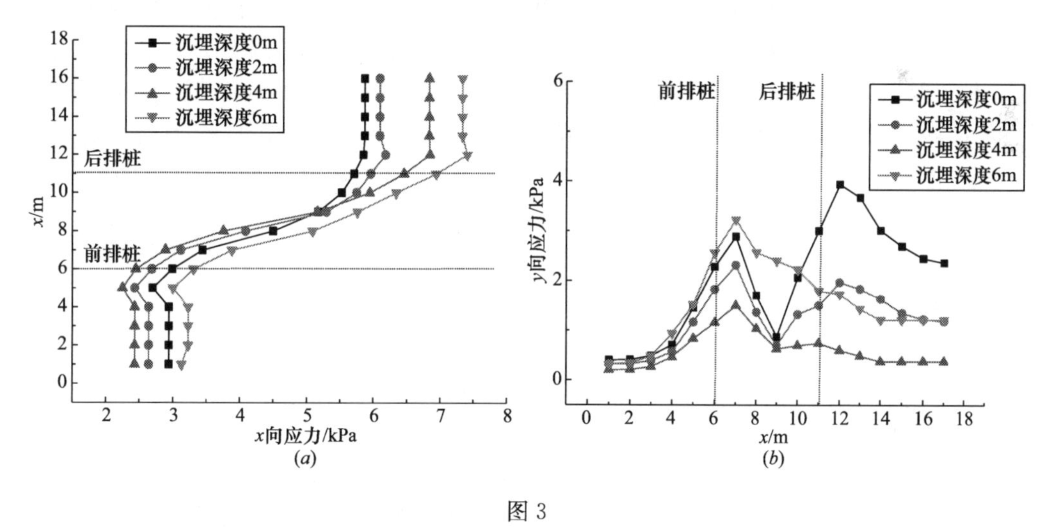


图 3

（$a$）中轴线上 $\sigma_x$ 分布曲线；（$b$）中轴线上 $\sigma_y$ 分布曲线

从图 3（$b$）可知，在双排桩中轴线上法向应力发生突变，法向应力突变说明土拱效应产生。当沉埋深度为 0m 时，在前后排桩桩后 1m 处各自形成了土拱，由 $y$ 向应力值可知，后排桩承担了较大的滑坡推力；随着沉埋深度的增加，前排桩后法向应力降低，土拱效应减弱，后排桩由于桩身长度减小，没有桩与土的相对位移，没有有效的土拱产生，法向应力降低；当沉埋深度为 6m 时，前排桩后法向应力值增大，土拱效应增强。

图 4 为前排桩桩后不同剖面上 $\sigma_x$ 变化情况。由图可知，在桩后 3m 处应力几乎没有变化，呈线性分布，说明在距桩身 3m 处没有土拱效应发生；在桩后 2m 处应力有较小的变化，说明此时土拱开始产生；在桩后 1m 处的应力变化最大，土拱作用效应最强。两排桩桩间处应力迅速减小，是因为产生了土拱效应，桩间的应力转移到拱脚处，以前排桩桩身作为支撑。距离前排桩桩身越近，应力的变化越大：桩间应力减小，桩身处应力变大，呈现为下凹的拱形。根据应力的变形曲线可以做出推测，前排桩桩后的土拱效应的形成范围大致位于桩身至桩后 2m 之间。

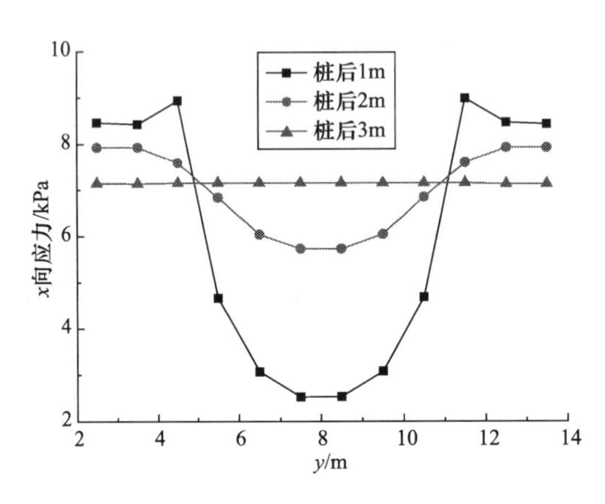


图 4　与 $x$ 轴垂直的不同剖面 $\sigma_x$ 分布曲线

综上所述，沉埋式双排桩由于后排桩桩身长度减小，滑坡推力由桩顶滑体承担，随沉埋深度的增加，滑体承担的推力增大，通过自身抗压及抗剪来抵抗变形，并且由于土体隆起，导致部分推力被分散；此时传递至前排桩的滑坡推力减小，前排桩土拱拱高处应力相应减小，但当沉埋深度达到某一值时，后排桩桩顶滑体不足以承担增大的滑坡推力，则会沿后排桩顶面滑出，将滑坡推力传递至前排桩，使前排桩桩后的土拱效应增强。

## 3　结束语

本文采用 FLAC3D 建立数值模型的方法，对沉埋式双排抗滑桩的桩后土拱进行了模拟，初步得到以下结论：

（1）土拱效应使桩后土体应力进行重分布，并转移至抗滑桩上，在设置双排桩的情况下，后排桩的土拱效应比前排桩更加明显，后排桩承担更多的滑坡推力；随沉埋深度增加，后排桩桩顶处土拱消失，前排桩土拱效应先减小后增加。

（2）通过分析双排抗滑桩 $\sigma_x$、$\sigma_y$ 的应力变化曲线和前排桩桩前土体滑移量的变化，可间接了解双排抗滑桩中土拱效应的发展变化过程。分析 $\sigma_x$ 时发现，随着沉埋深度的变化，后排桩桩顶土体承担滑坡推力有一个作用范围，大致可以延伸至后排桩后 2m 处，在该范围内，滑坡推力被最大限度的抵抗；同时桩顶土体承担能力有限，当沉埋深度过大，桩顶土体不足以抵抗滑坡推力时，传至前排桩的滑坡推力将增大。

## 参考文献

[1] 于洋，孙红月，尚岳全. 锚固深度对双排抗滑桩力学性能影响 [C]//全国青年岩石力学与工程学术大会，2013.

[2] 熊治文，马辉，朱海东. 全埋式双排抗滑桩的受力分布 [J]. 路基工程，2002 (3)：5-11.

[3] 万智，杨明辉，汪罗成. 双排抗滑桩承载机理及土拱效应模型试验研究 [J]. 湖南交通科技，2013，39 (2)：1-4.

[4] 肖世国，何洪. 双排抗滑桩上滑坡推力近似解析方法 [J]. 岩土力学，2015 (2)：376-380.

[5] 赵晓珂，雷用，胡明，等. 梅花型布置双排抗滑桩合理桩位研究 [J]. 后勤工程学院学报，2015 (2)：11-16.

[6] 胡峰，何坤. 沉埋式双排抗滑桩受力及沉埋深度有限元分析 [J]. 路基工程，2013 (5)：152-154.

[7] 申永江，杨明，项正良. 双排长短组合桩与常见双排桩的对比研究 [J]. 岩土工程学报，2015，37 (s2)：96-100.

[8] Terzaghi K. Theoretical Soil Mechanics [J]. John Wiley & Sons，1943.

[9] 贾海莉，王成华，李江洪. 关于土拱效应的几个问题 [J]. 西南交通大学学报，2003，38 (4)：398-402.

[10] 蒋良潍，黄润秋，蒋忠信. 黏性土桩间土拱效应计算与桩间距分析 [J]. 岩土力学，2006，27 (3)：445-450.

[11] 王羽，赵波. 双排桩多层土拱效应分析及计算理论 [J]. 北京工业大学学报，2015，41 (8)：1193-1199.

[12] 叶晓明，孟凡涛，许年春. 土层水平卸荷拱的形成条件 [J]. 岩石力学与工程学报，2002，21 (5)：745-748.

[13] 肖广平，王清，陈宇. 抗滑桩土拱效应的数值模拟 [J]. 中国水运（下半月），2014，14 (9)：127-130.

[14] 赵鑫，钟威，李茂华，等. 基于FLAC3D的抗滑桩土拱效应发展特征研究 [J]. 人民长江，2014 (s2)：104-108.

[15] 刘金龙，王吉利，袁凡凡. 不同布置方式对双排抗滑桩土拱效应的影响 [J]. 中国科学院大学学报，2010，27 (3)：364-369.

[16] 赵波，王羽. 基于土拱效应双排桩不同布置方式对支挡性能的影响 [J]. 中外公路，2016 (2)：11-15.

# 框架桥墩现浇施工支架数值分析与优化设计研究

王志岗[1,2]，赵聪[1,2]，仲帅[1,2]，杨云[1,2]，许鹏飞[1,2]，戎贺伟[1,2]
（1. 河北建筑工程学院　土木工程学院，河北省张家口市　075000
2. 河北省土木工程诊断、改造与抗灾重点实验室，河北省张家口市　075000）

**摘　要：**满堂现浇支架的稳定性和承载力对框架桥的安全施工起到决定性作用。满堂现浇支架施工工艺对于支架系统的变形量和稳定性有较高要求，为此论文依托左跨京张铁路大桥框架桥墩现浇施工支架工程，结合桥梁设计分析软件对满堂支架进行建模计算分析，重点对支架的变形量、承载力和稳定性进行计算，同时结合相关规范确定各项限值的要求范围。为避免裂缝等非弹性变形对支架结构产生的不利影响，在满堂支架搭设完成以后需进行预压试验，为后续桥梁施工消除安全隐患。

**关键词：**满堂支架；有限元计算分析；应力；变形

## 1　引言

随着我国国民经济的不断发展，交通运输行业发展迅速，铁路和公路建设过程中桥梁工程日益增多，考虑到满堂支架现场浇筑具有整体性好、施工可控性强、施工方法简单和搭接简便等特点，该施工工艺受到越来越多设计单位和桥梁工作者的青睐[1~3]。

伴随满堂支架现浇施工工艺的不断完善，其应用范围从中、小跨径连续梁，发展到大跨径桥梁现浇施工。近年来，诸多学者[4~5]对施工过程中可能遇到的安全性问题进行研究，重点针对满堂支架现浇施工中桥梁的确定性展开分析。目前，针对新建桥梁和现役桥梁的安全主要是通过可靠性评价确定，沈建康[6]研究了不同荷载和抗力设计作用下满堂支架现浇施工连续梁的确定性和可靠度指标。在国内虽然出台《建筑施工碗扣式钢管脚手架安全技术规范》JGJ 166 和《建筑施工临时支撑结构技术规范》JGJ 300 等规范用以指导满堂支架的施工，但是在荷载取值、荷载组合方案和计算方法上与实际满堂支架的受力均有所出入。

诸多施工案例表明满堂支架失稳易发生安全事故，尤其是在上部桥梁浇筑和养护期间，支架易产生不均匀沉降导致桥梁倾斜、桥面板不平顺等工程事故。鉴于此，在现浇桥梁施工之前有必要对满堂支架强度和应力变形进行验算。为确保桥梁施工的安全性和稳定性，论文依托左跨京张铁路大桥框架桥墩现浇施工支架工程，采用有限元软件构建满堂支架模型，重点对满堂支架立杆刚度、变形和稳定性进行验算，以期为类似满堂支架施工提供一定的借鉴。

## 2　工程概况

左跨京张铁路大桥位于下花园区戴家营村西北侧 1.5km 处，桥址区范围地势起伏。

线路在 DK141＋128 处跨越京张铁路，线路交叉角度为 16°，本桥跨越京张铁路深挖路堑，采用 2-32m 框架墩（5 号墩、6 号墩）跨越京张铁路，本线轨面与京张正线轨面落差约 14～17m，线路交叉位置如图 1 所示。

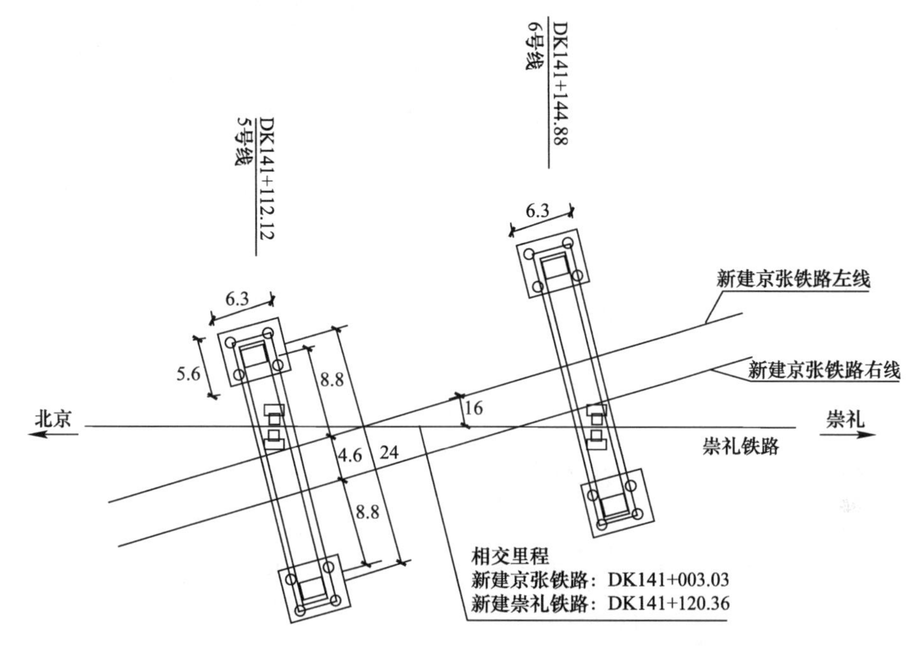


图 1 框架墩与京张铁路位置关系示意图

## 3 支架有限元模型

根据现浇支架的搭设方案，论文采用桥梁专用有限元设计软件进行建模和计算。由于在支架系统中心位置存在门式通道结构，为防止满堂现浇支架产生局部失稳的不利现象，在计算时分别对满堂支架整体结构和门式通道结构进行位移和应力的验算。

支架采用 ϕ48×1.3、ϕ48×0.6 规格立杆、ϕ48×0.6、ϕ48×0.3 规格横杆。高度由支架垫层顶面至横梁底的高差确定，横梁梁长方向支架工作平台 70cm，横梁两端工作平台 120cm。支架立杆间距为 60cm，水平杆步距 60cm，斜杆为扣件式钢管，高度方向每 6m 设置一道扣件钢管剪刀撑，水平剪刀撑每 4 个步距设置一层。在模板支架体内设置高度 4.2m、宽度为 4m 的车行通道，在通道上部采用 I40 工字钢作为转换横梁。洞口顶部铺设密封的防护板，两侧设置安全网，洞口设置安全警示和防撞措施。根据施工资料和相关规范确定施加荷载数值，见表 1。

**荷载参数** **表 1**

| 荷载类型 | 钢筋混凝土自重 | 模板自重 | 施工人员、材料、机具行走运输设备 | 倾倒混凝土和振捣混凝土荷载 | 综合考虑风荷载均布荷载 |
|---|---|---|---|---|---|
| 荷载值 | $27kN/m^3$ | $2.43kN/m^2$ | $2.5kN/m^2$ | $5\times10^{-3}$MPa | $3.5kN/m^2$ |

支架模型示意图如图 2 所示。碗扣支架顶托上部沿横梁梁长方向设 I12 号工字钢作为横向分配梁，间距 60cm。工字钢顶部横梁横向方向设 10cm×10cm 方木，间距 30cm。平

台四周设置 1.2m 高直径 48mm 的钢管防护并挂设密目网。

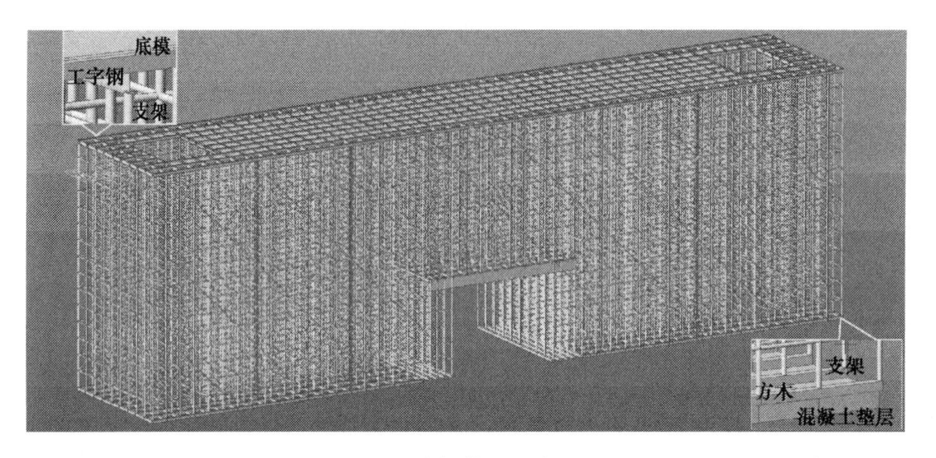


图 2　支架模型示意图

# 4　支架参数及稳定性计算公式

结合相关资料经施工单位核实，确定满堂支架的计算参数：

$A$——立杆净截面面积（$mm^2$），$A=489mm^2$；

$I$——立杆净截面惯性矩（$mm^4$），$I=1.219\times10^5mm^4$；

$W$——立杆净截面模量（抵抗弯矩）（$mm^3$），$W=5080mm^3$；

$i$——立杆的截面回转半径（mm），$i=15.78mm$；

$L_0$——计算长度（m）；

$\lambda$——长细比；

$k$——计算长度附加系数：1.155；

$\mu$——计算长度系数 1.37；

$\varphi$——轴心受压立杆的稳定系数，由长细比 $\lambda$ 查表得到；

$\sigma$——钢管立杆最大应力计算值（$N/mm^2$）；

$\sigma_0$——钢管立杆抗压强度设计值，$[\sigma_0]=205MPa$。

（1）考虑风荷载的组合设计值为：

$$N = 1.2N_{GK} + 0.9 \times 1.4N_{QK} \tag{1}$$

式中　$N_{GK}$——产生的恒载轴向力总和；

$N_{QK}$——产生的活载轴向力总和。

（2）立杆的稳定性计算公式：

$$N/(\varphi A) + M_W/W \leqslant f \tag{2}$$

（3）抗剪承载力计算公式：

$$FR \leqslant QB \tag{3}$$

式中　$FR$——作用在碗扣节点处连接盘上的竖向力设计值；

$QB$——连接盘抗剪承载力设计值，取 40kN。

（4）地基承载力受力计算公式：

$$PK = N_K / A_G \tag{4}$$

式中 $N_K$——作用在地基接触点处竖向力设计值；

$A_G$——支架接触点面积。

## 5 支架计算

框架墩横梁承重体系采用碗扣式脚手架作为支架结构，因框架墩位于京张铁路路基施工区域，为避免影响现场施工车辆通过，在支架中间预留净高 4.2m、净宽 4m 的过车门洞。

验算模板及其支架的刚度时，其最大变形值不得超过下列允许值[7]：“对于脚手板、纵向和横向水平杆而言，受弯杆件的允许变形（挠度）值不应超过 $L/500$；钢材的强度设计值取 $205\text{N/mm}^2$，钢材弹性模量取 $2.06\times10^5\text{N/mm}^2$。”

### 5.1 整体支架系统应力和位移分析（主梁 4m 宽、2.9m 高梁段）

将钢筋混凝土自重、模板自重、施工人员、材料、机具行走、运输设备堆放荷载以及倾倒混凝土和振捣混凝土时产生的荷载均换算为荷载标准值，将其作用于桥面板位置处，然后以节点荷载的方式施加于每个节点。

根据有限元计算可得在各部件应力大小如表 2 所示：

**满堂支架系统的应力值** **表 2**

| 结构类型 | $\delta_{max}$/MPa | $\delta_{min}$/MPa | 设计值/MPa | 是否满足 |
|---|---|---|---|---|
| 支架 | 64.1 | −116.2 | 205 | 是 |
| 工字钢 | 14.9 | −47.7 | 205 | 是 |

注：正值表示拉应力，负值表示压应力。

从表 2 中监测数据可知，监测过程中最大压应力出现在立杆底部，为 116.2MPa，小于 Q235 钢的屈服强度 235MPa，所以立杆不会产生受压破坏；杆件所受最大拉应力为 64.1MPa，远小于 Q235 钢的屈服强度 235MPa，立杆不会产生受拉破坏。因此满堂支架结构的强度满足要求，不会产生屈服破坏。

根据图 3，在模板上方荷载共同作用下，立杆结构变形如下表所示：

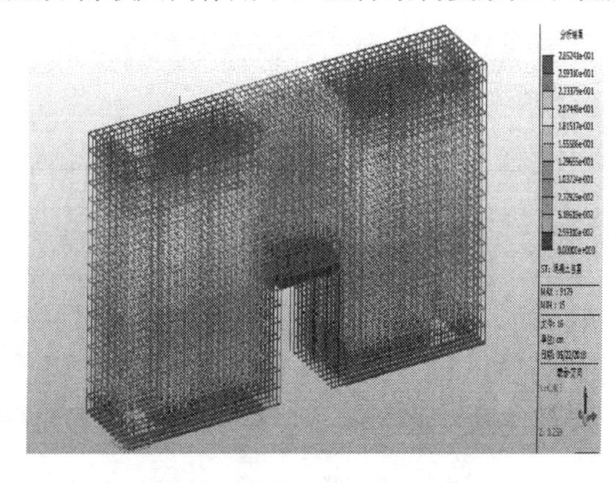

图 3 满堂支架 $z$ 向位移云图

**满堂支架系统在 $z$ 方向上的位移值　　表 3**

| 结构类型 | Max（$\times10^{-3}$m） | 容许值（$\times10^{-3}$m） | 是否满足 |
| --- | --- | --- | --- |
| 支架 | 2.85 | $L/500=12$ | 是 |
| 工字钢 | 0.259 | $L/500=12.1$ | 是 |

根据图 4，在迎风侧各部件结构变形如下表所示：

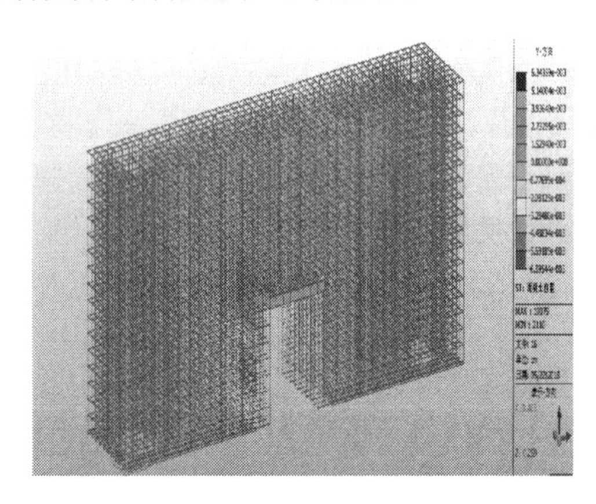

图 4　满堂支架迎风侧结构位移云图

**在 $y$ 方向上结构变形　　表 4**

| 结构类型 | Max/$\times10^{-3}$m | 容许值/$\times10^{-3}$m | 是否满足 |
| --- | --- | --- | --- |
| 支架 | 0.07 | $L/500=4$ | 是 |
| 工字钢 | 0.02 | $L/500=4$ | 是 |

本模型计算跨径为 6m，支架的最大沉降位移值为计算跨度 $L/500$，即为 $12\times10^{-3}$m，经计算所得支架最大沉降位移为 $2.85\times10^{-3}\text{m}<12\times10^{-3}$m，且刚度满足要求，因此该支架系统在竖向位移满足要求。计算支架受力时需考虑风荷载对结构侧向位移产生的不利影响，风荷载作用时计算所得支架系统侧向位移值达到 $0.07\times10^{-3}$m，远小于规定位移值，因此水平方向变形满足规定要求。支架系统整体变形均处于安全限值以内，不会产生失稳破坏。

## 5.2　门式通道应力和位移分析

门式通道布置为宽 4m，高 4.2m，横梁、桩顶分配梁均采用 I40 工字钢，型钢下方分别铺设 I12 工字钢和规格为 10cm×10cm 方木，立杆采用 $\phi48\times3.5$ 型号，门式通道模型三维计算模型如图 5 所示。

根据有限元计算峰值应力，见表 5。可以得出门式通道结构的最大组合压应力发生在受竖向荷载作用的工字钢跨中位置处，应力值为 91.1MPa，支架最大拉应力为 46.5MPa。经查阅相关资料，Q235 钢的允许屈服强度为 235MPa[8]，所有杆件的拉应力和压应力均满足强度要求。

图 5　门式通道三维计算模型

**门式通道主要结构应力表**　　**表 5**

| 结构类型 | $\delta_{max}$/MPa | $\delta_{min}$/MPa | 设计值/MPa | 是否满足 |
|---|---|---|---|---|
| 支架 | 46.5 | −91.1 | 205 | 是 |
| 工字钢 | 27.5 | −10.8 | 205 | 是 |

注：正值表示拉应力，负值表示压应力。

根据有限元计算结果，各部件结构变形如表 6 所示：

**门式通道主要结构变形**　　**表 6**

| 结构类型 | 最大值/$\times10^{-3}$m | 容许值/$\times10^{-3}$m | 是否满足 |
|---|---|---|---|
| 横梁 | 0.06 | $L/500=1.2$ | 是 |
| 立杆 | 1.67 | $L/500=12.1$ | 是 |

根据有限元计算结果可知，门式通道在受到上部支架自重和竖向荷载共同作用下，门式通道的竖向位移最大值为 $1.67\times10^{-3}$m，$f_{max}=1.67\times10^{-3}\text{m}<[f_0]=L/500=12.1\times10^{-3}$m，发生在工字钢底部立杆顶层位置处，而且竖向变形均匀；水平方向位移最大仅为 $0.06\times10^{-3}$m，发生在背风侧支架最外侧顶部立杆位置处。立杆的压缩变形和横杆的水平变形均满足规范要求。

图 6　满堂支架现场布置示意图

通过对监测数据的对比分析得出，满堂现浇支架系统的沉降和扭曲变形均在规范要求以内，满足桥梁现浇施工对满堂支架的变形要求；支架系统的拉压应力也均小于 Q235 钢的屈服强度，因此该步距设计满堂支架在桥梁现浇施工时是安全的。综合以上计算结果可知，支架受力和变形性能满足各项规范要求，现场布置如图 6 所示。

# 6 结束语

论文通过使用桥梁设计分析软件对最新左跨京张铁路大桥框架墩现浇施工满堂支架进行模拟和分析，结合相关规范对满堂支架结构应力和位移变化进行对比分析，得出以下结论：

（1）满堂支架整体系统受力最大为－116.2MPa，其强度满足规范要求，不会出现压弯失稳现象。在竖向荷载和侧向风荷载作用下，满堂支架系统压缩变形峰值为 $2.85\times10^{-3}$m、水平位移峰值为 $0.07\times10^{-3}$m，整个支架系统受力和变形均满足规范要求，不会产生过大变形。

（2）门式通道结构上部工字钢在跨中产生最大组合应力，最大应力值为 91.1MPa，拉应力为 46.5MPa，均处于安全限值范围以内；在承受上部支架自重和竖向荷载共同作用时，下部支架系统产生最大竖向位移为 $1.67\times10^{-3}$m，小于规范要求的 $L/500$（即 $12.1\times10^{-3}$m），结构变形处于安全限值要求范围内。

（3）在实际施工过程中，有必要通过预压试验，以消除支架结构由于缝隙等产生非弹性变形，为后续工作消除安全隐患。

## 参考文献

[1] 王鼐．浅谈客运专线连续梁满堂支架施工技术及质量控制［J］．价值工程，2016，8：117-119.

[2] 朱云雄．温泉流溪河大桥主桥边跨现浇直线段施工［J］．公路与汽运，2016，4：204-206.

[3] 杨乐绪．复杂钢管贝雷满堂支架设计与施工安全控制［J］．公路与汽运，2016，5：198-200.

[4] 胡昊．满堂支架施工变宽预应力混凝土连续梁桥受力分析［D］．武汉：武汉理工大学，2013.

[5] 徐岳，张丽芳，邹存俊，等．连续梁桥［M］．北京：人民交通出版社，2012.

[6] 沈建康．基于不同规范的满堂支架现浇施工连续梁桥确定性及可靠性对比分析［J］．公路工程，2016，41（1）：120-124.

[7] JGJ 166—2008 建筑施工碗扣式钢管脚手架安全技术规范［S］．北京：中国建筑工业出版社，2009.

[8] 周永兴，何兆益，邹毅松，等．路桥施工手册［M］．北京：人民交通出版社，2001：5.

# 北方地区厨房排烟道的研究与思考

陈瑞峰，蔡焕琴，李家安，阚玥
（河北建筑工程学院　土木工程学院，河北省张家口市　075000）

**摘　要**：厨房在房屋中很重要，目前厨房设计趋于完善。通过对厨房进行调研发现仍存在诸多问题亟待解决，整体式厨房市场是巨大的，有着广阔的前景。因此对厨房问题研究以及应用进行论述十分有必要。

**关键词**：厨房弊端；整体式厨房；前景研究

## 1　引言

厨房是人们日常生活中用的比较多的，经过一代一代的发展，厨房现在已经发展的足够好了。在厨房的演变过程中，也诞生了厨房文化。厨房文化是现代厨房的一个标志。现代厨房的设计和发展是一个大的趋势，随着人们观念的转变而转变，变得更加人性化、艺术化和智能化。

## 2　厨房的调研内容

经过对河北省张家口市、石家庄市、承德市以及山西省、河南省等地区的调研，通过走访、向施工单位索要图纸、咨询老人、自己观察等手段对各地进行调研，对现阶段厨房及排烟系统有了系统性认识，并对厨房及排烟系统存在的共性问题提出建设性意见。从调研情况总结出装配式厨房发展的方向，为装配式厨房的研发工作提供可靠参考。

经过调研发现，对于高层来说现阶段存在的排烟道方案比较好的是采用高强玻镁耐火烟道板制作而成，排烟管道与楼板以及墙体之间采用水泥砂浆粘结，但是容易出现挂油情况，是目前应用比较多的方案。排烟管道采用的是矩形管道，同时烟道也有主副之分，主烟道贯穿整个楼体，而副烟道是相对独立的。一般家里的油烟会先到副烟道里，然后再通过隔板上的孔进入主烟道，这样可保证每户的油烟是隔离开来的。而如果将副烟道直接连接主烟道，就会由于压力过低而导致倒烟或串烟[1]。主要材料为水泥砂浆，一般都是 3m/根，价格在 8 元左右。房屋以平房和低层住宅为主时，大多数排烟系统将油烟直接排入到空气中，室内无反味。

---

基金项目：国家住房和城乡建设部科技项目（2016-K5-032），项目名称：新型装配式钢-混凝土剪力墙结构体系关键技术研究。

作者简介：陈瑞峰（1993—），男，河南新乡，专业硕士研究生，研究方向：装配式建筑技术。

也有采用单烟道形式，硫铝酸盐水泥内夹耐碱玻璃纤维网布。单烟道式烟道由一个简单的矩形烟管构成，垂直穿越各层住宅，在每层住宅中留有一个连接抽油烟机的进风口，底层由一个补风口补气。其原理是各层烟气在抽油烟机的推动下，将油烟排入烟道中，由于烟气温度的作用，在烟道中产生上升浮力，从出屋面的出风口将烟气排出[2]。

# 3 厨房存在的问题

## 3.1 功能分区混乱

厨房的功能分区主要包括清洗区、操作区、烹饪区、餐具收纳区和食物储藏区，由于厨房的空间有限，所以功能区的合理划分能够提高厨房的使用率。现在厨房存在的问题就是厨房的功能分区混乱，如操作区、烹饪区、清洗区等排序随意，导致在使用过程中比较乱，违反人体行为学，多做无用功。

## 3.2 家电安置不合理

家庭厨房电器化程度逐渐提高，一般就是根据主人自主意愿进行安置，没有考虑上、下水管道、电气管道的走线，要给各种电器留出安置空间，整体橱柜集烹饪、洗涤、存储收纳三大功能于一体，在这三个功能区域相互配合下，形成一个“三角地带”，当这个三角地带的形状为正三角形时，人们的操作最方便省力、快捷。

## 3.3 排烟系统现存问题

排烟系统是厨房的重要组成部分，排烟道是排烟系统的外排终端，对厨房的环境尤为重要，厨房排烟管道分为单烟道式、主次式、变压式。

单烟道式：一个矩形烟管竖直贯穿各层楼房，在每层楼的住宅中，有一个连接油烟机的进风口与排烟道相连。在最底层有一个补风口用来补充气流。它的工作原理是在每层楼的烟气经过抽油烟机的推动，把油烟排入到排烟道中，烟气的温度比较高，在烟道里会产生向上的浮力，在出风口处烟气会被排出来。但缺点是排烟不流畅的时候会导致倒烟和串味等。

主次式：主次式烟道由两个并列矩形烟管构成，垂直穿越各楼层。次烟道在住宅每层中设一连接抽油烟机的进风口，次烟道与主烟道在距进风口一定距离处相汇，主烟道底层有一补风口。其原理是通过抽油烟机将烟气推入次烟道中，用抽油烟机推动力和油烟温度上浮力使油烟上升一段距离后再进入主烟道排出屋面。缺点在于同样会有倒烟和串味[3]。

变压式：将各层的烟道做成不同的截面形式，下层烟道通过主次烟道排气，而靠近屋面的烟道如同单烟道的作用，直接将油烟排入烟道排出[4]。它是利用截面形式和烟气流动的物理规律，让气流向上走，把烟气倒灌和互串的防护做到最大化。但是它的缺点是排烟道的形状截面不同相应的构造也不同，使得施工变得更难，造价更高。

## 3.4 抽油烟机管道直接外排现象明显

根据调研结果：中低层住宅中80%以上采取直接外排于空气中的排烟系统，给空气造成严重的污染；降低保温性能，由于排烟管道需要通过窗户外排，在窗户上留有洞口是必须的，导致在接头处留有缝隙，尤其冬天的时候容易漏风，降低室内温度；排烟管道与玻璃的接缝处易产生漏气、反味的现象，除了自己家做饭反味现象明显，楼下住户做饭的时候也会通过接头处的缝隙向上反味；窗户上易产生油烟，不方便清洁。所以，楼层住宅设置排烟道是必须的。

### 3.5 抽油烟机与管道接头处倒烟、反味现象明显

通过实地走访调查发现，人们对于油烟排不尽的现象习以为常，而且90％的人认为仅仅是抽油烟机的质量问题，对于排烟管道以及连接部位都不了解，造成了对排烟道重要性的忽略，一定程度上制约排烟道的发展。

### 3.6 排烟道施工工序繁琐、质量难以保证

排烟道安装的具体施工程序为：

① 修整楼板预留孔洞，把预留孔洞中心线标记出来，以中心线为基准按照预留孔洞尺寸进行修整；

② 按照施工图，对各层管道进行分配；

③ 从下到上逐层安装，调整好垂直度后，临时用混凝土块将排风管道固定；

④ 排气管道接口位置用水泥砂浆进行连接；

⑤ 对于等截面排气管道，每隔5层做一次承托处理；

⑥ 分段工程完成后，对垂直度、进气口高度、管体质量进行检查。

排烟道采用现浇的方式，安装制作将会变得困难，浪费大量的人力物力，施工工期也得不到保证。在楼板与排烟道的连接处的接缝施工处理异常繁琐，还很容易出现误差、二次开凿楼板的情况；特别是在接缝处产生漏味现象。

## 4 整体式厨房前景

目前厨房存在着各种各样的问题，在一定程度上也推进了整体式厨房的发展。现如今在注重整体效果的时代，整体式厨房朝着整体化、健康化、安全化、舒适化、美观化、个性化6大趋势发展。

现今中国整体式厨房发展迅速，市场价值已达400亿元左右，但是目前整体式厨房的拥有率还很低，在中国约1亿户城市居民中，整体式厨房的占有率仅为6.8％，这个比例非常低，这个数字远远低于那些发达国家35％的平均水平，在整体式厨房这个行业，市场空间在未来的发展增长将十分巨大，根据预测，中国在未来的5年内，整体式厨房的意向购买量约为2900万套，平均每年580万套。考虑到我国目前的国情以及我国居住条件还不是那么的富裕，我国城市居民家庭的厨房面积平均只有6.04$m^2$，如果按每套整体式厨房1万元人民币来进行估计，在未来的五年每年我国将有580亿的市场潜力。地产行业精装修也越来越多，这将推进整体式厨房行业的行业规模和采购集中度的快速发展。

从国内竞争趋势来看，我国的整体式橱柜行业发展迅速，20世纪90年代初欧洲“整体厨房”概念被引入中国，跟随着欧洲的步伐我国也开创了整体式橱柜生产工业化和现代

化的先河。随后多家本土化家电巨头先后涉足橱柜行业，其中一些企业更是将橱柜作为未来的发展重点，在小家电生产制作方面改变了以往专注于燃气灶、排油烟机、消毒柜、热水器等单一产品状况，根据整体式厨房特点进行多元化发展。厨房产品的销售已从单品变为套装，更加的实惠。

## 5 对于厨房发展的见解

可以采用接入排烟道的入口管做成曲径瓶的样式防止味道回流，用内壁光滑的材料改善材料的性能，变为疏油材料，用预制构件和干作业进行施工等办法来解决排烟道的串味、挂油以及与墙体的连接形式等问题。

## 6 结束语

目前我国厨房存在的问题不少，而采用一种整体式厨房的方法，可以方便人的操作，提高了厨房的使用效率和便捷程度，并对厨房的生产和施工提供了一个很好的辅助。因此整体式厨房在城市建设中也有着巨大的应用前景。

### 参考文献


[1] https://baike.baidu.com/item/整体厨房/1472766 fr=aladdin.

[2] http://blog.sina.com.cn/s/blog_703861e60101dm9j.html.

[3] https://jiaocheng.chazidian.com/news71197/.

[4] https://wenku.baidu.com/view/25be6fd3240c844769eaeed9.html.

# 浅谈配有GFRP箍筋的钢筋混凝土柱的可行性分析

陈硕

（河北建筑工程学院，河北省张家口市　075000）

**摘　要：** 科学技术的进步使新型材料出现，如本文中的玻璃钢纤维材料，现在传统的钢筋混凝土结构由于本身的重量大、体积大、承载力较差及耐久性问题，不足渐渐显现出来。为了达到现代建筑设计使用要求的目的，本文将研究玻璃钢纤维箍筋材料代替钢筋混凝土中的箍筋。

**关键词：** GFRP箍筋；混凝土柱；防锈蚀

## 1　引言

我国的钢筋混凝土结构物中钢筋锈蚀问题十分严重。1984年对浙江镇海的22座中小型海工建筑物的调查表明，967根构件中由于钢筋锈蚀导致顺筋开裂破坏的有538根，占构件总数的56%[1]；尽管钢筋混凝土结构有诸多优点但在多年使用过程中逐渐暴露出一系列问题，早在20世纪80年代中期，欧美及日本就开始使用GFRP筋来代替钢筋，目前仅在日本，应用GFRP作为配筋材料的工程就超过500个，并取得了不错的效果[2]。

## 2　GFRP筋材的基本特性

GFRP简称玻璃纤维增强复合材料，由玻璃纤维材料与基体材料按照一定比例复合而成，当中的玻璃纤维被树脂等基体包裹，而玻璃纤维在其中起着骨架加筋的作用，在结构工程使用的玻璃纤维材料中，材料中的纤维体积一般占总体的60%～65%，它的重量大约占总体的70%～80%，这种材料的强度会随着纤维含量的提高而提高，但当纤维含量提高后挤压制作时难度增加使得制作成本变大。玻璃钢材料的弹性模量要比钢材低一个数量级，但玻璃钢纤维方向强度和钢材相当，甚至高于钢材，而且在极限抗拉强度下产生的塑性变形很小。

抗腐蚀性能好，考虑到GFRP材料独特的抗腐蚀能力，用它来当作钢筋可以克服在盐浓度较高或二氧化碳扩散渗透较广的混凝土中被腐蚀的缺点，让结构的耐久性提高数倍。

GFRP材料和混凝土的热膨胀系数与钢筋和混凝土之间的关系类似，所以在外部环境温度变化差异的不同时候，它们之间由温度变化产生的应力较小。

质量轻，同体积的钢材和GFRP材料相比，GFRP材料要比钢材轻75%，意味着可以降低运输费、装卸费、安装费和减轻构件的重量。

GFRP 筋有非导电性能，也不具有导磁性。对于那些有独特使用要求的物品有很大的利用价值。制作成型灵活，而且这种材料表面具有鲜艳的色彩、持久耐用美观及并不需要特殊的维护。GFRP 筋相比钢筋在相同应力作用下应变较大，说明它是一种弹性模量较小的材料，约为钢筋的 1/4，这种性质导致结构构件裂缝发展较长而且挠度大。

GFRP 筋在不同方向上的物理性质有很大差异，它的轴向抗拉强度要比径向抗拉强度大很多。GFRP 筋的力学性能在很大程度上受它本身的直径及所处环境的因素影响。GFRP 筋材料制作工艺复杂，而且它的抗剪强度较低，在一般环境条件下它的抗拉强度是抗剪强度的 10 倍以上。

正是因为玻璃纤维筋独特的耐腐蚀性，在离海边较近地方的混凝土设施、地下工程及需要用盐防冻的混凝土结构中可以大量用玻璃纤维筋替代钢筋。医院的核磁检测房间里和通过射频技术观测过往车辆信息的道路收费站等这些有特殊要求的建筑设施里适合用玻璃纤维筋替代钢筋。如果这些地方建设中使用大量钢筋，则钢筋产生屏蔽的效应会让电磁信号减弱甚至完全阻碍，而玻璃纤维筋不具有导磁性的特点在这里显得尤为重要。

GFRP 材料泊松比小于混凝土材料，根据研究通过合理的生产工艺可以使泊松比小于混凝土，这样当混凝土受竖向荷载时，由于 GFRP 材料的泊松比小于混凝土，变形小于混凝土，可以为内部混凝土提供[3]有效的套箍作用，另一方面 GFRP 良好的抗拉性能保证混凝土柱良好的承载能力。

通过总结 GFRP 材料特性，我们得到的结论是在理论层面上 GFRP 筋材可以替代钢筋作为受力筋。

## 3　GFRP 箍筋柱的设计

根据 GFRP 材料的特点，GFRP 材料为各向异性材料，纤维丝布置的方向为 GFRP 材料的受力方向，所以在设计 GFRP 箍筋时将纤维环向布置在基体材料中，在受力过程中对内部混凝土产生套箍作用，充分发挥内部纤维的受拉性能，将传统钢筋混凝土柱中的箍筋用 GFRP 箍筋替代（如图 1 所示）。

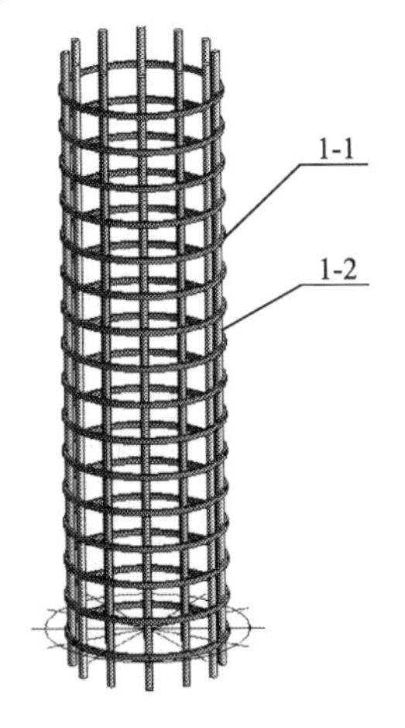


图 1　GFRP 箍筋＋钢筋纵筋构造图

（1-1 为 GFRP 箍筋，1-2 为钢筋）

## 4 结语

用 GFRP 筋材料代替钢筋来解决钢筋锈蚀等问题，从技术方面讲是可行的；从经济角度来看，GFRP 筋的较高价格以及专用配套设施所造成的工程造价问题似乎成了其大规模使用的阻碍因素。但是一方面 GFRP 材料为 FRP 材料中造价较低材料，另一方面 GFRP 筋的密度只有钢筋的 1/7，强度却可以达到钢筋的 4 倍。因此 GFRP 替代钢筋具有一定的研究价值。目前 GFRP 材料在工程中的应用主要集中在加固工程中，作为性能优良的材料我们应该将其推广到更加广阔的范围，不仅 GFRP 作为箍筋运用在混凝土柱中，GFRP 筋在以后的工程应用中将会得到越来越广泛的运用。

### 参考文献

[1] 薛伟辰. 混凝土结构中新型防腐配筋的最新研究进展 [J]. 工业建筑，1999，29 (12)：1.
[2] 薛伟辰，康清梁. 纤维塑料筋在混凝土结构中的应用 [J]. 工业建筑，1999，29 (2)：19.
[3] 张东兴，黄龙男，赵景海. 玻璃钢管混凝土柱力学性能的试验研究 [J]. 哈尔滨建筑大学学报，2010，01：73-76.

# 废弃物钢渣的应用研究及展望

程岚，麻建锁，张敏，强亚林

（河北建筑工程学院　土木工程学院，河北省张家口市　075000）

**摘　要：**近年来，钢铁工业的飞速发展虽然为人类带来了可观的利益，但也对社会环境产生了不可忽视的负面影响，尤其是废弃物的排放问题。为了减弱钢铁工业产生的大量废弃物造成的负面影响，贯彻落实国家的可持续发展战略方针，解决废弃物的后期综合利用问题迫在眉睫。本文主要对炼钢过程中产生的钢渣的物理、化学表观性能以及现阶段钢渣的后期综合利用进行了简单的介绍，并针对目前国内外钢渣的应用现状发表了自己的见解。

**关键词：**钢渣；应用；可持续

## 1　引言

持续的工业发展是持续的经济发展的首要条件，而经济的发展需要充足的资源保证以及与自然环境的协调。近年来，伴随我国工业的飞速发展，其排放的工业固体废弃物越来越多，这些废弃物不仅大量占据土地资源、污染环境，而且造成大量资源的浪费。据统计，现阶段工业发达国家的工业废弃物平均每年以2%～4%的增长率持续递增[1]。其中，作为三大主要工业废渣之一的钢渣，伴随钢铁工业的发展，排放量正在逐年增长，据悉目前我国已有2亿t的钢渣积存[2]。但由于钢渣的生成温度较高且在生成过程中融入了一些氧化铁、氧化镁等杂质，导致钢渣的活性和安定性等性能偏低，在实际应用中利用率较低，更好的解决钢渣的应用是当前废弃物处理的重要研究内容[3]。

## 2　钢渣简介

### 2.1　钢渣的种类

钢渣是在炼钢的过程中排放的固体废弃物，其排放量达到了粗钢产量的11%～21%左右。根据炼钢方法的不同，其形成的钢渣可分为三类：转炉钢渣、平炉钢渣和电炉钢渣，

---

项目资助：国家住房和城乡建设部科技项目：新型低层装配式尾矿混凝土复合墙板性能及其应用技术研究（2017-K9-019）。

作者简介：程岚（1991—），女，河北保定市，硕士研究生，研究方向：新型结构体系与新型结构材料。

麻建锁（1963—），男，河北保定市，教授，硕士研究生导师，研究方向：新型结构体系与新型结构材料，建筑产业化等。

据统计转炉钢渣在三种钢渣中产量最多，约占80%，故转炉钢渣的有效利用是钢渣综合利用的重要研究部分。

### 2.2 钢渣的物理性质和化学组成

钢渣是由众多矿物成分及玻璃态物质构成的一种集合体，其外观形态和颜色因钢渣的组成成分和在生产过程的冷却环境不同有所差异（表1）。其中，碱度较低的钢渣多呈现灰色，碱度较高的钢渣则多呈现褐色或灰白色。钢渣的渣块呈松散状态，质地坚硬且孔隙少，经自然冷却后堆放的钢渣易发生风化膨胀，形成粉状或土块状。

钢渣的多样性性能和后期的多种应用途径主要取决于其自身的含水率以及焖渣方式、冷却时的具体条件，一般情况下，钢渣的含水率约为3%～8%。三种钢渣中的平炉钢渣孔隙偏多，进而稳定性相对较好。经过处理之后，钢渣多表现为灰黑色，硬而密实，当含碱量较高时则多呈现浅白色。

**我国部分钢铁厂转炉钢渣的化学成分（%）** **表1**

| 产地 | $SiO_2$ | $Fe_2O_3$ | $Al_2O_3$ | CaO | MgO | FeO | $MnO_2$ | $P_2O_5$ | f-CaO |
|---|---|---|---|---|---|---|---|---|---|
| 首都钢铁公司 | 14.86 | 10.37 | 3.88 | 44.00 | 10.04 | 12.30 | 1.11 | 1.31 | 1.80 |
| 本溪钢铁公司 | 15.99 | 12.29 | 3.00 | 40.50 | 9.22 | 7.34 | 1.34 | 0.56 | 2.80 |
| 唐山钢铁公司 | 15.38 | 12.73 | 2.54 | 40.30 | 9.05 | 14.06 | 1.88 | 1.10 | 1.84 |
| 太原钢铁公司 | 14.22 | 8.79 | 2.86 | 47.80 | 9.29 | 13.29 | 1.06 | 0.56 | 1.57 |
| 鞍山钢铁公司 | 15.43 | 10.71 | 2.44 | 39.29 | 11.04 | 16.48 | 1.27 | 0.74 | 2.02 |
| 马鞍山钢铁公司 | 11.48 | 6.47 | 2.10 | 41.29 | 7.26 | 15.83 | 1.79 | 1.06 | 12.77 |
| 南京钢厂 | 17.19 | 7.43 | 1.48 | 40.14 | 8.79 | 16.94 | 1.99 | 1.51 | 4.31 |
| 韶钢 | 18.38 | 7.46 | 3.04 | 40.77 | 3.14 | 15.49 | 5.38 | 1.27 | 8.57 |

## 3 国内外钢渣的应用现状

### 3.1 在农业中的应用

钢渣因其所含成分的特殊性，可以用来生产农业中使用的微量元素肥料，比如因其能改善土壤中硅的活性和含量，且能够增大土壤的pH值，为农作物提供良好的生长环境，可以用来生产供水稻生长的硅肥。除此之外，钢渣中含有较多的钙、镁等微量元素，可以用来生产土壤改良剂，改善土壤情况。据有关人士推测，若每年在上百万亩的耕地中使用10万t左右的钢渣，便可获得非常可观的经济效益。

### 3.2 在工业中的应用

钢渣中含有一定量的生石灰，可以重新回收利用，用来代替生石灰作为炼钢过程中需要的烧结熔剂、高炉熔剂。这不仅节省了生石灰的用量，而且同时钢渣中含有金属铁、残钢等物质能够被重新回收利用，在满足生产需要的同时又提高了废弃物的利用率，具有绿色环保的意义。

### 3.3　钢渣在环境工程方面的应用

钢渣中由于其自身组成元素和生成环境的特殊性，使其具有较高的碱性和较大比表面积。大量数据研究表明，钢渣具有化学沉淀和吸附的特性，可以用于多种化工厂的废水处理。比如将钢渣应用于含铬的废水中，可以去除水中99%的铬含量；将钢渣应用于含锌的废水中，其去除率超过98%，且水质能够满足污水综合排放相关标准的排放要求。

### 3.4　在建筑行业的应用

#### 3.4.1　路基、回填材料

钢渣因其强度高、粒径级配优等性能特点可以作为细骨料应用于路基和回填工程。钢渣在路基和回填工程中的应用，目前已有几十年的历史，也是目前钢渣回收利用的主要应用领域。

#### 3.4.2　混凝土掺合料

钢渣经过磨细等生产工艺形成的钢渣微粉，因其有较高含量的硅酸三钙、硅酸二钙等成分，具有一定程度活性，可以用来作为掺合料生产混凝土。该种混凝土不仅能有效提高混凝土的后期抗压、抗折强度，还能明显改善混凝土的工作性能、耐久性，且还能一定程度上节省水泥用量，大大减小混凝土的经济成本。据已有研究表明，钢渣微粉与粉煤灰、矿渣粉等矿物掺合料在混凝土工作性方面具有相似的作用，但由于钢渣微粉其自身颗粒形貌的影响，改善效果相比粉煤灰较差，略高于矿渣粉。

#### 3.4.3　新型骨料

钢渣作为骨料在混凝土中的应用主要分为两种：一是钢渣砂作为细骨料应用，该种混凝土密度较大，轴心抗压强度、静力受压弹性模量均比普通混凝土有所提高，随着混凝土龄期的增长其抗渗透性得到显著的改善，但由于钢渣砂的自身缺陷，相比普通混凝土需要更多的水和减水剂；二是不经过磨细的钢渣直接作为粗骨料应用于混凝土中，其替代天然骨料的最大替代量可以达到80%，所制备的混凝土与普通混凝土相比在抗压强度、抗折强度方面有明显的提高。将钢渣作为骨料应用于混凝土中，不仅实现了对工业废弃物的有效回收利用，还在一定程度上解决了资源枯竭问题，顺应建筑材料的绿色、可持续发展趋势。

## 4　钢渣的应用思考

随着对钢渣综合利用的不断深入研究，其处理技术也不断改进和创新，但由于钢渣的高温生成环境，导致氧化铁、氧化镁等杂质在高温下溶解于其中，造成钢渣的活性相比水泥活性要低，且在安定性、易磨性等方面也表现相对较差，且在炼钢过程中由于设备、操作等客观因素，难以避免其中掺有铁等金属元素，造成钢渣在实际的生产应用过程中仍面临众多问题，急需相关专家进行深入的研究。

（1）需要对钢渣的物化性质进行进一步的研究、分析，为其寻找新的应用领域，比如和高分子材料相结合，充分利用钢渣中的主要化学组成元素，制备新型复合材料。

（2）进一步改善钢渣的处理工艺技术，同时，要注重相关生产设备的发展，提高钢渣的品质。

（3）将钢渣的应用方向主要放在建筑行业，尤其是对钢渣微粉进行深化研究，最大程度的增大钢渣在胶凝材料领域的应用。

（4）提高钢渣中金属成分的回收率，物尽其用，符合绿色、可持续的发展潮流。

（5）增加钢渣的处理和综合利用的相关标准及规范等，同时国家和政府应加大相关方面的扶持政策。

## 5 结束语

随着我国工业化水平的不断提高，钢渣的积存量势必会逐年增长，如何有效的实现钢渣的处理并回收再利用，是我国乃至全世界面临的问题。其中，钢渣在建筑行业中的应用不但实现了资源的最大限度利用，而且节省了大量自然资源，是未来发展的重要方向。

**参考文献**


[1] 陈益民，张洪滔. 磨细钢渣粉作水泥高活性混合材料的研究 [J]. 水泥，2001 (5)：1-3.

[2] 蒋育翔. 马钢新区钢渣处理技术及综合利用 [J]. 钢铁，2011，46 (5)：89-92.

[3] 吴杰. 钢渣的回收及其利用研究 [D]. 焦作：河南理工大学，2011.

# 关于我国装配式建筑发展的研究和思考

程元鹏，麻建锁，赵腾飞，吴洪贵
（河北建筑工程学院　土木工程系，河北省张家口市　075000）

**摘　要：**随着我国人口红利的消失、环境的恶化以及能源的严重浪费，建筑产业化已是大势所趋。经过近几年的发展，我国的装配式建筑取得了令人瞩目的成就，但与此同时存在着人才不足、发展速度激进、成本增加以及配套技术不成熟等一系列问题，由此带来的建筑质量和安全问题不得不引起重视。认清当下，展望未来，如何使我国装配式建筑的发展稳中求进值得深思。

**关键词：**装配式建筑；优势分析；发展前景

我国装配式建筑的发展在20世纪80年代后期突然停滞并很快走向消亡，取而代之的是现浇结构建筑的兴起，而我国的装配式建筑在沉寂了三十多年之后又呈现出快速发展的态势。

装配式建筑，就是由预制的部品部件在施工现场装配而成的建筑，它集标准化设计、工业化生产、一体化装修和信息化管理于一身，并强调装配化的建造方式。正是由于装配式建筑具有这样的特点，符合建筑产业化和绿色化的要求，才使得装配式建筑在我国的建筑市场中重获生机。

装配式建筑在一些发达国家已十分成熟，国内外学者也对装配式建筑相关领域的技术进行了大量的科学研究，但我国的装配式建筑尚处于起步阶段，虽然经过近些年的大力推广和发展使我国的装配式建筑取得了骄人的成绩，但在其快速发展的同时，也呈现出了各式各样的问题。在保证装配式建筑健康发展的同时正视和解决这些问题已成为我国装配式建筑发展的重要课题。

在此背景下，本文分析研究了目前我国装配式建筑的发展现状以及存在的一些问题，并对今后装配式建筑发展中应注意的一些问题提出了自己的观点。

## 1　装配式建筑的优缺点分析

### 1.1　优点分析

#### 1.1.1　工期缩短

装配式建筑是由预制的部品部件在工地装配而成的建筑，与传统建筑最主要的区别在

基金项目：河北省自然科学基金项目（E2018404047），项目名称：装配式钢框架填充墙结构体系及其受力性能研究；河北省研究生创新基金项目（CXZZSS2018133），项目名称：混凝土框架结构装配式填充墙体系研究。

作者简介：程元鹏（1993—），男，河北省张家口市怀安县，硕士，研究方向：建筑产业化。

于建造方式的变革。装配式建筑工期的缩短主要体现在施工现场湿作业工作量的大大减少，传统现浇建筑的建造方式，部品部件均在施工现场浇筑成型和养护，构件的制作和养护需要花费大量的时间，而装配式建筑部品部件的加工制作及养护均在构件厂完成，现场采用拼装的方式施工，这就省去了现场构件制作、养护的工序，进而缩短了工期。

#### 1.1.2 质量有保障

装配式建筑所用的预制构件，均是经过标准化、模数化、系列化的设计，再由构件厂进行统一的生产加工，从设计角度保证了构件的质量；构件厂所生产的预制构件在出厂使用前都需要经过投资方、设计方、施工方和监理方的严格检验，任何一方的检验不合格都不能进行使用，从而保证了预制构件加工制作的质量；装配化施工的方式大大减少了现场的湿作业，从施工的角度保证了建筑物的质量。

#### 1.1.3 减少能源消耗

构件的工厂化生产不仅提高了构件的生产效率和质量，同时有效减少了能源的浪费，将构件制作所需消耗的能源尽量的合理化和规范化，有效解决了传统建造方式下诸如水、电等严重浪费的现象，同时工期的缩短也使得建筑在各种能源的使用时间上大幅降低，从而有效节约能源[1]。

#### 1.1.4 有效解决用工荒的问题

由于国家的不断发展，人民生活水平的不断提高，服务业等第三产业的崛起，使得越来越多的进城务工人员更愿意选择劳动强度低、社会地位相对较高的服务业，据调研，目前市场上的建筑工人多为 50 岁以上的中年人，年轻一代的工人越来越少，这就使得各个施工单位出现招工难的问题，从而导致用人成本的提升和工人质量的下降，出现用工荒的现象。而装配式建筑从构件的加工制作、现场的装配施工等方面，通过建造方式的变革有效减少了劳动力的需求量，从而有效解决了劳动力短缺和用人成本上升的问题。

### 1.2 缺点分析

#### 1.2.1 成本提升

表 1 是北京 8 度抗震设防区关于装配式剪力墙结构与普通现浇剪力墙结构用钢量和混凝土用量的对比。

**用钢量和混凝土用量对比表　　表 1**

| | 标准层用钢量 | 标准层混凝土用量 |
|---|---|---|
| 现浇剪力墙结构 | 45kg/m$^2$ | 0.36m$^3$/m$^2$ |
| 装配整体式剪力墙结构 | 54kg/m$^2$ | 0.41m$^3$/m$^2$ |

由表 1 可以看出装配整体式剪力墙结构的用钢量较之现浇剪力墙结构增加了 20%左右，混凝土用量增加 15%左右。用钢量的增加主要是叠合楼板的桁架筋、外叶墙板的钢筋以及钢筋套筒这些部分，混凝土用量的增加主要体现在外叶墙板所用的混凝土以及楼板厚度增加而导致的混凝土用量增加上。这就导致做装配式建筑的成本较传统现浇结构建筑而言有所增加。

#### 1.2.2 设计难度大，工作量增加

装配式建筑设计完成前，所有部品和构件需一同完成深化设计，设计完成的同时还要

完成对各种样品详细报价的对比分析。

装配式建筑各类构件的设计都有一系列的规范或技术规程约束，对其整个结构设计过程的要求相对于传统现浇式建筑要繁杂得多。

装配式建筑的建造方式可以有效缩短工期，这就导致设计人员需要投入更多精力在各种计算当中，要完成结构构件的拆分、规格设计等等，同时还需要与预制构件生产单位保持沟通，而大量的预制构件不可能都是由同一家单位生产，这些都会导致做装配式建筑的工作量和设计难度大大增加。

需要注意的是，上述装配式建筑的缺点是由于目前我国装配式建筑还处于发展的初级阶段，各种技术相对还不太成熟，从而导致了成本的增加和设计难度的增加，相信经过一段时间的发展，这些问题都会迎刃而解。

## 2　大力发展装配式建筑的原因

一方面，装配式建筑能够有效缩短工期，提高建筑质量，减少能源消耗以及有效解决人工红利消失而带来的用工荒问题，同时随着预制构件加工技术的日益成熟，装配式建筑管理流程的日臻完善，装配式建筑的整体品质和质量一定会比传统现浇结构的建筑更可靠，特别是在解决诸如裂缝、蜂窝麻面、浇筑不密实等混凝土结构质量通病的问题上将会起到良好的效果，因而大力发展装配式建筑是很有必要的。

另一个方面，随着国家供给侧结构性改革的不断深入，去产能成为国家的一个重要课题，而装配式建筑是供给侧改革在建筑业的落脚点，从表 1 的数据看出，装配式建筑能够有效解决产能过剩的问题，同时装配式建筑的发展还能够催生一些新的产业，例如预制构件厂、吊具套筒等部件的专门生产厂商等，从而给经济发展注入新的动能，因此，尽管目前装配式建筑还存在一些不可忽视的弊病，但从国家层面来讲发展装配式建筑是势在必行的。

## 3　我国装配式建筑发展现状

我国装配式建筑的发展经历了两个阶段，即早期的强制与鼓励相结合，以鼓励为主的阶段和目前的强制与鼓励相结合，以强制为主的阶段。在以鼓励为主的阶段，2015 年 12 月份国家提出，力争用 10 年左右的时间，使装配式建筑占新建建筑的比例达到 30%[2]，2016 年 9 月 27 日国务院办公厅发文，明确我国装配式建筑的发展要分区进行，并将全国分为重点推进区域、积极推进区域和鼓励推进区域[3]，其中重点推进区域是指津京冀、珠三角和长三角地区，积极推进区域是指常住人口超过 300 万的其他城市，鼓励推进区域为中西部一些经济发展相对落后的区域。

我国的装配式建筑经过近几年的快速发展，目前已进入强制与鼓励相结合，以强制发展为主的阶段，以北京为例，2017 年北京市人民政府办公厅发文明确了北京地区的产业化实施范围，规定保障性住房、政府投资建设的项目以及建筑面积超过 5 万 $m^2$ 的商品房项目应采用装配式建筑[4]。随着各地政策的相继出台，经济相对发达的区域特别是装配式建筑的重点推进地区，强制采用装配式建筑的项目将越来越多。

## 4 目前存在的问题

我国的装配式建筑正处于摸着石头过河的发展阶段，规范要求相对保守，但发展速度相对激进，国家颁布的文件虽然明确指出要用十年左右的时间将装配式建筑的比例提到30%，但这一指标是对于全国范围而言的，而不同地市对于这一指标的解读存在不同程度的误区，这就导致各地出现了装配式建筑发展速度激进的问题，例如北京地区要求在2018年年底就要将这一比例提到20%以上，同时提出到2020年就要完成30%的目标[4]，比国家规定的年限整整早了5年，这样激进的发展速度必然会导致各种各样的问题，如质量问题、安全问题、成本问题等，同时激进的发展速度造成了目前很严重的一个现象即很多相关企业，包括一些大型国企的总工程师，对装配式的技术都是知其然而不能知其所以然。另一个方面，发展装配式建筑需要大量的专业技术人才和相应的人才储备，而目前我国装配式建筑人才的现状是人才的数量和质量均跟不上装配式建筑的发展步伐，且在人才储备方面，开设了装配式建筑相关课程体系的土木类高等院校更是少之又少，在人才储备上显得捉襟见肘。

虽然发展装配式建筑是大势所趋，但我们应该充分考虑现状，稳中求发展，过激的发展速度并不能换来理想的发展态势。

## 5 今后发展应注意的问题

我国正值装配式建筑的快速发展阶段，各类新技术不断涌现，各类规范也都在不断的被补充和完善，新旧规范出现更替，作为专业技术人员应注意对新技术、新规范的学习和掌握，例如在《工业化建筑评价标准》时代，装配式建筑的评价指标为“装配率和预制率”，而在2018年2月1日起开始执行的《装配式建筑评价标准》中，“装配率”取代了旧版规范中两率，成为装配式建筑的唯一评价指标。作为新时代的装配式建筑人才，应及时并充分的掌握类似这样的变化，才能更好的应对新时代的新变化和新挑战。

## 6 结束语

在装配式建筑快速发展的同时，我们不仅要看到它的优势和发展装配式建筑的必要性，更应该充分了解其缺陷，不断弥补技术上的不足，理智看待装配式建筑，要敢于发声，敢于发出不一样的声音，从各个角度充分客观地进行评价，这样才能暴露装配式建筑发展中遇到的问题并将其逐步攻克，才能更好的推进建筑产业化的发展。

**参考文献**


[1] 张亚英，杨欢欢，安泽. “装配式建筑”应用型人才的培养 [J]. 北京工业职业技术学院学报，2017，2：35-37，53.

[2] 关于进一步加强城市规划建设管理工作的若干意见 [Z]. 2016-2-6.

[3] 国务院办公厅. 关于大力发展装配式建筑的指导意见 [Z]. 2016-9-27.

[4] 北京市人民政府办公厅. 关于加快发展本市装配式建筑的实施意见 [Z]. 2017-3-3.

# 浮石级配对铁尾矿砂浮石混凝土力学性能影响的研究

李玥，孙婧，姜佩弦
（河北建筑工程学院研究生部，河北省张家口市　075000）

**摘　要**：本文在不同粗骨料粒径配合比和不同砂率配合比下的力学性能测试结果基础上，选取2.5～20mm连续粒级封孔浮石作为粗骨料，可以在较小的表观密度基础上得到最大的立方体抗压强度，并且表现出优良的工作性能。在不同的水灰比条件下，随着砂率的变化，试块的表观密度也随之改变，同时，也对混凝土拌合物的流动性与黏聚性造成了一定影响。

**关键词**：浮石混凝土；级配；强度；砂率

浮石具有质轻、多孔、吸声、导热系数小、吸水率大、造价低、易开采及耐虫害等特性[1~2]。浮石众多的优点使轻骨料混凝土在工程中表现出良好的综合性能：质轻、保温、抗冻、抗裂、抗震等等。国内，杨新磊等[2]人采用堆积密度为468kg/m³、筒压强度为1.1MPa的浮石，研制出表观密度为1720kg/m³、C10的轻集料混凝土，并对浮石混凝土及其砌块的性能进行了试验。高矗、张通等[3~5]利用内掺石灰石粉等量替代水泥和沙子配制浮石混凝土，研究表明在适量的替代量下，不同粒径石灰石粉均能够对浮石混凝土强度有所改善，后期石灰石粉的水化活性效应和填充效应表现更为明显。国外，L. Gunduz[6]利用5%～8%水泥和浮石颗粒、粉煤灰、矿渣混合后，制作了（400×200×100）mm的混凝土砌块，最高强度8.45MPa，体积密度1475kg/m³，最小密度984kg/m³，强度2.78MPa。在此研究基础上，本文特提出以铁尾矿砂代替天然砂作为细骨料，选取合适的替代率，制备铁尾矿砂浮石混凝土，并对其进行力学性能测试，为以后在实际工程中的应用提供理论支持。由于浮石和铁尾矿砂分别为天然骨料和固体废弃物，用它们制备节能环保混凝土可以满足日益扩大的混凝土原材料需求，减少优良土地的开采，保护不可再生资源，符合我国的可持续发展战略。

## 1　试验

### 1.1　原材料

1）水泥　本试验采用张家口金隅水泥厂生产的42.5级普通硅酸盐水泥，出厂时经测定符合《通用硅酸盐水泥》标准要求。具体参数见表1。

水泥物理性能　　表1

| 细度/mm | 比表面积/($m^2$/kg) | 标准稠度用水量/% | 凝结时间/min | |
|---|---|---|---|---|
| | | | 初凝 | 终凝 |
| 0.08 | 368 | 26 | 166 | 239 |

2）粗骨料　粗骨料采用张家口地区特产的浮石矿产，浮石已经过封孔处理，选取规格为5～10mm、10～20mm单粒级与2.5～20mm连续粒级浮石进行试验。

3）细骨料　细骨料采用铁尾矿砂与普通砂，其中铁尾矿砂来源于河北省张家口地区宣化钢厂。

4）粉煤灰　根据《用于水泥和混凝土中的粉煤灰》GB/T 1596的要求，试验中采用的是河北省张家口市许家庄电厂Ⅱ级粉煤灰，化学成分分析见表2。

粉煤灰的化学成分　　表2

| 原料 | $SiO_2$ | $SO_3$ | $Al_2O_3$ | $Fe_2O_3$ | CaO | MgO | $K_2O$ | $Na_2O$ | 烧失量 |
|---|---|---|---|---|---|---|---|---|---|
| 粉煤灰/% | 49.3 | 0.32 | 33.9 | 3.33 | 4.26 | 0.82 | 9.10 | 3.4 | 6.41 |

5）硅灰　试验中用河北省石家庄市行唐县地区厂家生产的硅灰，化学成分见表3。

硅灰的化学成分　　表3

| 原料 | $SiO_2$ | $Al_2O_3$ | $Fe_2O_3$ | MgO | CaO | $Na_2O$ | pH平均值 |
|---|---|---|---|---|---|---|---|
| 硅灰/% | 91.2 | 1.2 | 1.0 | 0.7 | 0.4 | 1.2 | 中性 |

6）外加剂　外加剂为高效减水剂，减水率为30%，厂家建议掺量为0.5%～2%。

7）拌合用水　本试验中拌合用水采用张家口地区自来水。

### 1.2　试验方法及配比

混凝土劈裂抗拉强度试件尺寸按《普通混凝土力学性能试验方法标准》GB/T 50081—2002设计为：100mm×100mm×100mm的立方体；立方体抗压强度试验按照标准要求，在对混凝土试块进行立方体抗压强度试验时，采用边长为100mm的立方体试件。

## 2　试验结果与分析

### 2.1　不同粗骨料粒径轻骨料混凝土的配合比

为了研究轻骨料混凝土中粗骨料粒径对其成型试块强度及密度的影响，特采用不同粒径封孔浮石作为对象，浮石粒径选取5～10mm、10～20mm单粒级与2.5～20mm连续粒级三种型号，控制其他变量，制备边长为100mm的混凝土试块，每组15块，进行对比试验，试验配合比见表4。

不同粒径轻骨料混凝土配合比　　表4

| 编号 | 粗骨料粒径 | 浮石/($kg/m^3$) | 普通砂/($kg/m^3$) | 水泥/($kg/m^3$) | 净用水量/($kg/m^3$) | 砂率/% | 水灰比 |
|---|---|---|---|---|---|---|---|
| A1 | 5～10mm | 663.8 | 634.2 | 440 | 176 | 35 | 0.4 |
| A2 | 10～20mm | 663.8 | 634.2 | 440 | 176 | 35 | 0.4 |
| A3 | 2.5～20mm | 663.8 | 634.2 | 440 | 176 | 35 | 0.4 |

按照试验配合比进行试块制备，并在不同龄期下测试立方体抗压强度及表观密度，结果见表5。

**不同粒径轻骨料混凝土试块测试结果　　表5**

| 编号 | 不同龄期立方体抗压强度/MPa | | | | | 表观密度/(kg/m³) |
|---|---|---|---|---|---|---|
| | 3d | 7d | 14d | 21d | 28d | |
| A1 | 20.36 | 26.95 | 35.14 | 36.89 | 38.52 | 1933 |
| A2 | 11.62 | 20.55 | 25.82 | 27.1 | 28.13 | 1765 |
| A3 | 24.32 | 33.68 | 38.56 | 40.95 | 41.61 | 1851 |

将A1、A2、A3三组轻骨料混凝土试块在不同龄期时测得的立方体抗压强度作为参考量，绘制图1，从图中可知，3组轻骨料混凝土试块随龄期的增加有相同的上升趋势，在3～14d时强度提高较大，增长较快，之后发展趋于平缓，保持稳定上升趋势。

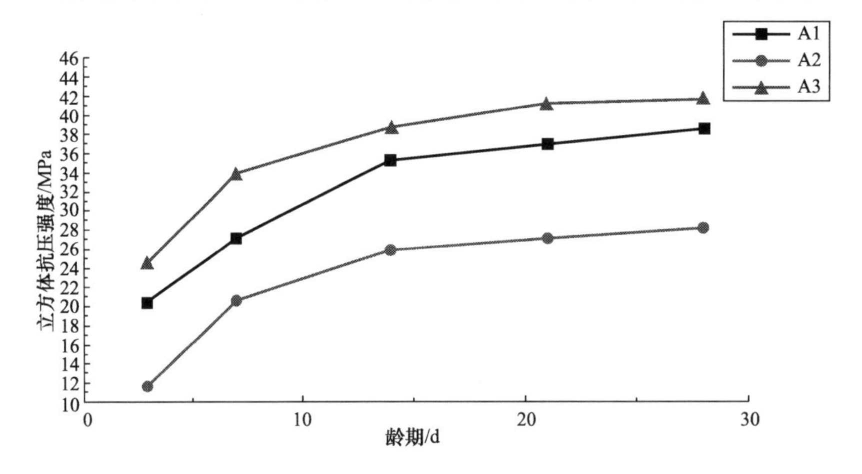


图1　轻骨料混凝土试块抗压强度与龄期的关系

基于此可以得出结论，选取2.5～20mm连续粒级封孔浮石作为粗骨料，可以在较小的表观密度基础上得到最大的立方体抗压强度，并且表现出优良的工作性能。

## 2.2　不同砂率轻骨料混凝土的配合比

在轻骨料混凝土中，砂率大小与试块的强度有着直接的关系，并且会影响拌合物的流动性和黏聚性，为研究砂率对轻骨料混凝土力学性能及工作性的影响，特在0.35、0.4、0.45水灰比条件下选取30%、33%、36%、39%四组不同砂率，制备轻骨料混凝土试件，分别进行试验，不同砂率轻骨料混凝土配合比见表6。

**不同砂率轻骨料混凝土配合比　　表6**

| 编号 | 水泥/(kg/m³) | 浮石/(kg/m³) | 普通砂/(kg/m³) | 净用水量/(kg/m³) | 砂率/% | 水灰比 |
|---|---|---|---|---|---|---|
| S11 | 440 | 714.8 | 543.6 | 154 | 30 | 0.35 |
| S12 | 440 | 684.2 | 598.0 | 154 | 33 | 0.35 |
| S13 | 440 | 653.6 | 652.3 | 154 | 36 | 0.35 |
| S14 | 440 | 622.9 | 706.7 | 154 | 39 | 0.35 |
| S21 | 440 | 714.8 | 543.6 | 176 | 30 | 0.4 |
| S22 | 440 | 684.2 | 598.0 | 176 | 33 | 0.4 |

续表

| 编号 | 水泥/(kg/m³) | 浮石/(kg/m³) | 普通砂/(kg/m³) | 净用水量/(kg/m³) | 砂率/% | 水灰比 |
|---|---|---|---|---|---|---|
| S23 | 440 | 653.6 | 652.3 | 176 | 36 | 0.4 |
| S24 | 440 | 622.9 | 706.7 | 176 | 39 | 0.4 |
| S31 | 440 | 714.8 | 543.6 | 198 | 30 | 0.45 |
| S32 | 440 | 684.2 | 598.0 | 198 | 33 | 0.45 |
| S33 | 440 | 653.6 | 652.3 | 198 | 36 | 0.45 |
| S34 | 440 | 622.9 | 706.7 | 198 | 39 | 0.45 |

分别测试不同砂率轻骨料混凝土试块的立方体抗压强度、劈裂抗拉强度、静力受压弹性模量及表观密度，结果见表7。

**不同砂率轻骨料混凝土试块测试结果　　表7**

| 编号 | 立方体抗压强度/MPa | 劈裂抗拉强度/MPa | 静力受压弹性模量/$\times10^4$MPa | 表观密度/(kg/m³) |
|---|---|---|---|---|
| S11 | 33.26 | 2.02 | 1.66 | 1862 |
| S12 | 35.15 | 2.32 | 1.69 | 1939 |
| S13 | 36.58 | 2.46 | 1.81 | 1990 |
| S14 | 37.91 | 2.85 | 1.92 | 2001 |
| S21 | 37.52 | 2.46 | 1.75 | 1889 |
| S22 | 38.63 | 2.62 | 1.79 | 1919 |
| S23 | 42.02 | 2.83 | 2.01 | 1946 |
| S24 | 42.96 | 3.14 | 2.25 | 1970 |
| S31 | 37.96 | 2.50 | 1.69 | 1816 |
| S32 | 40.06 | 2.71 | 1.83 | 1932 |
| S33 | 43.66 | 2.79 | 1.97 | 1957 |
| S34 | 43.87 | 2.96 | 2.12 | 2013 |

将立方体抗压强度列单独取出，绘制出图2，虽然轻骨料混凝土中水灰比有所变化，从0.35增加到了0.45，但其强度有着相同的变化规律，随着砂率的增加而逐渐提高。主要原因在于轻骨料混凝土中，浮石粗骨料自身稳定性较差，强度相对普通石子偏低，在制备混凝土时无法得到高强度试块，而砂率的提高，减少了粗骨料的用量，直接影响到拌合物的组成比例，从而强度增加。

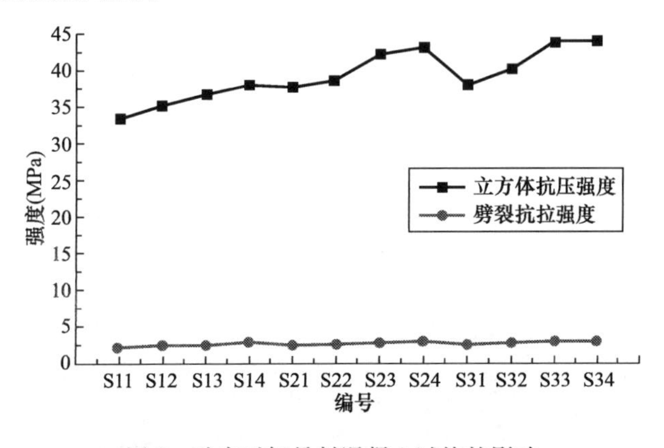


图2　砂率对轻骨料混凝土试块的影响

## 3 结论

1）本文分别使用连续粒级的封孔浮石制备不同粒径轻骨料混凝土试块，测试 3d、7d、14d、21d、28d 立方体抗压强度与表观密度，得出结论。其中 2.5～20mm 连续粒级封孔浮石作为粗骨料制作的试块，其强度最高，达到 41.61MPa，且表观密度小于 1950kg/m$^3$。

2）研究砂率对轻骨料混凝土试块强度的影响，测试立方体抗压强度、劈裂抗拉强度、静力受压弹性模量与表观密度。对比数据发现，在不同水灰比条件下，砂率不断提高，轻骨料混凝土试块强度在逐渐增大。但是砂率的提高存在一个合理范围，因为过大的砂率会影响混凝土拌合物工作性。

### 参考文献


[1] 钱壮志. 浮石及其开发利用研究进展 [J]. 矿物岩石，1998，13（02）：111-115.

[2] 杨新磊. 浮石及其混凝土的性能与应用研究 [D]. 天津：河北工业大学，2004.

[3] 高矗，申向东，王萧萧，等. 石灰石粉对浮石混凝土力学性能和微观结构的影响 [J]. 硅酸盐通报，2014，33（07）：1583-1588.

[4] 王萧萧，申向东，王海龙，等. 石粉掺量对轻骨料混凝土性能的影响 [J]. 建筑材料学报，2015，18（01）：49-53.

[5] 张通，申向东，王萧萧，等. 石灰石粉对轻骨料混凝土力学性能的影响 [J]. 中国科技论文，2015，10（01）：51-54.

[6] GUNDUZ L. Use of quartet blends containing fly ash，scoria，perlitic pumice and cement to produce cellular hollow lightweight masonry blocks for non-load bearing walls [J]. CONSTRUCTION AND BUILDING MATERIALS，2008，22（5）：747-754.

# 路面交通对大境门古城墙微幅振动影响的试验研究

郝琪，周占学，李玥
（河北建筑工程学院研究生部，河北省张家口市　075000）

**摘　要**：本文以张家口大境门城墙为背景，通过对离道路最近的大境门城墙上的振动测试，得到了测试路段汽车通过时的城墙振动数据，并对交通情况做了详细统计，最后分析数据，得出交通振动对大境门城墙的影响情况。研究表明：大境门古城墙旁有大量小型汽车持续经过，大型车辆平均每分钟也会有一辆经过；小型车辆经过时大境门古城墙只有较小且平稳的振动，只有大型车辆经过时振幅会增加 1 到 2 个数量级，竖直方向的响应更大；并且对比相关标准，大境门古城墙在交通振动下的最大响应在安全范围内。

**关键词**：路面交通；振动；时域；频域

张家口大境门与山海关、居庸关、嘉峪关并称为万里长城四大名关，并有“塞外第一门”的称号，现在属于省级文物保护单位。从明隆庆五年（1571 年）至民国时期，大境门作为“陆路商埠”、“皮都”，持续繁荣了很多年。随着城市化建设的加快，中国古建筑由于文化底蕴深厚和年代久远承载力降低，古建筑的保护越来越得到重视，并且古建筑离道路越来越近，车辆越来越多，在给人们带来便利的同时，城市交通引起的沿线地面和建筑物的振动问题越来越引起人们的关注[1]，同时大境门周围公交车和大货车也频繁经过，这些车辆的振动会引起大境门更强烈的振动，对大境门结构产生影响。本次研究使用威悬德振动传感器，现场监测车辆影响下大境门的振动情况，并对试验监测的数据研究和分析。分析的结果对大境门古城墙的保护有一定的参考价值，并且现场测试作为研究交通振动重要的方法之一，有其重大的理论和现实意义，其成果主要为相应的理论分析提供根据、验证理论模型的正确性和为评估交通诱发的环境振动提供依据。

## 1　大境门古城墙的特点

张家口大境门古城墙修建于公元 1485 年，连接张家口市区长城，古城墙全长 350m。城墙修筑时就地取材，以石垒筑，灰浆勾缝而成。城门是一个条石基础的砖筑拱门，两扇木质的铁皮大门，门高 12m，底长 13m。城墙年代久远，墙体上已有好多较宽裂缝，远离道路的一端在 2012 年由于暴雨导致约 36m 长城墙发生沉陷性坍塌，历时半年修复完工，采用传统工艺手法，特别在黄土中掺入了白灰，着重增强城墙基础和墙体防水性能，适当加大排水嘴的部署密度。

# 2 试验阶段

## 2.1 试验位置选取及人员安排

本次试验位置平面图及人员工作图如图 1 所示。试验共安排 9 名工作人员，2 人管理振动传感器和电脑，2 人数来往车辆，1 人记录，2 人记录车辆通过 100m 路段的时间，1 人记录大型车辆到来的时间，1 人拍照录像。

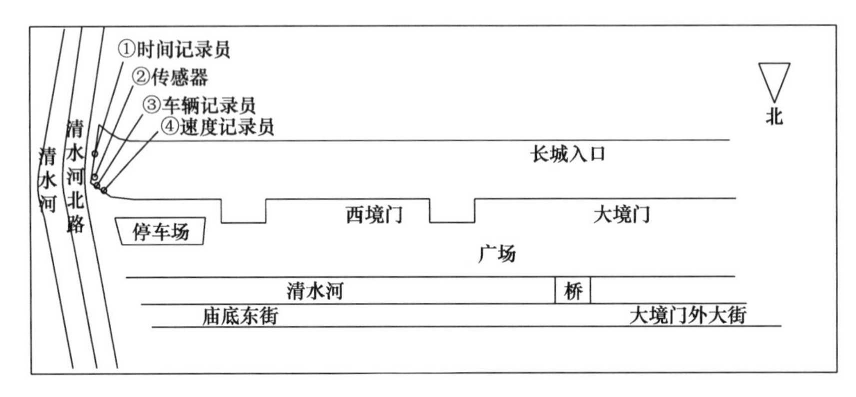


图 1　位置平面图

## 2.2 试验进行阶段

本次试验分别采集一天三个交通高峰期的车辆数据和振动数据，连续采集了共 3h 的有效数据，早中晚高峰期分别 1h 的有效数据，同时统计每个时间段的车流量、大型车辆经过的时刻，以及每种车型经过 100m 路段所用的时间并算出平均速度。车流量情况如表 1 所示，并且从现场试验情况得知，大型车辆平均每分钟都会出现。

**三个交通高峰期的车辆数据　　表 1**

| 高峰段 | 早高峰 | 午高峰 | 晚高峰 |
|---|---|---|---|
| 小汽车（辆） | 1263 | 947 | 1356 |
| 小货车（辆） | 72 | 53 | 34 |
| 大货车（辆） | 9 | 21 | 12 |
| 公交车（辆） | 47 | 41 | 56 |

# 3 测量分析

## 3.1 测量仪器及测量指标

测量仪器包括威悬德振动传感器和 GPS-RTK 动态实时监测仪，频率为 200Hz，笔记本电脑。威悬德振动传感器的主要特点是把东西方向、南北方向以及竖直方向的速度直接测量，灵敏度高。

测量的指标可以从加速度、速度、位移中选取，测量一种指标转化成函数，可用积分和微分的方法求出其余指标。研究表明在低频范围内，振动强度与位移成正比，加速度数值小，宜测量位移；在中频范围内，振动强度与速度成正比，加速度数值小，宜测量速度；在高频范围内，振动强度与加速度成正比，应测量加速度。因为频率低意味着振动体在单位时间内振动的次数少、过程时间长，速度、加速度的数值相对较小且变化量更小，因此振动位移能够更清晰地反映出振动强度的大小；而频率高，意味着振动次数多、过程短，速度尤其是加速度的数值及变化量大，因此振动强度与振动加速度成正比，并且振动在传播过程中，高频分量随距离衰减快，低频部分衰减慢。所以，此次测量城墙受的微幅振动宜采用速度作为直接测量值[2~3]。

## 3.2 试验结果

本次测试采样频率为每秒 200 个点，由于数据较多，只截取了几个时刻大型车辆经过时的速度和加速度的典型时程，此次测量大货车和公交车的平均车速分别为 5.35m/s 和 5.62m/s。之后通过 MATLAB 做了傅里叶变换得到了频域的曲线，并根据《城市区域环境振动测量方法》[4] GB 10071—88 中给出的振动加速度级公式确定加速度振级。公式为：

$$VAL = 20\lg \frac{a}{a_0}(\mathrm{dB}) \tag{1}$$

式中

$a$——振动加速度有效值，$m/s^2$。

$a_0$——基准加速度，$a_0 = 10^{-6} m/s^2$。

## 3.3 时域分析

由于主要分析速度和加速度的变化值，所以在最大速度和加速度的基础上再比较最大的峰峰值。由于篇幅有限，只取午高峰 11：30 同时经过大货车和公交车时的速度、加速度时程曲线以及 Fourier 谱，统计午高峰 11：30 同时经过大货车和公交车时和晚高峰 18：30 大货车经过时速度、加速度幅值变化的峰峰值，以及对于频率和振级的统计。

图 2 为午高峰 11：30 的速度时程曲线，两个时间段的速度幅值变化和峰峰值如表 2 所示。

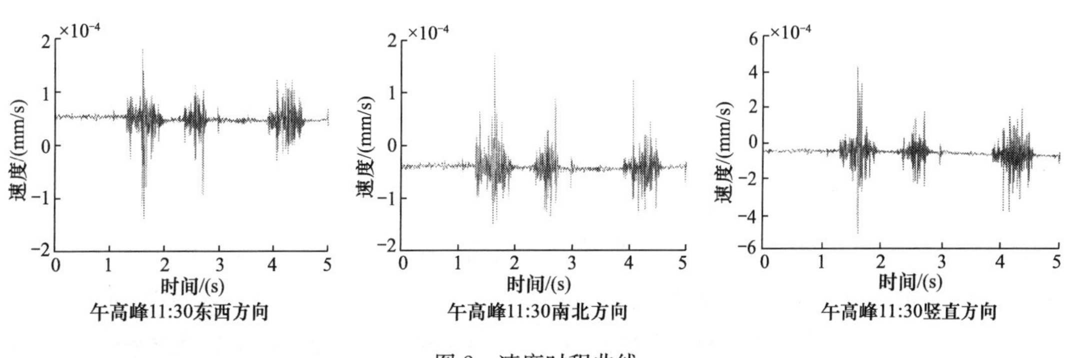


图 2　速度时程曲线

午高峰 11：30 和晚高峰 18：30 最大速度振幅统计表　　表 2

| | 午高峰最大速度 mm/s | 午高峰峰峰值 mm/s | 晚高峰最大速度 mm/s | 晚高峰峰峰值 mm/s |
|---|---|---|---|---|
| 东西方向 | $2\times10^{-4}$ | $3\times10^{-4}$ | $2\times10^{-4}$ | $3\times10^{-4}$ |
| 南北方向 | $2\times10^{-4}$ | $4\times10^{-4}$ | $4\times10^{-4}$ | $6\times10^{-4}$ |
| 竖直方向 | $5\times10^{-4}$ | $9\times10^{-4}$ | $7\times10^{-4}$ | $1.1\times10^{-3}$ |

图 3 为速度时程曲线经过一次微分后，得到加速度时程曲线，加速度变化及峰峰值统计如表 3 所示。

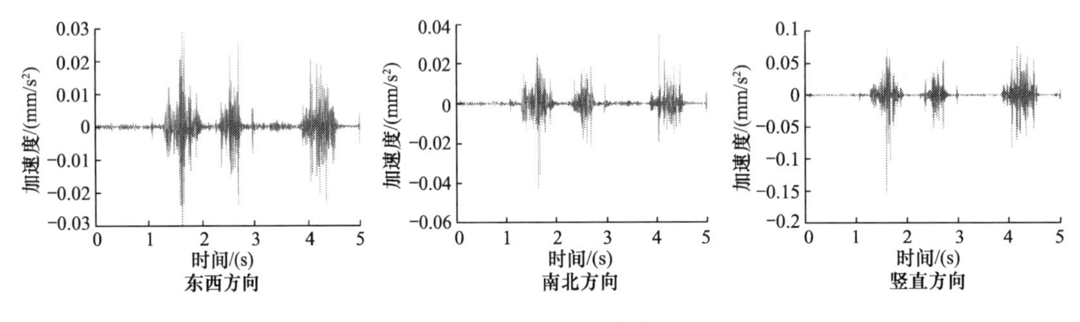


图 3　加速度时程曲线

午高峰 11：30 和晚高峰 18：30 最大加速度振幅统计表　　表 3

| | 午高峰最大加速度 mm/s² | 午高峰峰峰值 mm/s² | 晚高峰最大加速度 mm/s² | 晚高峰峰峰值 mm/s² |
|---|---|---|---|---|
| 东西方向 | $2.9\times10^{-2}$ | $6.0\times10^{-2}$ | $4.0\times10^{-2}$ | $8.0\times10^{-2}$ |
| 南北方向 | $4.3\times10^{-2}$ | $7.8\times10^{-2}$ | $7.3\times10^{-2}$ | 0.13 |
| 竖直方向 | 0.15 | 0.23 | 0.17 | 0.3 |

每次大货车和公交车经过时速度和加速度都会产生一次较大的变化，其中满载货物的货车经过时变化最大，最大值如表 4 所示。

最大振幅统计表　　表 4

| | 最大速度 mm/s | 峰峰值 mm/s | 最大加速度 mm/s² | 峰峰值 mm/s² |
|---|---|---|---|---|
| 东西方向 | 0.0019 | 0.0028 | 0.30 | 0.50 |
| 南北方向 | 0.0020 | 0.0032 | 0.25 | 0.50 |
| 竖直方向 | 0.0022 | 0.0034 | 0.32 | 0.55 |

### 3.4　频域分析

对午高峰 11：30 同时经过大货车和公交车时和晚高峰 18：30 大货车经过时 5s 内的加速度时域数据通过 MATLAB 做傅里叶变换，变换后数据总量为 1000，换算出对应的频率和振级，绘制出各自的频域图，并统计了最大值。午高峰 11：30 同时经过大货车和公交车时的 Fourier 频谱曲线如图 4。

对比 Fourier 谱可知，大境门古城墙振动加速度的频率范围在 40～90Hz 之间，三个方向最大加速度振级统计如表 5 所示。

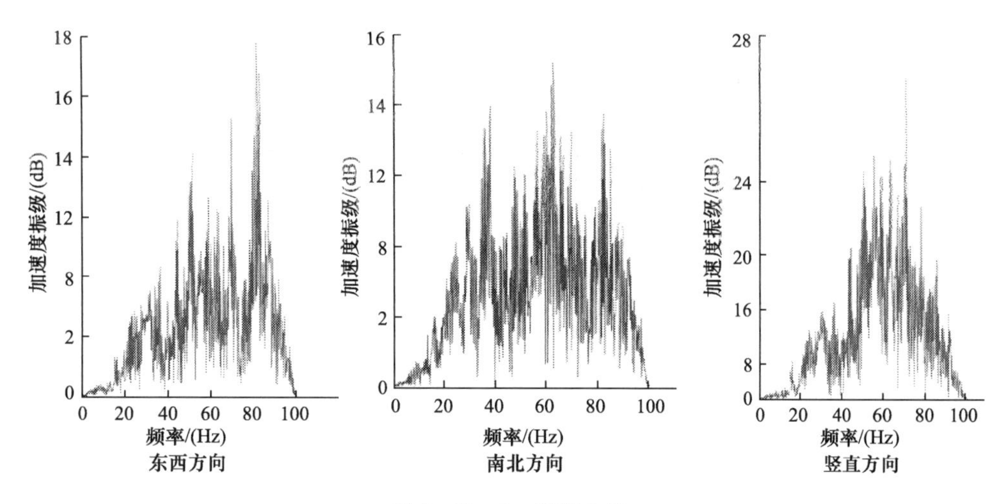


图 4　Fourier 频谱曲线

**加速度振级统计**　　**表 5**

| | 11∶30 频率（Hz） | 11∶30 最大加速度振级（dB） | 18∶30 频率（Hz） | 18∶30 最大加速度振级（dB） |
|---|---|---|---|---|
| 东西方向 | 82 | 18 | 49 | 18 |
| 南北方向 | 63 | 15 | 45 | 17 |
| 竖直方向 | 70 | 27 | 49 | 29 |

## 4　结论

通过对比每次大型车辆经过时速度和加速度幅值变化曲线，以及加速度和速度的 Fourier 谱，得到以下结论：

1）该路段以小型车辆为主，小型车辆经过时大境门古城墙产生的振动较小且平稳，只有大型车辆经过时有较大的振动变化，变化 1 到 2 个数量级。

2）大境门古城墙基础表面竖向和水平方向振动响应大小基本一致，竖向响应比水平响应稍大。

3）路面交通引起大境门古城墙主要振动响应频段在 50～90Hz。

4）根据《古建筑防工业振动技术规范》[5] GB/T 50452—2008，省级文物保护单位，古建筑砖结构的容许振动速度是 0.27mm/s。总结所有曲线和统计数据，交通荷载下，大境门古城墙最高点振动的最大速度为 0.0019mm/s 远小于规范要求，说明大境门古城墙在路面交通微幅振动的影响下是安全的。同时加速度振级最大为 29dB，在我国《城市区域环境振动标准》[6] GB 10070—88 的规定范围内。

### 参考文献

［1］ 袁新敏，张玉华，左鹏飞，等. 公路交通引起振动的现场测试与分析［J］. 土木基础，2007，21（2）：73-75.

［2］ 钱春宇，郑建国，呆春雨，等. 西安古城墙环境振动测试与分析［J］. 防灾减灾工程学报，2008，

28：109-111.
[3] 侯晋. 苏州城市轨道交通振动计算与测试分析 [D]. 苏州：苏州大学，2014.
[4] GB 10071—88 城市区域环境振动测量方法 [S]. 北京：中国标准出版社，2011.
[5] GB/T 50452—2008 古建筑防工业振动技术规范 [S]. 北京：中国建筑工业出版社，2008.
[6] GB 10070—88 城市区域环境振动标准 [S]. 北京：中国标准出版社，1988.

# 再生混凝土抗渗透性能试验方案设计

胡英飞[1]，谢军[1]，倪雅静[1]，包淑贤[1]，王倩[1]，刘伟[2]

(1. 河北建筑工程学院　土木工程学院，河北省张家口市　075000

2. 张家口市建筑工程施工安全监督站，河北省张家口市　075000)

**摘　要：**目前国内对再生混凝土的研究主要集中在对其力学性能的研究，主要包括再生混凝土的配合比设计，再生混凝土的主要力学性能指标等，对再生混凝土的抗渗透性能方面研究较少。本文通过对再生混凝土的抗渗透因素分析，采用正交实验法，设计四因素四水平的渗透试验方案，利用逐级加压法，对不同基体混凝土强度、再生骨料取代率、粉煤灰掺入量、水胶比对再生混凝土的渗透性能影响进行试验方案设计。

**关键词：**再生混凝土；抗渗透；正交实验

随着我国经济的不断发展，建筑行业得到迅速发展，但由此产生的建筑垃圾也大量增加，这些废弃的建筑垃圾不仅需要高昂的处理费用，还引发了许多相关的环境污染问题。目前我国建筑垃圾的处理仍未找到合理有效的方法，主要的处理方式仍以填埋为主，垃圾填埋不仅污染环境，还占用许多土地资源，因此建筑垃圾的有效处理已受到我国建筑行业和环境部门的高度重视。

再生混凝土可以有效的利用建筑垃圾，将其破碎后作为骨料来代替混凝土的部分骨料。因此，再生混凝土是一种可持续发展的“绿色混凝土”，对再生混凝土耐久性能的研究有助于再生混凝土的推广和应用，因此再生混凝土的抗渗性能研究对于工程界和学术界具有十分重要的意义。

## 1　再生混凝土渗透性能

### 1.1　再生混凝土的构成

再生混凝土是指由废弃的混凝土块经过破碎、清洗、分级后，再按一定的比例和级配混合，部分或全部代替天然砂石等集料，加入水、水泥配制而成的新混凝土[1]。再生骨料与天然骨料相比，其表面不仅包裹着砂浆，集料内部还有大量的微观裂缝，因此再生骨料的孔隙率要比天然骨料大，在对再生混凝土的渗透性能进行研究时，需要提前对再生骨料进行浸水处理[2]。

---

基金项目：河北省高等学校科学研究青年基金项目（QN2017201）。

作者简介：胡英飞（1993—），男，河北张家口，硕士研究生，研究方向：再生混凝土。

通讯作者简介：谢军（1979—），男，辽宁营口，副教授，硕士生导师，研究方向：新型建筑材料等。

## 1.2 再生混凝土抗渗透性能的影响因素

影响再生混凝土抗渗透性能的因素很多，研究表明主要的影响因素有：(1) 基体混凝土强度；(2) 再生骨料的取代率；(3) 砂率；(4) 粉煤灰的掺入量；(5) 施工时振捣的密实性；(6) 水胶比[3]。本文主要简述基体混凝土强度、再生骨料取代率、粉煤灰掺量、水胶比这四个主要影响因素的抗渗试验的方案设计与研究。

# 2 再生混凝土抗渗透试验方案

## 2.1 抗渗透试验流程

再生混凝土的抗渗透试验流程如图1所示：

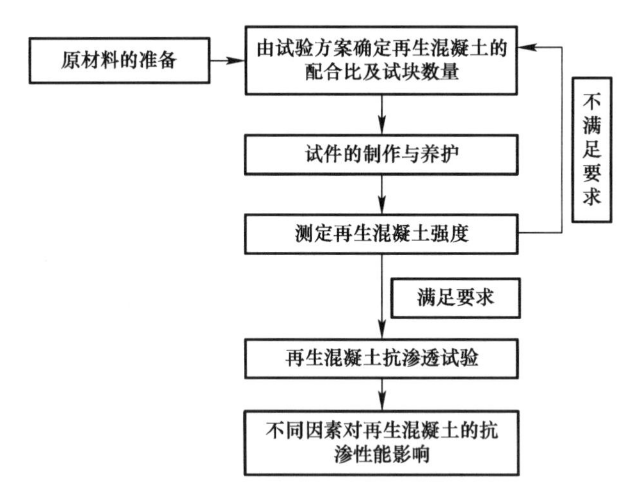


图1 抗渗透试验流程图

## 2.2 再生混凝土渗透因素正交试验设计

本次抗渗试验设计采用正交实验法，采用四因素四水平的正交试验，不考虑各个因素之间的相互作用，因此不设空列。水泥采用强度等级为42.5MPa的硅酸盐水泥；细骨料采用天然河沙；拌合用水采用自来水；天然骨料为天然河沙和天然碎石骨料，连续级配，再生粗骨料是强度分别为C20、C25、C30、C40的混凝土试件在实验室进行人工破碎筛分，筛分粒径在10～25mm之间，满足级配要求。

研究表明再生混凝土作为部分粗骨料，吸水率较大，所以不能直接用作粗骨料使用，故在试验前需要对再生骨料进行浸水预处理，使再生骨料吸水饱和，再晾晒至饱和面干的状态才可拌制。

再生混凝土抗渗试验的研究中主要考虑四个因素，每个因素的水平都是4，选取标准正交表L16 ($4^4$) 进行试验。试验所制作的试件为圆台体，圆台体的上底面直径为175mm，下底面直径为185mm，高度为150mm，每组制作6个圆台试块和3个标准立方体试块（用来测相应的试块强度）[4]，因素水平设计如表1所示：

**再生混凝土抗渗透因素水平表** **表 1**

| 水平 | 基体混凝土强度等级 | 再生粗骨料取代率（%） | 粉煤灰掺入量（%） | 水胶比（%） |
|---|---|---|---|---|
| 1 | C20 | 0 | 0 | 35 |
| 2 | C25 | 30 | 10 | 40 |
| 3 | C30 | 60 | 20 | 45 |
| 4 | C40 | 100 | 30 | 50 |

因素 A—基体混凝土强度：C20、C25、C30、C40

因素 B—水胶比：0.35、0.40、0.45、0.50

因素 C—粉煤灰掺入量：0%、10%、20%、30%

因素 D—再生粗骨料取代率：0%、30%、60%、100%

再生混凝土抗渗试验的研究中主要考虑四个因素，每个因素的水平都是 4，选取正交表 L16（$4^4$）安排实验，具体试验方案见表 2；试验所用的试件为圆台体，尺寸为上下底面直径分别为 175mm 及 185mm，高度为 150mm，每组制作 6 个抗渗试块和 3 个标准立方体试块，共 16 组试块。

**再生混凝土正交试验方案表** **表 2**

| 实验号 | 因素 | | | |
|---|---|---|---|---|
| | 1（A） | 2（B） | 3（C） | 4（D） |
| 1 | 1 | 1 | 1 | 1 |
| 2 | 1 | 2 | 2 | 2 |
| 3 | 1 | 3 | 3 | 3 |
| 4 | 1 | 4 | 4 | 4 |
| 5 | 2 | 1 | 2 | 3 |
| 6 | 2 | 2 | 1 | 4 |
| 7 | 2 | 3 | 4 | 1 |
| 8 | 2 | 4 | 3 | 2 |
| 9 | 3 | 1 | 3 | 4 |
| 10 | 3 | 2 | 4 | 3 |
| 11 | 3 | 3 | 1 | 2 |
| 12 | 3 | 4 | 2 | 1 |
| 13 | 4 | 1 | 4 | 2 |
| 14 | 4 | 2 | 3 | 1 |
| 15 | 4 | 3 | 2 | 4 |
| 16 | 4 | 4 | 1 | 3 |

## 2.3 再生混凝土抗渗透试验

试验每批次制作 6 个圆台试块和 3 个标准立方体试块，如图 2 所示。渗透试验采用逐级加压的方法，如图 3 所示。初始水压从 0.1MPa 开始，之后每隔 8h 压力机自动增加 0.1MPa 水压，试验人员需要随时观察试件表面渗水情况。

图 2　正交试验每批次试块

图 3　再生混凝土渗透试验

试验中如果 6 个试件中出现 3 个试件的端面有渗水现象时，可以停止试验，试验人员应立即记下当时的渗透水压；如果试验过程中发现水从试件的周边渗出时，应关闭加压阀门停止加压，卸下试件套用压力机将试块压出后再重新对抗渗试块进行密封装模。再生混凝土的抗渗等级以 6 个中 4 个未发现渗水现象时的最大水压表示[5]。

试验过程前，为了防止再生混凝土试块在逐级加压时出现试块周边渗水的情况，在试验之前应采用密封的橡皮筋（至少两道）套在试块周围，为了保证密封效果，还应将黄油和水泥的拌合物涂抹在试块四周。黄油和水泥的拌合质量比约为 1∶2，调合均匀至不沾手为宜。操作前应先将试块用干布擦净，擦掉表面灰尘和颗粒物，再在试件的中部和中上部箍上两根橡皮筋，最后在试件的侧面涂抹厚度大约为 2mm 的黄油水泥拌合物，用压力机将涂抹了密封材料的试件压入标准试件套[6]。

## 3　结束语

再生混凝土作为一种绿色混凝土，对我国建筑业的建筑垃圾再利用有着十分重要的研究意义。但与普通混凝土相比，再生混凝土的力学性能、耐久性能等方面还存在“短板”。本文对再生混凝土抗渗透性能试验仍只是初步的方案设计，如何对再生混凝土渗透因素进行有效的控制，还有待我们更深入地研究。

**参考文献**


[1] 张学建，姬扬，马静月，等. 再生混凝土技术研究 [J]. 吉林建筑大学学报，2010，27 (1)：11-14.

[2] 柳炳康，葛斌，扈惠敏，等. 废弃混凝土再生利用技术及其应用 [C]//安徽节能减排博士科技论坛，2007.

[3] 王冲. 再生骨料混凝土力学性能研究 [D]. 西安：西安理工大学，2017.

[4] 姜雪洁，王书祥. 纤维混凝土耐久性试验及机理分析 [J]. 建筑技术，2005，36 (1)：41-42.

[5] 毕磊晶. 抗渗混凝土试验间断的处理 [J]. 黑龙江科技信息，2003 (1)：66-66.

[6] 张雪昀. 浅论抗渗混凝土试块安装 [J]. 山西建筑，2003，29 (3)：103-104.

# 简支梁破坏性试验研究

吴洪贵，麻建锁，祁尚文，阚玥
（河北建筑工程学院　土木工程学院，河北省张家口市　075000）

**摘　要**：梁的破坏性试验前人已经做了大量研究，其标准的破坏形态研究已经成熟，文中对简支梁纯弯曲下破坏形态的特殊情况进行研究，试从理论角度探讨其破坏形态的合理性，试图为工程实践提供依据，以防止此类破坏形态的发生。

**关键词**：简支梁；纯弯曲；破坏形态

## 1　引言

随着近几十年来我国建筑行业的快速发展，建筑结构的安全性显得尤其重要，而梁作为建筑结构中最重要的受弯构件，在实际生活中有些梁的破坏形态往往有别于理论分析，研究其破坏形态有其必要性。鉴于试验条件，采用结构模型试验，决定将梁的尺寸缩小一定比例，对其纯弯曲受力时的特殊破坏形态进行研究。

## 2　试验准备

### 2.1　试件的制备

截面尺寸 0.1m×0.1m×1.2m 的矩形截面试验梁，采用适筋梁的配筋率进行钢筋配置，配筋截面及形式：下部钢筋采用直径 18mm 的 HRB335 钢筋两根，上部钢筋采用直径 16mm 的 HRB335 钢筋两根作为架立筋，箍筋采用直径 12mm 的 HPB300@100 的钢筋。利用对拉螺栓对模板进行固定，支模板绑扎钢筋后，进行混凝土浇筑。采用强度等级 32.5R 的复合硅酸盐水泥配制 C30 混凝土，配合比为水泥：水：砂：石子=7.9：3.3264：9.5832：22.4136。根据梁的体积，称量相应的石子、水泥和砂，倒入混凝土搅拌机，打开搅拌机进行 1min 的搅拌，再量取相应的水倒入搅拌机，搅拌 2min，倒出搅拌好的混凝土。首先在模板内测涂抹一层油，放入钢筋骨架，在箍筋下面垫两个石子，作为保护层厚度。浇筑混凝土，将模板放在振动台上振动几分钟，等到混凝土充分振捣密实，用钢板迅速将梁上

---

资助项目：河北省教育厅科学研究重点项目：装配混凝土空间排架墙体房屋结构体系关键技术研究（ZD2015132）；河北建筑工程学院校级基金项目：农村装配式低层轻钢住宅结构体系研究（XB201807）。

作者简介：吴洪贵（1992—），男，山东济南，硕士研究生，研究方向：新型建筑结构体系及材料研究。
麻建锁（1963—），男，河北保定市，教授，硕士研究生导师，研究方向：新型结构体系与新型结构材料，建筑产业化等。

部混凝土磨平，抬入养护室在相对湿度 95%、温度 20±2℃的条件下养护 28d。

## 2.2 试件的安装

混凝土养护 28d 后取出，采用两点加载的方式，梁跨中形成纯弯段。首先在梁的跨中两侧从上到下粘贴 3 个应变片，总共 6 个，注意在中性轴部位必须粘贴一个应变片。用砂纸将要粘贴应变片的部位打磨平整，用相应浓度的酒精溶液清洗干净。注意，酒精溶液将打磨部位的灰尘蒸发带走后，不能用手触摸。将应变片反面粘贴于透明胶带上，再在应变片正面均匀涂抹一层 502 胶水，迅速粘贴于打磨部位，待胶水干透后，轻轻将透明胶带揭下，如此重复，将三个应变片粘贴于指定部位。在应变片端头的铜丝附近，粘贴接线端子，注意不要涂过多胶水，防止将端子的锡覆盖影响电路的连接。等到胶水干透后，用电烙铁将适量的焊锡均匀的将应变片的铜丝和端子以及导线连接在一起。为了实现温度补偿，需在另一试件上粘贴一个应变片，抵消温度影响产生的应变。应变片的粘结及连接同试验梁的一样。线路连接好后，需将梁试件放于试验台上，注意梁试件相对较重，应多人共同工作，放平放稳。梁试件摆放好后，需安放测位移的百分表，跨中宜放置一个，两端各放置一个。注意百分表端部要垂直于试件表面，记好初始读数。将导线连接于静态电阻应变仪上，注意静态电阻应变仪最左端的第一列端头要连接温度补偿的应变片，其余按顺序依次连接好，记下编号。

确保梁试件安放正确，左右不能偏斜，梁的跨中应正对液压千斤顶（上面有机械式传感器），安装分配梁，分配梁跨中也应正对液压千斤顶，其下部的垫块应平整对称，确保受力均匀对称（图 1～2）。

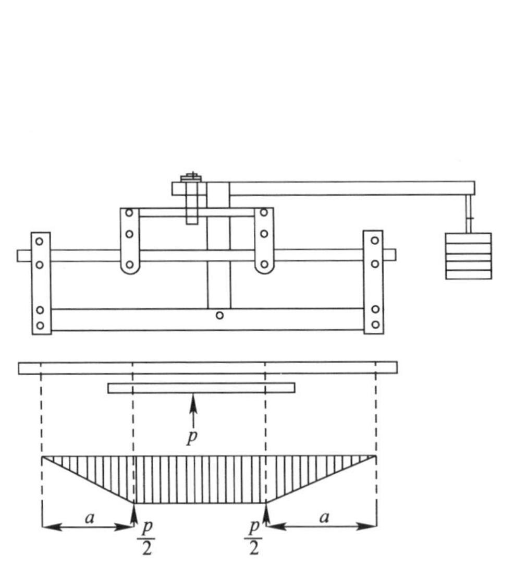

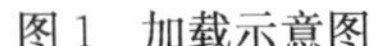


图 1　加载示意图

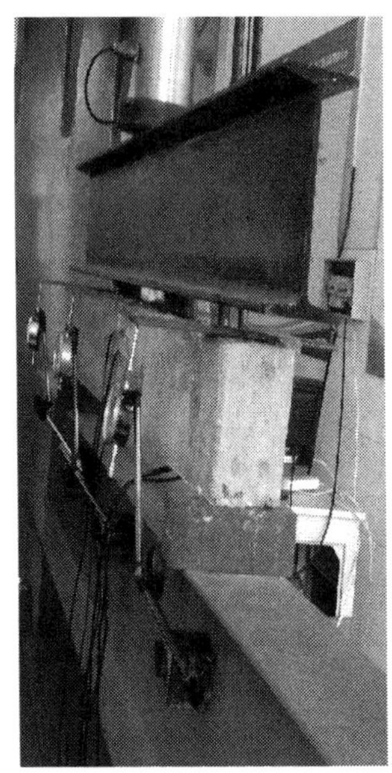

图 2　混凝土试件梁的安装

# 3 试验过程

第一步，测试应变片的连接是否正确，确保收集到足够且准确的数据。

第二步，进行预加载，对试件先进行预载，预载取构件开裂弯矩 $M$ 的 30%，$M=(0.7+120/h)\times1.55fW$，其中 $h$ 为梁截面高度；$f$ 为混凝土抗拉强度标准值；$W$ 为换算截面受拉边缘的弹性抵抗矩。确保仪器的正常运行，接触良好，预载值的大小必须小于构件的开裂荷载值。

第三步，加荷，荷载分级加载，一般按标准荷载的 20%分级算出加载值，梁试件自重和分配梁作为初级荷载计入，在开裂荷载前和接近破坏前，加载值应适当减少，一般按分级数值的 1/2 或 1/4 取用，以准确测出开裂荷载值和破坏荷载值[1]。经计算采用 5kN 为一级，预算加载 10 级。每加载一级，静载一定时间，观察现象及百分表，记录数据。

## 4 试验数据处理及现象

试验数据见表 1。

**试验数据** **表 1**

| 分级荷载（kN） | 梁左端示数（mm） | 梁跨中示数（mm） | 梁右端示数（mm） | 是否产生裂缝 |
|---|---|---|---|---|
| 5 | 9.530 | 3.334 | 7.160 | 否 |
| 10 | 10.791 | 3.602 | 7.205 | 否 |
| 15 | 9.901 | 3.921 | 7.204 | 否 |
| 20 | 9.980 | 4.038 | 7.152 | 否 |
| 25 | 10.110 | 4.200 | 7.142 | 否 |
| 30 | 10.270 | 4.380 | 7.188 | 否 |
| 35 | 10.428 | 4.471 | 7.239 | 首先出现裂缝 |
| 40 | 10.605 | 6.190 | 7.309 | 裂缝条数逐渐增多，裂缝宽度加宽，深度变深，出线贯穿裂缝 |
| 45 | 10.770 | 6.799 | 7.381 | |
| 50 | 10.940 | 7.380 | 7.448 | |
| 55 | 11.115 | 7.949 | 7.540 | |
| 60 | 11.272 | 8.596 | 8.592 | |
| 65 | 11.425 | 9.930 | 8.625 | |
| 70 | 上部混凝土突然被压碎，混凝土试件梁破坏 | | | |

裂缝出现在试件梁剪力大而弯矩小的截面处，破坏时，混凝土被腹剪斜裂缝分隔成若干个斜向短柱而破坏，箍筋未屈服（图 3）。

图 3　简支梁的斜截面破坏

## 5 试验结论及分析

进行简支梁的弯曲正应力破坏试验却出现了斜截面破坏，对此进行了深入分析。经翻阅混凝土结构设计原理查到梁的截面尺寸较小而剪力较大时，梁往往发生斜压破坏。

当 $h_w/b \leqslant 4$ 时，应满足：

$$V \leqslant 0.25\beta_c f_c b h_0$$

经计算：135/100＝1.35＜4

$$V = \alpha f b h + h f A/s$$
$$= 3 \times 1.43 \times 100 \times 115 + 270 \times 226/100 \times 115$$
$$= 75.20\text{kN} > 0.25 \times 1.0 \times 14.3 \times 100 \times 115 = 41.11\text{kN}$$

所以简支梁不满足截面的最小尺寸，因此发生了斜截面破坏。

由试验现象和分析可知，简支梁的斜截面破坏属于斜压破坏，但经计算，剪跨比：$\lambda = a/h_0 = 400/115 = 3.48 > 3$，应该是斜拉破坏。对试验进行定性分析，剪跨比虽然对斜截面破坏形态有决定性影响，但同时应该考虑箍筋配置数量的影响。当剪跨比较大，而箍筋配置数量较少时，箍筋的承载力小于混凝土的抗拉承载力，导致只要混凝土开裂，配置的箍筋立即屈服，丧失承载力，发生斜拉破坏。为了使箍筋发挥作用，通常配置适当数量的箍筋，当裂缝开展后，所在区域的箍筋承担已破损混凝土的拉力，当荷载增加到配置箍筋的抗拉承载力时，箍筋发生屈服，箍筋屈服后，斜裂缝迅速向上发展，使斜裂缝上端剩余截面缩小，使剪压区的混凝土在正应力 $\sigma$ 和剪应力 $\tau$ 共同作用下产生剪压破坏。而当配置过多箍筋时，箍筋承载力远大于混凝土抗压承载力，致使钢筋内部应力增长缓慢，当梁腹混凝土发生受压破坏时，箍筋仍未屈服，发生斜压破坏。但在薄腹梁中，剪跨比较大时，也可能会发生斜压破坏，因试验试件采用的缩尺尺寸，并未考虑简支梁的缩尺效应，同时构件截面过小，配置箍筋数量过多，致使发生斜压破坏[2]。

由分析可知，简支梁发生破坏时箍筋未屈服。破坏形态为斜压破坏，受剪承载力取决于混凝土的抗压强度。由试验结果可知简支梁的破坏荷载为 70kN，非常接近于受剪承载力设计值 75.2kN，说明分析基本正确。解决方案：增大构件截面尺寸；减小箍筋直径；减小箍筋配筋率。

## 6 结束语

文中研究了简支梁在特殊结构形式、构造措施情况下的非标准破坏形态，作为实际工程中受力梁的简化模型一定程度上反映了实际结构中梁可能出现的破坏情况，这就要求在设计及施工过程中，保证梁的截面尺寸、各种配筋的规范性，防止梁发生脆性破坏。其次，梁在复杂受力情况下的破坏形态也应该是研究的方向。

### 参考文献


[1] 柴爱红，任文文，赵鑫. 钢筋混凝土简支梁试验与研究 [J]. 科技情报开发与经济，2010，20 (11)：198-200.

[2] 东南大学，同济大学，天津大学，清华大学. 混凝土结构上混凝土结构设计原理（第二版）[M]. 北京：中国建筑工业出版社，2003 (2)：90-91.

# 交通事故动态无偏非齐次 NGM (1, 1, $k$)-Markov 预测

王景春，王大鹏
（石家庄铁道大学　土木工程学院，河北省石家庄市　050043）

**摘　要：** 为探究交通事故的发生规律，分析交通安全状况的发展趋势以及对交通事故做出科学的定量预测，构建了一种基于无偏非齐次 NGM（1，1，$k$）和马尔科夫过程的预测模型。对 2002～2015 年我国交通事故数进行统计并作为初始数列，建立无偏非齐次 NGM（1，1，$k$）模型。将拟合值与实际值的相对值作为划分状态区间的依据，利用三步状态转移概率矩阵对预测值进行修正，提出根据对象可能状态的相对权重，加权修正预测值的方法。建立六种模型对初始数列进行拟合，本文方法平均相对误差为 1.1334%，表明 NGM（1，1，$k$)-Markov 模型拟合精度较高。遵循新陈代谢原则，对 2016～2018 年交通事故数进行预测，预测值分别为 180328、180056 和 179722。利用本文方法 2016 年的数据预测精度为 98.40%，表明模型可以较为精确的反映实际情况。

**关键词：** 交通工程；交通事故预测；NGM（1，1，$k$）模型；交通事故；Markov 模型

近年来我国公路总里程和机动车保有量不断增加，交通安全早已成为国民经济发展和社会安定的重要内容。交通事故预测作为评价道路交通安全的一项重要任务，对于探究交通事故的发生规律，分析在现有交通基础设施条件下的交通安全状况的发展趋势以及做出科学的定量预测具有重要意义。

作为道路交通安全的热点内容，多种理论被应用于事故预测。孙棣华等[1]采用量子神经网络模型对交通事故进行预测，模型采用较小的网络规模和简单的拓扑架构，提高了传统神经网络模型的预测精度和收敛速度。但是有关量子神经网络的研究还处于萌芽阶段，理论还未成熟，在神经元模型选择过程中存在一定的人为因素。钱卫东等[2]采用了灰色马尔科夫模型对交通事故进行了预测，模型虽然结合了灰色 GM（1，1）模型和马尔科夫的优点，但是在马尔科夫修正过程中只考虑了一步状态转移概率，忽略了前面若干数据对预测数据的影响。孟祥海等[3]建立了基于解释变量和不同组合的事故预测回归模型，通过比较各组模型，得出考虑了车道变换的最优预测模型。然而交通系统是一个时变系统，可用数据量少且有一定的变化趋势。利用回归模型和经验模型的方法进行数据预测需要大量的历史数据，该模型在交通事故预测中具有一定局限性。李刚等[4]通过分段线性叠加多个指数函数的方法来描述预测值，修正了灰色模型的预测精度。但该方法只强调了模型的准确

---

基金项目：国家自然科学基金（51608336），石家庄铁道大学研究生创新自资助项目（Z6722013）。

作者简介：王景春（1968—），男，河北邢台人，教授，博士。
王大鹏（1991—），男，河北张家口人，硕士研究生。研究方向：岩土灾害发生机理与防治。

性和适用性，而忽视了交通事故数据的动态分析。Lin 等[5]提出了一种基于频繁模式树（Frequent Pattern tree）的变量选择方法，以弗吉尼亚州 I-64 州际公路收集的事故数据为依据，验证了该方法下解释变量的选择总是优于其他模型。研究虽选择了最佳的解释变量，但尚未对交通事故的发展趋势做出预测。Seiji 等[6]根据交通事故与城市人口组成、道路因素和空间因素之间的关系建立了交通事故密度的估计模型，以丰田市和冈山市为研究对象，对交通事故密度进行了估计。但该研究只能为道路交通安全做出定性的分析，无法利用当前少量的数据对事故做出预测。Randa 等[7]将贝叶斯分离器用于交通事故原始数据的采集和分类，进而利用约旦城市和郊区三年内的事故数据分析了交通事故的严重程度。

在交通系统中，数据呈现某种非平稳随机过程，具有非齐次指数性质，因而传统的预测模型都会产生较大的偏差。本文利用可以拟合具有非齐次规律数据的无偏非齐次 NGM（1，1，$k$）模型，该模型通过灰导数和背景值两个角度优化，实现了对非齐次指数函数的无偏拟合，结合马尔科夫链对预测结果进行修正，利用改进的三步状态转移概率矩阵进一步提高了预测精度。预测结果可以揭示交通事故的总体变化趋势，使得结果更加精确可靠并且实现了对数据的动态分析。

## 1　无偏非齐次 NGM（1，1，$k$）模型

灰色系统理论已被广泛应用于研究客观世界中的灰色问题，GM（1，1）模型作为灰色理论的经典模型，对具有齐次指数规律的序列具有较好的拟合效果。然而随着研究不断深入，发现即使数据完全符合齐次指数规律，模型依旧不能完全拟合原始序列。随后学者们又指出，在现实世界中，只有少数数据符合齐次指数规律，而大部分数据具有非齐次指数的规律。党耀国[8]推导了用于拟合近似非齐次指数序列预测模型的白化微分方程。通过灰导数和背景值优化，使得 NGM（1，1，$k$）模型实现了对非齐次指数函数的无偏拟合。

构建原始数据序列：

$$x^0(k)=\{x^0(1),x^0(2),\cdots,x^0(n)\} \tag{1}$$

则一次累加序列 1-AGO 为：

$$x^1(k)=\{x^1(1),x^1(2),\cdots,x^1(n)\} \tag{2}$$

其中 $x^1(k)=\sum_{i=1}^{t}x^0(i),t=1,2,\cdots n$ 。

若 NGM（1，1，$k$）的白化微分方程为：

$$\frac{\mathrm{d}x^1(t)}{\mathrm{d}t}+ax^1(t)=bt+d \tag{3}$$

则

$$x^1(k)=\mu_1x^1(k-1)+\mu_2k+\mu_3 \tag{4}$$

其中 $\mu_1=\frac{1}{\mathrm{e}^a}$，$\mu_2=\frac{b(\mathrm{e}^a-1)}{a\mathrm{e}^a}$，$\mu_3=\frac{ab+b-ad\mathrm{e}^a-b\mathrm{e}^a}{a^2\mathrm{e}^a}$

令

$$X=\begin{bmatrix}x^1(2)\\x^1(3)\\\vdots\\x^1(n)\end{bmatrix},\quad B=\begin{bmatrix}x^1(1)&2&1\\x^1(2)&3&1\\\vdots&\vdots&\vdots\\x^1(n-1)&n&1\end{bmatrix},\quad \mu=\begin{bmatrix}\mu_1\\\mu_2\\\mu_3\end{bmatrix}$$

根据最小二乘法估计参数向量，得

$$\hat{\mu}=(B^TB)^{-1}B^TX=\begin{bmatrix}\hat{\mu}_1\\\hat{\mu}_2\\\hat{\mu}_3\end{bmatrix} \tag{5}$$

则预测模型的参数估计为：

$$\hat{a}=\ln\frac{1}{\hat{\mu}_1},\quad \hat{b}=\frac{\hat{a}e^{\hat{a}}\mu_2}{e^{\hat{a}}-1},\quad \hat{d}=\frac{\hat{\mu}_3\hat{a}^2e^{\hat{a}}+\hat{b}e^{a}-\hat{a}\hat{b}-\hat{b}}{\hat{a}(e^{\hat{a}}-1)}$$

时间响应序列为：

$$\hat{x}^1(k)=e^{-\hat{a}k}+\frac{\hat{b}}{\hat{a}}k-\frac{\hat{b}}{\hat{a}^2}+\frac{\hat{d}}{\hat{a}},\quad k=1,2,\cdots n \tag{6}$$

还原值为：

$$\hat{x}^0(k)=\begin{cases}\hat{x}^1(1), & k=1\\ \hat{x}^1(k)-\hat{x}^1(k-1), & k=2,3,\cdots n\end{cases} \tag{7}$$

以上即为无偏非齐次 NGM（1，1，$k$）模型的直接建模方法。

## 2 NGM（1，1，$k$）-Markov 预测模型

灰色马尔科夫模型已经得到了广泛应用，本文在前者的基础上，提出了无偏非齐次灰色 NGM（1，1，$k$）-Markov 的预测模型。随机动态系统的马尔科夫链预测，主要是通过状态转移矩阵来反映系统的状态转移情况，而状态转移概率则反映了不同状态之间的规律性[9~10]。

### 2.1 状态区间划分

为保证马尔科夫的修正精度并兼顾到模型的可操作性，将 NGM（1，1，$k$）模型的预测值与初始值的相对值作为状态划分的依据，将预测值划分为三个状态。

令 $q=\frac{\hat{x}^0(t)}{x^0(t)}$，则 $E_i=[q_{i1},\ q_{i2}]$，$i=1，2，3$。其中 $q_{i1}$，$q_{i2}$分别表示相对值的上下限。

### 2.2 计算状态转移概率矩阵

根据状态区间划分结果，设 $f_{ij}$ 为由状态 $E_i$ 经过 1 步转移到 $E_j$ 的样本数，则状态 $E_i$ 经过 1 步转移到 $E_j$ 的转移概率为：

$$p_{ij}=\frac{f_{ij}}{\sum_{j=1}^{3}f_{ij}} \tag{8}$$

根据 Chapman-Kolmogorov 方程，当马尔科夫链具有齐次性时，则转移概率就具备了平稳性，也就是 $P_{ij}$ 仅与时间、间距、$i$ 和 $j$ 有关，可得 $k$ 步转移概率矩阵 $P^k$ 为 1 步转移概率矩阵 $P^1$ 的 $k$ 次方[11]。则 $k$ 步转移概率矩阵可以表示为：

$$P^k = \begin{bmatrix} p_{11}^k & p_{12}^k & p_{13}^k \\ p_{21}^k & p_{22}^k & p_{23}^k \\ p_{31}^k & p_{32}^k & p_{33}^k \end{bmatrix} \tag{9}$$

### 2.3 NGM（1，1，$k$）预测值的 Markov 修正

依据各预测值所属的状态，按照中值法利用状态区间［$q_{i1}$，$q_{i2}$］对各预测值进行修正，使得数据更加接近实际值，提高预测精度。则 NGM（1，1，$k$）-Markov 预测值的修正值为：

$$\hat{X}(t) = 0.5(q_{i1} + q_{i2}) \cdot \hat{x}^0(t) \tag{10}$$

### 2.4 精度检验指标

（1）平均相对误差 $\bar{\Delta}$

$$\bar{\Delta} = \frac{1}{n}\sum_{i=1}^{n}\frac{|\varepsilon(t)|}{x(t)} \tag{11}$$

（2）后验差比值 $C$

$$C = \frac{S_2}{S_1} \tag{12}$$

（3）小误差概率 $P$

$$P = \{|\varepsilon(t) - \bar{\varepsilon}(t)| < 0.6745S_1\} \tag{13}$$

以上各式中，$\varepsilon(t)$ 为残差数列，$\bar{\varepsilon}(t)$ 为残差数列平均值，$S_1$、$S_2$ 分别为原始数列和残差数列的标准差。

一般情况下，将模型的精度等级分为 4 级[12]，模型等级检验标准如表 1。

**模型检验等级标准** **表 1**

| 模型精度等级 | 平均相对误差 $\bar{\Delta}$ | 后验差比值 $C$ | 小误差概率 $P$ |
|---|---|---|---|
| 一级（好） | 0.01 | $C \leqslant 0.35$ | $0.95 \leqslant P$ |
| 二级（合格） | 0.05 | $0.35 < C \leqslant 0.50$ | $0.80 \leqslant P < 0.95$ |
| 三级（勉强） | 0.1 | $0.50 < C \leqslant 0.65$ | $0.70 \leqslant P < 0.80$ |
| 四级（不合格） | 0.2 | $0.65 < C$ | $P < 0.70$ |

## 3 数据来源及结果分析

### 3.1 数据来源

根据交通部统计数据，截至 2016 年末，我国全国公路总里程 469.63 万 km，比 2015

年增加 11.90 万 km。我国交通事故频率近年来一直在下降，尽管如此，随着道路交通的发展，每年仍然有许多交通事故发生。根据国家数据网站统计，我国 2002～2015 年全国道路交通事故统计如图 1 所示。

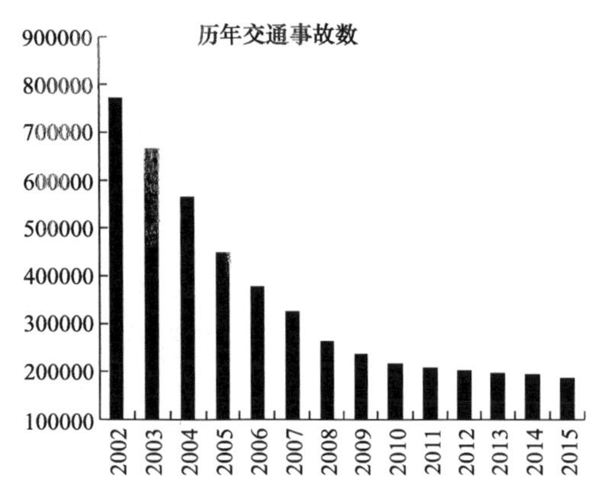

图 1　交通事故统计

## 3.2　无偏非齐次 NGM（1，1，*k*）模型建模

以 2002～2015 年全国交通事故总数为研究对象，构建灰色 NGM（1，1，*k*）模型。初始数列为 $x^0$（$t$）=（773137，667507，567753，450254，378781，327209，265204，238351，219521，210812，204196，198394，196812，187781）。根据灰色 NGM（1，1，*k*）的建模步骤和相关公式，得到 2002～2015 年交通事故拟合值与实际值的相对值 $q$，结果如表 2 所示。

**2002～2015 年灰色 NGM（1，1，*k*）预测结果**　　表 2

| 时间 | 实际值 | 拟合值 | 相对值 |
|---|---|---|---|
| 2002 | 773137 | 773137 | 1 |
| 2003 | 667507 | 683753 | 1.024338 |
| 2004 | 567753 | 547061 | 0.963554 |
| 2005 | 450254 | 446749 | 0.992216 |
| 2006 | 378781 | 373136 | 0.985096 |
| 2007 | 327209 | 319114 | 0.975260 |
| 2008 | 265204 | 279470 | 1.053793 |
| 2009 | 238351 | 250378 | 1.050459 |
| 2010 | 219521 | 229028 | 1.043308 |
| 2011 | 210812 | 213360 | 1.012087 |
| 2012 | 204196 | 201863 | 0.988575 |
| 2013 | 198394 | 193425 | 0.974954 |
| 2014 | 196812 | 187233 | 0.951329 |
| 2015 | 187781 | 182690 | 0.972889 |
| 2016 | | 179355 | |

## 3.3　NGM（1，1，*k*）-Markov 预测模型

### 3.3.1　状态划分

由表 2 中的相对值大小，对预测值进行状态划分，具体结果如表 3 所示。

**相对值 $q$ 的状态划分**　　表 3

| 状态 | 含义 | 区间范围 | 年份 | 年数 |
|---|---|---|---|---|
| $E_1$ | 高估 | 1.019638～1.053793 | 2003，2008，2009，2010 | 4 |
| $E_2$ | 较准确 | 0.985084～1.019638 | 2002，2005，2006，2011，2012 | 5 |
| $E_3$ | 低估 | 0.951329～0.985084 | 2004，2007，2013，2014，2015 | 5 |

### 3.3.2 计算状态转移概率矩阵

根据表 3 的状态划分，可以分别得出 1 步状态转移频数矩阵和 1 步转移概率矩阵：

$$(f_{ij})_{3\times3}=\begin{bmatrix}2&1&1\\1&2&2\\1&1&2\end{bmatrix},\quad P^1=\begin{bmatrix}0.5&0.25&0.25\\0.2&0.4&0.4\\0.25&0.25&0.5\end{bmatrix}$$

根据 C-K 方程，得：

$$P^2=\begin{bmatrix}0.3625&0.2875&0.35\\0.28&0.31&0.41\\0.3&0.2875&0.4125\end{bmatrix},\quad P^3=\begin{bmatrix}0.32625&0.293125&0.380625\\0.3045&0.2965&0.399\\0.310625&0.293125&0.39625\end{bmatrix}$$

### 3.3.3 NGM（1，1，$k$)-Markov 预测

利用三步状态转移概率矩阵计算 2016 年交通事故发生总数，选取 2015、2014、2013 三个年份，分别移步 1，2，3 步数，在各转移步数对应的矩阵中，选取初始状态对应的行向量，组成新的概率矩阵，对新的概率矩阵的列向量进行求和，具体如表 4 所示。

**2016 年交通事故发生预测值所处状态** **表 4**

| 时间 | 初始状态 | 转移步数 | $E_1$ | $E_2$ | $E_3$ |
|---|---|---|---|---|---|
| 2015 | $E_3$ | 1 | 0.25 | 0.25 | 0.5 |
| 2014 | $E_3$ | 2 | 0.3 | 0.2875 | 0.4125 |
| 2013 | $E_3$ | 3 | 0.310625 | 0.293125 | 0.39625 |
| | 合计 $E_i'$ | | 0.860625 | 0.830625 | 1.30875 |

以往的 Markov 预测中，将列向量求和之后最大值 $E_i'$对应的状态作为预测对象的状态，然而采用这种方法，在列向量求和后数据相差不大的情况下，往往会造成系统数据信息的丢失，造成预测结果精度出现较大偏差。在本文中，引入相对权重的思想，不直接判定预测对象的状态，而是根据各状态的可能概率并结合中值法来修正对象的预测值。令

$$\eta_i=\frac{E_i'}{\sum_{k=1}^{3}E_i'},\text{则 }\hat{X}(t)=\hat{x}^0(t)\cdot\sum_{i=1}^{3}[0.5(q_{i1}+q_{i2})\cdot\eta_i]$$

由此得 2016 年交通事故发生总数修正值为 $\hat{X}$（2016)=180328。2002～2015 年交通事故 14 维 NGM（1，1，$k$)-Markov 模型预测结果如表 5 所示。

**NGM（1，1，$k$)-Markov 模型预测结果** **表 5**

| 时间 | 实际值 | 预测值 | 残差数列 | 相对误差 |
|---|---|---|---|---|
| 2002 | 773137 | 775118 | −1981 | −0.00256 |
| 2003 | 667507 | 662152 | 5355 | 0.00802 |
| 2004 | 567753 | 567147 | 606 | 0.00107 |
| 2005 | 450254 | 447894 | 2360 | 0.00524 |
| 2006 | 378781 | 386836 | −8055 | −0.02127 |
| 2007 | 327209 | 330831 | −3622 | −0.01107 |
| 2008 | 265204 | 270641 | −5437 | −0.02050 |
| 2009 | 238351 | 242468 | −4117 | −0.01727 |

续表

| 时间 | 实际值 | 预测值 | 残差数列 | 相对误差 |
|---|---|---|---|---|
| 2010 | 219521 | 221793 | −2272 | −0.01035 |
| 2011 | 210812 | 213907 | −3095 | −0.01468 |
| 2012 | 204196 | 202380 | 1816 | 0.00889 |
| 2013 | 198394 | 200527 | −2133 | −0.01075 |
| 2014 | 196812 | 194108 | 2704 | 0.01374 |
| 2015 | 187781 | 189397 | −1616 | −0.00861 |

通过对表 5 中数据的计算，得到 NGM（1，1，$k$)-Markov 模型的后验差比值 $C=0.01856$，平均相对误差 $\bar{\Delta}=0.01100$，小误差概率 $P=1$，模型精度为 98.90%。

### 3.3.4 模型检验比较

采用上文中的各项指标，分别采用典型 GM（1，1）、NGM（1，1，$k$)、文献［2］灰色马尔科夫模型、文献［4］灰色残差模型、文献［9］灰色马尔科夫模型以及本文方法六种模型对原始数据进行拟合，此处选取模型尾端 2011～2015 年数据进行精度比较，具体拟合数据及精度检验数据如表 6 所示。

**六种模型拟合值及精度比较** **表 6**

| 年份及指标 | 实际值 | GM（1，1） | NGM（1，1，$k$） | 文献［2］模型 | 文献［4］模型 | 文献［9］模型 | 本文模型 |
|---|---|---|---|---|---|---|---|
| 2011 | 210812 | 212856 | 213360 | 239091 | 210812 | 214853 | 213907 |
| 2012 | 204196 | 186471 | 201863 | 209454 | 204196 | 208554 | 202380 |
| 2013 | 198394 | 163357 | 193425 | 183491 | 201089 | 196348 | 200527 |
| 2014 | 196812 | 143108 | 187233 | 186040 | 192111 | 190354 | 194108 |
| 2015 | 187781 | 125369 | 182690 | 162980 | 189010 | 182431 | 189397 |
| $\bar{\Delta}$ | — | 17.5667% | 2.4868% | 8.4363% | 1.4672% | 1.5863% | 1.1334% |
| $C$ | — | 3.05410 | 0.51632 | 2.41380 | 0.32246 | 0.24641 | 0.29803 |
| $P$ | — | 1 | 1 | 1 | 1 | 1 | 1 |

图 2 体现了六种模型对实际数据的拟合程度，由图可知，经典 GM（1，1）预测模型结果为一条平滑的曲线，适用于具有齐次指数规律的序列，当原始序列具有近似非齐次指数函数规律时，拟合精度较差。NGM（1，1，$k$）无偏非齐次预测模型已经可以很好拟合具有波动性的非齐次指数序列，而本文在此基础上结合马尔科夫链，相比于其他模型，进一步提高了模型的拟合精度。

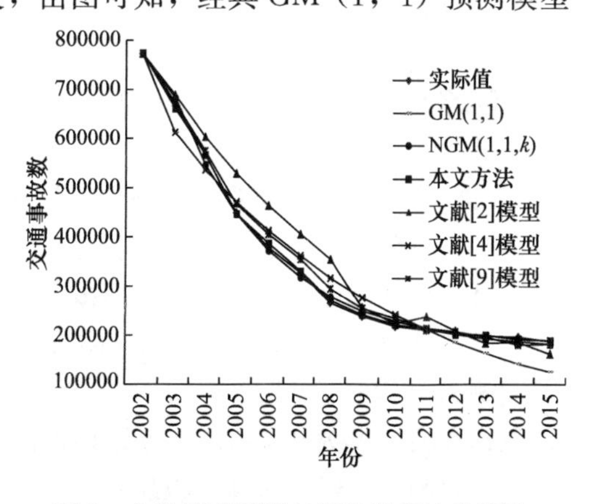

图 2 六种模型预测与原始数据比较统计

综上，将运用 NGM（1，1，$k$)-Markov 模型预测 2016～2018 年交通事故发生总数。采用新陈代谢的原则，添加 2016 年的预测结果，剔除 2002 年的数据并建模，预测 2017 年交通事故发生总数。然后添加 2017 年预测数据，剔除 2003 年数据并建模，预测 2018 年交通事故发生总数。模型拟合效果如表 7 所示。

**NGM（1，1，$k$)-Markov 模型及新陈代谢拟合比较　　表 7**

| 模型时间 | 平均相对误差 | 后验差比值 | 小误差概率 | 模型精度 |
|---|---|---|---|---|
| 2002～2015 | 0.01100 | 0.01856 | 1 | 98.90％ |
| 2003～2016 | 0.01334 | 0.02545 | 1 | 98.67％ |
| 2004～2017 | 0.01765 | 0.05736 | 1 | 98.24％ |

由上表可知，NGM（1，1，$k$)-Markov 模型及新陈代谢模型在交通事故预测中，拟合效果及精度良好，预测结果合格。综上，利用该模型，2016～2018 年交通事故预测值如表 8。

**2016～2018 年 NGM（1，1，$k$)-Markov 模型预测值　　表 8**

| 时间 | 2016 | 2017 | 2018 |
|---|---|---|---|
| NGM（1，1，$k$)-Markov 预测值 | 180328 | 180056 | 179722 |

经统计，我国 2016 年实际交通事故数总计为 183256 起，以此作为模型预测精度检验数据，将本文方法同文献［2］灰色马尔科夫模型、文献［4］灰色残差模型、文献［9］灰色马尔科夫模型做对比，各模型预测值及预测精度如表 9。

**四种模型预测值及精度比较　　表 9**

| 年份 | 实际值 | 文献［2］方法 | | 文献［4］方法 | | 文献［9］方法 | | 本文方法 | |
|---|---|---|---|---|---|---|---|---|---|
| | | 预测值 | 精度 | 预测值 | 精度 | 预测值 | 精度 | 预测值 | 精度 |
| 2016 | 183256 | 141608 | 77.27％ | 187674 | 97.59％ | 178743 | 97.54％ | 180328 | 98.40％ |

由上表可知，本文方法精度为 98.40％，预测结果可信。

由计算可知，自 2002 年以来我国交通事故数整体呈下降趋势。虽然我国近年来公路总里程和机动车保有量不断增多，但是交通事故发生总数却逐年降低。这主要是由于我国道路交通法律法规不断健全、国民素质整体提高以及交管部门管理水平不断提高等多种因素共同的结果。

## 4　结论

（1）道路交通安全系统是一个灰色系统，具有“少样本、贫信息”的特点。交通事故数具有非齐次指数函数的规律，灰色 NGM（1，1，$k$）模型对交通事故数具有较好的适用性，可以用来拟合并且预测交通事故的发展趋势。

（2）应用马尔科夫模型对交通事故 NGM（1，1，$k$）模型进行修正，根据新陈代谢原则预测 2016 年、2017 年、2018 年全国交通事故数为 180328、180056、179722。2016 年的数据预测精度为 98.40％，可以较为精确的反映实际情况。

（3）NGM（1，1，$k$）模型对交通事故数进行初步预测，再利用马尔科夫链对预测值修正。NGM（1，1，$k$)-Markov 模型结合了两者的优点，可以较为准确的对交通事故数进行预测并且阐述其自身变化发展规律，揭示数据变化趋势，实现对交通事故数的动态分析。

## 参考文献


[1] 孙棣华，唐亮，付青松，等. 基于量子神经网络的道路交通事故预测 [J]. 交通运输系统工程与信息，2010 (05)：104-109.

[2] 钱卫东，刘志强. 基于灰色马尔可夫的道路交通事故预测 [J]. 中国安全科学学报，2008 (3)：33-36+179.

[3] 孟祥海，郑来，史永义. 考虑车道变换影响的高速公路交通事故预测模型研究 [J]. 公路交通科技，2014 (6)：121-126.

[4] 李刚，黄同愿，闫河，等. 公路交通事故预测的灰色残差模型 [J]. 交通运输工程学报，2009 (5)：88-93.

[5] Lin L，Wang Q，Sadek A W. A Novel Variable Selection Method Based on Frequent Pattern Tree for Real-Time Traffic Accident Risk Prediction [J]. Transportation Research Part C ，2015，55：444-459.

[6] Seiji H，Syuji Y，Ryoko S，et al. Development and application of traffic accident density estimation models using kernel density estimation [J]. Journal of traffic and transportation engineering (English edition )，2016，3 (3)：262-270.

[7] Randa O M，Griselda L，Laura G. Bayes classifiers for imbalanced traffic accidents datasets [J]. Accident Analysis and Prevention，2016，88：37-51.

[8] 党耀国，刘震，叶璟. 无偏非齐次灰色预测模型的直接建模法 [J]. 控制与决策，2017 (5)：823-828.

[9] 廖普明. 基于马尔科夫链状态转移概率矩阵的商品市场状态预测 [J]. 统计与决策，2015 (2)：97-99.

[10] 袁修开，吕震宙，许鑫. 基于马尔科夫链模拟的支持向量机可靠性分析方法 [J]. 工程力学，2011 (2)：36-43.

[11] 杨琦，杨云峰，冯忠祥，等. 基于灰色理论和马尔科夫模型的城市公交客运量预测方法 [J]. 中国公路学报，2013 (6)：169-175.

[12] 刘思峰，郭天榜，党耀国. 灰色系统理论及其应用 [M]. 北京：科学出版社，2010：40-45.

# 钢结构加固技术及展望

李志强，金楠
（河北建筑工程学院　土木工程学院，河北省张家口市　075000）

**摘　要：**对于一些钢结构厂房及少量的民用建筑，由于施工过程中的一些技术问题、材料自身的缺陷以及受外界环境的影响，使得钢结构的稳定性及使用性都受到一定的威胁，在此过程中要注意钢结构实际损坏情况，对钢结构存在的问题进行分析，选择适合的加固技术。

**关键词：**钢结构；加固技术；展望

钢结构自身具有以下优点[1]：材料强度高、质量轻、韧性好等，因此具有良好的社会经济效益。近些年来，钢结构已逐渐从大量运用于工业厂房向着民用建筑而转变，随着建筑业的发展，钢材也在逐渐的改进，钢结构的设计再一次进入我们的视野，然而，随着钢结构建筑数量的增多，钢结构建筑的安全问题也逐渐展现出来，对于已存在数年的钢结构建筑有些已将要达到其使用年限，由于这些建筑的重要性及不可拆性，对于这些建筑需要进行鉴定加固，避免拆除。传统的加固方法大多为焊接，已不能满足现代建筑的需求。目前钢结构的加固技术主要有[1]：增大截面法、粘贴钢板加固法、粘贴纤维增强复合材料加固法、组合加固法、预应力加固法。

## 1　加固方法

### 1.1　增大截面法

增大截面法[1]是钢结构加固最基本的方法，广泛采用焊接的方式来增大截面，这样可以让钢结构在加固过程中更加稳定。焊接的方式在实际工程中具有操作方便、有一定的可靠性的优点，在相关规范中对于焊接加固钢结构都有相关的标准，但是由于试验、分析较少无法保证其正确及合理性，对于焊接加固这个过程的安全性及加固后构件的适用性都很难保证，相关学者对于一些承载条件下焊接加固钢结构构件承载性能做了一些研究，通过对轴心受压、受弯、偏心受压构件进行的大量试验研究和模拟分析，得出了具体的数据和理论支持，将更多的试验研究进行综合分析发现，增大截面焊接加固技术在目前的加固使用中不能作为新型的加固技术，但是在具体的操作中包含很多技术。

### 1.2　粘贴纤维材料加固法

FRP（纤维增强复合材料）[1]与普通材料相比具有良好的物理、力学性能，强度高、抗疲劳性能好、耐腐蚀，而且现场操作简单、施工周期短，与其他加固技术相比具有很大的优势，对原结构不构成损伤。目前，FRP 大量运用于混凝土结构和砌体结构当中，对于 FRP 的性能很多学者都进行了大量的研究。在目前的市场，常用的 FRP 有：碳纤维增强复合材料（CFRP）、玻璃纤维增强复合材料（GFRP）和芳纶纤维增强复合材料（AFRP），近几年，又出现了新材料一玄武岩纤维增强复合材料（BFRP），对于该材料的相关性能还需进一步研究。在过去的建筑工程中，FRP 主要是用于混凝土和砌体结构的加固，对于钢结构的加固，相关的研究都较晚，用于实际工程中的案例较少，这也就使得 FRP 加固钢结构的效果没有有力的展现。通过将这几种纤维材料进行比较可以得出，用于加固钢结构的纤维材料选取 CFRP 更为合适，在常用的纤维材料中 CFRP 具有更高的强度和弹性模量，对于大部分的钢结构构件加固均采用板材的形式。对于 FRP 加固钢结构[2]，我们需要更多关注的是 FRP 与钢结构构件之间的粘结问题，国内外学者对多种结构胶粘结的盖板搭接节点进行了试验研究，并对钢构件与 FRP 界面的受力机制进行了研究，得到了碳纤维布拉伸应变、粘结剪应力和有效粘结长度的计算公式，通过更多的试验和分析，得到更为有效的加固效果。

## 1.3 预应力加固法

钢结构的预应力加固法就是使用预应力钢绞线对整个钢结构或者结构中单个构件进行加固，其特点是通过施加预应力来改变原钢结构内力分布并降低原有钢结构的应力水平，使得预应力钢绞线与原结构能够很好的共同发挥作用，最终能够使结构的整体承载能力得到很大的提高。预应力加固钢结构能够起到很好的效果，例如[2]，预应力加固可以改变原结构的刚度、可以改变原有结构的内力，所以，该方法对于较大跨度的钢结构加固较为适用，还有一些用传统的加固方法无法加固或者加固效果不能达到理想状态的较高应力、应变状态下的大型钢结构加固。采用预应力加固，成本低、施工方便，同时，预应力钢筋可以做到单独防腐，出现问题可以单独更换。

结构中[3]梁构件的加固主要采用预应力加固，加固以后使得原梁构件成为类张弦梁构件，能够有效地阻止梁面外失稳现象的发生，结构中的柱构件，加固时可以采用增设撑杆和拉索的方式，在一定程度上减小了柱子的计算长度，从而提高了其刚度和稳定性，但是与梁构件相比，使用预应力加固柱子的情况不多见。在整体结构中，预应力加固主要应用于刚度和稳定性存在问题的单跨钢架、拱架以及一些桥跨结构。

## 1.4 粘贴钢板加固

粘贴钢板加固技术是在钢结构的表面使用结构胶将钢板粘贴在构件表面，能够做到钢板与原结构形成一个整体共同工作，以此来提高结构的整体承载力。使用粘贴钢板加固的优势在于在对结构进行加固的过程中对整个结构的外形无影响，所需要的作业面小。目前，国内一些学者对粘贴钢板加固技术进行了一些研究，分别从试验、理论分析和数值模拟等角度进行了全面的分析。卢亦焱[4]通过对 11 根圆形截面薄壁钢管粘贴钢板加固的试验进行分析研究发现，线弹性阶段、非弹性阶段外粘贴钢板与薄壁钢管能很好地协调工作；隋炳强[5]等通过对粘贴钢板法全长加固钢管柱极限承载力的分析研究，提出了一种新的粘贴钢板加固轴压杆的计算方法。通过这些成果为粘贴钢板加固今后的应用提供了真实的依据。然而该技术也存在一些限制，由于钢板与被加固构件之间的连接面的不确定性，加固效果的好坏在一定程度上要取决于所使用的结构胶的质量。

### 1.5 组合加固法

组合加固方法[6]近些年来在建筑行业得到了更多的推广和应用，对于实际工程中需要进行加固的位置运用组合结构对钢混结构进行加固已经普遍存在，国内外学者在这种组合技术上做了大量的分析研究。但是，由于钢结构加固的相关研究相比较钢混和砌体结构较晚，使用组合结构加固的方式对于钢结构进行加固更是缺少实例，相关学者从该技术的原理上进行分析讨论得出这种加固方式用于钢结构是可以采用的。从目前相关研究得到，钢结构的组合加固法主要有两种：内填混凝土加固法、外包混凝土加固法。内填混凝土加固法在钢管构件中较为适用，一般情况下宜采取措施卸除作用在结构上的荷载，但是初始荷载由于其他一些因素的影响难以卸除，此时应将初应力对加固构件承载力的影响考虑进去。而对于外包混凝土加固，大多数情况下是因为钢构件承受荷载的能力较强，已不再适用增大截面来改善。

## 2 钢结构加固应注意的问题

钢结构加固时必须有明确清晰的加固方案[7]，在结构加固方案确定之前，必须对现有结构进行可靠性检测、鉴定。根据可靠性鉴定所给出的相关报告，然后再进行加固，避免在加固过程中给结构再一次留下隐患。另一方面，加固方案最终的选择应充分考虑已有结构的实际情况和加固后结构受力情况以及正常使用要求等。加固后，结构体系的受力情况要明确，结构要安全可靠，而且还要采取一定的措施来保证新的结构和材料的连接可靠。

## 3 展望

各种钢结构加固技术被广泛运用到工程领域，技术逐渐成熟，目前运用较多的 CFRP 加固钢结构技术得到更多的研究，纤维与钢构件之间的粘结是至关重要的，所以，在今后的研究中应进行粘结剂的力学性能研究。

## 4 结语

钢结构在各类建筑工程中得到了广泛应用，其稳定性和刚度对建筑工程项目使用安全性和质量有至关重要的影响，要想保证钢结构能够达到理想的使用寿命或者更长，就需要对其采取相应的加固措施，通过不同的技术对需要加固的部位进行鉴定加固，来实现对于钢结构长久使用的目的，不同的技术都具有其各自的优势，所以，在进行加固前一定要进行分析，选择最合适的技术，由于钢结构起步较晚，研究还不太全面，相信随着科技以及行业的发展，会涌现出更多的加固新技术。

**参考文献**

［1］ 王元清，宗亮. 钢结构加固新技术及其应用研究［J］. 工业建筑，2017（2）：1-6＋22.

［2］ 候荣成．钢结构加固新技术及其应用研究［J］．中国房地产业，2017（10）：223.
［3］ 郝大军．采用体外预应力法加固实腹钢梁实践［J］．低温建筑技术，2011，33（5）：74-75.
［4］ 卢亦焱，陈莉．外粘钢板加固钢管柱承载力试验研究［J］．建筑结构，2002，32（4）：43-45.
［5］ 隋炳强，邓长根．粘钢法全长加固钢管柱极限承载力研究［J］．山东建筑大学学报，2011，26（5）：420-424，435.
［6］ 聂建国，陶慕轩，樊键生，等．钢一混凝土组合结构在桥梁加固改造中的应用研究［J］．防灾减灾工程学报，2010，30（增刊）：335-344.
［7］ 边立群．浅谈钢结构加固设计及施工技术应用［J］．中国科技投资，2018（10）：25.

# 探析聚丙烯纤维混凝土及其在装配式墙板材料中的应用

彤超，蔡焕琴，阚玥，祁尚文
（河北建筑工程学院　土木工程学院，河北省张家口市　075000）

**摘　要：** 在不同环境的土木工程建设中，特殊的自然条件对混凝土的使用提出更高的要求，在混凝土中掺入不同的纤维，可以有效的解决普通混凝土使用过程中出现的问题。在有关新技术、新材料的不断研究与发展下，聚丙烯纤维混凝土在工程建设中得到了越来越广泛的应用。通过分析聚丙烯纤维对混凝土的作用机理，阐述了聚丙烯纤维混凝土的特点和主要性能，旨在更好的推广聚丙烯纤维混凝土的应用。

**关键词：** 聚丙烯纤维混凝土；收缩裂缝；性能；应用

近年来，高性能混凝土的应用得到了人们越来越多的重视，而纤维在提高混凝土性能方面获得了人们普遍的关注。合成纤维、玻璃纤维、钢纤维等纤维材料应用于水泥混凝土中，均显示了其能够显著提高混凝土性能的优势。其中聚丙烯纤维混凝土所具有的减少和防止混凝土在塑性阶段和初期硬化阶段收缩裂缝的产生、提高混凝土的抗渗性、抗冲击性、耐磨损等独特的性能优势以及施工简单，价格低廉等特点，使其在土木工程领域，尤其是在高温潮湿、防水要求比较高的工程中具有广泛的推广和应用价值[1]。

## 1　聚丙烯纤维混凝土

聚丙烯纤维是一种经过特殊工艺处理的高强度单丝纤维，具有质量轻、强度高、弹性好、耐磨和耐腐蚀等特性。将聚丙烯纤维加入到混凝土中，纤维少量均匀分布在混凝土内部，聚丙烯纤维具有低弹性模量，能够吸收相对较高弹性模量的混凝土中的开裂应力，阻止混凝土中微裂缝的发展，抑制了混凝土的开裂，提高了混凝土的抗断裂韧性，达到抗裂的作用，所以，聚丙烯纤维是增强混凝土以及砂浆抗裂抗渗性的有效手段。

聚丙烯纤维混凝土独特的性能优势，已经在我国得到越来越多的重视和应用。在新材料、新技术不断发展进步的今天，对建筑工程的质量要求也越来越高，日渐完善的聚丙烯纤维混凝土的应用，是提高建筑工程质量的有效措施，尤其是对特殊的工程项目，如水利工程、隧道工程等对防水有较高要求的工程。

## 2　聚丙烯纤维在混凝土中的作用机理[2~3]

聚丙烯纤维是一种经过特殊工艺处理的高强度束状单丝纤维，能够有效的改变混凝土的内部结构。混凝土中的聚丙烯纤维并不改变其他材料的性能，且有良好的亲和性，能够均匀的分布在混凝土中。聚丙烯纤维能够在混凝土中形成一种均匀的乱象支撑体系，有效的提高了混凝土的整体性能。

相对低弹性模量的聚丙烯纤维掺入到相对高弹性模量的混凝土中，极大的降低了混凝土的脆性，解决了混凝土因脆性较大而容易产生裂纹的缺点。与此同时，具有一定抗拉强度的聚丙烯纤维在混凝土中呈乱象分布，能够吸收混凝土的收缩应力，极大的提高了混凝土的韧性，减弱了混凝土的塑性收缩能力，抑制了细微裂缝的产生和发展，有效改善了混凝土的抗裂、抗渗、抗冲击等性能。

## 3 聚丙烯纤维混凝土的性能优势

聚丙烯纤维是一种新型的适用于混凝土中的增强纤维，又被称为“混凝土的次要增强筋”[4]。在混凝土中掺入一定量的聚丙烯纤维能够明显提高混凝土的性能。

### 3.1 抑制收缩裂缝，提高了混凝土的抗裂性[4]

普通混凝土在浇筑完成后，常常由于表面失水而发生塑性收缩，导致出现裂缝。另外，对于硬化的混凝土，由于干燥收缩、温度收缩以及碳化收缩等原因，混凝土内部会产生收缩应力，收缩应力大于一定限值时，混凝土表面就会产生裂缝，严重时甚至会产生从混凝土内部到表面的贯穿裂缝。而在聚丙烯纤维混凝土中，大量的聚丙烯单丝纤维均匀地分布在混凝土中，并形成三维乱象支撑体系，能够吸收混凝土的收缩应力，防止微裂缝的产生，混凝土收缩变形的能量被消耗后，微裂缝就难以进一步发展。

### 3.2 能够提高混凝土的抗渗防水性能[5]

聚丙烯纤维的使用可以大幅度地提高混凝土以及水泥砂浆的抗渗防水性能。聚丙烯纤维在混凝土中可以有效抑制干缩裂缝及贯穿裂缝或者连通裂缝的产生，减少收缩裂缝，大量聚丙烯纤维均匀分布在混凝土中且彼此相粘连，大大降低了混凝土中的孔隙率，尤其是有害孔数量的减少，提高了混凝土的密实性能，使水分迁移变得困难，也就相应提高了混凝土的抗渗能力。同时，聚丙烯纤维能够有效防止和延缓水分子和氯化物等有害物质对混凝土以及受力钢筋的侵蚀作用，从而提高了钢筋混凝土结构的耐久性能。

### 3.3 提高混凝土的抗冲击能力

聚丙烯纤维的弹性模量较低，相粘连成为致密的乱向分布的网状增强系统，当混凝土受到冲击荷载作用时，能够减小冲击波被阻断引起的局部应力集中现象，有利于减少并防止微裂缝的产生和发展，有助于改善混凝土的变形性能，提高混凝土的整体性，增强混凝土的抗疲劳性和韧性。

### 3.4 提高了混凝土的抗冻融性能

北方地区混凝土建筑物所必须要面对的问题是混凝土的冻融破坏，混凝土的抗冻融性能是其耐久性的直观体现，也是寒冷地区建设工程中混凝土所必须要具备的性能之一[6]。

近年来随着高性能混凝土的逐步发展，以及对各种纤维的研究和应用，有相关研究表明，在混凝土中掺入少量的聚丙烯纤维，能够有效提高混凝土的抗冻性能。聚丙烯纤维在混凝土中呈乱向均匀随机分布，对整体混凝土材料能够起到细微加强筋的作用，抑制了由于温度变化而引起的混凝土内部产生应力和应力作用，从而减少了混凝土内部微观条件下细微裂缝的产生和发展，与此同时，聚丙烯纤维混凝土较高的抗渗能力，也在一定程度上增加了其抗冻融的能力。

## 4 聚丙烯纤维混凝土的经济优势

聚丙烯纤维混凝土除了自身具有的独特性能优势外，还具有良好的经济优势。不论是市场上进口聚丙烯纤维网片和聚丙烯纤维丝，还是国产的改性聚丙烯纤维丝的价格都比较低廉。根据相关研究实验显示，聚丙烯纤维的体积掺量仅为 0.05%～0.1%；每立方米混凝土聚丙烯纤维的体积掺量 0.5～1.5kg 就能达到规范设计的抗裂要求，每立方米的聚丙烯纤维混凝土相比于普通混凝土而言，单价仅增加了 50 元左右[6]。因此，聚丙烯纤维混凝土具有较好的经济优势。

## 5 聚丙烯纤维混凝土在装配式墙板材料中的应用

在我国南方一些多雨、高温、潮湿，以及对防水性能有较高要求的工程项目中，对混凝土的抗裂性、抗渗性等性能提出了更高的要求，在实际工程中，在预制构件厂制作预制墙板时，浇筑混凝土后由于没有采取有效的养护措施，在内外温差、内外应力的相互作用下，产生细微裂纹并逐渐发展为更大的裂纹，最终形成相互贯通的毛细孔道及裂缝，导致防水失败，使得结构的设计强度不能够充分的发挥，浪费建筑材料的同时甚至造成工程安全事故。据相关研究表明，多数的裂缝与施加的荷载并无直接关系，混凝土的干缩、塑性收缩、水化热引起的内外温差等因素才是问题的根源所在。

聚丙烯纤维混凝土具有优良的抗裂性、抗渗防水等性能，非常适用于特殊气候环境的工程领域，对于其他防水、防裂缝的水利工程项目也同样适用。

对于装配式框架填充墙板，尤其是外墙板以及卫生间的隔墙板，可以将聚丙烯纤维混凝土作为墙板材料，起到有效的抗裂、抗渗、防水的作用。另外，在公路工程和桥梁工程中也有采用聚丙烯纤维混凝土的大量成功案例。

## 6 结束语

聚丙烯纤维混凝土有优越的抗裂性、抗渗防水性能、抗冲击性能和抗冻融性能，作为墙板材料应用于装配式框架填充外墙板中，能够极大提高装配式框架填充外墙板从预制构件厂的生产、运输、到现场安装过程中的抗裂性能，以及在后期使用过程中的防水、抗渗性能，甚至扩展到防水混凝土、地下工程、公路工程、水利工程等有较高抗渗、抗裂要求的工程中，能够明显提高建筑工程的使用寿命和工程效益，使综合经济效益显著提升，具有十分可观的应用前景。

## 参考文献


[1] 赵晶，张桂敏. 改性聚丙烯纤维在混凝土中的应用研究 [J]. 混凝土，2000 (03)：59-61.

[2] 陈济丰. 聚丙烯纤维混凝土的性能和应用 [J]. 建材世界，2010，31 (2)：29-31.

[3] 鞠丽艳，张雄. 聚丙烯纤维混凝土的性能及应用 [J]. 合成纤维工业，2004，27 (1)：36-37.

[4] 连宇，王军，连华. 聚丙烯纤维混凝土在水利水电工程中的应用 [J]. 水利科技与经济，2010，16 (4)：476-477.

[5] 沈春林，李芳，苏立荣. 聚丙烯纤维混凝土的防水原理及配制 [C]//全国第六次防水材料技术交流大会论文集. 江西吉安，中国硅酸盐学会，2004：131-134.

[6] 汪洋，杨鼎宜，周明耀. 聚丙烯纤维混凝土的研究现状与趋势 [J]. 混凝土，2004 (01)：24-26.

# 混凝土框架结构现浇填充墙的应用研究

阚玥，蔡焕琴，吴洪贵，程元鹏
（河北建筑工程学院　土木工程学院，河北省张家口市　075000）

**摘　要：**现阶段，钢筋混凝土框架填充墙结构体系在我国应用较广泛，但是框架填充墙也有相当多的缺点，比如当地震来临，大量的框架填充墙结构发生了严重的破坏，造成巨大的人员伤亡和财产损失。墙体经常出现的裂缝影响耐久性和观赏性。由此一种新的现浇填充墙应运而生，它是使用商品混凝土来现场浇筑的填充墙，因为其整体性好，机械化施工提高施工效率、表面平整度较高等优点，可以广泛用于框架、框剪等结构形式，不仅能带来显著的社会效益，还能减轻污染，所以有一定的研究价值。

**关键词：**框架结构；现浇填充墙；裂缝

我国是地震频发国家，地震给我国人民带来了巨大的生命和财产损失。当地震来临时，建筑物可以起到避难的作用，但随着建筑内填充墙的整体倒塌，会给我们的生命财产造成更严重的破坏。通过两次地震灾害的调查发现，破坏最严重的部分为框架填充墙，填充墙的破坏甚至会引起主体结构的倒塌，严重威胁着人身安全，造成巨大的经济损失，而且在建筑物普通使用时填充墙产生大量裂缝影响了建筑的美观和耐久。

## 1　框架填充墙的裂缝形式与原因

### 1.1　破坏形式

当前框架填充墙大多采用的是砌体结构，建筑材料包括红砖、混凝土砌块等。通过对汶川、玉树地震震害的调查发现，砌体结构形式的填充墙典型的破坏形式主要包括以下几种：（1）水平裂缝；（2）斜裂缝；（3）X形裂缝；（4）平面外倾斜；（5）角部压碎；（6）局部或整体倒塌，如图1～6所示[1]。

### 1.2　砌块填充墙裂缝的形成原因

混凝土砌块填充墙体裂缝按其形成[2]原因，可大致分为两大类：一类是由荷载引起的裂缝。在设计的时候因为设计师考虑不周全会使得结构设计不合理，从而使墙体在局部受力较大产生裂缝。例如：建筑物基础底填土未进行夯实处理，构造柱布置间距较大，墙

基金项目：河北省住房和城乡建设厅项目（2017-2037），装配式混凝土框架填充墙结构体系关键技术研究。
作者简介：阚玥（1993—），男，汉，硕士研究生，研究方向：建筑产业化。

图 1　水平裂缝

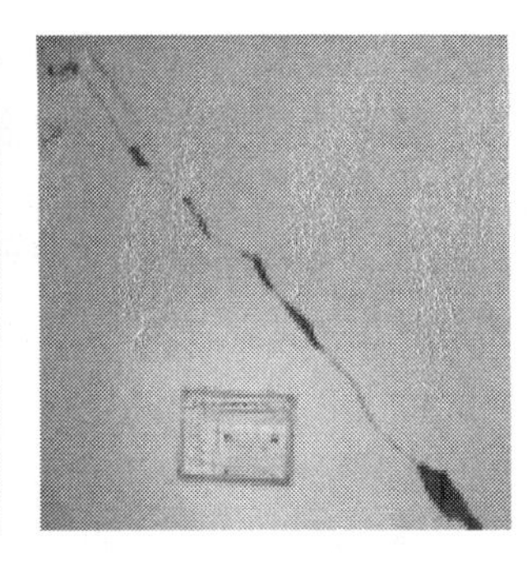

图 2　斜裂缝

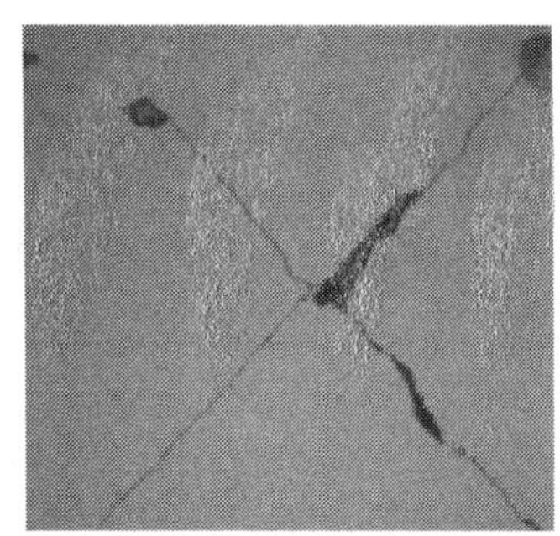

图 3　X 形裂缝

图 4　平面外倾斜

图 5　角部压碎

图 6　局部或整体倒塌

体与主体框架连接处连接措施不合理，建筑物未合理设置圈梁或者圈梁断开等等。另一类是由变形引起的裂缝。加气混凝土砌块吸水率大、干缩变形较大，因此受环境温度影响明显，而且在砌筑时因为砂浆强度和施工工艺等因素也容易引起填充墙的开裂，这些都属于变形裂缝。

## 2　混凝土框架结构现浇填充墙的研究

混凝土框架结构现浇填充墙是一种具有新型施工方式的填充墙体系，它具有整体性好、一次性浇筑成型、不浪费人力物力等特性，在我国有很大的发展空间。通过国内外学者对框架结构的研究可以发现，现浇填充墙的材料以及墙板与框架之间的连接方式是影响框架现浇填充墙性能的主要因素，因此提高框架现浇填充墙的性能，可以从这两方面考虑。

### 2.1　墙板材料

从材料方面来讲，采用新型的建筑材料有助于提高框架现浇填充墙的抗震性能，比如泡沫混凝土、橡胶混凝土等等。通过采用泡沫混凝土可以减轻墙体自重，抗震效果好。潘东平[3]等发现橡胶混凝土在使用过程中减震效果好，而且抗冲击性能强，隔热隔声效果好，应用到框架填充墙中能够大大改善框架填充墙的抗震性能。

### 2.2　墙板与框架之间的连接方式

#### 2.2.1　以强御强

仍采用较为传统的抗震办法进行设计，包括加大现浇填充墙的强度，以及提高现浇填充墙与框架的连接整体性来抵御地震的作用。这是我国现阶段普遍采用的一种方式，但是地震等级超过了填充墙的抵抗能力就会产生破坏，进而造成生命财产损失。

### 2.2.2 以柔克刚

《建筑抗震设计规范》GB 50011—2010 中规定“预制钢筋混凝土墙板，宜与柱柔性连接”。笔者认为这种柔性连接，应用到房屋建筑中，可以提高建筑结构的减震耗震性能，也就是“以柔克刚”的减震思想。比如通过柔化基础和上部结构的水平连接[4]，使现浇填充墙结构的自振周期延长，降低其地震反应或者在现浇填充墙的某些部位设置阻尼装置，利用阻尼装置的耗能性能，耗散部分地震能量，从而减轻或者避免现浇填充墙的破坏。邓志峰、王炎伟[5]等人在全现浇混凝土填充墙结构中使用拉缝施工技术，使现浇混凝土填充墙在抗裂抗震方面有较大的提高。

## 3 框架现浇填充墙的优势分析

### 3.1 整体性好

与传统的砌体填充墙相比，现浇填充墙具有相当大的优势。采用商品混凝土现浇的填充墙，墙体一次浇筑便可成型、整体性得到提高，不再像砌块一样单个砌筑费时费力，也不再需要考虑砂浆的粘结强度和砌块的质量问题，墙体的质量得到了更好的保障。

### 3.2 机械化施工

与砌块填充墙相比，现浇填充墙属于机械化施工，效率高、速度快、大幅度节省了建造工期，特别是在以人为本的当今社会，在人工费不断提高的情况下具有很明显的优势。现浇填充墙还有合理的配合比设计、运输一体化。

### 3.3 平整度高

平整度高，使用模板；生产工艺简单，只需要支模、浇筑、拆模即可，浇筑后的墙体整体效果及墙体表面质量较好，免去了传统的抹灰工序，节省人工费，使得施工效率大大提高，避免传统建材的搬运、砌筑、粉刷等多种工序，减少了扬尘环节；整体性能好，现场浇筑减少传统的大面积粉刷砂浆的开裂。

## 4 结语

相比于砌块填充墙，现浇填充墙有更加优秀的特性，势必会在未来的建筑业中大放异彩，而且我国对建筑业节能减排的要求越来越严格、保护环境的政策不断完善，而且随着生活水平的提高，人们对于设计理念、建造水平和服务品质等要求也在不断提升，传统的砌块填充墙已经逐渐的不满足社会发展的需求。但现浇填充墙会因为施工效率、环保等性能在未来的建筑业中大显身手。但在现浇填充墙实际施工时，不仅需要选用科学合理的构造设计方案和混凝土强度等级来满足填充墙的设计、施工、使用要求，还需要对现浇填充墙的施工进行相关的研究。相信随着科技的不断进步，框架填充墙结构体系会向着施工方便快捷、整体性能和抗震性能良好的方向发展。

## 参考文献


[1] 李建辉，薛彦涛，王翠坤，等. 框架填充墙抗震性能的研究现状与发展 [J]. 建筑结构，2011，41 (S1)：12-17.

[2] 潘桂永. 加气混凝土砌块填充墙裂缝原因及防治 [J]. 低碳地产，2016 (18)：7.

[3] 潘东平，刘锋，李丽娟，等. 橡胶混凝土的应用和研究概况 [J]. 橡胶工业，2007 (3)：182-185.

[4] 周云，彭水淋，郭阳照，等. 提高框架填充墙结构抗震性能的新途径和新方法 [J]. 防灾减灾工程学报，2011 (5)：469-476.

[5] 邓志峰，王炎伟. 全现浇混凝土填充墙结构拉缝施工技术 [J]. 安徽建筑，2017，24 (05)：162-165.

# 普通住宅厨房集中排烟道的研究与应用现状

李家安，麻建锁，陈瑞峰，祁尚文
（河北建筑工程学院　土木工程学院，河北省张家口市　075000）

**摘　要**：厨房环境对住宅整体环境起到至关重要的作用，而排烟道的材质、形式、安装方式制约着厨房环境的优化。本文基于对京津冀及周边地区的部分住宅厨房及排烟系统的实地调研情况，对现阶段排烟道的材料、布置形式及连接方式进行综述，针对排烟道现存在的问题，提出相应的结论与展望。

**关键词**：调研；厨房；排烟道

厨房排烟道的排烟效果关系到人们的身体健康，特别是近年来，公众对油烟危害的认识愈发清晰，因此排烟道的排烟效果受到多方面的关注。自20世纪开始，排烟道经历了多次改进，目前，止逆阀式与主次式排烟道运用较为广泛，但仍有施工工序繁琐、串味漏烟等诸多问题待解决。

## 1　调研情况概述

本次对京津冀及周边地区的部分住宅厨房及排烟系统进行实地调研，了解了住宅排烟道的现状及现阶段排烟道的材料、布置形式和连接方式。

本次所调研的住宅排烟道均为矩形形状。大部分排烟道采用止逆阀，控制倒烟串味的问题，另有一些排烟道采用主次式，其他形式的排烟道极少见到，本次调研所发现的单烟道也是20世纪建造的建筑物所有的。调研发现，有29.3%的住户烟气直接外排，而直接外排的建筑中有98.7%为中低层建筑。外排现象如图1所示。

图1　烟气外排图

## 2　排烟道的现状

### 2.1　排烟道的分类

排烟系统中排烟道是其重要组成部分，它连接着厨房和外界环境，决定着厨房排烟效果

基金项目：河北省住房和城乡建设厅项目（2017-2037），装配式混凝土框架填充墙结构体系关键技术研究。
作者简介：李家安（1993—），男，山东临沂，硕士研究生，研究方向：钢木组合结构。

的好坏。目前，排烟道的路径基本为底层设置基座，然后垂直通过各层楼面，在屋顶设置风帽连接外部环境。市场上，厨房排烟管道种类大致分为以下六种形式。

单烟道式：该烟道为矩形烟管，烟管每层均设置有进风口，底层设置有补风口。其原理是，在烟罩的推动下，所有层的烟都被推入烟道中排出楼体。由于每层进烟口进烟，破坏了烟从底向上排除的直线通道，容易形成涡流，造成排烟不畅，并且容易出现串味、倒烟的情况。

主次式：该烟道由两个平行的主、次矩形管组成。每层的抽油烟机烟管与次烟道相连，烟气进入次烟道后运动一段距离，进入主烟道。主烟道底部设有补风口。由于烟气长距离运动，烟道内始终处于正静压状态，从而会产生与单烟道相同的串味、倒烟现象。

变压式：结合单烟道和主次式烟道的形式，变压式烟道各层截面大小不一，下层烟道采用主次形式，上层烟道采用单烟道的形式。该方式利用物理规律促进烟气排除，但是实践过程中发现该烟道动、静压改动不明显，特别是进风口处，依旧处于正压状态，倒烟串味现象依然存在。此外，由于变压式烟管各层构造不同，施工时如不采用编码形式，容易造成烟管混乱[1]。

止逆阀式：该方式在单烟道的每层进风口处设置烟气单向通过的止逆阀门，通过该单向排烟的方式解决倒烟的问题，但此排烟道加大了排烟的阻力，特别是油烟这种黏性物质将止逆阀粘连以后，阀门开启难度大，影响油烟机的排烟效果。

水平复式：该排烟道设置内、外环管，内环管排烟，外环管吸收外界新鲜空气。不排烟时，外环管进气功能关闭，内外不连通。由于风压等原因，无法解决倒烟、串味等问题。

同心圆式：该形式是由两个金属制同心圆圆管组成，类似于主次式排烟道。该排烟形式没有解决烟气的倒烟、串味等问题[2]。

## 2.2 排烟道制品的材料及性能的相关要求

排气道管体优先采用工业生产水泥管道，禁止使用如手工制作的排烟道。此外，采用镀锌钢丝网水泥排气道制品或耐碱玻璃纤维网增强水泥排气道制品时，材料有特殊规定，如钢丝网水泥排烟道与耐碱玻璃纤维网增强水泥排烟道制品的水泥强度不低于 32.5R 级，钢丝网水泥排烟道丝网网眼尺寸宜为 10mm×10mm。

排烟道管体所能承受的垂直荷载不应小于 90kN，且外观应该平滑，不能出现凹凸裂纹等情况，否则影响排烟效果，每侧壁面麻面、蜂窝每处面积不应大于 0.001m$^2$，并不得多于 2 处。

在防火性能方面，排烟道制品的耐火极限不低于 1.0h。

## 2.3 排烟道施工工艺

首先由技术人员检查掉线检查预留孔洞，确定是否可以安装相应的排烟道。当排烟道存在尺寸偏小状况时，由土建单位剔除多余部分。上述工作完成以后通知厂家进场安装。排烟道进场验收合格后，用施工电梯运送，防止损坏。

排烟道的安装：排烟道基座施工前，采用 1∶2 水泥砂浆做 2mm 厚找平层然后由下至上进行逐层安装。画出中心线后，将排烟道对准中心线，以木楔固定，挂线校直，垂直度不宜大于 8mm。以每 6 层为一安装单元层，从六层顶往下进行中心线吊线，把第一节先进行定位安装，第二节根据中心线与第一节进行对接，对接缝用 1∶2 细砂水泥砂浆进行密封，如接缝处缝隙较大，需在其中加玻纤网布进行 1∶2 水泥砂浆密封。等截面排烟道楼板处接口处理方式如图 2 所示。

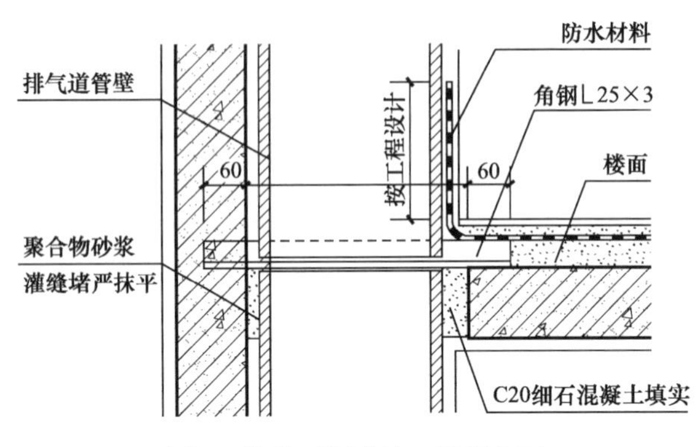


图 2　等截面烟道接口处理立面

# 3　存在问题

## 3.1　集中排烟率低

根据调研结果：中低层住宅中 80%以上采取直接外排于空气中的排烟系统，给空气造成严重的污染；降低保温性能，由于排烟管道需要通过窗户外排，在窗户上留有洞口是必须的，导致在接头处留有缝隙，尤其冬天的时候容易漏风，降低室内温度；排烟管道与玻璃的接缝处易产生漏气、反味的现象，除了自己家做饭反味现象明显，楼下住户做饭的时候也会通过接头处的缝隙向上反味；窗户上易产生油烟，不方便清洁。

## 3.2　排烟道使用效果差

通过实地走访调查发现，人们对于油烟排不尽的现象习以为常，而且 90%的人们认为仅仅是抽油烟机的质量问题，对于排烟管道以及连接部位都不了解，造成了对排烟道重要性的忽略，一定程度上制约了排烟道的发展。

## 3.3　排烟道安装的施工工序繁琐、质量差

现浇结构中排烟道的安装耗费大量的人力物力，在处理排烟道与楼板接缝时工艺繁琐，易出现中心线校对误差，从而造成二次开凿楼板的情况；接缝处处理不到位，造成漏味现象。除此之外，大量的湿作业造成工期延长。

## 3.4　生产工艺不先进

厂房生产排气道管体单节长度宜为 3000mm，并不应大于 3600mm；壁厚不应小于

13mm，这就出现特殊层高所造成的厨房、卫生间排气道中部连接的问题。

## 4 排烟道发展展望

目前，排烟道出现的情况大致为倒烟、串味的现象，在调研过程中，还发现抽油烟机至排烟道处管道外露现象严重，如图 3 所示。烟管通过壁橱进入排烟道，如图 4 所示。排烟道占用家庭使用面积的情况更为普遍，此外，烟气直接外排现象严重。结合上述问题，提出以下建议。

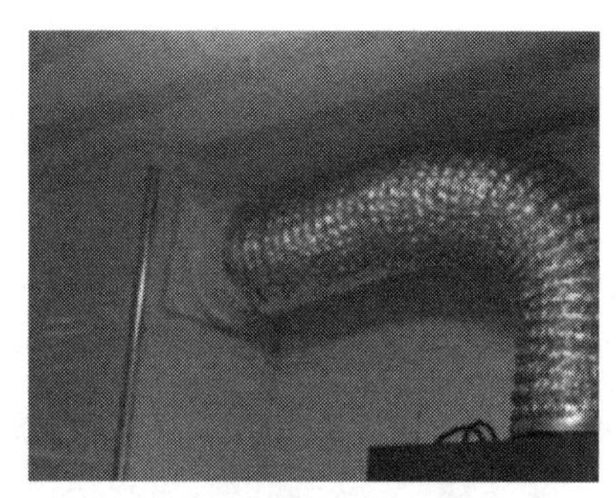

图 3 排烟道连接管道形式

图 4 排烟道连接

### 4.1 墙内设置

随着装配式建筑的兴起，装配式厨房也得到长足的发展。因此，利用装配式建筑的预制模式，在墙体内预留相关排烟孔洞以过排烟管，进而连接到排烟道，达到美观不占用壁橱的效果。即使是现浇建筑，也可以实行。这是目前所能做的较好的改进之一。

### 4.2 排烟道外设

排烟管道作为室内构筑物占用建筑面积。因此，将排烟道设置在建筑物外侧是排烟道发展的趋势之一。但是这需要设计人员在进行厨房设计时安排好厨房位置，从而达到预期效果。该方式还要求排烟道在外界环境下具有良好的耐久性，以达到相应的使用年限。

### 4.3 与装配式建筑结合

十九大报告指出，建设生态文明是中华民族永续发展的千年大计。建筑行业作为我国的支柱产业，为实现生态文明，就要以装配式为主要抓手。因此，排烟道的发展需要与装配式建筑紧密结合。

### 4.4 烟气处理后外排

烟气直接外排存在一些弊端，诸如污染环境、影响保温等。可以利用科学技术使抽油烟机起到空气净化的作用，做好保温等相关措施达到直接外排的目的。

## 5 结束语

随着人们日益关注生活健康和环境质量，更加优质的厨房环境和排烟系统将会进入人们的关注视野。排烟道的发展将会受到越来越多人的关注。

**参考文献**


[1] 路永军. 住宅排烟道问题的研究 [J]. 科技情报开发与经济，2008，18 (22)：212-213.

[2] 中国建筑标准设计研究院. 16J916-1 住宅排气道（一）[S]. 北京：中国计划出版社，2016.

# 装配式建筑钢筋竖向连接方式受力机理及其技术要求分析

李家安，麻建锁，赵腾飞，彤超
（河北建筑工程学院　土木工程学院，河北省张家口市　075000）

**摘　要**：装配式建筑中钢筋作为重要的受力材料，其连接方式在保证建筑物的安全性方面起着至关重要的作用。本文介绍了装配式建筑中常用的竖向钢筋连接方式，分析了其受力机理，阐述了相关技术要求，进而为装配式建筑的发展提出了些许建议。
**关键词**：装配式建筑；钢筋竖向连接；受力机理

预制混凝土构件节点连接部位的有效连接是整个建筑物明确传力的前提。为保证结构的安全性，20世纪60年代，余占疏（Alfred A. Yee）在美国发明了钢筋的全灌浆套筒连接[1]。随后美日等多国致力于灌浆套筒的研发，出现了半灌浆套筒连接等一系列灌浆套筒连接。我国在大量理论和实践的基础上提出了利用钢筋锚固性能进行钢筋连接的浆锚搭接技术。

## 1　装配式建筑的竖向钢筋机械连接方式

### 1.1　全灌浆套筒

自20世纪60年代的第一代全灌浆套筒发明至今，先后有NMB全灌浆套筒、日本东京钢铁灌浆套筒、润泰灌浆套筒等一系列全灌浆套筒应用于实际工程[2]。全灌浆套筒大多由球墨铸铁或优质碳素结构钢材制造而成，如图1所示。全灌浆套筒上下段用橡胶塞封闭，管身设置有灌浆及排浆孔，管径内壁设有凸起，增加灌浆料与套筒间的握裹力。灌浆料采用快硬早强微膨胀的无机砂浆，从灌浆孔注入，待上部排浆孔溢出砂浆时停止注入砂浆，进行封堵。

### 1.2　半灌浆套筒

由于受力的大小不同，全灌浆套筒的长度自十几厘米到三十多厘米均有。全灌浆套筒的尺寸偏大，影响全灌浆套筒的使用。半灌浆套筒在全灌浆套筒的基础上，将一端的浆锚

---

基金项目：国家住房和城乡建设部科技项目（2016-K5-032），项目名称：新型装配式钢-混凝土剪力墙结构体系关键技术研究。河北建筑工程学院研究生创新基金项目（XB201803），项目名称：新型钢筋机械连接设计及力学性能研究。

作者简介：李家安（1993—），男，山东临沂，硕士研究生，研究方向：钢木组合结构。

连接改为螺纹连接，相同情况下，比全灌浆套筒长度缩短约 1/3 左右，半灌浆套筒示意图如图 2 所示。半灌浆套筒经过近几十年的发展，先后有 LENTON INTERLOK 套筒、Reidbar Grouter 套筒、建茂套筒等应用于工程实际[1]。套筒内腔如图 3 所示。上部钢筋与套筒螺纹连接，下部钢筋连接方式类似于全灌浆套筒。

## 1.3 约束浆锚连接

约束浆锚连接是装配式建筑钢筋竖向连接的另外一种连接方式，该方式是由我国清华大学及哈尔滨工业大学在大量理论及试验基础上提出的新型连接技术。一般情况下，采用约束浆锚连接的部件下端，利用金属波纹管或者孔洞周围配置螺旋箍筋提供约束的效果，保证浆锚连接传力的可靠性，此外在预留孔洞周围配置螺旋箍筋可以增加该连接方式的安全系数，从而可以减少其搭接长度，如图 4 所示。

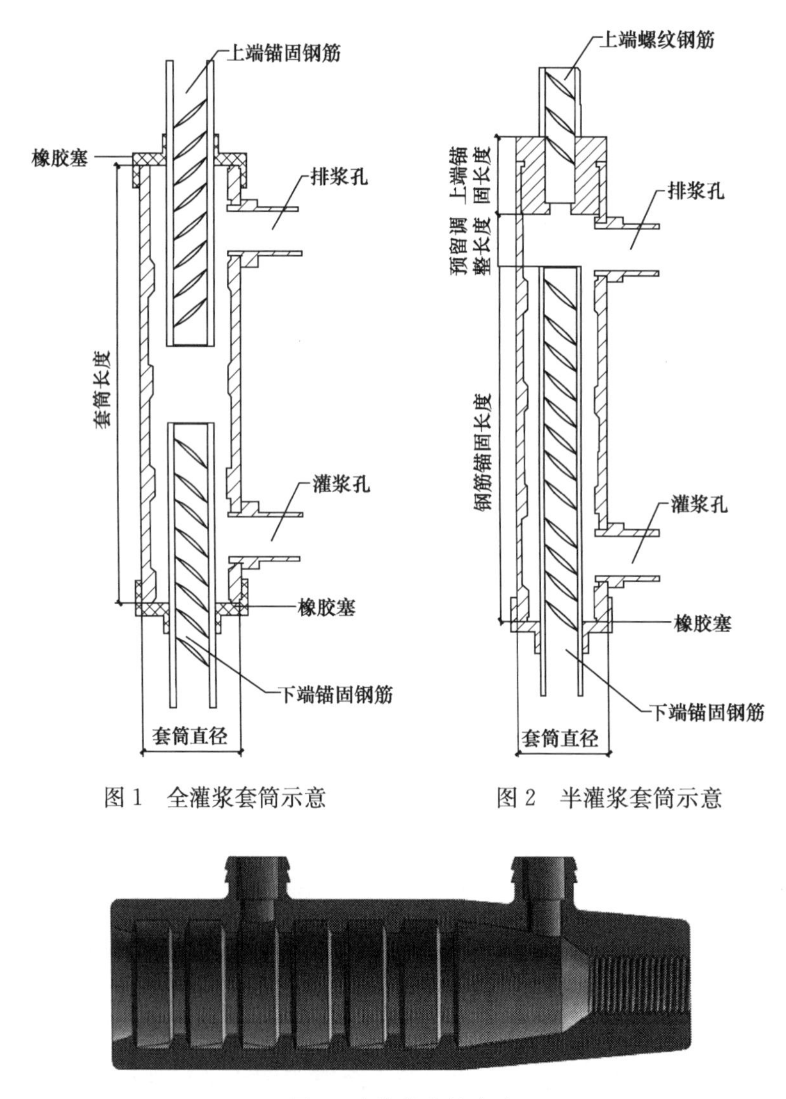


图 1　全灌浆套筒示意

图 2　半灌浆套筒示意

图 3　半灌浆套筒内腔

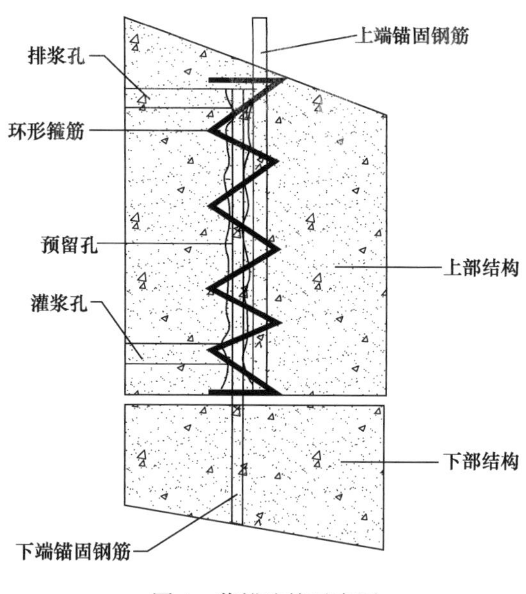


图 4　浆锚连接示意图

# 2　装配式建筑竖向连接的受力机理

## 2.1　全灌浆套筒

全灌浆套筒力的传递依靠的是灌浆料与钢筋、灌浆料和套筒间的粘结应力与机械咬合力。钢筋受拉时，假定灌浆料可靠，拉应力通过灌浆料传递到套筒，使套筒承受相应的应力。若灌浆料不可靠，则会出现钢筋拔出套筒，灌浆料劈裂破坏的情况；套筒不可靠，则会出现套筒拉断的情况，灌浆料与套筒粘结不到位，机械咬合力太小，则会出现灌浆料拔出套筒的情况。综上，影响该连接方式可靠性的重要因素为套筒及灌浆料的质量和套筒、钢筋与灌浆料粘结咬合作用。此外，设计方法、施工工艺等，也是影响灌浆套筒可靠性的重要因素。

由于钢筋与灌浆料的机械咬合力随钢筋直径的增大而增大[3]，所以，设计中尽量采用较大直径的钢筋，以保证传力的可靠。套筒选用时，应保证灌浆料能顺利注入的情况下，套筒直径尽可能小。

## 2.2　半灌浆套筒

半灌浆套筒按照螺纹形式可以划分为直螺纹半灌浆套筒和锥螺纹半灌浆套筒两类。因此，半灌浆套筒集合了螺纹套筒连接和全灌浆套筒连接的受力特点。一端钢筋通过螺纹与套筒连接，连接时，根据不同的钢筋直径选择合适的扭矩。另外一端连接与全灌浆套筒类似，采用灌浆料与钢筋、灌浆料和套筒间的粘结应力与机械咬合力传递钢筋的拉力。

## 2.3　约束浆锚连接

该连接方式通过灌浆料对钢筋的握裹力和粘结力，将力分散到混凝土内，从而进行力的传递[4]。灌浆孔内，钢筋受拉至应力增大到峰值，钢筋缩变产生局部滑移，此后，灌浆料对钢筋的握裹力向峰值区纵向延伸，钢筋的拉应力仍可增长。其破坏形式大致有灌浆料的拉拔破坏与钢筋的拉拔破坏。

设计中，应保证锚固钢筋足够的搭接长度，增加环形箍筋或者金属波纹管约束，防止出现混凝土的劈裂破坏。

## 3 技术要求

### 3.1 灌浆套筒技术要求[5]

本节将根据《钢筋套筒灌浆连接应用技术规程》JGJ 355—2015（以下简称规程）的相关要求，说明灌浆套筒（以下简称套筒）设计、施工、材料等相关技术要求。

规程在材料选取方面，规定了钢筋的直径应在12～40mm之间，并应该符合相关的国家标准。套筒宜采用球墨铸铁灌浆套筒或优质碳素结构钢，采用后者时，其屈服强度、抗拉强度以及截面延伸率要符合特殊的要求。此外，还规定了接头的抗拉及屈服强度标准。

规程在设计方面，表述了灌浆套筒应用于混凝土强度等级不低于C30的构件中，规定了套筒之间间距不应小于40mm与套筒外径的较小值。套筒连接上下端500mm范围内，箍筋应加密。套筒的保护层厚度不应小于15mm。

规程在接头形式检验方面，规定了对每种灌浆连接接头，检验试件不得低于12个，检验试件分别检验对中及偏置单向拉伸、高应力反复拉压试验和大变形反复拉压试验。灌浆料拌合物制作40mm×40mm×160mm的试件，检测试件的强度。

规程在套筒施工方面，规定了套筒灌浆连接应编制专项施工方案，套筒及灌浆料检验合格后方可使用。灌浆由专业人员操作完成，不同厂家的灌浆料不得混用。复杂的连接应当先试制作、试安装、试灌浆。现场安装应该采取可靠的措施保证钢筋外露的长度及钢筋位置，避免钢筋污染，弯曲的钢筋应进行调直。灌浆前，应对灌浆料的流动性进行检查，灌浆时，对接缝周围进行封堵，灌浆料30min内用完。

规程在验收方面，规定了同一原材料、同一批号、统一规格的灌浆套筒检验批不应大于1000个，每批抽取3个套筒制作接头和不少于1组灌浆料强度试件。

### 3.2 约束浆锚连接[6]

装配式混凝土结构技术规程当中，对灌浆料有细致的规定：灌浆料的初始流动度应大于200mm，30min保留值应不小于150mm；竖向膨胀率在3h时不小于0.02%，24h与3h膨胀率之差应在0.02%～0.5%之间；1d的抗压强度不低于35MPa，3d的不低于55MPa，28d的不低于80MPa；氯离子浓度小于0.06%。

## 4 结束语

影响装配式建筑普及的一个关键因素是成本问题。在构件连接方面，竖向构件的成本增加量较水平构件增加较多，极大的原因是竖向钢筋连接造成的成本增加。现行装配式建筑钢筋连接形式少，成本大，可选择运用的数量少，成为制约装配式建筑发展的一个重要因素。

今后，装配式建筑钢筋连接研究的方向可以为缩短浆锚搭接长度，或研究新的钢筋机械连接方式来代替灌浆套筒，以降低成本，促进装配式建筑更好更快发展。

## 参考文献


[1] Splice-sleeve north America [EB/OL]. http://splicessleeve.com.

[2] 郑永峰. GDPS灌浆套筒钢筋连接技术研究 [D]. 南京：东南大学，2016.

[3] 王建超，周静海，唐林. 钢筋-灌浆料黏结-滑移关系试验研究 [J]. 工业建筑，2016增刊Ⅰ：636-639.

[4] 邢亚. 非接触方式钢筋绑扎搭接连接的工作机理分析及应注意的问题 [J]. 工程质量，2012，30(6)：56-58.

[5] JGJ 355—2015钢筋套筒灌浆连接应用技术规程 [S]. 北京：中国建筑工业出版社，2015.

[6] JGJ 1—2014装配式混凝土结构技术规程 [S]. 北京：中国建筑工业出版社，2014.

# 现代有轨电车嵌入式轨道填充材料变形特性研究

李骏鹏，卜建清

（石家庄铁道大学　交通运输学院，河北省石家庄市　050043）

**摘　要**：考虑嵌入式轨道不仅要承受列车荷载的作用，在混行交通地段更多的会承受道路交通荷载，根据嵌入式轨道结构的特点建立了混合路权下嵌入式轨道结构静力计算模型。从静力学的角度对混合路权下嵌入式轨道填充材料进行研究。通过静力分析，建议填充材料的弹性模量取10～15MPa。

**关键词**：嵌入式轨道；混合路权；填充材料

现代有轨电车的槽型轨是一种新型的减振降噪型轨道结构。其钢轨与道床的连接方式不同于传统的轨道结构中离散的扣件连接方式，它是在混凝土整体道床中设置一个凹槽，钢轨放置在凹槽内，以高分子填充材料铺设至钢轨的轨头下方将钢轨固定。这种沿纵向连续的支承方式大大降低了由于传统离散支承的不平顺性引起的轨道结构振动，并通过钢轨周围填充材料的变形耗能，提高了减振降噪性能和稳定性，同时钢轨埋入路面，与城市机动车辆的行驶能够无障碍衔接，并减少养护维修工作量，特别适用于城市有轨电车的轨道[1]。目前，国内多家轨道客车公司和路桥公司等轨道企业已经开始研制和生产低地板车辆，许多城市也正在积极规划发展现代有轨交通，有轨电车呈现蓬勃发展的趋势。

## 1　建立混合路权下嵌入式轨道结构静力学计算模型

### 1.1　力学模型简图

由于嵌入式轨道不仅要承受列车荷载的作用，在混行交通地段更多的会承受道路交通荷载的作用[2]。参考《公路工程技术标准》JTG B01—2014[3]，道路交通荷载可近似简化为一个矩形的、均匀的面荷载，计算时考虑轨道结构同时承受来自道路交通荷载作用的垂向力和横向力，力学模型如图1所示，考虑轨道结构的对称性，取一半进行计算。

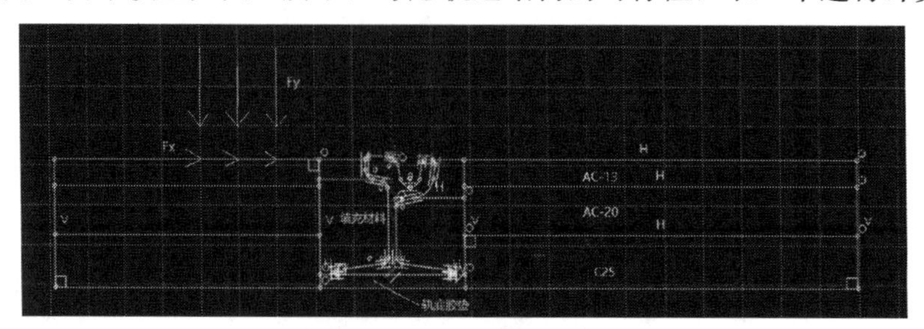


图1　力学模型简图

## 1.2 车辆荷载布置

参考《公路工程技术标准》JTG B01—2014，采用公路-I 级荷载布置标准，车辆荷载主要技术指标如表 1 所示。

车辆荷载主要技术指标　　表 1

| 项目 | 单位 | 技术指标 |
|---|---|---|
| 车辆重力标准值 | kN | 550 |
| 前轴重力标准值 | kN | 30 |
| 中轴重力标准值 | kN | 2×120 |
| 后轴重力标准值 | kN | 2×140 |
| 轴距 | m | 3+1.4+7+1.4 |
| 轮距 | m | 1.8 |
| 前轮着地宽度及长度 | m | 0.3×0.2 |
| 中、后轮着地宽度及长度 | m | 0.6×0.2 |
| 车辆外形尺寸 | m | 15×2.5 |

从表 1 可以看出汽车荷载重力标准值最大为 140kN，轮距为 1.8m，因此从轨道结构受力最不利情况出发，选取 140kN 作为模型计算时的荷载，荷载范围取后轮着地宽度及长度 0.6m×0.2m，考虑正常干燥沥青路面摩擦系数为 0.6，因此取水平方向力的大小为 84kN。

## 1.3 建立有限元模型

59R2 槽型轨尺寸[4]及其有限元模型如图 2 所示：

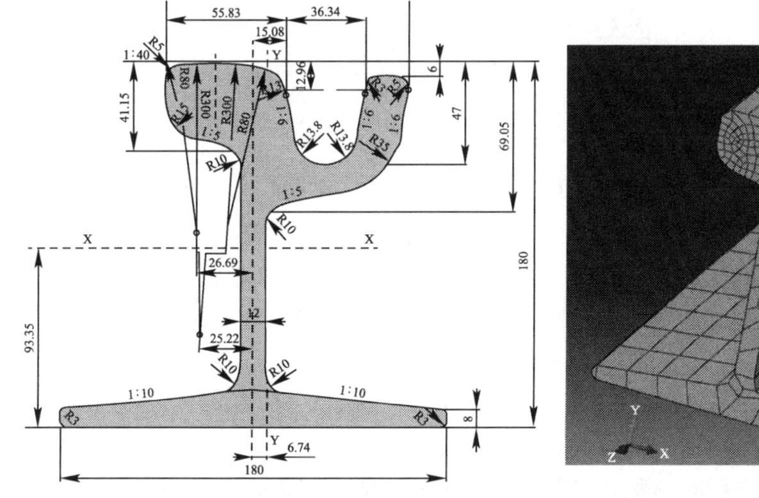


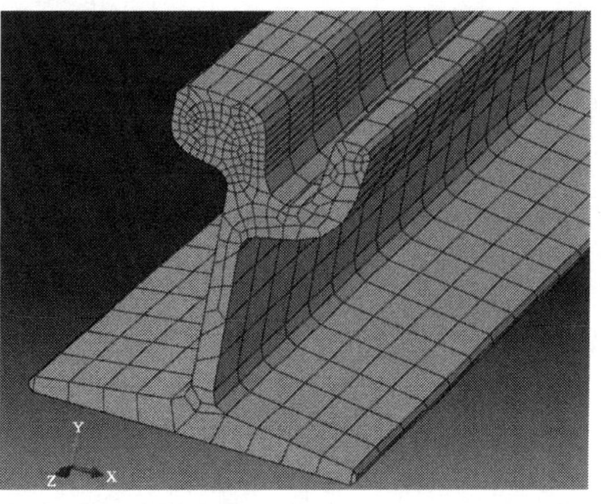


图 2　59R2 槽型轨尺寸及其有限元模型

综上，利用 ABAQUS 有限元软件，建立了长 6m，宽 3m，槽深 0.2m，槽宽 0.22m 的有限元模型如图 3 所示，共包含 86273 个三维六面体实体单元。

图3 嵌入式槽型轨有限元模型

## 1.4 工况设置

混合路权下，汽车横向穿过嵌入式轨道结构，因此分别设置汽车荷载作用在钢轨外侧和钢轨内侧，轮载作用面积取 0.6m×0.2m，由于实际铺设时，59R2 槽型轨轨头会高于路面铺装层，考虑受力最不利情况，轮载全部作用于钢轨之上，此时轮载作用面积取 0.03m×0.2m。因此为模拟汽车横向穿越时轨道的受力过程，设置工况如下：

工况一，汽车荷载作用于钢轨外侧，轮载作用面积取 0.6m×0.2m，轮距取 1.8m，垂向力大小取 140kN，水平力朝向钢轨内侧，大小取 84kN；

工况二，汽车荷载作用于钢轨内侧，水平力朝向钢轨外侧，其余同工况一；

工况三，汽车荷载作用于钢轨之上，轮载作用面积取 0.03m×0.2m，轮距取 1.8m，垂向力大小取 140kN，水平力朝向钢轨内侧，大小取 84kN；

工况四，汽车荷载作用于钢轨之上，水平力朝向钢轨外侧，其余同工况三。

## 2　填充材料参数分析

嵌入式轨道两侧普遍采用现浇环氧树脂作为填充材料，摆脱了传统的轨道结构中扣件连接方式，主要依靠填充材料来扣压，因此填充材料必须要有足够的抗拉、压强度。本节通过分析前面四种工况下，填充材料弹性模量的变化对填充材料自身以及周围沥青层的受力及位移的影响，从而确定较好的弹性模量范围，分析的弹性模量取 5～20MPa。

### 2.1　填充材料变形

在工况一下，填充材料弹性模量为 5MPa 时，填充材料垂向位移的最大值为 2.48mm，如图 4 所示。

图 4　填充材料垂向位移

此时在填充材料与钢轨交界处发生最大横向位移，最大横向位移为 0.8442mm，槽型轨横向位移很小可以忽略不计，如图 5 所示。

沥青层最大压应力发生在沥青层与填充材料交界处，最大为 0.1215MPa，如图 6 所示。

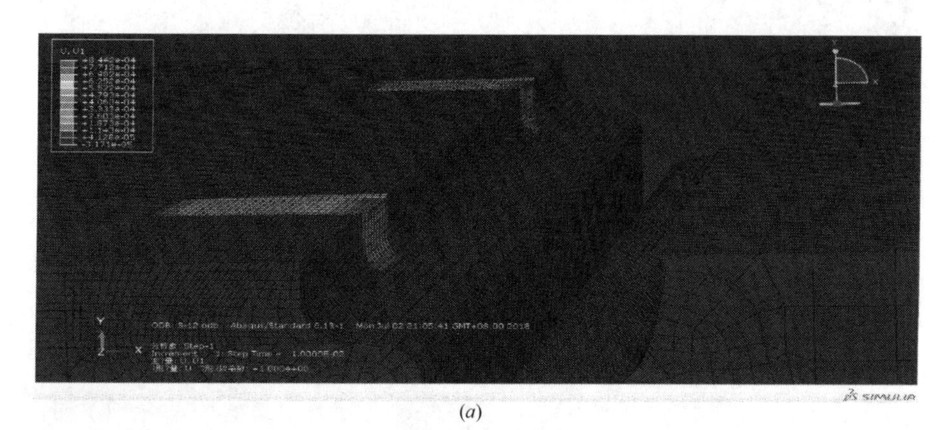

(*a*)

图 5　填充材料横向位移（一）

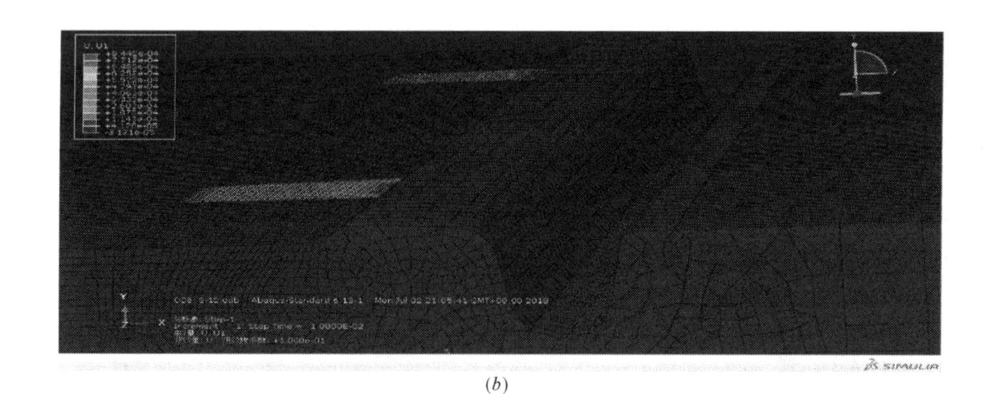

(*b*)

图 5　填充材料横向位移（二）

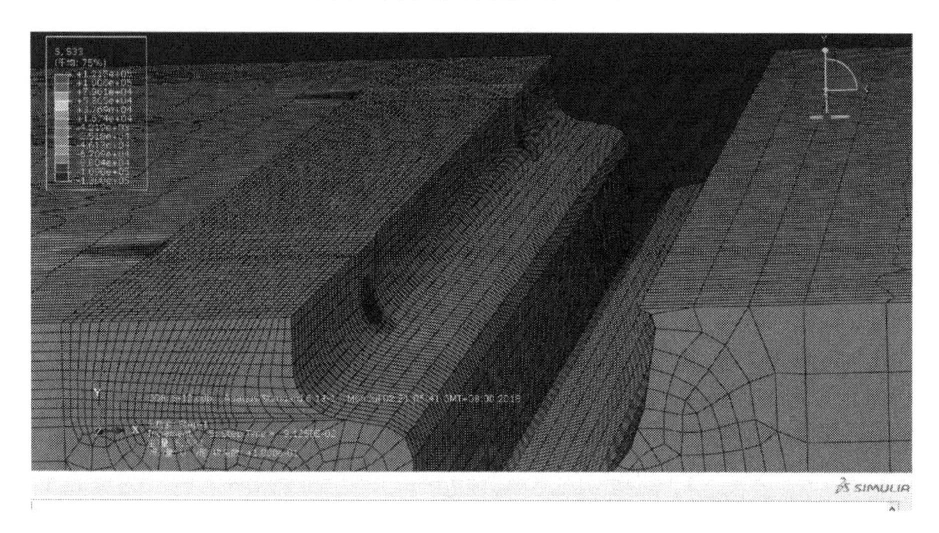

图 6　最大压应力

此时槽型轨由于受到填充材料的扣压，其受力主要集中在轨头外侧及轨底两侧，如图 7 所示。

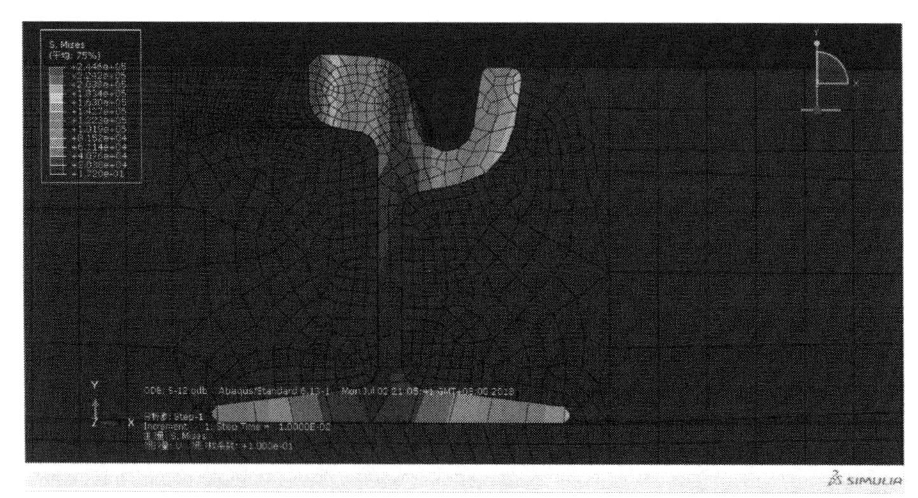

图 7　槽型轨受力

分别计算不同工况和改变填充材料弹性模量，得到填充材料弹性模量与横向位移最大值关系如表 2 和图 8 所示。

**不同弹性模量下填充材料横向位移最大值**（单位：mm） **表 2**

| 弹性模量/MPa | 5 | 10 | 15 | 20 |
| --- | --- | --- | --- | --- |
| 工况一 | 0.84 | 0.82 | 0.79 | 0.78 |
| 工况二 | 0.75 | 0.72 | 0.71 | 0.69 |
| 工况三 | 2.62 | 2.34 | 2.05 | 1.89 |
| 工况四 | 2.43 | 2.17 | 1.92 | 1.67 |

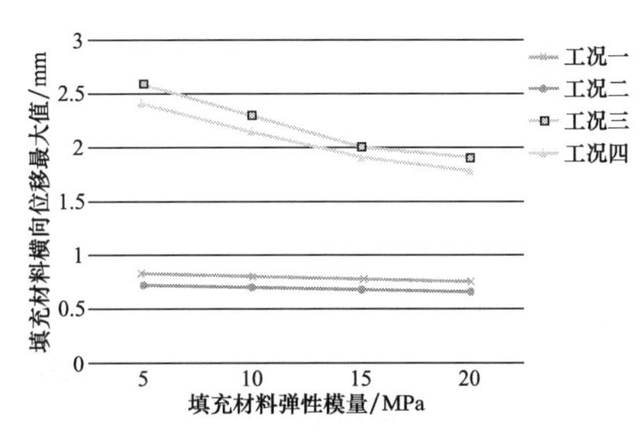


图 8　不同弹性模量下填充材料横向位移

汽车荷载作用在钢轨两侧时（工况一、二），填充材料横向位移相比汽车荷载作用在槽型轨上时（工况三、四）较小，且横向位移基本不受弹性模量变化的影响，考虑到实际情况是此时荷载主要作用在槽型轨两侧上，轨道两侧混凝土弹性模量远大于填充材料，因此填充材料受弹性模量变化影响较小；在工况三、四时，填充材料横向位移随填充材料弹性模量增加而减小，当大于 15MPa 时，减小的速率有明显降低。四种工况相比较，工况三的填充材料横向位移最大，在工况三、四情况下，弹性模量在 5～10MPa 之间的横向位移最大，在 5MPa 时达到最大的 2.62mm。

表 3 和图 9 分别表示不同填充材料弹性模量对填充材料自身的垂向最大位移的影响。

**不同弹性模量下填充材料垂向位移最大值**（单位：mm） **表 3**

| 弹性模量/MPa | 5 | 10 | 15 | 20 |
| --- | --- | --- | --- | --- |
| 工况一 | 2.48 | 2.37 | 2.21 | 2.13 |
| 工况二 | 2.36 | 2.28 | 2.17 | 2.03 |
| 工况三 | 3.42 | 3.21 | 3.07 | 2.96 |
| 工况四 | 3.17 | 3.05 | 2.91 | 2.83 |

可以看出，填充材料垂向位移明显大于横向位移，但填充材料垂向位移趋势与横向位移趋势基本相同，这说明填充材料弹性模量对其横、垂向位移影响相似。

## 2.2　沥青层变形趋势

表 4 和图 10 分别表示填充材料弹性模量不同时，沥青层的最大横向位移及其变化趋势。

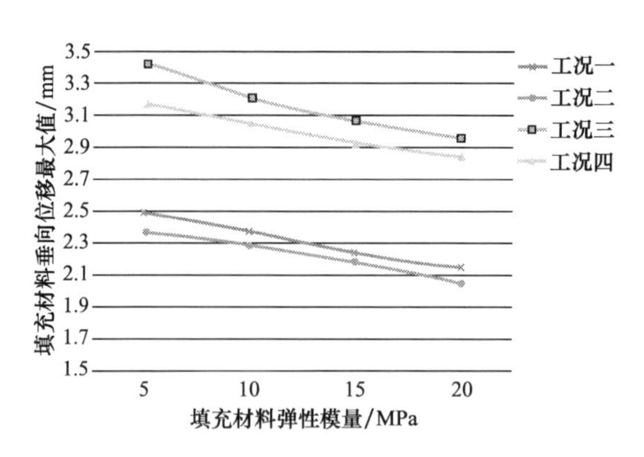


图 9　不同弹性模量下填充材料垂向位移

**不同填充材料弹性模量下沥青层横向位移最大值**（单位：mm）　　**表 4**

| 弹性模量/MPa | 5 | 10 | 15 | 20 |
|---|---|---|---|---|
| 工况一 | 0.63 | 0.61 | 0.60 | 0.59 |
| 工况二 | 0.53 | 0.52 | 0.50 | 0.50 |
| 工况三 | 2.39 | 2.21 | 2.07 | 1.96 |
| 工况四 | 2.13 | 2.01 | 1.85 | 1.77 |

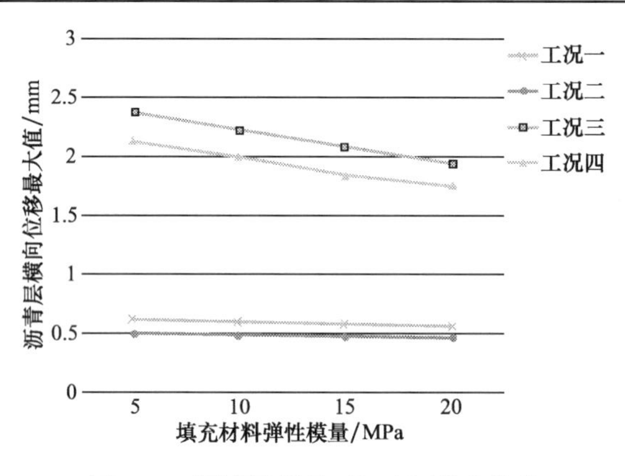


图 10　不同弹性模量下沥青层横向位移

在工况三、四时，弹性模量在 5～10MPa 之间的横向位移最大，在 5MPa 时达到最大的 2.39mm。横向位移随填充材料弹性模量的增大而减小，且弹性模量为 5～10MPa 时的减小速率最大，当大于 15MPa 时，减小速率趋于缓和。当汽车荷载作用于钢轨两侧时（工况一、二），弹性模量变化对沥青层的横向位移影响较小，最大位移基本相同，且远小于其他工况。

表 5 和图 11 分别表示填充材料弹性模量不同时，沥青层的最大垂向位移及其变化趋势。

**不同填充材料弹性模量下沥青层垂向位移最大值**（单位：mm）　　**表 5**

| 弹性模量/MPa | 5 | 10 | 15 | 20 |
|---|---|---|---|---|
| 工况一 | 1.87 | 1.85 | 1.84 | 1.83 |
| 工况二 | 1.86 | 1.84 | 1.83 | 1.83 |
| 工况三 | 2.64 | 2.53 | 2.42 | 2.37 |
| 工况四 | 2.45 | 2.37 | 2.26 | 2.21 |

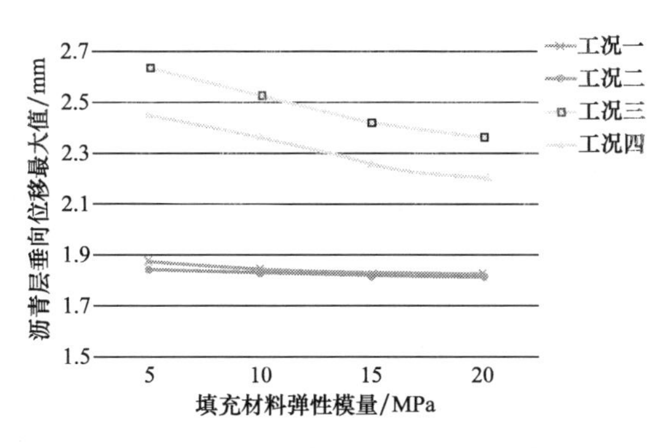


图 11　不同弹性模量下沥青层垂向位移

在工况一、二时，考虑到荷载作用在槽型轨两侧，此时填充材料弹性模量对沥青层影响很小，表现为沥青的垂向位移基本相同且不随填充材料弹性模量增大而变化，但在数值上垂向位移要明显大于横向位移。

## 3　结论

（1）现代有轨电车嵌入式轨道采用填充材料进行扣压，可以有效避免传统扣压方式造成的钢轨局部应力集中，并且这种沿纵向的连续支承方式，大大降低了轨道的不平顺性，可以遇见嵌入式轨道必将是未来有轨电车发展的主流。

（2）在相同工况下，填充材料弹性模量变化，对其自身的横向和垂向位移影响较大，总体表现为随弹性模量增大而位移减小，且当荷载作用于钢轨上时尤为明显，但随着弹性模量增大，对其位移减小的速率也趋于缓和。

（3）由于轨道两侧混凝土弹性模量远大于填充材料，因此沥青面层受弹性模量变化影响较小，横向位移随填充材料弹性模量增大而减小，垂向位移基本不受弹性模量变化的影响。

（4）综合考虑四种工况下沥青层及填充材料位移变化规律，填充材料弹性模量在 5～10MPa 时，各个方向的位移都是最大的，而大于 15MPa 时，虽然位移在减小，但相比 10～15MPa 时减小的幅度很小，目前市面上的填充材料由于所使用的配方不同，导致其弹性模量和泊松比也不尽相同，提高弹性模量无疑会增加成本，10～15MPa 完全满足使用需求，出于经济与实用相结合考虑，建议取 10～15MPa 较为合适。

### 参考文献

[1]　卫超．现代有轨电车的适用性研究［D］．上海：同济大学，2008．

[2]　吴其刚．现代有轨电车系统发展的重难点及对策研究［J］．铁道工程学报，2013，30（12）：89-92．

[3]　中交第一公路勘察设计研究院有限公司．JTG B01—2014 公路工程技术标准［S］．北京：人民交通出版社，2014．

[4]　陈攀，李成辉，易欣，等．有轨电车嵌入式轨道结构几何形位的变化特性分析［J］．中国铁路，2014（09）：107-112．

# 砌体结构加固措施的探讨

李阳，冯丹，韩少杰
（河北建筑工程学院　土木工程学院，河北省张家口市　075000）

**摘　要：** 砌体结构建筑的抗震性能较差，抗拉强度低，对既有砌体结构进行加固改造，提高建筑结构的适用性、稳定性和耐久性，符合现代建筑绿色可持续发展的要求[1]。通过对老旧建筑的加固，提高了其安全性和整体性，让老旧建筑继续工作延长其使用寿命，减缓建筑规模的扩张速度，减少对环境的污染。本文对既有砌体结构的加固方法进行了总结和探究，阐述了砌体结构加固的必要性，系统分析了老旧砌体结构房屋裂缝产生的原因。

**关键词：** 砌体结构；裂缝；加固

砌体结构建筑在我国原有工业和民用建筑中占有很大的比例，但是砌体结构房屋延性差，抗剪、抗拉、抗弯强度较差[2]，因此在长时间的使用过程中，需要采取一定的措施进行加固才能继续使用。房屋加固涉及的范围广，而且加固的结构是二次组合，为了能够让加固后的建筑性能能充分发挥，因此在加固前应该对房屋进行鉴定、受损分析，充分考虑各种因素，选择合适的加固方案。

## 1　砌体结构加固的原因

经过近二十年建筑产业的高速发展，房屋建设规模不断扩大，我国目前可利用建设的土地逐年减少，而且很多建筑物没有达到使用寿命就出现损坏，所以加固施工技术发展成一门必要技术。加快旧房改造加固，可以延长房屋的使用寿命，节约了建筑材料，缓解了我国局部用地紧张的问题，符合建筑的绿色可持续发展和现代施工技术的要求。

砌体结构建筑的原材料取材方便，耐火性和耐久性较好，保温隔热效果好，能为建筑结构增加外观美和舒适度。但是砌体结构建筑抗拉、抗剪性能较差，在地震发生时极易破坏。建筑加固的目的是通过加固改造使建筑结构的构件更加坚固，使房屋能够满足相应规范的要求。通过加固施工技术，可以显著提高建筑的承载能力和抗震性能，在房屋结构发生变形开裂的时候，可以在约束限制下阻止破坏[3]。

## 2　砌体结构裂缝原因分析

砌体结构的裂缝问题是砌体结构房屋中最常见的问题。裂缝不仅会对外观产生影响，还会对砌体结构建筑的使用性造成威胁。结构产生裂缝的原因有很多：由于地基不牢稳产生不均匀沉降出现裂缝；设计构造不当产生裂缝；温度的变化使结构产生热胀冷缩产生裂缝；受力引起的变形裂缝；还有一些由于施工和材料问题引起的裂缝[4]。

## 2.1 地基不均匀沉降

引起地基不均匀沉降的因素主要有上部结构的荷载差异、软弱土层不均以及相邻建筑物的影响。当地基发生不均匀沉降时，沉降大的部分砌体相对于沉降小的部分产生相对位移，从而使砌体结构产生附加拉应力和剪力，当墙体产生的附加应力大于砌体强度就会出现裂缝。如长高比较大的砌体房屋，两端沉降幅度比中间大，就会因为反向弯曲引起倒八字裂缝；地基中间沉降幅度比两端大，就会因为正向弯曲引起正八字裂缝；建筑物的一端比另外一端下沉幅度大，就会出现偏向沉降大一端的倾斜裂缝。由于地基不均匀沉降产生裂缝的建筑，通常设置沉降缝加强上部结构的整体性和刚度、提高墙体的抗剪性能，从而减少裂缝的产生。

## 2.2 温度裂缝

温度裂缝大多出现在砌体与其他构件相连的部位，比如砌体与圈梁连接的部位。由于混凝土和砌体的温度线膨胀系数不同，当发生温度变化时，混凝土的收缩比砌体快，因此在温度变化频繁时，房屋的砌体部分和建筑物顶部圈梁会因为限制力而产生附加应力，当附加应力大于墙体内部的拉应力时就会出现竖向裂缝。当砌体结构建筑太长、墙体内外温差大、没有设置伸缩缝时，钢筋混凝土屋顶和砌体墙体的收缩不同，很容易在门窗洞口周围以及刚度小的部位出现贯通竖向裂缝，这类裂缝可能还会导致楼顶相应的部位发生断裂，最后形成圆圈状裂缝。为了防止墙体产生温度裂缝，通常在设计时设置伸缩缝，保证主要受力构件不致因温度应力发生破坏。

## 2.3 结构受力裂缝

砌体结构产生受力裂缝大多是因为墙体由于外荷载产生的应力大于墙体自身可承受的极限荷载。受力裂缝一般可以分为受拉裂缝、受弯裂缝和受压裂缝。受拉破坏时沿墙体垂直开裂，如果砂浆的等级不足会沿灰缝产生裂缝，受压破坏时裂缝竖向分布。

## 2.4 施工质量差

不按比例配置砌筑砂浆，密度过大，当砂浆吸收水分后发生干缩，导致砌体产生倾斜裂缝；砌体用断砖，墙中的重逢和通缝较多。

## 2.5 建筑构造不当

当不同结构混合使用时，不采用适当的措施。如采用钢筋混凝土墙梁挠度过大产生变形；沉降缝的位置设置不当，如沉降缝不设置在沉降最大的位置；结构的整体性不好，如外墙转角处楼梯间和纵墙交接处不留设直槎[5]。

# 3 砌体结构加固方法

当准备对建筑物加固时，应提前对建筑物进行鉴定检测，其次根据建筑物的使用功能和业主的要求采用合理的加固方法。加固的主要目的是提高房屋的承载能力和抗震性能，延长房屋的使用年限。

## 3.1 应对地基不均匀沉降的加固方法

造成地基不均匀沉降的原因有很多，可以采用注浆法，利用电化学原理，液压或电压将浆液注入土体中的孔隙，把原来松散的地基土粘结成一个整体来提高地基承载力，有效控制地基沉降。对于地基不均匀沉降造成房屋产生裂缝和倾斜，可以采用地基加固和顶升纠偏相结合的方法，在修补房屋裂缝和纠倾方面效果更加显著。

## 3.2 墙体加固措施

砌体结构加固墙体的方法有很多，常用的方法有增大截面加固法、外包型钢加固法、钢筋网水泥砂浆面层加固法和粘贴纤维复合材加固法等。增大截面加固法主要用于砌体承载能力不足，有轻微裂缝，该方法可有效提高墙体的承载能力，但是会减少建筑的使用面积，增加结构的自重；外包型钢加固法通过在墙体开裂部分利用胶粘剂把钢板粘贴在墙体表面处，该方法操作简单，对生活和生产的影响较小；钢筋网水泥砂浆面层加固方法能够较好的提高建筑物的承载能力，不过在施工时操作相对复杂，需要将加固墙体表面的粉砂层剔除干净，然后双面架设钢筋网片，最后抹水泥砂浆；粘贴纤维复合材加固法具有不增加构件的自重和体积、施工操作简便、耐久性好的特点，是一种新兴加固措施，已逐步取代了外包型钢加固法[6]。

## 3.3 构造性方法

### 3.3.1 增设构造柱加固

增设构造柱是为了将砖墙侧向挤出破坏的约束作用发挥出来，进而提高砌体结构的承载能力。增设构造柱还可以增强砌体结构的整体性，当地震发生时建筑可以利用塑性变形消耗地震能量，还能提高建筑的抗震能力[7]。

### 3.3.2 增设圈梁加固

增设圈梁是在增强内外墙连接的基础上加强建筑的整体性。当墙体受到构造柱和圈梁的同时约束，可以限制墙体裂缝的产生，对墙体的变形和整体性提供了保证[8]。

### 3.3.3 局部拆砌

在条件允许的情况下，砌体受力不大，砌体块材和砂浆强度不高的部位，可以采用局部拆砌法。在裂缝处沿灰缝拆除 500～1000mm 长的砌体，把粘在砌体上的砂浆剔除干净，将浮尘清理干净并充分润湿墙体，砌筑后保证新老砌体结合密实[9]。

# 4 结语

建筑墙体的裂缝是建筑物中最常见的一种破坏形式，一定要找出裂缝产生的原因并采取相应的措施，阻止裂缝开展并且进行修复。随着人民生活水平的提高，人们对房屋建筑品质的要求越来越高。所以要重视墙体构造的裂缝问题，加快完善我国加固体系，延长我国房屋的使用寿命[10]。

## 参考文献


[1] GB 50003—2011 砌体结构设计规范［S］. 北京：中国计划出版社，2012.

[2] 宋婷，刘亚楠，杨柯红. 砌体结构房屋安全隐患成因及加固办法［J］. 价值工程，2017（31）：120-121.

[3] 刘强，曹大富，陆一航. 砌体结构加固技术的探讨［J］. 苏州科技大学学报，2017（30）：38.

[4] 刘丹. 砌体结构裂缝加固补强措施探讨［J］. 科技创新与应用，2013（22）：224.

[5] 谢建军. 砖砌体结构工程加固技术应用研究［J］. 河南建材，2016（6）.

[6] 潘杉. 关于砌体结构体系加固方法探析［J］. 中国新技术新产品，2012（13）：185.

[7] 杨梅. 试论多层砌体结构的抗震分析级加固技术措施［J］. 江西建材，2015（1）：89.

[8] 郑德浩. 房建砌体结构的加固工程与施工技术研究［J］. 科学技术创新，2017（23）：143-144.

[9] 高响，徐建设，田亚文. 某砌体结构抗震鉴定与加固技术［J］. 施工技术，2017（S1）：1047.

[10] 何建. 砌体结构房屋可靠性鉴定与加固方法及实例［D］. 重庆：重庆大学，2006.

# “一带一路”和中国基础设施建设的思考——以沥青路面再生利用为例

李印冬，李章珍，樊旭英
（河北建筑工程学院　土木工程学院，河北省张家口市　075000）

**摘　要：**“一带一路”倡议促进了沿线国家基础设施建设，带动了沿线国家沥青路面再生利用的发展。本文对国内外沥青路面再生技术研究进展进行了综述分析。以十九大报告对中国国情的判断，分析了中国推广沥青路面再生利用面临的主要挑战是中国不平衡不充分的发展。以“一带一路”倡议的原则和发展理念为指导思想，提出了“一带一路”和中国沥青路面再生利用发展的几点思考。一是抓住“一带一路”发展的机遇，在学习中创新；二是深化对外开放，贯彻“十三五”规划提出的发展理念。

**关键词：**“一带一路”；沥青路面；再生利用；发展；基础设施

## 1　沥青路面再生利用的意义

2013 年，习近平主席提出了“一带一路”倡议。“一带一路”把亚洲、欧洲和非洲沿线国家连成一个整体，打造新型的人类命运共同体，实现沿线国家利益共同发展[1]。“一带一路”倡议的发展离不开沿线国家之间的互联互通，公路运输作为实现沿线国家之间互联互通的纽带之一一直被放在优先发展的位置，而公路运输中又以沥青路面为主，所以在“一带一路”倡议发展的同时也将会带动沿线国家沥青路面建设的快速发展。1973 年石油危机爆发对欧美等发达国家产生了巨大的冲击，造成许多国家沥青供应不足，纷纷调整能源产业结构以节约资源和减少对石油资源的依赖[2~3]。欧美等一些发达国家开始将旧沥青路面再生技术（旧沥青路面再生技术，是指通过将旧沥青路面进行破碎、筛分并与适量的再生剂、新集料、新沥青运用相应设备重新拌合，产生满足路用性能要求的沥青混合料并应用于沥青路面建设的一整套技术[4]）作为研究重点来缓解国内石油资源紧张的局面。

为加快“一带一路”倡议的发展，2014 年习近平主席提出了建立“亚投行”和丝路基金的倡议[5]，这也进一步表明了基础设施建设所处的重要地位。“一带一路”秉承“共商、共建、共享”的建设理念，说明沿线国家之间的基础设施建设应该是各国共同协商、共同建设、共享“一带一路”倡议的成果。“一带一路”沿线国家纷纷响应，然而由于各

基金项目：河北建筑工程学院研究生创新基金项目（XB201821）。

作者简介：李印冬（1992—），男，汉族，湖南永州人，河北建筑工程学院土木工程学院硕士研究生，主要研究方向为道路工程。邮箱：631446728@qq.com，电话：15731360138，地址：河北省张家口市桥东区朝阳西大街 13 号，河北建筑工程学院，邮编：075000。

国的技术要求和经济水平发展的不平衡使得各国之间的基础设施建设面临着诸多挑战。目前，“一带一路”倡议中几大经济走廊交通基础设施建设的基本情况是：中蒙经济走廊的基础设施已初见规模；新亚欧大陆桥经济走廊已经基本建设完成；中国—中亚—西亚经济带受国际政治影响尚没有建成；中巴经济走廊和孟中印缅经济走廊已建成200km沥青路面；中国—中南经济走廊已经建成公路、水路、海运的综合交通运输网络[6~7]。

沥青路面是道路交通运输中最常用的一种路面结构，二级以上公路基本为沥青路面结构，“一带一路”沿线国家在其本国或各国之间或多或少都已建有沥青路面交通。这些既有沥青路面或已经达到最大使用年限需要重修，或年久失修需要大、中修，或不能满足“一带一路”发展的需要而要大量的改建、扩建等。这三种情况的一个共同点就是会产生大量的废旧沥青路面，这些废旧沥青路面占地面积大，运输过程中易扬尘造成对当地空气污染，长期堆放也会对当地水资源造成污染。解决这个问题最好的办法无疑是对废旧沥青路面再生利用，这不仅能够解决占用土地资源和环境污染的问题，而且具有良好的经济效益[8]和节能减碳效益[9]。

## 2 国内外沥青路面再生技术发展面临的挑战

### 2.1 国外沥青路面再生技术面临的挑战

#### 2.1.1 区域经济发展不平衡的制约

“一带一路”横贯亚洲、欧洲和非洲等国家，各国的经济发展水平参差不齐，欧洲各国对沥青路面再生技术研究较早，技术要求水平较高，沥青路面建设较为完善，而非洲国家经济水平相对落后，起步也较晚，对沥青路面再生利用技术投入的成本有限。发达国家越来越重视资源的可持续发展和经济循环发展，而一些发展中国家仍在走先污染后治理的老路，所以对沥青路面再生技术没有引起足够的重视制约了沥青路面再生技术的进一步发展和推广。

#### 2.1.2 对外开放水平的影响

中国在1978年施行改革开放政策之前，国家经济水平落后，对基础设施的建设施行大包大揽的政策，导致长期以来中国的基础设施落后的局面[10]。施行改革开放以后，随着国家的放权和国家政策的支持，各地政府积极招商引资，引进国外的先进技术和研究成果使得中国基础设施建设在短短三十多年的时间里取得丰硕的成果。截止到2014年，中国公路通车里程达到了446.39万km，高速公路通车里程也达到了11.19万km[11]。对旧沥青路面再生利用方面，从起初当作废物利用到现在能够将现场热再生技术应用在高速公路上，实现了技术上质的跨越。而目前“一带一路”沿线一些国家对外保持相对保守的态度，对国外先进的沥青路面再生技术和丰厚的资金仍处于犹豫的状态，缺乏对外开放和招商引资政策，这极大影响了沥青路面再生技术的进一步发展和推广。

### 2.2 中国沥青路面再生技术面临的主要挑战

习近平主席在十九大报告中指出，中国现阶段的社会主要矛盾已经转化为人民日益增长的美好生活需要和不平衡不充分的发展之间的矛盾。中国区域发展不平衡主要表现在城乡发展不平衡、基础设施建设发展不平衡和地区经济发展不平衡[12]。由于区域发展的不平衡，中国许多地区无法投入更多的成本去引进国外先进的沥青路面再生利用的施工设备，导致先进的再生技术无法实施、再生沥青路面质量低、成本增加、节能环保效益不明显等问题。鉴于对旧沥青路面再生需要投入大量的成本来引进设备，需要大规模的旧沥青路面再生才能实现收益大于支出，且短时间内难以带来良好的经济效益和环保效益，所以很多地区宁愿支出一笔费用去处理大量的废旧沥青路面材料，选用传统的沥青路面建设，也不愿对废旧沥青路面再生利用。目前，仅有少数地区依赖国外先进的施工设备对旧沥青路面再生利用，推广对沥青路面再生利用仍然面临着巨大的挑战。

## 3 “一带一路”和中国沥青路面再生利用发展的几点思考

### 3.1 抓住机遇，迎接挑战

“一带一路”秉承“共商、共建、共享”的原则，沿线国家之间的基础设施建设也将是“一带一路”沿线国家共同商议、共同建设、各国人民共享“一带一路”的福利，使各国人民有更多的获得感。中国应该积极学习国外先进的技术，打开国内市场，加快中国基础设施建设的步伐，并在学习中创新，形成一套适用于中国的沥青路面再生技术。发达国家可以趁此机会扩大输出，将剩余的资本投入到更大的市场获取利润，用先进的技术创造更大的价值，并在应用中创新，完善相应的管理制度和突破技术上的瓶颈，深化“一带一路”的理念——“和平合作、开放包容、互学互鉴、互利互赢”[13]，实现各国之间的双赢甚至多赢，在“一带一路”发展中实现共同繁荣。

### 3.2 深化对外开放，贯彻发展理念

提高中国对外开放水平，积极引进国外先进的沥青再生技术和相应的施工装备、重要材料和关键零部件[14]，深化道路建设管理改革，提高道路建设效率，节约建设成本，建立健全道路建设机构。贯彻“十三五”规划提出的“创新、协调、绿色、开放、共享”的发展理念，通过对沥青路面再生技术和相应设备的创新，提高沥青路面再生利用水平，减少污染提高经济效益和节能减碳效益，真正做到“既要青山绿水，也要金山银山”，实现资源可持续发展和经济循环发展。在“一带一路”建设中努力协调各方，提高对外开放水平，与各方共享“一带一路”带来的低碳环保的生态环境。

### 参考文献

[1] 王明国. “一带一路”倡议的国际制度基础 [J]. 东北亚论坛，2015，24 (06)：77-90+126.

[2] 石冬明. 美国能源管理体制改革及其启示——基于 1973 年石油危机后的视角 [J]. 改革与战略，2017，33 (01)：150-157.

[3] 臧爽. 能源约束下日本产业结构调整的行政机制的效果及其特点——以第一次石油危机为例 [J]. 学术论坛，2013，36 (9)：127-130，134.

[4] 韦琴，杨长辉，熊出华，等. 旧沥青路面再生利用技术概述 [J]. 重庆建筑大学学报，2007，29 (3)：128-131.

[5] 翟崑. “一带一路”建设的战略思考 [J]. 国际观察，2015 (04)：49-60.

[6] 卢伟，李大伟．“一带一路”背景下大国崛起的差异化发展策略［J］．中国软科学，2016（10）：11-19.

[7] 许娇，陈坤铭，杨书菲，等．“一带一路”交通基础设施建设的国际经贸效应［J］．亚太经济，2016（03）：3-11.

[8] 郝培文．推广沥青再生技术，实现能源循环利用［N］．中国交通报，2009-09-02（006）.

[9] 刘利军．再生沥青混合料节能与减碳效益研究［J］．公路工程，2014，39（04）：10-16.

[10] 王学力．改革开放以来广东基础设施建设的主要经验教训探讨［J］．生产力研究，2003（3）：143-145.

[11] 姜安印．“一带一路”建设中中国发展经验的互鉴性——以基础设施建设为例［J］．中国流通经济，2015，29（12）：84-90.

[12] 白玫．抓住新矛盾着力解决发展不平衡不充分难题——“十九大”报告学习体会之新矛盾篇［J］．价格理论与实践，2017（11）：1-3.

[13] 刘卫东．“一带一路”倡议的科学内涵与科学问题［J］．地理科学进展，2015，34（05）：538-544.

[14] 深化经济体制改革提高对外开放水平［J］．经济学家，2008（02）：130.

# 钢骨混凝土异形柱的研究现状

马相楠，麻建锁，郭腾，陈硕

（河北建筑工程学院　土木工程学院，河北省张家口市　075000）

**摘　要**：异形柱结构中的柱肢宽与墙厚相同，可以避免房间中柱楞的突出，把建筑美观和空间布置灵活性相结合。文中对钢骨混凝土异形柱的结构形式、特点进行阐述，并对其国内外研究现状进行分析，在已有钢骨异形柱偏压试验、截面承载力理论计算研究基础上提出现存问题，最后对钢骨异形柱的发展及研究方向提出建议。

**关键词**：异形柱结构；钢骨异形柱；研究现状

现阶段，钢筋混凝土异形柱为异形柱结构的主要形式（简称 RC 异形柱），随着实验研究的深入与工程实践的应用，其诸多缺点逐渐暴露：由于钢筋混凝土异形柱肢宽受到墙体厚度的限制，导致异形柱肢宽过窄而承载能力不足；钢筋混凝土异形柱截面存在一或多个拐角，其在施工时钢筋绑扎更为复杂，特别是在梁柱节点处钢筋穿插复杂，锚固比较困难，增加了施工难度。为改善钢筋混凝土异形柱现存问题，研究者逐渐利用型钢代替钢筋，形成钢骨混凝土异形柱（简称 SRC 异形柱）。

## 1　钢骨异形柱形式及特点

钢骨混凝土异形柱结构是指在钢筋混凝土异形柱内部配置钢骨的组合结构，是我国自主研发的结构形式。异形柱截面中配置钢骨并搭接或者绑扎少许纵筋和箍筋，钢骨形式可为各种轧制或焊接而成的不规则形状钢，最后浇筑混凝土而形成。

钢骨异形柱通常按照配钢形式可分为实腹式和空腹式两种（图 1）。钢骨异形柱的构造特点是在钢筋混凝土内配置钢骨，并且可以根据建筑功能要求、受力特点以及构件截面大小需求等，自由选择截面板件的形状、宽度、厚度及组合形式，合理、灵活的布置于柱截面内。目前配置的传统钢骨形式有工字钢、宽翼缘工字钢、角钢、双槽钢、十字型钢、双十字钢、箱型方钢管等。

钢骨异形柱与钢筋混凝土异形柱相比较，结合了钢材与混凝土两种材料的特性，由于钢骨的配置，使得钢骨异形柱的抗压、抗拉性都得以充分发挥，所以钢骨异形柱结构拥有

---

项目资助：国家住房和城乡建设部科技项目：新型低层装配式尾矿混凝土复合墙板性能及其应用技术研究（2017-K9-019）。

作者简介：马相楠（1993—），女，河北省承德市，硕士研究生，研究方向：新型结构体系与新型结构材料。

麻建锁（1963—），男，河北保定市，教授，硕士研究生导师，研究方向：新型结构体系与新型结构材料，建筑产业化等。

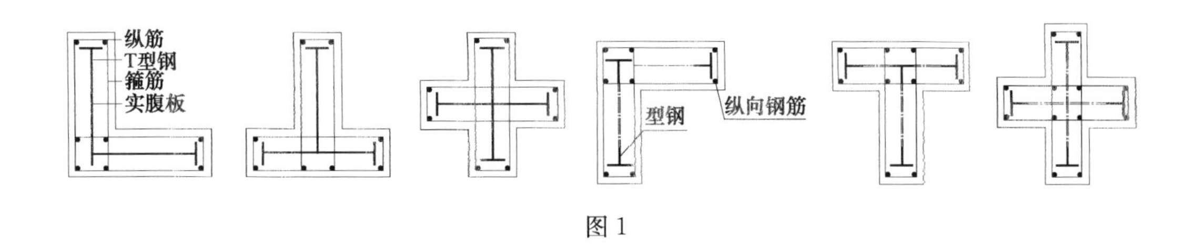

图 1

钢-混组合结构的全部优势，包括节约钢材、提高混凝土利用率、降低造价的经济效益以及具有极限承载能力高、抗震性能好、防火和耐腐蚀性能优异的结构优势。另外，国内外工程实践证明同钢结构相比钢骨异形柱结构也具有节约钢材、单位承载力高、刚度大、抗疲劳、安全度高的优势，因此钢骨异形柱具有广阔的应用前景，故促使人们对其进行深入研究。

## 2 国内钢骨异形柱压弯性能研究现状

21世纪初一些国内的大学开始致力于型钢混凝土异形柱的偏压试验研究和有限元分析。由于型钢混凝土异形柱的设计及受力性能较复杂，现阶段国内外对其的研究还处于起步阶段。

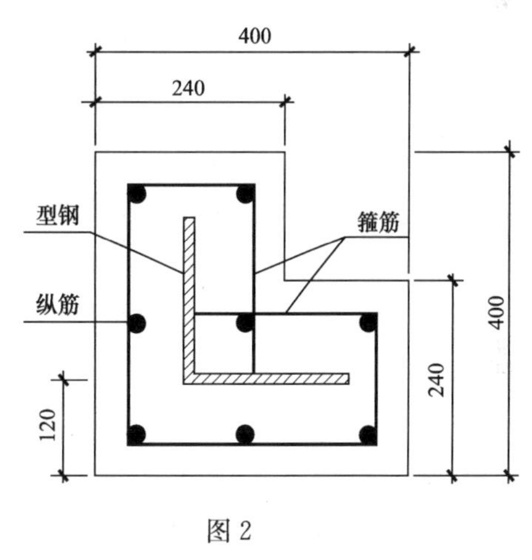

图 2

2008～2009年浙江工业大学郎一红、张蕾春[1~2]主要利用有限元软件ANSYS分别对等肢、不等肢型钢混凝土L形截面柱（图2）的偏心受压性能进行有限元模拟分析。得到等肢构件的极限承载力、相对压缩量沿柱长的分布规律、粘结应力沿柱长的分布规律等结论，并结合相关资料论证模拟结果的可靠性；得到该不等肢钢骨异形柱的最佳配钢率以及相应的合理配钢形式；最后得出不等肢L形截面的钢骨异形柱与相应的钢筋混凝土异形柱相比极限承载力有显著提高的结论。

2006年开始，西安建筑科技大学[3]对型钢混凝土异形柱结构进行深入研究，先后进行了17根多种截面型钢混凝土异形柱（图3）的低周反复荷载试验，同时利用有限元软件进行大量的偏压模拟分析，主要以加载角、轴压比、配钢形式、配钢率和肢长厚比等为变量因子，对钢骨异形柱的正截面承载力进行深入探究，结合理论分析，给出截面设计的建议；理论上尝试将钢骨矩形柱单向偏压正截面承载力的计算方法应用到双向偏压正截面承载力的计算当中。

2008年开始，南京工业大学郑廷银等[4]开始进行新型钢骨异形柱结构的研究，并提出了一种新型蜂窝状钢骨混凝土异形柱（图4），同时对其进行轴心、偏心的试验研究，得到了构件的力学性能、变形和破坏模式。结果表明，蜂窝状钢骨增加了钢与混凝土之间的接触面积，提高了两者的结合能力。提高了协同工作和整体力学性能，构件的破坏模式与相应荷载作用下钢筋混凝土柱的破坏模式相似。

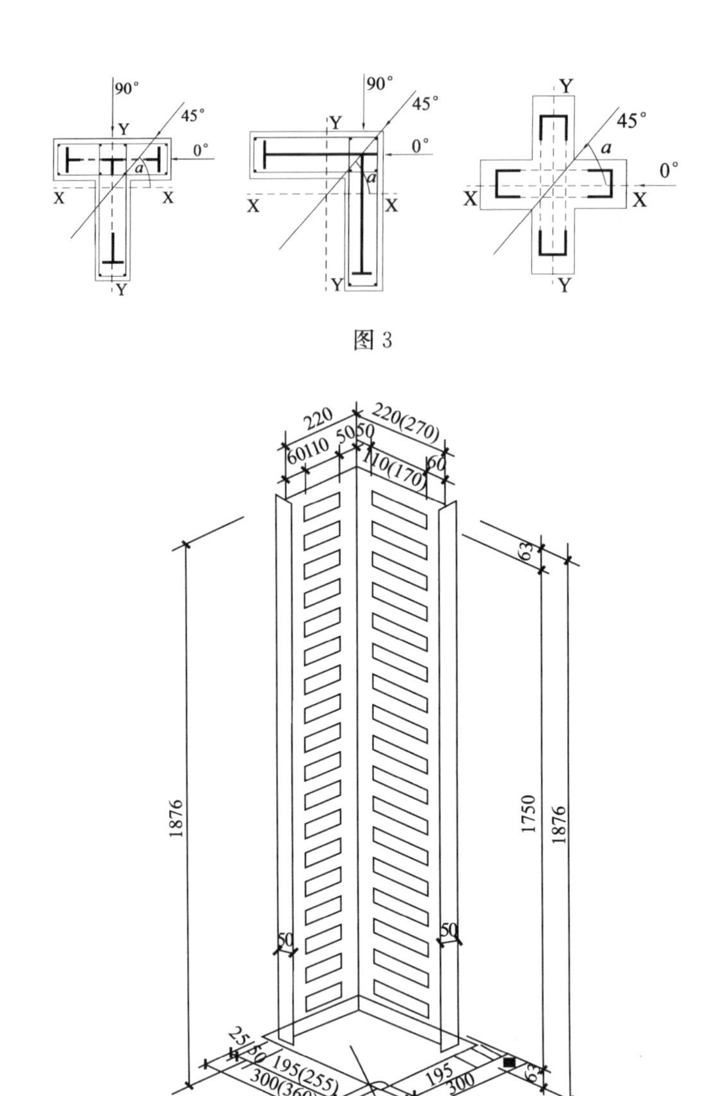


图 3

图 4

沈阳建筑大学土木工程学院徐亚丰[5]教授及其团队多年从事钢骨异形柱研究，2007 年开始徐亚丰教授团队进行型钢混凝土异形柱受力性能课题的研究，完成了 18 根型钢混凝土异形柱，对异形钢骨混凝土柱进行了轴心受压试验、单向偏心受压试验、双向偏心受压试验，2011 年采用试验中材料的本构关系、参数指标进行 ABAQUS 分析，以钢骨的含钢率为变量进行十字形、L、T 形钢骨混凝土异形柱（图 5）轴压、小偏压、大偏压的模拟分析，得出试件在不同情况下的荷载-位移曲线、荷载-应变曲线和极限承载力，并将结果与试验结果进行对比分析，找出并分析产生误差的主要原因。

国内研究表明：（1）钢骨异形柱与钢筋混凝土异形柱相比其承载能力有较大提高；（2）有限元模型分析的钢骨异形柱极限承载能力与实验结果吻合程度高；（3）钢骨混凝土异形柱与混凝土之间的粘结能力主要依靠配箍率，尤其是实腹型钢骨混凝土异形柱；（4）叠加法是计算钢骨混凝土异形柱偏心受压承载能力的有效方法之一。

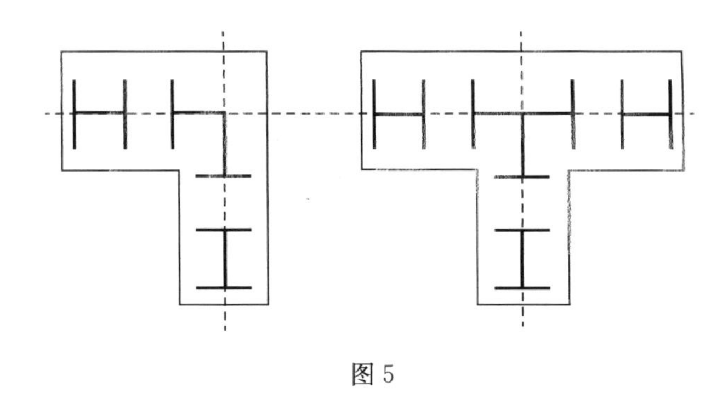

图 5

## 3　国外钢骨异形柱压弯性能研究现状

对于钢骨异形柱的研究国外还是一片空白，但国外文献对矩形钢骨异形柱压弯承载能力的计算方法还有选择性的用于异形柱中，主要采用以下几种计算方法：截面条带有限元法；一般叠加法；等效偏心距法；破坏曲面法；有限元法。根据研究表明，一般叠加法为最有效方法之一。

钢骨混凝土柱在双向偏心受压作用下，构件的破坏机理比较复杂，尽管国内外学者在这方面进行了广泛研究，但现阶段对钢骨异形柱的理论计算研究缺乏统一方法与标准，至今这一重要课题仍未得到较为满意的解答，有待深入探究。

## 4　待解决问题

由于钢骨混凝土异形柱截面配钢形式与普通钢筋混凝土异形柱不同，仍存在着许多问题需要研究：

钢骨与混凝土之间的握裹力和粘结力要比钢筋与混凝土之间的握裹力及粘结力小得多，受力过程中易产生相对滑移。

由于型钢的加入从而造成其破坏形式可能更复杂。

现阶段对于钢骨异形柱研究多局限于抗震性能、有限元模拟的分析方面等，缺乏实验数据与理论计算的依托，SRC 异形柱结构的应用受到限制。

钢骨异形柱的理论计算缺乏统一标准与方法。

## 5　结论与展望

钢骨混凝土异形柱结构的建筑优势是值得发展与推崇的，但其在结构上存在诸多待解决的问题，尤其是其压弯的受力形式缺乏实验数据与理论计算方法，因此对钢骨异形柱进行偏压实验研究是必须的。

将钢骨异形柱与装配式建筑相结合是未来的发展趋势之一。钢骨异形柱结构与装配式建筑相结合，符合工业化、现代化建筑的发展方式，满足人们对空间高利用率的追求，现阶段装配式钢骨异形柱结构的研究处于起步阶段，研究适用于装配式建筑的型钢骨异形柱是整个建筑体系至关重要的一步。

## 参考文献


[1] 郎一红. 型钢混凝土L形截面柱压弯性能的研究 [D]. 杭州：浙江工业大学，2008.

[2] 张蕾春. 桁架式钢骨的混凝土异形柱—不等肢L形截面极限承载力研究 [D]. 杭州：浙江工业大学，2009.

[3] 陈宗平. 型钢混凝土异形柱的基本力学行为及抗震性能研究 [D]. 西安：西安建筑科技大学博士学位论文，2007.

[4] 郑廷银，吴杏花，陈志军. 蜂窝状钢骨混凝土L形柱正截面承载力的非线性分析 [J]. 建筑钢结构进展，2010，12 (1)：34-39.

[5] 徐亚丰，侯晓曦. 偏压作用下L形钢骨混凝土异形柱的非线性分析 [J]. 沈阳建筑大学学报（自然科学版），2010，26 (3)：511-516.

# 混凝土柱与木梁连接节点设计研究

马相楠，麻建锁，强亚林，齐梦
（河北建筑工程学院　结构工程，河北省张家口市　075000）

**摘　要**：混凝土结构与木结构的组合能有效克服木结构耐火性能、耐久性能较差的缺陷，且能保证仿古建筑外形的美观效果。因此，木结构与混凝土结构的组合结构在仿古建筑中得到了广泛应用。通过对木结构与混凝土结构的结合要点以及对混凝土柱与木梁的连接方式的深入研究，阐述了适用于仿古建筑的新型混凝土柱与木结构的连接方式，为仿古建筑的施工提供了良好的技术支撑与发展方向，同时也为实际仿古建筑应用提供了参考依据。

**关键词**：仿古建筑；混凝土柱；木梁；连接技术

## 1　混凝土-木组合结构

随着施工技术的成熟[1]，混凝土结构与木结构的组合应用于仿古建筑中凸显了其特有的优势，混凝土结构与木结构的组合结构弥补了单一结构的缺点，特别是殿堂式、楼阁式的建筑在极大程度上增加底部的重量从而保证了整体稳定性（图 1）。混凝土结构与木结构组合结构指钢筋混凝土框架为主体建筑，一般指的是脊椎、台阶柱、带梁、佟柱、枋等承重构件，木材质的构件则使用在可视或表面装饰的范围，施工前需要对已合格的木材进行防火和防腐处理。此结构形式不仅能够增强建筑质量、结构承载力、节约木材，同时也提高了整个建筑的耐火性能和耐久性能。另外，能够有效的保持传统木建筑的风格。因此，将木结构和混凝土结构组合起来作为主体建筑能够达到更高的建筑要求。

图 1　承德市仿古建筑牌坊

项目资助：河北省自然科学基金项目：装配式钢框架填充墙结构体系及其受力性能研究 E2018404047＋河北建筑工程学院研究生创新基金项目 XB201733。

作者简介：马相楠（1993—），女，河北省承德市，硕士，研究方向：新型结构体系与新型结构材料。
麻建锁（1963—），男，河北保定市，教授，硕士研究生导师，研究方向：新型结构体系与新型结构材料，建筑产业化等。
强亚林（1992—），男，山西省临汾市，硕士，研究方向：建筑产业化。
齐梦（1992—），女，河北省石家庄市，研究生，研究方向：新型结构材料。

# 2 传统混凝土柱与木梁连接技术

（1）整体现浇法[2]：将木构件端头利用穿插铁丝或扁钢的方式直接绑扎在混凝土柱中的钢筋上，完成模板支护和基线校准后进行混凝土柱、木构件端头的整体现浇。整体现浇法的模板需求量高，且木梁位置在混凝土浇筑过程中有一定偏差，对施工进度造成一定的阻碍。

（2）预埋榫头法[3]：将与木构件尺寸相对应的木质榫头预埋在混凝土柱中，绑扎形式与整体现浇法类似，将榫头与混凝土柱一起浇筑并达到一定强度后，与带有相应卯口的木构件进行榫卯拼接。此连接方式未脱离榫卯的连接形式，因此对施工水平及技术人员的要求相对严格，且工期较长。

（3）钢（铁）靴预埋法[4]：连接件整体为上短下长的斜面圆筒，形状类似于靴子口，钢靴是由4～5mm厚的钢板围成，将其预埋于混凝土柱中，钢靴口固定木榫，依靠木榫连接到木梁，木榫头与钢靴钢板依靠木梁上固定的对角钢进行焊接和固定。在连接的过程中所使用的木构件和钢筋混凝土柱的尺寸是根据榫头的大小来进行确定的。此连接方式施工程序复杂，特别是施工过程中钢靴中易堵塞混凝土。

# 3 新型混凝土柱与木梁连接技术

## 3.1 节点设计原则

（1）遵循延性设计准则，避免剪切破坏，保证节点处不出现塑性铰（节点强度不低于所连接构件的强度）；

（2）连接件有足够的粘结与锚固能力，防止节点发生粘结锚固失效；

（3）确保节点有足够安全性能的前提下，节点设计维持构造简单、施工方便的原则；

（4）节点利于后续的装饰绘画，外观效果符合古建筑美观要求。

## 3.2 节点设计

为弥补传统混凝土柱与木梁连接方法复杂、耗时长等不足，混凝土构件与木构件新型连接形式不断涌现并逐渐多样化起来，特别是利用钢构件使混凝土柱与木构件的干连接方式同样适用于仿古建筑，通过工程实践采用钢构件进行混凝土构件与木构件连接的优势逐渐显现，具有连接安全可靠、施工便捷等。

图2为用于混凝土柱与木梁连接的新型连接件，适用于仿古建筑的混凝土柱与木构件的连接，整体为4～5mm厚的钢板组成，包括腹板、设置于腹板上下的两连接板，腹板的板面平行于混凝土柱的中轴，两连接板的板面垂直于混凝土柱的中轴，与木构件表面接触的上、下钢板均留有双排螺栓孔，用于与木梁进行螺栓锚固连接；连接件右侧为燕尾形工字型钢，燕尾型工字型钢相比于直角型钢更不易拔出混凝土柱，用于预埋在混凝土柱中。通过连接件将混凝土柱与木梁进行连接后进行外部装饰。

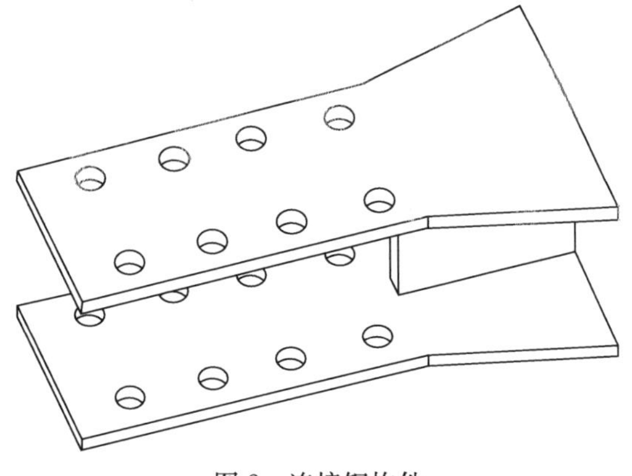

图 2　连接钢构件

## 3.3　施工制作工艺

节点连接具体样式见图 3，施工工艺步骤如下：

（1）混凝土柱内钢筋绑扎完成之后将钢连接件上下燕尾翼缘部分、腹板一同预埋在混凝土柱中，固定前需进行标高、轴线校准，然后将混凝土柱的钢筋与连接件燕尾部进行焊接固定；

（2）进行混凝土柱与连接件的模板支护，特别注意要在连接件部分进行开孔，对连接件外露部分进行支撑，以避免浇筑混凝土的冲击力改变位置；

（3）进行混凝土柱整体浇筑，浇筑后振捣养护，使连接件稳定的位于混凝土柱中，确保燕尾形结构难以从混凝土柱中拔出，安全性更高；

（4）木梁安装前需进行预钻螺栓孔的操作，如果是与混凝土圆柱进行连接，还需要进行木梁端部的弧度处理，使其端部具有和混凝土圆柱外表面一致的弧形凹槽，保证木梁与混凝土圆柱之间的无缝连接；

（5）将处理后的木梁从侧面送入矩形钢连接件的矩形木梁部夹持空间中，放置到相应位置后，使用螺栓对其进行锚固，即完成木梁与混凝土柱的连接。

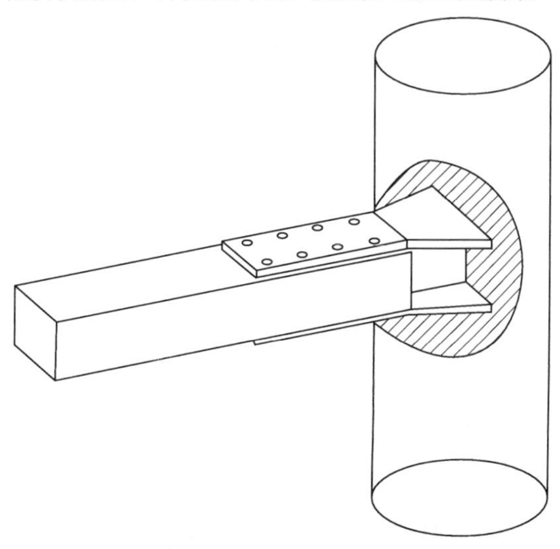

图 3　连接节点示意图

### 3.4 节点的特点

此新型连接方式是利用钢构件进行连接，是对传统施工过程的极大优化，大幅度的提高施工速度与施工质量，具有降低施工难度、优化施工过程、提高施工速度的特点，具体应用优势如下：

（1）此新型连接方式避免了传统的榫卯连接，省去榫头与卯口的加工处理步骤，达到了简化施工工序的目的；

（2）此种连接方式经过腻子、油漆在接缝处后期处理能够达到不影响仿古建筑外观的要求；

（3）改善了混凝土-木组合结构木构件与混凝土柱连接薄弱的现状的同时放宽了对仿古施工技术人员的要求，具有广泛的推广价值和良好的社会经济效益。

## 4 结束语

综上所述，随着城市建设的进步仿古建筑的需求量还在不断的增长，而混凝土-木组合结构以其两种结构互补的优势更加适用于仿古建筑，特别是混凝土柱与木构件的连接薄弱环节值得探究，传统连接方式、新型连接方式更是层出不穷，新型钢构件连接方式在传统混凝土柱与木构件连接方式的基础上进行优化改进，达到更简捷、安全、稳定的连接。随着建筑行业工厂化的趋势，钢构件连接混凝土柱与木构件的方式更符合建筑要求。但是，从全方位角度探究节点、结构以及施工方法上仍有很大的上升空间，有待以后深入研究。

### 参考文献


[1] 陈永明. 木结构与混凝土结构组合在仿古建筑中的应用 [J]. 施工技术，2010，39（10）.

[2] 马汉青. 钢筋混凝土仿古建筑结构施工技术 [J]. 房地产导刊，2016（17）.

[3] 张少华，姬东，朱俊，等. 多层木结构古建筑榫卯节点拼装技术研究 [J]. 施工技术，2010，39（10）：108-111.

[4] 刘连民，姜立，任燕翔，等. 仿古建筑结构模型生成研究 [J]. 土木建筑工程信息技术，2010，2（1）：41-45.

# 生态混凝土护坡稳定性分析

齐梦，蔡焕琴，陈硕，马相楠
（河北建筑工程学院　土木工程学院，河北省张家口市　075000）

**摘　要**：生态混凝土的研究与发展对城市的建设有很大贡献，生态混凝土减少城市压力的同时美化环境，给城市环境带来美感，减轻城市化现象带来的热岛效应。本文阐述了国内对生态混凝土的应用现状，还对现有生态混凝土护坡技术进行了比较，分析了不同护坡形式的优缺点，并提出了生态混凝土；本文对生态混凝土护坡技术的不同影响因素进行了分析，并阐述了生态混凝土在护坡技术中的优势。本文还对生态混凝土的发展提出建议：研究更适合现实生活以及更经济合理的新型混凝土。

**关键词**：生态混凝土；护坡形式；稳定分析

我国对生态混凝土研究比较晚，但发展迅速。部分院校以及研究机构进行了生态工程的研究和实践工作。如东南大学正在编撰相应规范[1]；北京凉水河经过细致的规划和设计，生态恢复效果显著；1998 年上海市对苏州河进行生态治理，逐渐完善水利环境生态建设，使河道焕然一新，河水清澈，人造景观与自然景观相协调，人与自然和谐相处[2]；成都市政府通过建设人工湿地、生态护坡、生态河床等，成功地重建了成都府南河生态系统；绍兴市环城河综合整治工程，通过改善护坡形式、减少污染程度、减少废弃物堆放，将河道治理成集多功能于一体的生态河流[3]。生态混凝土的应用结合土力学、植物学以及结构力学等相关学科。为了解决河道整治过程中出现的城市环境压力大等问题，由传统护坡形式向新型护坡形式转变。

## 1　常见护坡形式

### 1.1　干砌块石护坡

干砌块石护坡应用广泛来源丰富，通常是采用当地廉价可取石料砌筑而成、由人工堆砌而成、具备一定坡度的护坡。这种护坡具有构造简单、材料易获取、工程开支小的特征。干砌石护坡不仅具备抵抗降雨雨水冲刷的能力，还可以应用于流量较大而流速较小的河道护坡工程中；当护坡角度过大时，可在干砌石堆砌的时候，填塞一些黏性土或水泥土

---

项目资助：河北建筑工程学院研究生创新基金项目：植生型生态混凝土配合比设计及其性能研究 XB201730。

作者简介：齐梦（1992—），女，河北省石家庄市，研究生，研究方向：新型结构体系与新型结构材料。
蔡焕琴（1964—），女，河北省张家口市，正高级工程师，研究生导师，研究方向：现代施工技术与管理及新型结构材料研究。

到石料间的缝隙中，并种植适宜当地生长、易成活的植物，用来美化堤岸。河道在实际工程施工中，一般在河水可接触部位设置垂直挡板，减少对干砌石的冲刷作用，在河水常水位之上，种植一些当地适宜的花草。但干砌块石护坡在施工过程中，人工作业大、操作时间长、影响整个工程进度。

### 1.2 普通混凝土护坡

普通现浇混凝土护坡根据结构力学以及材料力学计算出适宜浇筑厚度，并进行浇筑，在护坡两端宜设置挡板增加整个结构的整体性。护坡根据规范，使用年限超过两年成为永久性护坡，此种护坡，在超过使用年限发生破坏之后会污染环境。普通混凝土浇筑的护坡存在施工成本较高、水泥用量较大导致对生态环境的破坏等弊端。普通混凝土浇筑的护坡阻断了植物的生长，导致生态系统失衡。普通混凝土浇筑的堤防护坡无法满足绿色植物的生长，间接地降低了城市的美感。

### 1.3 生态混凝土护坡

新型混凝土具有高孔隙、高透水、低碱性等特点，能够提供可资植物生长的需求条件。由于生态混凝土高孔隙率，导致其强度偏低，生态混凝土护坡形式一般先进行普通混凝土网格式浇筑，后浇筑生态混凝土，普通混凝土提高其整个护坡系统的稳定性、整体性；生态混凝土减少水土流失，为植物生长提供营养基质。生态混凝土的制备具有较大的孔隙率，植物根系能够透过孔隙扎根土壤，土对植物生长给予营养支持，使其长期存活。采用生态混凝土护坡不仅能够提高河道岸坡抗滑、抗冲刷、抗管涌的能力，又能形成绿色景观，从而保护了河道的生态系统。但采用生态混凝土护坡时存在工艺复杂等问题。

## 2 生态混凝土稳定性分析

### 2.1 植物水土保持原理

主要表现方面：一是植物根系固定作用，生态混凝土结构形式多孔，雨水通过孔隙为植物生长提供水分，部分水则渗入到土壤里，可以减轻地表径流量，通过种植植物可以减轻水土流失现象；二是植物根系的发展改善土壤自身结构，提高土壤抗侵蚀性。植物对坡面径流冲刷力的影响：减轻地表径流过大，降低径流速度；由于植物的作用，土壤的孔隙率增加，渗透性能得到改善，同时抗冲击性以及抗折性能均得到一定程度的提高。生态混凝土与植物根系接触具有加强整体性作用，可增加土体摩擦力进而提高土体的抗剪强度和稳定性，这就是根系固土的基本理论。

### 2.2 环境因素

#### 2.2.1 坡度

坡度对生态混凝土的影响较大，坡度对根系护坡的作用主要是受土体自重产生的下滑力影响，坡度越陡，下滑力越大，根系的作用越小，他们之间呈负相关关系。

### 2.2.2 土壤性质

土壤性质不同导致根系持土的能力不同。黏性土的内摩擦角比较大，黏性土使根系和土之间粘结在一起，根与土之间的摩擦阻力比非黏性土大，根系固土作用更加明显；粉质砂性土土质松散，摩擦力较小，植物根系固土作用不明显。

## 2.3 破坏形式

### 2.3.1 生态混凝土破坏

生态混凝土由于自身结构形式具有高孔隙率，水泥用量及细骨料较少，导致其自身强度偏低，部分粗骨料之间的胶结材料发生破坏，导致粗骨料脱落，块体内部出现应力集中现象，加速生态混凝土发生破坏。

### 2.3.2 岸坡受力不均

若在雨季，岸坡受到暴雨冲刷、洪水侵蚀作用，块体与坡面出现悬空现象，岸坡底面发生不均匀沉降，会破坏块体整体的平整性，受自身重力作用导致护坡面受力不均匀，发生破坏。若下部块体被压毁，上部预制框格和混凝土块体也会出现坍塌。

# 3 结论

1）生态混凝土具有一定的强度，但是抗压抗折强度并不是很高，这个特性决定其应用时不能像普通混凝土可进行大面积的铺筑，需先进行普通混凝土网格式浇筑，后对植生型生态混凝土进行浇筑，防止因某部分的坍塌导致其他部分的失稳。

2）在坡度选择上不宜将坡度设置过大，在进行护坡浇筑时，应先保持护坡面的平整度，减少不均匀沉降对护坡面的影响。

3）通过种植植物，生态混凝土稳定性得到一定程度的提高，植物根系有加筋作用，提高了整个护坡面的稳定性。

# 4 展望

生态混凝土在我们国家起步较晚，还没有较完善的理论支撑。生态混凝土具有高孔隙率的同时降低了生态混凝土的强度，由于生态混凝土自身的特性，要求低碱性，降低碱性的同时对其自身强度的增长有一定的影响，这都是以后研究的重点。

国内对生态混凝土研究以及应用方面还是远远不及其他国家，生态混凝土降低了水泥成本，减少了废弃物堆积，经济合理，应加大对其研究及应用。

**参考文献**

[1] 中国建筑材料科学研究院．绿色建材与建材绿色化［M］．北京：化学工业出版社，2004.
[2] 顾卫，江源，余海龙，等．人工坡面植被恢复设计与技术［M］．北京：中国环境科学出版社，2009.
[3] 牛克纳．无砂大孔生态混凝土生态护岸应用研究［D］．郑州：华北水利水电大学，2013.

# 混凝土框架现浇填充墙体系的研究

祁尚文，麻建锁，阚玥，彤超，强亚林
（河北建筑工程学院　土木工程学院，河北省张家口市　075000）

**摘　要：** 目前国内外对框架填充墙的研究还停留在传统砌体填充墙上，其性能方面未能满足当前建筑发展需求。根据大量工程实践及地震灾害情况来看，传统的砌块填充墙体常由于灰缝饱满度不易控制，与框架之间的刚性连接等问题，在地震作用下常出现裂缝、角部挤压破坏甚至平面外倒塌现象，造成人身以及财产的损失。因此出现了对混凝土框架现浇填充墙体系的研究。本文从现浇填充墙体的材料及构造的发展、现浇填充墙体与框架之间的连接技术以及现浇填充墙的模板体系三方面对混凝土框架填充墙体系进行了阐述。最后，对混凝土框架现浇填充墙体系的发展进行了展望。

**关键词：** 混凝土框架；现浇填充墙；施工技术

## 1　引言

目前，我国建筑常采用的结构形式主要有纯框架结构、框架剪力墙结构、框架核心筒结构。高层住宅中常采用框架剪力墙的结构形式，超高层建筑中会采用框架核心筒结构。在这些常用的结构形式中，都无法避免使用填充墙来起到分隔或者维护作用。我国的填充墙材料主要有黏土实心砖、砌块等。近些年来随着墙体材料的革新，黏土实心砖已经不能继续满足国家建筑产业节能环保的政策，故砌块填充墙的使用逐渐起主导作用。但随着砌块填充墙的使用，也发现了一些问题。首先，填充墙的砌筑不仅费时费力，且由于砌筑的质量问题，常导致在地震作用下出现裂缝甚至是倒塌情况；其次，砌块填充墙与混凝土框架柱大多采用拉结筋连接，与框架梁之间常采用构造柱连接，这样的刚性连接导致在地震作用下框架与填充墙不能很好的协同变形进而使填充墙出现角部挤压破坏、X形裂缝等；再次，砌块填充墙与上部框架梁之间需要留一定的缝隙，待主体施工完成后再采用斜砌砖的方式，以防止混凝土梁与砌块填充墙之间不同材料引起的变形裂缝，这样施工复杂且工期长。在此背景下，墙体的材料不断革新，以现浇泡沫混凝土墙体、现浇石膏墙体等为代表的现浇轻质墙体的研究不断深入。

---

项目资助：河北省住房和城乡建设厅项目（2017-2037）：装配式混凝土框架填充墙结构体系关键技术研究。

作者简介：祁尚文（1994—），女，河北省沧州市，硕士研究生，新型结构体系与新型结构材料。
麻建锁（1963—），男，河北省保定市，教授，研究生导师，新型结构体系与新型结构材料，建筑产业化等。

# 2 现浇填充墙体的墙体材料及构造要求

## 2.1 现浇填充墙体的材料

现浇填充墙体需要满足同砌块填充墙相同的力学性能以及相应的功能，即满足外墙保温、隔热、防水、内墙隔声的要求，并且填充墙体的容重不宜太大，在轻质的基础上还需满足抗震要求。最初，现浇填充墙体的材料为细石混凝土、粉煤灰和火山岩制备的轻集料混凝土。近些年来，随着国家墙体材料的革新以及节能、节材、节水、节地与保护环境政策的提出，一些利用废弃物加工而成的具有保温、轻质特点的现浇填充墙体材料应运而生。这当中包括泡沫混凝土、磷石膏辅材、改性聚苯颗粒制备而成的混凝土等。

泡沫混凝土的制备有两种方式，一种是采用物理发泡的方式，另一种是采用化学发泡剂发泡的方式。利用工业废渣、植物纤维、废弃橡胶颗粒中的一种或者两种复合并辅以水泥等胶凝材料制备而成。

杨伟军[1]等人研制出一种现浇自保温墙体材料，该自保温材料是利用水泥与废弃聚苯板发泡成的泡珠以及少量的胶粉及植物纤维，辅以其他外加剂，通过高压喷射机喷射而成。对成型的试块进行了抗压强度、抗折强度、劈裂抗拉强度试验、弹性模量试验以及抗拉拔强度试验，得出该种混凝土材料的抗裂性能良好、部分可以用于填充墙与剪力墙等热桥处的结论。

湖南大学卢亚琴[2]研究出一种现浇磷石膏填充墙体，并对磷石膏的处理方式以及磷石膏现浇浆料进行了性能检测，确定了现浇磷石膏填充墙体灌浆料的合理配比。

## 2.2 现浇填充墙体的构造

现浇填充墙体的构造根据内外墙的不同而有所不同。无论采用哪一种形式，现浇填充墙体的构造都可以采用与普通砌块填充墙相同的构造，即设置竖向构造柱，水平方向间隔设置拉结筋。除此之外，还有以 U 型轻钢龙骨为骨架、钢筋桁架、斜向布置的拉结筋网的形式代替传统的砌块填充墙的内部构造。

用于外墙的填充墙体还可以根据采用的保温形式不同而采取不同的构造形式来达到防水、保温的目的。采用陶粒石膏板等免拆模板用于模板时，内部还需设置特殊形式的拉结件。

# 3 现浇填充墙体与混凝土框架的连接技术

砌体结构规范中有关框架填充墙部分的明确规定：填充墙与框架之间的连接可以根据设计要求采用脱开以及不脱开两种形式，有抗震设防要求时宜采用填充墙与框架脱开的方法。但对于脱开的设计方法没有明确规定。而大量震害表明，框架与填充墙采用脱开的方式即采取柔性连接的方式有利于抗震。为此，很多学者及研究人员对柔性连接展开了研究。

邓志峰等人[3]研究出一种全现浇混凝土填充墙结构拉缝技术，该技术通过将填充墙与混凝土框架梁柱之间断开的方式即采用结构拉缝技术，使上层填充墙的竖向荷载不能继续往下传，且裂缝集中在拉缝处，有良好的防水效果。该技术在佛山万科金域花园等项目上实施，根据一年后的检测效果来看，填充墙未出现裂缝。

石家庄铁道大学李成[4]研究出一种沿填充墙对角线布置钢筋代替传统采用构造柱及拉结筋的新型填充墙构造，并将斜向钢筋插入混凝土梁柱中，与框架梁和柱之间脱开一定距离并填充柔性材料岩棉。对其进行了有限元分析，证明浮石混凝土整体式框架填充墙满足“小震不坏、中震可修、大震不倒”的三水准破坏原则，整个结构的抗震能力较普通混凝土框架-砌块填充墙来说有提高。

## 4 现浇填充墙体的模板体系

现浇填充墙体的模板体系主要分为两类，一类是可拆模板，另一类是免拆模板。可拆模板中又根据是否可以实现快拆模板分为普通建筑模板以及快拆模板，快拆模板的使用主要是通过铝合金模板实现的。

免拆模板大多采用具有装饰作用的石膏板材，或者采用装饰效果更强的纤维水泥板作为面层板。施工时，板材侧面设置有若干个凹槽，通过 H 型连接件连接两侧板材，并在凹槽内浇筑轻集料胶浆，最终形成轻质实心复合墙体。采用免拆模板形式的填充墙施工方式，能够免去抹灰工艺，实现保温装饰一体化，节省人力，提高施工速度。

## 5 结束语

通过对混凝土框架现浇填充墙连接方式、施工工艺、模板以及填充墙材料的分析可以得出以下结论：

① 现浇墙体材料向着轻质、高强、保温的方向发展，并且墙体材料多利用工业废渣、植物纤维、废弃建筑材料比如聚苯板颗粒制成。这有利于实现废弃物利用并且有利于建筑节能。

② 混凝土框架现浇填充墙体的构造继续沿用砌块填充墙的构造，填充墙与框架梁柱之间采用柔性连接形式更有利于结构抗震。

③ 混凝土框架现浇填充墙体的模板向着免拆模板方向发展。

### 参考文献

[1] 杨伟军，张婷婷，朱检. 新型现浇自保温墙体材料的力学性能试验研究 [J]. 混凝土，2014 (9)：156-160.

[2] 卢亚琴. 磷石膏辅材与钢筋混凝土空间网格框架结构的研究与应用 [D]. 长沙：湖南大学博士学位论文，2015.

[3] 邓志峰，王炎伟. 全现浇混凝土填充墙结构拉缝施工技术 [J]. 安徽建筑，2017，5：162-163.

[4] 李成. 基于 ANSYS 的新型框架整体填充墙受力性能研究 [D]. 石家庄：石家庄铁道大学，2016.

# 混凝土路面加铺层的研究进展

祁尚文，麻建锁，吴洪贵，阚玥
（河北建筑工程学院　土木工程学院，河北省张家口市　075000）

**摘　要**：混凝土路面在我国路面结构中所占比例较大，但混凝土路面在使用过程中存在着噪声大、易出现病害从而影响耐久性等缺陷。目前的解决办法是在混凝土路面上设置加铺层，即采用混凝土路面作为下面层，再加铺一层具有改善混凝土路面缺陷的功能层。本文主要从功能层的材料研究、功能层与原有混凝土路面的粘结性能两个角度概述了混凝土路面加铺层的研究进展，为后续的研究工作提供参考。

**关键词**：混凝土路面；加铺层；粘结性能

## 1　引言

我国的高等级公路中水泥混凝土路面约占 25%，而二级以下公路中所占比例约为 40%。混凝土路面主要分布在省道、乡道及村道中，其主要特点为施工工艺简单，成本相对较低且结构强度高。随着美丽乡村建设以及乡村振兴政策的提出，在未来相当长的时间内，混凝土路面仍将发挥着重要的作用。

为解决混凝土路面在使用过程中存在的车辙、噪声以及行车舒适度差等问题，在混凝土路面设置加铺层成为主要治理措施。近些年来，关于加铺层的研究主要集中在材料以及加铺层与混凝土路面粘结性能的研究两方面，本文从这两个角度介绍混凝土路面加铺层的研究进展。

## 2　加铺层材料的研究

### 2.1　以混凝土为基础的加铺层材料

以混凝土为基础的加铺层材料主要是指在混凝土中掺入橡胶粉、纤维材料、聚合物乳液或者两者混合掺入来改善混凝土脆性的材料。

杨建森[1]等人采用正交试验的方式进行了复合助剂改性混凝土的韧性与刚性研究，对不同水胶比、橡胶粉掺量、硅灰掺量以及消泡剂掺量的九种配合比下的混凝土进行 28d 的折压比及弹性模量的对比研究。研究表明橡胶粉能显著提高混凝土的折压比，改善混凝土

---

项目资助：河北建筑工程学院校基金项目：混凝土路面改性功能材料试验研究（XA201806）。

作者简介：祁尚文（1994—），女，河北省沧州市，硕士研究生，新型结构体系与新型结构材料。
麻建锁（1963—），男，河北省保定市，教授，研究生导师，新型结构体系与新型结构材料，建筑产业化等。

的韧性。

陈振伟[2]等人研究了水洗、酸性腐蚀、碱性腐蚀、氯化钙溶液以及偶联剂处理等不同橡胶处理方式对水泥混凝土力学性能的影响，得出处理后的橡胶粉较未经处理的橡胶粉加入混凝土中可以提高抗弯拉强度，经过碱性处理或者氯化钙处理的混凝土的抗压强度有所提高的结论。

王在杭[3]等人研究出一种新型聚合物改性水泥混凝土，在原有混凝土材料的基础上通过掺入一定量的聚合物乳液以及聚酯纤维材料形成骨架密实型的聚合物混凝土。该新型聚合物混凝土与普通水泥混凝土相比 28d 抗折强度提高 37.5%，压折比降低 52.9%，冲击功提高 257.4%，弯曲韧性提高 205%。

### 2.2 以沥青为基础的加铺层材料

以沥青为基础的加铺层材料主要是指聚合物改性沥青、胶粉改性沥青、硅藻土改性沥青、橡塑合金改性沥青以及使用两种或两种以上的改性剂的材料。聚合物改性沥青主要是利用聚合物增加沥青及其他骨料之间的粘结性能，从而提高路面材料高温抗车辙能力、低温抗断裂性能以及水稳定性。常用的聚合物有 SBS 改性剂、环氧树脂、聚氨酯改性环氧树脂、羧基丁苯乳液等。硅藻土作为填料型改性剂用于沥青道路中可以提高路面的高温抗车辙能力以及低温断裂性能。在沥青中同时加入橡胶与硅藻土可以改善路面的水稳定性并且使路面实现减震降噪。

张智涌[4]等人将硅藻土等量代替矿粉与 SBS 改性沥青复配，通过车辙试验、低温弯曲试验、冻融劈裂和四分点加载疲劳试验得出掺加硅藻土后的沥青材料抗车辙能力、低温抗裂性能均有所提高，验证了将硅藻土用于高温多雨地区的可行性。

东北林业大学的何东坡以及朱东林[5]研究了硅藻土对橡胶沥青混合料吸声降噪的影响。试验时将不同掺量以及不同厚度的混合料试件采用驻波管进行了检测，得出其在不同频率下的吸声系数。研究表明随着硅藻土掺量的增加混合料的吸声降噪特性得到明显提高，试件的厚度只会影响吸声系数的峰值而对其吸声的特性没有影响。

从这些研究可以看出，混凝土路面加铺层的材料是通过在混凝土或者沥青中掺加胶粉、纤维材料、硅藻土或者聚合物乳液来达到改性的目的。这些材料在满足基本修缮混凝土道路的同时，向着功能型方面发展，比如说减少城市内涝的透水路面、融雪化冰路面、减震降噪的弹性路面、抗紫外线、吸收汽车尾气的路面等。

## 3 加铺层与混凝土界面粘结性能研究

加铺层与混凝土的界面粘结性能是决定复合式路面耐久性的关键之一。关于加铺层与混凝土界面的粘结性能的研究主要从粘结层的处理以及粘结性能的评价上展开。

湖南大学硕士蒙艺[6]对配筋混凝土-沥青混凝土复合式路面的抗剪强度进行研究。以剪应力指标作为结构设计的指标，选取了 70 号沥青、70 号沥青加土工布、SBS 改性沥青以及 SBS 改性沥青加土工布四种层间粘结材料对试件进行了室内的斜剪试验。结果表明，采取 SBS 改性沥青加土工布的界面处理方法层间的抗剪性能较好。

刘好[7]等人进行了超薄磨耗层层间抗剪强度的试验研究，以试件破坏的最大剪切强度为评价指标，采用 SBS 改性乳化沥青作为层间粘结材料并以其撒布量作为变量对试件进行了直接剪切试验。试验结果表明抗剪强度并不是随着粘结层材料撒布量的增大而增大，而是存在最佳的沥青撒布量使抗剪强度达到最大值。

李东浩、袁媛[8]对不同结构组合的水泥混凝土铺装层层间粘结性能进行了试验研究。采用了阳离子沥青、阴离子沥青、两种固化剂作为粘结层材料，通过层间直接剪切试验测定了层间抗剪强度以及极值位移。试验结果表明，粘结层材料采用固化剂可以明显改善层间粘结性能，抗剪强度随着固化剂用量的增加而提高。

从这些研究可以看出，目前混凝土路面与加铺层之间的粘结性能没有标准的评价方法，通常将复合路面试件层间直接剪切试验计算得到的抗剪强度作为粘结性能好坏的评价指标；粘结材料选用固化剂更有利于提高层间的抗剪强度。

## 4 结论及展望

关于混凝土路面加铺层材料的研究，已经不再是仅仅以修复混凝土道路为目的，而是朝着满足更多道路功能性发展。影响加铺层与混凝土界面粘结性能的因素主要有粘结层材料以及界面处理措施，采用固化剂有利于提高界面的粘结性能。

混凝土路面加铺层的研究尚存在的问题是只围绕着混凝土与沥青两种材料，缺乏对其他领域材料运用到路面的可行性及试验研究。未来对混凝土路面加铺层的研究，考虑将作为粘结层材料的聚合物胶粘剂应用到加铺层材料中从而既能免除喷洒粘结层材料同时又满足界面粘结性能。

### 参考文献


[1] 杨建森，冯紫狄．复合助剂改性混凝土的韧性与刚性研究［J］．科学技术与工程，2015，15（2）：279-283.

[2] 陈振伟，胡卫国．不同橡胶处理方式对改性水泥混凝土力学性能影响［J］．中外公路，2016，36（5）：258-261.

[3] 王在杭，陈潇，王稷良．新型聚合物改性水泥混凝土路用性能研究［J］．新型建筑材料，2016，10：56-59.

[4] 张智涌，双学珍．高温多雨区硅藻土＋SBS＋复合改性沥青混合料路用性能及改性机理［J］．公路工程，2016，18：321-326.

[5] 何东坡，朱东林．硅藻土对橡胶沥青混合料吸音降噪特性的影响［J］．科学技术与工程，2017，18：321-326.

[6] 蒙艺．GRC＋AC 复合式路面层间剪应力与粘结层材料抗剪强度研究［D］．长沙：湖南大学，2012.

[7] 刘好，刘超，刘庚．超薄磨耗层 NovaChip 层间抗剪强度试验研究［J］．中外公路，2012，32（5）：83-85.

[8] 李东浩，袁媛．不同结构组合水泥混凝土路面铺装层间粘结性能试验研究［J］．中外公路，2016，36（3）：321-326.

# 铝合金模板技术的研究与应用现状

祁尚文，麻建锁，程元鹏，李家安

（河北建筑工程学院　土木工程学院，河北省张家口市　075000）

**摘　要：** 铝合金模板技术是近年来国家推广的新技术之一。本文从铝合金模板的分类、铝合金模板体系的构成以及铝合金模板技术与其他技术的结合三个角度对铝合金模板技术进行了介绍。对铝合金模板早拆技术及其工程应用进行了介绍，指出其在高层住宅中应用经济效益最佳；对BIM技术应用于铝合金模板技术的过程以及工程应用进行了介绍；对铝合金模板技术与墙体免抹灰技术结合进行了介绍，指出浇筑成型的混凝土可以达到清水混凝土效果从而节约工程成本。最后，指出铝合金模板技术在推广应用中的问题并对铝合金模板技术的发展进行了展望。

**关键词：** 铝合金模板；绿色施工技术；工程应用

## 1　引言

随着建筑行业的高速发展，以新技术、新工艺、新材料、新设备为前提的绿色施工技术也在不断发展，产业化、工业化的发展也越来越迅速。近些年来，研究人员对铝合金模板技术的研究日益成熟，并且铝合金模板在工程实践中的应用越来越广泛。在2017版的建筑业十项新技术中，组合铝合金模板施工技术在推广之列。

铝合金模板技术符合国家“四节一环保”的政策以及建筑工业化的要求。铝合金模板自重轻、强度高、单块板材面积大、拼缝少、施工操作方便；铝合金模板制作采用工厂化加工，周转次数最高可达300次，有很高的回收利用价值，实现了建筑施工模数化，有效的减少了建筑垃圾，节约资源；铝合金模板的混凝土成型效果好，可以达到清水混凝土的效果，从而实现建筑物免抹灰，节约了工程成本；铝合金模板技术与BIM技术结合，预测铝合金模板设计不合理之处，有效避免了施工过程中出现的模板尺寸出现问题无法安装的现象；利用铝合金模板的早拆特点可以大幅度缩短工期，可取得良好的经济效益。

## 2　铝合金模板分类

铝合金模板根据其材料组成可分为全铝合金模板以及组合式铝合金模板，组合式铝合

项目资助：河北省自然科学基金项目（E2018404047），项目名称：装配式钢框架填充墙结构体系及其受力性能研究。

作者简介：祁尚文（1994—），女，河北省沧州市，硕士研究生，新型结构体系与新型结构材料。

麻建锁（1963—），男，河北省保定市，教授，研究生导师，新型结构体系与新型结构材料，建筑产业化等。

金模板又分为铝框胶合板模板以及铝框塑料模板，铝框胶合板模板又分为铝框竹胶合板模板以及铝框木胶合板模板，铝框又可分为实腹型和空腹型两种。全铝合金模板实际上也是组合铝合金模板，它是由带肋面板、端板以及主、次肋焊接为一体，模板与模板之间通过螺栓连接。

铝合金模板根据其具体的使用位置不同划分为平面模板、平模调节模板、阴角模板、阴角转角模板、阳角模板、阳角调节模板、铝梁、支撑头和专用模板。

为了减少铝合金模板非标准模板的使用，铝合金模板在进行配模设计时，应该优先选用标准模板以及标准角模，其他部分采用角铝胶合板、木方胶合板或者塑料模板。

# 3 铝合金模板体系组成

## 3.1 模板系统

铝合金模板系统主要由平面模板、阴角模板、阳角模板以及其他的非标准模板构成。铝合金带肋模板是采用 6061-T6、6082-T6 或者是不低于该两种牌号力学性能的高精度挤压铝合金经过切割焊接之后形成的。平面模板的宽度在 100～600mm 之间，长度在 600～3000mm 之间，厚度为 65mm；阴角模板的规格有 100mm×100mm、100mm×125mm、100mm×150mm、110mm×150mm、120mm×150mm、130mm×150mm、140mm×150mm、150mm×150mm，长度在 600～3000mm 之间。阳角模板规格是 65mm×65mm。

## 3.2 支撑系统

铝合金模板的支撑系统是指在混凝土结构工程中起支撑作用，保证楼板、墙、梁底即悬挑结构的支撑稳定性。铝合金水平模板采用独立支撑，独立支撑的支撑头分为板底支撑头、梁底支撑头，板底支撑头与单斜铝梁和双斜铝梁连接。独立支撑常用可调长度：1900～3500mm。竖向支撑多为可调钢支撑，斜向采用可调斜向支撑，外墙采用 K 板的形式保证外墙之间没有缝隙。一般支撑系统楼板底部配 3 套，梁底部配 4 套，悬挑结构配 6 套。

## 3.3 紧固件系统与配件系统

铝合金模板的紧固系统是指保证模板成型的结构宽度尺寸，避免在浇筑过程中出现胀模的现象。常采用跨度大于 3m 的墙体带斜支撑四角配葫芦拉接。配件系统是指模板的连接件，通常采用的连接件有销钉、销片、螺栓以及异型扣等。

# 4 铝合金模板技术与其他技术的结合

## 4.1 铝合金模板技术与早拆技术结合

铝合金模板中的支撑系统尤其是独立支撑的可调节性决定了铝合金模板可以实现早拆模板的技术。随着对铝合金模板技术研究的成熟，其工程应用也越来越广泛。

河北省大厂县的孔雀城商用住宅项目采用了铝合金早拆模板体系[1]。该住宅项目由 4

栋 28 层的高层住宅构成，结构形式为剪力墙结构，总建筑面积为 81818.33m$^2$。利用铝合金模板支撑体系的早拆技术，每层施工时间缩短到 4～5d，节约了施工工期的同时也节约了大量的材料从而取得良好的经济效益。同时得出铝合金早拆模板体系适用于标准层数多的高层住宅或者结构形式相同的多层住宅建筑群的结论。

### 4.2 铝合金模板技术与 BIM 结合

BIM 技术应用在铝合金模板技术的主要流程：首先是熟悉二维图纸，记录铝合金模板的参数，建立符合企业标准的铝合金模板构件族。其次，创建常用的标注符号，并将二维图纸转化成 BIM 模型并将创建的 BIM 模型与结构模型进行整合。然后进行铝合金模板的预拼装，在这一过程中通过可视化管理，及时发现出现问题的地方并且修改拼装方案。然后将 BIM 作为接口，直接向工厂输出铝合金模板所需的参数，保证加工的准确性。

镇江市孟家湾新村高层住宅项目由 5 栋高层住宅以及 3 栋商业及配套工程组成，总建筑面积达到 12 万 m$^2$。主体结构施工阶段采用铝合金模板，运用 BIM 技术对使用的铝合金模板进行深化设计[2]。采用 BIM 构件的三维模型，实现复杂节点的可视化，提高了配模的准确性，并且将每块模板进行编号，将带有该铝合金模板模型尺寸以及安装示意图的信息转换成二维码，避免了在安装过程中出现的偏差以及安装不正确，实现了安装精准定位。该项目节约木材 2700m$^3$，减少抹灰面积 28000m$^2$，直接经济效益 135 万元。

### 4.3 铝合金模板技术与墙体免抹灰技术结合

铝合金模板单块板材大拼缝少、表面光滑平整以及孔径对齐的情况下铝合金模板之间通过销钉连接之后也不会出现胀模的特点共同保证了采用铝合金模板浇筑的混凝土墙面的成型效果堪比清水混凝土效果。在工程中应用该项技术可以减少现场的湿作业，真正的实现绿色施工。

张浩[3]等在厦门海沧万科城项目中尝试应用铝合金模板实现墙体的免抹灰技术并取得成功。在该项目中，为了保证混凝土墙体与砌筑墙体之间的效果，在混凝土墙体与砌筑墙体交接的位置，铝合金模板内设置宽度 150mm 的厚度为 8mm 的铸铁，在铝合金模板制作过程中将铸铁与铝合金模板一次挤压成型，保证了混凝土墙体与砌筑墙体之间的有效衔接。

王爱志[4]等在高层建筑中采用铝合金模板技术实现免抹灰。在铝合金模板刚度和强度满足要求的基础上，模板及支撑采用工厂化生产并预拼装，保证垂直度平整度的同时达到了清水混凝土的效果。在轻型内墙隔板与铝合金模板成型混凝土墙体之间采用新型的板缝处理措施，先将两者的缝隙用填缝砂浆填密实，然后用建筑胶粘剂或者是聚合物砂浆粘贴玻纤网带封闭板缝。

## 5 铝合金模板在推广中的问题

### 5.1 关于成本

铝合金模板较木模板与组合钢模板来看，在相同承载力的情况下，铝合金模板每平方米的价格为 1500 元，废模板残值约为 400 元，周转次数最高达 300 次，且无需再进行抹灰，不依赖吊装机械[5]。但是铝合金模板适用于标准层数多（一般不少于25层）的高层住宅结构或者是标准化程度高的超高层建筑或者是多层的建筑群。80％的铝合金模板在使用过程中可以循环利用，但是随着人们对建筑物立体效果的追求，结构复杂的工程中，非标准构件的数量加大，这部分模板的利用率非常低。

### 5.2 其他问题

铝合金模板还存在一些其他方面的问题。比如铝合金模板表面与混凝土反应的问题、铝合金模板在不同地区的自身变形问题、铝合金模板使用后难清理的问题、铝合金模板变形后返厂修复的问题。这些问题的存在也影响铝合金模板的推广，同样这些问题的解决将会很好的促进铝合金模板的推广应用。

## 6 结束语

铝合金模板的发展利大于弊，符合时下建筑产业化与住宅产业化的要求，是现浇混凝土结构向装配式混凝土结构过渡阶段的一项绿色施工技术，应该在工程实践中不断改进铝合金模板技术的缺点，与时俱进，将铝合金模板技术与其他技术相结合，创造更多的工程应用价值。

### 参考文献

[1] 潘志枫，薛实学. 铝合金早拆模板体系在孔雀城项目中的应用 [J]. 施工技术，2014，43：458-463.

[2] 夏详斗. BIM＋绿色施工技术在高层住宅建筑群中的应用 [J]. 上海建设科技，2017，02：33-35.

[3] 张浩，李桂林，罗蛟钧. 应用铝合金模板实现内墙免（薄）抹灰施工技术 [J]. 施工技术，2014，46：464-465.

[4] 王爱志，冯云龙，许雷. 高层建筑工程免除湿作业绿色施工技术 [J]. 施工技术，2014，43（5）：38-42.

[5] 蒋孙春. 铝合金模板新技术缺陷研究及改进 [J]. 施工技术，2017，46（1）：452-456.

# 钢-木组合结构在房屋建筑中的研究与应用

强亚林，麻建锁，程岚，郭腾
（河北建筑工程学院　土木工程学院，河北省张家口市　075000）

**摘　要：**钢材具有良好的强度和刚度，但是其截面尺寸相对较小容易发生屈曲破坏而不能充分发挥钢材的力学性能，而木材截面一般尺寸设计较大，能够一定程度上给钢材提供侧向刚度，因此，钢-木组合结构兼有钢与木的优势，具有很高的承载能力和良好的抗震性能。针对国内外对钢-木组合结构的研究现状，从钢-木梁、钢-木墙再到钢-木组合屋顶的研究都表明，钢-木组合结构不仅具有很强的承载能力和耗能能力，还能满足舒适度和温馨感的要求。因此，钢-木组合结构利用其优良的力学性能和绿色节能的建造方式，能够在房屋建筑领域大放异彩。
**关键词：**钢-木组合结构；抗震性能；绿色节能

## 1　概述

钢材是一种强度高、重量轻、可重复利用的资源，由于其性能优良，被广泛应用于房屋建筑与桥梁隧道上。但是其不耐高温、不耐腐蚀和容易失稳等缺陷也制约了其发展。

木材是一种轻质高强、抗震性能好、易加工的天然资源，其良好的保温、隔热、隔声效果被国内外广泛关注，尤其国外建筑三分之一都采用了木结构，因其优良的力学性能、清洁无污染以及美观大方，国内修建的别墅与度假休闲场所普遍采用木结构。但木材因其不均匀性、明显的各向异性、容易变形等天然缺陷，横纹与竖纹方向的强度产生较大差异，使得木材非常适合单向承受顺纹方向的拉、压和弯矩。

为了更进一步促进新型结构体系的研发，充分发挥材料各自性能优势，推出的新型钢-木组合结构，能够充分利用钢材高强和高承载能力，同时还利用了木材抗压和抗震性能好等优势，两者的结合提高了钢材承载能力，同时避免钢材发生屈曲破坏，组合结构相对质量较轻，施工相对便捷。目前，钢-木组合结构处于起步阶段，如何规避缺点、发挥两种材料优势是现在专家学者共同考虑的一个课题，同样也是目前需要解决的一大技术难题。

---

项目资助：河北省自然科学基金项目：装配式钢框架填充墙结构体系及其受力性能研究（E2018404047）。
作者简介：强亚林（1992—），男，山西省临汾市，学术硕士，研究方向：建筑产业化。
麻建锁（1963—），男，河北保定市，教授，硕士研究生导师，研究方向：新型结构体系与新型结构材料，建筑产业化等。

# 2 钢-木组合结构研究现状

## 2.1 钢-木组合结构国内研究

同济大学潘福婷对钢-木组合悬臂梁进行了受弯性能试验[1]，同时利用 ANSYS 有限元软件分析了钢-木组合梁和钢-木组合柱，通过螺栓进行钢材与木材的连接，试验结果发现其承载力和抗弯性能得到明显提高和改善，同时提高了建筑美观性和舒适度。

天津大学刘洋对轻型钢-木组合剪力墙抗侧性能进行了研究[2]，设计轻型钢框架进行单调加载试验作为对比试验，对两个轻型钢-木组合剪力墙进行了低轴反复荷载试验，从而研究墙体的破坏形式、抗侧承载能力、滞回性能和耗能能力。通过对试验数据研究分析，发现组合结构的耗能能力明显得到改善。

海南大学的颜冬娅对钢-木组合屋架进行了结构静力性能研究[3]，以彩钢板作为屋面板，木构件作为骨架，轻型板材作为墙面板，通过螺栓、自攻螺栓和钢板连接件连接。利用有限元软件模拟屋盖的荷载-位移曲线，并在此基础上提出了组合屋面水平荷载作用下刚度的简化计算公式。

北京交通大学陈爱国教授的两个学生李登辉和方超分别对钢-木组合梁的受弯性能和受剪性能进行研究[4]，通过控制钢材屈服强度、木材厚度、钢梁翼缘厚度及宽度、腹板高度等限制条件，同时利用 ABAQUS 有限元软件模拟组合梁，发现组合梁的截面宽度影响因素最为明显。

## 2.2 钢-木组合结构国外研究

Reynaud Serrette 等人将木结构板通过粘结剂与螺栓等连接方式[5]，将其固定在冷弯轻型薄壁型钢上，通过控制钢材与木板的厚度，观察连接件的破坏形式及变形情况，推导出剪切计算公式。

Miljenko Haiman 等人研究[6]以钢结构为骨架，引入层及木材充当结构的一部分，进行 STAAD 和 COSMOSM 软件分析得到详细分析结果和数值模型。与最初设计的结构相比，文中提出的数值分析结构更加有利、合理、完整。

C Dickof 等人分析研究交叉层压木材（CLT）剪力墙板作为钢框架与填料木材混合动力系统[7]。混合动力系统将钢框架的延性行为和更轻更坚固的 CLT 面板相结合，通过控制 CLT 面板厚度、抗压强度以及限制间隙等参数对极限强度、极限位移等力学性能进行了分析和研究，证明此结构具有很强延性和强度。

# 3 钢-木组合结构优势

## 3.1 力学性能优良

钢-木组合结构能够充分发挥两种材料各自优势，木材具有轻质高强的特点，其密度与强度不逊于钢材，而钢材具有很高强度和变形能力，尤其有很高的抗弯和抗拉强度，木材为钢构件提供充足的侧向支撑，钢材为木构件提供足够的强度；钢材与木材其质量相比于混凝土较轻，方便施工的同时加快了施工速度。

### 3.2 环保节能

钢材是一种可重复利用的资源，木材是一种天然资源，对环境无污染，两者结合后不仅提高了资源使用率，而且还能降低单纯使用钢材产生的高能耗问题；木材具有保温、隔热、隔声等优良性能，能够提高环境舒适度和视觉效果。

## 4 应用案例

### 4.1 上海最美的游泳馆——崇明体育训练基地游泳馆

上海崇明岛游泳馆位于上海崇明县陈家镇（图 1），建筑高度为 21.65m，面积为 16995m$^2$，游泳馆采用了钢-木混合网壳结构，游泳馆屋盖采用钢-木混合结构的筒壳结构，矢高 5m，跨度 45m，矢跨比为 1/9，接近合理拱轴线，使结构具有较好的壳体作用，建筑外围设置 V 型支撑柱，能够有效抵抗筒壳结构产生的支座水平推力。

图 1 崇明体育训练基地游泳馆

木结构部分尺寸较大，达到 250mm×600mm，木梁总数为 114 根，木梁布局打破传统的横平竖直，采用交叉菱形网格结构使结构具有较好的横向和纵向刚度，使用此结构更能体现建筑的外表面纹理和内部空间效果（图 2）。为了使中央木结构以受压为主，减少单层网壳节点刚度的依赖，木结构下部布置拉索形成张弦结构同时使用木结构减少了游泳池上方由于湿气较大出现的结露，增加建筑亲和力和温馨感。

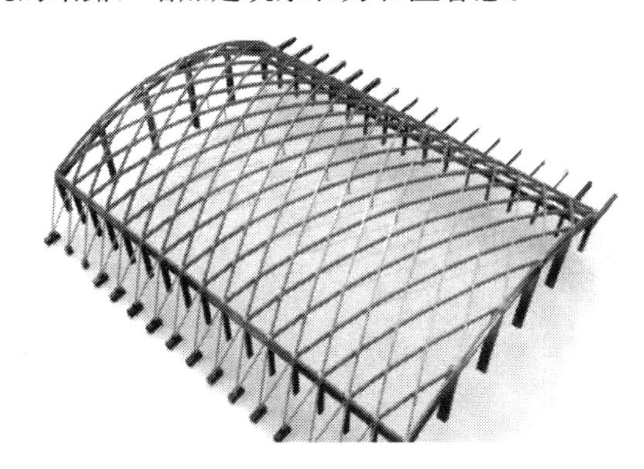

图 2 交叉菱形网格结构屋顶

钢材元件与木材采用铆钉连接，节点加盖板，避免螺栓外漏，保证室内效果的完整性。V 型柱下部节点和拉索撑杆下部节点采用精细化设计，具有韵律感。

## 4.2 日本独立住宅

日本独立住宅多采用 SE 构法/SE 工法进行住宅建筑，建造的住宅具有保温、隔声、舒适度高和抗震优良等优点。利用混凝土基础，采用轻型 H 钢与集成木材结合钢-木复合梁与集成木材柱结构形式，该结构结合了钢材与木材两种建筑材料优势，使结构强度和承载力都明显得到了提高。

钢-木组合梁采用轻型 H 型钢与集成木材组合，木材分别用销钉固定于轻型 H 型钢上下翼缘，充分利用木材的力学性能和外观效果，使结构能满足设计和使用要求（图 3）。

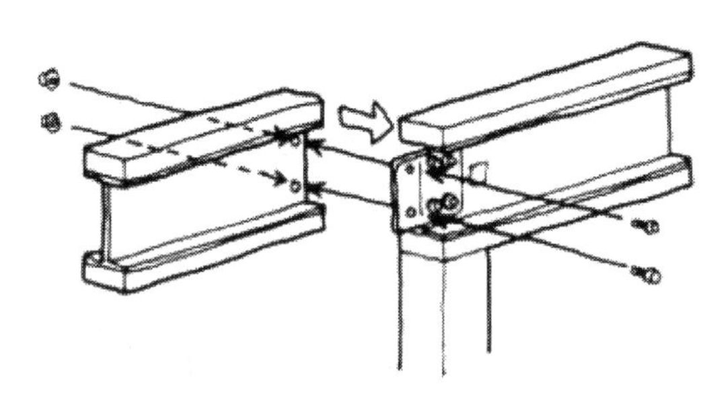

图 3 轻型钢-木组合梁

# 5 结语

通过国内外专家学者研究发现，钢-木组合结构能够更加快速推动建筑产业化发展，借助国家政策优势和材料自身优势，能够最大限度发挥材料的极限强度和承载力，能够很大程度上保证结构的安全可靠性和耐久性。相比于混凝土建筑，钢-木组合结构建筑能实现 100％的装配率，同时木材与钢材其特殊的性能，可以在预制工厂制作相应预制构件，运输到施工现场进行安装，完全干作业就能满足施工要求，不受季节影响，方便了施工，同时降低了成本。

### 参考文献


[1] 潘福婷. 钢—木组合构件试验研究及有限元分析 [D]. 南京：东南大学，2008.

[2] 刘洋，陈志华，安琦，等. 轻型钢木组合剪力墙抗侧性能试验研究 [J]. 天津大学学报，2017，50：78-83.

[3] 颜冬娅. 钢木组合屋盖结构静力性能研究 [D]. 海口：海南大学，2015.

[4] 李登辉. 钢-木组合梁抗弯性能研究 [D]. 北京：北京交通大学，2016.

[5] Reynaud Serrette，David Nolan，Santa Clara Univ. Wood Structural Panel to Cold-Formed Steel Shear Connections with Pneumatically Driven Knurled Steel Pins [J]. Practice Periodical on Structural Design and Construction，ASCE，2017.

[6] Miljenko Haiman，Krunoslav Pavkovic. Steel-wood frame structure with a hybridcross-beam system [J]. Gradevinar Hrcak，2010.

[7] C Dickof，S F Stiemer，M A Bezabeh. CLT-Steel Hybrid System：Ductility and Overstrength Values Based on Static Pushover Analysis [J]. Journal of Performance of Constructed Facilities，ASCE，2014.

# 既有上部建筑荷载下盾构施工引起地表沉降分析

武崇福，魏超
（燕山大学　建筑工程与力学学院，河北省秦皇岛市　066004）

**摘　要：** 为考虑上部建筑物对地表变形的影响，结合已有的等效荷载算法——将上部建筑荷载等效为地表上方一定厚度的覆盖土层，推导了既有上部建筑荷载下盾构施工过程中，刀盘正面推力、盾壳摩擦力、盾尾同步注浆压力、刀盘正面及圆周面的摩擦力产生的地层竖向位移的解析式，最后给出了既有上部建筑荷载下盾构施工引起的地层竖向总位移解析式。通过对已有的工程算例计算分析，结果表明：对于推进面前方的某位置处，沿横向两侧，在隧道轴线附近的一定范围内，建筑荷载对地表竖向位移的影响程度较上部无建筑物时大，建筑荷载抑制了地表沉降；而沿横向两侧，在远离隧道轴线的一定区域内；与无上部建筑荷载相比，建筑荷载的存在促进了地表沉降的发展。

**关键词：** 隧道工程；竖向变形；Mindlin 解；盾构；荷载

## 1　引　言

随着中国经济的高速发展，城市正在逐步实现现代化，轨道交通业也在逐步发展，从过去的发展地上交通转向发展地下交通，全国的一、二线城市纷纷开始修建地铁，作为以安全、高效的施工技术著称的盾构法地铁隧道施工技术，因其可以适应软弱土的地质条件且与地面交通互不影响而广泛的被应用。虽然盾构法施工技术在不断地完善和发展，但却一直以来受施工工艺和地质条件的限制而不可避免的对土体产生扰动，其主要体现在地面的沉降和隆起。

总结国内外学者对盾构施工引起的位移场的研究，大多采用以下几种方法：理论解析法[1~4]、经验公式法[5~6]、随机介质理论法[7]、数值分析法[8~10]等。近些年来，很多学者运用弹性力学 Mindlin[11] 解研究盾构施工引起的地表沉降。文献［12］依据弹性力学的 Mindlin 解，推导出盾构施工阶段，由正面推力、盾壳摩擦力、土体损失产生的地表面变形的解析式，并进行了叠加，从而得到了盾构施工引起地面变形解析式，但文章中并没有推导刀盘摩擦力、同步注浆压力产生的地面变形的解析式。文献［13］依据 Mindlin 解，推导出盾尾的同步注浆压力产生的地表变形的解析式，且指出，地层位移受盾尾注浆压力的影响不可以忽略，且注浆压力较大时，可能会导致地表面隆起。文献［14］运用了弹性力学 Mindlin 解，推导了盾构施工过程中刀盘与土体之间的正面和圆周面摩擦力引起的地面变形计算公式。文献［15］运用了弹性力学 Mindlin 解，在推导盾构施工过程中，地表竖向位移和深层土体横向位移解析式时，对于正面附加压力，考虑了刀盘的挤土效应的影响以及盾壳摩擦力分布的不均匀性和在软土地层中软化的特性，同时推导了盾尾注浆压力产生的地层变形的解析式。

而在实际盾构施工过程中，盾构隧道常常穿越建筑物的地下空间，而在地表有建筑物存在的情况下，盾构隧道推进引起的地层竖向变形受地表建筑物荷载的影响而有所不同。目前这方面研究的成果较少，武崇福等[16]考虑了上部建筑物荷载的影响，运用等效荷载原理，基于Mindlin基本解，推导了上覆建筑物的单线盾构施工引起土体附加应力的解析式。迄今为止，在采用Mindlin解推导盾构施工引起地层竖向位移解析式的研究中，考虑上部建筑荷载的成果未见报道。

本文在已有的考虑上部建筑荷载对盾构施工引起的地层应力场所给出算法的基础上，考虑上部建筑荷载对地层竖向变形的影响，并将其运用到Mindlin解析法推导地层竖向位移中。

## 2 盾构施工

### 2.1 盾构施工过程中的受力分析

在盾构施工的推进阶段，盾构机与土体之间相互作用，其受到的主要阻力有（如图1所示）：

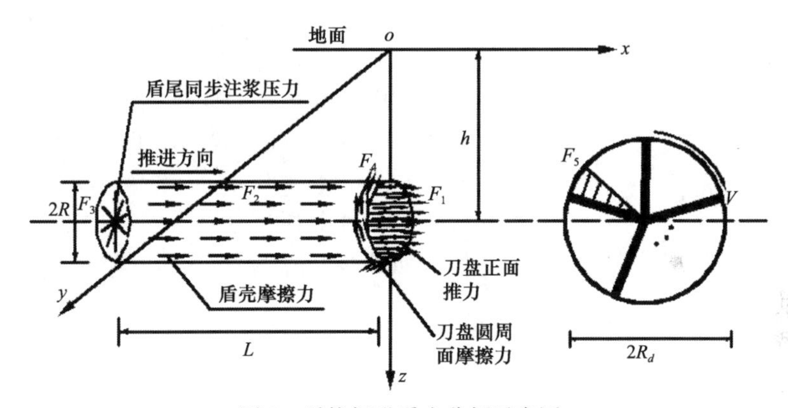


图1 盾构掘进受力分析示意图

（1）刀盘正面推力 $F_1$（一般取±20kPa）。

（2）盾壳与土体之间的摩擦力 $F_2$。

（3）盾尾同步注浆压力 $F_3$。

（4）刀盘与土体之间的摩擦力。包括刀盘正面的摩擦力记为 $F_4$，刀盘圆周面摩擦力记为 $F_5$。

除此之外，土体损失也是引起地层竖向位移的因素之一。

### 2.2 盾构施工过程中的基本假设

计算中的基本假设为：

（1）盾构机沿直线推进，不考虑盾构机的纠偏和旋转的影响。

（2）盾构机的推进仅为空间位置的变化，不计时间效应的影响。

（3）土体为均匀分布的线弹性半无限体，不计隧道开挖后边界条件的改变。

（4）假设盾构机在建筑物正下方沿建筑物宽度方向直线推进。

## 2.3　弹性力学的 Mindlin 解

设水平方向的集中荷载 $F$ 和竖直方向的集中荷载 $P$ 作用在弹性的半空间体内的一点（0，0，$c'$）处，R. D. Mindlin[11] 推导了竖向集中荷载 $P$ 在任一点（$x'$，$y'$，$z'$）处产生的竖向位移为式（1）；由水平集中荷载 $F$ 在任一点（$x'$，$y'$，$z'$）处产生的竖向位移为式（2）。

$$w_v=\frac{P}{16\pi G(1-\mu)}\left[\frac{3-4\mu}{R_1}+\frac{8(1-\mu)^2-(3-4\mu)}{R_2}+\frac{(z'-c')^2}{{R_1}^3}\right.$$
$$\left.+\frac{(3-4\mu)(z'+c')^2-2c'z'}{{R_2}^3}+\frac{6c'z'(z'+c')^2}{{R_2}^5}\right] \tag{1}$$

$$w_h=\frac{Fx'}{16\pi G(1-\mu)}\left[\frac{z'-c'}{R_1^3}+\frac{(3-4\mu)(z'-c')}{R_2^3}-\frac{6c'z'(z'+c')}{R_2^5}+\frac{4(1-\mu)(1-2\mu)}{R_2(R_2+z'+c')}\right] \tag{2}$$

式中：$R_1=\sqrt{x'^2+y'^2+(z'-c')^2}$，$R_2=\sqrt{x'^2+y'^2+(z'+c')^2}$。（$x'$，$y'$，$z'$）为土体中任一点的位置坐标；$F$ 为水平集中力（kN）；$P$ 为竖直集中力（kN）；$\mu$ 为土的泊松比；$w_h$ 为水平力作用引起的土中任一点沿 $z'$ 轴方向的位移；$w_v$ 为竖直力作用引起的土中任一点沿 $z'$ 轴方向的位移（如图 2 所示）。

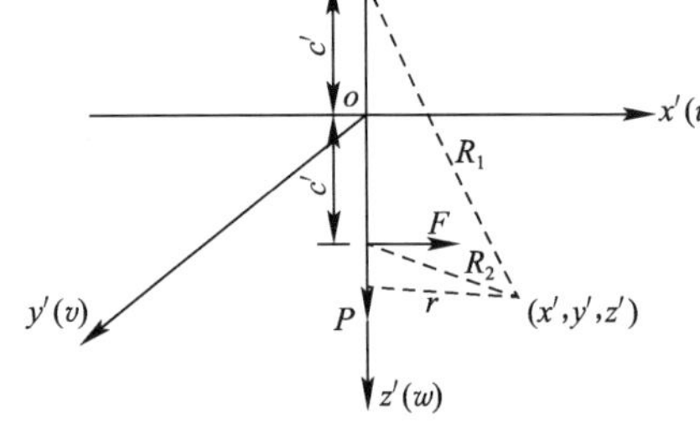

图 2　Mindlin 解计算示意图

## 2.4　刀盘正面推力引起地层位移解

如图 3 所示，取任意微分单元 $dA=rdrd\theta$，为满足 Mindlin 解的使用条件，将坐标的转化关系 $x=x_1'$，$y-r\cos\theta=y_1'$，$z=z_1'$，$h-r\sin\theta=c_1'$ 代入（2）中，并对其积分后得到正面推力 $F_1$ 产生的地层竖向位移 $w_1$ 的解析式为（3）。

$$w_1=\int_0^{2\pi}\int_0^{R_d}w_h(x_1',y_1',z_1',c_1')\,|_{F=1}F_1 r\mathrm{d}r\mathrm{d}\theta \tag{3}$$

其中：$R_1=\sqrt{x^2+(y-r\cos\theta)^2+(z-h+r\sin\theta)^2}$。

$R_2=\sqrt{x^2+(y-r\cos\theta)^2+(z+h-r\sin\theta)^2}$。

$R_d$ 为刀盘外半径（m）。

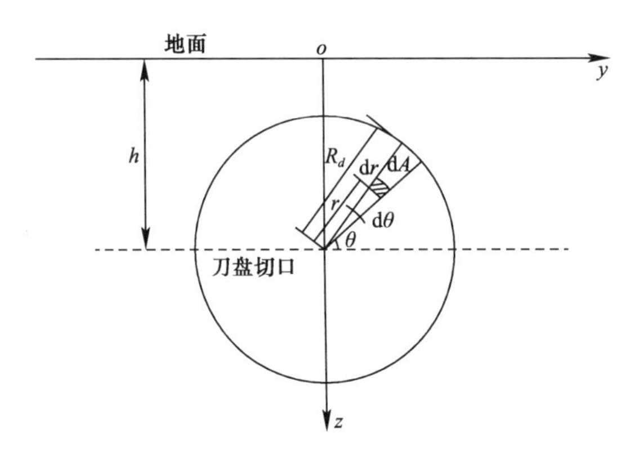

图 3　微分单元

## 2.5 盾壳摩擦力引起地层竖向位移解

如图 4 所示，取任意微分单元 $dA=Rd\theta dl$，为满足 Mindlin 解的使用条件，将坐标的转化关系 $z=z_2'$，$x+L_k+l=x_2'$，$y-R\cos\theta=y_2'$，$h-R\sin\theta=c_2'$代入（2）中，并对其积分后得到盾壳摩擦力 $F_2$ 产生的地层竖向位移 $w_2$ 的解析式为（4）。

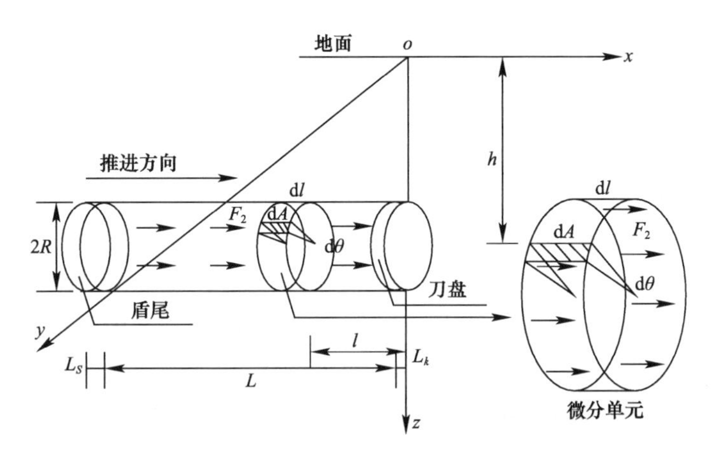


图 4　盾壳摩擦力引起地层位移计算模型

$$w_2=\int_0^L\int_0^{2\pi}w_h(x_2',y_2',z_2',c_2')\,|_{F=1}F_2Rd\theta dl \tag{4}$$

其中：$L$ 为盾构机的机身长度（m），$l$ 为所选取微分单元的位置与推进面的间距，$L_k$ 为刀盘宽度（m）。

$$R_3=\sqrt{(x+L_k+l)^2+(y-R\cos\theta)^2+(z-h+R\sin\theta)^2},$$

$$R_4=\sqrt{(x+L_k+l)^2+(y-R\cos\theta)^2+(z+h-R\sin\theta)^2}。$$

## 2.6 盾尾同步注浆压力引起地层竖向位移解

盾尾处的微分单元示意如图 5 所示，取任意微分单元 $dA=Rd\theta dl$，为满足 Mindlin 解的使用条件，将坐标的转化关系 $-(x+L_k+L+l)=y_3'$，$y-R\cos\theta=x_3'$，$z=z_3'$，$h-R\sin\theta=c_3'$ 代入（1）、（2）中，并进行积分、叠加后得到盾尾同步注浆压力 $F_3$ 产生的地层竖向位移 $w_3$ 的解析式为（5）。

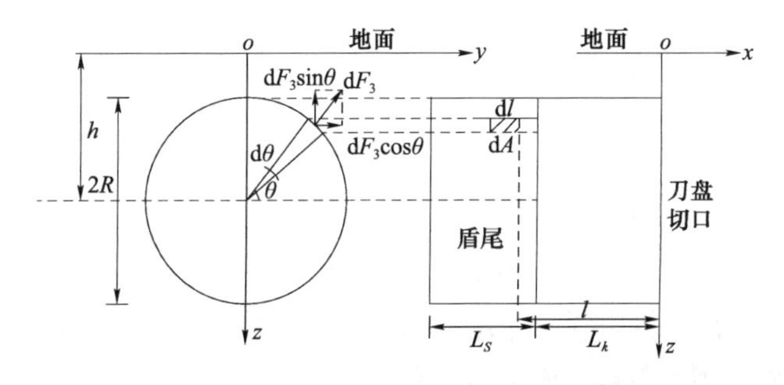


图 5　盾尾同步注浆压力引起地层位移计算模型

$$w_3 = \int_0^{L_s}\int_0^{2\pi} w_h(x_3', y_3', z_3', c_3')\,|_{F=1} \cdot F_3 \cos\theta R\,\mathrm{d}\theta\mathrm{d}l$$

$$-\int_0^{L_s}\int_0^{2\pi} w_v(x_3', y_3', z_3', c_3')\,|_{P=1} \cdot F_3 \sin\theta R\,\mathrm{d}\theta\mathrm{d}l \quad (5)$$

式中：$R_5 = \sqrt{(y - R\cos\theta)^2 + (x + L_k + L + l)^2 + (z - h + R\sin\theta)^2}$。

$R_6 = \sqrt{(y - R\cos\theta)^2 + (x + L_k + L + l)^2 + (z + h - R\sin\theta)^2}$。

$L_S$ 为盾尾长度（m）。

## 2.7 刀盘摩擦力引起地层竖向位移解

伴随着盾构机的推进，刀盘与周围的土体相互作用，使得刀盘产生正面摩擦力、圆周面的摩擦力两种，本文给出辐条式刀盘引起的地表竖向位移计算公式。

### 2.7.1 刀盘正面摩擦力引起地层竖向位移

如图 6 所示，取任意微分单元 $\mathrm{d}A = r\mathrm{d}r$，设刀盘转动的方向为 $z$ 轴的正半轴转向 $y$ 轴的正半轴，每幅刀具上的应力分布为三角形。为满足 Mindlin 解的使用条件，将坐标的转化关系 $y - r\cos\varphi = x_4'$，$-x = y_4'$，$z = z_4'$，$h - r\sin\varphi = c_4'$代入（1）、（2）中，并进行积分、叠加后得到辐条式刀盘正面刀具的摩擦力产生的地层竖向位移 $w_4$ 的解析式为（6）。

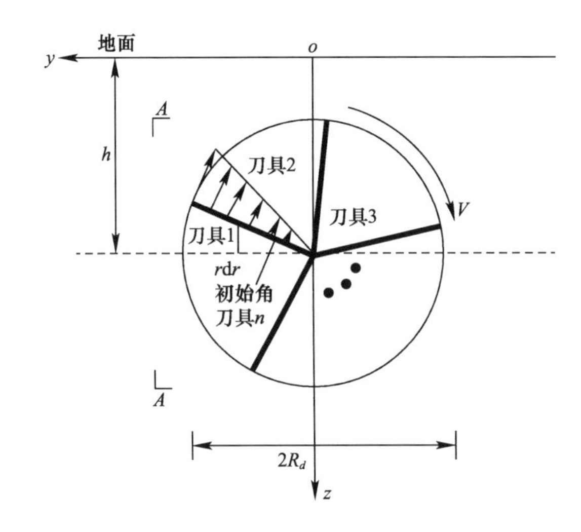


图 6 辐条式刀盘正面摩擦力引起地层竖向位移计算模型

$$w_4 = \sum_{n=1}^{m}\int_0^{R_d} w_h(x_4', y_4', z_4', c_4')\,|_{F=1} \cdot \left(-\frac{r}{R_d}F_4\sin\varphi\right) r\,\mathrm{d}r$$

$$+\sum_{n=1}^{m}\int_0^{R_d} w_v(x_4', y_4', z_4', c_4')\,|_{P=1} \cdot \left(-\frac{r}{R_d}F_4\cos\varphi\right) r\,\mathrm{d}r \quad (6)$$

式中：$\varphi = 2\pi - \phi - 2\pi(n-1)/m$，其中：$\phi$ 为刀具的初始角（°）；$m$ 为刀具的辐条总数；$n = 1, 2, 3\cdots\cdots m$；单个刀具正面与周围土体在单位面积上的摩擦力最大值为 $F_4$(kPa)。

$$R_7 = \sqrt{(y - r\cos\varphi)^2 + x^2 + (z - h + r\sin\varphi)^2},$$

$$R_8 = \sqrt{(y - r\cos\varphi)^2 + x^2 + (z + h - r\sin\varphi)^2}。$$

### 2.7.2 刀盘圆周面摩擦力引起的地层竖向位移

取任意微分单元 $\mathrm{d}A = R_d\mathrm{d}\theta\mathrm{d}l$，为满足 Mindlin 解的使用条件，将坐标的转化关系 $y-$

$R_d\cos\theta = x_5'$，$-x = y_5'$，$z = z_5'$，$h - R_d\sin\theta = c_5'$代入（1）、（2）中，并进行积分、叠加后得到刀盘圆周面的摩擦力产生的地层竖向位移 $w_5$ 的解析式为（7）。

$$w_5 = \int_0^{L_k}\int_0^{2\pi} w_h(x_5', y_5', z_5', c_5')\big|_{F=1} \cdot (-F_5\sin\theta)R_d\,d\theta dl + \int_0^{L_k}\int_0^{2\pi} w_v(x_5', y_5', z_5', c_5')\big|_{P=1} \cdot (-F_5\cos\theta)R_d\,d\theta dl \quad (7)$$

其中：$F_5$ 为刀盘圆周面与周围土体在单位面积上的摩擦力（kPa）。

$$R_9 = \sqrt{(y - R_d\cos\theta)^2 + x^2 + (z - h + R_d\sin\theta)^2},$$

$$R_{10} = \sqrt{(y - R_d\cos\theta)^2 + x^2 + (z + h - R_d\sin\theta)^2}。$$

## 2.8 土体损失引起地层位移解

文献［17］给出了三维条件下土体损失引起土体竖向位移计算公式：

$$w_6 = R'^2\left\{\frac{h-z}{y^2+(h-z)^2} + \frac{(3-4\mu)(h+z)}{y^2+(h+z)^2} - \frac{2z[x^2-(h+z)^2]}{[y^2+(h+z)^2]^2}\right\}\frac{V_1}{2} \cdot \left(1 - \frac{x}{\sqrt{x^2+y^2+h^2}}\right) \cdot \exp\left\{-\left[\frac{1.38y^2}{(h+R')^2} + \frac{0.69z^2}{h^2}\right]\right\} \quad (8)$$

式中：隧道的外半径为 $R'$(m)；土体损失率为 $V_1 = V_{loss}/(\pi R'^2) \times 100\%$。单位长度上的土体损失量为 $V_{loss}$($m^3$/m)。

## 2.9 盾构推进引起地层竖向总位移

将以上各个因素产生的地层竖向位移叠加，得到盾构施工产生的地层竖向总位移解析式为：

$$\boldsymbol{w} = \boldsymbol{w}_1 + \boldsymbol{w}_2 + \boldsymbol{w}_3 + \boldsymbol{w}_4 + \boldsymbol{w}_5 + \boldsymbol{w}_6 \quad (9)$$

# 3 考虑上部建筑荷载对地层竖向位移影响的算法

武崇福等[9]曾提出一种考虑了上部建筑荷载对土体附加应力影响的算法，即在建筑物所在位置处，将上部建筑物等效为地表上方一定厚度的覆盖土层，覆盖土层的面积与建筑物的底层面积相等（$W_SL_S$）；建筑物的密度可以根据建筑结构形式、开洞面积大小等因素综合确定；覆盖土层的厚度需按等效算法来取。设土体为均质、半无限、线弹性空间体，其基本参数设定及荷载的等效处理如表 1 所示。等效后的示意图如图 7 所示。

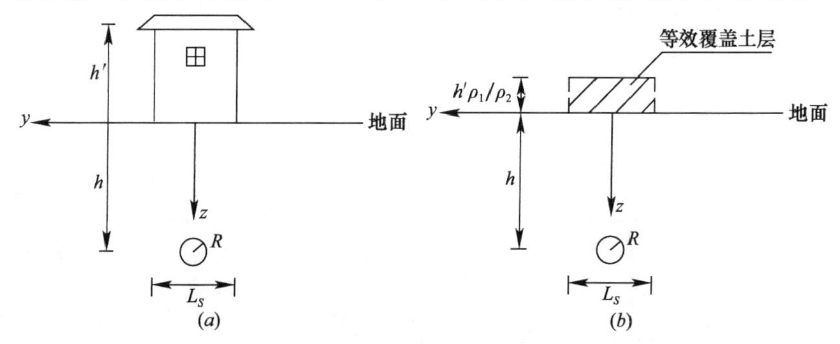


图 7 盾构隧道穿越建筑物时的等效荷载示意图

基本参数设定及荷载等效处理　　表 1

| 基本参数设定 | | | | 荷载等效处理 | |
|---|---|---|---|---|---|
| 上部建筑物 | | 隧道 | | 等效覆盖土层 | |
| 密度 | 高度 | 轴线深度 | 半径 | 重度 | 厚度 |
| $\rho_1$ | $h'$ | $h$ | $R$ | $\rho_2$ | $h'\rho_1/\rho_2$ |

为了运用 Mindlin 解计算地层竖向位移，需要把实际坐标系 $xyz$ 替换为计算坐标系 $XYZ$，且转化关系为：$X=x$，$Y=y$，$Z=z+h'\rho_1/\rho_2$，$H=h+h'\rho_1/\rho_2$，$C=c+h'\rho_1/\rho_2$。将上述转化关系代入各因素引起的地层竖向位移中，可得考虑上部建筑荷载的盾构施工引起地层竖向位移的计算公式。

# 4　工程算例

本节依托姜安龙[4]给出的某区间隧道为工程算例，结合前述推导公式和等效荷载原理，分析既有上部建筑荷载下盾构施工阶段各因素引起的地层竖向位移规律。设隧道上方有一浅基础砌体结构的建筑物，其基本参数如表 2 所示；其他参数选取如下：盾构隧道覆土层厚度 $h=12.60$m；土体的参数：重度为 $\gamma=20$ kN/m$^3$，压缩模量为 $E_s=8.21$MPa，切变模量为 $G=2.46$MPa，泊松比为 $\mu=0.3$，侧向静止土压力系数为 $K_0=0.35$；盾构机的外半径为 $R=3.155$m，盾构机机身长为 $L=9.17$m，盾构机的重量为 $W=3300$kN，管片的宽度为 $L_S=1.20$m；管片的内、外半径分别为 2.7m 和 3.0m。采用辐条型刀盘，其主要参数为：刀盘宽度为 $L_k=0.74$m，半径为 $R_d=3.155$m，开口率为 $\eta=0.405$，辐条的总数为 $m=6$；刀盘的正面、圆周面和土体间的摩擦因数为 $f_1=0.2$，钢和土体的摩擦因数为 $f_2=0.3$。地层损失率取 $V_1=1.0\%$；等效覆土的土质与盾构覆土的土质相同。

隧道上部建筑物计算参数　　表 2

| 结构形式 | 长/m | 宽/m | 高/m | 单层面积/m$^2$ | 层数 | 总建筑面积/m$^2$ | 重量 kg/m$^2$ | 密度 $\rho_1$ kg/m$^3$ |
|---|---|---|---|---|---|---|---|---|
| 砌体结构 | 54 | 15 | 18 | 810 | 6 | 4860 | 2500 | 833.33 |

## 4.1　既有上部建筑荷载下盾构施工引起地表变形分析

参考张海波等[3,10,15,17,18]，并考虑上部建筑荷载对盾构掘进与土体之间作用力的影响，盾构机各部分的受力取值如表 3 所示。根据本文推导的公式，运用 MATLAB 进行编程绘图，在 $x=-3R$ 处，对既有上部建筑荷载下盾构施工过程中各因素引起的地表竖向位移的分布规律进行分析，如图 8～9 所示。

盾构机各部位受力值　　表 3

| 机身 | 辐条式刀盘 | | | 盾尾 |
|---|---|---|---|---|
| 盾壳摩擦力值 $F_2$/kPa | 正面推力值 $F_1$/kPa | 正面摩擦力值 $F_4$/kPa | 圆周面的摩擦力值 $F_5$/kPa | 同步注浆压力 $F_3$/kPa |
| 45 | 20 | 27 | 63 | 402 |

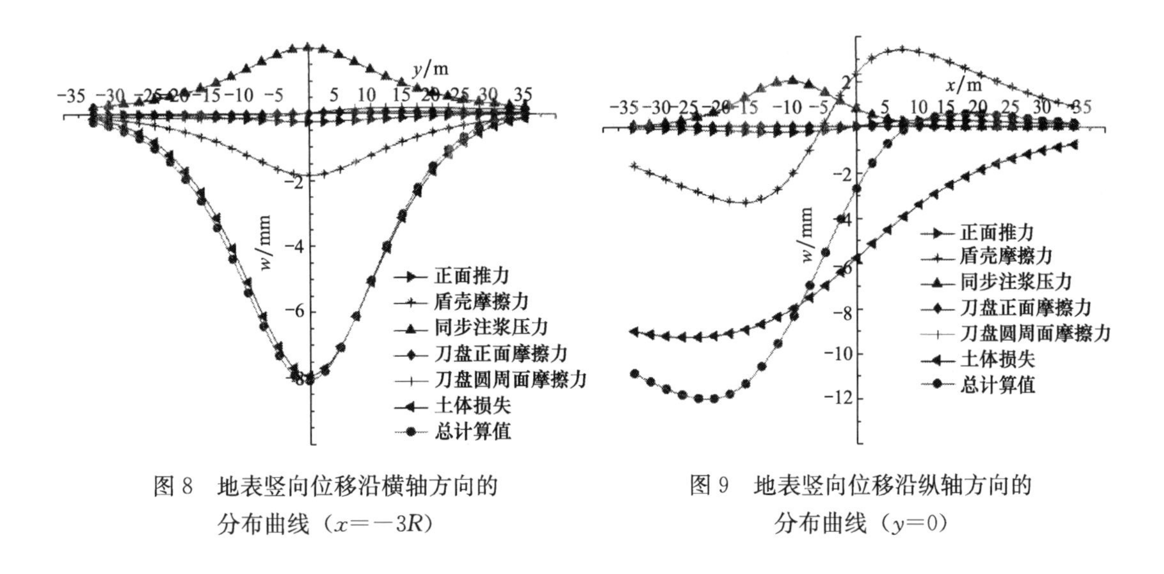


图 8　地表竖向位移沿横轴方向的分布曲线（$x=-3R$）

图 9　地表竖向位移沿纵轴方向的分布曲线（$y=0$）

当 $x=-3R$ 时，既有建筑荷载下盾构施工引起地表竖向位移沿横轴方向的分布规律如图 8 所示。从图上可以看出，刀盘正面推力、盾壳摩擦力和土体损失引起地表面沉降，且沿横向两侧关于轴线呈对称分布；而盾尾同步注浆压力引起地表面隆起，且沿横向两侧关于轴线也呈对称分布；刀盘正面、圆周面摩擦力引起的地表竖向位移沿轴线两侧呈反对称分布，两侧的位移方向相反。由上述各因素引起的横向地表变形之和关于轴线呈非对称分布，其原因在于刀盘摩擦力的影响，其位移的偏向与刀盘的旋转方向有关；整体上看，地表竖向位移在距离隧道轴线较近位置处数值较大，沿横向两侧逐渐衰减；地表沉降量最大值出现在隧道轴线位置的正上方。

当 $y=0$ 时，既有建筑荷载下盾构施工引起地表竖向位移沿纵轴方向的分布规律如图 9 所示。整体上看，既有建筑荷载下盾构施工引起的地表竖向位移沿纵向近似呈“S”型分布。从图上可以看出，刀盘正面推力引起的地表竖向位移沿纵向的分布规律关于横轴呈反对称分布，且数值较小，可以忽略；而盾壳摩擦力引起的地表竖向位移的隆陷情况沿纵向的分布规律在 $x=-1.58R$ 左右的两侧相反，其作用不可忽略；以 $x=-3.17R$ 左右的位置为中心，同步注浆压力引起的地表竖向位移沿其两侧逐渐衰减，且在其两侧约 $4.75R$ 左右的影响范围内，其数值较大，影响程度较大，不可忽略；而对于土体损失引起的地表竖向位移在图示范围内表现为沉降，其数值最大，且为非对称分布，不可忽略其对周围环境的影响；刀盘圆周面摩擦力引起的地表竖向位移，其数值很小，且为非对称分布，可以忽略其作用；刀盘正面摩擦力引起的地表竖向位移沿纵向为对称分布，且数值很小，可以忽略。当 $2.70R \leqslant x \leqslant 11.1R$ 左右时，既有建筑荷载下盾构施工引起的地表变形表现为隆起，且隆起量不超过 1mm；其他范围内的地表变形表现为沉降。

## 4.2　不同上部建筑荷载对地表竖向位移的影响

本节采用节 3 所述算法，参考张海波等[3,10,15,18]，分析上部等效土层对盾构掘进与土体之间的作用力的影响，不同上部建筑荷载作用下的盾构机各部分的受力取值如表 4 所示；分析不同地面荷载对盾构施工引起的地表沉降的影响幅度及影响规律。以此 6 层浅基础砌体结构的荷载为一个单位，假设地表上方的建筑荷载 $W$ 分别取 0、$G$、$2G$、$3G$（其中 $G=1.215\times10^8$N），当盾构机沿建筑物宽度方向推进了 2m 时，在距离推进面后方的 $3R$ 位置处，沿横向，计算分别考虑上述四种建筑物荷载影响的地表竖向位移值，运用 MATLAB 进行编程计算，并绘制曲线，如图 10 所示。

**盾构机各部位受力值　　表 4**

| 上部建筑荷载 $W$ | 辐条式刀盘 | | | 盾尾 | 机身 |
|---|---|---|---|---|---|
| | 正面推力值 $F_1$/kPa | 正面摩擦力值 $F_4$/kPa | 圆周面的摩擦力值 $F_5$/kPa | 同步注浆压力 $F_3$/kPa | 盾壳摩擦力值 $F_2$/kPa |
| 0 | 20 | 19 | 43 | 252 | 30 |
| $G$ | 20 | 27 | 63 | 402 | 45 |
| $2G$ | 20 | 36 | 83 | 552 | 59 |
| $3G$ | 20 | 45 | 103 | 702 | 73 |

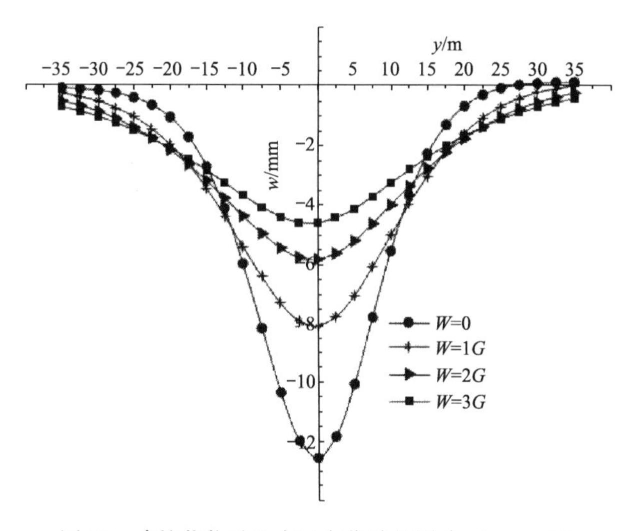


图 10　建筑荷载对地表竖向位移的影响（$x=-3R$）

对于不同上部建筑荷载对横向地表变形的影响分布如图 10 所示。从图上可以看出：当 $x=-3R$ 时，以隧道轴线正上方的地表面位置为中心，其两侧 $\pm3.56R$ 左右的范围内，上部建筑物荷载的存在对横向地表沉降的发展起到抑制作用，且靠近隧道轴线的横向地表沉降量的衰减幅度较大，横向地表沉降值随上部建筑荷载的增大而减小，且衰减的幅度逐渐减小。以隧道轴线的正上方位置为例，受相邻两建筑荷载值的影响，横向地表沉降量的最大衰减幅度超过了 35%；在 $|7.13R|\leqslant y$ 左右的范围内，与无上部建筑荷载相比，上部建筑物荷载的存在增加了横向地表沉降值，且当上部建筑物存在时，建筑物荷载越大，横向地表沉降值越大。

## 5　结束语

本文通过对上述工程算例进行分析后得到以下结论：

① 本文基于等效荷载原理，运用 Mindlin 解，给出既有上部建筑荷载下盾构施工过程中，刀盘正面推力、盾壳摩擦力、盾尾同步注浆压力、刀盘摩擦力引起的地层竖向位移的计算公式。

② 对于推进面前方的某位置处，在横向两侧紧靠隧道轴线的一定范围内，与上部无建筑物的情况相比，建筑荷载对地表竖向位移的影响程度较大，建筑荷载对地表沉降起到抑制作用，且衰减幅度较大；相反的，在横向两侧远离隧道轴线的一定范围内，建筑荷载对地表沉降起到促进作用。

### 参考文献


[1] SAGASETAC. Analysis of undrained soil deformation due to ground loss [J]. Geotechnique，1987 37 (3)：301-320.

[2] PARK KH. Elastic solution for tunnel-induced ground movements in clays [J]. International Journal of Geomechanics，2004，4 (4)：310-318.

[3] 钟晓春，林键，刘洪忠. 土压平衡式盾构机刀盘扭矩力学模型究 [J]. 岩土力学，2006，27 (增2)：821-824.

[4] 姜安龙. 盾构隧道施工地层变形三维解及影响因素分析 [J]. 现代隧道技术，2015，52 (1)：127-142.

[5] 梁荣柱，夏唐代，林存刚，等. 盾构推进引起地表变形及深层土体水平位移分析 [J]. 岩石力学与工程学报，2015，34 (3)：583-591.

[6] PECK RB. Deep excavation and tunneling in soft ground [C]//Proceedi- ngs of the 7th International Conference on Soil Mechanics and Foudat- ionEngineering. Mexico：[s. n]，1969，225-290.

[7] ATTWELL P B，WOODMAN J P，WOODMAN J P. Predicting the dyna- mics of ground settlement and its derivatives caused by tunneling in soils [J]. Ground Engineering，1982，15 (8)：12-26，36.

[8] YANG J S，LIU B C，WANG M C. Modeling of tunneling-induced ground surtace movements using stochastic medium theory [J]. Tunnel-ing and Underground Space Technology，2004，19 (2)：113-123.

[9] 孙玉永，周顺华，宫全美. 软土地区盾构掘进引起的深层位移场分布规律 [J]. 岩石力学与工程学报，2009，28 (3)：500-506.

[10] 张海波，殷宗泽，朱俊高. 地铁隧道盾构法施工中地层变位的三维有限元模拟 [J]. 岩石力学与工程学报，2005，24 (5)：755-760.

[11] LEE K M，ROWE R K. An analysis of three-dimensional ground movements：The thunder Bay tunnel [J]. Canadian Geotechnical Journal，1991，28 (1)：25-41.

[12] MINDLIN R D. Force at a point in the interior of a semi-infinite solid [J]. Journal of Applied Physics，1936，7 (5)：195-202.

[13] 魏纲，张世民，齐静静，等. 盾构隧道施工引起的地面变形计算方法研究 [J]. 岩石力学与工程学报，2006，25 (增1).

[14] 林存刚，张忠苗，吴世明，等. 软土地层盾构隧道施工引起的地面隆陷研究 [J]. 岩石力学与工

程学报，2011，30（12）：2583-2590.
[15] 唐晓武，朱季，刘维，等. 盾构施工过程中的土体变形研究［J］. 岩石力学与工程学报，2010，29（2）：417-422.
[16] 武崇福，魏超，乔菲菲. 既有上部建筑荷载下盾构施工引起土体附加应力分析［J］. 岩石力学与工程学报，2018，37（7）：1708-1721.
[17] 张金菊. 盾构隧道引起土体变形分析研究［D］. 杭州：浙江大学，2006：1-90.
[18] 彭诚. 地铁隧道盾构施工引起土体附加应力及地表沉降研究［D］. 长沙：中南大学，2014：1-101.

# 关于BIM技术推动装配式建筑发展的研究

申国行，邢龙成
（河北大学　建筑工程学院，河北省保定市　071002）

**摘　要**：随着建筑业的转型升级，装配式建筑开始得以快速发展，根据当前BIM技术的发展状况及其优势，在装配式建筑一体化建造全过程中应用BIM技术，将有助于推动装配式建筑的一体化高品质发展。建筑业转型升级所带来的机遇，将会带动高校师生、企业的协同进步。

**关键词**：装配式建筑；BIM技术；高校；机遇

随着我国经济的发展进入新常态阶段，传统的建筑行业面临着前所未有的机遇和挑战，新常态下建筑产业逐渐走向现代化，装配式建筑作为新型建造方式开始提速发展，近年来成为建筑业研究的热点问题。由于其具有建造速度快、节约劳动力、提高建筑质量、受环境影响小、可重复利用等优点，必将成为建筑行业未来发展的重要方向。利用BIM技术对装配式建筑进行应用和分析研究，能够为装配式结构的发展提供技术支持和质量保障，保证装配式结构全生命周期的精确化管理以及效益最大化[1]。

## 1　建筑业所面临的问题

### 1.1　环境问题日益突出

一直以来，传统建筑业存在资源利用率低、环境污染严重等突出问题。现场施工作业中，往往会产生大量的噪声和振动污染，在现场产生粉尘污染、建筑垃圾污染等。党的十八大报告指出要努力建设美丽中国，这就要求建筑企业需要转型升级，改变目前污染严重的现状[2]。建筑施工企业应积极推进建筑工业化、住宅产业化，积极组建装配式建筑，努力将设计、开发、施工，到零部件的生产、管理和服务，形成一个完整的产业体系，走出一条科技含量高、工程质量优、资源消耗低、环境污染少、符合绿色要求的、适合我国国情的新型工业化之路，为实现绿色中国梦贡献力量。

### 1.2　相关人才资源匮乏

在建筑产业转型升级这个关键阶段，由于新技术创新带来产业革命，致使行业对高技术人才的需求激增。然而当前从业人员结构分布不平衡、项目管理人才缺乏、技术人才稀缺、供需不平等等问题，严重制约了建筑行业的转型发展之路。随着信息化技术的发展，BIM、VR、3D打印、物联网、建筑机器人等新兴的技术逐步在建筑业中应用，发挥的作用日益凸显。目前的从业人员对这些技术以及技术在工程中的价值有了一定的认识，但是熟练掌握并应用这些技术的人才数量存在严重不足。另一方面，国家正在大力推广装配式建筑、综合管廊相关内容，对于国内设计、施工相关企业来说是“新兴”事物，缺乏相关的设计与施工经验，技术人才资源不足，成为制约装配式建筑、综合管廊发展的一大因素。

### 1.3 建筑业利润低下

在我国经济飞速发展，建筑业增速是GDP增速的2～3倍的情况下，建筑业利润依然长期低下，造成这种局面的原因是当前建筑业生产方式落后，行业集中度低下，导致产能过剩[3]。建筑市场环境继续恶化，工程款回笼率低、运营费用增加、经营性现金流为红字，都是导致建筑低利润运营的重要因素。新常态下，建筑企业如若不转型升级，提升盈利能力，无疑将会被市场淘汰。

## 2 装配式建筑的发展

对于我国建筑业发展所面临的现状而言，装配式建筑推广意义重大，一是可以缓解建筑工人短缺问题，二是减少施工过程对环境的污染，三是提高建筑质量，降低工程成本，延长使用寿命。

经过近10年的艰苦努力，我国装配式建筑已经取得了突破性进展，很多领域处于世界领先地位，归纳起来大致有三种模式：一是钢筋混凝土预制装配式建筑（PC），适用于量大面广的多层、小高层办公、住宅建筑。二是钢结构预制装配式建筑，适用于高层超高层办公、宾馆建筑，部分应用到住宅建筑。三是全钢结构全装配式建筑，适用于高层超高层办公、宾馆、公寓建筑。

国家政策方面，近年来也给予了装配式建筑大力支持：2016年2月，《中共中央国务院关于进一步加强城市规划建设管理工作的若干意见》提出：“大力推广装配式建筑，力争用10年左右时间，使装配式建筑占新建建筑的比例达到30%”；2016年9月27日，国务院办公厅印发的《关于大力发展装配式建筑的指导意见》指出，近年来，我国积极探索发展装配式建筑，但与发展绿色建筑的有关要求以及先进建造方式相比还有很大差距。发展装配式建筑是建造方式的重大变革，是推进供给侧结构性改革和新型城镇化发展的重要举措；2017年2月24日，国务院办公厅印发《关于促进建筑业持续健康发展的意见》，首次将装配式技术与其他技术相结合，提出了智能化应用的理念，使装配式建筑发展进入新阶段；2017年11月，住房城乡建设部公布第一批装配式建筑示范城市和示范产业基地，北京、上海、天津等城市被确定为第一批装配式建筑示范城市。上海建工、金螳螂、中建三局等公司均成为一批示范企业。这表示国家将积极推进装配式建筑发展，预示建筑业转型升级在即[4]。

## 3 BIM技术对于装配式建筑的推动作用

### 3.1 BIM的信息功能

BIM的核心在于Information，是当下大数据时代运用发展的必然产物。十九大报告指出，推动互联网、大数据、人工智能和实体经济深度融合。研究 BIM 技术及云计算技术等对建筑及建筑业具有深刻影响。BIM 作为建筑业的信息承载体，不仅能够处理项目级细化的基础数据，而且还可以承载海量完整项目数据，这是一项巨大优势与便利。相比于其他行业，建筑业数据量大，工程规模大，所需要的信息承载能力也随之提高。随着 BIM 的发展及普及，信息储存量加大，势必会带动建筑业转型升级，促进装配式建筑稳步发展。

### 3.2 BIM 的多过程应用

BIM 技术可用于仿真模拟工程设计、建造进度和成本控制，整合业主、设计、施工、贸易、制造、供应商多方部门，使工程项目的一体化交付成为可能。BIM 的更高层次应用是提高工作质量和效率，降低错误率，便于沟通解决问题。BIM 代表着一种新的理念和实践，即通过信息技术的应用和创新的商业结构来减少建筑业的各种浪费，减少环境污染。以往整个行业信息不对称，各方人员无法及时获取最新消息，BIM 技术的普及将改变这种现象所带来的种种缺陷，让各单位信息及时互通，用更高程度的数字化精细整合优化全产业链，实现工厂化生产、精细化管理的现代产业模式。

### 3.3 科技型人才队伍的发展

BIM 技术、大数据、物联网、移动互联网、人工智能及 3D 打印、区块链等先进科学技术对建筑行业所带来的推动作用需要大量的专业型人才支持，BIM 技术在整个施工过程全面应用或施工过程的全面信息化有助于形成真正高素质、高能力的人才团队。建筑企业要加快信息技术应用，加强信息技术创新能力，推进信息化建设进程，增强企业的管理能力和技术手段，提高市场竞争力，与此同时高校作为培养人才的摇篮，也需要大力引导学生学习研究相关方向的先进科学技术，以期能够推动建筑业的转型升级和可持续发展。

### 3.4 建筑产业标准化

传统的设计及建造方式的弊端是成果无法固化与协同进步，BIM 技术的大力推广恰恰弥补了这方面的不足。利用 BIM 的技术数据，将建筑常见的混凝土构件在工厂预制生产，最后集中到工地进行搭建。利用 BIM 技术的构件化特点，通过用户参与进行空间设计，可以将设计细化到每一个部件。产业化、一体化的预制建造模式，让原本充满混凝土、泥砂味道的房屋就像是组装一批规格各异、品质优良的汽车零件一样，迅速又充满工业美感地呈现到人们面前。

### 3.5 建企成本节约与管控

在建企成本管控面临大挑战的危机中，BIM 是实现项目精细化管理、企业集约化经营的最有效途径之一。要实现规模经济优势，国内大型建企一定要在信息化实现突破，尽快普及应用 BIM 技术。企业领导要把精力转到研究管理、研究信息化上来。利用信息化实现集约化企业经营，提升单位核心竞争力，建筑业利润率的提升将逐渐迎来春天。

## 4 装配式行业的发展机遇

随着我国建筑业转型升级，装配式建筑必将成为本行业新的经济增长点，与此同时，装配式建筑、BIM 技术将会带来广阔的发展机遇：

① 随着装配式建筑发展，工程建造周期得以缩短，减少了对手工劳动和劳动技能的依赖，今后建筑业将不再依赖“人海战术”，复合型技能人才的社会待遇将得到提升。

② 传统院校转型升级、产业协同发展进步。依托装配式建筑，传统建筑产业链条上下游企业基于 BIM 技术、数据信息化进行产业协同、工作模式创新，形成装配式建筑新生态。

③ 装配式建筑示范基地引领地区区域建设标杆。发展装配式建筑，应发展现代化示范基地，集成应用、设计、研发、部品生产等完备功能，以保障性住房等政府投资项目和绿色建筑示范项目为切入点，全面开展建筑产业现代化试点示范建设。

④ 建筑工程类人才培养就业渠道扩宽。随着装配式建筑发展的推进，行业将需要大量的建筑信息化、数字化工程创新人才，人才培养输送渠道大大扩宽。

## 5 BIM+装配式专业技术人才的培养

装配式建筑作为新兴建筑产业，离不开先进信息技术的支持，目前科技技术水平正在逐渐成熟，专业技术人才需求是急需解决的问题之一。对于迅速发展的装配式建筑形势，一方面减少了现场施工人员的数量，一方面也对从业人员的工作水平和能力提出了更高的要求。

### 5.1 人才的需求预测

唐寅[5]选用线性回归模型与灰色 GM（1，1）组合模型对应用型人才需求量和现场作业人员减少量进行预测。计算点选取 2020 年与 2025 年两个典型时间点，得到装配式建筑技能人才需求量：2020 年为 672 万，2025 年为 1444 万，需求量在不断增加。同时，现场作业人员也在逐年减少，2020 年减少 52 万，2025 年减少 235 万。这些数据表明，建筑产业现代化的推进，将会需要越来越多的装配式建筑人才。因工程装配程度的不同，现场作业人员也在逐年减少，表明随着建筑产业现代化的发展，未来将大幅减少现场用工量。

### 5.2 人才的培养与建议

要大力发展 BIM 技术在装配式建筑中的应用，成功促进建筑产业转型升级，创新型应用型人才是关键。相关人才储备现阶段不足以满足广大企业需求，主要原因为：(1) BIM 技术专业职位属于新兴职位，职位专业性要求较高，涵盖设计、施工及管理等一体化多进程领域；(2) 各用人企业对相关人才需求旺盛，而广大高校相关教学资源短缺没有紧随装配式建筑发展的步伐，导致相关人才输出不足，在市场上形成了“求大于供”的局面[6]。

因此，国内高校应推动教学体制改革，加强培养学生实践能力，增加专业技术的培养课程，提升学生就业竞争力。依托校企合作平台，共同搭建装配式建筑校外（内）实践基地，大力发展 BIM 技术在装配式实际项目中的应用，进而推动应用型专业人才的培养与岗位的需求相互衔接，最后实现高校人才培养链和企业产业链的良好融合，实现校企合作双赢。

## 6 结束语

在我国经济发展进入新常态阶段这个新时期，建筑行业迎来转型升级，为了在新形势下更好地应对机遇和挑战，运用BIM技术推动装配式建筑项目逐渐落地和快速发展已经成为大势所趋，同时也会给行业和社会带来很多发展机遇，高校、企业、人才应该抓住机遇，迎接挑战，各方协同进步，共同推动建筑业实现高质量发展。

### 参考文献


[1] 王辉. 谈建筑业装配式结构未来发展的趋势 [J]. 建材与装饰，2018 (24)：93.

[2] 宋敏，祖婧. 基于BIM标准化对装配式建筑成本管理研究 [J]. 四川水泥，2018 (05)：220.

[3] 吴慧娟. 新常态下建筑业的变革与创新 [N]. 中国建设报，2018-05-11 (005).

[4] 王炜，车向东，董铁良，等. 对智能装配发展的分析与思考 [J]. 混凝土世界，2018 (04)：34-39.

[5] 唐寅，陈敏，蒋家健，等. 装配式建筑技能人才需求分析研究 [J]. 工程管理学报，2018，32 (02)：24-29.

[6] 程昀，付淑英，罗金莲，等. 论装配式建筑视角下学生就业竞争力提升策略 [J]. 江西建材，2018 (04)：225-226.

# 现浇与装配式剪力墙抗震性能的比较研究

申林林，潘小东，周靖博
（河北大学　建筑工程学院，河北省保定市　071002）

**摘　要：**随着我国建筑业的飞速发展，剪力墙结构越来越多的应用到建筑物中。本文采用ABAQUS分析软件对剪力墙结构进行低周反复加载模拟，对现浇式和装配式两种连接方式的剪力墙进行抗震性能分析和研究。通过模拟得到了两种剪力墙的滞回曲线，装配式剪力墙构件的极限承载力较现浇式剪力墙略高，说明装配式剪力墙具有较好的抗震和耗能能力。通过对位移延性系数的分析得到两种剪力墙构件的延性系数相近。两种剪力墙构件相比，装配式剪力墙试件的初始刚度略大于现浇式构件，现浇式剪力墙构件刚度退化相对缓慢，两条刚度退化曲线逐渐重合。结果表明：与现浇式剪力墙构件相比，装配式剪力墙构件的抗震性能满足规范要求。

**关键词：**现浇与装配式剪力墙；耗能能力；延性；刚度退化；抗震性能

## 1　引言

现浇式剪力墙体是现有工程中应用最多的一种形式，对于建筑行业从业者来说，此种结构形式也最为熟悉。通常高层建筑中现浇式剪力墙应用较多，通过模板搭设、钢筋下料与绑扎、混凝土浇筑与养护等工序成型，具有工艺简单、整体性好、刚度大等优点[1]。但结合当下我国的使用情况来看，现浇剪力墙也有诸多不足，如下[2～6]：

① 大量依赖现场工人手工作业，加大了现场施工人员的劳动强度，对作业效率有一定负面影响，且由于工期长，以及在现场需要进行大量湿作业，其墙体质量会受制于包括气候等很多外界因素。

② 需要大量人、材、机协同作业，拉高了建筑成本，且建筑工人本身文化素质不同，造成施工成本与质量难以控制。

③ 现场浇筑作业对外界带来诸多不利影响，例如水资源浪费、空气污染、噪声污染等，同时大量的木材、钢材作为支撑，建筑材料以及对电力等消耗量较大，不利于环境的保护。

④ 浇筑作业现场需要有严格的安全措施进行保障。例如在浇筑时不可避免的施工高压用电、高空高温作业、大型机械设备等，均需要对现场作业的建筑工人提供必要的安全器材并普及相关安全知识。

鉴于现浇剪力墙施工方式存在上述缺点，这就亟待建筑从业人员找出更加合理有效的方法来促进建筑业的合理发展，于是住宅产业化以及装配式剪力墙这种新型施工技术应运而生[7]。

考虑到开展试验造价较高、周期长及条件要求较高等影响，本文采用数值模拟的方法对剪力墙进行低周反复荷载施加模拟，运用现下比较成熟的ABAQUS大型分析软件，对现浇式及装配式两种连接方式的剪力墙进行综合评价。

## 2 模型的建立

剪力墙设计采用有边缘约束剪力墙构件形式，参照实际施工中的施工墙体与配筋，地梁与加载梁配筋多取用 20mm，竖向纵筋共有 16mm、14mm 两种类型，箍筋采用 8mm，均为 HRB400 型钢筋。剪力墙试件的具体尺寸为 2800mm×1400mm×200mm，现浇剪力墙（简称 XJ）混凝土均为 C30，装配式预制剪力墙（简称 ZHD）墙体构件混凝土强度为 C30，中间水平接缝处采用钢纤维掺量为 1%的 C60 高强混凝土，采用纵向混搭方式，与现浇剪力墙进行对比。目前应用较广的钢筋本构关系模型主要有四种：三折线、全区线、双线性模型和理想弹塑性模型。其中双线性模型与理想弹塑性模型应用较广。本文采用后者，即理想弹塑性模型进行分析，本构关系见图 1。

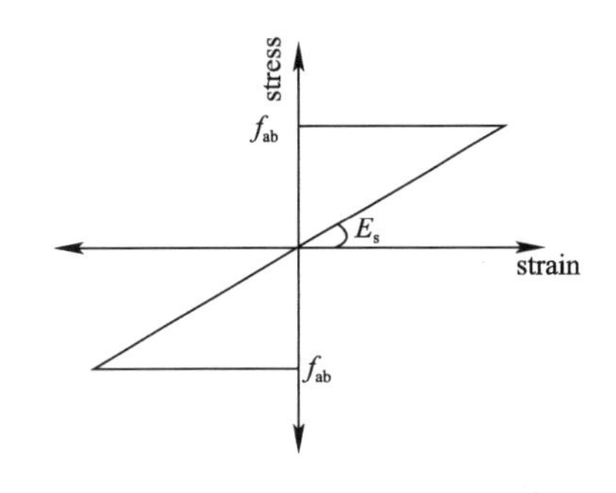


图 1 钢筋本构关系

为保证试验结果的可比性，两种剪力墙试件的几何尺寸、地梁、墙身、加载梁配筋等信息完全相同，仅在连接方式上有所区别。为保障模拟试验的真实性，对两种剪力墙试件所使用的相关材料进行力学性能测试，列表如下（表 1～3）：

**预制墙身混凝土（C30）性能** **表 1**

| 标准试块强度 MPa | 棱柱体强度 MPa | 劈裂抗拉强度 MPa | 弹性模量（×GPa） | 与钢筋粘结力（MPa） |
|---|---|---|---|---|
| 33.8 | 23.1 | 2.71 | 31.8 | 14.78 |

**钢筋材料力学性能** **表 2**

| 钢筋直径 | 屈服强度（MPa） | 极限屈服强度（MPa） | 弹性模量（MPa） | 泊松比 |
|---|---|---|---|---|
| 20mm | 497.4 | 596.6 | 210000 | 0.3 |
| 16mm | 523.2 | 696.6 | 203000 | 0.3 |
| 14mm | 504.9 | 647.4 | 201000 | 0.3 |
| 8mm | 512.7 | 615.4 | 197000 | 0.3 |

**接缝处钢纤维高强混凝土力学性能** **表 3**

| 体积率 | 抗压强度（MPa） | 劈裂抗拉强度（MPa） | 弹性模量（$\times10^3$MPa） | 与钢筋粘结力（MPa） |
|---|---|---|---|---|
| 1% | 66.7 | 5.86 | 47.29 | 30.14 |

理想弹塑性模式下钢筋材料的本构关系式如下：

$$\sigma_s = E_s\varepsilon_s \qquad \varepsilon_s \leqslant \varepsilon_y \tag{1}$$

$$\sigma_s = f_y \qquad \varepsilon_s > \varepsilon_y \tag{2}$$

上式中，$E_s$ 为弹性模量；$f_y$ 为屈服应力。

为使得模拟结果尽量贴近实际，依照上述力学试验中测定的剪力墙所用材料的力学参数，在 ABAQUS 软件中建立模型，进行模拟试验，并对两种剪力墙的抗震性能进行对比。

# 3 结果分析

## 3.1 应力分析

通过对现浇与装配式两种剪力墙的应力云图对比分析可知：两种剪力墙的 MISES 应力分布相近。边缘受拉钢筋最大应力均为 523.2MPa，达到屈服；此外，由于装配式剪力墙接缝处选用了高强钢纤维混凝土，因此混凝土最大应力有小幅差别，分别为 63.20MPa 与 52.60MPa，基本压碎，且均在左侧墙角处发生屈服。由图 2 和图 3 中亦可看出现浇式剪力墙整体性较好，在竖向轴压力与水平向循环荷载作用下基本处于纯弯曲的受力状态，相比之下装配式剪力墙的整体性略有不足。

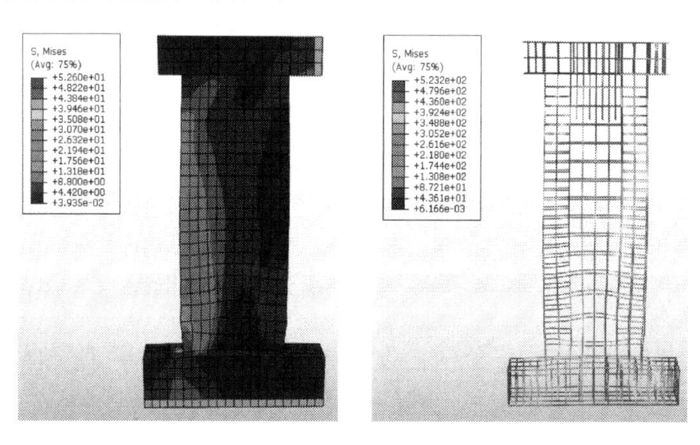


图 2 装配式剪力墙混凝土应力云图与钢筋应力云图

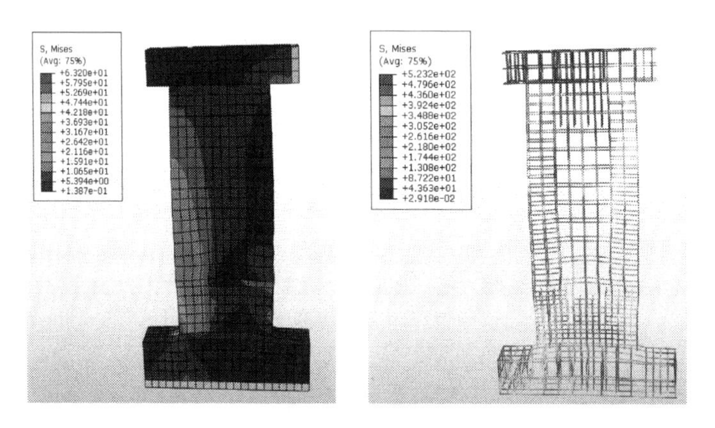


图 3 现浇式剪力墙混凝土应力云图与钢筋应力云图

## 3.2 试件荷载-位移滞回性能分析

### 3.2.1 滞回曲线简介

滞回曲线一般指在构件的低周反复试验中，经过一周往返加载后所得到的位移与荷载间的关系图，据此可以观察出试验过程中试件所受荷载与其位移响应的关系，进而评价试件的耗能能力、刚度退化等性能。常见的滞回曲线大致分为四类：梭形滞回曲线、弓形滞回曲线、反 S 形滞回曲线与 Z 形滞回曲线。具体形式见图 4：

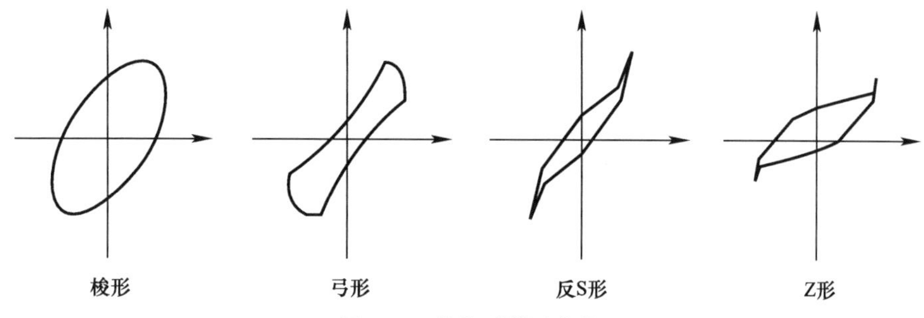


图 4　四种典型滞回曲线

上述四种曲线中：梭形滞回曲线形状最为饱满，出现这种曲线的结构或构件一般具有良好的塑性变形能力和耗能能力，是钢筋混凝土构件的理想状态；弓形滞回曲线形状亦比较饱满，但饱满程度低于梭形，表明构件存在一定的滑移破坏，但其塑性变形与耗能能力也处于比较良好的状态；相比于前两种，反 S 形滞回曲线形式不饱满，表明结构或构件受到更多的滑移影响，塑性变形与耗能能力不理想；Z 形滞回曲线则多出现于发生较大滑移的构件上，曲线形式极不饱满，出现 Z 形滞回曲线的构件塑性变形与耗能能力较差。

**3.2.2　两种剪力墙试件滞回曲线对比与分析**

通过对比图 5 和图 6 两种剪力墙的滞回曲线，可以观察出以下特点：两种连接方式剪力墙的滞回曲线基本一致，在位移较小时，滞回曲线基本呈现为直线，滞回环所围面积较小，表明剪力墙试件处于弹性状态。随着位移的不断增大，滞回曲线出现弯曲，荷载与位移之间不再呈现线性关系，试件刚度有所降低，塑性变形出现，开始进入弹塑性状态。ZHD 剪力墙试件的极限承载力较 XJ 剪力墙略高。两种连接方式的剪力墙的滞回环均呈现出梭形状态，滞回环形态饱满，在荷载作用下均呈现出较小的刚度退化，峰值荷载后的承载力下降趋势基本相同，承载力下降较平缓。说明较之 XJ 剪力墙试件，ZHD 剪力墙试件亦具有较好的抗震、耗能能力。

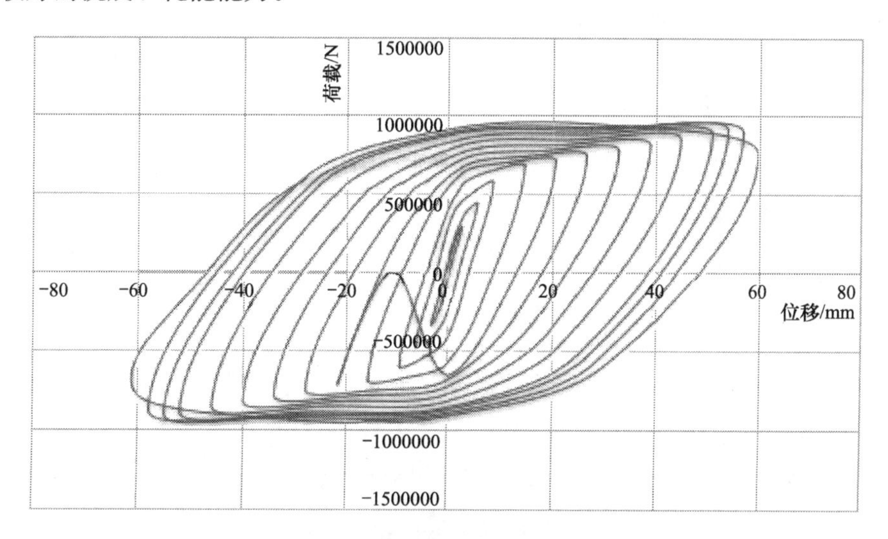


图 5　现浇剪力墙滞回曲线

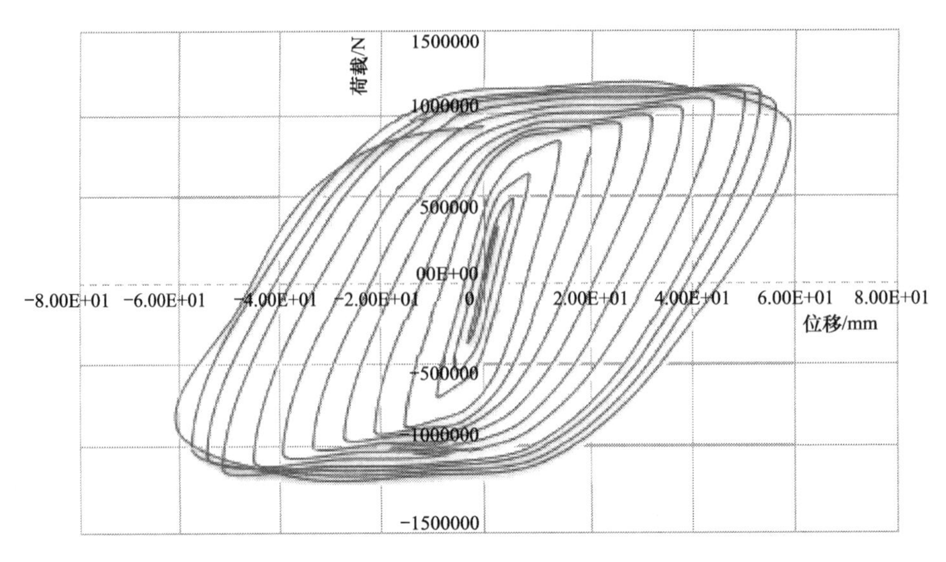


图 6　装配式剪力墙滞回曲线

## 3.3　试件骨架曲线图分析

剪力墙骨架曲线，指在剪力墙模拟试验中所得到滞回曲线中的各级加载水平力的最大值连接后得到的包络图，亦用于评价剪力墙构件的强度、刚度、延性等性能。

通过对图 7 和图 8 分析可以得出：(1) ZHD 试件与 XJ 试件的初始刚度相近；极限承载力方面，ZHD 试件大于 XJ 试件；极限位移方面，XJ 试件极限位移为 54mm，ZHD 试件极限位移为 51mm。通过骨架曲线所包络面积可知：ZHD 试件耗能能力优于 XJ 试件。(2) 通过骨架曲线可以直观的观察出：XJ 与 ZHD 两种剪力墙试件在轴压比控制在 0.3，并施加水平循环荷载的情况下，骨架曲线发展趋势基本相近，均分为弹性、弹塑性两个阶

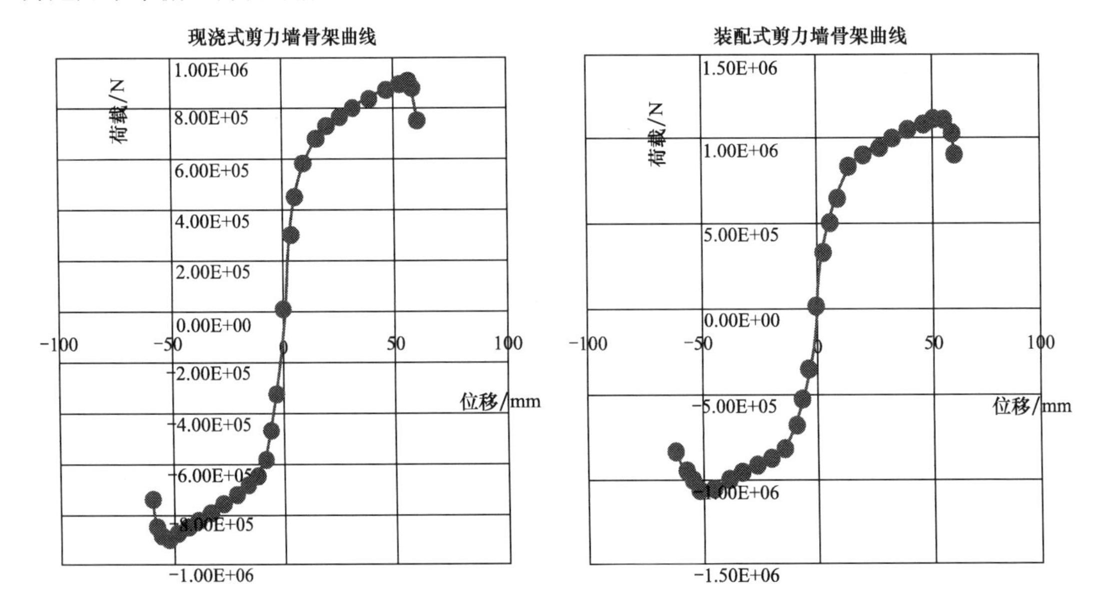


图 7　骨架曲线对比图

段。弹性阶段曲线较陡，未出现异常突变；弹塑性阶段曲线平缓向上延伸，到达极限荷载后，结构刚度随荷载增大而降低，XJ 与 ZHD 骨架曲线开始有明显的下降趋势，ZHD 曲线下降较快，说明 ZHD 试件刚度退化速度快于 XJ 试件。XJ 试件承载力为极限承载力的83%，ZHD 试件承载力为极限承载力的 81%。

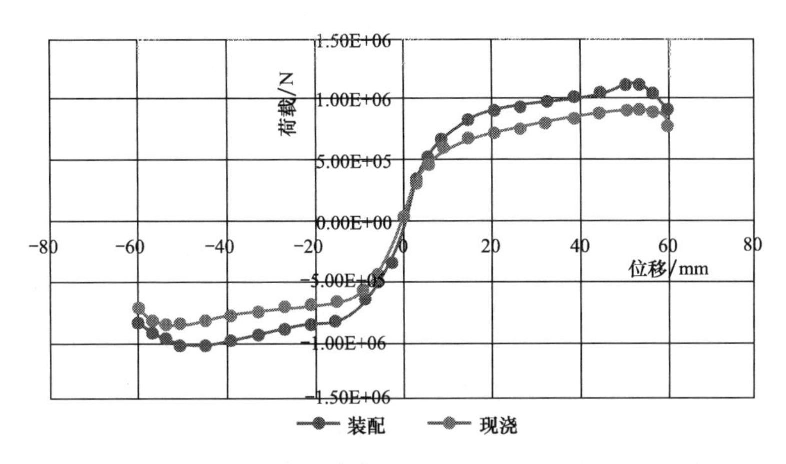


图 8　现浇式与装配式剪力墙骨架曲线

## 3.4　试件延性对比与分析

剪力墙的延性，指剪力墙构件在其弹塑性状态，即超过其弹性极限状态，但未进入明显的强度和刚度退化阶段时的变形能力，用于评价构件在破坏之前所能承受的后期变形能力。一般有位移延性与曲率延性两种评价方式。本次模拟试验，采用以剪力墙构件墙顶位移为依据的位移延性系数对剪力墙延性性能进行分析。计算公式如下：

$$\mu_{\Delta}=\frac{|\Delta_{+\mu}|+|\Delta_{-\mu}|}{|\Delta_{+y}|+|\Delta_{-y}|} \tag{3}$$

上式中：$\Delta_{+\mu}$（$\Delta_{-\mu}$）为剪力墙试件的正（负）向极限位移；$\Delta_{+y}$（$\Delta_{-y}$）为剪力墙试件的正（负）屈服位移。

试件的位移与延性　　表 4

|  | 正向极限位移 | 负向极限位移 | 正向屈服位移 | 负向屈服位移 | 延性系数 |
|---|---|---|---|---|---|
| 现浇式（XJ） | 59.40mm | 59.33mm | 9mm | 9mm | 6.60 |
| 装配式（ZHD） | 58.18mm | 58.05mm | 9mm | 9mm | 6.46 |

试件的延性系数如表 4 所示，对于剪力墙试件模拟试验中屈服位移与极限位移的判断主要依据其骨架曲线，判断方式如下：(1) 屈服位移的选取：模拟试验所得出的骨架曲线中明显的拐点。(2) 极限位移的选取：荷载随变形增大而降低至最低荷载的 85%时，取此点为该构件的极限位移点。

通过表 4 可以看出，XJ 与 ZHD 两种剪力墙试件的延性系数相近，ZHD 试件的延性系数略低，但两种剪力墙的延性系数均大于 6，可以认为其抗震性能较好，为以后的进一步探究与推广应用提供了良好的理论铺垫。

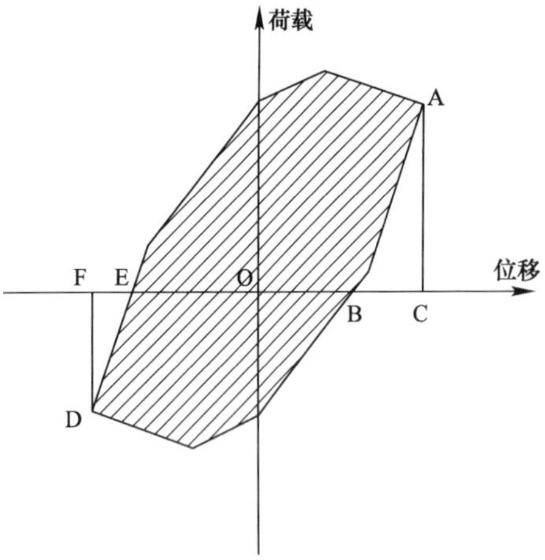

图 9　滞回曲线示意图

### 3.5　试件耗能能力对比与分析

试件的耗能能力表示其吸收地震能量的能力，是衡量其抗震性能好坏的一个重要指标，通常通过等效粘滞阻尼比来评价，等效粘滞阻尼比越大，试件耗能能力越好。具体做法是以试件的荷载-位移滞回曲线所围面积为其一个循环内的实际阻尼所做功，依据能量耗散相等原则确定等效粘滞阻尼比。具体示意图见图 9 及计算公式（4）。

$$\xi_{eq}=\frac{1}{2\pi}\frac{S_{EAB}+S_{BDE}}{S_{\Delta OAC}+S_{\Delta ODF}} \tag{4}$$

上式中：$S_{EAB}$、$S_{BDE}$ 为曲线 EAB、曲线 BDE 与位移轴包围的面积；$S_{\triangle OAC}$、$S_{\triangle ODF}$ 为三角形 OAC、三角形 ODF 的面积；$\xi_{eq}$ 为等效粘滞阻尼比。

运用上式对 XJ 剪力墙试件与 ZHD 剪力墙试件的荷载-位移滞回曲线进行计算，得到 XJ 剪力墙试件与 ZHD 剪力墙试件的位移与等效粘滞阻尼比-位移关系见图 10～图 11：

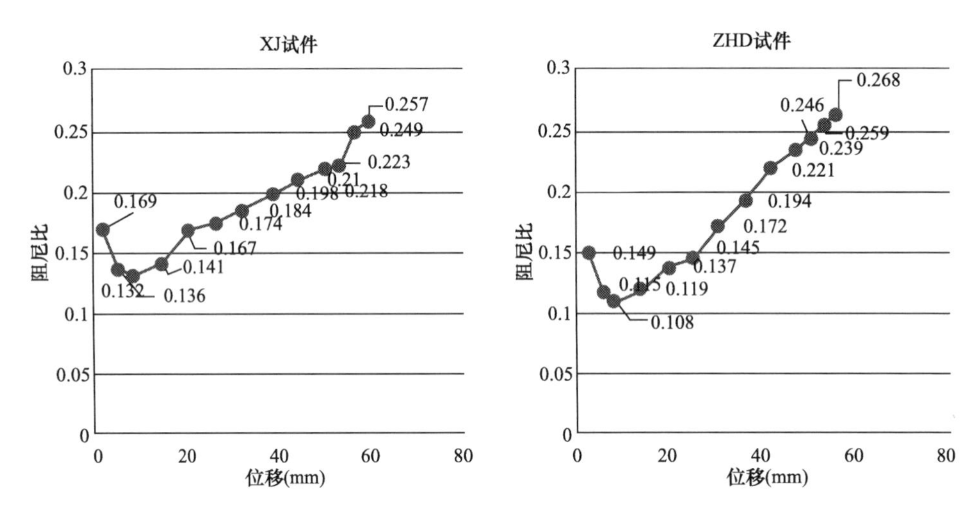


图 10　XJ 与 ZHD 等效粘滞阻尼比-位移曲线

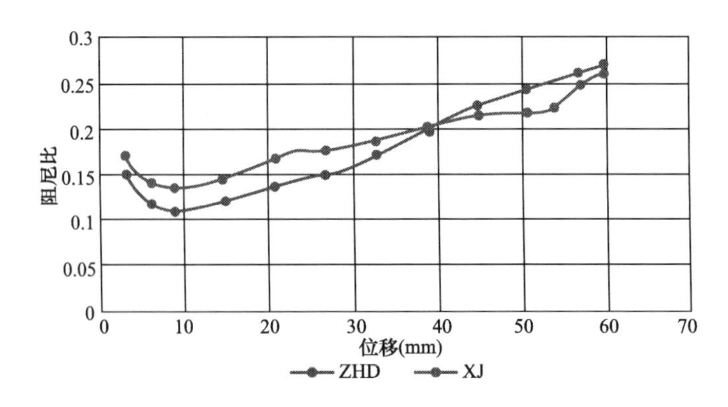


图 11　ZHD 与 XJ 等效粘滞阻尼比对比

通过对图 10 与图 11 分析可得出：在 15mm 之前，两种试件的等效粘滞阻尼比均存在一个明显的下降段，而后为上升段。分析其原因，试件前期的塑性主要展现在混凝土塑性变形。在混凝土开裂后，试件内纵向配筋并未即刻屈服，开始进入强弹塑性阶段，耗能能力增加。XJ 与 ZHD 两类试件发展趋势相近，说明其耗能能力接近，相比于 XJ 试件，ZHD 试件亦可满足耗能能力的要求。

## 3.6 刚度退化对比与分析

在模拟试验过程中，剪力墙试件的刚度因在水平循环作用下产生不可逆的损伤而会出现退化。一般通过对试件等效刚度的观察来对其刚度进行评价[8]。等效刚度 $K_i$ 如下式[8]：

$$K_i = \frac{|Q_i| + |-Q_i|}{|\Delta_i| + |-\Delta_i|} \tag{5}$$

上式中：$K_i$ 为第 $i$ 级循环位移加载中剪力墙的等效刚度；$Q_i$（$-Q_i$）为第 $i$ 级正（负）向循环位移加载中荷载的峰值；$\Delta_i$（$-\Delta_i$）为第 $i$ 级正（负）向循环位移加载中位移的峰值。

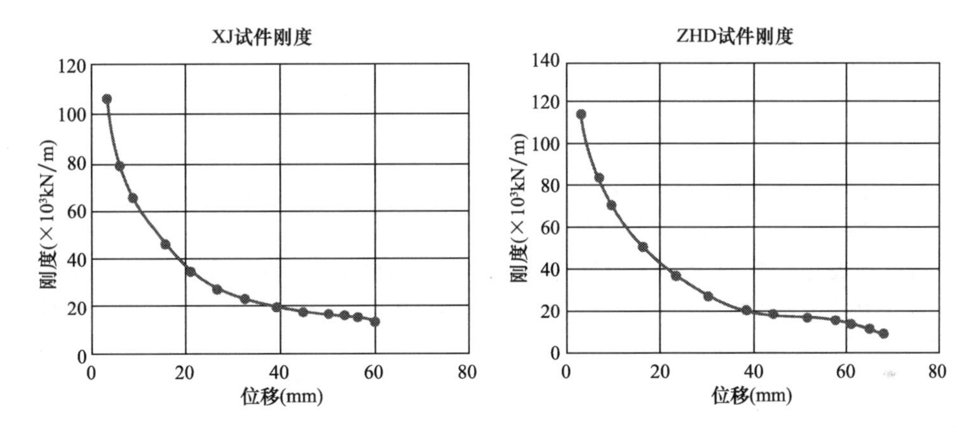


图 12　XJ 与 ZHD 刚度退化曲线图

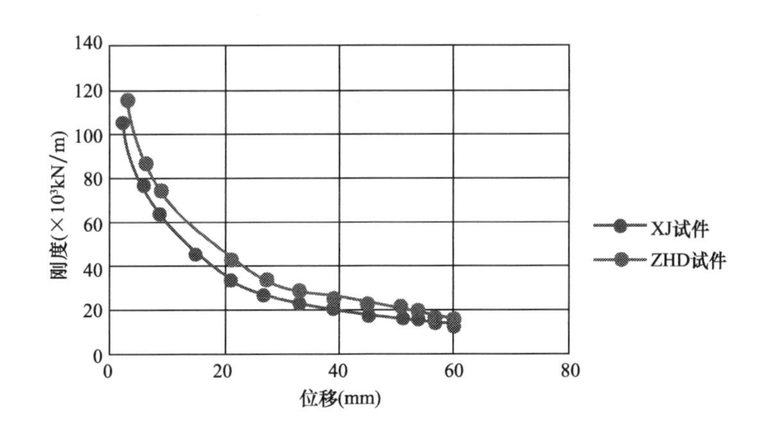


图 13　XJ 与 ZHD 试件刚度退化曲线比较图

通过比较图 12 和图 13 现浇式剪力墙与装配式剪力墙刚度退化曲线可得出：(1) 两种剪力墙试件相对比，ZHD 试件的初始刚度略大于 XJ 试件。(2) 在弹性阶段，两种剪力墙试件的刚度下降趋势基本相同。在进入弹塑性阶段后，两种剪力墙的刚度退化逐渐显现出不同的趋势，对两种试件的刚度退化比较图进行细致观察，不难得出：XJ 剪力墙试件刚度退化相对缓慢，两条刚度退化曲线逐渐重合。

## 4 结论

本文通过数值模拟得出两种剪力墙的滞回曲线，以此为基础分别绘制 XJ、ZHD 剪力墙试件的骨架曲线，对两种剪力墙试件的滞回曲线、骨架曲线进行比较，并深入探讨其延性、刚度退化能力、耗能能力的异同，发现两种剪力墙试件延性系数相近，装配式剪力墙构件的极限承载力较现浇式剪力墙略高，说明装配式剪力墙具有较好的抗震和耗能能力，装配式剪力墙试件的初始刚度略大于现浇式构件，现浇式剪力墙构件刚度退化相对缓慢，两条刚度退化曲线逐渐重合。通过模拟得出装配式剪力墙的抗震性能不弱于现浇式试件这一结论，为日后进一步展开试验与推广打下了良好的理论基础。

本文运用 ABAQUS 软件对剪力墙结构进行有限元分析，探究了装配式剪力墙的抗震性能。本文在装配式剪力墙的水平拼缝处采用了钢纤维高强混凝土而舍弃了钢纤维普通混凝土，其能否应用于本文中装配式剪力墙的水平拼缝处，值得进一步探究。

**参考文献**


[1] 褚浩. 高层现浇剪力墙错层结构施工技术 [J]. 建筑技术，2012，43 (8)：728-731.

[2] 姜娜. 我国住宅产业化现状及发展探析 [J]. 住宅产业，2014 (01)：15-17.

[3] 董俊刚. 房地产经济的可持续发展路径初探 [J]. 现代经济信息，2017 (22)：345.

[4] 连星，叶献国，王德才，等. 叠合板式剪力墙的抗震性能试验分析 [J]. 合肥工业大学学报（自然科学版），2009，32 (08)：1219-1223.

[5] 郝敏，朱清华，王爱军，等. 耐蚀全灌浆套筒在现浇混凝土结构钢筋连接施工中的应用 [J]. 建筑施工，2017，39 (11)：1640-1642.

[6] 张渊. 预制装配式建筑结构体系改革设计与发展 [J]. 北方建筑，2018，3 (01).

[7] 臧旭磊，朱张峰. 装配式混凝土剪力墙结构节点连接形式发展现状 [J]. 混凝土与水泥制品，2017 (09)：51-55.

[8] 廖东峰. 竖向钢筋不同连接方式的装配式钢筋混凝土剪力墙抗震性能 [D]. 重庆：重庆大学，2016.

# 基于白化权函数聚类的高速公路路段风险评估

王景春，王大鹏
（石家庄铁道大学　土木工程学院，河北省石家庄市　050043）

**摘　要：** 山区高速公路地质条件复杂、路段设计参数众多以及各种不确定行车因素等特点，导致高速公路路段风险性难以进行系统科学评价，本文提出结合组合赋权和三角白化权函数聚类的综合评价方法，构建了山区高速公路路段风险评价指标体系，确定了路段风险性评估的5个评价等级。采用灰色关联理论和信息熵通过组合赋权确定了评价指标的综合权重。对照评价等级确定了聚类灰类和基于中心点的三角白化权函数，运用灰色聚类理论构建了路段风险性评价模型。将该模型应用到奉溪高速公路K46＋800～K47＋400段风险评价中，结果显示该路段的聚类评价值为3.6057，对应的风险等级为较低风险，评价结果与实际相符。工程实例表明评价结果科学合理，同时验证了聚类分析的适用性。

**关键词：** 高速公路；风险性评估；聚类分析；三角白化权函数；组合赋权

高速公路已经成为推动地区经济和社会发展的重要设施，随着我国交通建设的发展，山区高速公路的比重越来越大。由于山区地带地形地貌复杂，高原、丘陵和谷地交错，气象复杂多变，这都增加了高速公路运营期间的危险性和不确定性。山区高速公路的交通安全问题一直备受关注，交通事故时有发生。如2017年5月23日，河北张石高速公路发生一起重大交通事故，事故造成12人死亡，3人受重伤，9部车辆受损。2017年8月10日，陕西京昆高速安康段秦岭一号隧道，发生一起大客车碰撞隧道口事故，致车内36人死亡，13人受伤。对于同一条高速公路而言，地理条件和气候状况可能在不同路段间相差极大；道路线形的设计参数和相应安全设施布置的不一致以及安全保障人员的管理服务水平不同，这些因素又都导致了不同路段行车风险具有较大的波动性。在道路运营期间对道路不同路段进行风险评估从而对危险较高路段进行重点监测，这对提高山区高速公路行车安全具有重要意义。

目前，对道路风险性进行评估，定性或者定量表达道路安全性能的研究正在逐渐开展。孙璐[1]将可靠性理论应用于道路风险评价，通过可靠度指标来反映车辆在曲线路段的行车风险。徐进[2]运用仿真技术从车辆动力学角度出发，以路线及路面条件为研究对象对设计阶段的道路进行了风险评价。王琰[3]引入模糊逻辑理论，通过将行车速度作为指标，研究了道路风险评价方法。朱兴琳[4]等将信息熵、模糊物元和隶属函数结合起来，从指标权重的角度研究了高速公路路段风险性。这些研究在道路风险性评估方面都取得了一定成

基金项目：国家自然科学基金（51608336），石家庄铁道大学研究生创新自资助项目（Z6722013）。
作者简介：王景春（1968—），男，河北邢台人，教授，博士。
王大鹏（1991—），男，河北张家口人，硕士研究生。研究方向：岩土灾害发生机理与防治。

果。但研究多是从单一指标或者某一特定角度来对道路风险性进行评估，而高速公路的道路风险评价体系是一个由多因素组成的复杂系统，从单一方面或某一角度研究系统的风险性，往往会导致结果缺乏系统性和全局性。

为弥补以往研究的不足并考虑到山区高速公路风险评估系统多层次、多因素影响的灰色特性，本文从路段风险性角度出发，构建了路段风险性评价指标体系，建立了基于灰色白化权函数聚类的评估模型对山区高速公路风险性进行评估；此外，鉴于传统 AHP 法在确定指标权重时误差较大的缺点，利用灰色关联度和熵权法通过组合赋权确定综合权重，使得评价过程更具客观性。

# 1 基于灰色聚类的高速公路风险性评价模型

## 1.1 灰色关联度-信息熵综合确定指标权重

### 1.1.1 灰色关联度确定指标主观权重

利用灰色关联度作为评定指标权重的依据，从系统角度考察各指标因素，所得结果可以真实反映各因素在系统评价体系中对目标的重要程度。依据专家打分，所有指标则可以作为效益性指标，即越优打分越高，确定指标权重的步骤为：

Step1：指标数据规范化

假定系统中存在 $m$ 个评价对象，$n$ 个评价指标，则记 $x_{ij}$ 为第 $i$ 个对象对于第 $j$ 个指标的指标值，并记 $z_{ij}$ 为规范后的指标值，则

$$z_{ij}=\frac{x_{ij}-\min\limits_{i} x_{ij}}{\max\limits_{i} x_{ij}-\min\limits_{i} x_{ij}}(i=1,2,\cdots m;j=1,2,\cdots n) \tag{1}$$

Step2：计算关联系数

取指标 $j$ 规范化后的值 $z_{ij}$ 作为参考序列，除 $j$ 以外的其他指标 $k$ 的规范化值为比较序列。则可以求得 $j$ 对其他指标的关联系数群。$r_i(j,k)$ 为指标 $j$ 对指标 $k$ 的第 $i$ 个灰关联系数：

$$r_i(j,k)=\frac{\min\limits_{j}\min\limits_{g\in i}|y_k(g)-y_i(g)|+\rho\max\limits_{j}\max\limits_{g\in i}|y_k(g)-y_i(g)|}{|y_k(g)-y_i(g)|+\rho\max\limits_{j}\max\limits_{g\in i}|y_k(g)-y_i(g)|} \tag{2}$$

式中：$y_k(g)$ 和 $y_i(g)$ 分别为指标 $k$ 和指标 $j$ 的第 $g$ 个指标值。$\rho$ 为分辨系数，一般情况下取 0.5。

Step3：计算范数灰关联度

在关联信息不变的情况下，范数灰关联度可以对信息进行进一步挖掘补充，使得分析结果更为准确。

指标 $j$ 对指标 $k$ 的近距为：

$$d_{jk}^{+}=\sqrt{\sum_{h=1}^{m}\left[r_k(h)-\max_{k} r_k(h)\right]^2} \tag{3}$$

指标 $j$ 对指标 $k$ 的远距为：

$$d_{jk}^{-}=\sqrt{\sum_{h=1}^{m}\left[r_k(h)-\min_{k} r_k(h)\right]^2} \tag{4}$$

范数灰关联度：

$$\varepsilon_k = \frac{d_{jk}^-}{d_{jk}^+} + d_{jk}^- \tag{5}$$

相应指标 $j$ 的群灰关联度：

$$\delta_j = \frac{1}{n-1}\sum_{k=1,k\neq j}^{n} \varepsilon_k \tag{6}$$

Step4：计算指标权重

通过归一化，单指标 $j$ 的权重值如下：

$$\omega_j^* = \frac{\delta_j}{\sum_{j=1}^{n}\delta_j} \tag{7}$$

#### 1.1.2 熵权法确定指标客观权重

熵权法确定指标的权重，主要是凭借指标中信息量的大小，具有结果客观、精准度高等优点[5]。

Step1：对初始样本值标准化处理。

$$x_{ij}' = \frac{x_{ij} - \min\{x_{ij}\}}{\max\{x_{ij}\} - \min\{x_{ij}\}} \tag{8}$$

Step2：对样本初始值归一化，使得特征比重在［0，1］之内，即：

$$u_{ij} = \frac{x_{ij}'}{\sum_{i=1}^{m} x_{ij}'} \tag{9}$$

Step3：计算指标的信息熵。

$$e_j = -\frac{1}{\ln m}\sum_{i=1}^{m}(u_{ij}\ln u_{ij}) \tag{10}$$

Step4：计算指标熵权。

$$\omega_j' = \frac{d_j}{\sum_{j=1}^{n} d_j} \tag{11}$$

其中信息熵冗余度 $d_j = 1 - e_j$。

#### 1.1.3 综合权重的确定

灰色关联度理论和熵权法确定组合综合权重为：

$$\omega_k = \frac{\omega_k^* \cdot \omega_k'}{\sum_{k=1}^{n}\omega_k^* \cdot \omega_k'} \tag{12}$$

### 1.2 山区高速公路路段风险性聚类分析

聚类分析法主旨是根据聚类对象对于不同评价指标拥有的白化值，将指标评价值按照不同评价灰类进行划分，进而确定对象所属灰类的分析方法[6~7]。

#### 1.2.1 确定评价指标集评分

风险指标评分 R 为 10 分。根据 $p$ 位专家对指标 $A_{ij}$ 的赋值可组成评价矩阵 $D_i =$

$[d_{ijm}]_{s\times p}$。其中 $d_{ijm}$ 表示第 $m$ 个专家对指标 $A_{ij}$ 的赋值。

#### 1.2.2 确定评价灰类及白化权函数

（1）根据风险评级等级，将指标划分为 $p$ 个灰类。将指标取值范围也同样分为 $p$ 个区间，例如指标的取值范围为 $[\lambda_1, \lambda_{p+1}]$，将其划分为 $p$ 个区间 $[\lambda_1, \lambda_2],\cdots,[\lambda_p, \lambda_{p+1}]$。

（2）将点（$\lambda_k$，1）分别与相邻区间中心点（$\lambda_{k-1}$，0）、（$\lambda_{k+1}$，0）连接，即得到指标 $j$ 关于 $k$ 灰类三角白化权函数 $f_j^k(\cdot)$，$j=1, 2,\cdots,n$；$k=1, 2,\cdots,p$。为使得所有灰类对应的三角白化权函数图像都保证完整性，可将灰类 1 和灰类 $p$ 对应的灰类区间分别向左和向右拓展[8~9]。对于指标 $j$ 的一个观测值 $x$ 可通过式（13）得出其属于灰类 $k$ 的隶属度 $f_j^k(x)$。

$$f_j^k(x)=\begin{cases}0, x\notin[\lambda_{k-1},\lambda_{k+1}]\\ \dfrac{x-\lambda_{k-1}}{\lambda_k-\lambda_{k-1}}, x\in[\lambda_{k-1},\lambda_k)\\ \dfrac{\lambda_{k+1}-x}{\lambda_{k+1}-\lambda_k}, x\in[\lambda_k,\lambda_{k+1}]\end{cases} \tag{13}$$

#### 1.2.3 灰色聚类的实现

（1）利用专家打分构建出的评价矩阵 $D_i$ 构建聚类权矩阵。令 $X_{ije}$ 表示 $A_{ij}$ 属于 $e$ 灰类的聚类系数为：

$$X_{ije}=\sum_{n=1}^{p} f^e[d_{ijm}] \tag{14}$$

总评价系数为：

$$X_{ij}=\sum_{n=1}^{e} X_{ije} \tag{15}$$

则聚类向量为：

$$r_{ije}=\frac{X_{ije}}{X_{ij}} \tag{16}$$

聚类矩阵为：

$$R_i=\begin{bmatrix} r_{i11} & r_{i12} & r_{i13} & r_{i14} & r_{i15}\\ r_{i21} & r_{i22} & r_{i23} & r_{i24} & r_{i25}\\ \vdots & \vdots & \vdots & \vdots & \vdots\\ r_{ij1} & r_{ij2} & r_{ij3} & r_{ij4} & r_{ij5}\end{bmatrix} \tag{17}$$

（2）初级指标聚类评价值向量为：

$$Z_i=\omega_i\cdot R_i \tag{18}$$

（3）则上级指标的评价矩阵为：

$$Z_0=[Z_1, Z_2,\cdots Z_n] \tag{19}$$

上级指标的聚类评价值向量：

$$M=\omega_0\cdot Z_0=[M_1, M_2,\cdots M_n] \tag{20}$$

（4）对聚类评价值单值化处理[10]。传统聚类分析往往采用最大隶属度原则，将评价值中最大值所属的灰类作为指标的评价灰类，这往往导致数据二次丢失，本文中将评价结果单值化，结合聚类评价值向量和测度中心值：

$$W=M\cdot U^T \tag{21}$$

采用单值化处理，避免了数据的二次丢失，更加科学综合的确定了山区高速公路路段风险性评价等级。

## 2　路段风险性评估指标体系的建立

为充分考虑山区高速公路路段安全状态表征信息及影响路段风险性因素的相互关联性，提高路段风险性评判的准确性。根据相关学者的研究以及规范[11~14]，兼顾到各指标间的相互关联程度，遵循系统性和可操作性的原则，构建高速公路路段风险性评价指标体系（见表1）。

**高速公路路段风险性指标体系　　表1**

| 对象集 | 一级指标 | 权重 | 二级指标 | 权重 |
|---|---|---|---|---|
| 山区高速公路路段风险评价指标体系 | 道路线形 $A_1$ | 0.1304 | 平面线形 $A_{11}$ | 0.2912 |
| | | | 纵面线形 $A_{12}$ | 0.0522 |
| | | | 视距 $A_{13}$ | 0.4403 |
| | | | 横断面 $A_{14}$ | 0.0497 |
| | | | 线形组合 $A_{15}$ | 0.1667 |
| | 路面状况 $A_2$ | 0.0476 | 平整度 $A_{21}$ | 0.3848 |
| | | | 抗滑能力 $A_{22}$ | 0.2883 |
| | | | 路面养护水平 $A_{23}$ | 0.1317 |
| | | | 路面损坏状况 $A_{24}$ | 0.1952 |
| | 安全设施 $A_3$ | 0.2865 | 标志标线 $A_{31}$ | 0.1924 |
| | | | 路侧防护设施 $A_{32}$ | 0.2351 |
| | | | 减速设施 $A_{33}$ | 0.1589 |
| | | | 诱导设施 $A_{34}$ | 0.1486 |
| | | | 照明设施 $A_{35}$ | 0.1124 |
| | | | 防眩设施 $A_{36}$ | 0.1526 |
| | 路桥隧情况 $A_4$ | 0.1146 | 桥梁比例 $A_{41}$ | 0.1381 |
| | | | 桥梁等级 $A_{42}$ | 0.1456 |
| | | | 隧道比例 $A_{43}$ | 0.1545 |
| | | | 隧道等级 $A_{44}$ | 0.1563 |
| | | | 路桥隧衔接 $A_{45}$ | 0.4054 |
| | 交通环境 $A_5$ | 0.3151 | 车速 $A_{51}$ | 0.4311 |
| | | | 交通饱和度 $A_{52}$ | 0.0929 |
| | | | 交通组成 $A_{53}$ | 0.1454 |
| | | | 沿线气候状况 $A_{54}$ | 0.3305 |
| | 服务水平 $A_6$ | 0.1058 | 管理水平 $A_{61}$ | 0.3882 |
| | | | 监控系统 $A_{62}$ | 0.3562 |
| | | | 事故救援 $A_{63}$ | 0.2556 |

## 3　实例分析

奉溪高速公路位于重庆市东北部，长47.8km，采用双向四车道，设计时速80km/h，路基宽度24.5m。全线共设隧道23座、大中桥梁54座、互通式立交3座，全线桥隧比例

76%。由于奉节等地属于四川盆地东部山地地貌，长江横贯中部，山峦起伏，沟壑纵横，境内山地面积占总面积的88.3%，奉溪高速公路作为典型的山区高速公路，其道路安全状况一直备受关注。本文中以K46＋800～K47＋400段为评价区段，依据现场实测数据及专家赋值，对该区段进行风险性评估。

### 3.1 计算指标的组合权重

邀请6位专家（$P_i$，$i=6$）按照10分制对各指标评分。为提高打分的规范性和准确性，结果均为0.5的倍数，得分越高则表明指标风险度越高。以“道路线形”下的“平面线形”、“纵面线形”、“视距”、“横断面”、“线形组合”5个二级指标为例，各专家打分情况如表2。

**部分二级指标打分结果** **表2**

| $A_{ij}$ | $P_1$ | $P_2$ | $P_3$ | $P_4$ | $P_5$ | $P_6$ |
|---|---|---|---|---|---|---|
| $A_{11}$ | 3.5 | 4.0 | 4.5 | 3.5 | 3.5 | 4.0 |
| $A_{12}$ | 4.0 | 4.5 | 4.5 | 4.5 | 3.5 | 4.0 |
| $A_{13}$ | 2.5 | 2.0 | 2.5 | 2.5 | 2.0 | 2.0 |
| $A_{14}$ | 2.5 | 2.5 | 3.0 | 2.0 | 1.5 | 2.5 |
| $A_{15}$ | 3.0 | 3.5 | 4.0 | 4.0 | 3.5 | 4.0 |

（1）对初始赋值标准化，根据式（1）～式（7）按照灰色关联理论计算各指标的权重，结果为：

$$\omega^* = (0.1671, 0.1548, 0.2741, 0.0913, 0.3097)。$$

（2）依据标准化结果，根据式（8）～式（11）按照熵权法计算各指标权重，结果为：$\omega'=(0.3655，0.0707，0.3369，0.1141，0.1129)$。

（3）求出指标的综合权重为$\omega_1=(0.2912，0.0522，0.4403，0.0497，0.1667)$。

同理可以求得路段风险性评价体系中其他指标的综合权重。

### 3.2 山区高速公路路段风险聚类评价

将指标分为五个风险等级，即K=(低风险，较低风险，中等风险，较高风险，高风险)[15]。风险等级及对应灰类区间如表3所示。

**山区高速公路风险评级等级及灰类** **表3**

| 风险等级 | 风险灰类 | 灰类区间 |
|---|---|---|
| 一级 | 低风险 | [0，2] |
| 二级 | 较低风险 | (2，4] |
| 三级 | 中等风险 | (4，6] |
| 四级 | 较高风险 | (6，8] |
| 五级 | 高风险 | (8，10] |

根据制定的五个风险等级，将低风险灰类区间拓展到[−2，2]，高风险灰类区间拓

展到（8，12]，从而求得指标 $i$ 下的指标 $j$ 对于 $e$ 灰类的三角白化权函数 $f^e(d_{ijm})$，如表 4 所示。

三角白化权函数 表 4

| 灰类 $e$ | 白化权函数 $f^e(d_{ijm})$ |
|---|---|
| $e=1$ | $f^1(d_{ijm})=\begin{cases}0 & d_{ijm}\notin[-2,4]\\(d_{ijm}+2)/3 & d_{ijm}\in[-2,1)\\(4-d_{ijm})/3 & d_{ijm}\in[1,4]\end{cases}$ |
| $e=2$ | $f^2(d_{ijm})=\begin{cases}0 & d_{ijm}\notin[0,6]\\d_{ijm}/3 & d_{ijm}\in[0,3)\\(6-d_{ijm})/3 & d_{ijm}\in[3,6]\end{cases}$ |
| $e=3$ | $f^3(d_{ijm})=\begin{cases}0 & d_{ijm}\notin[2,8]\\(d_{ijm}-2)/3 & d_{ijm}\in[2,5)\\(8-d_{ijm})/3 & d_{ijm}\in[5,8]\end{cases}$ |
| $e=4$ | $f^4(d_{ijm})=\begin{cases}0 & d_{ijm}\notin[4,10]\\(d_{ijm}-4)/3 & d_{ijm}\in[4,7)\\(10-d_{ijm})/3 & d_{ijm}\in[7,10]\end{cases}$ |
| $e=5$ | $f^5(d_{ijm})=\begin{cases}0 & d_{ijm}\notin[6,12]\\(d_{ijm}-6)/3 & d_{ijm}\in[6,9)\\(12-d_{ijm})/3 & d_{ijm}\in[9,12]\end{cases}$ |

根据 6 位专家对各指标的赋值，构建风险决策矩阵，以指标“道路线形”为例，风险决策矩阵为：

$$D_1=\begin{bmatrix}3.5 & 4 & 4.5 & 3.5 & 3.5 & 4\\4 & 4.5 & 4.5 & 4.5 & 3.5 & 4\\2.5 & 2 & 2.5 & 2.5 & 2 & 2\\2.5 & 2.5 & 3 & 2 & 1.5 & 2.5\\3 & 3.5 & 4 & 4 & 3.5 & 4\end{bmatrix}$$

将专家赋值带入白化权函数求得指标属于各灰类的聚类系数，计算得出指标“道路线形”的灰色聚类权矩阵为：

$$R_1=\begin{bmatrix}0.0577 & 0.5 & 0.4231 & 0.0192 & 0\\0.0192 & 0.4231 & 0.5 & 0.0577 & 0\\0.4118 & 0.5294 & 0.0588 & 0 & 0\\0.3774 & 0.5283 & 0.0943 & 0 & 0\\0.0769 & 0.5385 & 0.3846 & 0 & 0\end{bmatrix}$$

根据式（18）得初级指标“道路线形”的聚类评价值向量为：

$$Z_1=(0.2307,0.5168,0.2440,0.0086,0)。$$

同理可以得出其他初级指标的聚类评价矩阵，由于篇幅有限，在此不再叙述，根据各初级指标的聚类评价矩阵，得上级指标的评价矩阵：

$$Z_0=[Z_1,Z_2,\cdots Z_n]$$

$$Z_0 = \begin{bmatrix} 0.2307 & 0.5168 & 0.2440 & 0.0086 & 0 \\ 0.2099 & 0.5028 & 0.2660 & 0.0214 & 0 \\ 0.2130 & 0.4517 & 0.2751 & 0.0603 & 0 \\ 0.0929 & 0.4660 & 0.3888 & 0.0522 & 0 \\ 0.1139 & 0.3868 & 0.3604 & 0.1387 & 0 \\ 0.1568 & 0.4642 & 0.3094 & 0.0697 & 0 \end{bmatrix}$$

根据公式（19）～(20)，则上级指标的聚类评价值向量为：

$$M = \omega_0 \cdot Z_0 = [0.1642, 0.4451, 0.3141, 0.0765, 0]$$

传统的聚类分析，常采用隶属度原则，将评价值的最大值所属灰类作为目标的评价结果。然而当各评价值相差不大的情况下，此种方法将导致结果的失真，造成数据的二次丢失，本文将聚类评价值矩阵同测度阈值结合，使得结果单值化，该方法使得山区高速公路路段风险性评价结果更加可靠。根据式（21）得 $W = M \cdot U^T = 3.6057$，$U = [1, 3, 5, 7, 9]$。

根据风险等级灰类区间可知，奉溪高速公路 K46＋800～K47＋400 段路段风险性为较低风险。根据综合权重的计算结果可知，应重点监控运营期间道路的交通环境和提升道路安全设施的安全性。

# 4 结论

（1）本文利用灰色关联度和熵权法通过组合赋权确定了指标的综合权重，克服了常规权重确定方法中主观因素造成的片面和差异性。更为精准可靠的综合权重在路段风险性评价过程中，在结果可靠性方面起到了关键的作用。

（2）基于灰色定权的评价模型在评价高速公路路段风险性时可以客观反映已知信息，使得评价结果准确性得到有效提高。通过对奉溪高速某一路段进行风险评价，结果表明评价所得结果与实际相符合，可以用于高速公路路段风险性评价，并具有一定的借鉴意义。

## 参考文献


[1] 孙璐，游克思．基于多失效模式可靠度的曲线路段行车风险分析．中国公路学报，2013，26（04）：36-42.

[2] 徐进，彭其渊，邵毅明．路线及路面条件设计阶段的安全性评价仿真系统．中国公路学报，2007，20（06）：36-42.

[3] 王琰，郭忠印．基于模糊逻辑理论的道路交通安全评价方法．同济大学学报（自然科学版），2008，36（01）：47-51.

[4] 朱兴琳，艾力・斯木吐拉，艾尔肯・托呼提，等．基于熵权模糊物元的高速公路路段安全综合评价．中国安全生产科学技术，2012，8（12）：120-126.

[5] 程启月．评测指标权重确定的结构熵权法．系统工程理论与实践，2010，30（07）：1225-1228.

[6] 何清．模糊聚类分析理论与应用研究进展．模糊系统与数学，1998（02）：89-94.

[7] 王骏，王士同，邓赵红．聚类分析研究中的若干问题．控制与决策，2012，27（03）：321-328.

[8] 刘思峰，谢乃明．基于改进三角白化权函数的灰评估新方法．系统工程学报，2011，26（02）：244-250.

[9] 刘思峰，方志耕，杨英杰．两阶段灰色综合测度决策模型与三角白化权函数的改进．控制与决策，

2014，29（07）：1232-1238.
[10] 宋博，武瑞娟，牛发阳. 基于OWA与灰色聚类的城市轨道交通PPP融资风险评价方法研究. 隧道建设，2017，37（04）：435-441.
[11] 徐晓霞. 山区高速公路安全性评价方法研究. 西安：长安大学，2016.
[12] 张殿业. 道路交通安全管理评价体系. 北京：人民交通出版社，2005：145-153.
[13] 华杰工程咨询有限公司. 公路项目安全性评价指南：JTG/TB 05—2004. 广州：广州出版社，2004.
[14] 中建标公路委员会. 公路工程技术标准：JTG BQ 1—2014. 北京：人民交通出版社，2014.
[15] 廖奇云，邓集伟，蔡钒. 基于ANP和灰色聚类法的国际铁路EPC项目风险评价研究. 工程管理学报，2013，27（05）：64-69.

# 某钢筋混凝土筒仓可靠性鉴定与受损原因分析

王立军，冯丹，李阳，韩少杰
（河北建筑工程学院，河北省张家口市 075000）

**摘　要**：圆形钢筋混凝土筒仓属于典型的圆柱薄壁结构，由于其仓壁受力复杂，在设计时对筒仓贮料荷载考虑不周等因素，安全性很难得到保证，且很多筒仓由于结构老化、钢筋锈蚀、地震作用和施工不当等问题发生混凝土剥落、裂缝过大和承载力不足等问题[1]。针对某钢筋混凝土筒仓承载力不足和仓壁裂缝，对该筒仓进行现场勘察并检测，对其可靠性加以鉴定并对筒仓受损原因进行分析。

**关键词**：钢筋混凝土筒仓；现场勘察检测；可靠性鉴定；原因分析

在工农业发展的进程中，用途迥异的筒仓是应用最广泛的储藏散料的构筑物[2]。到目前为止我国钢筋混凝土筒仓的数量已形成一定的规模。针对筒仓的裂缝以及承载力不足等问题，要及时采取有效的修复加固措施来保证筒仓的承载力并满足正常使用要求。为了设计出对筒仓加固行之有效的加固方案。我们需要先对筒仓的可靠性加以鉴定，根据可靠性鉴定最终结果合理地开展筒仓加固工作。

2015 年重庆某工程 19 号钢筋混凝土筒仓由于施工不当导致承载力不足，进而倒塌。为了减少经济损失，对另一存在隐患的 24 号筒仓进行可靠性鉴定。

## 1　工程概况

该工程中需要鉴定的 24 号筒仓为单体筒仓，仓体为钢筋混凝土结构，混凝土标号 C30；内径 21m，仓顶高达 54.3m；仓下采用筒壁和内柱共同作为支撑结构，仓上建筑采用钢框架结构。该筒仓结构安全等级为二级，50 年的设计使用年限，6 度抗震设防烈度。基础为钢筋混凝土柱下独立基础和筒壁下素混凝土刚性条形基础。现从地基、混凝土、钢筋等方面对该筒仓进行现场检测。

## 2　现场勘察与检测结果

### 2.1　地基基础检查

该筒仓附近场地平整，检测人员对筒仓的地基基础进行沉降观测，在为期三个月的观测期内，24 号筒仓的地基基础未发生明显沉降，四周地面也无明显开裂。

## 2.2 筒仓倾斜、变形（垂直度）检测

检测现场使用全站仪对24#筒仓进行垂直度检测，记录下24号筒仓仓体的顶点侧向垂偏数据，具体的侧向水平位移值见图1。

筒仓总高54.3m，倾斜最大值为12mm，按《工业建筑可靠性鉴定标准》GB 50144—2008进行计算：$h/H=12\text{mm}/54300\text{mm}=0.00022$，小于规范规定的0.002，满足关于仓体和支承结构整体侧斜在贮仓满载状态或正常贮料下的倾斜值评定等级，故评定为a类[3]。

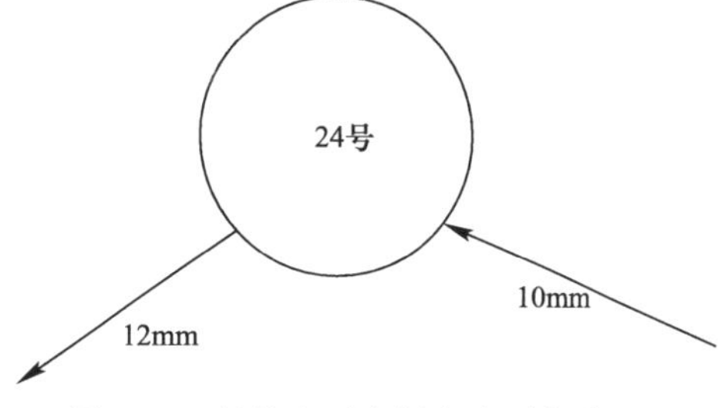


图1　24号筒仓顶点侧向水平位移

## 2.3 筒仓混凝土检测

### 2.3.1 混凝土钻芯取样实验室检测

检测现场采用钻芯取样法检测混凝土强度。在24号筒仓混凝土主要承重构件进行随机钻芯抽样检测，现场取样见图2，实验室检测情况见图3，检测结果如表1所示，经抗压强度试验，结果表明：24号筒仓主要承重墙柱的混凝土抗压强度分别为32.5MPa和37.7MPa，均满足混凝土强度等级为C30的设计要求。

图2　现场钻芯取样图

图3　实验室检测情况

混凝土钻芯试件的实验室抗压强度检测详情　　表1

| 样品序号 | 芯样规格<br>直径×高度（mm） | 截面面积 $mm^2$ | 破坏荷载 kN | 抗压强度<br>MPa | 原设计<br>强度等级 | 是否符合<br>原设计 |
|---|---|---|---|---|---|---|
| 24号仓柱 $Z_{10}$ | 98×100.8 | 4418 | 161.0 | 32.5 | C30 | 符合 |
| 24号仓墙 $Q_{内}$ | 98×99.8 | 4418 | 161.0 | 37.7 | C30 | 符合 |

### 2.3.2 混凝土耐久性检测

在24号仓体的主要承重墙柱上取样做化学耐久性试验，主要测试混凝土中 $Cl^-$ 与 $SO_4^{2-}$ 的含量，试验结果见表2。

**化学分析检验报告** **表 2**

| 样品编号 | 样品名称 | 原设计强度 | 检测项目 | |
|---|---|---|---|---|
| | | | $Cl^-$（%） | $SO_4^{2-}$（%） |
| 24 号仓柱 $Z_{10}$ | 混凝土芯样 | C30 | 0.030 | 0.84 |
| 24 号仓墙 $Q_{内}$ | 混凝土芯样 | C30 | 0.038 | 0.82 |

**混凝土结构耐久性要求** **表 3**

| 环境等级 | 最低强度等级 | 最大氯离子含量（%） | 最大碱含量（$kg/m^3$） |
|---|---|---|---|
| 一 | C20 | 0.30 | 不限制 |
| 二 a | C25 | 0.20 | 3.0 |
| 二 b | C30（C25） | 0.15 | |
| 三 a | C35（C30） | 0.15 | |
| 三 b | C40 | 0.10 | |

依据本项目设计图纸，24 号筒仓拥有 50 年的设计使用年限，二 a 类混凝土结构环境类别，混凝土耐久性应满足表 3 要求。根据表 2 的化学实验检验分析，该混凝土芯样化学成分 $Cl^-$、$SO_4^{2-}$ 含量在表 3 要求范围之内，故判定筒仓的混凝土耐久性满足要求。

## 2.4 筒仓钢筋检测情况

### 2.4.1 主要承重构件钢筋直径检测及钢筋锈蚀检测

检测人员现场采用游标卡尺对 24 号筒仓混凝土框架柱及剪力墙钢筋直径进行抽样检测。所测框架柱及剪力墙主筋及箍筋直径检测结果见表 4。

**24 号储煤仓混凝土框架柱及剪力墙钢筋配筋直径检测** **表 4**

| 位置 | 构件编号 | 主筋、箍筋直径（mm） |
|---|---|---|
| 24 号仓 | 22/B | 主筋：26.35（27.4/25.3）mm，箍筋：8.15（8.2/8.3）mm |
| | 22/C | 主筋：27.15（27.1/27.2）mm，箍筋：8.05（8.0/8.1）mm |
| | 23/C | 主筋：27.75（28.1/27.4）mm，箍筋：8.25（8.2/8.3）mm |
| | 21/A | 主筋：28.15（27.4/28.9）mm，箍筋：8.10（8.2/8.0）mm |
| | 剪力墙 | 主筋：18.40（18.3/18.5）mm，箍筋：19.00（19.1/18.9）mm |

结果表明：随机抽检的 24 号筒仓的主要承重构件的钢筋配筋直径满足设计要求，钢筋锈蚀程度经现场除锈检测计算截面损失率均小于 5%，满足使用要求。

### 2.4.2 筒壁、仓壁外侧箍筋配置情况检测

检测现场采用钢筋雷达 PS200 对 24 号筒仓外侧筒壁、仓壁方便检测的部位进行主要箍筋配筋间距随机抽样检测，具体检测结果见表 5。

**24 号筒仓仓壁箍筋间距配筋情况** **表 5**

| 位置 | 高度（m） | 箍筋平均间距（mm） | 备注 |
|---|---|---|---|
| 24 号仓（西面）19/C-D | 2.8～6.7m | △=350mm | 从窗台上檐开始 $h=2.8$m<br>除 6.7～10.7 箍筋间距△=210mm<br>其他箍筋间距均超△=300mm<br>2.8～6.7 其中有的箍筋间距为 550mm |
| | 6.7～10.7m | △=210mm | |
| | 10.7～16.5m | △=310mm | |
| | 16.5～22.1m | △=300mm | |

续表

| 位置 | 高度（m） | 箍筋平均间距（mm） | 备注 |
|---|---|---|---|
| 24 号仓（西面）19/C-D | 22.1～27.8m | △=300mm | 34.3～40.4 其中有的箍筋间距为 600mm<br>27.8～34.3 其中有的箍筋间距为 500mm<br>箍筋总数为 172 根 |
| | 27.8～34.3m | △=340mm | |
| | 34.3～40.4m | △=320mm | |
| | 40.4～46.6m | △=330mm | |
| | 46.6～49.7m | △=310mm | |
| | 49.7～52.5m | △=310mm | |

《钢筋混凝土筒仓设计规范》中明确规定：仓壁和筒壁水平钢筋间距不应大于 200mm[4]。表 5 的检测结果显示，该筒仓箍筋间距最大高达 600mm，严重超过规范规定，故我们可以得出结论：该筒仓环向配筋不满足设计要求。

## 2.5 筒仓构件截面尺寸及配筋检测

检测现场采用钢筋雷达 PS200 对 24 号筒仓 8.300m 以下部分混凝土主要构件框架柱及环向剪力墙主筋、箍筋间距及保护层厚度进行随机抽样检测，结果显示 24 号筒仓内框架柱及四周环向剪力墙部分主筋根数和漏斗配筋满足设计要求，其余部分和框架梁底部配筋根数与箍筋间距不满足设计；采用钢卷尺对本工程 24 号筒仓混凝土构件截面尺寸进行抽样检测。所测构件截面尺寸检测结果见表 6。

**所测构件截面尺寸检测结果　　表 6**

| 轴线及位置 | | 实测截面尺寸（mm） | 设计截面尺寸（mm） | 是否符合设计 |
|---|---|---|---|---|
| 24 号仓 | C/21 柱 | 1195×1402 | 1200×1400 | 符合 |
| | D/21 柱 | 1203×1402 | 1200×1400 | 符合 |
| | E/21 柱 | 1202×1228×1228×1463 | 1200×1200×1200×1460 | 不符合 |
| | B/21 柱 | 1200×1192×1200×1462 | 1200×1200×1200×1460 | 符合 |
| | C/19 柱 | 1625×1293×1624×802 | 1600×1301×1600×800 | 不符合 |
| | D/19 柱 | 1671×1293×1654×800 | 1600×1301×1600×800 | 不符合 |
| | E/21-22 环形梁 | 598×3601 | 600×3600 | 符合 |
| | B/21-22 环形梁 | 601×3602 | 600×3600 | 符合 |
| | 21/D-C 井字梁 | 602×4203 | 600×4200 | 符合 |
| | 22/C-B 井字梁 | 604×4199 | 600×4200 | 符合 |
| | C/20-21 井字梁 | 602×4202 | 600×4200 | 符合 |
| | B/22-23 井字梁 | 601×4201 | 600×4200 | 符合 |
| | 漏斗 D-C/22-23 | 1798×1796 | 1800×1800 | 符合 |

依据《混凝土结构设计规范》GB 50010—2010[5]，结合现场具体检测结果，对比设计图纸，所检框架梁、柱、漏斗等截面尺寸存在三项不符合设计及《混凝土结构工程施工质量验收规范》GB 50204—2015 中规定的[6]允许偏差要求，其他所检截面尺寸均满足设计要求。

# 3 筒仓可靠性评级

经对 24 号筒仓的现场检查、检测、计算，该工程 24 号筒仓可靠性鉴定评级为三级，见表7即：可靠性不符合鉴定标准对一级的要求，显著影响整体承载功能和使用功能，应采取加固处理措施。

**可靠性综合鉴定评级　　表7**

| 鉴定单元 | 结构系统名称 | 结构系统评级 | | | 鉴定单元可靠性评级 |
|---|---|---|---|---|---|
| | | 安全性 | 使用性 | 可靠性 | |
| | | A、B、C、D | A、B、C | A、B、C、D | 一、二、三、四 |
| 24号筒仓 | 地基基础 | A | B | B | 三 |
| | 上部承重结构 | C | B | C | |
| | 围护结构系统 | C | B | C | |

## 4 裂缝成因分析

结合钢筋混凝土筒仓的薄壁特性，从以下几个方面分析筒仓裂缝的原因：

（1）筒仓进料时贮料堆积，荷载由上往下逐渐增大，仓壁的环向应力以受拉为主，靠近仓底处最大，因而仓底是筒仓应力集中的部位[1]，环向拉应力的存在使钢筋混凝土筒仓的仓壁出现竖向的裂缝，降低钢筋混凝土筒仓的耐久性。

（2）筒仓本身自重较大，且满仓后贮料荷载加大，会对筒仓产生沿仓壁的竖向摩擦力，根据圆柱薄壳理论[1]，结构简单的圆柱薄壳结构在外荷载的作用下表现出十分复杂的力学特性[7]，就筒仓而言，沿仓壁的竖向摩擦力会使仓壁受压力作用，进而在仓壁产生横向裂缝，其中仓底部分裂缝情况更为严重。

（3）筒仓混凝土仓壁在压力作用下，在沿压力方向发生纵向变形的同时，也按泊松比效应产生横向膨胀，而钢筋的横向膨胀程度小于混凝土，故环向钢筋与混凝土受压面形成摩擦力，约束混凝土的横向膨胀，这种约束作用叫作筒仓的环箍效应。但是由于24号筒仓环向钢筋数量严重不足，无法提供足够的约束力，使仓壁混凝土在贮料荷载和温度应力的作用下发生横向膨胀，导致裂缝的产生。

该筒仓自身受力复杂且配筋不足，不仅存在极大的安全隐患，还会影响筒仓的后续使用，必须及时采取有效的加固措施。

## 5 结论

（1）依据《工业建筑可靠性鉴定标准》GB 50144—2008对24号筒仓的现状检查、检测及分析，在现有筒仓的结构体系、现有荷载状况及结构施工质量等条件下，可靠性评定等级为三级，不符合国家现行标准规范的可靠性要求，影响整体安全，在目标使用年限内明显影响整体正常使用，应采取加固措施，且可能有极少数构件必须立即采取措施[8]。

（2）设计人员在对筒仓进行设计时要考虑贮料荷载与仓壁之间的影响，目前关于这方面的研究匮乏，现有规范中也缺少相关的计算公式[9]，攻克这一难关定会对筒仓设计起到指导性的作用。

## 参考文献


[1] 李旋. CFRP加固钢筋混凝土筒仓仓壁受力有限元分析 [D]. 武汉：武汉理工大学，2012.

[2] 杨阳. 防筒仓内颗粒结拱的研究 [D]. 郑州：郑州大学，2011.

[3] GB 50144—2008 工业建筑可靠性鉴定标准 [S]. 北京：中国建筑工业出版社，2008.

[4] GB 50077—2003 钢筋混凝土筒仓设计规范 [S]. 北京：中国计划出版社，2003.

[5] GB 50010—2010 混凝土结构设计规范 [S]. 北京：中国建筑工业出版社，2010.

[6] GB 50204—2015 混凝土结构工程施工质量验收规范 [S]. 北京：中国建筑工业出版社，2015.

[7] 王杰方. 圆柱薄壳的动力稳定性及可靠性研究 [D]. 哈尔滨：哈尔滨工程大学，2015.

[8] 谢海舰，吕恒林，吴元周. 某煤矿钢筋混凝土煤仓可靠性鉴定及加固设计 [J]. 建筑结构，2018，48 (01)：66-70.

[9] 侯平阳. 环向预应力加固圆形钢筋混凝土筒仓的静力性能分析 [D]. 北京：北京交通大学，2013.

# 基于智能信息处理的目标跟踪

袁香伟
（河北工业大学　电子信息工程学院，天津市　300401）

**摘　要：**目标跟踪是当今智能信息处理的研究热点，智能信息处理在日常生活中得到重视，与之相关的应用也得到发展。视频物体目标跟踪是计算机视觉领域的热门话题，在很多实际场景中得到广泛应用。本文首先对目标跟踪的具体过程进行详细的介绍，在运动模型部分简单介绍了几种，如均值漂移、粒子滤波和卡尔曼滤波，还有基于特征点的光流算法等，在观测模型部分介绍了产生式和判别式模型；接着介绍了几种跟踪效果较好的跟踪方法；在本文结尾，总结了目标跟踪和其以后的发展方向。
**关键词：**目标跟踪；粒子滤波；均值漂移；卡尔曼滤波；光流算法

## 1　引言

视频目标跟踪在计算机视觉领域是得到广泛关注的研究方向，在很多领域都被应用，例如：智能监控、机器人等。换句话说，目标跟踪的定义是在不间断的视频序列中，建立跟踪关系的具体位置，从而计算物体的运动参数，如位置、速度、加速度、轨迹等。首先，在视频的第一帧中对目标的具体坐标位置进行跟踪，可以计算出目标在视频下一帧的准确位置。目标在移动的时候，有可能会发生一些形变，还有可能受到一些干扰，例如，目标的动作、形态、大小可能会发生变化，还有就是可能会受到光线和背景的影响等，目标跟踪会受到这些变化的影响，导致目标跟踪漂移，跟踪失败。所以研究者的研究重点是研究出鲁棒性高以及跟踪效果好的算法。视频跟踪算法的钻研也围绕着处理这些因为环境、自身发生的变化来进行发展。

目标跟踪可以分为很多不同的研究类别。当跟踪目标的数量不同时，就有单目标和多目标跟踪之分。获取被跟踪对象实时数据所需的相机数量也可分为单相机跟踪、多相机跟踪和跨相机跟踪（也称为重新识别）。还有其他类别：刚体跟踪和非刚体跟踪等。

## 2　目标跟踪的过程

目标跟踪的一般流程如下：

从图 1 可以看出，目标跟踪过程大致可以分为以下部分：输入帧（input frame）、运动模型（motion model）、特征提取（feature extractor）、观测模型、模型更新、集成后处理[13]。输入帧是目标区域，观察模型应该初始化，即给定图像上的第一帧图像和目标区域（手动或自动选择）。下一个帧运动模型基于视频序列的时空相关性生成一系列候选区域，为以后的特征提取和外观模型提供样本。特征提取候选区域的特征，即对目标进行编码，为以后处理不同观测模型提供依据。然后跟踪系统根据观测模型所计算的候选区域为目标区域的可能性来选择概率最大的候选区域。实际在跟踪过程中，通过比较和分析计算候选区域与目标区域之间的相似度还有可信度的指标，就可以将分数最高的候选区域定为跟踪的目标区域；观测模型的输出数据和判断结果影响更新模型是否需要更新，通常情况下对目标的外观模型进行更新操作要使用最新的数据，这样做可以使得跟踪系统可以很好地适应目标在线运动过程中发生外观的变化；集成后处理就是将多个跟踪器的跟踪结果进行合并处理，使得最终跟踪效果最好。

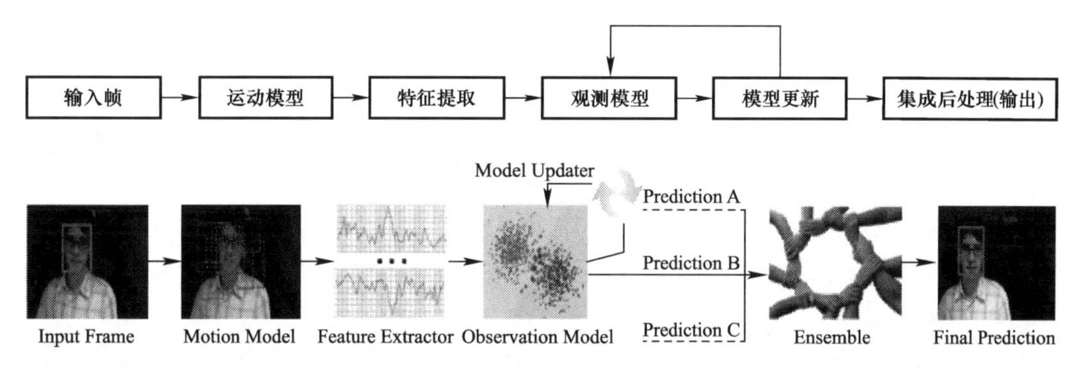


图 1　目标跟踪的一般流程

## 2.1　输入帧

初始化，输入视频，在视频第一帧给定要跟踪目标的区域（一般由用户框出来或者事先指定好目标区域坐标）。

## 2.2　运动模型

运动模型的作用是产生一些候选区域，它是根据前一帧的目标信息在当前帧产生。实际的视频跟踪物体的操作中，在对跟踪物体进行位置估计时，往往需要根据视频上一帧中目标跟踪框的位置，并在其周围区间产生一些候选区域，且均包含目标。跟踪算法就是需要在这些候选区域中找出一个与跟踪目标最接近的最优解。在这个过程中运动模型起到很关键的作用，也就是根据一定的规则产生一些候选区域样本。因为连续的两帧之间目标移动的位置一般不会太大，所以就依据这个规定运动模型可以用较高效率提供一些候选区域，和基于全图像扫描的目标检测过程的本质不同就在于此。运动模型大体有以下几种：粒子滤波（Particle filter）、滑动窗口（Slide window）、均值漂移（Mean shift）、卡尔曼滤波（Kalman filter）以及基于特征点的光流算法（Optical flow）[14~16]。

（1）粒子滤波

粒子滤波是根据粒子分布来对目标进行预测和跟踪的。在搜索跟踪目标的过程中，粒子滤波方法撒一些粒子会按照一定规则的分布（例如高斯分布、均匀分布）撒放，然后计算撒放的粒子与原目标之间相似度，以此确定目标可能的位置。跟踪系统会根据不同粒子的相似度大小在每次跟踪结束后进行重采样。由于不清楚目标的具体位置，于是随机的进行撒粒子。粒子滤波的思想可以归纳为：跟踪系统在每次撒完粒子之后，都会计算每个粒子与跟踪目标的特征之间的相似程度，再依据粒子的相似度大小来重新撒粒子，也就是在相似度大的地方放的多，相似度小的地方放的少；粒子滤波方法在跟踪过程中，每个帧的估计概率可以被保存，当多个候选区域有很高的概率成为目标区域时，它们将被保留用以跟踪错误发生后的恢复[1]。

（2）滑动窗口

滑动窗口产生候选区域的方法是采用大小和尺寸都不尽相同的矩形框在输入图像中选择出所有可能的目标区域，换句话说，滑动窗口的方法其实就是列举出所有的可能目标，然后利用一定的计算方法来计算得到其可能为目标区域的概率大小，选择最大值为下一个目标。但是，该方法的计算量较大，并且不能保存所有的候选目标的可能性，只是保存了最大概率，所以，在实际跟踪中不适用。

（3）均值漂移

均值漂移方法是与概率密度分布紧密相关的跟踪方法，在搜索目标过程中沿着概率梯度上升的方向进行移动，每次移动到概率密度分布的局部峰值，开始时会对目标进行建模，比如利用目标的颜色分布来描述目标，然后计算目标在下一帧图像上的概率分布，从而迭代得到局部最密集的区域[2]。均值漂移适用于目标的色彩模型和背景差异比较大的情形。

（4）卡尔曼滤波

卡尔曼滤波求当前的状态值的方法是，采用上一个时刻的值进行预测，再结合当前的观测值得到。卡尔曼滤波方法的主要思想就是通过递归的形式来求得对当前时刻的状态值，因此可以用来实现跟踪。卡尔曼滤波是对目标的运动模型进行建模，而且经常被用来预估目标在下一帧的位置。

（5）光流算法

光流算法是在目标上提取一些特征点，然后在下一帧计算这些特征点的光流匹配点，统计得到目标的位置，在跟踪的过程中，需要不断补充新的特征点，删除置信度不佳的特征点，以此来适应目标在运动中的形状变化[3]。

## 2.3 特征提取

特征提取就是依照一定的方法对原始图像提取候选区域的特征，即对原始图像的数据进行表达，进而用提取的特征来表示候选区域。在视频跟踪的过程中对目标的特征提取和表达都是比较重要的部分。好的特征就应该具有两个指标：1）计算效率要较高；2）区分度要较高。

人工特征和学习特征是目前跟踪算法主要采用的特征，外观特征和运动特征被称为人工特征；描述目标的外表形状的一些特征被称为外观特征，描述图像之间的相关性以及图片帧之间的关联的特征为运动特征[4]。学习特征一般是由机器主动学习的，学习特征可以在很大程度上提高目标特征提取的速率，是因为这个特征直接由机器学习，无需知道目标的其他属性。

### 2.3.1 人工特征

人工特征有外观特征和运动特征两种。人工特征简单的来说就是一些比较常见的，需要人工设计参数来使模型提取的。其中灰度特征、颜色特征、梯度特征还有纹理特征是目前跟踪算法普遍使用的外观特征。

一般来说，灰度特征是比较简单提取的特征。灰度特征有很多种，例如：原始灰度特征，该特征是将原始输入的图像直接通过变换，使图像变为灰度图像；灰度直方图是体现目标图像的整体或局部灰度分布规律的一种统计方法；Haar 特征是一种反映图像区域灰度变化特征的特征，由于其计算效率高，同时具有边缘、水平和垂直的敏感性，因此在目标检测和跟踪中得到大量应用。

颜色特征主要有颜色直方图、Color name 特征。颜色特征的鲁棒性主要体现在跟踪外形不变化的物体上，并且颜色特征对目标的姿态变化、尺度变化等不敏感。但也有一些缺点，当出现背景颜色相似或光照影响时，颜色特征则不能很好的体现物体特征。

纹理特征是用来表示目标的外表的变化特征。在视频跟踪算法中使用的有局部二值模式（Localbinarypattern，LBP）。一般的，LBP 可以很好地描述目标的外观微小的变化特征，如果目标的纹理细节信息比较少、在纹理复杂的背景下，LBP 不能很好地描述目标特征，从而导致跟踪效果不好。

梯度特征是进行目标图像局部的梯度分布的特征统计。梯度特征可以描述输入图像的局部变化特征，其中 SIFT（Scale invariant feature transform）梯度特征和 SURF（Speeded up robust features）梯度特征是常用的梯度特征，但它们的实时性较差。应用比较多的梯度特征还有 HOG（Histogram of oriented gradient）。提取 HOG 特征是利用分块单元对梯度进行统计，然后再将各个分块单元进行合并，就得到整个目标的梯度特征。在梯度特征中可以反映局部像素之间的关联性。因此 HOG 梯度特征可以应对变化的光照的影响，同时也有外观精确尺寸、角度、姿态等信息无法描述的缺点。

运动特征可以很好的描述两帧图像之间的时空关联。运动特征中最常用的就是光流法。光流法可以很好的描述目标的运动信息。光流（Optical flow）是近似表达图像的局部运动，其计算过程是计算视频中时间和空间图像给定的偏导数，从而得到目标图像的二维场。光流法可以处理摄像头与目标相对运动的情况，其运算效率较高，但计算过程中有约束条件，比如：光度强和位移等。如今很少有单独使用光流特征处理复杂的目标跟踪情况，都是与其他外观特征融合，最具典型的例子是 TLD（Tracking learning detection）算法。

#### 2.3.2 学习特征

机器能够自动学习到的特征称之为学习特征。其中 PCA（Principle component analysis）是最早的自动特征提取方法。

### 2.4 观测模型

观测模型是视频目标跟踪研究中很重要的研究内容。观测模型的作用是计算候选区域是目标区域的概率大小，其中概率最高的认为是目标区域。视频跟踪算法的观测模型大体可以分为产生式和判别式。

产生式模型是一种自顶向下的处理方法。首先要建立目标的外观模型，然后根据计算候选目标与跟踪目标之间的相似度来确定新的跟踪目标的位置[5]。产生式模型注重对目标外观数据内部分布的描述，具有较强的代表性。最大的缺点是不使用背景信息。当遇到遮挡等情况时，通过错误更新很容易将噪声混入模型中，造成误差和漂移[5]。

判别式模型是一种自底向上的处理方法，也称为基于检测的模型（Tracking by

detection)。

## 2.5 模型更新

模型更新有两种方式，一种是离线更新，另一种是在线更新。离线更新是在目标图像确定的情况下进行的，而在线模型更新是在目标提前不知道的情况下进行的，在线更新可以实时的更新数据，以便能够准确的调整，达到更好的跟踪效果[6]。对于以上两种模型的更新，产生式模型是对跟踪模板进行更新，判别式模型则是通过充分利用新的样本对分类器进行训练，并且正负样本的数量在不断的增加，这样使得分类器的分类能力更好，由此一来，更新后的分类器能应对目标和背景的变化[6]。

目前更新策略有：

（1）每一帧都进行更新。

（2）隔一定数量的帧数更新一次。

（3）计算的相似度或分类得分低于预定的阈值时更新。

（4）分别算正负样本的匹配或分类得分，两者的差值低于规定阈值时更新。

## 2.6 集成后处理

多个跟踪器整合输出（单个跟踪器没有），由于单个跟踪器系统结果会很容易受到参数变化的影响，采用后处理组合（多个跟踪观测模型组合）可以解决这种影响。

# 3 目标跟踪的方法

目标跟踪的研究方法可以分为传统经典方法和基于深度学习的方法[11]。传统经典的跟踪方法是一种所谓的浅层学习，它只含有一层或两层神经网络。但深度学习是相比较浅层学习而言的，深度学习的模型结构一般包含三个以上甚至更多的隐层，它的网络结构较复杂，还可用大数据来学习特征。

无监督学习模型和有监督学习模型是深度学习按照学习方法分的。无监督学习主要有深度置信网络（DBN）和堆栈自编码器（SAE），有监督学习主要有卷积神经网络（CNN）和多层感知机（MLP）。按照网络中是否存在闭环，可将深度学习分为非递归深度模型和递归深度模型，DBN、SAE、CNN 和 MLP 等皆属于非递归深度模型。目前的递归深度模型主要代表是长短时记忆网络（LSTM），其能够对数据相对较长的时间跨度内的状态进行学习和记忆，可以有效地处理序列问题，如语音识别、自然语言理解和手写字体识别。

下文对几种传统方法和基于深度学习的方法进行总结和不同点分析。

（1）一种改进的基于稀疏编码的鲁棒性跟踪算法

该方法采用局部块稀疏编码的方式，结合 SIFT（尺度不变特征）及空间金字塔特征匹配技术研究目标表观建模（提取特征），这种方法可以解决目标受到遮挡和目标姿态不断变化还有目标运动产生模糊及受到复杂背景影响等问题，在粒子滤波的框架下引入运动估计以获得目标最优位置，在跟踪过程中实时更新模板[6]。

该方法的具体流程如下：

开始时，首先输入视频，在第一帧中提取要跟踪目标的位置信息；对目标图像调整大小；对图像进行分块处理；然后对所有字块提取 SIFT 特征且进行编码处理；对上一步得到的各子模块稀疏编码向量进行最大池化，即对经过稀疏编码后的系数进行空间金字塔匹配（Spatial Pyramid Matching）；在粒子滤波框架下引入运动估计，跟踪目标，融入速度特征，能够在运动速度较快的情况下精准跟踪到目标；模板更新，采用设定阈值法来判断是否需要更新模板，若更新则将当前模板与上一帧模板进行加权求和得到更新后模板[6]。

（2）一种改进的粒子滤波视觉跟踪算法

该方法是基于粒子滤波框架，利用了融合多种单一特征的方法，该方法是为了克服单一特征不能很好的表达目标特征、跟踪效果不好的缺点，另外，该法还采用了改进的建议分布函数，建议分布函数可以有效地抑制粒子退化的产生，从而很好的解决了跟踪漂移现象[7]。

该方法的具体流程如下：

开始时，首先输入视频，在第一帧中标出要跟踪目标的位置信息；根据先验分布的情况采样 N 个粒子，获得粒子集合，每个粒子的初始权值均设为 1/N；根据颜色、梯度、LBP 等多特征建立初始目标模板；根据建议分布函数采样粒子集；对每个粒子进行多特征融合，然后计算每个粒子的观测似然函数，计算每个粒子的权值最终归一化；依据所有粒子加权平均来进行状态估计；然后根据设定阈值重采样；最后判断是否为最后一帧，然后确定是否跟踪结束。

（3）基于多层卷积特征融合的目标尺度自适应鲁棒跟踪[8,12]

该方法实现跟踪的原理是利用了深度学习的相关理论，还结合了相关滤波的原理，该算法实现跟踪的过程大体为，首先提取候选目标区域的特征，通过相关滤波方法建成滤波器，然后利用加权融合多层卷积特征来确定目标的中心位置，再然后，为了得到目标的最佳尺度，利用多尺度采样的方法来对目标进行采样，最终达到效果。

该方法的具体流程如下：

开始时，首先输入视频，在第一帧中标出要跟踪目标的位置信息；利用多层卷积特征构建定位滤波器进行目标的准确定位。在确定目标的中心位置后，利用已知的目标尺度大小，对目标区域进行多尺度采样，构建目标尺度金字塔，并进行目标尺度的估计，通过提取其 HOG 特征构建尺度滤波器来实现。在跟踪过程中，还需要对相关滤波进行更新，也就是更新模板操作，直到跟踪到视频最后一帧。

（4）基于深度稀疏学习的鲁棒视觉跟踪

该算法提出一种深度稀疏神经网络模型，在提取更加本质抽象特征的同时，避免了复杂费时的模型预训练过程，对单一正样本进行数据扩充，解决了在线跟踪时正负样本不平衡的问题，提高了模型稳定性，利用密集采样搜索算法，生成局部置信图，克服了采样粒子漂移现象，为进一步提高模型的鲁棒性，还分别提出了相应的模型参数更新和搜索区域更新策略[9]。

该方法的具体流程如下：

开始时，首先输入视频，在第一帧中标出要跟踪目标的位置信息，初始化跟踪网络，采集正负样本，进行归一化处理，并对正样本进行数据扩充，接下来进行候选目标的搜索，采用密集采样计算目标的局部置信图，确定跟踪结果（选取置信度最大的采样样本为本帧目标跟踪结果)，将跟踪结果加入正样本时间滑动窗；分别对跟踪网络和搜索区域大小进行更新，结束[10]。

## 4 目标跟踪的发展及展望

随着科技的进步和社会对安全需求的提高，智能监控越来越受到人们的关注，而作为智能监控关键技术之一的视频目标跟踪也成为研究热点。视频跟踪技术作为计算机视觉方向的热点问题，研究者们不断深入研究并发明出了许多新的方法，如 Struck、SCM、TLD、MIL 和 VTD 等。但是在处理现实场景时仍然有很多问题，比如目标会受到强烈的光照、形变、遮挡、目标快速运动影响等。因此，要努力寻找能快速实现目标跟踪、计算复杂度低、能广泛应用的并且对于先验知识的依赖性不高的跟踪算法，设计一种检测性能好的视频目标跟踪技术是研究者们的研究重点。

## 5 结论

本文的研究基础是大量的文献综述，对视觉跟踪做了普遍的钻研以后，本文首先介绍了跟踪系统的具体流程，对跟踪中的每一步骤都进行了详细的介绍和说明，从而使读者对各种不同跟踪算法的整体性有一定的认识，随后又对几种跟踪方法进行阐述说明，本文在最后对视觉跟踪的发展和问题做了总结，使研究人员对视觉跟踪问题能有更深层次的认识。

### 参考文献


[1] 凌超. 视频图像中运动目标跟踪算法研究综述 [J]. 科技资讯，2012 (16)：7.

[2] 景阳. 运动目标检测方法概述 [J]. 计算机光盘软件与应用，2012 (23)：36-37.

[3] 王兵学. 一种在线学习的目标跟踪与检测方法 [J]. 光电工程，2013，40 (8).

[4] 管皓，薛向阳，安志勇. 在线单目标视频跟踪算法综述 [J]. 小型微型计算机系统，2017 (01)：147-153.

[5] 任龙飞. UKF 在视频移动目标跟踪中的应用 [J]. 江南大学学报 (自然科学版)，2012，11 (6).

[6] 王洁，丁萌，张天慈，等. 一种改进的基于稀疏编码的鲁棒跟踪算法 [OL]. 2017-07-18. http://kns.cnki.net/kcms/detail/31.1289.TP.20170718.1156.002.html.

[7] 李洙，李晶，赵鹏飞，等. 一种改进的粒子滤波视觉跟踪算法 [J]. 光学与光电技术，2017 (4)：76-81.

[8] 王鑫，侯志强，余旺盛，等. 基于多层卷积特征融合的目标尺度自适应鲁棒跟踪 [J]. 光学学报，2017，37 (11)：232-243.

[9] 王鑫，侯志强，余旺盛，等. 基于深度稀疏学习的鲁棒视觉跟踪 [J]. 北京航空航天大学学报，2017，43 (12)：2554-2563.

[10] 张明慧. 基于在线学习的视觉目标跟踪算法研究 [D]. 北京：北京交通大学，2012.

[11] 管皓，薛向阳，安志勇. 深度学习在视频目标跟踪中的应用进展与展望 [J]. 自动化学报，2016，42 (6)：834-847.

[12] 沈秋，严小乐，刘霖枫，等. 基于自适应特征选择的多尺度相关滤波跟踪 [J]. 光学学报，2017，37 (5)：174-183.

［13］ 郑嘉，赵润．视频中目标检测与跟踪算法综述［J］．物联网技术，2017（04）：36-38.
［14］ 徐胜，黄晁，孙松．改进的粒子滤波人体目标跟踪算法［J］．无线电通信技术，2018，44（1）：69-72.
［15］ 孟军英．基于粒子滤波框架目标跟踪优化算法的研究［D］．秦皇岛：燕山大学，2014.
［16］ 曹洁，李伟．一种改进的粒子滤波算法及其性能分析［J］．计算机工程与应用，2012，48（8）：144-147.

# 某电厂土方填挖区域加固设计数值模拟研究

熊小康，王立伟，高一琳

（燕山大学　建筑工程与力学学院，河北省秦皇岛市　066004）

**摘　要：**本工程位于山西省中部某县东南，场地含有湿陷性黄土，湿陷性等级为一级。为消除地基土的湿陷性，综合考虑安全性、经济性、施工工期要求以及对周边环境的影响等多种因素，地基处理采用强夯法进行加固处理，以满足工程设计的要求。同时该场地地形复杂，整平后形成高挖填方边坡。为了防止边坡失稳，对边坡进行边坡支护设计。运用 $Flac^{3D}$ 软件对边坡支护方案进行数值模拟，得出的结果与其他方法计算的数值相符合，验证了边坡支护方案的可实施性和安全性。

**关键词：**地基处理；边坡支护；边坡稳定性；$Flac^{3D}$；数值模拟

本工程为位于山西省中部某县东南侧的电厂填挖方过程中的边坡支护，本工程紧邻一冲沟。厂址处于土石丘陵区，场地地形起伏较大，西侧、南侧较高，东侧、北侧较低，用地面积 $61786m^2$。由于场地中含有湿陷性黄土，湿陷性等级为一级，所以本工程通过计算选择合适的地基处理方法，从而提高地基承载力，减小地基沉降和渗透等，确保上部基础和建筑结构的安全性和耐久性。工程基础开挖和回填土的施工过程中会出现边坡稳定性问题，本文通过工程实际工况和相关规范确定边坡支护方案，并利用计算与 $Flac^{3D}$ 数值模拟确定方案的可实施性，减少甚至杜绝因边坡失稳造成的施工进度和经济性等问题。

## 1　地基处理和支护方案的确定

### 1.1　工程地质条件

场地上覆地层主要为第四系全新统人工填土层（$Q_4^s$）、第四系上更新统坡洪积层（$Q_3^{dl+pl}$）和第四系中更新统洪积层（$Q_2^{pl}$），岩性主要为素填土、黄土状粉土、黄土状粉质黏土，下伏基岩主要由古生界石炭系中统本溪组（$C_2^b$）页岩及铝土矿和奥陶系中统上马家沟组（$O_2^s$）灰岩组成，根据现场钻探揭露的岩芯及量测厂区出露岩石，下伏基岩倾角较小，近水平状。

根据现场钻探成果及地层的地质时代、成因类型、岩性及分布埋藏特征，场地地层由

基金项目：国家自然科学基金（41572274）；河北省自然科学基金青年科学基金（D2017203274）；秦皇岛市科学技术研究与发展计划（201602A002）。

作者简介：熊小康（1993—），男，河北省河间市，在读硕士，研究方向：岩土工程。

新到老描述如下：

① 第四系全新统人工填土（$Q_4^s$）。素填土：黄褐色、灰褐色，稍湿、稍密。主要成分为粉质黏土和碎石。层厚一般 1.00～9.20m。该层在厂区周边分布较普遍。

② 第四系上更新统坡洪积层（$Q_3^{d+pl}$）。黄土状粉土：黄褐色，稍湿，稍密。土质均匀，大孔隙竖向节理，可见少量风化岩屑。层厚一般 1.00～8.00m。

③ 第四系中更新统洪积层（$Q_2^{pl}$）。黄土状粉质黏土：褐红色、棕红色，稍湿，硬塑，土质均匀，含少量石灰碎块。层厚一般 2.00～8.70m。

④ 古生界石炭系中统本溪组（$C_2^b$）。页岩和铝土矿：灰褐色，强风化，泥质结构，层状构造，岩芯呈碎块状，易碎。层厚一般 6.35～17.80m。产状近水平向。

⑤ 奥陶系中统上马家沟组（$O_2^s$）。粉质黏土：棕红、黄色，硬塑。含石灰岩碎块，为溶洞填充物。该层在厂区北侧和东侧拐角处揭露。层厚为 0.40～10.60m。灰岩：灰褐色，强风化，隐晶质结构，层状构造，岩芯呈碎块状。层厚一般为 0.90～20.60m，本次勘测为揭穿该层。

场地地下水类型主要有松散岩类孔隙水和碳酸盐岩类岩溶水。松散岩类孔隙水位于不易蓄水的黄土状粉质黏土中，碳酸盐岩类岩溶水埋深在百米以下，对场地建设影响小。工程场地地震基本烈度为 7 度，厂址建筑场地均属于建筑抗震一般地段。场地内无饱和状态的粉土或砂土地层分布，可不考虑地震液化对建（构）筑物的影响。

## 1.2　地基处理

本工程场地平整标高为 920m，利用 Htcad 软件采用方格网法进行土方量计算[1]，计算时将厂址分为 6 个小的区域，分别进行土方量的计算并汇总。区域分布图如图 1 所示，断面图如图 2 所示。

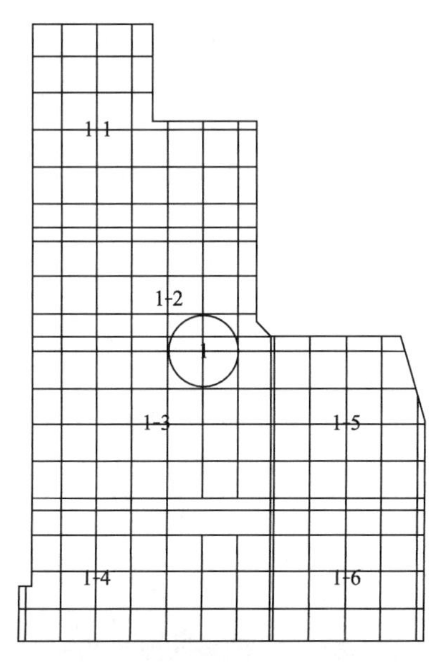


图 1　方格网法区域布置图

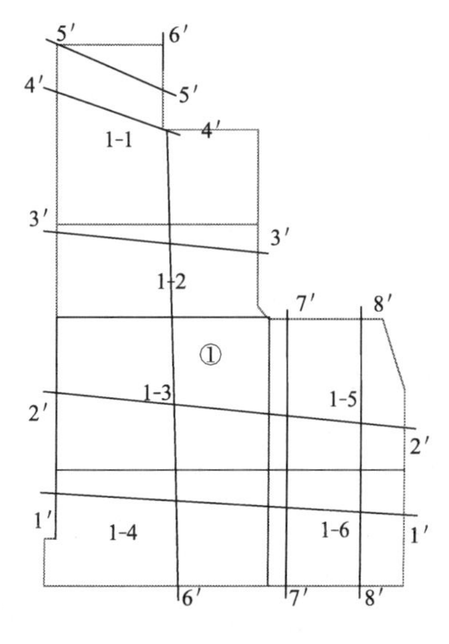


图 2　断面分布图

土方量计算结果见表 1。

土方量汇总表　　　　表1

| 区域号 | 区块号 | 挖方量（$m^3$） | 填方量（$m^3$） | 净方量（$m^3$） | 面积（$m^2$） | 单位面积净土方量 |
|---|---|---|---|---|---|---|
| 1 | 1-1 | 0.00 | 96256.69 | 96256.69 | 10919.09 | 8.82 |
| 1 | 1-2 | −151.75 | 50289.08 | 50137.33 | 7531.99 | 6.65 |
| 1 | 1-3 | −28140.98 | 37124.39 | 8983.41 | 12661.50 | 0.71 |
| 1 | 1-4 | −82846.69 | 6747.29 | −76099.40 | 9609.98 | −7.91 |
| 1 | 1-5 | −16626.03 | 19315.72 | 2689.69 | 7706.36 | 0.35 |
| 1 | 1-6 | −50796.83 | 480.84 | −50315.99 | 6139.53 | −8.20 |

该场地为非自重性湿陷性黄土，湿陷等级为一级（轻微），压缩性较高，适合用强夯法进行地基处理：加固效果显著，消除地基土的湿陷性，不仅可以提高地基承载力，而且具有施工方便、缩短工期、节省费用等优点[2~3]。在采用强夯法进行地基处理的过程中，分层夯压，每层厚度为4m，夯实深度为6～7m。地基土夯实后相对密度不小于0.95，强夯拟夯3～5遍。

### 1.3　边坡支护方案

挖方边坡位于厂址西侧和南侧，尤其南侧有高边坡存在，西南角和西侧局部紧邻征地红线，但边坡高度不超过6m，可采取重力式挡墙进行支护。综合考虑工程工期、施工难度和工程经济等因素，采用1∶1坡率进行削坡减载，每8m一级，中间设2m宽的马道。西南角及西侧中部局部区域离用地边界较近，局部只有3m宽，设垂直重力式挡土墙支护，墙顶宽0.5m，墙底水平，宽1.7m，挡土墙高度为3～6m，嵌入场地地面以下1m。

厂址北侧和东侧均为填方边坡，采用坡率为1∶1进行填方施工，每8m一级，中间设2m宽的马道。填方边坡加设有纺土工布，考虑自然边坡和填方的结合紧密程度，对自然边坡局部进行削坡形成台阶状，同时也方便土工布的埋设。

## 2　边坡稳定性计算

### 2.1　边坡稳定判别依据

边坡工程安全等级为二级，根据《建筑边坡工程技术规范》GB 50330—2013中规定[4]：边坡稳定安全系数$F_{st}$一般工况应大于1.3，地震工况应大于1.1。当边坡稳定性系数小于边坡稳定安全系数时应对边坡进行处理。

### 2.2　边坡剖面选取

根据工程地质勘察报告，边坡大部分都处于基本稳定状态。设计时选取7条典型的剖面，包括南侧的高挖方边坡及厂址北侧和东侧的高填方边坡，选取时尽量靠近或经过钻孔位置，使得到的横断面图能更准确地反映真实的地质状况，使选取的坡面更有代表性。剖面在工程地质平面图上的位置如图 3 所示。

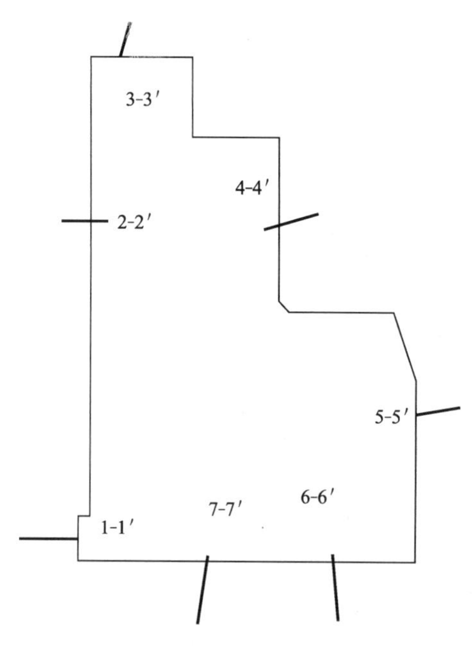


图 3　边坡剖面选取平面布置图

## 2.3　工程参数确定

为了取得边坡治理的设计参数评价指标，现场在钻孔中采取各土层及下伏块石岩块等样做室内岩石的物理力学性质试验，各试验成果按《岩土工程勘察规范》（2009 年版）GB 50021—2001 及《建筑地基基础设计规范》GB 50007—2011 的有关公式进行数理统计，对无条件进行试验的岩体按类似工程经验确定，边坡稳定性计算主要物理力学参数见表 2：

边坡稳定性计算主要物理力学参数　　表 2

| 土层 | 重度/(kN/m$^3$) | 黏聚力/(kPa) | 内摩擦角/° |
|---|---|---|---|
| 素填土 | 18.1 | 30.4 | 21.9 |
| 黄土状粉土 | 16 | 20 | 23.3 |
| 黄土状粉质黏土 | 19 | 61 | 18.9 |
| 铝土矿（中风化） | 23 | 55 | 30 |
| 灰岩（中风化） | 20 | 56 | 32 |
| 页岩（强风化） | 22 | 47 | 26 |
| 灰岩（强风化） | 20 | 56 | 30 |

## 2.4　边坡稳定性计算

挖方边坡以手算为主，手算时，根据公式制作 Excel 表格用极限平衡法求解边坡稳定安全系数。填方边坡以 Geo-slope 电算[5~6]分析为主，分别求出支护前、支护后、考虑地震、考虑超载的稳定系数。计算结果见表 3 和表 4。

挖方边坡稳定性分析结果 表 3

| 挖方区削坡减载后稳定性分析（考虑地震） | | | | | | |
|---|---|---|---|---|---|---|
| 剖面位置 | 理正瑞典条分法 | Geo-slope 分析 | | | | 手算瑞典条分法 |
| | | Ordinary | Bishop | Janbu | M-P | |
| 7-7′ | 1.549 | 1.459 | 1.538 | 1.430 | 1.497 | 1.620 |
| 6-6′ | 1.709 | 2.449 | 2.533 | 2.304 | 2.480 | 1.682 |
| 1-1′ | 1.889 | 1.853 | 1.963 | 1.785 | 1.885 | 1.722 |
| 2-2′ | 1.803 | 1.821 | 1.850 | 1.765 | 1.822 | 1.791 |

填方边坡稳定性分析结果 表 4

| 剖面位置 | 不同工况 | Geo-slope 分析 | | | |
|---|---|---|---|---|---|
| | | Ordinary | Bishop | Janbu | M-P |
| 3-3′ | 支护前 | 0.961 | 1.039 | 0.956 | 0.996 |
| | 支护后 | 1.358 | 1.576 | 1.358 | 1.520 |
| | 考虑地震 | 1.459 | 1.475 | 1.266 | 1.465 |
| | 考虑超载 | 1.763 | 1.759 | 1.664 | 1.764 |
| 4-4′ | 支护前 | 0.905 | 0.977 | 0.907 | 0.941 |
| | 支护后 | 1.417 | 1.529 | 1.408 | 1.474 |
| | 考虑地震 | 1.419 | 1.477 | 1.348 | 1.431 |
| | 考虑超载 | 1.466 | 1.545 | 1.440 | 1.512 |
| 5-5′ | 支护前 | 0.986 | 1.052 | 0.980 | 1.021 |
| | 支护后 | 1.495 | 1.682 | 1.462 | 1.617 |
| | 考虑地震 | 1.592 | 1.624 | 1.473 | 1.581 |
| | 考虑超载 | 1.753 | 1.793 | 1.676 | 1.769 |

从表中可以看出，处理后的边坡稳定性系数一般工况均大于 1.3，地震工况均大于 1.1，均满足稳定性的要求，该设计符合设计要求。

## 3 Flac$^{3D}$数值模拟研究

### 3.1 Flac$^{3D}$简介

FLAC 起源于流体动力学，其全称为快速拉格朗日有限差分分析方法（Fast Lagrangiall Analysis of Continua），该软件系统于 20 世纪 70 年代中期诞生于美国，其使用范围贯穿于交通、水利、地质、环境及土木建筑等工程领域[7]。其作为岩土工程领域一种主要数值分析方法，从其诞生到现在广泛应用于岩土实际工程问题，并取得了相当的成就；由于其自身作为显式有限差分法，不必形成总体刚度矩阵，能腾出一定内存空间，尤其在大变形问题、非线性问题及非稳定性分析方面具有独到优势。

FLAC 采用的是有限差分网格，与常用的有限元网格相比存在一些不同，FLAC 的网格和节点都是按照（I，J）坐标系来建立的，I 表示水平的 X 轴，J 表示竖直方向的 Y 轴。图 4 数学网格中标出了节点 I-J 坐标系，图中黑点位置对应的坐标就是（I，J），实际模拟过程中可变换为图 5 所示的物理网格[8~10]。

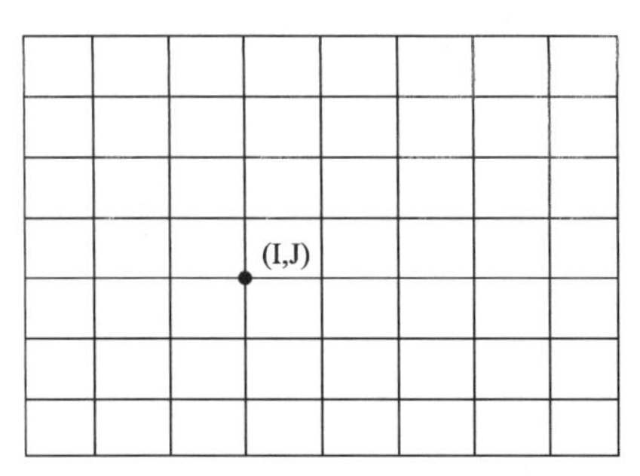


图 4　差分网格和节点示意图

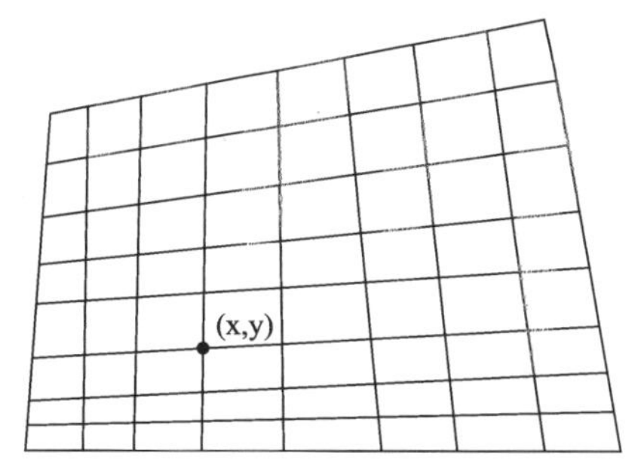


图 5　差分物理网格和节点示意图

## 3.2　数值模拟计算

设计中对南侧 22m 高边坡进行了三维有限元分析，与二维的计算分析形成参考对照，所用到的土层特性参数如表 5 所示，模型采用摩尔库伦准则，用强度折减法计算边坡稳定性系数[11~13]。通过求得的稳定性系数与规范中的要求相比较，同时参考塑性区的范围是否贯通及坡面水平位移云图[14]，综合判断边坡的稳定性情况，更好地为设计提供参考，符合安全性、经济性，满足设计要求。

**土层特性参数**　　**表 5**

| 土层 | 厚度/m | 重度 kN/m³ | 黏聚力/kPa | 内摩擦角/° | 泊松比 | 弹性模量 $E$/MPa | 体积模量 $K$/MPa | 切变模量 $S$/MPa |
|---|---|---|---|---|---|---|---|---|
| 黄土状粉土 | 3 | 16 | 20 | 23.3 | 0.26 | 5.721 | 0.915 | 3.604 |
| 黄土状粉质黏土 | 3 | 19 | 61 | 18.9 | 0.33 | 6.344 | 0.719 | 4.219 |
| 页岩（强风化） | 8 | 22 | 47 | 26 | 0.32 | 460 | 425.926 | 174.242 |
| 铝土矿（中风化） | 3 | 23 | 55 | 30 | 0.3 | 520 | 433.333 | 200.000 |
| 页岩（强风化） | 9 | 22 | 47 | 26 | 0.32 | 460 | 425.926 | 174.242 |

根据实际情况和参数，建立边坡模型如图 6 所示。

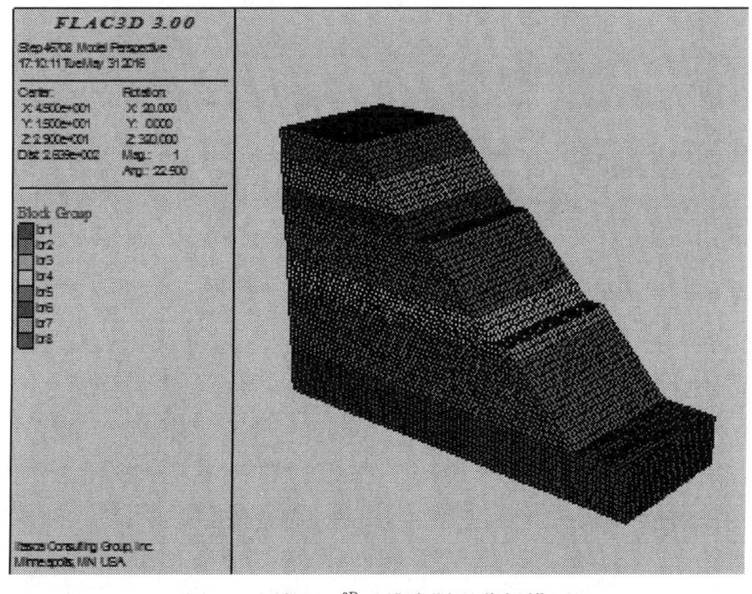


图 6　边坡 Flac$^{3D}$三维有限元分析模型

用强度折减法算得的最后安全系数为 1.146875，大于边坡安全储备系数 1.10。

## 3.3 数值模拟过程及结果

计算过程中的塑性区分布图如图 7 所示，最后一次计算的塑性区分布图如图 8 所示。

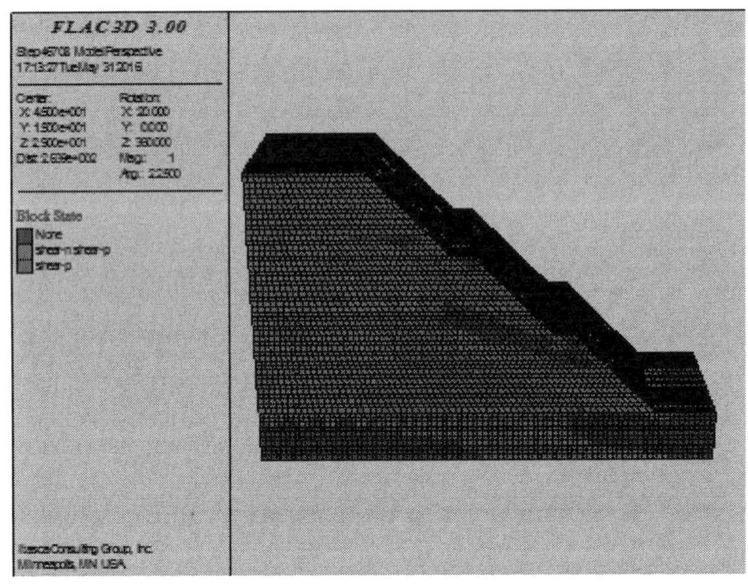


图 7　所有塑性区分布图

从图 7 可以看出，之前的塑性区在第二级边坡处有贯通的趋势，结合图 8 的当前塑性区分布，当前塑性区没有贯通，边坡处于基本稳定状态，故之前的塑性区虽有贯通趋势但并未贯通。坡脚处和第二级平台坡脚处容易发生失稳，施工时应注意对这些范围进行监测，通过边施工、边监测反馈，更好地指导设计与施工，提高工程的安全性，有效防止意外事件发生。

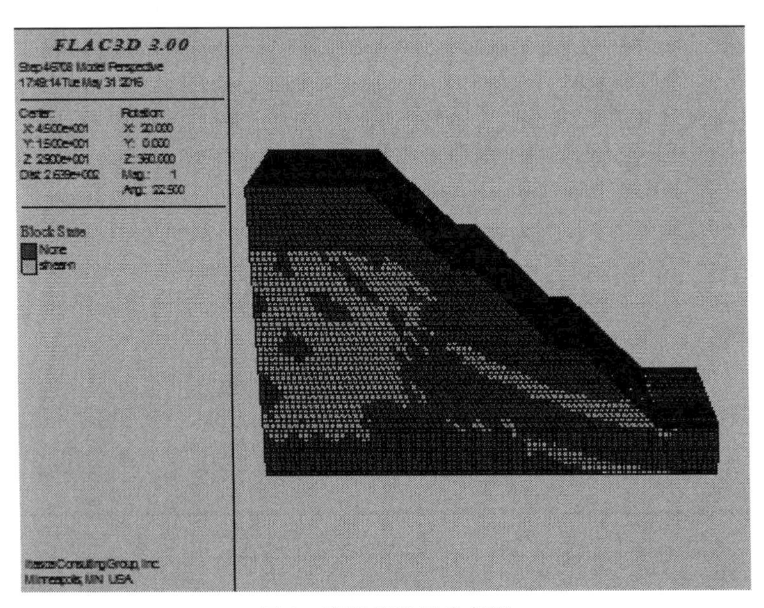


图 8　当前塑性区分布图

水平位移云图如图 9 所示，仅第三级边坡有水平位移，最大位移为 7.62cm。

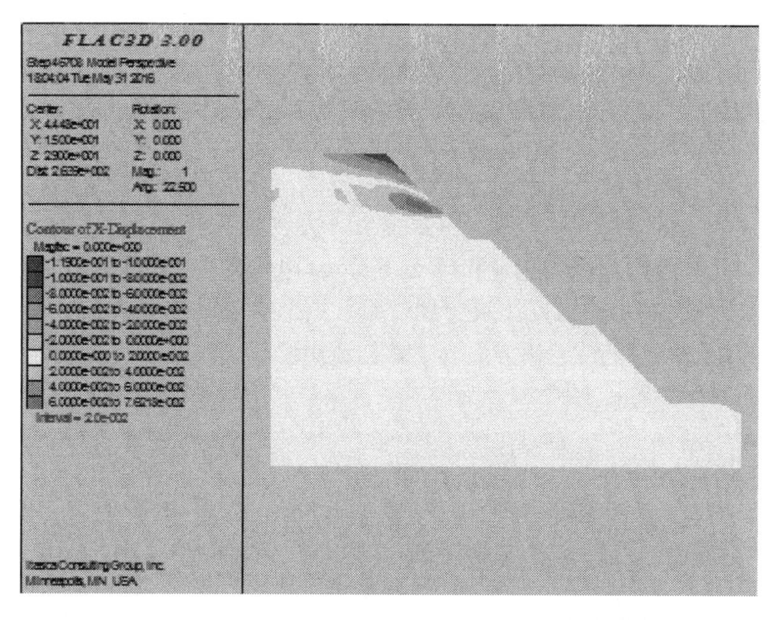


图 9　水平位移云图

剪应变率云图如图 10 所示，可以看出通过坡脚处一弧形带范围的剪应变率最大，该处正好为潜在的滑移面，与前面的分析过程正好吻合。

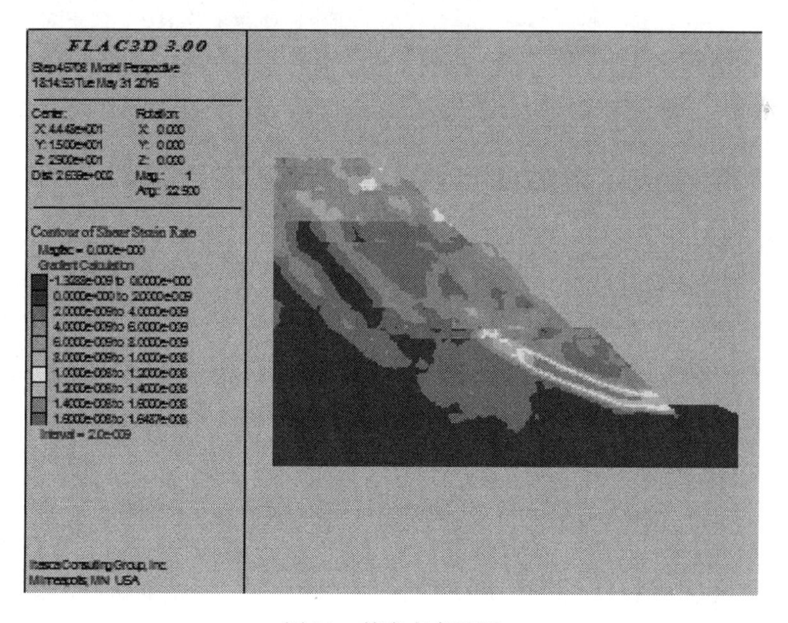


图 10　剪应变率云图

综上所述，该高边坡削坡减载后处于基本稳定状态，坡面水平位移不大，塑性区未贯通，该设计可靠，施工时采用逆作法进行施工，做好临时排水和永久排水工作，并建立监测反馈机制，在坡面第一级和第二级坡脚处设置监测点，观察位移变形情况，为施工提供指导。

# 4 结束语

本工程根据场地实际情况设计出地基处理的合理方法，并且结合施工方案提出有效安全的边坡支护方案。通过对挖填土方的过程进行计算，得出该方案的可靠性和可行性。此外，本文利用 Flac$^{3D}$软件对边坡稳定性进行数值模拟，分析了边坡的应力、位移及破坏特征，进而揭示了边坡的变形破坏机理。结果显示，边坡坡面水平位移不大，基本处于稳定状态，同时与以手算得出的挖方边坡和以 Geo-slope 电算的填方边坡得到的边坡稳定性系数相比较，Flac$^{3D}$软件得出的数据比较合理，而且更加直观的体现边坡在开挖过程中的变化，表明 Flac$^{3D}$在边坡稳定性分析方面有很好的适用性。

**参考文献**


[1] 黄少谷. 基于方格网法的 CASS 与 HTCAD 土方计算比较 [J]. 山西建筑，2009，35 (06)：147-148.

[2] 王雪浪. 大厚度湿陷性黄土湿陷变形机理、地基处理及试验研究 [D]. 兰州：兰州理工大学，2012.

[3] 秦晓栋，薛维俊. 湿陷性黄土地基湿陷机理、湿陷性评价及地基处理方法 [J]. 内蒙古石油化工，2009，35 (02)：38-40.

[4] 中国建筑科学研究院.《建筑边坡工程技术规范》GB 50330—2013 [S]. 北京：中国建筑工业出版社，2013.

[5] 郑涛，张玉灯，毛新生. 基于 Geo-Slope 软件的土质边坡稳定性分析 [J]. 水利与建筑工程学报，2008 (01)：6-8+33.

[6] Nian Qin Wang，Qing Tao Wang，Qi Pang，et al. Study on Evaluation of High Slope Stability and Countermeasures Based on GEO-SLOPE [J]. Advanced Materials Research，2014，3330 (988).

[7] 艾兴. 基于 FLAC～(3D) 的边坡变形破坏机理数值模拟研究 [J]. 露天采矿技术，2012 (04)：59-61.

[8] 常锦. 山区含砾黏土地基强夯加固试验研究及数值模拟 [D]. 长沙：长沙理工大学，2016.

[9] 韩万东，谷明宇，杨晓云，等. FLAC$^{3D}$数值模拟的边坡稳定性 [J]. 辽宁工程技术大学学报（自然科学版），2013，32 (09)：1204-1208.

[10] 张宇旭. 路基施工过程变形研究的 FLAC$^{3D}$数值模拟 [J]. 武汉工程大学学报，2011，33 (06)：72-75.

[11] 刘继国，曾亚武. FLAC～(3D) 在深基坑开挖与支护数值模拟中的应用 [J]. 岩土力学，2006 (03)：505-508.

[12] 申强利，田明磊，陈俊. 探讨 FLAC$^{3D}$在深基坑开挖与支护数值模拟中的应用 [J]. 河南建材，2015 (02)：12-13.

[13] Lei Zhang，Xian-feng Cai，Xin Zhang，et al. FLAC$^{3D}$ Application on the Reinforcement Effect of Subsidence Damaged Return Air Duct [M]. Springer Berlin Heidelberg，2013.

[14] 黄志全，程岩. 对基坑开挖和土钉支护条件下的基坑稳定性的 FLAC～(3D) 数值模拟分析 [J]. 中国水运（学术版），2007 (08)：61-63.

# PC梁加载破坏过程的声发射特性试验研究

杨磊，曹智腾
（石家庄铁道大学，河北省石家庄市　050043）

**摘　要**：制作预应力混凝土模型试验梁（即PC梁），利用声发射装置记录其在3点弯曲荷载下整个破坏过程的声发射信号，并在研究了声发射振铃计数随时间变化关系的基础上，采用频谱分析对声发射全波形数据进行了分析和处理。以全波形声发射信号的振铃计数为依据，通过对时域和频域内信号的振幅、频率特征和构件破坏过程的比较，初步获得了模型试验梁破坏过程的声发射信号的参数特性，发现全波形声发射信号能够实时反映预应力钢筋混凝土梁破坏过程中的特征信息。

**关键词**：预应力钢筋混凝土梁；声发射；振铃计数；频谱分析

声发射（Acoustic Emission，简称AE）现象指的是材料或结构发生损伤时会以弹性波的形式释放出能量[1]。往细了说，材料或结构在外力或内力作用下，其内部能量不断积聚，达到一定程度后，便会由量变产生质变，发生变形或是断裂，能量以弹性波的形式被释放出来，这就是我们所说的声发射现象。人们通过捕捉这些弹性波并对其进行分析，便可以得出许多材料所处状态的信息，所以可以说声发射记录了材料或结构发生损伤的全部过程，而人们通过对其的分析也就可以重现材料或结构发生破坏的过程。

声发射是一种被动的无损检测手段，必须作用在发生损伤的材料或构件上才能起到检测的效果。与其他常规无损检测方法相比具有实时、动态、方便、覆盖面广等优点[2]。由于声发射是通过接收弹性波来达到检测的目的，故而弹性波在由波源产生到被接收的传播过程所发生的变化便直接影响到最终检测的准确性。以往的声发射检测通常用于均质、各项同性的材料中，近几年随着技术的发展，人们发现混凝土作为非均质材料，在骨料粒径较小及捣固均匀的情况下也是可以使用声发射来进行无损检测的，尤其是可以记录混凝土损伤发展全过程，这对现代混凝土结构的无损检测无疑是一个很好的消息。本文通过对预应力钢筋混凝土梁在3点弯曲荷载下的破坏过程的声发射信号研究，初步分析其破坏过程的声发射特性。

由于声发射装置极其敏感，在接收弹性波的信号时，毫无疑问也会接收到许多无关信号（统称为噪声信号），因此如何排除噪声的影响对于信号的处理便显得尤为重要。本文通过滤波的形式，最大限度的滤除声发射信号以外的噪声信号[3]，之后采用谱分析方法对预应力钢筋混凝土梁破坏过程中的全波形声发射信号及其频谱进行了分析，初步获得了预应力混凝土梁破坏过程中的声发射信号特征。

---

作者简介：杨磊（1992—），男，河北省张家口市阳原县，在读研究生，研究方向：高速铁路与公路施工及监测技术。

# 1　PC梁加载试验

## 1.1　试件制备

本试件采用C40混凝土，混凝土配比为水泥：砂：石：水=1：1.186：2.304：0.41。试件尺寸为150mm×240mm×3000mm，龄期为28d。箍筋采用R235级钢筋，其余热轧带肋钢筋均采用HRB335级钢筋，预应力钢绞线预留孔道采用直径为16mm的波纹管，锚垫板为80mm×80mm×16mm的Q235钢板。采用后张法对钢筋混凝土施加预应力，大小为120kN。预应力筋采用低松弛的7$\Phi^s$钢绞线，截面积为139mm$^2$，同时为了更接近实际梁预应力布筋形式，采用曲线布筋的形式。试验梁上部架立筋采用2Φ12，下部纵向受力筋采用2Φ16，受力筋配筋率1.046%。箍筋采用Φ8@200进行配置。试件实际长度$L$=3200mm，计算长度3000mm，两端采用铰支座支承。构造示意图如图1所示。

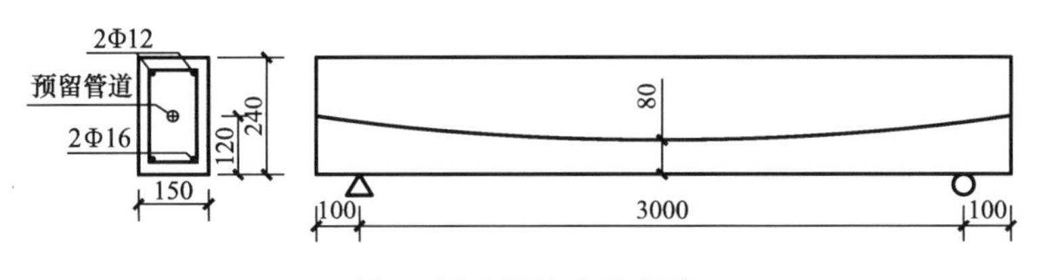


图1　试验梁构造示意图

## 1.2　试验装置

本试验所使用的加载设备是JN—020 1000kN测力试验机，通过液压千斤顶按照《混凝土结构试验方法标准》对试件进行分级加载，加载示意图如图2所示。

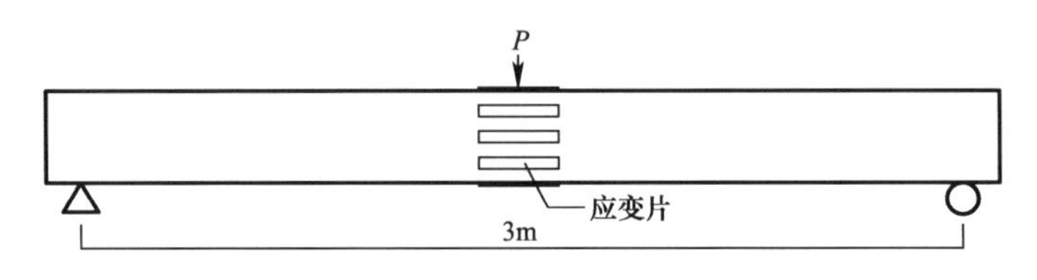


图2　加载示意图

本试验采用北京软岛科技有限公司AE-DS5系列全信息声发射信号分析仪。8个谐振频率为150kHz的传感器分别与预应力试件梁的相应位置耦合，耦合剂为真空脂，传感器布置坐标依次为：1（750，75，240），2（110，0，160），3（750，75，0），4（1100，150，80），5（2250，75，240），6（1900，0，80），7（2250，75，0），8（1900，150，160），坐标单位以mm计。前置放大器增益效果采用40dB，门槛值选为50mV。

## 1.3　试验现象

在加载试验中，对梁进行分级加载。从开始加载到50kN之前，分5级加载，每级加载10kN；达到50kN后，每级加载5kN，直到该混凝土梁发生明显的破坏。加载初期，试验梁并无明显变化，当加载至 40kN 时，试验梁同时出现多条竖向微小裂缝，同时伴有微弱的断裂噪声；然后，随着荷载的持续增加，裂缝增多且跨中裂缝不断发展；当荷载增至 60kN 时，试验梁跨中裂缝已得到极大的发展；当荷载达到 80kN 时，跨中竖向裂缝几乎达到贯穿程度，其最大宽度也已达到 2mm，同时可以听到清脆的混凝土爆裂声；当荷载加至 85kN 时，梁上部受压混凝土压坏，同时爆裂声变得更加频繁，此时可以认为该预应力混凝土梁已发生脆性破坏，具体破坏过程如图 3 所示。

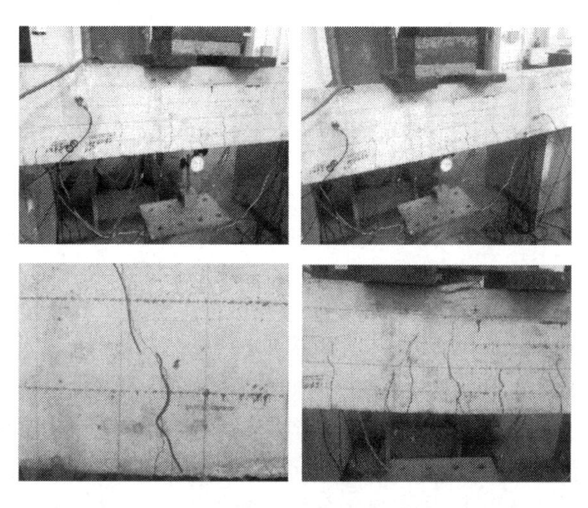

图 3　破坏过程示意图

### 1.4　力学分析

预应力钢筋混凝土梁在受压加载过程中，由于存在预应力，此时钢筋混凝土梁上部受拉，下部受压。加载开始后，大致要经过 3 个阶段：①加载至受拉边缘混凝土预应力为 0；②加载至受拉区裂缝即将出现；③带裂缝工作至梁体破坏。通过将试验梁各项参数代入计算可得，当加载至 15.6kN 时试验梁下部受拉边缘混凝土预应力变为 0；加载至 19.92kN 时试验梁下部受拉区混凝土开始出现裂缝；加载至 89.92kN 时试验梁上部受压区混凝土会受压发生破坏，而实际的试验也基本符合计算结果。

## 2　试验结果分析

### 2.1　声发射振铃计数-时间曲线

图 4 是预应力钢筋混凝土梁整个破坏过程中的振铃计数随时间变化的柱状图。声发射振铃计数指的是信号越过门槛信号的震荡次数，可用于声发射信号的活动性评价。当荷载不断增加时，梁的破坏也在不断的积累，在各时间段内振铃计数也是有所不同的。

由图 4 振铃计数的时域图可以看出，在 0～277s 的时间内，即从加载开始至 30kN 前，通道的振铃计数是很少的，甚至可以忽略，也就可以认为在这个时期试验梁内部几乎没有损伤产生，试验梁处于一个克服预应力，压实混凝土的过程，其内部的声发射信号很少，裂纹也几乎没有发生；在 277～1457s 的时间段内，即 30～75kN 的压力范围内，通道的振

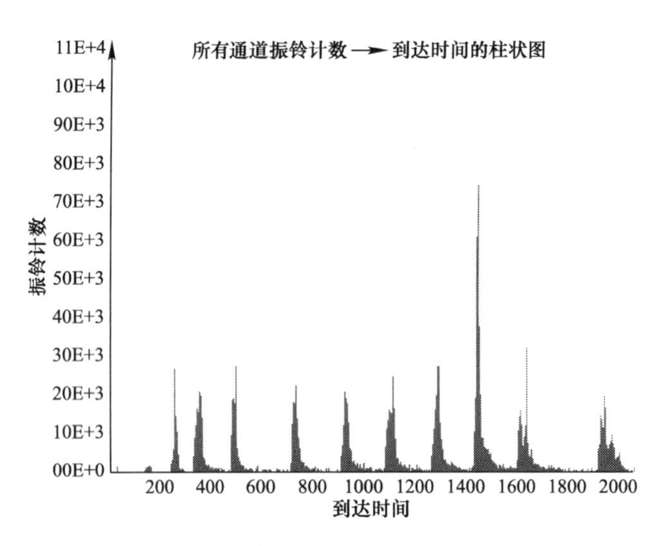


图 4 振铃计数随时间变化柱状图

铃计数相比上一阶段有了极大的发展，但在整个发展过程处于一个相对均衡的水平，此时可以认为试验梁内部裂纹正在不断发生；当荷载加至 75kN，即 1457～1597s 这个时间段内，很明显的振铃计数有了一个极大的突然增加，在整个加载过程都显得很是突兀，可以认为此时试验梁内部裂纹大量产生，试验梁也就濒临破坏；之后在 1597～结束过程内，通道的振铃计数产生相对减小，与之前裂纹稳定发展阶段的振铃计数相差不多，结合试验现象，可以认为此阶段是内部裂纹由内向外的表现发展过程，也就是彻底破坏阶段，虽然在试验梁外部表现较为明显，不过由于其内部裂纹已充分发展，故此阶段声发射信号产生并不激烈。

综上，可以将预应力钢筋混凝土梁受压破坏全过程分为 4 个阶段：①混凝土梁的压实阶段、②微裂纹稳定扩展阶段、③裂纹失稳快速扩展阶段、④彻底破坏阶段。

## 2.2 破坏过程的波形和频谱分析

声发射技术作为无损检测手段，其检测结果直接综合反映了混凝土内部缺陷发展变化的过程。在荷载作用下，当荷载不断增加时，混凝土梁内部产生损伤，不断积累，进而导致失稳破坏，其宏观的破坏现象是众多微观破坏累积的综合表现。如图 4 所示，试件在整个破坏过程中都有声发射信号产生，并且在不同的破坏阶段有着不同的声发射信号特征。

### 2.2.1 混凝土梁的压实阶段

加载初期，荷载主要由预应力钢筋混凝土梁中的预应力钢绞线承受拉力，随着荷载的增加，试件内部先前存在的微观缺陷逐步被压实闭合，此时会产生些许声发射信号，但总体来说还是比较微弱的。从图 5 可以看出信号非常微弱，幅值较小，频率成分较窄，主要集中在 156kHz 附近。

### 2.2.2 微裂纹稳定扩展阶段

随着荷载的不断增加，试验梁内部微裂纹开始稳定扩展。在内部能量积累-释放-再积累-释放的过程中，会产生大量声发射信号，只不过此时信号幅值变化较为均匀，而通过 FFT 频谱分析后，发现该阶段频率成分较宽，主要集中在 135kHz 和 175kHz 附近，如图 6 所示。

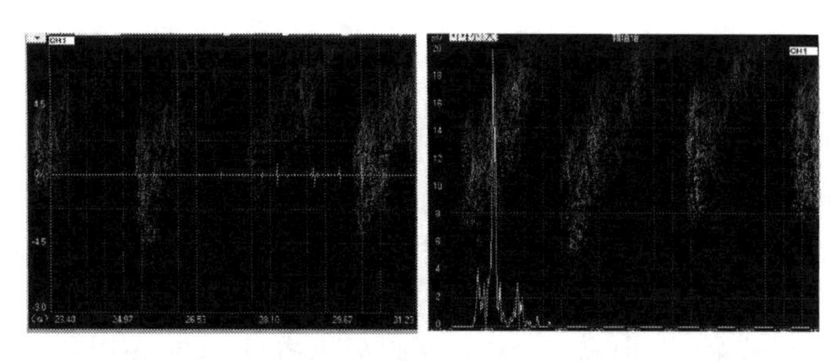

图 5　压实阶段的 AE 信号及其频谱分析

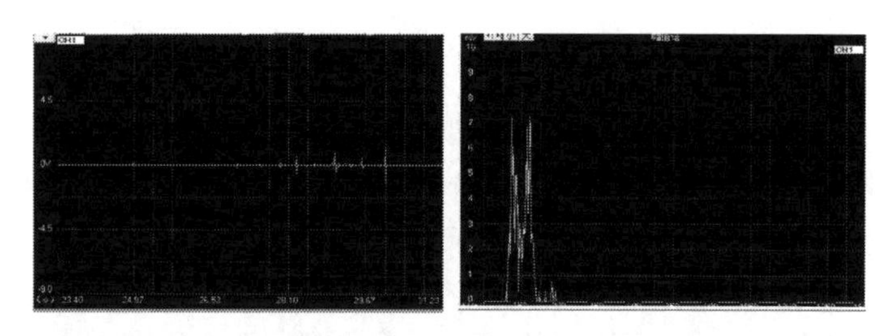

图 6　微裂纹稳定扩展阶段的 AE 信号及其频谱分析

### 2.2.3　裂纹失稳快速扩展阶段

当荷载增至某一值时，声发射信号会突然大量增加。对于本试验，当荷载加至 75kN，即接近破坏荷载值的 90%时，试验梁内部裂纹得到充分发展、贯穿后，就会在其内部集中发生破坏，产生大量的声发射信号。此时的波形幅值明显增大，频率成分分布更宽，且振幅较大，如图 7 所示，频率成分主要集中在 175kHz 和 295kHz 附近。

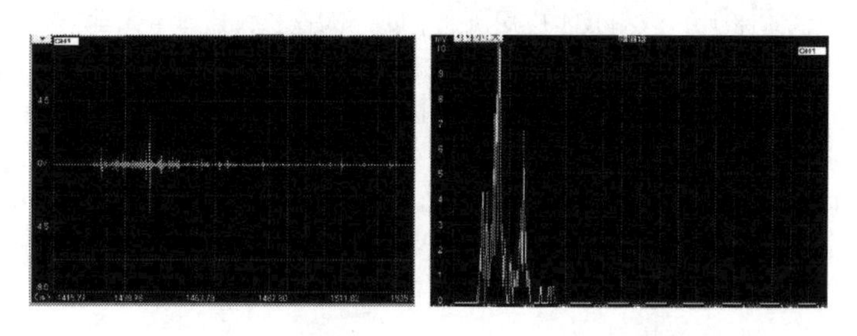

图 7　裂纹失稳快速扩展阶段的 AE 信号及其频谱分析

### 2.2.4　彻底破坏阶段

到达这个阶段后，在试验梁内部其实裂纹已发展完全，这个阶段正好是损伤由内到外的表现出来。针对本预应力钢筋混凝土试验梁，最终是梁上部压坏。此阶段波形信号幅值较之前有所减小，频域信号主要集中在 165kHz 为中心分布的两侧范围内，如图 8 所示。

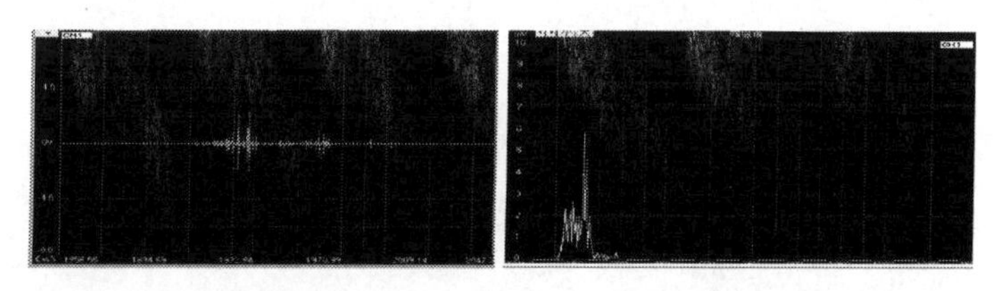

图 8　彻底破坏阶段的 AE 信号及其频谱分析

## 3 结束语

通过进行模型试验及后续波形数据的分析处理，可以获得以下结论：

（1）试验中采集到的全波形声发射信号有效地记录了预应力钢筋混凝土梁在 3 点弯曲荷载下破坏的整个过程的信号特征信息，能够实时反映构件的破坏情况。通过分析声发射信号的振铃计数随时间变化的时域图，可以清晰的将预应力钢筋混凝土梁受载破坏全过程分为 4 个阶段：①混凝土梁的压实阶段、②微裂纹稳定扩展阶段、③裂纹失稳快速扩展阶段、④彻底破坏阶段[4]。

（2）通过对所获得的声发射信号进行 FFT 变化，可以得到时频图，分析可得，各阶段的中心频率均不相同，其整个破坏过程主要经历了低频、高频、低频高频共存、低频的过程。前期压实阶段和最后的损伤充分发展阶段都是只有一个中心频率，在 165kHz 左右，而过程中裂纹的发展及其爆发均有 2 个中心频率，由低到高逐渐变化[5]。

（3）对于预应力钢筋混凝土结构，这里将其作为了一个整体进行考虑，声发射信号并不能区分究竟是钢筋的拉伸产生了声发射还是混凝土裂纹的发展产生了声发射信号，预应力钢丝和混凝土之间的相对滑移也是形成声发射信号的重要因素，所以如何有效地将其区分开来，还有待于以后的进一步研究。

### 参考文献


[1] 王彬，顾建祖，骆英，等. 预应力钢筋混凝土梁破坏过程的声发射特性实验研究 [J]. 防灾减灾工程学报，2006 (4)：453-457.

[2] 张力伟. 混凝土损伤检测声发射技术应用研究 [D]. 大连：大连海事大学，2012.

[3] 刘茂军. 钢筋混凝土梁受载过程的声发射特性试验研究 [D]. 广西：广西大学，2008.

[4] S Yuyama，Z-W Li，M Yoshizawa，et al. Evaluation of fatigue damage in reinforced concrete slab by acoustic emission [J]. NDT&E International，2001 (34)：381-387.

[5] M G Ali，A R Maddocks. Evaluation of corrosion of prestressing steel in concrete using non-destructive techniques [J]. Corrosion & Materials，2003 (28)：42-48.

# 重载铁路路基基床改良前后动力响应对比分析

杨云[1,2]，赵聪[1,2]，仲帅[1,2]，王志岗[1,2]
（1. 河北建筑工程学院，河北省张家口市　075000
2. 河北省土木工程诊断、改造与抗灾重点实验室，河北省张家口市　075000）

**摘　要：**为探讨蒙华铁路北段路基基床铺设改良土前后动力响应变化情况，论文通过FLAC3D建立三维动力仿真模型，对铺设改良土前后路基表层沉降位移、竖向振动加速度以及基床部位竖向动应力衰减规律进行了对比讨论。结果表明：经过改良后，路基顶面最大沉降值比路基未加固时降低了约26.16%；路基表面最大峰值加速度减小，A、B测点之间衰减幅度增大；沿路基深度方向经改良后动应力均减小，基床表层处动应力减小约14.9%。

**关键词：**重载铁路；改良土；数值模拟；动力响应

重载铁路路基基床是承担动荷载的主要部位，由于该部位长期受到较大的列车激励荷载的冲击作用，在运营过程中其动力稳定性、变形性能将会对路基整体的使用寿命以及列车运行的平稳性、安全性产生重要影响。蒙华铁路北段乌审旗地区，由于该地区粉细砂广布，不适宜用作路基基床填料，同时为节约工程造价，对粉细砂掺入不同比例水泥改良后用作基床填料，并对改良前后路基动力响应变化规律进行对比。

目前对于路基基床受力情况以及路基内部荷载传递、沉降变形情况，一般采用数值模拟和现场测试等手段展开研究。胡萍等[1]通过动三轴试验获得软岩改良土的动强度，以允许动强度为标准，同时建立半空间动力计算模型验证了掺入5%水泥的改良土可用于其基床底层。邓天天[2]等通过建立改良土路基数值模型，深入分析了列车循环荷载作用下路基体累计塑性变形情况。部分学者深入细化分析了路基体在实际列车运行过程中的受力情况进而建立精确数值模型，研究了激励荷载作用下，路基体内部动荷载分布及沿深度衰减变化规律[3~5]。周援衡等[6]通过动三轴试验对改良土填料的力学性能评定，进一步通过现场循环试验模拟分析了不同载重列车荷载作用下全风化花岗岩改良土路基的动态特性及沉降变形规律。

对粉细砂水泥改良土作为路基基床填料动力稳定性问题研究尚缺乏深入探讨，由此，论文通过数值模拟对路基基床铺设水泥改良土前后动力响应变化进行了讨论，为粉细砂水泥改良土作为路基填料时路基动力稳定性研究提供数据支撑。

---

基金项目：河北建筑工程学院创新基金（XB201823）。

作者简介：杨云（1994—），男，研究生，E-mail:2717213906@qq.com。

# 1　数值模拟

## 1.1　振源输入方法

重载列车行驶在轨道上时，由于轮轨之间相互作用使钢轨产生持续振动同时每根轨枕与道砟层之间产生动反力。所以为真实反映列车行驶过程中的振动状态，在数值模拟计算过程中将路基表层道砟振动加速度作为激励振源，沿道砟层表面等间距输入加速度振源进行数值模型计算。本次数值模拟选用C80重载列车激励荷载，轴重25t，行驶速度50km/h，加速度时程曲线具有周期性，为简化计算，加速度加载时间选取10s。

## 1.2　数值模型建立及参数确定

路基结构共分为四部分：道砟层（级配碎石）、路基基床（A、B组填料或改良土）、路堤本体（粉细砂）、地基。参考有关路基设计资料，并结合粉细砂原状土及改良土参数，选取路基体各部分的计算参数如表1所示，路堤断面选择双线铁路货运路堤断面。静力分析阶段，模型四周边界约束法向位移，模型底部设为固定约束，上表面为自由面；在动力分析时，在模型边界处会发生波的反射，会对动力分析准确性产生影响，为消除边界反射波的影响，模型四周设置自由场边界，模型底部设置静态边界，以此有效吸收模型边界处的入射波，减少入射波在模型边界处的反射，提高数值分析的有效性（如图1所示）。

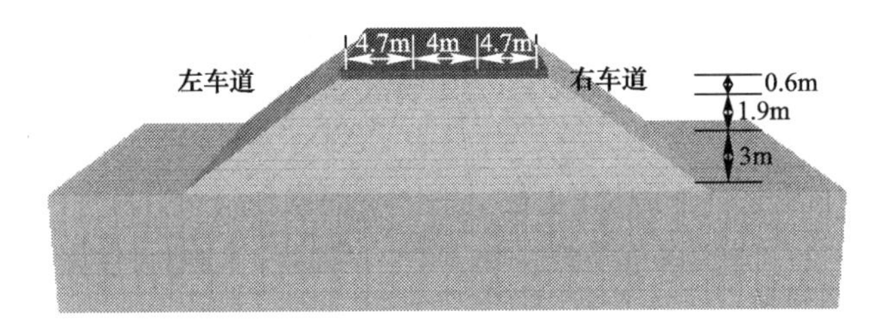


图1　路基数值模型

**动力计算参数**　　　　**表1**

| 土层参数 | 弹性模量/MPa | 泊松比 | 密度/kg·m$^{-3}$ | 黏聚力/kPa | 内摩擦角/° |
|---|---|---|---|---|---|
| 弹性体道砟层 | 44 | 0.25 | 1950 | | |
| 粉细砂 | 17.5 | 0.25 | 1750 | 13.9 | 23.88 |
| 3%改良土 | 91.1 | 0.25 | 1760 | 26.14 | 29.07 |
| 5%改良土 | 105.3 | 0.25 | 1780 | 31.26 | 38.30 |
| 地基 | 42 | 0.3 | 1780 | 20 | 18 |

# 2　数值计算结果分析

## 2.1　动应力云图分布

由图2可知，当基床底层为5%水泥改良土时，A、B、C区域动应力最大值分别为

71kPa、38kPa、13kPa，随着深度的加深，动应力逐渐减小。动应力在路基表层内衰减较快，在路基底层内衰减相对较慢，路基上部承担了绝大部分的动应力作用。在该深度围压情况下5%水泥改良土的动强度为90kPa，满足该区域动强度要求。所以在设计路基上部时，宜选用5%水泥改良土作为路基填料。该条件下列车荷载作用过程中，A、B、C区域对应最大沉降分别为6.5mm、3.1mm、0.9mm，位置位于基床顶部，车道中心线处，并于最大位移处向左、向右、向下不均匀扩散，数值逐渐减小。

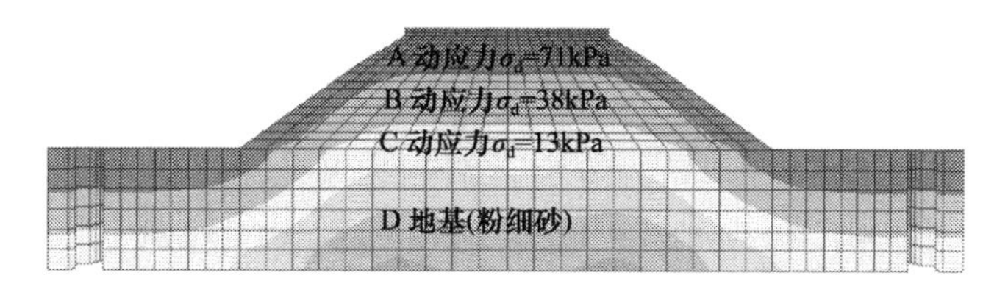


图2　基床底层为水泥掺入率5%改良土应力云图

## 2.2　沉降位移分布规律

如图3所示路基未改良时，基床顶面最大沉降值为10.32mm；经过改良后，基床顶面最大沉降值降低至7.62mm，比路基未加固时降低了26.16%。可见路基填料经过改良对控制路基顶面沉降效果明显，主要因为土料进行改良后土体动强度增强，对路堤土体的变形抑制效果增强，从而更好的控制路基表层沉降。

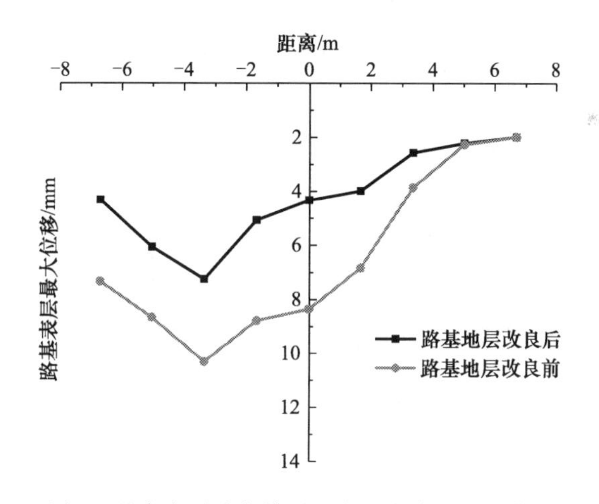


图3　基床底层改良前后竖向最大位移变化曲线

## 2.3　竖向加速度衰减规律

对比基床改良前后振动加速度变化特性，选取路基A区域、路堤B区域点、C区域和D区域对应边坡处4个检测点，竖向最大加速度变化曲线如图4所示。基床改良后振动加速度幅值明显降低，掺入水泥对粉细砂动强度增强。其中A点和B点下降的最为明显，分别降低了40.8%、61.4%。随着监测点距路基中心线距离的增加，加固后监测点最大加速度比加固前衰减速率更快。

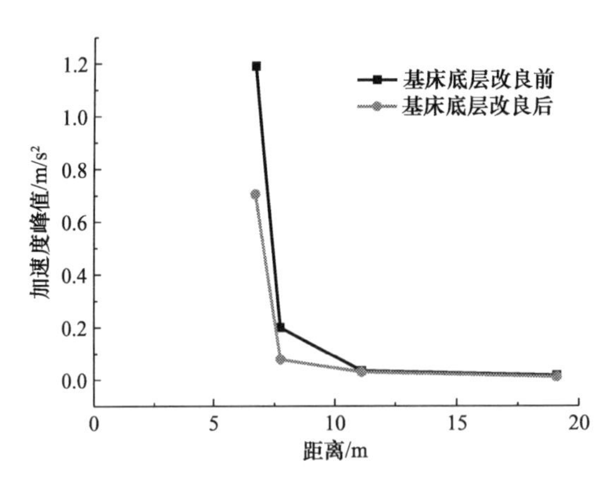


图 4　基床底层改良前后竖向最大加速度变化曲线

## 2.4　竖向动应力衰减规律

由图 5 可知，改良后各深度位置的动应力均减小，粉细砂经过改良后可以减小动应力对路基的影响。路基表层处动应力最大，分别为 91.42kPa 和 77.77kPa。随着深度的增加，动应力均减小，动应力在路基基床表层内衰减较快，在基床底层内衰减相对较慢。可知路基基床表层承担了大部分动应力作用，故在表层区域设置掺入率为 5％粉细砂水泥改良土较适宜。

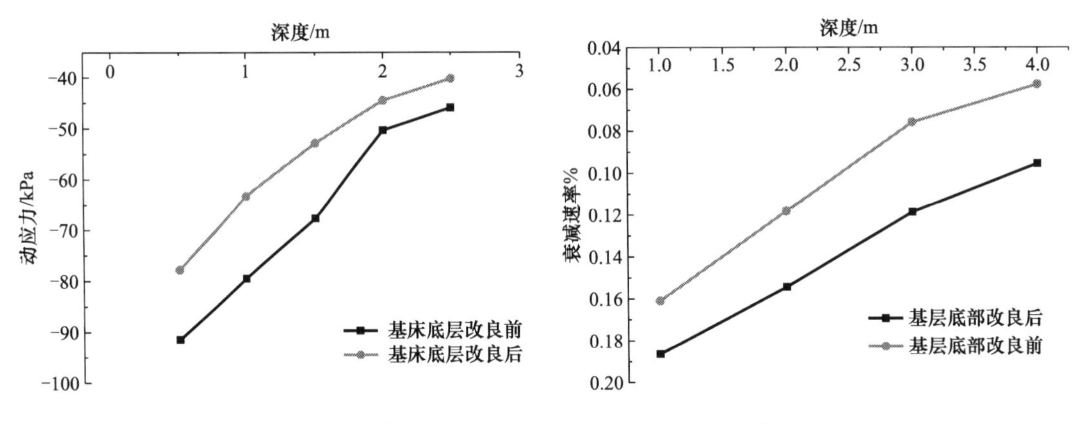


图 5　基床底层改良前后竖向最大动应力变化曲线

# 3　结论

论文通过数值模拟对重载铁路路基基床铺设改良土前后的动力响应进行对比得到如下结论：

(1) 在路基基床顶层处，车道中心线处产生的竖向沉降位移最大，且经改良后最大位移为 7.62mm，比路基未加固时降低了约 26.16％。

(2) 路基基床铺设粉细砂水泥改良土后对振动整体抑制效果增强，A 区域监测点对应的最大加速度降低了约 40.8％，且各监测点之间衰减速率增大。

（3）路基基床承担大部分激励荷载冲击作用，经改良后沿路基基床深度方向动应力均减小，路基基床顶面处动应力为 77.77kPa，减小了约 14.9％。

## 参考文献


［1］ 胡萍，王永和，卿启湘．改良土填筑过渡段基床底层的动力特性分析［J］．中南大学学报（自然科学版），2009（6）：1705-1711.

［2］ 邓天天，吴斌，周援衡．循环动载作用下改良土路基累积塑性变形的数值模拟与试验研究［J］．铁道科学与工程学报，2010，7（1）：59-63.

［3］ 董亮，赵成刚，蔡德钩，等．高速铁路无砟轨道路基动力特性数值模拟和试验研究［J］．土木工程学报，2008，41（10）：81-86.

［4］ 刘文劼，梅慧浩，冷伍明，等．路基基床动应力响应特征的数值模拟研究［J］．铁道学报，2017，39（12）：108-117.

［5］ 孔祥辉，蒋关鲁，李安洪，等．基于三维数值模拟的铁路路基动力特性分析［J］．西南交通大学学报，2014，49（3）：406-411.

［6］ 周援衡，王永和，卿启湘，等．全风化花岗岩改良土高速铁路路基填料的适宜性试验研究［J］．岩石力学与工程学报，2011，30（3）：625-634.

# 预制装配式结构及其节点连接方式的研究

吴洪贵，麻建锁，彤超，陈瑞峰
（河北建筑工程学院　土木工程学院，河北省张家口市　075000）

**摘　要**：预制装配式结构作为建筑结构重要发展方向之一，凭借其高效率、高质量、高环保、高效益等优点有望取代现浇结构，实现建筑工业化，本文在预制装配式结构及节点连接研究现状的基础上，研究了预制装配式结构的连接方式，介绍了预制装配式框架结构及预制装配式剪力墙结构的节点连接，探讨了预制装配式结构节点可能存在的问题，并给出了一些思考和建议。

**关键词**：预制装配式结构；节点连接方式；框架结构；剪力墙结构

## 1　预制装配式结构

预制装配式结构是预制装配式混凝土结构的简称，是以预制混凝土构件为主要受力构件经装配连接而成的混凝土结构[1]。预制装配式结构的形式主要分为装配式框架结构体系、装配式剪力墙结构体系、装配式框架—剪力墙结构体系、装配式框架—核心筒结构体系等[2]（图1～2）。研究发现，预制装配式结构在地震中的破坏形式主要是节点连接破坏，属于脆性破坏，像梁柱等预制构件一般不会发生破坏。对于预制装配式结构节点连接的加固，国外做了大量研究，技术已经相对成熟。和现浇结构相比，预制装配式框架结构和预制装配式框架—剪力墙结构等在刚度和整体性方面已经实现性能等同或者赶超。但由于预制装配式剪力墙结构中构件构造复杂和连接缝较多，对抗震性能有很大影响，构造措施和

图1　装配式剪力墙

图2　装配式密柱框架筒

项目资助：河北省自然科学基金项目：装配式钢框架填充墙结构体系及其受力性能研究（E2018404047）；河北建筑工程学院校级基金项目：农村装配式低层轻钢住宅结构体系研究（XB201807）。

作者简介：吴洪贵（1992—），男，山东济南，硕士研究生，研究方向：新型建筑结构体系及材料研究。
麻建锁（1963—），男，河北保定市，教授，硕士研究生导师，研究方向：新型结构体系与新型结构材料，建筑产业化等。

连接缝的处理质量要求较高，很难达到现浇结构的刚度和整体性。

## 2 预制装配式结构节点连接

### 2.1 预制装配式结构节点研究现状

节点形式及连接是预制装配式结构的核心技术，同时是制约其发展的关键因素之一[3]。大量学者对装配式结构连接节点做了较为系统的研究，提出了许多相对成熟的结论。Restrepo 等做低周往复加载下后浇整体式预制混凝土框架节点受力性能试验时得出节点连接形式对试件受力性能影响不明显，且预制试件与现浇结构在强度耗能等性能方面几近相同。B Z YAO 等对预制和现浇节点做不同荷载作用下的力学性能试验时发现预制构件连接节点的延性、抗弯强度均高于现浇结构节点。吴从晓等通过低周往复荷载下预制混凝土构件梁柱节点受力研究，并结合有限元进行对比分析，发现试验结果与理论分析相一致，其预制结构承载力与后浇区长度成正比，与轴压比成反比。赵斌等在对预制混凝土结构柔性节点进行有限元动力特性分析时发现带柔性节点的预制混凝土结构其自振频率与节点相对刚度成正比，自振频率在相对刚度比 0.1～10 范围时变化明显。鉴于国内外学者对装配式结构节点连接进行的大量研究，节点连接的方式很大程度上影响了预制装配式结构的抗震性能和力学性能等，因此，只要合理的处理节点的连接方式，可以实现整体性能达到现浇结构的水平，甚至实现安全性能优于现浇结构。

### 2.2 预制装配式结构节点连接方式

目前，预制装配式结构相对于装配式钢结构和装配式木结构在我国发展较为成熟，其中预制装配式框架结构和预制装配式剪力墙结构体系在我国工程中应用最为广泛。

装配式结构的节点连接从结构角度分类主要有墙与墙的竖向连接、墙与墙的横向连接、梁与柱的连接、柱与柱的连接等。从施工作业角度主要分为干连接和湿连接，在干连接中又有预应力压接和焊接等，在湿连接中又有灌浆连接和现浇连接等。干连接是预制构件在工厂预制时进行预埋件，一般是型钢预埋件，运输至现场后通过焊接或者是螺栓连接进行连接固定，没有湿作业。湿连接一般是构件通过钢筋连接然后现浇筑混凝土进行连接固定，通常钢筋之间的连接有灌浆套筒连接和钢筋浆锚搭接连接（图 3～图 4）。干连接相对于湿连接来说，连接可靠性和整体性相对较差，但干连接工业化程度高，减少环境污染。本文对常见装配式结构体系的连接方式进行研究。

图 3　灌浆套筒连接

图 4　浆锚搭接连接

### 2.2.1 预制装配式框架结构节点连接

预制装配式框架结构的节点连接方式比较多，主要有现浇连接、后浇整体式连接、浆锚搭接连接等湿连接及企口连接、焊接连接、牛腿连接、螺栓连接等干连接（图 5～6）。本文主要对其中几种连接方式进行简述。

1）浆锚搭接连接。浆锚搭接连接就是将钢筋拉开一定距离，通过间接连接再注入高强不收缩的灌浆料，对钢筋形成锚固连接。主要分为金属波纹管浆锚搭接连接、螺旋箍筋约束浆锚搭接连接以及预留孔洞插筋后灌浆的间接搭接连接方式。其搭接方式是以水泥为基本材料，配以适当的细骨料以及少量的外加剂和其他材料组成的干混料作为灌浆料，主要通过摩擦力传递轴向应力。

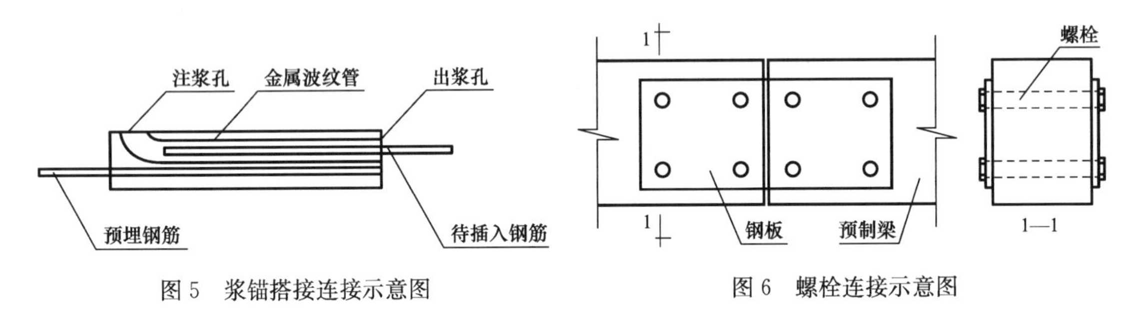


图 5　浆锚搭接连接示意图

图 6　螺栓连接示意图

2）螺栓连接。螺栓连接就是利用在预制构件中的预埋件通过螺栓进行连接。螺栓连接安装方便快捷，在荷载较大时，节点容易开裂、挠度过大，靠螺栓摩擦提供承载力。橡胶垫螺栓连接的梁柱节点的试验表明，通过螺栓连接的梁柱间未产生滑移，节点未发生破坏。预制装配式框架结构拟动力试验表明，结构破坏形式主要是发生在柱底的弯曲破坏，骨架曲线饱满，耗能能力良好，满足安全性要求。

3）焊接连接。焊接连接指将预制构件预留的钢筋通过焊接的方式进行锚固连接。作为一种未设置明显塑性铰的干连接方法，在反复地震荷载作用下焊缝处容易发生脆性破坏，因此，抗震性能不理想。但避免了湿作业，保护了环境，同时也可以通过合理的方式减少焊接残余应力（图 7）。

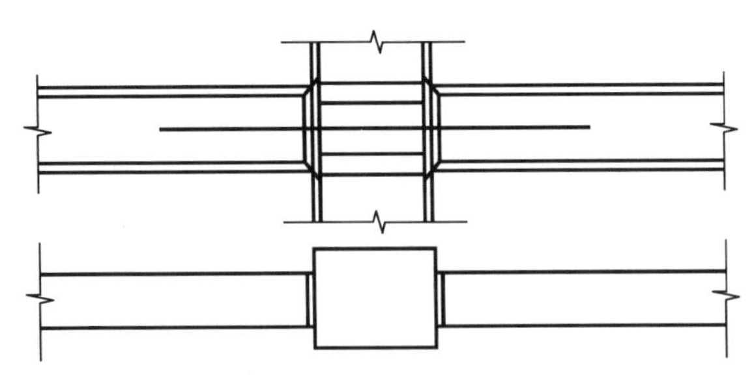

图 7　焊接连接示意图

### 2.2.2 预制装配式剪力墙结构节点连接

预制装配式剪力墙结构的节点连接方式相对较少，主要有现浇带连接、浆锚搭接连接、灌浆套筒连接等湿连接及后张预应力连接、螺栓连接等干连接。本文主要对其中几种连接方式进行简述。

1）灌浆套筒连接。灌浆套筒连接是指预制构件预留的钢筋通过套筒连接，并注入特定灌浆料进行锚固连接。此连接方式是灌浆套筒中的灌浆料在与套筒产生的正向应力的约束作用下与钢筋表面产生摩擦力并借此传递轴向应力。灌浆套筒连接又分为全灌浆套筒连接和半灌浆套筒连接（图8～9）。

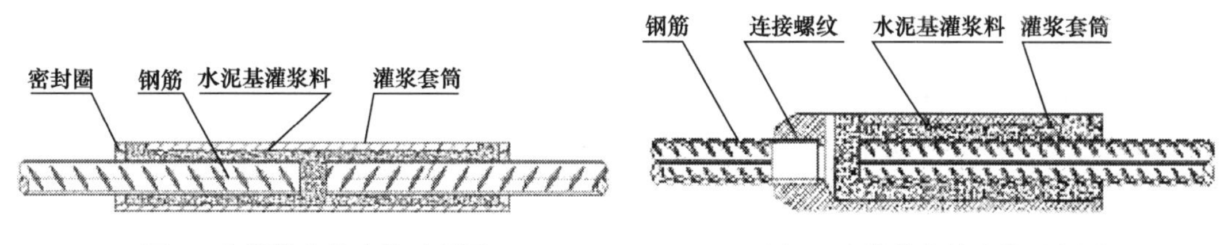


图8　全灌浆套筒连接示意图　　　　图9　半灌浆套筒连接示意图

2）现浇带连接。现浇带连接是指预制剪力墙安装到位后，搭接剪力墙之间的预留钢筋，然后进行混凝土整体浇筑。钱稼茹等在预制剪力墙构件与现浇剪力墙构件的破坏试验中发现其破坏形式基本一致，表明预制剪力墙耗能能力良好。但现浇带连接存在上层剪力墙位置不好确定、现浇带顶面混凝土夯实度不够的情况，仍需进行改进（图10）。

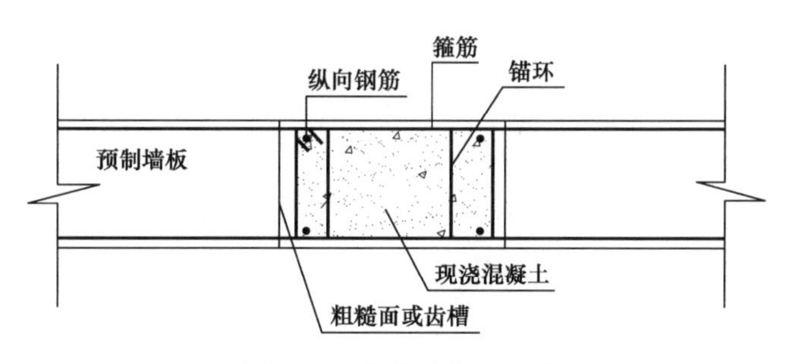


图10　现浇带连接示意图

## 3　预制装配式结构节点连接方式展望

预制装配式结构在我国的发展还处于起步阶段，很多地区还没有跟上国家政策的步伐，而且，目前应用的预制装配式结构节点连接大多数仍在采用现浇的湿作业模式，对施工人员技术要求高，连接质量相对不好保证和检测，这也表明装配式结构在我国的发展潜力很大，需要我们专业人员做出更多的努力。

1）装配式结构区别于现浇结构，就应该要求装配式结构脱离湿作业，避免向现浇结构靠拢，如何实现全预制装配式结构值得我们深思。

2）要实现全预制装配式结构，对节点干式连接的要求就会更高，如何研发更多的可靠干式连接，如何提高干式连接的延性值得我们探讨。

3）目前，存在的装配式结构节点连接方式在国外已经相对成熟，我们如何摆脱国外研究的定式思维，研发适合我国国情的节点连接方式和构造形式值得我们思考。

4）目前，我国对装配式结构的节点要求的标准规范较少，这需要专业人员的参与，制定相应的规范标准。

# 4 结束语

通过对我国预制装配式结构及其节点连接方式的探讨来看，尽管我国大力推进装配式结构的发展，也有许多学者和相关人员对装配式结构做了大量研究，但鉴于我国建筑模数不统一，各地方标准不一样，节点连接可靠性得不到保证，造价成本较高，显著性成果较少，装配式结构的发展还面临很多问题。应在我国国情的基础上，大力发展建筑工业化和住宅产业化，针对性的做深入研究，开发新材料、新技术。在国家政策的推动下，突破装配式结构发展的瓶颈，迎来建筑业新的发展机遇。

## 参考文献


[1] 钱坤，杨晨鑫. 装配式混凝土结构的现状及发展前景 [J]. 四川建材，2017，43 (4)：24-25.

[2] 喻振贤，李汇，喻杰，等. 预制装配式结构节点连接方式的研究现状 [J]. 甘肃科技，2017，33 (1)：79-81.

[3] 王芸爽. 装配式混凝土结构连接技术研究 [J]. 中国建材科技，2016，25 (5)：100-101.

# 在役隧道结构多失效模式时变可靠度求解

王景春，王大鹏

（石家庄铁道大学　土木工程学院，河北省石家庄市　050043）

**摘　要：**针对在役隧道结构的多种失效模式及可靠度随时间变化的问题，将时间作为可靠性分析的重要变量，进行基于抗力衰减控制、最大裂缝宽度控制和混凝土碳化深度控制的多种失效模式可靠度研究。将各失效模式视为串联，建立了基于概率故障树的在役隧道结构服役期内时变可靠度分析模型。将该模型应用于某在役隧道的可靠度分析中，通过将时间离散化，分别求得了结构每10a在单一失效模式和综合失效模式下的可靠度指标。结果表明：随着服役时间的不断增长，结构的可靠度指标不断降低，且多失效模式下的结构失效概率高于单一失效模式。拱顶处失效概率较高，在继续运营52a时的失效概率大于90％。在抗力衰减控制下拱顶处可靠度较低，而在最大裂缝宽度控制下拱腰处将首先发生破坏的概率较大。模型可靠度分析结果与实际情况吻合较好，可以为在役隧道结构可靠度分析提供参考。

**关键词：**在役隧道；时变可靠度；多失效模式；可靠度指标

隧道工程所处地质环境复杂多变，材料性能、几何参数以及荷载都具有随机不确定性，这些因素导致隧道结构破坏机理的研究十分困难。科学准确地描述和评价隧道的结构安全性是一直以来岩土工程界面临的热点和难点问题。基于定值思想的传统安全系数法无法反映参数的时间变异性、空间离散性等不确定性[1]。可靠性理论将结构的真实荷载和抗力认为是概率意义上的量[2]。相比于传统的单一安全系数法，可靠度理论能够更为全面的反映客观实际，可以更加合理地把结构失效控制在可接受的水平。

结构的可靠性作为荷载效应与结构抗力的纽带，是反映结构安全性、耐久性的一个综合性指标，基于可靠性的隧道结构设计与分析研究正逐渐开展。王景春等[3]以区间理论为基础采用非概率集合干涉模型对隧道衬砌系统进行了可靠度分析。苏永华等[4]将整体式衬砌力学方程及开挖面空间力学效应结合起来推演承载围岩的变形状态描述解析式，揭示了软岩隧道地层主要参数变异性对围岩稳定性的影响。施成华等[5]针对隧道二次衬砌结构，从其在围岩荷载作用下的内力分布出发，建立了衬砌结构的串并联体系，确定了隧道二次衬砌体系失效模式，并对二衬体系可靠度进行了分析。赵东平等[6]根据隧道衬砌破坏形态，分别建立混凝土抗压、抗裂和钢筋混凝土极限状态方程，研究了概率极限状态法下铁路隧道复合式衬砌目标可靠指标。方超等[7]采用三维随机场模拟隧道围岩参数的空间变异

---

基金项目：国家自然科学基金（51608336），石家庄铁道大学研究生创新自资助项目（Z6722013）。

作者简介：王景春（1968—），男，河北邢台人，教授，博士。

王大鹏（1991—），男，河北张家口人，硕士研究生。研究方向：岩土灾害发生机理与防治。

性，探讨了围岩空间变异性对隧道可靠度的影响。上述关于隧道结构可靠度的研究多是在隧道设计阶段基于承载能力极限状态的衬砌结构力学行为研究。随着我国隧道建设不断增多，运营期内隧道的病害情况受到更多关注，在役隧道结构的可靠度实际上是与结构服役时间有关的时变可靠度。相比于拟建结构，在役结构已经转化为现实的空间实体，环境条件更为明确，这使得设计时采用的分析模型和参数不再适用于既有结构的可靠度分析[16]。此外，关于隧道的可靠度研究多是针对一种破坏模式，但由于结构同时受到多种不确定性因素同时影响，实际中可能存在多种结构失效模式同时发生。相比于单一的失效模式，考虑多失效模式的可靠度分析更能较为真实的反映结构的安全状况。目前结构可靠度的作用及作用效应只考虑了结构的几何状态和力学状态这些直接关系到可靠性的指标，忽略了结构物理化学状态等因素[9]。工程实践表明在役隧道可靠性分析还应包含关于混凝土劣化耐久性方面的失效模式研究。

此外，在役隧道多失效模式时变可靠度研究还相对较少。针对上述问题，本文提出了考虑抗力衰减、最大裂缝宽度和混凝土碳化深度的多失效模式的隧道结构可靠度故障树模型。在可靠性分析中将时间变量考虑为重要变量，通过将时间离散化，采用一次二阶矩法计算结构可靠性指标，揭示了在役隧道结构的可靠度变化规律。最后结合某病害隧道说明本文方法的有效性。

# 1　可靠性功能函数

在役隧道衬砌结构正常使用极限状态可靠度可以用简单的极限状态方程 $Z=g(R, S)=R-S$ 表示，$R$ 表示广义的结构抗力，$S$ 表示广义的荷载效应。

## 1.1　基于衬砌抗力衰减的时变可靠度功能函数

实际上，现役隧道所处的环境条件是变化的，围岩的力学性能及抗力随时间发生变化。隧道衬砌结构的可靠度是与时间相关的，广义抗力和功能函数是非平稳随机过程。运营期隧道结构的可靠度分析需要考虑到抗力衰减引起的时变特性。结构抗力的随机过程可表示为：

$$R(t)=R_0\varphi(t) \tag{1}$$

$$\varphi(t)=1-k_1t+k_2t^2 \tag{2}$$

式中，$R_0$ 为隧道衬砌抗力初始值，可根据现行铁路隧道设计规范求得；$\varphi(t)$ 为确定性函数，$k_1$，$k_2$ 的取值与抗力退化速率有关，岩体隧道衬砌的抗力退化速率属于中等退化情况，取抗力衰减系数中的参数 $k_1=0.005$，$k_2=0$[10]。

运营期隧道衬砌截面的抗拉和抗压承载力极限状态方程为：

（1）截面抗压强度控制承载力时，衬砌截面时变可靠度极限状态方程为：

$$Z_1=K_p\beta\alpha bh\min R_{a0}(1-0.005t)-N \tag{3}$$

式中，$K_p$ 为描述计算模式不确定性的随机变量；$\beta$ 为构件纵向弯曲系数，对于贴壁式隧道衬砌、明洞拱圈及墙背紧密回填的边墙，取 $\beta=1$，对于其他构件，按照长细比选取；$\alpha$ 为偏心影响系数；$b$ 为衬砌截面宽度；$h$ 为衬砌厚度；$R_{a0}$ 为截面抗压强度控制承载力时抗力初始值；$N$ 为结构受力。

（2）截面抗拉强度控制承载力时，衬砌截面时变可靠度极限状态方程为：

$$Z_1(t) = K_{pl}\beta \frac{1.75bh}{\frac{6e_0}{h}-1}\min R_{l0}(1-0.005t) - N \tag{4}$$

式中，$R_{l0}$为截面抗拉强度控制承载力时抗力初始值；$e_0$为轴向力偏心距；其他参数同上。

## 1.2 基于混凝土最大裂缝宽度的功能函数

《铁路隧道设计规范》（以下简称规范）[11]中关于正常使用极限状态下隧道结构钢筋混凝土受拉、受弯和偏心受压构件规定，最大裂缝宽度计算公式为：

$$\omega_{max} = \alpha'\psi\gamma(1.9C_s + 0.08d/\rho_{te})\sigma_s/E_s \tag{5}$$

裂缝间纵向受拉钢筋应变不均匀系数为：

$$\psi = 1.1 - 0.65f_{tk}/(\rho_{te}\sigma_s) \tag{6}$$

按有效受拉混凝土面积计算的纵向钢筋配筋率为：

$$\rho_{te} = A_s/A_{ce} \tag{7}$$

对矩形截面有效受拉混凝土截面面积为：

$$A_{ce} = 0.5bh \tag{8}$$

当$\rho_{te}<0.01$时，取$\rho_{te}=0.01$。

上式中，各参数含义见表1：

参数含义及备注　　表1

| 参数 | 含义及备注 |
|---|---|
| $\alpha'$ | 构件受力特征系数，对轴心受拉取2.7，受弯和偏心受压取2.1，偏心受拉取2.4 |
| $\gamma$ | 纵向受拉钢筋表面特征系数，变形钢筋取0.7，光面钢筋取1.0 |
| $b$ | 截面宽度 |
| $h$ | 截面高度 |
| $C_s$ | 最外层纵向受拉钢筋外边缘至受拉区底边的距离（mm），当$C_s<20$时，取$C_s=20$；当$C_s>65$时，取$C_s=65$ |
| $d$ | 钢筋直径（mm） |
| $\sigma_s$ | 纵向受拉钢筋的应力（MPa） |
| $E_s$ | 钢筋的弹性模量（MPa） |

考虑材料强度下降以及混凝土、钢筋有效面积减小的时变性，忽略构件宽度、截面有效高度等时变性（由于钢筋直径的变化较小，在此也忽略钢筋直径的时变），通过式（4）可得到衬砌结构钢筋混凝土最大裂缝宽度的时变计算公式：

$$\omega_{max}(t) = \alpha'\left(1.1-0.65\frac{A_{ce}f_{tk}(t)}{A_s(t)\sigma_s}\right)\gamma\left(1.9C_s+0.08\frac{A_{ce}d}{A_s(t)}\right)\frac{\sigma_s(t)}{E_s} \tag{9}$$

式中，$f_{tk}(t)$为混凝土时变抗拉强度（MPa）。参考丁发兴等[12]给出的混凝土轴心抗拉强度计算公式，则混凝土时变轴心抗拉强度可以表示为：

$$f_{tk}(t) = 0.24f_{cu}^{2/3}(t) \tag{10}$$

混凝土立方体抗拉强度$f_{cu}(t)$的均值和标准差函数为：

$$\begin{cases}\mu_{f_{cu}}(t) = \mu_{f_{cu0}}1.4529e^{-0.0246(\ln t-1.7154)^2} \\ \sigma_{f_{cu}}(t) = \sigma_{f_{cu0}}(0.0305+1.2368)\end{cases} \tag{11}$$

式中，$\mu_{f_{cu0}}$、$\sigma_{f_{cu0}}$ 为混凝土养护 28d 抗压强度的平均值和标准差。

$\sigma_s(t)$ 为时变纵向受拉钢筋应力（MPa），对于偏心受压构件：

$$\sigma_s(t)=\frac{N_s(e-z)}{A_s(t)z} \tag{12}$$

式中，$N_s$ 为构件所受轴力值（N），$e$ 为轴向压力作用点至纵向受拉钢筋合力点距离（mm）；$A_s(t)$ 为时变纵向受拉钢筋有效截面面积（$mm^2$）。董振平等[13]研究了混凝土碳化导致钢筋锈蚀引起的钢筋面积减小过程，此处根据后文中所研究隧道地区环境特征（年平均温度 6.6℃，相对环境湿度 52%），给出 $t$ 时刻钢筋面积，其具体计算过程可参考文献[14]。

$$A_s(t)=\begin{cases}A_{s0}, & t\leqslant 46.9a\\ A_{s0}\left[1-\dfrac{0.0017}{r_0}(t-46.9)\right], & t>46.9a\end{cases} \tag{13}$$

式中，$A_{s0}$ 为初始时刻钢筋面积（$mm^2$）；$r_0$ 为初始时刻钢筋半径（mm）。

以混凝土最大裂缝宽度超过允许最大宽度作为失效准则，考虑时变可靠度的极限状态方程为：

$$Z_2(t)=[\omega_{max}]-\alpha_\omega\cdot\omega_{max}(t) \tag{14}$$

式中，$[\omega_{max}]$ 为铁路隧道正常使用极限状态的最大裂缝边界，依据规范规定取 $[\omega_{max}]=0.2mm$；$\alpha_\omega$ 为横向裂缝计算模式不定系数，依据统计特征获取。

### 1.3 基于混凝土碳化深度的功能函数

环境对服役结构的作用是造成结构抗力衰减的重要原因之一，抗力的衰减程度与侵蚀介质和作用时间等因素相关。铁路隧道结构主要暴露于一般大气环境下，因此本文自然环境的影响主要指 $CO_2$ 对结构的侵蚀作用，即主要考虑混凝土的碳化。混凝土碳化深度达到钢筋表面造成钝化膜失效是钢筋因碳化锈蚀的前提。依据牛荻涛[15]提出的基于混凝土抗压强度的经验模型，混凝土碳化深度与时间、材料性能以及环境因素有关，碳化深度的预测公式可以表示为：

$$C(t)=k_1\cdot\left(\frac{57.94}{f_{cu}}m_c-0.76\right)\sqrt{t} \tag{15}$$

式中，$f_{cu}$ 为混凝土立方体抗压强度平均值；$m_c$ 为混凝土立方体抗压强度平均值与标准值之比；$t$ 为结构使用年限；$k_1$ 为碳化发展条件系数，计算公式为：

$$k_1=2.56k_jk_{CO_2}k_pk_s\sqrt[4]{T}(1-H)H \tag{16}$$

式中，$k_j$ 为角部修正系数（角部取 1.4，非角部取 1.0）；$k_{CO_2}$ 为二氧化碳浓度影响系数；$k_p$ 为浇筑面修正系数（对浇筑面取 1.3）；$k_s$ 为工作应力影响系数（受压取 1.0，受拉取 1.2）；$T$ 和 $H$ 分别为环境的年平均温度（℃）和年平均相对湿度（%）。

以混凝土碳化深度超过混凝土保护层厚度作为钢筋锈蚀的条件，建立极限状态方程为：

$$Z_3(t)=c-C(t) \tag{17}$$

式中，$c$ 为保护层厚度。

## 1.4 多失效模式的故障树模型

上述构建了隧道结构3种基于不同失效模式的功能函数，在实际中，只要发生其中任意一种失效即可能发生结构破坏，因此在逻辑上可以认为三种失效模式是串联的。各极限状态方程包含有共同的随机变量，有必要综合考虑三种失效模式下的结构可靠度。建立故障树模型，各失效模式之间用OR门连接，如图1所示，多失效模式的失效概率为：

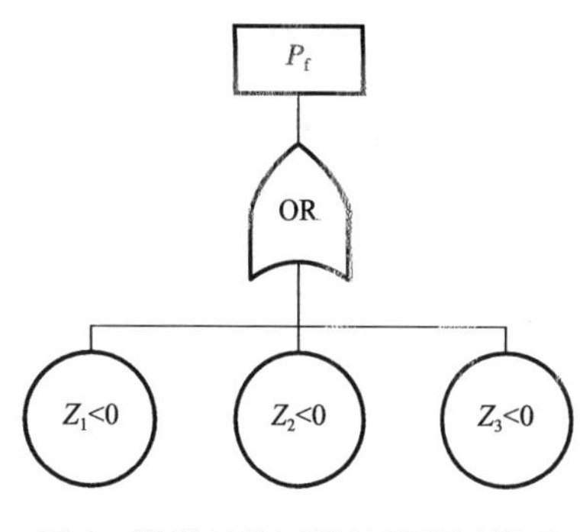


图1　隧道结构可靠性故障树模型

$$P_f = P(Z_1 \cup Z_2 \cup Z_3) = \sum_{i=1}^{3} P(Z_i) - P(Z_1)P(Z_2) - P(Z_1)P(Z_3) - P(Z_2)P(Z_3) + P(Z_1)P(Z_2)P(Z_3) \tag{18}$$

式中，$P$为失效概率。

# 2　实例分析

某隧道位于准东铁路虎石—准格尔召区间，该地区年平均温度6.6℃，年平均相对湿度52%。隧道进口里程K81＋273（施工里程DK14＋936），出口里程K84＋852（施工里程DK18＋515），全长3579m，为全线最长隧道。隧道设计为单线铁路，运煤专线，设计时速为120km/h，坡度：进口段364m位于10.9‰的上坡，洞身2550m位于11.7‰的上坡，出口段665m位于11.3‰的上坡。在后期运营过程中，发现隧道存在部分病害，主要表现为基底开裂隆起和衬砌开裂。对衬砌表面裂缝的位置、宽度进行观测，主要表现为左右边墙出现1.0～2.0mm的半环形裂缝，拱顶出现0.5～2.0mm宽的月牙形裂缝。

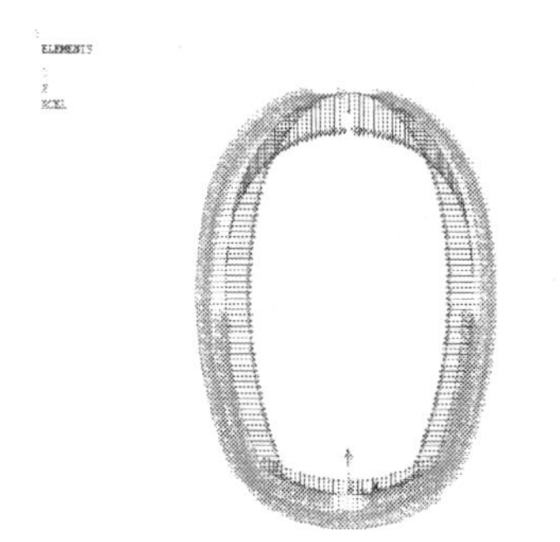

图2　有限元计算模型

## 2.1　建立有限元模型

（1）检算基本参数

以K82＋720段为Ⅵ级围岩为例，该段采用Ⅵ加型复合式衬砌类型（如图2所示），二次衬砌采用厚60cm的C30钢筋混凝土结构，衬砌配筋为HRB335钢筋。二衬断面处位于贫水区及冲沟浅埋段，洞身通过地段主要为泥岩，风化严重。ANSYS建模参数见表2。

材料物理力学参数　　表2

| 名称 | 容重 $\gamma/(\mathrm{kg\cdot m^{-3}})$ | 弹性抗力系数 $K/(\mathrm{MPa\cdot m^{-1}})$ | 弹性模量 $E/\mathrm{GPa}$ | 泊松比 $\nu$ | 内摩擦角 $\varphi/(°)$ | 黏聚力 $C/\mathrm{MPa}$ |
|---|---|---|---|---|---|---|
| Ⅵ级围岩 | 19.5 | 10 | 0.8 | 0.4 | 20 | 0.08 |
| C30钢筋混凝土 | 25 | — | 32.06 | 0.2 | — | — |

（2）有限元模型建立

模型建立时，二衬结构采用beam3单元，二衬外侧采用弹簧单元（设置为仅承受压力不承受拉力），含有膨胀性泥岩的断面有限元计算模型见图 2。

## 2.2 参数确定

按时间的变异性，可将荷载分为永久作用、可变作用和偶然作用，由于隧道结构的自身特点，本文只考虑围岩压力造成的永久作用。当拟建结构转化为既有结构后，永久作用的随机性也就消失，转化为确定性的量。由于隧道结构在使用期内不会出现新的引起永久作用变化的因素，因此将永久作用（荷载效应）视为确定的量。同理，结构的抗力也应该视为确定的量。然而，实际上抗力的量值往往是难以掌握的，只能对其做出某种估计。此时，将抗力的量视为未确定量，认为其为形式上的“随机变量”，采用概率的方法分析。上文提出的三种失效模式中，K82＋720 断面确定性参数统计特征见表 3，其中衬砌结构所受到的弯矩和轴力由 ANSYS 软件计算获得，受压区高度通过统计获得，其他参数根据断面实际情况或参考文献［11、16］取得。

确定性参数的统计特征　　表 3

| 参数 | | 参数值 |
|---|---|---|
| 弯曲系数 $\beta$ | | 1 |
| 偏心影响系数 $\alpha$ | 仰拱 | 0.2175 |
| | 拱脚 | 0.5075 |
| | 拱腰 | 0.199 |
| | 拱顶 | 0.236 |
| 弯矩 $M$/(N·m) | 仰拱 | −173550 |
| | 拱脚 | 201920 |
| | 拱腰 | −48395 |
| | 拱顶 | −90114 |
| 轴力 $N$/N | 仰拱 | −612130 |
| | 拱脚 | −810380 |
| | 拱腰 | −886053 |
| | 拱顶 | −592041 |
| 使用年限/a | | 10 |
| 受压区高度 $x$/mm | 仰拱 | 60.03 |
| | 拱脚 | 77.52 |
| | 拱腰 | 65.32 |
| | 拱顶 | 68.43 |
| 最大裂缝宽度允许值/mm[11] | | 0.2 |
| 构件受力特征系数 $\alpha'$ | | 2.1（偏心受压） |
| 角部修正系数 $k_j$[16] | | 1（非角部） |
| 二氧化碳浓度影响系数 $k_{CO_2}$[16] | | 2（较浓） |
| 浇筑面修正系数 $k_p$[16] | | 1.3 |
| 工作应力影响系数 $k_s$[16] | | 1（受压） |
| 年平均温度/℃ | | 6.6 |
| 年平均相对湿度 | | 52% |

K82+720 断面随机变量统计特征见表 4，根据尹蓉蓉[10]对岩体隧道衬砌长期承载力时变可靠度的研究，将结构初始抗力视为对数正态分布，其他随机变量视为正态分布。衬砌材料各参数的均值和变异系数参考《混凝土结构设计规范》[17]，部分无具体变异系数资料的参数参照《铁路工程结构可靠度设计统一标准》[18]推荐利用参数上下限推算标准差进而求得变异系数。其他参数参考文献［8，10，13］。

## 2.3 衬砌系统可靠性计算及结果分析

采用时间离散化方法，将使用期限内每 10a 作为一个离散化时段。利用一次二阶矩法对上述三种失效模式分别进行计算，得到结构时变可靠度计算结果见表 5，相应的可靠度指标变化曲线如图 3 所示。

**随机变量的统计特征** **表 4**

| 失效模式 | 变量 | | 均值 | 变异系数 | 参数分布 |
|---|---|---|---|---|---|
| 衬砌抗力衰减 $Z_1$ | 计算模式不确定参数 $K_p$[10] | | 1 | 0.04 | 正态 |
| | 初始抗力 $R_0$/(N·m) | 仰拱 | 2046365 | 0.0814 | 对数正态 |
| | | 拱脚 | 1087390 | 0.0923 | 对数正态 |
| | | 拱腰 | 783010 | 0.0814 | 对数正态 |
| | | 拱顶 | 928430 | 0.0822 | 对数正态 |
| | 截面厚度 $h$/m | 仰拱 | 0.69 | 0.011 | 正态 |
| | | 拱脚 | 0.85 | 0.021 | 正态 |
| | | 拱腰 | 0.6 | 0.013 | 正态 |
| | | 拱顶 | 0.53 | 0.017 | 正态 |
| 混凝土最大裂缝宽度 $Z_2$ | 计算模式不定系数 $\alpha_\omega$[8] | | 0.95 | 0.34 | 正态 |
| | 钢筋弹性模量 $E_s$/GPa | | 200 | 0.06 | 正态 |
| | 混凝土轴心抗拉强度（10a）$f_{ctk}$/MPa | | 2.00 | 0.06 | 正态 |
| | 钢筋直径 $d$/mm | | 22 | 0.01 | 正态 |
| 混凝土碳化深度 $Z_3$ | 计算模式不确定性参数 $K_{mc}$[13] | | 1 | 0.18 | 正态 |
| | 保护层实测厚度 $c$/mm | | 28 | 0.25 | 正态 |
| | 混凝土抗压强度标准值 $f_{cu,k}$/MPa | | 23.5 | 0.25 | 正态 |

**不同失效模式下结构可靠度指标** **表 5**

| 使用年限/a | $Z_1$ | | | | $Z_2$ | | | | $Z_3$ |
|---|---|---|---|---|---|---|---|---|---|
| | 仰拱 | 拱脚 | 拱腰 | 拱顶 | 仰拱 | 拱脚 | 拱腰 | 拱顶 | 全断面 |
| 10 | 5.595 | 7.586 | 6.513 | 2.135 | 5.562 | 7.583 | 2.091 | 10.017 | 1.828 |
| 20 | 5.015 | 7.072 | 5.938 | 1.556 | 5.414 | 7.395 | 2.016 | 9.793 | 0.974 |
| 30 | 4.401 | 6.527 | 5.328 | 0.943 | 5.281 | 7.224 | 1.949 | 9.587 | 0.376 |
| 40 | 3.747 | 5.948 | 4.679 | 0.292 | 5.166 | 7.078 | 1.891 | 9.410 | −0.083 |
| 50 | 3.049 | 5.329 | 3.986 | −0.403 | 5.063 | 6.945 | 1.839 | 9.247 | −0.453 |
| 60 | 2.300 | 4.667 | 3.243 | −1.148 | 4.960 | 6.813 | 1.786 | 9.084 | −0.760 |
| 70 | 1.494 | 3.954 | 2.442 | −1.950 | 4.866 | 6.693 | 1.738 | 8.936 | −1.021 |
| 80 | 0.620 | 3.182 | 1.573 | −2.818 | 4.781 | 6.583 | 1.695 | 8.800 | −1.246 |
| 90 | −0.333 | 2.340 | 0.626 | −3.765 | 4.702 | 6.481 | 1.654 | 8.672 | −1.443 |
| 100 | −1.381 | 1.416 | −0.415 | −4.804 | 4.629 | 6.387 | 1.616 | 8.554 | −1.618 |

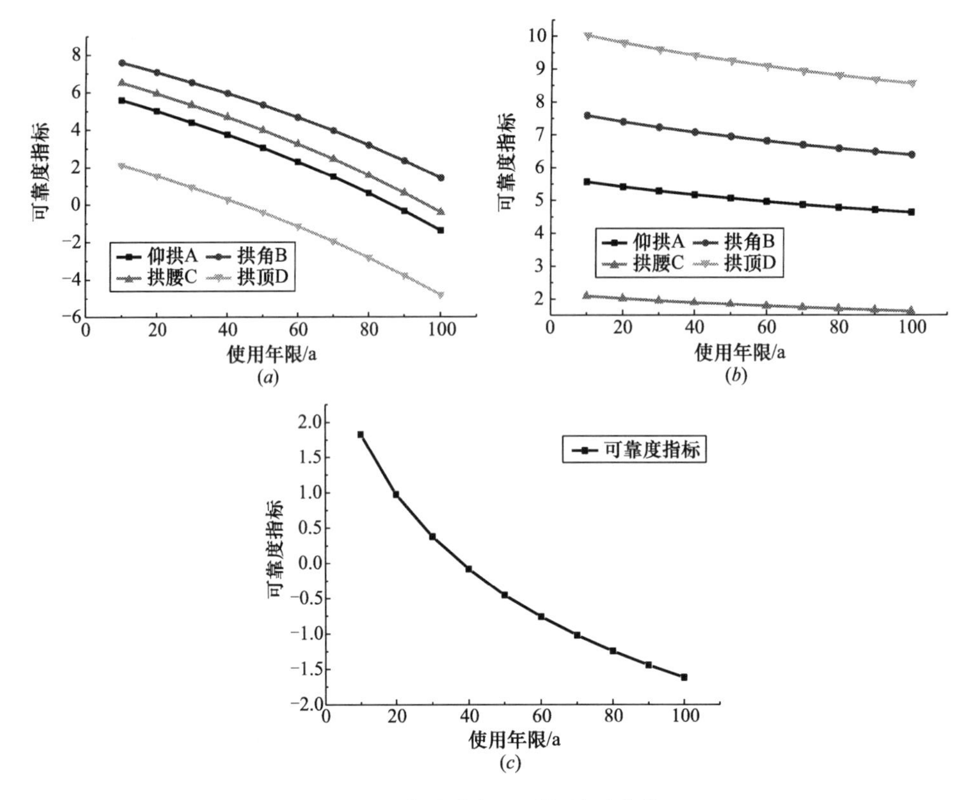


图 3　可靠度指标—时间关系曲线

（*a*）基于抗力衰减的失效模式；（*b*）基于最大裂缝宽度的失效模式；（*c*）基于混凝土碳化的失效模式

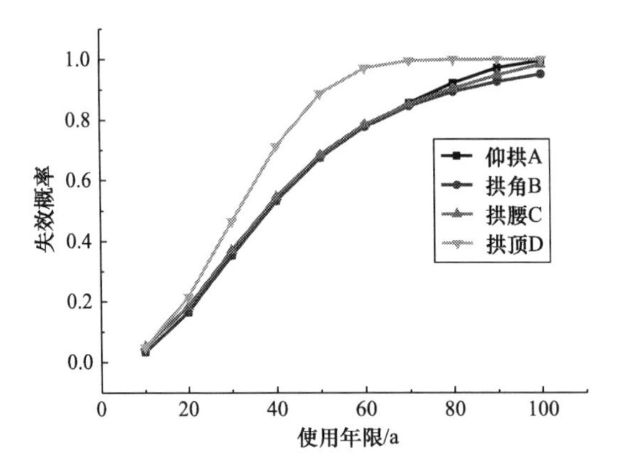


图 4　综合失效概率—时间关系曲线

**断面不同位置综合失效概率**　　**表 6**

| 使用年限/a | 故障树模型下综合失效概率 | | | |
|---|---|---|---|---|
| | 仰拱 | 拱脚 | 拱腰 | 拱顶 |
| 10 | 0.0338 | 0.0338 | 0.0515 | 0.0496 |
| 20 | 0.1651 | 0.1651 | 0.1834 | 0.2150 |
| 30 | 0.3535 | 0.3535 | 0.3701 | 0.4652 |

续表

| 使用年限/a | 故障树模型下综合失效概率 | | | |
|---|---|---|---|---|
| | 仰拱 | 拱脚 | 拱腰 | 拱顶 |
| 40 | 0.5331 | 0.5331 | 0.5468 | 0.7129 |
| 50 | 0.6751 | 0.6747 | 0.6854 | 0.8883 |
| 60 | 0.7789 | 0.7765 | 0.7849 | 0.9720 |
| 70 | 0.8568 | 0.8464 | 0.8538 | 0.9961 |
| 80 | 0.9222 | 0.8938 | 0.9044 | 0.9997 |
| 90 | 0.9725 | 0.9263 | 0.9481 | 0.9999 |
| 100 | 0.9956 | 0.9512 | 0.9830 | 1 |

计算隧道断面不同位置的综合时变可靠度，结果如表 6 和图 4 所示。由计算结果可知，随着服役时间的不断增加，该隧道结构可靠度指标不断减小，其结构失效概率不断增加。

在当前结构服役时间下（10a），在抗力衰减的失效模式中，拱顶处的可靠度指标最低 $\beta_{10a}^{D}=2.135$。在最大裂缝宽度的失效模式下，拱腰处的可靠度指标最低 $\beta_{10a}^{C}=2.091$。在混凝土碳化的失效模式下，结构整体的可靠性水平较低 $\beta_{10a}=1.828$。这也与隧道结构在拱顶和边墙处出现衬砌开裂的实际情况相一致。

在利用故障树模型计算体系综合可靠度时，结构的失效概率高于单一失效模式下结构的失效概率。考虑多失效模式下，结构拱顶处的失效概率较其他位置高。随着服役期的不断增加，拱顶处结构会首先破坏，继续运营 52a 时拱顶处的失效概率将大于 90%，其他位置在运营 80a 时的失效概率在 90%左右。

## 3 结论

本文紧密结合运营隧道的特点，研究了隧道结构在多失效模式下的时变可靠度，主要结论包括：

（1）依据时变可靠度的定义和隧道失效机理分析了在役隧道结构的多种失效模式；

（2）提出了考虑广义抗力及广义作用效应时变性的衬砌结构可靠度分析和计算方法，将不同失效模式视为串联，建立了以当前时刻为时间起点，随时间变化的隧道结构可靠性故障树分析模型；

（3）对狮子岭隧道 K82＋720 段Ⅵ级围岩下断面隧道衬砌进行了时变可靠度评估，通过对时间离散化，分析了结构的可靠性水平并且揭示了结构可靠度指标在服役期内不同时点的变化规律。

### 参考文献


[1] 张伟. 结构可靠性理论与应用 [M]. 北京：科学出版社，2008.

[2] 武清玺. 结构可靠性分析及随机有限元法 [M]. 北京：机械工业出版社，2005.

[3] 王景春，康建超，侯卫红. 区间干涉下衬砌结构系统非概率可靠度研究 [J]. 铁道工程学报，2017，34 (01)：86-90.

[4] 苏永华，梁斌. 隧道结构中承载围岩变形失稳概率分析方法 [J]. 土木工程学报，2015，48 (08)：110-117.

[5] 施成华，雷明锋，彭立敏. 隧道衬砌结构体系可靠度研究 [J]. 铁道科学与工程学报，2010，7(04)：20-24.
[6] 赵东平，喻渝，赵万强，等. 铁路隧道衬砌目标可靠指标研究 [J]. 铁道工程学报，2015，32(06)：51-56.
[7] 方超，薛亚东. 围岩空间变异性对隧道结构可靠度的影响分析 [J]. 现代隧道技术，2014，51(05)：41-47.
[8] 尹蓉蓉. 运营公路隧道衬砌正常使用极限状态模糊随机可靠度分析 [J]. 土木工程学报，2016，49(01)：122-128.
[9] 姚继涛. 既有结构可靠性理论及应用 [M]. 北京：科学出版社，2008.
[10] 尹蓉蓉. 岩体隧道衬砌长期承载力时变可靠度分析方法初探 [J]. 现代隧道技术，2016，53(03)：68-73+81.
[11] TB 10003—2016 铁路隧道设计规范 [S]. 北京：中国铁道出版社，2017.
[12] 丁发兴，余志武. 混凝土受拉力学性能统一计算方法 [J]. 华中科技大学学报（城市科学版），2004，21 (03)：29-34.
[13] 董振平，牛荻涛，刘西芳，等. 一般大气环境下钢筋开始锈蚀时间的计算方法 [J]. 西安建筑科技大学学报（自然科学版），2006，38 (02)：204-209.
[14] 李艺. 既有结构可靠度理论及应用 [M]. 沈阳：东北大学出版社，2015.
[15] 牛荻涛. 混凝土结构耐久性与寿命预测 [M]. 北京：科学出版社，2003.
[16] 刘海，姚继涛，牛荻涛. 一般大气环境下既有混凝土结构的耐久性评定与剩余寿命预测 [J]. 建筑结构学报，2009，30 (2)：143-148.
[17] GB 50010—2010 混凝土结构设计规范 [S]. 北京：中国建筑工业出版社，2011.
[18] GB 50216—1994 铁路工程结构可靠度设计统一标准 [S]. 北京：中国计划出版社，1994.

# GFRP—混凝土组合结构研究与发展

张敏，麻建锁，强亚林，程岚
（河北建筑工程学院　土木工程学院，河北省张家口市　075000）

**摘　要**：GFRP 型材是一种自重轻、抗腐蚀性能好、强度高、抗疲劳性能好的材料，将其与混凝土进行组合，可以得到同时兼具强度高、自重轻、抗腐蚀性能好的构件。大量的科学工作者对于这种组合结构进行了试验研究，并得出了一些数据以及结论，对于 GFRP—混凝土组合结构的研究取得了一定的进展。研究过程中同时存在着尚未解决的关键问题，如 GFRP 与混凝土界面处理问题，需要我们对该组合结构的不断探索，以期充分利用该组合结构的优点，将其更多的应用于工程实际中。

**关键词**：GFRP—混凝土组合结构；试验研究；界面处理

## 1　引言

目前，国内外在建筑、桥梁等结构中使用的主要材料仍旧为钢材和混凝土，但是经过长年累月的使用钢筋混凝土结构以及钢结构都出现了不同程度的腐化问题，其中钢材的锈蚀问题最为严重。这样的问题无疑严重影响了建筑本身的使用，而且耗费了巨额的维修费用，据 2005 年统计数据，美国全国有大约 31.4%的桥梁需要修缮，需花费约 200 亿美元；我国原铁道部 2001 年调查统计结果显示，钢筋混凝土梁存在钢筋锈蚀病害的有 3000 多孔，研究估测需超过 2 亿人民币的加固修补费用[1]。使用耐腐蚀的新型结构材料已逐渐成为工程发展的一个方向。

GFRP 型材是一种纤维增强复合材料，是由玻璃纤维和其基体材料树脂按照一定的比例经过拉挤工艺形成的一种高性能材料。GFRP 型材具有强度高、自重轻、耐腐蚀、抗疲劳性能好等特点，其工业化程度可以更好的满足生产施工要求。应用 GFRP 材料与混凝土形成组合结构可有效利用 GFRP 材料的抗拉强度高的特点，并且大大减轻结构自重，提高结构的抗震性能。GFRP 材料良好的耐腐蚀性能可以有效解决结构中钢材的腐蚀问题。

## 2　GFRP 的研究与发展

玻璃纤维（GFRP）是在 20 世纪 60 年代被人们发现并且加以利用的。最早的关于玻

---

项目资助：国家住房和城乡建设部科技项目：新型低层装配式尾矿混凝土复合墙板性能及其应用技术研究（2017-K9-019）。

作者简介：张敏（1991—），女，河北张家口，在读硕士研究生，研究方向：新型结构体系与新型结构材料。
麻建锁（1963—），男，河北保定市，硕士研究生导师，新型结构体系与新型结构材料，建筑产业化等。

璃纤维板在实际工程中的应用要追溯到1961年，英国对于玻璃纤维板率先进行了实际工程应用探索：一座教堂的尖顶采用玻璃纤维材料。美国及欧洲各国同样对GFRP—混凝土组合结构展开了一系列研究并应用于实际工程，1998年美国俄亥俄州利用GFRP—混凝土组合结构作为Salem Avenue大桥面板中的一部分。2006年韩国建成了Noolcha大桥，该桥为目前世界最大的GFRP—混凝土组合结构桥梁，该桥采用了拼装式GFRP桥面板。

我国对GFRP—混凝土组合结构也进行了诸多的研究，20世纪70年代后期，我国将GFRP—混凝土组合结构应用到了桥梁工程当中。1982年，我国北京密云建成了第一座GFRP—混凝土组合结构的公路简支桥，该桥宽为9.2m，跨径为20.7m。2010年，在石家庄建成一座结构为GFRP—混凝土组合箱梁斜拉桥。在过去的30年中，对于GFRP—混凝土的组合结构，我国国内的学者进行了大量的孜孜不倦的探索，并且随着科学技术的发展，对于GFRP—混凝土组合结构取得了一系列的理论研究成果。

## 2.1 GFRP管—混凝土组合结构

GFRP管—混凝土组合结构是在预制GFRP空心管中浇灌混凝土而形成的承重构件。由于GFRP材料较高的强度质量比与良好的耐腐蚀性能，GFRP与混凝土形成组合结构可有效利用其良好的性能应用于建筑、桥梁等工程。

目前，我国对于GFRP管—混凝土组合柱的研究多是从GFRP管壁厚、混凝土强度、尺寸效应、GFRP管内纤维的铺设角度等几方面对GFRP管—混凝土组合柱的轴压、偏压等静力性能及抗震性能进行研究。GFRP管经铺层设计由管内混凝土支撑可以很好的发挥其抗压性能。经过对GFRP管进行不同的铺层角度处理，GFRP管可以有效约束混凝土，提高混凝土强度及变形能力，还可以提高构件的抗剪强度、约束剪切裂缝并增强构件纵向抗弯能力[2]。

我国关于GFRP管—混凝土组合柱的研究还加入了钢管或钢筋形成GFRP—混凝土—钢管组合柱，清华大学土木工程安全与耐久教育部钱稼茹、刘明学等人对GFRP—混凝土—钢管组合柱进行了一系列研究，并得出了相应的理论计算公式。

哈尔滨建筑大学的张东兴、黄龙南等进行了GFRP管—混凝土柱的轴压试验，试验得出GFRP管与混凝土结合后二者的韧性和强度都大大提高。

## 2.2 GFRP—混凝土组合梁的研究

GFRP—混凝土组合梁依据GFRP型材的结构形式不同可分为箱型GFRP—混凝土组合梁、GFRP工字梁—混凝土组合梁、混杂GFRP—混凝土组合梁和外包GFRP板钢筋混凝土梁。经过对GFRP—混凝土组合梁进行大量的受弯、受剪、刚度、延性以及耐火性能的试验研究，发现相较于传统钢筋混凝土梁该结构具有优异的力学性能，可以大大的提高构件的性能。在试验中同时发现，对于GFRP—混凝土组合梁，如何处理GFRP与混凝土的滑移问题即如何对GFRP与混凝土的连接界面进行处理，是对于该构件研究的关键所在[3]。

浙江大学的赵菲就外包GFRP板钢筋混凝土梁的力学性能进行了试验研究，试验表明该构件的抗弯性能要优于普通钢筋混凝土梁，在低配筋率的情况下组合梁的抗弯性能会随着配筋率的增加而提高，但配筋率达到一定程度时组合梁的抗弯性能反而会随着配筋率的增加而降低。对于梁的延性性能，GFRP板钢筋混凝土梁的延性性能较差，并且当底部配筋率增加时，梁的延性性能会随之相应的降低。

Abbasi 按欧洲规范设计了两种 GFRP—混凝土梁，并对这两种梁进行了耐火试验研究。其中一种梁采用热固性基体的 GFRP 筋，且未设置箍筋，所得耐火极限为 128min；第二种梁采用热塑性基体的 GFRP 筋，且设置钢筋箍筋，所得耐火极限为 94min，其对于 GFRP—混凝土梁给出混凝土保护层厚度 70mm。

王文炜、张水康、戴建国等对 T 型肋的 GFRP 板—混凝土组合梁的力学性能进行了相关的试验研究，研究结果表明组合梁力学性能受到 GFRP 板与混凝土界面的连接方式影响较大。GFRP 板与混凝土界面未进行处理的组合梁，在荷载施加的过程中，相对粗糙的连接界面可以很大程度上对二者之间的滑移进行抑制，相反则会出现明显的相对滑移，有利于剪切力在组合梁界面的传递。

## 2.3 GFRP—混凝土组合桥面板的研究

世界各国对于全 GFRP 桥面板的结构研究与应用较早，但由于 GFRP 材料弹性模量较低，各项异性等特点很难满足实际生产中的要求。将 GFRP 材料与混凝土组合成桥面板，既可以利用混凝土的承压能力，也可以充分利用 GFRP 材料的抗拉性能。国内外对于该构件的力学特性进行了大量的研究，同时就如何处理 GFRP 与混凝土的界面滑移问题取得了一定的进展。

1989 年 Bakeri 对纤维复合材料与混凝土的组合结构进行了研究，提出一种以 GFRP 和 CFRP 作为混凝土的外包材料的组合板，对于该组合结构其进行了力学性能的分析，但是并没有进行相关的试验研究。

2004 年 Kitane 提出了在 GFRP 空箱结构上浇筑混凝土薄层的组合结构，并对该结构进行了静载试验以及疲劳试验。试验结果表明，在静载试验当中该组合结构满足刚度要求，并且表现出了比较高的强度性能。在疲劳试验中，刚度开始有所下降的现象出现在经过 200 万次疲劳试验后。2007 年 Wael Alnahhal 等美国学者对 Kitane 提出的 GFRP—混凝土组合结构利用 ABAQUS 有限元分析软件进行了有限元分析，并据此提出了简化计算组合板的挠度公式。

同济大学进行了 GFRP—混凝土组合桥面板抗弯性能试验研究，探讨了孔中筋材有、无以及板材内表面处理与否等对抗弯承载性能的影响。试验过程中对组合桥面板抗弯极限承载能力、荷载位移关系曲线、GFRP 底板应力分布、GFRP 底板与混凝土相对滑移等内容进行了测试。

长沙理工大学的郭诗慧、南阳理工的蔡春生就黏砂连接和环氧树脂湿粘结两种界面处理方法进行了静力性能试验研究。试验结果表明，界面处理过后的 GFRP—混凝土组合板的刚度明显得到了提高，在静载压力试验下，组合板能够满足平截面假定，组合板的变形基本保持线弹性变化，随着承载力的增加会出现脆性破坏，但是在脆性破坏之前会出现一定的预兆，表现出比较高的强度安全储备。

# 3 存在的问题

尽管世界各国在 GFRP 材料与混凝土结构领域从未停止过研究的步伐，得出了大量的试验数据以及试验结论，但是对于GFRP与混凝土组合结构的研究仍然存在许多有待探索发现的领域：

（1）对于开发新型的GFRP与混凝土更多的组合结构形式有待研究。

（2）如何处理GFRP与混凝土的连接界面，使得二者更加具有整体性，提高力的传递能力，减少二者的相对滑移。

（3）目前针对该结构的研究主要是在静载力试验条件下，缺乏动力性能及结构响应方面的研究。

（4）该结构的脆性性能如何改善有待研究。

（5）针对GFRP与混凝土的组合结构，我国并没有相应的国家或行业规范作为技术指导。

# 4 对于GFRP—混凝土组合结构的发展展望

GFRP—混凝土组合结构兼具抗腐蚀、自重轻、抗拉强度高、钢筋使用量少、强度高的优异性能，为工程界所青睐。在今后的研究工作中应针对工程实际需要以及该结构存在的有待突破的不足给予充分的研究工作：

（1）通过改变二者界面形式，或者对界面如何加以处理，增强二者的整体性能。

（2）在试验中通过基础学科的应用得出相应的计算公式以及数据，为该组合结构的研究提供充足的理论依据。

（3）加强对于该结构动力性能的研究、脆性性能如何加以改善的研究，对该结构的研究更加系统完善。

## 参考文献

［1］ 代亮. 新型GFRP—混凝土组合桥面板设计与试验研究［D］. 上海：同济大学，2009.
［2］ 温建萍. GFRP—高强混凝土—钢管组合柱轴压力学性能研究［D］. 沈阳：东北大学，2011.
［3］ 赵菲. 外包GFRP板钢筋混凝土梁的力学性能研究［D］. 杭州：浙江大学，2011.

# 旋喷桩加固桩板墙桩前软弱地基分析

赵聪，许鹏飞，杨云，仲帅
（河北建筑工程学院，河北省张家口市　075000）

**摘　要：** 通过开展3种排距下的旋喷桩加固桩板墙桩前软弱地基的室内物理模型试验，分析桩板墙的特点，研究不同排距的旋喷桩对桩板墙的整体抗滑性能的影响。试验结果表明：采用旋喷桩加固增强了桩板墙的悬臂承载效应，有效限制了桩板墙的桩身变形；桩板墙桩身弯矩在滑面附近位置较大，且最大弯矩位于滑面以下5cm左右；旋喷桩排距较小（即6cm）时，旋喷桩显著提高了桩前地基土的侧向抗力，对桩间土体的“楔紧”作用较强，使桩板墙能承受更大的滑坡推力作用。

**关键词：** 旋喷桩；桩板墙；桩前地基；排距；模型试验

## 1　引言

随着经济建设的迅速发展，滑坡治理成为一项越来越重要的工程，铁路、公路建设频繁碰到斜坡软弱地基。桩板墙是一种新型的边坡加固结构，是抗滑桩和挡土板的结合体，代替了高大的重力式挡土墙，在边坡防护方面具有良好的加固效果[1~3]。桩板墙结构加固边坡的稳定与否主要由悬臂桩决定，悬臂桩嵌入段地层的地基承载力决定了悬臂桩所能提供的抗力大小及边坡的加固效果。部分学者研究认为，桩身嵌固段岩土体的强度特性在很大程度上影响着桩身的侧向位移的大小[4~5]。工程实践发现，相同条件下嵌固段的岩土体强度越高，桩顶侧向位移的偏移量越小[6]。在软弱黄土地区桩体嵌固段地层的地基系数较小，岩土体强度较低，为防止桩前地基的横向变形，可以采用旋喷桩对桩前及桩端地基进行加固，旋喷桩加固砂土、粉质黄土等软弱地基，可以提高地基承载力，提高地基对悬臂桩的约束能力，增强桩板墙对边坡的加固效果[7~10]。

蒙华铁路线路穿越陕西、山西及河南省西部等大范围黄土分布区，路堑边坡采用桩板墙支护时普遍遇到地基侧向抗力不足的问题。为了更有效地发挥桩板墙在边坡治理工程中的作用，对桩板墙在桩前地基被旋喷桩加固后工作机制的分析显得至关重要。其中桩板墙的桩顶位移、桩后及桩间土体变形、破坏形式等成为评价桩板墙工作性能的重要指标。鉴于此，本文以蒙华煤运通道新建三门峡车站桩板墙试验段为依托，设计了旋喷桩加固桩板墙桩前地基模型试验，对比分析了桩板墙的桩体变形和桩周土压力的演变规律，旨在探求合理的旋喷桩排距，从而为旋喷桩排距选择的优化设计提供参考，对依托工程提供理论指导。

---

项目资助：河北省自然科学基金（NO. E2017404013）；河北省教育厅重点课题（NO. ZD2017224）；河北建筑工程学院校科研基金项目（NO. XA_201809）。

作者简介：赵聪（1994—），河北省，硕士研究生，主要从事桩基加固方面研究，E-mail：772094748@qq. com。

## 2 模型试验设计

### 2.1 模型箱和桩的制作

模型试验箱主要由钢结构面板组成，模型箱尺寸为 1.5m×1.5m×1.4m（长×宽×高），箱体边界选取 10mm 厚钢板，通过高强连接螺栓将各面板按预留槽位固定。试验采用方形钢管和木板结合模拟桩板墙，采用 PVC 管内灌注石膏材料模拟旋喷桩，配合比为石膏：水=2.5∶1。模型中桩板墙的抗滑桩采用 0.15m×0.1m×1.2m（长×宽×高）的方形钢管，挡土板采用 1.5m×0.4m×15mm（长×宽×厚）的木板，依据相似关系确定旋喷桩的桩长为 450mm，排距分别为 6cm、9cm、12cm。模型尺寸和布桩方案如图 1 所示。

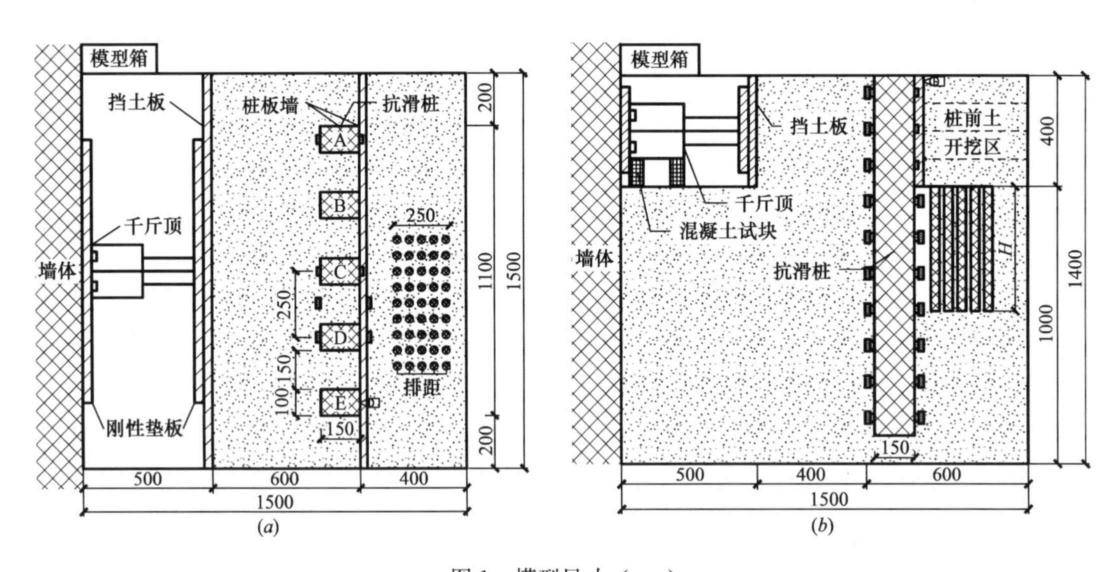


图 1 模型尺寸（mm）

（a）模型箱俯视图；（b）模型箱剖面图

### 2.2 模型桩应变片粘贴

为测试桩板墙在自重应力作用下桩身曲率变化，应变片沿桩长方向对称布置，应变片间距为 120mm。全长布置应变片，桩身共贴应变片 10 对，桩板墙模型类型及边坡与路基侧的应变片布置情况如图 2 所示。

根据相关文献，如果桩身没有破裂，桩身弯矩的计算公式可以采用如下公式[11]：

$$M = EI\Delta\varepsilon / h \tag{1}$$

式中：$EI$ 为抗滑桩的抗弯刚度；$h$ 为同一断面处拉、压应变测点的间距（m）；$\Delta\varepsilon = \varepsilon_+ - \varepsilon_-$，其中，$\varepsilon_+$ 为拉应变、$\varepsilon_-$ 为压应变。

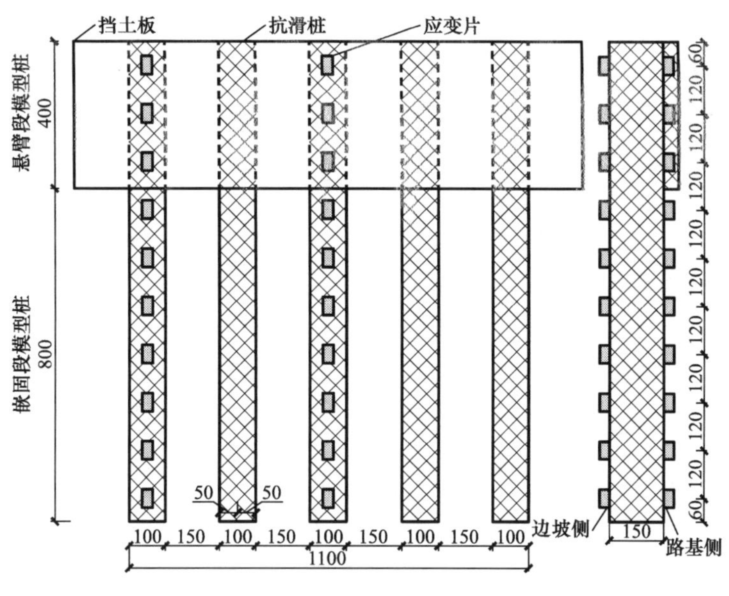


图 2　应变片的布置

## 2.3　压力盒布设

为监测桩体与土体之间相互作用的变化，在抗滑桩桩前、桩后及桩间沿桩长对称布设土压力盒，土压力盒间距为 120mm。土压力盒布置情况如图 3 所示。

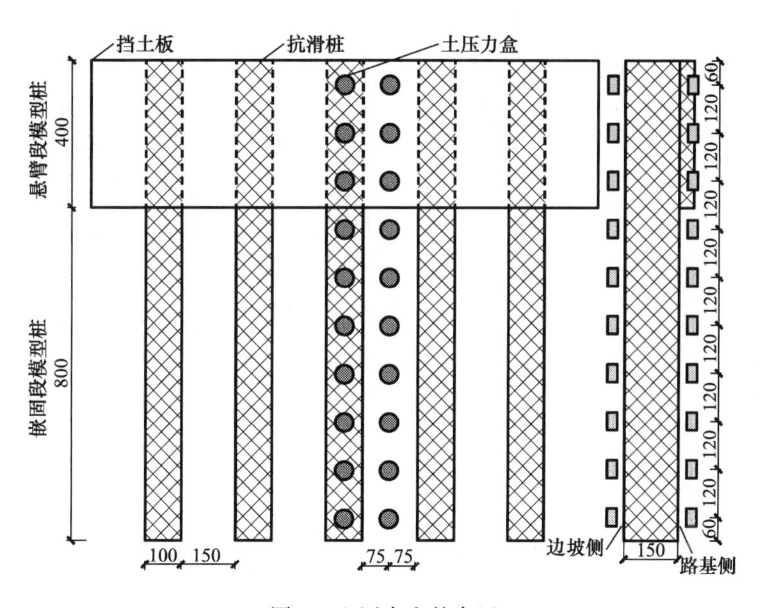


图 3　土压力盒的布置

## 2.4　试验步骤

(1) 在模型箱的四周和底部涂抹润滑油，适当消除土与模型箱内壁的摩擦，以模拟与实际情况相似的边界条件；

（2）将试验用土过 2mm 筛，使其粒径均匀，将筛分好的地基材料分 6 层均匀的填入模型箱内，并在设计布设土压力盒的位置埋设土压力盒，设计布桩的位置埋置旋喷桩和桩板墙，填筑时采用人工分层夯实，每层填筑 20cm，每层填筑完成后用 5kg 的砂浆立方试块进行压实并将土层顶面用抹子整平；

（3）填筑模型过程中布设桩体时应注意保护，以保证测试的精度，为避免试验监测数据因填土或仪器布置的扰动而产生一定的偶然误差，在填土完毕后，及时读取土压力计及桩身应变片的读数，随后再次调平衡；

（4）本试验采用最大荷载 50kN 的油压千斤顶模拟滑坡推力。为了减少推力板的变形和分散集中荷载，在千斤顶与推力板之间加刚性垫板（千斤顶与反力墙之间也加刚性垫板）；

（5）在桩顶部布置百分表、桩身布置应变片以测量各级荷载下的桩体位移以及桩身应变。通过油压式千斤顶对土体进行分级加载，荷载等级初始按照 500N 一级加载；在每级荷载施加之后，均要保持荷载恒定（15min 左右），直至桩的结构受力变形和应变仪、百分表读数稳定之后再施加下一级荷载，直至试验结束；

（6）分别对试验方案中的工况进行试验，每一工况试验结束后，挖出土压力计，取出模型桩，并及时保存监测数据，并准备下一工况试验。

## 3　模型试验结果分析（旋喷桩排距的影响）

为研究桩板墙桩前地基土进行不同排距的旋喷桩加固对桩板墙的桩身承载力和桩体位移的影响，按照 45cm 桩长的旋喷桩进行设置，行距为 6cm，不同工况的排距分别为 6cm、9cm、12cm，对桩体变形进行对比分析。图 4 展示了桩前地基采用不同排距的旋喷桩加固时桩板墙的桩顶位移与横向荷载的关系曲线。未采用旋喷桩加固的桩板墙在最后一级横向荷载（5kN）施加后，桩顶水平侧向位移已达到 19.58mm，桩板墙桩前地基旋喷桩排距减小为 120mm、90mm 和 60mm 时，相比未采用旋喷桩加固时桩顶位移分别减小了 13.38%、22.11%和 23.69%。测试结果表明，加载过程中桩板墙桩顶位移随横向荷载的增大逐渐变大，桩板墙桩顶位移随旋喷桩排距的增加逐渐增大。

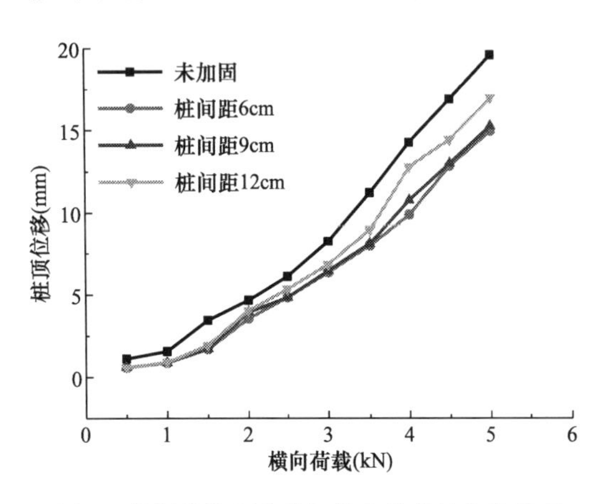

图 4　桩板墙桩顶位移与横向荷载的变化关系

不同排距下桩板墙桩后土压力的分布情况如图 5 所示。由图 5 可知，桩板墙桩后土压力随旋喷桩排距的增大逐渐减小。当排距为 6cm 时，土压力值最大，其中桩后埋深 1.02m、0.9m 处的土压力分别为 137.32kPa、258.33kPa，当排距增大为 90mm、120mm，桩后埋深 1.02m 处土压力分别降低了 27.98%、52.49%，桩后埋深 0.9m 处土压力分别降低了 31.52%、50.88%。随着排距的减小，旋喷桩前后的整体性逐渐增强，提高了桩前地基对桩板墙的加固效果，使桩板墙更好的发挥了其本身的加固作用，因此，更多的土压力传递至桩板墙桩身后侧，对桩后侧土压力传递方式产生了显著影响。

从图6中可观察到，桩板墙桩前土压力随旋喷桩排距的增加逐渐减小。当排距为60mm时，桩前埋深0.54m处土压力最大，其土压力为214.94kPa，当排距为90mm、120mm时，桩前埋深0.66m位置处的变化最为明显，其土压力分别降低了12.71%、72.11%。从上述分析可知，若排距过大，导致桩板墙的加固效果减弱。因此，旋喷桩设计施工时，排距不宜超过3倍桩径，尽量发挥群桩整体性本身的抗力作用，提高整体稳定性。

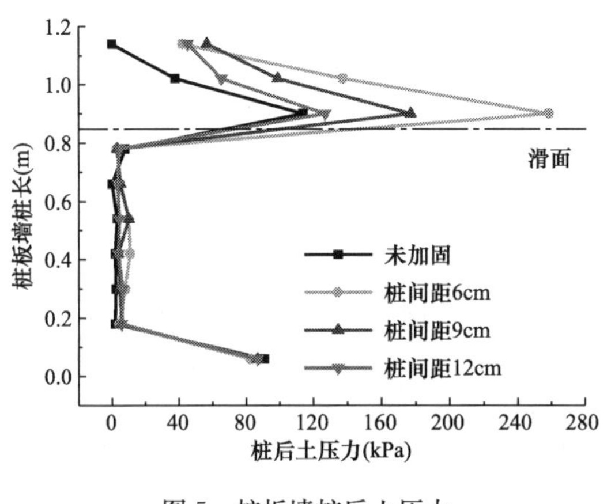


图5 桩板墙桩后土压力

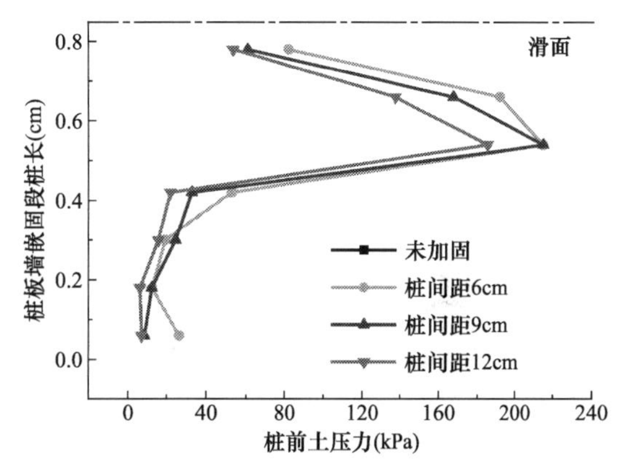


图6 桩板墙桩前土压力

图7反映了桩板墙桩身弯矩随旋喷桩排距改变的分布情况，桩板墙桩身弯矩在滑面附近位置处较大，且最大弯矩位于滑面以下5cm左右。当旋喷桩排距由6cm增加到9cm时，桩板墙桩身弯矩增幅较大，提高了27.78%；当旋喷桩排距逐渐增加到12cm时，桩身弯矩变化幅值较小，仅增加了4.17%。测试结果表明，桩板墙桩身弯矩随着旋喷桩排距的增加逐渐增大，表明旋喷桩提高了桩前地基水平承载力，并在一定程度上增强了桩板墙桩体本身的抗倾覆能力，但当旋喷桩的排距超过3倍桩径时，继续增加旋喷桩排距对提高桩板墙侧向承载力效果较小。

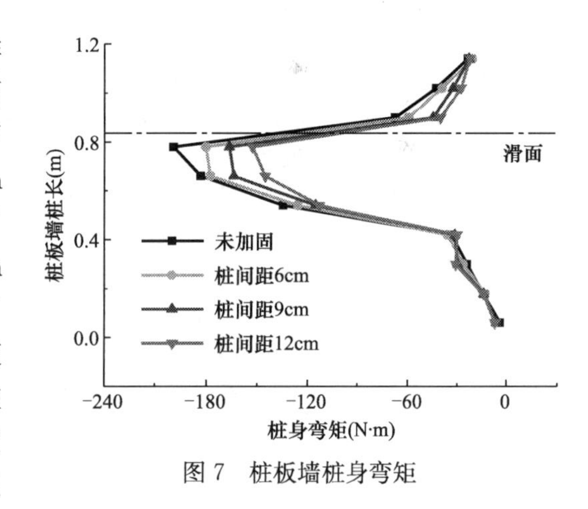


图7 桩板墙桩身弯矩

综上所述，旋喷桩排距超过3倍桩径时，桩前复合地基的整体性得不到较大的提升，且侧向地基刚度较原状土提升相对较小，因其对桩板墙的侧向抗力较小，桩板墙侧向位移相对较大，且阻滑能力提高水平较小。从经济性考虑，旋喷桩的排距也不宜太小，易造成资源的浪费，进行加固后应可以保证桩前复合地基的稳定性和整体性，使桩板墙可以发挥其本身的抗力作用，进而保证边坡的稳定性。

## 4 结论

本文以蒙华铁路三门峡的典型桩板墙试验段为依托建立模型试验，重点分析横向荷载作用下桩板墙桩身承载力及桩体变形。通过上述研究工作，主要得出以下结论：

（1）模型试验的测试结果表明，采用旋喷桩加固桩前地基有效地改变了桩板墙的受力状态，提高了桩前地基水平承载力，使桩板墙承受了较大的桩前土推力，更好地发挥了桩板墙的抗弯承载特性。

（2）根据桩前土压力的分布曲线可知，桩前土体抗力随着荷载的增加不断增大，桩身水平承载力主要是由嵌固段浅层一定范围内的土体控制。桩板墙桩身弯矩在滑面附近位置处较大，且最大弯矩位于滑面以下 5cm 左右。

（3）旋喷桩排距超过 3 倍桩径时，桩前地基土的整体性得不到较大的提升，使桩板墙不能有效的发挥其本身的加固作用，易产生桩后土体绕顶、桩身整体倾覆等现象。从经济性考虑，旋喷桩的排距也不宜太小，易造成资源的浪费。

### 参考文献


[1] 魏永幸. 松软倾斜地基填方工程安全性评价方法 [J]. 地质灾害与环境保护，2001，12（2）：73-79.

[2] 张友良，冯夏庭，范建海，等. 抗滑桩与滑坡体相互作用的研究 [J]. 岩石力学与工程学报，2002（06）：839-842.

[3] 刘洪佳，门玉明，李寻昌，等. 悬臂式抗滑桩模型试验研究 [J]. 岩土力学，2012，33（10）：2960-2966.

[4] 董捷. 悬臂桩三维土拱效应及嵌固段地基反力研究 [D]. 重庆：重庆大学，2009.

[5] 谭剑松. 基于 FLAC3D 刘家湾陡坡高路堤左侧桩板墙的变形研究 [J]. 公路，2013，58（12）：8-13.

[6] 李小杰. 高压旋喷桩复合地基承载力与沉降计算方法分析 [J]. 岩土力学，2004（09）：1499-1502.

[7] 程勇，黄显彬，麻超超，等. 高压旋喷桩加固软基施工技术研讨 [J]. 工业建筑，2014，44（S1）：666-668.

[8] 赖金星，樊浩博，谢永利，等. 旋喷桩加固黄土隧道地基固结分析 [J]. 长安大学学报（自然科学版），2016，36（02）：73-79.

[9] 白晓霞. 旋喷桩加固软弱地基的设计计算 [J]. 甘肃科技，2009，25（11）：107-108+114.

[10] 余东辉. 旋喷桩地基加固方案及效果研究 [D]. 西安：西安工业大学，2016.

[11] 孙书伟，林杭，任连伟. FLAC3D 在岩土工程中的应用 [M]. 北京：中国水利水电出版社，2011.

# 制备工艺对含有工程渣土的混凝土性能影响研究

王海良[1,2]，赵于博[1]，荣辉[3,4]，朱信群[1,2,5]，张磊[3]，张颖[3]，高桂波[6]

（1. 天津城建大学 土木工程学院，天津市 300384 2. 天津市土木建筑结构防护与加固重点实验室，天津市 300384 3. 天津城建大学 材料科学与工程学院，天津市 300384 4. 河海大学 水文水资源与水利工程科学国家重点实验室，江苏省南京市 210098 5. 西悉尼大学计算机、工程和数学学院，澳大利亚彭里斯 NSW2751 6. 中国建筑科学研究院建筑材料研究所，北京市 100013）

**摘 要：** 本文分别对比研究了渣土直接代替法和渣土浆代替法中的传统搅拌工艺、先拌水泥砂浆工艺、先拌水泥净浆工艺、水泥裹砂工艺、水泥裹石工艺、粗细骨料全造壳工艺六种制备工艺对含有工程渣土的混凝土力学性能和微观结构的影响。研究结果表明：(1) 采用渣土浆代替法制备工艺制备含有工程渣土的混凝土抗压强度普遍比渣土直接代替法高；(2) 采用渣土浆代替法中的粗细骨料全造壳工艺，制备含有工程渣土的混凝土力学性能最高，28d 强度可达 41.8MPa，相比于渣土浆代替法的对照组（传统工艺）提高 10.0%；(3) 渣土浆代替法的粗细骨料全造壳工艺所制备的试样中含有大量由细小针状物密集堆积而成的网状 C-S-H 结构物质，且分布在三维空间内，该网状物质被其他产物紧紧的包裹在中间，形成微观结构连结非常紧密的包裹式网状结构。

**关键词：** 渣土；混凝土；制备工艺；抗压强度；微观结构

工程渣土主要来源于建筑工程、装饰工程、修复和养护等工程过程[1]。我国每年建筑垃圾的总产量约为 24 亿 t，其中大部分都是工程渣土[2]。这些被遗弃工程渣土严重影响着周边环境，如引发大气污染、水体污染、交通事故、侵占土地和影响市容等问题[3]。因此，为提高渣土综合利用率和附加值，荣辉[4]等人研究了渣土对 C50 混凝土力学性能的影响。王海良[5]等人研究了渣土作为矿物掺合料的可行性，并研究了渣土掺量对混凝土性能的影响。尽管研究表明掺加 15%以内的渣土对混凝土力学性能降低不明显，但上述研究是将渣土磨细然后再应用到混凝土中的，该过程能耗较高而且不利于应用。基于此，本文拟通过改变制备工艺，研究未磨细工程渣土对混凝土性能的影响，以期通过上述研究，一方面提高渣土综合利用率，另一方面为当前采用含泥量过高砂石制备的混凝土性能提供试验数据支撑。

---

基金项目：国家自然科学基金项目资助（51502195）、天津市自然科学基金重点项目资助（16JCZDJC39100）、水文水资源与水利工程科学国家重点实验室开放基金项目资助（项目编号 2015491611）、天津市土木建筑结构防护与加固重点实验室开放基金项目资助（项目编号 51708390）。

作者简介：王海良（1966—），男（汉族），天津城建大学土木工程学院，教授，硕士生导师，Email：wanghailiang6601@126.com。

# 1 试验

## 1.1 原材料

水泥：天津振兴水泥厂 P. O42.5 水泥。

细骨料：天津河沙，细度模数 2.9，堆积密度 1360kg/m$^3$，表观密度 2690kg/m$^3$。

石子：天津市晟博奕商贸公司碎石，粒径 5～25mm，堆积密度为 1451kg/m$^3$，表观密度为 2680kg/m$^3$。

外加剂：山东建筑科学研究院生产的聚羧酸减水剂，减水率 35%，掺量 0.7%。

水：当地自来水。

渣土：天津市西青区某施工单位废弃工程渣土，采集不同深度渣土样本的 XRD 物相分析如图 1 所示，试验所用渣土的主要成分为二氧化硅、钠长石、钾长石、钙长石和铁盐，渣土粒径为 20～40mm。

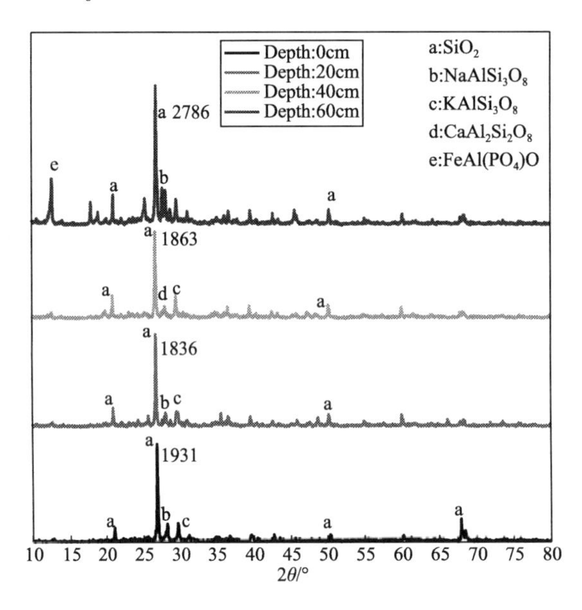


图 1 渣土 XRD 物相分析

## 1.2 配合比设计

魏成娟、荣辉等[6]在研究渣土掺量对 C30 混凝土力学性能的影响时发现：当渣土掺量到达 10%时，虽然减少了水泥的用量，但充分发挥了渣土的微集料填充效应，使混凝土微观结构更加密实，强度更高。本试验为了达到最佳的抗压强度，故采用同样掺量的配合比，具体配合比如表 1 所示。减水剂为 0.7%，水灰比为 0.4。

试验配合比（kg/m$^3$） 表 1

| 序号 | 水泥 | 渣土 | 水 | 砂 | 石子 |
|---|---|---|---|---|---|
| C30-10 | 342 | 38 | 152 | 747 | 1101 |

## 1.3 试验方法

抗压强度试验参照《普通混凝土力学性能试验方法标准》GB/T 50081—2002 规范中的要求成型、制备和检验。

试验将试样分成两部分观察。一部分使用型号 VH-Z500R 超景深光学显微镜，观察渣土在粗细骨料间的存在形态和分布情况，另一部分使用型号 JMS-7800F 扫描电子显微镜对混凝土 28d 微观结构进行分析，以探明不同制备方案下渣土对混凝土抗压强度的影响机理。

## 1.4 工艺流程

常见普通混凝土搅拌方式有一次搅拌工艺和二次搅拌工艺[7~8]，可分成先拌水泥砂浆工艺、先拌水泥净浆工艺、水泥裹砂工艺、水泥裹石工艺、粗细骨料全造壳工艺和传统搅拌工艺[9]。试验表明：相同原料在不同搅拌工艺下制备试样的力学性质有着明显差别[10]。本试验主要研究制备工艺对掺渣混凝土性质影响，为了避免渣土磨粉的能耗问题，对以上六种制备工艺进行改进。一种改进方案是将 10%掺量未处理渣土作为掺料加入混凝土中。该方法为方案①（渣土直接代替法）。流程如图 2 所示。

考虑到方案①中多数渣土没有完全分散就被水泥浆包裹。被包裹渣土会随着水分散失变得蓬松而形成含渣孔洞，导致内部结构不均匀。当试样受压时，由于集中应力现象，最终导致掺渣混凝土整体抗压性能被削弱。为了提高渣土在骨料之间的微集料填充效应，于是设计出方案②（渣土浆代替法），先将渣土和水混合，然后在转速为 240r/min 的搅拌器中搅拌成渣土浆后，再加入卧式混凝土搅拌机制备成型。每次加料后搅拌时间为 60s，搅拌速度为 60r/min。流程如图 3 所示。

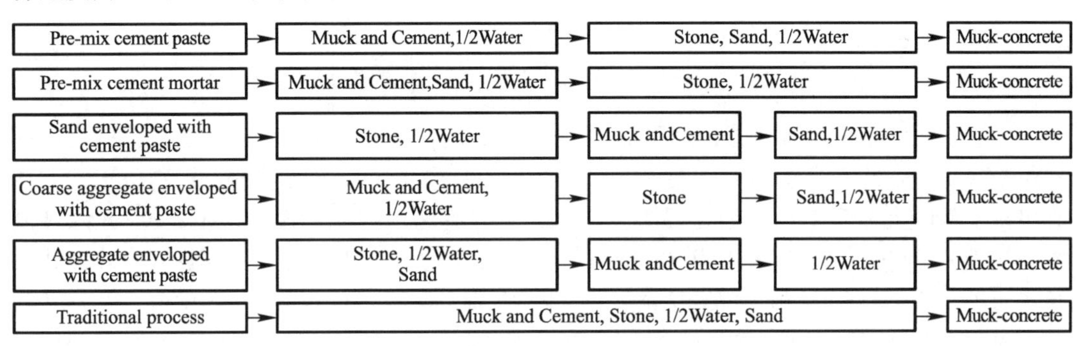


图 2 渣土直接代替法制备工艺流程

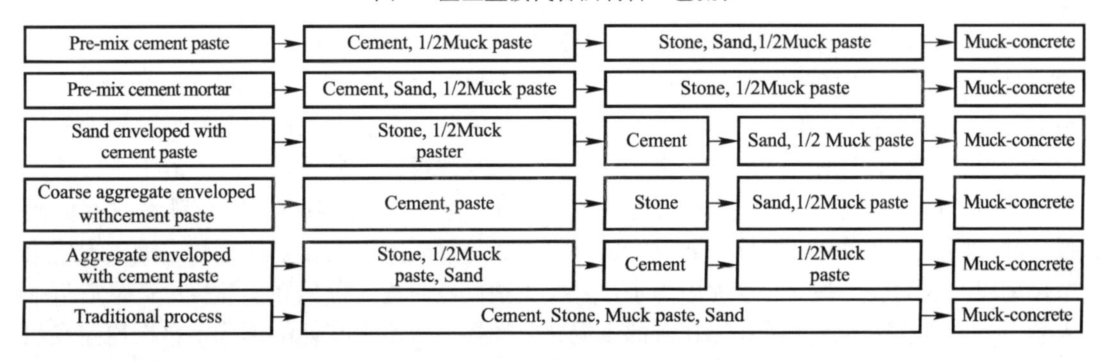


图 3 渣土浆代替法制备工艺流程

# 2 试验结果与讨论

## 2.1 制备工艺对含渣土混凝土抗压强度影响

两种方案，每种方案分别研究了六种不同制备工艺对含渣土混凝土抗压强度影响。结果如图 4 所示。其中符号 A：先拌水泥砂浆工艺、B：先拌水泥净浆工艺、C：水泥裹砂工艺、D：水泥裹石工艺、E：粗细骨料全造壳工艺、F：传统搅拌工艺。

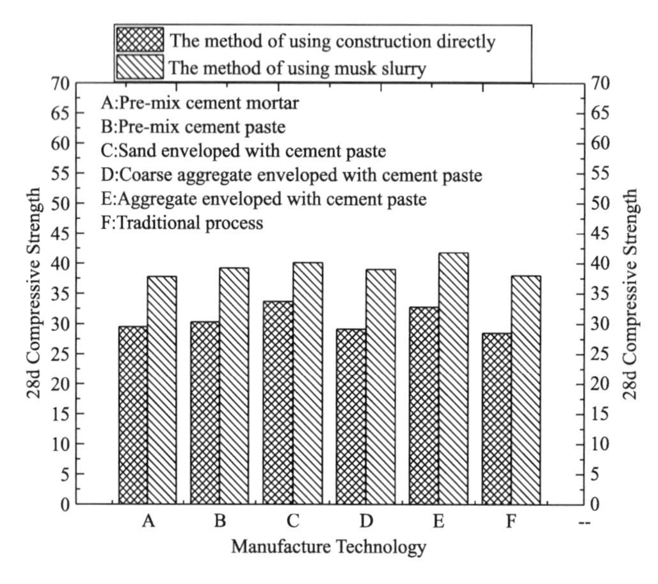


图 4 制备工艺和试样 28d 抗压强度的关系

由图 4 可知，采用方案②的六种制备工艺制备试样的抗压强度均高于方案①中对应的六种制备工艺，并均高于 C30 混凝土强度等级的设计要求，而方案①的六种制备工艺制备的混凝土强度大多低于 C30 强度要求。具体为：方案②中的 A、B、C、D、E、F 六种制备工艺对应的抗压强度分别为 37.8MPa、39.2MPa、40.1MPa、39.0MPa、41.8MPa、38.0MPa，方案①中相对的混凝土强度分别为 29.5MPa、30.3MPa、33.7MPa、29.1MPa、32.8MPa、28.5MPa。方案②制备工艺制备的混凝土强度相对于方案①分别提高了 28.1%、29.4%、19.0%、34.0%、27.4%、33.3%。

另外，方案②中的粗细骨料全造壳工艺制备的混凝土强度最高，达到 41.8MPa，相对于对照组（方案②中的传统工艺：38.0MPa）抗压强度提高 10.0%。主要原因是制备工艺决定了骨料之间的连结方式。当采用方案②中的粗细骨料全造壳工艺制备时，首先在搅拌均匀的砂子和石子中加入一半渣土浆，渣土浆中的水被粗细骨料吸收，剩下渣土则覆盖在骨料表面，形成一层薄的包裹层—渣土层。这样降低了骨料孔隙率，阻止骨料对水的吸收；然后再加入水泥充分搅拌，此时一部分水泥和水反应后再次覆盖在骨料表面，形成第二包裹层—水泥层。剩下的水泥因为水量太少无法反应而均匀分散在搅拌机中；最后再加入剩下一半渣土浆，渣土浆和未反应的水泥充分搅拌后以混合浆体的形式，再次覆盖在粗细骨料表面，形成第三包裹层—水泥渣土包裹层。这三个包裹层形成了密实的渣土—水泥基结构连结形式，渣土浆的微基料填充效应改善了界面过渡区，从而使强度得到改善。

而采用方案①制备时，最适合的制备工艺是水泥裹砂工艺，抗压强度达到 33.7MPa，相对于对照组（方案①中的传统工艺：28.5MPa）提高 18.2%。主要原因是：采用水泥裹砂工艺时，先将石子和 1/2 的水搅拌，该过程中水被石子吸收，降低了石子孔隙率；然后加入水泥和渣土混合物搅拌，此时水泥和渣土与少量水结合后覆盖在石子表面，形成第一包裹层—泥渣包裹层；最后加入砂和剩下 1/2 的水搅拌，此时砂子和未反应的水泥渣土混合物一起在水的作用下形成第二包裹层—泥渣砂包裹层；第一包裹层有效的阻止了石子对水的吸收，为第二包裹层反应提供充分的水。两种不同包裹层紧密连结在粗细骨料之间，形成相对稳定的渣土—水泥基结构，所以水泥裹砂法是方案①中的抗压强度最高的方法；但是方案①中只有少量的渣土可以和水结合成浆体，填充在骨料之间实现了微基料填充效应。大部分渣土没有完全分散而是以粗骨料的形式被水泥包裹，渣土作为粗骨料时强度很低，于是方案①试样的抗压强度普遍低于方案②。

## 2.2 微观分析

为了进一步研究渣土在水泥基中存在形式和分布情况的影响，试验通过超景深显微镜对混凝土 28d 试样的断面进行观察，方案①和方案②（均选用粗细骨料全造壳工艺所制备试样）的观察结果分别如图 5 和图 6 所示。

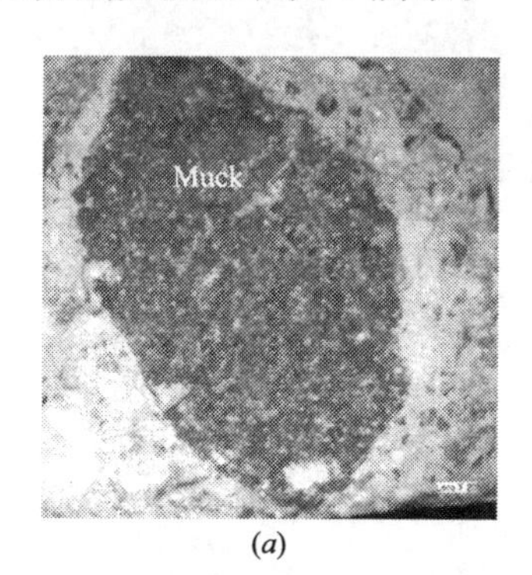


(*a*)

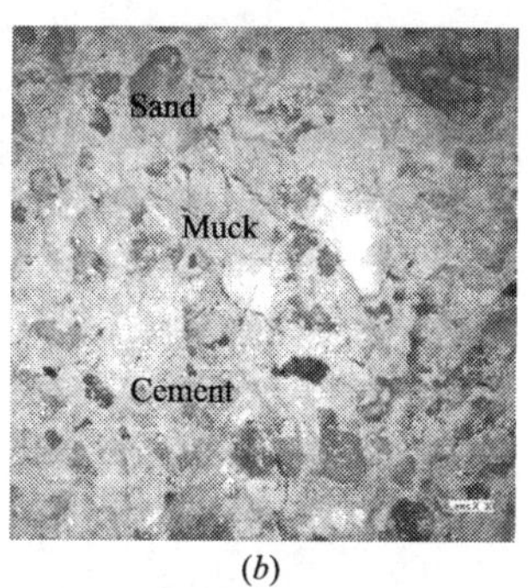


(*b*)

图 5 渣土直接代替法制备的试样超景深显微镜观察情况

（*a*）渣土直接代替法制备试样中的渣土；（*b*）渣土直接代替法制备试样中的渣土和骨料

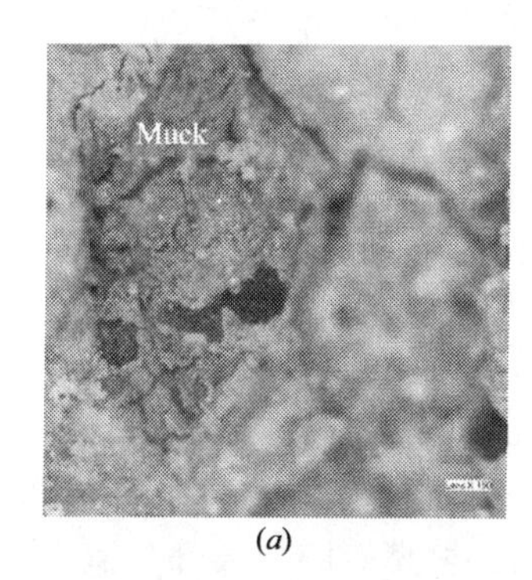


(*a*)

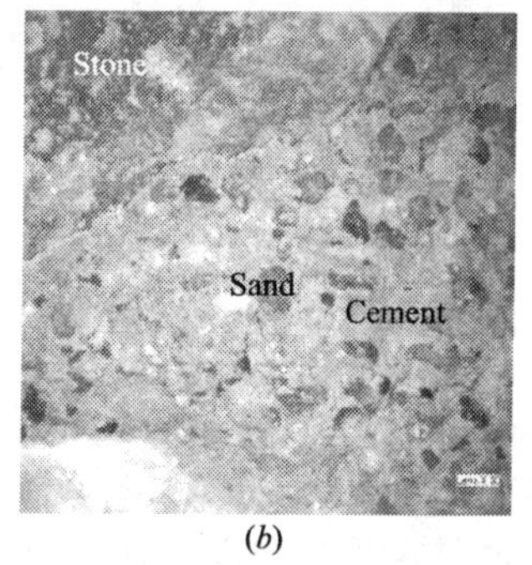


(*b*)

图 6 渣土浆代替法制备的试样超景深显微镜观察情况

（*a*）渣土浆代替法制备试样中的渣土；（*b*）渣土浆代替法制备试样中的渣土和骨料

由图5可知，在X30倍率以下时，清楚看到渣土分布在骨料界面接触区，主要呈现黄褐色，表面有裂纹，质地松散，与砂、石等骨料有着明显差异。渣土在水泥基中以两种形式存在，一种是渣土块状物（图5*a*），因为搅拌时渣土以块状物的形式被水泥包裹；另一种是松散的渣土粉状物（图5*b*），因为水泥水化后渣土块状物中的水分散失，渣土在干燥的环境下变成了粉末状态。这两种状态下渣土力学性能较差，影响了试样整体的抗压能力。

由图6可知，在X30倍率以下时，没有观察到和方案①类似的渣土块状物，水泥基粗细骨料分布均匀（图6*b*），界面过渡区没有缝隙和大体积的孔洞且结构密实，说明大部分的渣土以微基料形式填充于骨料之间。当达到X150倍率时，发现少许小粒径渣土块状物（图6*a*），是渣土浆的沉淀物，对试样整体抗压强度影响较小。

为了进一步解释两种制备方案对C30混凝土抗压强度的影响，试验采用扫描电子显微镜分别观察了方案①和方案②（均采用粗细骨料全造壳工艺）所制备出28d混凝土试样的微观结构，SEM结果如图7和图8所示。

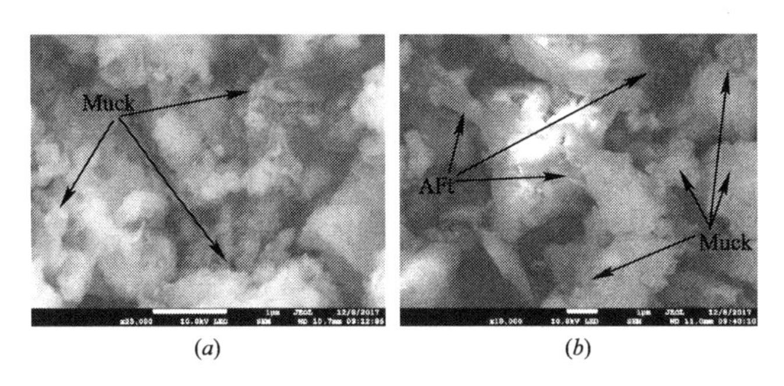

(*a*) (*b*)

图7 渣土直接代替法含渣土混凝土试样微观结构

（*a*）渣土直接代替法制备试样中渣土微观结构；（*b*）渣土直接代替法制备试样渣土和晶体微观结构

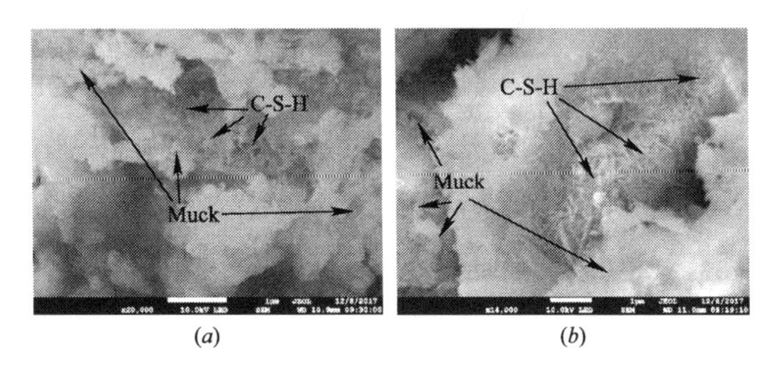

(*a*) (*b*)

图8 渣土浆代替法含渣土混凝土试样微观结构

（*a*）渣土浆代替法制备试样中渣土和晶体微观结构；（*b*）渣土浆代替法制备试样包裹式微观结构

由图7可知，方案①的粗细骨料全造壳工艺所制备试样中有少量的针状的产物（AFt晶体）和球状物质（渣土颗粒），这些针状产物和球状物质相互穿插（图7*b*），形成连结松散的球网结构。结构不密实，孔隙较多（图7*a*）。主要因为方案①中只有少量的渣土可以和水结合成浆体，填充在骨料之间实现了微基料填充效应。大部分渣土没有完全分散而是以粗骨料的形式被水泥包裹。另一方面水泥质量的减少是导致孔隙增多的原因，也是AFt晶体数量减少的主要原因。

由图8可知，方案②的粗细骨料全造壳工艺所制备的试样中，发现较多的网状C-S-H物质，该网状物质是由细小针状物密集堆积而成，且分布在三维空间内（如图8*a*）。另外该网状物质被其他物质紧紧的包裹在中间（图8*b*），形成微观结构连结非常紧密的包裹式网状结构，主要是因为渣土的微基料填充效应使孔隙减少，结构变得更加密实。

# 3 结论

通过对两种方案下各六种制备工艺对C30掺渣土混凝土力学性能的研究，确定了制备工艺对含有工程渣土的混凝土力学性能的影响规律，通过以上试验，得出主要结论如下：

（1）采用渣土浆代替法制备工艺制备的含有工程渣土的混凝土28d抗压强度均普遍比渣土直接代替法相对应的六种制备工艺高。

（2）适合于制备抗压强度较高的掺渣土混凝土的制备工艺是渣土浆代替法中的粗细骨料全造壳工艺。该工艺可制备出28d抗压强度达到41.8MPa的试样，相对于渣土浆代替法的对照组（传统工艺：38.0MPa）提高10.0%。

（3）采用渣土浆代替法中的粗细骨料全造壳工艺制备的试样中，渣土以微基料形式填充于各个骨料之间，粗细骨料分布均匀，界面过渡区没有缝隙，水泥基中没有大体积的孔洞，结构密实；微观结构中含有较多由细小针状物密集堆积而成的网状C-S-H物质，该物质被其他产物紧紧的包裹在中间，形成微观结构连结非常紧密的包裹式网状结构。

**参考文献**


[1] 陈子玉，曾华. 我国城市建筑渣土处置的现状与对策 [J]. 南京晓庄学院学报，2003，19（4）：84-88.

[2] 陈国云. 合理利用建筑渣土建设资源节约型社会 [J]. 交通节能与环保，2011（1）：28-32.

[3] 陆凯安. 我国建筑垃圾的现状与综合利用 [J]. 施工技术，1999，28（5）：44-45.

[4] 刘春，荣辉. 渣土对C50混凝土力学性能的影响 [J]. 硅酸盐通报，2016，35（4）：1322-1326.

[5] 王海良，李超，荣辉. 渣土对C30混凝土性能的影响 [J]. 硅酸盐通报，2016，35（9）：3030-3035.

[6] 魏成娟，荣辉. 渣土对C30混凝土力学性能的影响 [J]. 混凝土，2016（06）：148-150.

[7] 李国栋. 浅析商品混凝土搅拌工艺 [J]. 山东工业技术，2014，20：108.

[8] 宋培建. 混凝土多步搅拌工艺 [J]. 建工技术，1997（3）：29-34.

[9] 王卫中，冯忠绪. 二次搅拌工艺对混凝土性能影响的试验研究 [J]. 混凝土，2006（4）：40-42.

[10] 王卫中. 双卧轴搅拌机工作装置的试验研究 [D]. 西安：长安大学，2004.

# 正弦荷载作用下长寿命半刚性路面结构响应分析

钱秀雨，卜建清

（石家庄铁道大学　土木工程学院，河北省石家庄市　050043）

**摘　要：** 针对我国交通量急剧增长，路面早期破坏也日益严重的现状，长寿命路面成为道路界一个新的研究点。本文参考了国外对于长寿命路面的定义，根据弹性层状体系的理论观点，采用了有限元 ABAQUS 软件建立了长寿命半刚性路面模型，并对其进性应力与位移的分析。通过模型计算得到的理论数据与已有参考文献中数据进行对比分析，从而验证模型的合理性。

**关键词：** 长寿命路面；半刚性基层；面层

## 1　引言

进入 21 世纪以来，我国的公路交通就一直保持着迅猛的发展态势。据统计，全国的公路总里程达到 457 万 km，高速公路达 12.35 万 km。路面状况得到显著改善，公路技术水平也有了前所未有的提升。相继出现了高性能彩色改性乳化沥青及微表处理技术、水泥混凝土路面养护的新材料、新工艺等。

在迅速发展的今天，我们也遇到了许多不容忽视的问题。未来道路技术发展的重点是如何解决目前的交通量大、重载交通的问题，这就需要我们更多的关注新型的路面结构和材料、新型路基、道路检测和维护设施；针对多设施、多目标、全寿命周期、永久性路面、长寿命路面技术，提出路面与路基结构的设计优化方案。

## 2　长寿命半刚性路面设计

### 2.1　长寿命路面理念

简单的来说，长寿命路面就是设计使用年限达到 40 年的路面，并且在设计使用年限内结构层不发生重大的修复和重建，仅需要根据发生在路面表面层的损坏状况进行周期性的修复。

长寿命路面的显著特点：①在路面的全寿命周期内，修建期的费用投入较大，日常的修复费用较少；②长寿命路面区别于其他路面，设计使用年限达 40 年；③长寿命路面发生的损坏只是在表面层，不会发生结构性的破坏；④长寿命路面各结构层较厚。

### 2.2　路面结构

选取的长寿命半刚性路面如表 1 所示，其中沥青上面层 SMA-13 沥青玛蹄脂，采用与沥青黏附性强的石灰岩细集料，厚度为 4cm；中面层采用中粒式沥青混凝土 AC-20，厚度为 6cm；下面层采用密集配粗粒式沥青混凝土，厚度为 8cm；基层与底基层为水泥稳定碎石，厚度均为 25cm。本文中分析路面在最不利荷载作用下，结构层的应力以及位移的相应变化。

**路面结构组合及参数** **表 1**

| 结构层 | 材料名称 | 代号 | 厚度/cm | 回弹模量 $E$/MPa | 泊松比 |
|---|---|---|---|---|---|
| 上面层 | 沥青玛蹄脂 | SMA-13 | 4 | 1600 | 0.25 |
| 中面层 | 中粒式沥青混凝土 | AC-20 | 6 | 1600 | 0.2 |
| 下面层 | 密集配粗粒式沥青混凝土 | AC-25 | 8 | 1200 | 0.25 |
| 基层 | 水泥稳定碎石 | CSM-12 | 25 | 1650 | 0.2 |
| 底基层 | 水泥稳定碎石 | CSM-2 | 25 | 1600 | 0.2 |
| 路基 | | SG | | 50 | 0.4 |

## 2.3 长寿命半刚性基层路面的有限元模型

文中拟选用 6m×6m×6m 的计算模型，取 1/2 车辆模型进行分析，创建六层结构的半刚性路面结构，路面总厚度 6m，分别创建每层的截面，指派截面属性；路面结构中的参数均取参考材料的最小值，得到荷载作用下路面可能发生的最不利的影响。路面顶面作用标准的行车荷载，垂直压力为 0.7MPa，取行车速度 80km/h，取荷载周期 0.1s，选取周期为 1s，为了模拟标准轴载驶入、停驻、驶出的过程，模型中加载 $P(t)=0.11737\sin(10\pi t)\times 106(0\leqslant t\leqslant 0.1\text{s})$ 半正弦动荷载，创建 3 个静力分析步，时间增量选 0.0125，最多分析 1000 步停止；分别赋予截面自重荷载，为计算简便，假设路面在 $X=0$、$X=6$ 的截面处设为铰接约束的对称边界，$Y=0$ 的平面布置铰接的反对称边界；最终得到的结构竖向位移分布云图如图 1 所示。在 0.075s 时，基础底面的位移为 0，说明在标准荷载作用下，最下端的位移为 0，荷载作用引起位移不超过 6m，选取的模型尺寸合理，位移的最大值在上面层，值为 $4.22\times 10^{-3}$；路面结构的应变分布云图如图 2 所示，应变最大值出现在面层底部；路面结构应力变化如图 3 所示，路面结构材料设为弹塑性材料，应力沿着深度方向越来越大。

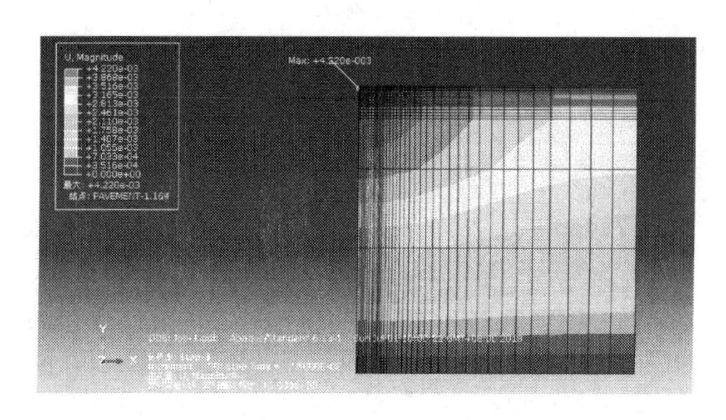


图 1　位移分布云图

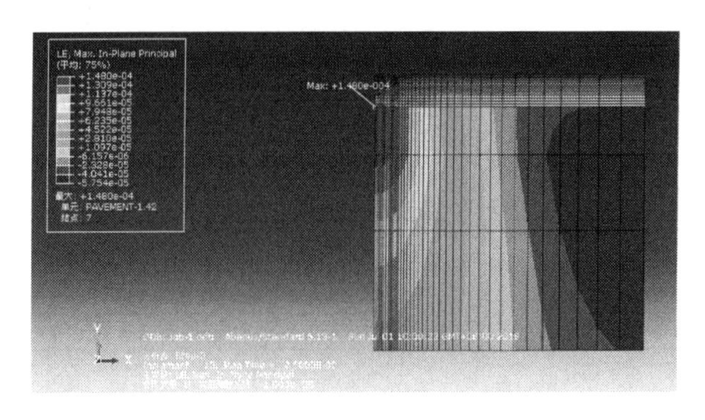

图 2　应变分布云图

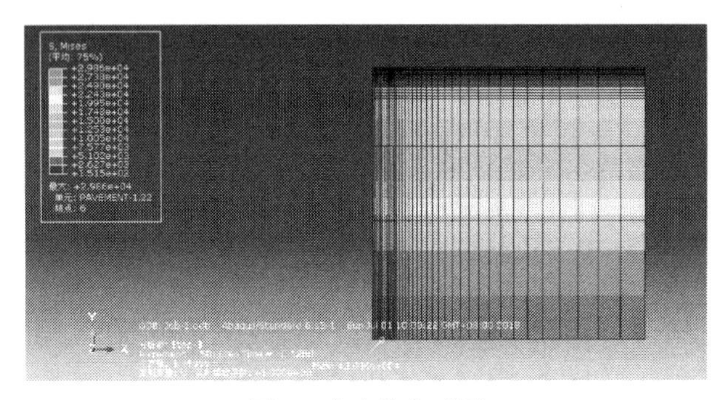

图 3　应力分布云图

## 3　路面结构力学响应分析

### 3.1　路面结构在正弦荷载下的响应

理论模型计算的最终目的就是验证模型的合理性，基于实际情况，确定合适的几何尺寸、材料参数、边界条件，科学的划分计算网格，创建合理的理论计算模型，完成对实际问题的模拟，借助计算机强大的计算功能，完成实际问题的理论解答。

由于理论模型中荷载为半正弦荷载，理论计算面层、基层的弯沉值随时间成正弦分布，同样面层与基层应变同样呈现正弦分布。结构层位移响应分布如图 4 所示，文中在对比时选取 1 个加载周期（0.1s），每个时间增量的步长取 0.0125s。

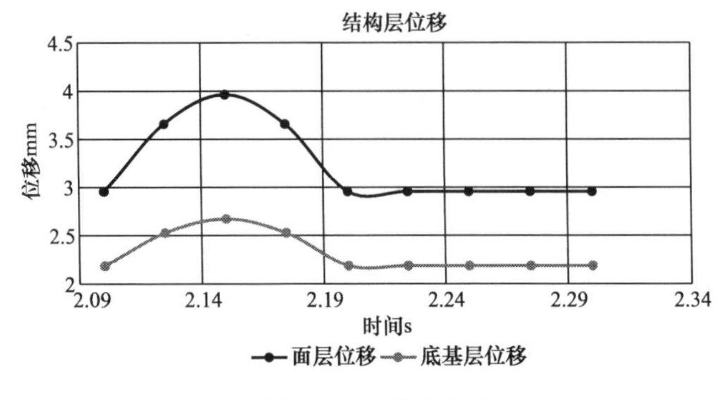


图 4　结构层位移分布

面层与基层位移峰值出现在 2.15s，面层位移峰值 4mm，基层峰值 2.7mm，参考相关文献发现，外荷载相同情况下的静力响应中，结构层的位移值范围为 3～4mm，通过理论模型计算得到的长寿命路面结构层的位移曲线与文献中位移实测值对比，可以看出计算值与实测的结果基本吻合[1~2]。

相对于《典型沥青路面动力行为及其结构组合优化研究》[3]中的结论，不难发现理论模型计算应力值与实际应力值存在一定的差异：理论计算中面层的最大应力出现在 1.05s，最大值为 0.316MPa，实测应力相应峰值为 0.27MPa 左右，结构层应力变化如图 5 所示，从总的响应曲线来看，理论计算的结构层的应力明显大于实测结果，可能与建立模型选取的参数值均为最不利的组合有关，计算结构偏于安全，可以选用。

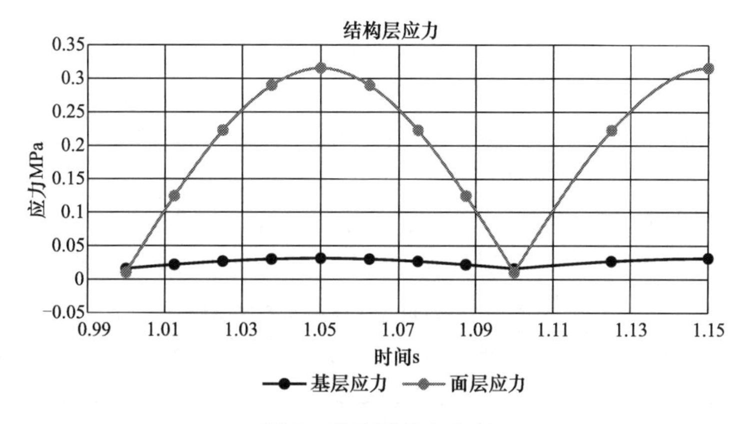


图 5　结构层应力分布

综上诉述，通过 ABAQUS 有限元数值计算应力、位移与试验实测的结果相差不大，理论计算得到的模型可以比较准确的反映车辆驶入、停驻、驶出的荷载效应以及长寿命半刚性路面的变化规律，计算的结果具有较高的可靠性。由于数值计算本身的一些假设有一定的局限性，理论计算和实际情况不可避免的存在一定的差异。从总体来看，建立的模型是可以满足工程实际需要的。

## 3.2　弹性模量变化下的力学响应分析

通过上述位移、应力云图可以看出，路面各结构层的受力以及发生的位移各不相同，我们不难发现最大弯沉产生在上面层。路面结构层主要是为车辆提供一个良好的行车环境，在路面结构的上面层设计中采用了温度稳定性好、抗滑性能优良的沥青玛蹄脂；中面层采用可以承受车辆荷载、具有一定弹性和塑性变形能力、可承受一定应变不发生破坏的沥青混凝土材料；基层作为主要的承重层，采用具有抵抗疲劳、较高承载能力的水泥稳定碎石基层、底基层；路基采用密实、均匀、稳定材料，长寿命半刚性路面对于基础的强度、稳定性以及路基的均匀性要求非常严格。

本文以各结构层的材料参数为变量，分析了在不同弹性模量下的面层和基层产生的弯沉及应力响应。

模型对比分析中，弹性模量作为单一变量，分别在每一结构层的材料弹性模量取值范围内取 5 个值，进行对比分析。

**上面层弹性模量变化时路面各层响应** **表 2**

| 上面层弹性模量 $E1$/MPa | 面层最大弯沉 $U^{1}2$/mm | 基层最大弯沉 $U^{2}2$/mm | 上面层最大应力 /MPa | 面层最大应力 /MPa | 基层最大应力 /MPa |
|---|---|---|---|---|---|
| 400 | 4.18 | 2.89 | 0.23 | 0.2 | 0.013 |
| 800 | 4.09 | 2.85 | 0.24 | 0.12 | 0.021 |
| 1200 | 4.04 | 2.84 | 0.245 | 0.112 | 0.1012 |
| 1600 | 3.8 | 2.8 | 0.25 | 0.1 | 0.011 |
| 2000 | 3.65 | 2.76 | 0.256 | 0.09 | 0.01 |

表 2 中数据显示了随着上面层弹性模量的变化，路面各层响应变化情况：随着上面层弹性模量的增加，面层最大弯沉呈现线性减少，上面层弹性模量由 400MPa 增加到 800MPa 面层最大弯沉减小了 2.1%，上面层最大应力增加 4.3%；上面层弹性模量由 800MPa 增加到 1200MPa 面层最大弯沉减小了 1.2%，上面层最大应力增加 2.08%；上面层弹性模量由 1200MPa 增加到 1600MPa 面层最大弯沉减小了 5.9%，上面层最大应力增加 2.04%；上面层弹性模量由 1600MPa 增加到 2000MPa 面层最大弯沉减小了 3.9%，上面层最大应力增加 2.4%；由此可见增加上面层的弹性模量可以显著减小路表弯沉。

随着上面层弹性模量的增加，中面层、下面层应力呈现减小趋势，但上面层产生的应力呈现增长的趋势，增长的幅度不容忽视，容易造成道路表面的弯拉破坏。

**中面层弹性模量变化时路面各层响应** **表 3**

| 中面层弹性模量 $E1$/MPa | 面层最大弯沉 $U^{1}2$/mm | 基层最大弯沉 $U^{2}2$/mm | 中面层最大应力 /MPa | 面层最大应力 /MPa | 基层最大应力 /MPa |
|---|---|---|---|---|---|
| 1200 | 3.9 | 2.90 | 0.2 | 0.18 | 0.013 |
| 1400 | 3.84 | 2.87 | 0.24 | 0.12 | 0.012 |
| 1600 | 3.8 | 2.83 | 0.245 | 0.118 | 0.012 |
| 1800 | 3.75 | 2.7 | 0.25 | 0.1 | 0.01 |
| 2000 | 3.7 | 2.4 | 0.256 | 0.09 | 0.10 |

表 3 中数据显示了随着中面层弹性模量的变化，路面各层响应变化情况：增加中面层的弹性模量，路面弯沉呈线性减少，中面层弹性模量由 1200MPa 增加到 1400MPa 面层最大弯沉减小了 1.5%；中面层弹性模量由 1400MPa 增加到 1600MPa 面层最大弯沉减小了 1%；中面层弹性模量由 1600MPa 增加到 1800MPa 面层最大弯沉减小了 1.3%；中面层弹性模量由 1800MPa 增加到 2000MPa 面层最大弯沉减小了 1.3%；增加中面层的弹性模量可以减小路表弯沉；相比来看增加中面层的弹性模量对于减小路表弯沉效果远不及改变上面层的弹性模量效果显著。

随着中面层弹性模量的增加，对应中面层的应力不断的增加，而上、下面层以及基层的应力逐渐减小，仅仅对中面层产生一定的不利影响，对于减小路面结构的整体竖向变形是有利的。

**下面层弹性模量变化时路面各层响应** **表 4**

| 下面层弹性模量 $E1$/MPa | 面层最大弯沉 $U^{1}2$/mm | 基层最大弯沉 $U^{2}2$/mm | 下面层最大应力 /MPa | 面层最大应力 /MPa | 基层最大应力 /MPa |
|---|---|---|---|---|---|
| 800 | 3.86 | 2.80 | 0.233 | 0.21 | 0.015 |
| 950 | 3.84 | 2.77 | 0.239 | 0.19 | 0.012 |
| 1100 | 3.81 | 2.74 | 0.240 | 0.14 | 0.012 |
| 1250 | 3.77 | 2.69 | 0.243 | 0.122 | 0.013 |
| 1400 | 3.7 | 2.5 | 0.25 | 0.1 | 0.011 |

表 4 中数据显示了随着下面层弹性模量的变化，路面各层响应变化情况：增加下面层的弹性模量，路面弯沉呈现线性减少。下面层弹性模量由 800MPa 增加到 950MPa 面层最大弯沉减小了 0.5%，下面层弹性模量由 950MPa 增加到 1100MPa 面层最大弯沉减小了 0.8%，下面层弹性模量由 1100MPa 增加到 1250MPa 面层最大弯沉减小了 1%，下面层弹性模量由 1250MPa 增加到 1400MPa 面层最大弯沉减小了 1.8%；增加下面层的弹性模量可以减小路表弯沉，但改变下面层弹性模量达到减小弯沉的效果比减小中面层弹性模量达到的效果差。

随着下面层弹性模量的增加，下面层应力增加，上、中面层以及基层的应力减小，这就减小了造成路面面层损坏的可能性，基于长寿命路面的理念，我们应尽可能减小对于基层以及基础的破坏。

**基层弹性模量变化时路面各层响应** **表 5**

| 基层弹性模量 $E1$/MPa | 面层最大弯沉 $U^1 2$/mm | 基层最大弯沉 $U^2 2$/mm | 面层最大应力 /MPa | 基层最大应力 /MPa | 底基层最大应力 /MPa |
|---|---|---|---|---|---|
| 1300 | 4.0 | 2.91 | 0.223 | 0.12 | 0.0121 |
| 1400 | 3.84 | 2.88 | 0.23 | 0.123 | 0.0124 |
| 1500 | 3.8 | 2.84 | 0.241 | 0.129 | 0.0126 |
| 1600 | 3.72 | 2.8 | 0.249 | 0.131 | 0.013 |
| 1700 | 3.68 | 2.5 | 0.251 | 0.14 | 0.015 |

表 5 中数据显示了随着基层弹性模量的变化，路面各层响应变化情况：随着基层弹性模量的线性增加，路表面的弯沉减小。基层弹性模量由 1300MPa 增加到 1400MPa 面层最大弯沉减小了 4%，基层最大应力增加 2.5%；基层弹性模量由 1400MPa 增加到 1500MPa 面层最大弯沉减小了 1%，基层最大应力增加 4.9%；基层弹性模量由 1500MPa 增加到 1600MPa 面层最大弯沉减小了 2.1%，基层最大应力增加 1.6%；基层弹性模量由 1600MPa 增加到 1700MPa 面层最大弯沉减小了 1%，基层最大应力增加 6.9%；增加基层的弹性模量可以减小路表弯沉，路表面应力减小，对于保护路面有利；但基层与底基层的应力呈现增加趋势，增大幅度较大。所以增大基层弹性模量会对基层产生较大的影响，可能导致里面结构发生弯拉破坏。

路面各结构层的弹性模量的增加会使得路表面的弯沉值逐渐减小，增加面层的弹性模量，可以有效的减小路面发生结构性的破坏，符合长寿命路面的设计理念，路面结构不发生结构性破坏，控制破坏只发生在表面层；基层弹性模量的增加对于控制面层的拉压破坏效果较好。

**底基层弹性模量变化时路面各层响应** **表 6**

| 底基层弹性模量 $E1$/MPa | 面层最大弯沉 $U^1 2$/mm | 基层最大弯沉 $U^2 2$/mm | 面层最大应力 /MPa | 基层最大应力 /MPa | 底基层最大应力 /MPa |
|---|---|---|---|---|---|
| 1300 | 4.35 | 2.91 | 0.24 | 0.22 | 0.01 |
| 1400 | 4.12 | 2.88 | 0.239 | 0.2 | 0.014 |
| 1500 | 3.8 | 2.82 | 0.235 | 0.192 | 0.017 |
| 1600 | 3.68 | 2.76 | 0.232 | 0.18 | 0.019 |
| 1700 | 3.61 | 2.4 | 0.23 | 0.1 | 0.021 |

表 6 中数据显示了随着底基层弹性模量的变化，路面各层响应变化情况：底基层弹性模量由 1300MPa 增加到 1400MPa 面层最大弯沉减小了 5.3%；底基层弹性模量由 1400MPa 增加到 1500MPa 面层最大弯沉减小了 7.8%；底基层弹性模量由 1500MPa 增加到 1600MPa 面层最大弯沉减小了 3.2%；底基层弹性模量由 1600MPa 增加到 1700MPa 面层最大弯沉减小了 1.9%。

随着底基层弹性模量的增加，路表面的弯沉逐渐减小，相比改变基层弹性模量引起弯沉的效果显著。

随着底基层弹性模量的增加，面层以及基层的应力减小，对保护路表面有利；对应底基层的应力增加，会导致路面发生结构性破坏，与长寿命路面结构的设计理念相悖。

## 4 结束语

（1）为了防止水渗透到基础和底基层中，施工中需要在基础顶面以下 1.5m 处设置水平沥青膜隔断层，在底基层的侧面沿着深度方向设置水工薄膜，保证了路面结构的强度和稳定性；在不设置垂直防水墙并且土质较差的情况下，也可以采用无机结合稳定土换填路基上部一定厚度范围内的土体，从而提高基础的承载能力。

（2）路面结构中结构面层我们约定层间仅竖向应力和位移连续而无摩阻力，不难发现层间完全摩擦和光滑对层间的应力、应变和表面的弯沉会产生很大的影响，是路面是否可以达到长寿命标准的一个决定性因素。实际情况下层间近似实现连续的程度越高，模拟中计算结果越接近实际的情况，模拟也可以更好的说明实际问题。

（3）上面层和中面层的粘结层需要满足两方面的要求，其一，将上面层和中面层紧密粘结在一起；其二，严防行车产生的荷载将上面层的水压入中面层的沥青混凝土中。

### 参考文献

[1] 李万举，丛铖东，王学颖，等. 北京地区长寿命路面土基施工控制方法研究 [J]. 公路交通科技（应用技术版），2018，14（03）：48-51.

[2] 汪海涛. 长寿命沥青路面设计方法探讨 [J]. 北方交通，2017（05）：95-98.

[3] 肖川. 典型沥青路面动力行为及其结构组合优化研究 [D]. 成都：西南交通大学，2014.

# 超前加固长度及台阶高度对隧道围岩变形特性影响研究

仲帅[1,2]，许鹏飞[1,2]，王志岗[1,2]，杨云[1,2]，赵聪[1,2]，戎贺伟[1,2]

（1. 河北建筑工程学院，河北省张家口市　075000　2. 河北省土木工程诊断、改造与抗灾重点实验室，河北省张家口市　075000）

**摘　要**：依托新建京张铁路西黄庄隧道工程，基于有限差分法建立三维计算模型，重点分析了复杂地质条件下超前加固长度和台阶高度变化对隧道围岩变形特性的影响。计算结果表明：超前加固长度和台阶高度对隧道先行位移有显著影响，超前加固长度的增加可减少先行位移值，但当超前加固长度超过5m时增加趋势放缓；减小上台阶高度能够有效控制洞身水平收敛，并且洞身水平收敛几乎不受超前加固长度的影响；上台阶高度对掌子面挤出变形影响较大，综合考虑上、下台阶掌子面挤出变形，认为开挖时上台阶高度为6m较为合适。

**关键词**：复杂地质条件；超前加固；台阶高度；围岩变形

## 1　引言

随着我国铁路建设的迅猛发展，新建铁路往往需要穿越各种地质条件复杂的地区[1~3]。当隧道拱顶为松散破碎的砂砾层时，若不进行处理拱顶极易发生涌砂现象，不仅影响施工进度，还具有严重的安全隐患。超前小导管注浆法因其施工便捷、造价低、工艺易于掌握成为最常用的拱部预支护手段，其加固效果一方面体现在小导管自身的“梁拱效应”，另一方面则是注浆对松散岩土体的强化[4~5]。已有学者对超前小导管参数对于加固效果的影响进行了大量研究，这些研究大多集中在注浆半径、小导管间距、小导管长度、环向布置范围等对加固效果的影响[6~11]。在研究小导管长度对加固效果影响时通常忽略了随小导管长度增加注浆加固范围也随之增加这一重要因素，仅仅考虑了小导管拱架作用，但超前小导管因其直径较小，其加固更多是通过浆液对围岩的强化作用。同时，采用台阶法开挖时，选取合理的台阶开挖高度对施工安全与效率有着至关重要的作用[12~14]。邹成路等采用数值模拟方法分析了台阶法开挖时台阶高度对围岩及衬砌稳定性的影响，认为软弱破碎围岩状态下上台阶最合适开挖高度应为0.65倍洞高[14]。但当隧道拱顶为砂砾层洞身为弱风化砂岩时，关于台阶高度对隧道围岩变形特征的研究较少。因此，本文依托新建京张铁路西黄庄隧道工程，采用FLAC3D建立三维计算模型，研究超前加固长度和台阶高度对隧道围岩稳定性及变形特性的影响。

基金项目：河北建筑工程学院研究生创新基金项目（XA201807）。

作者简介：仲帅（1994—），男，研究生，研究方向：隧道及地下工程。

## 2 工程概况

西黄庄隧道位于河北省张家口市怀来县鸡鸣驿乡西黄庄村附近，为单洞双线隧道，设计断面跨度 13m，洞高 12m，设计进口里程为 DK132＋250，出口里程为 DK137＋130，全长 4880m，设计时速为 350km/h。在 DK133＋200～DK133＋235 段，隧道洞身为弱风化砂岩，拱顶为砂砾层，埋深主要为 37～50m，在开挖过程中掌子面拱顶出现涌砂现象。在隧道涌砂段采用超前小导管进行预支护，此段超前小导管采用 Φ42×3.5mm 热轧钢管制成，环向间距为 30cm，外插角为 10°，环向 140°布置。隧道初期支护采用 C30 喷射混凝土，厚度为 25cm，开挖后及时施做，隧道开挖方式为上下台阶法。

## 3 模型建立

### 3.1 计算模型

计算模型选取隧道开挖时最不利地形，即隧道中下部为弱风化砂岩，拱顶部为砂砾层，拱顶距地表 45m。隧道工程数值计算模型范围一般取开挖断面 3 倍以上。在建模时，$x$ 方向取 100m，$y$ 方向取 90m，$z$ 方向取 87m。模型底部为固定边界条件，模型四周约束边界法向位移，模型顶部为自由边界条件。计算模型如图 1 所示。

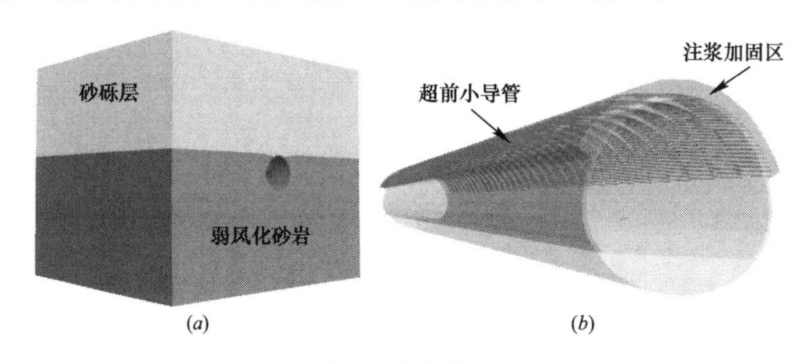


图 1　计算模型

（a）模型整体图；（b）超前小导管及注浆加固区

### 3.2 计算参数的确定

计算模型中围岩选用理想弹塑性模型，服从 Mohr-Coulomb 屈服准则，初期支护采用实体单元模拟，本构模型为线弹性模型，二次衬砌作为安全储备在计算中不予考虑，超前小导管采用 pile 单元模拟，超前小导管注浆加固效果通过提高注浆加固区土体参数来体现，计算参数选取参照文献［14］及《铁路隧道设计规范》TB 10003—2005。计算参数见表 1。

**力学计算参数表　　表 1**

| 名称 | 密度/(kg·m$^{-3}$) | 体积模量（GPa） | 剪切模量（GPa） | 黏聚力（MPa） | 内摩擦角/(°) |
|---|---|---|---|---|---|
| 砂砾 | 1900 | 1.11 | 0.37 | 0.01 | 29 |
| 弱风化砂岩 | 2200 | 2.31 | 0.95 | 0.50 | 35 |

续表

| 名称 | 密度/(kg·m$^{-3}$) | 体积模量（GPa） | 剪切模量（GPa） | 黏聚力（MPa） | 内摩擦角/(°) |
|---|---|---|---|---|---|
| 砂砾加固区 | 2100 | 2.00 | 1.20 | 0.40 | 31 |
| 砂岩加固区 | 2300 | 2.50 | 1.40 | 1.00 | 36 |
| 衬砌 | 2600 | 17.50 | 11.67 | — | — |
| 超前小导管 | 7800 | 131.25 | 87.50 | — | — |

### 3.3 工况说明及模拟方法

依据是否超前加固、超前加固范围、台阶高度的不同，共分为 6 种工况，如表 2 所示。隧道模拟开挖采用上下台阶法，首先开挖上部台阶，开挖后施做初期支护，待上台阶施工至合适距离时，进行下台阶开挖，开挖后上、下台阶同步施做初期支护并浇筑仰拱。同时，为减少边界效应对计算结果的影响，监测断面布设在隧道中部。

**计算工况** **表 2**

| 工况 | 超前加固范围（m） | 上台阶高度（m） |
|---|---|---|
| 1 | 4 | 5 |
| 2 | 4 | 6 |
| 3 | 4 | 7 |
| 4 | 5 | 5 |
| 5 | 6 | 5 |
| 6 | 0 | 5 |

## 4 结果分析

### 4.1 拱顶先行位移

由表 3 可知，台阶高度和超前加固长度对先行位移有显著影响。随着上台阶高度的增加，先行位移也不断增加，最终位移呈现减小趋势。其中上台阶高度对最终位移影响较小，上台阶高度由 5m 增加到 7m 时，最终位移减小了 3.3%，但先行位移增加了 8.8%，最终表现为上台阶高度增加时，先行位移在总位移中的占比增加。同时可以发现，超前加固长度的变化几乎仅对先行位移产生影响，表现为先行位移随超前加固长度的增加而不断减小。当超前加固区长度由 4m 增加到 5m 时，先行位移减小了 2.34mm，而从 5m 增加到 6m，先行位移仅减少 0.35mm，可以推断进一步增加加固区长度对先行位移的控制效果并不理想，因此超前加固长度取 5m 较为合适。

**隧道变形计算结果** **表 3**

| 工况 | 拱顶先行位移（mm） | 拱顶最终位移（mm） | 先行位移占比（%） | 拱肩水平收敛（mm） | 拱脚水平收敛（mm） | 上台阶砂砾层最大挤出位移（mm） | 上台阶砂岩层最大挤出位移（mm） | 下台阶砂岩层最大挤出位移（mm） |
|---|---|---|---|---|---|---|---|---|
| 1 | 11.82 | 47.94 | 24.66 | 2.94 | 3.53 | 6.93 | 4.08 | 5.21 |
| 2 | 12.40 | 47.10 | 26.33 | 3.53 | 3.65 | 7.74 | 5.11 | 4.23 |

续表

| 工况 | 拱顶先行位移（mm） | 拱顶最终位移（mm） | 先行位移占比（%） | 拱肩水平收敛（mm） | 拱脚水平收敛（mm） | 上台阶砂砾层最大挤出位移（mm） | 上台阶砂岩层最大挤出位移（mm） | 下台阶砂岩层最大挤出位移（mm） |
|---|---|---|---|---|---|---|---|---|
| 3 | 12.86 | 46.35 | 27.75 | 3.91 | 3.70 | 8.14 | 6.17 | 3.24 |
| 4 | 10.52 | 47.62 | 22.09 | 2.97 | 3.53 | 6.99 | 4.11 | 5.21 |
| 5 | 10.17 | 47.79 | 21.27 | 2.98 | 3.53 | 6.93 | 4.11 | 5.20 |

（注：由于未采用超前支护的工况计算无法收敛，无计算结果）

## 4.2 洞身收敛

监测断面水平收敛值见表 3。可以发现，减小上台阶高度能够有效控制洞身水平收敛值，并且洞身水平收敛值几乎不受超前加固长度的影响。进一步对拱肩、拱脚水平累计收敛值进行分析，发现上台阶高度的增加对拱肩的水平收敛值影响较为显著，上台阶高度为 7m、6m 时，拱肩收敛值分别比上台阶高度为 5m 的工况增加了 32.9%、20.1%。这可能是由于上台阶高度小，开挖后隧道上部收敛相对较小，并且初期支护的施做限制了隧道水平收敛进一步发展。随着上台阶高度的减小，拱脚水平收敛值也有减小，但没有拱肩收敛值变化那么显著。

## 4.3 掌子面挤出变形特征

通过对表 3 数据进行分析，主要研究台阶高度变化对掌子面挤出变形的影响。由于掌子面变形量最大位置通常位于断面中轴线，因此对中轴线 $y$ 方向位移进行提取如图 2 所示。

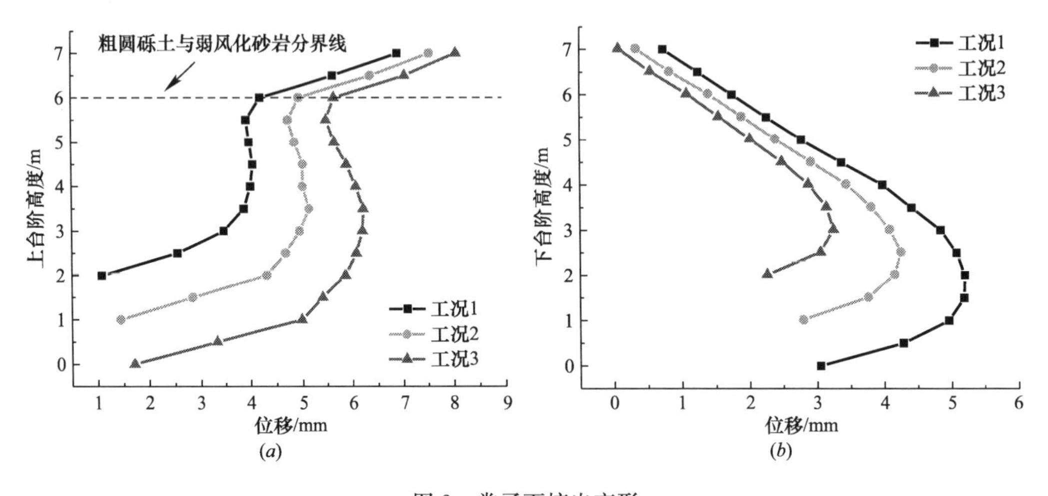


图 2　掌子面挤出变形

(*a*) 上台阶挤出变形；(*b*) 下台阶挤出变形

由图可知，各种工况下掌子面拱顶部位位移总是处于最大值，这是由于拱顶部位砂砾黏聚力较低，开挖后易坍塌，但由于土层厚度小且拱顶上部通过超前小导管进行了注浆加固，实际施工中仅仅会发生小范围土体掉落，施工中应采取在砂砾层部位喷射混凝土以提高掌子面稳定性。除顶部砂砾层位移较大外，上台阶挤出位移最大点发生在掌子面中部，掌子面中部挤出位移随着上台阶高度的增加而增加，工况 2、工况 3 相对于工况 1 分别提高了 25.3%和 51.2%；下台阶掌子面最大挤出位移发生在台阶中下部，掌子面挤出位移的大小随着上台阶高度的增加而减小，工况 2、工况 3 相对于工况 1 分别减少了 18.8%和 37.8%。

综合考虑台阶高度变化对掌子面挤出位移的影响，当上台阶高度为 6m 时，上、下台阶掌子面挤出位移控制较好，因此在开挖中建议上台阶高度为 6m。为进一步限制掌子面挤出位移，在砂岩层掌子面可布设锚杆进行加固处理，同时结合掌子面挤出位移的分布，采用锚杆对掌子面进行加固时，可对变形量较大的上台阶中部及下台阶中下部进行加密布设（如图 3 所示）。

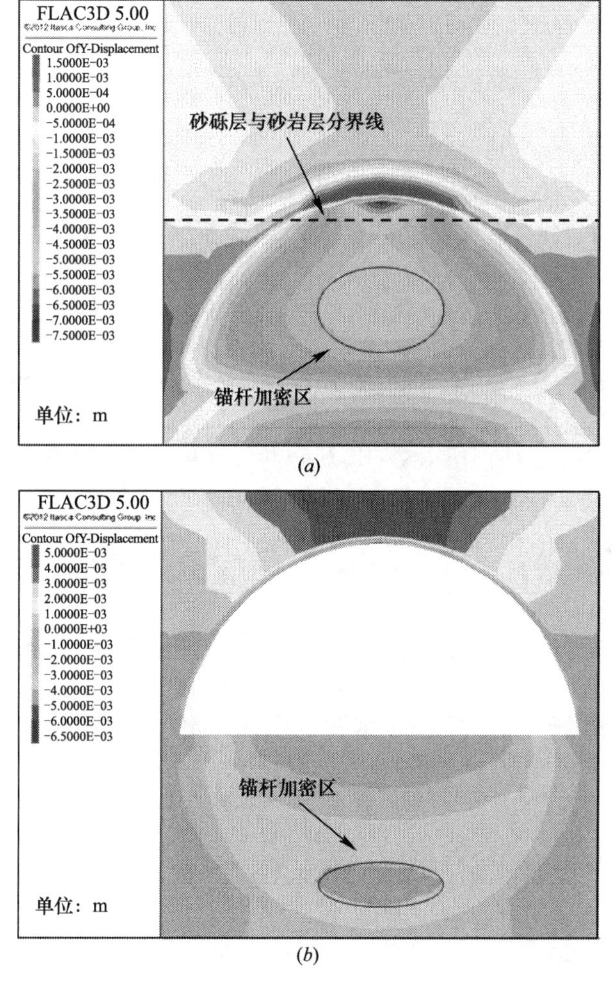


图 3 锚杆加密区

(a) 上台阶；(b) 下台阶

## 5 结论

基于有限差分法建立三维计算模型，研究超前加固长度及台阶高度变化对隧道围岩变形特性的影响，得出主要结论如下：

（1）台阶高度和超前加固长度对先行位移有显著影响。表现为上台阶高度增加时，先行位移在总位移中的占比增加；先行位移随超前加固长度的增加而不断减小，同时依据先行位移同超前加固长度的变化规律，认为超前加固长度取 5m 较为合适。减小上台阶高度能够有效控制洞身水平收敛值，并且洞身水平收敛值几乎不受超前加固长度的影响。

（2）当上台阶高度为 6m 时，上、下台阶掌子面挤出位移控制较好，因此在开挖中建议上台阶高度为 6m。同时为减小掌子面挤出变形，可对掌子面砂砾层进行喷射混凝土处理，在掌子面砂岩层应采用锚杆加固的方法，并对上台阶掌子面中部及下台阶掌子面中下部加密布设处理。

**参考文献**


[1] 徐国文，何川，代聪，等. 复杂地质条件下软岩隧道大变形破坏机制及开挖方法研究 [J]. 现代隧道技术，2017，54（5）：146-154.

[2] 高红杰. 关角特长隧道施工地质问题及成因分析 [J]. 铁道标准设计，2016（3）：87-91.

[3] 张顶立，孙振宇. 复杂隧道围岩结构稳定性及其控制 [J]. 水力发电学报，2018（2）：1-11.

[4] 范永慧，戴俊，李岳. 小导管预支护作用机理与效果分析 [J]. 工业安全与环保，2012，38（9）：79-82.

[5] 王新明，张学民，雷金山. 小管棚注浆法在软弱地层隧道施工中的应用 [J]. 中外公路，2007，27（5）：83-85.

[6] 刘运生，董敏，LiuYunsheng，等. 超前小导管参数对超前支护的影响分析 [J]. 都市快轨交通，2013，26（1）：97-99.

[7] 庞力，施召云. 超前小导管和管棚在隧洞塌方处理中的应用 [J]. 施工技术，2011（s2）：372-373.

[8] 杨良权，董杰，孙宇臣，等. 超前小导管注浆在卵砾石地层水工隧洞施工中应用 [J]. 工程地质学报，2015.

[9] 王铁男，郝哲，杨青潮. 超前小导管注浆布置范围对地铁隧道开挖的影响分析 [J]. 公路，2011（5）：54-58.

[10] 刘运生. 超前小导管管径和管长对其超前支护"棚架"效应的影响分析 [J]. 铁道标准设计，2012（s1）：30-32.

[11] 王婧，杨双锁，赵景阳，等. 基于正交试验的地铁隧道超前小导管参数优化研究 [J]. 建筑技术，2017，48（11）：1167-1170.

[12] 李文江，孙明磊，朱永全，等. 软弱围岩隧道台阶法施工中拱脚稳定性及其控制技术 [J]. 岩石力学与工程学报，2012，31（a01）：2729-2737.

[13] 宋曙光，李术才，李利平，等. 超大断面隧道软弱破碎围岩台阶法施工过程力学效应规律研究 [J]. 隧道建设，2011（s1）：170-175.

[14] 鲁建国，邓广哲，王小朋. 软岩巷道锚注支护技术研究 [J]. 采矿技术，2006，6（3）：326-328.

# 能源应用及环境治理篇

# 基于 MATLAB 绘制皮尔逊Ⅲ型频率曲线的探讨

安娟，吴永强，王利民，明亮，毛旭阳，王楚濛
（河北建筑工程学院　能源与环境工程学院，河北省张家口市　075000）

**摘　要**：MATLAB 凭借其强大的数据处理功能和绘图优势在工程数值计算领域有着广泛的应用。本文以张家口 xx 区实测 54 年的降雨量统计数据为依托绘制水文频率曲线，此曲线的绘制选用我国通用的皮尔逊Ⅲ型频率曲线为理论曲线。基于 MATLAB 平台实现海森频率格纸的绘制，通过计算机的多次迭代优化使得经验数据和理论频率曲线良好的拟合，得到理想的水文频率曲线，即可确定皮尔逊Ⅲ型概率密度曲线和频率曲线总体参数的最优解。此方法简洁、高效，为绘制工程水文频率曲线提供了一条精确、便捷的途径。

**关键词**：MATLAB；海森频率格纸；皮尔逊Ⅲ型频率曲线；工程水文

## 1　引言

传统的水文统计计算工作中，水文频率曲线的拟合通常借助离均系数 Φ 采用手工插值法计算，存在计算繁冗、工作量大、精确度低等问题。MATLAB 又称为矩阵实验室，基本数据单元是矩阵，它吸收了成熟的矩阵函数、绘图函数、概率论、数理统计及计算方法等方面的函数库，库函数同用户文件再形成统一的 M 文件，可供使用时随时调用。该软件具有高效的计算功能、强大的绘图功能，其易用性和人机交互的功能在工程领域得到广泛应用。本文通过 MATLAB 自带的函数库和优化工具，发挥其强大的绘图功能和数据处理的优势，不需要借助离均系数，大大提高了绘制水文频率曲线的效率。

## 2　水文频率曲线

水文分析计算中使用的概率分布曲线称为水文频率曲线，通常把由实测数据资料绘制而成的频率曲线称为经验频率曲线，把数学方程式所表示的频率曲线称为理论频率曲线。所谓水文频率分布线型是指用理论频率曲线与实测水文资料的经验点据拟合所得的理想线型，它的选择主要取决于经验频率点据与理论频率曲线的配合情况。分布线型的选择与曲线参数的计算是确定水文频率曲线的两大核心内容[1]。

### 2.1　经验频率曲线

工程水文中绘制经验频率曲线的基础是实测而来的经验数据，根据已有的实测数据，按从大到小的顺序排列，然后通过经验频率计算公式计算出每项数据对应的频率值，在频率格纸上以横坐标为经验频率，以纵坐标为水文变量，将这些相对应的数据点用一条光滑

的曲线连起来，该曲线称为经验频率曲线[1]。

经验频率曲线的统计和绘制工作都比较简单，但由于我国实测资料一般仅限于百年之内，很难满足实际工程中的需求[2~3]。所以采用理论频率曲线配合经验频率曲线，取两者最接近的线型为理想的水文频率曲线。

### 2.2 理论频率曲线

水文频率曲线的选择在不同国家采用的线型各不相同，我国水文工作者进行过大量的拟合比较分析，认为皮尔逊Ⅲ型曲线能与中国大部分地区的经验频率曲线较好的拟合，所以现在我国设计规范规定采用的理论频率曲线为皮尔逊Ⅲ型曲线[2]。

皮尔逊Ⅲ型概率密度曲线是一条一端无限、一端有限的不对称单峰、正偏曲线，数学上常称伽玛（Gamma）分布[2]，其函数如下：

$$f(x)=\frac{\beta^{a}}{\Gamma(a)}(x-a_0)^{a-1}e^{-\beta}(x-a_0) \qquad (a_0\leqslant x<+\infty) \tag{1}$$

### 2.3 在 MATLAB 中 XP 对应的 P 的推导

MATLAB 自身带有强大的函数库和数据优化功能，所以可不借用离均系数 Φ，直接对函数的总体参数进行求解，就可以实现皮尔逊Ⅲ型频率曲线的绘制，公式推导如下：

Gamma 概率密度函数如下：

$$f(x)=\frac{1}{\beta^{a}\Gamma(a)}x^{a-1}e^{-x/\beta} \tag{2}$$

令

$$x'=x-a_0,\ \beta'=\frac{1}{\beta},\ a'=a \tag{3}$$

代入（1）中，可得

$$f(x)=\frac{1}{(\beta')^{a'}\Gamma(a')}(x')^{a'-1}e^{-x'/\beta'} \tag{4}$$

通过比较（1）和（4）可以看出，此概率密度函数经过替换变形后，与 Gamma 函数基本一致。

在 MATLAB 中提供了相应的 Gamma 反函数 gaminv，具体形式为：

$$x=\mathrm{gaminv}(1-p,a,\beta) \tag{5}$$

因此，可根据皮尔逊Ⅲ型频率函数的参数 $a$ 和 $\beta$，代入（2）得到 $a'$ 和 $\beta'$，通过函数（4）即可得到不同频率 P 对应的 Gamma 函数值 XP′，皮尔逊Ⅲ型曲线频 P 的对应 XP 可通过式（5）得到：

$$\mathrm{XP}=\mathrm{XP}'+a_0 \tag{6}$$

由此可见，该方法可以避免运用传统的插值法复杂的计算过程，通过 MATLAB 能高效的实现参数的计算和水文频率曲线的绘制[4]。

## 3 海森频率格纸

海森频率格纸是在绘制皮尔逊Ⅲ型频率曲线中首选的格纸。正态频率曲线在普通横纵坐标均匀分割的格纸上是一条规则的 S 形曲线，并且绕该曲线的中心点旋转对称，海森频率格纸是对普通格纸进行变形，使其纵坐标均匀分割，横坐标不均匀分割从而将 S 形曲线变形成一条直线。将此原理应用于绘制皮尔逊Ⅲ型频率曲线中，避免了在水文频率中因两端的曲率太大不便延伸而造成绘制曲线不精确的问题。

在工程水文中仅依靠经验频率曲线无法满足实际需要，所以将经验频率曲线与理论曲线较好的拟合尤为重要。海森频率格纸将其横坐标采用正态概率划分，从而将皮尔逊Ⅲ型频率曲线变形将其“直线化”，这样可以更好的将经验频率曲线与理论频率曲线拟合，便于理论频率曲线精确的向两端外延，为我们的水文频率曲线提供更可靠的理论支撑。

# 4 应用实例

根据张家口 xx 区实测降雨量资料，如表 1 所示，通过 MATLAB 编程实现输出。

**张家口 xx 区实测降雨量资料** **表 1**

| 年份 | 降雨量/mm | 年份 | 降雨量/mm | 年份 | 降雨量/mm | 年份 | 降雨量/mm |
|---|---|---|---|---|---|---|---|
| 1963 | 376.6 | 1978 | 600.2 | 1993 | 213.7 | 2008 | 398.9 |
| 1964 | 645.7 | 1979 | 498.5 | 1994 | 620.7 | 2009 | 249.7 |
| 1965 | 364.4 | 1980 | 272.0 | 1995 | 581.9 | 2010 | 557 |
| 1966 | 447.9 | 1981 | 358.7 | 1996 | 463.6 | 2011 | 251.9 |
| 1967 | 470.3 | 1982 | 288.7 | 1997 | 297.5 | 2012 | 407.6 |
| 1968 | 344.0 | 1983 | 288.2 | 1998 | 456.9 | 2013 | 455.2 |
| 1969 | 413.5 | 1984 | 325.5 | 1999 | 254.2 | 2014 | 387 |
| 1970 | 368.0 | 1985 | 290.2 | 2000 | 296.2 | 2015 | 378.8 |
| 1971 | 407.0 | 1986 | 359.3 | 2001 | 268.6 | 2016 | 432.6 |
| 1972 | 363.7 | 1987 | 403.9 | 2002 | 298.6 | | |
| 1973 | 422.3 | 1988 | 373.2 | 2003 | 437.5 | | |
| 1974 | 469.3 | 1989 | 287.2 | 2004 | 434.4 | | |
| 1975 | 443.6 | 1990 | 380.3 | 2005 | 382.5 | | |
| 1976 | 391.7 | 1991 | 402.0 | 2006 | 273.6 | | |
| 1977 | 460.1 | 1992 | 441.4 | 2007 | 293.4 | | |

## 4.1 程序设计

水文频率曲线计算流程图设计主要包括 5 个步骤：①绘制海森频率格纸；②绘制经验频率曲线；③理论频率曲线与经验频率曲线的拟合；④求解皮尔逊Ⅲ型频率曲线总体参数；⑤皮尔逊Ⅲ型频率曲线。

## 4.2 程序编写

基于 MATLAB 平台编写程序如下：

### 4.2.1 基于平台编写绘制海森频率曲线

yh=1000

x=[0.01：0.01：0.1，0.2：0.1：1，1.2：0.2：2，3：20，22：2：80，81：98，98.2：2：99，99]；

对 x 轴划分；其中若 a：b：c 表示 a 到 c 公差为 b 的数列

y=norminv（x/100，0，1）；正态分布的概率值

y=y-y（1）

for i=1：size（y，2）

line([y（i）y（i）]，[0 yh])

end

line([y（i）y（i）]，[0 yh])

for i=0：100：yh

line([0，y（end）]，[i i])

end

h=findobj（' type'，' axes'）；打开水文数据文本文件

set（h，' xtick'，[]）%%，' xlim'，[0 y（end）]，' ylim'，[0 2000]）

%set（h，' ytick'，[]）%%，' xlim'，[0 y（end）]，' ylim'，[0 2000]）；设定 x 轴上线限值根据实际情况自己设置

xx=[0.01 0.05 0.1 0.5 1.0 5 10 15 20 30 40 50 60 70 80 85 90 99]；

yy=yy－yy（1）

set（h，' xtick'，yy）

set（h，' xticklabel'，{刻度值}）

### 4.2.2 基于平台编写绘制经验频率曲线

x0=[实测数据]；

x0=sort（x0）　对 x 轴的数据降序排列

x0=flipud（x0）函数实现矩阵的上下翻转

n=length（x0）

### 4.2.3 基于平台编写理论频率曲线与经验频率曲线的拟合

q=1：n

q=q'

p1=q./(1+n)

p=p1

x1=mean（x0）；

n=length（x0）；

k=x0./x1

k1=k－1

k2=k1.^2

k3=k1.^3

Cv=sqrt（sum（k2）/(n－1)）；

Cs=sum((k－1).^3)/((n-3)*Cv^3)；

p1=norminv（p1，0，1）

```
x=norminv (p, mu, sigma),
arfa=4/Cs^2;
beta=2/(x1 * Cv * Cs);
arfa0=x1 * (1-2 * Cv/Cs);
xp=gaminv (1-p, arfa, 1/beta)+arfa0;
p2=[0.01; 0.1; 0.2; 0.33; 0.5; 1; 2.5; 10; 20; 50; 75; 90; 95; 99];
p2=p2./100
p3=p2;
p2=norminv (p2, 0, 1)
p1=p1-p2 (1);
p2=p2-p2 (1);
xp1=gaminv (1-p3, arfa, 1/beta)+arfa0;
plot (p1, x0,' or')
```

### 4.3 程序运行

运行编写好的程序，在 MATLAB 中可得总体参数的解，见图 1；图 2 为基于 MATLAB 平台绘制的张家口 xx 区降雨量的皮尔逊Ⅲ型频率曲线，横纵的轴线代表的是海森频率格纸，圆圈代表的是经验点据，经验点据绝大部分在该频率曲线上，接近于直线的曲线代表的是经过多次迭代拟合后的理想皮尔逊Ⅲ型频率曲线。

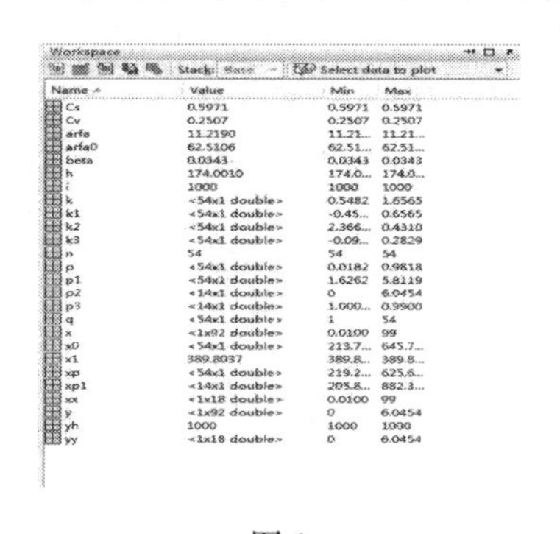

Workspace

| Name | Value | Min | Max |
| --- | --- | --- | --- |
| Cs | 0.5971 | 0.5971 | 0.5971 |
| Cv | 0.2507 | 0.2507 | 0.2507 |
| arfa | 11.2190 | 11.21... | 11.21... |
| arfa0 | 62.5106 | 62.51... | 62.51... |
| beta | 0.0343 | 0.0343 | 0.0343 |
| h | 174.0010 | 174.0... | 174.0... |
| i | 1000 | 1000 | 1000 |
| k | <54x1 double> | 0.5482 | 1.6565 |
| k1 | <54x1 double> | -0.45... | 0.6565 |
| k2 | <54x1 double> | 2.366... | 0.4310 |
| k3 | <54x1 double> | -0.09... | 0.2829 |
| n | 54 | 54 | 54 |
| p | <54x1 double> | 0.0182 | 0.9818 |
| p1 | <54x1 double> | 1.6262 | 5.8119 |
| p2 | <14x1 double> | 0 | 6.0454 |
| p3 | <14x1 double> | 1.000... | 0.9900 |
| q | <54x1 double> | 1 | 54 |
| x | <1x92 double> | 0.0100 | 99 |
| x0 | <54x1 double> | 213.7... | 645.7... |
| x1 | 389.8037 | 389.8... | 389.8... |
| xp | <54x1 double> | 219.2... | 625.6... |
| xp1 | <14x1 double> | 205.8... | 882.3... |
| xx | <1x18 double> | 0.0100 | 99 |
| y | <1x92 double> | 0 | 6.0454 |
| yh | 1000 | 1000 | 1000 |
| yy | <1x18 double> | 0 | 6.0454 |

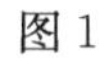

图 1

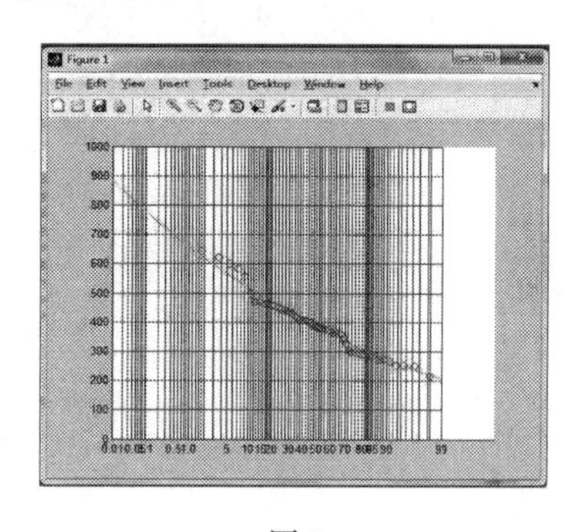


图 2

## 5 结语

基于 MATLAB 绘制水文频率曲线具有简洁、高效的特点，在降低计算难度的同时也提高了绘制的精准度。利用其函数库强大的数据处理功能，巧妙的避免了传统的借助离均系数插值法计算的烦琐过程。通过计算机多次迭代计算，将理想频率曲线与经验数据最大限度的拟合，在海森频率格纸上方便曲线向两端延伸，从而得到为工程所需的理想型水文频率曲线，此方法在实际工程中有一定的应用价值[5]。

### 参考文献


[1] 肖汉. 工程水文水力学 [M]. 郑州：黄河水利出版社，2015.

［2］ 黄理辉. 区域再生水资源循环利用［M］. 济南：山东大学出版社，2014.

［3］ 裴宗寿，刘海英. 祁连地区近30年降水变化特征分析［J］. 青海气象社，2010（01）：31-33.

［4］ 张晓艳，席秋义. 基于Matlab的P—Ⅲ型频率曲线优化适线程序的开发与应用［J］. 陕西水利，2014（6）：140-141.

［5］ 王铭，张海峰，王红涛. 计算技术在水文计算中的应用［J］. 河南科技，2015（16）：68-69.

# 基于 Pathfinder 的某高校图书馆人员疏散模拟研究

陈旭，邓大鹏，祖利朝，刘诺晨，王园园
（河北建筑工程学院　能源与环境工程学院，河北省张家口市　075000）

**摘　要**：为解决图书馆安全疏散时的拥挤问题，应用 Pathfinder 软件对图书馆内的人员数量、人员分布情况和人员逃生路线进行了模拟，创造性的提出了对大面积房间进行分区疏散的方案。结果表明：图书馆内人员数量分别为 500 人、1000 人、1500 人、2000 人和 3000 人时，所需的疏散时间为 224s、300s、371s、413s 和 746s；图书馆六楼自习人数由 680 人减至100 人时，疏散时间由 413s 降到 367s；将图书馆内三至六层的阅览室进行分区，分区后人员疏散时间由 413s 降至 327s，得出控制总人数、减少高层人数和合理分区来优化图书馆安全疏散的解决方案。

**关键词**：图书馆；软件模拟；疏散时间；分区优化

## 1　引言

学校是人口密集区域，作为整个学校中心的图书馆更是全校师生频繁出入的场所，一旦发生火灾，不但会造成严重的财产损失，更会对高校师生的生命安全造成威胁[1]。1991 年福建省建筑专科学校图书馆遭人为纵火，建筑物过火面积达 1000m$^2$，烧毁大量图书资料，损失折款 36 万多元，诸如此类的图书馆火灾并不罕见[2]。由于学生对消防知识的了解严重不足，对灭火器材缺乏认识，对火灾危险源和必要的灭火途径并不了解[3]，极易在火灾发生时产生慌乱、盲从、情绪同化等现象[4]，拥堵出口，造成踩踏等伤亡事故[5]。加上图书馆书架和自习桌椅分布密集，房间面积大，出口众多，导致学生在逃生时不能合理利用逃生出口，拥挤在少数房间出口和楼梯口处，延长了疏散时间。故通过对图书馆发生火灾等重大事故时人员逃生规律进行研究，从而制定出合理的逃生路径是非常必要的[6]。

## 2　图书馆疏散模拟

### 2.1　Pathfinder 简介

由于火灾危害大，情景重现可能性小，借助模拟软件对人员逃生规律进行研究成为趋

基金项目：研究生创新基金（XB201746）；河北省大学生创新创业基金（201710084016）；张家口市科学技术研究与发展指导计划项目（1421005B）。

通讯作者：邓大鹏（1978—），男，河北省石家庄市，副教授，硕士学位，研究方向：BIM 技术在市政工程领域的应用。

势[7]。用于疏散模拟的软件是由美国 Thunderhead Engineering 公司开发的一种基于人员进出和运动的模拟器—Pathfinder[8]。它由图形用户界面、模拟器和 3D 结果查看器三个模块组成，模拟人员移动和进出建筑物的全过程，准确确定每个个体在灾难发生时的最佳逃生路径[9]。

Pathfinder 中的人员运动有 SFPE 和 steering 两种模式。基于 SFPE 模式时，行人之间不存在相互干扰，步速由每个房间内的人员密度确定，门的流量由门宽控制。steering 模式允许更复杂的行为作为移动算法的结果，行人会沿着规划好的路径向出口前进。在 steering 模式下，行人的移动受到周围环境和其他行人的影响[10]，因此更符合逃生时人员的真实运动情况，故本次模拟选择 steering 模式。除此之外，Pathfinder 还能在模拟过程中自动生成一系列的表格和文档[11]，如人员走过的门和楼梯，所用的疏散时间，每扇门的人流量和拥挤情况等。通过结合人员疏散路径和文档中导出的数据，找到人员疏散的最佳解决方案[12]。

## 2.2 模型的建立

本次模拟以河北建筑工程学院新校区图书馆为研究对象，总建筑面积为 3.7 万 $m^2$，共六层，阅览座位 2000 余席。图书馆每层可容纳的师生数量如表 1 所示。

图书馆每层可容纳的师生人数　　表 1

| 层数 | 一楼 | 二楼 | 三楼 | 四楼 | 五楼 | 六楼 | 总计 |
|---|---|---|---|---|---|---|---|
| 人数（人） | 280 | 200 | 280 | 280 | 280 | 680 | 2000 |

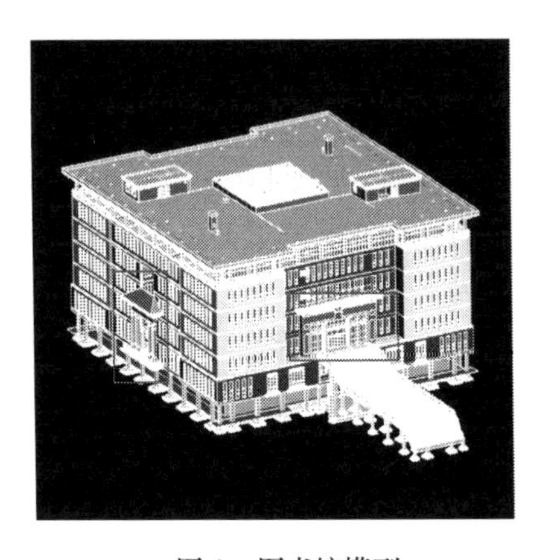

图 1　图书馆模型

本次疏散模型是通过将早期已建好的图书馆 BIM 模型经过一系列的简化后，导入到 Pathfinder 中生成每层的地面，再添加一定数量的人员。BIM 模型精细化程度高，不仅真实的还原了房间和门，还很好的展示了书架和桌椅的位置，以此模型为基础，使得 Pathfinder 建模更加精准和快捷，也使得疏散结果更加真实可靠。图书馆模型如图 1 所示，左侧红色矩形框是一层西出口，右侧红色矩形框是二层南出口，其正下方为一层南出口。一层共东西南北四个出口，二层仅有南北方向两个出口。一楼与二楼之间设有四架疏散楼梯，三至六楼之间设有六架疏散楼梯和两部直梯，考虑到发生火灾或者紧急情况时，为防止发生中途断电或者一氧化碳等有害气体入侵的情况，整个疏散过程不考虑电梯的使用。

## 2.3 人员参数的设定

进出图书馆的人员以在校的大学生、研究生和教职工为主，对图书馆较熟悉，反应灵敏，行走速度快[13]。本次模拟选取男女比例 1∶1，肩宽 45.58cm，步行平均速率为 1.2m/s，人员行为设置为寻找最近出口逃生[14]。

## 2.4 疏散结果分析研究

### 2.4.1 疏散总人数与疏散时间的关系

图书馆内设置的阅览座位为2000余席。由于图书馆内的人数会有波动，根据不同的情况分别模拟图书馆内人数为500人、1000人、1500人、2000人和3000人五种情况下的人员疏散。由图2可看出当图书馆内人数在500人以内时，随着疏散人数的增加，疏散时间增长速率较大；当图书馆内人数在500人至1500人之间时，疏散时间变化较平缓；当图书馆内人数在1500人至2000人之间时，疏散时间增长速率极为缓慢；而当图书馆内人员超过2000人时，随着人员数量的增长，疏散时间快速增长。

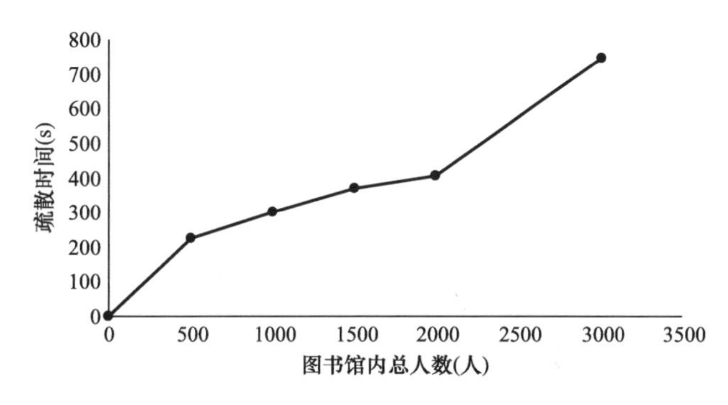


图2 图书馆内总人数与疏散时间关系图

根据疏散人数的不同，本次模拟设置五种情况。情景1：图书馆内总人数为500人时，疏散总时间为224s。情景2：图书馆内待疏散人员为1000人时，疏散时间为300s。情景3：图书馆内总人数为1500人时，疏散总时间为371s。情景4：图书馆内满座的情况下，共有师生2000人，疏散总时长为413s。疏散时间为24.8s时如图3所示，图中被红色线框标示的地方为疏散楼梯，在疏散过程中，南北两侧阅览室内楼梯口人员密度过大，拥挤严重，而阅览室外楼梯口人员密度小，在127.9s时，阅览室外楼梯已经疏散完毕，而阅览室内楼梯还处在拥堵当中，楼梯使用不均匀是疏散时间过长的主要原因。情景5：当图书馆举办活动时，馆内挤满了学生，使得人数激增，假若此时图书馆内共有师生3000人，疏散时间将大大延长至746s，持续拥挤的最长时间为420.23s。

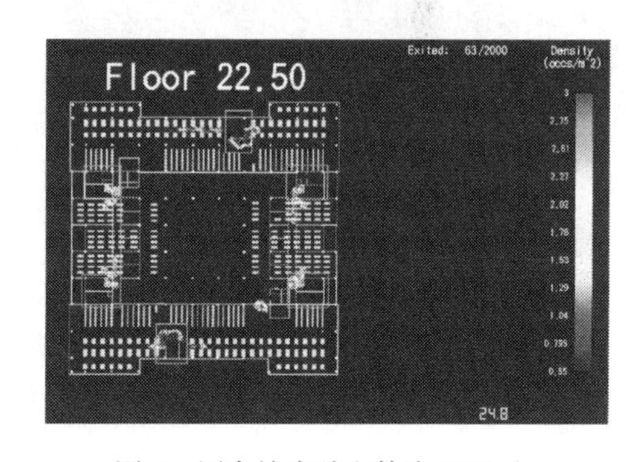


图3 图书馆内总人数为2000人时六楼疏散图

### 2.4.2 疏散人数为2000人时，疏散时间与六楼自习人数的关系

人员在楼梯上行走以及在楼梯口拥挤，是造成疏散时间长的主要原因。若将六楼自习的座位减少，安排在低楼层，将会减小使用楼梯的人数，利于疏散的快速进行。

因为图书馆一楼为微机室和外语机房，人员数量固定，故将六楼减少的人员安排在二楼大厅。控制图书馆内总人数为2000人时，观察疏散时间与六楼自习人数的关系，具体情况如表2所示。

疏散时间与六楼自习人数关系表　　表 2

| 六层人数（人） | 680 | 300 | 100 |
|---|---|---|---|
| 疏散时间（s） | 413 | 371 | 367 |

由表 2 可知，六楼自习人数越少，楼梯拥挤程度越低，疏散时间越短，利于人员安全撤离，尤其六楼人数由 680 人降至 300 人时，疏散时间减少了 10.17%，故应尽量将六楼自习人数调整到二楼大厅，以降低人员遇险概率。

### 2.4.3 图书馆内大空间区域划分与疏散时间的关系

由于图书馆阅览室空间大，出口多，学生在遇到紧急情况时会产生恐慌和从众心理，促使大量学生涌入同一楼梯口，造成各楼梯使用不均匀。为避免学生拥挤楼梯口，影响疏散效率，现将图书馆内面积较大的阅览室进行分区。

根据情景 4，图书馆内 2000 人时，学生疏散情况如图 3 所示，可见南北两侧阅览室内的楼梯拥堵严重，而阅览室外楼梯则疏散较快。现将三至六楼南北两侧阅览室进行分区，划分结果如图 4 所示（四个楼层的划分情况一致），图中红色实线为分区方案，箭头指示不同分区内学生的疏散路径。分区后，只有靠近疏散楼梯的学生使用阅览室内楼梯进行疏散，阅览室东西两侧的学生则穿过阅览室的侧门，由图书馆中间的 4 架楼梯疏散。如此划分之后，疏散结果如图 5 所示，各楼梯使用均匀，人员拥堵情况得到缓解，疏散时间由最初的 413s 下降至 327s，成效显著。

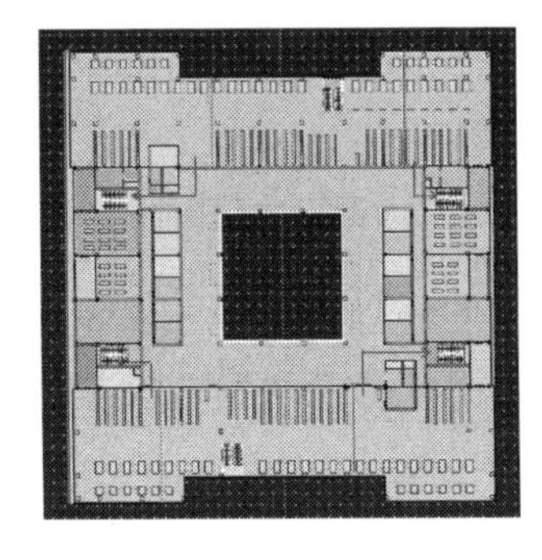

图 4　三至六楼阅览室分区图

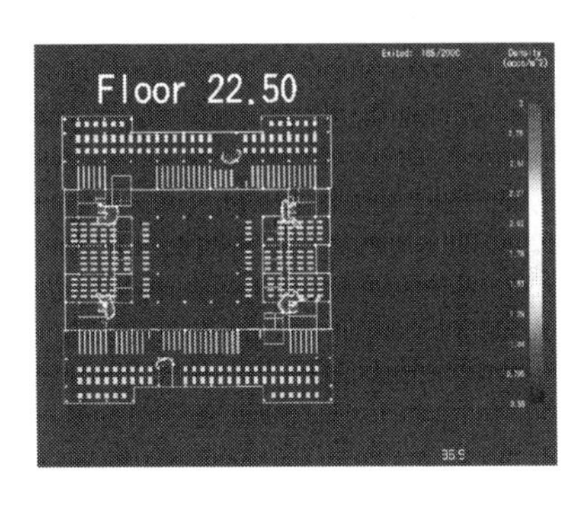


图 5　分区后疏散效果图

为提高疏散效率，减少人员伤亡情况，图书馆内的疏散指示图应按照上述分析结果进行划分，并标明各区域对应的疏散楼梯，当有火灾等紧急情况发生时，还应指派专人在图书阅览室和各楼梯口进行疏散指导，使学生安全快速的撤离。

## 3 结束语

通过研究疏散总人数与疏散时间的关系，发现图书馆内待疏散的人员分别为 500 人、1000 人、1500 人、2000 人和 3000 人时，对应的疏散时间为 224s、300s、371s、413s、746s。当疏散人数少于 500 人时，图书馆内人员随机分布，各个楼层分布的人数不均匀，疏散时间变化较大。当图书馆内人数在 500～2000 人之间时，随机分布的情况下，各楼层人数较均匀，疏散时间变化平稳。当图书馆内人员数量超过 2000 人时，人员在楼梯上行走时间过长形成拥堵是造成疏散时间过长的主要原因。

通过研究疏散时间与六楼自习人数的关系，发现当六楼人数为 680 人、300 人和 100 人时，疏散时间由 413s 降至 367s，疏散效率提高了 11.14%，这充分证明了疏散时间与人员在楼梯上行走和拥堵密切相关，故应尽量将六楼自习人数调整到二楼，以降低人员遇险概率。

通过研究图书馆内大空间区域划分与疏散时间的关系，得出对图书馆阅览室进行分区，疏散时间可由 413s 降至 327s，疏散效率提高了 20.8%，能使学生安全高效的撤离。

## 参考文献


[1] 王伟，王静，柯琪材. 高校图书馆火灾数值模拟与分析 [J]. 安全，2011，3：11-17.

[2] 王静，王伟，柯琪材，等. 基于 Pathfinder 的某高校图书馆人员疏散模拟研究 [J]. 安防科技，2011，6：3-7.

[3] 赵翠，袁树杰，丁蕴蕾. 影响图书馆火灾疏散效率的因素调查分析 [J]. 安全，2013，3：14-17.

[4] 李建鹏. 教学楼火灾疏散数值模拟与性能化分析 [D]. 哈尔滨：哈尔滨工业大学，2012.

[5] 王莉. 基于 PATHFINDER 的公共场所人员疏散行为规律及仿真模拟 [J]. 西安科技大学学报，2017，37 (3)：358-364.

[6] 马哲，孙华玲. 图书馆书库的火灾危险性和安全疏散 [J]. 消防科学与技术，2006，25 (4)：492-494.

[7] 任荣. 基于 BIM 技术的建筑消防系统优化 [D]. 郑州：郑州大学，2015.

[8] 胡江文. 某大学图书馆安全疏散模拟及方案优化分析 [J]. 消防科学与技术，2014，33 (3)：286-290.

[9] 彭电华，侯龙飞，吴建星，等. 高等院校大型图书馆火灾人员疏散模拟与方案优化 [J]. 工业安全与环保，2012，38 (12)：43-46.

[10] 方潇宇，杨祯山. 基于 Pathfinder 的高层建筑应急疏散仿真研究 [J]. 渤海大学学报（自然科学版），2016，37 (2)：177-183.

[11] 王锟，盛武，段若男. 基于 Pathfinder 的高校教学楼出口人员疏散仿真研究 [J]. 中国安全生产科学技术，2016，12 (7)：180-186.

[12] 胡望社，李俊钊，李自力，等. 基于 pathfinder 的地下公共空间出入口疏散设计研究 [J]. 贵州大学学报（自然科学版），2016，33 (1)：103-106.

[13] 王伟，王静，柯琪材. 基于 Pathfinder 在高校图书馆火灾应急响应分级中的应用 [J]. 安防科技，2011，7：5-8.

[14] 于海燕，韩灵杰，胡飞. 校园宿舍楼人员紧急逃生行为仿真 [J]. 福建电脑，2017，5：35-36.

# 浅析热需求侧能耗影响因素

陈亚超，王晔，刘凯龙，李慧俭，贾俊崇，赵昕波
（河北建筑工程学院　能源与环境工程学院，河北省张家口市　075000）

**摘　要：**在目前我国集中供热系统节能减排工作中，人们往往从热源和热网着手，而对降低热需求侧的能耗重视不够。本文简要分析了影响集中供热系统需求侧能耗的因素，并为降低需求侧能耗提供了合理的技术方法，实现节能减排。
**关键词：**集中供热系统；需求侧；节能减排

我国的集中供热系统经过几十年的迅猛发展，逐步取代了传统能耗较大的分散式供暖方式，对于提高能源使用效率和生态文明建设起着重要的作用，但供热系统各部分在运行中也会出现各种形式的热损失。为了减少供热系统运行过程中的热损失，我国制定了许多具体的技术政策和法规，但基本都是从热源和热网处着手，往往对供热系统需求侧重视不够，因此供热系统需求侧仍然存在较大的节能潜力。通过分析影响需求侧能耗的因素，找到合理的应对措施和节能技术，可以更好地实现整个供热系统的节能减排。

## 1　影响需求侧供热能耗的因素

第一，需求侧的供热负荷受建筑物围护结构的影响较大。围护结构的材料选取不恰当、传热系数较大、未采取保温措施以及窗墙比设计不合理等因素都会导致围护结构的保温、透气状况不佳，从而使需求侧的供热能耗增加。

第二，未能在热需求侧实现分时分区自主调节功能。在未采取分户热计量等不能自主调节供热的建筑中未能实现按时按需供热，从而造成需求侧不必要的能源消耗。

第三，需求侧无法有效利用自由热。人体散热、家电散热、太阳辐射均属于自由热，地区不同，自由热也会有差异。而在现阶段的供暖设计中，往往忽略掉这一部分热，无法利用自由热以更快提高室温[1]。

第四，供热管网的设计、施工和后期维护不合理。供热管网的设计、施工和维护不合理都会引起需求侧出现热力失调，从而导致靠近热源处的热需求侧的室内温度较高，人们需打开门窗散热，而离热源较远的热用户由于室内温度较低，从而采取电暖气供热等方法提高室内温度，又造成了需求侧多余的能源消耗。

第五，需求侧的散热设备选型不合理，安装方式和位置不正确，散热设备的散热性能和质量不佳，也会间接提高需求侧的供热能耗。

## 2 基于需求侧节能减排策略

### 2.1 做好建筑围护结构的保温与隔热

集中供热的目的是提高采暖季室内的温度，增强人民在寒冷季节的室内生活舒适性。需求侧的热量主要是通过围护结构向外界散失，因此提高建筑围护结构的保温和隔热性能是实现节能减排的重要途径。建筑物的围护结构保温主要是针对墙体、门窗和屋面。在设计和施工时，要结合当地实际情况，充分考虑影响围护结构保温性能的因素，采取合理的技术方法来降低围护结构的传热系数，减少需求侧的能耗。

### 2.2 采用分户热计量和室温控制装置

分户热计量可以实现按照需求侧的热负荷变化规律进行供暖，在不需供暖的时间段和地点，需求侧可以自行切断用热，真正做到按时按需供热，提高了热舒适性；其次，分户热计量系统取代传统供热系统后，解决了传统供热系统仅根据热用户的供暖面积而不是根据实际用热多少收费的问题，使需求侧各热用户的用热收费更加公平，更加能够调动用户主动节能的积极性。

### 2.3 基于需求侧的实际用热量做好水力平衡调节

供热管网水力平衡对需求侧能耗的影响很大，一旦供热管网出现水力失衡问题，就会引起需求侧冷热不均、增加能源消耗等问题。于是，在设计集中供热系统时，必须使系统水力平衡得到保障，以增强水力稳定性。为此，管理人员必须科学管理，使用适合集中供热系统实际情况的技术方法，通过先进的管网调节手段实现系统的水力平衡，既有利于减少能源浪费，又能有效提升居民生活质量[2]。

## 3 集中供热系统基于需求侧能耗的节能技术

### 3.1 太阳能（自由热）辅助加热技术

在建筑供热系统中，将集中供热系统中供暖设备与辅助太阳能加热设备结合，利用太阳能进行加热。太阳能作为绿色能源，具有成本低、环保等优点，已被广泛应用于生产生活中。可建设利用太阳能辅助加热技术的集中供热系统，其自动化能力强、稳定度高，而且不会排放烟气，既节约能源，也可提高整个系统的经济性。可针对不同用户，提供全程一站式专业服务，具体涉及方案制定、设备选择、工程施工等[3]。

### 3.2 提高建筑围护结构保温隔热性能的技术

在需求侧围护结构设计阶段，要结合建筑物实际情况，尽可能减少建筑物的体形系数。建筑物体形系数是建筑物表面积与体积之比，体形系数越大，需求侧热损失就越高。在满足用户采光需求的同时要选择合适的窗墙比，选用传热系数小的节能窗户，窗框采用热导率小的金属、塑钢、木塑等复合材质窗框，玻璃选用中双层或多层中空玻璃、镀膜Low-E玻璃等[4]，可以达到门窗节能的要求。需求侧围护结构的外墙保温技术采取外墙外保温技术来达到节能的要求。

在需求侧围护结构的施工阶段，要建立完善的组织制度和保障系统。在需求侧围护结构保温工程中，工作人员要严格遵照相关规范和标准，从工程所需的保温材料的选择到具体施工，都要做到科学合理并且要加强质量管理，建立相应的制度规则，切实提高围护结构的保温性能。利用信息化管理手段，监督负荷变化情况，及时淘汰保温性能差的保温材料。

## 3.3 分户热计量技术

分户热计量技术是指以集中供热为前提，通过一定的供热调控和计量手段，实现用热量的按户计量与收费。目前，我国分户热计量的主要实行技术为以下三种：

(1) 利用热量表直接测量热用户从供热系统中的取热量。一套完整的热量表由热水流量计、一对温度传感器和积算仪组成。通过测量热用户的入户流量以及供回水温度，然后计算得到每个热用户的用热量。热量计算公式如下：

$$Q = \int GC(t_{g} - t_{h})\mathrm{d}\tau \tag{1}$$

式中 $G$——热用户的循环流量，kg/h；

$C$——热水的比热容，$C$=4187J/(kg·℃)；

$t_{g}$、$t_{h}$——热用户的供回水温度,℃；

$\tau$——计量仪表的采暖周期，s。

该方法在原理上能够准确测量热用户用热量，但当用户供回水温差较小时，计量误差较大，此外该方法初投资较大，施工安装复杂。

(2) 利用热量分配表测定用户散热设备的散热量来确定用户的用热量。该方法原理是利用散热器平均温度与室内温差值的函数关系来确定散热器的散热量。具体方法是通过在每个散热器上安装热量分配表，测量计算每个热用户的用热比例，通过总表来计算热量。常用的热量分配表有蒸发式和电子式。该方法的特点是初投资较低、安装使用方便、计量较准确、并可在户外读值。

(3) 温度法计量（室温分摊法)。该方法是通过测定用户室内、外温度，并对供暖季的室内、外温差累计求和，然后乘以体积热指标来确定用户用热量。热量计算公式如下：

$$Q = q_{v}V\int(t_{n} - t_{w})\mathrm{d}\tau \tag{2}$$

式中 $q_{v}$——建筑物的体积供热热指标，W/(m$^{2}$·℃)；

$V$——房间体积，m$^{3}$；

$t_{n}$、$t_{w}$——采暖季室内外温度,℃；

$\tau$——计量仪表的采暖周期，s。

该方法不需要测量热用户用热流量，不受建筑供热系统形式的影响，且初投资较低。但由于测得的热量只与设定或测得的室温有关，无法对用户开窗等造成热量浪费的现象进行约束，不利于节能[5]。

现阶段我国分户热计量技术推广仍存在诸多困难，分户热计量技术的实施效果参差不齐。针对该现状，国家要进一步出台相应的法律法规和政策来规范和约束分户热计量技术的实施推广，同时相关从业人员也要加大对分户热计量技术研究创新力度。普通民众也要积极响应国家关于分户热计量改革的号召，不断提高自我节能意识。

## 4 结语

节能降耗是集中供热系统设计和运行的重要内容，可以从系统各个环节入手，通过分析影响热用户即需求侧的能耗因素，提高需求侧围护结构的保温隔热性能，采用太阳能辅助加热、分户热计量等技术方法，并使用先进的管网调节手段实现整个集中供热系统的水力平衡。这样既有利于减少能源浪费，又能更好地实现整个供热系统的节能减排，提高人民群众的生活质量。

### 参考文献


［1］ 董航．城市集中供热系统节能减排工作的研究分析［J］．低碳地产，2016（18）：212.

［2］ 刘波．试论城市集中供热系统节能减排问题与对策［J］．科技致富向导，2015（3）：117.

［3］ 孙月辉．城市集中供热面临的问题的应对措施［J］．引文版：工程技术，2015（39）：51.

［4］ 周维楚．提高武汉地区建筑围护结构保温隔热性能的途径［J］．墙材革新与建筑节能，2006（3）：36-37.

［5］ 王庆军．分户热计量概述［J］．中国住宅设施，2010（6）：43-44.

# 数值模拟受限空间内受垂直风速影响的下落微粒流场特性

高梦晗，刘泽勤
（天津商业大学机械工程学院，冷冻冷藏技术教育部工程研究中心，天津市制冷技术重点实验室，天津市制冷技术工程中心，天津市 300134）

**摘 要**：在微粒流的自由下落过程中，环境空气会被卷吸到微粒流中，形成微粒羽流，微粒在环境空气中的运动特性是人工环境控制研究领域的重要课题之一。本文通过 CFX 模拟软件，对受限空间内不同密度下的微粒以及不同垂直送风风速情况下做自由下落运动的微粒进行分析。在本研究范围内表明，风速由 1m/s 增至 2.5m/s，流束外的微粒浓度峰值逐渐向坐标轴正方向移动，微粒流束对空间内分散的微粒的卷吸作用逐渐增强；微粒密度由 350kg/m$^3$ 增至 3000kg/m$^3$，上部空间流束的浓度峰值由 $x$=0.118m 向坐标轴负方向移动至 $x$=0.038m，微粒流对空间内的微粒的卷吸作用逐渐增强。
**关键词**：微粒羽流；气固两相流；运动规律；浓度分布

## 1 引言

自由下落散料微粒以气固两相流形式在环境空气中运动，而对自由下落微粒散料气固两相流的研究属于通风除尘专业与能源、冶金、石油、化工、国防等相关专业交叉学科的基础应用性研究[1]。随着科学的进步和社会的发展，学术界对气固两相流在工业领域中的应用（如在煤粉燃烧、气力输送、环保除尘等场合）研究日益重视和广泛关注[2]。

散料微粒在其输送过程中，常呈现散料流的自由下落现象，由于散料流中微粒所受的重力、空气浮力、环境空气的摩擦阻力等作用的影响，在其自由下落过程中会有微粒不断向四周散射。当微粒流在环境空气中自由下落时，环境空气由于受到微粒流的卷吸作用不断被卷吸到流场中，微粒流流场半径逐渐增大，流场内微粒浓度逐渐减小，形成微粒羽流[3]。微粒羽流属于气固两相流的一种，近年来，气固两相流领域得到了相对快速的发展，新型的气固传送技术、气固分离技术以及类似 PIV 测试技术等涉及气固两相流研究的新技术不断被开发与应用。此外，一些新的实验技术以及数值计算软件的普及应用也在很大程度上推动了气固两相流的发展[4]。

气固两相流的流动特性比较复杂，流场中气固两相之间相互作用机理的相关报道较为少见。对于自由下落微粒羽流流场的特性研究，主要是在无限大空间的前提下进行的基础性研究，李小剑[5]运用数值模拟和实验研究两种手段对物料微粒与环境空气在多因素（微

---

作者简介：高梦晗（1994—），女，硕士，研究方向：人工环境控制。
通讯作者：刘泽勤（1961—），男，教授，研究方向：空调制冷，人工环境控制。

粒粒径、微粒密度、微粒质量流量等）影响下的耦合机理进行深入分析和研究，王蕊[6]通过理论分析和实验研究两种手段分析单个微粒、微粒群在环境空气中自由下落时摩擦阻力系数的变化规律以及微粒物性参数与环境空气参数之间的耦合规律，白艳中[4]在上述研究的基础上，运用数值模拟和实验研究的手段对微粒流在水平流动的环境空气中自由下落时的变化规律进行了详细的研究。

一些行业需要有关受限空间内下落微粒流动特性的研究，如制药行业在对药粉进行杀菌的过程中要避免挂壁。本研究采用数值模拟，探索受限空间内自由下落微粒羽流受垂直方向的环境空气影响的流场特性，即自由下落微粒浓度的变化规律。使用数值模拟方法对有限空间内自由下落微粒羽流在垂直风速环境中的流场特性进行研究，为改善工作环境、提高空气品质等方面提供更多的参考依据。

# 2 数值计算

## 2.1 数值模拟软件

本研究采用 ANSYS CFX 软件对研究对象进行数值模拟。该软件由于其精确的计算结果、丰富的物理模型以及强大的扩展性能，被广泛应用于航空航天、机械、能源、火灾安全等领域，主要用于模拟传热、应力变化、辐射、混合传热、流体流动、多相流、燃烧等过程。此外，工业生产中存在多种流动，如单位微粒运动、自由表面流动、连续相及分散相的多相流等，可以通过 CFX 软件中的多相流模型分析模拟[7]。

ICEM CFD 软件可以快速生成多种形式的网格，可提供 CAD、CAE、PRO/E 等软件接口，方便快捷，是常用的网格划分工具。该软件在生成网格的过程中，能实现边界层网格加密、流场急剧变化区域网格加密，为数值模拟提供合理的计算网格。本文选用 ICEM CFD 进行建模与网格划分[8]。

## 2.2 模型建立及数值模拟设置

基于微粒的运动特性，在进行受限空间微粒自由下落数值模拟之前，需要对微粒流的理论模型进行几点基本假设：1）微粒视为球形，密度均匀；2）微粒密度远大于气体密度；3）微粒体积分数小于 10%，忽略微粒间的相互碰撞；4）气体视为不可压缩的连续相[7]。

对于假设的不可压缩气体相，忽略体积力，则气相控制方程可表示为：

连续性方程：

$$\frac{\partial u_i}{\partial X_i}=0 \tag{1}$$

动量方程：

$$\frac{\partial u_i}{\partial t}+\frac{\partial u_i u_j}{\partial X_j}=-\frac{1}{\rho}\frac{\partial P}{\partial X_i}+\frac{1}{Re}\frac{\partial}{\partial X_j}\left(\frac{\partial u_i}{\partial X_j}+\frac{\partial u_j}{\partial X_i}\right)-\frac{1}{\rho}f_{\mathrm{D}} \tag{2}$$

能量守恒方程：

$$\rho\frac{\partial u}{\partial x}=\frac{\partial}{\partial x}\left[\left(\frac{\eta}{Pr}+\frac{\eta_t}{\sigma_t}\right)\frac{\partial \theta}{\partial x}\right] \tag{3}$$

式中：$i$ 为 $x$ 方向节点与界面的标号，$j$ 为 $y$ 方向节点与界面的标号，$u_i$、$u_j$ 为气相研究节点$i$、$j$方向的速度分量，$P$为压力，$\rho$为空气密度，$f_D$为单位控制体积的微粒作用于气体的阻力。

微粒在自由下落过程中，所受到的作用力包括重力、浮力、气体作用于微粒的曳力、压力梯度力等。

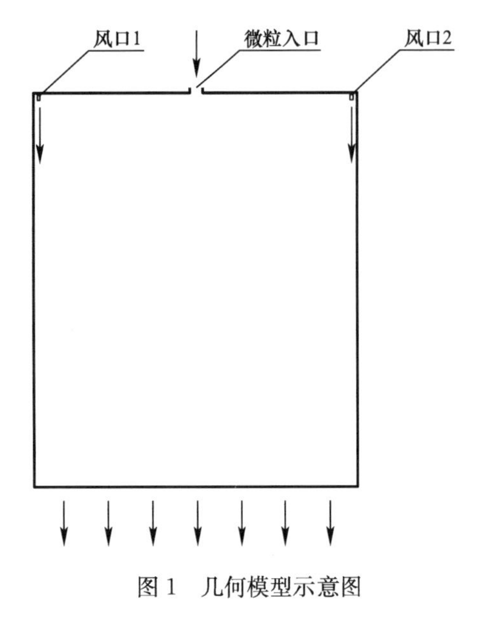

图1　几何模型示意图

在数值模拟的过程中，建立一个虚拟的二维空气空间，空间内顶部两侧设有垂直向下的风口，微粒从空间的顶部中间进入，质量流量为0.0056kg/$m^3$，从下部空间出。二维空间的具体尺寸为500mm×1000mm，微粒入口尺寸为20mm。几何模型示意图如图1所示。

本文数值模拟微粒下料口的边界条件设置为入口（inlet），上边界（除微粒下料口）以及左右边界设置为墙壁边界条件（wall），在模型下侧边界（即微粒下落流出边界）设置为自由出流边界（opening）。风口压力设置为0Pa。需要说明的是，计算区域入口和出口处不能都设定风速条件或者都设定压力条件，即进口设置为风速条件，出口必须设置压力条件，否则无法进行数值计算[9]。由于CFX只有3D求解器，无法直接计算二维问题，因此在求解时，将模型所有平面的边界条件设置为对称面（symmetry）。在模拟过程中，连续相采用标准k-ε模型。

数值模拟过程中，环境空气的参数设定选用常温（即25℃）时的相关参数，假定环境空气为连续相，不可压缩流体。为了方便与实验结果进行对比分析，对不同工况模拟详细参数见表1。

**不同工况模拟详细参数表　　表1**

| 工况名称 | 风速 m/s | 微粒密度 $kg/m^3$ |
|---|---|---|
| 不同风速对流场的影响 | 1.0 | 350 |
| | 1.5 | 350 |
| | 2.0 | 350 |
| | 2.5 | 350 |
| 不同密度微粒对流场的影响 | 1.5 | 350 |
| | 1.5 | 1000 |
| | 1.5 | 2000 |
| | 1.5 | 3000 |

## 3　数值模拟结果及分析

### 3.1　不同风速对微粒流场的影响

在微粒密度相同的前提下，对不同风速环境下的微粒速度场模拟结果进行对比分析，可得到微粒的运动方式随风速改变的变化规律。图 2～图 5，分别为风速为 1m/s、1.5m/s、2m/s、2.5m/s 时的自由下落微粒速度矢量图。图 6～图 9，分别为风速为 1m/s、1.5m/s、2m/s、2.5m/s 时的自由下落微粒浓度分布图。

取出口边界的中点（图 10 中红点）为坐标零点，为确保数据的准确性，选取距离出口界面 0.1m 处的直线上的数据，如图 10 所示。

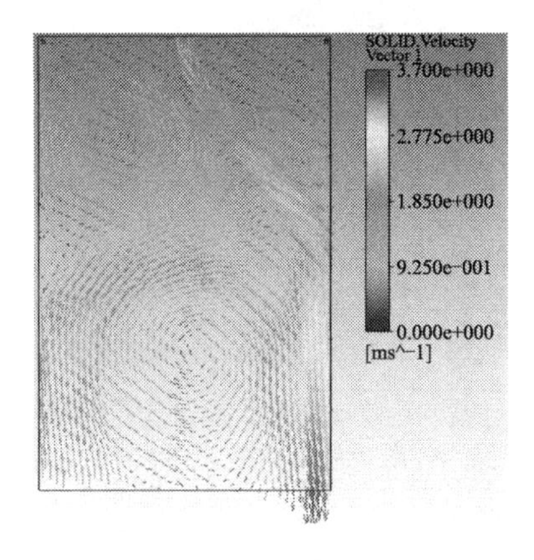


图 2 速度矢量图（1m/s）

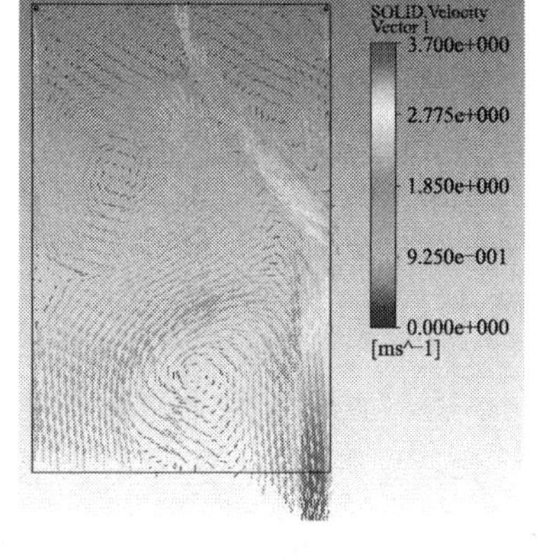


图 3 速度矢量图（1.5m/s）

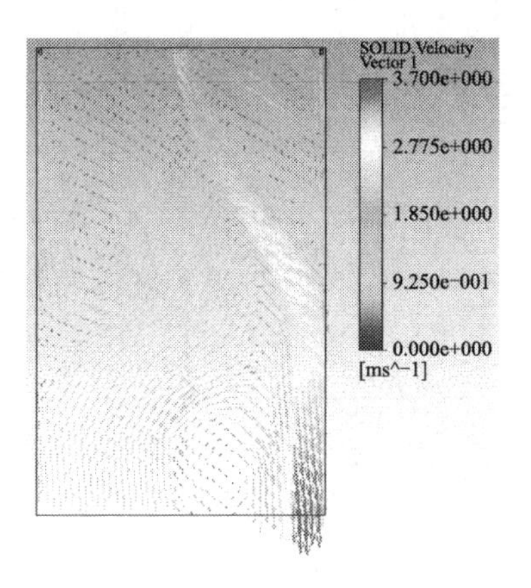


图 4 速度矢量图（2m/s）

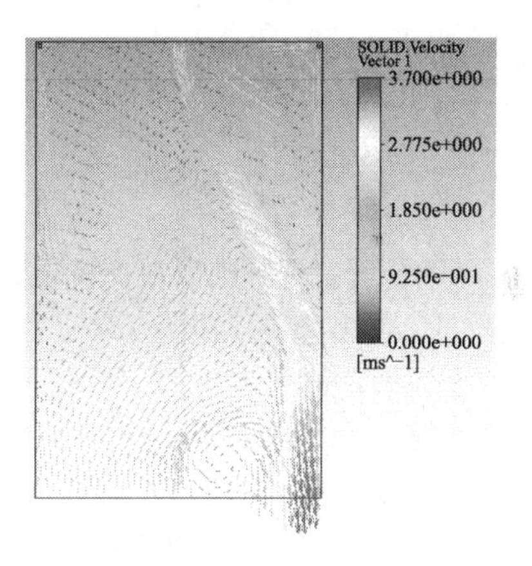


图 5 速度矢量图（2.5m/s）

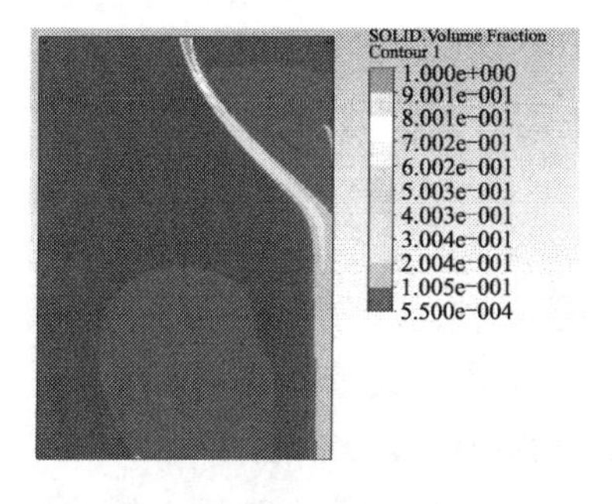


图 6 浓度云图（1m/s）

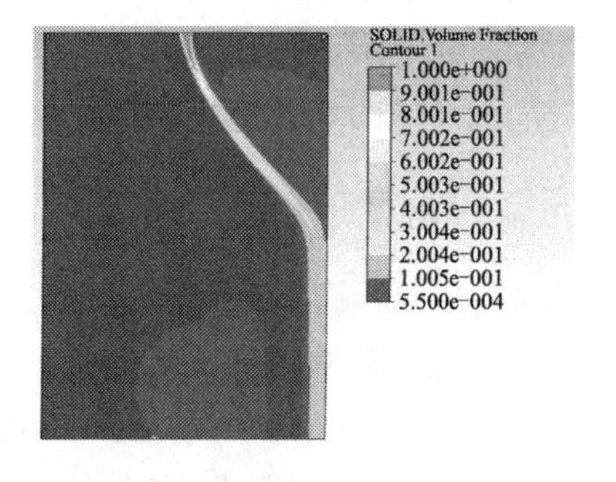


图 7 浓度云图（1.5m/s）

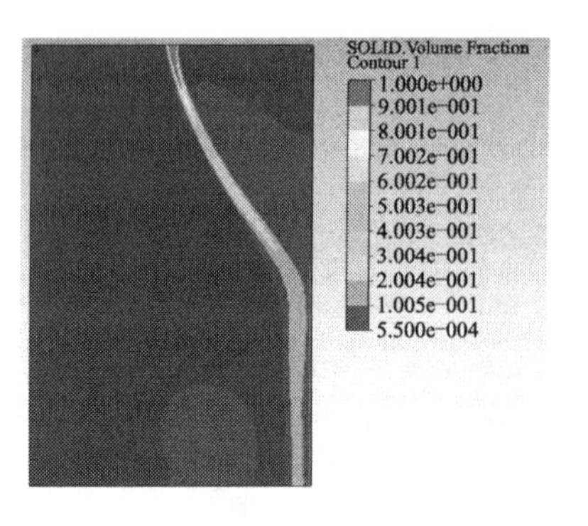


图 8　浓度云图（2m/s）

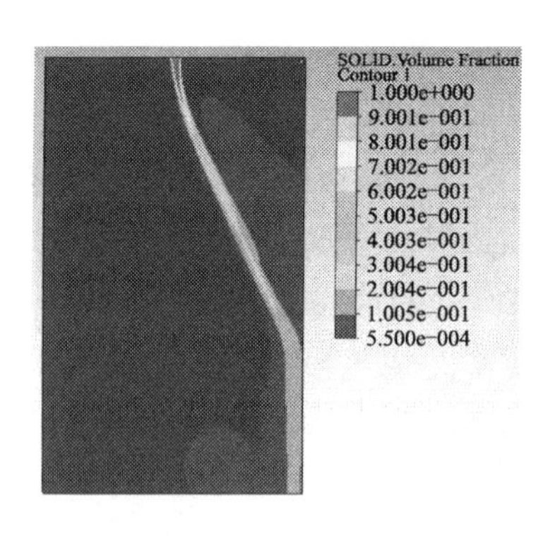


图 9　浓度云图（2.5m/s）

图 10　数据选取示意图

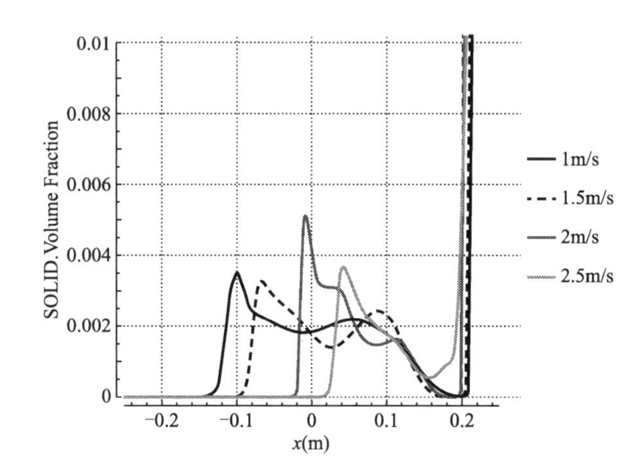


图 11　出口处微粒浓度分布与出风口风速的关系

由图 2～图 9 可发现，出风口速度越大，微粒流束对空间内分散的微粒的卷吸作用越大。分析图 11，当出风口风速为 1m/s 时，流束外的微粒浓度在 $x=-0.14$m 到 $x=0.2$m 的区间内浓度较大，且在 $x=-0.110$m 时达到峰值。当出风口风速为 1.5m/s 时，流束外的微粒浓度在 $x=-0.14$m 到 $x=0.2$m 的区间内浓度较大，且在 $x=-0.067$m 时达到峰值。当出风口风速为 2m/s 时，流束外的微粒浓度在 $x=-0.02$m 到 $x=0.2$m 的区间内浓度较大，且在$x=-0.008$m 时达到峰值。当出风口风速为 2.5m/s 时，流束外的微粒浓度在$x=0.02$m 到$x=0.2$m 的区间内浓度较大，且在 $x=0.045$m 时达到峰值。

可以看到，风速由 1m/s 增至 2.5m/s，流束外的微粒浓度峰值逐渐向坐标轴正方向移动，即微粒逐渐向流束方向移动。这一现象的原因是出风口风速增大，导致微粒的流速增大，流束对周围环境的卷吸作用增强，使环境中的微粒向流束流动。

## 3.2　不同微粒密度对微粒流场的影响

在风口风速相同的前提下，对不同密度微粒的速度场模拟结果进行对比分析，可得到微粒的运动方式随微粒密度改变的变化规律。图 12～图 15，分别为微粒密度为 350kg/m$^3$、1000kg/m$^3$、2000kg/m$^3$、3000kg/m$^3$ 时的自由下落微粒浓度分布图。

取出口边界的中点（图 16 中红点）为坐标零点，取距离出口 0.75m 处的一条直线上的数据进行分析，如图 16 所示。

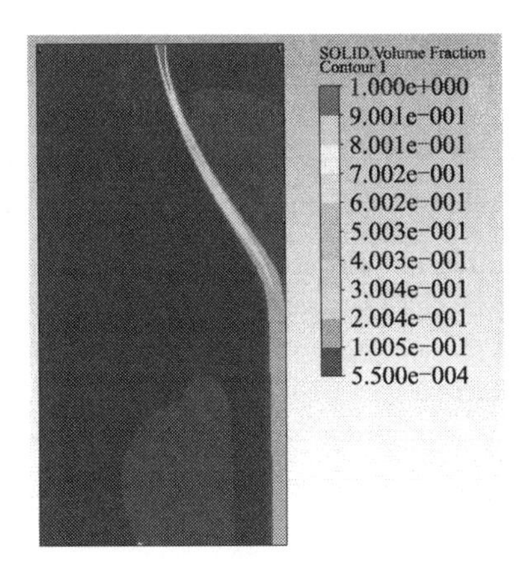


图 12　浓度分布图（350kg/m³）

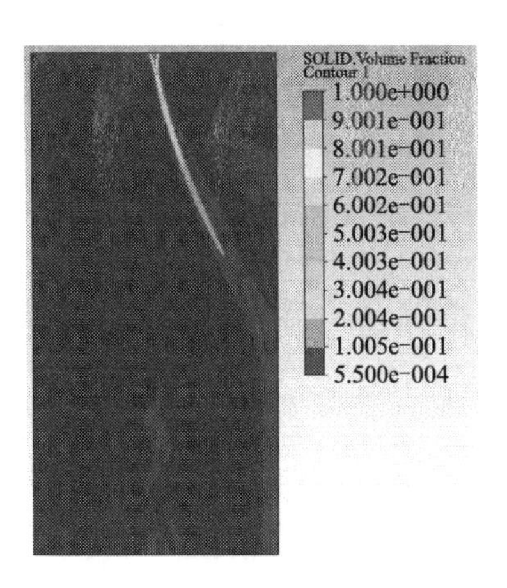


图 13　浓度分布图（1000kg/m³）

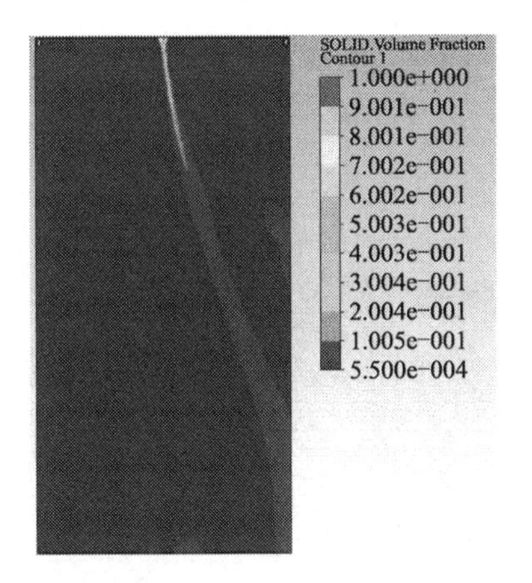


图 14　浓度分布图（2000kg/m³）

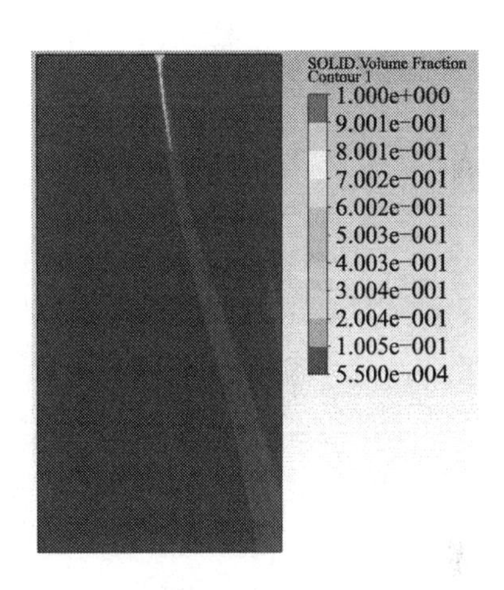


图 15　浓度分布图（3000kg/m³）

由图 17 可知，微粒密度为 350kg/m³ 时，微粒浓度分布在 $x=0.118$m 时达到峰值，峰值为 0.329。微粒密度为 1000kg/m³ 时，微粒浓度分布在 $x=0.091$m 时达到峰值，峰值为 0.149。微粒密度为 2000kg/m³ 时，微粒浓度分布在 $x=0.059$m 时达到峰值，峰值为 0.089。微粒密度为 3000kg/m³ 时，微粒浓度分布在 $x=0.038$m 时达到峰值，峰值为 0.080。通过对图 17 进行分析可得，不同微粒密度通过下料口进行自由下落时，微粒密度越大，微粒浓度分布峰值越小，且微粒浓度峰值逐渐向受限空间中心轴线处逼近。这一现象的原因为微粒密度越大，其单个微粒质量越大，微粒在进行自由下落过程中，由于微粒动能较大，其受气流作用影响较小，因此微粒在自由下落过程中趋向于垂直下落。

图 16　数据选取示意图

由图 18 可知，当微粒密度为 350kg/m³ 时，流束外的微粒浓度在 $x=-0.249$m 时达到峰值，峰值为 9.5e－06；微粒密度为 1000kg/m³ 时，流束外的微粒浓度在 $x=-0.210$m 时达到峰值，峰值为 5e－06；微粒密度为 2000kg/m³ 时，流束外的微粒浓度在

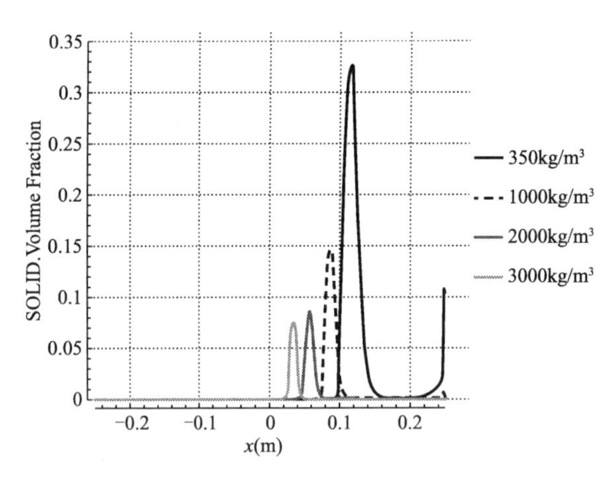


图 17　微粒浓度分布与微粒密度的关系

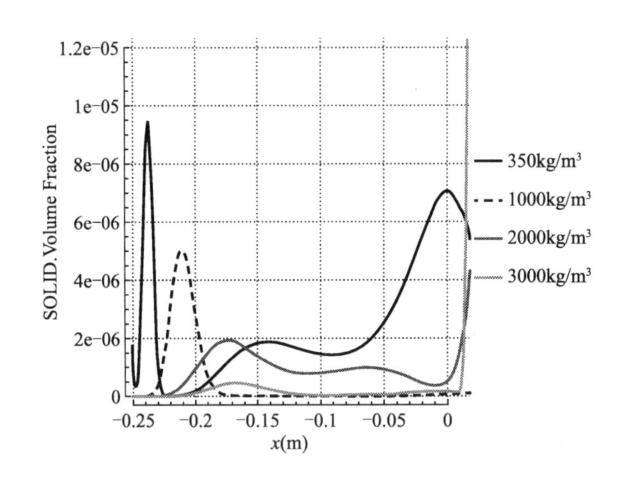


图 18　流束左侧微粒浓度分布与微粒密度的关系

$x=-0.178$m时达到峰值，峰值为 2e−06；微粒密度为 3000kg/m$^3$ 时，流束外的微粒浓度在 $x=-0.169$m 时达到峰值，峰值为 5e−07。微粒浓度峰值随微粒密度的增大而减小，且随密度的增大逐渐向流束移动。因此，微粒密度越大，流束外的微粒浓度越小，微粒流束对空间内的微粒的卷吸作用越大。这一现象的原因是微粒密度越大，其单个微粒质量越大，微粒在进行自由下落过程中，由于微粒动能较大，其速度就越大，微粒流束的卷吸能力就越强。大量空气卷吸入流束中，导致流束密度减小，体积增大。

# 4　结论

本文采用 ANSYS CFX 软件，通过对自由下落微粒羽流在垂直风速工况下的流场进行数值模拟，探索微粒羽流在自由下落过程中，微粒流场浓度分布与微粒运动规律受到微粒密度及风口风速大小等因素的影响。通过对微粒流不同环境风速、不同微粒密度条件下的各种微粒流分别进行数值模拟计算，得到不同条件下的微粒流运动规律及浓度分布规律。在本论文研究范围内，数值模拟结论如下：

（1）在微粒密度相同的前提下改变风速，风速由 1m/s 增至 2.5m/s，流束外的微粒浓度峰值由 $x=-0.110$m 向坐标轴正方向移动至 $x=0.045$m，即微粒逐渐向流束方向移动。微粒流束对空间内分散的微粒的卷吸作用随风速的增大而增强。

（2）在风口风速相同的前提下改变微粒密度，密度由 350kg/m$^3$ 增至 3000kg/m$^3$，上部空间流束的浓度峰值由 $x=0.118$m 向坐标轴负方向移动至 $x=0.038$m。微粒的密度越大，微粒受到气流的影响就越小，越倾向于垂直下落。

（3）在风口风速相同的前提下改变微粒密度，密度由 350kg/m$^3$ 增至 3000kg/m$^3$，流束外的微粒浓度峰值由 $x=-0.249$m 向 $x$ 轴正方向移动至 $x=-0.169$m，且峰值由 9.5e−06 减至 5e−07，微粒密度越大，微粒流束对空间内的微粒的卷吸作用越强。

## 参考文献


[1] 孙晨，陈凌珊，汤晨旭. 气固两相流模型在流场分析中的进展［J］. 上海工程技术大学学报，2011，25（1）：49-52.

[2] 马利英. 卸料斗几何参数对自由下落微粒流流场特性的影响研究［D］. 天津：天津商业大学，2015.

[3] Cooper P，Liu Z Q，Glutz A. "Air Entrainment Processes and Dust Control in Bulk Materials Handling Operations"，6th International Conference on Bulk Materials Storage，Handling and Transportation，The University of Wollongong，Australia，1998；R. A. Gore，C. T. Crowe. The Effect of Particles Sizes n Modulating Turbulent Intensity. Int. J. Multiphase Flows. 1989，15：279-285.

[4] 白艳中. 受水平风速影响的自由下落微粒羽流流场特性研究［D］. 天津：天津商业大学，2012.

[5] 李小剑. 自由下落微粒羽流的数值模拟和实验研究［D］. 天津：天津商业大学，2007.

[6] 王蕊. 自由下落微粒流场中摩擦阻力系数的理论分析与实验研究［D］. 天津：天津商业大学，2010.

[7] 翟建华. 计算流体力学（CFD）的通用软件［J］. 河北科技大学学报，2005（02）：160-165.

[8] 许蕾，罗会信. 基于 ANSYS ICEM CFD 和 CFX 数值仿真技术［J］. 机械工程师，2008（12）：65-66.

[9] Wypych P，Cook D，Cooper P. Controlling dust emissions and explosion hazards inpowder handling plants［J］. Chemical Engineering and processing，2005，44：323-326.

# 空气源热泵结合低温热水地板辐射采暖系统研究

崔明辉，耿夏日，李雅欣
（河北科技大学　建筑工程学院，河北省石家庄市　050000）

**摘　要：**空气源热泵结合低温热水地板辐射采暖系统符合当今节能降耗的发展趋势。本文以石家庄某一小区为例，由于小区位置较为偏远，城市集中供热管网无法覆盖，因此采用空气源热泵结合低温热水地板辐射采暖系统来进行供热。建立合适的热水地板辐射采暖系统模型以及不同房间位置的简化模型，通过采用 Fluent 软件进行数值模拟，得出不同供水温度及供回水温差下地板表面的热流密度以及能够同时达到地板表面温度要求和石家庄冬季供暖房间温度要求的供回水温度范围及供回水温差范围。根据数据分析得出系统在冬季供暖实际运行过程中具有可行性。

**关键词：**空气源热泵；地板辐射采暖；房间位置；供水温度；模拟

## 1　引言

我国现如今能耗总量已成为世界第二，其中建筑能耗为主要原因之一，而供暖和空调能耗约占到建筑能耗的 60%～70%[1]。因此减少建筑能耗对于缓解我国能源紧张，解决环境污染问题，使社会不断健康发展有着重要的意义。空气源热泵以热力学第一定律作为工作原理，吸收作为低位热源的空气中的热能，利用所耗能量驱使其吸收的热能输送给高温热源，由于空气取之不尽用之不竭，因此能很好的减少不可再生能源的消耗[2]。低温地板辐射供暖通过以辐射为主的换热方式向室内供暖，因其室内卫生、舒适性强、比传统供暖方式节能 20%～30%等优势，已经在北方地区得到了广泛的应用[3]。同时低温地板辐射采暖所需供回水温度较低，供回水温差较小，因此低温地板辐射采暖系统与空气源热泵配合使用可以达到节能效果。

本文以石家庄某小区为例，通过 Fluent 软件对典型位置房间模拟来提出运行最优方案同时分析空气源热泵在集中供暖运行中的可行性。

## 2　工程概况

由于小区地处较为偏远，城市集中供暖系统延伸不到，开发商考虑到节能降耗以及采暖的经济性，故采用空气源热泵结合低温地板辐射采暖来达到冬季供暖温度要求[4]。小区的整个供暖系统由空气源热泵机组、地板辐射采暖系统以及备用热源组成。采暖期系统运

作者简介：崔明辉（1962—），男，河北沧州，教授，研究生，研究方向：建筑节能技术、供暖系统与设备优化、空调系统与设备优化。

行过程由空气源热泵吸收室外空气中低品位热能，通过消耗电能来加热供回水，从而达到低温地板辐射采暖要求的供回水温度及供回水温差。系统通过消耗少部分电能，利用低温型空气源热泵机组制取热水供住宅楼进行冬季采暖能正常高效运行，不需要辅助热源。该系统稳定性强、可靠性高、制热效果好、绿色环保、经济性较好[5~7]。

房间的地板构造已确定，在地板填充层辐射的是直径为 20mm 的塑料管，所有建筑的加热盘管采用的是回折型敷设方式，建筑净层高为 2.9m，一梯三户。

# 3 数值模拟

## 3.1 地板数值模拟

文章中地板模型采用的是 3m×4m 的简化地板模型，地板的构造由下至上分别为：100mm 基础层、30mm 保温层、40mm 填充层、20mm 找平层，最后是地面层。处在填充层的加热盘管为直径 20mm 的塑料管道。整个建筑的加热盘管采用的是回折型敷设方式，地暖盘管间距为 200mm。建立三维地板模型如图 1 所示。

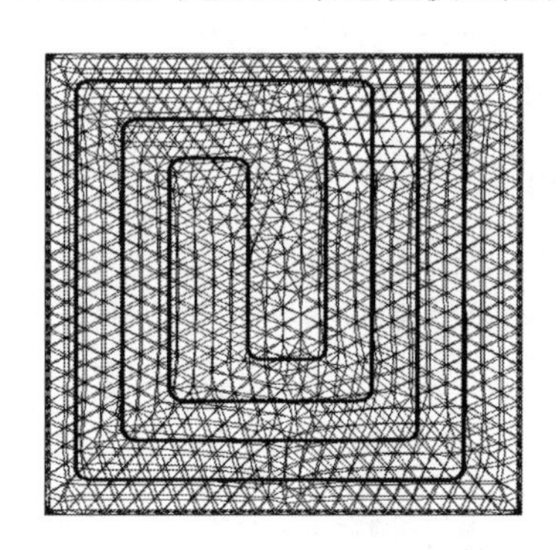
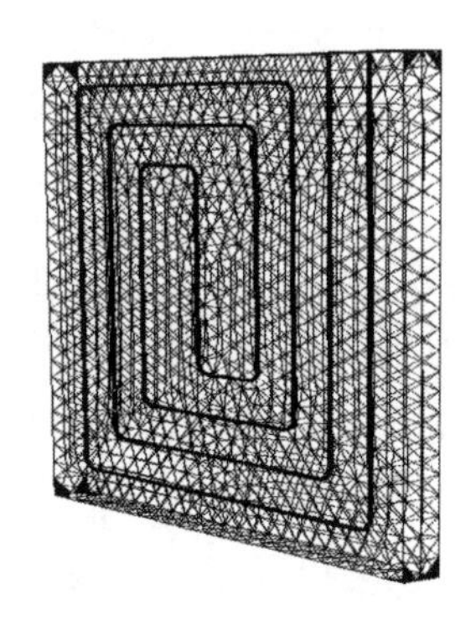

图 1 三维地板模型网格划分

地板辐射采暖传热过程：首先通过分析其构造，根据地板各层的构造以及敷设在填充层中间的供热盘管可知，属于三维的传热过程。三维传热过程的分析比较复杂，因此实际模拟中，可以通过合理的假设来简化条件。首先，供热盘管沿水流方向的长度相对于盘管管径来说很大，因此沿管道轴线变化的温度梯度很小，因此忽略沿轴线方向的导热。其次，认为材料之间紧密接触，忽略不同材料之间的接触热阻，将地板各层材料认为是均质恒物性。最后，由于盘管敷设方式为回折型敷设，因此两管之间是对称的，管道中心断面为对称面，管中心断面的温度梯度为零，设置为绝热[8]。因此设置边界条件为：

(1) 地暖盘管与填充层接触面设为耦合面。

(2) 加热盘管的进口设置为速度入口，入口流速为 0.3m/s。

(3) 加热盘管的出口设置为自由出流。

根据规定，供水温度不应大于 60℃，民用供水温度宜采用 35～50℃，供回水温差不宜超过 10℃，同时考虑到空气源热泵所能提供的供回水温差较小，因此取温差 $\Delta T$ 分别为 3℃、5℃、7℃，取供水温度为 35～60℃。

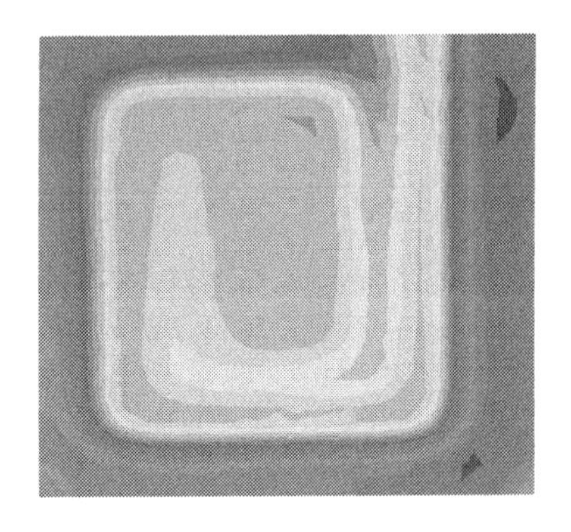

图 2　地板表面温度分布图

由图 2 可知，地板表面温度较高的区域为敷设管道正上方部分，总体温度分布和地暖盘管布置相符。与内墙相邻的地板表面温度较高，与外墙相邻的地板表面温度较低。

由模拟数据可知，在相同供回水温差下，供水温度相差 5℃时，地板表面热流密度相差 15W/m² 左右；在供水温度相同时，供回水温差相差 2℃，地板表面热流密度此时相差 5W/m² 左右。整体来看，在供回水温差相同时，供水温度越高，地板表面热流密度越大；在供水温度相同时，供回水温差越大，地板表面热流密度越小（如图 3 所示）。

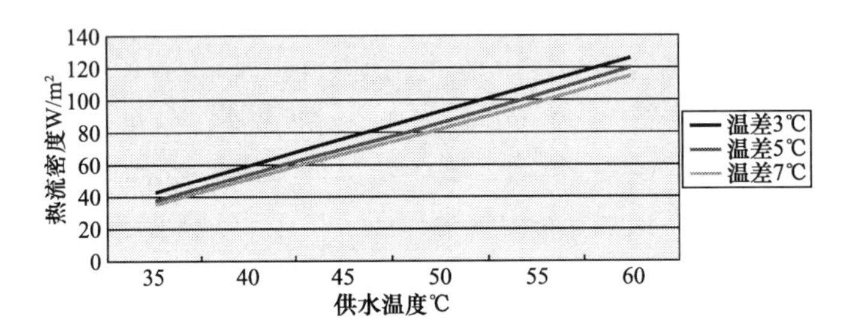


图 3　不同温差、不同供水温度下的地板表面热流密度

由模拟数据可知，在供回水温差相同时，供水温度相差 5℃，地板表面的平均温度相差 1.5℃左右。在供水温度不变的情况下，供回水温差相差 2℃，地板表面的平均温度相差 0.4℃左右。在供水温度相同时，供回水温差越大，地板表面温度越低（如图 4 所示）。

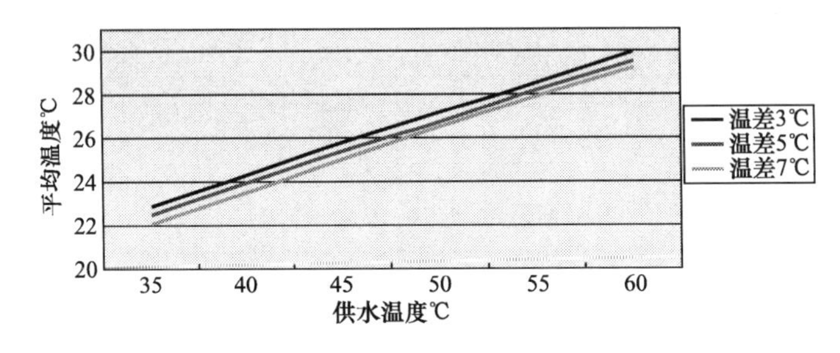


图 4　不同温差、不同供水温度下的地板表面平均温度

根据国家供暖规范可知：人员长期停留区域的温度适宜范围为 24～26℃，上限 28℃；人员短期停留区域为 28～30℃，上限 32℃；无人员停留区域为 35～40℃，上限为 42℃。因此，对于居民住宅来说，合适的温度范围为 24～26℃，可选取的供水温度最低为 40℃，此时供回水温差可以选 5℃以下，即能符合标准。

## 3.2　房间数值模拟

本次模拟采用的是客厅位置的房间，房间高度为 2.9m，地面面积为 3.5m×6m，房间构造为一面外墙和三面内墙，分为顶层、标准层和底层三种房间位置，房顶和地面对模拟结果会产生影响。整个房间采用稳态模拟条件，外围护结构采用常壁温，地板采用热流密度，各个非加热面温度根据热量平衡计算，内墙采用绝热条件。分别对上述地板的不同地板平均温度进行模拟，模拟出房间的温度如图 5 所示。

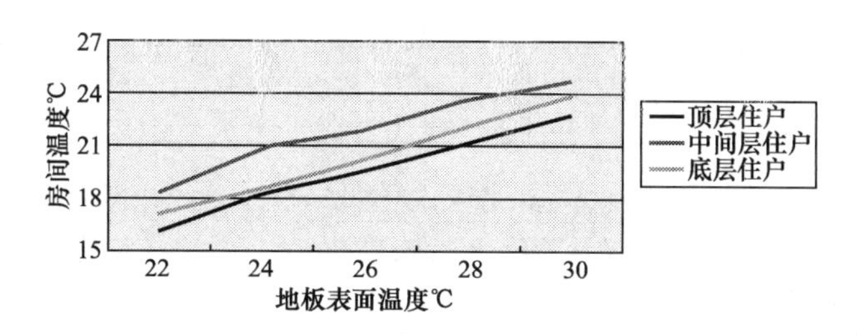


图 5　不同地板表面平均温度下的房间温度

根据石家庄供暖要求规定，冬季室内供暖最低温度为 18℃。由数据分析可知，顶层达到供暖标准地板温度需要达到 24℃以上，结合住宅属于长期停留的区域，因此合适的地板表面温度为 24～26℃。标准层在地板温度为 22℃时就达到了房间温度为 18℃以上，综合考虑地板表面温度的要求，合适的地板表面温度为 24～26℃。同理对于底层的热用户在地板表面温度为 24℃时才能达到室内温度 18℃以上，因此选取合适的地板表面温度即为 24～26℃。地板表面温度差 2℃时，房间温度差距大概为 1℃左右。三个位置的房间相比，供暖期顶层房间温度最低，其次为底层，最后为中间层，三种房间位置的温差也是在 1℃左右。

## 4　空气源热泵 COP 值分析

对于空气源热泵 COP 的理论值分析，在不考虑外界因素影响时的理论效率为

$$\mathrm{COP} = \frac{T + 273}{\Delta t} \tag{1}$$

其中，$T$ 为外界环境温度,℃；$\Delta t$ 为水的温差,℃。考虑实际运行中的各类因素，电动机效率取 0.95，压缩机效率取 0.8，换热器效率取 0.9，系统效率取 0.8[9]。最终的理论能效比为 $\mathrm{COP}=0.95\times0.8\times0.9\times0.8\times\frac{T+273}{\Delta t}=0.55\times\frac{T+273}{\Delta t}$。对于空气源热泵实际的 COP 值为空气源热泵的制热量 $Q_1$ 与输入功率 $Q_2$ 的比值。

$$Q_1 = c \cdot m \cdot \Delta t \tag{2}$$

其中，$c$ 为水的比热容，$c=4.187\mathrm{kJ/(kg\cdot℃)}$；$m$ 为水的质量，kg；$\Delta t$ 为水的温差,℃。

$$\mathrm{COP} = Q_1/Q_2 \tag{3}$$

以石家庄冬季室外供暖计算温度为例，计算过程如下：

取石家庄冬季室外供暖计算温度−8℃，取冬季水初温为 5℃，则理论 COP 值为 COP=0.55(−8+273)/(40−5)=4.16。

由上述模拟可知水温加热到 40℃，单个热用户地暖管需要水的质量为 100kg，选取合适的空气源热泵样本，其耗电量为 1.3kW。因此实际 COP=[4187×1000×0.1×(40−5)/86400]/(1.3×1000/24)=3.13。

在不同条件下的 COP 同理可进行计算如表 1：

空气源热泵运行参数表　　表 1

| 环境温度/℃ | 水量/kg | 水初温/℃ | 水终温/℃ | 耗电/kW·h | 理论 COP | 实际 COP |
|---|---|---|---|---|---|---|
| 5 | 100 | 5 | 40 | 1.3 | 3.89 | 3.13 |
| −8 | 100 | 5 | 40 | 1.5 | 4.16 | 2.71 |
| −15 | 100 | 5 | 40 | 2.0 | 4.05 | 2.04 |

分析表 1 中数据，COP 的实际值要比理论值低，主要是系统运行时，机组运行效率、室外温度对系统运行的影响，导致 COP 达不到理想值。因此环境温度越高，空气源热泵的能效比越大，越节能，并且即使外界环境温度达到−15℃，空气源热泵仍然比传统的供热方式要更加节能。

## 5　结束语

（1）对地板进行三维模拟得出，由于规定合适的地板表面温度范围为 24～26℃，因此可选取的供水温度为 40℃，此时供回水温差可以选 5℃以下，即能符合要求，将供回水温差调小，可适当降低供水温度。

（2）地板表面热流密度分布与地板表面温度分布及变化趋势相似，地板表面热流密度与地板表面温度有关，在相同供回水温度下，二者均与供回水温差呈线性关系，温差越大，二者值越小。

（3）对房间进行温度分布的模拟得出，地板表面温度在达到 24～26℃的情况下，三种典型位置房间的温度均能达到 18℃，符合石家庄冬季供暖标准。

（4）通过实验模拟得出在符合冬季供暖的前提下，供水温度为 40℃，计算出在冬季不同室外温度下空气源热泵的 COP 理论值和实际值，验证了利用空气源热泵结合低温地板辐射采暖技术的可行性及其节能效果。

### 参考文献


[1] 清华大学建筑节能研究中心. 中国建筑节能年度发展研究报告 2010 [R]. 北京：中国建筑工业出版社，2010：1-25.

[2] 李素花，代宝民，马一太. 空气源热泵的发展及现状分析 [J]. 制冷技术，2014，34 (1)：42-48.

[3] 王子介. 低温辐射供暖与辐射供冷 [M]. 北京：机械工业出版社，2004：2-3.

[4] 黄德洪. 降低建筑能耗迫不容缓 [J]. 中华建设，2010，12：33.

[5] 马最良，杨自强，姚杨，等. 空气源热栗冷热水机组在寒冷地区应用的分析 [J]. 暖通空调，2001，03：28-31.

[6] 俞丽华，马国远，徐荣保. 低温空气源热泵的现状与发展 [J]. 建筑节能，2007 (03).

[7] 曾章传. 空气源热泵直接地板辐射采暖能效及地板传热研究 [D]. 郑州：郑州大学，2010.

[8] 李昆. 寒冷地区空气源热泵地板辐射供暖适宜性分析 [D]. 济南：山东建筑大学，2015.

[9] 刘国双. 空气源热泵 COP 值与节能应用探讨 [J]. 山西建筑，2009，35：193.

# 竖直地埋管钻孔内传热过程分析研究

贾俊崇，李慧俭，李凡
（河北建筑工程学院，河北省张家口市　075000）

**摘　要**：本文通过对传热模型的研究总结出一维导热模型、二维导热模型、准三维导热模型的计算公式，并通过实例对上述三种传热模型进行了分析比较。对于单U型地埋管热阻来说，一维导热模型比准三维导热模型大14%，一维导热模型比二维导热模型大20%。对双U型地埋管热阻来说，一维导热模型比准三维导热模型大34%，一维导热模型比二维导热模型大35%。

**关键词**：地埋管换热器；传热模型；钻孔内热阻；计算比较

随着我国经济快速发展，可持续发展道路确定，具有节能环保优势的地源热泵系统越来越受到人们的重视。地埋管换热器作为热泵系统与土壤唯一的换热设备，其传热特性的研究是当前地源热泵系统技术的难点，而地源热泵地埋管的传热过程对地源热泵系统的设计尤为重要。

地埋管主要分为单U型地埋管和双U型地埋管，现有的传热模型可分为三大类[1]。第一类是以离散化数值计算为基础的数值求解模型，用有限元或有限差分法求解地下温度响应并进行传热分析。第二类[2]是以热阻概念为基础的半经验性设计计算公式。第三类是在局部利用解析法求解，部分利用数值解法，如Eskilson模型[3]等。

## 1　以热阻概念为基础的半经验公式方法

在实际工程中处理单个钻孔换热器与周围土壤层换热问题时，运用此类方法主要用来根据最大冷、热负荷估算地埋管换热器所需埋管的长度。通常以钻孔壁为界限，将地埋管分为两部分：一部分是钻孔内的传热，另一部分是钻孔壁与外界土壤之间的换热。

## 2　以离散化数值计算为基础的数值求解模型

数值解方法是以离散数学为基础，将微分方程简化成代数方程式，通过计算机近似求解微分方程的方法。数值方法在求解非线性、复杂的几何体以及复杂边界条件方面显示出极大的优越性。目前常用的方法为有限差分法、有限体积法和有限单元法。其中Yavuzturk[4]等人采用横截面中的二维导热简化模型，求解了单个钻孔在短时间内的温度响应。Muraya[5]等人建立了瞬时二维有限元模型来研究U型地埋管两管之间的热短路问题。

# 3　钻孔内热阻传热模型

## 3.1　钻孔内的一维导热模型

钻孔内的传热一般采用当量直径法，其原理是将钻孔内两根管子简化为一根较粗的管子，使垂直于钻孔轴线的平面内的二维导热问题简化为径向的一维导热问题。其示意图如图1所示。

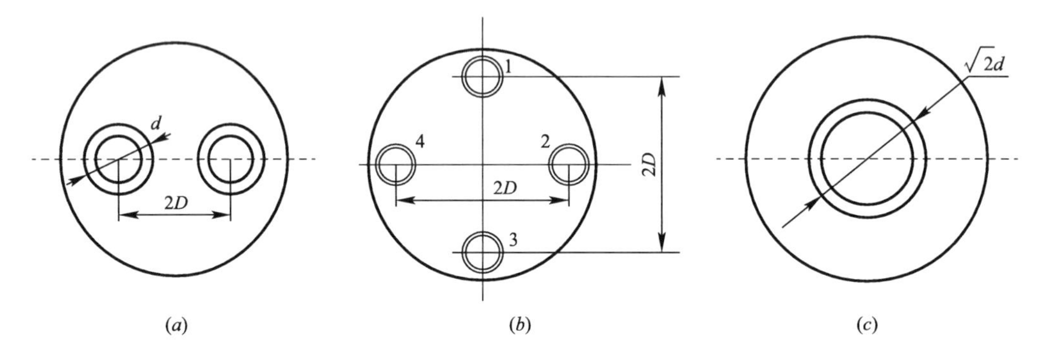


图1　钻孔内U型地埋管横截面示意图

(a) 单U型地埋管；(b) 双U型地埋管；(c) 当量管简化示意图

钻孔内的热阻由三部分组成，即：

流体与管道内壁的对流换热热阻：

$$R_{\mathrm{f}} = 1/(2\pi r_{\mathrm{pi}} h) \tag{1}$$

管道内壁的导热热阻：

$$R_{\mathrm{pe}} = \frac{1}{2\pi k_{\mathrm{p}}} ln \frac{\sqrt{n} r_{\mathrm{o}}}{\sqrt{n} r_{\mathrm{o}} - (r_{\mathrm{o}} - r_{\mathrm{pi}})} \tag{2}$$

钻孔封井材料的导热热阻：

$$\begin{aligned} R_{\mathrm{be}} &= \frac{1}{2\pi k_{\mathrm{b}}} ln \frac{d_{\mathrm{b}}}{d_{\mathrm{e}}} \\ &= \frac{1}{2\pi k_{\mathrm{b}}} ln \frac{r_{\mathrm{b}}}{\sqrt{n} r_{\mathrm{o}}} \end{aligned} \tag{3}$$

则简化的一维模型的热阻为：

$$R_{\mathrm{e}} = R_{\mathrm{f}} + R_{\mathrm{pe}} + R_{\mathrm{be}} \tag{4}$$

其中钻孔与管之间的填充材料的导热系数为 $k_{\mathrm{b}}$，钻孔半径为 $r_{\mathrm{b}}$，管的外半径为 $r_{\mathrm{o}}$，内半径为 $r_{\mathrm{pi}}$，管材导热系数为 $k_{\mathrm{p}}$。钻孔外地层的导热系数为 $k_{\mathrm{s}}$。U型地埋管的当量直径 $d_{\mathrm{e}} = \sqrt{n} d_{\mathrm{o}}$，其中 $n$ 是钻孔内埋管的根数。

式（1）中对流传热系数 $h$ 的确定：

$$h = \frac{k}{d_{\mathrm{i}}} N_{\mathrm{u}} \tag{5}$$

对于圆管内流动为湍流状态采用如下公式：

$$N_{u}=0.023Re^{0.8}Pr^{\frac{1}{3}}\left(\frac{\mu}{\mu_{w}}\right)^{0.14}(Re>10000) \tag{6}$$

## 3.2 钻孔内二维导热模型

二维导热模型忽略轴向导热和管内流体的对流换热。根据复合区域内的线热源解，得到埋管钻孔内的热阻 $R_{in}$[6]，单U型地埋管 $R_{in}$ 为式（7），双U型地埋管 $R_{in}$ 为式（8）。

$$\left.\begin{aligned}
R_{in}&=\frac{R_{11}+R_{12}}{2}\\
R_{11}&=\frac{1}{2\pi k_{b}}\left(\ln\frac{r_{b}}{r_{o}}+\frac{k_{b}-k_{s}}{k_{b}+k_{s}}\cdot\ln\frac{r_{b}^{2}}{r_{b}^{2}-D^{2}}\right)+\frac{1}{2\pi k_{p}}\ln\left(\frac{r_{o}}{r_{pi}}\right)+\frac{1}{2\pi r_{pi}h}\\
R_{12}&=\frac{1}{2\pi k_{b}}\left(\ln\frac{r_{b}}{2D}+\frac{k_{b}-k_{s}}{k_{b}+k_{s}}\cdot\ln\frac{r_{b}^{2}}{r_{b}^{2}+D^{2}}\right)
\end{aligned}\right\} \tag{7}$$

$$\left.\begin{aligned}
R_{in}&=\frac{R_{11}+2R_{12}+R_{13}}{4}\\
R_{11}&=\frac{1}{2\pi k_{b}}\left(\ln\frac{r_{b}}{r_{o}}-\frac{k_{b}-k_{s}}{k_{b}+k_{s}}\cdot\ln\frac{r_{b}^{2}-D^{2}}{r_{b}^{2}}\right)+\frac{1}{2\pi k_{p}}\ln\left(\frac{r_{o}}{r_{pi}}\right)+\frac{1}{2\pi r_{pi}h}\\
R_{12}&=\frac{1}{2\pi k_{b}}\left(\ln\frac{r_{b}}{\sqrt{2}D}-\frac{k_{b}-k_{s}}{2(k_{b}+k_{s})}\cdot\ln\frac{r_{b}^{4}+D^{4}}{r_{b}^{4}}\right)\\
R_{13}&=\frac{1}{2\pi k_{b}}\left(\ln\frac{r_{b}}{2D}-\frac{k_{b}-k_{s}}{k_{b}+k_{s}}\cdot\ln\frac{r_{b}^{2}+D^{2}}{r_{b}^{2}}\right)
\end{aligned}\right\} \tag{8}$$

其中 $r_{pi}$ 和 $r_{o}$ 分别为管的内、外半径；$r_{b}$ 为钻孔的半径；$k_{s}$、$k_{b}$ 和 $k_{p}$ 分别为钻孔周围岩土、钻孔回填材料与管的导热系数；$h$ 为流体与管内壁的对流表面传热系数；$D$ 为两管之间距离的一半。

## 3.3 准三维导热模型

在二维导热模型的基础上，考虑了流体温度在深度方向的变化以及轴向的对流换热量，利用叠加原理可得到单U型地埋管与双U型地埋管钻孔内热阻 $R_{in}$ 的表达式分别为式（9）和式（11）[7]，单U型地埋管 $R_{11}$、$R_{12}$ 定义同式（7）；双U型地埋管 $R_{11}$、$R_{12}$、$R_{13}$ 定义同式（8）。

$$R_{in}=\frac{h}{2Mc_{p}}\cdot\frac{1+\Theta_{1}''}{1-\Theta_{1}''} \tag{9}$$

$$\left.\begin{aligned}
\Theta_{1}''&=\frac{\beta S_{1}\cdot\mathrm{ch}\beta-\mathrm{sh}\beta}{\beta S_{1}\cdot\mathrm{ch}\beta+\mathrm{sh}\beta},\beta=\sqrt{\frac{1}{S_{1}^{2}}+\frac{2}{S_{1}S_{12}}}\\
S_{1}&=\frac{Mc_{p}}{h}(R_{11}+R_{12}),S_{12}=\frac{Mc_{p}}{h}\left(\frac{R_{11}^{2}-R_{12}^{2}}{R_{12}}\right)
\end{aligned}\right\} \tag{10}$$

$$R_{in}=\frac{h}{4Mc_{p}}\cdot\frac{1+\Theta_{2}''}{1-\Theta_{2}''} \tag{11}$$

$$\left.\begin{aligned}
\Theta_2'' &= \frac{\beta S_1 \cdot \mathrm{ch}\beta - \mathrm{sh}\beta}{\beta S_1 \cdot \mathrm{ch}\beta + \mathrm{sh}\beta}, \beta = \sqrt{\frac{1}{S_1^2} + \frac{2}{S_1 S_{12}}} \\
S_1 &= \frac{Mc_p R_1^{\Delta}}{h}, S_{12} = \frac{Mc_p}{h}\left(\frac{R_{12}^{\Delta} \cdot R_{13}^{\Delta}}{R_{12}^{\Delta} + R_{13}^{\Delta}}\right) \\
R_1^{\Delta} &= R_{11} + 2R_{12} + R_{13} \\
R_{12}^{\Delta} &= \frac{R_{11}^2 + R_{13}^2 + 2R_{11}R_{13} - 4R_{12}^2}{R_{12}} \\
R_{13}^{\Delta} &= \frac{(R_{11} - R_{13})(R_{11}^2 + R_{13}^2 + 2R_{11}R_{13} - 4R_{12}^2)}{R_{13}^2 + R_{11}R_{13} - 2R_{12}^2}
\end{aligned}\right\} \tag{12}$$

# 4 钻孔内热阻计算对比

## 4.1 计算参数

以张家口某实际工程项目为例，钻孔直径为 150mm，孔深 100m，管径为 De32，其他详细参数见表 1：

**计算参数　　表 1**

| 参数 | 数值 | 单位 |
|---|---|---|
| 钻孔半径 $r_b$ | 0.075 | m |
| 岩土导热系数 $k_s$ | 2 | W/(m·K) |
| 回填材料导热系数 $k_b$ | 1.8 | W/(m·K) |
| 循环流体质量流量 $M$ | 0.3 | kg/s |
| 循环流体（纯水）定压比热容 $c_p$ | 4186.8 | J/(kg·K) |
| 管材导热系数 $k_p$ | 0.5 | W/(m·K) |
| 管内半径 $r_{pi}$ | 0.013 | m |
| 管外半径 $r_o$ | 0.016 | m |
| 单 U 型地埋管半宽 $D$ | 0.03 | m |
| 双 U 型地埋管半宽 $D$ | 0.043 | m |
| 土壤热扩率 $a$ | $0.9\times10^{-6}$ | $m^2/s$ |
| 钻孔深度 $H$ | 100 | m |

## 4.2 计算结果

根据表 1 给定的条件参数代入公式可得表 2 钻孔内热阻 $R_{in}$。

**三种导热模型的热阻计算结果　　表 2**

| 埋管类型 | 单 U 型地埋管 | 双 U 型地埋管 |
|---|---|---|
| 一维导热模型 | 0.2770 | 0.2060 |
| 二维导热模型 | 0.2306 | 0.1518 |
| 准三维导热模型 | 0.2437 | 0.1530 |

## 5 结论

本文从钻孔内热阻的角度对 U 型地埋管进行了分析与对比，通过采用不同的方法对钻孔内 U 型地埋管的热阻进行计算，可得到如下结论：

1）从计算钻孔内热阻的结果来看，二维导热模型与准三维导热模型的差别不大，但都小于一维导热模型。

2）对于单 U 型地埋管热阻来说，一维导热模型比准三维导热模型大 14%，一维导热模型比二维导热模型大 20%。

3）对于双 U 型地埋管热阻来说，一维导热模型比准三维导热模型大 34%，一维导热模型比二维导热模型大 35%。

### 参考文献


[1] 刘靓侃，李祥立，端木琳. 地埋管换热器的传热模型的进展与分析 [J]. 建筑热能通风空调，2016，35 (1)：35-39.

[2] 刁乃仁，方肇洪. 地埋管地源热泵技术 [M]. 北京：高等教育出版社，2006.

[3] Eskilson. Thermal analysis of heat extraction boreholes [D]. Sweden：University of Lund，1987.

[4] Yavuzturk C，Spitler J D，Rees S J. A transient two-dimensional finite volume model for the simulation of vertical U-tube ground heat exchangers [J]. ASHRAE Transactions，1999，105 (2)：465-474.

[5] Muraya. Modeling of vertical ground loop heat exchangers for ground source heat pump systems [J]. Oklahoma State University，1999：45-60.

[6] 曾和义，刁乃仁，方肇洪. 竖直地埋管地热换热器钻孔内的热阻 [J]. 煤气与热力，2003，23 (3)：134-138.

[7] 陈超，王永菲. 竖直 U 形地埋管换热器传热热阻计算方法比较 [J]. 湖南大学学报，2009，36 (1)：58-62.

# 城镇污水厂尾水中氮素处理技术研究现状

李士波，南国英，周洋凯，李延博
（河北建筑工程学院，河北省张家口市　075000）

**摘　要：**针对城镇污水厂尾水中氮素去除过程中碳源不足的问题，通过二级出水水质特点及氮素的去除途径和相应的方程式，并结合当前的研究现状总结出应对的可行措施：外加碳源和提高二级出水的可生化性。

**关键词：**二级出水；氮素去除；外加碳源；提高可生化性

2016年中国水资源质量状况：湖泊营养状况评价结果显示，中营养湖泊占21.4%，富营养湖泊占78.6%；水库营养状况评价结果显示，中营养水库占71.2%，富营养水库占28.8%；地下水质量综合评价结果显示，水质较差和极差的测站比例为76%，除了一些常规污染指标超标外，氮污染情况较重。针对水体（地表和地下）中氮污染的问题日渐突出，政府采取最有效、最直接的方法就是逐步提高城镇和农村污水厂的污染物排放标准，尽量从源头上减少氮素污染源的排放。但是，一方面我国城镇污水低碳源化的发展趋势给污水厂的脱氮除磷带来了更大的压力和挑战[1]；另一方面污水厂尾水中有机物主要是以难降解污染物存在，这成为城镇污水厂氮素去除的限制因素。本文针对污水厂尾水中氮素污染物去除有效碳源不足的问题，通过分析二级出水水质特点及氮素去除途径和相应方程式并结合当前的二级出水中氮素去除的研究现状，总结出可行去除方法。

## 1　氮素的主要降解过程及反应方程式

现有城镇污水处理厂生物脱氮工艺流程主要有：氨化、硝化、反硝化三个过程。厌氧氨氧化、短程反硝化、反硝化吸磷等工艺过程属于非常规的处理工艺，而且因为技术、成本等原因还没有大规模的应用在实际的污水处理过程中，只是处于实验和小规模的探索阶段。氨化反应是指：出水中有机氮通过氨化微生物的作用转化为氨态氮。硝化反应是指：氨态氮在氧气达到一定浓度的条件下先被亚硝化菌氧化成亚硝酸态氮，然后再被硝化菌氧化为硝态氮的过程。反硝化过程是指：硝态氮在反硝化菌的作用下转化为氮气的过程。硝化和反硝化的过程见下式：

$$NH_4^+ + 1.815O_2 + 0.1304CO_2 \rightarrow 0.0261C_5H_7O_2 + 0.973NO_3^- + 0.921H_2O + 1.973H^+ \quad (1)$$

基金项目：河北建筑工程学院创新基金项目（XB201814）。

作者简介：李士波（1992—），男，硕士研究生，主要研究方向为水污染控制及水质安全。

$$5C + 2H_2O + 4NO_3^- \rightarrow 2N_2 + 4OH^- + 5CO_2 \tag{2}$$

$$NO_3^- + 1.08CH_3OH \rightarrow 0.065C_5H_7NO_2 + 0.47N_2 + 1.68CO_2 + HCO_3^- \tag{3}$$

在这些反应式中，硝化反应需要氧气，其来自污水中的溶解氧；反硝化需要电子供体，其主要是水中溶解的可降解有机物。根据（2）可知，1mg硝态氮被还原为氮气，需要消耗的可降解有机物是2.86mg/L，如果在考虑微生物自身生长情况下，根据（3）式可计算出欲除去1mg硝态氮需消耗3.7mg可降解有机物，即只有在C/N>3.7的情况下，才有可能保证反硝化过程正常进行。

## 2 尾水中污染物存在的状态及成分

根据国家对城镇污水厂现行规定，要求城市污水厂二级处理工艺出水中污染物浓度满足城镇污水厂污染物综合排放标准一级A标准，即COD<50mg/L，$BOD_5$<10mg/L，TN<15mg/L，其中大部分COD属于难降解物质，含氮化合物所占的比例比较大。这样就存在两个问题：其一是二级出水中的氮属于难降解有机物，很难被微生物直接利用；其二是根据氮素的去除方程，C/N不满足氮素的去除要求。何其虎[2]通过典型城镇污水处理厂二沉池出水色谱图（高压液相色谱）的分析发现：起峰值在MW4500的聚合物、MW3000的化合物以及分子量更小的有机物，有机物的分子量分析显示MW<3k的占70%左右；GC/MS结构检测显示出水中化合物主要为难降解化合物[3]。因此，必须保证反硝化过程中利用的有机物种类才能保障反硝化过程能快速的进行。仝贵婵[4]等研究北京市高碑店污水处理厂二级污水处理工艺出水发现：通过0.2μm核孔膜过滤后，污水中溶解性COD占总COD的75%～83%，悬浮和胶体状态的COD占17%～25%。王树涛[3]分析了哈尔滨市某污水厂$A^2/O$处理工艺尾水中春、夏、冬三个季节时各种污染物的状态和浓度发现：溶解态COD占总COD的78.17%～86.54%；BDOC占TOC的10%～15%、占总DOC的15%～26.6%；$BOD_5$/COD为0.195～0.283；含氮化合物占溶解性有机物的32.6%左右；在对城镇污水厂二级出水的成分分析时发现[3]：出水中的氮素以有机氮、硝态氮、亚硝态氮、氨氮的形式存在，其中氨氮占总氮的66%～76%，有机氮占总氮的6%～13%；C∶N∶P的值为：(24～48.6)∶(12.9～31.9)∶1。这些研究预示着二级出水中可生物降解有机物的含量不能满足后续过程（常规工艺）对氮素去除的要求。

## 3 保障二级出水深度处理氮素的措施

根据氮素的去除过程和反应方程式以及结合二级出水中与反硝化过程有关污染物的组成及浓度可以发现：其一，要保证硝化反应的彻底进行，在反应过程中应满足对氧气的需求，同时要避免对后续反硝化产生抑制影响；其二，要保证反硝化过程中对碳源的需求，同时要避免对出水水质产生影响。对于硝化反应是否能彻底进行，只需要通过不同方式的曝气提供满足污水中硝化反应的氧气即可。下面两个措施主要是针对第二个问题所提出的。

## 3.1 外加碳源

微生物的反硝化速率和过程与接受电子的有机物种类和浓度有关键的联系[5]，总结吸收的难易程度可分为以下几类：①单一简单有机物，如甲醇、乙醇、乙酸、乙酸钠等结构比较简单的化合物，在参与反硝化过程中所需消耗的能量较少。乙酸钠中的乙酸与酶结合形成乙酰辅酶 A 后，直接参与 TCA 循环用于反硝化过程，因此其对应的反硝化速率较高[6~8]。而甲醇、乙醇等物质需要在酶的作用下转换成 VFC 后，才能进入上述过程，因此其对应的反硝化速率就相对较慢。但是这类碳源成本高、运输不便，投加量不易控制容易受水质波动的影响[6]。②单一结构复杂的聚合物、如淀粉、纤维素、蛋白质等。该类化合物需要经过多种酶降解后转化成小分子物质才能被微生物利用，同一物质在不同条件下转化成的小分子物质不同，不同小分子物质参与的反硝化过程也不同。比如葡萄糖在氧气充足的条件下转换成丙酮酸，而在氧气不足时只能转化成乙醇，这两种物质在 TCA 循环中参与的时间有区别，就会呈现出不同的反硝化速率[9]。纤维素虽然具有成本低、来源广等[10]特点，但是作为碳源时，受水质、温度、pH 等[11]因素影响较大，而且纤维素因为本身结构和分子量等容易造成阻塞，需要停留时间很长才能提供充足的碳源，碳源的释放速度不方便控制及对水质的色度会产生影响[12]。③合成的可降解聚合物，该类物质包括两类：人工合成的可生物降解聚合物和微生物合成的可降解微生物。人工合成的可生物降解聚合物应具有以下几个特点[1]：可生物降解；碳源的释放可控；具有一定的机械强度，具有一定的支撑作用；生物亲和性好，能附着一定量的微生物；不会对水质造成别的污染。现在常用的人工可降解聚合物[1]为：聚乳酸（PLA）、聚 β-羟基丁酸酯（PHB）、聚 β-羟基丁酸戊酸酯（PHBV）、聚己内酯二醇（PCL）、聚乙二醇（PEG）[10]等聚合物。另外，有许多研究证明混合可降解碳源比单一的可降解碳源更能保证反硝化过程的速率。

## 3.2 提高二级出水的可生化性

出水中含有的 COD 大部分是难降解有机物，其可生化性很差，不能支持出水中氮素的去除。如果按照二级出水为一级 A 的标准，应对二级出水中氮素进行深度处理，尽最大可能的去除到最低。以氮素为基准，根据 COD/N＝3.7 的比例进行降解的原则，总氮由 15mg/L 降到 1.5mg/L，理论上氮素去除需要的 COD 为 49.95mg/L＜50mg/L 刚好满足去除氮素的要求。而实际上水中的 COD 大部分属于难降解有机物，不能直接被微生物利用。如果通过氧化作用将难降解 COD 氧化分解成可降解 COD，这样出水自身的 COD 可将出水中氮素降低到很低的水平。氧化剂一般包括：臭氧、二氧化氯、高锰酸钾、过氧化氢等，最常用的氧化剂是臭氧。

王树涛[3]采用臭氧作为氧化剂氧化二级出水为后续生物处理做预处理的研究发现：臭氧氧化显著的提高了二级出水的可生化性，臭氧氧化二级出水 2min 时，可以使 BDOC 含量提高 200％；4min 时，BDOC 含量提高 245％；分子量检测发现在接触时间是 4min 时小分量＜1k Da 的有机物含量提高了 20.3％。杨岸明[13]等通过臭氧氧化北京市三家污水厂二级出水发现：在一定范围内，随着臭氧浓度的增大污水的可生化性显著提高，BDOC 和 BDOC/DOC 分别提高了 360％和 360％以上；超过范围之后可能是因为臭氧使出水中的有机物发生矿化反而导致生化性降低。刘建红等通过臭氧氧化北京工业大学中试验装置反应器（原水为本校小区的实际生活用水）出水，使出水中 BDOC/DOC 由 4.3%升高到 43.2%；水中 MW<1k Da 的有机物在逐渐增加，同时水中的亲水组分占比在增大。李一飞[14]用 $TiO_2$ 光催化氧化二级出水发现：光催化可将二级出水中的大分子有机物分解成小分子有机物，催化时间在 30min 时可以将提高出水可生化性成本控制在经济合理的范围内。

## 4 结语

城镇污水处理厂二级出水中氮素的排放量是整个水环境氮污染源的重要来源之一，因此严格控制二级出水中氮素的排放是缓解水环境氮污染的重要措施。通过分析二级出水的水质特性和氮素生物去除机理，并结合当前的氮素去除研究现状总结出外加碳源和氧化（臭氧氧化）二级出水两种措施，为以后进一步去除氮素的研究提供一定的指导。

### 参考文献

[1] 张千. 基于固相反硝化和吸附除磷的低碳源污水脱氮除磷技术研究 [D]. 重庆：重庆大学，2016.
[2] 何其虎，张希衡，刘芳琴. 用凝聚法处理城市污水厂二沉池出水 [J]. 环境工程，1994 (02)：3-7.
[3] 王树涛. $O_3$/BAF 联合工艺深度处理生活污水二级出水的研究 [D]. 哈尔滨：哈尔滨工业大学，2007.
[4] 仝贵婵，叶裕才，云桂春，等. 城市污水深度处理中有机物的去除 [J]. 环境科学，2000 (06)：73-76.
[5] 王宏成，伍昌年，郑树兵，等. 污水反硝化过程外加碳源研究进展 [J]. 中国西部科技，2011，10 (07)：15-16+3.
[6] 徐亚同. 不同碳源对生物反硝化的影响 [J]. 环境科学，1994 (02)：29-32+44+93.
[7] 马勇，彭永臻，王淑莹. 不同外碳源对污泥反硝化特性的影响 [J]. 北京工业大学学报，2009，35 (06)：820-824.
[8] 杨敏，孙永利，郑兴灿，等. 不同外加碳源的反硝化效能与技术经济性分析 [J]. 给水排水，2010，46 (11)：125-128.
[9] 阎宁，金雪标，张俊清. 甲醇与葡萄糖为碳源在反硝化过程中的比较 [J]. 上海师范大学学报（自然科学版)，2002 (03)：41-44.
[10] 杨珊，石纹豪，王晗，等. 外加碳源影响水体异养反硝化脱氮的研究进展 [J]. 环境科学与技术，2014，37 (08)：54-58+86.
[11] 刘江霞，罗泽娇，靳孟贵，等. 以麦秆作为好氧反硝化碳源的研究 [J]. 环境工程，2008 (02)：94-96+6.
[12] 冯延申，黄天寅，刘锋，等. 反硝化脱氮新型外加碳源研究进展 [J]. 现代化工，2013，33 (10)：52-57.
[13] 杨岸明，常江，甘一萍，等. 臭氧氧化二级出水有机物可生化性研究 [J]. 环境科学，2010，31 (02)：363-367.
[14] 李一飞，王旭东，吴珂琦，等. $TiO_2$ 光催化预氧化对城市二级出水中溶解性有机物性状影响 [J]. 水处理技术，2016，42 (11)：83-88.

# 河北省保定市阜平某农居节能改造节能效益分析

马坤茹，李雅欣，耿夏日
（河北科技大学　建筑工程学院，河北省石家庄市　050000）

**摘　要：**建筑节能改造的主要方面是围护结构改造和清洁能源利用，我国寒冷地区农村既有建筑大多没有保温措施，采暖主要用能为煤炭，锅炉燃烧效率低，整个采暖季处于一种高耗能、高污染、舒适性差的状态，所以建筑行业节能重心应适当向农村偏移。根据对保定市阜平农村某既有建筑的调研分析，对既有建筑进行能耗分析，综合考虑经济、技术和环境等因素，确定了四种改造方案，并对其进行能耗模拟和成本核算，分析其环境和经济效益，各方案节能率均在62%以上，采用光伏＋空气源热泵的采暖模式，可实现零碳排放。
**关键词：**节能改造；围护结构；光伏＋空气源热泵；零碳

2005年开始，我国既有建筑节能改造工作已经纳入议事日程，“十一五”规划中也明确提出了既有居住建筑节能改造的任务和目标。对城市既有建筑的节能改造，我们已经取得了很大的成就，但是农村由于经济发展相对落后，受到技术、经济等的制约，在建筑节能改造方面研究较少，相对滞后，农村民用建筑面积占全国总建筑面积的一半以上，由于技术落后，大多数建筑缺少保温结构，采暖方式落后，效率低，能耗大[1]，污染严重，所以对农村既有建筑的节能改造刻不容缓。

## 1　河北省农居现状

### 1.1　布局简单

农村既有建筑多为单层，自主设计，分正房和两侧厢房，布局简单，多数建筑不设室内卫生间，正房用作休息和会客等活动，厢房作为储藏间和厨房。

### 1.2　围护结构保温性差

墙体多数采用黏土砖，少数老旧的建筑为土坯房[2]，大部分建筑围护结构不设保温层，房屋整体保温性能差，远远达不到节能标准，农村居住建筑节能设计标准[3]中规定：寒冷地区农村住宅外墙传热系数不得高于0.65，屋面传热系数不得高于0.5，农村既有建筑外墙和屋顶传热系数大多都在1以上，门窗以木制和铝合金为主，玻璃多为普通单层玻璃[4]，保温效果较差。

---

作者简介：马坤茹（1968—），女，汉族，河北保定人，副教授，硕士，研究方向：建筑节能技术及新能源利用。

## 1.3 采暖方式落后

农村住宅采暖方式以土暖气、火炕、火炉为主，少数经济条件较好的采用了电暖气、空气源热泵等采暖方式，河北省属于寒冷地区，采暖方式以土暖气为主，但是由于农村大多数地区使用的燃煤锅炉热效率低，仅为30%～40%[5]，造成了大量的能源浪费和环境污染，由于缺乏垃圾回收体制，锅炉产生的煤渣随意丢弃，影响生活环境，还可能污染农田。

# 2 改造后住宅节能性分析

本次改造以保定某农宅为例（如图1～图3所示），利用DeST软件对改造前的住宅和改造后的住宅进行了能耗分析，计算改造后住宅的节能率及投资回收期。

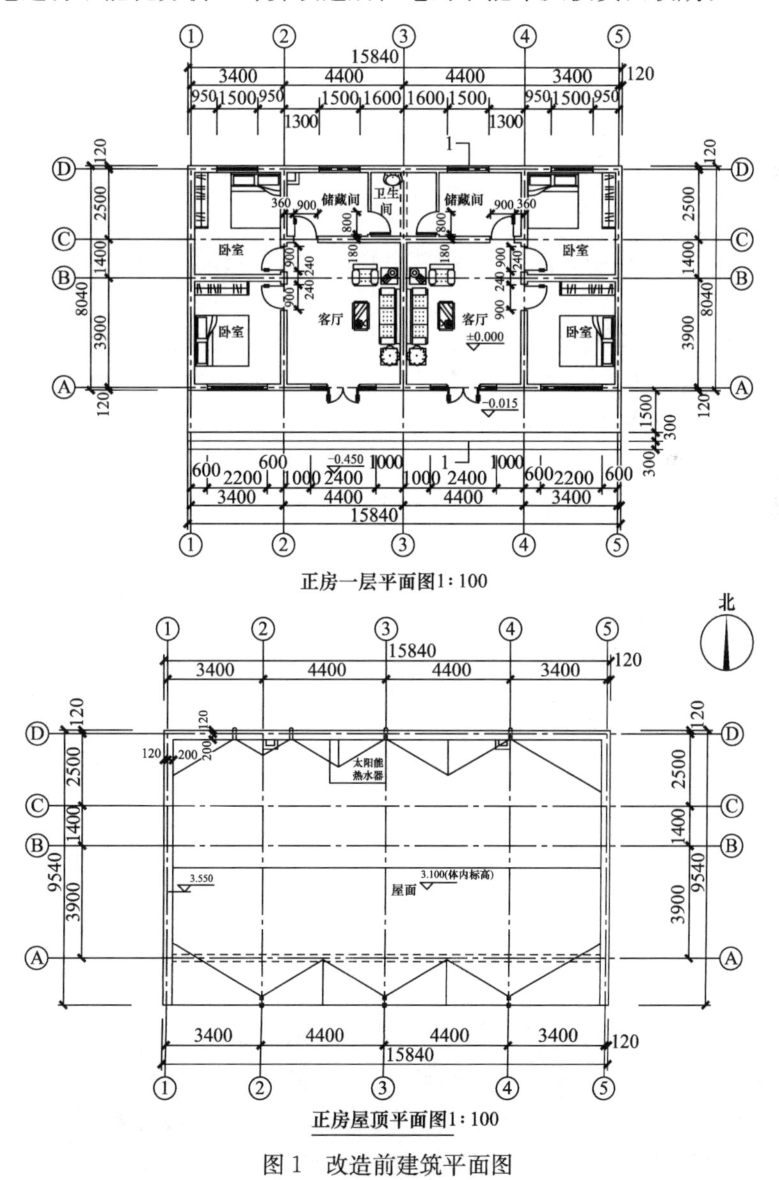


图1 改造前建筑平面图

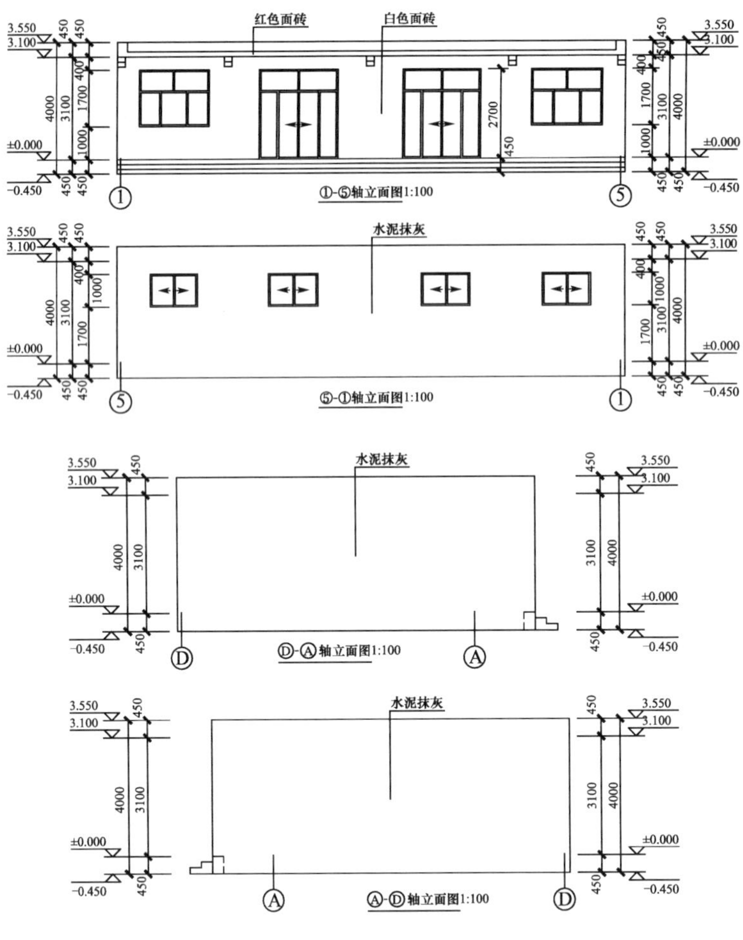


图 2　改造前建筑立面图

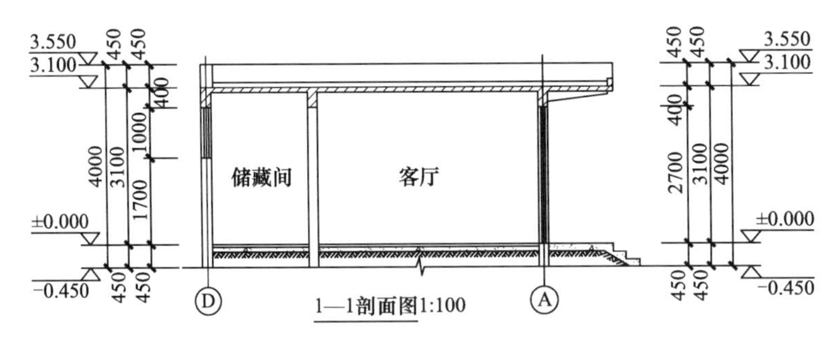


图 3　改造前建筑剖面图

## 2.1 保定市气候条件[6]

保定市位于河北省中部，太行山东麓，冀中平原西部，介于北纬 38°10′～40°00′，东经 113°40′～116°20′之间，属暖温带大陆性季风气候区，主要气候特点是：四季分明，春季干燥多风，夏季炎热多雨，雨、热同季，秋季天高气爽，冬季寒冷干燥。多年平均气温 13.4℃，1 月平均气温－4.3℃，7 月平均气温 26.4℃。

## 2.2 改造方案确定

本设计为阜平农居改造，整体建筑没有做较大的改动，主要增设了简易的阳光间，阳光间采用普通铝合金双层中空玻璃，顶部玻璃部分设平开窗，底部采用铝合金扣板，据地面 500mm 设置扣板窗户，以利于夏季通风。进行地面保温时，考虑与土壤接触部分的热桥，深挖 500mm 进行保温处理，地坪以下的垂直墙面应设保温层，热阻不小于外墙热阻。具体做法[7]如图 4、表 1 所示。

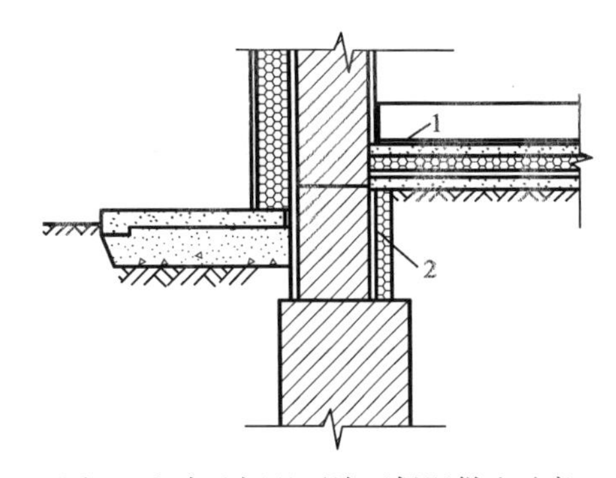


图 4 室内地坪以下墙面保温做法示意
1—室内地坪；2—沿周边布置保温层

**围护结构改造工程做法** **表 1**

| 项目 | 做法说明 | 传热系数/W（$m^2\cdot K)^{-1}$ |
| --- | --- | --- |
| 外墙 | 30 内保温（原有）+240 砖墙+70 膨胀聚苯板+防护层 | 0.36 |
| 外窗 | 铝合金普通中空玻璃（6+12+6） | 2.9 |
| 屋顶 | 200 钢筋混凝土+90 膨胀聚苯板+石膏板吊顶 | 0.33 |
| 地板 | 40 碎石或卵石+40 挤塑聚苯板+100 碎砖混凝土垫层 | 0.7 |
| 阳光间 | 普通铝合金中空玻璃，下部为铝合金扣板，扣板内部加 30mm 保温板 | / |

改造分为四种方案，方案一（墙体保温+屋顶保温+地面保温+阳光间）、方案二（墙体保温+屋顶保温+阳光间）、方案三（墙体保温+地面保温+屋顶保温）、方案四（只设阳光间）。考虑房子是否联排，本次改造比较了建筑不联排和联排在中间（不需考虑东西两侧墙体的改造）两种情况下，各方案的节能量和节能率。

## 2.3 热源的选择

采用太阳能光伏+空气源热泵[8]进行采暖，实现了零碳排放。空气源热泵放置在原有燃煤锅炉附近即可，但是必须放置在室外。

正房和厢房屋顶均铺设某公司生产的太阳能光伏板，组件的尺寸为 1650mm×992mm，该建筑共安装 123 块光伏板，平均每天发电量为 33825W，电量优先用于建筑自用照明、动力及冬季供暖，每天用电量不超过 5 块光伏板的发电量，基本上不存在电量不够的情况，多余的电量上传至电网。若考虑农宅屋顶晾晒粮食，东西厢房可以不铺设光伏板，只需铺设 99 块光伏板即可。偏远的山区可以考虑加上蓄电装置，减少了电网增容费用。

## 2.4 环境效益分析

改造前，该农居全年采暖累计负荷为 37939.75kW·h，采暖用烟煤，发热量在 27170～37200kJ/kg 之间，按照 32185kJ/kg 计算，农村采暖炉效率大多在 30%～40%之间，采暖季 122 天，耗煤量大约为 8.5t，折合标准煤 9.3t，改造后，采用空气源热泵进行采暖，由光伏板提供电能，基本上实现了无煤化，一般一吨标准煤估计排放 $CO_2$ 为 2.66～2.72t，按照方案一改造后每年可减少 25t 碳排放，具体各方案节能率如图 5、图 6 所示。

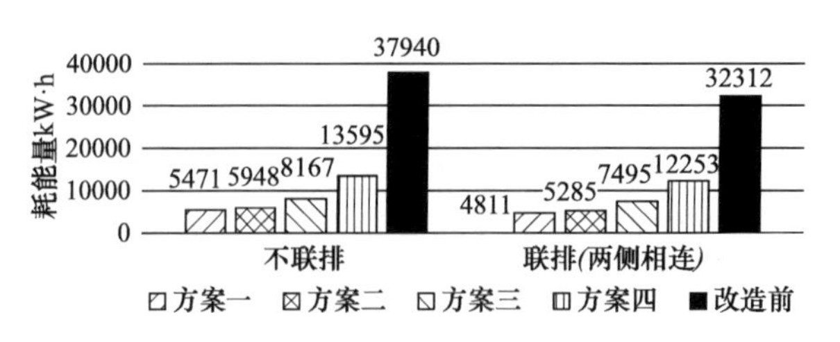


图 5　各方案耗能量对比

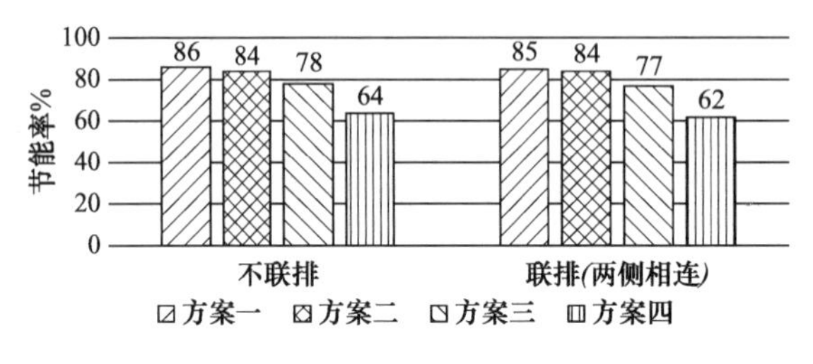


图 6　各方案节能率

## 3　经济性分析

农村采用的烟煤，基本价格在 1000 元/t 左右，按照 1000 元/t 计算，执行峰谷电价时，白天按照 0.5 元/度，夜间按照 0.2 元/度计算，不执行峰谷电价时，电价按照统一 0.5 元/度计算，经济效益分析见表 2～5。

**改造后住宅经济效益分析（不联排）（不执行峰谷电价）　　表 2**

| 方案 | 方案一 | 方案二 | 方案三 | 方案四 |
|---|---|---|---|---|
| 耗电量/度 | 1824 | 1983 | 2722 | 4532 |
| 改造前耗煤量/t | 8.5 | 8.5 | 8.5 | 8.5 |
| 每个采暖季节约资金/元 | 7588 | 7509 | 7139 | 6234 |
| 建设总投资/元 | 40292 | 30767 | 34208 | 8140 |
| 投资回收期/a | 5.3 | 4.1 | 4.8 | 1.3 |

**改造后住宅经济效益分析（联排）（不执行峰谷电价）　　表 3**

| 方案 | 方案一 | 方案二 | 方案三 | 方案四 |
|---|---|---|---|---|
| 耗电量/度 | 1603 | 1761 | 2498 | 4084 |
| 改造前耗煤量/t | 7.2 | 7.2 | 7.2 | 7.2 |
| 每个采暖季节约资金/元 | 6399 | 6320 | 5951 | 5158 |
| 建设总投资/元 | 34316 | 24791 | 28232 | 8140 |
| 投资回收期/a | 5.3 | 3.9 | 4.7 | 1.6 |

改造后住宅经济效益分析（不联排）（执行峰谷电价） 表 4

| 方案 | 方案一 | 方案二 | 方案三 | 方案四 |
|---|---|---|---|---|
| 耗电量/度 | 1824 | 1983 | 2722 | 4532 |
| 改造前耗煤量/t | 8.5 | 8.5 | 8.5 | 8.5 |
| 每个采暖季节约资金/元 | 7901 | 7849 | 7606 | 7011 |
| 建设总投资/元 | 40292 | 30767 | 34208 | 8140 |
| 投资回收期/a | 5.1 | 3.9 | 4.5 | 1.2 |

改造后住宅经济效益分析（联排）（执行峰谷电价） 表 5

| 方案 | 方案一 | 方案二 | 方案三 | 方案四 |
|---|---|---|---|---|
| 耗电量/度 | 1603 | 1761 | 2498 | 4084 |
| 改造前耗煤量/t | 7.2 | 7.2 | 7.2 | 7.2 |
| 每个采暖季节约资金/元 | 6674 | 6622 | 6381 | 5860 |
| 建设总投资/元 | 34316 | 24791 | 28232 | 8140 |
| 投资回收期/a | 5.1 | 3.7 | 4.4 | 1.4 |

若东西侧只有一侧与其他建筑相连时，各方案的改造成本、节能率、节约资金、回收期都介于不联排和联排两侧都相连的情况之间。

## 4 结论

通过对各方案的对比，发现方案一是节能效果最好的方案，也是成本最高的方案，方案四初投资最少，投资回收期最短，但是其节能量和节能率较低，短期看，考虑经济原因，方案四是比较合适的，考虑长远环境效益，方案一更为合适，虽然初投资较高，但耗能最少，利用光伏发电获得的经济效益最高，目前制约改造的根本原因是初投资较高，本次改造只考虑了围护结构和空气源热泵的成本，整体回收期不长，但是光伏板的初装费较高，回收期较长，基本在 8～10 年，希望政府可以加强对农村建筑节能改造的鼓励政策和对光伏＋空气源热泵的补助政策，使得节能改造更顺利的推进，以利于华北地区冬季的节能减排，营造蓝天绿水的环境。

### 参考文献

[1] 《中国建筑节能年度发展研究报告 2012》关注农村节能 [J]. 建设科技，2012 (09)：12.
[2] 王金奎，史慧芳，邵旭. 冀北地区新农村住宅节能效益分析 [J]. 住宅科技，2010，30 (02)：31-33.
[3] 住房和城乡建设部. 农村居住建筑节能设计标准. 北京：中国建筑工业出版社，2012.
[4] 贾永义. 建筑窗户节能技术与措施 [J]. 民营科技，2016 (03)：184-187.
[5] 赵文元，刘泽勤. 我国寒冷地区农村供暖方式及节能技术解析 [J]. 建筑节能，2017，45 (04)：14-19.
[6] https://baike.so.com/doc/2757648-2910518.html.
[7] 宋波. 农村建筑节能设计指南 [M]. 北京：中国建筑工业出版社，2016.
[8] 马荣江，毛春柳，单明，等. 低环境温度空气源热泵热风机在北京农村地区的采暖应用研究 [J]. 区域供热，2018 (01)：24-31.

# 分段式管网试验台的建立研究

刘凯龙，陈亚超，李慧俭，赵昕波，贾俊崇，王晔
（河北建筑工程学院　能源与环境工程学院，河北省张家口市　075000）

**摘　要：** 针对供热管网试验台系统提出了分段式管网试验台系统的概念，并建立了不同管段的阻值比值关系。通过测量数据与计算数据的比较，得出分段式管网内流体速度与实际管网流体速度的比值在1/2到1之间，分段式管网的比例阻值与计算阻值较为接近。

**关键词：** 供热管网；管网模拟；比例模型

目前在我国供热管网动态研究方面主要有三种研究方式，其中一种研究方式是以仿真模型与物理模型工况对比，实现对网络系统的研究。目前用于供热管网研究的试验台均已固定成型，在实际管网较复杂的情况下，通过试验台管网进行水力工况分析较为困难，而供热管网水力工况分析是明确供热管网运行状况的基础，为了解决上述问题，本文从比例原则建立分段式管网系统[1]。

## 1　试验台管网建立

### 1.1　管网建立

管网形式：分段式管网长度尺寸小于实际管网，分段式管网管径尺寸均为市场上现有尺寸，且分段式管网与实际管网之间存在比例关系。分段式管网建立如下：分段式管网是由不同管径相同长度的管段连接而成的，直线管段之间采用法兰连接；不同管径管段之间采用变径管连接；水平与垂直拐弯处采用弯头连接两个相同管径管段，即拐弯处无变径。

分段式管网具有可拆卸与易组装特点，便于模拟不同实际管网。

### 1.2　管网管段长度确立

湍流流动入口段长度：

$$L=(25\sim40)d;\quad Re=10^4\sim10^6 \tag{1}$$

式中　$L$——入口段长度，m；

$d$——管段直径，m；

$Re$——雷诺数，$Re=(v\cdot d)/\nu$；

$v$——速度，m/s，取值0.5；

$\nu$——运动粘性系数，$m^2/s$，取值 $1\times10^{-6}$。

热水网路的水流速度常大于 0.5m/s，流动状况大多处于阻力平方区[2]，故选用湍流流动入口段长度。管网内流动状况未知，雷诺数保守取值，选用中间值。运动粘性系数与水温有关，选用近似值 $1\times10^{-6}$，入口段长度系数选用中间值 32.5，由此计算管径得 200mm，入口段长度 6.5m。对分段式管网进行简单划分，分段式管网每段长度 1m，每种管径管段至少配备 6 段。

分段式管网管径最大值 200mm。分段式管网基本采用法兰连接，分段式管网管径最小值选 25mm。

# 2 管网系统模拟分析

## 2.1 研究内容

根据实际供热管网系统采用不同管段依据比例建立分段式管网系统，模拟实际供热管网系统的水力工况。

水力工况是指热网中流量和压力的分布，分段式管网系统对实际热网工程的模拟主要是模拟其流量和压力的分布。

管段压力与流量平方的比值是阻抗，分段式管网模拟实际管网水力工况的重点将是对阻抗的模拟。管网管段阻力的计算是沿程阻力计算和局部阻力计算，阻力计算有当量长度法和当量局部阻力法。

## 2.2 相关公式

$$\Delta P = Rl + \Delta P_j = Rl_{zh} \tag{2}$$

式中 $\Delta P$——计算管段的压力损失，Pa；

$R$——比摩阻，Pa/m；

$\Delta P_j$——计算管段局部损失，Pa；

$l_{zh}$——计算管段的折算长度，m。

$$R = \frac{\lambda}{d} \cdot \frac{\rho v^2}{2} \tag{3}$$

式中 $\lambda$——管段的摩擦阻力系数；

$d$——管道内径，m；

$v$——热媒在管道内的流速，m/s；

$\rho$——热媒的密度，$kg/m^3$。

紊流粗糙区摩擦阻力系数计算：

$$\lambda = \frac{1}{\left(1.42 + 2\lg\frac{d}{K}\right)^2} \tag{4}$$

$Re$——雷诺数，判别流体流动状态的准则数；

$v$——热媒在管道内的流速，m/s；

$\gamma$——热媒的运动粘滞系数，$m^2/s$；

$K$——管壁的当量绝对粗糙度，m。

### 2.3 室外管网阻力模拟计算

$$R=\frac{1}{\left(1.14+2\lg\frac{d}{K}\right)^2}\cdot\frac{v^2}{d}\cdot\frac{\rho}{2} \tag{5}$$

管段阻力计算选用单位长度，设分段式管网管径为 $d_3$，流速 $v_3$，粗糙度 $K_3$，比摩阻 $R_3$，设实际管网管径 $d_4$，流速 $v_4$，粗糙度 $K_4$，比摩阻 $R_4$。

沿程阻力比值：
$$\alpha_1=\frac{R_4}{R_3}=\frac{\left(1.14+2\lg\frac{d_3}{K_3}\right)^2}{\left(1.14+2\lg\frac{d_4}{K_4}\right)^2}\cdot\frac{v_4^2}{v_3^2}\cdot\frac{d_3}{d_4} \tag{6}$$

分段式管网粗糙度 $K_3$ 与实际粗糙度 $K_4$ 取相同值 0.5[2]，忽略密度 $\rho$ 的变化。在已知管径 $d_3$、流速 $v_3$ 的情况下，设定管径 $d_4$，通过上式可得不同流量下的 $R_4$。局部阻力按沿程阻力的 10%～30%根据实际情况取值。

综上所述，可以通过试验台分段式管网模拟不同工况下的实际供热工程的阻力。

## 3 算例

### 3.1 算例计算

如图 1 所示某管网流程图，组成部分有弯头、开式水箱、对夹阀 D371X、离心水泵 65-100（I）、手动阀 TJ40h-16、KC 型除污器、涡轮流量计、压力表和焊接钢（DN100、DN80、DN65、DN50），各设备安装均满足施工及安全要求。

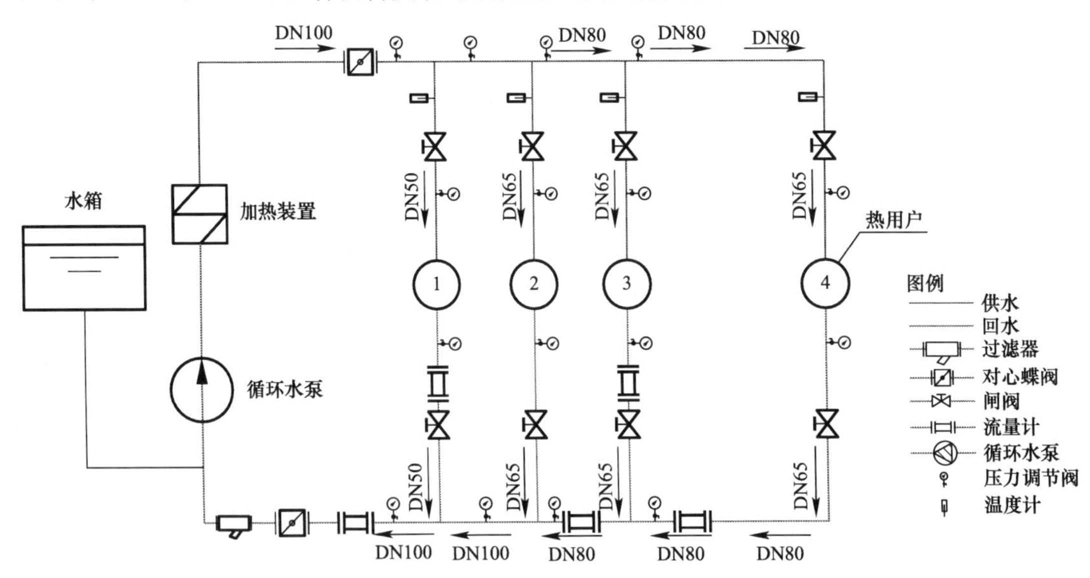


图 1　供热管网调节流程图

数据分析（表 1～表 2）：

**管网流量测量数据** **表 1**

| 频率 Hz | 50 | 40 | 30 | 27.5 | 27 | 26.5 | 26 | 25.5 | 25 | 24.5 | 24 |
|---|---|---|---|---|---|---|---|---|---|---|---|
| 一流量 $m^3/h$ | 10.69 | 8.68 | 6.64 | 6.07 | 6.07 | 5.78 | 5.77 | 5.74 | 5.74 | 5.36 | 5.31 |
| 一压差 MPa | 0.052 | 0.034 | 0.019 | 0.016 | 0.016 | 0.015 | 0.014 | 0.016 | 0.014 | 0.013 | 0.013 |
| 二流量 $m^3/h$ | 7.77 | 4.70 | 3.81 | 2.86 | 2.97 | 3.04 | 2.80 | 2.74 | 3.12 | 3.29 | 2.97 |
| 二压差 MPa | 0.054 | 0.035 | 0.020 | 0.018 | 0.015 | 0.016 | 0.016 | 0.014 | 0.014 | 0.013 | 0.013 |
| 三流量 $m^3/h$ | 6.41 | 4.94 | 3.98 | 3.29 | 3.29 | 3.43 | 3.09 | 3.10 | 3.04 | 3.04 | 3.07 |
| 三压差 MPa | 0.052 | 0.035 | 0.018 | 0.014 | 0.017 | 0.014 | 0.014 | 0.014 | 0.014 | 0.012 | 0.012 |
| 四流量 $m^3/h$ | 6.77 | 4.68 | 3.30 | 3.12 | 2.90 | 2.72 | 2.61 | 2.61 | 2.60 | 2.58 | 2.44 |
| 四压差 MPa | 0.053 | 0.036 | 0.021 | 0.018 | 0.018 | 0.017 | 0.017 | 0.015 | 0.015 | 0.029 | 0.015 |

**计算结果** **表 2**

| 频率 Hz | 模拟比值 | 试验压差（DN50）MPa | 计算压差（DN50）MPa | 误差率（%） | 模拟阻值（DN25）MPa | 计算阻值[1]（DN25）MPa | 误差率（%） |
|---|---|---|---|---|---|---|---|
| 50 | 0.69 | 0.052 | 0.145 | 64.1 | 0.0359 | 0.100 | 64.1 |
| 40 | 0.69 | 0.034 | 0.095 | 64.2 | 0.0235 | 0.066 | 64.4 |
| 30 | 0.69 | 0.019 | 0.056 | 66.1 | 0.0131 | 0.039 | 66.4 |
| 27.5 | 0.69 | 0.016 | 0.047 | 66.0 | 0.0110 | 0.032 | 65.6 |
| 27 | 0.69 | 0.016 | 0.047 | 66.0 | 0.0110 | 0.032 | 65.6 |
| 26.5 | 0.69 | 0.015 | 0.042 | 64.3 | 0.0104 | 0.029 | 64.1 |
| 26 | 0.69 | 0.014 | 0.042 | 66.7 | 0.0097 | 0.029 | 66.6 |
| 25.5 | 0.69 | 0.016 | 0.041 | 61.0 | 0.0110 | 0.029 | 62.1 |
| 25 | 0.69 | 0.014 | 0.041 | 65.9 | 0.0097 | 0.029 | 66.6 |
| 24.5 | 0.69 | 0.013 | 0.036 | 63.9 | 0.0090 | 0.025 | 64.0 |
| 24 | 0.69 | 0.013 | 0.036 | 63.9 | 0.0090 | 0.025 | 64.0 |
| 频率 Hz | 模拟比值 | 试验压差（DN50）MPa | 计算压差（DN50）MPa | 误差率（%） | 模拟阻值（DN25）MPa | 计算阻值[2]（DN25）MPa | 误差率（%） |
| 50 | 0.17 | 0.052 | 0.145 | 64.1 | 0.0088 | 0.025 | 64.8 |
| 40 | 0.17 | 0.034 | 0.095 | 64.2 | 0.0058 | 0.017 | 66.0 |
| 30 | 0.17 | 0.019 | 0.056 | 66.1 | 0.0032 | 0.01 | 68.0 |
| 27.5 | 0.17 | 0.016 | 0.047 | 66.0 | 0.0027 | 0.008 | 66.3 |
| 27 | 0.17 | 0.016 | 0.047 | 66.0 | 0.0027 | 0.008 | 66.3 |
| 26.5 | 0.17 | 0.015 | 0.042 | 64.3 | 0.0026 | 0.007 | 62.9 |
| 26 | 0.17 | 0.014 | 0.042 | 66.7 | 0.0024 | 0.007 | 66.0 |
| 25.5 | 0.17 | 0.016 | 0.041 | 61.0 | 0.0027 | 0.007 | 61.4 |
| 25 | 0.17 | 0.014 | 0.041 | 65.9 | 0.0024 | 0.007 | 66.0 |
| 24.5 | 0.17 | 0.013 | 0.036 | 63.9 | 0.0022 | 0.006 | 63.3 |
| 24 | 0.17 | 0.013 | 0.036 | 63.9 | 0.0022 | 0.006 | 63.3 |

注：计算阻值[1] 速度同管径 DN50，计算阻值[2] 速度为管径 DN50 的一半。局部阻力选用 30%，管段一长度 3.6m。表中数据为保留几位有效小数的数据。

1）管径 DN50 通过试验测的数据与计算所得数据的误差率在 61.0%～66.7%之间；

2）管径 DN25（速度同管径 DN50）通过模拟比值得到的数据与通过计算得到的数据

误差率在 62.1%～66.6%之间；

3）管径 DN25（速度为管径 DN50 的一半）通过模拟比值得到的数据与通过计算得到的数据误差率在 61.4%～68.0%之间。

## 3.2 结论与不足

1）数据分析一的误差率与数据分析二的误差率不大，可以认为通过比值计算得到的管段阻力值是可以用的，故通过分段式管网进行水力工况模拟是可行的。

2）在上述计算中未考虑管长、不同情况下局部阻力以及不同系数（不同水温下）的占比大小影响。

3）此模拟计算为静态计算，未考虑动态下的管网水力工况模拟。上述计算选用的速度值控制的过于精准，在实际操作中难以达到。

4）管段模拟数据较少，只有一段管段，未考虑管段缩小的影响，未考虑整体模拟。

**参考文献**

[1] 雷晓蔚，程正富，王惊雁，等. 物理模型的理论分析与构建 [J]. 重庆文理学院学报，2007，26 (2)：84-86.

[2] 孙刚，王飞，吴华新. 供热工程 [M]. 北京：中国建筑工业出版社，2009.

# 基于WIFI通信的太阳能蓄热供热监控系统

刘智民，宋盼想，白雪，刘海威
（河北建筑工程学院，河北省张家口市 075000）

**摘　要**：本文提出一种基于WIFI的太阳能蓄热供热智能监测控制系统，该系统用于小型建筑、农村独立供热的监控。针对太阳能蓄热供热系统远程监控的问题，提出以ESP8266WIFI模块为核心，用CC2530芯片进行数据的采集并对数据进行实时更新，并用传感器采集相关信息，将传感器采集到的数据信息远程发送给客户端。通过太阳能蓄热供热远程监控系统的模拟实验，验证本设计方案的可行性。

**关键词**：ESP8266WIFI模块；网关；远程监控

## 1 引言

随着物联网技术的发展，无线通信技术在人们日常生活中的应用越来越广泛，尤其是在智能家居方面。物联网技术已逐步和暖通行业相融合，智慧供热已经成为该行业的焦点。目前，国内对集中供热监测系统的技术研究已有很多，并实现了集控中心监控软件存储及显示热网实时工况、远程控制热力站变频器运行状态和进行远程热网热平衡调节的功能。但是，智慧供热体系庞大，涉及广泛，而且在太阳能相变蓄热供热远程监控系统方面的研究较少。本文提出以WIFI无线通信技术为核心，通过CC2530芯片收集传感器采集的数据，实现具有远程监控功能的太阳能相变蓄热供热系统。

## 2 太阳能蓄热供热系统及通信设计思路

太阳能蓄热供热系统基本结构如图1所示，该系统分三个部分，太阳能集热器部分、相变蓄热部分、用户采暖部分。整个蓄热供热系统的工作状态如下：(1) 只采用太阳能集热器做热源。(2) 太阳能集热器和电加热器一起供热。(3) 相变蓄热器做热源。为了监测整个太阳能供热蓄热系统的工作状态，在蓄热供热系统中布置了多个测点，通过综合控制平台进行监测和控制。

太阳能相变蓄热供热智能监控系统主要包括三个部分：上位机监控部分、数据传输部分、数据采集部分。上位机监控界面用Eclipse软件设计，Java语言进行编程，为用户提供直观的操作界面和监测数据。

河北省科技厅攻关项目：基于需求的太阳能相变蓄热供热控制系统研究，项目编号16214320。
作者简介：刘智民（1992—），男，汉族，河北省人，硕士在读，研究方向：供热测控技术。

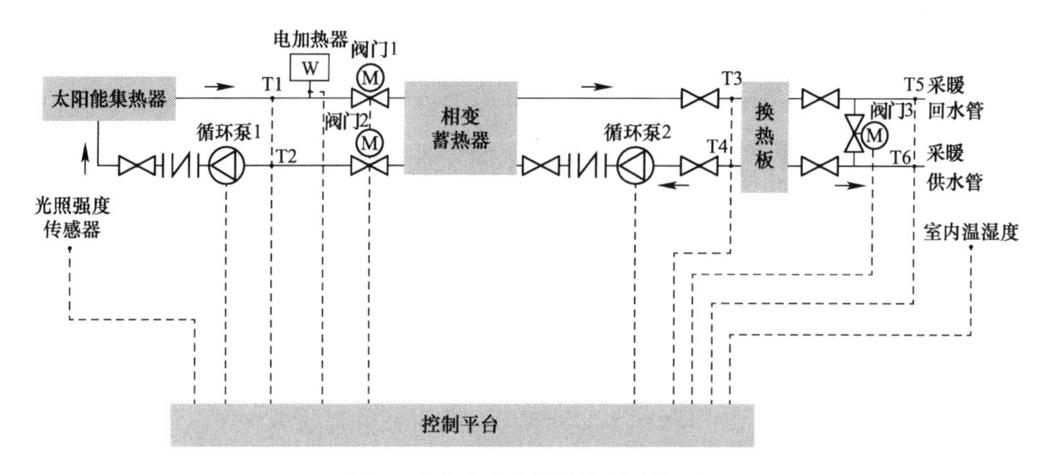


图 1　太阳能蓄热供热控制系统图

数据传输采用基于 IEEE802.15.4 的 ZigBee 无线传输和 WIFI 无线传输，其中 ZigBee 无线传输方式采用星型组网方法，令功能强大的主设备（协调器）位于网络的中心，其他设备（节点）分布在其覆盖的范围内；WIFI 模块与家用路由器进行端口映射，通过外网实现远程通信，如图 2 所示。传感器采集相应数据，CC2530 芯片将采集到的数据通过基于 IEEE802.11 的 WIFI 无线传输模块发送出去。

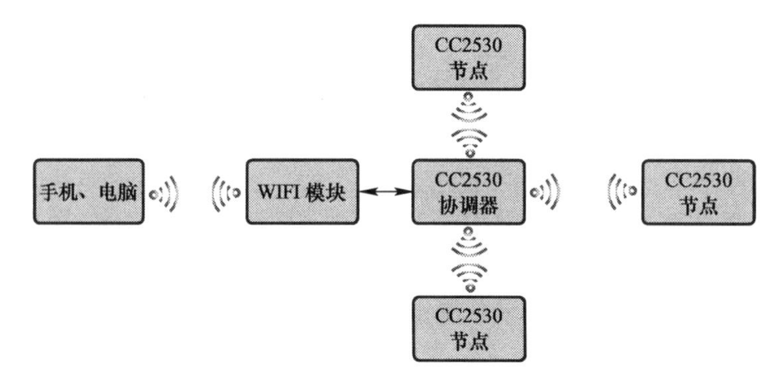


图 2　通信构架图

数据采集部分采用 CC2530 芯片，选用 DHT11 温湿度传感器、DS18b20 温度传感器、步进电机、直流电机、继电器、光照强度传感器等采集数据。设备详情如表 1 所示。

**设备简介表**　　**表 1**

| 设备名称 | 型号 | 功能 |
|---|---|---|
| ESP8266 模块 | | WIFI 无线传输 |
| CC2530 芯片 | | 采集数据、ZigBee 无线通信 |
| 温湿度传感器 | DHT11 | 监测室内温度和湿度 |
| 温度探头 | 防水型 DS18b20 | 检测供热管道中水的温度 |
| 步进电机+ULN2003 步进电机驱动板 | | 模拟系统中阀门的开关 |
| 直流电机 | | 模拟系统中水泵的工作状态 |
| 继电器 | CDG1-1DA/40A | 模拟电加热器开关 |
| 光照强度传感器 | | 检测室外光照强度 |

# 3 无线通信的实现

ZigBee具有低功耗、低速率、支持多节点和多种网络拓扑的优点，并且具有低复杂度、低成本、安全、稳定、可靠的通信特点。WIFI传输速率快，覆盖范围比较广，但功耗高，可扩展的节点数量有限[1]。对于太阳能供热蓄热监控系统设计而言，测点数量较多，故需要的节点较多。如果只选用WIFI传输，则功耗高且节点数量不能满足需求，因此，本设计采用了ZigBee无线传输和WIFI无线通信相结合的方式，发挥各自优点，建立无线通信，实现太阳能蓄热供热系统的远程监控。

## 3.1 ESP8266WIFI通信的实现

### 3.1.1 ESP8266模块的设置

本系统采用了PC通过家用路由器与外网进行连接实现远程通信，ESP8266采用AP模式，将WIFI模块通过USB串口与电脑连接，打开串口调试助手，对WIFI模块工作模式进行设置。在命令行输入“AT＋CWMODE＝2”，将工作模式设置为AP模式，返回“OK”则设置成功。在命令行输入“AT＋RST”复位指令，使得STA工作模式生效。命令行输入“AT＋CIPMUX＝1”启动命令行多连接，使得多个用户能够同时检测并连接到WIFI。命令行输入“AT＋CIPSERVER＝1，5000”开启监听端口5000。输入“AT＋CIFSR”命令查看路由器分配的IP地址，如图3所示。

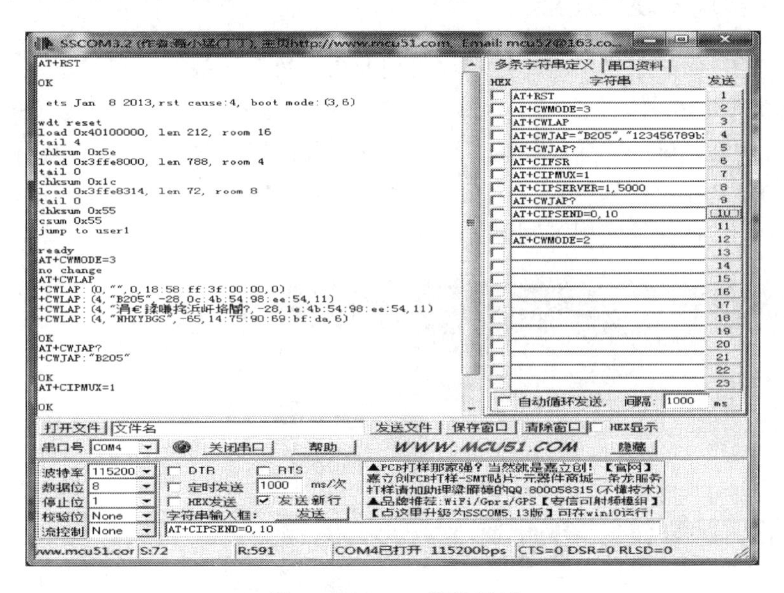


图3 ESP8266模块设置

### 3.1.2 路由器的设置

本设计方案实现远程通信是采用家用路由器作为桥梁，实现ESP8266模块与公网之间的通信，具体操作步骤如下：

(1) 通过指令AT＋CWJAP＝“B205”、“123456789b205”将WIFI模块连接到家用路由器。(2) 输入指令AT＋CIFSR，获取路由器分配的IP地址：192.168.1.205。(3) 在

浏览器中打开路由器（TP-LINK）找到ESP8266WIFI模块并创建虚拟服务器，设置IP地址为192.168.1.205，外部、内部端口设置为5000，目的是将路由器的信息转发给ESP8266WIFI模块。(4) 对DMZ（主机）进行设置，IP地址为192.168.1.205，外部端口设置为5000。通过浏览器查询路由器的IP地址：222.223.160.18，并通过Ping操作确定其为公网IP，从而实现ESP8266模块和路由器之间的通信连接。

### 3.1.3 通信原理

TCP客户设计流程：(1) 找到期望通信的服务器套接字端点地址（IP地址+协议端口号）。(2) 创建本地客户端套接字。(3) 为该套接字申请一个本地端点地址（由TCP/IP协议软件自动选取）。(4) 建立该套接字到服务器套接字之间的一个TCP连接。(5) 基于建立的TCP连接，与服务器进行通信（发送请求与等待应答）。(6) 通信结束之后，关闭该套接字以释放与之相关的资源（包括TCP连接的释放等）。

TCP服务器设计流程：(1) 创建本地服务器端套接字。(2) 为该套接字申请一个本地端点地址（将该套接字绑定到它所提供服务的熟知端口上）。(3) 将该套接字设置为被动模式（被动套接字）。(4) 从该套接字上接受一个来自客户的连接请求，并建立与该客户之间的一个TCP连接。(5) 构造响应，并基于建立的TCP连接，与该客户进行通信（发送应答与等待请求）。(6) 与客户完成交互之后，关闭所建立的TCP连接，并返回步骤4以接受来自下一个客户新的请求。(7) 当服务器关机时，关闭该套接字以释放与之相关的资源[2]。

## 3.2 通信的实现及硬件连接

上位机监控界面的主要功能：显示收集到的数据及各设备的工作状态。监控界面是由Eclipse编程软件制作，为用户提供直观、简洁的操作方式。用电脑连接ESP8266模块的无线网，打开网络调试助手界面如图4所示。该界面能够接收下位机采集到的数据，并按照通信协议的形式显示出来。在左上角IP地址空框中输入“192.168.4.1”，默认端口为“5000”，点击连接按钮，实现了网络的连接。

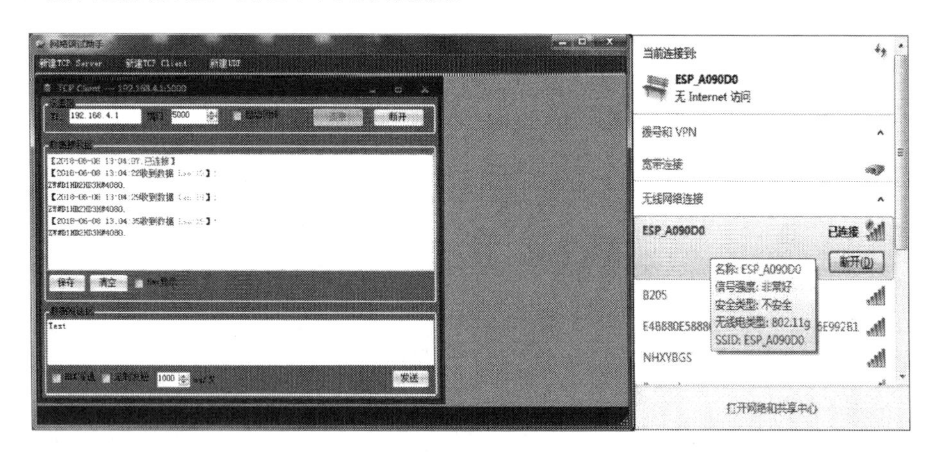


图4 网络通信截图

硬件连接如图5所示，将各传感器及检测终端连接到相应的节点上，各节点采用5V电源供电，主控芯片CC2530读取DHT11温湿度传感器、DS18b20温度传感器的数据，并读取步进电机、直流电机、继电器等设备的工作状态，通过 WIFI 模块进行信息传输。图 5 中右下角板子作为协调器，收集各节点传来的数据，并通过 ESP8266 模块将数据发送出去，由于协调器带有 WIFI 模块，功耗比较大，为了保证模块正常运行，另外用 5V 充电器供电。

图 5　硬件实物连接图

## 4　总结

本文所用的太阳能蓄热供热系统监控设计方案，通过实物模拟进行测试与验证，实现了终端采集数据并通过 ZigBee、WIFI 无线通信技术将数据信息传递到上位机，远程通信很好地与监控系统进行结合。该系统的监控实验还处于模拟阶段，仍有许多不完善的地方，接下来的研究方向是：开发 PC 界面和安卓手机界面，并增添新的功能。本系统还有许多预留的引脚，为以后增添新的测点、功能的扩展和研发做准备。

### 参考文献


[1]　蒋昌茂，刘洪林，梁润华．基于 ZigBee、WIFI 无线传感网络的智能家居环境监测系统的研究与实现．科技与创新，2018（1）：45-48.

[2]　王雷．TCP/IP 网络编程基础教程．北京：北京理工大学出版社，2017.

# 河北省固体废物处理现状及其措施研究

卢颖，罗国伟
（河北建筑工程学院　能源与环境工程学院，河北省张家口市　075000）

**摘　要：**本文通过对河北省固体废物处理现状资料的收集，分析了河北省对固体废物的处置利用情况和主要处理措施，并根据河北省固体废物处置利用现状中存在的问题，提出了合理化建议。

**关键词：**河北省；固体废物现状；处理措施

## 1　引言

河北省随着经济的发展，钢铁、电力、煤炭等易产生固体废物的行业也在不停的发展着，同时人民生活水平的提高，使得消费结构发生变化，消耗性物品废弃物种类开始增多，导致固体废物数量增加的同时，组成更加复杂，不利于固体废物的处理，给防治固体废物污染工作带来了很多新的挑战[1]。

为建设“经济强省、美丽河北”，防止固体废物污染环境，影响省内经济发展，近年来，河北省环保系统认真贯彻落实中央和省委、省政府决策部署，将固体废物处理问题放在重要工作中，将其作为环保工作的重大任务。随着河北省对固体废物处理的重视，在固体废物管理和处置方面加大了工作力度，全方面治理固体废物问题，虽然总体形势仍然严峻，但固体废物处理情况稳中向好，危险废物也得到了有效控制。

## 2　固体废物处置利用现状

河北省是工业大省，也是产废大省，但其固体废物管理处于起步阶段，基础工作十分薄弱。通过对统计数据的比较，对河北省固体废物处置利用情况分为以下三部分进行详细的分析。

### 2.1　生活垃圾

随着生活水平的快速提高，生活垃圾和新型固体废物快速增加，污染问题日益突出，其他新型固体废物急剧增长，形成新的污染，城市生活垃圾逐年增长。为缓解城市垃圾的处置压力，部分城市垃圾向农村进行转移，农村本身处理固体废物能力差，使得农村卫生条件恶化，出现垃圾围城现象。

2016 年，河北省生活垃圾处理量约为 800 万 t，多采用填埋方式处置，其次采用焚烧方式处理，极少部分采用堆肥方式处置。

河北省在五年来处理生活垃圾的情况，如图 1 所示，生活垃圾无害化处理量逐渐增多，处理能力不断加强，生活垃圾无害化处理率从 81.4%上升到 97.8%，有明显的上升趋势，表明近年来河北省的生活垃圾处理情况有所改善，垃圾无害化水平在提高。

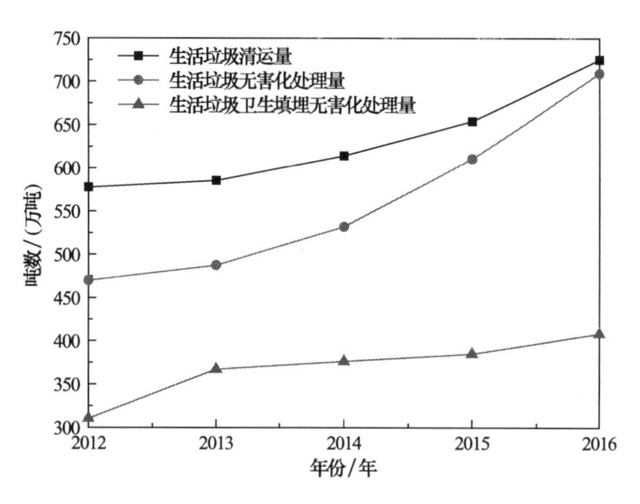


图 1　河北省 2012～2016 年生活垃圾情况

2015 年，河北省在 21 个县（市、区）、2800 多个村庄开展农村环境整治试点，农村脏、乱、差的环境面貌初步改观。2016 年，加快南水北调沿线 22 个县（市、区）、3000 多个村庄农村生活垃圾和生活污水治理，其中承德市在全市域推进农村环境综合整治，建成规模化垃圾填埋场 25 座。

## 2.2　工业固体废物

根据 2015 年的环境统计数据[2]显示，如图 2 所示，河北省工业固体废物在全国工业固体废物产生总量中的比重大，其综合利用处置率达 94.75%，数据显示了河北省对工业固体废物的处理能力在全国省份地位靠前，但利用能力较低，有待提升。

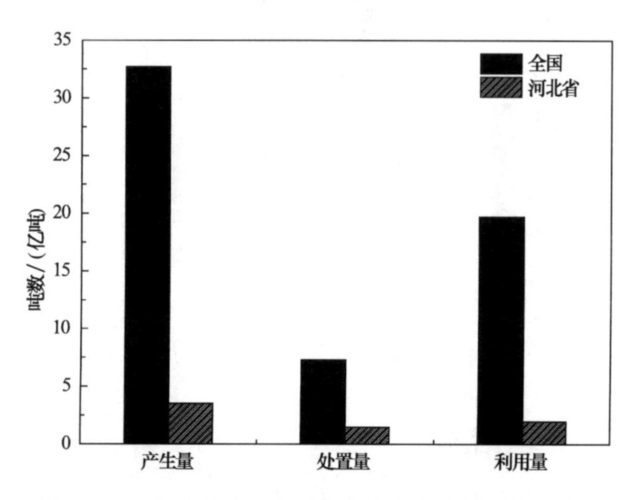


图 2　2015 年河北省工业固体废物产生及利用处置情况

通过河北省环保厅发布的信息可知[3]，石家庄市作为河北省的省会城市，受到省内的重视，在工业固体废物处理方面近年来的情况如图 3 所示，可以看到综合利用率保持在较高的水平，处置量提高程度较小，贮存量在近三年来呈下降趋势。

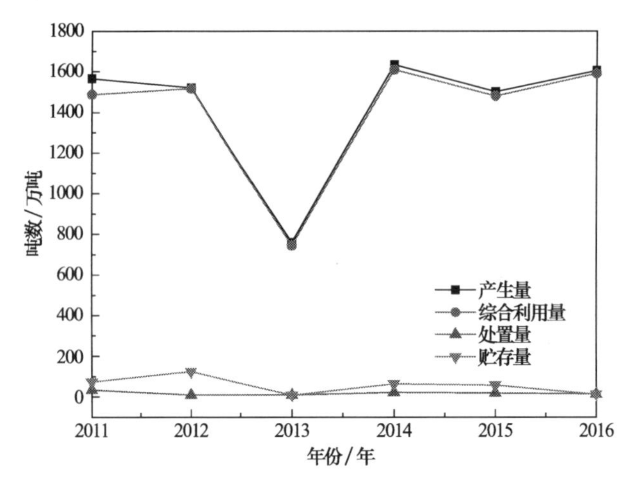


图 3　2011～2016 年石家庄市工业固体废物情况

## 2.3　危险废物

河北省危险废物虽然产生量小，利用规模增加，但是处置能力不强，致使部分危险废物经过长时间贮存后不能有效处置，而且经常出现随意倾倒、丢弃和遗撒等现象，对环境安全造成严重影响。

如图 4 所示，河北省省会石家庄市近几年对危险废物的实际处置能力在不断提高，其产生量呈下降趋势，但是综合利用量极不稳定。

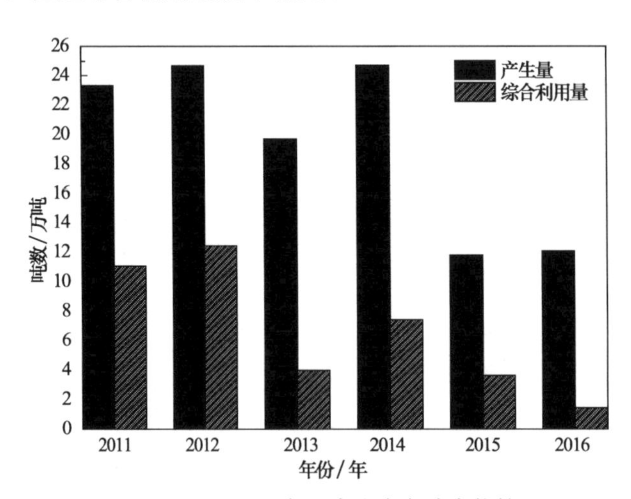


图 4　2011～2016 年石家庄市危险废物情况

# 3　固体废物主要处理措施

河北省面对省内固体废物现状，围绕减量化、资源化和无害化原则，对工业固体废物、危险废物和生活垃圾展开一系列的措施，努力减小固体废物处置压力，并加强省内固体废物的污染防治举措。

### 3.1 生活垃圾

生活垃圾的急剧增加，新型生活垃圾的出现，城市生活垃圾转移到农村等现状，使生活垃圾的处理情况变得困难。面对垃圾围城、垃圾围村现象，怎样才能有效处理生活垃圾的堆积问题，保护青山绿水，是建设美丽河北的工作难点之一。

河北省明确提出加快城市基础设施建设，提高对生活垃圾的无害化处理水平，回收生活垃圾中的可利用资源和能源，建立良性资源循环，做到物尽其用；开展实施生活垃圾的治理专项行动，完善农村生活垃圾的处置体系，通过发酵堆肥、焚烧发电、卫生填埋等方式处理垃圾，提高生活垃圾的利用率；发展农村循环经济，实施种养结合，减少废弃物的产生，实现能量循环。

### 3.2 工业固体废物

总体看来，河北省的工业固体废物虽然产生量在逐年增加，但是利用及处置能力也在不断的提升。因此如何控制并降低工业固体废物的产生总量是现在河北省在固体废物防治污染工作中面临的一项挑战。

推行清洁生产，降低工业固体废物的产生总量。通过清洁生产，对生产过程与产品采取整体预防的环境策略，通过提高产品质量、降低产品体积和减少包装等手段来实现减量化。2016 年大、中城市工业固体废物产生总量为 3403.94 万 t，相较于 2014 年产生总量[4]（4823.99 万 t）有明显降低。

### 3.3 危险废物

河北省危险废物的产生总量较小，但是综合利用率低，监管能力较差，出现长期贮存得不到处理，甚至将其混入生活垃圾中，对环境安全造成威胁。

为了更好的监管省内危险废物，省政府建立“河北省固体废物动态信息管理平台”，平台对危险废物全过程进行监管，采集危险废物产生、转移、处置利用的过程信息，构建“产废—转移—处置”流向监管数据网。

## 4 建议

### 4.1 生活垃圾

引导公民养成生活垃圾分类习惯。环境保护意识的提高有利于约束人们的环境行为，使人们了解到保护环境的重要意义，加强环境行为的规范性，自觉减少生活垃圾的产生，从而营造“保护环境，人人有责”的良好社会氛围；垃圾分类有利于生活垃圾的处理和回收再利用，鼓励公民进行垃圾分类，促进生活垃圾的资源化、无害化。

### 4.2 工业固体废物

鼓励科技创新，培养优秀技术人才[5]。为提高固体废物的综合利用率，加大力度培养优秀的固体废物资源化技术专业人才，建立产学研合作平台，充分发挥科技力量，逐步提高省内企业的固废资源化技术，带动企业经济效益的增长，提高省内生态效益和社会效益。

鼓励循环经济的发展[6]。研究和开发企业共生项目，建立完整的生态环保型生产链，将一个生产过程中产生的固体废物，作为下一个生产过程的原材料，形成多渠道、多方式、多次利用废弃物的资源化利用模式，减少资源的浪费，实现固体废物的再利用价值。

## 4.3 危险废物

加强危险废物监督管理[5]。对危险废物从产生、利用和处置实施全过程透明化监管，并逐步建立和完善信息查询系统，提高监管力度。以政府与企业、消费者互为主体，明确生产者和消费者的责任和义务，支持企业在生产过程中不断优化技术，减少危险废物的产生，鼓励消费者产品使用后分类回收处理。

在全省加强危险废物相关的宣传教育，提高公众对危险废物的认识，通过多种媒体手段宣传，阐释危险废物的危害性，明确正确的处理方法，树立正确对待危险废物的观念。

## 参考文献


[1] 韩永辉，曹培锋. 河北省固体废物排放现状调查分析及管理对策研究. 安徽农业科学，2013（2）：771-774，778.

[2] 中华人民共和国环境保护部. 2015 年环境统计年报. 北京：中华人民共和国环境保护部，2015.

[3] 中华人民共和国环境保护部. 2016 年全国大、中城市固体废物污染环境防治年报. 中国环保产业，2017（1）：4-11.

[4] 中华人民共和国环境保护部. 2014 年全国大、中城市固体废物污染环境防治年报. 中国环保产业，2015（1）：4-11.

[5] 余阳. 上海市固废处理现状及建议. 污染防治技术，2003，16（4）：165-167.

[6] 盛任立. 新加坡城市固废处理现状与经验探析. ENVIRONMENTAL PROTECTI-ON，2015，43（7）：73-76.

# 基于能源化利用的城市垃圾处理技术现状

卢颖，罗国伟
（河北建筑工程学院　能源与环境工程学院，河北省张家口市　075000）

**摘　要**：本文基于我国城市垃圾常用的能源化处理技术，对国内城市垃圾能源化技术的应用进行资料收集，了解国内城市垃圾焚烧发电、热解气化和厌氧消化处理技术的应用现状，并通过现状指出我国城市垃圾能源化处理中存在的问题，提出了应对措施。
**关键词**：城市垃圾；能源化；焚烧发电；热解气化；厌氧消化

## 1　引言

我国经济的高速发展，带动着城市化进程步伐加快，城市规模的扩大和人口的增多，使城市垃圾的产量呈增长趋势。目前，我国城市垃圾的堆存量不断增加，占据大面积的土地，造成国内约三分之二的城市出现“垃圾围城”现象[1]。数量庞大的城市垃圾对城市和城市周围的生态环境构成严重污染，已成为制约城市可持续绿色发展的影响因素，解决城市垃圾处理问题成为亟待解决的问题。

同时由于能源和资源短缺以及对环境问题认识的逐步加深，对城市垃圾的能源化利用问题引起广泛关注[1~2]。目前，我国的城市垃圾中存在着数量巨大的可利用资源，探索将其减容减量并获得能源的处理方法是现在的研究热点。

## 2　能源化处理技术

大量城市垃圾的产生，约束了城市的发展，给城市环境带来了恶劣影响，固体废物是“放错地方的资源”，垃圾填埋处理占地面积大、易对环境造成二次污染，堆肥处理所需周期长、处理量小、处理效率低。因此，有效解决城市垃圾带来的环境问题的方法就是加快探寻城市垃圾能源化处理技术[3]。近年来，城市垃圾焚烧发电、热解制燃气和厌氧消化产沼气的能源化处理技术应用较广泛。

### 2.1　垃圾焚烧发电技术

垃圾焚烧发电处理[4]过程主要包括垃圾储运、垃圾焚烧和垃圾发电三大部分。城市垃圾经收集、分类处理后，进入焚烧厂，为降低垃圾的含水量、提高垃圾热值，在垃圾仓内贮存停留一定的时间。选择燃烧值较高的垃圾，高温焚烧，经过烟气处理后，利用焚烧产生的热能转化为高温蒸气，推动涡轮机转动，然后使发电机产生电能；对不易燃烧的有机物，经过发酵、厌氧处理后，干燥脱硫，可产生沼气，沼气经燃烧后，产生的热能转化为蒸气，带动发电机产生电能。

我国人口基数大，导致人均占地面积小，为实现垃圾“减量化、资源化、无害化”处理，对城市垃圾进行焚烧处理，可降低垃圾重量、体积都达80%以上；通过高温焚烧垃圾能去除其中大量的有害物质，减轻对环境的污染；燃烧热值较高的垃圾，利用产生的热能发电，降低垃圾焚烧的成本，获得垃圾焚烧厂所需的一部分电能，实现城市垃圾的能源化利用。

### 2.2 垃圾热解气化技术

热解气化[5]是在无氧或缺氧的条件下，加热蒸馏有机物，由于有机物具有热不稳定性，会产生裂解，从而获取燃料油、可燃气。

热解后垃圾体积大大减少，排放的废气量减少，减轻了对大气环境的污染，在热解残渣中腐败性有机物少，能防止填埋场的公害，垃圾热解能有效克服垃圾焚烧造成的大气污染问题，是一种真正实现固废处理3R原则的垃圾处理方法。

### 2.3 厌氧消化技术

厌氧消化技术是经过微生物的代谢作用，在无氧条件下使垃圾中的大分子有机物分解，形成无机物及小分子有机物，产生 $CH_4$ 的处理工艺。

#### 2.3.1 厨余垃圾

城市垃圾中的厨余垃圾[6~7]含水率高、有机物含量高，很容易腐坏和滋生病原微生物，产生恶臭，需要单独收集。由于其含水量高，不适合燃烧发电，但有机物含量很高的厨余垃圾很适合用厌氧消化技术进行处理。

厨余垃圾在固液分离后，对固相部分进行挤压过滤、油脂分离等预处理，再进入厌氧发酵阶段，利用微生物将其发酵，将其中的有机物转化为 $CO_2$、$CH_4$ 和 $H_2O$ 等产物。

厨余垃圾采用厌氧消化的方式处理，可提高处理效率、环境效益好，在降低处理费用的同时，能将有机物最终转化成 $CH_4$ 和高效有机肥。厌氧消化处理是热门的环保处理技术，以单独收集的厨余垃圾为原料，通过处理产生沼气这种清洁能源，这是未来国内外厨余垃圾处理的主要研究方向。

#### 2.3.2 剩余污泥

在无氧条件下，污泥中可生物降解的有机物被兼性菌、厌氧细菌分解为 $CH_4$、$CO_2$、$H_2O$ 和 $H_2S$。有机物含量高的污泥用厌氧消化处理稳定高效，可以去除废物中30%～50%的有机物并使之稳定化，可减少处理城市污泥的费用，使污泥可有效减量。

污泥中的有机物被厌氧分解后，可以产生 $CH_4$ 作为清洁能源利用，缓解了能源紧张，减轻了温室效应，使城市污泥资源化。

## 3 国内城市垃圾能源化处理技术应用现状

### 3.1 焚烧发电技术

由于国内对城市垃圾处理的需要，许多城市借鉴国外的焚烧技术，不断完善国内垃圾焚烧发电厂，使我国的垃圾焚烧发电技术日益成熟。根据国内统计数据显示，我国的垃圾焚烧发电厂自 2010 年每年以 30 座的数量不断增加，到 2016 年，垃圾发电厂近 300 座。

河北省魏县德尚环保有限公司成立于 2014 年，以处理生活垃圾为运营项目，收集魏县及周边县市生活垃圾，并利用生活垃圾焚烧发电，生活垃圾处理量达 29.5 万 t/年，发电量达 0.95 亿度/年，为周边小区的供暖、供电提供有力保障。

### 3.2 热解气化技术

我国根据实际情况，经多年研究，推出适合我国的热解气化技术。2015 年 5 月，由绿洁泰能、中国核建及中稷瑞威共同推出垃圾热解气化技术，该技术占地面积小，能为城市垃圾处理节省填埋面积，每处理一吨垃圾可产生电量 350 度左右，有效提高了垃圾能源化利用率，为我国垃圾热解气化处理提供了立足于基本国情的先进有效的城市垃圾处理设计。

### 3.3 厌氧消化技术

#### 3.3.1 厨余垃圾

国外对厨余垃圾的处理技术研究较完善，我国在此技术上起步较晚，但当前人们越来越重视循环经济、绿色经济等理念，在厨余垃圾的处理中厌氧消化制沼制氢技术得到广泛关注。

#### 3.3.2 剩余污泥

我国在 20 世纪 90 年代初期开始建设污水处理厂，但是污水处理厂中的厌氧消化处理系统建设在不断减少，随着对厌氧消化技术的研究，提高剩余污泥有机物含量，利用厌氧消化技术生产沼气是目前我国处理污水处理厂剩余污泥的研究热点。

2017 年建设的青岛麦岛污水处理厂日处理污水能力达 10.7 万 t，利用厌氧消化技术日产沼气（1～1.5）万 $m^3$，日发电量可达 1.68 万 kW·h，可满足厂区运营用电的 50%～70%，降低污水厂运营费用。

## 4 我国能源化处理存在的问题及应对措施

### 4.1 存在的问题

垃圾的分类收集和后续处理仍存在很多问题亟须解决。对生活垃圾分类回收通常是简单的对垃圾进行回收后解决，粗放型的回收处理使垃圾中成分复杂、水分含量高，导致垃圾的热值低，不利于焚烧发电处理技术的进行，在对垃圾进行焚烧用于发电的过程中增加了助燃物的费用。对厨余垃圾的集中收集和处理不到位，部分厨余垃圾被用来喂养禽畜，或者混入生活垃圾中一起处理，使大量厨余垃圾不能得到充分处理，影响了对厨余垃圾厌氧消化减量化的处理。

垃圾焚烧发电处理中产生污染物的处理问题。垃圾焚烧过程中大量 $CO_2$ 和各种有害物质的产生是垃圾焚烧发电处理技术中面临的一大难点[4]，如何对污染物进行有效控制是广泛应用该处理技术的研究重点。

垃圾热解气化处理所需投资额高，且没有技术上的支撑。目前垃圾热解气化技术不够成熟[5]，我国城市垃圾可热解成分少，且存在塑料类垃圾回收处理成本高等问题，使热解气化技术投资运行费用提高。

污泥中的有机质含量低，使得厌氧消化效率不理想。现我国污泥有机物含量全国平均约为45％，远远低于国外的有机物含量[8]。因饮食习惯和生活水平的不同，化粪池的使用，剩余污泥采用延时曝气工艺后有机质的消耗等因素，使得我国污泥厌氧消化效率低。

## 4.2 应对措施

结合我国国情，从源头做起，制定有效的垃圾分类管理模式。政府与企业、公民共同努力做好源头分类，政府鼓励、支持企业和公民做好垃圾分类，严格对垃圾回收再处理，宣传垃圾分类的优势；企业和公民对厨余垃圾、生活垃圾等分类投放，减轻政府分类费用，提高垃圾的热值，降低含水率，促进垃圾的能源化广泛利用实施进程。

学习国外的先进处理技术，分析我国的城市垃圾情况，完善国内处理技术，提高垃圾能源化利用量。在垃圾焚烧发电过程中控制好污染物的排放，提高垃圾焚烧中各种金属的回收利用率；对含水量高、不宜进行热解气化的城市垃圾，借鉴欧洲的生物干化技术，提高垃圾能源化利用量；推广厨余垃圾能源化，因地制宜处理城市污泥，对有机质含量高的垃圾进行厌氧消化，提高沼气的产量，缓解我国能源紧张情况。

### 参考文献


[1] 中国环境保护产业协会城市生活垃圾处理委员会．我国城市生活垃圾处理行业2014年发展综述[C]//中国环境保护产业发展报告（2014年），2015（11）：15-23.

[2] 梁伟坤．城市生活垃圾分类处理技术模式综述[J]．环境卫生工程，2017，25（4）：4-9.

[3] 张欢燕．美国城市固体废物回收利用研究[J]．环境科学与管理，2017，42（5）：74-78.

[4] 李慕白．垃圾焚烧发电技术概述[J]．河南科技，2017，625（12）：143-145.

[5] 范洪刚．可燃固体废弃物热解气化技术及工程化模拟研究进展[J]．新能源进展，2017，5（3）：204-211.

[6] Gao W，Chen Y，Zhan L，et a1. Engineering properties for high kitchen waste content municipal solid waste[J]. J Rock Mech Geotech Eng，2015，7（6）：646-658.

[7] 张存胜．厌氧发酵技术处理餐厨垃圾产沼气的研究[D]．北京：北京化工大学，2013.

[8] 王强，张晓琦．基于能源利用的市政污泥处置技术的发展研究[J]．环境科学与管理，2016，42（12）：46-49.

# BIM 技术在建筑 MEP 管线中的应用探究

明亮，吴永强，毛旭阳，王楚濛，安娟
（河北建筑工程学院　能源与环境工程学院，河北省张家口市　075000）

**摘　要：** 当前，我国大部分建筑管网仍然使用 CAD 进行设计、施工、运维。由于 CAD 图纸中管线标注不够精准，在施工过程中很难保证 MEP 管线的精确定位，影响施工进度。本文以河北北方学院附属第一医院国际部建设工程为实例，利用 BIM 技术进行设计规划、施工指导、运营与维护管理，探讨 BIM 技术在建筑 MEP 管线中应用的可行性与优势。

**关键词：** BIM 技术；MEP 管线；实例分析

建筑 MEP 管线建造、管理工作是一项长期且较为复杂的任务。在项目建造阶段由于二维图纸的局限性，管线碰撞在所难免，经常出现边施工，边修改设计图纸的情况，费时费力；在管理运维阶段，由于缺乏信息化管理，无法实现管线系统数字化、信息化管理，出现问题很难快速排查[1]。

BIM 的设想最早是由查克伊士曼提出，它是一个完备的信息模型，能够将工程项目在全生命周期中各个不同阶段的工程信息、过程和资源集成在一个模型中，方便的被工程各参与方使用[2]。

本文以河北北方学院附属第一医院国际部为例，依托 BIM 三维建模、BIM 碰撞检测、BIM 云平台技术，探索将 BIM 技术应用于 MEP 管线中，实现对建筑管线全生命周期的有效管控，多方协同参与，共享信息，预防施工过程中出现的管线碰撞问题，提高后续管线运维的针对性和科学性。

## 1　工程概况

本工程项目名称为河北北方学院附属第一医院国际部建设工程，地处河北省张家口市桥西区长青路 14 号，医院北区为原图书馆楼，总规划用地面积 1440.95m$^2$，总建筑面积 5040m$^2$，建筑性质为多层公建，设计使用年限为 30 年，计划通过改造实现应急医疗中心、门诊、病房、手术室及 ICU 等功能，可为冬残奥会提供设备完善的 7×24h 诊疗服务。本次管网设计包括水暖电（MEP）三种管道系统，由于在传统二维图纸上，三种管道系统各自独立进行绘制，设计缺乏整体性和连续性，施工中容易出现管线碰撞等问题。在这种情况下，决定采用 BIM 技术对管线细节进行把控，通过模拟管线安装情况，进一步

作者简介：明亮（1994—），男，河北张家口，硕士研究生，主要研究方向为给排水管网系统优化。

解决管线协调难题，从而有效避免因信息不准确产生的各种施工问题，保证施工效率和质量。

# 2 BIM 技术在项目中的应用

## 2.1 项目方案比选

在本项目中，首先使用 Revit 软件构建三维管线模型，然后利用 Microsoft Project 软件编制 MEP 管线的施工进度计划，最后将 BIM 三维模型和施工进度计划汇总，同步集成到 Navisworks 中，完成地下管网 BIM-4D 模型的构建。设计人员建造好一个模型后，通过调整模型参数即可得到全新的模型，借助算量插件进行工程量及项目成本估算，进而分析不同施工方案、施工方法的合理性[3]，大大提高了方案比选的效率。

## 2.2 三维模型构建

根据设计单位提供的建筑图纸，构建包括建筑、结构、水暖电管线在内的三维立体模型，在本次项目 MEP 管线建设较为复杂、工期紧张的情况下可以有效地弥补传统设计方式在各个环节存在的不足，发挥实时、直观优势，保证信息传递真实，提高建筑工程可视效果[4]，使施工人员直观的了解项目的总体概况，清晰地反映出该项目中各管线交叉情况和建筑结构的空间几何关系。

## 2.3 管线碰撞检测

BIM 的三维可视化特点可以让设计人员在绘制管线时及时观察管线布置情况，优化空间方案，有效解决在传统二维图纸绘制时由于信息标注不明确而出现的问题，尽量避免管线碰撞。该项目作为公用建筑，功能较为复杂，管线类别数量巨大，管线交错排布，采用传统人工检查方法，不能很好的结合平面与立面进行综合检查，从空间立体角度理解较为困难，且费时费力，不能达到很好的效果。应用 BIM 软件的碰撞检测功能可以对项目中的所有个体之间进行检测，生成碰撞报告，通过点击选择各碰撞点，可以清晰地查看碰撞部位的三维模型图。将碰撞情况及时反馈给设计人员，分析碰撞原因并调整不合理的地方，充分优化管道布局，确保管道之间不会发生二次交叉，保证管线调整的全面性和准确性。同时还能减少材料浪费，实现了绿色施工的目的[5]。

河北北方学院附属第一医院国际部项目中，经过 BIM 软件碰撞检测，发现两段不同的空调管段存在管线碰撞（图 1）问题，及时改进了设计方案（图 2），避免了后续施工会出现的问题。

## 2.4 信息化管理

由于项目从设计到最终交付，设计的参与方众多，专业涉及较广，经常会出现相互之间交流不畅通、信息传递迟滞的问题。本项目将 BIM 技术引入到 MEP 管线建设中，建立 BIM 云平台，即由专业软件开发公司基于云技术提供的 BIM 服务平台。项目方可以将项目建设要求、项目施工日期以及在管网设计阶段将管网系统的各构件厂家、编号、直径、

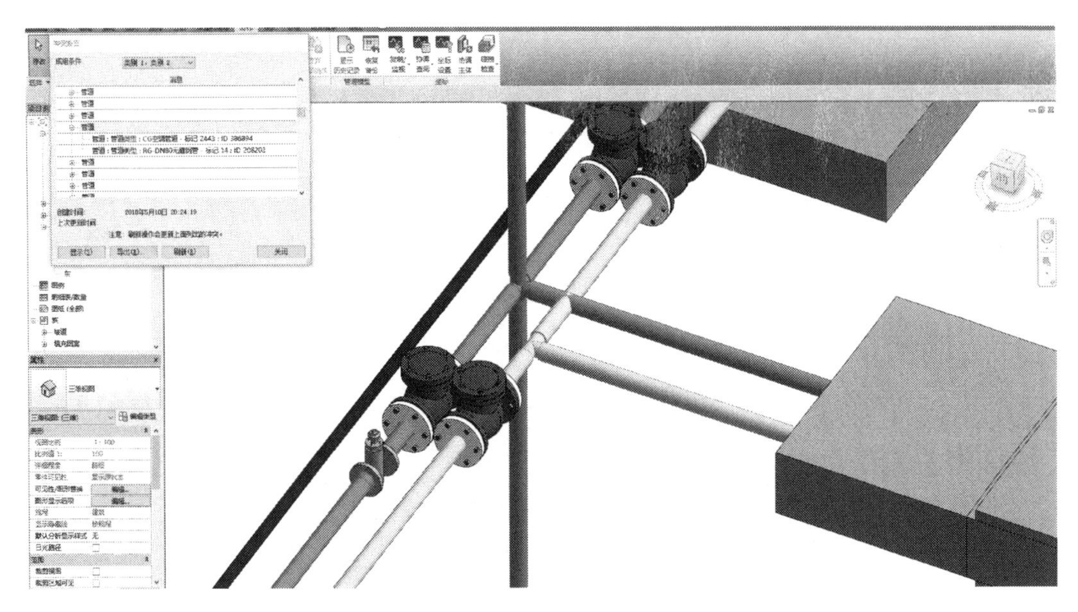

图 1　管道碰撞图

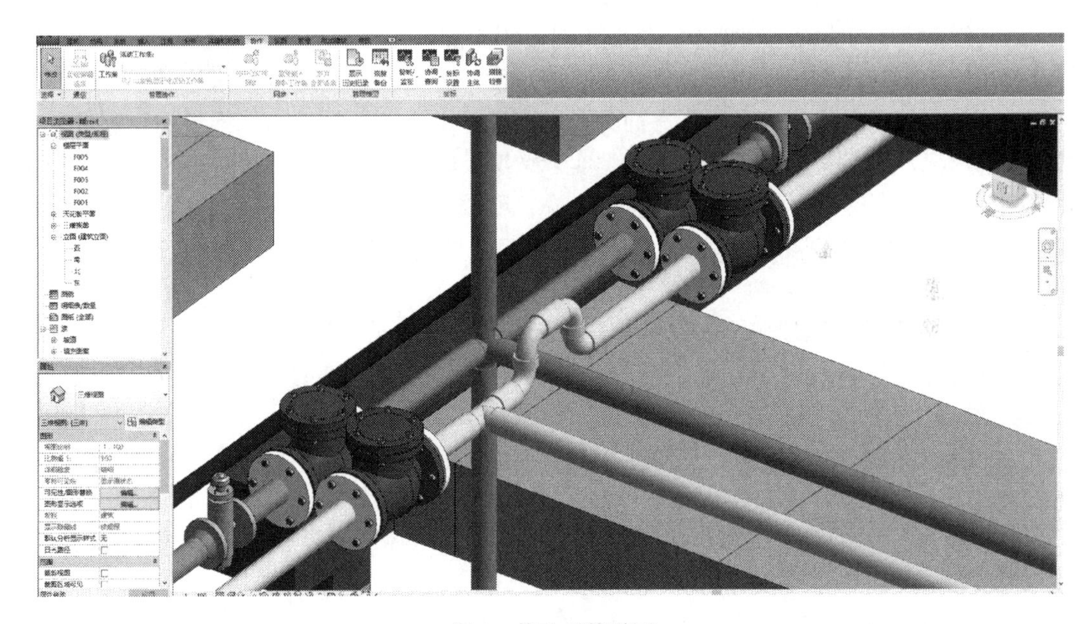

图 2　修改后管道图

型号等信息统一存储于云端，利用云技术信息便捷共享、数据快速传播、强大的计算能力等特点，使业主、设计、监理、总包、分包、材料供应商和政府监管部门在云平台上共享信息，协同工作，解决了沟通不及时的问题[6]。

在 BIM 三维模型上进行构件信息统计（图 3），利用晨曦软件进行工程量计算以及工程费用计价。晨曦软件内置各地区计价准则，符合我国实际情况，能够统计出工程总成本预算和单项工程的成本预算，精确、有效的对工程项目各个阶段的成本进行控制。

图 3　构件信息统计

在三维 MEP 管线模型基础上，把施工时间因素加入模型数据库，构建 BIM-4D 模型，将其运用于该项目施工过程中，可以对项目的进度、施工现场、风险评估等多方面进行协调管理。具体体现在施工进度管理方面为可以直观了解施工人员工作安排情况，监督管理施工现场情况，实时查看施工进度，根据实际情况及时调整施工安排。对施工现场管理主要包括施工现场设备、建筑材料采购、运输、堆放安排以及物资仓库材料使用情况管理[7]。BIM-4D 模型的应用，可以提高该项目施工人员的工作效率，使材料管理有条不紊，提高场地利用率。

BIM 技术应用于 MEP 管线设计、建造的最终目的是实现管线的智慧运维。在 MEP 管线上安装传感器，借助 Forge 平台进行软件开发，实现对管线数据信息的动态监控。BIM 技术应用于智慧运维有如下优点：

（1）基于 BIM 的 MEP 管线运维平台储存有该项目管线的全部属性信息，方便随时调用查看。

（2）基于 BIM 的三维可视化功能，工作人员可以便捷的查看管线的运行状况和空间分布情况。

（3）基于 BIM 的强大计算能力，当管道系统中出现爆管、泄露等突发事故，能够及时报警，并在三维模型上显示事故发生位置，便于维修人员检修，降低事故的危害性。

基于 BIM 技术建立的 MEP 管线信息管理平台，实现了运营管理过程的信息化、自动化、智能化。

## 3　结论与展望

BIM 技术作为建筑业发展的新趋势，近些年发展迅猛。大量的实际应用案例证明 BIM 技术有着传统方式无法比拟的优势。本次河北北方学院附属第一医院国际部项目中，通过 BIM 技术建立三维模型，进行碰撞检测后，发现 CAD 图纸在 MEP 管线设计中出现了管线碰撞问题，能够提前解决后续施工中会出现的问题，并且通过信息化管理平台协调项目参与各方，加强沟通，提高了工作效率。但是 BIM 技术目前仍有其不足之处，比如碰撞检测后仍需要手动修改、本土化不够全面、很多标准仍参照国外规范等问题，未来可以对 BIM 软件进行二次开发，通过开发个性化插件，达到更便捷高效应用 BIM 技术的目的。

## 参考文献


[1] 李娜. 县域农村生活污水管网系统长效运维信息化平台研究与设计［J］. 测绘与空间地理信息，2016，39（2）：139.

[2] 何关培.《中国工程建设 BIM 应用研究报告 2011》解析［J］. 土木建筑工程信息技术，2012，4（1）：15-21.

[3] 罗淑平，许桂芳. BIM 技术在建筑设计及施工过程中的应用［J］. 价值工程，2017（8）：176-177.

[4] 高胜. BIM 技术在建筑给排水设计中的应用［J］. 建筑工程技术与设计，2017（33）：267-268.

[5] 王亚太，杨太华，顾江山，等. BIM 技术在地下管网绿色施工及优化中的应用研究［J］. 能源与环境，2017（5）：9-10.

[6] 高远，邓雪原. 基于 BIM 的建筑 MEP 设计技术研究［J］. 土木建筑工程信息技术，2010，2（2）：91-96.

[7] 刘琳琳. BIM 技术在地下市政管网工程全生命周期中的应用研究［D］. 青岛：青岛理工大学，2016.

# 基于扩展线性支出的居民生活用水需求分析

庆杉，冯萃敏
（北京建筑大学　北京未来城市设计高精尖创新中心，北京市　100044）

**摘　要：** 水价是有效配置水资源的重要手段之一，合理的水价可发挥市场、价格因素在水资源配置、水需求调节等方面的作用，同时可增强居民的节水意识，避免水资源的浪费。近些年，水价改革在全国大中城市广泛开展，而现有文献对单一水价改革为阶梯水价后的居民水费支出变化研究不多。结合居民用水三阶梯式水价的定价特点，应用扩展性支出系统原理论，从居民用水需求弹性和价格承受能力两个方面进行了居民生活用水需求分析，建立居民水费支出与可支配收入的模型；以北京市为例，研究其单一水价年份和三阶梯水价年份，不同收入家庭的水费支出、水价承受能力、用水需求弹性和自价格弹性进行实证分析。结果表明，三阶梯水价比单一水价模式，各收入群体的自价格弹性系数都有一定的下降，说明居民用水对水价变化的反应程度有所提高，在节约用水方面取得了一定的成效。但阶梯水价的核定用水量还有待调整，这样三阶梯水价的调控效果才能发挥得更好。

**关键词：** 城镇；居民用水；水价；阶梯式；ELES 模型

## 1　引言

科学合理的制定城市供水价格，可以使水资源配置更合理优化，可以为水资源开发利用提供必要的资金，进而保障供水安全[1]。作为转型期的发展中国家，资源价格改革可提高能源效率，是促进社会公平和优化资源配置的有效措施[2]。

然而根据市场经济学理论，商品的价格应由供需双方共同确定，因此水的价格不仅由供水成本确定，还需从需求一方的角度进行分析，尤其是生活用水水价关系到不同收入群体的基本生活需着重考虑[3~5]。本文对不同收入等级居民用户的用水需求弹性和价格承受能力进行估算，正确分析居民生活用水量价格弹性，剖析价格与用水量的关系，并以北京市为例，对 2014 年实行阶梯水价后，城镇居民生活用水用水量、水费支出、水价承受能力和用水需求弹性进行实证分析。

## 2　研究现状分析

20 世纪末，国家颁布了《城市供水价格管理办法》，确立了居民生活用水递增型阶梯水价制度，旨在解决水价改革、满足民众用水需求与促进水资源合理利用[6]。经过几年的实践证明，递增型水价发挥了节约用水、满足民众基本用水的作用。但水资源紧缺、水价有失公平的问题仍还存在，所以需要研究水价与居民生活用水量的内在联系，进一步完善水价改革。

目前，在经济学界对消费结构进行实证分析通常采用恩格尔系数法和扩展线性支出系统模型两种方法。恩格尔系数作为衡量居民消费结构的指标，只是揭示特定发展阶段的收入和消费结构的关系，并不适用于各个阶段和各个地区的比较，在应用时有一定的局限性[7]。扩展线性支出系统考虑了消费需求和价格因素对居民消费结构的影响，把居民的各项消费支出看作是相互联系、相互制约的行为，从而能够全面的反映居民消费结构的各项指标。

我们可以发现运用扩展线性支出系统进行消费结构分析较恩格尔函数模型及其他模型有着明显的优越性：它可以直接运用截面资料进行参数估计，还可以用来进行边际消费倾向分析、需求收入弹性分析、基本需求分析，同时它还考虑了价格变动对消费结构的影响，并且能够在没有价格资料的情况下利用居民截面收支数据资料进行需求的价格弹性分析[8]。国内外基于 ELES 的研究广泛[9~12]。由于阶梯水价对于不同用水量来说用水单价是不同的，扩展线性支出系统适用于分析阶梯水价。

## 3 扩展线性支出系统模型

扩展线性支出系统模型（Extend Linear Expenditure System，ELES）是经济学家 Lunch 于 1973 年在英国计量经济学家 Stone 的线性支出系统模型的基础上推出的一种需求函数系统。

### 3.1 ELES 模型的基本假定

该系统假定某一时期人们对各种商品（服务）的需求量取决于人们的收入和各种商品的价格，而且人们对各种商品的需求分为基本需求和超过基本需求之外的需求两部分，并且认为基本需求与收入水平无关，居民在基本需求得到满足之后才将剩余收入按照某种边际消费倾向安排各种非基本消费支出[13]。

### 3.2 ELES 模型的建立

ELES 模型将消费者对某种消费品的需求分为基本需求和额外需求两部分，其在消费者满足理性假说的假设前提下，在预算约束的条件下，根据效用最大化原则求解马歇尔需求函数，其具体形式如下[9]：

$$p_i q_i = p_i r_i + b_i \left(I - \sum_{i=1}^{n} p_i r_i\right), i = 1, 2, \cdots\cdots, n \tag{1}$$

式中　$I$——消费者平均每人全年可支配收入；

$b_i$——消费者对第 $i$ 种商品（或服务）的边际消费倾向，$0 \leqslant b_i \leqslant 1$，$\sum_{i=1}^{n} b_i \leqslant 1$，$1 - \sum_{i=1}^{n} b_i$ 为边际储蓄倾向；

$p_i$——第 $i$ 种商品（或劳务）的市场价格；

$q_i$——消费者对第 $i$ 种商品（或劳务）的实际需求量；

$r_i$——消费者对第 $i$ 种商品（或劳务）的基本需求量；

$p_ir_i$——消费者对第 $i$ 种商品（或劳务）的基本需求支出；

$p_iq_i$——消费者对第 $i$ 种商品（或劳务）的实际消费支出；

$\sum_{i=1}^{n} p_ir_i$——消费者对所有商品（或劳务）的基本需求总支出；

$b_i(I-\sum_{i=1}^{n} p_ir_i)$——消费者平均每人全年可支配收入 $I$ 去除消费者对所有商品（或劳务）的基本需求总支出 $\sum_{i=1}^{n} p_ir_i$ 后，其差值即剩余收入中消费者愿意用于购买第 $i$ 种商品（或劳务）的部分，其份额为 $b_i$，该值与消费者的偏好有关。

$I$、$p_i$ 为外生变量，$q_i$ 为内生变量，$b_i$、$r_i$ 为待估参数[14]。

该模型把消费者对各类商品的支出看作是收入、价格的函数，因此消费者对各种商品的需求取决于其收入水平和商品的价格。在一定收入水平 $I$ 下，居民首先满足对各类商品的基本需求 $p_ir_i$，且基本需求与收入水平无关；在满足基本消费需求后，消费者将剩余收入按照一定的比例 $b_i$ 在各类商品和储蓄之间进行分配[15]。

为了便于模型估计，将（1）式变换为：

$$p_iq_i = p_ir_i - b_i\sum_{i=1}^{n} p_ir_i + b_iI, i = 1,2,\cdots\cdots,n \tag{2}$$

由于采用数据时，$p_ir_i$ 和 $\sum_{i=1}^{n} p_ir_i$ 为不变常数，故令 $a_i = p_ir_i - b_i\sum_{i=1}^{n} p_ir_i$，$C_i = p_iq_i$，则有：

$$C_i = a_i + b_iI + \mu_i \tag{3}$$

其中 $\mu_i$ 为随机干扰项。对（3）式采用最小二乘法（Least square method，OLS）估计得到参数估计值 $a_i$ 和 $b_i$，然后根据定义：$a_i = p_ir_i - b_i\sum_{i=1}^{n} p_ir_i$，对该式两边求和得到第 $i$ 类商品的基本需求：

$$p_ir_i = a_i + b_i\frac{\sum_{i=1}^{n} a_i}{(1-\sum_{i=1}^{n} b_i)} \tag{4}$$

进一步根据 ELES 模型，可计算第 $i$ 类商品的需求收入弹性、需求自价格弹性分别为：

$$\varepsilon_I = \frac{\partial C_i}{\partial I}\frac{I}{C_i} = b_i\frac{I}{C_i} \tag{5}$$

$$\varepsilon_{ii} = \frac{\partial C_i}{\partial p_i}\frac{p_i}{C_i} = (1-b_i)\frac{p_ir_i}{C_i} - 1 \tag{6}$$

ELES 模型既可以用于分析截面数据，也可以用于分析时间序列数据。就时间序列数据来说，各需求弹性计算公式中的 $I$ 表示各期收入的平均数，$C_i$ 表示对第 $i$ 种商品各期消费支出的平均数。

## 3.3 ELES 模型的经济意义

该模型表征了在收入水平一定时，基本消费需求得以保障的条件下，消费者将剩余收入根据边际消费倾向 $b_i$ 的比例对各种非基本消费品的支出进行分配。运用 ELES 模型对消费结构进行分析，在参数估计时可以直接利用相关的截面数据，此外将价格变动对消费结构的影响考虑在内，在无法获取价格资料时能够依据截面数据分析需求的价格弹性。

# 4 横截面数据 ELES 模型实证分析

## 4.1 基本概况

北京是水资源重度短缺的城市，人均水资源占有量不足 300m$^3$，仅为世界平均水平的 1/30，水资源短缺严重制约了首都经济的发展，通过调整水价约束水资源的使用成为必然的选择[16]。北京市居民生活用水价格在 2002～2016 年的十多年内共调整了 4 次，从 2002 年的 2 元/m$^3$ 上调到 2004 年 8 月的 3.7 元/m$^3$，2009 年上调至 4 元/m$^3$，从 2014 年 5 月 1 日正式从单一水价改革为三阶梯水价，如表 1 所示。

**北京市居民用水阶梯水价表** **表 1**

| 供水类型 | 阶梯 | 户年用水量（m$^3$） | 水价（元） | 其中 | | |
|---|---|---|---|---|---|---|
| | | | | 水费 | 水资源费 | 污水处理费 |
| 自来水 | 第一阶梯 | 0～180（含） | 5 | 2.07 | 1.57 | 1.36 |
| | 第二阶梯 | 181～260（含） | 7 | 4.07 | | |
| | 第三阶梯 | 260 以上 | 9 | 6.07 | | |
| 自备井 | 第一阶梯 | 0～180（含） | 5 | 1.03 | 2.61 | 1.36 |
| | 第二阶梯 | 181～260（含） | 7 | 3.03 | | |
| | 第三阶梯 | 260 以上 | 9 | 5.03 | | |

## 4.2 数据来源

本文的数据来自于《北京统计年鉴》[17]城市社会经济调查队，其采用分层多阶段随机抽样方法。其中 2002～2003 年是分别对 1000 户城市居民家庭的消费、收支及生活状况进行统计调查；2004～2006 年是对 2000 户城市居民家庭的消费、收支及生活状况进行统计调查；2007 年是对 3000 户城市居民家庭的消费、收支及生活状况进行统计调查；2008～2012 年是对 5000 户城市居民家庭的消费、收支及生活状况进行统计调查；2013～2016 年的调查规模可以使城市居民人均可支配收入和消费支出抽样误差控制在 1%以内。

相关数据说明如下：

1）按经济收入水平将调查对象分为 5 组，即低收入户（20%）、中等偏下收入户（20%）、中等收入户（20%）、中等偏上收入户（20%）和高收入户（20%），其中 2003 年的收入分组类别较其他年份更细致，分为 7 组，即将低收入户分为最低收入户（10%）和低收入户（10%），将高收入户分为最高收入户（10%）和高收入户（10%），因此考虑与各年统计口径一致，采用加权平均分别合并为一组。

2）生活用水水费支出（N9）是从居住类中提取出来的，故本文的居住类数据（N7）是不包含水费支出的数据。由此将城市居民平均每人年消费性支出分为食品烟酒支出（N1）、衣着（N2）、生活用品及服务（N3）、医疗保健（N4）、交通和通信（N5）、教育文化娱乐服务（N6）、居住（N7）、其他用品及服务（N8）、生活用水水费（N9）9 项主要指标，除此之外还有平均每人年可支配收入（$I$）共 10 项指标（单位为元）。

## 4.3 ELES 模型参数估计

根据构建的 ELES 模型及估计方法，依据 2002～2016 年北京市城市居民不同收入组平均每人年可支配收入和各项消费支出的截面数据，进行模型参数的估计。表 2 的计算结果表明，居民各项生活消费支出参数估计值的 $R^2$ 检验值均通过了显著性水平为 0.5％的显著性检验，各项生活消费支出模型的拟合度较好，可以利用模型对北京市城市居民的生活用水支出及其整体消费结构进行定量分析。

**ELES 模型参数估计值及统计检验结果** 表 2

| 年份 | 参数 | N1 食品烟酒支出 | N2 衣着 | N3 生活用品及服务 | N4 医疗保健 | N5 交通和通信 | N6 教育文化娱乐服务 | N7 居住 | N8 其他用品及服务 | N9 生活用水水费 |
|---|---|---|---|---|---|---|---|---|---|---|
| 2002 | $\alpha_i$ | 2223.932 | 0 | 0 | 233.765 | 0 | 704.760 | 426.060 | 0 | 43.536 |
| | $\beta_i$ | 0.100 | 0.066 | 0.047 | 0.057 | 0.102 | 0.089 | 0.035 | 0.029 | 0.001 |
| | 调整 $R^2$ | 0.931 | 0.987 | 0.942 | 0.976 | 0.988 | 0.906 | 0.896 | 0.995 | 0.837 |
| 2003 | $\alpha_i$ | 2378.249 | 0 | 0 | 211.136 | −900.953 | 0 | 0 | −88.056 | 55.090 |
| | $\beta_i$ | 0.083 | 0.063 | 0.052 | 0.056 | 0.186 | 0.137 | 0.064 | 0.034 | 0.002 |
| | 调整 $R^2$ | 0.849 | 0.981 | 0.995 | 0.981 | 0.965 | 0.990 | 0.983 | 0.993 | 0.917 |
| 2004 | $\alpha_i$ | 2479.131 | 0 | 0 | 0 | 0 | 599.405 | 0 | −58.693 | 62.108 |
| | $\beta_i$ | 0.093 | 0.065 | 0.054 | 0.068 | 0.102 | 0.097 | 0.064 | 0.033 | 0.002 |
| | 调整 $R^2$ | 0.911 | 0.985 | 0.988 | 0.931 | 0.985 | 0.992 | 0.984 | 0.997 | 0.947 |
| 2005 | $\alpha_i$ | 2822.510 | 0 | 0 | 0 | 0 | 523.389 | 0 | −102.541 | 62.191 |
| | $\beta_i$ | 0.079 | 0.064 | 0.049 | 0.065 | 0.117 | 0.094 | 0.054 | 0.036 | 0.002 |
| | 调整 $R^2$ | 0.920 | 0.989 | 0.992 | 0.919 | 0.975 | 0.982 | 0.986 | 0.995 | 0.916 |
| 2006 | $\alpha_i$ | 2934.276 | 0 | 0 | 816.564 | 0 | 589.742 | 0 | 0 | 67.846 |
| | $\beta_i$ | 0.081 | 0.070 | 0.047 | 0.025 | 0.114 | 0.096 | 0.056 | 0.032 | 0.001 |
| | 调整 $R^2$ | 0.932 | 0.994 | 0.988 | 0.955 | 0.985 | 0.980 | 0.997 | 0.995 | 0.809 |
| 2007 | $\alpha_i$ | 3343.923 | 546.618 | 221.139 | 0 | 0 | 603.140 | 0 | 0 | 47.647 |
| | $\beta_i$ | 0.072 | 0.044 | 0.035 | 0.053 | 0.110 | 0.081 | 0.053 | 0.029 | 0.001 |
| | 调整 $R^2$ | 0.892 | 0.925 | 0.978 | 0.919 | 0.989 | 0.974 | 0.996 | 0.989 | 0.846 |
| 2008 | $\alpha_i$ | 3237.835 | 367.848 | 0 | 882.866 | −521.686 | 0 | 0 | 0 | 50.760 |
| | $\beta_i$ | 0.094 | 0.049 | 0.043 | 0.027 | 0.114 | 0.093 | 0.047 | 0.029 | 0.001 |
| | 调整 $R^2$ | 0.917 | 0.984 | 0.994 | 0.821 | 0.992 | 0.993 | 0.986 | 0.995 | 0.905 |
| 2009 | $\alpha_i$ | 3779.383 | 511.929 | 236.744 | 559.128 | 0 | 762.050 | 355.638 | −163.058 | 67.058 |
| | $\beta_i$ | 0.090 | 0.054 | 0.039 | 0.026 | 0.118 | 0.073 | 0.032 | 0.035 | 0.001 |
| | 调整 $R^2$ | 0.898 | 0.979 | 0.995 | 0.902 | 0.997 | 0.963 | 0.953 | 0.993 | 0.869 |
| 2010 | $\alpha_i$ | 3779.383 | 511.929 | 236.744 | 559.128 | 0 | 762.050 | 0 | −163.058 | 67.058 |
| | $\beta_i$ | 0.090 | 0.054 | 0.039 | 0.026 | 0.118 | 0.073 | 0.048 | 0.035 | 0.001 |
| | 调整 $R^2$ | 0.898 | 0.979 | 0.995 | 0.902 | 0.997 | 0.963 | 0.982 | 0.993 | 0.869 |

续表

| 年份 | 参数 | N1 食品烟酒支出 | N2 衣着 | N3 生活用品及服务 | N4 医疗保健 | N5 交通和通信 | N6 教育文化娱乐服务 | N7 居住 | N8 其他用品及服务 | N9 生活用水水费 |
|---|---|---|---|---|---|---|---|---|---|---|
| | $\alpha_i$ | 3904.716 | 0 | 0 | 854.621 | 0 | 0 | 267.198 | −356.243 | 74.337 |
| 2011 | $\beta_i$ | 0.089 | 0.065 | 0.045 | 0.020 | 0.109 | 0.097 | 0.046 | 0.040 | 0.001 |
| | 调整 $R^2$ | 0.877 | 0.995 | 0.990 | 0.774 | 0.984 | 0.996 | 0.994 | 0.991 | 0.845 |
| | $\alpha_i$ | 4482.959 | 588.209 | 0 | 839.483 | 0 | 737.018 | 0 | −351.169 | 69.973 |
| 2012 | $\beta_i$ | 0.084 | 0.056 | 0.042 | 0.022 | 0.105 | 0.081 | 0.049 | 0.041 | 0.001 |
| | 调整 $R^2$ | 0.937 | 0.998 | 0.980 | 0.968 | 0.978 | 0.989 | 0.987 | 0.993 | 0.920 |
| | $\alpha_i$ | 4038.492 | 0 | 366.435 | 860.601 | 0 | 0 | 0 | 0 | 91.595 |
| 2013 | $\beta_i$ | 0.102 | 0.069 | 0.040 | 0.021 | 0.104 | 0.098 | 0.048 | 0.036 | 0.001 |
| | 调整 $R^2$ | 0.984 | 0.999 | 0.996 | 0.842 | 0.995 | 0.998 | 0.985 | 0.995 | 0.715 |
| | $\alpha_i$ | 4037.170 | 0 | 0 | 941.771 | 0 | 0 | 0 | 0 | 78.700 |
| 2014 | $\beta_i$ | 0.104 | 0.066 | 0.049 | 0.021 | 0.100 | 0.092 | 0.047 | 0.040 | 0.001 |
| | 调整 $R^2$ | 0.993 | 0.997 | 0.995 | 0.803 | 0.993 | 0.991 | 0.986 | 0.981 | 0.769 |
| | $\alpha_i$ | 4132.679 | 413.618 | 0 | 0 | 0 | 0 | 0 | −353.724 | 64.335 |
| 2015 | $\beta_i$ | 0.075 | 0.042 | 0.042 | 0.043 | 0.091 | 0.075 | 0.212 | 0.028 | 0.001 |
| | 调整 $R^2$ | 0.977 | 0.996 | 0.998 | 0.988 | 0.991 | 0.997 | 0.997 | 0.987 | 0.891 |
| | $\alpha_i$ | 4348.449 | 651.888 | 0 | 0 | 717.427 | 644.325 | −717.970 | 0 | 68.532 |
| 2016 | $\beta_i$ | 0.065 | 0.035 | 0.043 | 0.044 | 0.076 | 0.059 | 0.221 | 0.020 | 0.001 |
| | 调整 $R^2$ | 0.938 | 0.984 | 0.998 | 0.992 | 0.998 | 0.991 | 0.984 | 0.995 | 0.893 |

## 4.4 居民生活用水消费支出的边际消费倾向分析

由表 2 查得居民生活用水消费支出的边际消费倾向，带入式（7）得出其增量投向系数，计算结果如表 3 所示。

$$\beta_i = \frac{b_i}{\sum_{i=1}^{n} b_i} \tag{7}$$

**北京市城镇居民生活用水消费支出的边际消费倾向及增量投向系数　　表 3**

| 参数 | 2002 | 2003 | 2004 | 2005 | 2006 | 2007 | 2008 | 2009 | 2010 | 2011 |
|---|---|---|---|---|---|---|---|---|---|---|
| $b_i$ | 0.001 | 0.002 | 0.002 | 0.002 | 0.001 | 0.001 | 0.001 | 0.001 | 0.001 | 0.001 |
| $\beta_i$ | 0.0019 | 0.0030 | 0.0035 | 0.0036 | 0.0019 | 0.0021 | 0.0020 | 0.0021 | 0.0021 | 0.0020 |
| | 2012 | 2013 | 2014 | 2015 | 2016 | | | | | |
| $b_i$ | 0.001 | 0.001 | 0.001 | 0.001 | 0.001 | | | | | |
| $\beta_i$ | 0.0021 | 0.0019 | 0.0019 | 0.0016 | 0.0018 | | | | | |

由表 2、表 3 可知，2002～2016 年北京市城镇居民生活用水消费支出的边际消费倾向主要在 0.001～0.002 较小范围内波动，而且在 2014 年北京实施阶梯水价政策以来，居民生活用水消费支出的边际消费倾向稳定在波动范围内的较低水平。在居民基本生活需求得到满足的前提下，剩余可支配收入中生活用水水费支出所占比例较小。当可支配收入每增加 1 个单位时，仅有 0.1%～0.2%用于生活用水消费支出增加。相应的增量投向系数为 0.0016～0.0036，即在居民新增的单位消费中，生活用水消费支出仅占 0.16%～0.36%。

上述分析表明 2014 年北京实施的阶梯水价的居民生活用水价格不高，相对于 2002～2013 年的单一水价来说，居民对目前生活用水价格具有一定的支付能力，阶梯水价的用水价格调整是与全市平均收入水平相适宜的。

## 4.5 居民生活用水需求的收入弹性分析

需求的收入弹性表示在一定时期内，消费者对某种商品需求量的相对变动相应于消费者收入相对变动的反应程度，用弹性系数加以衡量。在假设消费者偏好、该种商品本身价格与相关商品价格不变的前提下，以此分析消费者对该种商品的基本需求量对收入变动的敏感程度[18]。

**2002～2016 年北京市不同收入组居民的用水需求收入弹性系数** **表 4**

| 年份 | 低收入户 | 中等偏下收入户 | 中等收入户 | 中等偏上收入户 | 高收入户 | 平均 |
|---|---|---|---|---|---|---|
| 2002 | 0.1246 | 0.1510 | 0.1968 | 0.2019 | 0.3117 | 0.2684 |
| 2003 | 0.2223 | 0.2784 | 0.3052 | 0.3963 | 0.4956 | |
| 2004 | 0.1984 | 0.2896 | 0.3392 | 0.3902 | 0.5555 | |
| 2005 | 0.2335 | 0.2854 | 0.3744 | 0.4061 | 0.5669 | |
| 2006 | 0.1380 | 0.1587 | 0.2019 | 0.2357 | 0.3422 | 0.3071 |
| 2007 | 0.1863 | 0.2059 | 0.3013 | 0.3092 | 0.4191 | |
| 2008 | 0.1842 | 0.2532 | 0.2843 | 0.3270 | 0.4907 | |
| 2009 | 0.1804 | 0.2681 | 0.2638 | 0.3313 | 0.4235 | |
| 2010 | 0.1755 | 0.2194 | 0.2203 | 0.2762 | 0.3839 | |
| 2011 | 0.1856 | 0.2287 | 0.2474 | 0.2817 | 0.4396 | 0.2900 |
| 2012 | 0.1998 | 0.2525 | 0.2800 | 0.3491 | 0.4613 | |
| 2013 | 0.1815 | 0.2776 | 0.2708 | 0.3381 | 0.5137 | |
| 2014 | 0.1998 | 0.3089 | 0.2461 | 0.3238 | 0.4291 | |
| 2015 | 0.2758 | 0.3460 | 0.3401 | 0.3939 | 0.5348 | 0.3491 |
| 2016 | 0.2746 | 0.3298 | 0.3541 | 0.3677 | 0.5114 | |

2002～2016 年，北京市居民生活用水需求的收入弹性系数见表 4。总体来说，北京市居民生活用水需求的收入弹性系数较低，仅有 0.1246～0.5669，波动性较小，反映出北京市城镇居民生活用水需求对收入变动的敏感程度较低，居民生活用水消费支出对纯收入缺乏弹性。水价经历 2004 年、2009 年的水价上涨和 2014 年调整为阶梯水价，水价整体有所增长，但用水需求收入弹性整体稳定，生活用水需求是刚性需求，水费支出随着收入提高而逐渐缓慢增长。2002～2016 年北京市城镇居民生活用水需求的收入弹性系数均小于 1，反映了城镇居民收入增长率大于生活用水的需求增长率，表明就全市平均收入水平而言，居民对现行的水价具有一定的支付能力。

2002～2016 年不同收入组居民的用水需求收入弹性系数也在表 4 中有所体现。在同一时期、同一价格水平下，用水需求收入弹性系数与家庭收入水平呈正相关性。表明对收入水平较高的家庭而言，具有较高的支付能力。

## 4.6 价格变动对居民消费需求的影响分析

用水自价格弹性是指居民用水需求对水价变化做出反应的敏感程度[19]。由式（6）计算自价格弹性，结果列入表5。

用水需求自价格弹性表 表5

| 年份 | 收入组分类 | 可支配收入 $I$（元） | 平均水费支出 N9（元/人*年） | 水价（元） | 用水需求自价格弹性 $\varepsilon_{ii}$ | 平均用水需求自价格弹性 |
|---|---|---|---|---|---|---|
| 2002 | 低收入户 | 6057.5 | 48.6 | 2 | 0.0524 | −0.156937 |
| | 中等偏下收入户 | 8941.2 | 59.2 | | −0.1360 | |
| | 中等收入户 | 11315.8 | 57.5 | | −0.1105 | |
| | 中等偏上收入户 | 14210.7 | 70.4 | | −0.2735 | |
| | 高收入户 | 23349.3 | 74.9 | | −0.3171 | |
| 2003 | 低收入户 | 7314.1 | 65.8 | | −0.0080 | −0.179202 |
| | 中等偏下收入户 | 10343.8 | 74.3 | | −0.1214 | |
| | 中等收入户 | 12896.3 | 84.5 | | −0.2275 | |
| | 中等偏上收入户 | 16010.6 | 80.8 | | −0.1921 | |
| | 高收入户 | 24767.15 | 99.95 | | −0.3469 | |
| 2004 | 低收入户 | 7400.9 | 74.6 | 3.7 | 0.0273 | −0.103914 |
| | 中等偏下收入户 | 10960.8 | 75.7 | | 0.0124 | |
| | 中等收入户 | 14245.1 | 84 | | −0.0876 | |
| | 中等偏上收入户 | 18454.5 | 94.6 | | −0.1899 | |
| | 高收入户 | 29634.6 | 106.7 | | −0.2817 | |
| 2005 | 低收入户 | 8580.9 | 73.5 | | 0.0495 | −0.150799 |
| | 中等偏下收入户 | 12485.2 | 87.5 | | −0.1184 | |
| | 中等收入户 | 16062.8 | 85.8 | | −0.1009 | |
| | 中等偏上收入户 | 20812.9 | 102.5 | | −0.2474 | |
| | 高收入户 | 32967.7 | 116.3 | | −0.3367 | |
| 2006 | 低收入户 | 9798 | 71 | | 0.0844 | −0.143662 |
| | 中等偏下收入户 | 14439 | 91 | | −0.1539 | |
| | 中等收入户 | 18369 | 91 | | −0.1539 | |
| | 中等偏上收入户 | 23095 | 98 | | −0.2144 | |
| | 高收入户 | 36616 | 107 | | −0.2805 | |
| 2007 | 低收入户 | 10435 | 56 | | 0.0127 | −0.221083 |
| | 中等偏下收入户 | 15650 | 76 | | −0.2538 | |
| | 中等收入户 | 19883 | 66 | | −0.1407 | |
| | 中等偏上收入户 | 25353 | 82 | | −0.3084 | |
| | 高收入户 | 40656 | 97 | | −0.4153 | |
| 2008 | 低收入户 | 10681 | 58 | | 0.01188 | −0.210160 |
| | 中等偏下收入户 | 16713 | 66 | | −0.1108 | |
| | 中等收入户 | 21888 | 77 | | −0.2378 | |
| | 中等偏上收入户 | 28453 | 87 | | −0.3254 | |
| | 高收入户 | 47110 | 96 | | −0.3887 | |

续表

| 年份 | 收入组分类 | 可支配收入 $I$（元） | 平均水费支出 N9（元/人＊年） | 水价（元） | 用水需求自价格弹性 $\varepsilon_{ii}$ | 平均用水需求自价格弹性 |
|---|---|---|---|---|---|---|
| 2009 | 低收入户 | 11729 | 65 | 4 | 0.2071 | －0.053491 |
| | 中等偏下收入户 | 18501 | 69 | | 0.1371 | |
| | 中等收入户 | 23475 | 89 | | －0.1184 | |
| | 中等偏上收入户 | 30476 | 92 | | －0.1471 | |
| | 高收入户 | 50816 | 120 | | －0.3461 | |
| 2010 | 低收入户 | 13692 | 78 | | 0.0017 | －0.258726 |
| | 中等偏下收入户 | 20842 | 95 | | －0.1776 | |
| | 中等收入户 | 25990 | 118 | | －0.3379 | |
| | 中等偏上收入户 | 32595 | 118 | | －0.3379 | |
| | 高收入户 | 53739 | 140 | | －0.4419 | |
| 2011 | 低收入户 | 15034 | 81 | | 0.0367 | －0.240220 |
| | 中等偏下收入户 | 23551 | 103 | | －0.1847 | |
| | 中等收入户 | 28949 | 117 | | －0.2823 | |
| | 中等偏上收入户 | 36621 | 130 | | －0.3540 | |
| | 高收入户 | 63293 | 144 | | －0.4168 | |
| 2012 | 低收入户 | 16386 | 82 | | 0.0019 | －0.238699 |
| | 中等偏下收入户 | 25506 | 101 | | －0.1866 | |
| | 中等收入户 | 32196 | 115 | | －0.2856 | |
| | 中等偏上收入户 | 40846 | 117 | | －0.2978 | |
| | 高收入户 | 65966 | 143 | | －0.4255 | |
| 2013 | 低收入户 | 18514 | 102 | | 0.0062 | －0.138730 |
| | 中等偏下收入户 | 28312 | 102 | | 0.0062 | |
| | 中等收入户 | 35479 | 131 | | －0.2166 | |
| | 中等偏上收入户 | 44631 | 132 | | －0.2225 | |
| | 高收入户 | 71914 | 140 | | －0.2669 | |
| 2014 | 低收入户 | 21180 | 106 | 阶梯水价：一阶梯 5；二阶梯 7；三阶梯 9 | －0.1590 | －0.325267 |
| | 中等偏下收入户 | 31512 | 102 | | －0.1260 | |
| | 中等收入户 | 38637 | 157 | | －0.4322 | |
| | 中等偏上收入户 | 48246 | 149 | | －0.4017 | |
| | 高收入户 | 77667 | 181 | | －0.5075 | |
| 2015 | 低收入户 | 23442 | 85 | | －0.1159 | －0.411972 |
| | 中等偏下收入户 | 37709 | 109 | | －0.3106 | |
| | 中等收入户 | 49314 | 145 | | －0.4817 | |
| | 中等偏上收入户 | 64206 | 163 | | －0.5390 | |
| | 高收入户 | 103748 | 194 | | －0.6126 | |
| 2016 | 低收入户 | 25812 | 94 | | －0.1324 | －0.427212 |
| | 中等偏下收入户 | 41555 | 126 | | －0.3528 | |
| | 中等收入户 | 53829 | 152 | | －0.4635 | |
| | 中等偏上收入户 | 69501 | 189 | | －0.5685 | |
| | 高收入户 | 109429 | 214 | | －0.6189 | |

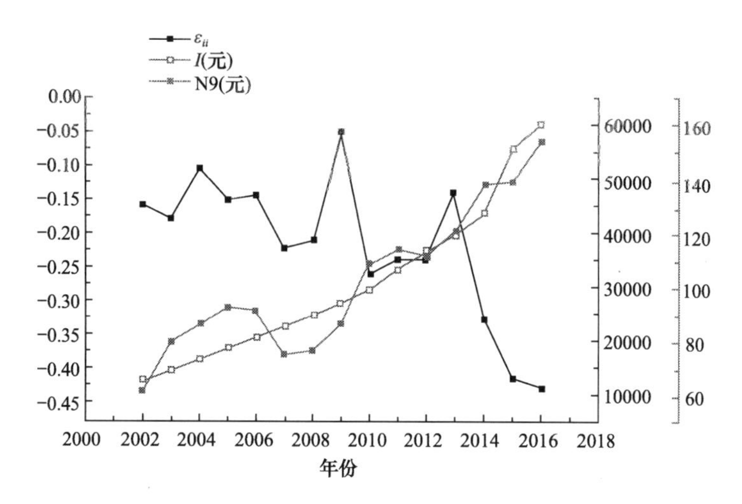


图 1　年平均用水需求自价格弹性图

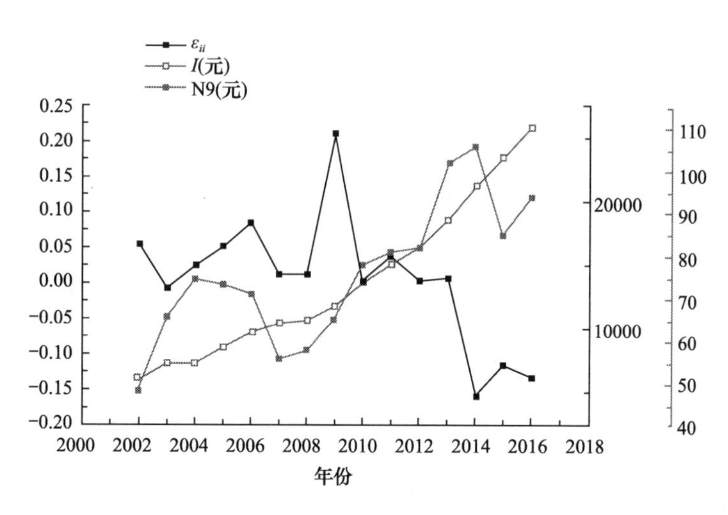


图 2　低收入户用水需求自价格弹性图

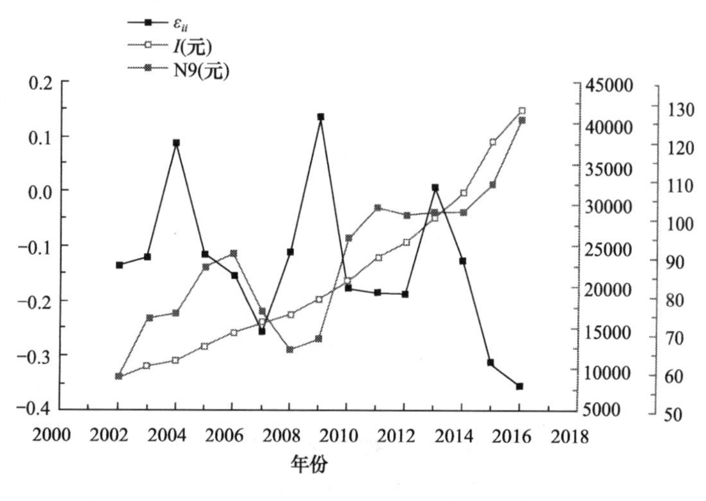


图 3　中等偏下收入户用水需求自价格弹性图

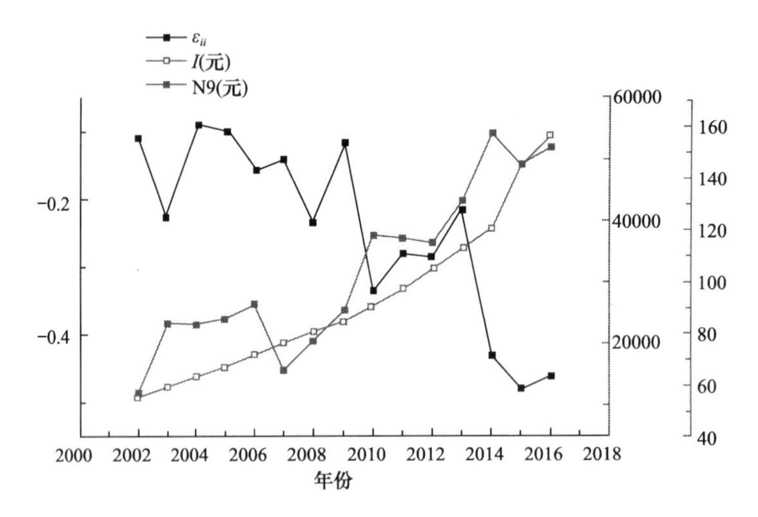


图 4　中等收入户用水需求自价格弹性图

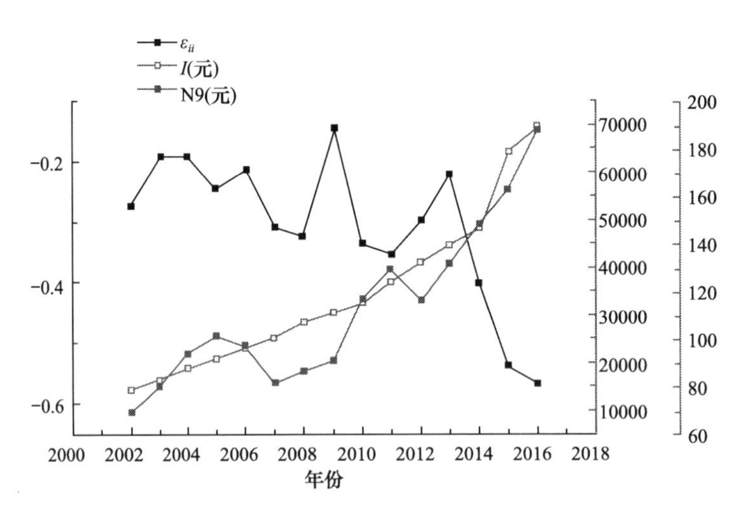


图 5　中等偏上收入户用水需求自价格弹性图

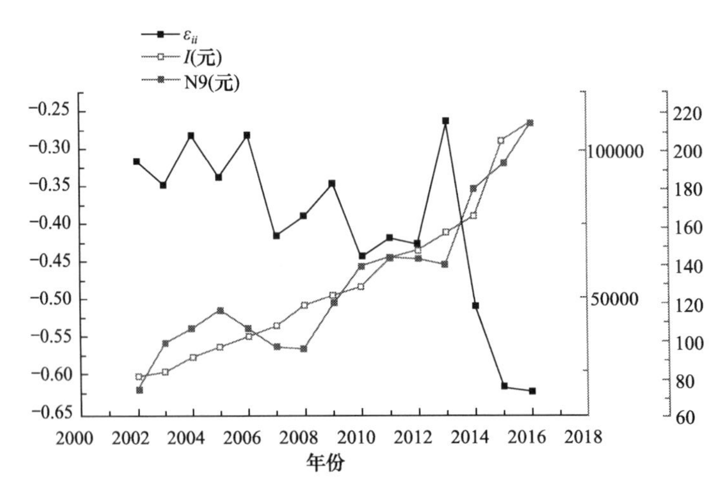


图 6　高收入户用水需求自价格弹性图

从表 5 及图 1～6 可看出，水的价格弹性变化的总趋势受收入水平、用水水平和水价的影响，收入水平、用水水平以及水价都较低时，用水需求的自价格弹性的绝对值比较低。例如 2014 年实行阶梯水价以前的收入水平、水价较 2014 年以后相应的各项指标低，因此 2014 年以前平均用水需求自价格弹性的绝对值都在 0.3 以下，而 2014 年以后都在 0.3 以上。对不同收入阶层的年人均水费支出和年人均收入作静态扩展线性方程组计算的逐年用水需求自价格弹性，其每年或阶段性自价格弹性变化原因是收入水平的上涨促进居民用水量增加；水价的提升（包含水价计费方式变为阶梯水价）抑制居民用水的增加。因此高收入阶层的用水量相对于低收入阶层的用水量增长迅速，同时实行阶梯水价后，对高收入群体的抑制作用更强（自价格弹性达到－0.5 甚至－0.6 以上），而对低收入群体或中等偏下收入群体的抑制作用则处在较低水平。

对比收入弹性与自价格弹性，可看出收入的需求弹性系数明显大于自价格需求弹性系数，说明收入是居民家庭生活用水量增加的主要原因。虽然近几年来，水价和居民收入在同步增加，但收入对用水消费的影响程度远大于水价对用水消费的影响程度。

## 5 结论

居民生活用水的定价与民生和水资源可持续密切相关。阶梯水价的主要目标之一就是减少居民生活中的水资源浪费，另一个主要目标是保证低收入群体的生活刚需用水，改善社会用水权力的公平，促进水资源的可持续发展。本文根据北京统计年鉴 2002～2016 年的数据，对单一水价和阶梯水价政策影响进行分析，主要结论如下：

首先，阶梯水价可能会使居民的平均水费支出有所增加，但从北京市 2002～2016 年的居民用水需求收入弹性系数稳定在 0.3 左右，可以得出阶梯水价费用的增长是随收入提高而缓慢增长的，居民对现行阶梯水价具有一定支付能力，不会影响居民生活用水的刚性需求。

其次，目前居民阶梯水价改革已广泛推广，2014 年实行阶梯水价以来，各收入群体的自价格弹性系数都有一定的下降，说明居民用水对水价变化的反应程度有所提高，在节约用水方面取得了一定的成效。但价格弹性仍小于收入弹性，要使水价发挥更大作用，只有使价格弹性高于收入弹性，才能抑制用水量的增长。建议缩小阶梯水价的核定用水量范围，使阶梯水价发挥更好的调节作用。

最后，定价政策的制定和改革应基于用户用水需求的数据基础。正如本文的实证结果所示，北京居民的用水需求缺乏弹性，故对阶梯水价政策不够敏感，限制了阶梯水价所发挥的节水效果。因此，就政策而言，一阶用水价格不能太高，应该提高三阶用水价格，建议根据生活用水的基本数据进一步优化核定用水量范围。

对于阶梯水价政策的影响，本文从居民用水需求弹性和价格承受能力两个方面研究，对居民生活用水需求进行分析，以北京市为实证对象，对不同收入等级居民用户的用水需求弹性和价格承受能力进行估算，不仅能根据居民用水需求特征来分析当前阶梯水价政策存在的问题，也能通过估算居民用水需求弹性和价格承受能力，明确未来居民用水的需求量及水价承受能力，为未来阶梯水价的调整、完善和优化提供理论依据。

## 致谢

本研究由国家自然科学基金（51678026）、北京建筑大学研究生创新项目（PG2018046）和北京建筑大学市属高校基本科研业务费专项资金资助（X18279）资助。

### 参考文献

[1] 李翠梅，陶涛，刘遂庆. 苏州市居民生活用水量价格弹性研究 [J]. 给水排水，2010（05）：171-174.

[2] Gong C，Yu S，Zhu K，et al. Evaluating the influence of increasing block tariffs in residential gas sector using agent-based computational economics [J]. Energy Policy 92，334-347.

[3] 沈大军，陈雯，罗健萍. 城镇居民生活用水的计量经济学分析与应用实例 [J]. 水利学报，2006，37（5）：593-597.

[4] 陈贺，杨志峰. 基于效用函数的阶梯式自来水水价模型 [J]. 资源科学，2006，28（1）：109-112.

[5] 张厚明. 利用价格杠杆促进城市水资源的可持续利用——北京市水价问题研究 [J]. 中国物价，2005（5）：32-35.

[6] 李杰. 居民递增型阶梯水价政策有效性研究 [J]. 山西建筑，2016（10）：251-252.

[7] 戚其荟. 扩展线性支出系统用于居民电力需求分析与预测 [J]. 现代电力，2002（02）：76-82.

[8] 姜淼，何理. 中国城镇居民消费结构变动研究——基于 ELES 模型的实证分析 [J]. 经济与管理研究，2013（06）：21-26.

[9] Su F，Xu Z M，Shang H Y. Rural resident household food consumption patterns in the Ganzhou district of Zhangye city：an analysis based on ELES Model [J]. Sciences in Cold and Arid Regions-2009，1（2）：0177-0184.

[10] Li W，Fan L，Hongpeng G. Comparative analysis for consumption structures of rural residents in Jilin Province based on ELES model [J]. Control and Decision Conference（CCDC），2011 Chinese，IEEE，2011：3350-3355.

[11] Bin X，Renjing X. An Empirical Analysis on the Consumption Structure of Town Residents，Jiangxi Province—Based on the Extended Linear Expenditure System Model（ELES）[J]. Physics Procedia-2012，24：660-666.

[12] Ma Lirong，Ma Dingchou，Li Jianping. Based on structural analysis and comparison of Gansu Province，rural residents'consumption ELES model [J]. Productivity Research-2014（2）：84-88.

[13] Bird Chonviharnpan，Phil Lewis. The Demand for Alcohol in Thailand. Economic Papers，Vol. 34，No. 1-2，June 2015，23-35.

[14] 王珊珊. 基于扩大内需的中国农村居民消费变动研究 [D]. 哈尔滨：东北农业大学博士学位论文，2010.

[15] 徐婷婷. 基于用户需求分析的居民天然气阶梯定价政策研究 [D]. 合肥：合肥工业大学，2017.

[16] 陈菁. 基于 ELES 模型的城镇居民生活用水水价支付能力研究——以北京市为例 [J]. 水利学报，2007（08）：1016-1020.

[17] 北京市统计局. 北京统计年鉴（2002-2016）[M]. 北京：中国统计出版社，2017.

[18] 郑强. 安阳市居民用水价格承受能力扩展线性模型的构建与实证研究 [J]. 价格月刊，2014（03）：27-32.

[19] 李兰兰，诸克军，杨娟. 天然气需求价格弹性研究综述 [J]. 北京理工大学学报（社会科学版），2012（06）：22-31.

# 基于冬季供暖和生活热水连供模式下燃气机热泵系统性能分析

田中允[1]，刘凤国[1]，张蕊[1,2]
（1. 天津城建大学　能源与安全工程学院，天津市　300384
2. 北京建筑大学　北京未来城市设计高精尖创新中心，北京市　102616）

**摘　要：** 为了研究冬季供暖同时联供生活热水模式下燃气机热泵（GEHP）机组的性能特征，本文建立了一台以天然气为直接能源驱动活塞压缩机做功的燃气机热泵试验系统。该系统以R134a为循环工质，通过试验研究重点分析了冷凝器进水温度（30.6～54.5℃）、室外环境温度（7～19.6℃）和发动机转速（1400～1600rpm）三个因素对机组性能的影响趋势。结果表明：发动机转速和冷凝器进水温度变化对系统的性能影响较大，当环境空气温度从7℃升高到19.6℃时，系统的COP和PER分别增加了23.6%和13.8%。在试验工况范围内，系统一次能源利用率在1.23～1.48之间。

**关键词：** 燃气机热泵；试验研究；余热利用；供暖；生活热水

## 1　研究背景

近年来，随着经济和技术的发展，人们对资源的需求越来越大，像环境污染、资源浪费、能源利用效率低等问题也逐渐成为困扰发展的主要因素[1]。在过去的几年中，燃气机热泵（GEHP）凭借高效节能、清洁无污染等优势获得了较多的关注。燃气机热泵是以天然气为燃料，驱动压缩机做功的制冷、供暖装置，与传统的空气源电热泵相比，由于回收了燃气发动机缸套和烟气的余热，在冬季供暖模式下节能效果显著[2~3]。北方地区低温下翅片容易结霜一直是制约空气源热泵应用的一个主要问题，燃气机热泵利用发动机余热融霜，融霜的同时不会影响机组制热量，保证用户热舒适性[4]。

目前国内外学者对于燃气机热泵技术的研究多集中在制冷、供暖、食物干燥等方面[5~9]。在理论建模方面，Hu B等[10]模拟研究了制热模式下各影响因素对燃气机热泵性能的影响趋势，结果表明：当发动机转速从1400rpm上升到2000rpm，机组制热量上升了26.9%。Yang等[11]建立了燃气机热泵热水器仿真模型，通过仿真和试验验证的方式研究燃气机热泵热水器的性能特征，结果显示随着发动机转速的降低和制取的热水水温减小，机组性能系数（COP）和一次能源利用率（PER）均有所上升。Zhang等[12]建立了燃气机热泵的稳态模型，分析了考虑余热回收的情况下燃气机热泵供暖性能，结果表明燃气机热泵余热回收量占机组总产能的30%。

作者简介：田中允（1994—），男，山东济宁，学士学位，研究方向：天然气高效利用技术。

在试验研究方面，杨等[13]建立了天然气发动机驱动的压缩式水-水热泵试验台，进行了各种工况和转速下机组的性能测试。结果表明，在试验工况范围内，系统的一次能源利用率为 1.13～1.79。Elgendy 和 Schmidt 等[14]研究了将燃气发动机余热加热制冷剂和加热生活热水两种模式下的机组性能。结果表明：相同工况下，当发动机余热用在制冷剂管路上时系统 PER 值最大能达到 1.25 而直接用于加热生活热水供给用户系统 PER 值最大为 1.83。另外，Elgendy[15]研究了冬季供暖模式下的燃气机热泵机组冷凝器、发动机余热串联供热特性，结果表明：冬季热水出口温度可以达到 35～70℃。Dong 等[16]对燃气机热泵的制热性能做了试验探究，结果表明：当室外环境温度从 2.4℃增加到 17.8℃时，机组 COP 和 PER 分别增加了 32%和 19%。Liu 等[17]搭建了带有蒸发冷凝器的燃气机热泵试验台。结果表明机组 PER 和制冷量随着蒸发冷凝器内风速的增加而上升，随着室外环境温度的增加而减小。相比于传统的空气源燃气机热泵，$CO_2$ 排放量和燃气消耗量分别减小了 8.8%和 16.3%。Elgendy 等[18]研究了以 R410A 为工质的燃气机热泵的制冷、供热性能。试验结果表明：发动机转速变化对系统性能的影响要比室外环境温度和蒸发器进水温度的影响更明显。随着发动机转速从 1200rpm 增加到 1750rpm，机组的余热回收量、制冷量和燃气消耗量分别增加了 28%、35%和 44%。

本文在国内外学者研究的基础上，旨在对冬季供暖同时产生生活用热水模式下的燃气机热泵性能进行深入研究，重点分析了发动机转速、冷凝器进水温度和室外环境温度等因素对热泵机组性能的影响趋势，为将来燃气机热泵机组的设计匹配和运行提供参考。

## 2 试验装置介绍

燃气机热泵试验台包括两个循环：制冷剂循环和供暖循环。试验台以 R134a 为制冷剂工质，以空气和水分别为蒸发器和冷凝器的二次换热介质，实现能量在低温热源与高温热源间的转移。表 1 为燃气机热泵试验台主要部件及参数。

**燃气机热泵系统主要部件及参数　　表 1**

| 部件 | 参数 |
|---|---|
| 燃气发动机 | M-4Y，成都美瑞科，中国 |
| 压缩机 | 4NFC(Y)，Bitzer，德国 |
| 电子膨胀阀 | ALCO，EX-5，Emerson，美国 |
| 冷凝器 | FNV-53.2/140，翅片管换热器，换热面积：140$m^2$ |
| 蒸发器 | B3-32A-110，板式换热器，换热面积：3.5$m^2$ |
| 气液分离器 | FAV-209 |
| 储液器 | L-14 |
| 油分离器 | F-6204 |

### 2.1 制冷剂循环

制冷剂循环实际上是一个蒸汽压缩式热泵循环。高温高压的气态制冷剂由压缩机流出，依次流经油分离器和四通换向阀后进入冷凝器放热液化，随后液态制冷剂流经储液器、电子膨胀阀。制冷剂流入蒸发器吸热气化，最后回到压缩机加压，如此完成一个制冷剂循环。其中液态制冷剂流经膨胀阀的过程中膨胀为气液两相制冷剂。

## 2.2 供暖循环

供暖循环由发动机余热回收循环和冷凝器热水循环两个子循环组成。在发动机余热回收循环中，低温水由热水箱 1 流出，经过水泵加压后依次流经缸套换热器和烟气换热器吸热升温，升温后的高温水回到热水箱 1 进行下一个循环。其中缸套换热器一侧介质为水，另一侧为发动机内流出的乙二醇防冻液。冷凝器热水循环中低温水由热水箱 2 流出，经水泵加压后进入冷凝器吸收制冷剂的热量，升温后流回热水箱 2 进行下一个循环。

# 3 数据分析

燃气机热泵试验台的冷凝器制热量 $Q_{CH}$ 可由机组热水流量及其进出水温度得到，即

$$Q_{CH} = c_p m_w (T_{w2} - T_{w1}) \tag{1}$$

式中：$m_w$ 为热水流量，kg/s；$c_p$ 为水的定压比热容，kJ/(kg·℃)；$T_{w1}$ 和 $T_{w2}$ 为冷凝器进出口热水温度,℃。

燃气机热泵试验台的燃气发动机能耗 $Q_{PE}$ 由天然气消耗的流量和其热值计算得到，即

$$Q_{PE} = m_g \cdot \mathrm{LHV} \tag{2}$$

式中：$m_g$ 为天然气流量，kg/s；LHV 为天然气的低热值，kJ/kg。

燃气机热泵试验台的压缩机输入功率 $W$ 为发动机能耗乘以系数 $\eta$，即

$$W = \eta \cdot Q_{PE} \tag{3}$$

燃气机热泵试验台的余热回收量 $Q_R$ 可由测量的冷却水流量及其进出口水温得到，即

$$Q_R = c_p m_{cw} (T_{cw2} - T_{cw1}) \tag{4}$$

式中：$m_{cw}$为冷却水流量，kg/s；$T_{cw1}$ 和 $T_{cw2}$ 为热水箱 1 进出口热水温度,℃。

燃气机热泵试验台的总制热量 $Q_H$ 为

$$Q_H = Q_{CH} + Q_R \tag{5}$$

由此可得，燃气机热泵试验台的性能系数 COP 为

$$\mathrm{COP} = \frac{Q_H}{W} \tag{6}$$

燃气机热泵试验台的一次能源利用率 PER 为

$$\mathrm{PER} = \frac{Q_H}{Q_{PE}} \tag{7}$$

上述数据分析所用到的温度传感器、压力传感器和流量传感器的型号、测量范围及其精度见表 2。

**测量仪表的参数** **表 2**

| 测量仪器 | 型号 | 测量范围 | 精度 |
|---|---|---|---|
| 温度传感器 | JWB/PT100 | −50～150℃ | ±0.1% FS |
| 压力传感器 | PP11(4～20mA) | 0～1.6MPa | ±0.5% FS |
| 压力传感器 | PP30(4～20mA) | 0～2.5MPa | ±0.5% FS |
| 涡轮流量计 | LWY-25C | 1～10m³/h | ±0.5% R |
| 燃气流量计 | DN20 | 0.03～3m³/h | ±1% R |

注释：FS 为满量程误差；R 为读数误差。

# 4 燃气机热泵供暖性能分析

## 4.1 燃气发动机转速影响

燃气机热泵设计时通常以设计负荷匹配各部件，在实际运行过程中，由于建筑热负荷的波动，机组大部分时间是以部分负荷运行的。燃气机热泵是以皮带轮带动压缩机做功，改变发动机转速可以比较容易的调整压缩机转速，从而改变压缩机的活塞排量，调整热泵输出量。

图 1 是燃气发动机转速分别在 1400rpm 和 1600rpm，室外环境温度为 17℃的工况下，冷凝器进水温度不同对机组性能产生的影响。由图 1 可知，当燃气发动机转速在 1600rpm 时，机组总制热量和发动机能耗明显大于转速为 1400rpm 工况。结果表明，随着燃气发动机转速的增加，热泵系统的供热量增大，但随之而来的是能源的消耗增大，系统经济性降低。正如图 1（*c*）所示，随着发动机转速从 1600rpm 减小到 1400rpm，系统 COP 和系统 PER 分别增加了约 12%和 6%。试验过程中，发动机噪声随着转速增大也明显增大。因此，燃气机热泵运行过程中，在满足用户端负荷的情况下，尽量保证发动机低速运行能获得较高的一次能源利用率。

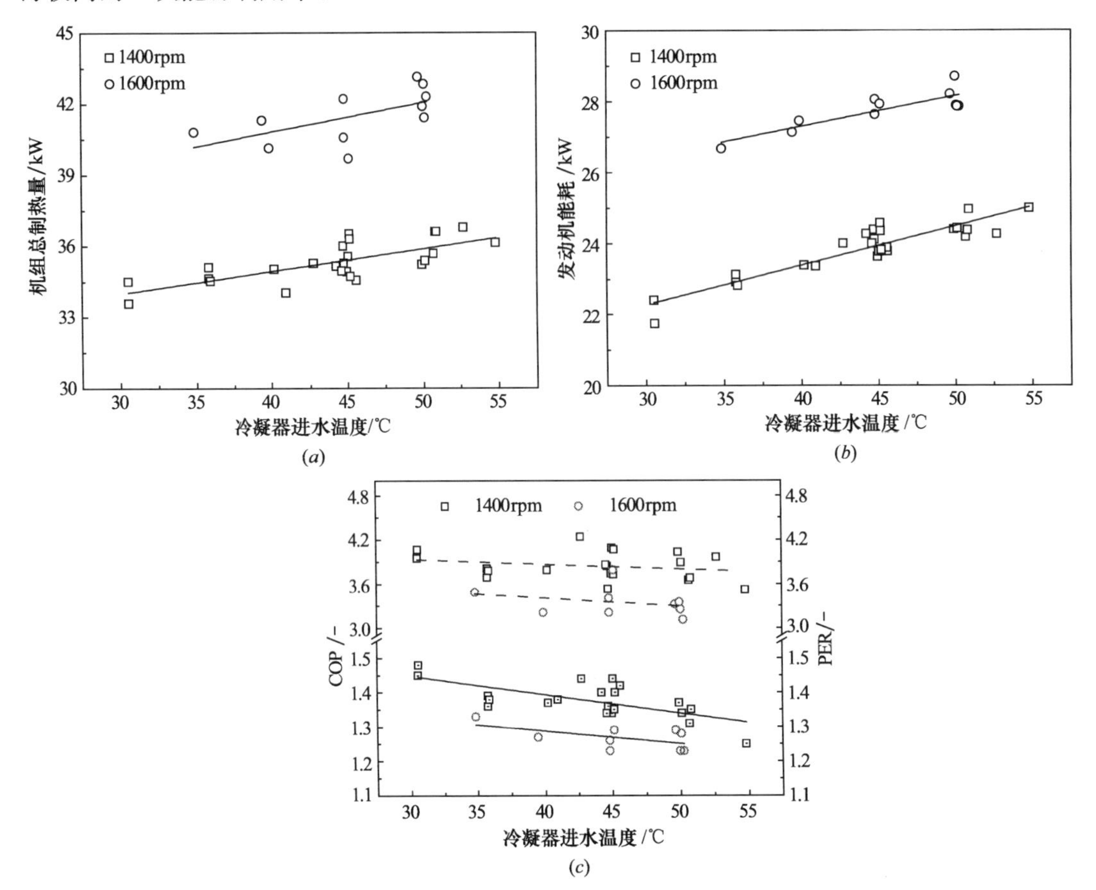


图 1 不同燃气发动机转速下系统性能参数随冷凝器进水温度的变化

（*a*）机组总制热量；（*b*）发动机能耗；（*c*）COP 和 PER

在低温工况下，供热负荷增加。为了满足用户需求，必须增大转速以提高机组总制热量，这就形成了增大转速与机组性能下降的矛盾。因此，应当在满足热负荷要求的情况下，尽量降低发动机转速，以实现节能减排、保证良好的经济性。

## 4.2 冷凝器进水温度影响

冷凝器进水温度改变对燃气机热泵供暖性能的影响趋势可以从图 1 看出。从图 1（*a*）和（*b*）中可知，当发动机转速为 1400rpm，室外环境温度 17℃时，随着冷凝器进水温度从 30.6℃升高到 54.5℃，机组总制热量从 33.6kW 变化到 36.8kW，发动机能耗从 22.4kW 变化到 25.0kW，二者分别增加了 9.5%和 11.6%。随着冷凝器进水温度升高，系统冷凝温度和冷凝压力也随之增大，此时经过压缩机的制冷剂压缩比较大，压缩机功耗增加，因此发动机燃料消耗量增加；同时，燃气消耗量的增加导致机组余热回收热量增加，机组总制热量增大。

图 1（*c*）反映了系统 COP 和 PER 与冷凝器进水温度的关系。发动机转速为 1400rpm 时，随着冷凝器进水温度从 30.6℃升高到 54.5℃，系统 COP 从 4.07 变为 3.52，系统 PER 从 1.48 变化到 1.34，二者分别减小了 13.5%和 9.5%。这就形成了冷凝器出水温度即供热用热水温度升高与机组性能下降的矛盾，由于不同供暖方式所采用的热水温度不同，因此合理选择用户供暖进出口温度显得尤为重要。

## 4.3 室外环境温度影响

图 2 是发动机转速为 1400rpm，冷凝器进水温度为 45℃的工况下，室外环境温度改变对机组性能的影响趋势。由图 2 可知，当环境空气温度从 7℃升高到 19.6℃时，由于冷凝器制热量从 16.3kW 增加到 21.4kW，余热回收量基本不变，机组总制热量从 27.8kW 升高到 34.0kW，增长幅度为 22.3%；在此期间，燃气发动机耗气量增加了 16.5%，小于机组总制热量。正如图 2（*c*）中显示，此时系统的制热性能会大幅提高。当环境空气温度从 7℃升高到 19.6℃时，系统 COP 从 3.35 升高到 4.14，系统 PER 从 1.23 升高到 1.4，两者分别增大了 23.6%和 13.8%。

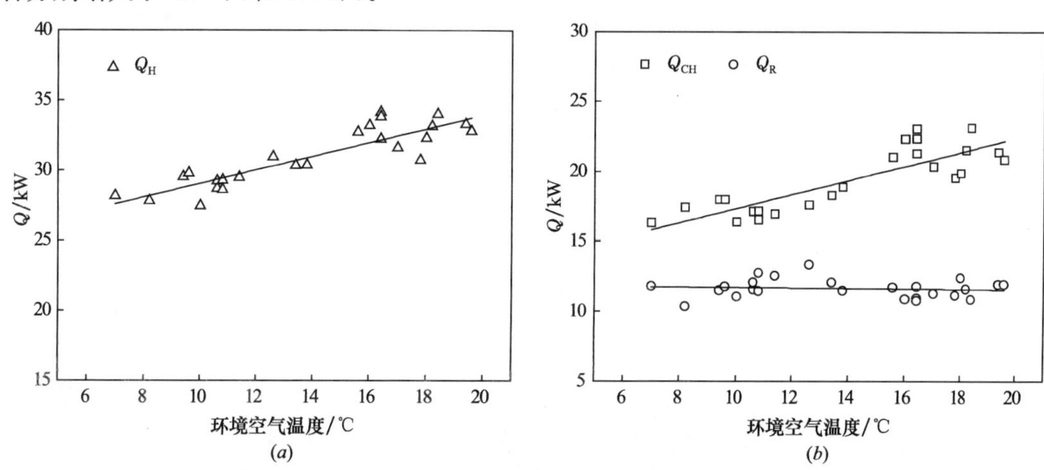


图 2 环境空气温度对燃气机热泵试验台性能的影响（一）
（*a*）机组总制热量；（*b*）分制热量

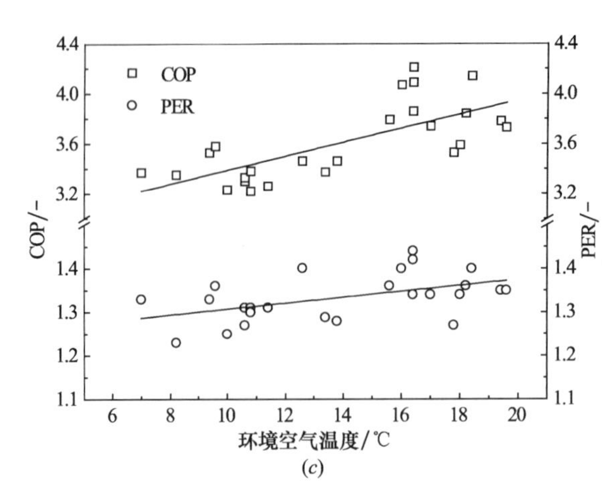


图 2 环境空气温度对燃气机热泵试验台性能的影响（二）
（c）COP 和 PER

空气源热泵需从室外环境中取热，环境温度对机组性能有较大影响。空气温度的不同，导致热泵机组工作过程中蒸发温度不同。随着蒸发温度上升，压缩机的吸气压力升高，比容变小，制冷剂质量流量增大，导致制热量增大，同时会增加功耗。在冷凝压力不变的情况下，机组压缩比减小，减少功耗，两种情况共同作用，导致机组功耗变化不大，制热量显著增加，性能随之提高。

## 5 结论

本文研究了冬季燃气机热泵供暖同时产生生活热水模式下的性能特征，重点分析了冷凝器进水温度、室外环境温度和发动机转速三个因素对系统性能的影响趋势。可以得到以下结论：

（1）燃气发动机转速对机组运行性能产生显著影响，在机组满足用户热负荷的情况下，尽量保持发动机低转速运行，有利于实现燃气机热泵高效节能运行。

（2）当室外环境温度为 17℃时，随着燃气发动机转速从 1600rpm 减小到 1400rpm，系统 COP 和系统 PER 分别增加了约 12%和 6%。

（3）当发动机转速为 1400rpm，室外环境温度 17℃时，随着冷凝器进水温度从 30.6℃升高到 54.5℃，机组总制热量和发动机能耗分别增加了 9.5%和 11.6%。

（4）燃气机热泵试验台在诸多外界干扰下仍能正常运行，系统一次能源利用率在 1.23～1.48 之间，证明其具有良好的可靠性和稳定性。

通过对空气源燃气机热泵供热系统的试验研究，阐明了燃气发动机转速、冷凝器进水温度和环境空气温度等因素对系统性能的影响规律，明确了燃气机热泵供热系统的制热性能特性。

但是，通过对空气源燃气机热泵供热系统的理论研究和性能试验测试，发现了该系统存在的问题，并提出了系统优化改进的方向，具体如下：

所选压缩机与燃气发动机不匹配，故重新进行了燃气发动机和压缩机的选型，并对燃气发动机皮带轮进行设计，优化其传动比。

## 参考文献


[1] Shah NN，Huang M J，Hewitt N J. Experimental study of a diesel engine heat pump in heating mode for domestic retrofit application. Applied Thermal Engineering，2016，98：522-531.

[2] Zhang W，Wang T，Zheng S，et al. Experimental Study of the Gas Engine Driven Heat Pump with Engine Heat Recovery. Mathematical Problems in Engineering，2015（3）：1-10.

[3] 王明涛，刘焕卫，张百浩. 燃气机热泵燃气机转速与蒸发器过热度联合控制试验［J］. 化工学报，2016，67（10）：4309-4316.

[4] Hepbasli A，Erbay Z，Icier F，et al. A review of gas engine driven heat pumps（GEHPs）for residential and industrial applications. Renewable and Sustainable Energy Reviews，2009，13（1）：85-99.

[5] Liu HW，Zhou QS，Zhao HB，et al. Experiments and thermal modeling on hybrid energy supply system of gas engine heat pumps and organic Rankine cycle. Energy and Buildings，2015，87：226-232.

[6] Ji WX，Cai L，Meng QK，et al. Experimental research and performance study of a coaxial hybrid-power gas engine heat pump system based on LiFePO4 battery. Energy and Buildings，2016，113：1-8.

[7] Zhang X，Yang Z，Wu X，et al. Evaluation method of gas engine-driven heat pump water heater under the working condition of summer. Energy and Buildings，2014，77：440-444.

[8] Gungor A，Erbay Z，Hepbasli A. Exergoeconomic analyses of a gas engine driven heat pump drier and food drying process. Applied Energy，2011，88（8）：2677-2684.

[9] 崔国栋，张薇，赵远扬，等. 双管路燃气热泵（GEHP）系统仿真与实验研究［J］. 制冷学报，2009，30（1）：43-48.

[10] Hu B，Feng C，Shu P. Thermal Modeling and Experimental Research of Gas Engine-driven Heat Pump in VariableCondition［J］. Applied Thermal Engineering，2017：123.

[11] Yang Z，Wang WB，Wu X. Thermal modeling and operating tests for a gas-engine driven heat pump working as a water heater in winter. Energy and Buildings，2013，58：219-226.

[12] Zhang RR，Lu XS，Li SZ，et al. Analysis on the heating performance of a gas engine driven air to water heat pump based on a steady-state model. Energy Conversion and Management，2005，46（11-12）：1714-1730.

[13] 杨昭，张世钢，程珩，等. 天然气发动机驱动的水-水热泵的实验研究［J］. 制冷学报，2003，24（1）：9-12.

[14] Elgendy E，Schmidt J. Optimum utilization of recovered heat of a gas engine heat pump used for water heating at low air temperature. Energy and Buildings，2014，80：375-383.

[15] Elgendy E，Schmidt J，Khalil A，et al. Performance of a gas engine driven heat pump for hot water supply systems. Energy，2011，36（5）：2883-2889.

[16] Dong F J，Liu F G，Li X T，et al. Exploring heating performance of gas engine heat pump with heatrecovery［J］. Journal of Central South University，2016，23（8）：1931-1936.

[17] Liu HW，Zhou QS，Zhao HB. Experimental study on cooling performance and energy saving of gas engine-driven heat pump system with evaporative condenser. Energy Conversion and Management，2016，123：200-208.

[18] Elgendy E，Schmidt J，Khalil A，et al. Performance of a gas engine heat pump（GEHP）using R410A for heating and cooling applications. Energy，2010，35（12）：4941-4948.

# 太阳能除螨箱的可行性研究

王玉，杨炀，贾琪
（河北科技大学　建筑工程学院，河北省石家庄市　050000）

**摘　要：** 螨虫作为最普遍、危害性最大的一类过敏原，主要寄居在人体和被褥、地毯等家居用品中，以人体皮屑、灰尘等为食。以户尘螨为主的螨虫的生存条件和生活习性为依据，利用太阳能光热转换技术对家居用品进行升温加热，能够使寄居内部的螨虫升温脱水致死，减少螨虫导致的过敏现象。根据平板型太阳能空气集热器的供热条件和供热方式，设计太阳能除螨箱，并对其工作原理、内部空气温度和流动状态进行了相应的研究。

**关键词：** 螨虫；太阳能；平板集热器；空气温度；空气流动

随着当代社会工业化程度的逐步提高、环境污染的日益加剧，过敏性疾病已超越艾滋、流感等疾病成为世界性的卫生问题。螨虫过敏原作为最普遍、危害性最大的一种过敏原，是引发过敏性鼻炎、过敏性哮喘和过敏性皮炎以及过敏性结膜炎的主要因素。范怡敏等[1]对尘螨进行培养实验指出，户尘螨和粉尘螨作为主要致敏螨种，生存温度为20～30℃，环境温度高于35℃，则逐渐趋于死亡。控制螨虫生存环境温度能够一定程度的去除螨虫活性，减少由螨虫引起的过敏反应。目前，市面多采用紫外线、吸尘器和化学药物杀螨[2]，但药物和紫外线都会对人体产生危害，不利于长期使用，吸尘器对螨虫的吸附去除效果目前还没有得到权威认证。

太阳能资源作为无污染、可再生的新能源，在生产生活中已经得到很广泛的应用。利用太阳能光热转换技术进行升温干燥，具有较好的社会效益和生态效益，市场前景广阔。国内外学者针对太阳能光热转换技术在升温干燥方面的应用做了大量研究。钱珊珠等[3]、马世歌等[4]学者对用于太阳能升温干燥方面的平板集热器结构进行了研究和优化。B M A Amer 等[5]、Tawon Usub 等[6]对太阳能干燥器进行了设计和性能评估；Romdhane Ben Slama 等[7]对用于桔皮干燥的强制对流的太阳能干燥器的动力学和发展进行了研究。本文在太阳能应用于产品干燥的基础上，根据户尘螨在超过35℃会逐渐趋于死亡的特点，提出将太阳能应用于除螨减少螨虫过敏，利用平板型太阳能空气集热器作为热源，设计除螨箱，并模拟其运行过程中内部温度分布情况，得出方案。

作者简介：王玉（1994—），女，河北省邢台市，研究生在读，研究方向：太阳能利用技术。

# 1 太阳能除螨箱的基本结构和工作原理

## 1.1 太阳能除螨箱基本结构组成

太阳能除螨箱的主要结构包括：箱体结构和平板型太阳能空气集热器，尺寸设定为1m×1m×0.9m，其中太阳能空气集热器的尺寸为1m×0.8m。箱体基本结构由型号为0.3m×0.3m×0.03m的角铁支架、镀锌钢板和保温层组成，箱体门口设密封条。平板型太阳能空气集热器选用双风道接触式太阳能集热器，两侧风道间距皆为0.45m，参照被动式太阳房（特朗伯墙）的基本原理，将集热器作为除螨箱体的一面结构。设计基于石家庄地区的太阳能辐射特点以及考虑到箱体内部空间利用率，设置集热器倾斜角度为75°。太阳能除螨箱整体结构外形如图1所示，结构剖面如图2所示。

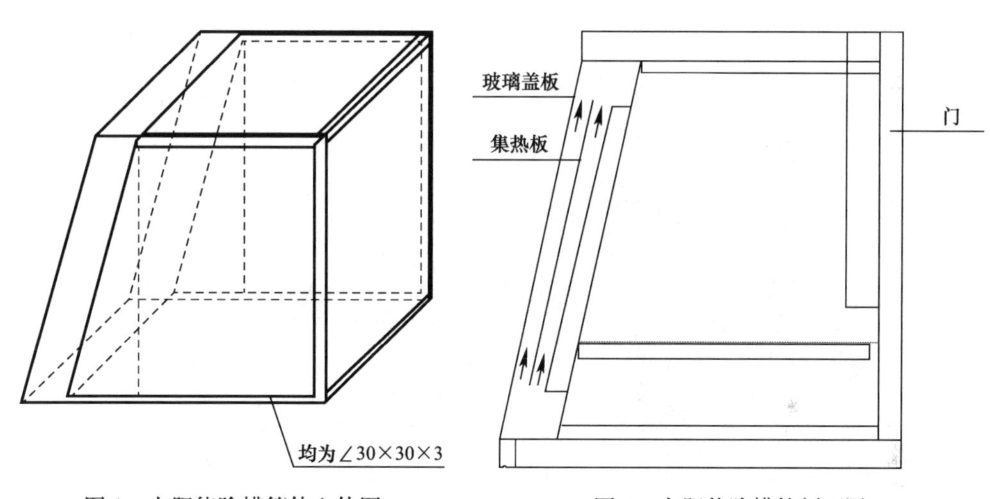


图1 太阳能除螨箱体立体图

图2 太阳能除螨箱剖面图

## 1.2 太阳能除螨箱工作原理

太阳能除螨箱的设计原理参考了被动式太阳房（特朗伯墙）的基本原理，并将集热器作为除螨箱体的一面结构。工作原理如图3所示。

工作期间，当箱体内部温度未达到除螨设定所需温度时，只进行箱体和集热器之间的内部空气循环；当箱体内部温度达到除螨设定所需温度时，减小向箱体内部送风量，避免箱体内部循环空气温度过高。

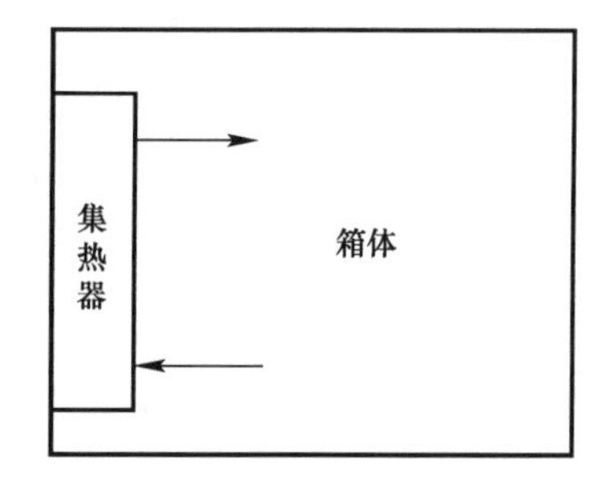


图3 太阳能除螨箱工作原理

## 1.3 太阳能除螨箱内部温度设定

当螨虫所在环境温度超过35℃，螨虫死亡率很高；温度在44.5℃时，螨虫24h就会全部死亡；环境温度为50℃时，螨虫6h的存活率为6%；环境温度为55℃时，螨虫10min即可全部死亡[8]。温度越高除螨所需时间越少。

除此之外，为测定除螨温度对家居用品常用布料的影响，采用恒温恒湿试验箱对常用的几种家居用品布料进行了实验和观察。选用布料如下：纯棉、绸缎、真丝、麻、人造棉、化纤。根据以石家庄为主的地区冬季一天内的太阳能分布情况，太阳能集热器工作时间设定为早上 10 点至下午 6 点间，布料需保证在此 8h 内不会变形或者损坏。此次实验结果表明：六种常用布料在温度不超过 70℃及以下时，恒温恒湿保持 8h 不会造成变形和损坏。温度 80℃时，8h 恒温恒湿环境下，纯棉和真丝发生变形。温度 90℃、时间 8h，纯棉、绸缎、真丝、麻皆出现一定程度的变形，如图 4 所示。因此，除螨温度设定为 50～70℃之间可行。除螨时间为温度达到所需以后的工作时间，设定为 0.5～8h。

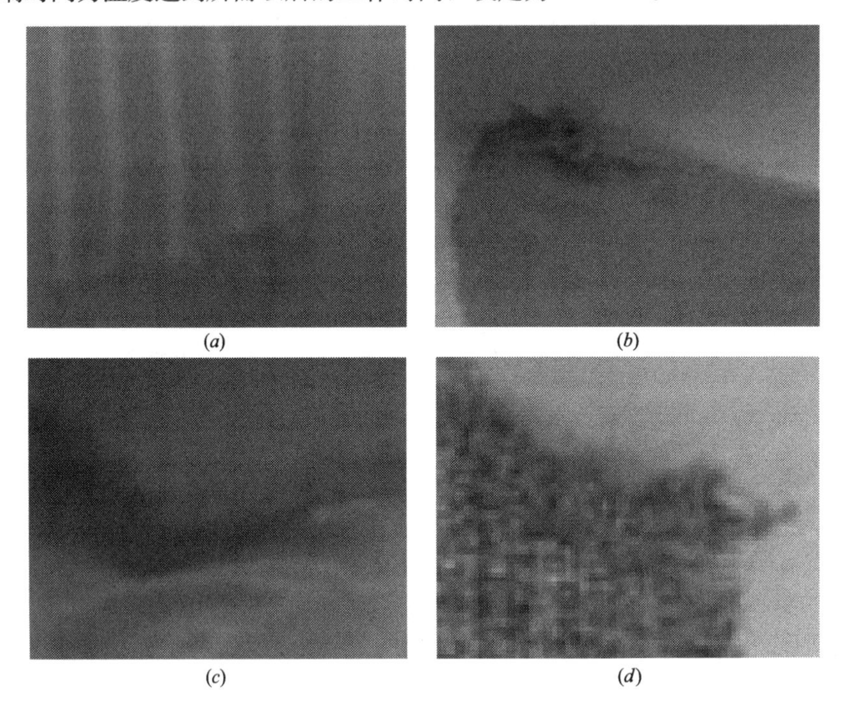

图 4 布料变形结果

(*a*) 纯棉变形（80℃）；(*b*) 真丝变形（80℃）；(*c*) 绸缎变形（90℃）；(*d*) 麻变形（90℃）

## 1.4 冬季太阳能辐射照度的测定

利用太阳能光热转换实现箱体内部温度的升高，需要测定冬季太阳光照辐射照度，以保证其在冬季仍能够适用。石家庄地区的太阳照度如表 1 所示。测定结果可作为 FLUENT 仿真模拟实验基本条件依据。

**石家庄 12 月份太阳照度测试（2016 年）** **表 1**

| | | | | | | | |
|---|---|---|---|---|---|---|---|
| 12.1 | 时间 | 8：00 | 10：00 | 12：00 | 14：00 | 15：00 | 16：00 |
| | 照度 | 372 | 627 | 765 | 675 | 426 | 125 |
| 12.3 | 时间 | 8：00 | 10：00 | 12：00 | 14：00 | 15：00 | 16：00 |
| | 照度 | 248 | 508 | 712 | 688 | 422 | 89 |
| 12.9 | 时间 | 8：00 | 10：00 | 12：00 | 14：00 | 15：00 | 16：00 |
| | 照度 | 308 | 556 | 698 | 541 | 389 | 102 |

续表

| | | | | | | | |
|---|---|---|---|---|---|---|---|
| 12.13 | 时间 | 8∶00 | 10∶00 | 12∶00 | 14∶00 | 15∶00 | 16∶00 |
| | 照度 | 348 | 648 | 712 | 722 | 512 | 135 |
| 12.17 | 时间 | 8∶00 | 10∶00 | 12∶00 | 14∶00 | 15∶00 | 16∶00 |
| | 照度 | 314 | 589 | 681 | 602 | 265 | 44 |
| 12.20 | 时间 | 8∶00 | 10∶00 | 12∶00 | 14∶00 | 15∶00 | 16∶00 |
| | 照度 | 292 | 568 | 675 | 620 | 308 | 82 |
| 12.25 | 时间 | 8∶00 | 10∶00 | 12∶00 | 14∶00 | 15∶00 | 16∶00 |
| | 照度 | 355 | 690 | 702 | 685 | 452 | 42 |
| 平均照度 | | 319.57 | 598.00 | 706.43 | 647.57 | 396.29 | 88.43 |

# 2 太阳能除螨箱的数值模拟

## 2.1 太阳能除螨箱仿真模型的建立

将太阳能集热器和太阳能除螨箱作为一个模拟计算区域，建立模拟实验模型。本实验共建立三种模型，其中模型一：空间尺寸为 1m×0.9m 二维模型，太阳能集热器的尺寸为 1m×0.8m，与水平面夹角设置为 75°。模型二：太阳能除螨箱整体尺寸为 1m×1m×0.9m 的三维模型，太阳能集热器的尺寸为 1m×0.8m，与水平面夹角设置为 75°。模型三：太阳能除螨箱整体尺寸为 1m×1m×0.9m 的三维模型，太阳能集热器的尺寸为 1m×0.8m，与水平面夹角设置为 75°，箱体内部设置多孔介质部分，模拟家居布艺放置在箱体内的加热效果。模型网格建立如图 5 所示。

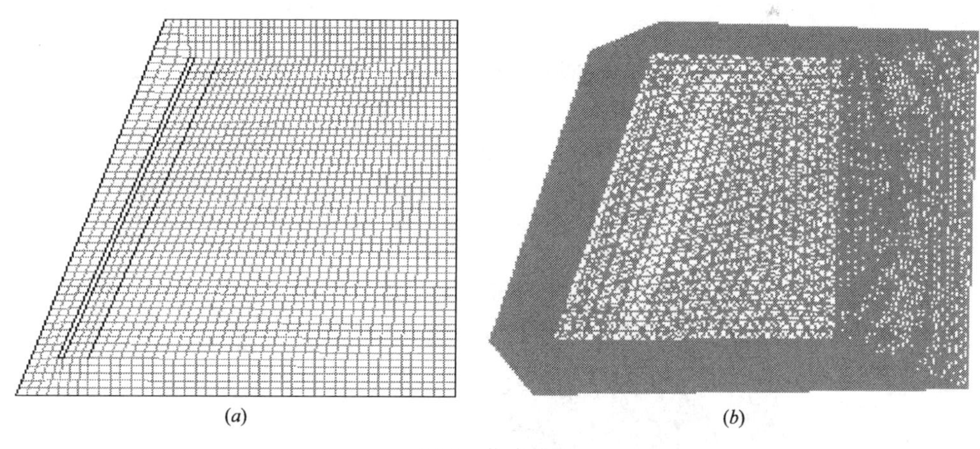

图 5　仿真模型

(a) 模型一；(b) 模型二、三

太阳能除螨箱的传热过程为三维非稳态导热过程，这也就使得其具有较为复杂的求解过程。为简化其计算过程，有利于解的求出，本文简化了太阳能除螨箱的传热过程：

（1）太阳能除螨箱周围边界皆设置保温层结构，满足建筑保温要求，因此在模拟过程中将周围边界与外界的传热忽略不计，即将箱体结构看作绝热边界。

（2）太阳能除螨箱与太阳能平板集热器的进出口处有开关装置，但在模拟过程中主要研究传热效果，因此在模拟过程中忽略风口开关。将集热器可以看作和除螨箱为一个整体，集热器中产生的热空气直接从风口进入除螨箱，与除螨箱中空气进行循环和传热。

（3）将太阳能平板集热器的背面保温结构看作为绝热，因此不考虑保温部分的散热情况。太阳能平板集热器中产生的热量都作为加热箱体内部空气的热源。

（4）忽略地面对太阳能平板集热器散热的影响，认为地面绝热。

## 2.2　不同条件下模拟实验的结果比较

模型一为二维模型，是对太阳能除螨箱模拟过程中的第一步模拟实验。太阳能除螨箱内部的温度场及速度矢量分布如图 6 所示。该图的工况为：平板集热器产生的温度为 100℃，箱体外围为保温结构，内部温度在 1h 内达到 321～329K，且可长时间维持在此温度范围内。平板集热器产生的温度为 200℃时，箱体内部空气温度在 1h 内达到 334～360K。

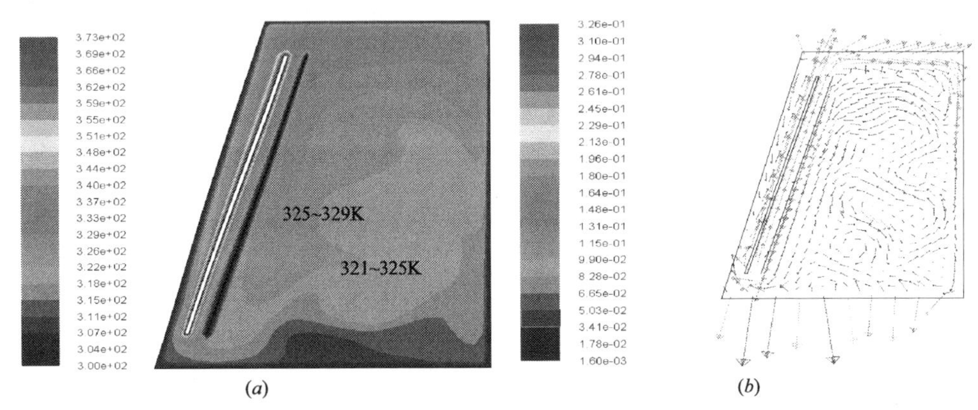


图 6　模型一温度和速度分布

（*a*）温度场分布情况（100℃）；（*b*）速度矢量图（100℃）

模型二为三维模型，是对太阳能除螨箱模拟过程的进一步模拟实验，观察三维空间中空气流动状态。太阳能除螨箱内部空气温度及速度矢量分布如图 7 所示。该图的工况为：平板集热器所受太阳辐射照度为 300W/m$^2$、270W/m$^2$。当平板集热器所受太阳辐射照度为 300W/m$^2$ 时，空箱体内部温度可达到 317～352K；当平板集热器所受太阳辐射照度为 270W/m$^2$ 时，空箱体内部温度可达到 317～333K。

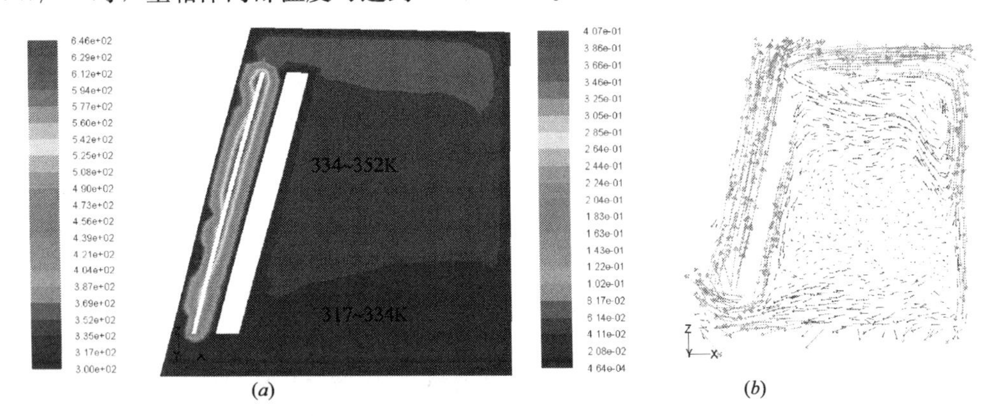


图 7　模型二温度和速度分布（一）

（*a*）温度场分布情况（300W/m$^2$）；（*b*）速度矢量图（300W/m$^2$）

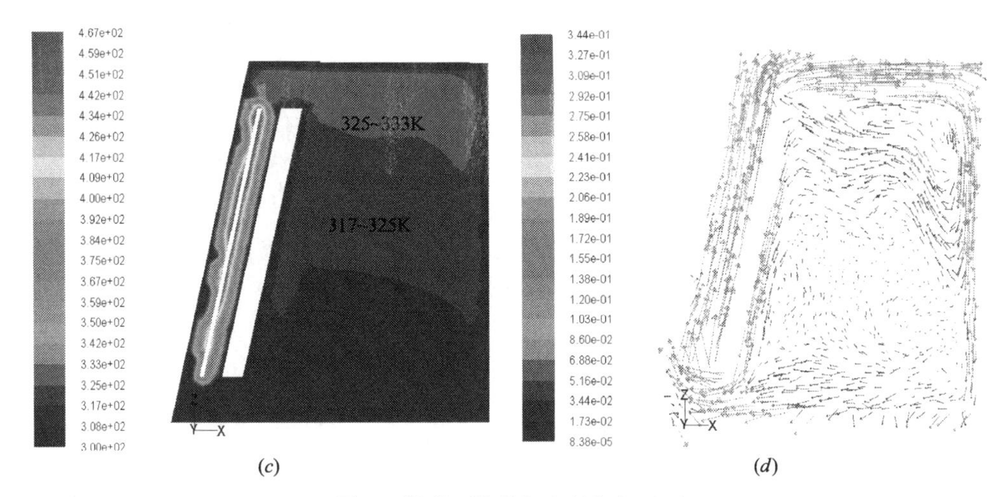


(*c*)　　(*d*)

图 7　模型二温度和速度分布（二）

(*c*) 温度场分布情况（270W/m$^2$）；(*d*) 速度矢量图（270W/m$^2$）

模型三是在模型二的基础上，在太阳能除螨箱内部添加一部分多孔介质，模拟家居纺织物品在箱体内部时的空气循环状态。太阳能除螨箱内部空气温度及速度矢量分布以及多孔介质部分温度分布和内部空气流动速度如图 8 所示。该图的工况为：平板集热器所受太阳辐射照度为 300W/m$^2$。当平板集热器所受太阳辐射照度为 300W/m$^2$ 时，空箱体内部温度可达到 334～352K；其中多孔介质内部空气温度分布显示为 329～344K，满足去除螨虫的所需温度。

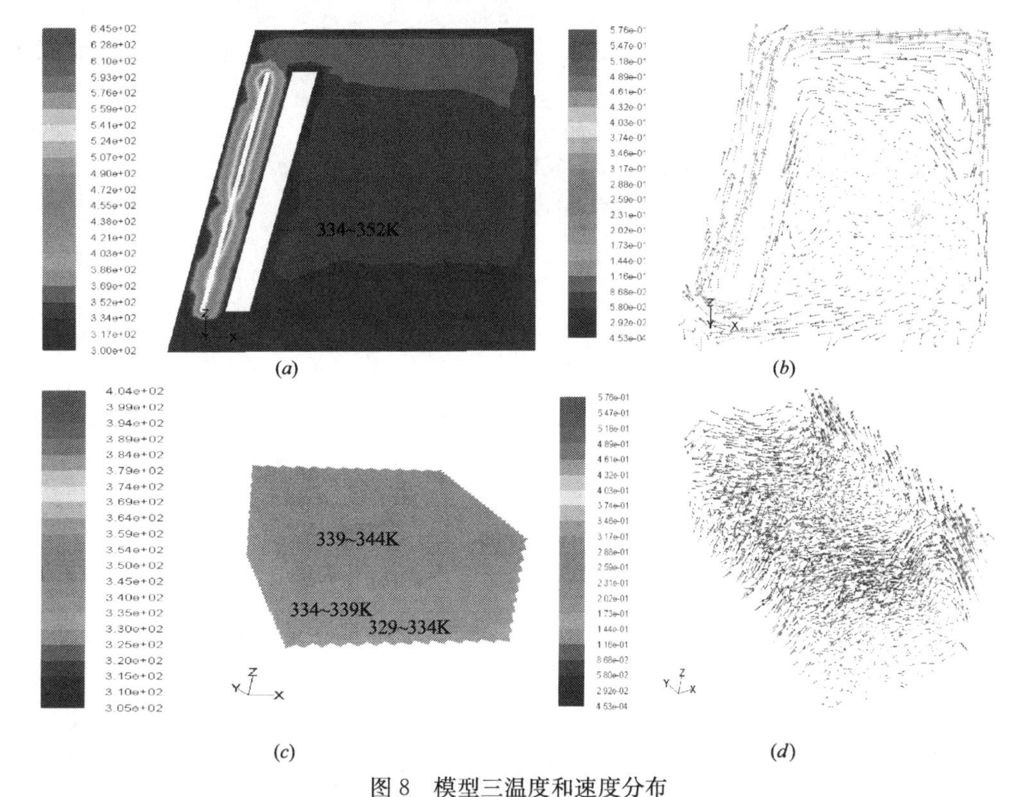


(*a*)　　(*b*)

(*c*)　　(*d*)

图 8　模型三温度和速度分布

(*a*) 温度场分布情况（300W/m$^2$）；(*b*) 速度矢量图（300W/m$^2$）

(*c*) 多孔介质温度场分布情况（300W/m$^2$）；(*d*) 多孔介质速度矢量图（300W/m$^2$）

## 3 结论

通过集热器与箱体的一体化设计既缩小箱体体积，也减少了传热过程中热量的散失，达到在冬季光照较弱时尽可能满足除螨温度需求的效果。家居常用布料的恒温实验、冬季光照辐射数值测定和 FLUENT 仿真模拟的实验，证明利用太阳能的光热转换实现升温可以达到螨虫脱水致死的温度值，满足除螨所需要求。

### 参考文献


[1] 范怡敏，杨彬，邵红霞，等. 上海地区户尘螨的分离培养及 Der p 2 基因的克隆与表达 [J]. 现代免疫学，2006 (05)：391-397.

[2] 贾家祥，陈逸君，胡梅，等. 居室螨虫的危害及有效防治 [J]. 中国洗涤用品工业，2007 (03)：58-61.

[3] 钱珊珠，楠迪. 紫花苜蓿太阳能干燥系统干燥箱的结构设计 [J]. 农机化研究，2015，37 (05)：239-241.

[4] 马世歌，谭军毅，张宾. 太阳能烤房的平板型空气集热器流道优化模拟分析 [J]. 太阳能，2015 (08)：27-30.

[5] B M A Amer，M A Hossain，K Gottschalk. Design and performance evaluation of a new hybrid solar dryer for banana [J]. Energy Conversion and Management，2009，51 (4).

[6] Tawon Usub，Charoenporn Lertsatitthanakorn，Nattapol Poomsa-ad，et al. Experimental performance of a solar tunnel dryer for drying silkworm pupae [J]. Biosystems Engineering，2008，101 (2).

[7] Romdhane Ben Slama，Michel Combarnous. Study of orange peels dryings kinetics and development of a solar dryer by forced convection [J]. Solar Energy，2011，85 (3).

[8] 家中如何除螨虫 [J]. 林业与生态，2012 (6)：27-27.

# 城市综合管廊发展及应用探讨

王园园，邓大鹏，刘诺晨，陈旭
（河北建筑工程学院　能源与环境工程学院，河北省张家口市　075000）

**摘　要：** 世界综合管廊的发展已近两百年。本文从国内国外两个层面进行分析，概括了综合管廊在不同国家的发展现状，总结了不同断面形式和功能的综合管廊特点，讨论了不同管线的入廊特点及存在问题。

**关键词：** 综合管廊；分类；发展状况；标准

## 1　引言

综合管廊是指在城市地下空间建造一个地下隧道，在合理分区的基础上，容纳城市基础设施管线，包括：地下的给水、中水、电力、电信、燃气、供热、雨水、排水等管线，并且修建有专用的通风口、投料口、管线分支口、检修通道等，并且设有消防、通风、电力照明和数据监测等一系列系统的工程。

城市综合管廊属于充分开发和利用城市地下空间的地下构筑物，是城市有序运行的命脉工程。不同于地面建筑，管廊建成后很难再进行改造，所以从规划阶段就需要充分考虑管廊建设和运营的方方面面。

## 2　综合管廊是保障城市正常运行的地下“生命线”

老城区是每个城市现代化建设的改造难题，也是每个城市发展过程中的通病。尤其是老城区原有设计的供水、排水、燃气等管线，年久失修，老化等，存在三天一小挖，五天一大挖的问题，这些问题严重影响了城市居民的日常生活。

综合管廊可有效解决城市发展过程中各类管线的维修、扩容等造成的“马路拉链”和空中“蜘蛛网”等问题，对提升城市总体形象、创造城市和谐生态环境起到积极的推动作用。

综合管廊断面分为：矩形断面、圆形断面和异形断面。矩形断面：形状简单，制造工艺成熟，管线敷设方便，空间利用率高。但是其结构受力不利。圆形断面：制造工艺成熟，结构受力合理，但是空间利用率低。异形断面：近似为顶部拱形，结构受力合理，抗震能力强，占空间合理，但是截面尺寸限制大。

按照功能，可分干线、支线、缆线综合管廊。干线综合管廊有效断面大，系统稳定、

---

基金项目：河北建筑工程学院研究生创新基金（XB201830）。

作者简介：王园园（1992—），男，研究生，市政工程方面研究。

安全性较高，但管理运营复杂，可直接供应至使用稳定的大型用户。支线综合管廊有效断面小、结构简单、施工方便，设备为常用定型设备，一般不直接服务于大型用户。缆线综合管廊空间断面较小、埋深浅，建设施工费用较少，一般不设置通风、监控等设备，维护管理较简单[1]。

## 2.1 国外综合管廊的发展概况

1833年，法国巴黎建设了第一条综合管廊。法国建设综合管廊的起因是在1832年，法国爆发了大型的霍乱传染病，经研究发现城市的给排水系统出现了问题，而在当时，人们习惯将脏水排入塞纳河，然后再从河中取水饮用[2]。人们饮用的水极不卫生，于是，法国政府改变了排水系统，利用管道方式将污水统一排放到城外。

同年，巴黎开始规划市区排水系统管廊，并在管廊中放入各种市政公用管道，这就是最早的综合管廊。随后，英国、西班牙等国家陆续开始着手规划、建设综合管廊，如图1所示为1834年英国综合管廊。

以法国、英国为代表的欧洲国家，政府财政实力相对较强，综合管廊作为城市基础设施完全由政府出资建设，建成后通过收取租金的形式供各管线单位使用。但租金的标准并没有统一制定，每年的租金由市议会依据实际运营情况讨论后决定收费标准。这一分摊方式也与欧洲国家实行民主机制制度有关，充分发挥了公众意愿制定公共产品价格的特点。

1861年英国在伦敦市区兴建综合管廊，纳入给水管、电力电信等管线。现如今，伦敦市区的综合管廊已建设20多条，管廊的所有权在市政府，管廊建成后再出租给管线单位使用。

1926年日本开始建设地下综合管廊，当时称之为“共同沟”。20世纪90年代为建设高峰期，目前全日本建成的地下综合管廊已达到1200km，基本覆盖东京、名古屋、横滨等大城市，其中东京都的中心城区已规划建成地下综合管廊200多公里，成为世界上地下综合管廊建设最长的城市。

## 2.2 国内综合管廊发展与建设

我国城市地下综合管廊的开发相对较晚。最早追溯到20世纪60年代，北京建国门街道改造，建造了一条长1076m、宽4m、高3m、埋深7～8m，收容电力、电信、暖气等市政管线的综合管廊。

2007年，武汉开始着手规划CBD地下综合管廊，这是当时全国唯一在城市中心区建设的综合管廊，也是华中地区第一条城市综合管廊。武汉CBD地下综合管廊采用干线综合管廊和支线综合管廊相结合的布线方式，总长6.1km，其中干线管廊3.9km，呈“T”字形状；支线管廊2.2km，呈“P”字形状。

2015年，贵州省六盘水市开始综合管廊项目建设，建设的综合管廊共39.69km，总投资29.94亿元。通过PPP合作模式的采购，六盘水市地下综合管廊28年运营期内，累计节约21.2亿元。

2014年，郑东新区CBD副中心综合管廊规划建设，目前3.2km主体工程已经完工。同时郑州市将再开建8个地下综合管廊，如图2所示为2015年郑州综合管廊。

图 1　1834 年英国综合管廊

图 2　2015 年郑州综合管廊

综合管廊需要因地制宜的探索建设。2003 年，“广州大学城综合管廊”为国内第一条种类最齐全的综合管廊工程，如图 3 所示；2006 年，“上海安亭新镇”为国内第一条网络化综合管廊工程，如图 4 所示。

图 3　2003 广州大学城综合管廊

图 4　2006 上海安亭新镇综合管廊

现如今，我国每座城市都在规划建设综合管廊。雄安新区作为“千年大计”工程，更是将综合管廊规划作为重要内容。2018 年，我国开工建设的综合管廊里程突破 2800km，成为世界上地下综合管廊建设规模最大的国家。

## 3　入廊管线分析[3]

在综合管廊工程规划建设中，除了考虑综合管廊的系统布局之外，最重要的技术问题是通过科学分析，确定综合管廊内容纳管线的种类和数量[4]。通信电缆、电力电缆、燃气管道、给水管道、再生水管道、热力管道、排水管渠等市政公用管线可纳入综合管廊内[5]。

在结合项目所在片区地下管线现状、各管线专项规划以及地下管线综合规划的基础上，通过现场调查，征求建设单位、产权单位等各方意见，对各类管线是否纳入综合管廊进行研究分析，确定综合管廊的断面布置[5]。

### 3.1　供水管道

供水管为市政压力管道，传统的敷设方式为直埋式，管材一般为球墨铸铁和钢管，主要考虑因素是万一发生爆管等突发事件，会威胁管廊整体安全。综合管廊中纳入供水管，有利于管线的日常维护和保障安全运行，同时也会降低给水管道的漏损率，节约水资源。

## 3.2 排水管道

排水管道包括污水管和雨水管。考虑到经济因素，市政污水管道一般采用重力流的方式，雨水管和污水管合流制建设。排水管道的管材没那么严的要求，普通管材（PVC管）就可以。排水管道纳入综合管廊需要考虑很多因素，比如在造价和整体方面考虑是否管道压力排水、管廊透气性和设置比较多的污水检查井等等。

## 3.3 电力电缆[6]

如今，城市整体形象对城市越来越重要，国内许多城市都在致力将架空电力电缆入地。国内许多城市将高压电缆（110～500kV）直接纳入综合管廊或电力隧道。从技术和维护角度而言电力电缆纳入综合管廊已经没有障碍，其纳入综合管廊内的主要技术问题是解决好通风降温、防火防灾[4]。

## 3.4 通信电缆

信息化社会已经到来，通信电缆是社会快节奏、有序进行的保障。在传统方式上，通信电缆和电力电缆基本都是架空或者直埋敷设，这样的敷设方式会影响城市整体的居住感受，因此，通信电缆和电力电缆一样在现有的发展技术上都可以纳入综合管廊的管理。

## 3.5 热力管道

城市热力供应是保障城市居民便利生活的举措，热力管道传输距离远，为避免热力损耗，需要在管壁增加防止降温的材料，同时也需要相对应的回水管。城市某些区域由于敷设的热力管管径较小，可以在这样的区域纳入热力管道。

## 3.6 燃气管道

燃气管道运输的气体是易燃气体，对管廊内其他市政管道会构成威胁，因此燃气管道是否入廊在市政工程建设领域存在许多争议。根据现有已经投入使用的综合管廊来看，国内外都有将燃气管纳入综合管廊的实例，如上海市嘉定区安亭新镇共同沟[7]、东京临海副都心的地下综合管廊[8]。

燃气管道可以和供水管道一起纳入一个舱室，使之与通信电力管道分开，并且在燃气管道上每隔一定的距离设置开关阀门进行保障，同时实时测定舱室内可燃气体的浓度并及时反馈给控制中心，保障管廊安全。

## 3.7 垃圾管道[9]

中国城镇化飞速发展，每天都在产生着城市垃圾，垃圾问题已经是每个城市的顽疾。垃圾问题是城市发展必须要面对的问题。在综合管廊的基础上，考虑建造垃圾管道会有针对性的解决城市垃圾问题。关于纳入垃圾管道，技术尚且不是很成熟，需要进一步规划设计。

应结合城市的具体情况，选择节省投资、高效合理的方式，为后续处理创造有利条件。在垃圾的收运过程中，应尽可能封闭作业，以减少对环境的污染[4]。

现阶段，国内还没有出台相关完善的法律，在国外一些国家将综合管廊建设列入国家相关法律，其中对于已经建有综合管廊的地区，强制要求能入廊的管线不能再单独采用直埋的方式敷设，必须进入管廊内，从而确保了综合管廊的使用率，真正发挥综合管廊的经济效益。

## 4 结语

综上所述，供水管道、排水管道、电力电缆、通信电缆和热力管道均可以纳入综合管廊。对于垃圾管道入廊的安全性、可靠性等，国内外目前在探索阶段。燃气管道需要严格的安全和监测保障体系等才能入廊。

与国外尤其日本相比，国内的综合管廊建设起步晚，发展水平比较低。主要原因包括：①中国幅员辽阔，每个城市地形环境等不一样；②地下管廊工程建设耗资比较大，现阶段城市财政没有那么大的资金投入；③各管线分属不同管理部门，协商难度大。

城市综合管廊是保障居民舒适生活的基础工程和民心工程，应结合旧城更新、道路改造、河道治理、地下空间开发完善相应法律法规等。同时，结合本国国情，因地制宜，可以适度将城市人防工程结合市政综合管廊进行改造，达到物尽其用，全面贯彻国家提出的号召："一切为了人民，一切为人民服务"。

### 参考文献


[1] 陈明辉. 城市综合管沟设计的相关问题研究 [D]. 西安：西安建筑科技大学，2013.

[2] 白旭峰，赵艳，展鹏飞，等. 国内外地下综合管廊的发展现状及存在的问题 [J]. 佳木斯大学学报，2017，35 (6)：959-961.

[3] 住房和城乡建设部. 城市综合管廊工程技术规范 GB 50838—2015 [S]. 北京：中国计划出版社，2015.

[4] 王恒栋. 市政综合管廊容纳管线辨析 [J]. 城市道桥与防洪，2014，11 (11)：208-209.

[5] 孙明亮. 改废弃防空洞为综合管廊的探索 [J]. 轨道交通与地下工程，2017，04 (35)：138-141.

[6] 住房和城乡建设部. 供配电系统设计规范 GB 50052—2009 [S]. 北京：中国计划出版社，2010.

[7] 张红辉. 上海市嘉定区安亭新镇共同沟工程设计 [J]. 给水排水，2013，29 (12)：7-10.

[8] 朱思诚. 东京临海副都心的地下综合管廊 [J]. 中国给水排水，2005，21 (3)：102-103.

[9] 钟亚力，杨章印. 真空管道垃圾收集系统介绍 [J]. 环境卫生工程，2007，2：21-22.

# 硒化铋纳米颗粒光热特性及机理研究

赵泽家[1]，贾国治[1]，张延榜[2]

（1. 天津城建大学　理学院，天津市　300384

2. 天津城建大学　材料科学与工程学院，天津市　300384）

**摘　要：** 硒化铋是一种重要的拓扑量子材料，在光热、热电等方面有着优异特性。本实验应用微波辅助法合成了硒化铋纳米材料。通过扫描电子显微镜（SEM）和X射线衍射仪（XRD）表征硒化铋纳米颗粒的形态、结构和组成成分，借助紫外可见近红外光谱仪测试硒化铋的光学吸收特性。基于硒化铋纳米颗粒的局部等离子共振特性，研究了其近红外光热转化特性。研究发现，在808nm波长激光的作用下，硒化铋纳米溶液温度能够在短时间内升到48℃，表现出较强的光热转化能力。在循环测试过程中，硒化铋纳米材料表现出极好的光热稳定性。基于米氏散射理论进行理论模拟，结果表明，直径为800nm的硒化铋颗粒具有较强的光散射能力，尤其是后向散射光学特性较强，这可能是硒化铋纳米材料具有良好光热转化特性的主要影响因素。

**关键词：** 硒化铋；微波辅助；光热转化；热稳定性；米氏散射

## 1　引言

近年来，纳米材料的制备和特性的研究引起了人们的广泛关注，这是由于这种材料有独特的性质，使其在电子学、光学以及图像技术上都有着应用[1,2]。最近，光能的利用吸引了科学家广泛的关注，例如水蒸馏淡化、光催化、光热治疗、太阳能电池等[3~6]。这些应用与纳米材料光的吸收、散射、转化有着密切的关系。根据相关文献可知，对于一些贵金属纳米材料，可以通过增强它们的表面等离子共振特性，进而提高它们在不同光区卓越的散射和吸收特性[7]。而且，对于一些贵金属，如金纳米颗粒、银纳米颗粒，除了能够增强表面等离子关振特性之外，它们还具有很好的生物相容性，这些优秀的特性使其在生物探测、医疗诊断、热疗等方面具有潜在的应用[8]。目前，根据纳米粒子等离子吸收和散射特性，已经开发出实际的应用，例如生物相容传感器[9]。贵金属纳米颗粒另一个重大的应用是作为对比剂，它可以提高被标记细胞或者组织影像形态的敏感性和灵敏度[10]。然而，这些贵金属纳米粒子在尺寸上是有限的，它们的直径一般局限在100nm左右，会积累在生物体器官组织中，这将会导致它们在生物医疗以及其他应用上受限[11]。同时贵金属有限的光的吸收也进一步阻碍了这些贵金属纳米粒子的应用。

最近，作为二维半导体硒化物的硒化铋纳米片引起了很多科学家的兴趣。由于硒化铋纳米结构本身在狄拉克点附近具有简单的能带结构和显著的带隙，使其具有独特的物理特性，例如电子和光学特性[12,13]。因为这种特性，使其在光电和光热领域表现很好[14]。这些特性及其应用与纳米粒子对光的吸收、散射、转化有着密切的关系，为了充分的了解光学机理，需要借助米氏散射理论来进行模拟分析。

光散射理论的研究开始于 19 世纪的 70 年代。1871 年，瑞利（Lord Rayleigh）首先从理论上解释了光的散射现象，并通过对远小于光波波长的微粒散射进行精密研究，提出了著名的瑞利散射定律，并用电子论的观点解释了光散射的本质。瑞利散射的特点是散射光强度与入射光波长的四次方成反比，定律的适用条件是散射体的尺寸要比光波波长小得多[15]。1908 年，米氏通过电磁波的麦克斯韦方程组，解出了一个关于光散射的严格解，得出了任意直径、任意成分的均匀粒子的散射规律，这就是著名的米氏理论。当散射体的尺寸比光波波长小的多时，米氏散射可以近似简单描述和瑞利散射理论相似的结果；当散射体的尺寸比光波波长大的多时，米氏散射的结果又近似与几何光学描述的结果相一致；而在散射体的尺寸和光波波长相比拟的范围内，只有用米散射才能得到唯一正确的结果[16,17]。所以，米氏散射理论计算模式具有能广泛地描述任何尺度参数均匀球状粒子的散射特点。随着计算机技术的发展，使这种计算成为可能，对小粒子的光散射研究进入新的时期。人们通过理论模拟进而得出纳米颗粒的光的散射情况，能够进一步促进纳米颗粒对光有效利用。

本文以拓扑绝缘体硒化铋为研究对象，通过微波辅助法制备了具有良好水溶性的硒化铋纳米粒子，由于硒化铋具有较强的局部等离子共振效应，使其在近红外区有较强的光吸收，进而通过局部电子振荡和内部声子而产生宏观的热。通过米氏散射理论研究纳米颗粒的光的散射特性，研究了硒化铋离子的光散射特性，对进一步提高硒化铋的光吸收研究具有指导意义。

# 2　实验

本实验所用的化学试剂都为分析纯。将所用的化学试剂乙二醇 60mL 放入三口烧瓶中，再将其他的试剂 $Na_2SeO_3$、$Bi(NO_3)_3 \cdot 5H_2O$、NaOH、PVP 按一定的比例加入到三口烧瓶中。将三口烧瓶放入微波炉中加热 60min，温度 180℃。在反应到达 145℃，溶液瞬间变黑。当反应结束后，用去离子水和无水乙醇对溶液进行离心洗涤三次，转速 8000rad/s，时间 30min。最后对液体抽滤，将得到的粉末进行干燥处理，将干燥后的粉末溶解在无水乙醇中，配制出不同的浓度，分别得到 0.0005mg/mL、0.0007mg/mL、0.00135mg/mL 不同浓度的硒化铋纳米溶液用以测试研究。

# 3　结果与讨论

## 3.1　硒化铋纳米片机理

硒化铋样品的制备过程主要由两步组成。在反应初期，会形成硒纳米晶体，同时在表面有 PVP 包覆。由于 PVP 的存在，导致硒纳米晶体不会聚集成硒粉末。硒纳米晶体在硒化铋纳米颗粒形成中，起到了至关重要的作用，形成的硒纳米晶体会与铋粒子进行反应，进而促进硒化铋纳米颗粒的生成，而且 PVP 也会影响硒化铋纳米颗粒的形态，同时可以

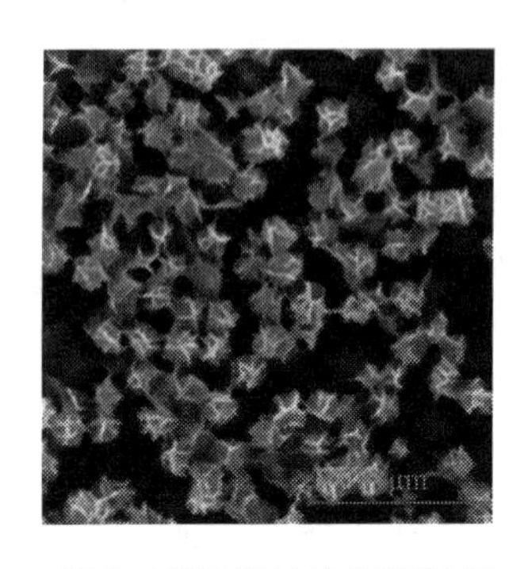

图 1　硒化铋纳米颗粒形态的 SEM 照片

充当稳定剂，阻止硒化铋颗粒的团聚，这将形成均匀稳定的悬浮液体。这种合成过程可以被扫描电子显微镜（SEM）和 X 射线衍射仪（XRD）很好的证明。

## 3.2　形貌分析

将制备的硒化铋样品，通过扫描电子显微镜（SEM）来确定表面形貌，如图 1 所示。从图中可以清楚看到，硒化铋样品是由很多轮廓清楚的硒化铋纳米颗粒组成。这些表面光滑纳米颗粒均匀的分散，且这些纳米颗粒尺寸分布（直径）均匀集中在 800nm。

## 3.3　XRD 图谱分析

图 2 为硒化铋样品 X 射线衍射图。硒化铋样品的组成和结构可以通过 X 射线衍射谱图得到。红色的衍射峰对应的是硒化铋实验样品，黑色的衍射峰对应的是标准卡硒化铋样品。从图中可以清楚的看到硒化铋实验样品主要的衍射峰可以与标准卡样品峰值（JCPDS Card No. 33-0214）很好的对应，这些衍射峰对应硒化铋斜方六面体晶相[18]。同时也表明通过微波辅助这种方法得到了高质量的硒化铋纳米颗粒。

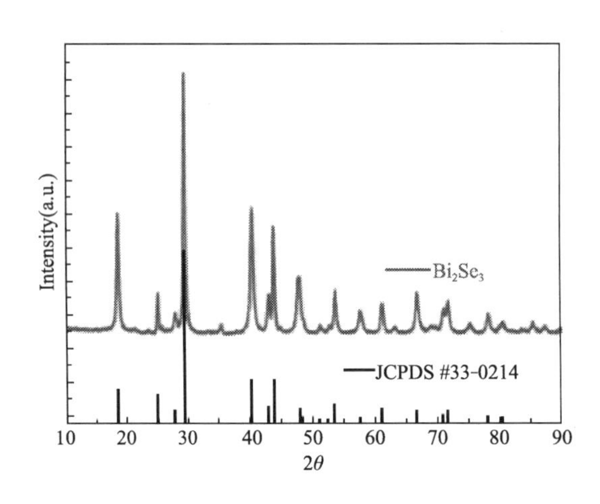


图 2　硒化铋样品 X 射线衍射图

## 3.4　吸收光谱

为了研究硒化铋纳米颗粒的光学吸收性质，采用紫外可见吸收光谱测试。图 3 是溶解在无水乙醇中得到不同浓度的硒化铋溶液在室温下测得的紫外可见近红外吸收光谱。吸收强度会随着溶液浓度的增加而增强。我们也可以发现有两个主要的吸收峰在 510nm 和 800nm。吸收峰在 800nm 处主要是由硒化铋局部表面等离子共振所引起。硒化铋局部表面等离子共振存在于近红外波长范围内。这种红外光可以穿透皮肤组织，而且对生物组织没有伤害，这有助于光热治疗应用在医学临床上。

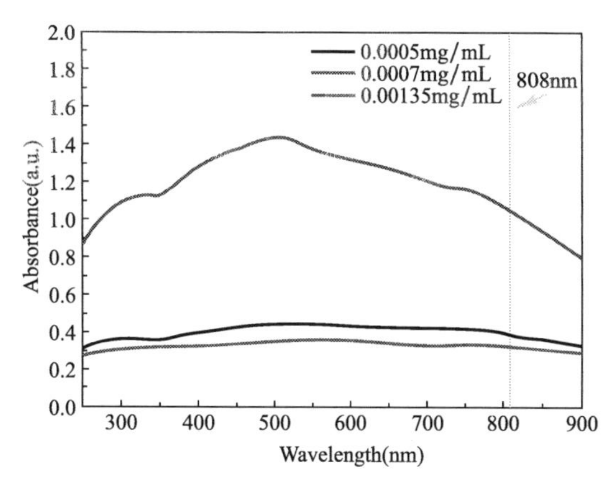


图 3　不同浓度硒化铋溶液（0.0005mg/mL，0.0007mg/mL，0.00135mg/mL）的紫外可见近红外吸收光谱

## 3.5　光热效应分析

由上述紫外可见近红外吸收测试可知，硒化铋纳米颗粒在红外区有较强的吸收特性，选用 808nm 波长激光器来进行光热性能测试。图 4 是选择不同浓度硒化铋纳米溶液（0.0005mg/mL，0.0007mg/mL，0.00135mg/mL）进行的光热转换性能图。

图 4（*a*）是不同浓度的硒化铋纳米溶液，可以发现硒化铋粉末在无水乙醇中具有优异的分散性能。随着浓度的增加，硒化铋纳米溶液的颜色逐渐变深。用 808nm 波长的激光测试，选择 1W 功率分别照射装有 1mL 不同浓度硒化铋纳米溶液的样品池，同时用测温器记录其温度变化情况。从图 4（*b*）中可以看出在同一波长、同一功率激光的照射下，不同浓度硒化铋溶液存在明显的温度差，说明样品具有明显的光热转换特性。随着溶液浓度的增加，温度也显著的上升。从图 4（*b*）中可以发现 0.00135mg/mL 的溶液在 600s 时，温度快速的上升到 48℃。图 4（*c*）显示了激光（1W）的照射下，0.0007mg/mL 溶液的光热特性循环图，从图中我们可以看到 4 次循环最高温度基本保持在 34℃，这表明硒化铋纳米颗粒有极好的热稳定性，它可以很好的充当热源。这些结果充分证明了硒化铋纳米颗粒可以作为光热理疗剂，因此分析不同浓度硒化铋的光热转化能力具有重要意义。根据之前相关文献的光热计算公式[19~21]，硒化铋光热转化效率等式如下：

$$\sum_i m_i c_{p,j} \frac{\mathrm{d}T}{\mathrm{d}t} = Q_\mathrm{I} + Q_\mathrm{C} - Q_\mathrm{surr} \tag{1}$$

其中 $m_i$ 和 $c_{p,j}$ 分别是体系当中的质量和热熔，$T$ 是体系当中溶液的温度。$Q_\mathrm{I}$ 是纳米颗粒从激光中吸收的光热能量，它的表达式如下：

$$Q_\mathrm{I} = I(1 - 10^{-\mathrm{A}_{808}})\eta \tag{2}$$

$I$ 是激光的能量，$\mathrm{A}_{808}$ 是在激光波长 808nm 下测得硒化铋溶液的光密度，$\eta$ 是纳米颗粒的光热转化效率。$Q_\mathrm{surr}$ 的表达式如下：

$$Q_\mathrm{surr} = hS(T - T_\mathrm{surr}) \tag{3}$$

其中 $h$ 是传热系数，$S$ 是容器的表面积，$T$、$T_\mathrm{surr}$ 分别是体系平衡状态下的温度和周围环境的温度。

$$\eta = \frac{hS(T_\mathrm{max} - T_\mathrm{surr}) - Q_\mathrm{C}}{I(1 - 10^{-\mathrm{A}_{808}})} \tag{4}$$

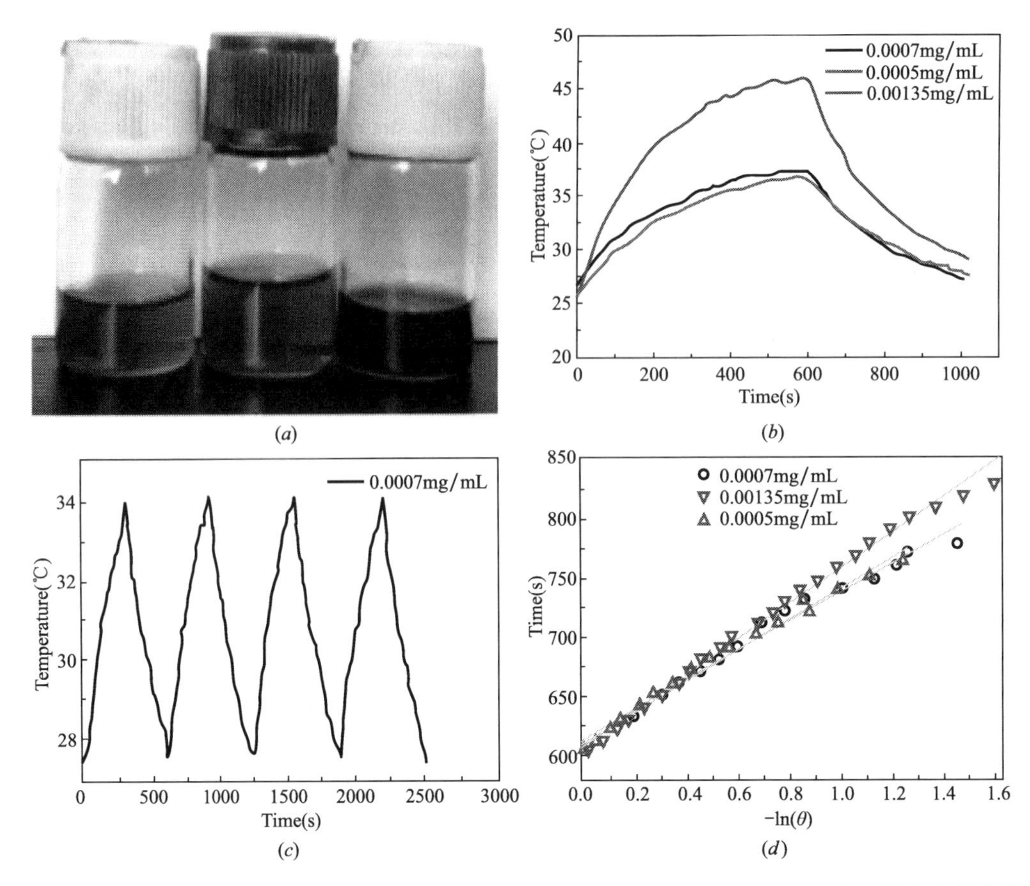


图 4 （*a*）不同浓度硒化铋溶液；（*b*）在 808nm，1.0W 激光照射 10min 下，测得不同浓度的光热响应曲线，10min 后关闭激光；（*c*）激光打开/关闭四个循环中，温度上升曲线图；（*d*）不同浓度下分别得到时间常数为 132.07s、127.74s 和 153.25s，时间常数通过 10min 降温过程得到，取热驱动温度的自然对数

反应体系的热时间常数决定于溶液的冷却过程，表达式如下：

$$\tau_s = \frac{\sum_i m_i c_{p,j}}{hS} \tag{5}$$

溶液的热时间常数可以有效的评价纳米颗粒的热储存能力。不同浓度的溶液在温度的下降过程中可以确定热时间常数，如图 4（*d*）所示。不同浓度硒化铋热时间常数可以从 $\ln(\theta)-t$ 函数线性拟合中得出，分别是 132.07s、127.74s、153.25s，这个结果可以进一步证明硒化铋具有较好的热性能。

## 3.6 散射模拟

### 3.6.1 米氏散射理论

根据光与物质的相互作用原理，当一束光入射到水体中时，会产生包括透射、折射、散射等一系列物理现象。仅就散射而言，又可分为弹性散射与非弹性散射，后者不是本文的研究内容，此处不再进一步阐述。对于弹性散射而言，主要包括瑞利散射、米氏散射和无选择性散射三类，其特性与入射光波波长、水体中悬浮颗粒物尺寸、密度和形状等参数密切相关。通常而言，当水中悬浮物颗粒尺寸远小于入射光波波长时，可采用瑞利散射描述散射光强与光波波长之间的关系；当悬浮物颗粒尺寸与光波波长相当时，则可利用米氏散射进行表征[22,23]。在经典的米氏散射理论基础上，应用 Matlab 来计算散射参量，充分利用 Matlab 内置命令集和函数集，收集速度较快，递推关系较少。本文采用该算法，利用 Mieplotv4612 工具编程，对球形粒子散射特性进行了分析。

### 3.6.2 不同光照波长下单个颗粒前向和后向散射结果

图 5 是直径为 800nm 的硒化铋纳米颗粒在不同光波波长下的散射极坐标图。图 5（*a*）显示在 400nm 光波波长的照射下，硒化铋纳米颗粒的散射主要集中在后向散射，而前向散射光强较弱，而在 600nm 光波波长照射下散射集中在下后向散射，同时前向散射增强，在 800nm 光波波长照射下前向和后向都有较强的散射，但是散射主要集中在后向。这些结果表明硒化铋纳米颗粒在光照下会发生强的后向散射，在很多实际应用中，后向散射有很重要的作用，尤其是在医疗的诊断上，可以通过无损或者微创对后向散射光进行探测，同时借助硒化铋自身较强的吸热能力可以对疾病进行诊断和治疗。

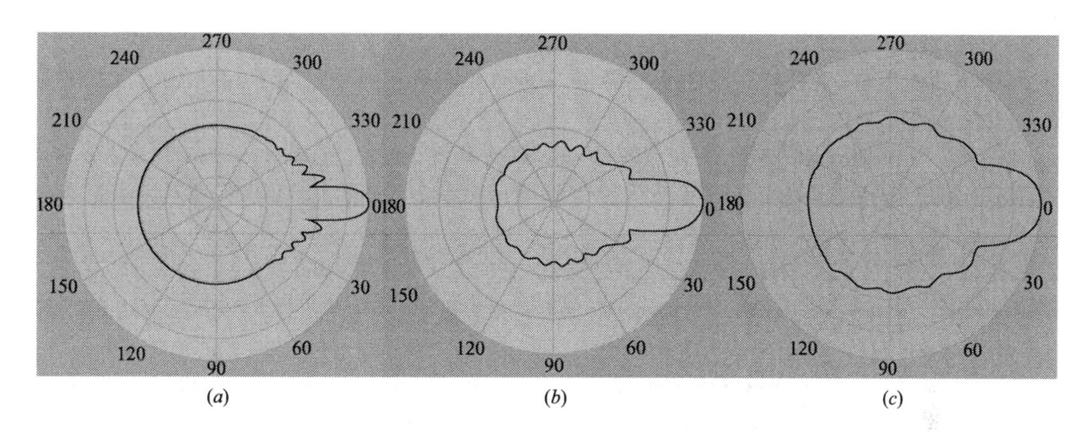


图 5 单个纳米颗粒在不同光照波长下的散射极坐标图

（*a*）在 400nm 光波长下单个硒化铋纳米颗粒的散射极坐标图

（*b*）在 600nm 光波长下单个硒化铋纳米颗粒的散射极坐标图

（*c*）在 800nm 光波长下单个硒化铋纳米颗粒的散射极坐标图

## 4 结论

本文通过微波辅助法合成半导体硒化铋纳米材料，同时研究半导体硒化铋纳米颗粒对光的热转化率，采用米氏散射理论模拟纳米颗粒光的散射特性。通过实验和理论分析研究发现，在 808nm 波长激光的作用下，硒化铋纳米溶液温度能够在短时间内升到 48℃，表现出较强的光热转化能力。通过米氏散射理论模拟发现，直径为 800nm 的硒化铋颗粒具有较强的光散射能力，尤其是后向散射光学特性较强，这可能是硒化铋纳米材料具有良好光热转化特性的主要影响因素。同时发现硒化铋在不同光波波长的照射下，纳米颗粒散射包括前向散射和后向散射，这可能是影响光热转化效率的关键因素。

## 参考文献


[1] 夏建白. 半导体纳米材料和物理 [J]. 物理，2003，32 (10)：693-699.

[2] 初立亮. 几种纳米材料在光学生物成像中的应用研究 [D]. 杭州：浙江大学，2015.

[3] Xu J，Zhang W，Yang Z，et al. Large-Scale Synthesis of Long Crystalline $Cu_{2-x}Se$ Nanowire Bundles by Water-Evaporation-Induced Self-Assembly and Their Application in Gas Sensing [J]. Advanced Functional Materials，2009，19 (11)：1759-1766.

[4] Fujishima A，Zhang X，Tryk D A. TiO photocatalysis and related surface phenomena [J]. Surface Science Reports，2008，63 (12)：515-582.

[5] Jia G Z，Lou W K，Cheng F，et al. Excellent photothermal conversion of core/shell $CdSe/Bi_2Se_3$，quantum dots [J]. 2015，8 (5)：1443-1453.

[6] Takahashi H，Fujiki H，Yokoyama S，et al. Aqueous phase synthesis of CuIn alloy nanoparticles and their application for a CIS (CuInSe2)-Based printable solar battery [J]. Nanomaterials，2018，8 (4)：221.

[7] 刘惠玉，陈东，高继宁，等. 贵金属纳米材料的液相合成及其表面等离子体共振性质应用 [J]. 化学进展，2006，18 (7)：889-896.

[8] 杨群峰，刘建云，陈华萍，等. 贵金属纳米团簇的制备及在生物检测中的应用 [J]. 化学进展，2011，23 (5)：880-892.

[9] 杨娇凤. 基于贵金属纳米粒 LSPR 生物传感器的研究 [D]. 天津：天津大学，2012.

[10] 俞书宏，郭仕锐. 一种贵金属/酚醛树脂核壳结构生物相容性材料及其制法：CN101280092 [P]. 2008.

[11] 戴菡. 贵金属纳米颗粒表面等离激元调控及应用研究 [D]. 北京：华北电力大学，2016.

[12] 刘先利. 多元醇法合成拓扑绝缘体纳米材料及其生长机理研究 [D]. 合肥：中国科学技术大学，2016.

[13] 王高云. 基于硒化物层状材料的湿法刻蚀和光电特性研究 [D]. 成都：电子科技大学，2015.

[14] Zhang Y，Jia G，Wang P，et al. Size effect on near infrared photothermal conversion properties of liquid-exfoliated $MoS_2$ and $MoSe_2$ [J]. Superlattices & Microstructures，2016：105.

[15] 陈军，尤政，周兆英. 激光散射理论及其在计量测试中的应用 [J]. 激光技术，1996，20 (6)：359-365.

[16] 张艳春，刘缠牢，赵丁. 基于米氏散射理论的粒度测试算法研究 [J]. 国外电子测量技术，2009，28 (11)：24-25.

[17] 林宏. 海洋悬浮粒子的米氏散射特性及布里渊散射特性研究 [D]. 武汉：华中科技大学，2007.

[18] Guozhi J，Peng W，Yanbang Z，et al. Localized surface plasmon enhanced photothermal conversion in $Bi_2Se_3$ topological insulator nanoflowers [J]. Sci Rep，2016，6：25884.

[19] Jia G，Wang P，Wu Z，et al. Formation of $ZnSe/Bi_2Se_3$ QDs by surface cation exchange and high photothermal conversion [J]. Aip Advances，2015，5 (8)：7071-7083.

[20] Jia G，Wang N，Gong L，et al. Growth characterization of CdZnS thin films prepared by chemical bath deposition [J]. Chalcogenide Letters，2009 (9).

[21] Jia G，Wang Y，Yao J. Growth mechnism of ZnO nano-structure using chemical bath deposition [J]. Journal of Ovonic Research，2010，6 (6)：303-307.

[22] Du H. Mie-scattering calculation [J]. Applied Optics，2004，43 (9)：1951.

[23] Wolf S，Voshchinnikov N V. Mie scattering by ensembles of particles with very large size parameters [J]. Computer Physics Communications，2004，162 (2)：113-123.

# $CO_2$跨临界水-水热泵系统实验研究

杨俊兰，吴依彤
（天津城建大学　能源与安全工程学院，天津市　300384）

**摘　要：** 本文对$CO_2$跨临界水-水热泵系统进行了实验研究，并搭建实验台进行实验测试：在系统中有无回热器的两种情况下，通过改变蒸发温度、冷冻水的流量和温度、冷却水的流量和温度，测试系统的制热系数$COP_h$和制冷系数COP，并计算出相应的制热量和制冷量。实验结果表明，蒸发温度升高，系统的$COP_h$、COP也随之增加；而冷冻水流量增加，系统的$COP_h$、COP没有明显增加的趋势；随着冷冻水温度升高，系统在增加回热器后$COP_h$和COP上升趋势显著；冷却水流量增加对系统性能的影响很大，系统制热量和制冷量增加明显；而随着冷却水温度的升高，系统的换热量降低，导致系统的$COP_h$和COP都随之降低。通过以上实验证明在相同的工况下，添加回热器可以提高系统的性能。

**关键词：** $CO_2$跨临界水-水热泵系统；实验研究；回热器；性能系数

近几年来$CO_2$跨临界循环系统在性能和环保上的优势有目共睹，国内外专家学者做了大量的研究与实验，提出了一系列改善实验性能的措施。

AsaJardeby等[1]利用Matlab建立了$CO_2$跨临界循环模型，并搭建了实验台，验证了各个部件模型与其对应实验结果的一致性。Jiang Y等人[2]通过实验研究了带套管式换热器的$CO_2$跨临界水-水热泵。在实验条件下对比了有无内部热交换器系统的区别，证明了内部热交换器可以改善系统性能。杨振江等人[3]研究了$CO_2$热泵系统的制热性能，对系统建立模型，模拟计算系统的制热性能，并进行实验验证。天津大学热能研究所在建成的$CO_2$水-水循环热泵实验装置上进行了运行性能实验，对$CO_2$热泵热水器进行理论模拟与实验研究，建立配备套管式气体冷却器和满液式蒸发器的$CO_2$水-水热泵实验台，并进行实验研究[4～6]。对于在系统中添加回热器方面，Aprea C[7]、Boewe D等[8]通过实验研究发现带回热器的跨临界$CO_2$循环系统的COP比不带回热器的循环系统要高。金东旭[9]、王洪利等[10]分别对带回热器和不带回热器的$CO_2$跨临界单级压缩循环进行了理论分析和实验性能测试。

基于以上研究，本文以$CO_2$跨临界水-水热泵系统为研究对象，搭建实验台进行实验测试，探究回热器的添加与否对系统一些重要参数的影响，从而为进一步优化$CO_2$跨临界水-水热泵系统的性能及部件结构奠定基础。

---

作者简介：杨俊兰（1971—），女，天津，博士，研究方向：制冷热泵技术。

## 1　实验台搭建

本实验系统实验台由 3 个系统构成：$CO_2$ 跨临界水-水热泵系统、控制系统和数据采集系统。$CO_2$ 跨临界水-水热泵系统的流程如图 1 所示，该系统由压缩机、气体冷却器、节流阀、蒸发器、回热器等主要部件组成，同时还包括气液分离器、油分离器、电加热器等附件以及 $CO_2$ 质量流量计、水流量计、热电偶、压力变送器等测量装置。图 2 为系统装置。

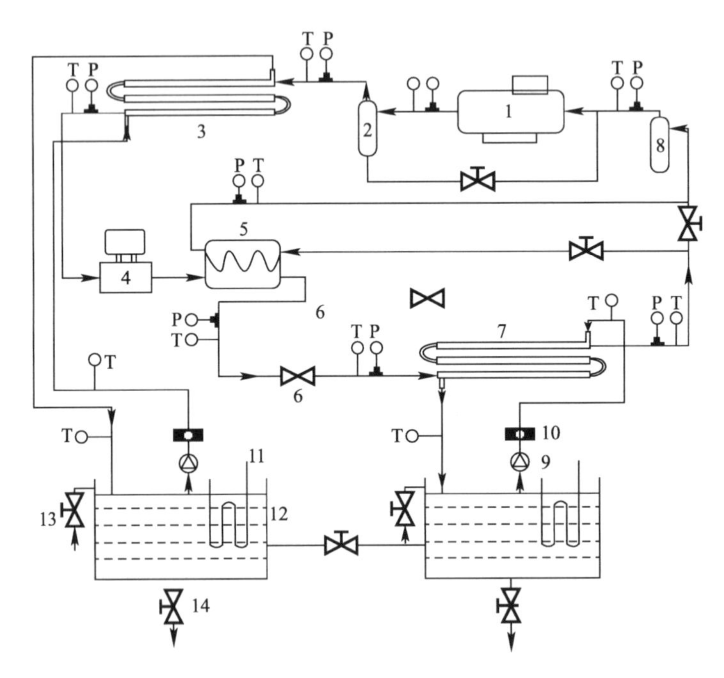


图 1　$CO_2$ 跨临界循环水-水热泵系统流程图

1—压缩机，2—油分离器，3—气体冷却器，4—质量流量计，5—回热器，6—节流阀，7—蒸发器，8—气液分离器，9—水泵，10—水流量计，11—电加热器，12—水箱，13—进水阀，14—排水阀，T—热电偶，P—压力变送器

图 2　$CO_2$ 跨临界水-水热泵系统装置

本系统装置压缩机采用意大利 Dorin（都凌）公司生产的专用 $CO_2$ 压缩机；气体冷却器与蒸发器结构相似，均为自制套管式换热器，水走管程，$CO_2$ 走壳程；回热器为自制套管式内部换热器，来自气体冷却器的高温 $CO_2$ 走管内，来自蒸发器的低温 $CO_2$ 在管外流动；水系统由冷冻水系统和冷却水系统组成，冷冻水箱和冷却水箱中各设置了电加热管，冷却水箱还外连一台风冷机组，通过设置这些装置来实现对冷却水和冷冻水温度的智能控制。

本实验台的控制系统通过专门的控制柜来实现，控制柜可实现对温度、压力等参数的精确控制；数据采集系统采用专用软件，用于对现场生产数据进行采集与过程控制。

## 2 实验研究

### 2.1 实验目的

在有无回热器两种情况下对 $CO_2$ 跨临界水-水热泵系统进行变工况的性能测试，并在相同的工况下，用实验数据验证模型的准确性，为进一步优化系统奠定模拟基础。

### 2.2 实验内容及方法

实验的额定工况为：蒸发温度为 0℃；冷却水温度为 25℃，流量为 $0.5m^3/h$；冷冻水温度为 12℃，流量为 $1.2m^3/h$。测试在有无回热器两种情况下改变蒸发温度、冷冻水流量及温度、冷却水流量及温度的系统性能。

(1) 改变蒸发温度

气体冷却器进口水温、流量恒定不变，蒸发器进口水温与流量稳定；通过调节节流阀的阀门开度来改变系统的蒸发温度，使之从－1℃变化到 6℃，同时记录其他各参数的变化值，从而计算出系统的制冷、制热系数。

(2) 改变冷却水流量及温度

蒸发器进口水温与流量一定，高压侧压力维持在 8MPa 左右；在额定工况下，改变冷却水流量，使之从 $0.2m^3/h$ 变化到 $0.55m^3/h$；改变冷却水温度，使之从 20℃变化到 30℃，同时记录其他各参数的变化值，从而计算出系统的制冷、制热系数。

(3) 改变冷冻水流量及温度

气体冷却器进口水温与流量一定，高压侧压力维持在 8MPa 左右；在额定工况下，改变冷冻水流量，使之从 $0.8m^3/h$ 变化到 $1.8m^3/h$；改变冷冻水温度，使之从 10℃变化到 19℃，同时记录其他各参数的变化值，从而计算出系统的制冷、制热系数。

在上述条件不变的情况下，开启和关闭回热器，可以分别得到有无回热器的两组测量数据。

## 3 结果及分析

### 3.1 改变蒸发温度的系统性能测试结果

从图 3、图 4 可以看出，随着蒸发温度的升高，系统的制热系数 $COP_h$、制冷系数 COP、制热量和制冷量均逐渐升高，其中制热量的上升趋势较明显。从图 5、图 6 可以看出，添加了回热器后，制热系数 $COP_h$ 和制冷系数 COP 随蒸发温度的变化趋势与无回热器时相同，但制热系数 $COP_h$ 和制冷系数 COP 明显高于无回热器时的情况。有回热器时，制热量和制冷量随着蒸发温度的上升而上升，趋势平缓，但整体看来，制热量和制冷量要高于无回热器时的情况。

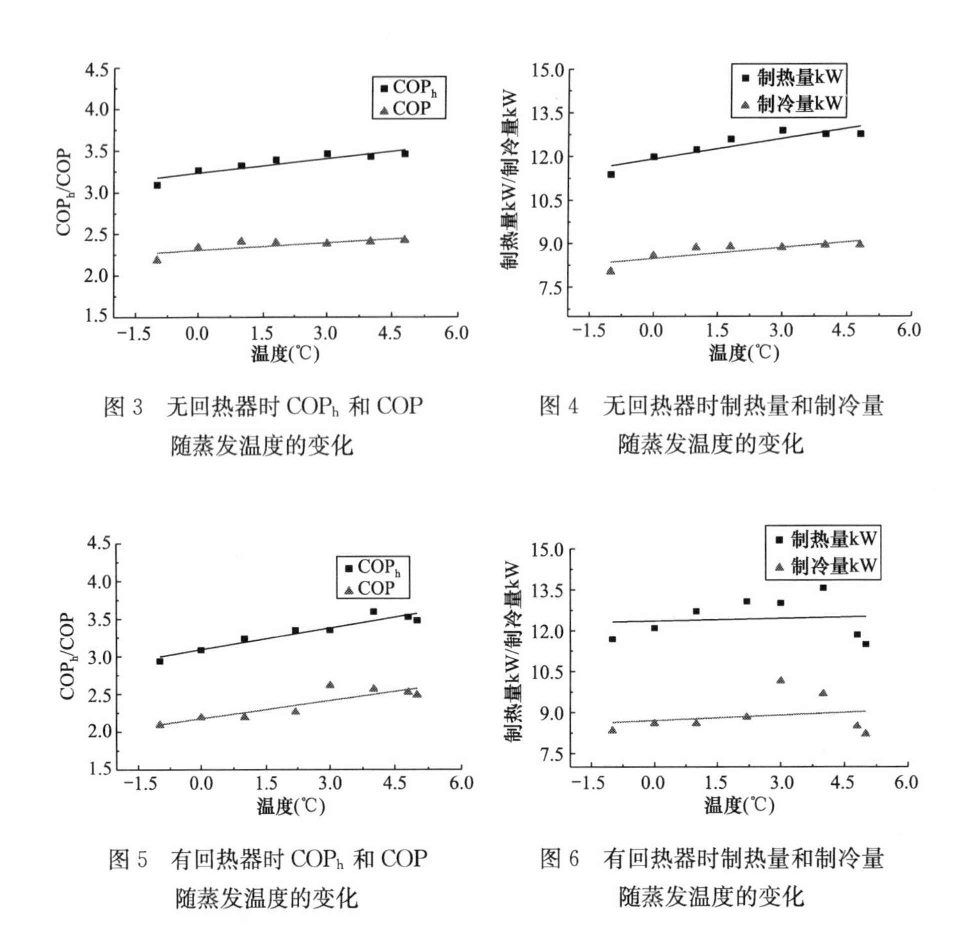


图 3 无回热器时 COP$_h$ 和 COP 随蒸发温度的变化

图 4 无回热器时制热量和制冷量随蒸发温度的变化

图 5 有回热器时 COP$_h$ 和 COP 随蒸发温度的变化

图 6 有回热器时制热量和制冷量随蒸发温度的变化

## 3.2 改变冷却水流量的系统性能测试结果

从图 7、图 8 可以看出，随着冷却水流量的增加，气体冷却器与冷却水之间的换热增强，制热系数 COP$_h$ 和制冷系数 COP 都是逐渐升高的。从图 9、图 10 可以看出在有回热器的情况下，随着冷却水流量的增加，系统的制热系数 COP$_h$、制冷系数 COP、制热量和制冷量是不断上升的，大于没有回热器时的情况。

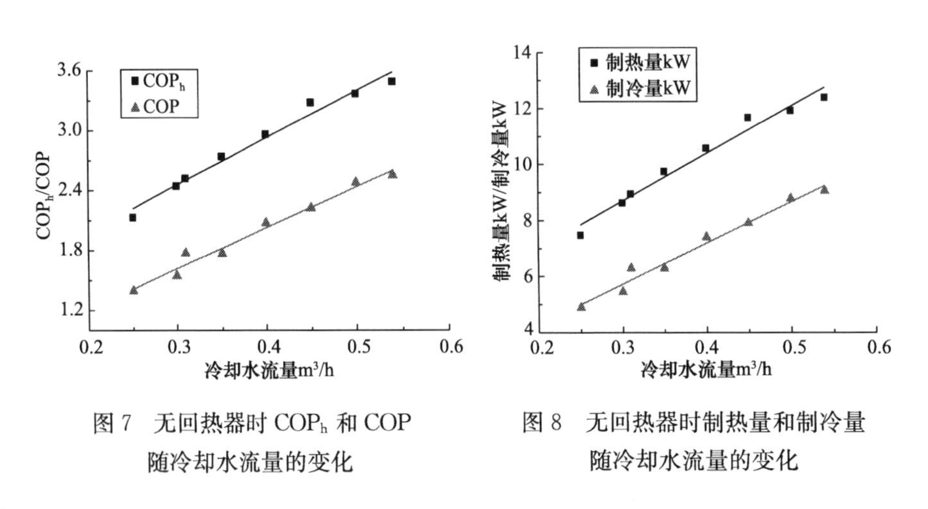


图 7 无回热器时 COP$_h$ 和 COP 随冷却水流量的变化

图 8 无回热器时制热量和制冷量随冷却水流量的变化

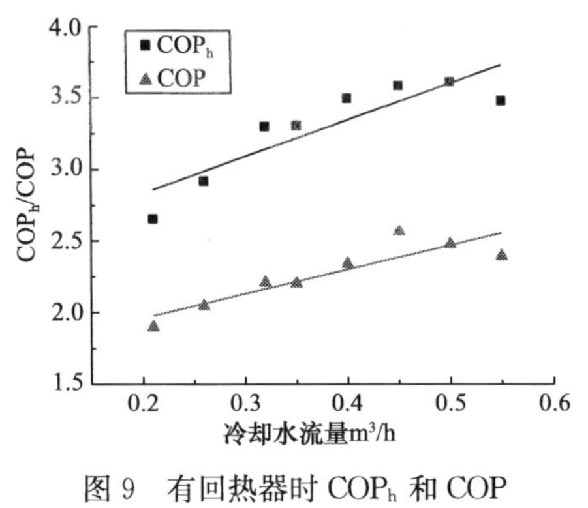


图 9　有回热器时 COP$_h$ 和 COP
随冷却水流量的变化

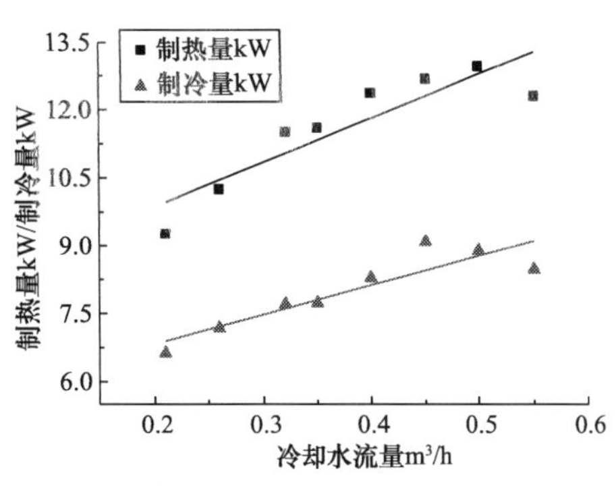


图 10　有回热器时制热量和制冷量
随冷却水流量的变化

## 3.3　改变冷却水温度的系统性能测试结果

从图 11、图 12 可以看出，随着冷却水温度的升高，冷却水与气体冷却器之间的换热逐渐减弱，系统的制热系数 COP$_h$ 和制冷系数 COP、制热量和制冷量均逐渐下降。图 13、图 14 显示在加回热器的情况下，随着冷却水温度的升高，制热系数 COP$_h$ 和制冷系数 COP、制热量和制冷量都是不断下降的。但有回热器时的下降趋势较为平缓，整体效率要高于没有回热器时的情况。

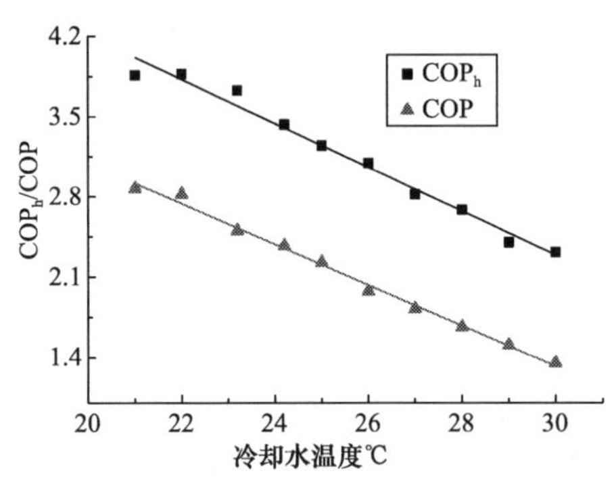


图 11　无回热器时 COP$_h$ 和 COP
随冷却水温度的变化

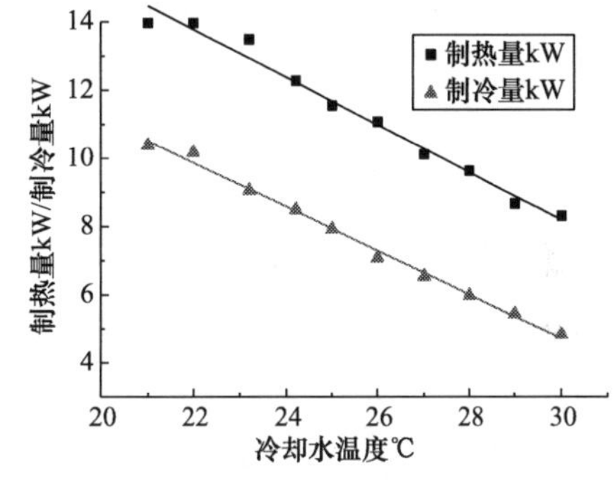


图 12　无回热器时制热量和制冷量
随冷却水温度的变化

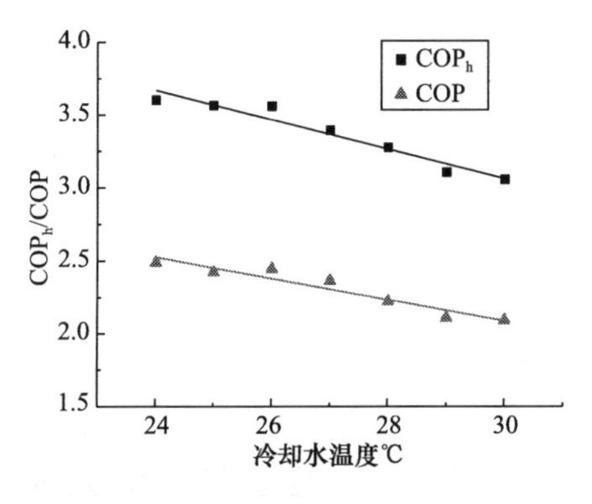


图 13　有回热器时 COP$_h$ 和 COP
随冷却水温度的变化

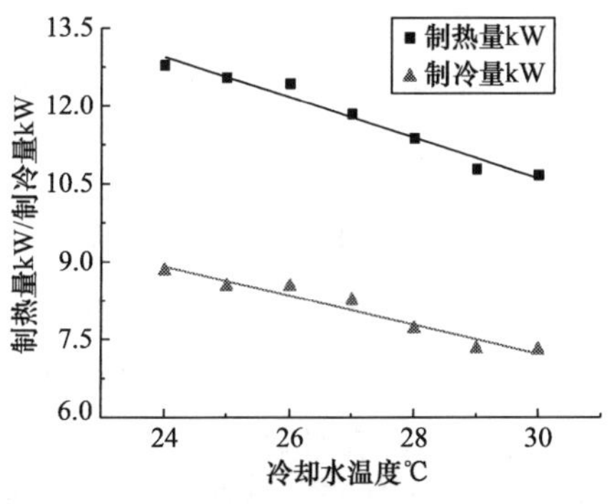


图 14　有回热器时制热量和制冷量
随冷却水温度的变化

## 3.4 改变冷冻水流量的系统性能测试结果

从图 15、图 16 看出，在无回热器的情况下，随着冷冻水流量的增加，系统的制热系数 $COP_h$ 和制冷系数 COP、制热量和制冷量的变化趋势并不明显，制热系数基本在 3.5 上下浮动，而制冷系数呈缓慢上升趋势。从图 17、图 18 可以看出，在有回热器的情况下，随着冷冻水流量的增加，系统的制热系数 $COP_h$、制冷系数 COP、制热量和制冷量均呈缓慢上升的趋势。

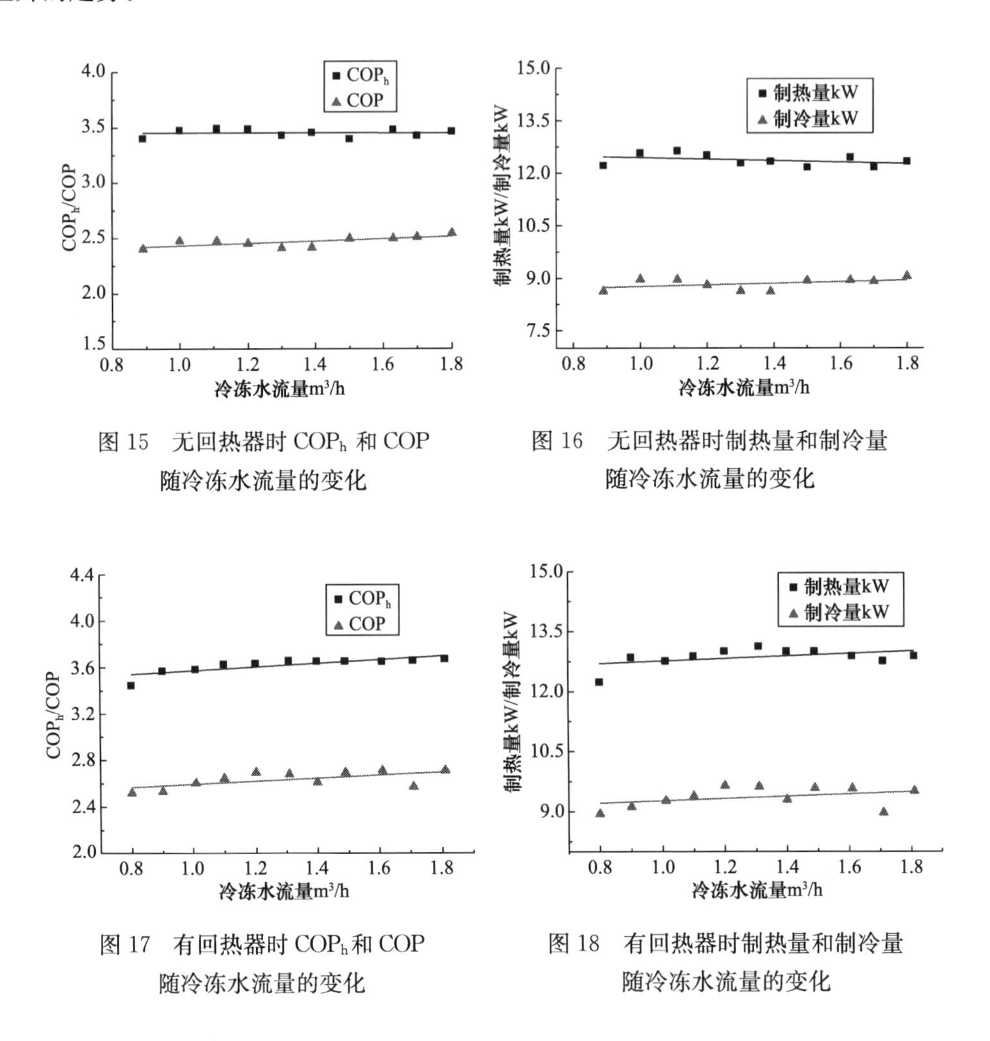


图 15 无回热器时 $COP_h$ 和 COP 随冷冻水流量的变化

图 16 无回热器时制热量和制冷量随冷冻水流量的变化

图 17 有回热器时 $COP_h$ 和 COP 随冷冻水流量的变化

图 18 有回热器时制热量和制冷量随冷冻水流量的变化

## 3.5 改变冷冻水温度的系统性能测试结果

从图 19、图 20 得出，在有回热器的情况下，随着冷冻水温度的上升，制热系数 $COP_h$ 和制冷系数 COP 上升趋势明显，制热量和制冷量也随着冷冻水温度的上升而逐渐升高。

图 21、图 22 显示在没有回热器的情况下，随着冷冻水温度的上升，系统的制热系数 $COP_h$ 和制冷系数 COP 逐渐上升，其中制冷系数 COP 的上升趋势较明显。制热量随着冷冻水温度的上升缓慢增加，制冷量上升趋势明显。

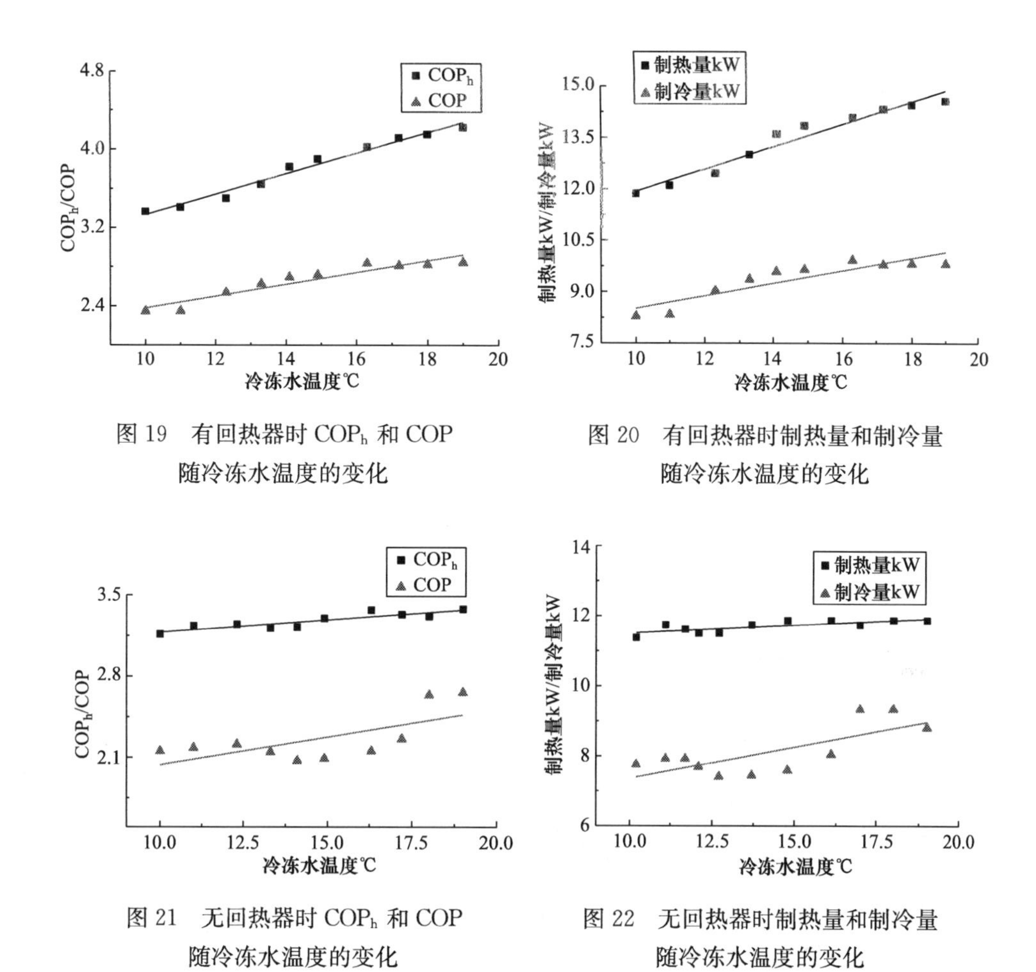


图 19　有回热器时 $COP_h$ 和 COP 随冷冻水温度的变化

图 20　有回热器时制热量和制冷量随冷冻水温度的变化

图 21　无回热器时 $COP_h$ 和 COP 随冷冻水温度的变化

图 22　无回热器时制热量和制冷量随冷冻水温度的变化

## 4　结束语

本文介绍了 $CO_2$ 跨临界水-水热泵系统的实验研究过程，详细说明了实验台的组成，并对系统进行了变工况的实验研究，通过对实验结果的分析可得出以下结论：

（1）在相同的工况下，添加回热器可以提高系统的性能。

（2）随着蒸发温度的升高，系统的制热量、制冷量、制热系数 $COP_h$ 和制冷系数 COP 也随之增加。

（3）随着冷冻水流量的增加，不管系统中是否加入回热器进行回热循环，系统的制热量、制冷量以及制热系数 $COP_h$ 和制冷系数 COP 都没有明显的增加趋势，冷冻水流量的改变对提高系统性能作用不大。

（4）随着冷冻水温度的升高，系统的制冷量和制热量也随之增加，制热系数 $COP_h$ 和制冷系数 COP 也呈上升趋势，在系统中没有回热循环时，系统的制冷系数 COP 上升趋势明显而制热系数 $COP_h$ 上升趋势则比较平缓。在系统中有回热循环时，系统的制冷系数 COP 和制热系数 $COP_h$ 上升趋势都比较显著。

（5）随着冷却水流量的增加，系统的制热量和制冷量也随之增加，并且冷却水流量对系统性能的影响很大，要想制取高温的热水，则要减小冷却水的流量，符合“小流量、大温差”的特点。

（6）随着冷却水温度的升高，系统的换热量降低，导致系统的制热系数 $COP_h$ 和制冷系数 COP 都随之降低。

## 参考文献


[1] Jardeby A，Nordman R，Rolfsman L. Accordance between a mathematical simulation model and test results from a $CO_2$ heat pump testing [C]//10th IIR Gustav Lorentzen conference 2012. The Netherlands.

[2] Jiang Y，Ma Y，Li M，et al. An experimental study of trans-critical $CO_2$ water-water heat pump using compact tube-in-tube heat exchangers [J]. Energy Conversion & Management，2013，76 (12)：92-100.

[3] 杨振江，杨俊兰，马一太，等. $CO_2$ 跨临界水-水热泵系统模拟与试验研究 [J]. 流体机械，2012，06：61-64.

[4] 王凯洋. $CO_2$ 热泵热水器气体冷却器的理论模拟与实验研究 [D]. 天津：天津大学，2011.

[5] 刘忠彦. 二氧化碳跨临界循环热泵系统不同蒸发器的性能分析与试验研究 [D]. 天津：天津大学，2014.

[6] 袁秋霞. 热泵热水机能效标准及 $CO_2$ 跨临界水水热泵的研究 [D]. 天津：天津大学，2012.

[7] Aprea C，Maiorino A. An experimental evaluation of the transcritical$CO_2$ refrigerator performances using an internal heat exchanger [J]. International Journal of Refrigeration，2008 (31)：1008-1011.

[8] Boewe D，Bullard C，Yin J，et al. Contribution of internal heat exchanger to transcritical R744 cycle performance [J]. Int J HVAC&R Res，2001，7 (2)：155-168.

[9] 金东旭，王平，小山繁，等. 回热器对跨临界 $CO_2$ 热泵系统性能的影响 [J]. 西南交通大学学报，2012，47 (4)：634-638.

[10] 王洪利，马一太，姜云涛. $CO_2$ 跨临界单级压缩带回热器与不带回热器循环理论分析与实验研究 [J]. 天津大学学报，2009，49 (2)：137-143.

# 微电网的下垂控制与运行保护

席悦，苏刚，郝浩东

（天津城建大学　控制与机械工程学院，天津市　300380）

**摘　要**：本文分析了微电网在不同国家的发展状况，并在此基础上提出了一种新型的控制策略，在微电网的运行过程中采取P-f和Q-V的多环反馈控制方案，使微电网中分布式电源的输入输出端口所提供的功率保持稳定，同时基于电压和电流的控制器可以帮助系统在运行过程中使最后输出的实际电压能够满足用户的实际需求。这种新式方法比传统的方案拥有更高的控制策略，优势更加显著。

**关键词**：微电网；分布式电源；多环反馈回路；保护措施；MATLAB仿真

## 1　引言

### 1.1　研究意义

微电网是一种非常新颖的供电网络和控制管理新能源的方案[1~8]，可以提供自然资源系统的引入，容易实现各方面的控制，提高当前资源的利用率。虽然它的意思大同小异，但许多国家给出了一个统一标准定义：它是由分布式电源、储存模块、负载和监控、防护装置构成的一套多种操作以及可调的系统，在一些管理装置之间达成一致，可以为多个终端供输电；这种装置的储存量很大，可以连接发送到其他系统中。

### 1.2　微电网的重要意义

中国由于国情需要和外国的发展需求不同，所以不能完全按照外国的方式来应对，但微电网的发展对于我国是不可缺少的一部分。

（1）微电网不仅能够使系统安全稳定的运行，而且还有助于灾后的家园重建；

（2）它对我国不可再生资源的发展做出了巨大的贡献；

（3）减少了不必要的经济损失，提高了电能的利用率；

（4）可以对我国农村地区用电的建设加以完善。

依据微电网的不同作用，需建设不同的类型。表1列出了常见的微电网形式。

**常见的微电网形式**　　**表1**

| 类型 | 公用设施微电网 | | 工业/商业微电网 | | 偏远微电网 |
|---|---|---|---|---|---|
| | 城市电网 | 农村馈线 | 多设施 | 单设施 | |
| 应用 | 闹市区 | 计划孤岛 | 工业园区，大学校园和购物中心 | 商业楼或者居民楼 | 偏远社区和地理公道 |

续表

| 类型 | | 公用设施微电网 | | 工业/商业微电网 | | 偏远微电网 |
|---|---|---|---|---|---|---|
| | | 城市电网 | 农村馈线 | 多设施 | 单设施 | |
| 主要驱动力 | | 停电管理，可再生能源整合 | | 电能质量提高，可靠性和能源效益 | | 偏远地区电气化和燃料消耗的减少 |
| 运行方式：依赖主网（GD）、自治运行（GI）、计划孤岛（IG） | | GD，GI，IG | | GD，GI，IG | | IG |
| 优点 | | 温室气体减少；混合供电；阻塞管理；延迟升级；辅助服务 | | 改善电能质量；服务水平分化；热、电、冷联供；需求侧管理 | | 供电可用度，可再生能源整合；温室气体减少；需求侧管理 |
| 向GI和IG过渡 | 故障 | 故障（临近馈线或者变电站） | | 主网故障，电能质量问题 | | — |
| | 预设 | 维修 | | 能源价格（高峰期），电力系统维修 | | — |

因为它的运行速度快、使用方便，因此越来越受到人们的关注，中国的微电网研究是非常必要和紧迫的！

## 2　微电网综合控制策略

在人们当前的社会生活中，对于分布式电源来说，随着微电网类型的变化，其输出的性能也会有一定的改变。根据其实际的输出情况，如果微电网类型不同，那么选择的控制器应该也会产生变化。在当前社会条件下的微电网中有下列方案：对于气轮机和电池这种类型的分布式电源，这些类型的电源电机的输入功率能够通过对负荷进行调整来实现对应的控制，对于这种情况，可以对分布式电源提供三种控制方法，这三种方法分别是：Droop 控制、PQ 功率控制、V/f 控制。以上所列举的方式都可以对分布式电源进行有效的控制。而对于风和光这两种发电类型来说，假设采用方法一和方法三，那么因为风和光发电的输出功率很容易受到外界环境的干扰，比如说外界的风力等级和光线强度，这会致使这两种类型的发电具有一定的间歇停顿性，在这种情况下，如果要求利用此类方式来调整所需要的发电量，那么就需要相关人员配备可以容纳更多电能的储备电源。如此一来就会花费更大的成本，从经济实用的角度来看并不合适。因此就需要对这类方式的性价比进行考虑，如何在节约成本的基础上还能更好的对此类可再生能源进行充分的利用。通过对上述原因进行考虑分析，方法一和方法三似乎并不太适合此类电源，对此可以对方式二进行考虑。如果采用这种方式，就可以最大程度的对功率进行输出。对于其输出和符合负荷需求这两种特性来说，它们并不稳定，可以说是处于一个不断变化的阶段，根据分布式电源控制方式的特点，本文设计了一种新型的控制策略，那就是其对等控制与主从控制相互配合使用[9~12]。

如图 1 所示，其中的分布式电源都采用的是上述控制方式，经 Dyn11 的方式将其传送到各个网络中，其中各元件的参数如图 1 所示。

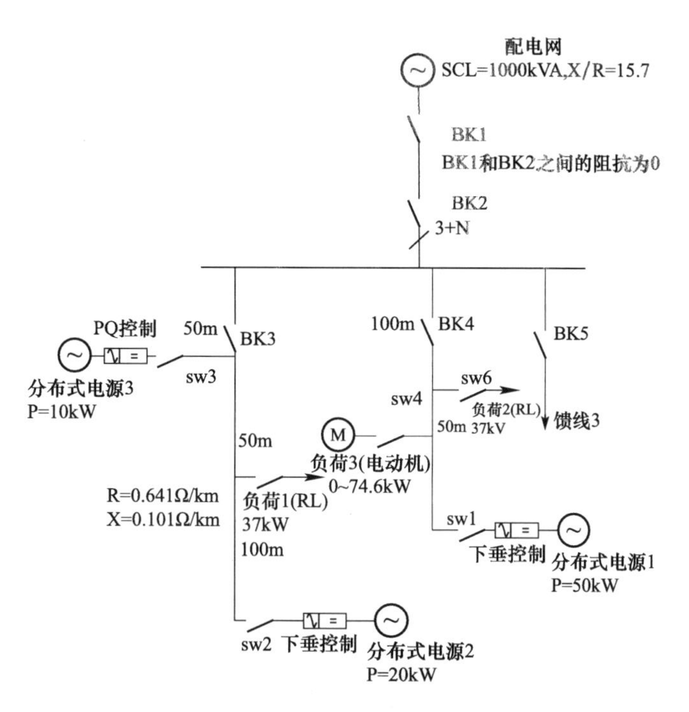


图 1　微电网结构图

## 2.1 逆变器

用于分布式电源的接口逆变器可以分为两种：一种是电压源逆变器，另外一种是电流源逆变器。两者是有区别的：如果选择电压源逆变器，则它的端口输出的可控量是电压；如果使用电流源逆变器，那么电路中的电流是可以进行管理的。电压源逆变器一直是研究的重点，这主要是因为电压源逆变器中储能元件电容与电流源逆变器中储能元件电感相比，储能效率和储能器件体积、价格都具有明显的优势，电压源逆变器应用广泛，但是电流源逆变器在大功率变流领域有特殊的需求。鉴于本文需要的功率最多不超过30kW，因此使用的是价格实惠的电压源逆变器。在实际工程中，端口变压器使用的是PI或者PU，这样使用的主要原因是：当变压器采取中控管理方式以后，在其外部从输出端口看进去，它相当于受控电压源或受控电流源。在微电网中，需要采取P-f和Q-V多环反馈控制分布式电源，在孤岛运行时我们要保证系统电压和频率不能有太大波动，由此必须选取电压源逆变器，这样才可以保证电压的质量。使用这种控制方式时，电压源逆变器实际上是系统的供电核心，使用有功功率和无功功率来对DG进行控制的话电压源逆变器和电流源逆变器都可以作为整体的控制方式，但是使用这种方法其输出则变为了受控电流源。工程中经常使用SPWM调制方法。由6个IGBT结合成的三相电压源逆变器如图2所示。按照最为常规的方法来看，将6个IGBT处理成6个系统的断路器，$V_{ao}$、$V_{bo}$、$V_{co}$为逆变器端口的输出电压，$V_{dc}$为逆变器端口的输入电压，能选取SPWM调制。

SPWM的调节方式如图3所示。

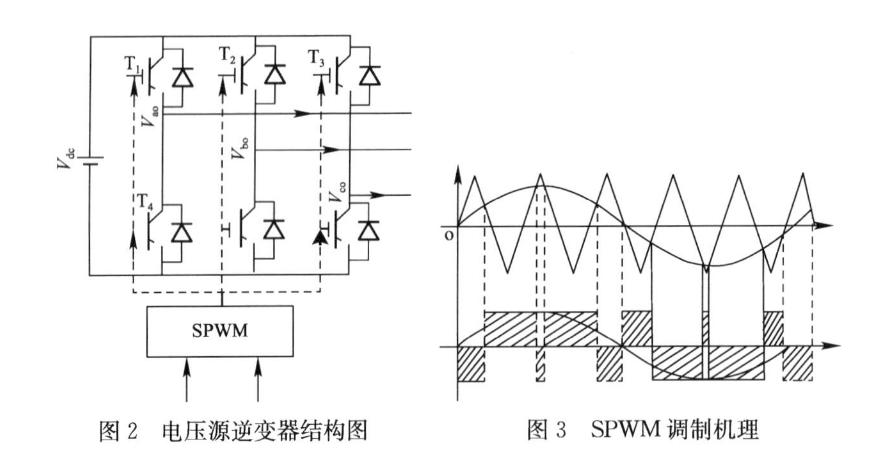


图 2　电压源逆变器结构图　　　图 3　SPWM 调制机理

## 2.2　LC 滤波器的设计

由图 3 可知，由 SPWM 调制的逆变器的输出电压可能在开关频率处产生大量谐波，所以需要设计滤波器来滤掉谐波，实际工程中经常选取 LC 无源滤波器。LC 无源滤波器设计的一般原则如式（1）、（2）所示。

$$10f_n \leqslant f_c \leqslant \frac{f_s}{10} \tag{1}$$

$$f_c = \frac{1}{2\pi\sqrt{L_f C_f}} \tag{2}$$

式中　$f_c$——LC 滤波器谐振的频率；

$f_n$——调制波的频率，即微电网频率；

$f_s$——SPWM 载波信号 $V_b$ 的频率。

由于 LC 滤波器很容易产生振荡，本设计在 LC 滤波器中串入小值的电阻，用来有效抑制振荡，如图 4 所示。图中，滤波器的输出电压 $V_{out}$ 和输入电压 $V_m$ 的传递函数如式（3）所示。

$$\begin{aligned} G(j\omega) &= \frac{V_{out}}{V_m} = \frac{1/j\omega C_f}{j\omega L_f + 1/j\omega C_f + R_f} \\ &= \frac{\omega_0^2}{(j\omega)^2 + j\omega \cdot 2\zeta\omega_0 + \omega_0^2} \end{aligned} \tag{3}$$

因此，本设计依据式（1）～(3) 来确定滤波器的具体数值，还需要确定滤波电感电压变化必须低于整体的 3%。确定了 $L_f = 6\text{mH}$、$R_f = 0.01\Omega$、$C_f = 1500\mu\text{F}$ 的滤波参数。由图 5 可知，选取本文所述的滤波器可以较好地滤除谐波[13]。

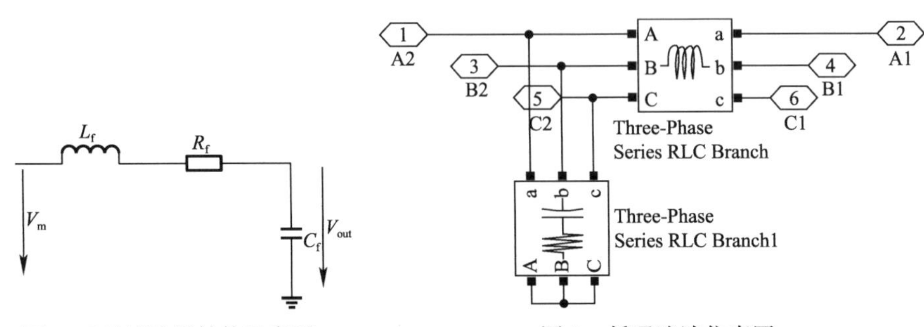


图 4　LC 滤波器结构示意图　　　图 5　低通滤波仿真图

## 2.3 P-f 和 Q-V 多环反馈控制器设计

本节设计了一个在 P-f 和 Q-V 两种下垂时安全可靠的多环反馈控制器。这种控制器不仅在其外部能够使多 DG 稳定的运行，还可以使其内部的输出端口的输出功率更加稳定。此处列举一个简单的例子：如果系统中需要比较大的阻抗时，那么此时电压的传输效率就会变慢，而当系统中的阻抗没那么大时，则电压的波动范围也会随之变缓，同样的，当系统中三相电压不对称时也会影响最终输送的结果。因此非常有必要去设计一个多环反馈控制器来使电压的波动变得更加稳定，使最后的实际输出电压能够与规范中所规定的额定电压一致。不仅如此，系统中加入电流电压双回路反馈这种方案可以有效的使逆变器稳定的输出，这样一来，系统中的有用、无用功率在契合的过程中也会变得更加容易。

如图 6 所示，即为上文设计的控制结构图。通过图 6 可知，该设计方案内部采取的是电流电压双反馈的回路控制器，使其内部的输出端口的输出功率更加稳定。外部是基于 P-f 和 Q-V 的执行方式，通过这种设置，大幅度高效的提升了系统的运行流畅度。

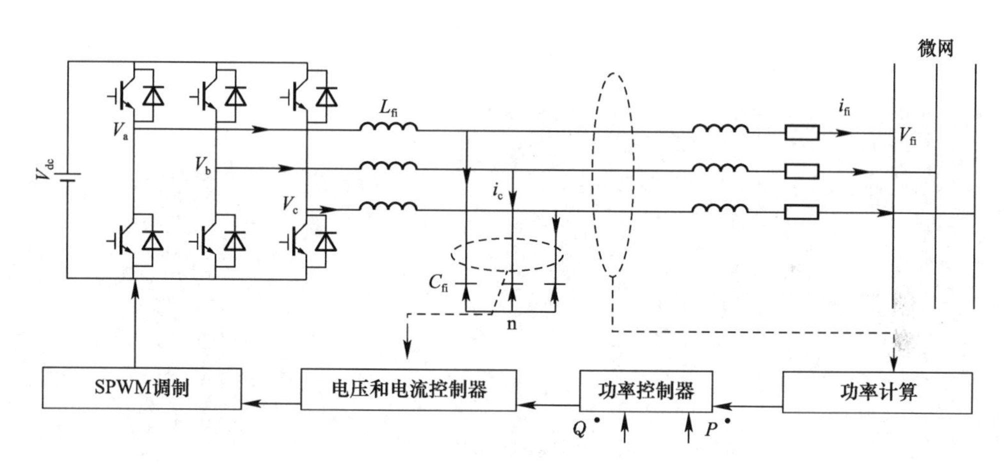

图 6　P-f 和 Q-V 多环反馈结构示意图

图 4 中，如果忽略滤波电阻 $R_f$（值很小），则滤波电感电压方程为

$$L_f \frac{dI_{inv}}{dt} = \frac{1}{2}\tilde{m}V_{dc} - V_o \tag{4}$$

相应的滤波电容的电流方程式为

$$C_f \frac{dV_o}{dt} = I_{inv} - I_f \tag{5}$$

结合式（4）和式（5）以及图 7 所示的结构示意图，分别采用的是电流和电压的控制方式。使用电流控制器可以使系统的负载电压始终保持不变，图中 $K_{vi}$ 为积分环节参考值，$K_{vp}$ 为比例环节参考值。但是若采用电压控制器来维持系统中频率的稳定是难以实现的，因此此处选择加入比例环节来进行管理[14]。

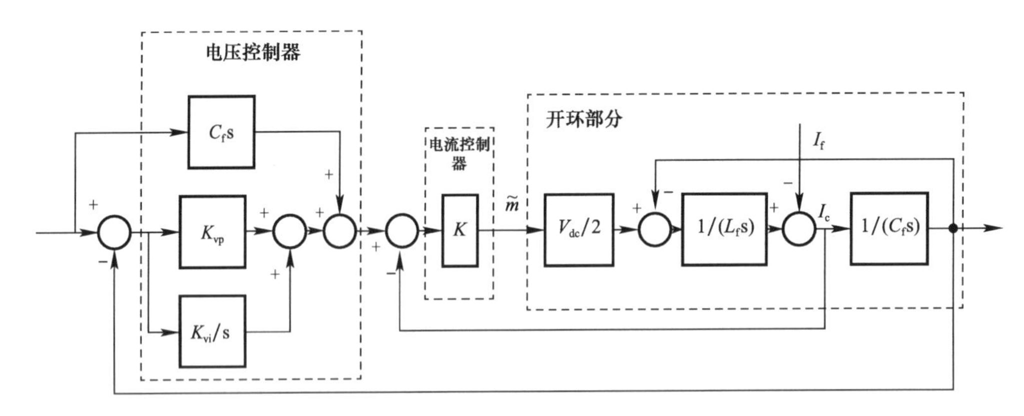


图 7 电压电流环形示意图

## 2.4 MATLAB 仿真

在搭建好 simulink 中的相关工具后，对本文提出的方案进行仿真，可以获得图 8～图 11。

当在仿真 2s 时将有功功率参考值与实际值相比较可知，P-f 和 Q-V 控制策略能够保证突变时依然与参考值相跟随且能够稳定的运行。

图 8 有功功率参考值

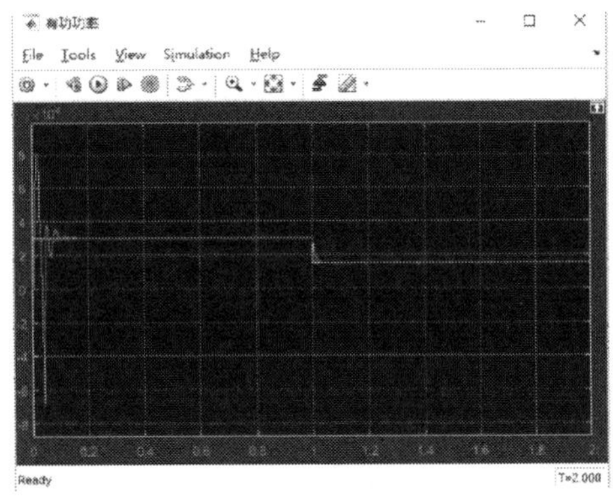


图 9 有功功率实际值

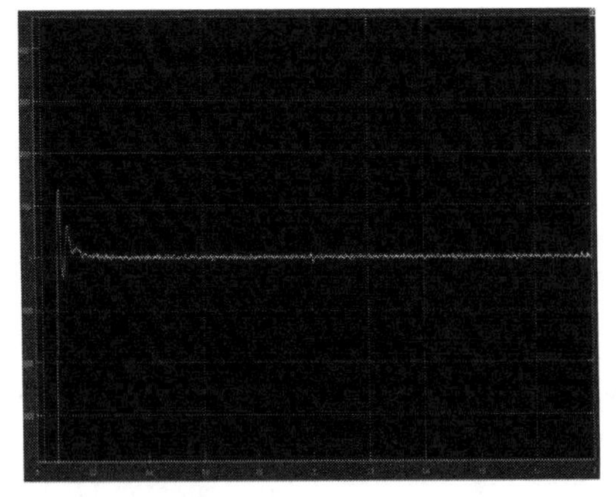

图 10 无功功率参考值

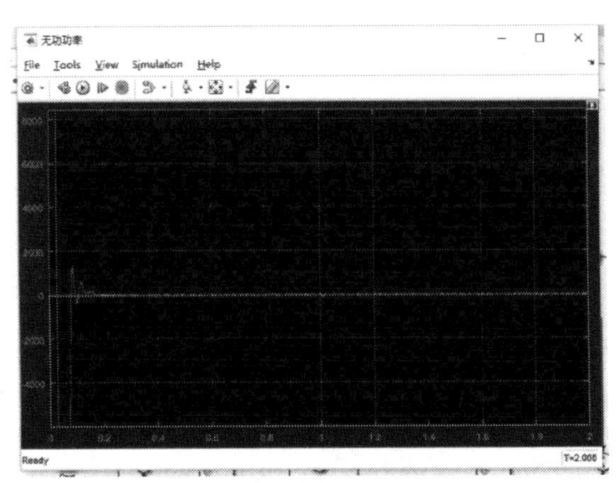


图 11 无功功率实际值

## 3 结束语

因为本文所研究的 DG 输出口均使用的是电力电子的模型，这样可以保证整个系统对于不同情况的适应性，它的反应速度也比其他输出接口要快。除此之外它可以运行于两种模式当中，这样一来便使整个系统更加安全和稳定，不过基于这种方法，整个模型的控制也变得更加复杂。本文除对微电网的控制进行了深刻的讨论还分析了当 DG 在采取 P-f 和 Q-V 下垂控制的方案时其自身频率的稳定性。本文的主要创新点如下：

① 本文重点分析系统在加入了 P-f 和 Q-V 下垂控制之后，应采取怎样的管理方式来使得系统安全可靠地运行。

② 本文根据内部的输入与输出之间的关系，讨论出了一个新颖的可以使微电网与主网稳定恒定的方案。

③ 进行了多种运行条件下其暂态运行特性分析，考虑感应电荷对其系统稳定可靠性的影响还有一些负荷和输出功率的变化。

### 参考文献

[1] 兴胜利. 微电网紧急控制研究. 杭州：浙江大学，2013：7.

[2] 张颖媛. 微网系统的运行优化与能量管理研究. 合肥：合肥工业大学，2011：20.

[3] 肖朝霞. 微网控制及运行特性分析. 天津：天津大学，2010：21-23.

[4] 牛铭，黄伟，郭佳欢，等. 微网并网时的经济运行研究. 电网技术，2010（11)：44-48.

[5] 刘文胜. 基于粒子群算法的微电网优化配置与低碳调度. 广州：广东工业大学，2012：25.

[6] 韩国志. 微电网建模及其运行和控制的仿真. 济南：山东大学，2014：43.

[7] 吴子平. 基于微型燃气轮机发电系统的微网控制与分析. 北京：华北电力大学，2009：34.

[8] 于文涛. 智能微电网关键技术研究. 沈阳：沈阳理工大学，2013：36.

[9] 王鑫. 超级电容器对微电网电能质量影响的研究. 北京：华北电力大学，2010：25.

[10] 周鑫. 基于改进下垂法的光伏微网并网控制策略研究. 银川：宁夏大学，2014：31.

[11] 秦欢. 智能小区微型电网接入系统后对电网规划的影响研究. 保定：华北电力大学，2013：28.

[12] 符杨，蒋一鎏，李振坤. 基于混合量子遗传算法的微电网电源优化配置. 电力系统保护与控制，2013（24)：57-64.

[13] 朱小峰. 基于以太网和 μC/OS-Ⅱ的微电网 WEB 监控系统的研究. 合肥：合肥工业大学，2014：36.

[14] 喻磊. 基于多代理理论的微电网分布式优化控制方法研究. 重庆：重庆大学，2014：21.

# 充气式果蔬冷库送风速度对库内热环境影响的数值模拟研究

徐静，刘泽勤

（天津商业大学机械工程学院，冷冻冷藏技术教育部工程研究中心，

天津市制冷技术重点实验室，天津市制冷技术工程中心，天津市　300134）

**摘　要：** 本文对一种新型充气式果蔬冷库的库内热环境开展数值模拟研究，探索不同送风速度下，该冷库内温度场的分布规律。通过 ANSYS FLUENT 模拟软件的数值模拟计算，发现冷库表面的温度梯度较小，冷库墙体的保温性能较好，满足室内贮存果蔬时的温度要求；送风速度越大，冷空气与果蔬的换热效果越明显，换热效率越高，温度场趋于一致的能力越大，果蔬表面温度越均匀，当送风速度为 3m/s 时，果蔬表面的温差不超过 1℃。论文展示了保温果蔬冷库内部温度场分布的变化规律，给便携式冷库结构优化设计等应用型研究提供了新的思路。

**关键词：** 充气式果蔬冷库；数值模拟；送风速度；热环境

## 1　引言

安全保障果蔬供给一直是重大的民生问题之一。在我国科学技术飞速发展的今天，果蔬保鲜贮藏能力或技术仍然存在着较大的提升空间。据报道，目前我国果蔬冷库的总储藏能力约 1700 万 t[1~2]，而果蔬产量却近 7.8 亿 t，总储藏能力仅相当于果蔬总产量的 2.3%，果蔬采后损失达 20%～30%，直接损失高达 1000 亿人民币，在造成严重经济损失的同时，导致了资源浪费和环境污染。从田间采摘的农产品蕴含大量田间热，及时降温和低温贮藏对于长期保鲜具有重要意义。相比于传统的大中小型冷库，微型冷库更适用于当前的农业生产体制、农村经济和农民文化水平，且微型冷库具有产地化的突出特点[3~5]，所以更有利于保证农产品的精细采收和及时入贮。龚海辉等人总结土建冷库的现状，提出需要根据不同区域、地理环境、投资成本、运行成本等因素决定采用何种模型的冷库形式[6]。

虽然现阶段已有学者报道微型装配式冷库和充气冷库的研究成果，但有关搭建充气冷库的研究成果报道依然少见，本文专为果蔬种植产地设计一种新型便携式充气保温果蔬冷库，可在果蔬收获季节在采集现场对果蔬进行低温保鲜（温度不高于 10℃），该产品除具

作者简介：徐静（1995—），女，硕士，研究方向：人工环境控制，E-mail：xujing_1@126.com，联系方式：18102011648。

通讯作者：刘泽勤（1961—），男，教授，天津，300134，13702082126，E-mail：liuzq@tjcu.edu.cn，研究方向：人工环境控制、暖通制冷。

有果蔬储藏功能外，同时具有可拆卸性强、防火阻燃等特点，可在果蔬丰收季节在田头充气组装冷库作为临时冷库贮藏水果，淡季不需要时便可抽气折叠收起。

## 2 物理模型

本文所采用的物理模型为具有热源的充气式果蔬冷库，用以模拟温度场。支撑结构由高压气柱和保温地板组成，整个冷库具有质量轻、导热系数小、防潮阻燃等特点。经实验测定，所设计的复合保温层结构的导热系数为 0.020W/(m·K)，满足充气保温冷库的性能要求。高压气柱总高度为 2.2m，圆柱圈直径 2.2m，保温冷库总高度 2.4m，内部可用空间约为 6.5m$^3$。冷库墙体由圆柱体和顶部圆锥体构成，圆柱体几何尺寸（半径×高度）为 1.25m×2m，圆锥体尺寸（半径×高度）为 1.25m×0.4m。设置进风口尺寸为 0.5m×0.5m，进风口中心距离底部 0.55m。冷空气由进风口送入冷库，由于冷热空气具有密度差，库内热空气进入风口进行循环。

为进一步研究该产品的保温性能，将果蔬以图 1 所示堆积方式作为热源，该堆码方式的特点是果蔬中间设有通道，冷空气由进风口送入库内时不被果蔬遮挡，提高了送风效率和冷却效率。

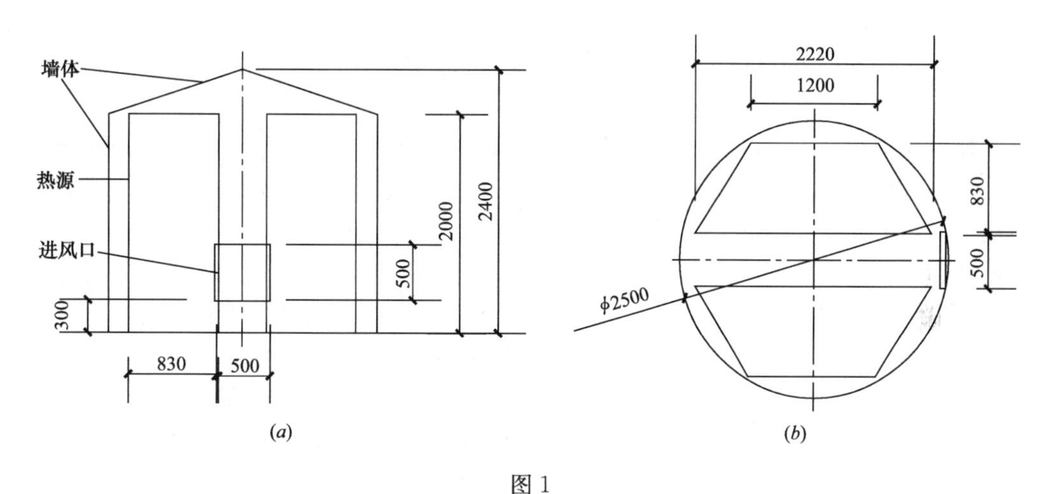


图 1

(a) 充气保温果蔬冷库结构右视图；(b) 冷库结构俯视图及果蔬堆积方式

运用 Gambit 前处理软件建模，对 1∶1 比例冷库模型进行网格划分，网格类型为四面体网格，用非结构化网格划分方法，将冷库进风口部位进行局部加密，网格歪斜度 Skewness 小于 0.8，网格数量为 372630，模型网格划分结果如图 2 所示。

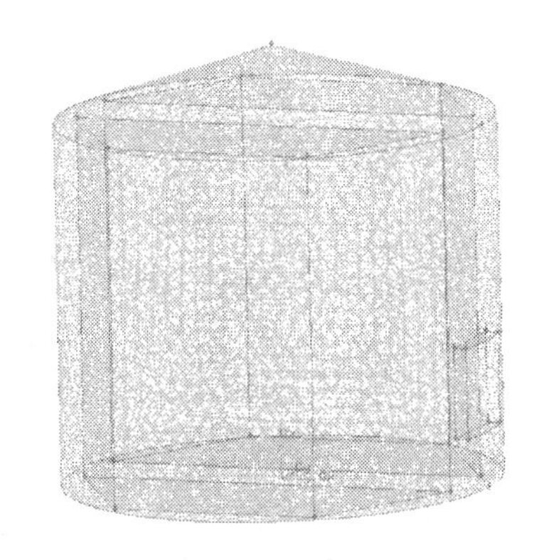

图 2 充气保温果蔬冷库网格模型

## 3 初始和边界条件设置

(1) 墙体条件。考虑实际中冷库墙体受室内热源和外界热环境的综合影响，故将冷库墙体条件设为复合换热条件，环境温度设置为300K。

（2）热源设置。果蔬从户外采集后直接放入冷库，未经过预冷阶段，故热源的温度设置为300K。在本文中，以香蕉为例，根据香蕉的性质为有孔模型设置香蕉的物理参数如表1所示[7]。

（3）入口条件，由于流场为不可压缩流动，故冷库入口设置为速度入口边界条件。

**香蕉物理参数** **表1**

| 密度（$kg/m^3$） | 比热容（J/kg·K） | 导热系数（W/m·℃） | 呼吸热（$W/m^3$） |
|---|---|---|---|
| 800 | 1470 | 0.2 | 6.6 |

为研究冷库温度场特性，本文设置以下工况进行温度场模拟分析（表2）。

**温度场模拟工况设置** **表2**

| 工况 | 送风速度（m/s） | 送风温度（K） |
|---|---|---|
| V1 | 1 | 273 |
| V2 | 2 | 273 |
| V3 | 3 | 273 |

## 4 送风速度变化情况下的冷库温度场分析

由数值模拟结果可以看出冷库竖直方向上的温度分布规律，冷空气由送风口水平进入冷库后，由于果蔬中间留有通道，大部分冷空气从中间通道通过，果蔬与冷空气进行充分的热交换后，其温度能得到迅速降低，且冷库内温度场不超过275K；由于冷热空气具有一定密度差，故冷空气下沉，首先降低冷库底部的温度。由于流体的黏性力，使冷空气到达库壁时发生贴壁附流，再与上浮的热空气进行热交换，降低集中在冷库顶部区域的热空气温度，冷库内部温度场较为均匀，故充气式果蔬冷库具有良好的保温性能。

为进一步研究送风速度对冷库温度场的影响规律，对工况V1、V2、V3进行模拟仿真，图3为三种工况下，X=0纵截面的温度分布云图，图4为果蔬表面温度云图。从图3可以看出，当送风速度为1m/s时（图3*a*），冷库内的温度梯度较大，果蔬表面温度偏高；当送风速度达到2m/s时（图3*b*），冷空气能够充分循环从而能与果蔬进行较好的热交换，

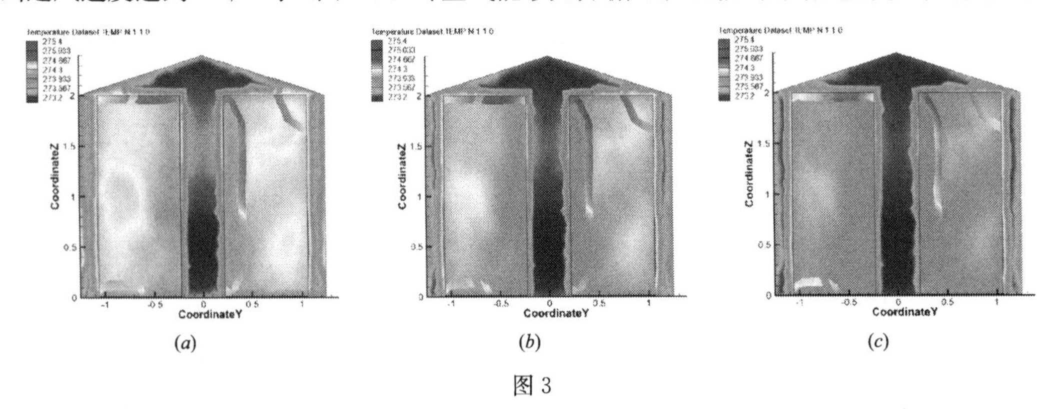


(*a*) (*b*) (*c*)

图3

（*a*）V1：X=0纵截面的温度场；（*b*）V2：X=0纵截面的温度场；（c）V3：X=0纵截面的温度场

果蔬表面的温度分布较均匀；当送风速度为 3m/s 时（图 3*c*），果蔬表面温度均匀分布，且冷库温度不超过 274K。

对比分析图 4*a* 至图 4*c*，发现送风速度越大，冷空气与果蔬的换热效果越明显，换热效率越高，温度场趋于一致的能力越大，果蔬表面温度越均匀，当送风速度为 3m/s 时（图 4*c*），果蔬表面的温差不超过 1℃。

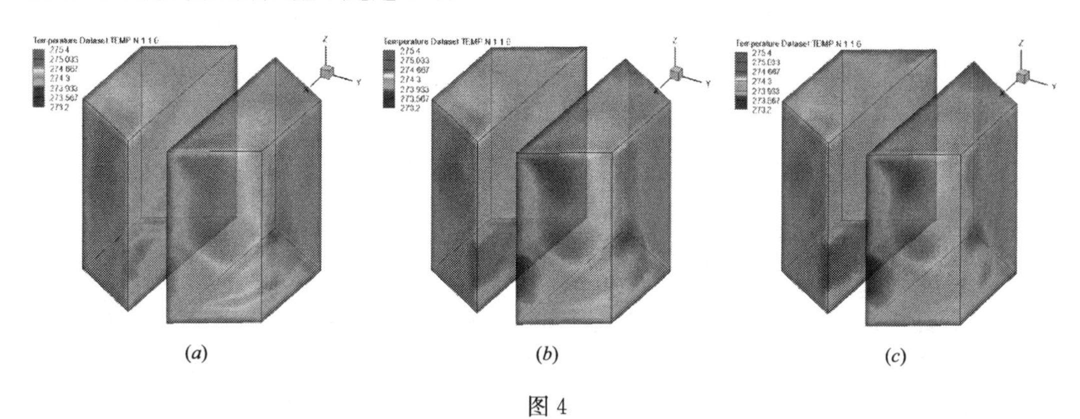

图 4

（*a*）V1：果蔬表面温度场；（*b*）V2：果蔬表面温度场；（*c*）V3：果蔬表面温度场

# 5 结论

本文所研发的充气保温果蔬冷库能满足果蔬贮存所需的温度要求，并具有便携、使用方便的特点，通过对冷库进行不同送风速度下的数值模拟研究得到如下结论：

（1）通过对冷库温度场分析可知，冷库表面温差不超过 1℃，充气式果蔬冷库墙体的保温性能较好，满足室内贮存果蔬时的温度要求。

（2）由探究送风速度对冷库温度场的影响规律可知，送风速度越大，冷空气与果蔬的换热效果越明显，换热效率越高，温度场趋于一致的能力越大，果蔬表面温度越均匀，在 V3 工况下，果蔬温度能迅速降低，冷库内温度场不超过 274K。

值得讨论的是在对充气式果蔬冷库热环境模拟中发现，其温度场还会受到送风温度的影响，应继续进行深入的探究。

## 参考文献

[1] 冯建华，姜桂传．国内外果蔬冷库与保鲜技术的现状和发展趋势 [J]．2010 (9)：49-50.

[2] 李春媛，李志文，朱志强，等．箱式气调保鲜技术在果蔬贮藏中的应用研究进展 [J]．2013 (9)：48-52.

[3] 孙忠宇，程有凯．冷库现状及冷库节能途径 [J]．2007，26 (7)：53-54.

[4] 陈文虹，岳玲，吴丽艳．微型节能冷库蒜薹贮藏保鲜技术 [J]．2004 (6)：60-61.

[5] 舒占涛，张国庆，罗书勤，等．建设机械冷藏库搞好果品蔬菜贮藏保鲜 [J]．2002 (5)：32-33.

[6] 龚海辉，谢晶，张青．冷库结构与保温材料现状 [J]．物流科技，2010，33 (02)：121-123.

[7] 郭嘉明，吕恩利，陆华忠，等．保鲜运输车果蔬堆码方式对温度场影响的值模拟 [J]．农业工程学报，2012 (13)：231-236.

# $TiO_2$@$MoS_2$ 复合纳米阵列在可见光下改善 $TiO_2$ 光催化性能的研究

汪长征，杨枫楠

（北京建筑大学　环境与能源工程学院，北京市　100044）

**摘　要**：光催化已被证明是克服环境与能源问题的可靠和有效的绿色技术。虽然 $TiO_2$ 是光催化反应的常用材料，但由于其宽带隙（3.2eV）仅可吸收仅占总阳光 4%的紫外光，使得 $TiO_2$ 的光催化体系对太阳能的利用效率低。因此对二氧化钛的改性已成为光催化研究的热点，本文通过阳极氧化法和水热法简单组合，成功制备了一种新型的复合纳米材料，使 $MoS_2$ 纳米片生长在高度有序的 $TiO_2$ 纳米管阵列上，这种半导体与 $TiO_2$ 复合可显著增强光催化活性和光电流响应。

**关键词**：纳米阵列；半导体复合；光催化反应

## 1　引言

我国的水资源总量丰富，但人均占有量少。随着我国经济社会的不断发展，对水资源的需求量越来越大，而长期以来人类社会粗放式的发展模式以牺牲环境为代价，造成了对资源与能源的巨大浪费。传统的污水处理工艺存在高能耗、高成本和工艺复杂等问题，更为重要的是，传统的污水处理工艺是以单纯的去除为目的，而污水中蕴含的丰富的化学能则被忽视，因此，发展一种清洁、高效的并能最大程度的回收有用能源的废水资源化技术具有重要的意义。

光催化作为一种高效、经济、环保的技术为环境保护和能量转换提供了巨大的潜力，这种通过太阳能转化生产化学能的方法已被认为是解决全球能源问题的主要策略之一[1~3]。自从 Fujishima 和 Honda[4]在 $TiO_2$ 电极上进行光电化学分解水以来，$TiO_2$ 材料因其化学性质稳定、光激发性能优异等特点一直被认为是最有应用潜力的光催化剂[5,6]。但 $TiO_2$ 光催化剂只有在短波紫外线的照射下才能表现光催化特性，而短波紫外光仅占太阳光的 3%～4%，加之 $TiO_2$ 的电荷复合严重，被吸收的光子只有 30%能够用于光催化反应，导致基于 $TiO_2$ 的光催化体系对太阳能的利用效率低[7,8]。为了解决这些问题，目前已经开展了许多研究将 $TiO_2$ 的光响应扩展到可见光区域。在 $TiO_2$ 的不同晶体结构和形貌中，通过阳极氧化法制备的二氧化钛纳米管阵列（$TiO_2$ nanotube arrays，$TiO_2$ NTAs）由于其较大的比表面积、较强的光催化活性和优异的电子传输性受到了广泛的关注[9~12]。更重要的是 $TiO_2$ NTAs 的管径、长度、管填充密度等结构特征均可以通过改变阳极氧化过程中的反应条件达到轻松控制[13,14]。此外通过与金属/非金属掺杂[15,16]、与窄带隙半导体

作者简介：汪长征（1981—），男，山东，副教授，博士，研究方向：水资源再生利用理论与技术。

杨枫楠（1993—），女，唐山，硕士研究生，研究方向：纳米材料在水处理领域的应用。

耦合[17~19]以及与碳量子点复合[20]均能不同程度地提高 $TiO_2$ 对可见光的响应。

二硫化钼（$MoS_2$）具有类似于石墨烯的层状结构，并且可以剥离成单层或多层纳米片。这种具有高表面积的纳米二维层状材料可以为光催化反应提供更多的活性位点[21~23]。在 $MoS_2$ 层状结构中，Mo 原子夹在两个六角密堆积的硫原子层之间，夹层相邻层通过弱范德华力保持在一起。由于其非凡的物理特性和广泛的应用前景引起了大量学者的研究。例如，Xiang 等人[24]论述了 $MoS_2$ 和石墨烯作为助催化剂的协同作用，以提高 $TiO_2$ 纳米粒子的光催化产 $H_2$ 活性。Zhou 等人[25]表明，$TiO_2$ 纳米带上的几层 $MoS_2$ 纳米片涂层构建的三维分层异质结构具有增强的光催化效率，然而报道的 $TiO_2$@$MoS_2$ 复合材料是经典的粉末组件，难以循环使用或需要粘结剂来制备电极。

在本文中，提出了一种两步阳极氧化方法，用于生长高度有序、表面清洁的 $TiO_2$ NTAs。通过简单的水热法合成 $TiO_2$@$MoS_2$ 复合纳米阵列，与原始 $TiO_2$ NTAs 相比复合材料在可见光范围内具有更快的电荷分离速率和更低的电子-空穴对复合机会，因此表现出优异的光催化活性并提高了光电流响应。

## 2 实验方法

### 2.1 $TiO_2$ 纳米管阵列制备

$TiO_2$ 纳米管阵列是通过两步阳极氧化法制备得到的。在氧化过程之前将高纯钛片分别在去丙酮、乙醇、去离子水溶液中各超声清洗 30min，烘干后在体积比为 1∶4∶5 的氢氟酸、浓硝酸、去离子水的溶液中刻蚀 1min，最后用去丙酮、乙醇、去离子水再一次清洗，烘干后待用。以处理好的钛片为工作电极，铂电极作为对电极组成双电极体系，电解液为含有 0.27wt%的氟化铵和 5vol%去离子水的乙二醇溶液。首先进行一次氧化，调节直流电源的电压为 60V，氧化时间为 3h，之后将钛片取出，置于去离子水中通过超声震荡使其表面的 $TiO_2$ NTAs 剥落，然后在相同的条件下进行二次氧化，氧化时间为 1h。两步完成后，将制备的 $TiO_2$ NTAs 置于马弗炉中在 450℃的空气中以 2℃/min 的速率退火 2h 以形成锐钛矿晶型的 $TiO_2$ NTAs。

### 2.2 $TiO_2$@$MoS_2$ 复合纳米阵列的合成

采用水热法和简单的退火工艺合成了 $TiO_2$@$MoS_2$ 复合纳米阵列。将 30mg 钼酸钠和 60mg 硫代乙酰胺溶于 60mL 去离子水中，剧烈搅拌 1h。随后将溶液和烧好的 $TiO_2$ NTAs 转移到 100mL 特氟龙衬里的不锈钢高压反应釜中，在 200℃下保持 24h。将高压反应釜冷却到室温，将所制备的 $TiO_2$@$MoS_2$ 用去离子水洗涤。室温烘干后置于通有 $N_2$ 保护气的马弗炉中以 2℃/min 的速率退火 3h 以形成 $TiO_2$@$MoS_2$ 复合纳米阵列。

## 3 结果与讨论

图 1*a*～图 1*c* 显示了一步、二步阳极氧化法制备的 $TiO_2$ NTAs、$TiO_2$@$MoS_2$ 的 SEM 图像。在乙二醇溶液中，由于含氟电解质的化学刻蚀在钛片顶部形成高度有序的多孔阵列。与一步阳极氧化法（图 1*a*）制备的 $TiO_2$ NTAs（$TiO_2$ NTAs-1）相比，二步氧化法

（图 1*b*）制得的 $TiO_2$ NTAs（$TiO_2$ NTAs-2）其顶部表面形成具有 50～170nm 孔径的连续纳米多孔结构的薄层，有利于表面 $MoS_2$ 的附着。此外，通过循环伏安曲线（图 2）评估一步、二步阳极氧化法制备的电极材料的电化学活性，可以看出在－0.9～0.5V 的范围内 $TiO_2$ NTAs-2 的光电流响应比较明显。此外，循环伏安曲线的有效面积越大，表明材料表面通过的电荷量越大，表明 $TiO_2$ NTAs-2 的导电性更强。在水热法合成的过程中，大量 $MoS_2$ 纳米片生长在 $TiO_2$ NTAs-2 表面，卷曲的纳米片结构增加了光催化过程中的反应活性位点。

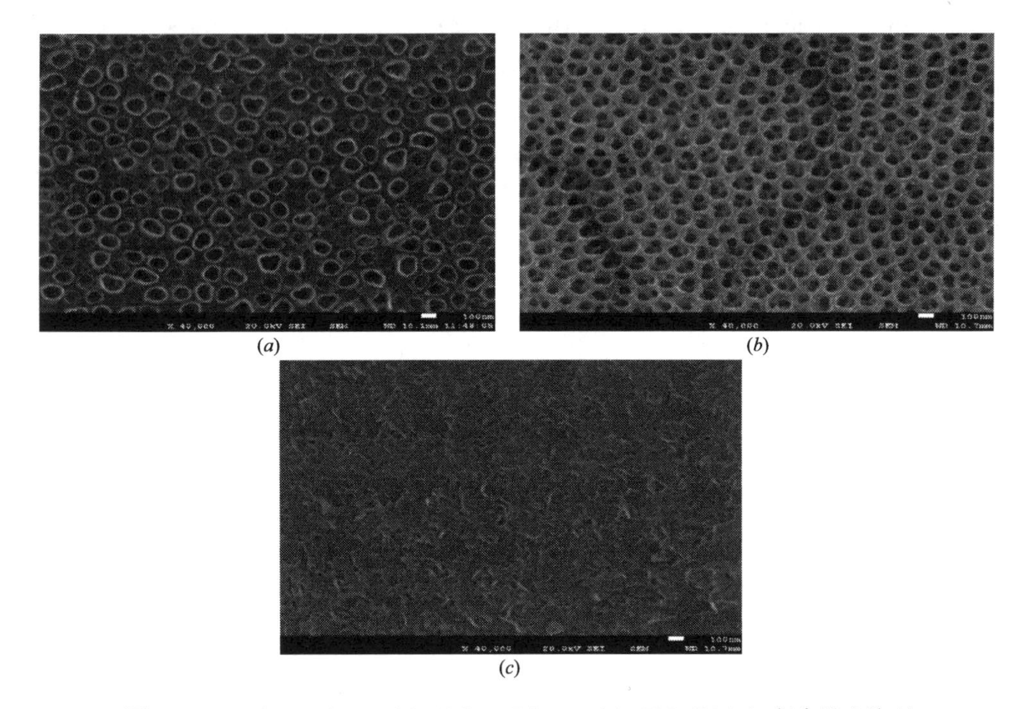

图 1 （*a*）$TiO_2$ NTAs-1、（*b*）$TiO_2$ NTAs-2、（*c*）$TiO_2$@$MoS_2$ 复合纳米阵列

图 3 显示了 $TiO_2$ NTAs-2、$TiO_2$@$MoS_2$ 复合纳米阵列的 X 射线衍射（XRD）图。从 XRD 图谱中可以看出 $TiO_2$@$MoS_2$ 复合纳米阵列中 $TiO_2$ 的晶型并没有发生明显变化，属于锐钛矿相结构。以 25.3°为中心的主峰归属于锐钛矿相 $TiO_2$ 结构的（101）面[26]。位于 14.2°和 33°处的峰可以被指引到六方相 $MoS_2$ 中的（002）与（100）平面。

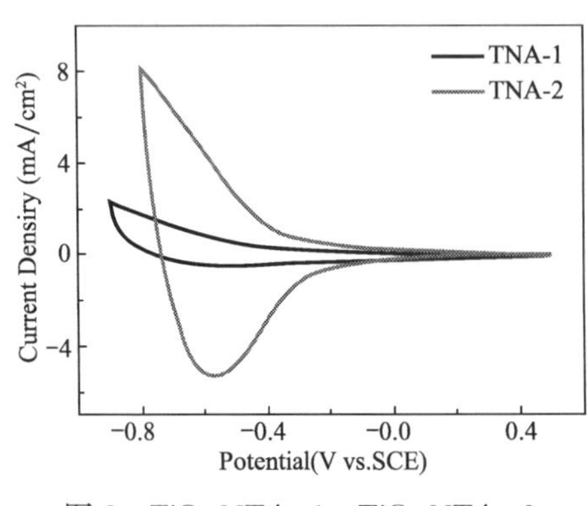


图 2 $TiO_2$ NTAs-1、$TiO_2$ NTAs-2 的循环伏安对比图

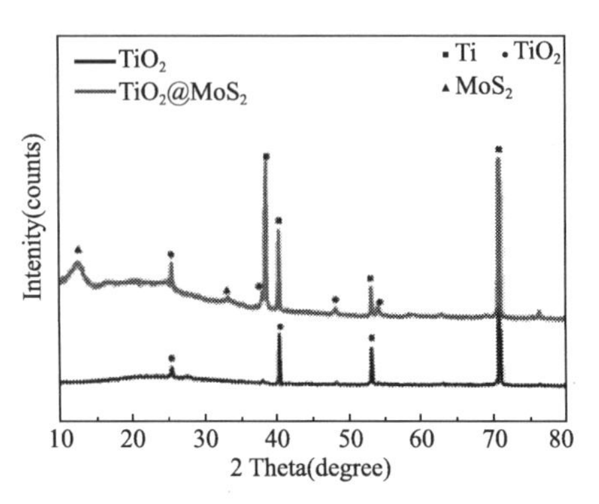


图 3 $TiO_2$ NTAs-2、$TiO_2$@$MoS_2$ 复合纳米阵列的 XRD 图谱

为了进一步确定复合材料中的化学成分和元素状态，对样品进行了 X 射线光电子能谱分析（XPS）检测。图 4*a*、图 4*b* 中可以观察到 Ti 和 O 的三个特征峰 Ti $p_{1/2}$、Ti $p_{3/2}$ 和 O1s 处的轨道结合能分别为 464.6eV、459eV 和 530.7eV。在图 4a 两峰之间观察到的 5.6eV 的自旋分离能表明在 $TiO_2$@$MoS_2$ 复合纳米阵列中的 $Ti^{4+}$ 的正常化学状态。图 4*c* 中 Mo $3d_{3/2}$ 和 Mo $3d_{5/2}$ 的轨道结合能分别为 229.7eV 和 232.9eV，两峰之间观察到的 3.2eV 的自旋分离能表明在 $TiO_2$@$MoS_2$ 复合材料中存在 $Mo^{4+}$[28]。图 4*d* 中 $TiO_2$@$MoS_2$ 复合纳米阵列中 S 2p 的高分辨率光谱表明在 163.7eV 和 162.5eV 处有两个主峰，分别对应于 S $2p_{1/2}$ 和 S $2p_{3/2}$ 自旋轨道，分离能为 1.2eV，与纯 $MoS_2$ 相比，拟合的峰被转移到更负的结合能，这表明 $MoS_2$ 和 $TiO_2$ 之间的电子相互作用。

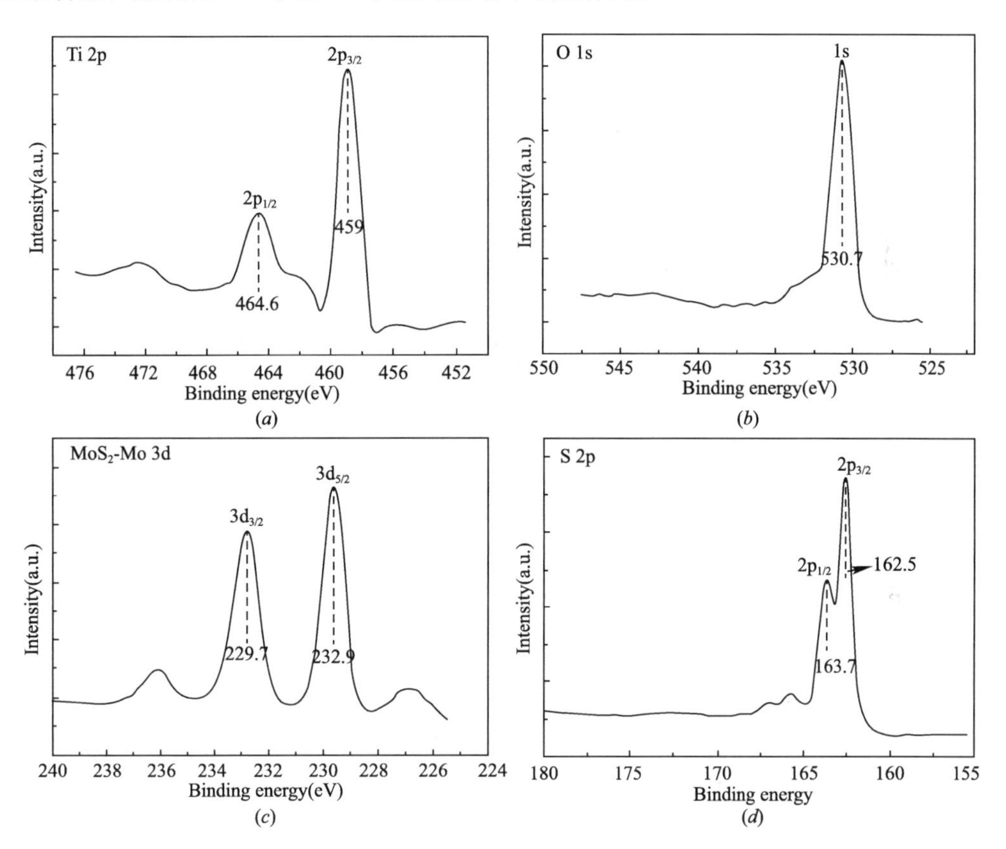


图 4　$TiO_2$@$MoS_2$ 复合纳米阵列 XPS 图像：(*a*) Ti 2p；(*b*) O 1s；(*c*) $MoS_2$-Mo 3d；(*d*) S 2p

以 $Na_2SO_4$ 为电解液，饱和甘汞电极为参比电极，Pt 电极为对电极分别以两种电极材料作为工作电极组成三电极体系进行电化学测量。图 5*a* 为 $TiO_2$@$MoS_2$ 黑暗条件下与可见光照射下的线性伏安扫描曲线。$TiO_2$@$MoS_2$ 复合纳米阵列的最大光电流密度≈0.78mA/$cm^2$ 是黑暗条件下（≈0.26mA/$cm^2$）的三倍。图 5*b* 为两种材料在可见光照射下的线性伏安扫描曲线，$TiO_2$@$MoS_2$ 复合纳米阵列的最大光电流密度是 $TiO_2$ NTAs-2 的最大光电流密度（≈0.13mA/$cm^2$）的 6 倍。这表明 $MoS_2$ 与 $TiO_2$ 之间形成异质结构可迅速捕获电子，降低电子-空穴的再结合速率，从而提高电子-空穴的稳定性。

图 5*c* 所示为在几个光开/关循环内，$TiO_2$ NTAs-2、$TiO_2$@$MoS_2$ 复合纳米阵列的电流-

时间特性。可以看出，$TiO_2$@$MoS_2$ 复合纳米阵列具有良好的光开关性能，响应速度快。$TiO_2$@$MoS_2$ 复合纳米阵列的光电流密度为 0.53mA/cm$^2$，远高于 $TiO_2$ NTAs-2（≈0.09mA/cm$^2$），证明了 $TiO_2$ 和 $MoS_2$ 之间异质界面的形成有利于电荷转移和增强光催化活性。

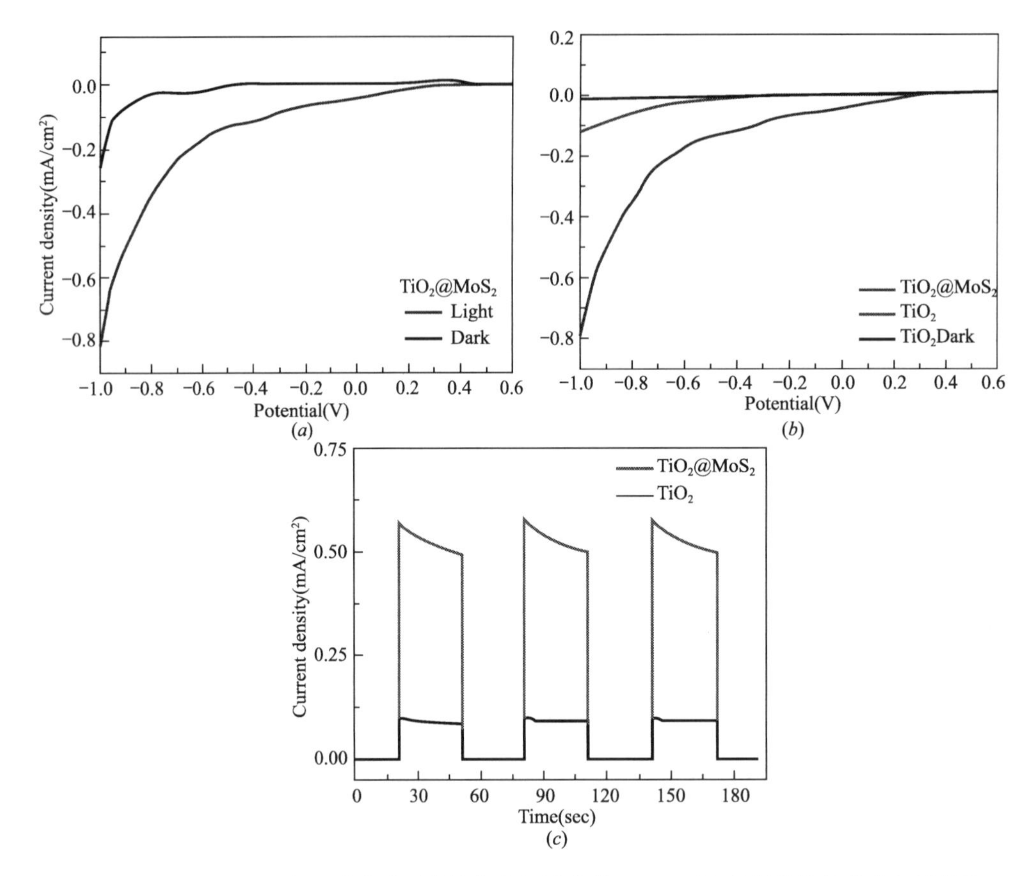


图 5 （*a*）$TiO_2$@$MoS_2$ 复合纳米阵列线性伏安扫描曲线；（*b*）两种材料的线性伏安扫描曲线；（*c*）两种材料在−0.6V 的偏置电压下每 30s 光开/关的电流-时间特性

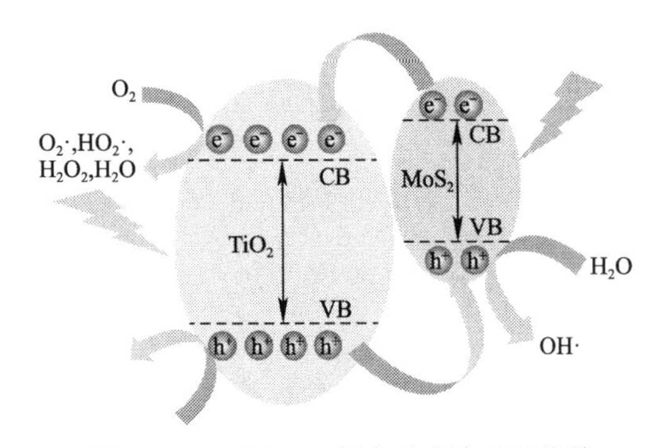


图 6 $TiO_2$@$MoS_2$ 复合纳米阵列的能带结构和电子-空穴分离示意图

当 $MoS_2$ 与 $TiO_2$ 结合时光激发过程如图 6 所示。由于 $TiO_2$ 的导带位置低于 $MoS_2$，所以电子由 $MoS_2$ 跃迁到 $TiO_2$ 的导带，光生空穴向与电子运动的方向相反。迁移到 $TiO_2$ 导带的电子可与 $O_2$ 反应产生超氧自由基（$O_2$ ·-）和过氧化氢（$H_2O_2$），过氧化氢（$H_2O_2$）进而生成强有力的氧化剂（羟基自由基·OH）来分解有机污染物。同时在 $MoS_2$ 价带中积累的空穴参与了氧化过程，使得 OH-或 $H_2O$ 能够产生反应生成羟基自由基[27]。这是使电荷载体分离更有效的过程，这是决定光催化活性的最重要因素之一。

通过两步阳极氧化法和简单的水热法成功制备了 $TiO_2$@$MoS_2$ 复合纳米阵列。根据研究结果，光电极上的 $MoS_2$ 纳米片可以提高 $TiO_2$ 在可见光区域的利用率。这种简便且低

成本的方法提高了 $TiO_2$ 与多种功能性半导体纳米结构复合的灵活性，因此将极大地促进双半导体材料体系的研究和优化，并且可应用于光催化剂和其他光伏器件的应用。

## 参考文献


[1] Nan Z, Yang M Q, Liu S, et al. Waltzing with the Versatile Platform of Graphene to Synthesize CompositePhotocatalysts [J]. Chemical Reviews, 2015, 115 (18): 10307-10377.

[2] Paracchino A, Laporte V, Sivula K, et al. Highly active oxide photocathode for photoelectrochemical water reduction [J]. Nature Materials, 2011, 10 (6): 456-461.

[3] Labiadh H, Chaabane T B, Balan L, et al. Preparation of Cu-doped ZnS QDs/$TiO_2$, nanocomposites with high photocatalytic activity [J]. Applied Catalysis B Environmental, 2014, 144 (2): 29-35.

[4] Tooru Inoue, Akira Fujishima, Satoshi Konishi, et al. Photoelectrocatalytic reduction of carbon dioxide in aqueous suspensions of semiconductor powders [J]. Nature, 1979, 277 (5698): 637-638.

[5] Linsebigler A L, Lu G, Yates Jr J T. Photocatalysis on $TiO_2$ surfaces: principles, mechanisms, and selected results [J]. Chemical reviews, 1995, 95 (3): 735-758.

[6] Liu S, Yu J, Jaroniec M. Anatase $TiO_2$ with dominant high-energy {001} facets: synthesis, properties, and applications [J]. Chemistry of Materials, 2011, 23 (18): 4085-4093.

[7] Chithambararaj A, Sanjini N S, Velmathi S, et al. Preparation of h-$MoO_3$ and α-$MoO_3$ nanocrystals: comparative study on photocatalytic degradation of methylene blue under visible light irradiation [J]. Physical Chemistry Chemical Physics, 2013, 15 (35): 14761-14769.

[8] Qurashi A, Hossain M F, Faiz M, et al. Fabrication of well-aligned and dumbbell-shaped hexagonal ZnO nanorod arrays and their dye sensitized solar cell applications [J]. Journal of Alloys & Compounds, 2010, 503 (2): L40-L43.

[9] Hamedani H A, Allam N K, El-Sayed M A, et al. Nanotubes: An Experimental Insight into the Structural and Electronic Characteristics of Strontium-Doped Titanium Dioxide Nanotube Arrays (Adv. Funct. Mater. 43/2014) [J]. Advanced Functional Materials, 2015, 24 (43): 6782-6782.

[10] Shaislamov U, Yang B L. CdS-sensitized single-crystalline $TiO_2$ nanorods and polycrystalline nanotubes for solar hydrogen generation [J]. Journal of Materials Research, 2013, 28 (3): 418-423.

[11] Lee K, Mazare A, Schmuki P. One-dimensional titanium dioxide nanomaterials: nanotubes [J]. Chemical Reviews, 2014, 114 (19): 9385-9454.

[12] Wang D, Liu Y, Wang C, et al. Highly flexible coaxialnanohybrids made from porous $TiO_2$ nanotubes [J]. ACS nano, 2009, 3 (5): 1249-1257.

[13] Wang D, Liu Y, Yu B, et al. $TiO_2$ nanotubes with tunable morphology, diameter, and length: synthesis and photo-electrical/catalytic performance [J]. Chemistry of Materials, 2009, 21 (7): 1198-1206.

[14] Lei Y, Zhao G, Liu M, et al. Fabrication, Characterization and Photoelectrocatalytic Application of ZnO Nanorods Grafted on Vertically Aligned $TiO_2$ Nanotubes [J]. Journal of Physical Chemistry C, 2009, 113 (44): 19067-19076.

[15] Xu Z, Yin M, Sun J, et al. 3D periodic multiscale $TiO_2$ architecture: a platform decorated with graphene quantum dots for enhanced photoelectrochemical water splitting [J]. Nanotechnology, 2016, 27 (11): 115401.

[16] Zhang Q, Xu H, Yan W. Fabrication of a composite electrode: CdS decorated Sb-$SnO_2$/$TiO_2$-NTs for efficient photoelectrochemical reactivity [J]. Electrochimica Acta, 2012, 61: 64-72.

[17] Rehman S, Ullah R, Butt A M, et al. Strategies of making $TiO_2$ and ZnO visible light active [J]. Journal of hazardous materials, 2009, 170 (2-3): 560-569.
[18] Naldoni A, Allieta M, Santangelo S, et al. Effect of nature and location of defects on bandgap narrowing in black $TiO_2$ nanoparticles [J]. Journal of the American Chemical Society, 2012, 134 (18): 7600-7603.
[19] Wu L, Jimmy C Y, Fu X. Characterization andphotocatalytic mechanism of nanosized CdS coupled $TiO_2$ nanocrystals under visible light irradiation [J]. Journal of Molecular Catalysis A: Chemical, 2006, 244 (1-2): 25-32.
[20] Zhu Z, Ma J, Wang Z, et al. Efficiency enhancement of perovskite solar cells through fast electron extraction: the role of graphene quantumdots [J]. Journal of the American Chemical Society, 2014, 136 (10): 3760-3763.
[21] Pi Y, Li Z, Xu D, et al. 1T-Phase $MoS_2$ Nanosheets on $TiO_2$ Nanorod Arrays: 3D Photoanode with Extraordinary Catalytic Performance [J]. ACS Sustainable Chemistry & Engineering, 2017, 5 (6): 5175-5182.
[22] Zheng L, Han S, Liu H, et al. Hierarchical $MoS_2$ nanosheet@ $TiO_2$ nanotube array composites with enhanced photocatalytic and photocurrent performances [J]. Small, 2016, 12 (11): 1527-1536.
[23] Zhang X, Shao C, Li X, et al. 3D $MoS_2$ nanosheet/$TiO_2$ nanofiber heterostructures with enhanced photocatalytic activity under UV irradiation [J]. Journal of Alloys and Compounds, 2016, 686: 137-144.
[24] Xiang Q, Yu J, Jaroniec M. Synergetic effect of $MoS_2$ and graphene as cocatalysts for enhanced photocatalytic $H_2$ production activity of $TiO_2$ nanoparticles [J]. Journal of the American Chemical Society, 2012, 134 (15): 6575-6578.
[25] Zhou W, Yin Z, Du Y, et al. Synthesis of few-layer $MoS_2$ nanosheet-coated $TiO_2$ nanobelt heterostructures for enhanced photocatalytic activities [J]. Small, 2013, 9 (1): 140-147.
[26] Kim C W, Suh S P, Choi M J, et al. Fabrication of $SrTiO_3$-$TiO_2$ heterojunction photoanode with enlarged pore diameter for dye-sensitized solar cells [J]. Journal of Materials Chemistry A, 2013, 1 (38): 11820-11827.
[27] Liu R, Ye H, Xiong X, et al. Fabrication of $TiO_2$/ZnO composite nanofibers by electrospinning and their photocatalytic property [J]. Materials Chemistry and Physics, 2010, 121 (3): 432-439.
[28] Liu C, Wang L, Tang Y, et al. Vertical single or few-layer $MoS_2$, nanosheets rooting into $Ti_2$, nanofibers for highly efficient photocatalytic hydrogen evolution [J]. Applied Catalysis B Environmental, 2015, 164: 1-9.

# 建筑室内综合环境评价的权重确定方法

赵阳，王千元
（河北工程大学　能源与环境工程学院，河北省邯郸市　056038）

**摘　要**：评价建筑室内综合环境可以了解室内环境状态，并且对改进室内环境有帮助。本文将影响建筑室内环境的因素分为三个层次，利用主成分分析法对第三层次因素进行相关性、重叠性分析，利用层次分析法对每一层次的因子进行权重分配，所得权重可在模糊综合评价方法中直接使用，该算法保证了模型的完整性、合理性和可行性，并使用 NMSE 对模型进行精度量化。
**关键词**：建筑环境；主观评价；客观评价；主成分分析法；层次分析法；权重分配；NMSE

时代的迅猛发展使得现代建筑被赋予了更多的使命和生命，不仅要完成建筑本身的功能，还要具有健康、舒适、美观的室内环境，室内环境对人们的生活质量和工作效率具有很大的影响，因此对建筑环境的认识和评价就有重要意义。

建筑环境评价实际上就是按照一定的标准和方法对建筑环境质量给予定性和定量的说明和描述，也可以进一步反映出建筑环境现状与人们理想环境目标之间的关系，改善和保护人居环境及自然环境，使其更符合人们生活和工作的要求[1]。建筑室内环境评价应涉及室内功能区划分与设计、热湿环境、室内空气品质、陈设物品及用具的设置、声环境、光环境、电磁环境、文化内涵、色彩搭配和材料质感等因素，所以室内环境评价是对一个众多因素构成的复杂系统进行综合评价的过程[2]。借鉴国内外建筑环境评价理论，使用层次分析法和主成分分析法确定建筑室内环境的权重，从客观评价和主观评价两个方面研究民用建筑环境综合评价指标，并提出其权重确定方法，采用归一化均方误差来表征评价模型的计算精度，可依据该评价方法和权重进行建筑室内综合环境评价。

## 1　建筑环境评价方法及标准

### 1.1　建筑环境评价方法

室内环境的评价存在着明显的模糊性和不确定性，为此吴硕贤、陈向荣提出了以层次结构评价因子模型为基础，利用多元统计分析法、层次分析法求权重；刘书贤提出以模糊

作者简介：赵阳（1992—），男，陕西咸阳，硕士研究生，研究方向为建筑环境控制与可持续能源利用，E-mail：zy_18700198554@foxmail. com。

数学为理论的模糊评价方法；朱小雷以李克特量表的方式建立室内舒适度评价指数法等多种方法对建筑环境进行合理的有效评价；此外，张甫仁还基于物元模型和可拓集合理论评价室内空气品质，并利用灰色聚类白化函数改进雷达图理论形成的评价方法，根据灰色关联矩阵提供的丰富信息对室内空气品质进行综合评价[3~8]，此外还有神经网络算法、投影寻踪聚类法、空气质量综合指数法、熵权理论、模拟退火算法优化幂函数加和型指数法、物元分析法引入模糊数学的综合评判法，文献9对现有评价方法做了综述和比较，并介绍了李德毅的云模型评价方法，权重的确定方法常用主成分分析法、层次分析法等。以上各种方法各自有其特点，如灰色评价方法计算过程简单方便，能充分利用获得的信息，其结果直观可靠；可拓理论能给出待评对象的定性和定量评价结果，能全面、直观地反映出室内环境的综合水平，而且能明确待评室内环境状况需要改进的指标。在对建筑环境进行综合评价时要尽量保证其客观性和有效性，同时还要遵循环境性能评价方法制定的原则，使得环境性能评价体系或标准具有科学性、时间性、相对性、现实性和地区差异性等特征[10]。

### 1.2 建筑环境评价标准

建筑环境评价标准为建筑环境评价的依据，但目前我国尚未制定明确的全面的建筑环境评价标准，只是考虑到我国不同地域气候差异明显的特点及人员的行为和生理调节等热适应性，制定了建筑室内热湿环境参数的分区域、分等级的评价标准。《民用建筑室内热湿环境评价标准》[11]介绍了民用建筑室内热湿环境的等级划分及评价方法、基本参数的测量条件及测点要求等主要技术内容。

生活水平的提高使人们对室内空气品质的关心程度也不断攀升，2003年3月适合我国国情的《室内空气质量标准》正式实施，以此从源头上控制污染物的散发，改善室内空气质量。同年《室内装饰装修材料有害物质限量》和《民用建筑工程室内环境污染控制规范》与室内空气品质相关的标准也开始实施，要求建筑物工程验收时室内污染物浓度要满足规范的要求。

## 2 建筑环境评价

建筑室内环境评价方案的影响因素使用层次分析法和主成分分析法确定建筑室内环境的权重，在第一层次和第二层次使用层次分析法确定权重，载荷绝对值越大的评价指标对评价结果越重要；第三层次使用主成分分析法，可以筛选并删除对评价结果影响较小的影响因子，简化评价模型的计算结构，模型的评价体系[12]和层次划分见表1。

### 2.1 建筑室内环境客观评价

客观评价[13]主要是依据可量化的指标与相关标准进行对照得到结论，可采用建筑环境易被检测到的评价因素的水平与国标规定的或行业常用参数的限值相比较的综合指数法[14]，如式（1）：

$$R=\sqrt{\max\left\{\frac{C_1}{D_1},\frac{C_2}{D_2},\cdots,\frac{C_i}{D_i}\right\}\cdot\left(\frac{1}{n}\sum_{i=1}^{n}\frac{C_i}{D_i}\right)} \tag{1}$$

式中：$C_i$ 为某因素的观测值；$D_i$ 为某因素的标准值；$R$ 为无量纲量，$R$ 值越大，其测量结果越偏离标准状态或理想状态。

（1）室内热湿环境及热舒适

在热舒适环境中，影响人体热舒适的主要因素是室内空气的温度和相对湿度、人体附近的空气流速、围护结构内表面及其他物体表面的温度。室内照明、人员和设备的散热散湿以及室外气象参数等内外扰量，通过对流、辐射和蒸发等换热形式与人体周围的空气进行热湿交换，进而影响人体热舒适感[15]。对热环境评价时需测量室内空气温度、相对湿度、空气流速，并用黑球温度仪测量室内热辐射黑球温度。

**建筑室内环境影响因素层次对照表**　　**表 1**

| 结论 | 第一层次 | 第二层次指标 | 第三层次因素 |
|---|---|---|---|
| 建筑室内综合环境评价 | 客观 | 热环境 | 室内对流温度 |
| | | | 室内相对湿度 |
| | | | 室内空气平均流速 |
| | | | 室内热辐射黑球温度 |
| | | 光环境 | 自然光照度（无灯及荧光屏幕） |
| | | | 人工光照度 |
| | | | 镜面/漫反射壁面照度 |
| | | 声环境 | 室外综合噪声 |
| | | | 室内噪声（非交谈） |
| | | | 室内综合噪声 |
| | | 电磁环境 | 电气电离辐射强度 |
| | | | 放射性气体 |
| | | | 放射性材料 |
| | | 空气品质 | 粉尘浓度 |
| | | | 氧气浓度 |
| | | | 碳氧化物浓度 |
| | | | VOCs 浓度 |
| | | | 甲醛浓度 |
| | | 生物环境 | 宠物密度 |
| | | | 蚊虫密度 |
| | | | 微生物浓度 |
| | 主观 | 艺术与人文环境 | 房间功能区划分适应性 |
| | | | 房间朝向合理性 |
| | | | 气味 |
| | | | 室内装饰的文化内涵 |
| | | | 装饰材料的质感和舒适度 |
| | | | 环境色彩融合性 |

（2）室内光环境和声环境

室内适当的照度和亮度、光源的分布和属性、光色、有效防眩等是舒适光环境的基本要素。室内照明电压的稳定性能、照明用具的质量等也会影响人们的视觉环境。测试可使用数字式照度计，测量时应取室内多个水平面的照度平均值。

声环境的影响因素常为室外交通运输噪声、工业机械噪声、建筑施工噪声、社会活动和公共场所的噪声等以及楼宇设备、室内设备、人员活动综合作用形成建筑环境声污染[16]。可使用噪声统计分析仪，按声学环境噪声测量方法的规定测量位置设在距墙面或其他反射面 1.2m、距地面 1.5m、距窗 1.5m 处。

(3) 室内空气品质

良好的室内空气品质有助于人体的健康、提高工作效率和舒适感，影响室内空气品质的主要因素是室内空气污染物[17]，其来源包括室内燃料燃烧、纺织品的纤维绒毛、吸烟产生的烟尘及有害气体成分、室内电器设施氧化释放的有害气体、室外侵入的飞灰、人们的呼吸、新陈代谢排出的气体和室内装饰材料的释放气体，还有人们的活动及空调系统产生的垃圾、废物和运行中产生的细菌污染，且污染物随空调送风在室内循环。

对室内空气品质进行定量的客观评价可直接采用建筑环境中检测到的空气污染物的种类和浓度，与国标规定的该种污染物浓度限值相比较，可以评价室内空气品质是否达到标准，常用式（2）：

$$R = \sum_{i=1}^{n} \frac{C_i}{C_{i,\text{限值}}} \tag{2}$$

式中：$C$ 为某种污染物的摩尔浓度，mol/m$^3$；$R$ 为无量纲量，$R$ 值越大，室内空气品质越差，当其小于1时，认为该空气品质可接受。

(4) 室内电磁环境

电磁辐射对人体有长期而隐蔽性的危害，不易为人们所察觉和重视，家庭环境中的电磁辐射对人体健康的影响是最重要、最长期的，它对人民的身心健康有严重的危害，长期受到这种潜在辐射不但对心脑血管、视力、生殖系统有危害，甚至会增加癌症发生的几率，日常生活中人们通常受到的电磁辐射主要是非电离电磁辐射[18]造成的。室内电磁场主要由空间传播和导体的传导辐射产生，由于钢筋混凝土浇筑墙体对电磁波有反射、吸收和屏蔽作用，窗口和阳台等暴露部位成为电磁渗漏的主要漏洞[19]。

由于尚未有明确的居室环境电磁场相关标准参考，暂认为电磁辐射在人体可接受范围之内。不适当的室内电磁环境会对人体有严重的影响，所以要树立防护的意识和措施，应选购正规厂家生产的合格产品，注意室内电器的摆放保持适当的距离，不要过于集中，对于强辐射需安装防护装置以削弱电磁辐射的强度，还应尽量远离电磁场源，迫不得已时应限制在电磁辐射环境中停留的时间，以减少危害，儿童需尤其注意，其次多食用具有抗辐射、保护视力、抗疲劳、补充脑力、富含维生素 A、C 和蛋白质的食物。

## 2.2 建筑室内环境主观评价

建筑环境的主观评价是利用人的感觉器官进行的描述和评价，表达对不可量化的环境因素的感觉以及环境对健康的影响。民用建筑各种污染物浓度通常不会太高，故更需主观“感知的空气品质”评价来客观反映空气品质。本文涉及的建筑室内环境主观评价内容包含不可测量主观因素，还包含可观测因素的主观体验评价，对使用该建筑的人员和部分流动人员发放问卷，共发放问卷 33 份且均为有效问卷，主观评价时间歇评价，以避免触觉疲劳，部分调查结果见表 2。

表2 居室主观评价

| 主观评价要素 | 众数项 | 比率% |
| --- | --- | --- |
| 室内温度是否满意 | 是 | 66.67 |
| 您现在是否能接受目前的室内环境 | 是 | 72.73 |
| 室内空气是否新鲜 | 是 | 66.67 |
| 您感受到的室外污染物程度如何 | 一般 | 81.82 |
| 室内照度是否满意 | 是 | 69.70 |
| 您觉得现在的视觉环境如何 | 接受 | 48.48 |
| 室内噪声是否满意 | 否 | 48.48 |
| 您觉得现在室内的噪声源主要是什么 | 交通噪声 | 78.79 |
| 您对现在的室内环境质量的综合评价如何 | 良好 | 57.58 |
| 您对室内家用电器的陈设是否满意 | 满意 | 54.55 |
| 您是否担忧家中的用电安全 | 否 | 63.64 |
| 您是否担忧家中的无线电磁辐射 | 是 | 36.36 |
| 您觉得现在家中的装修色彩搭配如何 | 很满意/满意 | 45.45 |
| 您对现在家里的家具材料质感是否满意 | 满意 | 30.30 |
| 您对现在家里的蚊虫宠物是否满意 | 满意 | 57.58 |
| 您对现在家中的装修风格是否满意 | 较满意 | 54.55 |
| 您对现在家中的结构布局是否满意 | 较满意 | 48.48 |

主观评价的量化方法就是对以上每一问题首先进行归类，再将评价等级设为5级（如很好、好、一般、差、很差）且分别赋值1、2、3、4、5，逆向问题则逆向计分，按式(3)得到每一类主观评价的量化得分[20]：

$$\bar{X}=\frac{1}{m}\sum_{j=1}^{m}\bar{x}_j=\frac{1}{m}\sum_{j=1}^{m}\left(\frac{1}{n}\sum_{i=1}^{n}a_i\right) \tag{3}$$

式中：$a_i$ 表示第 $i$ 个人对某主观评价的打分；$\bar{x}_j$ 表示第 $j$ 个评价因素的平均得分；$\bar{X}$ 表示主观评价整体的最终得分。

# 3 建筑室内环境评价因素的权重

## 3.1 主成分分析法

影响建筑室内环境的因素较多，且各因素之间总会存在一定程度的信息相关性和重叠性，如表1中第三层次的各影响因子之间相关度较高，第二层次也存在一定的相关性，例如照明发热量会对热环境造成影响，为此采用主成分分析法[21]，即用较少的影响因素来代替原来较多的因素，且能反映原来多个因素的大部分信息。

主成分分析法将 $l$ 个因素看作 $l$ 维随机变量，记为 $\boldsymbol{X}=(\boldsymbol{X}_1,\boldsymbol{X}_2,\cdots,\boldsymbol{X}_l)$，降维为 $m$ 个因素（$m<l$），记为 $\boldsymbol{F}=(\boldsymbol{F}_1,\boldsymbol{F}_2,\cdots,\boldsymbol{F}_m)$，使其保留的信息量能充分反映原信息且相互独立，其中 $\boldsymbol{X}_j=(x_{1j},x_{2j},\cdots,x_{pj})^{\mathrm{T}}$，$\boldsymbol{F}_j=(f_{1j},f_{2j},\cdots,f_{pj})^{\mathrm{T}}$，原指标的线性组合 $\boldsymbol{F}_j=a_{1k}\boldsymbol{X}_1+a_{2k}\boldsymbol{X}_2+\cdots+a_{lk}\boldsymbol{X}_l$，式中：$x_{pj}$，$f_{pj}$ 表示第 $j$ 个客观因素的第 $p$ 个观测值。

当影响因素有 $l$ 个，每个因素有 $p$ 个观测值，得到原始数据矩阵 $\boldsymbol{X}=(\boldsymbol{X}_1,\ \boldsymbol{X}_2,\cdots,\boldsymbol{X}_l)=\begin{pmatrix} x_{11} & x_{12} & \mathrm{L} & x_{1j} & \mathrm{L} & x_{1l} \\ x_{21} & x_{22} & \mathrm{L} & x_{2j} & \mathrm{L} & x_{2l} \\ \mathrm{M} & \mathrm{M} & & x_{ij} & & \mathrm{M} \\ x_{p1} & x_{p2} & \mathrm{L} & x_{pj} & \mathrm{L} & x_{pl} \end{pmatrix}$，因与热环境分析中各因素的量纲不一致，所以将原始数据矩阵做标准差标准化得到标准化矩阵，消除量纲影响，通过式（4）进行标准化就是将 $x_{ij}$ 换成 $x'_{ij}$。

$$x'_{ij}=\frac{x_{ij}-\bar{x}_j}{S_j}=\frac{x_{ij}-\dfrac{1}{p}\sum_{i=1}^{p}x_{ij}}{\sqrt{\dfrac{1}{p}\sum_{i=1}^{p}(x_{ij}-\bar{x}_j)^2}}\quad(1\leqslant j\leqslant l) \tag{4}$$

记标准化矩阵为 $\boldsymbol{X}^*=(\boldsymbol{X}_1^*,\boldsymbol{X}_2^*,\mathrm{L},\boldsymbol{X}_l^*)$，再求得标准化矩阵的协方差矩阵 $\boldsymbol{S}^*$（$\boldsymbol{S}^*$ 为正定矩阵）及其特征根 $\lambda_1,\lambda_2,\mathrm{L},\lambda_l$ 和特征向量 $\alpha_k=(a_{1k},a_{2k},\mathrm{L},a_{pk})^{\mathrm{T}}$（$k=1,2,\mathrm{L},l$），最后写出主成分表达式（5）：

$$\boldsymbol{F}_k=a_{1k}\boldsymbol{X}_1^*+a_{2k}\boldsymbol{X}_2^*+\cdots+a_{pk}\boldsymbol{X}_l^*\quad(k=1,2,\mathrm{L},l) \tag{5}$$

主成分选取累计贡献率次序前 $m$ 项，$\dfrac{\sum_{i=1}^{m-1}\lambda_i}{\sum_{i=1}^{p}\lambda_i}<0.8\sim0.85$，且 $\dfrac{\sum_{i=1}^{m}\lambda_i}{\sum_{i=1}^{p}\lambda_i}\geqslant0.8\sim0.85$。

## 3.2 层次分析法

对第三层次进行主成分分析后就应确定各因素的权重，利用标准化矩阵的协方差矩阵 $\boldsymbol{S}^*$ 的特征根求其权重：

$$\boldsymbol{S}^*\varphi=\lambda_{\max}\varphi \tag{6}$$

式中：$\lambda_{\max}$是 $\boldsymbol{S}^*$ 的最大特征根，$\varphi$ 是最大特征根对应的特征向量，向量 $\varphi$ 经归一化后就可作为权重向量，记 $\boldsymbol{\varphi}=(\omega_1,\omega_2,\cdots,\omega_n)^{\mathrm{T}}$ 为第三层次权重。

第二层次影响指标有 7 个，每个指标有 $n$ 个因素，得到矩阵：

$$\boldsymbol{Y}=(\boldsymbol{Y}_1,\boldsymbol{Y}_2,\mathrm{L},\boldsymbol{Y}_7)=\begin{pmatrix} y_{11} & y_{12} & \mathrm{L} & y_{17} \\ y_{21} & y_{22} & \mathrm{L} & y_{27} \\ \mathrm{M} & \mathrm{M} & & \mathrm{M} \\ y_{n1} & y_{n2} & \mathrm{L} & y_{n7} \end{pmatrix},$$

利用行向量归一化后的算术平均值作为第二层次指标在其单一准则下的相对权重：

$$W_i=\frac{1}{n}\sum_{j=1}^{n}\frac{y_{ij}}{\sum_{k=1}^{n}y_{kj}} \tag{7}$$

记 $\boldsymbol{\Phi}=(W_1,W_2,\mathrm{L},W_7)^{\mathrm{T}}$ 为第二层次权重[22~23]。

类似地，第一层次影响类别有 2 个，客观类别有 6 个指标，主观类别有 1 个指标，得到矩阵：

$$\boldsymbol{Z}=(\boldsymbol{Z}_1,\boldsymbol{Z}_2)=\begin{pmatrix} z_{11} & z_{12} \\ z_{21} & 0 \\ \mathrm{M} & \mathrm{M} \\ z_{61} & 0 \end{pmatrix},$$

利用第二层次权重确定方法，记 $\boldsymbol{\Psi}=(\Phi_1,\Phi_2)^{\mathrm{T}}$ 为第一层次权重，上述方法得到的权重分配也适用于其他现有的评价方法进行建筑室内综合环境评价。

### 3.3 模糊评价法评价机理

建筑室内环境评价具有模糊性，没有明确界限，可以使用模糊数学的评价方法。设评价结果集合（表示等级、分类等的集合）为 $U=\{U_1,U_2,U_3,U_4,U_5\}=\{$很好，好，一般，差，很差$\}$ 5 个等级；因素集合为 $V=\{V_1,V_2,V_3,\cdots,V_7\}=\{$热环境，光环境，声环境，电磁环境，空气品质，生物环境，艺术与人文环境$\}$ 7 个因素。取第 $V_i$ 个因素的单因素评判 $\boldsymbol{R}_i=(r_{i1},r_{i2},\mathrm{L},r_{in})^{\mathrm{T}}$ 作为 $V$ 上的一个模糊子集，其中 $r_{in}$ 表示第 $i$ 个因素的评判对于第 $j$ 个等级的隶属度[23]。7 个因素的总评判矩阵为：

$$\boldsymbol{R}=\begin{pmatrix} \boldsymbol{R}_1 \\ \boldsymbol{R}_2 \\ \mathrm{M} \\ \boldsymbol{R}_7 \end{pmatrix}=\begin{pmatrix} r_{11} & r_{12} & \mathrm{L} & r_{1n} \\ r_{21} & r_{22} & \mathrm{L} & r_{2n} \\ \mathrm{M} & \mathrm{M} & \mathrm{O} & \mathrm{M} \\ r_{71} & r_{72} & \mathrm{L} & r_{7n} \end{pmatrix},$$

综合评价时可利用以上三个层次的权重逐次进行计算 $\boldsymbol{B}=\boldsymbol{P}\mathrm{o}\boldsymbol{R}$，$\boldsymbol{P}$ 表示权重向量，并根据隶属度最大原则做出评判，其中运算“o”定义为 $M$（$\wedge$，$+$）均衡平均型算法，即：

$$b_j=\sum_{i=1}^{n}\left(p_i \wedge \frac{r_{ij}}{r_0}\right) \quad (j=1,2,\mathrm{L},m) \quad r_0=\sum_{k=1}^{m} r_{kj} \tag{8}$$

## 4 综合评价模型精度

从同一化的角度认为当室内客观环境能达到一定的水平要求，如现行国家规范标准，则可以认为主观评价结果也在同等或邻近水平。故以规范标准为基准，单方面使用客观测试结果与标准做归一化均方误差（Normalized Mean Square Error，NMSE）分析来表征模型精度，归一化均方误差分析用式（9）：

$$\mathrm{NMSE}=10\log_{10}\frac{\sum_{n=1}^{N}|t(n)-\hat{t}(n)|^2}{\sum_{n=1}^{N}|t(n)|^2} \tag{9}$$

式中用 $t(n)$ 表示标准值，$\hat{t}(n)$ 表示实际测量值，其中主观评价时取众数项得分为基准值，与平均得分进行计算，NMSE 反映模型与实际状况的接近程度，NMSE 值越小，模型的数值计算结果就越接近标准状态或理想状态，可从客观评价和主观评价两个方面讨论民用建筑环境综合评价。

## 5 结论

建筑室内环境评价有助于让建筑使用者对建筑环境状态有所了解，对使用者的身心健康也有指示意义。本文介绍了现有建筑环境评价方法及其优缺点，指出国内建筑环境评价体系尚不完善以及建筑室内环境评价指标选择依据，把影响建筑环境的因素分为三层，第一层次分为客观和主观两个方面，客观因素可以直接测量，主观因素则要身处具体环境中体验感受，主观体验中也包含了客观因素，最后可以利用主客观评级结论相互验证和校核，第二层次按建筑环境的特点分为 7 类指标，每一类指标的若干影响因素作为第三层次。利用主成分分析法对第三层次的因素进行相关性、重叠性分析，利用层次分析法对每一层次的因子进行权重分配，在模糊综合评价方法中可以直接使用该权重，该数学模型尽可能包含所有的影响因素，又从算法可行性角度进行筛选，以保证算法的合理性和可行性，最后使用 NMSE 量化模型的精度，使主客观评价结论深度融合。保持良好的室内环境有助于家庭和睦、情感融合、工作学习高效，更有益于身心的健康，良好的室内环境也要靠勤劳和创意维持。

## 参考文献


[1] 黄晨. 建筑环境学 [M]. 北京：机械工业出版社，2007，05：352-371.

[2] 杨喜生，叶勇军，陈祖展，等. 室内环境设计方案的模糊综合评价 [J]. 南华大学学报（自然科学版），2006，20（3）：106-108.

[3] 陈向荣，吴硕贤. 基于主观评价法的现代剧场满意度评价—以广州大剧院和湖南大剧院为例 [J]. 华南理工大学学报（自然科学版），2013，41（10）：135-144.

[4] 刘书贤，朱智勇，张引，等. 住宅建筑设计方案的模糊综合评价 [J]. 辽宁工程技术大学学报（自然科学版），2000，19（3）：259-261.

[5] 朱小雷. 指数评价法的应用—深圳市建设银行营业厅内环境综合评价 [J]. 重庆建筑大学学报，2005，27（4）：28-32.

[6] 张威，张甫仁，苏琴，等. 室内空气品质的可拓评价方法简析 [J]. 河北工业大学学报，2004，33（3）：103-107.

[7] 李念平，朱赤晖，文伟，等. 室内空气品质的灰色评价 [J]. 湖南大学学报（自然科学版），2002，29（4）：85-91.

[8] 张甫仁. 基于灰色雷达图理论的室内环境评价 [J]. 建筑科学，2007，23（12）：52-54，97.

[9] 封宁，付保川. 室内空气质量评价方法及其数学模型 [J]. 苏州科技学院学报（自然科学版），2015，32（4）：9-14.

[10] 喻李葵，张国强，阳丽娜，等. 建筑系统环境性能评价方法研究 [J]. 建筑热能通风空调，2004，23（4）：6-10.

[11] 中华人民共和国住房和城乡建设部. GB/T 50785—2012 民用建筑室内热湿环境评价标准 [S]. 北京：中国建筑工业出版社，2012.

[12] 郜彗，金家胜，李锋，等. 中国省域农村人居环境建设评价及发展对策 [J]. 生态与农村环境学报，2015，31（06）：835-843.

[13] 郑庆红，朱帅帅，王鑫，等. 西安市办公建筑室内热湿环境与空气品质 [J]. 煤气与热力，2016，36（08）：23-28.

[14] 孔凡鑫. 重庆地区冬季住宅室内空气品质评价与影响因素分析 [D]. 重庆：重庆大学，2015：22-26.

[15] FANGERPO. Thermal comfort [M]. Florida：Robert E Krieger Publishing Company，1982：19-142.

[16] 姜雨杉，欧达毅. 大学生公寓声环境调查与评价 [J]. 华侨大学学报（自然科学版），2017，38

(4)：503-508.
[17] 朱颖心. 建筑环境学（第三版）[M]. 北京：中国建筑工业出版社，2010，10：158-173.
[18] 王新练，杨彬. 家庭电磁辐射污染及防护 [J]. 内蒙古环境科学，2007，19 (4)：113-116.
[19] 戈鹤山，谢明. 室外空间电场对室内电磁环境影响的研究 [J]. 中国卫生工程学，2005，4 (4)：200-202.
[20] 赵阳，鲍玲玲，赵旭，等. 民用建筑室内综合环境评价方案设计 [J]. 制冷与空调（四川），2017，31 (6)：593-597.
[21] Wolfgang Hardle，Leopold Sima. 应用多元统计分析 [M]. 陈诗一，译. 北京：北京大学出版社，2011.
[22] 刘思峰，郭本海，方志耕，等. 系统评价：方法、模型、应用 [M]. 北京：科学出版社，2015.
[23] 李希灿. 模糊数学方法及应用 [M]. 北京：化学工业出版社，2016.

# 雄安新区分散村镇污水处理技术探讨

温雪梅
（河北建筑工程学院，河北省张家口市　075000）

**摘　要：** 本文介绍了雄安新区（协调区）分散村镇污水处理背景、国内外研究现状，通过分析生物处理（厌氧、缺氧、好氧）和生态处理（土地处理、人工湿地、稳定塘）技术及其组合工艺的优缺点，筛选出缺氧＋生物接触氧化＋潜流人工湿地（稳定塘）工艺、缺氧＋MBBR＋潜流人工湿地（稳定塘）工艺。同时提出了适合于雄安新区分散村镇污水处理的技术路线，希望能为雄安新区建设提供一定的参考。

**关键词：** 雄安新区；分散村镇污水处理；技术路线

## 1　雄安新区分散村镇污水处理现状

雄安新区位于北京、天津、保定腹地，包括雄县、容城、安新 3 县及周边部分区域，共辖 29 个乡镇，人口 112.7 万人，土地总面积 1560km$^2$[1]。雄安新区面临多重水约束，入淀河口、江河下游，蓄泄洪区、地势低，城市内涝风险突出，目前城市水资源较为短缺，水环境普遍受到污染，白洋淀水生态退化，然而城市污水处理厂普遍采用的生化处理技术却对分散村镇污水处理并不适用，由于城市污水处理规模往往很大（日处理规模数十万吨甚至过百万吨），且其运行费用高、管理维护难度大，显然不适合村镇污水处理[2]，且村镇污水排放量小，日变化系数大，污染物成分简单，固体悬浮物浓度较高。因此迫切需要研发适合雄安新区分散村镇污水处理的技术，提出适合雄安新区分散村镇污水处理及利用的技术（设备）。

## 2　国内外对分散村镇污水处理研究现状

关于分散村镇污水处理的研究国外很早就已经开始，日本从 1973 年开始对农村生活排水进行集中处理。净化槽[3]的发展经历了单独处理净化槽、合并处理净化槽、高度处理净化槽等几个阶段。目前日本的高度处理净化槽技术已经非常成熟，出水效果可以达到 $BOD_5$ 小于 10mg/L、TN 小于 10mg/L、TP 小于 1mg/L 的水平，约 66％的人口使用净化槽技术。美国自 1972 年颁布国内第一个清洁水法后，开始建设农村生活污水处理设施。德国自 2003 年成立“分散市镇基础设施系统”项目，采用膜生物反应器净化偏远地区村镇生活污水[4]。丹麦 1987 年颁布分散式生活污水处理指导守则。澳大利亚也提出“菲尔

基金项目：河北建筑工程学院研究生创新基金项目，项目编号：XB201831。

脱”污水处理生态土地利用系统。

国内是从20世纪80年代开始对分散式污水处理技术进行探索和实践。以太湖流域村镇生活污水处理为示范工程，其处理工艺为“厌氧水解＋跌水充氧接触氧化＋折板潜流式人工湿地组合技术”、“塔式蚯蚓生态滤池组合技术”及“厌氧发酵＋生态土壤＋蔬菜种植组合技术”，在脱氮除磷方面取得了良好的效果。另外上海、江苏、浙江、辽宁等地都陆续出台了相应的农村污水治理规定和标准[5]。

# 3 分散村镇污水处理技术

考虑到农村经济发展水平以及污水排放特征，分散村镇污水处理主要从收集和处理两方面进行[5]，采用技术主要为生物处理＋生态处理技术。

## 3.1 生物处理技术

### 3.1.1 厌氧处理

厌氧生物处理负荷相对较低，停留时间长，占地面积较大且散发臭味，但无需动力，建设和运行成本较低，维护和管理较方便，因此在污水量较小、污水类型较简单的农村生活污水处理中应用较为普遍。厌氧滤池为农村生活污水处理中经常采用的结构，填料应采用足够机械强度、不易堵塞的结构。厌氧处理的缺点是对氮磷无去除效果。

### 3.1.2 缺氧处理

缺氧处理的目的是通过反硝化反应实现脱氮。脱氮处理的关键是碳氮比充足、有足够的反硝化时间、充分的搅拌、溶解氧控制在0.5mg/L等。小型污水处理设施的缺氧单元可填充填料，以提高处理效果。

### 3.1.3 好氧处理

好氧生物处理负荷相对较高，停留时间较短，占地面积小，内部结构复杂，需动力曝气，建设和运行成本高，维护和管理水平要求高、因此适合对污水处理效果要求高、有较好的管理条件的地区使用。好氧生物处理包含多种处理工艺，对农村生活污水处理中常用的好氧处理工艺特点分析如下：

（1）生物转盘法处理：处理效率低、臭味大、冬季易结冰、对保温要求高，不大适合北方气候。对重庆、广西等地的调研中发现使用中存在一些问题，运行可靠性一般。

（2）生物接触氧化法：占地面积小、抗冲击负荷能力强、无污泥膨胀，维护管理方便，可不设污泥回流，动力消耗少。

（3）流动床生物膜法：安装方便、抗冲击负荷能力强、维护管理方便、可灵活选择不同的填料填充率，可兼顾今后扩大处理规模需求而无需增大池容和占地。

（4）活性污泥法：工艺简单、污泥负荷低、占地面积大、易发生污泥膨胀等。

（5）曝气生物滤池法：处理效果好、需要定期反冲洗、维护管理要求高、运行成本高。

（6）膜生物反应器（MBR）法：污泥负荷高、无需设沉淀池、占地面积小、出水水质好、膜组件易受污染、需定期清洗及更换膜组件。

通过比对分析，考虑到农村生活污水污染物成分简单、污染物负荷较低，选择好氧处理工艺类型时宜选择运行成本低、维护管理方便、适合北方气候特点的处理工艺。推荐的适合雄安新区气候特点及污染物处理需求的好氧生物处理工艺包括生物接触氧化法、流动床生物膜法（MBBR）、膜生物反应器法（MBR）等。

## 3.2 生态处理技术

### 3.2.1 土地处理

土地处理是一种人工强化的污水生态工程处理技术，在人工控制条件下，将污水投配到渗透性能良好的土地上，在污水向下渗透的过程中，通过过滤、沉淀、氧化、还原以及生物氧化、硝化、反硝化等一系列作用，使污水得到净化。其优点是处理效果较好、投资费用低、无能耗、运行费用很低、维护管理简便。其不足是污染负荷低、占地面积大、设计不当容易堵塞、易污染地下水、北方寒冷地区冬季适用性差。

### 3.2.2 人工湿地

人工湿地技术，通常按水体流动方式分为三类：表面流人工湿地、水平潜流人工湿地、垂直潜流人工湿地。

表面流人工湿地与潜流人工湿地工艺相比其优点是投资少、操作费用较低；缺点是负荷小、占地面积较大，冬季北方地区表面会结冰，夏季易滋生蚊蝇，散发臭味。表面流人工湿地对悬浮物、有机质的去除效果较好，但对氮磷的去除率偏低，约为10%～15%。

水平潜流人工湿地水流在地表以下流动，故具有保温性较好、处理效果受气候影响小、卫生条件较好的特点，是目前研究和应用较多的一种湿地处理系统。

垂直潜流人工湿地的污水水流方向和床区方向垂直，其水流状况综合了表面流和水平潜流人工湿地的特点，污水被投配到床区表面后，淹没整个表面，随后逐步垂直渗流到底部，由底部的集水系统收集后排放。同表面流人工湿地相比，垂直潜流人工湿地的氧传递速率较高、净化效率高、土地需求相对较小，因而变得越来越普遍，但由于布水系统覆盖整个表面，基建费用相对较高，故不如水平潜流人工湿地应用广泛。

### 3.2.3 稳定塘

稳定塘是经过人工适当修整，设有围堤和防渗层的污水池塘。通过自然净化原理，依靠水生生态系统的物理和生物作用，对塘中污水进行自然处理。稳定塘特点是结构简单、建设费用低、维护管理简单、处理效果受气候影响大、污染负荷较高时会产生臭气和滋生蚊虫。

通过对现有农村生活污水处理设施、处理工艺的研究、对比，推荐的适合北方气候特点及污染物处理需求的处理工艺包括潜流人工湿地、稳定塘。推荐工艺与雄安新区当前的经济、技术发展水平相适应，能够满足现阶段流域水污染控制需求，适合北方的寒冷天气，维护管理方便，符合雄安新区广大农村的实际要求。

# 4 推荐污水处理技术路线

（1）缺氧＋好氧＋生态处理技术路线

① 缺氧＋生物接触氧化＋人工湿地（稳定塘）工艺

该工艺适用范围广、处理效果稳定、维护管理方便，适用于小型污水处理装置。

② 缺氧+MBBR+人工湿地（稳定塘）工艺

该工艺可以通过调整填料的填充率，适应不同的污染负荷，对水质、水量变化适应能力强；无需设置填料支架等，节约建设投资，特别适用于扩建、提标改造工程。

（2）预处理+厌氧+生态处理技术路线

有农田灌溉等回用需求的地区，宜采用预处理+厌氧+生态处理的技术路线，去除的主要目标污染物为COD、SS等。N、P为农田可利用的营养物质，可资源化利用，处理费用相对较低。因地制宜地选择农村生活污水的处理模式，优先考虑稳定塘、人工湿地等结构简单、造价低、运行费用少并能满足灌溉等污水回用需求的工艺技术。挖填当地的砂料、石材、植物、坑塘、洼地等自然资源，建造人工湿地、稳定塘等生态处理设施，减少运行费用。充分考虑农村经济基础薄弱、环保技术人员和运行管理专业人员不足的现实情况，设施尽量简单，维护管理方便，低成本运行。

① 厌氧滤池+跌水曝气+潜流人工湿地工艺

该工艺无需机械曝气、运行费用低、维护管理方便。有条件情况下，平时利用地势进行充氧曝气，冬季停用跌水曝气，生态设施利用地埋管路进水。

② 三格化粪池+跌水曝气+人工湿地工艺

该工艺利用污水收集系统中的三格化粪池去除COD、SS，投资省、运行费用低，维护管理方便。有条件情况下，平时利用地势进行充氧曝气，冬季停用跌水曝气，生态设施利用地埋管路进水，但不适用于进水浓度较高的工程。

③ 缺氧MBR工艺

该工艺处理效果好、出水能够满足回用水标准，可实现无人值守下的稳定运行，但需要定期进行药洗，每5年左右需要对膜组件进行更换，成本高。

通过对现有农村生活污水处理设施、处理工艺的研究、对比，筛选出缺氧+好氧+生态处理技术路线和预处理+厌氧+生态处理技术路线。推荐技术路线与雄安新区当前的经济、技术发展水平相适应，充分实现低成本、高标准、高目标的建设需求，符合雄安新区广大农村的实际要求。

## 5 结语

鉴于雄安新区分散村镇污水实际情况，考虑到当地经济、技术发展水平，因地制宜地选择农村生活污水处理模式，通过对生物处理（厌氧、缺氧、好氧）和生态处理（土地处理、人工湿地、稳定塘）等工艺技术的优缺点进行比选，筛选出生物接触氧化法、流动床生物膜法（MBBR）、膜生物反应器法（MBR）等工艺技术，并提出了适用于雄安新区分散村镇污水处理的技术路线。

**参考文献**

[1] 姜鲁光，吕佩忆，封志明，等. 雄安新区土地利用空间特征及起步区方案比选研究［J］. 资源科学，2017，39（06）：991-998.

[2] 匡文慧，杨天荣，颜凤芹. 河北雄安新区建设的区域地表本底特征与生态管控［J］. 地理学报，2017，72（06）：947-959.

［3］ 张玉洁，吴俊奇，向连城，等. 净化槽的应用与管理方法［J］. 环境工程技术学报，2014，4（02）：109-115.
［4］ 钱海燕，陈葵，戴星照，等. 农村生活污水分散式处理研究现状及技术探讨［J］. 中国农学通报，2014，30（33）：176-180.
［5］ 苏鸿洋. 中国村镇分散生活污水处理技术现状［J］. 给水排水，2015，51（S1）：197-201.